Günter Grass Handbuch

Günter Grass Handbuch

Herausgegeben von
Christoph Jürgensen und Michael Scheffel

unter Mitarbeit von Dieter Stolz

DE GRUYTER

ISBN 978-3-11-075529-9
e-ISBN (PDF) 978-3-11-075543-5
e-ISBN (EPUB) 978-3-11-075554-1

Library of Congress Control Number: 2024940638

Bibliografische Information der Deutschen Nationalbibliothek
Die Deutsche Nationalbibliothek verzeichnet diese Publikation in der Deutschen Nationalbibliografie; detaillierte bibliografische Daten sind im Internet über http://dnb.dnb.de abrufbar.

Einbandabbildung: Akademie der Künste, Berlin, Günter-Grass-Archiv/Sammlung Maria Rama, Nr. 273_20, Fotografin: Maria Rama, © Akademie der Künste
Satz: Integra Software Services Pvt. Ltd.
Druck und Bindung: CPI books GmbH, Leck

www.degruyter.com
Fragen zur allgemeinen Produktsicherheit:
productsafety@degruyterbrill.com

FSC www.fsc.org MIX Papier | Fördert gute Waldnutzung FSC® C083411

Vorwort

Im rustikalen Cord- oder Tweed-Sakko, eine Pfeife im Mund unter beeindruckendem Schnurrbart, der Rücken vom langen Leben leicht gebeugt: In dieser ikonischen Gestalt ist Günter Grass ins kulturelle Gedächtnis eingegangen. Neben diesem späten Markenbild stehen Porträts des vielseitig begabten Künstlers als junger Bildhauer ebenso wie als bereits gereifter Wilder auf einer Tagung der Gruppe 47 im Jahr 1958, auf der er mit großem Erfolg aus dem Manuskript seines Debütromans, der bald weltberühmten *Blechtrommel* liest, oder Fotos mit offenem Hemd als kämpferischer Schriftsteller-Arbeiter auf Wahlkampveranstaltungen für Willy Brandt und ‚seine' SPD. Mit der öffentlichen Person Grass rücken mehrere Jahrzehnte deutscher, vor allem bundesrepublikanischer Geschichte ins Bild, ja vielleicht hat hierzulande kein zweiter Autor von internationaler Reputation dic öffcntliche Diskussion von gesellschaftspolitischen Herausforderungen auf allen Ebenen so stark geprägt wie er.

Grass hat als einer der ersten das Waldsterben und andere ökologische Folgen der Industrialisierung beklagt und ein radikales Umdenken gefordert; er hat sich zu Fragen der Wiederauf- und Abrüstung geäußert und hartnäckig versucht, den Interessen von ‚Entwicklungsländern' Gehör zu verschaffen, und er hat immer wieder kritisch über die Teilung und Wiedervereinigung Nachkriegsdeutschlands sowie das Verhältnis der Deutschen zu ihrer dunklen Geschichte reflektiert. Grass' Reden und Essays, so der Kritiker Paul Ingendaay, lassen sich auch vor diesem Hintergrund als Geschichtsbuch sowohl der Bonner als auch der Berliner Republik lesen. Aber nicht nur das. Das Lebenswerk des deutschsprachigen Autors mit kaschubischen Wurzeln, der aus einer der infolge des Zweiten Weltkriegs für immer verlorenen, ehemals deutschen Ost-Provinzen stammt, stellt gewissermaßen eine Art Brennspiegel dar, mit dessen Hilfe sich Deutschlands Entwicklung von den Kriegs- und Nachkriegsjahren bis hinein ins 21. Jahrhundert verfolgen, vielleicht sogar besser begreifen lässt. Und wie auch immer man die künstlerischen Früchte seines Schaffens im Einzelnen bewertet: Günter Grass, der jederzeit umstrittene Künstler als Zeitgenosse, zählt unumstritten zu den wirkmächtigsten deutschsprachigen Schriftstellern des 20. Jahrhunderts und er wird, zumal im Ausland, immer wieder als der wichtigste Autor der Nachkriegsliteratur in Deutschland angesehen. So verschiedene Charaktere wie Nadine Gordimer, John Irving, Gabriel García Márquez oder Salman Rushdie haben ihn wiederholt als Vorbild für ihr eigenes Schreiben genannt. Bestätigt wurde diese herausragende Position im Jahr 1999 mit der Verleihung des Nobelpreises an Grass. In anderer Weise sichtbar wurde seine besondere, geradezu katalysatorische Bedeutung für ganz unterschiedliche Formen nationaler Selbst- und Fremdwahrnehmung nicht zuletzt durch die heftigen öffentlichen Debatten um seine spät eingestandene, an die letzten Kriegsmonate gebundene Zugehörigkeit als siebzehnjähriger junger Mann zu einer Division der Waffen-SS sowie sein bestimmte politische Positionen der israelischen Regierung kritisierendes Gedicht *Was gesagt werden muß* aus dem Jahr 2012.

https://doi.org/10.1515/9783110755435-202

Ungeachtet einer in den letzten Jahrzehnten sehr agilen Grass-Forschung fehlt bis heute eine wissenschaftlich fundierte, alle biographischen Phasen und sämtliche Facetten der Arbeit des gattungsübergreifend produktiven Schriftstellers, bildenden Künstlers und engagierten Zeitgenossen gleichermaßen berücksichtigende Publikation. Das nun vorliegende, im Idealfall eine breite Öffentlichkeit ansprechende Handbuch möchte diese Lücke schließen. Zugleich will es mit seinem Bemühen um Vollständigkeit eine Art Zwischenbilanz ziehen, neue Perspektiven auf Werk und Autor eröffnen, und möglicherweise sogar weitere Forschungsprojekte anregen. In diesem Sinne systematisch zu erschließen sind die wichtigsten Stationen einer durchaus exemplarischen Lebensgeschichte, zudem sowohl wegweisende ästhetische Strukturen, autorspezifische Schreibweisen, philosophisch-weltanschauliche Hintergründe und zentrale Themenkomplexe seines Œuvres, als auch Fragen zur Rolle des Bürgers Günter Grass als kritischer Intellektueller im politischen Diskurs und zur internationalen Rezeption seines Lebenswerks. Dabei will das Handbuch sich nicht darauf beschränken, die bisherigen Erkenntnisse zusammenzufassen. Vielmehr gilt für alle Artikel der Anspruch, darüber hinaus auch selbst als Forschungsbeiträge angelegt zu sein, die zumindest teilweise über den hier zu sichernden Erkenntnisstand hinausführen.

Aus der skizzierten Zielsetzung resultiert folgende Struktur des Handbuchs: Kapitel **I. Biographie** identifiziert biographische Phasen, nennt zentrale Momente wie wichtige Weggefährten und verortet die Biographie im sozialen und historischen Zusammenhang. Kapitel **II. Werke**, ‚naturgemäß' der umfangreichste Teil des Handbuchs, widmet sich, geordnet nach Werkgruppen, sämtlichen narrativen, lyrischen, szenischen und egodokumentalen bzw. autobiographischen Texten, ebenso den Text-Bild-Werken sowie dem bildkünstlerischen und skulpturalen Œuvre, mehrheitlich dargestellt in Einzelartikeln, gelegentlich in Sammelartikeln, aber immer in Form von unabhängig lesbaren Texten. Auf diesem Weg wird die Entstehungsgeschichte jedes Werkes rekonstruiert und seine ästhetische Faktur analysiert. Darüber hinaus werden Deutungsoptionen angeboten und die zentralen Wege der (bisherigen) Rezeption nachgezeichnet. Kapitel **III. Strukturen, Schreibweisen und Themen** behandelt werkübergreifende Zusammenhänge, die für Grass' Gesamtwerk grundlegend sind, und zwar sowohl sprachlicher, motivischer als auch politischer Art. Konzentrieren diese Artikel sich folglich auf die ‚Gestalt' der Werke und beschäftigen sich vorrangig mit ihren internen, d. h. auf das Literatur- und Kunstsystem bezogenen Funktionen, wendet sich Kapitel **IV. Grass als Zeitgenosse** den externen Referenzen und Einbettungen von Grass' Werk und seiner Form der Autorschaft zu. Entsprechend illustriert werden hier diejenigen Aspekte seiner Zeitgenossenschaft, die den kunst-, ideen- und politikgeschichtlichen Horizont seiner Werke bilden, etwa zentrale Einflüsse, Kontakte und Diskurse. Eine besondere Bedeutung kommt in diesem Kontext der Rolle von Grass als engagiertem ‚Bürger' zu, d. h. es soll erläutert und zeitgeschichtlich eingeordnet werden, in welcher Weise und mit welchen Folgen Grass wie vielleicht kein zweiter deutschsprachiger Autor der zweiten Hälfte des 20. Jahrhunderts die Funktion eines kritischen Intellektuellen im Sinne Jean-Paul Sartres eingenommen hat. Kapitel **V. Rezeption** zeichnet die Wirkung von Grass' Werken und der seines öffentlichen Engagements im deutschsprachigen Raum ebenso nach wie seine breite internationale Rezeption. In Kapitel **VI. Editionsgeschichte** werden nicht nur positivistisch Einzel- und Werkausgaben sowie die im Blick auf die Dokumentation des Grass'schen Schaffens einschlägigen Archive vorgestellt, sondern diese Ausgaben allesamt in ihrer Form und vor allem in ihrer je spezifischen literaturpolitischen Bedeutung betrachtet. Der Band schließt mit dem Kapitel **VII. Anhang**, das neben einer knappen Zeittafel zu Leben und Werk des Autors einen Überblick über grundlegende Hilfsmittel und einführende Forschungsliteratur sowie ein Personen- und Werkregister bietet.

Noch mehr als für andere wissenschaftliche Bände gilt für Handbücher, dass sie ohne den sehr großen Einsatz vieler Mitwirkender nicht in die Öffentlichkeit gebracht werden können. An erster Stelle danken wir allen Beiträgerinnen und Beiträgern für ihre Bereitschaft, sich auf die Herausforderungen dieser so anspruchsvollen Gattung einzulassen. Darüber hinaus danken wir Marcus Böhm und Stella Diedrich von De Gruyter für die stets aufmerksame Begleitung des Projektes. Celine Buschbeck, Sebastian Milkereit und Camille Englert gilt unser Dank für die ebenso akribische wie unermüdliche Arbeit an der Einrichtung der Beiträge für den Druck. Vor allem aber danken wir Dieter Stolz, dem ausgewiesenen Grass-Spezialisten, einst legendärer Undercover-Agent für *Ein weites Feld*, inzwischen mit Werner Frizen Herausgeber der *Neuen Göttinger Ausgabe* der Werke von Günter Grass im Steidl Verlag (2020), die uns als Referenzausgabe dient. Das vorliegende Handbuch verdankt ihm mehr, als ein paar Worte sagen können.

Christoph Jürgensen und Michael Scheffel, Bamberg und Wuppertal im Sommer 2024

Hinweise zur Benutzung

Für eine leichtere Lesbarkeit arbeitet das Handbuch nicht mit Fußnoten, sondern mit Kurznachweisen in Klammern im Text (Nachname Jahr, Seite), die im Literaturverzeichnis am Ende der Beiträge aufgelöst werden. Als Sigle eingeführt ist zudem die *Neue Göttinger Ausgabe* (NGA Bd., Seite), die nur dort nicht zitiert wird, wo ein Text behandelt wird, der keinen Eingang in die Referenzausgabe gefunden hat, oder wo aus Gründen der Argumentation die Erstausgabe als Bezugspunkt diente. Im Besonderen gilt dies für die Werke, in denen die plurimediale Signatur von Grass' Künstlerschaft in Rede steht, sprich: bei Bild-Text-Büchern wie *Zunge zeigen* (1988) oder *Vonne Endlichkait* (2015, post.). Auf den Abdruck von Abbildungen haben wir generell verzichtet, gerade weil bildkünstlerische Formen je für sich wie im Zusammenspiel mit den literarischen Texten für die Grass'sche Werkbiographie von so offenkundig erheblicher Bedeutung sind – in dieser Hinsicht überfordert die Komplexität seines Œuvres das Format ‚Handbuch'. Geordnet sind die Werke nach der Chronologie ihres Erscheinens innerhalb der jeweiligen Gattungszusammenhänge, wobei eingestanden sei, dass autofiktionale Texte wie *Beim Häuten der Zwiebel* (2006) oder *Die Box* (2008) auch einen anderen Platz hätten finden können, etwa innerhalb der Prosa, wie andersherum etwa *Aus dem Tagebuch einer Schnecke* (1972) mit guten Gründen zu den egodokumentalen Werken gerechnet werden könnte. Auch in dieser Schwierigkeit zeigt sich die besondere Beschaffenheit von Grass' Poetologie. Die jeweils hinter den Werktiteln genannte Jahreszahl bezieht sich dabei im Fall von allen nichtszenischen Texten grundsätzlich auf den Erstdruck, im Fall von dramatischen Werken auf das erste Erscheinen in der Öffentlichkeit, hier ist im Einzelfall also nicht der Erstdruck, sondern das Jahr der Uraufführung gemeint.

https://doi.org/10.1515/9783110755435-203

Inhaltsverzeichnis

III Strukturen, Schreibweisen, Themen

IV Grass als Zeitgenosse

V Rezeption

VI Editionsgeschichte

VII Anhang

I Biographie

Katrin Wellnitz

1 Danzig

1.1 Familie

Günter Grass ist am 16. Oktober 1927 im Danziger Vorort Langfuhr (heute Wrzeszcz in Gdańsk) zur Welt gekommen. Bis er 1943 zunächst in den Reichsarbeits- und dann 1944 in den Kriegsdienst eingezogen wurde, bildete Danzig das Zentrum seiner Kindheit und Jugend.

Sein Großvater väterlicherseits, Friedrich Grass, besaß ein Mietshaus in der Elsenstraße 19, in dessen Hof er eine Tischlerei führte; sie ist einer von vielen „Abenteuerspielpl[ätzen]“ (Neuhaus 2012, 30), die in Grass' Werk – dort als Tischlerei Liebenau in *Hundejahre* (1963) – eingingen. Grass' Vater Wilhelm Grass machte eine Ausbildung zum Bürokaufmann, war zunächst Vertreter für Papierwaren und gründete dann mit seiner Frau Helene Grass, geborene Knoff, ein Kolonialwarengeschäft im Labesweg 13. Hier befand sich auch die kleine Wohnung der Familie. Während Grass' Mutter als gelernte Verkäuferin den „mäßig bis schlecht“ (NGA 17, 26) gehenden Laden führte, machte der Vater die Einkäufe bei Grossisten und kümmerte sich um die Schaufensterdekoration sowie den familiären Haushalt.

Grass' Vater entstammte einer alteingesessenen protestantischen Handwerkerfamilie, seine Mutter war kaschubisch-katholischer Herkunft. Günter und seine 1930 geborene Schwester Waltraut übernahmen die Konfession der Mutter und wurden – wenn auch nicht streng – katholisch erzogen (vgl. NGA 17, 44; Jürgs 2002, 23–25). Die auf den Danziger selbst nach seinem Kirchenaustritt 1974 noch anziehend wirkenden Elemente des Katholizismus – „ein optischer, ein akustischer, ein riechbarer Reiz, etwas Heidnisches“ (NGA 24, 278) – motivierten die vom ersten Buch an omnipräsenten Literarisierungen katholischer Stoffe (vgl. u. a. Weyer und Neuhaus 2014; Holzendorf 2021, 179–485, Stolz 2023, 39).

Ähnlich prägend war Grass' Auseinandersetzung mit seiner kaschubischen Herkunft (vgl. Borzyszkowska-Szewczyk 2019). Die Verwandten seiner Mutter lebten westlich von Danzig nahe Karthaus, dem Zentrum der seit 1920 zu Polen gehörenden Kaschubei. Grass wies immer wieder auf die prekäre Situation der Kaschuben hin, die, „[v]on den Deutschen verachtet, vom zentral regierten polnischen Staat als Minderheit nicht ausreichend anerkannt, [...] im Überleben geübt [sind]“ (NGA 23, 329). Sein erstes um 1941 entstandenes, heute verschollenes Romanfragment soll den Titel *Die Kaschuben* getragen haben (vgl. NGA 17, 36; NGA 22, 141–142; Borzyszkowska-Szewczyk 2019, 115).

1.2 Schulzeit

Grass' mit dem Beginn des Zweiten Weltkriegs vorzeitig beendete Schulzeit war geprägt von zwei Schulverweisen zwischen der fünften und neunten Klasse: Zunächst besuchte er das Conradinum in Langfuhr, dann die Petri-Oberschule und schließlich

https://doi.org/10.1515/9783110755435-001

St. Johann, beide in der Altstadt von Danzig gelegen (vgl. Neuhaus 2012, 53–55). Die Verweise scheinen weniger schlechten Noten, sondern vielmehr seiner „Aufsässigkeit gegenüber Paukern" (NGA 17, 45) geschuldet zu sein; er sei, so schreibt Grass in seinem autobiographisch grundierten Erinnerungsbuch *Beim Häuten der Zwiebel*, „ein teils fauler, teils ehrgeiziger, doch unterm Strich schlechter Schüler" gewesen und habe zudem eine Ehrenrunde gedreht (NGA 17, 13). Lieber las und zeichnete er, ging ins Kino oder streifte mit Freunden durch Stadt und Wald (vgl. Jürgs 2007, 41). Drei Lehrer aber prägten ihn mit ihrem politischen und fachlichen Engagement: der Deutschlehrer Professor Oswald, die Kunstlehrerin Lilly Kröhnert und der Lateinlehrer Richard Stachnik (vgl. Mayer-Iswandy 2002, 24–25; Neuhaus 2012, 56–58; Weidermann 2019, 46–49).

Für sein ökonomisches Talent machte Grass gerne die frühe Mitarbeit im Laden seiner Eltern verantwortlich. Als „Schuldeneintreiber" (NGA 17, 28) habe er vor allem von der Mutter gelernt, „sachlich mit Geld umzugehen" (NGA 7, 31). Darüber hinaus habe diese Tätigkeit ihm auch einen literarischen Zugewinn eingebracht (vgl. NGA 17, 27–31): „Ich lernte, indem ich roch, hörte, sah und zu spüren bekam: die Armut und Kümmernis vielköpfiger Arbeiterfamilien, den Hochmut und die Wut gestelzt hochdeutsch schimpfender Verwaltungsbeamter [...] und den zählebigen Streit zwischen Nachbarn." (NGA 17, 30).

1.3 Das Zentrum ist Danzig

Grass' Erinnerungen an die „verlorene Provinz" Danzig-Langfuhr (NGA 21, 375) und die darin verlebte Kindheit und Jugend motivieren nicht nur seine drei ersten großen Prosawerke, zusammengefasst unter dem Titel *Danziger Trilogie* (Reddick 1975), sondern bilden immer wieder das topographische Zentrum seiner literarischen Arbeiten (vgl. Krason 2010). „Das Zentrum ist immer Danzig", stellt Grass in einem 1962 geführten Gespräch mit Horst Bienek fest; es trägt den bezeichnenden Titel *Ich sehe keinen Grund, den Schauplatz Danzig zu wechseln* (NGA 24, 12).

In *Hundejahre* verklärt er seine Heimat zum märchenhaften Makrokosmos: „Es war einmal eine Stadt, die hatte [...] einen Vorort, der hieß Langfuhr. Langfuhr war so groß und so klein, daß alles, was sich auf dieser Welt ereignet oder ereignen könnte, sich auch in Langfuhr ereignete oder hätte ereignen können." (NGA 6, 396)

Mit dem Überfall auf Polen, der sich durch den Beschuss der Westerplatte in der Nähe des Danziger Hafens am 1. September 1939 quasi vor Grass' Haustür ereignete, konnte dieser die Weltgeschichte aus nächster Nähe beobachten: „Aus den Dachluken des Mietshauses gesehen, stieg überm Freihafen schwärzlich Rauch auf, der sich unter fortgesetzten Angriffen und bei leichtem Wind aus Nordwest erneuerte." (NGA 17, 7). Ob als Spiegel der Weltgeschichte, persönliche Erinnerung oder märchenhafter Schauplatz: Danzig erweist sich als die zentrale literarische Stadt in Grass' Werk (vgl. dazu Schmidt 1993).

2 Krieg

2.1 Vom Flakhelfer zum Panzerschützen

Nach den für das nationalsozialistische Deutschland obligatorischen Stationen, dem „Jungvolk“ und der „Hitlerjugend“, begann für den sechzehnjähigen Grass ab 1943 das Leben im und für den Krieg, plötzlich getrennt von Familie und Heimat. Zunächst wurde er kasernierter Flakhelfer. Goebbels Sportpalast-Rede begeisterte ihn für den Krieg, sodass er zu den U-Booten wollte; dort lehnte man ihn jedoch ab. Stattdessen wurde er zum Reichsarbeitsdienst beordert, wo er „irgendwo zwischen Kaschubei und Tucheler Heide“ (Neuhaus 2012, 75) Bäume fällen, Baracken bauen und sich militärisch ausbilden lassen musste. In seiner Autofiktion *Beim Häuten der Zwiebel* beschreibt er, wie er den Arbeitsdienst dank seiner künstlerischen Begabung teilweise umgehen konnte: Er habe den Auftrag erhalten, die Kantine für Ausbilder und Mannschaft mit Bildern aus der Tucheler Heide zu verschönern; so sei er nachmittags mit einem Aquarellkasten durch die Landschaft gezogen (vgl. NGA 17, 84–95).

Im November 1944 wurde Grass dann für die der Waffen-SS unterstehende „Panzerjäger-Ausbildungs- und Ersatzabteilung 3“ rekrutiert (Kloth und Wiegrefe 2006), in der er insgesamt gut fünf Monate diente, bevor er am 20. April 1945 in amerikanische Kriegsgefangenschaft geriet. In dieser Abteilung wurde er als Panzerschütze ausgebildet und dann mit seiner Kompanie an die Ostfront zwischen Lauban und Stettin geschickt. Er erlebte einen sowjetischen Beschuss, bei dem die Hälfte seiner Kompanie getötet wurde, geriet mit einem Trupp hinter die russischen Linien, entkam als Versprengter und traf auf der Flucht einen Obergefreiten aus Berlin, mit dem er wieder zu deutschen Truppen aufschloss, um dann bei Senftenberg noch einmal beschossen zu werden. Bei dieser Gelegenheit wurde er durch einen Streifschuss am Bein und einen Granatsplitter in der Schulter verwundet. Hier endete für ihn der Krieg (vgl. NGA 17, 107–159; Kloth und Wiegrefe 2006), von dem der verblendete „Jungnazi“ (NGA 17, 39) – nach eigenen Angaben „gläubig bis zum Schluss“ –, dachte, dass er „richtig“ war (vgl. NGA 17, 40 und Stolz 2023, 15).

2.2 Kriegsgefangenschaft und Wanderjahr

Ein Marschbefehl führte Grass am 28. April 1945 nach Marienbad, wo er in amerikanische Kriegsgefangenschaft geriet. In einem Lager in Bad Aibling verrichtete er Arbeitsdienste und wurde im Rahmen der ‚Umerziehung‘ auch in das KZ Dachau geführt. Er erinnert sich in einem Gespräch aus dem Jahr 1997, dass er und die anderen deutschen Insassen nicht glauben konnten, was sie sahen: „Wir haben uns das angesehen und wir waren nach wie vor so verbohrt, daß wir das alles – was die Verbrechen betraf – nach wie vor für Propaganda hielten.“ (NGA 24, 534–535). Erst Baldur von Schirachs

Schuldgeständnis während der Nürnberger Prozesse (1946) habe ihm die Augen geöffnet (vgl. NGA 17, 197–198; NGA 24, 534–536).

Im selben Jahr wurde Grass aus der Kriegsgefangenschaft entlassen und ging mit einem „Lagerkumpel“ (vgl. Neuhaus 2012, 86) gemeinsam nach Köln-Mülheim, wo er für den Schwarzmarkt Marmelade und Kunsthonig abfüllte. Im Kreis Bergheim/Erft arbeitete er für kurze Zeit auf einem Bauernhof, auch reiste er ins Saarland und blieb einige Monate auf der Suche nach seinem Auskommen „[ü]bergangslos [...] unterwegs“ (vgl. NGA 17, 215–216). In Göttingen wollte er zunächst das Abitur nachholen, brach jedoch die Schule sogleich wieder ab, weil er sich, provoziert durch einen reaktionären Geschichtsunterricht, wie „stehengeblieben“ fühlte (NGA 17, 218). Stattdessen nahm er im Kali-Werk Siegfried I zwischen Hannover und Hildesheim eine Arbeit als Koppeljunge an. Untertage erhielt er „politischen Nachhilfeunterricht“ (Neuhaus 2012, 96) von Sozialdemokraten, die ihm beibrachten, „ohne Ziel in den Wolken, ohne Symbole und Feldzeichen und ohne die Pappkameraden heldischer Vorbilder“ (NGA 20, 161) – und damit ideologiefrei – zu leben.

Im Winter 1946 fand der jetzt neunzehnjährige Grass seine mehr oder weniger versehrte Familie in Niederaußem bei Köln wieder. Mit dem Vater geriet er in Streit wegen des verweigerten Abiturs, und nach nur vierzehn Tagen machte er sich im Januar 1947 auf den Weg nach Düsseldorf, um dort Kunst zu studieren.

3 Kunststudium

3.1 Düsseldorfer Lehrjahre: Lernen zwischen Steinen und Mönchen

In *Beim Häuten der Zwiebel* beschreibt Grass sein Verlangen, Künstler zu werden, als „dritte[n] Hunger“ (vgl. NGA 17, 249; 249–291). Dieser führte ihn an die Kunstakademie in Düsseldorf, die im Winter 1946/47 jedoch aufgrund von Kohlemangel geschlossen blieb. Ein Professor riet ihm, zunächst ein Praktikum als Steinmetz und Steinbildhauer zu machen. In der Grabsteinfirma des Meisters Julius Göbel nahe dem Werstener Friedhof fand Grass seine erste Anstellung als Praktikant. Nach einem Jahr wechselte er in den auf die Ausbesserung zerstörter Fassaden spezialisierten Großbetrieb der Firma Moog.

Göbel vermittelte ihm einen Schlafplatz im Caritas-Heim auf dem Rather Broich. Dort fand er von 1947 bis 1951 nicht nur ein Dach über dem Kopf, sondern auch künstlerische Inspiration und geistige, mitunter geistliche Anleitung: Für seine Zeichenstudien standen ihm Bewohner aus dem angegliederten Altenheim Modell; Pater Stanislaus und der Heimleiter Fulgentius Maria Lehmann versorgten ihn mit Literatur „von Trakl bis zu den ersten, übersetzten französischen Surrealisten“ (NGA 24, 80) und animierten ihn „zu einer neuerlichen, stärker intellektuell geprägten Auseinandersetzung mit dem christlichen Glauben“ (Neuhaus 1991, 135; vgl. Neuhaus 1997, 111). Seine Düsseldorfer

Lehrjahre bildeten ihn nicht nur zum Steinmetz aus, sondern ließen ihn auch künstlerisch reifen.

3.2 An der Kunstakademie

Im Wintersemester 1948 wurde er an der wiedereröffneten Kunstakademie Düsseldorf zugelassen. Bis 1951 gehörte er der Bildhauerklasse von Sepp Mages an, seinem ersten „respektierte[n], sonst aber kaum auffallende[n] oder gar prägende[n] Meister“ (NGA 17, 305). Anfang 1951 wechselte er in die Klasse des Grafikers Otto Pankok, der ihn als künstlerische und politische Person „mehr geprägt hat, als [er] damals wahrhaben wollte“ (Grass 2014, 7; vgl. Grass und Detering 2017, 24–26; Neuhaus 2018).

Seit 1948 spielte Grass in einer Jazzband: Gemeinsam mit dem Flötisten Horst Geldmacher und dem Banjospieler Günther Scholl trat er im Düsseldorfer Jazzkeller „Czikos“ am Waschbrett auf und erarbeitete sich damit seine Miete (vgl. NGA 17, 331–334; vgl. dazu NGA 4, 661–681). Zeitweise verdiente er sich auch als Schaufensterdekorateur, mit dem Bau von Karnevalswagen oder der Restaurierung zerbombter Fassaden etwas dazu. Sein monatliches Haupteinkommen aber sicherte ihm ein Stipendium aus der Knappschaftskasse seines Vaters in Höhe von 50 DM (vgl. Mayer-Iswandy 2002, 42–43).

3.3 Bildungsreisen nach Italien und Frankreich

Die Semesterferien der Jahre 1951 und 1952 nutzte Grass für Autostoppreisen zunächst nach Italien, dann nach Frankreich. Die mitgeführten Skizzenbücher füllten sich „wie von selbst mit Menschen, Gebäuden, Veduten“ (Neuhaus 2012, 114). Während der Frankreichreise entstanden unter anderem der die *Blechtrommel* vorbereitende Säulenheiligen-Zyklus“ (NGA 1, 195), einzelne „vom Pathos des ins Komische umgedeuteten Existentialismus“ (Grass 2014, 19) geprägte Gedichte sowie von der Pariser Moderne und Picasso inspirierte Tuschezeichnungen und Skizzen (vgl. Krason 2021, 30–34). Folgenreich ist der Besuch bei einer Bekannten in der Schweiz: Dort, auf der Rückreise von Frankreich, lernte Grass 1952 in Lenzburg nicht nur seine zukünftige Frau Anna Schwarz kennen, sondern kurz danach auch einen kleinen Jungen mit einer Blechtrommel, der ihn auf die Idee für seine erste Romanfigur gebracht zu haben scheint (vgl. NGA 21, 379; Stolz 2022, 76).

3.4 Umbrüche und Umzüge

1952 zog Grass in sein erstes eigenes Atelier, das er gemeinsam mit Horst Geldmacher im Obergeschoss eines Stallgebäudes einrichtete und bewohnte. Allerdings spürte Grass nach seiner Frankreichreise das dringende Bedürfnis, sich künstlerisch neu auszurichten, und gleichzeitig wurde ihm das vom Wirtschaftswunder geprägte „Pseudokünstlermilieu in Düsseldorf" (vgl. NGA 24, 519) zu eng. Durch die Vermittlung des Bildhauers Ludwig Gabriel Schrieber wurde er im Januar 1953 Schüler des in Berlin lehrenden Bildhauers Karl Hartung. Den ersten Berliner Eindruck beschreibt er in der Rückschau des Jahres 1997 wie folgt: „Da war ich wieder der Realität konfrontiert: Berlin 1953, voller Trümmer, leergefegte Riesenplätze, die heute alle wieder bebaut sind, und an windigen Tagen, besonders im Sommer, bei kontinentaler Hitze, immer Ziegelsplitt zwischen den Zähnen" (NGA 24, 520). Hier wurden Grass und Anna Schwarz, die schon vor ihm nach Berlin kam, um bei Mary Wigman Ausdruckstanz zu studieren, ein Paar.

3.5 Berliner Kunst

Bei Karl Hartung lernte Grass, „Kunst grundsätzlich als Handwerk zu begreifen" (Neuhaus 2012, 117), gleichzeitig entwickelte er seine eigenen, vom Meister unabhängigen Vorstellungen, indem er für die gegenständliche Kunst und gegen das Abstrakte eintrat (vgl. NGA 24, 521–523). Hartung respektierte seinen Schüler, den er auch als Lyriker schätzte. Frühe Gedichte von Grass leitete er an seinen „Bierrundenfreund" Gottfried Benn weiter, der die Gedichte interessant genannt und Grass als zukünftigen Prosaschreiber identifiziert habe (NGA 24, 522; zu Hartung vgl. Krason 2021, 43–57).

1956 schloss Grass als Meisterschüler das Studium ab. Im selben Jahr erschien sein erster literarisch-bildkünstlerischer Gedichtband *Die Vorzüge der Windhühner*, doch schon 1955 feierte er erste literarische Erfolge: Er gewann beim „Lyrikpreis des Süddeutschen Rundfunks" den dritten Platz und erregte damit die Aufmerksamkeit von Walter Höllerer, seinem zukünftigen Mentor. Zunächst konnte er sein Gedicht *Lilien aus Schlaf* in der von Höllerer mitherausgegebenen Literaturzeitschrift *Akzente* (Nr. 3/1955) veröffentlichen, dann wurde er auf dessen Anregung hin zur Frühjahrstagung der Gruppe 47 nach Rupenhorn in Berlin eingeladen (vgl. Böttiger 2013, 207–211). Mit der erfolgreichen Lesung einiger Gedichte begann Grass' Karriere als Autor.

Parallel dazu wurden die Weichen für sein zukünftiges Familienleben gestellt. 1954 heiratete er Anna Schwarz und zog mit ihr in die Kellerwohnung einer ausgebombten Villa in Berlin-Grunewald. Mit seiner Frau heiratete er auch eine Olivetti-Reiseschreibmaschine vom Typ „lettera", ein Hochzeitsgeschenk, das ihn „dann nach und nach zum Schriftsteller machte" (NGA 17, 401). Gleichzeitig motivierte der Bücherschrank der Schwiegereltern ihn zu einem „‚Crash-Nachholkurs' in moderner Literatur" (Neuhaus 2012, 127; vgl. Grass und Detering 2017, 119–120). Zwischen 1954 und 1957 realisierte er neben *Die Vorzüge der Windhühner* „Dramenskizzen, Dramen, Ballettlibretti und -entwürfe" (Neuhaus 2012, 135; vgl. Stolz 2010, 8–65): Er „hatte [s]ich freigeschrieben" (Grass 2014, 63).

4 Schriftsteller

4.1 Paris

4.1.1 Ausbau der literarischen Karriere

Im Sommer 1956 zog Grass gemeinsam mit seiner Frau von Berlin in die Hauptstadt Frankreichs, damit Anna, die ein Engagement an einer Pariser Bühne in Aussicht hatte, bei der russischen Ballettmeisterin Nora Kiss ihre Ausbildung abschließen konnte. In Paris fanden der Blechtrommler und sein Autor endgültig zusammen, gleichzeitig erlebte Grass eine „Phase ungeheurer Produktivität" (Mayer-Iswandy 2002, 64). Seine Arbeit an Theaterstücken, Gedichten, Kurzprosa, dem Roman und bildkünstlerischen Arbeiten verband er geschickt mit der ökonomischen Vermarktung seiner Kunst. Wenn das Geld knapp wurde, „mußte [er] deshalb nach Westdeutschland trampen, um in den Sendeanstalten Köln, Frankfurt, Stuttgart und Saarbrücken einige Gedichte an Nachtprogramme gegen Bares zu verkaufen" (NGA 17, 423). Auch erste bescheidene Erfolge als Bühnenautor brachten ihm Geld ein.

Das Ehepaar bezog nach kurzer Wohnungssuche einen Hinterhofanbau in der Avenue d'Italie, den Annas Eltern ihrer Tochter gekauft hatten. Im Erdgeschoss befand sich ein feuchter Heizungsraum, den Grass zum Atelier und zur Werkstatt umfunktionierte. Hier fand er nach zahlreichen vergeblichen Anläufen (vgl. Stolz 2022, 73–106) auch den mittlerweile legendären ersten Satz der *Blechtrommel* und somit den Einstieg in das Großprojekt Roman: „Rinnende Wände hielten meine Vorstellung in Fluß. Die Feuchte des Raumes mag Oskar Matzeraths Witz gefördert haben." (NGA 21, 382) 1970 fand der englische Germanist John Reddick im besagten Heizungsraum einen von Grass vergessenen Koffer, in dem neben Zeichnungen eine Sammlung von 33 Kapitelentwürfen „aus verschiedenen Epochen der Entstehungsgeschichte" der *Blechtrommel* (Frizen 1987, 211) verwahrt wurden; sie sind einsehbar im Literaturarchiv Sulzbach-Rosenberg.

4.1.2 Neue Wegbegleiter

Grass fand in Paris auch einen neuen Mentor: den sieben Jahre älteren Dichter Paul Celan. Es wurde für ihn „die schwierigste Freundschaft, die [er] erlebt ha[t]" (Böttiger 2020, 15). Gleichzeitig sah er in Celan einen wichtigen Lehrer: „Er wußte alles, und er gab sehr viel." (Böttiger 2020, 18; vgl. Barnert 2004) Auch Höllerer blieb ihm Freund und Förderer: Er unterstützte Grass und seine inzwischen durch die 1957 geborenen Zwillinge Franz und Raoul erweiterte Familie finanziell, indem er dem Jungautor bezahlte Veröffentlichungen vermittelte oder ihm Vorschüsse gewährte (vgl. Neuhaus 2012, 149–150).

Für den Abschluss des Romans reiste Grass im Frühjahr 1958 nach Gdańsk, um vor Ort letzte notwendige Recherchen anzustellen: „In Gdańsk suchte ich Danzig [...] In Gdańsk war ich fremd und fand dennoch in Bruchstücken alles wieder“ (NGA 21, 384–385). Auf dem Rückweg begegnete er in Warschau zum ersten Mal dem noch unbekannten Marcel Reich-Ranicki, der ihn nach einem kurzen literarischen Gespräch über das *Blechtrommel*-Manuskript irritiert stehengelassen haben soll. Grass gibt in der Rückschau an, Reich-Ranicki habe ihn für einen bulgarischen Agenten gehalten (vgl. NGA 21, 385). Reich-Ranicki beschreibt den ersten Eindruck wie folgt: „Den, dachte ich mir, möchte ich nicht in einer dunklen Straße treffen, der hat wohl in seiner Hosentasche wenn auch nicht einen Revolver, so doch ein Messer.“ (Reich-Ranicki 2001, 385) Beide ahnten noch nicht, „dass mit dieser Warschauer Begegnung eine langjährige, eine wechselvolle und dramatische Geschichte begann“ (Reich-Ranicki 2003, 9).

4.1.3 Erfolg auf Blech getrommelt

Im Herbst 1958 erhielt Grass für die noch unveröffentlichten *Blechtrommel*-Kapitel „Der weite Rock“ und „Fortuna Nord“ den Preis der Gruppe 47 in Großholzleute. Mit dem vor Ort eingesammelten Preisgeld von 5000 DM, einem Vorschuss des Luchterhand-Verlags sowie dem enormen Verkaufserfolg des Romans im Herbst 1959 begann für Grass die Zeit der finanziellen Sorglosigkeit (vgl. Neuhaus 2012, 152). Und auch aus der anfangs gespannten Beziehung zwischen Grass und seinem Luchterhand-Verleger Eduard Reifferscheid entwickelte sich im Laufe der Zeit eine produktive, teils freundschaftliche, bis zum Verlagswechsel 1993 andauernde Zusammenarbeit (vgl. den Briefwechsel im Göttinger Grass-Archiv, Signatur: Cod. Ms. Grass-Archiv Grass I 3; vgl. NGA 19, 268).

Die Veröffentlichung der *Blechtrommel* rief „Schreie der Freude und der Empörung“ hervor (Enzensberger nach Loschütz 1968, 8), und schon sehr bald entwickelte sich der Roman zu einem Welterfolg. Gleichzeitig begann Grass bereits 1959 mit der Arbeit an einem neuem Romanprojekt: In Arbeitsplänen und ersten Ideenskizzen kündigte sich *Hundejahre* an (vgl. Neuhaus 2012, 174; vgl. GGA 1757, Archiv der Akademie der Künste, Berlin). Auch jenseits des Schreibens ging alles seinen Gang. Es wurde „kräftig gelebt, fürsorglich gekocht und aus Freude an Annas Tanzbeinen bei jeder sich bietenden Gelegenheit getanzt“ (NGA 21, 383).

4.2 Berlin

4.2.1 Rückkehr nach Berlin

Eigentlich sollte Grass 1960 mit einem viermonatigen Stipendium in die USA reisen. Doch bei einer Gesundheitsprüfung des amerikanischen Generalkonsulats wurden Tuberkulome – narbige Lungenknötchen – bei ihm festgestellt; das Visum wurde Grass daraufhin verweigert und eine Behandlung durch medizinische Spezialisten dringend angeraten. So zog die Familie zurück nach Berlin, zunächst nach Schmargendorf in eine

„Halbruine“ (NGA 18, 14) auf der Karlsbader Straße. Hier richtete sich Grass ein von der Wohnebene abgetrenntes Atelier unter dem Dach ein, „wo seine vielen Zettel an Balken hingen, auf denen lauter mit Filzstift geschriebene Hundenamen“ (NGA 18, 30; vgl. Grass 2014 114; GGA 143.2, Archiv der Akademie der Künste, Berlin) den neuen Roman vorbereiteten. Zunächst aber veröffentlichte er den Gedicht-Bild-Band *Gleisdreieck*, in dem Berlin, „die zerstörte, wieder aufgebaute, geteilte, aber noch nicht eingemauerte Stadt“ (Frizen 2010, 51) mit dem titelgebenden U-Bahnhof zum programmatischen Schauplatz erhoben wird (vgl. NGA 24, 198).

4.2.2 *Hundejahre*-Odyssee

Die nächsten Jahre gehörten dem neuen Roman, der anfangs „Kartoffelschalen“ heißen sollte, sich aber als Problemkind entpuppte: 1960 verwarf Grass das bereits 300 Seiten umfassende erste Manuskript. Aus dieser „Konkursmasse“ (Grass 2014, 89) entwickelte er die Novelle *Katz und Maus* (1961), bevor er in einem neuen Anlauf mit einer veränderten Erzählkonstruktion *Hundejahre* auf den Weg brachte. Der Roman weist eine der wohl „komplexesten Entstehungsgeschichten“ unter Grass’ Werken auf (vgl. Neuhaus 2010, 5). Nicht nur deshalb schien er für den Autor selbst wichtiger gewesen zu sein als der erste große Wurf, die weniger fragmentarisch anmutende *Blechtrommel* (vgl. NGA 24, 818).

Mit der Veröffentlichung des Romans *Hundejahre* hatte Grass seine erst im Nachhinein von John Reddick so genannte *Danziger Trilogie* abgeschlossen. Durch diese drei Prosawerke wurde er international zu einem der „wichtigsten deutschen Nachkriegsautoren“ (Brunssen 2014, 48). Durchschlagend war sein Erfolg etwa in Frankreich und den USA. Dank seines weltweiten, durch ungezählte Übersetzungen möglich gewordenen Erfolgs galt er schon früh als Anwärter auf den Literaturnobelpreis.

4.2.3 Grass und die Politik

Auch privat führte Grass ein bewegtes Leben: 1961 kam die Tochter Laura zur Welt, 1965 der Sohn Bruno. 1964 zog die Familie in die Friedenauer Niedstraße, in der Grass ein Haus gekauft hatte. Auf die Immobilie aufmerksam gemacht wurde er von seinem Schriftstellerkollegen Uwe Johnson, der im Haus nebenan wohnte und mit dem Grass und seine Frau freundschaftlich verbunden waren (vgl. Johnson et al. 2018; NGA 24, 433–455). Familie Grass galt als sehr gastfreundlich und veranstaltete regelmäßig das „Friedenauer Frühstück“, zu dem alle Freunde eingeladen waren, darunter Hans Magnus Enzensberger, Max Frisch, Ingeborg Bachmann, Familie Höllerer oder Nachbar Johnson (vgl. Neuhaus 2012, 241; zu Grass’ Familienleben vgl. Amelung 2007).

Grass wurde in den 1960er Jahren politisch aktiv. In Berlin spielte sich erneut die Weltgeschichte unmittelbar vor seiner Haustür ab: Mit Sorge beobachtete er seit dem 13. August 1961 den beginnenden Mauerbau und schrieb schon am 14. August gemeinsam mit Wolfdietrich Schnurre einen von Betroffenheit gezeichneten Offenen Brief an die ostdeutsche Schriftstellerin Anna Seghers (vgl. NGA 20, 44–46). Sein politisches Engagement – abgesehen von der Teilnahme an Ostermärschen – begann aber bereits im Mai 1961. Bei einem Schriftstellerkongress in Ost-Berlin reagierte er auf eine Ansprache des Kulturministers Hans Bentzien mit einer spontan aufbegehrenden, unter anderem für Uwe Johnson Partei ergreifenden und für die künstlerische Freiheit eintretenden Rede (vgl. NGA 20, 37–39; Grass und Detering 2017, 43–44). Hier lief er sich als „Bürgerschreck" warm (aus Grass' Stasi-Akte, zitiert nach Neuhaus 2012, 201; vgl. Schlüter 2010), und diesen öffentlichen Protest verstand er als eigentlichen Auftakt seines politischen Wirkens (Grass und Detering 2017, 93–94).

Es folgte sein Engagement für Willy Brandt und die SPD. Im September 1961 lernte er den SPD-Kandidaten mitten im Wahlkampf kennen und wurde zu dessen rhetorischem und stilistischem Berater (vgl. NGA 19, 69–73). Seine Aufgabe war es, Brandts Redemanuskripten einen dynamischen, wirkungsvollen Ton zu verleihen. Sein Einsatz legte schließlich den Grundstein für eine lebenslange Freundschaft zwischen Autor und Politiker (vgl. Brandt und Grass 2013).

Im Jahr 1965 gründete Grass das von der SPD etatisierte „Wahlkontor deutscher Schriftsteller", gleichzeitig organisierte er selbstständig Wahlkampagnen auf Landes- sowie auf Bundesebene. In den Jahren 1965, 1969 und 1972 setzte er sich auf zahlreichen Wahlkampfreisen ganz besonders für die SPD und Brandt ein (Beck 2007; zu 1969 vgl. Schlüter 2011). Unterstützt wurde sein Engagement von Kollegen wie Siegfried Lenz, Paul Schallück, Hans Werner Richter oder Max von der Grün. Grass erwirtschaftete auf seinen Reisen 1965 und 1969 durch Eintrittsgelder und Verkauf von gedruckten Reden einen hohen Überschuss, sodass er von Uwe Johnson vorgeschlagene Bildungsprojekte – die Stiftung von Bibliotheken für die Bundeswehr und die Preisvergabe für das beste Schullesebuch – realisieren konnte (NGA 20, 100–101, 141; vgl hierzu Johnson et. al. 2007, 55–63). Während seiner legendären Wahlkampfreise 1969 schrieb er ein „Sudelbuch", aus dem das mit Fiktion und Faktizität experimentierende Prosawerk *Aus dem Tagebuch einer Schnecke* (1972) hervorging.

Eine Auseinandersetzung mit den Studentenprotesten ist zunächst in seiner Gedichtsammlung *Ausgefragt* (1967), dann auch in dem Roman *örtlich betäubt* (1969) zu finden (vgl. Stolz 2023, 63–73, 170–181). Grass sympathisierte zwar anfangs mit den Protesten, grenzte sich als „Revisionist" jedoch von ihren revolutionären Bestrebungen und von der APO ab (vgl. NGA 20, 496–497, 530–536; Zimmermann 2017, 226–267). Das schlägt sich auch in der „Affäre Kipphardt" von 1971 nieder, die Grass mit seinem Beitrag *Abschußlisten* vom 30. April 1974 in der *Süddeutschen Zeitung* auslöste und die sich zum bundesweiten Skandal auswuchs. Darin prangert er öffentlich das von dem Chefdramaturgen Heinar Kipphardt verantwortete Programmheft zu Wolf Biermanns an den Münchener Kammerspielen aufgeführtem Stück *Der Dra-Dra* an, in dem eine Abschussliste von politisch unliebsame „Drachen" aus der Bundesrepublik erscheinen sollte (Neuhaus 2012, 231–233; vgl. NGA 19, 103–105).

Auch wenn Grass sich nach Abschluss des Romans *Hundejahre* zunehmend dem politischen Engagement verschrieben hatte, verlor er das literarische Erzählen, trotz der zeittypischen Forderungen vieler Intellektueller nach primär gesellschaftsbezogenem und dokumentarischem Schreiben, nie aus dem Blick. Obgleich er Politik und Literatur grundsätzlich zu trennen versuchte (vgl. NGA 8, 290), trat er in seiner Doppelrolle als Bürger und zeitgenössischer Schriftsteller nicht selten als engagierter Gegengeschichtenerzähler auf oder spitzte die politische Feder zum literarischen Fabulieren (NGA 20, 200–201). Diesen Zusammenhang macht auch seine Georg-Büchner-Preisrede von 1965 deutlich, denn sie geriet ihm, dem vom Wahlergebnis 1965 aufgebrachten Literaten, zum Pamphlet (vgl. NGA 20, 171–190). In Analogie zu diesem Spannungsfeld zwischen Citoyen und Künstler veranschaulicht sein 1966 publiziertes Theaterstück *Die Plebejer proben den Aufstand* am Beispiel von Bertolt Brecht und dem Arbeiteraufstand vom 17. Juni 1953 das ambivalente Verhältnis des Intellektuellen zur gesellschaftlichen Realität und die daraus resultierenden, auch im Grass'schen Trauerspiel unauflösbaren Konflikte (vgl. Stolz 2023, 161–169).

4.3 Wewelsfleth

4.3.1 Private und politische Umbrüche

In den 1970er Jahren ereigneten sich in Grass' Leben wegweisende Umbrüche und Neuanfänge; Grass zog sich von der politischen Bühne zurück, trennte sich Ende 1972 von Anna Grass, zog 1973 mit seiner neuen Lebensgefährtin, der Architektin Veronika Schröter und deren Töchtern, in die ehemalige Kirchspielvogtei im schleswig-holsteinischen Wewelsfleth und widmete sich wieder vermehrt seinen künstlerischen Talenten: Nicht „Staatssekretär oder gar Minister" wollte er sein, sondern Schriftsteller und Grafiker bleiben (NGA 21, 339). So kehrte er gleich nach dem Wahlkampf 1972 zur bildenden Kunst zurück, und 1973 erschien das mit der Fotografin Maria Rama gemeinsam erstellte Foto-Collagen-Buch *Mariazuehren* (vgl. Grass 2014, 190–195).

Mit dem Rücktritt von Willy Brandt am 7. Mai 1974 wurde Grass' Einsatz für die SPD vorerst hinfällig, aber seinen Überzeugungen als Verfechter des „demokratischen Sozialismus" (vgl. u. a. NGA 21, 232, 323) blieb er treu. Und er begann verstärkt, eine bemerkenswerte Akzentverschiebung, sich für gewerkschaftliche Arbeit zu interessieren und als Dozent mit Betriebsräten den Zusammenhang von literarischer Bildung und politischer Arbeit zu ergründen – allerdings relativ erfolglos, wie er in *Grimms Wörter* selbstkritisch kommentiert (NGA 19, 115–118). Auch versuchte er 1970, mit dem schwedischen Schriftsteller Per Wästberg und mit jugoslawischen Gewerkschaftsvertretern ein Entwicklungshilfeprojekt in Tansania zu begründen, was jedoch aufgrund divergierender Vorstellungen ebenfalls scheiterte (vgl. NGA 19, 171–173). Ab 1976 veröffentlichte Grass dann gemeinsam mit Heinrich Böll, Carola Stern, Johano Strasser und Heinrich Vormweg die politisch-literarische Zeitschrift „L'76" – später „L'80" – als Plattform für Reflexionen zu Demokratie und Sozialismus.

In den frühen 1980er Jahren potenzierte sich Grass' politisches Engagement wieder, und Themen wie „Armut, Hunger, Verhungernde, verpestete Luft, vergiftete Gewässer, hier vom sauren Regen, dort vom Kahlschlag vernichtete Wälder und sich wie selbsttätig aufstockende Waffenarsenale, die der vielfachen Vernichtung der Menschheit fähig sind" (NGA 22, 207) sollten Grass' künstlerische Arbeit in den kommenden Jahren prägen; die 80er Jahre wurden zu Grass' ökologischem Jahrzehnt. Auf Schriftstellertreffen setzte er sich für die Friedensbewegung und Abrüstung ein und rief zur Verweigerungshaltung – insbesondere den Wehrdienst betreffend – auf (vgl. NGA 22, 221, 273). Von 1983 bis 1986 war Grass Präsident der Akademie der Künste in Berlin. In dieser Funktion organisierte er einen Vortragszyklus, der die Aufklärung von einem dialektischen Standpunkt aus reflektierte (vgl. NGA 22, 279–284). Sein Einsatz für eine gerechte globale Politik wurde durch diverse Reisen motiviert, die er in diesen Jahren unternahm. 1975 reiste er zum ersten Mal nach Indien, 1978 und 1979 nach Asien und Ostafrika und 1982 dann als „Revolutionstourist" (vgl. Neuhaus 2012, 311) für acht Tage nach Nicaragua (vgl. NGA 22, 188–200).

4.3.2 *Der Butt* und familiärer „Kuddelmuddel"

Schon im *Tagebuch einer Schnecke* (1972) kündigte Grass einen neuen Roman an, „ein erzählendes Kochbuch" (NGA 8, 182). Und in den Jahren von 1974 bis 1977, in denen er regelmäßig an Schriftstellertreffen in der Hauptstadt der DDR mit Literaten aus Ost- und Westberlin, die sich gegenseitig aus ihren Manuskripten vorlasen, teilnahm (NGA 22, 136–137), arbeitete Grass dann tatsächlich intensiv am ständig wachsenden Manuskript zum *Butt* (1977). Die Geschichte des Plattfischs zeichnete er zunächst in vielen Bildmotiven und bebilderten Strukturplänen auf, bevor sie zum Text wurde (vgl. NGA 24, 500). Auch in der 1976 erschienenen Lithografie-Mappe *Mit Sophie in die Pilze gegangen* sind schon zentrale Roman-Motive in Text und Bild zusammengefügt und dort wird auch bereits das Kapitel „In die Pilze gegangen" bildhaft und lyrisch angedeutet (vgl. NGA 9, 440–454).

Mit Blick auf Grass' Biographie erscheint der *Butt* als ein „Ehe- und Beziehungsroman" (Neuhaus 2012, 285), in dem Grass die Beziehung zu Veronika Schröter, aber auch das durch die Trennungen hervorgerufene familiäre Durcheinander verarbeitete. 1974 wurde die gemeinsame Tochter Helene geboren, doch in der Beziehung kriselte es. 1975 schien bei Grass überall, „ob in Friedenau oder Wewelsfleth an der Stör, jeweils der Haussegen schief" zu hängen (NGA 15, 237; vgl. NGA 18, 63–82). Im Sommer 1976 trennten er und Veronika Schröter sich, im gleichen Jahr zog er mit Ute Grunert, seiner zukünftigen Frau, und ihren beiden Söhnen zusammen. Mit der Lektorin Ingrid Krüger ging er eine weitere Beziehung ein, 1979 wurde die gemeinsame Tochter Nele geboren. Im Mai 1979 heiratete er dann Ute Grunert. In der „aus heiterer Laune geschriebenen" Autobiographie *Die Box* (2008) stellt er diesen „familiären Kuddelmuddel" aus Sicht seiner Kinder dar, was ihm „allerdings heftigen Disput mit einigen [seiner] Töchter und Söhne einbrachte" (Grass 2014, 529, 538). Die Arbeit am *Butt* verlief dabei für Grass „zeitverschleppend und durch zu oft notwendigen Ortswechsel gehemmt" (NGA 19, 260).

Der Butt wurde schließlich zur „Weltchronik" (Øhrgaard 2007, 112), in der Persönliches, Sinnliches, Märchenhaftes, Mythologisches, Politisches und Historisches in unterschiedliche Zeiten hineingespiegelt werden. Die Schwangerschaft Veronika Schröters bis hin zur Geburt der Tochter Helene gibt dem in neun Kapitel eingeteilten Roman einen zeitlichen Rahmen, in dem wiederum ein weites historisches von der Jungsteinzeit bis ins Jahr 1970 reichendes Universum aufgespannt wird.

Das Märchen vom Butt wurde zum durchschlagenden Erfolg. Kritiker und Leser waren gleichermaßen begeistert, und der erste Satz „Ilsebill salzte nach" wurde 2007 zum schönsten Anfangssatz der deutschsprachigen Literatur gewählt. Im Januar 1978 fand auf Drängen des verhandlungserfahrenen Autors zum ersten Mal ein von den beteiligten Verlagen finanziertes einwöchiges Übersetzertreffen statt, bei dem er mit den Übersetzern in einer Arbeitsklausur über seinen Roman und ihre Übertragungsprobleme sprach. Solche Treffen wurden seitdem für jedes neue große Erzählprojekt von Grass etabliert und später auch für seine gesammelte Lyrik organisiert.

4.3.3 Barocke Nachwirkungen und andere Kopfgeburten

Für seinen *Butt* hatte Grass akribische Recherchen angestellt, u. a. zur Barockliteratur. Am 12. November 1978 feierte Grass' früher Förderer und Freund Hans Werner Richter seinen siebzigsten Geburtstag, und Grass widmete ihm die barocke Erzählung *Das Treffen in Telgte* (1979). Darin transponiert er die Idee eines Literatenreffens im Sinne der Gruppe 47 in das Jahr 1647: nicht dadurch, dass er „die Mitglieder der Gruppe 47 [...] ins Barockkostüm" steckt (Neuhaus 2010, 169), sondern durch beide Zeitebenen miteinander verbindende „Strukturhomologien" (Cepl-Kaufmann nach Neuhaus 2010, 169).

1979 kam die von Volker Schlöndorff mit Unterstützung von Grass realisierte Verfilmung der *Blechtrommel* in die Kinos (vgl. Schlöndorff 1979); sie wurde zum erfolgreichsten deutschen Nachkriegsfilm. Die Zusammenarbeit mit Schlöndorff motivierte ihn zu einem neuen Filmprojekt (vgl. NGA 11, 13–16), das dann allerdings als „Arbeitsjournal" (Neuhaus 2012, 303) mit dem Titel *Kopfgeburten oder Die Deutschen sterben aus* (1980) veröffentlicht wurde. Es bietet Einblicke in die Werkstatt des Autors, der sich auf dem Weg in sein ökologisches Jahrzehnt befindet. Das auf die Umweltkatastrophen der 1980er Jahre reagierende Schreiben, das in der *Rättin* (1986) und *Totes Holz* (1990) seinen Höhepunkt findet, kündigt sich in *Kopfgeburten* ebenso an wie der Blick auf das Elend in der sogenannten „Dritten Welt" (NGA 11, 62–63, 86–87).

Nach der Veröffentlichung der *Kopfgeburten* machte Grass eine etwa dreijährige Schreibpause und wechselte von der Olivetti zum Töpferton: Er war nun abermals „auf das Haptische, auf das Plastische, auf die Figur im Raum konzentriert" und erholte sich von der literarischen „Kopfkonzentration" (NGA 24, 604).

4.3.4 Fünf nach zwölf

Ab 1982 arbeitete Grass – zunächst zeichnend und mit Ton, dann schließlich wieder mit Text – an seinem ‚Katastrophenbuch' *Die Rättin* (vgl. NGA 24, 360), das im Tschernobyl-Jahr 1986 erschien: Umweltkatastrophen, soziale Katastrophen, atomare Horrorszenarien und politische Handlungsunfähigkeit prägen dieses Buch ohne Gattungsbezeichnung ebenso wie die katastrophale Aufnahme des Buches nach dessen Erscheinen (vgl. Neuhaus 2012, 323–324; Reich-Ranicki 1994, 133–143). Das hier realisierte „Ineinander von Weltuntergang und Weltfortgang" (Neuhaus 2012, 330) wird auch die folgenden Werke prägen.

Während des Schreibprozesses, 1984, zog Familie Grass nach Hamburg und 1986 in eine Gründerzeitvilla im Lauenburgischen Behlendorf, wo Grass mit seiner zweiten Frau bis zu seinem Lebensende wohnen sollte. Der Kirchspielvogtei in Wewelsfleth gab er den Namen „Alfred-Döblin-Haus" und schenkte das Haus der Stadt Berlin, verbunden mit der Auflage, dort Aufenthaltsstipendien an „Berliner Schriftsteller*innen" zu vergeben, die an einem neuen Projekt arbeiten und „sich bereits durch Veröffentlichungen ausgewiesen haben oder die in Arbeitsproben eine literarische Befähigung erkennen lassen" (Alfred-Döblin-Stipendium, Internetauftritt).

Von August 1986 bis Januar 1987 reisten Günter und Ute Grass gemeinsam nach Calcutta. Nach den ersten kurzen Indien-Aufenthalten plante er nun, „länger zu bleiben, auszuhalten, genauer und geduldig hinzusehen und – wenn möglich – zu begreifen" (NGA 22, 381). Er beobachtete „tiefste[] menschliche[] Erniedrigung" gepaart mit einem „unbegreifliche[n] Überlebenswillen" (NGA 22, 381). Seinem Besuch entstammt das Buchprojekt *Zunge zeigen* (1988), das in Text-Bild-Variationen nicht nur von Calcutta, sondern insbesondere auch von Grass' künstlerischer Verarbeitung seines Aufenthalts berichtet (vgl. Wellnitz 2022). Doch nicht nur künstlerisch, sondern auch politisch reagierte Grass auf das bedrückende Elend: Er lernte vor Ort das „Calcutta Social Project" kennen, das Schulen in Slums baut, und gründete, zurückgekehrt, mit Freunden einen das Projekt unterstützenden Hilfsverein. 2005 besuchte er das Projekt noch einmal.

4.4 Behlendorf (Hzgt. Lauenburg) bei Lübeck

4.4.1 Wiedervereinigung und Waldsterben

Im April 1987 richtete sich Grass in dem neuen Haus am Kanal in Behlendorf ein. Im Oktober feierte er seinen sechzigsten Geburtstag, zu dessen Anlass die erste Werkausgabe im Luchterhand-Verlag erschien. Am 9. November 1989 fiel die Mauer, und Grass betrachtete die Wiedervereinigung mit Skepsis: „Vereinigung als Einverleibung der DDR hätte Verluste zur Folge, die nicht auszugleichen wären" (NGA 22, 408), lautete sein Diktum, und gegen diese Form der Wiedervereinigung, der er eine Konföderation vorzog, hielt er 1989 und 1990 zahlreiche Reden (vgl. Grass 2009, Stolz 1991 und Zimmermann 2017, 197–225). Zusätzlich warnte er vor einem erneuten starken Einheitsstaat und dessen Folgen, auch in seiner öffentlich teils geächteten Frankfurter Poetik-Vorlesung unter dem schwergewichtigen Titel *Schreiben nach Auschwitz* (vgl. NGA 22, 416–441).

1990 erschien der „Nachruf“ *Totes Holz*, in dem Grass zeichnend und mit wenigen Worten das Waldsterben bildhaft machte. Beim Anblick des toten Holzes versagte ihm die Sprache, was „Untertitel, mehr kürzere als längere“, Auszüge aus dem Waldzustandsbericht 1989 und die mit Reißkohle oder Tintenfischtinte verfertigten Skizzen spürbar machen (Grass 1990, 104–105; vgl. Detering 2022). Im Frühjahr 1990 setzte er seine ökologisch-soziale Zeichenserie fort, indem er in der Lausitz den Braunkohle-Tageabbau, die „zerstörte und neuentstandene Landschaft“ zeichnete und davor seine Titeltiere versammelte: „die uralten Vögel, den Hahn, den Butt, die Doppelschnecke, die Ratten“ (Grass 2014, 341) fanden Eingang in seinen *Brief aus Altdöbern* (Grass 2014, 340–346).

Erst 2009 veröffentlichte er unter dem Titel *Unterwegs von Deutschland nach Deutschland* sein Tagebuch von 1990. Hierin skizziert er seine von Reden und Essays flankierten Reisen durch die DDR: Er war unterwegs, um „von Rügen bis zum Vogtland“ die Folgen der Wiedervereinigung zu beobachten (Grass 2009, 8).

Um diese Folgen ging es auch in seiner 1992 veröffentlichten Erzählung *Unkenrufe*, die noch kontrovers diskutiert wurde, als in der Nacht auf den 23. November 1992 in Mölln drei Türkinnen durch einen neonazistischen Brandanschlag ums Leben kamen – der traurige Höhepunkt einer Serie rechtsradikaler Übergriffe. Grass war von Behlendorf aus sofort vor Ort, hielt als ohnmächtig-zorniger Homo politicus bewegte, allzu deutsche Missstände anprangernde Reden und entwickelte in kürzester Zeit den sperrigen Sonettzyklus *Novemberland* (1993), in dem er eine lyrisch verdichtete Bestandsaufnahme der von Fremdenhass und Rassismus gezeichneten Nachwendegesellschaft vornimmt (vgl. NGA 23, 40–63): „ein Horrorszenario“ (Stolz 2023, 82–83).

4.4.2 Von *Ein weites Feld* zum Nobelpreis

Noch im selben Jahr begann Grass' intensive Arbeit an *Ein weites Feld*, dem ersten Werk, das nach dem 1993 vollzogenen Verlagswechsel zum Göttinger Steidl-Verlag erschien (vgl. dazu die Dokumente im Göttinger Günter Grass-Grass-Archiv, Signatur: Cod. Ms. Grass-Archiv Verlagswechsel). Der Roman kombiniert biographische Elemente über Theodor Fontane mit der Zeitgeschichte rund um die Wiedervereinigung. Erzählt wird von einem Autorenkollektiv aus dem Theodor-Fontane-Archiv Potsdam. Das archivalische Schreiben ist dabei nicht nur Teil der Fiktion, es steht auch am Beginn des Entstehungsprozesses von *Ein weites Feld*: Für umfangreiche Archiv-Recherchen schickte Grass den Germanisten Dieter Stolz als „verdeckte[n] Ermittler“ in die Treuhand und andere Berliner Archive (vgl. Bielefeld et al. 1996, 289).

Mit dem Erscheinen des Romans entspann sich „eine Skandalgeschichte ohne ihresgleichen in der Literaturgeschichte“ (Neuhaus 2012, 357). Von Reich-Ranicki und anderen Kritikern wurde der Roman im Vorfeld zunächst in den höchsten Tönen gelobt, dann aber nach allen Regeln der Kritikerkunst verrissen, mehr noch: Auf der Titelbildmontage des *Spiegel* vom 21. August 1995 zerreißt Reich-Ranicki den Roman buchstäblich – passend zum darin abgedruckten Verriss (vgl. Negt 1996). Grass traf dieser mediale „Vernichtungswille“ (NGA 23, 136) und er flüchtete mit Aquarellfarben in die Kunst: „Mir blieb, wie im Märchen, nur ein Ausweg, der Wald: Also rettete ich mich ins Aquarell.“ (NGA 23, 137) Der Wechsel der künstlerischen Disziplin führte abermals zu einem neuen Gesamtkunstwerk: Aus Aquarellen und darin eingeschriebenen Kurzversen entstand – rechtzeitig zum 70. Geburtstag – der „Jahreszeiten-Zyklus“ (Neuhaus 2012, 368) *Fundsachen für Nichtleser* (1997).

Doch auch neue Erfolge richteten Grass wieder auf: 1996 erhielt er gleich drei Preise: den Sonning-Preis der Universität Kopenhagen, den Fallada-Preis in Neumünster und den Thomas-Mann-Preis in Lübeck. Dazu schreibt er in *Sechs Jahrzehnte*: „Welch ein Wechselbad! Nach infamen Kränkungen kamen nun Ehrungen zuhauf.“ (Grass 2014, 397). Auch der in Hamburg mit internationalen Gästen gefeierte Geburtstag und eine Gastprofessur an der Medizinischen Universität Lübeck im Wintersemester 1997/98 bestärkten ihn.

Im Oktober 1997 allerdings folgte der nächste Skandal. Grass hielt in der Frankfurter Paulskirche eine Laudatio auf Yaşar Kemal, der den „Friedenspreis des Deutschen Buchhandels“ verliehen bekam. In dieser Rede drückt er nicht nur seine Bewunderung für den Preisträger, sondern mit Blick auf die deutsche Abschiebepraxis auch seine Scham aus: „Ich schäme mich meines zum bloßen Wirtschaftsstandort verkommenen Landes, dessen Regierung todbringenden Handel zuläßt und zudem den verfolgten Kurden das Recht auf Asyl verweigert.“ (NGA 23, 210; vgl. NGA 19, 140–144; Bissinger und Hermes 1998). Ein kritisches, teils hasserfülltes Presseecho war die Folge.

Grass reagierte mit seinem Buch *Mein Jahrhundert*, einer Sammlung von Geschichten und Aquarellen zur Jahrtausendwende, die als Weiterentwicklung der „Aquadichte“ aus *Fundsachen für Nichtleser* verstanden werden kann. Das 1999 erschienene „Jahresbuch eines Jahrhunderts“ (Neuhaus 2012, 374) entstand ebenfalls in Text und Bildern; ein „vielstimmiges Konzert“ wurde komponiert, indem es sich der Autor zur Aufgabe gemacht hat, „von Geschichte zu Geschichte als Erzähler in jeweils andere Haut zu kriechen“ (Grass 2014, 397, 399). Doch primär ging es ihm auf diesem Weg darum, ein Jahrhundert „voller überdimensionaler Schrecknisse“ (Raddatz 2002, 87) mit literarischen Mitteln in Erinnerung zu behalten.

Im Dezember 1999 erhielt Grass den Literaturnobelpreis. Seit drei Jahrzehnten galt er als Kandidat, nun stellte sich der Triumph zwar spät, dafür aber „mit einer wohlgefeilten Charakterisierung der Lebensleistung“ (Raddatz 2002, 15) ein: Er habe den Preis erhalten, „weil er in munterschwarzen Fabeln das vergessene Gesicht der Geschichte gezeichnet hat“ (zit. nach Neuhaus 2012, 382). In seiner Festrede „Fortsetzung folgt“ macht Grass deutlich, warum Literatur, allen globalen Katastrophen zum Trotz, weiter wirkt (vgl. Grass und Steidl 2000).

4.4.3 Jahre des Erinnerns

Nach den Feierlichkeiten widmete sich Grass wieder der bildenden Kunst und steuerte gleichzeitig auf sein Jahrzehnt der Erinnerungen zu. Im November 2002 erschien die Novelle *Im Krebsgang*, in der er das Erinnern auf die deutschen Opfer des Krieges lenkt, indem er den Untergang des „Kraft durch Freude“-Schiffes „Wilhelm Gustloff“ zum Thema macht. Die Novelle wurde sein größter Erfolg seit dem Erscheinen des *Butt*. Auch engagierte sich Grass international: Im Mai 2002 reiste er ins südkoreanische Seoul, um dort eine Rede über die Vereinigungsproblematik in geteilten Ländern zu halten; Ende des Jahres nahm er an einem Dichtertreffen im Jemen teil und förderte damit den deutsch-arabischen Dialog (vgl. Al-Jabouri 2003), der 2004 mit einem weiteren Jemenbesuch fortgesetzt wurde.

Die 2000er Jahre wurden zum Jahrzehnt des schmerzlichen Abschiednehmens und persönlichen Erinnerns. Viele alte Freunde und Weggefährten wie Heinrich Böll, Walter Höllerer, Peter Rühmkorf oder Christa Wolf starben. Grass fühlte sich mehr und mehr „übriggeblieben“ (NGA 2, 426). Doch bevor die erste Autobiographie erschien, standen noch andere Projekte auf dem Plan. Mit *Letzte Tänze* (2003) konzipierte der Lyriker einen Text-Bild-Band, in dem „jenseits des Schreckens tanzende Paare“ (NGA 1, 357) zur Schau gestellt werden; 2004 erschien sein großformatiges *Schatten*-Buch mit ausgewählten und selbst illustrierten Märchen von Hans Christian Andersen. Und 2005 war Grass sogar noch einmal im Wahlkampf unterwegs, dieses Mal für die rot-grüne Koalition. Ende 2005 lud er dann Autorinnen und Autoren zum „Lübecker Autorentreffen“ ein, einer am Handwerklichen orientierten Schreibwerkstatt, die bis heute jährlich im Lübecker Günter Grass-Haus stattfindet.

Zwischen 2006 und 2010 veröffentlichte er seine *Trilogie der Erinnerung*, bestehend aus *Beim Häuten der Zwiebel* (2006), *Die Box* (2008) und *Grimms Wörter* (2010). Dem *Zwiebel*-Buch kommt eine besondere Rolle zu, wobei das poetologische Konzept des zwiebelhäutenden Erinnerns von der Passage rund um die Waffen-SS überschattet wurde (vgl. Abschnitt 2.1). Mit der öffentlichen Aufarbeitung seiner Zeit bei der Waffen-SS handelte Grass sich einen weiteren „Skandal sondergleichen“ (Neuhaus 2012, 430) ein. Ausgelöst wurde der gegen ihn gerichtete mediale Feldzug, dessen Winkelzüge Martin Kölbel in seinem Buch über die Debatte aufzeigt (Kölbel 2007, 335–356; vgl. auch Gries 2008), unter anderem mit folgenden vielzitierten Worten: „Und doch habe ich mich über Jahrzehnte hinweg geweigert, mir das Wort und den Doppelbuchstaben einzugestehen. Was ich mit dem dummen Stolz meiner jungen Jahre hingenommen hatte, wollte ich mir nach dem Krieg aus nachwachsender Scham verschweigen.“ (NGA 17, 112) Grass sah sich in der Folge Hassattacken und Häme ausgesetzt, aber er wollte weitermachen, sich nicht den Mund verbieten lassen, denn „Makel verpflichtet“ (NGA 1, 426), wie er in seiner von Betroffenheits- und Rechtfertigungsgestus geprägten Gedichtsammlung *Dummer August* (2007) festhält – einer emotionalen „Stellungnahme“ (Mazurek 2011, 177), die vor allem zeigt, wie sehr Grass unter den auf ihn einprasselnden Vorwürfen gelitten hat.

2007 feierte er seinen 80. Geburtstag gleich dreimal: in Bremen, in Göttingen und in Gdańsk.

2009 erschien *Die Box* als zweiter Teil der Erinnerungs-Trilogie. In Märchenform stellt Grass in diesen „Dunkelkammergeschichten“, so der Untertitel, sein Leben und die

Werke ab 1961 vor. 2010 folgte der dritte Teil der Trilogie: *Grimms Wörter*. Mit dieser romantisch ausgestalteten „‚Liebeserklärung' an die deutsche Sprache" (Grass 2014, 573) verbindet er den biographisch-literarischen Blick auf die Brüder Grimm und ihre Zeit mit Rückblicken auf seine eigene politische und literarische Arbeit.

Im Sommer 2010 nahm er sich seinen Roman *Hundejahre* noch einmal vor und entwarf für die 2013 erschienene Jubiläumsausgabe zahlreiche Radierungen, von denen 136 in die dreibändige Ausgabe aufgenommen wurden. Der kreative Rückblick auf seinen zweiten Roman wird begleitet von weltpolitischen Ereignissen, von Kriegen, Naturkatastrophen und dem atomaren GAU in Fukushima, und Grass brachte sich weiterhin, bis kurz vor seinem Tod, politisch ein (vgl. Links 2022): So gründete er die August-Bebel-Stiftung, von der 2011 der erste August-Bebel-Preis an Oskar Negt verliehen wurde (vgl. NGA 23, 482–485). Zugleich entstand in dieser Zeit die Lyriksammlung mit dem Titel *Eintagsfliegen*, Gedichte, die Grass mit Aquarellen der kurzlebigen Insekten rahmte. In diesem farbenfroh illustrierten Buch sind „Erinnerungssplitter, Absurditäten des Alltags, Springers Morgengaben oder Begegnungen mit realen und fiktiven Weggefährten, auch traurige Anlässe, Abschied[e]" (Grass 2014, 589) und politische Gedichte mit provokativem Charakter zu finden. Zu einem weiteren Grass-Skandal führte das in die *Eintagsfliegen* eingegangene, aber schon vorab am 4. April 2012 in der *Süddeutschen Zeitung* abgedruckte Antikriegsgedicht *Was gesagt werden muß* (vgl. NGA 1, 530–532; Detering und Øhrgaard 2013). In diesem „appellativen Prosagedicht" (Grass 2014, 591) prangert Grass eine U-Boot-Lieferung Deutschlands an Israel an und kritisiert „[d]ie gegenwärtige Regierung der Atommacht Israel" (NGA 1, 531). Diese als Invektive verstandene politisch-lyrische Stellungnahme löste einen erneuten medialen Feldzug gegen Grass aus, wobei ihm nicht zuletzt Antisemitismus unterstellt wurde (vgl. Stolz 2023, 403–406).

Bis zu seinem Tod am 13. April 2015 arbeitete Grass an seinem erst postum veröffentlichten Buch mit dem bezeichnenden Titel *Vonne Endlichkait* (2015), das sich aus den vom Autor so genannten „Doppelstücken" (vgl. NGA 2, 459) zusammensetzt, einer sich wechselseitig ergänzenden oder auch relativierenden Kombination von kurzen Prosatexten mit themenverwandten Gedichten und Zeichnungen. Allen Enttäuschungen und altersbedingten Schwächen zum Trotz hat er bis zum Schluss weitergearbeitet und „berührende Geschichten, verdichtet zu kunstvollen Miniaturen" zu Papier gebracht, „eine Art literarisches Testament" (Stolz 2019, 158).

5 Nachleben

Schon 2002 wurde in Lübeck ein Günter Grass-Haus in der Glockengießerstraße 21 errichtet, das sich mit Ausstellungen und Veranstaltungen dem Künstler und Bürger Grass und anderen Kunstschaffenden mit literarischer und bildkünstlerischer Doppelbegabung widmet.

2011 wurde die Günter und Ute Grass Stiftung mit dem Zweck der Förderung von Wissenschaft und Forschung, Kunst und Kultur sowie der Pflege des künstlerischen Werks von Günter Grass und der Manuskripte seines schriftstellerischen Werks etabliert; sie unterstützt alle von Grass gegründeten Stiftungen und hat von 2015 bis 2022 den noch vom Ehepaar Grass selbst angestoßenen *FREIPASS* herausgegeben, ein vielstimmiges Diskussionsforum für Literatur, Bildende Kunst und Politik. Sechs Bände geben Einblicke in die aktuelle Grass-Forschung, behandeln darüber hinaus aber auch wechselnde Schwerpunktthemen zu zentralen Problemkomplexen unserer Zeit.

Grass' Nachlass wird vor allem im Günter Grass-Haus und im Günter Grass-Archiv der Akademie der Künste Berlin verwahrt. Die Günter Grass Stiftung Bremen sammelt, bewahrt und pflegt das umfangreiche audiovisuelle Werk des Literaturpreisträgers. Mit ihrem digitalisierten Medienarchiv versteht sich die Stiftung als Partnerin der Forschung, Wissenschaft und interessierten Öffentlichkeit. Im von Walter Höllerer geründeten Literaturarchiv Sulzbach-Rosenberg ist unter anderem der von John Reddick in Paris entdeckte Koffer mit den frühen *Blechtrommel*-Entwürfen einzusehen. Seit 2019 wird in Zusammenarbeit von Georg-August-Universität und Niedersächsischer Staats- und Universitätsbibliothek Göttingen ein weiteres Günter-Grass-Archiv aufgebaut, das den vom Steidl-Verlag gesammelten Nachlass verwaltet und auswertet. Und schließlich kann in Gdańsk, wo 2003 auch eine „Günter Grass Gesellschaft" gegründet wurde und die Universität schon viele prominent besetzte Grass-Kongresse organisiert sowie Tagungsbände und bedeutende Grass-Publikationen herausgebracht hat, die „Gdańska Galeria Güntera Grassa" besucht werden, in der regelmäßig Ausstellungen zum Werk des Autors stattfinden.

Spuren, die den Autor auch im Vorbeigehen lebendig halten, sind an all diesen Grass-Orten zu finden: In Lübeck und Gdańsk erinnern beispielsweise die Grass-Skulpturen „Butt im Griff" an Autor und Werk, in Göttingen zeugt das G7-Denkmal auf dem Zentralcampus von Grass bzw. von den Geschichten, die ihn bewegten, und im ehemaligen Langfuhr kann man auf einer Sitzbank neben Skulpturen vom Autor und seinem Blechtrommler Platz nehmen.

Literatur

Alfred-Döblin-Stipendium, Internetauftritt. https://www.adk.de/de/akademie/preise-stiftungen/A_Doeblin_Stipendium.htm (26. März 2023).

Al-Jabouri, Amal (Hrsg.). *Günter Grass im Jemen*. Berlin 2003.

Amelung, Margarethe. *Fünf Grass'sche Jahreszeiten. Von dem Mädchen, das immer so leicht errötete*. München 2007.

Barnert, Arno. „Eine ‚herzgraue' Freundschaft. Der Briefwechsel zwischen Paul Celan und Günter Grass". *Text* 9 (2004): 65–127.

Beck, Kurt (Hrsg.). *„Schlagt der Äbtissin ein Schnippchen, wählt SPD!". Günter Grass und die Sozialdemokratie*. Berlin 2007.

Bielefeld, Claus-Ulrich, Günter Grass und Dieter Stolz. „‚Der Autor und sein verdeckter Ermittler.' Ein Gespräch". *Sprache im technischen Zeitalter* 139 (1996): 289–314.

Bissinger, Manfred, und Daniela Hermes (Hrsg.). *Zeit, sich einzumischen. Die Kontroverse um Günter Grass und die Laudatio auf Yaşar Kemal in der Paulskirche*. Göttingen 1998.

Borzyszkowska-Szewczyk, Mirosława. „Mit schrägem Blick? Das Kaschubische im Kontext von Günter Grass' Lebenswerk und seiner Rezeption". *Freipass. Forum für Literatur, Bildende Kunst und Politik. Schriften der Günter und Ute Grass Stiftung*. Hrsg. von Volker Neuhaus, Per Øhrgaard und Jörg-Philipp Thomsa. Bd. 4. Berlin 2019: 108–130.

Böttiger, Helmut. *Die Gruppe 47. Als die deutsche Literatur Geschichte schrieb*. 3. Auflage. München 2013.

Brandt, Willy, und Günter Grass. *Der Briefwechsel*. Hrsg. von Martin Kölbel. Göttingen 2013.

Brunssen, Frank. *Günter Grass*. Marburg 2014.

Detering, Heinrich, Lisa Kunze, und Katrin Wellnitz. *Günter Grass als Buchkünstler*. Göttingen 2022.

Detering, Heinrich, und Per Øhrgaard. *Was gesagt wurde. Eine Dokumentation über Günter Grass' „Was gesagt werden muss" und die deutsche Debatte*. Göttingen 2013.

Detering, Heinrich. „Windbruch und Wortbruch. Ökologische Krise und romantische Dekonstruktion in Grass' ‚Totes Holz'". *Freipass. Forum für Literatur, Bildende Kunst und Politik. Schriften der Günter und Ute Grass Stiftung*. Hrsg. von Volker Neuhaus, Per Øhrgaard und Jörg-Philipp Thomsa. Bd. 6. Berlin 2022: 152–176.

Frizen, Werner. „Zur Entstehungsgeschichte von Günter Grass' Roman ‚Die Blechtrommel'". *Monatshefte* 79.2 (1987): 210–222.

Frizen, Werner. *Günter Grass. Gedichte und Kurzprosa. Kommentar und Materialien*. Göttingen 2010.

Grass, Günter, und Gerhard Steidl. *Stockholm. Der Literaturnobelpreis für Günter Grass. Ein Fototagebuch*. Göttingen 2000.

Grass, Günter, und Heinrich Detering. *In letzter Zeit. Ein Gespräch im Herbst*. Göttingen 2017.

Grass, Günter. *Als der Zug abfuhr. Rückblicke auf die Wende*. Göttingen 2009.

Grass, Günter. *Sechs Jahrzehnte. Ein Werkstattbericht*. Hrsg. von G. Fritz Margull und Hilke Ohsoling. Göttingen 2014.

Grass, Günter. *Totes Holz. Ein Nachruf*. Göttingen 1990.

Grass, Günter. *Unterwegs von Deutschland nach Deutschland. Tagebuch 1990*. Göttingen 2009.

Gries, Britta. *Die Grass-Debatte. Die NS-Vergangenheit in der Wahrnehmung von drei Generationen*. Marburg 2008.

Holzendorf, Jan. *Theologie bei Günter Grass. Eine Untersuchung auf der Grundlage der Lichterlehre Karl Barths und ihrer Rezeption durch Michael Trowitzsch*. Berlin und Boston 2021.

Johnson, Uwe, Anna Grass, und Günter Grass. *Briefwechsel*. Hrsg. von Arno Barnert. Berlin 2018.

Kloth, Hans Michael, und Klaus Wiegrefe. *Dokument nährt die Zweifel an Grass' Angaben. Günter Grass hat seine Wehrmachts-Krankenakte freigegeben*. https://www.spiegel.de/kultur/literatur/wehrmachts-krankenakte-dokument-naehrt-die-zweifel-an-grass-angaben-a-433608.html. Hamburg 2006 (13. September 2022).

Krason, Viktoria. „Danzig-Variationen im Werk von Günter Grass". *Von Danzig nach Lübeck. Günter Grass und Polen*. Hrsg. von Jörg-Philipp Thomsa und Viktoria Krason. Lübeck 2010: 35–42.

Krason, Viktoria. *Auseinandernehmen und Zusammensetzen. Günter Grass und die bildende Kunst*. Göttingen 2021.

Links, Christoph. „Streitbar bis zuletzt". *Freipass. Forum für Literatur, Bildende Kunst und Politik. Schriften der Günter und Ute Grass Stiftung*. Hrsg. von Volker Neuhaus und Per Øhrgaard und Jörg-Philipp Thomsa. Bd. 6. Berlin 2022: 315–319.

Loschütz, Gert (Hrsg.). *Von Buch zu Buch – Günter Grass in der Kritik. Eine Dokumentation*. Neuwied und Berlin 1968.

Mayer-Iswandy, Claudia. *Günter Grass*. München 2002.

Mazurek, Alice. *„Die Erinnerung liebt das Versteckspiel der Kinder". Der Erinnerungsprozess in Günter Grass'Beim Häuten der Zwiebel*. Marburg 2011.

Negt, Oskar (Hrsg.). *Der Fall Fonty. „Ein weites Feld" von Günter Grass im Spiegel der Kritik*. Göttingen 1996.

Neuhaus, Volker. „‚Das biedermeierliche Babel' – Günter Grass und Düsseldorf". *Die „Danziger Trilogie" von Günter Grass. Texte, Daten, Bilder*. Hrsg. von Volker Neuhaus und Daniela Hermes. Frankfurt/M. 1991: 133–143.

Neuhaus, Volker. „‚Nachgetragene Liebe'. Günter Grass als Schüler Otto Pankoks". *Freipass. Forum für Literatur, Bildende Kunst und Politik. Schriften der Günter und Ute Grass Stiftung*. Hrsg. von Volker Neuhaus, Per Øhrgaard und Jörg-Philipp Thomsa. Bd. 3. Berlin 2018: 123–139.

Neuhaus, Volker. „Das christliche Erbe bei Günter Grass". *Text + Kritik. Zeitschrift für Literatur: Günter Grass*. Hrsg. von Heinz Ludwig Arnold. München 1997: 110–121.

Neuhaus, Volker. *Günter Grass. Hundejahre. Kommentar und Materialien*. Göttingen 2010.

Neuhaus, Volker. *Günter Grass. Schriftsteller – Künstler – Zeitgenosse. Eine Biographie*. Göttingen 2012.

Øhrgaard, Per. *Günter Grass. Ein deutscher Schriftsteller wird besichtigt*. München 2007.

Raddatz, Fritz J. *Günter Grass. Unerbittliche Freunde. Ein Kritiker. Ein Autor*. Zürich und Hamburg 2002.

Reddick, John. *The „Danziger Trilogy" of Günter Grass*. London 1975.

Reich-Ranicki, Marcel. *Günter Grass. Aufsätze*. Frankfurt/M. 1994.

Reich-Ranicki, Marcel. *Mein Leben*. 3. Auflage. München 2001.

Reich-Ranicki, Marcel. *Unser Grass*. München 2003.

Schlöndorff, Volker. *„Die Blechtrommel". Tagebuch einer Verfilmung*. Darmstadt und Neuwied 1979.

Schlüter, Kai. *Günter Grass auf Tour für Willy Brandt. Die legendäre Wahlkampfreise 1969*. Berlin 2011.

Schlüter, Kai. *Günter Grass im Visier. Die Stasi-Akte. Eine Dokumentation mit Kommentaren von Günter Grass und Zeitzeugen*. Berlin 2010.

Schmidt, Sabine (Hrsg.). *Oskar – Tulla – Mahlke ... Śladami gdańskich bohaterów Güntera Grassa. In Gdańsk unterwegs mit Günter Grass*. Gdańsk 1993.

Stolz, Dieter. „Manuskripte, Typoskripte, Sensationen. Zwei Schlaglichter auf die Genese der Blechtrommel". *Freipass. Forum für Literatur, Bildende Kunst und Politik. Schriften der Günter und Ute Grass Stiftung*. Hrsg. von Volker Neuhaus, Per Øhrgaard und Jörg-Philipp Thomsa. Bd. 6. Berlin 2022: 73–106.

Stolz, Dieter. „Vonne Endlichkait. Einleitung zum Grass-Übersetzertreffen vom 26.–29. September 2016". *Freipass. Forum für Literatur, Bildende Kunst und Politik. Schriften der Günter und Ute Grass Stiftung*. Hrsg. von Volker Neuhaus, Per Øhrgaard und Jörg-Philipp Thomsa. Bd. 4. Berlin 2019: 156–160.

Stolz, Dieter. „‚Deutschland – Ein literarischer Begriff'. Günter Grass and The German Question". *German Literature at a Time of Change. German Unity and German Identity in Literary Perspective*. Edited by Arthur Williams, Stuart Parkes and Roland Smith. Bern 1991: 207–224.

Stolz, Dieter. *Günter Grass. Der Schriftsteller*. München 2023.

Stolz, Dieter. *Günter Grass. Theaterspiele. Kommentar und Materialien*. Göttingen 2010.

Wellnitz, Katrin. „‚Wirklichkeitsbilder'. Text-, Bild- und Schriftspiele in Zunge zeigen". *Günter Grass als Buchkünstler*. Hrsg. von Heinrich Detering, Lisa Kunze und Katrin Wellnitz. Göttingen 2022: 49–72.

Weyer, Anselm, und Volker Neuhaus (Hrsg.). *Von Katz und Maus und mea culpa. Religiöse Motive im Werk von Günter Grass*. Frankfurt/M. et al. 2014.

Zimmermann, Harro. *Günter Grass und die Deutschen. Eine Entwirrung. Essay*. Göttingen 2017.

II Das Werk

II.1 Romane, Novellen, Erzählungen, Kurzprosa

II.1.1 *Die Blechtrommel* (1959)

Michael Scheffel

1 Entstehung

Die Blechtrommel ist das erste große Prosawerk des bis dahin mit nur wenigen Theaterstücken, Gedichten und Kurzprosa hervorgetretenen, noch jungen Autors Grass. Dabei handelt es sich um einen Erstling von insofern besonderer Art, als der Roman aus einem größeren Stoff- und Arbeitskontext heraus erwächst. Tatsächlich hat der Autor ältere Entwürfe zu Werken unterschiedlicher Genres in seinen Text integriert und dieser gehört seinerseits in einen thematischen Zusammenhang mit – mindestens – zwei weiteren, zum Teil parallel entworfenen, aber erst später ausgearbeiteten längeren Werken: die Novelle *Katz und Maus* (1961) und der Roman *Hundejahre* (1963). Zusammen mit *Die Blechtrommel* bilden sie die seit den 1970er Jahren so genannte *Danziger Trilogie* (vgl. Reddick 1971 u. 1975). Alle drei Werke sind im Rahmen eines von den 1950er bis in die 1960er Jahre reichenden „Arbeitskontinuum[s]" (Neuhaus 2010a, 104) entstanden und sie beziehen sich mit dem Danziger Raum und der Zeit unmittelbar vor und während des Nationalsozialismus auf den verlorenen Ort und die vergangene Zeit von Kindheit und Jugend des Autors selbst (zur „Raumidentität" als verbindendes Element zwischen den drei Werken und zur Bedeutung von Danzig als „rotem Faden" in Grass' Werk überhaupt Cepl-Kaufmann 1986 u. 2007).

Im Blick auf die Entstehung der *Blechtrommel* findet sich die verbreitete Vorstellung von der Existenz einer „Urtrommel" (Jendrowiak 1979a) und der von Grass im Ansatz mit beförderte Glaube, dass der Text nach wenigen Vorarbeiten weitgehend in einem Zug vom berühmten ersten Satz der publizierten Fassung aus geschrieben wurde (NGA 21, 380–381). Beides ist so nicht richtig. In dem 1970 von John Reddick im Haus von Grass' ehemaliger Wohnung in der Pariser Avenue d'Italie 111 entdeckten, längst legendären Koffer befand sich ein „345 Seiten zählendes Konvolut aus insgesamt 33, zwischen 6 und 17 Seiten langen, von Büroklammern zusammengehaltenen Kapitelentwürfen" (Stolz 2022, 74). Anders als es die von Grass im Nachhinein auf dem ersten Blatt vorgenommene Auszeichnung „1956. Erste Fassung: Die Blechtrommel" nahelegt, stellen diese Entwürfe aber keine einheitliche Fassung dar, sondern sie bilden ein wohl eher zufällig entstandenes „Konglomerat verschiedener Typoskripteinheiten aus verschiedenen Epochen der Entstehungsgeschichte" (Frizen 1987, 211; hier und bei Frizen 1991 auch eine Zuordnung der überlieferten Kapitelentwürfe zu verschiedenen Fassungen; dazu auch Stolz 2022). Die wirkliche Genese der *Blechtrommel* unterscheidet sich denn auch grundlegend von dem fiktiven, vergleichsweise geradlinigen Schreibprozess ihres offenbar erst gegen Ende des realen Arbeitsprozesses gefundenen, in einer Heil- und Pflegeanstalt hausenden Ich-Erzählers Oskar Matzerath und sie verläuft in mehr

https://doi.org/10.1515/9783110755435-002

Etappen als es der als „fragwürdiger Zeuge […] in eigener Sache“ auftretende Schriftsteller später erinnert (NGA 21, 375–386). Nach aktuellem Erkenntnisstand hat es mindestens drei voneinander abweichende Fassungen des Romans und vermutlich auch noch weitere Niederschriften gegeben. Im Detail lässt sich die dem Schwerpunkt nach in die Zeit zwischen 1956 und Anfang 1959 fallende Textgenese auf der Basis der nur lückenhaft überlieferten Dokumente allerdings nicht mehr rekonstruieren. In groben Zügen gestaltet sie sich wie folgt:

Schon mit dreizehn Jahren hat Grass einen Text zu einem der lokalhistorisch geprägten Themenfelder seines späteren Romans, d. h. „etwas Melodramatisches über die heroisch gegen Brandenburg und Polen kämpfenden Kaschuben“ verfasst (NGA 22, 142; vgl. auch NGA 17, 36; Borzyszkowska-Szewczyk 2019, 115); in den frühen 1950er Jahren hat ihn „Sprache […] als Durchfall erwischt“ und so entstand nach eigenen Angaben 1952 u. a. „ein langes und auswucherndes Gedicht“, in dem ein junger Mann, „Existentialist, wie es die Zeitmode vorschrieb“, in der zeitgenössischen Gegenwart der Nachkriegszeit als Außenseiter und skeptisch von oben herab blickender „Säulenheiliger“ auftrat (NGA 22, 378; vgl. dazu Grass 1999, 59–60 u. Wittmann 1989; Abdruck eines erhaltenen Teils von diesem Gedicht und anderen „lyrischen Nebentexten“ zum Roman bei Neuhaus 2010b, 137–141; zu anderen „thematischen Vorgriffen“ auch Arker 1989, 16–40 u. Jarosz-Sienkiewicz 2003). Nach dem Tod seiner Mutter Helene Grass im Frühjahr 1954 und der kurz darauf erfolgenden Heirat mit Anna Margaretha Schwarz „begann eine Zeit der Konzentration“ (NGA 21, 377) und der zielstrebigeren schriftstellerischen Arbeit des im Hauptberuf immer noch als Bildhauer tätigen Grass. Spätestens nach seinem Umzug von Berlin nach Paris Anfang 1956 – im Gepäck „gestauter Stoff, ungenaue Vorhaben und präziser Ehrgeiz“ (NGA 21, 380) – beginnt Grass die eigentliche Arbeit an seinem Roman, wobei er auf älteres Material zurückgreift und auch Szenen aus dramatischen Entwürfen, Einaktern und Ballettlibretti für die Gestaltung einzelner Kapitel nutzt (Stolz 2010, 5; Neuhaus 2010a, 47–48). Das als einziges der in dem Pariser Koffer enthaltenen Typoskriptbündel wohl wirklich aus dem Jahr 1956 stammende Kapitel „Der Igel“ (Faksimile in Neuhaus 2010b, 142–149; zu einer handschriftlichen Vorstufe Stolz 2022, 79; zu weiteren Fassungen des Romananfangs im November 1957 Stolz 2022, 81–83) bezeugt, dass es die Figur des in einer Anstalt einsitzenden Erzählers Oskar zu Beginn der Pariser Zeit noch nicht gab. Auch in diesem ursprünglich als Romananfang gedachten und in der Druckfassung dann im dritten Band platzierten Kapitel ist der Erzähler ein Trommler, der die „Kunst des Zurücktrommelns“ (Der Igel, Blatt 1, Neuhaus 2010b, 142) in unterschiedlichen Rhythmen betreibt, aber es gibt hier noch keine konkret ausgestaltete Erzählsituation und der Ich-Erzähler selbst ist als Rentner „mit einem etwas verwachsenen Körper“ (Der Igel, Blatt 1, Neuhaus 2010b, 142) konzipiert, der getrennt von seiner „Frau Maria“ und einem gemeinsamen Sohn Willy bei einem Ehepaar Zeidler in Düsseldorf zur Untermiete wohnt. Wann der Autor die Figur des Oskar Matzerath mit all ihren Eigenheiten findet, ist nicht genau zu datieren. Das überlieferte Typoskript bestätigt zumindest, dass Grass ab 1956 zunehmend konzentriert an seinem Roman arbeitet. Am 22.6.1957 schreibt er an seinen Mentor Walter Höllerer „Ich mache Pause am Atlantikwall […]" (zit. Frizen 1987, 218); am 12.11.1957 erklärt er „Bei mir ist Sonntagsstimmung, gehe schwanger mit dickem Roman, verdränge Theatergelüste" (zit. Frizen 1987, 218), und am 24.3.1958 vermeldet er an denselben Adressaten, was, wie der erhaltene, nachweislich ältere Entwurf zum Romananfang dokumentiert, in dieser Form nicht stimmen kann, was sich aber als Indiz dafür werten lässt, dass er jetzt seine endgültige Erzählerfigur und deren besondere Erzähl- und Schreibsituation gefunden hat: „Ich habe mich jetzt episch dickarschig hingesetzt und meinen Roman angefangen" (zit. Frizen 1987, 218; Details zur Entstehung von Romananfang und Rahmenhandlung sowie Belege dafür, dass ein entsprechender „Durchbruch" wohl zwischen „Dezember 1957 und März 1958" erfolgt, bei Stolz 2022, zit. 83). Dessen Handlung wiederum soll, so erläutert er, „stark mit Fabeln und Episoden durchsetzt" sein (zit. Frizen 1987, 218; zu den Bearbeitungsstufen einzelner Kapitel Frizen 1987, 218; zum Entwurf eines später ersatzlos gestrichenen, aber in philosophisch-weltanschaulicher Hinsicht grundlegenden, „Philosophien" überschriebenen Kapitels aus der Zeit ab 1958, Stolz 2022, 89–102). Im Juni 1958 folgt eine Reise nach Polen, um etliche historische und geographische Details u. a. im Blick auf die Darstellung der Verteidigung der Danziger Polnischen Post vor Ort zu überprüfen und gegebenenfalls zu ergänzen (vgl. NGA 21, 384); in der Folge arbeitet der Autor auch Teile der wörtlich zitierten Rede seiner Figuren in die dialektale Form der Endfassung um.

Im Oktober 1958 liest Grass die Kapitel „Der weite Rock" und „Fortuna Nord" im Rahmen einer Tagung der Gruppe 47 im Gasthof Adler in Isny-Großholzleute vor und erhält dafür großen Beifall und den mit 5000 DM dotierten Preis der Gruppe (vgl. Schwab-Felisch in Görtz 1984, 29; Herweg 2018). Ein Vorabdruck des in etlichen Einzelheiten (d. h. vor allem Geschäfts- und Straßennamen sowie historischen Details) noch nicht mit der späteren Buchfassung übereinstimmenden Kapitels „Fernwirkender Gesang vom Stockturm aus gesungen" erfolgt noch im selben Monat in der Zeitschrift *Merkur.* Im ersten Heft der Zeitschrift *Akzente* des Jahrgangs 1959 wird „Der weite Rock" vorabgedruckt, im Herbst 1959 wird der Roman im Luchterhand Verlag publiziert.

2 Inhalt und Aufbau

Auf den ersten Blick wird in *Die Blechtrommel* die von September 1924 bis September 1954 reichende Lebensgeschichte des im Danziger Vorort Langfuhr geborenen, aufwachsenden und nach Kriegsende nach Düsseldorf fliehenden Oskar Matzerath in Gestalt einer „fiktive[n] Autobiographie" (Neuhaus 2000, 18) erzählt. Diese entsteht zwischen Herbst 1952 und Herbst 1954 in einer Düsseldorfer „Nerven- und Heilanstalt" und ist in drei Bücher gegliedert, die den Lebensabschnitten ‚Kindheit', ‚Jugend' und ‚erste Jahre des Erwachsenseins' entsprechen. Aus historischer Sicht behandelt das erste Buch die Jahre vor dem Ausbruch des Zweiten Weltkriegs, das zweite Buch die Zeit des Krieges und der Flucht in den Westen und das dritte Buch die Nachkriegsjahre bis zu Oskars dreißigstem Geburtstag. Wie der Aufbau des Romans sind auch die Episoden von Oskars Geschichte eng mit dem Gang der Historie verflochten, d. h. die Abfolge der auf die drei Bücher verteilten 46, jeweils mit einer Überschrift versehenen Kapitel (das 1. Buch umfasst 16 Kapitel, das 2. Buch 18 Kapitel, das 3. Buch 12 Kapitel) ist wiederholt an bekannten historischen Ereignissen orientiert.

Genau besehen enthält der Roman allerdings etliche Episoden, die für Oskars Biographie nur am Rande von Bedeutung sind, die aber z. B. die historischen Verhältnisse oder auch Eigenheiten des Kulturraums seiner Herkunft beleuchten (vgl. etwa die Kapitel „Herbert Truczinskis Rücken" und „Niobe"). Abgesehen davon beschränkt sich die erzählte Zeit nicht auf die dreißig Jahre von Oskars Existenz. Nachdem die Eigenheiten von Person und Situation des von seinem Pfleger Bruno Münsterberg unterstützten, vor „fünfhundert Blatt unschuldige[m] Papier" (NGA 4, 11) sitzenden Erzählers eingeführt und ein in der Folge noch mehrfach thematisierter Prozess der Erinnerung in Gang gesetzt ist, beginnt Oskar weit vor seiner Geburt. Am Anfang steht die Geschichte seiner 1899 an einem späten Oktobernachmittag „am Rande eines Kartoffelackers" (NGA 4, 12) im „Herzen der Kaschubei, nahe bei Bissau" (NGA 4, 13) hockenden Großmutter Anna Bronski, die dem von zwei Landgendarmen verfolgten Brandstifter Joseph Koljaiczek Unterschlupf unter ihren weiten Röcken gewährt – was zur Zeugung von Oskars Mutter Agnes führt. Zur weiteren erzählten (Vor-)Geschichte von Oskars Dasein gehören Agnes Geburt im Jahre 1900 und die endgültige Flucht ihres Vaters Koljaiczek 1913, „also kurz bevor es losging" (NGA 4, 39) – wobei offen bleibt, ob dieser nach einem Sprung in die Mottlau ertrinkt oder sich unbemerkt retten kann und bald darauf in der Neuen Welt zu großem Reichtum gelangt. Es folgen Annas Wiederverheiratung mit Koljaiczeks Bruder Gregor, eine enge, schon früh auch sexuelle Beziehung zwischen Agnes und ihrem Vetter Jan Bronski und, nach Ende des Ersten Weltkriegs, Agnes Heirat mit dem aus dem Rheinland stammenden, nach einem Lazarettaufenthalt in Danzig verbliebenen Alfred Matzerath. Zusammen bauen die beiden einen kleinen Kolonialwarenladen im Labesweg auf, während Agnes weiter ihre Liebschaft mit dem infolge der politischen Entwicklungen nunmehr als Pole geltenden Jan Bronski pflegt. Zu dritt spielen Alfred, Agnes und Jan regelmäßig Skat und zumindest von außen betrachtet ist ihr Verhältnis gut. Nach seiner Geburt im Jahr 1924 wird dem frühreifen, sich als Außenseiter begreifenden Oskar inmitten einer kleinbürgerlichen, vom Katholizismus geprägten Umwelt „klar: Die Erwachsenen werden dich nicht begreifen." (NGA 4, 69) Er beschließt, sich allen kommenden Ansprüchen an seine Person zu entziehen und nicht weiter zu wachsen. Um seiner Mitwelt einen nachvollziehbaren Grund für eine bleibende Körpergröße von vierundneunzig Zentimetern zu bieten, stürzt er sich an seinem dritten Geburtstag die Kellertreppe hinab, sorgsam darauf achtend, dass eine ihm zuvor geschenkte Blechtrommel unbeschädigt bleibt. Als man Oskar diese Trommel später wegnehmen möchte, gelingt ihm ein „erste[r] zerstörerische[r] und wirksame[r] Schrei" (NGA 4, 75). Eine symbiotische Verbindung mit seiner Trommel und die Fähigkeit, mit der Stimme zielgerichtet Glas zu zerstören, begleiten Oskars weiteres Leben. Zu den erinnerten Szenen seiner Kindheit zählen sein erster und letzter Schultag („Der Stundenplan"), die Art und Weise, wie er trotzdem lesen lernt und Bücher von Rasputin und Goethe liest („Rasputin und das ABC"), wie er das Städtische Theater entglast („Fernwirkender Gesang vom Stockturm aus gesungen") und im „August fünfundreißig" (NGA, 130) einen der nationalsozialistischen „Aufmärsche vor Tribünen" (NGA, 137) trommelnd in eine Tanzveranstaltung verwandelt („Die Tribüne") oder auch in der Herz-Jesu Kirche vergeblich auf Solidarität und Unterstützung durch das Jesuskind hofft („Kein Wunder"). Prägend für das Familienleben vor Ausbruch des Krieges ist, dass sich Agnes, Oskars „arme Mama" (NGA 4, 198), durch das unaufhörliche Essen von gewaltigen Mengen an fettigem Fisch vergiftet („Die Verjüngung zum Fußende"). Mögliche Ursachen für ihren Freitod im Jahr 1937 sind der anhaltende Lebensekel nach einem bedeutungsschwangeren Karfreitagsessen – ihr Mann Alfred hatte mit viel Liebe Aale zubereitet, die zuvor aus dem Kopf eines Pferdekadavers gezogen wurden –, Verzweiflung über das sich auch aus politischen Gründen komplizierende Dreiecksverhältnis sowie die Angst vor einem weiteren, wohl mit Jan Bronski gezeugten und noch ungeborenen Kind. Mit den Ereignissen um die Reichspogromnacht am 9. November 1938 endet das erste Buch („Glaube Hoffnung Liebe").

Das zweite Buch beginnt mit Oskars Sorgen um eine neue Trommel nach dem Selbstmord des jüdischen Spielzeughändlers Sigismund Markus in der Nacht des Pogroms. In der Folge erzwingt Oskar von Jan Bronski einen Besuch in der Polnischen Post, um seine alte Trommel dort durch den Hausmeister Kobyella reparieren zu lassen. Sie betreten das Gebäude am Vorabend des 1. September 1939, an dem die Gefechte um das polnische Munitionsdepot auf der Westerplatte und die Polnische Post beginnen, so dass Oskar zum Augenzeugen vom Ausbruch des Zweiten Weltkriegs wird („Die Polnische Post", „Das Kartenhaus"). Nach der Eroberung des Postgebäudes durch die Deutschen kommt Oskar in ein Krankenhaus und erfährt erst danach von der standrechtlichen Erschießung Jan Bronskis und aller polnischen Verteidiger („Er liegt auf Saspe"). „Im Juli vierzig, kurz nachdem die Sondermeldungen den hastig erfolgreichen Verlauf des Frankreichfeldzuges gemeldet hatten" (NGA 4, 331), setzt die Badesaison ein und der sechzehnjährige Oskar entdeckt sein Verlangen für die noch junge Maria, die Schwester seines zu Tode gekommenen Freundes Herbert Truczinski, die Alfred Matzerath im Laden hilft und bald ein Verhältnis mit ihm beginnt („Maria", „Brausepulver"). Einen coitus interruptus der beiden weiß Oskar zu verhindern und so wird Maria ungewollt schwanger, wobei Oskar die Vaterschaft wegen eines angeblich einige Zeit zuvor erfolgten Verkehrs mit Maria für sich beansprucht. Zur weiteren, mit dem Fortgang des Krieges in Gestalt von zitierten Wehrmachtsberichten und Sondermeldungen verknüpften Entwicklung gehören Matzeraths Heirat Marias sowie ein sexuelles Verhältnis von Oskar zu Lina Greff, der Ehefrau des offensichtlich an Knaben interessierten ehemaligen Pfadfinderführers und Gemüsehändlers Greff, der einer „Vorladung vors Gericht" (NGA 4, 398) durch Selbstmord entgeht („Fünfundsiebzig Kilo"). Mit Hilfe seines „Meisters", dem ebenfalls kleingewachsenen, ihm schon aus der Vorkriegszeit bekannten, unterdessen zum Hauptmann einer Propagandakompanie aufgestiegenen Bebra und der Somnambule Roswitha Raguna entflieht Oskar 1943 der miefigen Atmosphäre des Mietshauses im Labesweg und wird Teil einer Artistentruppe, die die deutschen Truppen an verschiedenen Orten und am „Vorabend der Invasion“ (NGA 4, 431) am Atlantikwall in der Normandie unterhält („Bebras Fronttheater“, „Beton besichtigen – oder mystisch barbarisch gelangweilt“). Nach der Landung der Alliierten und dem gewaltsamen Tod der zu seiner Geliebten gewordenen Roswitha kehrt er am 11. Juni 1944, einen Tag vor dem dritten Geburtstag seines angeblichen Sohnes Kurt, nach Danzig zurück, wo es in der Herz-Jesu-Kirche zu einer weiteren Konfrontation zwischen ihm und Jesus kommt („Die Nachfolge Christi“) und Oskar selbst als „Jesus“ zum Führer einer Jugendbande wird („Die Stäuberbande“, „Das Krippenspiel“). Zunehmende Luftangriffe bestimmen das Alltagsleben und im Keller erlebt der vom Euthanasieprogramm der Nazis zuletzt ernsthaft bedrohte Oskar die Ankunft der siegreichen Roten Armee, die mehrfache Vergewaltigung der Witwe Greff und die Erschießung von Alfred Matzerath, der an seinem ihm von Oskar zugesteckten und panisch verschluckten Parteiabzeichen so sehr würgt, dass er die zum Zeichen der bedingungslosen Ergebung erhobenen Hände nicht mehr still halten kann. Die Polen ziehen in Danzig ein und Matzeraths Kolonialwarengeschäft wird von Mariusz Fajngold übernommen, der als „Desinfektor“ im Lager Treblinka arbeiten musste und der immer wieder laut mit den Mitgliedern seiner Familie spricht, die allesamt in Treblinka ermordet wurden (NGA 4, 522). Angesichts der Beerdigung seines „zweiten mutmaßlichen Vater[s]“ (NGA 4, 508) beschließt der „im einundzwanzigsten Lebensjahr“ stehende Oskar, sich von seiner Trommel zu trennen und nun doch zu wachsen („Soll ich oder soll ich nicht“); nur kurze Zeit später, am 12. Juni 1945, besteigen Maria, der kleine Kurt und der unter Schmerzen wachsende Oskar einen überfüllten Güterzug und machen sich von „Danzig, das zu jenem Zeitpunkt schon Gdańsk hieß“ (NGA 4, 532), auf den mühsamen Weg ins Rheinland, um dort bei Marias Schwester Guste unterzukommen („Wachstum im Güterwagen“).

Das dritte Buch erzählt, wie der unterdessen auf einen Meter und einundzwanzig Zentimeter gewachsene Oskar ein „neues, nunmehr erwachsenes Leben“ (NGA 4, 543) in Düsseldorf beginnt, wo er im Zuge der Erzählung über seinen Wachstumsschub später dann noch einmal um zwei weitere Zentimeter wächst (vgl. NGA 4, 543). Die geschäftstüchtige Maria zieht einen schwunghaften Handel mit Kunsthonig und von Kurt organisierten Feuersteinen auf, Oskar arbeitet als „Steinmetzpraktikant“ (NGA 4, 561) bei P. Korneff, dem er beim Erstellen und Aufstellen von Grabsteinen hilft („Feuersteine und Grabsteine“). Oskar macht Maria einen Heiratsantrag, den diese im Juni 1948 ablehnt („Fortuna Nord“), so dass er seine Zukunft in der nach der Währungsreform anbrechenden „Biedermeierzeit“ (NGA 4, 583) nicht mehr in der Existenz eines Bürgers, sondern im Leben als Künstler sieht. Er sitzt an der Kunstakademie Modell, wird an der Seite einer jungen Frau als Jesuskind porträtiert und beendet die trommellose Zeit („Madonna 49“); er verläßt die Wohngemeinschaft mit Maria, Guste und Kurt und zieht zur Untermiete in eine Wohnung, in der auch eine geheimnisvolle, von ihm begehrte Krankenschwester wohnt („Der Igel“), gründet als Schlagzeuger zusammen mit dem Flötisten Klepp und dem Gitarristen Scholle „The Rhine River Three“ (NGA 4, 660), eine „Jazzkappelle“, die in einem von dem Gastwirt Ferdinand Schmuh betriebenen, die Versammlung seiner Gäste jeden Abend kunstvoll zum Weinen bringenden

„Zwiebelkeller“ spielt. Mit dem ehemaligen Obergefreiten, jetzt als Maler arbeitenden Lankes fährt Oskar noch einmal in die Normandie („Am Atlantikwall oder es können die Bunker ihren Beton nicht loswerden“) und macht nach Auflösung seiner Band eine große Solo-Karriere als „Oskar der Trommler“ (NGA 4, 707), der bei der von seinem alten Bekannten Bebra betriebenen „Konzertagentur ‚West‘“ unter Vertrag steht und der auf seinen Tourneen und auf Platten wie ein „Zauberer[], Gesundbeter[], Messias“ (NGA 4, 708) Kindheit und Jugend seiner Zuhörerschaft aufleben lässt. Im Sommer 1951 lernt er Gottfried von Vittlar kennen, dem er seine Anbetung des in einem Kornfeld gefundenen und in einem Weckglas aufbewahrten Fingers der Krankenschwester Dorothea Köngetter offenbart („Der Ringfinger“, „Die letzte Straßenbahn oder Anbetung eines Weckglases“). In einer Straßenbahn treffen Gottfried und Oskar den vor dem Krieg als Geldbriefträger in Danzig tätigen und aus der Polnischen Post entkommenen Viktor Weluhn, den zwei „Grünhüte“ verfolgen, um das seinerzeit von einem deutschen Gericht verhängte, immer noch gültige Todesurteil gegen alle als „Freischärler“ abgeurteilten Verteidiger jetzt auch an ihm zu vollziehen. Diese Konsequenz der Nichtaufarbeitung vergangenen Unrechts kann Oskar verhindern. Erschöpft ermöglicht er seinem auf die vielen Erfolge des „Gefeierten“ (NGA 4, 735) neidischen Freund Gottfried einen eigenen öffentlichen Auftritt, indem er ihm seine Aktentasche mit Weckglas und weiblichem Ringfinger überlässt und ihn zu einer Anzeige auf dem Polizeipräsidium ermutigt. Nach kurzer Flucht wird der des Mordes an einer Krankenschwester Verdächtigte in Paris festgenommen und in eine Düsseldorfer Heilanstalt eingewiesen. Später stellt sich jedoch heraus, dass Oskars ehemalige Mitbewohnerin offenbar der Eifersucht einer Kollegin zum Opfer fiel, und so sieht der nunmehr auf den Tag genau dreißig Jahre alte Erzähler am Ende einem Freispruch vor Gericht und der Entlassung in eine als absurd empfundene Welt und ungewisse Zukunft entgegen („Dreißig“). Zum Schluss seiner Erzählung gehören die Erkenntnis von einer andauernden Vermischung der Zeiten und die Gewissheit, dass die aus der Welt seiner Kindheit stammende, dort als „Kinderschreck“ (NGA 4, 751) aufgetretene Figur der „Schwarzen Köchin“ allgegenwärtig ist und ihm „nun auch entgegenkommt“: „Ist die Schwarze Köchin da? Ja – Ja – Ja!“ (NGA 4, 752).

3 Formen der Erinnerung: Stimme(n) und Perspektivierung

In der *Blechtrommel* wird von einem vergangenen Geschehen so erzählt, dass sich die Zeit des Erzählens und die des Erzählten einander zunehmend annähern und am Ende zusammenfallen. Die für die Vermittlung beider Zeiten und unterschiedlicher Räume verantwortliche narrative Instanz hat man teils als ‚auktorial‘, teils als ‚Ich-Erzähler‘ bezeichnet (bzw. als „auktorialer Ich-Erzähler“ bei Jahnke und Lindemann 1993, 9–17). Tatsächlich ist sie ungewöhnlich gestaltet und eben darin liegt eine der besonderen Qualitäten des Romans. Die Stimme der Erzählung gehört im Wesentlichen Oskar Matzerath, der den Text seiner Geschichte im Alter von 28 bis 30 Jahren verfasst, wobei neben zeitgenössischen Ereignissen in der Lebensgegenwart der 1950er Jahre auch das Erzählen und Schreiben selbst zum Gegenstand seines Erzählens werden (Auffenberg 1993, bes. 8–19) – berühmt sind etwa seine Reflexionen zur Frage „wie fange ich an?“ (NGA 4, 11), die sich wie eine ironische Auseinandersetzung mit den Positionen der zeitgenössischen Romanpoetik und insbesondere des in den 1950er Jahren aufkommenden ‚nouveau roman‘ und seiner Kritik an allen herkömmlichen Formen des Erzählens lesen (zu Grass kritischer Position dazu vgl. seinen Brief an Hans Bender vom 13.7.1959, NGA 4, 20 u. 27). Oskar ‚spricht‘ allerdings wiederholt nicht in der ersten, sondern in der dritten Person von sich selbst und schreibt bzw. gibt zum Teil wieder, was erklärtermaßen nicht von ihm selber stammt. Denn nicht er, sondern, wie er wiederholt betont, seine Trommel setzt den Strom der Erinnerung in Gang (zum vielfach behandelten Zusammenhang von „Trommeln – Erinnern – Schreiben“ einschlägig Schaal 2006, 62–69). Das geht im Einzelfall so weit, dass, nach eigenem Bekunden, nicht Oskar, sondern seine Trommel spricht. So heißt es im 2. Kapitel, dass allein „die Erlaubnis der Anstalt, drei bis vier Stunden täglich mein Blech sprechen zu lassen“, die Erinnerung an seine Großeltern ermögliche, und die Fortsetzung ihrer Geschichte beginnt: „Jedenfalls sagt meine Trommel: An jenem Oktobernachmittag neunundneunzig [...]“ (NGA 4, 22). Außerdem umfasst die Erzählung Passagen, die auch im engeren Sinne nicht Oskar zum Verfasser haben. Dazu zählt die so einschneidende Geschichte der Fahrt im Güterwagen von Danzig in den Westen, die Oskars Pfleger unter dem schlagwortartigen Titel „Der Ostflüchtling“ aus einer sachlichen Distanz nacherzählt (und niederschreibt), zu der die regelmäßige Wiederholung von relativierenden Kommentaren wie „Soweit sich mein Patient erinnern kann, [...]“, „Dennoch behauptet Herr Oskar Matzerath [...]“ oder „wie mich Herr Matzerath gerade belehren will [...]“ gehören (NGA 4, 532, 534 u. 536). Auch die Ereignisse vom Fund des weiblichen Ringfingers bis zum Versuch der verspäteten Hinrichtung von Viktor Weluhn werden von einer anderen Person, nämlich von Gottfried von Vittlar berichtet und in Gestalt der „Abschrift“ (NGA 4, 719) einer langen Aussage vor Gericht zitiert (NGA 4, 719–736). Eine weitere Variation in der Darstellung von Geschehen bietet die Episode „Gespräch am Atlantikwall“ (NGA 4, 418–431, zit. 431), die die Szene der Erschießung von fünf Krabben sammelnden Nonnen am Strand in der Normandie in Gestalt eines grotesken Theaterstücks, d. h. erzählerlos und mit Figurendialogen und Nebentext im Präsens präsentiert (zu „Gattungswechsel und Einsatz fremder Erzähler“ Arker 1989 71–78).

Die Erzählform der *Blechtrommel* zeichnet also aus, dass Oskar als ein homo- und im Wesentlichen auch autodiegetischer Erzähler erscheint, die Erzählung aber nicht durchgehend mit seiner ‚Stimme‘ erfolgt und der Erzähler auch nicht immer ‚Herr‘ des Erzählten, sondern seinerseits, wie er wiederholt betont, auf die Hilfe seiner Trommel, anderer Personen und auch materielle Quellen wie etwa ein Fotoalbum angewiesen ist („Das Fotoalbum“). Dennoch tritt Oskar passagenweise mit dem Gestus auf, souverän über sein Erzählen und seine Erinnerung zu verfügen. So berichtet er von Ereignissen, bei denen er nicht dabei gewesen ist, wie etwa dem regelmäßigen Eisbad des Gemüsehändlers Greff und kommentiert seine Angabe, dass dieser „Eine gute Dreiviertelstunde“ für das Hacken eines Lochs gebraucht habe, mit den Worten: „Fragen Sie mich bitte nicht, woher ich das weiß. Oskar wußte damals so ziemlich alles.“ (NGA 4, 368) Wenn überhaupt, dann treffen diese und vergleichbare Aussagen allerdings nur für eine bestimmte Phase in Oskars Leben und auch nur einen Ausschnitt des Erzählten zu. Allwissend wie ein auktorialer Erzähler ist Oskar jedenfalls in aller Regel nicht und im Verhältnis zum erzählten Handeln der Figuren findet sich letztlich, wie auch in anderen, herkömmlichen Ich-Erzählungen, eine ‚Mitsicht‘ nur mit dem erzählten Ich (die sich allerdings wiederholt in eine Außensicht auf das Handeln der eigenen, aber vergangenen Person verwandelt; zu den Konsequenzen einer damit verbundenen „Poetik der Distanz“ z. B. Schaal 2006, 54–58; zur „Oszillation zwischen ‚ich‘ und ‚er‘“ und einer Tabelle mit allen „Umschlägen“ Arker 1989, 78–91), ansonsten bestimmt eine Außensicht den Blick. Das Bewusstsein, die Gefühle und damit auch die Motive des Handelns Dritter bleiben Oskar – anders als einem auktorialen Erzähler in der Tradition realistischen Erzählens – verschlossen. Als Lesende sind wir insofern nicht nur – von den skizzierten Ausnahmen abgesehen – auf Oskars ‚Stimme‘, sondern auch auf seine Perspektive angewiesen (vgl. dazu u. a. Stolz 1994, 253–257). Schon deshalb ist die Position einer in die erzählten Ereignisse mit spezifischen Interessen involvierten und gleichwohl mit einem Gestus der Distanzierung und heimlichen Überlegenheit erzählenden Figur ebenso von Bedeutung wie die Tatsache, dass der Erzähler Oskar sich wiederholt widerspricht und im Blick auf Details des Erzählten offensichtlich unzuverlässig ist – ob sein Vater nun tatsächlich, wie Oskar je nach Kontext angibt, Jan Bronski oder aber Alfred Matzerath heißt, lässt sich auf diese Weise ebenso wenig klären, wie die Frage, ob der von Oskar behauptete, heimlich vollzogene Sexualakt mit Maria wirklich stattgefunden hat und Oskar im Fall von Kurt für eine Vaterschaft überhaupt in Frage kommt. Hier und in anderen Fällen bleibt Oskars Unzuverlässigkeit allerdings auf Details der eigenen Geschichte begrenzt. Sie betrifft nicht die Chronologie des dargestellten Geschehens und auch nicht allgemeine historische und geographische Fakten, so dass sich die entsprechende Form von Erzählen nicht als grundsätzlich, aber als mimetisch teilweise unzuverlässig bezeichnen lässt (zur Begrifflichkeit Martínez und Scheffel 2019, 107–108; detailliert zum vielfach, aber begrifflich oft unscharf behandelten unzuverlässigen Erzählen in der *Blechtrommel* zuletzt Aumüller 2023, 362–392).

Bereits mit dem ersten Satz des Erzählers („Zugegeben: Ich bin Insasse einer Heil- und Pflegeanstalt“) werden dessen soziale Stellung als Außenseiter markiert und seine Glaubwürdigkeit in Zweifel gezogen (zum oft untersuchten Romananfang und den mit ihm konstituierten Rollen von Erzähler und Leser z. B. Just 1972, bes. 41–45). Im Folgenden wird überdies verdeutlicht, dass die Formen der Erinnerung nicht allein seinem bewussten Willen unterliegen und dass das von ihm Erinnerte lückenhaft ist und einer subjektiven Sichtweise entspricht oder aber auf verschiedenen Quellen und einander zum Teil widersprechenden Perspektiven beruht. Anders als etwa in Marcel Prousts epochalem Erinnerungsroman *À la recherche du temps perdu* (1913–1927) geht es in der *Blechtrommel* allerdings auch nicht primär darum, eine historisch gewordene Gesellschaft und die scheinbar verlorenen Sinneseindrücke eines Subjekts möglichst umfassend wieder gegenwärtig werden zu lassen oder wie in Thomas Manns großem Zeitroman *Der Zauberberg* (1926) das Vergehen und die Möglichkeiten des Aufhebens von Zeit zu reflektieren. Die in der *Blechtrommel* erinnerte Welt ist untrennbar mit Gewalttaten und Traumata in einem historischen, bis dahin ungekannten Ausmaß verknüpft. Ihre Grundlagen wurden nicht allein durch das Vergehen von Zeit verloren, sondern durch menschliches Handeln umfassend zerstört. Dass das und wie das am hellen Tag geschehen ist, wird von Oskar detailgenau und in epischer Breite erinnert. Warum es geschehen ist und wer wann welche Schuld dafür trägt, liegt offensichtlich außerhalb seiner Urteilskraft. Zugleich trägt seine radikal subjektive, im Grunde auf seine persönlichen Interessen und banalen alltäglichen Bedürfnisse reduzierte Perspektive zu einer besonderen Art von ‚menschlichem' Blick auf die vergegenwärtigte Geschichte und damit zu ihrer Entdämonisierung bei.

4 Aspekte von Bildungsroman, Schelmenroman und Zeitroman

„Wilhelm Meister, auf Blech getrommelt" lautet eine berühmt gewordene Formulierung Hans Magnus Enzensbergers, und in ihrem Sinne hat man den Roman wiederholt in der Tradition des deutschen Bildungs- und Entwicklungsromans gelesen (als „Kontrafaktur zum Bildungsroman" z. B. Mannack 1977, zit. 72; zu Oskars sexueller Entwicklung auf der Folie einer „Parodie des Bildungsroman-Schemas" Pflanz 1976, 76–95). Zum Bildungsroman gehört, so eine gängige Kurzdefinition, die „Erzählerische Darstellung des Wegs einer zentralen Figur durch Irrtümer und Krisen zur Selbstfindung und tätigen Integration in die Gesellschaft." (Jacobs 1997, 230) Dabei ist die erzählte „innere[n] Geschichte eines Charakters" (Blanckenburg 1965, 314) auf eine Weise als in sich ‚geschlossen' zu denken, dass sich die einzelnen Ereignisse zur „einsinnigen Lebenskurve" (Müller 1968, 562) fügen und von Anfang bis Ende auseinander entwickeln. So gesehen, wird schnell deutlich, dass die *Blechtrommel* Teile eines entsprechenden Erzähl- und Handlungsmodells ironisch zitiert, ihm in wesentlichen Punkten aber auch gar nicht entspricht. Denn auch wenn sich gewisse Veränderungen des Protagonisten über die drei Jahrzehnte seiner Existenz hinweg verfolgen lassen und die etwa für Goethes *Wilhelm Meister* oder Kellers *Grünen Heinrich* grundlegende Spannung zwischen den Möglichkeiten eines Daseins als Bürger oder Künstler auch für Oskars Lebensweg von Bedeutung ist, gilt doch: Vom Kleinkindalter an verweigert sich Oskar der Idee des Wachsens, er hält das über viele Jahre durch, und letztlich sind seine persönlichen Entscheidungen im episodisch erzählten Verlauf seines Älterwerdens eben nicht das Ergebnis bestimmter Erfahrungen und der aus ihnen erwachsenen inneren Bildung eines Charakters. In aller Regel sind es bloße Reaktionen angesichts von Veränderungen in seiner Lebenswelt, so dass letztlich weniger die Geschichte einer individuellen Entwicklung als eine Reihung von historischen Umbrüchen und ihren praktischen Folgen den Fortgang der Erzählung prägt – ganz abgesehen davon, dass Oskar sich im eigentlichen Sinne weder sucht noch findet und sich am Ende, wenn überhaupt, jedenfalls nicht tätig in die bundesdeutsche Gesellschaft im ‚Biedermeier' der Adenauerzeit integriert, sondern bestenfalls in seiner Rolle als ‚Autor', d. h. erinnernd und schreibend nach einer imaginären Gemeinschaft mit den Lesenden des von ihm zu Papier Gebrachten strebt (versteht man Oskars Erzählung als die Geschichte eines Künstlers, scheint es denn auch naheliegender, diese nicht als „Trommlerbiographie" (Neuhaus 2010a, 59), sondern als das Dokument einer Autorenwerdung zu lesen).

Vergleichsweise dicht ist die Konzeption der *Blechtrommel* dagegen an der Tradition des Schelmenromans orientiert, bei dem sich der Protagonist gegenüber seiner Mitwelt auf die ein oder andere Weise verstellt und „mit moralisch nicht unbedenklichen, ja kriminellen Mitteln, aber auch mit Zähigkeit und Witz in einer korrupten und feindlichen Welt abenteuerliche Gefahren überlebt" – wobei sich die „relativ selbständigen Episoden seiner Lebensgeschichte [...] zu einem satirisch akzentuierten Bild der Gesellschaft" fügen (Jacobs 2003,371; zur Lektüre der *Blechtrommel* als Schelmenroman „moderner Prägung" z. B. Diederichs 1971, zit. 106). Schon dank der abenteuerlichen, über zwei Generationen reichenden Geschichte einer dunklen Herkunft, seiner Verstellung und seiner Position als die Welt aus einer „Froschperspektive" (vgl. Richter 1977, 16–19) betrachtender Außenseiter trägt der wiederholt morallos handelnde Oskar Züge eines Picaro (dazu z. B. Ter-Nedden 1973, bes. 26–36; dazu und zu einer über die Figur des Zwergs ermöglichten kritischen Reflexion der nationalsozialistischen Rassenideologie auch Arnds 2004). Allerdings fehlt ihm das vagabundierende Element berühmter ‚Schelme' wie Lazarillo de Tormes, Simplicius Simplicissimus oder Gil Blas. Denn anders als diese ist der Grass'sche Protagonist einem bestimmten sozialen und geographischen Raum verhaftet (zu den geographischen Bezügen Krason 2010), den er wider eigenen Willen verlässt, um ihn durch einen (und nur einen) anderen Bezugsraum zu ersetzen (was ihm offensichtlich nicht wirklich gelingt). In der ursprünglich festen Verwurzelung von Protagonist und Erzähler liegt eine weitere Besonderheit eines Romans, der mit der ‚Freien Stadt' Danzig einen zeitweise keinem einzelnen Nationalstaat zugehörigen, Angehörige verschiedener ethnisch-kultureller Gruppen versammelnden Ort mit spannungsreicher Geschichte in den Blickpunkt des Erzählten rückt und der bei dieser Gelegenheit auch das Schicksal der kaschubischen und jüdischen Minderheiten thematisiert (vgl. Borzyszkowska-Szewczyk 2019). An seinem Beispiel werden die literarisch bis dahin eher selten behandelte soziale Schicht des Kleinbürgertums sowie die vielen Facetten seines Mitläufertums während der Zeit des sogenannten Dritten Reichs porträtiert. Im dritten, in der Zeit nach dem – aus deutscher Sicht – Verlust der Heimat angesiedelten Buch sind dann, (literatur-)historisch gesehen, auch schon früh die Formen der Verdrängung der eigenen Vergangenheit und damit ein Phänomen „Kollektiven Verhaltens" erfasst, dem Alexander und Margarete Mitscherlich später eine psychoanalytische Studie mit dem zum Schlagwort gewordenen Titel *Die Unfähigkeit zu trauern* gewidmet haben (Mitscherlich 1967).

Schon Hans Magnus Enzensberger hat die *Blechtrommel* als einen „historische[n] Roman aus dem zweiten Viertel unseres Jahrhunderts" begrüßt (Enzensberger 1962, 225). Berücksichtigt man den Modellcharakter der Stadt Danzig sowie die enge Verklammerung von Oskars Geschichte mit einer bestimmten sozialen Schicht und dem historisch-politischen Kontext ihres Lebens, so trägt Grass' Roman auch wesentliche Züge eines Zeitromans (zum Verhältnis von Roman und Zeitgeschichte z. B. Schneider 1975, bes. 38–87). Ungeachtet der Fiktivität vieler Figuren und Ereignisse (zu gleichwohl vorhandenen historischen Vorbildern Ossowski 2008, 50–53) bietet dieser eine „kleinbürgerliche Sozialgeschichte" (Brode 1977, bes. 17–25, zit. 17; zu Welt und Figuren des Kleinbürgertums auch Jendrowiak 1987b und Arker 1989, 293–329) und nimmt in literarischer Gestalt eine Art der Darstellung von Geschichte vorweg, die in Deutschland ab etwa den 1970er Jahren unter populären Etiketten wie ‚Alltagsgeschichte' oder auch ‚Geschichte von unten' an Bedeutung gewann.

5 Realismus und phantastische Elemente

Verbindet man mit realistischem Erzählen im Sinne von Erich Auerbach „die ernsthafte Behandlung der alltäglichen Wirklichkeit" sowie „die Einbettung der beliebig alltäglichen Personen und Ereignisse in den Gesamtverlauf der zeitgenössischen Geschichte" (Auerbach 1982, 458), dann reiht sich die sowohl der Präsentation von Alltagsleben als auch der historischen Chronologie verpflichtete *Blechtrommel* zweifellos in die Tradition dieser Art von Erzählen ein. Abgesehen davon, dass der Roman die eigene Fiktionalität wiederholt und schon durch die Art seines Anfangs signalisiert (etliche Seiten nach dem tatsächlichen Beginn seines Textes sitzt Oskar vor leerem Papier und stellt sich die Frage „wie fange ich an?"; zu dem mit dieser logischen Inkonsistenz notwendig verbundenen Fiktionssignal Scheffel 1997, 59), enthält allerdings auch das in ihm erzählte Geschehen etliche Elemente, die sich einem alltäglichen Verständnis von ‚Wirklichkeit' entziehen. Wider geltendes medizinisches Wissen kann Oskar sein körperliches Wachstum von einem Tag auf den anderen einstellen und zu gegebener Zeit wieder beleben, er vermag Glas in einem Ausmaß zu zersingen, das physikalische Gesetze verletzt, und er verfügt sogar über die Fähigkeit, in einen Dialog mit dem Satan (NGA 4, 165) oder einem Jesuskind aus Gips zu treten (NGA 4, 449–451). Und neben solchen Vorgängen, die nach herkömmlichen Maßstäben für unmöglich gelten, finden sich in der erzählten Welt des Romans zahlreiche Ereignisse, die theoretisch möglich, aber doch wenig wahrscheinlich sind. Beispiele dafür sind etwa die unbemerkte, überdies noch mit der Zeugung eines Kindes verbundene Flucht des verfolgten Koljaiczek unter die Röcke von Oskars Großmutter, die Verwandlung einer Parteiversammlung in eine Tanzveranstaltung oder der nächtliche Hinrichtungsversuch an Viktor Weluhn mit Maschinenpistolen mitten im Düsseldorf der frühen 1950er Jahre. Infolge einer solchen, zum Teil grotesken Pointierung von Geschehen und der umstandslosen, ganz selbstverständlich erscheinenden Durchmischung einer detailgenauen Darstellung historischer Ereignisse und Lebenswelten mit phantastischen Elementen hat man die in Grass' Roman praktizierte, sehr eigene Form von Realismus denn auch mit Epitheta wie ‚magisch' oder ‚phantastisch' versehen (vgl. z. B. Arnds 2009; für eine allgemeine

Begriffsbestimmung abweichender Formen von Realismus und Abgrenzung der entsprechenden Erzählstile vgl. Scheffel 1990).

6 Poetische Verfahren: Intertextualität, Rhythmik und Motivreihen

Zu den poetischen Verfahren, die die Darstellung der in der *Blechtrommel* erzählten Welt bestimmen, gehören nicht allein die Konstruktion einer Kunstfigur als vermittelnde Instanz sowie Zuspitzungen und zahlreiche Elemente des Grotesken und des Wunderbaren. Überdies finden sich zahllose, mehr oder minder deutlich markierte intertextuelle Bezüge, denen die Forschung mit großem Eifer nachgegangen ist (vgl. dazu u. a. Frizen 1986 und allgemein zu „mythologischen und literarischen Anspielungen" z. B. Neuhaus 2010a, 78–82). Direkt angesprochen wird über den gesamten Roman hinweg etwa eine Spannung zwischen den von Oskar schon früh gelesenen Schriften von Rasputin und Goethe und einem entsprechend unterschiedlich geprägten Blick auf die Welt (Mannack 1982; dazu und zu anderen literarischen Bezügen auch Jahnke und Lindemann 1993, 41–49); es finden sich aber auch etwa Bezüge zur Heiligen Schrift, zur *Odyssee* oder zu Werken der Bildenden Kunst wie Ernst Barlachs Plastik „Mutter Erde" (zu ihrer Beziehung zu der mit ihren weiten Röcken am Rande eines kaschubischen Kartoffelackers sitzenden Anna Bronski Neuhaus 2010b, 45). Analog zu der für das Erzählen und die erzählte Geschichte zentralen Kunst des Trommelns gehört zur komplexen poetischen Form des Romans weiterhin eine auffällige Tendenz zu einer Rhythmisierung in der Darstellung des Erzählten. Sie betrifft nicht allein die konsequente Gliederung des erzählten Geschehens in eine Reihe von Episoden und größere Handlungseinheiten dank der Aufteilung in Kapitel und Bücher mit variierendem Erzähltempo (vgl. dazu die nach „narrativen Blöcken" gegliederte Tabelle zur unterschiedlichen Erzählgeschwindigkeit bei Schwartze-Köhler 2009, 408), sondern auch die Art der sprachlichen Präsentation von Geschehen in den einzelnen Kapiteln selbst. Ein besonders deutliches Beispiel dafür ist etwa das den Gräueln der Reichspogromnacht gewidmete Kapitel „Glaube Hoffnung Liebe", dessen Absätze mit der in unterschiedlichen, zum Ende hin immer kürzer werdenden Abständen wiederholten Märchenformel „Es war einmal ..." beginnen, um diese Formel am Ende so in eine Folge von syntaktischen Parallelismen und im letzten Absatz auch die Abschlussformel des entsprechenden Erzählmusters („und wenn er nicht gestorben ist...", NGA 4, 252) zu überführen, dass sowohl jegliche mit diesem Muster verknüpfte Form der Verklärung als auch das in der Überschrift des Kapitels angesprochene ‚Hohelied der Liebe' (1. Korinther 13) ad absurdum geführt werden (zu den zahlreichen Interpretationen dieses Märchen- und Fugenform miteinander verknüpfenden Kapitels vgl. u. a. Stolz 1994, 271–272 und zur musikalischen Kompositionsform zuletzt Schirrmacher 2012, 122–126). Im Sinne einer Leitmotivtechnik werden aber auch bestimmte Elemente der erzählten Welt über den ganzen Roman hinweg rhythmisch wiederholt (allgemein zu den „Bild- und Motivketten“ etwa Jendrowiak 1979, 99–217; für eine tabellarische, nach Kapiteln gegliederte Auflistung der Parallelstruktur von fiktiven Ereignissen, historischen Daten, Leitmotiven und „Wortkaskaden“ vgl. Jahnke und Lindemann 1993, 97–106). Neben teils imaginären Figuren wie der „Schwarzen Köchin“ (vgl. dazu etwa Just 1972, 200–211 u. Wierlacher 1990), der Maria mit dem Jesuskind (zu den vielen Facetten der „Symbolgestalt Maria“ Davidson 2001, bes. 260–330) oder dem in Ost und West zu findenden „Schugger Leo“ finden sich wiederkehrende Motive wie etwa die weiten Röcke der Großmutter, unter die der in seinem Düsseldorfer „Gitterbett“ liegende Oskar in Regressionsphantasien wiederholt fliehen möchte (vgl. dazu Neuhaus 2010a, 72–73), die fest zu Oskar gehörende, zweitweise beerdigte und dann wieder auferstandene, je nach Kontext mit unterschiedlichen Bedeutungen versehene rotweiße Blechtrommel mitsamt ihren Stöcken (zur sexuellen Symbolik der Stöcke Neuhaus 2010a, 73–74) sowie die Tätigkeit des Trommelns selbst (vgl. z. B. Ferguson 1976, 89–106; zum „Trommelmotiv“ auch z. B. Just 1972, 142–149) oder, begrenzt auf die Zeit in Danzig, Spielkarten und Kartenspiel (vgl. dazu Neuhaus 2010a, 70–71). Über diese und viele weitere, jenseits des chronologischen Nacheinanders des erzählten Geschehens aufeinander verweisende Elemente schafft der so handlungs-, figuren- und auch dingreiche Roman (zur „Macht der Dinge“ und einer „Materialisation des Psychischen“ Just 1972, 118–127, zit. 126, vgl. auch Neuhaus 2010b, 38–40) poetische Zusammenhänge, zahlreiche Mehrdeutigkeiten und einen Kosmos von eigener, durch die jeweilige Interpretation immer wieder neu zu erschließender Bedeutung.

7 Rezeption

Die Veröffentlichung von *Die Blechtrommel* sorgte für großes Aufsehen und machte ihren Autor schlagartig berühmt. Dabei gab es, wie Hans Magnus Enzensberger vorhergesehen hatte, „Schreie der Freude und der Empörung“ (Enzensberger 1962, 221). Während er selbst und viele andere Rezensenten den Roman als epochales Ereignis begrüßten, sprach der schon damals prominente Kritiker Marcel Reich-Ranicki von „Zigeunermusik“ und einem artistischen Blendwerk, das man nicht mit Kunst verwechseln dürfe (vgl. Reich-Ranicki in Görtz 1984, 116–121, zit. 117), bevor er seine Fehleinschätzung wenige Jahre später mit einer „Selbstkritik des *Blechtrommel*-Kritikers“ (1963) zumindest oberflächlich relativierte. Vor allem aber wurde vielfach und lautstark der Vorwurf der Blasphemie und der Pornographie erhoben (zur „Obszönität der ‚Blechtrommel‘ im Spiegel der Literaturkritik“ Pflanz 1976 bes. 8–19; dazu und zur zeitgenössischen Kritik auch Arnold 1997, 11–25). Mit Hinweis auf diese Vorwürfe wurde die 1960 von einer unabhängigen Jury vorgesehene Verleihung des Literaturpreises der Stadt Bremen vom Senat der Stadt verweigert und noch die Auszeichnung des Autors mit dem Büchner-Preis im Jahr 1965 löste eine große Debatte aus (dazu und allgemein zur Rezeption im deutschsprachigen Raum Schuchter 2016). Im Ausland wurde das Werk dagegen ungewöhnlich schnell als herausragender Roman und erste Auseinandersetzung mit der deutschen Zeitgeschichte von weltliterarischem Rang rezipiert (zur Rezeption in Europa Joosten und Parry 2016). In Frankreich wurde er schon 1962 mit dem renommierten „Prix Medicis Etranger" ausgezeichnet (Vanasten 2006), in den englischsprachigen Ländern und insbesondere den USA zählte er bald zu den meist verkauften fremdsprachigen Texten. International bedeutende Schriftsteller*innen wie Gabriel Garciá Márquez, Nadine Gordimer, John Irving, Kenzaburō Ōe und Salman Rushdie haben Grass, sein Werk und insbesondere *Die Blechtrommel* als ein Vorbild für ihr Schreiben bezeichnet (vgl. z. B. Engel 1997). Historische Meilensteine in der weiteren weltweiten Verbreitung des Romans sind seine auch mit einem Oscar ausgezeichnete Verfilmung durch Volker Schlöndorff 1979 sowie die Verleihung des Nobelpreises an Günter Grass 1999. Bis heute wurde *Die Blechtrommel* in über 40 Sprachen übersetzt, die Weltauflage wird auf über 4 Millionen geschätzt. In der literaturwissenschaftlichen Forschung schließlich gehört die immer wieder auch als Teil der *Danziger Trilogie* behandelte *Blechtrommel* insbesondere in den 1970er und 1980er Jahren zu den wohl am meisten in Aufsätzen und Monographien untersuchten Texten der Nachkriegsliteratur, wenn nicht der deutschsprachigen Literatur des 20. Jahrhunderts überhaupt (Forschungsüberblicke z. B. bei Moser 2000, 50–53, Mews 2008, 15–100 und Stolz 2009).

Literatur

Arker, Dieter. *Nichts ist vorbei, alles kommt wieder. Untersuchungen zu Günter Grass' „Blechtrommel".* Heidelberg 1989.

Arnds, Peter. „Günter Grass and the Tradition of Magical Realism in World Literature". *The Cambridge Companion to Günter Grass.* Hrsg. von Stuart Taberner. Cambridge 2009: 52–66.

Arnds, Peter. *Representation, Subversion and Eugenics in Günter Grass's 'The Tin Drum'.* Camden House 2004.

Arnold, Heinz Ludwig (Hrsg.). *Blech getrommelt. Günter Grass in der Kritik.* Göttingen 1997.

Auerbach, Erich. *Mimesis. Dargestellte Wirklichkeit in der abendländischen Literatur.* 7. Auflage. München 1982.

Auffenberg, Christian. *Vom Erzählen des Erzählens bei Günter Grass. Studien zur immanenten Poetik der Romane 'Die Blechtrommel' und 'Die Rättin'.* Münster 1993.

Aumüller, Matthias. *Unzuverlässiges Erzählen. Studien zur deutschsprachigen Nachriegsliteratur. Mit einem Kapitel von Tom Kindt, Dana Kissling und Victor Lindblom.* Berlin 2023.

Beyersdorf, Herman E.: „The Narrator as artful Deceiver: Aspects of Narrative Perspective in ‚Die Blechtrommel'". *The Germanic Review* 55.4 (1980): 129–138.

Blanckenburg, Friedrich von. *Versuch über den Roman. Faksimiledruck der Originalausgabe von 1774.* Stuttgart 1965.

Borzyszkowska-Szewczyk, Miłosława. „‚Auch über Damrokka wüßte ich gerne ein wenig mehr.' Günter Grass' Dialoge mit der kaschubischen Literatur". *Oxford German Studies* 48.3 (2019): 374–390.

Borzyszkowska-Szewczyk, Miłosława. „Mit schrägem Blick? Das Kaschubische im Kontext von Günter Grass' Lebenswerk und seiner Rezeption". *Freipass: Schriften der Günter und Ute Grass Stiftung.* Bd. 4. Hrsg. von Volker Neuhaus, Per Øhrgaard und Jörg-Philipp Thomsa. Berlin 2019: 108–130.

Cepl-Kaufmann, Gertrude. „Verlust oder poetische Rettung? Zum Begriff Heimat in Günter Grass' ‚Danziger Trilogie'". *Literatur und Provinz: Das Konzept „Heimat" in der neueren Literatur.* Hrsg. von Hans-Georg Pott. Paderborn et al. 1986: 61–83.

Cepl-Kaufmann, Gertrude. „Günter Grass und Danzig". *Ostpreußen – Westpreußen – Danzig: Eine historische Literaturlandschaft*. Hrsg. von Jens Stüben. Oldenburg 2007: 563–587.

Davidson, Anika. *Advocata Aesthetica: Studien zum Marienmotiv in der modernen Literatur am Beispiel von Rainer Maria Rilke und Günter Grass*. Würzburg 2001.

Diederichs, Rainer. *Strukturen des Schelmischen im modernen deutschen Roman. Eine Untersuchung an Thomas Mann „Bekenntnisse des Hochstaplers Felix Krull" und Günter Grass „Die Blechtrommel"*. Düsseldorf und Köln 1971.

Engel, Henrik D.K. *Die Prosa von Günter Grass in Beziehung zur englischsprachigen Rezeption*. Frankfurt/M. 1997.

Enzensberger, Hans Magnus (Hrsg.). „Wilhelm Meister, auf Blech getrommelt". *Einzelheiten*. Frankfurt/M. 1962: 221–227.

Ferguson, Lore. *„Die Blechtrommel" von Günter Grass. Versuch einer Interpretation.* Frankfurt/M. und München 1976.

Frizen, Werner. „‚Die Blechtrommel' – ein schwarzer Roman. Grass und die Literatur des Absurden". *Arcadia* 21.2 (1986): 166–189.

Frizen, Werner. „Zur Entstehungsgeschichte von Günter Grass' Roman ‚Die Blechtrommel'". *Monatshefte* 97.2 (1987): 210–222.

Frizen, Werner. „Anna Bronskis Röcke – ‚Die Blechtrommel' in ‚ursprünglicher Gestalt'". *Die Danziger Trilogie von Günter Grass: Texte, Daten, Bilder*. Hrsg. von Volker Neuhaus und Daniela Hermes. Frankfurt/M. 1991: 144–169.

Görtz, Franz Josef (Hrsg.): *„Die Blechtrommel". Attraktion und Ärgernis. Ein Kapitel deutscher Literaturkritik.* Darmstadt und Neuwied 1984.

Görtz, Franz Josef, Randalf L. Jones, und Alan Frank Keele (Hrsg.). *Wortindex zur „Blechtrommel" von Günter Grass*. Frankfurt/M. 1990.

Grass, Günter, und Harro Zimmermann. *Vom Abenteuer der Aufklärung. Werkstattgespräche.* Göttingen 1999.

Herweg, Nikola. *Günter Grass' „Blechtrommel" in Großholzleute*. Marbach 2017.

Jacobs, Jürgen. „Bildungsroman". *Reallexikon der deutschen Literaturwissenschaft. Neubearbeitung des Reallexikons der deutschen Literaturgeschichte.* Bd. 1: *A-G.* Hrsg. von Klaus Weimar, Harald Fricke, Klaus Grubmüller und Jan-Dirk Müller. Berlin und New York, NY 1997: 230–233.

Jacobs, Jürgen. „Schelmenroman". *Reallexikon der deutschen Literaturwissenschaft. Neubearbeitung des Reallexikons der deutschen Literaturgeschichte.* Bd. 3: *P-Z.* Hrsg. von Klaus Weimar, Harald Fricke, Klaus Grubmüller und Jan-Dirk Müller. Berlin und New York, NY 2003: 371–374.

Jahnke, Walter, und Klaus Lindemann. *Günter Grass: Die Blechtrommel. Acht Kapitel zur Erschließung des Romans.* Paderborn 1993.

Jarosz-Sienkiewicz, Ewa. „Ähnlichkeiten der Motive in Epik und Lyrik am Beispiel ‚Der Blechtrommel' und der früheren Gedichte von Günter Grass. Eine Zusammenstellung". *Literatur und Kultur im Querschnitt.* Hrsg. von Norbert Honsza. Wrocław 2003: 101–116.

Jendrowiak, Silke. „Die sogenannte ‚Urtrommel': Unerwartete Einblicke in die Genese der ‚Blechtrommel' von Günter Grass". *Monatshefte* 71 (1979a): 172–186.

Jendrowiak, Silke. *Günter Grass und die ‚Hybris' des Kleinbürgers. ‚Die Blechtrommel' – Bruch mit der Tradition einer irrationalistischen Kunst- und Wirklichkeitsinterpretation.* Heidelberg 1979b.

Joosten, Jos, und Christoph Parry. *The Echo of 'Die Blechtrommel' in Europe: Studies on the Reception of Günter Grass's The Tin Drum.* Leiden und Boston 2016.

Just, Georg. *Darstellung und Appell in der ‚Blechtrommel' von Günter Grass. Darstellungsästhetik versus Wirkungsästhetik.* Frankfurt/M. 1972.

Krason, Viktoria. „Danzig-Variationen im Werk von Günter Grass". *Von Danzig nach Lübeck: Günter Grass und Polen / Z Gdańska do Lubeki: Günter Grass i Polska.* Hrsg. von Jörg-Philipp Thomsa und Viktoria Krason. Lübeck 2010: 35–42.

Leroy, Robert. *‚Die Blechtrommel' von Günter Grass. Eine Interpretation.* Paris 1973.

Mannack, Eberhard (Hrsg.). „Die Auseinandersetzung mit literarischen Mustern – Günter Grass: ‚Die Blechtrommel'". *Zwei deutsche Literaturen? Zu G. Grass, U. Johnson, H. Kant. U. Plenzdorf und Ch. Wolf.* Kronberg/Ts. 1977: 66–83.
Mannack, Eberhard. „Oskars Lektüre. Zum Verweisungszusammenhang in Günter Grass' ‚Blechtrommel'". *From Wolfgang and Petrarch to Goethe and Grass. Studies in Literature in Honour of Leonard Forster.* Hrsg. von Dennis Howard Green, Leslie Peter Johnson und Dieter Wuttke. Baden-Baden 1982: 587–600.
Martínez, Matías, und Michael Scheffel. *Einführung in die Erzähltheorie.* 11., überarbeitete und aktualisierte Auflage. München 2019.
Mews, Siegfried. *Günter Grass and His Critics. From ‚The Tin Drum' to ‚Crabwalk'.* Rochester, NY und New York, NY 2008.
Moser, Sabine. *Günter Grass: Romane und Erzählungen.* Berlin 2000.
Müller, Günther. *Morphologische Poetik. Gesammelte Aufsätze.* Tübingen 1968.
Mitscherlich, Alexander, und Margarethe Mitscherlich: *Die Unfähigkeit zu trauern. Grundlagen kollektiven Verhaltens.* München 1967.
Neuhaus, Volker. *Günter Grass. Die Blechtrommel.* 4. Auflage. München 2000.
Neuhaus, Volker. *Günter Grass.* 3. Auflage. Stuttgart 2010a.
Neuhaus, Volker. *Günter Grass. Die Blechtrommel. Kommentar und Materialien.* Göttingen 2010b.
O'Neill, Patrick. *Günter Grass. A Bibliography. 1955–1975.* Toronto und Buffalo 1976.
Ossowski, Mirosław. „Danzig-Langfuhr bei Günter Grass im biographischen Kontext". *Günter Grass: Literatur, Kunst, Politik.* Hrsg. von Marion Brandt, Marek Jaroszewski und Mirosław Ossowski. Gdańsk 2008: 43–55.
Pflanz, Elisabeth. *Sexualität und Sexualideologie des Ich-Erzählers in Günter Grass' Roman ‚Die Blechtrommel'.* München 1976.
Reddick, John. „‚Eine epische Trilogie des Leidens?' ‚Die Blechtrommel', ‚Katz und Maus', ‚Hundjahre'". *Text + Kritik* 1.1a (1971): 38–51.
Reddick, John. *The ‚Danzig Trilogy' of Günter Grass. A Study of The Tin Drum, Cat and Mouse and Dog ears.* New York, NY und London 1975.
Richter, Frank. *Die zerschlagene Wirklichkeit. Überlegungen zur Form der Danzig-Trilogie von Günter Grass.* Bonn 1977.
Schaal, Björn. *Jenseits von Oder und Lethe. Flucht, Vertreibung und Heimatverlust in Erzähltexten nach 1945 (Günter Grass – Siegfried Lenz – Christa Wolf).* Trier 2006.
Scheffel, Michael. *Magischer Realismus. Die Geschichte eines Begriffes und ein Versuch seiner Bestimmung.* Tübingen 1990.
Scheffel, Michael. *Formen selbstreflexiven Erzählen. Eine Typologie und sechs exemplarische Analysen.* Tübingen 1997.
Schirrmacher, Beate. *Musik in der Prosa von Günter Grass: Intermediale Bezüge – Transmediale Perspektiven.* Stockholm 2012.
Schneider, Irmela. *Kritische Rezeption. ‚Die Blechtrommel' als Modell.* Frankfurt/M. 1975.
Schuchter, Veronika. „Von der, Epileptischen Kapriole' zum Nobelpreis: Die Blechtrommel als Paradigma der deutschsprachigen Literaturkritik". *The Echo of Die Blechtrommel in Europe: Studies on the Reception of Günter Grass's The Tin Drum.* Hrsg. von Jos Joosten und Christoph Parry. Leiden und Boston 2016: 41–62.
Schwarz, Wilhelm Johannes. *Der Erzähler Günter Grass.* Bern 1969.
Schwartze-Köhler, Hannelore. *‚Die Blechtrommel' von Günter Grass: Bedeutung, Erzähltechnik und Zeitgeschichte. Strukturanalysen eines Bestsellers der literarischen Moderne.* Berlin 2009.
Steuer, Jennifer. „Versteinernde Blicke. Schamdiskurse in Günter Grass' ‚Die Blechtrommel' (1959)". *Jahrbuch für Literatur und Psychoanalyse* 32 (2013): 169–188.
Stolz, Dieter. „‚Ach die Wissenschaft, die Wissenschaft!' Ein ausgesprochen subjektiver Forschungsbericht zur ‚Blechtrommel' von Günter Grass". *Ein Buch schreibt Geschichte. 50 Jahre „Die Blechtrommel".* Hrsg. von Jörg-Philipp Thomsa, Lübeck 2009: 99–109.
Stolz, Dieter. *Günter Grass. Theaterspiele. Kommentar und Materialien.* Göttingen 2010.

Stolz, Dieter. „Manuskripte, Typoskripte, Sensationen. Zwei Schlaglichter auf die Genese der ‚Blechtrommel'". *Freipass. Forum für Literatur, Bildende Kunst und Politik. Schriften der Günter und Ute Grass Stiftung*. Bd. 6. Hrsg. von Volker Neuhaus, Per Øhrgaard und Jörg-Philipp Thomsa. Berlin 2022: 73–106.

Stolz, Dieter. *Vom privaten Motivkomplex zum poetischen Weltentwurf. Konstanten und Entwicklungen im literarischen Werk von Günter Grass (1956–1986)*. Würzburg 1994.

Thomsa, Jörg-Philipp (Hrsg.). *Ein Buch schreibt Geschichte. 50 Jahre „Die Blechtrommel"*. Lübeck 2009.

Vanasten, Stéphanie. „‚Schon schnellten sich von Oskars Zunge einige französische Wörtchen': ‚Die Blechtrommel' in Frankreich". *The Echo of Die Blechtrommel in Europe: Studies on the Reception of Günter Grass's The Tin Drum*. Hrsg. von Jos Joosten und Christoph Parry. Leiden und Boston 2016: 152–171.

Wierlacher, Alois. „Die Mahlzeit auf dem Acker und die Schwarze Köchin. Zum Rahmenmotiv des Essens in Grass' ‚Die Blechtrommel'". *Germanica Wratislaviensica* (1990): 25–36.

Wittmann, Jochen. „‚Urtrommel' und ‚Säulenheiliger'. Zur Genese der ‚Blechtrommel'". *Germanica Wratislaviensia* (1989): 200–229.

II.1.2 *Katz und Maus. Eine Novelle* (1961)

Gerhard Kaiser

1 Entstehung und Rezeption

Grass' erste, zunächst unter dem Arbeitstitel „Der Ritterkreuzträger" (Bernhardt 2019, 11) firmierende Novelle erscheint im September 1961 im Luchterhand Verlag mit einer vom Autor selbst gestalteten Umschlaggrafik, die eine schwarz-weiß getigerte Katze samt Ritterkreuzorden zeigt (vgl. Neuhaus und Hermes 1991, 35). Gemeinsam mit der zwei Jahre zuvor veröffentlichten *Blechtrommel* und dem 1963 publizierten Roman *Hundejahre* bildet *Katz und Maus* jenes Prosa-Triptychon, für das sich – einem Vorschlag John Reddicks folgend (Reddick 1975) – in der Forschung und darüber hinaus die zusammenfassende Bezeichnung *Danziger Trilogie* eingebürgert hat. Einen Zusammenhang zwischen der Novelle und den beiden sie flankierenden Romanen stiften indes nicht nur die allen drei Texten gemeinsame topographische Situierung der erzählten Welten in Grass' früherer Heimatstadt Danzig sowie einige figurenbezogene und thematische Interferenzen (vgl. etwa zu Oskar Matzerath und Tulla Pokriefke Neuhaus 2010, 27–28 und 33; zu strukturellen und thematischen Kontinuitäten Hall 2007, 13–45). Verbunden werden sie auch durch den literarischen Versuch des Autors, „den Faschismus [...] aus dem Geiste kleinbürgerlicher Mentalität an Beispielen mediokrer Einzelpersonen beschreibend zu entlarven" (Ritter 1996, 117). In den noch in Paris entstandenen, ersten Entwürfen zunächst als erzählerischer Seitenstrang innerhalb des „Kartoffelschalen" benannten Romanprojektes „im Umfeld der Flakhelfergeschichten" (Neuhaus 2010, 65) konzipiert, „isolierte sich" der Stoff, so Grass in einem Gespräch (Loschütz 1968, 213), schließlich „von selbst" zu einer eigenständigen Novelle. Erst diese Abgrenzung, aus der dann *Katz und Maus* entstehen sollte, ermöglicht die erfolgreiche Neujustierung der Arbeit am zweiten, schließlich *Hundejahre* betitelten Roman. Die Hauptarbeit an der Novelle beginnt Grass im November 1960. Am 9. Mai 1961 schickt er das abgeschlossene Manuskript an den Verlag (Bernhardt 2019, 11).

Die Rezeption von *Katz und Maus* weist in ihrer Spaltung wie in ihrer emotionalen Tönung Parallelen zu derjenigen des Romanvorgängers auf. Im Rückblick erscheint sie – ähnlich wie die Debatten um die *Blechtrommel* – als mentalitätsgeschichtliches Befindlichkeitsbarometer einer noch jungen Bundesrepublik, deren Literatururteile nicht selten „von Prüderie und Doppelmoral geprägt[]" (Lorenz 2009, 104) werden: Einerseits gerät die „völlig umstritten[e]" (Korte 2012, 126) Novelle, vor allem angesichts der „Masturbationsolympiade" (Krumme 1985, 70) im dritten Kapitel, aus christlich-konservativer Richtung rasch unter Pornographieverdacht. Zudem bezichtigt man den Autor der Profanierung und der Verunglimpfung nationalreputativer Symbole. So moniert etwa ein anonymer Rezensent in der Zeitschrift *Das Ritterkreuz* im April 1962, dass der Protagonist der Novelle nicht nur zum Dieb eines Ritterkreuzordens wird, sondern dass er diesen gestohlenen Orden auch noch „beim Baden vor jenen Körper-

https://doi.org/10.1515/9783110755435-003

teil hält, der von der Badehose bedeckt wird – doch der Held trug keine Badehose" (zit. nach Loschütz 1968, 48–49; zahlreiche Dokumente zur Wirkungsgeschichte liefert Ritter 1977, 95–178). Die konservative Entrüstung gipfelt vorerst in einem Indizierungsantrag, den der hessische Minister für Arbeit, Volkswohlfahrt und Gesundheitswesen im September 1962 bei der Bundesprüfstelle für jugendgefährdende Schriften mit der Begründung einreicht, das Buch enthalte „zahlreiche Schilderungen von Obszönitäten, die geeignet sind, Kinder und Jugendliche zu gefährden. [...] Die Art und Weise dieser Darstellungen läßt den Schluß zu, daß sie nur des obszönen Reizes willen aufgenommen wurden. Sie sind geeignet, die Phantasie jugendlicher Leser negativ zu belasten, sie zu sexuellen Handlungen zu animieren und damit die Erziehung zu beeinträchtigen" (zit. nach Lorenz 2009, 114). Im Dezember des gleichen Jahres wird der Antrag zurückgezogen (als Gutachter wird u. a. Hans Magnus Enzensberger bestellt, der in dem Verfahren ein juristisches „Banausentum ohnegleichen" [zit. nach Zimmermann 2017, 72] sieht). Andererseits und ungeachtet dieser bis gegen Ende der 1960er Jahre andauernden Empörungswelle in konservativen Zirkeln wird *Katz und Maus* in der weniger sittlich-politisch als ästhetisch argumentierenden, literaturkritischen Rezeption rasch als „ein fulminantes Beispiel novellistischer Erzählkunst" (Ritter 1996, 131) wahrgenommen. Bereits 1967 läuft eine – nicht minder debattenumwitterte – Verfilmung der Novelle an (Stahl 2012; Saryusz-Wolska 2013), die auch deshalb zum Skandalon gerät, weil in ihr die beiden Söhne Willy Brandts den Protagonisten Joachim Mahlke in seiner jüngeren und älteren Variante verkörpern. Im Laufe der 1970er Jahre avanciert *Katz und Maus* zum Schulstoff in den gymnasialen Oberstufen, gehört „jahrzehntelang zu den resonanzreichsten Erzählungen der Nachkriegsliteratur, zum Kernkanon des Grassschen Frühwerks" (Korte 2012, 125), wird international weitestgehend positiv aufgenommen (zur Rezeption in Polen und Schweden Gesche 2003, 181–183 und 218–234; in den USA Mews 2008, 60–76) und „ist heutzutage in mehr als zwanzig Sprachen verfügbar" (Gobyn 2019, 74). Erneut in den Fokus einer größeren öffentlichen Aufmerksamkeit rückt der Text dann 2002 nach dem Erscheinen von Grass' zweiter, vieldiskutierter Novelle *Im Krebsgang*, in der Tulla Pokriefke – eine wichtige Nebenfigur in *Katz und Maus* – eine zentrale Rolle spielt und schließlich 2006, nach Grass' spätem Geständnis seiner frühen Mitgliedschaft in der Waffen-SS, das etwa Markus Joch in der *taz* mutmaßen lässt, es könne lohnenswert sein, „aktuelle Auskünfte des Autors in Beziehung zu ‚Katz und Maus' zu setzen." (Joch 2006, 16)

2 Inhalt

Einer lakonischen Zusammenfassung nach, die Grass selbst in seinen „Dunkelkammergeschichten" von *Die Box* anbietet, handelt *Katz und Maus* „vom Krieg, von einem versenkten polnischen Minensucher, paar Jungs und nem Mädel und einem Orden für Heldentaten" (NGA 18, 35). Durchaus wesentliche Elemente des Textes wie die forciert novellistische Handlungsentwicklung sowie das komplexe Ineinander von extra- und intradiegetischer Erzählebene bleiben dabei allerdings ausgeblendet. In dreizehn Kapiteln wird die intradiegetisch in den Kriegsjahren zwischen 1940 und 1945 in Danzig angesiedelte Geschichte vom Aufstieg und Fall des Gymnasiasten Joachim Mahlke, des „Große[n] Mahlke“ (NGA 5, 81), erzählt. Mahlke bewegt sich innerhalb (oder eher: am Rande) einer Gruppe von sieben pubertierenden Jungen, zu der auch der homodiegetische Erzähler Pilenz gehört, und eines sexuell erwachenden Mädchens (Tulla Pokriefke), die sich regelmäßig auf dem „abgesoffenen Minensuchboot“ (NGA 5, 8) „Rybitwa“ versammeln. Mahlke leidet an seinem überproportional ausgebildeten Adamsapfel (der titelgebenden „Maus“), den er als Makel empfindet und durch diverse sportliche, religiöse, sexuelle und kriegerische ‚Höchstleistungen‘ zu kompensieren versucht. Diese Geschichte wird, so die Konfiguration der extradiegetischen Erzählsituation, von Pilenz – „was tut mein Vorname zur Sache“ (NGA 5, 84) – 1960 in einem Düsseldorfer Kolpinghaus auf Anregung des Franziskanerpaters Alban niedergeschrieben (erst in den *Hundejahren* wird Pilenz’ Vorname, Heini, genannt). Als „Beichte ohne Lossprechung“ (Neuhaus 2013, 11) und als „Judas und Evangelist“ Mahlkes gleichermaßen (Krumme 1985, 78) erzählt Pilenz dessen Geschichte, die „im wesentlichen die Geschichte eines manischen Geltungsdrangs“ (Mertens 2005, 214) ist und die ganz im Sinne von Theodor Storms Diktum, die Novelle sei als „Schwester des Dramas“ zu begreifen, dem Bauprinzip eines klassischen Dramas folgt:

Nach der Exposition (Kapitel I), in der Pilenz – dies sein „anfängliche[r] Sündenfall“ (Neuhaus 2013, 15) – während der Pause eines Schlagballspiels eine schwarze Katze auf Mahlkes Adamsapfel ansetzt und ihm so, auch wenn er äußerlich „nur unbedeutende Kratzer davon[trug]“ (NGA 5, 6), seine gesellschaftliche Außenseiterposition bewusst macht, folgt in den Kapiteln II bis VI die steigende Handlung: Erzählt wird von Mahlkes stets zwischen Komik und Verzweiflung oszillierenden Versuchen, „jenen fatalen Knorpel“ (NGA 5, 9) entweder durch diverse Gegenstände, etwa einen Schraubenzieher, einen Büchsenöffner oder „Puscheln“ genannte „tischtennisgroße Wollbällchen“ (NGA 5, 40) zu verdecken oder ihn durch sportliche (Schwimmen und Tauchen), sexuelle (Onaniervermögen) oder religiöse (obsessive Marienverehrung) Anstrengungen vergessen zu machen. Dies gelingt ihm indes nur teilweise, denn, so reflektiert Pilenz die ambivalente Gefühlslage von Mahlkes pubertierender Gefolgschaft am Ende von Kapitel VI: „Zwar bewunderten wir Mahlke; doch mitten im verquollenen Getöse [eines von Mahlke initiierten Grammophon‚konzertes‘ unter Deck des Minensuchbootes; GK] schlug die Bewunderung um: wir fanden ihn widerlich und zum Weggucken.“ (NGA 5, 64) Zum „Großen Mahlke“ kann der beständig nach Geltung Strebende schließlich erst dann avancieren, als er den Ritterkreuzorden jenes „Kapitänleutnant[s] zur See und hochdekorierten U-Boot-Kommandanten“ (NGA 5, 66) stiehlt, der im Sommer 1942 das Conradinum besucht, um vor der Schülerschaft einen erbaulichen Vortrag über seine kriegerischen Heldentaten zu halten. In der Mitte der Novelle (Kapitel VII) platziert, markiert der Diebstahl den Höhe- und Wendepunkt der Handlung und wird vom Oberstudienrat Klohse im folgenden Kapitel denn auch als jenes „Unerhörte[]“ (NGA 5, 89) etikettiert, das nach Goethes Definition novellenkonstitutiv ist. Im Zuge der fallenden

Handlung, die sich über die Kapitel VIII bis XII entfaltet, werden die Konsequenzen sichtbar, die aus Mahlkes Diebstahl resultieren und die schließlich seinen Niedergang einleiten. Nach der Strafversetzung an eine andere Schule (Kapitel VIII) und einer erfolgreichen ‚Karriere' als Panzerschütze, die ihm angesichts wiederum außerordentlicher Abschussquoten „in pausenlosem Einsatz" (NGA 5, 118) zunächst tatsächlich die Auszeichnung mit dem Ritterkreuz einbringen, folgt der große Eklat: Mahlkes sehnlichstem Wunsch, in der Aula des Conradinums als hochdekorierter Kriegsheld vor den Schülern eine Rede halten zu dürfen, wird angesichts seiner früheren Verfehlung vom Schulleiter nicht entsprochen. Andere Rede-Offerten lehnt er ab, „denn er kannte von Anfang an nur ein Ziel: die Aula unserer Schule." (NGA 5, 125) Stattdessen lauert er zusammen mit Pilenz Oberstudienrat Klohse auf, ohrfeigt ihn und wird schließlich zum Deserteur. Mit dem endgültigen Verschwinden Mahlkes kommt es im letzten Kapitel zur Katastrophe. Pilenz mutiert zum „Judas" (Krumme 1985, 78) Mahlkes, indem er ihm als Versteck das gesunkene Minensuchboot nahelegt, ihn mit heimtückischen Informationen über eine angeblich bereits eingeleitete Fahndung nach ihm und über die ebenfalls angebliche Verhaftung seiner Mutter versorgt (NGA 5, 137–138). Schließlich hält er auch jenen Büchsenöffner heimlich zurück (NGA 5, 144), den der Untergetauchte zum Überleben unter Deck der „Rybitwa" dringend bräuchte. Mahlke verschwindet für immer und die schuldgetriebene Suche des Erzählers nach ihm, etwa 1959 auf einem „Treffen jener Übriggebliebenen [...], die es wie du zum Ritterkreuz gebracht hatten" (NGA 5, 147), bleibt ohne Erfolg: „Aber du wolltest nicht auftauchen." (NGA 5, 147)

3 Intertextuelle Referenzen und Deutungen

Die Forschung zu *Katz und Maus* ist vor allem durch drei Schwerpunkte gekennzeichnet (vgl. dazu zuletzt Stolz 2023, 263–270): Sie hat (1) mögliche intertextuelle Referenzen in den Blick gerückt, (2) die formale Gestaltung der Novelle, d. h. Grass' novellistische und metaleptische Erzählstrategien analysiert sowie (3) das aus der Figurengestaltung (hier zunächst vor allem Mahlke, später auch Pilenz) und der Handlungsentwicklung ableitbare gesellschaftskritische, religiöse und anthropologische Konnotationsspektrum der Novelle in den Blick genommen.

(1) Grass selbst hat gesprächsweise auf Musils *Verwirrungen des Zöglings Törless* (1906) und Alain-Fourniers *Le grand Meaulnes* (1913) sowie auf Miguel de Unamunos Roman *Niebla* (1914) als mögliche Inspirationsquellen für Sujet und Formgebung von *Katz und Maus* verwiesen (Krumme 1985, 67 und 73). Die Romane Musils und Alain-Fourniers prägen das auch für Grass' Novelle konstitutive Sujet pubertäts-, bzw. adoleszenzbedingter emotionaler wie erotischer Turbulenzen (Korte 2012, 131 und Gross 1979/80) und sie zeigen die „Anfälligkeit von Heranwachsenden für Vorbilder, ihr Bedürfnis, sie sich abseits der Konventionen zu suchen" (Krumme 1985, 73). Unamunos Roman, in dem der Protagonist seinem Autor begegnet und einsehen muss, „dass auch er nichts

anderes als eine Schöpfung der Phantasie dieses Autors ist" (Gobyn 2019, 41), dürfte Grass' – in *Katz und Maus* allerdings noch eher tentativ entfaltetes – literarisches Spiel mit metaleptischen Erzählverfahren angeregt haben (zu weiteren Goethe-, Alain-Fournier- und Unamuno-Bezügen vgl. auch Stolz 2004). Neben der interpretatorischen Aufarbeitung der zahlreichen biblischen Referenzen und der Rückbindung der satirischen Zeichnung des kleinbürgerlichen Milieus wie auch einige der „Ekel erregenden Provokationen" (Bernhardt 2019, 33; gemeint ist hier vor allem die Spuck-Szene NGA 5, 7) an Jean Pauls *Dr. Katzenbergers Badereise* (vgl. Bernhardt 2019, 33) hat die Forschung sich darum bemüht, jenseits der alltagssprachlichen Verwendungsweise auch literarische Vorbilder für die titel- wie leitmotivspendende Tiermetaphorik der Novelle aufzufinden: Zum einen wird in diesem Zusammenhang auf Tucholskys Alltagsbeobachtungsminiatur *Die Katze spielt mit der Maus* (1916) als „vermutlichen Prätext für den ‚alles spaltenden Riß' zwischen Verfolgern und Verfolgten [...], der an die Stelle einer utopisch-paradiesischen Harmonie getreten ist" (Neuhaus 2010, 12; so auch Gobyn 2019, 76), verwiesen. Zum anderen wird die Einschätzung Pater Albans, die „ersten poetischen Versuche und Kurzgeschichten" des Erzählers Pilenz läsen sich „kafkaesk" (NGA 5, 104), als intertextueller Fingerzeig auf Kafkas 1920 entstandene *Kleine Fabel* gedeutet (Korte 2012, 128). Mahlkes finale Ausweglosigkeit, in der ihm nur noch die Option des selbst herbeigeführten ‚Untergangs' im Schiffswrack bleibt, erscheint in dieser Lesart als Parallelschicksal zur Maus in Kafkas Fabel, der „die Welt [...] mit jedem Tag enger" wird und der die sie jagende Katze empfiehlt, „die Laufrichtung [zu] ändern" (Kafka 1983, 91).

(2) Intensiv und wiederholt hat sich die Forschung mit der Novellenform von *Katz und Maus* auseinandergesetzt. Auch wenn Neuhaus' Diktum, Grass habe mit seinem Text „die postmoderne Novelle [begründet]" (Neuhaus 2010, 9), zumindest mit Blick auf die insinuierte Postmodernität eher bloße Behauptung bleibt, so scheint doch zweierlei in der Forschung konsensfähig zu sein: Mit *Katz und Maus*, so betonen zumindest neuere Studien zur Geschichte der Novelle, leitet Grass die Renaissance einer vornehmlich „mit dem 19. Jahrhundert assoziierte[n]" (Wassmann 2009, 19) Gattung ein, die „spätestens zwischen den Weltkriegen erloschen" (Karthaus 1989, 50) schien. Die literaturgeschichtliche Spur dieser „neue[n], selbstbewusste[n] Generation von novellistischen Erzähltexten" (Wassmann 2009, 20), die von *Katz und Maus* ausgeht, reicht mittlerweile – um nur einige Beispiele zu nennen – von Martin Walsers *Ein fliehendes Pferd* (1978) über Patrick Süskinds *Die Taube* (1986), Hartmut Langes *Italienische Novellen* (1998), Grass' zweiter Novelle *Im Krebsgang* (2002) bis zu Jonas Lüschers *Frühling der Barbaren* (2013). Darüber hinaus zeigt *Katz und Maus* „alle Merkmale dieser Gattung geradezu plakativ" (Karthaus 1989, 46): die „unerhörte Begebenheit" des Ritterkreuz-Diebstahls – lediglich Behrendt macht als solche „den Sprung der Katze nach der Maus, Mahlkes Adamsapfel" (Behrendt 2019, 51) aus –, welche zugleich den in Tiecks Novellendefinition geforderten Höhe- und Wendepunkt bildet; die einsträngige Handlungsführung, die keinen Raum für eine weitere, „dunkle, verzweigte Geschichte" lässt (NGA 5, 41;

gemeint ist hier das Schicksal des Studienrats „Papa Brunies“, die dann in *Hundejahre* erzählt wird); Heyses „Falken“ in Gestalt der „Mahlke und mit ihm die Ereignisse der Novelle voran[treibenden]“ (Karthaus 1989, 49) Maus; schließlich die Aufspaltung des Erzählten in eine Düsseldorfer Rahmen- und eine Danziger Binnenerzählung. Gleichwohl – auch dies zeigt die Forschung – liefert *Katz und Maus* keineswegs nur eine epigonale Erfüllung novellistischen Plansolls. So diagnostiziert etwa Karthaus den „literaturgeschichtlich seltene[n] Fall, daß zwei strukturell verschiedene Erzählungen einander in einem Werk überlagern: auf der einen Seite die novellistisch erzählte Geschichte Mahlkes, auf der anderen“, d. h. auf der extradiegetischen Ebene des reflektierenden, um sich selbst kreisenden Erzählers Pilenz, „die Grundzüge eines Romans, der eine vielschichtige, fragliche und moralisch gebrochene Person darstellt.“ (Karthaus 1989, 57) Ob die an *Katz und Maus* beobachtbare Gleichzeitigkeit von Erfüllung und Problematisierung novellistischer Erzählschemata als Indiz „für das Ende der Gattung Novelle in der Literatur des zwanzigsten Jahrhunderts“ genommen werden könne, mithin die Gattungszuordnung des Autors „vielleicht ironisch“ (Karthaus 1989, 58) zu verstehen sei, bleibt Karthaus zufolge eine offene Frage. Weniger ein Ende, aber doch eine erhebliche Komplexitätssteigerung der Möglichkeiten novellistischen Erzählens sieht Gobyn angesichts der von Grass’ in *Katz und Maus* erprobten, metaleptischen Erzählstrategien realisiert (zu den metaleptischen Passagen im Detail s. Gobyn 2019, 83–93). Vor allem durch jene „extratextuelle narratoriale Diskurs-Metalepse“ (Gobyn 2019, 87), mit der sich der Erzähler Pilenz selbst gleich zu Beginn der Novelle als eine erfundene Figur offenbare – „Der uns erfand, von berufswegen, zwingt mich, wieder und wieder deinen Adamsapfel in die Hand zu nehmen [...]“ (NGA 5, 6) – werde die „Künstlichkeit des Romans [sic]“ (Gobyn 2019, 83) decouvriert und die Zuverlässigkeit des erzählten Erzählers und seiner Geschichte von Anfang an zur Disposition gestellt. Zurecht verweist Gobyn darauf, dass diese formale Gestaltungsentscheidung Konsequenzen für die Einschätzung auch der inhaltlichen Dimension des Erzählten hat. Wird doch mit dieser metaleptischen Erzählbewegung die Verantwortlichkeit für den Text und der in ihm dargestellten Schicksale auf eine andere Instanz als Pilenz verschoben.

(3) Dass sich im Schicksal des ebenso verzweifelt wie orientierungslos nach männlichem Heldentum strebenden Ritterkreuzdiebs (und späteren -trägers) zugleich die „Pathologie“ (Kaiser 1971, 18) einer von nationalsozialistischen Ideologemen unterminierten Gesellschaft und ihrer moralisch depravierten, schulischen, religiösen und militärischen Institutionen spiegelt, bildet schon früh den *basso continuo* der Forschungen zu *Katz und Maus*. Vor allem jene Interpretationen, die die Figur des „Großen Mahlke“ in den Mittelpunkt ihrer Überlegungen rücken (so schon Behrendt 1968, 551–557), sehen in der Novelle das mentalitätsgeschichtliche Portrait einer „Generation“, der – wie Grass selbst betont – „Tapferkeit, die ausschließlich an militärischen Leistungen gemessen wurde, [...] zum Glücksbegriff [geriet]. Es kam darauf an, wieviel Tausend-Brutto-Registertonnen versenkt, wie viele feindliche Flugzeuge abgeschossen, wie viele Panzer geknackt wurden.“ (zit. nach Neuhaus 2010, 14) Im als Oxymoron les-

baren Namen allein schon – „'der Große Kleine' (poln. *Maly*; russ. *Malenkij*: ‚Mahlke'; ostdt.-slaw.-slaw.: ‚der Kleine')" (Ritter 1996, 128) –, wie auch in den abstrusen, von spezifischen Männlichkeitsvorstellungen getriebenen Kompensationsbemühungen des Protagonisten entlarve sich die „allgegenwärtige[] Kleinbürgermentalität in ihrer militärselig und nationalsozialistisch korrumpierten Ausrichtung" (von Schilling 2002, 87). Durch ein subtil inszeniertes Geflecht leitmotivischer Interferenzen verdeutlicht Grass' Novelle das „Mitwirken aller Instanzen bei Mahlkes Untergang" (Neuhaus 2010, 16): Die Kapelle, in der Mahlke seiner obsessiven Marienverehrung nachgeht und in der Hochwürden Gusewski, der 1940 seinen Namen in Gusewing germanisieren lässt (NGA 5, 94), zu pädophilen „Handgriffe[n]" (NGA 5, 94) neigt, ist eine frühere „Turnhalle" (NGA 5, 15), während die „neugotische Turnhalle" des Conradinums, deren „Sakristei" (NGA 5, 74) genannter Umkleideraum zum Schauplatz des Diebstahls wird, „feierlich" (NGA 5, 73) wie eine Kirche wirkt. Mahlkes Kleidung schließlich, die er auf dem letzten Weg in seinen ‚Untergang' trägt, besteht aus „jenen roten Turnhosen, die ein Stück Tradition unseres Gymnasiums bedeuteten" (NGA 5, 142) und die an anderer Stelle als „meßdienerrot[]" (NGA 5, 73) und „[f]ahntuchrot" (NGA 5, 143) charakterisiert werden.

Den dominant gesellschaftskritischen und mentalitätsgeschichtlichen Fokus solcher Figureninterpretationen erweitern jene Lesarten ins anthropologisch Universelle, die das religiöse Konnotationsspektrum von Mahlkes Makel – der Adamsapfel erscheint „nach volkstümlicher Überlieferung" als „Relikt des Sündenfalls" (von Schilling 2002, 91) – aufblenden. In dieser Lesart erscheint Mahlke mit seiner „Erlösermiene" (NGA 5, 121) und seinen verzweifelten Anstrengungen, eine durch den anfänglichen Makel ins Ungleichgewicht geratene Existenz wieder auszubalancieren, als eine ironische Kontrafaktur Christi (zu den Christus-Parallelen s. Neuhaus 2010, 17–18), Pilenz mutiert zum „Evangelisten des gescheiterten Erlösers" (Neuhaus 2013, 15; so auch schon Krumme 1985, 78) und *Katz und Maus* erscheint als „Evangelium der gefallenen Schöpfung" (Neuhaus 2010, 18) überhaupt.

Ansätze zu einer Neueinschätzung des Schuld-und-Sühne-Komplexes lassen sich im Rahmen solcher Deutungsansätze beobachten, die sich stärker auf die Figur des unzuverlässigen, „suspekte[n] Erzähler[s]" (Krumme 1985, 65) Pilenz konzentrieren. Zunächst noch als Figur von „untergeordnete[r] Bedeutung" und als bloße „Folie für Mahlke" (Gerstenberg 1980, 24) unterschätzt, wird sie schon bald zurecht als eine Erzählerfigur von einigem und eigenem Gewicht analysiert, die – darin dem unzuverlässigen und vermeintlich überforderten Serenus Zeitblom aus Thomas Manns *Doktor Faustus* verwandt – lediglich vorgibt, nicht selbst im Mittelpunkt des Erzählten stehen zu wollen (so etwa Krumme 1985, 67). Auch in neueren Studien erfährt der erzählte Erzähler in zweifacher Hinsicht stärkere Berücksichtigung:

Gobyns akribische Untersuchung interpretiert *Katz und Maus* als „autodiegetischen Text" (Gobyn 2019, 81), dessen geheimes Zentrum und Protagonist mithin der Erzähler selbst ist. Dessen unzuverlässiges Erzählen wiederum deutet sie als eine Strategie, das eigentliche „Schuldbekenntnis", die Geschichte seines Verrats an Mahlke, in eine „Schuldverschleierung“ (Gobyn 2019, 78) zu transformieren: Gobyns Analyse der metaleptischen Komposition des Textes macht deutlich, dass und wie Pilenz, „statt seine Verantwortlichkeit aufzunehmen, sie immer weiter verschiebt.“ (Gobyn 2019, 79) Aus dieser Perspektive erscheint die Erzählerfigur nicht nur, wie in der Forschung wiederholt betont, als ein Widergänger des prototypischen Verräters Judas, sondern auch – wie bei Gobyn und in der übrigen Forschung in der Regel übersehen – als ein später Nachfolger des namensähnlichen, römischen Statthalters Pilatus, der nach der Verurteilung Jesu seine Hände in Unschuld zu waschen versucht. Nicht alle Befunde von Gobyns Studie können im Detail überzeugen: so etwa ihre Umwertung von Mahlkes Desertion von einem Akt der Resignation in eine bewusste Entscheidung, mit dem er sich „gegen das Heldenmodell des Nationalsozialismus wehrt“, während aus Pilenz' ungebrochener „ideologische[r] Überzeugung“ (Gobyn 2019, 78) der Verrat resultiere. Ihr genauer Blick auf die selbstreflexive Dimension der Novelle und der daraus abgeleitete Gesamtbefund indes erscheinen schlüssig: Mit dem gescheiterten Erzählprojekt Pilenz' – „schreiben Sie sich frei“ (NGA 5, 104) lautete die Ermunterung Pater Albans – wird zugleich auch „die Kraft von Literatur, und allgemeiner von ‚Kunst‘, als Medium für Schuldentlastung“ (Gobyn 2019, 104) fungieren zu können, in Frage gestellt.

Den hier nahe liegenden und von Markus Joch (Joch 2006, 16, s. oben) indirekt angemahnten Schritt von der fiktionalen Inszenierung eines aufgeschobenen und letztlich misslingenden Schuldeingeständnisses in *Katz und Maus* zur Biographie des realhistorischen Autors geht schließlich Lorenz mit der Frage, ob sich vor dem Hintergrund des Wissens um Grass' Eingeständnis, er sei Mitglied der Waffen-SS gewesen, auch „der Schulklassiker [...] noch einmal anders lesen“ (Lorenz 2011, 55) lässt. Wie man diese Frage angesichts von Lorenz' Befunden beantwortet, hängt wohl vor allem auch davon ab, welches Maß an literaturtheoretischer Triftigkeit man einer solchen „biografische[n] Lesart“ (Lorenz 2011, 64), grundsätzlich zu konzedieren bereit ist. Was der Autor am Schicksal der beiden Hauptfiguren der Novelle erzählt, so jedenfalls Lorenz' These, ist die verdeckte Geschichte dessen, „was Grass nun wiederholt als eigenen 'Makel‘ bezeichnet hat: als Jugendlicher Angehöriger der Waffen-SS gewesen zu sein.“ (Lorenz 2011, 63) Die Belastbarkeit einzelner, vor dem Hintergrund dieser Leitthese angestellten, signifikantendetektivischen Beobachtungen ist gewiss diskussionswürdig: etwa die – „lässt [man] das stimmlose Dehnungs-H weg“ (Lorenz 2011, 63) – anagrammatische Nähe zwischen dem Nachnamen des Kriegsdienstfreiwilligen Mahlke und dem ‚Makel‘ seines Autors oder jene „eher in Runenschrift“ (NGA 5, 113) in die Latrinenwand geritzte Lieblingssequenz Mahlkes – Stabat Mater dolorosa – die, gleichsam als Schuldspur des Autors, das „Signet der SS enthält“ (Lorenz 2011, 66) und von Pilenz getilgt wird. Wer indes Erkenntnisgewinne für zulässig hält, die aus der literaturwissenschaftlich durchaus traditionsreichen Annahme resultieren, das Autor-Ich könne seinen gespaltenen Niederschlag auch im fiktionalen Figurenensemble finden (etwa Goethe in Faust *und* Mephisto, Thomas Mann in Serenus Zeitblom *und* Adrian Leverkühn), dem wird auch Lorenz' auto(r)biographische Diagnose unmittelbar einleuchten: dass sich im „eigenartige[n] Nähe-Distanz-Verhältnis, das Pilenz zu Mahlke pflegt“, auch „Grass’ eigener Zwiespalt gegenüber dem Jungen, der er einmal war, darstell[t]: politisch retrospektiv verurteilend und doch mit schlechtem Gewissen, da ihn somit verratend.“ (Lorenz 2011, 66)

Literatur

Behrendt, Johanna E. „Die Ausweglosigkeit der menschlichen Natur: Eine Interpretation von Günter Grass’ ‚Katz und Maus‘“. *Zeitschrift für deutsche Philologie* 87 (1968): 546–562.

Bernhardt, Rüdiger. *Günter Grass. Katz und Maus*. 2. Auflage. Hollfeld 2019.

Gerstenberg, Renate. *Zur Erzähltechnik von Günter Grass*. Heidelberg 1980.

Gesche, Janina. *Aus zweierlei Perspektiven...Zur Rezeption der Danziger Trilogie von Günter Grass in Polen und Schweden in den Jahren 1958–1990*. Stockholm 2003.

Gobyn, Saartje. *Metalepse im Werk von Günter Grass. Eine Analyse der narrativen Struktur in sechs ausgewählten Romanen (1961–2010)*. Berlin 2019.

Grass, Günter. *Die Box. Dunkelkammergeschichten*. Göttingen 2008.

Gross, Ruth V. „The Narrator as Demon in Grass and Alain-Fournier“. *Modern Fiction Studies* 25 (1979/1980): 625–639.

Hall, Katharina. *Günter Grass’s ‘Danzig Quintet‘. Explorations in the Memory of the Nazi Era from “Die Blechtrommel” to “Im Krebsgang”*. Oxford, Bern und Berlin et al. 2007.

Joch, Markus. „Der V-Effekt als Sicherheitsmaßnahme“. *taz* (30. August 2006): 16.

Kafka, Franz. „Kleine Fabel“. *Beschreibung eines Kampfes. Novellen, Skizzen, Aphorismen aus dem Nachlaß*. Hrsg. von Max Brod und Franz Kafka. Frankfurt/M. 1983: 91.

Kaiser, Gerhard. *Günter Grass: „Katz und Maus“*. München 1971.

Karthaus, Ulrich. „Günter Grass: ‚Katz und Maus‘ – das Ende einer Gattung?“. *Über Grenzen. Polnisch-deutsche Beiträge zur deutschen Literatur nach 1945*. Hrsg. von Wolfgang Braungart. Frankfurt/M. et al. 1989: 46–58.

Korte, Hermann. „Kriegskinder in der Danziger Bucht. Zur Novelle ‚Katz und Maus‘ von Günter Grass“. *Kriegskindheiten und Erinnerungsarbeit. Zur historischen und literarischen Verarbeitung von Krieg und Vertreibung*. Hrsg. von Carsten Gansel und Pawel Zimniak. Berlin 2012: 125–137.

Krumme, Detlef. „Der suspekte Erzähler und sein suspekter Held. Überlegungen zur Novelle ‚Katz und Maus‘“. *Zu Günter Grass. Geschichte auf dem poetischen Prüfstand*. Hrsg. von Manfred Durzak. Stuttgart 1985: 65–79.

Lorenz, Matthias N. (Hrsg.). „Obszöne Schülergeschichte, Günter Grass: Katz und Maus, Luchterhand-Verlag 1961“. *Literatur und Zensur in der Demokratie. Die Bundesrepublik und die Freiheit der Kunst*. Göttingen 2009: 104–117.

Lorenz, Matthias N. „Novelle mit doppeltem Boden. Nach der Lektüre von Güner Grass’ Autobiografie ‚Beim Häuten der Zwiebel‘ lässt sich der Schulklassiker ‚Katz und Maus‘ noch einmal anders lesen“. *Der Deutschunterricht* 4 (2011): 55–67.

Loschütz, Gert (Hrsg.). *Von Buch zu Buch. Günter Grass in der Kritik*. Neuwied und Berlin 1968.

Mertens, Mathias. *Figuration von Autorschaft in Öffentlichkeit und Werk von Günter Grass*. Weimar 2005.

Mews, Siegfried. *Günter Grass and his critics. From The Tin Drum to Crabwalk*. New York, NY 2008.

Neuhaus, Volker. *Günter Grass – Katz und Maus. Kommentar und Materialien*. Göttingen 2010.

Neuhaus, Volker. „‚Von Katz und Maus und mea culpa‘ – Grass’ Rezeption des jüdisch-christlichen Erbes“. *Von Katz und Maus und mea culpa. Religiöse Motive im Werk von Günter Grass*. Hrsg. von Anselm Weyer und Volker Neuhaus. Oxford, Bern und Berlin et al. 2013: 9–22.

Reddick, John. *The “Danzig Trilogy” of Günter Grass: a study of the “Tin Drum”, “Cat and Mouse” and “Dog Years”*. London 1975.

Ritter, Alexander. *Günter Grass. „Katz und Maus". Erläuterungen und Dokumente*. Stuttgart 1977.
Ritter, Alexander. *Günter Grass. Katz und Maus. Interpretationen. Erzählungen des 20. Jahrhunderts*. Bd. 2. Stuttgart 1996: 117–133.
Saryusz-Wolska, Magdalena. „New German Cinema's Forgotten Film: Jansjürgen Pohland's ‚Katz und Maus'". *German Life and Letters* 66.1 (2013): 111–125.
Schilling, Klaus von. *Schuldmotoren. Artistisches Erzählen in Günter Grass' ‚Danziger Trilogie'*. Bielefeld 2002.
Stahl, Enno. *Für die Katz und wider die Maus. Pohlands Film nach Grass*. Berlin 2012.
Stolz, Dieter. „Ein jedes Ding hat seine Zeit. Der Spielraum ‚Novelle' bei Goethe und Grass". *Et opmærksomt blik. Litteratur, sprog og historie hen over grænserne. Festskrift til Per Øhrgaard*. Hrsg. von Christoph Bartmann, Hanne Roswall Laursen und Hans Peter Lund. Kopenhagen 2004: 49–63.
Stolz, Dieter. *Günter Grass. Der Schriftsteller.* München 2023.
Wassmann, Elena. *Die Novelle als Gegenwartsliteratur. Intertextualität, Intermedialität und Selbstreferentialität bei Martin Walser, Friedrich Dürrenmatt, Patrick Süskind und Günter Grass*. St. Ingbert 2009.
Zimmermann, Harro. *Günter Grass und die Deutschen. Eine Entwirrung*. Göttingen 2017.

II.1.3 *Hundejahre* (1963)

Katrin Wellnitz

1 Entstehung

Mit *Hundejahre* von 1963 hat Günter Grass nach der *Blechtrommel* (1959) und der Novelle *Katz und Maus* (1961) seinen Danziger Geschichtenkosmos um einen dritten Weltentwurf erweitert und damit die später so genannte *Danziger Trilogie* geschaffen (vgl. Reddick 1975), indem er Figuren, Motive und Themen der ersten beiden Prosawerke weiterentwickelt. Im Zentrum steht erneut die Auseinandersetzung mit der Zeit des Nationalsozialismus sowie seiner Vor- und seiner Nachgeschichte – ausgehend vom Danziger Raum und beleuchtet aus unterschiedlichen Perspektiven. Grass begreift die Trilogie in der Rückschau als „siebeneinhalb Jahre lang anhaltende[n] Schreib- und Veränderungsprozeß", der ihm das Experimentieren mit verschiedenen Erzählhaltungen ermöglicht habe (Grass 2014, 115). Volker Neuhaus (2010a, 104) bezeichnet den engen Entstehungszusammenhang der drei Werke als „Arbeitskontinuum", denn frühe Arbeitspläne von 1959 zeugen davon, dass Grass noch vor Abschluss des ersten Romans bereits an der Konzeption des zweiten zu arbeiten begann.

Dieser zweite Roman sollte zunächst „Kartoffelschalen" (Grass 2014, 101) heißen. Das Projekt scheiterte 1960 jedoch, und Grass publizierte zunächst die daraus hervorgegangene Novelle *Katz und Maus* (vgl. Neuhaus 2010b, 12–13; Grass und Zimmermann 1999, 75). Arbeitspläne und erste Gliederungen aus dem Archiv der Akademie der Künste Berlin veranschaulichen, dass Grass die Struktur des Romans 1961 grundlegend überarbeitete: Am 9. Mai 1961 notierte er Kapitelüberschriften mit Kurzzusammenfassungen und geplantem Seitenumfang zu dem Projekt, das nun mit „Amsel. Ein Roman" betitelt war (Signatur: GGA 130). Die wesentlichen in *Hundejahre* realisierten Themen und Stoffe lassen sich in diesem Arbeitsplan bereits wiederentdecken, jedoch in noch anderer Reihenfolge: So hatte Grass zunächst geplant, mit der infernalen Bergwerksszene (NGA 6, 687–723) in den Roman einzusteigen. Zudem experimentierte er mit dem Erzählmodus: Hinter jede Kurzzusammenfassung setzte er die Phrase „Amsel sagt", was darauf schließen lässt, dass er – in Anlehnung an die *Blechtrommel* – zunächst mit einem weiteren autodiegetischen Erzähler arbeiten wollte.

In einem zwischen 1959 und 1967 geführten, für die *Hundejahre* sehr ergiebigen Arbeitstagebuch findet sich ein Eintrag, der ebenfalls vom 9. Mai 1961 stammt und der den Erzählmodus konkretisiert. Hier kündigt sich die Idee an, unterschiedliche Erzählstimmen zu Wort kommen zu lassen: „Amsel und Harry erzählen, unterstützt von den jeweilig angesprochenen Vogelscheuchen, die Geschichte von Amsel, Matern, Tulla, Jenny, Harry und dem Hund" (Signatur: GGA 1757, 60). Am 20. Mai 1961 erhielt das Romanprojekt dann den Titel „Amsel (ein Roman in Novellen)" (Signatur: GGA 131). Es sollte aus ganzen 18 Novellen bestehen und 1150 Seiten umfassen. „Katz und Maus"

https://doi.org/10.1515/9783110755435-004

steht hier an 8. Stelle und gehört zu jenen Abschnitten, denen der Autor mit 120 Seiten den meisten Platz einräumte.

Die ersten strukturgebenden Ideenskizzen von 1959 veranschaulichen schließlich, wie eng der Roman mit der *Blechtrommel* zusammenhängt und wie früh einige Schlüsselthemen nahezu vollständig entwickelt waren. So ist in einem Entwurf vom 11. November 1959 das „doppelte[] Schneewunder" (NGA 6, 284), die Metamorphose der in Schneemänner eingerollten Protagonisten Jenny und Amsel (NGA 6, 272–283), bereits vorgezeichnet: Jenny hieß hier noch Fanny, doch auch diese entsteigt dem Schneemann als Tänzerin; und auch Amsel wird in der anschließenden Skizze vom 17. November 1959 bereits zum Schneemann gerollt (Signatur: GGA 1757, 49–50). Eine frühe Gliederung vom 21. November 1959 gibt dann Aufschluss über erste strukturelle Entscheidungen. In ihr spiegelt sich der Versuch eines „Romans über drei Personen" (Signatur: GGA 1757, 52) wider. Die Dreiteilung des Romans ist hier bereits vorgeprägt.

Die Aufgabe, ein überzeugendes Konzept für *Hundejahre* zu erarbeiten, stellte Grass vor einige Schwierigkeiten. Das Ringen mit dem Erzählentwurf hat die Beziehung des Autors zu seinem vielseitigen Roman aber nachhaltig gestärkt: Rückblickend zog Grass ihn sogar der *Blechtrommel* vor (vgl. Neuhaus 2010b, 39; Herwig et al. 2020, 818; Grass und Scheck 2013).

2 Struktur und Inhalt

2.1 Herausgeberfiktion und Dreiteilung

Mit *Hundejahre* verabschiedet sich Grass von der Dominanz eines Ich-Erzählers, indem er ein fiktives „Autorenkollektiv" (NGA 6, 116) entwickelt. Der Aufteilung des Romans in drei Bücher entspricht der Einsatz von drei mehr oder weniger in die Handlung verstrickten Erzählern. Im Vordergrund steht die Idee einer „Herausgeberfiktion" (Neuhaus 2010a, 105), inszeniert wird das gemeinschaftliche Verfassen einer Festschrift. Brauxel alias Amsel, Initiator des Vorhabens und Leiter der Firma „Brauxel & Co. – Export Import" (NGA 6, 46), deren zehnjähriges Bestehen im Jahr 1962 mit der Schrift gefeiert werden soll, erzählt das Erste Buch in „Frühschichten". Harry Liebenau verfasst als eher unbeteiligter Beobachter das Zweite Buch, die „Liebesbriefe", und Walter Matern, Amsels Freund-Feind, schließlich das Dritte Buch, die „Materniaden".

Die drei Bücher spannen einen Bogen von der Geburt der Protagonisten Amsel und Matern im Jahr 1917 bis zur Fertigstellung der Manuskripte am 4. Februar 1962. In ihnen wird vorwiegend aus der Jugend des *Hundejahre*-Personals erzählt. Der zeitliche Rahmen wird aber gesprengt durch das Setzen historischer Wegmarken, die bis ins Mittelalter zurückreichen und sich vorwiegend auf den Danziger Raum konzentrieren. „[W]ie später im *Butt*" (Neuhaus 2010b, 9) werden auch hier Jahrhunderte durchlaufen und nicht nur historisch, sondern auch mythologisch sowie märchen- und sagenhaft durchdrungen.

Die drei Bücher haben je eigene Grundtöne, die vor allem über Intertextualitätsbeziehungen vermittelt werden. Die „Frühschichten“ etwa sind besonders von der literarischen Fortschreibung der ostpreußischen Sage *Von den zwölf Rittern und den zwölf Nonnen zu Kreuzburg* geprägt (vgl. Wellnitz 2020). Bereits am Ende der „Ersten Frühschicht“ wird die Sage in den Roman integriert und verknüpft mit mythologischen und historischen Stoffen (NGA 6, 12). Gattungsspezifische Merkmale wie Historizität und Lokalitätsbezug hat Grass dabei besonders berücksichtigt. Die „Liebesbriefe“ hingegen erzählen mit Jenny als tanzender Eiskönigin von einer märchenhaften, an Hans Christian Andersens Kunstmärchen *Die Schneekönigin* anschließenden und an seine *Kleine Meerjungfrau* erinnernden Protagonistin, die „Naturalistisches und Märchenhaftes“ in sich vereint (Øhrgaard 2007, 46). Durch das Tanzmotiv bindet Grass seine frühe Kunsttheorie, dargelegt zuerst in dem 1955 veröffentlichten Essay *Die Ballerina*, in den Roman ein. Ästhetische und geschichtsphilosophische Reflexionen sowie die sinnliche und kreative Erfahrung des Tanzens werden darin zusammengeführt.

Die „Materniaden“ sind mit den Heidegger-Parodien vor allem philosophisch und politisch durchdrungen (Krönig und Weyer 2008; Kiefer 2002; Thomä 2013, 537). Einen Höhepunkt bildet der Einakter „Eine öffentliche Diskussion“ (NGA 6, 604–649), in dem die „Methoden einer ‚verschleppten Entnazifizierung'“ bloßgelegt werden (Stolz 2010, 14; vgl. auch Stolz 2010, 116–122; Engels 2005, 140–144).

2.2 Inhalt

2.2.1 „Frühschichten“: Jugend mit Vogelscheuchen

Wenn auch die drei Bücher unterschiedliche Grundtöne aufweisen, so eint sie doch der Blick auf zwei Generationen, die in den Weichseldörfern Schiewenhorst und Nickelswalde heranwachsen.

Die 33 „Frühschichten“ sind zumeist zweigeteilt, wobei ein erster Absatz die Geschichte des „ausgewiesenen Märchenerzähler[s]“ (Stolz 2005, 130) Brauxel fortspinnt und nicht selten das Erzählen selbst zum Thema macht (vgl. Scholl 1990, 95), während die restliche „Frühschicht“ die zwischen 1917 und 1927 angesiedelte Jugend- und Freundschaftsgeschichte von Amsel und Matern ausbreitet. Ihre Welt rund um den Danziger Stadtteil Langfuhr ist historisch und mythologisch durchdrungen, ein epischer Mikrokosmos, dabei „so groß und so klein, daß alles, was sich auf dieser Welt ereignet oder ereignen könnte, sich auch in Langfuhr ereignete oder hätte ereignen können.“ (NGA 6, 396)

Amsels Werdegang als exzentrischer Vogelscheuchenbauer wird im ländlichen, mythologisch und sagenhaft durchdrungenen Lokalkolorit des Weichseldeltas entwickelt, das von frühen Tendenzen des Nationalsozialismus nicht verschont bleibt. Besonders in der Schule muss Matern seinen Freund, dem eine jüdische Herkunft nachgesagt und der deshalb als „Itzig“ (NGA 6, 46) beschimpft wird, vor den Übergriffen anderer Kinder schützen. Matern erweist sich allerdings schon im Ersten Buch als ‚Kippfigur‘, die jederzeit in die Feindrolle zu schlüpfen droht. Im Schutz dieser ambivalenten Freundschaft gründet Amsel einen Scheuchenverleih, dessen Wirtschaftlichkeit am Aberglauben der Dorfbewohner und an der mythologisch und magisch-phantastisch geprägten Exzentrik seiner Scheuchen scheitert. Trotzdem entwickelt Amsel seine Scheuchen weiter, gestaltet sie immer komplexer und steigert ihren Symbolwert, indem er sie zum Beispiel christlich und zugleich sagenhaft überhöht: Inspiriert von der ostpreußischen Sage *Zwölf Ritter und zwölf Nonnen zu Kreuzburg* konstruiert Amsel, für den sich historische Realität und Sage zu verweben scheinen, Ritter- und Nonnenscheuchen.

Die Geschichten vom Mehlwürmern lauschenden Müller Anton Matern und der aus der Lähmung wundersam wieder auferstandenen Großmutter Matern reichern die phantastische Atmosphäre von Amsels und Materns Jugend an. So wird in der „Sechsten Frühschicht" das „Auferstehungsfest" (NGA 6, 31) der gelähmten und plötzlich wieder laufenden Großmutter Matern gefeiert. Passagen wie diese erinnern insofern an den Magischen Realismus eines Gabriel García Márquez', als phantastische Schilderung und realistisches Lokalkolorit hier eine Einheit bilden. Ebenso zählt Müller Matern dank phantastischer Fähigkeiten zum magisch-realistischen Personal, denn „mit plattem Ohr" (NGA 6, 71) lauscht er prophetisch-weisen Mehlwürmern und steigt so zum verschrobenen, aber gefeierten Wirtschaftspropheten auf.

Am Ende des Ersten Buches wird in die Kindheitsgeschichte der zweiten *Hundejahre*-Generation, vornehmlich von Jenny Brunies und Tulla Pokriefke, eingeleitet und damit der Schwerpunkt des Zweiten Buches vorbereitet: Mit dem Findelkind Jenny und dem „Dämon" (Neuhaus 2010a, 117) Tulla stehen sich wiederum zwei Antagonistinnen gegenüber.

2.2.2 „Liebesbriefe": Jugend im Zeichen des Wunders

Das Zweite Buch nimmt schon formal eine Sonderstellung ein, weil es in Briefe und nicht Kapitel unterteilt ist und darüber hinaus den größten Umfang hat. Der eher beobachtende als aktiv beteiligte Erzähler Harry Liebenau berichtet in seinen an Tulla gerichteten Liebesbriefen aus der Zeit zwischen 1922 und 1945 und konzentriert sich besonders auf die Geschichten von Tulla und Jenny. Im ersten Liebesbrief reflektiert er einleitend die für dieses Buch zentrale Erzählsituation: „Dabei erzähle ich mir, nur und unheilbar mir; oder erzähle ich etwa Dir, daß ich mir erzähle?" (NGA 6, 149) Die Andeutung dieses erzählten Erzählens unterstreicht die durch die Herausgeberfiktion realisierte Selbstreflexivität des Romans und macht deutlich, dass sie, stärker noch als in den anderen Büchern, in den „Liebesbriefen" zum Tragen kommt. Diese Briefe erweisen sich denn auch als zweckentfremdet, weil sie als Erzählkonstrukt und nicht als Medium des Gefühlsausdrucks gestaltet sinden; ihr Zweck ist auf das Verfassen der Festschrift, auf das Erzählen, beschränkt (vgl. Neuhaus 2010a, 106).

Mit der betonten Selbstreflexivität des Erzählten geht eine gesteigerte Intermedialität einher (vgl. Schenk 2012, 387), die sich besonders mit dem Wirken der Künstlerfiguren Jenny und Amsel verbindet: Im Zweiten Buch steht die Entwicklung und Verfeinerung ihrer Künste – des Balletts und des Vogelscheuchenbaus – im Vordergrund; gleichzeitig nutzt Grass Techniken des intermedialen Schreibens, um den Prozess der künstlerischen Steigerung auch erzählerisch einzufangen: In der Tanztheater- bzw. Ballettwelt führt er die beiden Kunstfiguren zusammen und nutzt das Potenzial dieses Mediums auch erzählerisch aus, indem er zum Beispiel Tanztheaterstücke im Roman wiedererzählt (vgl. Wellnitz 2023).

Zusätzlich werden Jennys und Amsels Rollen als Opfer einer nationalsozialistisch geprägten Gesellschaft vertieft: Beide nehmen sie eine durch Fettleibigkeit auch äußerlich begründete Außenseiterrolle ein, die durch ihre Zugehörigkeit zu den verfolgten Juden sowie zu Sinti und Roma eine politische Dimension erhält. In der Schneewunder-Passage werden sie, Amsel von einer von Matern angeführten SA-Gruppe und Jenny von Tulla, zu Schneemännern gerollt (NGA 6, 272–283). Diesen entsteigen sie als „Personifizierung[en] der Kunst, die nicht zu töten ist" (Neuhaus 1991, 196). Nach der winterlichen Metamorphose perfektionieren sie ihre jeweilige Kunst und finden in der Welt des klassischen Balletts zusammen: Amsel alias Haseloff wird zu Jennys Ballettmeister, der mit ihr in der Hauptrolle sein Vogelscheuchenballett plant (NGA 6, 424–430). Bei einem Luftmineneinschlag jedoch wird nicht nur dem Stück, sondern auch der Idee von der reinen Kunstfigur ein Ende bereitet: Jennys Zehen müssen amputiert werden und ihre Karriere als Tänzerin ist beendet (NGA 6, 429–430). Tulla und Matern werden hier vordergründig als ‚Täterfiguren' – Tulla gar als „Prinzip des Bösen" (Cepl-Kaufmann 1999, 288; Neuhaus 1991, 186, 189) – in Szene gesetzt; sie äußern ihre Aggressionen, indem sie einzelne Figuren, so Jenny, Amsel oder Studienrat Brunies, gewalttätig angehen.

Besonders Tulla wird jedoch auch von einer menschlichen Seite gezeigt: In der Trauer etwa um ihren ertrunkenen Bruder Konrad, in der sie Trost bei dem Hund Harras sucht (NGA 6, 179–192), oder in der späteren Schwangerschaft und dem Verlust des Kindes, das Konrad heißen sollte (NGA 6, 396–410). Während sie als apolitischer ‚Dämon' in Szene gesetzt wird, entwickelt sich Matern zu einem politischen Baldanders: „[e]in leerer Schrank voller Uniformen jeder Gesinnung. Ich war rot, trug Braun, ging in Schwarz, verfärbte mich" (NGA 6, 544; vgl. Neuhaus 2010a, 112). Seine Täterrolle rückt dann im Dritten Buch, den „Materniaden", in den Mittelpunkt.

Die Figuren sind nicht nur in persönliche Geschichten verstrickt, die auf die Weltgeschichte verweisen, sondern sie nehmen selbst aktiv an dieser Teil und spiegeln dabei insbesondere die Grauen des Nationalsozialismus. Matern ist zum Beispiel als Feldwebel in den Batterien Brösen-Glettkau und Kaiserhafen tätig, wo er auf den Luftwaffenhelfer Harry Liebenau trifft. Ein Knochenberg neben der Batterie Kaiserhafen, von dem niemand zu sprechen wagt und der doch allgegenwärtig ist, lässt den Holocaust ganz nah an die Welt der Protagonisten heran; bezeichnenderweise ist Tulla die einzige Figur, die es wagt, dieses Dingsymbol beim Namen zu nennen und über dessen Herkunft zu reflektieren (NGA 6, 392–393).

2.2.3 „Materniaden“: Rachefeldzug mit Hund und Heidegger

Die „Materniaden“ konzentrieren sich vor allem auf den autodiegetischen Erzähler Walter Matern (Goetze 1972, 28). In zwölf „Materniaden“ und dem Einakter „Eine öffentliche Diskussion“ werden Materns Rachefeldzug durch die Bundesrepublik, seine damit verbundene Suche nach Amsel sowie sein infernaler Abstieg in die Hölle des Brauxel'schen Bergwerks entwickelt. Nebenbei freundet sich der „abwegige[] Odysseus“ (Stolz 2005, 133) mit Adolf Hitlers entlaufenem Schäferhund Prinz an, den er Pluto tauft und der ihn als Höllenhund bis in die Unterwelt des Bergwerks hinein begleiten wird.

Materns zwischen 1946 und 1957 veranstalteter Rachefeldzug durch Nachkriegsdeutschland hat System, denn er besucht mit seinem Hund jene alten Bekanntschaften, in die er seine eigenen verdrängten Eigenschaften – hier vor allem seine nationalsozialistische Vergangenheit – hineinprojiziert (Neuhaus 2010a, 115). Regelmäßig sucht er als magisch überzeichnete Lokalität die gekachelte Bahnhofstoilette im Kölner Hauptbahnhof auf, denn die Kacheln geben ihm die Namen und Adressen seiner Opfer preis. Der erste Name, Jochen Sawatzki, erweist sich zugleich als der wichtigste, denn mit dessen Frau Inge zeugt Matern die Tochter Walli, die im Rahmen des Einakters „Eine öffentliche Diskussion“ sein wahres Wesen mittels der magischen „Vatererkennungsbrille[]“ (NGA 6, 581; vgl. NGA 6, 604–649) entlarvt.

In „Die hundertzweite feuerfeste Materniade“ (NGA 6, 662–686) treffen dann die Protagonisten Brauxel, Matern und Jenny noch einmal zusammen. In Jennys brennendem Lokal „Chez Jenny“ trotzen sie den lodernden Flammen auf übernatürliche Weise, wodurch einmal mehr ihr Kunstcharakter unterstrichen wird. Zudem bereitet die Passage den infernalen Höhepunkt des Dritten Buches vor: die in „Die hundertdritte und tiefunterste Materniade“ integrierte Begehung des Brauxel'schen Bergwerks (NGA 6, 687–723), in dem ein von Brauxel entworfenes, mechanisch-furioses Unterwelttheater das den ganzen Roman durchziehende Zusammenspiel von Mythos und Geschichte vollendet. In den Stollen werden diverse Emotionen, Handlungen, Möglichkeiten, Glaubenssätze und Ideologien mit mechanischen Vogelscheuchen nachgestellt (Neuhaus 2010a, 115), sodass „ein kleinteiliges und zugleich umfassendes Porträt der Nachkriegsgesellschaft“ (Krason 2021, 157–158) entsteht. Die Spiegelfunktion des Bergwerks vermag Matern jedoch nicht zu erkennen: Während er meint, sich in der Hölle zu befinden, resümiert Brauxel: „Der Orkus ist oben!“ (NGA 6, 722) – eine fatalistische Erkenntnis, die die abschließende Wiederauffahrt begleitet und als Nachhall den Roman beschließt.

3 Rezeption

3.1 Die frühe Rezeption

In der Folge der gefeierten *Blechtrommel* hatten es die *Hundejahre* nicht leicht. Zuweisungen aus Rezensionen wie „Ungeheuer“, „monströse Schweinigelei“ oder „Phantasie-Orgien“ (Zimmermann 1999, 74) veranschaulichen die Überforderung der Kritik mit diesem opulenten zweiten Roman, obgleich er beim Lesepublikum sehr gut ankam.

Die am 6. September 1963 in der *Zeit* abgedruckte vernichtende Kritik von Walter Jens steht für eine Reihe von Reaktionen, denen zufolge das Werk als Roman „mißlungen“ sei (Loschütz 1968, 88). Jens begründet das etwa damit, dass Grass durchaus vorzügliche Einfälle „durch seitenlange Explikationen zu Tode [...] reite[]“. Der Roman sei schlichtweg „schlecht komponiert[]“. Besonders aber die Verunglimpfung Martin Heideggers nimmt Jens dem Jungautor übel (Loschütz 1968, 88–89).

Auf diese ablehnende Kritik reagiert am 20. September 1963 Klaus Wagenbach, ebenfalls in der *Zeit* unter dem Titel „Jens tadelt zu unrecht“ (Loschütz 1968, 89–92). Wagenbach widerlegt wesentliche Kritikpunkte von Jens, würdigt den Roman und stimmt Jens dennoch in einzelnen Punkten zu; das betrifft vor allem die Länge des Romans, die Wagenbach aber eher als epische Breite auffasst.

1967 setzt Marcel-Reich-Ranicki sich noch einmal eingehend mit dem Roman auseinander und bewertet ihn ebenfalls als „gescheitert“ (Reich-Ranicki 1994, 52). Mit dem Titel *Bilderbogen mit Marionetten und Vogelscheuchen* überträgt er die Vielschichtigkeit der *Hundejahre* in ein entsprechendes Bild: Grass reihe hier „meist in sich geschlossene Abschnitte oder Szenen aneinander: Sie ergeben Bilderbogen“ und einzelne „Miniaturen“, die sich aber nur unzureichend ins Romangeschehen einfügten (Reich-Ranicki 1994, 56–57).

Urteile wie diese veranschaulichen die Schwierigkeiten der Kritik mit *Hundejahre*. Hinzu kommt ein Problem, das Heinrich Detering in einem Gespräch mit Grass im Herbst 2014 auf den Punkt bringt: „Es gibt ein erstaunliches Mißverhältnis zwischen den starken Meinungen, die alle Welt über Günter Grass hat, und der Kenntnis der Romane. Ich weiß nicht, wie viele Leute, die sehr genau über Sie Bescheid wissen, eigentlich die *Hundejahre* oder den *Butt* gelesen haben.“ (Grass und Detering 2017, 33)

Volker Neuhaus konstatiert aber auch, dass Grass sich „[s]pätestens seit den *Hundejahren* [...] der ständigen Aufmerksamkeit eines weltweiten Publikums sicher sein“ konnte, und hebt besonders die Aufmerksamkeit hervor, die der Roman im Ausland bekommen habe (Neuhaus 2010b, 36). Als gewichtige Stimmen, die Grass’ schriftstellerischen Erfolg besonders von *Hundejahre* herleiten, nennt Neuhaus (2010b, 38–39) Richard Kluger, Salman Rushdie und John Irving und unterstreicht, dass die „[w]eltweite Wirkung eines deutschen Autors vom Erscheinen seiner ersten Werke an“ ein „fast einzigartiges Phänomen in der deutschen Literaturgeschichte“ sei (2010b, 37).

3.2 Die Jubiläumsausgabe von 2013 – eine Selbstinterpretation

Zum 50-jährigen Jubiläum der *Hundejahre* erschien im Oktober 2013 eine illustrierte Jubiläumsausgabe in drei Bänden mit 136 von Grass angefertigten Radierungen. Hierfür hatte sich der Autor seinen zweiten Roman noch einmal vorgenommen und ihn mit textbegleitenden Bildern versehen, die nun eine weitere Erzählebene und eine Art visuellen Kommentar im Nachhinein bieten. Einmal mehr konnte er mit dieser Ausgabe den Versuch unternehmen, *Hundejahre* aus dem Schatten der *Blechtrommel* zu befreien, was ihm offenbar teilweise gelang: Denn im Feuilleton wurde nun zumindest hervorgehoben, dass er seinen zweiten Roman als sein wichtigstes Buch begreife (Feldhoff 2013) – ein Standpunkt, den er in einem Ende 2013 im Deutschlandfunk gesendeten Gespräch mit Denis Scheck noch einmal bekräftigt (Grass und Scheck 2013). Der Roman mit der „komplexeste[n] Entstehungsgeschichte" (Neuhaus 2010b, 5) wird von Grass retrospektiv zum reizvollen Langzeitprojekt stilisiert: „Für mich war das Abenteuer Schreiben, was die Hundejahre' betrifft, das größere. All die Jahre hindurch bin ich eigentlich immer nachträglich mit ‚Hundejahre' beschäftigt" (Grass und Scheck 2013). Die intermediale Neuinterpretation von 2013 weist schließlich auf die Entstehungszeit von *Hundejahre* zurück. In *Sechs Jahrzehnte* schreibt Grass dazu: „Der Roman ‚Hundejahre' hatte mich bereits während der Zeit des Entstehens zu Zeichnungen provoziert. Das sollte nun umfassend fortgesetzt werden." (Grass 2014, 575).

4 Deutungsansätze

4.1 Auf den Hund gekommen: Die Zentralstellung des Hundes

Das die „Materniaden" einleitende Motto „Der Hund steht zentral." (NGA 6, 457) untermauert die zentrale Bedeutung des Hundes im gesamten Roman und rechtfertigt die Entscheidung für den Titel *Hundejahre*. Dass Hunde den Titel bestimmen, erklärt Grass in der Rückschau zunächst mit einer persönlich engen Verbindung zu diesen Tieren (Herwig et al. 2020, 819). Früh hat er zudem das Potenzial von Titeltieren erkannt: Sie spiegeln, so Grass, „unsere Fehler und Tugenden, unsere Dummheiten und Versäumnisse" (Grass und Zimmermann 1999, 205).

Während der Arbeit an den „Materniaden" hat Grass 1962 eine Liste mit möglichen Titeln notiert, die sich alle auf den Hund konzentrieren: „1. Hundejahre, 2. Pluto, 3. Das Märchen vom Hund, 4. Der Höllenhund" oder auch „Des Müllers Hund, Des Tischlers Hund, Des Führers Hund, Der Höllenhund" (Signatur: GGA 153.2). Die Entscheidung für die erste Titelidee schließt gewissermaßen an den verworfenen Titel „Kartoffelschalen" an, denn letzterer verweist auf den Erzählprozess, *Hundejahre* aber auf das Strukturprinzip des Romans; beide heben die künstlerische Beschaffenheit des Romans hervor und verknüpfen sie mit der biologisch-sinnlichen Welt von Flora und Fauna.

Strukturiert werden die *Hundejahre* durch den immer wieder eingebrachten leitmotivischen Hundestammbaum: „Und Perkun zeugte Senta; und Senta warf Harras; und Harras zeugte Prinz; und Prinz machte Geschichte…" (NGA 6, 25). Die einzelnen Hundeleben werden, das hat Michael Harscheidt (1975, 372–373) herausgearbeitet, realistisch geschildert, aber gleichzeitig historisch und mythologisch überhöht. Er liest die „Hunde-Saga" als groß angelegte Parodie der Kriegsereignisse (Harscheidt 1975, 194).

Hinzu kommt eine religiöse Ebene, auf der die iterative Wiedergabe des Hundestammbaums biblische Genealogien bzw. die Schöpfungsgeschichte parodiert (Vgl. Holzendorf 2021, 347–348; Gerstenberg 1980, 49).

Die Zentralstellung des Hundes bedeutet zugleich, dass „die Menschen um diese Hunde herum jeweils sekundär [gesehen werden]“ (Grass zitiert nach Neuhaus 2010a, 120). Volker Neuhaus (2010a, 120) geht sogar von einer Austauschbarkeit von Mensch und Hund aus. Zugleich würdigt er die Beziehung zwischen „Herr und Hund“ (NGA 6, 470), indem er den Roman als „Hunde *Buddenbrooks*, als Roman vom Verfall einer Hundefamilie“ (Neuhaus 2010b, 29) betrachtet.

4.2 Mehrdimensionalität und Gattungsfragen

Grass' *Hundejahre* sind so vielschichtig gestaltet, dass es schwer fällt, das Erzählte zu strukturieren und eine Romangattung festzulegen: Politisches mischt sich mit magisch-realistischen Elementen, Märchenhaftes mit Historischem und Erzählen mit erzähltem Erzählen. Gattungen wie Märchen, Mythen und Sagen werden in den Roman integriert und darin forterzählt, sodass zu einer Gattungsvielfalt im Roman mitunter auch Gattungstransfers und die Spannung zwischen Schriftlichkeit und mündlichem Weiterzählen (vgl. Scholl 1990, 106–107) hinzukommen.

Die „Vieldimensionalität“ (Cepl-Kaufmann 1999, 299) des Romans wird besonders ersichtlich bei dem Versuch, die paratextuelle Zuweisung „Roman“ zu spezifizieren. Das bringt Hans Magnus Enzensberger (1963) wie folgt auf den Punkt: „Die Hundejahre‘ sind ein Stück Literatur von großer sprachlicher Kraft, ein Hagelschauer von Einfällen und Provokationen, eine Anthologie von glänzend erzählten Kurzgeschichten, poetischen Kadenzen und satirischen Bravourstücken, sind Künstlerroman, Ammenmärchen, Heimatfibel, historisches Fresko zugleich, zwölf Bücher in einem – doch das Ganze, das der Singular Roman verspricht, sind sie nicht.“

Grass selbst hat *Hundejahre* als seinen „politischste[n]“ Roman bezeichnet (Cepl-Kaufmann und Grass 2020, 124, 133), begreift ihn an anderer Stelle aber auch als die „Pervertierung des Künstlerromans“ (Grass und Zimmermann 1999, 57). Die gattungsspezifische Flexibilität wird durch andere Zuordnungen aus der Forschung noch untermauert: Rolf Selbmann deutet an, dass die *Hundejahre* sich, ebenso wie *Die Blechtrommel*, als Bildungsroman lesen ließen, „d[er] schon im Titel *Wilhelm Meisters Lehrjahre* parodistisch zitier[t]“ (Selbmann 1994, 158). Viktoria Krason bezeichnet *Hundejahre* als „Grass' zweite[s] Romanepos“ (Krason 2021, 109) – vielleicht in Anlehnung an John Irvings literargeschichtliche Zuweisung als „ausgedehnte Odyssee von Roman“ (zit. nach Neuhaus 2010b, 9). Volker Neuhaus (2010b, 9) liest *Hundejahre* ebenfalls als eine moderne „deutsche[] Odyssee“, in der sich die „lange[] zeitliche[] Erstreckung“ und Mythologie als Merkmale des klassischen Epos mit einer modernen Polyphonie vereinten (2010b, 9–11). Es kommt bei der Gattungszuweisung – mehr noch vielleicht als im

Fall der *Blechtrommel* (vgl. Neuhaus 2010a, 54–63) – darauf an, aus welcher Perspektive der Roman gelesen wird.

4.3 Intertextuelle Anleihen und literargeschichtliche Einordnung

Mit *Hundejahre* hat Grass eine Art breites literargeschichtliches Panorama entworfen, das durch intertextuelle Bezüge auf unterschiedliche Gattungen und Epochen verweist. Diese Bezüge sind entweder qualitativ oder quantitativ im Text verankert. Andersens *Schneekönigin* etwa wird durch das inszenierte *Eiskönigin*-Ballett zunächst punktuell in den „Liebesbriefen" festgeschrieben; mit der Figur Jenny, der Schnee- und Eis-Motivik und der vermittelten Ästhetik weitet es sich aber auf den gesamten Roman aus (vgl. Wellnitz 2023).

Ähnlich strukturgebend, aber nicht explizit genannt, ist der Bezug zu Dantes Inferno aus der *Divina Commedia* (vgl. Harscheidt 1976, 426; Stolz 2005, 136; Paaß 2009, 167), der in der abschließenden Bergwerksszene infernal in Szene gesetzt ist. Mit dem Bergwerk, einem „Zentralmotiv der deutschen Romantik" (Ziolkowski 1994, 81) und wesentlichen Leitmotiv von *Hundejahre* (vgl. Neuhaus 2010b, 31; Stolz 2005, 135–136), reiht Grass sich in die Tradition der romantischen Bergwerksdichtung ein und erarbeitet eine „endgültige Inversion des *Heinrich von Ofterdingen*" (Ziolkowski 1994, 80). Schon hier offenbart sich sein kreatives Interesse an der Literatur der Romantik, das in seiner Arbeit mit den *Kinder- und Hausmärchen* in *Die Rättin* (1986) und in *Grimms Wörter. Eine Liebeserklärung* (2010) einen Höhepunkt findet.

Mit der komplexen Herausgeberfiktion schließen die *Hundejahre* auch an Jean Pauls *Hesperus oder 45 Hundposttage* (1795) an (Neuhaus 2010b, 14); denn auch Jean Paul hat seinen in „Hundsposttage" eingeteilten Roman, der ebenfalls ein „Spiegelbild der Zeit" liefert (Esselborn 2009, 118–119), zur Selbstreflexivität erzeugenden und Historisches bindenden Auftragsarbeit stilisiert. Volker Neuhaus schließlich vergleicht Grass' Romane, ausgehend von *Hundejahre* und inspiriert von Richard Kluger, mit den Romanen Thomas Wolfes: epische Breite und schwindelerregendes Tempo zeichnete Grass' wie auch Wolfes' Werke aus (Neuhaus 2010b, 8–9).

Neben den literarischen hat Grass aber auch philosophische Bezüge in *Hundejahre* integriert. Nicht nur Heidegger wird parodiert, sondern auch die juden- und frauenfeindliche Schrift *Geschlecht und Charakter* (1903) von Otto Weininger (vgl. Blomster 1969), die dem Juden Amsel zur fetischhaften Lektüre und theoretischen Inspiration für seinen Scheuchenbau dient (vgl. NGA 6, 42; Neuhaus 2010a, 112). Beide Konzepte – die parodistische Reproduktion von Heideggers existenzialistischem Jargon sowie die Reproduktion einer antisemitischen Ideologie durch einen Juden wie Weininger oder auch Amsel – unterstreichen „Grass' Verachtung für mehr oder minder tiefe philosophische Gedanken", die menschenverachtende Ideologien und Taten nicht verhindern oder sogar fördern (Øhrgaard 2007, 47). Die Vogelscheuchen sind ein Produkt dieser auch kapitalismuskritisch durchdrungenen Reflexionen; sie spiegeln noch in ihrer mythologischen Ausprägung menschliche Eigenschaften wider und dienen zugleich dem Export. Die Bedeutung des Bergwerks bringt Grass wie folgt auf den Punkt (Grass und Zimmermann 1999, 82): „Das Bergwerk ist der Danteschen Hölle nachgebildet und hat seine Schreckenskammern, aber alles im Sinne von Produktion, Vertrieb und kapitalistischer Mehrwertschaffung, mit dem Hinweis: Die Hölle ist oben."

Die Vielschichtigkeit von intertextuellen Bezügen sowie vielfältige literargeschichtliche Anleihen prägen schon Grass' *Blechtrommel* und sind in *Hundejahre* noch einmal gesteigert. Sie verleihen der Grass'schen Erzählwelt ein Fundament, das zwischen literarischer Phantasie und der Abhängigkeit vom Geschehen des 20. Jahrhunderts vermittelt und doch noch so viel weiter – mitunter bis ins Mittelalter – zurückreicht.

Literatur

Blomster, Wesley W. „The Documentation of a Novel: Otto Weininger and Günter Grass' ‚Hundejahre'". *Monatshefte* 61.1 (1969): 122–138.

Cepl-Kaufmann, Gertrude. „Der Deutschen unauslöschliche Vergangenheit. Günter Grass' Roman Hundejahre". *Klassiker der deutschen Literatur. Epochen – Signaturen von der Aufklärung bis zur Gegenwart.* Hrsg. von Gerhard Rupp. Würzburg 1999: 273–300.

Enzensberger, Hans Magnus. „Enzensbergers September-Lektüre. Günter Grass ‚Hundejahre'". *Der Spiegel* 36 (1963). https://www.spiegel.de/politik/guenter-grass-hundejahre-a-7a0e7adc-0002-0001-0000-000046171743 (10. April 2022).

Esselborn, Hans. „Jean Paul". *Killy Literaturlexikon. Autoren und Werke des deutschsprachigen Kulturraumes.* Hrsg. von Wilhelm Kühlmann. Bd. 6. 2. Auflage. Berlin und New York 2009: 116–124.

Feldhoff, Jürgen. *Vogelscheuchen und Radierungen.* Lübeck (4. Dezember 2013). https://www.ln-online.de/Nachrichten/Kultur/Kultur-im-Norden/Vogelscheuchen-und-Radierungen (29. März 2022).

Gerstenberg, Renate. *Zur Erzähltechnik von Günter Grass.* Heidelberg 1980.

Goetze, Albrecht. *Pression und Deformation. Zehn Thesen zum Roman Hundejahre von Günter Graß* [sic!]. Göppingen 1972.

Grass, Günter. *Sechs Jahrzehnte. Ein Werkstattbericht.* Göttingen 2014.

Grass, Günter, und Harro Zimmermann. *Vom Abenteuer der Aufklärung. Werkstattgespräche.* Göttingen 1999.

Grass, Günter, und Heinrich Detering. *In letzter Zeit. Ein Gespräch im Herbst.* Göttingen 2017.

Grass, Günter, und Denis Scheck. „Es bröckelt und schwindet, an allen Ecken und Kanten". Günter Grass im Gespräch mit Denis Scheck (29. November 2013). https://www.deutschlandfunk.de/literatur-es-broeckelt-und-schwindet-an-allen-ecken-und-100.html (29. März 2022).

Holzendorf, Jan. *Theologie bei Günter Grass. Eine Untersuchung auf der Grundlage der Lichterlehre Karl Barths und ihrer Rezeption durch Michael Trowitzsch.* Berlin und Boston 2021.

Kiefer, Sascha. „Frühe Polemik und späte Differenzierung. Das Heidegger-Bild von Günter Grass in ‚Hundejahre' (1963) und ‚Mein Jahrhundert' (1999)". *Weimarer Beiträge* 48.2 (2002): 242–259.

Krönig, Franz Kasper, und Amsel Weyer. „Ein schwerer Brocken. Das ‚Ärgernis Heidegger' bei Günter Grass". *Günter Grass. Bürger und Schriftsteller.* Hrsg. von Norbert Honsza und Irena Światłowska. Dresden 2008: 131–151.

Loschütz, Gert (Hrsg.). *Von Buch zu Buch. Günter Grass in der Kritik.* Neuwied und Berlin 1968.

Neuhaus, Volker. „Belle Tulla sans merci". *Die „Danziger Trilogie" von Günter Grass. Texte, Daten, Bilder.* Hrsg. von Volker Neuhaus und Daniela Hermes. Frankfurt/M. 1991: 181–199.

Neuhaus, Volker. *Günter Grass.* 3. Auflage. Stuttgart und Weimar 2010a.

Neuhaus, Volker. *Günter Grass – Hundejahre. Kommentar und Materialien*. Göttingen 2010b.

Øhrgaard, Per. *Günter Grass. Ein deutscher Schriftsteller wird besichtigt.* München 2007.

Paaß, Michael. *Kulturelles Gedächtnis als epische Reflexion. Zum Werk von Günter Grass*. Bielefeld 2009.

Reddick, John. *The „Danziger Trilogy" of Günter Grass*. London 1975.

Reich-Ranicki, Marcel. *Günter Grass. Aufsätze*. Frankfurt/M. 1994.

Schenk, Klaus. *Erzählen – Schreiben – Inszenieren. Zum Imaginären des Schreibens von der Romantik zur Moderne*. Tübingen 2012.

Scholl, Joachim. *In der Gemeinschaft des Erzählers. Studien zur Restitution des Epischen im deutschen Gegenwartsroman*. Heidelberg 1990.

Selbmann, Rolf. *Der deutsche Bildungsroman*. 2. Auflage. Stuttgart 1994.

Stolz, Dieter. *Günter Grass, der Schriftsteller. Eine Einführung.* Göttingen 2005.

Stolz, Dieter. *Günter Grass. Theaterspiele. Kommentar und Materialien*. Göttingen 2010.

Thomä, Dieter. „Heidegger-Satire. Das Herrchen des Seins". *Heidegger-Handbuch. Leben – Werk – Wirkung*. Hrsg. von Dieter Thomä. 2. Auflage. Stuttgart und Weimar 2013: 536–540.

Wellnitz, Katrin. „Zwölf Ritter und zwölf Nonnen tanzen durchs Feuer. Die Bearbeitung einer ostpreußischen Sage in Günter Grass' Roman ‚Hundejahre'". *Freipass. Forum für Literatur, Bildende Kunst und Politik. Schriften der Günter und Ute Grass Stiftung*. Hrsg. von Volker Neuhaus, Per Øhrgaard und Jörg-Philipp Thomsa. Bd. 5. Berlin 2020: 128–153.

Wellnitz, Katrin. *Märchen als Roman. Inszenierung und Fortschreibung von Märchen und Sagen bei Günter Grass*. Göttingen 2023.

Ziolkowski, Theodore. *Das Amt der Poeten. Die deutsche Romantik und ihre Institutionen*. München 1994.

II.1.4 *örtlich betäubt* (1969)

David-Christopher Assmann

Der Roman *örtlich betäubt* erschien 1969 und ist nach *Die Blechtrommel* (1959), *Katz und Maus* (1961) und *Hundejahre* (1963) Grass' vierter längerer Prosatext. In der Forschung wird der Roman gewöhnlich als ein Vorhaben gelesen, das mit dem „Zusammenhang" (Neuhaus 2010, 42) der sogenannten *Danziger Trilogie* bricht (Durzak 1970). Tatsächlich sind in *örtlich betäubt* deutliche Diskontinuitäten zum Erzählen der vorherigen Prosatexte zu erkennen. Dazu zählen der Verzicht auf Danzig als zentralem Schauplatz, das Aufgreifen der gesellschaftspolitischen Gegenwart, die nur angedeutete Erzählsituation am „Schreibtisch" (NGA 7, 274) und nicht zuletzt der vergleichsweise geringe Umfang. Gleichzeitig ist der Roman vor allem mit der *Blechtrommel* strukturell verbunden. Intertextuelle Bezüge, Handlungsebene und Figurenkonstellation sorgen wie der historische Kontext des Verhältnisses von Nachkriegsdeutschland zu seiner nationalsozialistischen Vergangenheit für Verflechtungen zwischen den Texten, die sowohl *histoire* als auch *discours* betreffen. Zieht man neben *örtlich betäubt* noch die deutlich später erschienene Novelle *Im Krebsgang* (2002) hinzu, liegt es deshalb durchaus nahe, von einem ‚Danzig Quintett' zu sprechen (Hall 2007, 2009). Weil er aktuelle gesellschaftspolitische Transformationen thematisiert und sein Autor sich zum Zeitpunkt des Erscheinens für die SPD im Bundestagswahlkampf engagiert, ist der Roman als zeitpolitischer Kommentar gelesen worden. Schon Rolf Becker führt in seiner Rezension für den *Spiegel* die aus seiner Sicht misslungene literarische Form von *örtlich betäubt* auf den Umstand zurück, dass der Roman das Produkt eines „mehr und mehr politisierende[n] Schriftsteller[s]" (Becker 1969) sei. Gleichwohl müssen die literarästhetischen Spezifika des Textes berücksichtigt werden (Reddick 1972, 577).

1 Entstehung und Rezeption

Grass selbst bezeichnet *örtlich betäubt* als das Produkt eines kompositorischen „Doppeleinfall[s] [...] – ein[es] Theatereinfall[s] und ein[es] Prosaeinfall[s]" (Grass und Rischbieter 1987, 72). Der Roman geht in Teilen aus Arbeiten zu einem nicht abgeschlossenen dramatischen Text hervor, an dem der Autor eigenen Angaben zufolge im Januar 1966 unter dem Arbeitstitel „Verlorene Schlachten" zu schreiben beginnt (Grass 2020b). Grass gibt das Projekt jedoch auf und bindet das Erarbeitete unter dem Eindruck des „stagnierende[n] Studentenprotest[s]" (Grass 2020b) in einen Prosatext ein. In dessen Zentrum steht Eberhard Starusch, „Studienrat für Deutsch und Geschichte" (NGA 7, 37). Starusch schreibt an einem letztlich nicht beendeten, von ihm wiederholt als „das Angefangene" (NGA 7, 274) bezeichneten Vorhaben, das wie Grass' Fragment den Titel „Verlorene Schlachten" (NGA 7, 23) trägt. Wie in dem von Grass aufgegebenen Drama handelt dieses Projekt, das im letzten Absatz von *örtlich betäubt* auch mit „Die Geste des

https://doi.org/10.1515/9783110755435-005

Durchhaltens – oder der Fall Schörner“ (NGA 7, 274) betitelt wird, von dem „Oberst und späteren Generalfeldmarschall“ (NGA 7, 41) Schörner (in Staruschs Vorhaben: Ferdinand Krings), der nach seiner russischen Kriegsgefangenschaft als Zementindustrieller Karriere macht. In einem „Sandkasten, den er extra für viel Geld bauen ließ“ (NGA 7, 118), spielt Krings verlorene Schlachten nach, um zu beweisen, dass sie zu gewinnen gewesen wären. Die erzählte Gegenwart wird demgegenüber bestimmt durch die politische Radikalisierung von Staruschs Schüler Philipp Scherbaum und dessen „Plan“ (NGA 7, 132), seinen Hund „[a]uf dem Ku'damm, vor dem Kempinski“ (NGA 7, 132) zu verbrennen, um gegen den Vietnam-Krieg zu protestieren. Aus diesem Erzählstrang entwickelt Grass das Drama *Davor* (vgl. dazu Stolz 2023, 170–181), das im Februar 1969 am Berliner Schiller-Theater uraufgeführt wird (Kurz 1969). Der Roman erscheint im August 1969 im Verlag Luchterhand.

Grass erhält zu *örtlich betäubt*, das im Herbst 1969 hohe Platzierungen in den Bestseller-Listen einnimmt (Mews 2008, 103), überwiegend ablehnende Kritiken, vor allem in deutschen Medien. Die Rezeption im Ausland, vor allem in den USA (Durzak 1971, 499; vgl. die Rezension [Anon.] 1990), aber auch in der Schweiz (siehe etwa Wb 1969) ist weitaus anerkennender. Insgesamt sind über 120 Beiträge in Zeitungen, Zeitschriften und im Radio zu *örtlich betäubt* zu verzeichnen (Mews 2008, 104). Viele Rezensenten deutscher Zeitungen diagnostizieren eine wenig innovative Form, eine geringe epische ‚Tiefe‘ und einen fehlenden dramatischen ‚Kern‘ (Enright 1972, 97; Kielinger 1969). Ferner wird die Umsetzung des gesellschaftspolitischen Themas als problematisch gesehen (Durzak 1971, 491–497; Mews 2008, 103–109; Nelva 2006, 92–93). Allein Joachim Kaiser schreibt in der *Süddeutschen Zeitung* wohlwollend, bei *örtlich betäubt* handele es sich um „ein melancholisches Kunststück, dessen sich der mittlere Grass nicht zu schämen braucht“ (Kaiser 1969). Marcel Reich-Ranicki spricht in der *Zeit* hingegen von „einer mühseligen und farblosen Konstruktion“ (Reich-Ranicki 1992, 99). Gemessen wird der Roman an den Errungenschaften eines gleichsam durch die Moderne gegangenen und somit reflektierten realistischen Erzählens und damit nicht zuletzt an Grass' eigenen bisherigen Prosatexten. So beobachtet Heinz Ludwig Arnold einen mitunter „platten Realismus“ (Arnold 1973, 98) und bemängelt, dass „der Roman versandet“ (Arnold 1973, 100). Dietrich Segebrecht erkennt für die *Frankfurter Allgemeine Zeitung* im „Splitterwerk“ von *örtlich betäubt* zwar immerhin einen spezifischen „Stil“. Thematisch münde dieser jedoch in „Beliebigkeit“ (Segebrecht 1969). Horst Krüger moniert demgegenüber in der *Zeit*, dass der Roman einen „politische[n] Stoff idyllisch individualisiert, verharmlost und auf einen bloßen Generationenkonflikt reduziert“ (Krüger 1969). In seiner Reaktion auf die feuilletonistische Rezeption geht Grass vor allem auf diesen Vorwurf einer „Versimpelung der politischen Thematik“ (Durzak 1971, 498) ein und betont die Differenz zwischen seinem politischen Engagement und seiner literarischen Arbeit. Beides dürfe nicht miteinander „verwechselt“ werden (Grass und Klunker 1987, 81).

2 Erzähltes Geschehen und Erzählverfahren

Das erzählte Geschehen des Romans besteht zum einen aus der zu großen Teilen fingierten Biographie des autodiegetischen Erzählers und Studienrats Starusch, die in diversen Analepsen bis in die bundesrepublikanische Nachkriegszeit und darüber hinaus in den Nationalsozialismus zurückverfolgt wird; zum anderen thematisiert *örtlich betäubt* mit Staruschs Schüler Scherbaum den Beginn der Studentenbewegung der 1960er Jahre. Die erzählte Gegenwart der drei Abschnitte, in die der Roman gegliedert ist, umfasst gut vier Wochen Anfang 1967. Zeitlich strukturiert und gerahmt wird das Geschehen wie das Erzählen durch eine zahnärztliche Behandlung des Erzählers und schließlich von dessen Schüler. Im ersten Abschnitt wird Staruschs Unterkiefer behandelt; der dritte Abschnitt thematisiert die Behandlung des Oberkiefers und den Beginn der Korrektur von Scherbaums Distalbiss. Der mittlere Abschnitt entspricht einer „vierzehntägige[n] Pause" (NGA 7, 129) der Behandlung von Staruschs Progenie. Erzählt wird *örtlich betäubt* nachträglich, nämlich „[z]wei Jahre später" (NGA 7, 274), so dass der Zeitpunkt des Erzählens auf das erste Halbjahr 1969 zu datieren ist.

Im ersten Abschnitt „erzählt[]" (NGA 7, 7) Starusch aus dem zahnärztlichen Behandlungsstuhl heraus in vermeintlichen Gesprächen mit dem Zahnarzt seine vermeintliche Karriere als Ingenieur in der Zementfabrik von Krings. Starusch hat während seiner Zeit als Ingenieur eine Beziehung zu Krings Tochter Sieglinde („Linde"), die jedoch eine Affäre mit Schlottau, einem Angestellten ihres Vaters und Kollegen Staruschs, eingeht. Der zweite Abschnitt, der mit einer Behandlungspause zusammenfällt, thematisiert in diversen Gesprächen immer wieder Scherbaums Vorhaben, seinen „Langhaardackel" (NGA 7, 129) Max vor dem Kempinski anzuzünden. Diskutiert werden die Angemessenheit dieses Vorhabens und die möglichen öffentlichen Effekte zum einen zwischen Starusch und Scherbaum. Zum anderen beteiligen sich Staruschs gleichaltrige Kollegin Irmgard Seifert, mit der der Studienrat eine Beziehung einzugehen versucht und der er schließlich einen Verlobungsantrag macht, und Scherbaums Freundin Veronika („Vero") Lewand in diversen Konstellationen an Staruschs Abwägen der Argumente. Der Studienrat nimmt eine unentschiedene Haltung ein. Seifert, die – wie Starusch durch wiederentdeckte Briefe erfährt – ehemals eine BDM-Führerin war und durch eine gewisse „Neigung zum Fanatismus" (Bauer Pickar 1989, 265) charakterisiert ist, und Vero – eine „Variante des unsympathischen Mädchens" (Bauer Pickar 1989, 261), das politisches Engagement lediglich als populärkulturelle Mode betreibt – sind von Scherbaums Vorhaben hingegen begeistert. In Staruschs Gesprächen mit seinem „Zahnklempner" (NGA 7, 130) spricht dieser sich dezidiert gegen Revolte und Idealismus und für Reformen und politischen Pragmatismus aus (Graves 1973, 139). Selbst mit einer Erzählung aus seiner Jugendzeit in Danzig, wo er unter dem Namen Störtebeker ähnlich wie Scherbaum der Anführer einer Widerstandsgruppe gewesen sei – ein intertextueller Verweis auf *Die Blechtrommel* –, und dem Verweis auf seinen anschließenden Werdegang bis zum Studienrat, kann Starusch seinen Schüler nicht überzeugen.

Erst die Behandlung durch den Zahnarzt bringt Scherbaum dazu, von seiner geplanten „Tat" (NGA 7, 169) abzulassen. Im dritten Abschnitt erfährt der Zahnarzt zudem, dass Staruschs Geschichten über die Zementfabrik, über Linde und Krings lediglich „Variationen seiner Biographie" (Brode 1978, 75) gewesen sind. Der Studienrat hat nach dem Abschluss seiner Behandlung mit Seifert zum ersten Mal eine zufriedenstellende Beziehung. Am Ende des Romans bleibt er gleichwohl als derjenige zurück, als der er bereits zu Beginn eingeführt wird: als ein Versager, der an seinem enttäuschenden Leben leidet und der sich durch seine imaginierte Biographie dagegen zu betäuben versucht (Bruce 1971, 47; Reddick 1972, 571).

Vor allem im Hinblick auf den ersten und dritten Abschnitt ist das Erzählverfahren als fragmentarisch und „interruptiv[]" (Gerstenberg 1980, 110) beschrieben worden. Starusch selbst bestimmt sein Erzählen an einer Stelle – den Titel der späteren Novelle vorwegnehmend – als Bewegung „im Krebsgang" (NGA 7, 93). Tatsächlich zeichnet sich *örtlich betäubt* nur sehr bedingt durch eine linear voranschreitende Erzählweise aus. Die Leser:innen müssen einiges leisten, um in dem „vielschichtige[n] Zeit- und Ordnungsgefüge" (Gerstenberg 1980, 98) einigermaßen für Klarheit zu sorgen (Brode 1978, 81; Nelva 2006, 79–80). Volker Neuhaus zufolge lassen sich in diesem ‚Labyrinth' (Reddick 1972, 578), das gleichwohl durch recht klare Oppositionspaare (u. a. Lehrer/Schüler, Vor-/Nachkriegsgeneration, Frau/Mann, Arzt/Patient) strukturiert ist, grundsätzlich vier Erzählebenen unterscheiden (Neuhaus 2010, 128): erstens das reale Geschehen in der Zahnarztpraxis; zweitens der dialogische, wohl aber fiktiv-imaginierte Austausch zwischen Studienrat und Zahnarzt; drittens die Ereignisse, die auf dem Fernsehbildschirm im Behandlungsraum übertragen werden; und viertens das von Starusch während seiner Behandlung wiederum imaginierte Geschehen auf dem Bildschirm. Hinzu kommt der lediglich im letzten Absatz des Romans angedeutete Erzählvorgang zwei Jahre später.

Staruschs Erzählen lässt sich als eine szenisch-erprobende Behandlung narrativer Formen bestimmen. Dazu zählt zunächst die vereinzelte Ersetzung der ansonsten dominierenden autodiegetischen Erzählinstanz durch heterodiegetisch erzählte Passagen. In diesen Zusammenhang einordnen lassen sich aber vor allem Darstellungsweisen verschiedener Gattungen und Medien. So finden sich Verfahren wie die des Dramas, des Märchens, des Briefs, der Biographie, der künstlerischen Allegorie, der Werbung, des Comics, der Fernsehserie oder der Quiz-Show (Bauer Pickar 1977, 293). Diese mitunter als „sprachliche Idiosynkrasien" (Gerstenberg 1980, 93) beschriebenen Form-Elemente verleihen dem *discours* einerseits eine zuweilen ironisch-satirische Färbung. Andererseits ist das intermediale Verfahren aus „Schnitte[n], Ein- und Ausblenden" (Gerstenberg 1980, 112) mit Bezug auf den Fernseher in der Zahnarztpraxis als „kinetische[] Abfolge bildlicher Erzählvorgänge im Stil eines Filmszenariums" (Gerstenberg 1980, 108) gefasst worden (vgl. auch Bruce 1971, 52; Kinefuchi 2002; Schirrmacher 2015, 281). Mit den im ersten und dritten Abschnitt typographisch durch eine Leerzeile deutlich voneinander getrennten Absätzen, die nicht selten parataktisch, teils sogar allein aufzählend organisiert sind, nimmt *örtlich betäubt* die assoziative Ordnung einer „Bewußtseinskollage“ (Gerstenberg 1980, 92) an, die Simultanitätseffekte zeitigt. Dabei bleiben die Grenzen zwischen erzählter Gegenwart, Erinnerungsfragmenten und Phantasie, zwischen imaginierten und realen Filmsequenzen in den bruchstückhaft präsentierten Szenen letztlich unklar. Grass' Roman ist insofern einem magisch-realistischen Erzählen verpflichtet. Er lässt offen, ob der Erzähler das Erzählte bewusst manipuliert (Bauer Pickar 1977, 301; Schirrmacher 2015, 281) oder selbst als Objekt seiner Imaginationen verstanden werden muss (Paver 1999, 180).

3 Schwerpunkte der Forschung

Die literaturwissenschaftliche Beschäftigung mit dem Roman, der auch in der Erziehungswissenschaft im Hinblick auf das Schüler-Lehrer-Verhältnis vereinzelt rezipiert worden ist (Becker 1969; Reger 1974), setzt bereits in den frühen 1970er Jahren ein. Bei allen Unterschieden in den Interessen der seitdem erschienenen Beiträge lassen sich wiederkehrende Themen ausmachen: das Motiv der Zahnschmerzen und die Figur des Zahnarztes, die Beziehung zwischen Roman und Grass' Selbstinszenierung, das Verhältnis von Protest- und Populärkultur, die Unzuverlässigkeit und Selbstreflexivität von Erzählen und Erinnern, die fragile soziale Identität der Figuren, speziell das problematische Verhältnis zwischen den Geschlechtern, sowie die intertextuellen und -medialen Bezüge, die *örtlich betäubt* herstellt. Einen Überblick über die Forschung bis in das erste Jahrzehnt nach der Jahrtausendwende bietet ein Artikel von Siegfried Mews (2008, 109–119).

Detailliert schildert Grass' Roman, wie Staruschs Progenie behandelt wird. Die Forschung hat akzentuiert, dass der Text dazu ausgiebig auf „zahnärztliche Terminologie“ (Wisskirchen 2001, 211) zurückgreift und eine kleine Geschichte der Zahnmedizin entwirft, die bis zu Hippokrates und Plinius zurückreicht (Ziolkowski 1976, 10). Die Zahnschmerzen des Studienrats sind in diesem Zusammenhang als Allegorie für gleichsam faulende gesellschaftliche Verhältnisse, mithin als „Signal zeitgeschichtlicher Beschädigung“ (Brode 1978, 75) gelesen worden (Reddick 1972, 573; Kim 2000). Die im Roman mehrmals explizit genannte „örtliche[] Betäubung“ (NGA 7, 71; Assmann 2023), auf der die Zahnmedizin und – in dieser Lektüre stets mitgedacht – der Wohlfahrtsstaat gleichermaßen beruhen, lenkt die Aufmerksamkeit von den Ursachen auf die Symptome. Die medizinische bzw. gesellschaftspolitische „Lokalanästhesie“ (NGA 7, 135) lindert zwar den Schmerz für eine gewisse Zeit, löst aber nicht das Problem. Als Gegenfigur zu Starusch positioniert diese allegorische Lektüre gewöhnlich den Zahnarzt (Reddick 1972, 574–576; Bauer Pickar 1985, 108). Mit ihm hat der Roman einen Fürsprecher überlegter Reformprozesse, der für medizinische wie politische „Frühbehandlung[en]“ (NGA 7, 147) plädiert. Seine umfangreichen Wortbeiträge ermöglichen dem Arzt, der als (geschichts-)philosophische Autorität auftritt und sich in Senecas Schriften genauso auskennt (Rutz 1982) wie in denen von Nietzsche, Hegel oder „Marxengels“ (NGA 7, 107), eine gewisse Kontrolle über das Erzählen (Bauer Pickar 1977, 294; Ziolkowski

1976, 10). Es ist jedoch darauf hingewiesen worden, dass er innerhalb der erzählten Welt eine potenziell fiktive Figur darstellt, die nicht nur abstrakt und unbestimmt bleibt (Davies 2020, 120–121), sondern sich zu großen Teilen Staruschs Phantasie verdankt.

Einen zweiten Schwerpunkt der Auseinandersetzung mit *örtlich betäubt* bilden Fragen nach dem Status und der Funktion des Romans im Kontext von Grass' politischem Engagement (Moser 2020, 89–92). Diese Untersuchungen lesen *örtlich betäubt* auf dem Hintergrund von Grass' Kritik an der studentischen Bewegung der 1960er Jahre und verstehen den Roman gewöhnlich als Plädoyer für „die Überwindung von Gewalttätigkeit durch Vernunft“ (Gerstenberg 1980, 94). So stellt sich Grass in seiner vielbeachteten Rede an der TU Berlin im März 1968 zwar auf die Seite der Kritiker:innen des Vietnam Kriegs. Gleichzeitig kritisiert er aber den Sozialistischen Deutschen Studentenbund und distanziert sich von dessen Positionen (Grass 1971). Den kontextualisierenden Studien zufolge will *örtlich betäubt* vor diesem zeithistorischen Hintergrund mit der Figur des Zahnarztes argumentieren, dass die studentischen Proteste nur für kurzzeitige Betäubungseffekte sorgen können, mithin eine längerfristige Strategie oder tiefere Analyse der gesellschaftlichen Verhältnisse vermissen lassen (Paver 1997, 53; Paver 1999, 193–195). Mit dem Mediziner als ‚Stimme des Autors‘ setze sich *örtlich betäubt* für sozialdemokratische Reformen ein (Mason 1974, 121–122). Durchaus in diesem Sinne betont Grass im Interview mit Günter Schäble, auf das in diesem Zusammenhang Bezug genommen wird: „Selbstverbrennungen sind keine ‚vernünftigen‘ Taten – sie haben vielmehr verheerende Folgen, weil sie Emotionen befriedigen“ (Grass und Schäble 1987, 60). In der neueren Forschung ist diese Lesart modifiziert worden. Demnach kann der Zahnarzt keineswegs allein als positives „Gegenbild“ (Bauer Pickar 1985, 108) zum Erzähler und als *alter ego* des Autors verstanden werden. Zum einen unterliege er einem fragwürdigen Technologiefetischismus (Davies 2020, 131). Zum anderen wird der autodiegetische Erzähler stärker mit Grass' *persona* in Verbindung gebracht. So versteht Stuart Taberner Starusch als einen Erzähler, der als Erzieher seines Publikums auftritt – und zwar sowohl als Erzieher der Figuren in der erzählten Welt als auch als Erzieher der realen Leser:innen. Indem er seine Biographie als schlechtes und insofern warnendes Beispiel fiktionalisierend inszeniert (Taberner 1998a, 79), ähnele sein Erzählen Grass' schriftstellerischer Inszenierungspraktik, sich als Repräsentant seiner Generation zu entwerfen (Taberner 1998b, 64–88).

Paver zufolge versteht *örtlich betäubt* die Protestbewegung der 1960er Jahre als lediglich eine weitere Form populärer Kultur. Sie wird der Popmusik angenähert und gerät damit unter Kommerzialisierungsverdacht (Paver 1997, 62). Wie insbesondere anhand von Scherbaums Freundin Vero deutlich gemacht wird, adressieren die Proteste nur ‚Ersatzerlebnisse‘ und keine ‚wirklichen‘ Probleme. Grass selbst hat diese Abwertung in seinem kurzen Essay zu *örtlich betäubt* hervorgehoben: „Ersatzerlebnisse verdrängen reale Erlebnisse oder verformen reale Erlebnisse, indem sich Ersatzerlebnisse von realen Erlebnissen speisen“ (Grass 2020b). Dennoch oder gerade deshalb kommt populär- und konsumkulturellen Objekten für Starusch eine nicht zu unterschätzende Funktion zu. Zwar geht der Erzähler einerseits auf Distanz zu den Massenmedien, zu

Markennamen und zu Konsumobjekten. Andererseits ist er aber von ihnen auch fasziniert, und zwar gerade weil sie ihm eine nicht-authentische, vermittelte Erfahrung ermöglichen (Paver 1997, 54; Paver 1999, 191–192).

Ein weiterer Strang der Forschung widmet sich der Inszenierung von Erzählen und Erinnern. Bestimmt wird *örtlich betäubt* schon früh als der reflektierteste und analytischste von Grass' frühen Prosatexten (Reddick 1972, 565). Starusch sei eine wegweisende Entwicklung in Grass' autodiegetischem Erzählen (Bauer Pickar 1977, 289). Hingewiesen wurde in diesem Zusammenhang auf die selbstreflexiven Elemente des unzuverlässigen Erzählens und Schreibens (Bruce 1971, 48). Daneben hat man es im Vergleich zur *Blechtrommel*, zu *Katz und Maus* und den *Hundejahren* mit einem deutlich modifizierten Verständnis von Erinnerung zu tun. Während in Grass' ersten drei Prosatexten Erinnerung vor allem unter dem Gesichtspunkt der Zeugenschaft verhandelt wird, problematisiert *örtlich betäubt* die Annahme, dass durch Erinnerung die Vergangenheit aktualisiert werden könne (Hall 2009, 73). Nicht zuletzt die „detaillierten Schilderungen technischer Apparaturen und Prozesse" (Schirrmacher 2015, 275) sind in diesem Kontext zu nennen. Denn auch diese bringen ein „Bewusstsein um die Bedeutung medialer Vermittlung menschlicher Kommunikation" (Schirrmacher 2015, 277) zum Ausdruck.

Darüber hinaus interessiert sich die Forschung für die narrative Inszenierung der Geschlechterbilder. Staruschs Unzufriedenheit und Passivität, die seine existentielle Krise bestimmen (Graves 1973, 132; Paver 1997, 54), verdichten sich in seinen Zahnschmerzen (Cepl-Kaufmann 1975, 48), in seinem „Versagen als Mann" (Bauer Pickar 1985, 109) und der „Schwäche seiner Beziehungen zu Frauen im allgemeinen" (Bauer Pickar 1989, 264). So ist *örtlich betäubt* Gertrud Bauer Pickar zufolge als ein „ausgesprochen frauenfeindlich[er]" (Bauer Pickar 1989, 278) Roman zu verstehen, wobei diese Feststellung die Erzählhaltung unberücksichtigt lässt. So sind Staruschs Verhalten und seine Phantasien nicht zuletzt durch Gewalt gegenüber Frauen geprägt (Bauer Pickar 1989, 276). Zudem hat er „negative[] Auffassungen von Sex und Liebe" (Bauer Pickar 1989, 271; vgl. auch Bruce 1971, 48–49). Hingewiesen wurde in diesem Zusammenhang auch auf die latenten homoerotischen Elemente in der Beziehung zwischen Starusch und Scherbaum (Paver 1999, 176).

Schließlich geht die Forschung immer wieder den intertextuellen Bezügen nach, die *örtlich betäubt* herstellt, und zwar insbesondere zu den anderen Texten des ‚Danzig Quintetts', die damit als ein übergreifender Text eine kollektive Geschichte entwerfen (Hall 2009, 76; vgl. zum Verhältnis zur *Blechtrommel* bereits Graves 1973, 139). Daneben ist *örtlich betäubt* u. a. ins Verhältnis gesetzt worden zu E.T.A. Hoffmanns *Der Sandmann* (Davies 2020, 128–131), Max Frischs *Mein Name sei Gantenbein* (Paver 1997, 54), Thomas Manns *Buddenbrooks* (Wisskirchen 2001, 203–204) und *Der Zauberberg* (Gerstenberg 1980, 98). Hinzu kommen Untersuchungen zum Verhältnis des Romans zu philosophischen Texten, etwa den Schriften von Herbert Marcuse (vgl. Davies 2020, 124–126), und zu theologischen Aspekten (Holzendorf 2021, 370).

Literatur

[Anon.]. „Der Zahnarztstuhl als Allegorie des Lebens". *Günter Grass im Ausland. Texte, Daten, Bilder*. Hrsg. von Daniela Hermes und Volker Neuhaus. Frankfurt/M. 1990: 55–74.

Arnold, Heinz Ludwig. „Zeitroman mit Auslegern: Günter Grass' ‚Örtlich betäubt'". *Grass. Kritik – Thesen – Analysen*. Hrsg. von Manfred Jurgensen. Bern und München 1973: 97–102.

Assmann, David-Christopher. „Penetrante Parenthesen. Günter Grass' *örtlich betäubt* und die Zahnheilkunde. *Cultura tedesca. Rivista semestrale* 66.2 (2023): 163–184.

Bauer Pickar, Gertrud. „Günter Grass' ‚örtlich betäubt': The Fiction of Fact and Fantasy". *Germanic Review* 52.4 (1977): 289–303.

Bauer Pickar, Gertrud. „Spielfreiheit und Selbstbefangenheit – Das Porträt eines Versagers. Zu Günter Grass' ‚örtlich betäubt'". *Zu Günter Grass. Geschichte auf dem poetischen Prüfstand*. Hrsg. von Manfred Durzak. Stuttgart 1985: 96–114.

Bauer Pickar, Gertrud. „Starusch im Felde mit den Frauen: Zum Frauenbild in Grass' ‚örtlich betäubt'". *Colloquia Germanica* 22.3/4 (1989): 260–282.

Becker, Hellmut. „Lehrer und Schüler in Günter Grass' ‚örtlich betäubt'". *Neue Sammlung* 9 (1969): 509.

Becker, Rolf. „Günter Graß: ‚Örtlich betäubt'. Mäßig mit Malzbonbons". *Der Spiegel* (11. August 1969).

Brode, Hanspeter. „Von Danzig zur Bundesrepublik. Grass' Bücher ‚örtlich betäubt' und ‚Aus dem Tagebuch einer Schnecke'". *Text + Kritik* 1/1a. 5. Auflage (1978): 74–87.

Bruce, James C. „The Motif of Failure and the Act of Narrating in Günter Grass's ‚Örtlich betäubt'". *Modern Fiction Studies* 17.1 (1971): 45–60.

Cepl-Kaufmann, Gertrude. *Günter Grass. Eine Analyse des Gesamtwerkes unter dem Aspekt von Literatur und Politik*. Kronberg/Ts. 1975.

Davies, Meredid Puw. „Humane Horrors: The Dentist in Günter Grass's ‚örtlich betäubt / Local Anaesthetic' (1969)". *Medical Humanity and Inhumanity in the German-Speaking World*. Hrsg. von Meredid Puw Davies und Sonu Shamdasani. London 2020: 114–135.

Durzak, Manfred. „Abschied von der Kleinbürgerwelt. Der neue Roman von Günter Grass". *Basis* 1 (1970): 224–237.

Durzak, Manfred. „Plädoyer für eine Rezeptionsästhetik. Anmerkungen zur deutschen und amerikanischen Literaturkritik am Beispiel von Günter Grass' ‚örtlich betäubt'". *Akzente* 18.6 (1971): 487–504.

Enright, D.J. (Hrsg.). „Günter Grass's Local Anaesthetic". *Man is Onion. Reviews and Essays*. London 1972: 97–102.

Gerstenberg, Renate. *Zur Erzähltechnik von Günter Grass*. Heidelberg 1980.

Grass, Günter, und Günter Schäble. „Die Ideologien haben versagt". *Günter Grass. Werkausgabe in zehn Bänden*. Bd. X: *Gespräche mit Günter Grass*. Hrsg. von Klaus Stallbaum. Darmstadt und Neuwied 1987: 59–62.

Grass, Günter, und Heinz Klunker. „Ich und meine Rollen". *Günter Grass. Werkausgabe in zehn Bänden*. Bd. X: *Gespräche mit Günter Grass*. Hrsg. von Klaus Stallbaum. Darmstadt und Neuwied 1987: 81–87.

Grass, Günter, und Henning Rischbieter. „Die Krise des Berufes, der sich Theaterkritik nennt". *Günter Grass. Werkausgabe in zehn Bänden*. Bd. X: *Gespräche mit Günter Grass*. Hrsg. von Klaus Stallbaum. Darmstadt und Neuwied 1987: 63–73.

Grass, Günter. „Der Biedersinn gibt wieder den Ton an". *Günter Grass – Dokumente zur politischen Wirkung*. Hrsg. von Heinz Ludwig Arnold und Franz Josef Görtz. München 1971: 96–100.

Grass, Günter. „Zu ‚örtlich betäubt'". *Günter Grass. Werke*. Bd. 20: *Essays und Reden 1955 – 1969*. Hrsg. von Dieter Stolz und Werner Frizen. Göttingen 2020b: 621.

Graves, Peter J. „Günter Grass's ‚Die Blechtrommel' and ‚örtlich betäubt': The Pain of Polarities". *Forum for Modern Language Studies* 9.2 (1973): 132–142.

Hall, Katharina. „Günter Grass's ‚Danzig Quintet'". *The Cambridge Companion to Günter Grass*. Hrsg. von Stuart Taberner. Cambridge 2009: 67–80.

Hall, Katharina. *Günter Grass's ‚Danzig Quintet'. Explorations in the Memory and History oft he Nazi Era from "Die Blechtrommel" to "Im Krebsgang"*. Oxford et al. 2007.

Holzendorf, Jan. *Theologie bei Günter Grass. Eine Untersuchung auf der Grundlage der Lichterlehre Karl Barths und ihrer Rezeption durch Michael Trowitzsch*. Berlin und Boston 2021.

Kaiser, Joachim. „Von der Traurigkeit des Besserwissens. Der neue Roman von Günter Grass". *Süddeutsche Zeitung* (16./17. August 1969).

Kielinger, Thomas. „Günter Grass: Örtlich betäubt". *Neue deutsche Hefte* 16.124 (1969): 145–146.

Kim, Nury. „Möglichkeit des dialektischen allegorischen Romans. Studie zum Roman ‚Örtlich betäubt' von Günter Grass". *Dog il mun hag* 41.3 (2000): 233–262.

Kinefuchi, Hiroki. „Zahnarzt, Ratte, Monitor. Zur Bildkommunikation bei Günter Grass". *Doitsu-bungaku* 108 (2002): 186–198.

Krüger, Horst. „Kein Geschmack für Ort und Augenblick. Der neue Roman von Günter Grass: ‚Örtlich betäubt'". *Die Zeit* (26. August 1969).

Kurz, Paul K. „Das verunsicherte Wappentier. Zu ‚Davor' und ‚Örtlich betäubt' von Günter Grass". *Stimmen der Zeit* 184 (1969): 374–389.

Mason, Ann L. *The Skeptical Muse: A Study of Günter Grass' Conception of the Artist*. Bern und Frankfurt/M. 1974.

Mews, Siegfried. *Günter Grass and His Critics. From "The Tin Drum" to "Crabwalk"*. Rochester, NY 2008.

Moser, Sabine. *Günter Grass. Romane und Erzählungen*. Berlin 2000.

Nelva, Daniela. „‚örtlich betäubt'. Tra passato e presente, generazioni a confronto". *Ex oriente picaro. L'opera di Günter Grass*. Hrsg. von Maurizio Pirro. Bari 2006: 79–93.

Neuhaus, Volker. *Günter Grass*. 3., aktualisierte und erweiterte Auflage. Stuttgart und Weimar 2010.

Paver, Chloe E.M. „Lois Lane, Donald Duck and Joan Baez: Popular Culture and Protest Culture in Günter Grass's 'örtlich betäubt'". *German Life and Letters* 50.1 (1997): 53–64.

Paver, Chloe E.M. *Narrative and Fantasy in the Post-War German Novel. A Study of Novels by Johnson, Frisch, Wolf, Becker, and Grass*. Oxford 1999.

Peschler, Eric A. „Oertliche Potenzstörungen. Günter Grass, ‚Oertlich betäubt', Luchterhand, Neuwied". *Die Weltwoche* (29. August 1969).

Reddick, John. „Action and Impotence: Günter Grass's ‚örtlich betäubt'". *The Modern Language Review* 67.3 (1972): 563–578.

Reger, Harald. „Günter Grass: ‚örtlich betäubt' – die Lehrergestalten des Romans als Repräsentanten der Gesellschaftskritik". *Pädagogische Rundschau* 28 (1974): 737–749.

Reich-Ranicki, Marcel (Hrsg.). „Eine Müdeheldensoße". *Günter Grass. Aufsätze. Mit Fotografien von Isolde Ohlbaum*. Ammann 1992: 89–101.

Rutz, Werner. „Stoa und Stahlbeton. Bemerkungen zur Seneca-Rezeption in Günter Grass' Roman ‚örtlich betäub'". *Gymnasium* 89 (1982): 122–134.

Schirrmacher, Beate. „Störfaktor Medium. Fernsehen, Video und Internet bei Günter Grass". *Sendbote zwischen den Kulturen. Gustav Korlén und die germanistische Tradition an der Universität Stockholm*. Hrsg. von Charlotta Seiler Brylla und Elisabeth Wåghäll Nivre. Stockholm 2015: 275–288.

Segebrecht, Dietrich. „Kein neues Bißgefühl. Zehn Jahre nach der ‚Blechtrommel' – Günter Grass' dritter Roman ‚Örtlich betäubt'". *Frankfurter Allgemeine Zeitung* (16. August 1969).

Stolz, Dieter. *Günter Grass. Der Schriftsteller*. München 2023.

Taberner, Stuart. „Feigning the Anaesthetisation of Literary Inventiveness: Günter Grass's ‚örtlich betäubt' and the Public Responsibility of the Politically Engaged Author". *Forum for Modern Language Studies* 34.1 (1998a): 69–81.

Taberner, Stuart. *Distorted Reflections. The Public and Private Faces of the Author in the Work of Uwe Johnson, Güner Grass and Martin Walser 1965–1975*. Amsterdam und Atlanta, GA 1998b.

Wb. „Der neue Günter Grass. Zum Roman ‚örtlich betäubt'". *Neue Zürcher Zeitung* (17. August 1969).

Wisskirchen, Hans. „Der Zahnarzt als Erzähler in Günter Grass' Roman ‚Örtlich betäubt'". *Medizin und Kultur. Ärztliches Denken und Handeln im Dialog zwischen Natur- und Geisteswissenschaften. Festschrift für Dietrich von Engelhardt. Mit Beiträgen von Axel W. Bauer et al. Mit 5 Abbildungen und 4 Tabellen*. Hrsg. von Giovanni Maio und Volker Roelcke. Stuttgart und New York, NY 2001: 201–212.

Ziolkowski, Theodore. „The Telltale Teeth: Psychodontia to Sociodontia". *Publications of the Modern Language Association* 91.1 (1976): 9–22.

II.1.5 *Aus dem Tagebuch einer Schnecke* (1972)

Uwe Schütte

Das im Herbst 1972 erschienene Buch *Aus dem Tagebuch einer Schnecke* basiert auf einem von Grass geführten Journal und umfasst den Zeitraum vom 5. März (Wahl des SPD-Politikers Gustav Heinemann zum Bundespräsidenten) bis zum 28. September 1969 (Bundestagswahl). Diese Periode von Grass' Werkbiographie war vor allem geprägt durch das politische Engagement, mit dem er den Wahlkampf des SPD-Kanzlerkandidaten Willy Brandt als „Bürger und Autor vom Stamme Sisyphos" (Stolz 2005, 142) engagiert unterstützte.

Das *Tagebuch einer Schnecke* gilt der Forschung als Schlüsseltext, „Übergangswerk" (Moser 2000, 97) und „Angelpunkt seines Werks" (Øhrgaard 2007, 95). Der Band gewinnt eine besondere Bedeutung dadurch, dass Grass darin den bis dahin „umfassendsten Einblick in die weltanschaulichen Prämissen seiner schriftstellerischen und gesellschaftspolitischen Arbeit gewährt." (Moser 2000, 98) Im Kontext des Gesamtwerks markiert das Buch den insbesondere von der Lyriksammlung *Ausgefragt* (1967) bereits vorbereiteten Punkt, an dem sich Grass von der zunächst vorherrschenden Rollenprosa in formaler Hinsicht und einer primären Auseinandersetzung mit dem Nationalsozialismus in thematischer Hinsicht löst; zugleich werden kommende Entwicklungen wie die Tendenz zu autobiographischer Prosa oder die amalgamierende Arbeit mit unterschiedlichen Textformen und zeitgenössischen Diskursen erkennbar. In der Werkgenese nimmt der Text mithin eine „Achsenposition" (Neuhaus 2010, 135) ein.

Markant ist die immense Heterogenität, die aus der Anlage als „Sudelbuch" (NGA 8, 7) – wie Grass in Anlehnung an Lichtenberg schreibt – resultiert, in dem Beobachtungen, Erlebnisse, Einfälle, Notizen und Stichworte versammelt werden. Zu einem tendenziell produktive Verwirrung stiftenden Spiel mit Zeitebenen kommt es dadurch, dass sich Grass bei der Arbeit am Text ab dem Ende des Wahlkampfs 1969 bis zum Herbst 1971 zwar im Wesentlichen an die Abfolge der Aufzeichnungen im Tagebuch hält, jedoch immer wieder auf aktuelle Vorfälle rekurriert. Wenn der Ich-Erzähler daher temporaldeiktisch von „heute" spricht, kann sich das, je nach Kontext, auf den im Tagebuch behandelten Zeitpunkt oder die spätere Überarbeitungsphase beziehen.

In kompositorischer Hinsicht besteht das „Neben- und Durcheinander zunächst gänzlich disparat anmutender Inhalte in einer romanähnlichen Kollage aus vereinzelten Bruchstücken" (Stolz 1994, 294) primär aus kürzeren Prosatextblöcken von zumeist fünf bis fünfzehn Zeilen; daneben stehen seitenlange Bericht- bzw. Erzählabschnitte, dialogische und lyrische Passagen, Tagebuchnotizen sowie essayhafte Einlassungen und direkte Anreden an die Kinder des Erzähl-Ichs. Abgeschlossen wird diese postmoderne, in 29 unbetitelte Kapitel gegliederte „Genre-Hybride" (Füllmann, 2018, 87) durch die rund 25 Druckseiten umfassende Nürnberger Dürer-Rede des Autors Günter Grass mit dem Titel *Vom Stillstand im Fortschritt. Variationen zu Albrecht Dürers Kupferstich Melencholia I.*

https://doi.org/10.1515/9783110755435-006

1 Der politische Kontext – Grass & die „Es-Pe-De“

Als ein Werk, das sich explizit und dezidiert auf den (tages)politischen Rahmen der späten 1960er und frühen 1970er Jahre bezieht, muss *Aus dem Tagebuch einer Schnecke* zunächst in den biographischen Kontext des politischen Engagements von Grass für die sozialdemokratische Partei eingeordnet werden. Die 1959 im Godesberger Programm der SPD vollzogene Wandlung zur Volkspartei machte die Sozialdemokratie zwar in Milieus jenseits der Arbeiterschicht wählbar; sie stieß dort aber auf wenig Resonanz. Grass versuchte daher der SPD neue Wählerschichten zu erschließen. Vor der Bundestagswahl im September 1965 machte Grass in eigener Initiative auf über 50 Veranstaltungen Werbung für die SPD. Zwar herrschte stets großes Publikumsinteresse an den Auftritten des Schriftstellers, dies setzte sich allerdings nicht in entsprechende Stimmengewinne für die Partei um (vgl. Neuhaus 2012, 217–226).

Unverdrossen erneuerte und professionalisierte Grass sein Engagement für eine Ablösung der konservativen, vom ehemaligen NSDAP-Parteimitglied Kurt Kiesinger geführten Regierung bei der Parlamentswahl des Jahres 1969. Im zweiten Anlauf mit offizieller Billigung der SPD, unterstützt von der durch einflussreiche Intellektuelle gegründeten Sozialdemokratischen Wählerinitiative, absolvierte Grass, ab dem Frühjahr 1969 bis zum Wahltermin im Herbst rund 190 Auftritte im gesamten Bundesgebiet: „Wir gewannen katholische Arbeiter, berufstätige Frauen, Protestjugend, die sich links von der Espede nicht zersplittern wollte; und in der Mitte gewannen wir Zahnärzte, Beamte, Lehrerinnen, mittlere Angestellte und alte Damen, die Strauß verschreckt hatte, denen Kiesinger peinlich geworden war, die etwas Nützliches für ihre Enkelkinder tun wollten.“ (NGA 8, 284)

Ein derartiges Engagement eines Intellektuellen für eine Partei hatte es in der Geschichte der BRD zuvor nicht gegeben. Am Wahltag, dem 28. September 1969, lag die Union mit 46,1 Prozent allerdings deutlich vor der SPD, die 42,7 Prozent der Stimmen auf sich vereinigen konnte. Da aber die FDP erstmals ein Ergebnis knapp über der Fünfprozenthürde erzielte, konnte Willy Brandt im Rahmen einer sozialliberalen Koalition zum ersten sozialdemokratischen Bundeskanzler der Bundesrepublik gewählt werden.

2 Der private Grass

Dass Grass sich nicht nur als prominenter Intellektueller und Künstler, sondern zugleich und insbesondere als Privatperson für einen politischen Kurswechsel engagiert, wird signalhaft herausgestellt durch die Anrede „Liebe Kinder“ (NGA 8, 7), die den Text einleitet. Gemeint sind „Bruno, immer motorisiert, vier“, „ein Mädchen, Laura, in Hosen, acht“, und die „gegensätzlich geratene[n] Zwillinge, Franz und Raoul, elf“ (NGA 8, 8). Man darf *Aus dem Tagebuch einer Schnecke* insofern als Rechenschaftsbericht begreifen, als der oftmals absente Vater seinen Kindern von seinen Wahlkampfreisen berichtet und, vor allem, gegenüber dem Nachwuchs seine Abwesenheit durch das Erzählen wahrer wie fiktiver Geschichte(n) moralisch rechtfertigt.

Angesichts der zahlreichen, in direkter Rede wiedergegeben Frage-Antwort-Gespräche mit den vier Kindern lässt sich der Text durchaus in die Tradition des didaktischen Dialogs einordnen, zumal die Publikation des Bandes im Jahr 1972 „auf dem Wellenkamm eines allgemeinen Markttrends" fiel, als zunehmend „Romanciers das bisher wenig gesellschaftsfähige Kinderbuch [entdeckten]" (Brode 1980, 447). Grass macht zudem deutlich, sein Buch „für meine Kinder [...] und wohl auch für anderer Leute Kinder" (NGA 8, 297) geschrieben zu haben, um diese mit pädagogischem Anspruch über die deutschen Verbrechen im Nationalsozialismus aufzuklären und ebenso zu gefestigten Demokraten zu erziehen, etwa durch Warnungen vor Pauschalurteilen als Einfallstor für Rassismus: „Damit, Kinder, beginnt es: Die Juden sind. Die Fremdarbeiter wollen. Die Sozialdemokraten haben. Jeder Kleinbürger ist. Die Neger. Die Linken. Der Klassenfeind. Die Chinesen und die Sachsen glauben haben denken sind..." (NGA 8, 20)

Zur privat-familiären Ebene gehören auch jene Notate, in denen Grass in seiner Rolle als Ehemann auftritt. 1954 hatte er die Balletttänzerin Anna Schwarz geheiratet, nach 15 Ehejahren aber befand sich die Beziehung in der Krise. Das Buch dokumentiert diese Situation immer wieder in Umschreibungen wie: „Flucht in verschiedene Richtungen. Jahrelanges Entgegenkommen. [...] Gemeinsam abwesend." (NGA 8, 259–260) Grass attestiert Anna „einen verzweigten Blick" (NGA 8, 12), um anzudeuten, dass sich die Gefühle seiner Frau auf einen anderen Mann richten, er konzediert zugleich (ohne Details zu verraten): „Treu bin ich nicht – aber anhänglich." (NGA 8, 82)

3 Literarisches und politisches Bestiarium – das Prinzip der Schnecke

Mit dem Titel *Aus dem Tagebuch einer Schnecke* erweitert Grass das „weitverzweigte kulturökologische Bestiarium" (Füllmann 2019, 91) seiner Werktitel. Die „rasch trocknende Gleitspur" (NGA 8, 9) des Wappentiers durchzieht den Band dabei in vielfältiger Art: „in meinem Buch [kommen] Schnecken vor: beispielhafte, fabelhafte, prinzipielle und solche, die wirklich vorkommen" (NGA 8, 214).

Primär stehen die Gastropoden metaphorisch für den „Schneckenprozeß Fortschritt" (NGA 8, 297) und damit für die Idee einer evolutionären Veränderung der Gesellschaft. Wenn Grass daher bekennt: „Ich bin ein Revisionist" (NGA 8, 74), so positioniert er sich bewusst gegen den gewaltbereiten Revolutionsdiskurs, den die Außerparlamentarische Opposition vertritt. Gegen die idealistische, auf eine schnelle wie tiefgreifende Veränderung zielende Revolte der jungen Menschen stellt Grass die stille Beharrlichkeit der Schnecke: „Sie siegt nur knapp und selten." (NGA 8, 9) Mehr noch: „Die Schnecke, das ist der Fortschritt" (NGA 8, 9), erläutert er seinen Kindern, da er das

„Schneckenprinzip“ (NGA 8, 45) als einzig gangbaren Weg zur „unbeirrten, zur unaufhaltsamen Verbesserung der Welt“ (NGA 8, 20) betrachtet.

Als politischer Advokat eines langsam-beharrlichen Veränderungsprinzips bekennt Grass: „Ich bin Sozialdemokrat, weil mir Sozialismus ohne Demokratie nichts gilt und weil eine unsoziale Demokratie keine Demokratie ist. Ein so knochentrockener wie unbeugsamer Satz.“ (NGA 8, 77) Zudem warnt er im *Tagebuch* wiederholt seine Kinder, und damit seine Leser, vor ideologischen Extremen, indem er die „damals stark umstrittene These [vertritt], Nationalsozialismus und Stalinismus glichen sich im Zeichen des Totalitarismus.“ (Neuhaus 2012, 224)

Durch die Behauptung der zwitterartigen Verwandtschaft der mörderischen Totalitarismen zielt Grass neben der Langsamkeit auf eine andere Eigenschaft der (Land-) Schnecken ab: ihren Hermaphroditismus. Diesen erkennt Grass wieder im „Zwitterwesen der Melancholie und Utopie“ (NGA 8, 98). Erneut lehnt er beide Haltungen erbittert ab, um dialektisch für einen Mittelweg zu plädieren: „der Stillstand im Fortschritt [zeugt und gebiert] Fortschritt aus Stillstand“ (NGA 8, 305). *Aus dem Tagebuch einer Schnecke* ist in diesem Sinne eine Streitschrift für einen solchen Kompromiss. Im Gegensatz zu den ideologischen Heils- und Erlösungsversprechen der APO glaubt der politische Denker Grass an die „endlose Suche nach dem lebenswerten Kompromiß, der vernünftigen Mitte“ (Stolz 2005, 139) und befindet: „Zwitterglück ist immerhin denkbar.“ (NGA 8, 245)

Sowohl für Schnecken als auch für Grass als Anhänger einer evolutionären Gesellschaftsveränderung gilt: „Unser Reichtum heißt: Beharrungsvermögen. Wir beeilen uns nicht.“ (NGA 8, 44) In seinem politischen Bestiarium repräsentieren die Gastropoden dergestalt das affirmativ bewertete Gegenteil der für politische Luftschlösser stehenden Vögel („Kein Schwalbenflug: Schneckenspur.“ (NGA 8, 276)) und dem idealistischen Denken, für welches bei Grass das Pferd steht, auf dem Hegel in Jena den „Weltgeist“ in Form von Napoleon reiten sah (vgl. NGA 8, 46). Folgerichtig wird Grass zum Unterstützer der „Sozialdemokratischen Partei Deutschlands, [die ich], gemessen an ihrer hundertjährigen Mühsal, eine Schneckenpartei nannte.“ (NGA 8, 45) Diese politische Übereinstimmung wiederum mündet in sein Engagement für die Partei, damit die „Schneckenkarriere“ (NGA 8, 44) von Willy Brandt diesen bis ins Kanzleramt führt.

4 Identifikations- und Wunschfigur – Ott alias Zweifel

Mit der Geschichte des Studienrats Hermann Ott – welcher „mit dem Wort Zweifel so gebräuchlich umgeht, als hantiere er mit Messer und Gabel“ (NGA 8, 23), weshalb man ihm den Spitznamen Zweifel gibt – führt Grass den zweiten wichtigen Erzählstrang ein. Zwar handelt es sich bei Ott um eine fiktive Figur, in die aber eine „Geschichte, die mir [Marcel Reich-]Ranicki als seine Geschichte vor Jahren erzählt hat“ (NGA 8, 22), eingegangen ist; Grass lieh sich diese Geschichte gleichsam ohne Zustimmung des Kritikers aus, wie Reich-Ranicki später monierte (vgl. Weidermann 2019, 211–219).

Der Danziger Lehrer „ist die erste ohne Einschränkung positive – im pädagogischen Kontext ‚vorbildliche' – Gestalt, die Grass für die Epoche des ‚Dritten Reiches' erfunden hat." (Neuhaus 2010, 139) Otts konstitutive Zweifel bewahren ihn davor, den Versprechungen des Nationalsozialismus aufzusitzen. Als die Verfolgung der jüdischen Gemeinde einsetzt, leistet er seinen Mitbürgern wiederholt Hilfe. Dieses moralisch richtige Handeln macht aus Zweifel eine „Grasssche Identifikationsfigur" (Brode 1978, 83); zugleich darf man ihn angesichts des realen Verhaltens der allermeisten Deutschen in Nationalsozialismus auch als „retrospektive Wunschfigur des Autors" betrachten, in der Grass zu suggerieren scheint, „daß es den besseren Deutschen tatsächlich gegeben hat" (Sebald 2003, 113–114).

Als Zweifel eine polizeiliche Vorladung erhält, versteckt er sich – hier verarbeitet Grass ein biographisches Detail seines „Zwillingsfeind[es]" (Weidermann 2019, 260) Reich-Ranicki – vor den faschistischen Schergen in einem Keller. Dieser gehört dem kaschubischen Fahrradhändler Anton Stomma, der allerdings nicht rein altruistisch agiert, sondern ihm Gegenleistungen abverlangt, etwa die Hilfe bei Behördenangelegenheiten zu Stommas beabsichtigter Eindeutschung in Erwartung eines deutschen Siegs. Zudem betrachtet Stomma ihn vorausschauend als Rückversicherung, denn im Fall einer Niederlage der Nationalsozialisten „wollte [er] einen Juden im Keller haben" (NGA 8, 160).

Der Schneckensammler und -liebhaber Zweifel nutzt die Zwangsklausur, um an einer Schrift mit dem Titel „Vom Glück der Zwitter" zu arbeiten, „seiner (leider) unvollendet gebliebenen Schrift über das Verhältnis der Schnecken zur Melancholie und Utopie." (NGA 8, 240) Ebenso heilt er Stommas Tochter Lisbeth von der Schwermut, in die sie durch den Unfalltod ihres Kindes geriet, indem er – hier befestigt Grass seinen Ruf als Erfinder anstößiger erotischer Szenen – Nacktschnecken über ihre Vagina und Klitoris kriechen lässt, um auf diesem Weg ihre Libido zu erwecken. Der melancholische Utopist Ott alias Zweifel steht paradigmatisch für das Prinzip des Kompromisses und teilt daher den „heitere[n] Pessimismus" (NGA 8, 120) seines Erfinders.

5 Alltag der Verfolgung – das Schicksal der Danziger Juden

Realhistorischer Hintergrund der Ott/Zweifel-Handlungsebene ist die vom Juristen Erwin Lichtenstein nicht nur dokumentierte, sondern am eigenen Leib erlebte Verfolgung des Danziger Judentums. Das Ergebnis seiner Forschungen hat der in Israel lebende Lichtenstein in seiner historiografischen Studie *Die Juden der Freien Stadt Danzig unter der Herrschaft des Nationalsozialismus* (Tübingen 1973) vorgelegt. Der ehemalige Syndikus der Synagogengemeinde, der die Flucht der Danziger Juden nach Palästina organisierte, stellte Grass in Tel Aviv das Material seiner Studie für dessen Arbeit am *Tagebuch einer Schnecke* zur Verfügung: „trockne Erlasse und Senatsprotokolle, die gestelzten Verharmlosungen eines Verbrechens, das von Beginn an Wachstum versprach und die Zukunft für sich hatte." (NGA 8, 38)

Insofern ist Grass zwar „zu dieser Geschichte [...] gratis gekommen“ (Sebald 2003, 111). Allerdings war die Inklusion eines authentischen Berichts über den Holocaust, der an einem konkreten Beispiel detaillierte Fakten der rassistischen Verfolgung referiert, um so zu demonstrieren, dass ‚die Juden‘ kein nebulöses Kollektiv waren, sondern benennbare Mitbürger, eine veritable Ausnahme im Kontext der damaligen Literatur. Mit dieser Einbettung „gelang [es Grass], in seinem Tagebuch etwas von einem Defizit wettzumachen“ (Sebald 2003, 112).

Als dokumentarische Erdung und realitätsverpflichtete Fundierung erfüllt die Darstellung der Verfolgung und Auslöschung des Danziger Judentums daher zwei zentrale Funktionen: Sie repräsentiert, nach den erzählerischen Thematisierungen in *Die Blechtrommel* und *Hundejahre*, die erste konkret-historische Auseinandersetzung mit dem Holocaust im Werk von Grass, wobei das überschaubare Beispiel der Danziger Juden als *pars pro toto* dient, anhand dessen Grass seinen Kindern die Ungeheuerlichkeit des Holocaust zu erklären versucht.

6 Enthäutungen einer Zwiebel – die Spiegelfigur Augst

Authentisch ist ebenso die tragische Nebenfigur, die sich hinter dem Pseudonym Manfred Augst verbirgt und im Kontext des Wahlkampfs eine markante Rolle spielt. Grass wird Augenzeuge, als Augst am 19. Juli 1969 auf dem Evangelischen Kirchentag in Stuttgart öffentlich Selbstmord begeht, indem er Zyankali nimmt. Zuvor hatte er „vom Mikrofon Nummer 2 im Mittelgang“, teils von Zetteln abgelesen, eine chaotische Ansprache gehalten. Augst „sprach von verlorengegangener Kriegskameradschaft“, klagte die Kirche an, sprach von fehlenden Werten, „von unbedingte[r] Treue“ und einem „selbstlose[n] Opfer [...] damit ich gehört werde.“ (NGA 8, 166)

Sein „gestammelter Ausverkauf“ kulminiert im Satz: „Ich werde jetzt provokativ und grüße meine Kameraden von der SS!“ (NGA 8, 167) Deutlich spürbar im *Tagebuch einer Schnecke* ist, wie stark Grass verstört ist von diesem Protestsuizid. „Augst ein Denkmal schreiben“ (NGA 8, 244), notiert Grass; er erreicht dies, indem er wiederholt auf den wirren Charakter Augst rekurriert und die Hintergründe seines fürchterlichen Endes durch Nachforschungen bei dessen Hinterbliebenen zu klären versucht.

Augst wird erkennbar als tragisch Gescheiterter, als „der zeitlose, für die Kontinuität des Irrationalismus im privaten wie im gesellschaftlichen Bereich stehenden Typus, dem es immer an etwas mangelt: ein unverbesserlicher Idealist auf der Suche nach Ersatz für verlorengegangene Träume, nach höheren Werten und Sinn.“ (Stolz 1994, 296) Man muss ihn daher als diametrales Gegenteil zum selbstkritischen, reflektierten, zögerlichen Ott alias Zweifel auffassen. So lautet zumindest der Konsensus der Forschung bis zur erst 2006 von Grass selbst öffentlich gemachten Kenntnis von der Rekrutierung des Siebzehnjährigen in eine Einheit der Waffen-SS.

Danach galt es, einschlägige Stellen neu zu lesen: Grass schien Augsts Gruß an seine SS-Kameraden, zumindest unterschwellig, durchaus persönlich aufgefasst zu haben.

Die geradezu obsessive Beschäftigung mit dessen Biographie repräsentiert insofern eine Auseinandersetzung mit einer Spiegelfigur, die an ihrer jugendlichen Verführbarkeit zerbrochen ist. In der BRD suchten Grass wie Augst daher jeweils in kompensatorischer Absicht die Öffentlichkeit und das gesellschaftliche Engagement.

Betrachtet man *Aus dem Tagebuch einer Schnecke* aus der (Doppel-)Perspektive einer solchen Lesart, so erscheinen eine Vielzahl von autobiographischen Aussagen, politischen Urteilen und sonstigen Kommentaren plötzlich in einem überaus ambivalenten Licht. Besonders auffällig ist jene Selbstfrage, die bereits die Titelmetapher von *Beim Häuten der Zwiebel* vorwegnimmt: „Wo beginnt die Enthäutung einer Person? Wo sitzt der Zapfen, der die Bekenntnisse unter Verschluß hält?" (NGA 8, 75) Obgleich die Ankündigung „Manches möchte ich umständlich verschweigen" (NGA 8, 12) kaum primär auf die Waffen-SS-Episode gemünzt ist, macht Grass diese durchaus verdeckt und apologetisch zum Thema: „Als ich siebzehn Jahre alt war, lernte ich unter meinem Stahlhelm – und nur noch vom Koppel zusammengehalten – die Angst kennen." (NGA 8, 78)

Grass inszeniert sich 1972 zwar als moralisch überlegener Kritiker einer ausgebliebenen Aufarbeitung der Vergangenheit, indem er der Nachkriegsgesellschaft attestiert, dass es „überall riecht, weil hier, dort und nebenan Leichen im Keller liegen" (NGA 8, 227), versagt aber zugleich darin, seine selbstgestellte Aufgabe zu erfüllen: „Die Leiche im eigenen Keller suchen, benennen." (NGA 8, 229) Dementsprechend unternimmt er erst mehr als 30 Jahre später explizit das, was seine Kunstfigur Ott alias Zweifel für sich im Kellerasyl bereits versucht: eine „Enthäutung der Zwiebel" (NGA 8, 159).

7 Vom Stillstand im Fortschritt

Die am Ende des Textes platzierte Dürer-Rede *Vom Stillstand im Fortschritt* fungiert als Abrundung wie Anhang von *Tagebuch einer Schnecke*. Bereits eingangs vermerkt Grass: „am 27. März [1969] traf ein Brief der Stadt Nürnberg ein, der von einem Stadtrat im Kulturdezernat, Dr. Hermann Glaser, unterschrieben war", in dem er gebeten wird, „für das Dürerjahr 1971 [...] in einer Reihe von Vorträgen einen Vortrag zu halten" (NGA 8, 10), woraufhin Grass am 28. September „als Willy schon dran war [...] an Dr. Glaser [schrieb]: ‚In meinem Vortrag werde ich mich mit Dürers Kupferstich Melencolia I beschäftigen.'" (NGA 8, 11)

Der Auftrag wird gar zum Entstehungsanlass des gesamten Textes stilisiert: „Es wächst sich die Niederschrift eines Vortrages, den ich [...] erst in zwei Jahren halten muß, zum Tagebuch einer Schnecke aus." (NGA 8, 12) Solche Überlegungen zum Vortrag durchziehen demgemäß den Text und bereiten den Leser auf die fertige Rede vor; das *Tagebuch* ist insofern nicht nur ‚Roman eines Romans', sondern ebenso Dokument der allmählichen Verfertigung einer Rede aus Gedanken und Notizen, denn: „ich [war] unterwegs auf Wahlreise und gleichwohl auf der Suche nach Stoff für meinen Dürervortrag." (NGA 8, 292)

Mit seiner durch kunsthistorische Recherchen unterfütterten Ekphrase des berühmten Kupferstichs führt Grass eine bildkünstlerische Dimension in seinen Text ein. Zu dieser gehören die Schneckenzeichnungen, die er selber von 1970 bis 1972 parallel zur Arbeit am Text in Filzstift, Bleistift und Kohle anfertigt, so etwa „Schnecke am Kreuz, Schnecke auf Telefon, Schnecke am Bunker, Schnecke am Wasserturm" etc., die als „geschriebene Bilder" (Krason 2019, 61) verdeckt und verbalisiert ins Tagebuch eingehen. Exemplarisch lässt sich das Verfahren an der zuletzt aufgezählten Zeichnung veranschaulichen, zu der es heißt: „Den Wasserturm von Plurien, wie er bleich gegen den Himmel steht, seitlich (der Anschauung wegen) von meiner Schnecke besteigen lassen." (NGA 8, 173)

Kernpunkt der Ansprache ist ein Plädoyer für jene dialektisch vermittelte Haltung, die sich in der Formel des Stillstands im Fortschritt ausdrückt, will sagen: die Vorstellung einer „Verschmelzung von Utopie und Melancholie, die sich, so die Rede, zwar ausschließen, aber einander auch befruchten" (Holzendorf 2021, 413). Bei der Synthese der entgegengesetzten Extreme Utopie und Melancholie spielt der Zweifel eine zentrale, unverzichtbare Rolle, denn dieser bildet „das zentrale Denkprinzip für den Erzähler Grass" (Holzendorf 2021, 396). Erst durch die Strategie, die diametralen Gegensatzpaare „vom Rand her an[zu]knabbern" (NGA 8, 82), da der „Skeptiker einen dritten Weg [sucht]" (Stolz 2005, 139), lässt sich jene dialektische Position finden, deren Einnahme sich Grass verschrieben hat: „Nur wer den Stillstand im Fortschritt kennt und achtet, wer schon einmal, wer mehrmals aufgegeben hat, wer auf dem leeren Schneckenhaus gesessen und die Schattenseite der Utopie bewohnt hat, kann Fortschritt ermessen." (NGA 8, 316)

Literatur

Brode, Hanspeter. „Von Danzig zur Bundesrepublik. Grass' Bücher ‚örtlich betäubt' und ‚Aus dem Tagebuch einer Schnecke'". *Text + Kritik* 1 (1978): 74–87.

Brode, Hanspeter. „Kommunikationsstruktur und Erzählerposition in den Romanen von Günter Grass ‚Die Blechtrommel' – ‚Aus dem Tagebuch einer Schnecke' – ‚Der Butt'". *Germanisch-Romanische Monatsschrift* 4 (1980): 438–450.

Füllmann, Rolf. „Demokratie-Didaktik deutscher Nobelpreisträger. Thomas Manns ‚Von deutscher Republik' (1922) und das ‚Tagebuch einer Schnecke' von Günter Grass". *Aus dem Tagebuch einer Schnecke. Interdisziplinäre Aspekte zu einem Schlüsselwerk von Günter Grass*. Hrsg. von Jörg-Philipp Thomsa und Adeline Henzschel. Lübeck 2019: 87–99.

Holzendorf, Jan. *Theologie bei Günter Grass. Eine Untersuchung auf der Grundlage der Lichterlehre Karl Barths und ihrer Rezeption durch Michael Trowitzsch*. Berlin und Boston 2021.

Krason, Viktoria. „Anschauliche Literatur und bildende Kunst in Günter Grass' ‚Aus dem Tagebuch einer Schnecke'". *Aus dem Tagebuch einer Schnecke. Interdisziplinäre Aspekte zu einem Schlüsselwerk von Günter Grass*. Hrsg. von Jörg-Philipp Thomsa und Adeline Henzschel. Lübeck 2019: 55–68.

Moser, Sabine. *Günter Grass. Romane und Erzählungen*. Berlin 2000.

Neuhaus, Volker. *Günter Grass. Schriftsteller – Künstler – Zeitgenosse. Eine Biographie*. Göttingen 2012.

Neuhaus, Volker. *Günter Grass*. 3. Auflage. Stuttgart und Weimar 2010.

Øhrgaard, Per. *Günter Grass. Ein deutscher Schriftsteller wird besichtigt*. München 2007.
Schütte, Uwe. „„Die Leiche im eigenen Keller‘. ‚Aus dem Tagebuch einer Schnecke‘ revisited“. *Freipass. Forum für Literatur, Bildende Kunst und Politik*. Bd. 6: *Günter Grass – Schriftsteller, Künstler und engagierter Zeitgenosse*. Hrsg. von Volker Neuhaus, Per Øhrgaard und Jörg-Philipp Thomsa. Berlin 2022: 126–139.
Stolz, Dieter. *Günter Grass, der Schriftsteller*. Göttingen 2005.
Stolz, Dieter. *Vom privaten Motivkomplex zum poetischen Weltentwurf. Konstanten und Entwicklungen im literarischen Werk von Günter Grass (1956–1986)*. Würzburg 1994.
Sebald, W. G. „Konstruktionen der Trauer. Zu Günter Grass ‚Tagebuch einer Schnecke‘ und Wolfgang Hildesheimer ‚Tynset'“. *Campo Santo*. München 2003: 101–127.
Weidermann, Volker. *Das Duell. Die Geschichte von Günter Grass und Marcel Reich-Ranicki*. Köln 2019.

II.1.6 *Der Butt* (1977)

Torsten Hoffmann

1 Entstehung

Als der Roman *Der Butt* 1977 erschien, lag Grass' erste Beschäftigung mit dem Butt-Motiv schon über zwanzig Jahre zurück: Als Kunststudent widmete er sich 1955 dem Plattfisch in einer Kreidezeichnung und einer Bronzeplastik. Im *Tagebuch einer Schnecke* (1972) findet sich unabhängig davon die Idee, „ein erzählendes Kochbuch [zu] schreiben: über 99 Gerichte, über Gäste und Menschen als Tiere, die kochen können, über den Vorgang Essen, über Abfälle ..." (NGA 8, 182); ab 1972 wurden dazu Einfälle notiert und erste Recherchen begonnen. Im Werkstattbericht erklärt Grass die Schwangerschaft seiner damaligen Partnerin Veronika Schröter ab Sommer 1973 zur Initialzündung des eigentlichen Arbeitsprozesses (die Partnerin des zunächst stark autobiographisch angelegten Ich-Erzählers trägt in den ersten Manuskripten den Namen Veronika). Zeichnungen und Gedichte begleiteten von nun an die Entstehung des Romans, für den Grass zunächst zahlreiche Prosaminiaturen verfasste. Spätestens Anfang 1974 integrierte er das Märchen *Vom Fischer und seiner Frau* und damit den Butt in sein Romanprojekt, in einem auf den 13. März 1974 datierten Schema erscheint zum ersten Mal die an die neun Schwangerschaftsmonate angelehnte Kapitelstruktur (ausführlich zur Entstehungsgeschichte, mit Abbildungen von Arbeitsplänen, Frizen 2018). In Interviews berichtet der Autor von einem durchweg eher unstrukturierten Arbeitsprozess, da er an allen neun Kapiteln gleichzeitig geschrieben habe (vgl. Arnold 1978, 31). Der 1976 veröffentlichte Lithografien- und Gedichtband *Mit Sophie in die Pilze gegangen* umspielt bereits alle zentralen Motive des Romans (im Titel klingt die Pilze sammelnde Romanfigur Sophie Rotzoll an).

Der Entstehungsprozess ist in verstreuten Reflexionen in den Roman integriert, etwa wenn der Erzähler berichtet, er habe anfangs „nur über neun oder elf Köchinnen eine Art Ernährungsgeschichte schreiben wollen: vom Schwadengras über die Hirse bis zur Kartoffel." (NGA 9, 181) Dass sich der Erzähler als „[g]egenwartsmüde" (NGA 9, 117) beschreibt, ist in der Forschung auf Grass' politisches Engagement der frühen 1970er Jahre bezogen und als ein psychologisches Motiv für die ausführlichen historischen Exkurse im *Butt* gedeutet worden.

Da die Veröffentlichung des Vorgängerromans bereits fünf Jahre zurücklag, stießen Entstehung und Erscheinen von *Der Butt* auf besonderes mediales Interesse. Der Roman stand 29 Wochen auf Platz 1 der *Spiegel*-Bestsellerliste, wurde von der Literaturkritik fast durchweg positiv bis enthusiastisch aufgenommen (vgl. Dünow und Emmelius 1997, 135), insbesondere im Blick auf seine Geschlechterdarstellung aber auch heftig kritisiert. Der rasch in zahlreiche Sprachen übersetzte Roman gilt auch international als einer der größten Verkaufserfolge der 1970er Jahre.

https://doi.org/10.1515/9783110755435-007

2 Struktur und Inhalt

Der Butt ist der ambitionierteste Roman von Grass. Kein anderer ist erzähltechnisch so komplex gestaltet, holt historisch so weit aus, ist stilistisch so variabel und nimmt Anleihen bei so vielen Genres, darunter Märchen, mythische Legende, historischer Roman, Autobiographie, Briefroman, Gedichtband, Kochbuch und poetologischer Essay. Gegliedert ist der Text in neun Kapitel, die neun Schwangerschaftsmonaten entsprechen: Ilsebill, die Partnerin des Ich-Erzählers, bringt am Ende des Romans, dessen Gegenwartshandlung die Zeit von Sommer 1973 bis Frühjahr 1975 umfasst, ein Mädchen zur Welt. Der Erzähler begleitet die Schwangerschaft mit einer „ätherische[n] Nebenzeugung" (NGA 9, 10), einem Romanprojekt, in dem die Entstehung des Fötus überblendet wird mit der Menschheitsentwicklung, die von der Jungsteinzeit bis in die Gegenwart reicht. Exemplarischer Handlungsort ist – wie schon in Grass' *Danziger Trilogie* – die Gegend um die heutige Stadt Gdańsk/Danzig (dazu Reiff 2011). An die frühen Prosatexte schließt der Text auch mit seinen phantastischen Elementen an: Der seine schwangere Partnerin bekochende Ich-Erzähler hat in wechselnden Gestalten seit der Steinzeit als Künstler gelebt („Ich, das bin ich jederzeit" [NGA 9, 9]) und ist in jeder Epoche mit einer Köchin liiert gewesen. Sein vier Jahrtausende umfassendes Gedächtnis ermöglicht es ihm, die Gegenwartsebene des Romans mit selbst erinnerten historischen Exkursen zu verknüpfen, sodass Phylogenese (der Menschheit) und Ontogenese (des Kindes) aufs Engste miteinander verbunden sind.

Ein weiteres transhistorisches Bindeglied stellt der titelgebende Butt dar. Genau datiert auf den „3. Mai 2211 vor unserer Zeitrechnung" (NGA 9, 31), fängt der Erzähler, der zu dieser Zeit den männlichen Kollektivnamen Edek trägt, den Butt in einer Aalreuse. Der Butt, der sprechen kann und über gottähnliche Fähigkeiten verfügt, bietet ihm an, „der Männersache für alle Zeit als Berater verpflichtet zu bleiben" (NGA 9, 33), und spricht in dieser Funktion bis ins 20. Jahrhundert hinein „belehrend, mit allwissender Überlegenheit und [...] geschwätzig, näselnd, professoral" (NGA 9, 32) mit dem Erzähler (und gibt an, auch darüber hinaus das Weltgeschehen gelenkt zu haben).

Auf der Gegenwartsebene lässt sich der Butt von Feministinnen fangen und wird von einem feministischen Tribunal (dem sogenannten ‚Feminal') ab 1973 dafür angeklagt, das Patriarchat erfunden und vorangetrieben zu haben. Der Prozessverlauf stellt neben Schwangerschaft und Menschheitsgeschichte den dritten linearen Erzählstrang des Romans dar. Jedem Schwangerschaftsmonat sind somit eine Epoche, (mindestens) eine Inkarnation des Erzählers, eine Köchin, ein Freund sowie eine am Tribunal beteiligte Frau zugeordnet (vgl. dazu die tabellarischen Übersichten u. a. in Mayer 1987, 712–713; Neuhaus 1993, 146; Zimmermann 2016, 89). Verortet ist der Butt-Prozess in einem zum Gerichtssaal umfunktionierten Berliner Kino, sodass neben der Danziger Gegend auch Berlin und eine an Grass' damaligen Wohnort Wewelsfleth angelehnte Kleinstadt in der Nähe von Hamburg, in welcher der Erzähler mit Ilsebill lebt, die Topografie des Romans bilden.

Grass übernimmt den Butt aus dem von Philipp Otto Runge aufgezeichneten und 1812 in die *Kinder- und Hausmärchen* der Brüder Grimm aufgenommenen Dialektmärchen *Von dem Fischer un syner Fru*, das als „Integrationszentrum" (Neuhaus 1997, 170) des Romans fungiert. Im *Butt* wird erzählt, dass Runge das Märchen 1806 zunächst in zwei unterschiedlichen Fassungen festgehalten, dann aber – gegen den Widerstand von Bettina Brentano – die Zweitfassung verbrannt habe. Den Fassungen wird eine Komplementärfunktion zugeschrieben: Während im überlieferten Märchen die Frau ihren Mann mit immer neuen Wünschen drangsaliert, habe die alternative Version eine dystopische Männerherrschaft entworfen, die letztlich zum Untergang der Menschheit in einer neuen Eiszeit geführt habe (ausführlich dazu Rölleke 1978, Filz 1988). Die vernichtete Zweitfassung des Märchens wird im *Butt* in einen Roman transformiert, der die ökonomisch-kriegerische Unersättlichkeit des Mannes zur Ursache der Katastrophengeschichte des 20. Jahrhunderts erklärt.

Während der Butt über die Jahrtausende ein mit dem hegelschen Weltgeist assoziierter Lenker des männlich dominierten Fortschritts gewesen ist (und sich ab dem 19. Jahrhundert zunehmend als weltpolitischer Akteur begreift), wechselt er in der Erzählgegenwart die Seiten und wirft den Männern in Gestalt des Erzählers vor, ihre historische Chance vergeben zu haben: „Anstatt dein dir gegebenes Recht fürsorglich geltend zu machen, ist dir Herrschaft zur Unterdrückung, ist dir Macht zum Selbstzweck mißraten." (NGA 9, 184) Der Roman zielt, so führt Grass 1990 in seiner Frankfurter Poetikvorlesung aus, auf „die andere Wahrheit des Märchens ‚Von dem Fischer un syner Frau': wie des Mannes Herrschaft immer mehr haben, immer schneller sein, immer höher hinaus will, wie der Mann sich Endziele setzt, die Endlösung beschließt, ‚Am Ende' ist" (NGA 9, 22, 438).

Gleichwohl teilt die schwangere Partnerin des Erzählers mit der Frau aus dem überlieferten Märchen nicht nur den Namen Ilsebill, sondern auch ein Anspruchsdenken, von dem das Ich immer wieder zur Verzweiflung getrieben wird – diese Beziehungsstreitigkeiten stellen eines der vielen Leitmotive des Romans dar. Danach gefragt, welche Märchenfassung denn nun gelte, antwortet die alte Frau, die Runge beide Versionen erzählt hat: „Dat een un dat anner tosamen" (NGA 9, 433). Im Ganzen handelt es sich bei Grass' Roman, dem der Autor gerne den Untertitel ‚Ein Märchen' gegeben hätte (was am Widerspruch des Verlags scheiterte), zugleich um eine modernisierende Adaption und um eine Gegenversion zum Märchen *Vom Fischer und seiner Frau* – aufgrund dieser Affinität zum Märchen, aber auch im Blick auf die Gattungsvielfalt und die poetologischen Reflexionen spricht die Forschung vom *Butt* als einem „romantischen Buch" (Neuhaus 1993, 136).

Die Beschäftigung mit den Brüdern Grimm und deren *Kinder- und Hausmärchen* wird von Grass in mehreren Folgeprojekten (u. a. in *Die Rättin* und *Grimms Wörter*) fortgesetzt. *Der Butt* markiert eine Drehscheibe zwischen dem Früh- und dem Spätwerk von Grass, zumal die unmittelbaren Folgetexte *Das Treffen in Telgte* und *Kopfgeburten oder Die Deutschen sterben aus* noch aus dem Ideen- und Themenreservoir des *Butt* schöpfen.

Wie schon die dem Roman vorangestellte Widmung „Für Helene Grass" nahelegt, die – passend zum Handlungsverlauf – im Juni 1974 geborene Tochter des Autors, enthält der Text zahlreiche autobiographische Passagen und tendiert streckenweise zur Autofiktion. Der Ich-Erzähler ist wie Grass Schriftsteller und bildender Künstler, dem in Anspielung auf Grass' *Tagebuch einer Schnecke* eine „Schneckenphilosophie" (NGA 9, 408) attestiert wird. Darüber hinaus sind zahlreiche Passagen insbesondere der Gegenwartsebene an gut dokumentierte Erlebnisse des Autors während der Entstehungszeit des Romans angelehnt, darunter Grass' Teilnahme an einem Kongress zum demokratischen Sozialismus in Frankreich 1974, die Beteiligung an einem NDR-Dokumentarfilm über Danzig sowie eine Indienreise (beides 1975). Die alle Zeitebenen durchziehende Figur des Freundes Lud stellt eine Hommage an den mit Grass befreundeten Bildhauer Ludwig Gabriel Schrieber (1907–1975) dar, der während der Arbeit am Roman starb. Zudem stößt man im *Butt* bisweilen auf das Personal früherer Grass-Texte, wenn etwa Oskar Matzerath aus der *Blechtrommel* als Nebenfigur auftritt.

3 Erzählverfahren und Stil

Der linearen Handlungsstruktur von Schwangerschaft, Prozessverlauf, Weltgeschichte und Romanentstehung entgegengesetzt ist ein mäanderndes, anachronisches Erzählverfahren, das von ständigen Abschweifungen und Zeitsprüngen geprägt ist (vgl. Koopman 1983). So integriert der Erzähler ins zweite Kapitel, das primär dem 14. Jahrhundert gewidmet ist, die Entstehung eines Fernsehbeitrags aus dem Jahr 1975, in die wiederum eine Szene aus dem 17. Jahrhundert eingeflochten wird (von der im Präsens erzählt wird, während die Passagen zu den Dreharbeiten im Präteritum gehalten sind). Auch die den neun Kapiteln zugeordneten Köchinnen treten regelmäßig in Pro- und Analepsen anderer Kapitel in Erscheinung. Dem Erzählverfahren zugrunde liegt eine Anthropologie, die das menschliche Leben als Akkumulationsform verschiedener Zeiten begreift: „Wir sind immer nur zeitweilig gegenwärtig. Uns nagelt kein Datum. Wir sind nicht von heute." (NGA 9, 153) Zudem wird Geschichte als Variation begrenzter Grundmuster präsentiert, die sich in unterschiedlichen historischen Gewändern wiederholen – auch das motiviert zahlreiche analogisierende Zeitsprünge im Erzählverlauf.

Charakteristisch für den Tonfall des Romans ist eine weitgehende Anlehnung an die Mündlichkeit, die vom Erzähler auf programmatische Weise als beweglichere und uneindeutigere Erzählform der ‚gedruckten' Sprache vorgezogen wird. Plausibilisiert ist sie durch eine mehrfach begründete Dialogstruktur. Auf der Gegenwartsebene befinden sich der Erzähler im Gespräch mit seiner Frau Ilsebill sowie der Butt im Austausch mit dem Tribunal (und bisweilen auch mit dem Erzähler, der ihn nachts im Kinosaal besucht); in den historischen Passagen ist der Butt im beständigen Dialog mit den verschiedenen Erzählerfiguren; zudem dominieren – bisweilen dialektale, gelegentlich auch in indirekter Rede berichtete – Dialoge in den umfangreichen Rückblenden. Der ausführlich zitierte Butt tendiert einerseits zur Geschwätzigkeit und bedient sich andererseits parataktischer Sentenzen, die dem Text streckenweise eine eingängige Rhythmik verleihen (und insbesondere in Lesungen sowie in der von Grass mit dem Schlagzeuger Günter ‚Baby' Sommer erstellten Performance zur Geltung kommen, vgl. Grass und Sommer 1993). Zudem verfügt jedes Kapitel über einen eigenen Stil, der an die (vermuteten) Sprech- und Schreibgewohnheiten der jeweiligen Epoche angepasst ist, besonders auffällig z. B. in den umständlichen Schachtelsätzen und dem „jammertalig[en]" (Arnold 1978, 29) Tonfall des vierten Kapitels zum 17. Jahrhundert.

Eine Tendenz der früheren Grass-Texte noch verstärkend, handelt es sich beim *Butt* um einen eminent sinnlichen Roman, der sich in stilistischer wie thematischer Hinsicht ausgiebig der Drastik bedient und zahlreiche Tabubrüche in Szene setzt (vgl. Dziuba 2002). Besondere Aufmerksamkeit widmet der Erzähler den (oft fülligen) Körpern seiner ProtagonistInnen – in der Forschung ist vom „Body as Battleground" (White 1990) die Rede. Die menschliche Entdeckung des Feuers wird mythologisch mit der Entstehung der Klitoris assoziiert: Die Urmutter Aua habe das himmlische „Urfeuer" (NGA 9, 66) in ihrer Vagina auf die Erde geholt, nachdem sie sich gegenüber dem Himmelswolf prostituiert hatte. Das steinzeitliche Matriarchat erklärt der Erzähler damit, dass die Frauen bis zur Eisenzeit über eine dritte Brust verfügt und damit auch die erwachsenen Männer lebenslang täglich dreimal gestillt hätten. Insbesondere in den ersten Kapiteln finden sich zudem – bisweilen an Rabelais erinnernde – lustvolle Beschreibungen von Blähungen, Durchfall (dem auch ein Gedicht gewidmet ist) und Kotbeschau; der „Hordenschiß", also der gemeinschaftliche Besuch des Aborts, wird affirmativ als „das Urdemokratische" (NGA 9, 295–296) schlechthin präsentiert. Der Erzähler weist auf die Praxis des Kotessens und des Kannibalismus in Hungerzeiten hin, echauffiert sich über den schlechten Ruf des Analsexes und preist die Erotik des Anilingus. Die Darstellung diverser sexueller Praktiken durchzieht fast alle Kapitel, innerhalb weniger Seiten berichtet der Erzähler vom Beischlaf Auas mit einem Elchbullen und davon, wie er in der Eisenzeit von einem „Gotenkerl [...] in den Arsch gefickt" (NGA 9, 125) worden sei.

In den folgenden Kapiteln wird die Sexualität immer wieder mit religiösen Motiven kombiniert, insbesondere im dritten Kapitel, das im 16. Jahrhundert verortet ist. Die Äbtissin Margaret Rusch zelebriert dort ein sinnenfrohes Abendmahl, „indem sie ihr Fötzchen turnerisch senkrecht stellte und als Kelch bot, dem eingeschenkt wurde. Roter Wein schwappte darin. Brot wollte getunkt werden. Oder geweihte Oblaten." (NGA 9, 259) In verschiedenen Varianten wird zudem davon erzählt, wie Rusch, die „an die befreiende Kraft des Furzes" (NGA 9, 260) glaubt, dem Prediger Jakob Hegge den halben Hoden abgebissen und verschluckt habe und davon – so die Legende – schwanger geworden sei. Solche Passagen kommen zum einen der Grass'schen Lust am blasphemisch-tabubrechenden Fabulieren entgegen, wollen zum anderen aber auch poetologische, kulturgeschichtliche und emanzipatorische Funktionen übernehmen. So konstatiert der Erzähler ein eklatantes Fehlen komischer Frauenfiguren in der Literatur- und Filmgeschichte („Durchweg humorlos sind sie dem Leid verpflichtet: Heilige, Hure, Hexe oder alles zugleich" [NGA 9, 270]), dem er die Äbtissin Rusch entgegensetzt: „Das komische Frauenzimmer muß triumphieren." (NGA 9, 271) Auf eine für den gesamten

Roman charakteristische Weise ist die Drastik zugleich an emanzipatorische Reflexionen und an sexistische Tendenzen des Erzählers gebunden.

4 Geschichtsdarstellung

Da sich der Erzähler und der Butt an fast die gesamte Menschheitsgeschichte erinnern, können sie aus allen Epochen als Zeitzeugen berichten. Deshalb wird Geschichte im *Butt* aus mindestens zwei Perspektiven und über weite Strecken mündlich erzählt – beides betont die Gemachtheit und die prinzipielle Unabgeschlossenheit historischer Überlieferung (zumal der Erzähler von einem Ereignis oft in mehreren Varianten berichtet). Im Ganzen setzt der Roman damit die „Überlagerung von einem kommunikativen und einem kulturellen Gedächtnis-Rahmen" (vgl. Paaß 2009, 305) in Szene.

Während sich die Alltagsgeschichte erst in den 1980er Jahren in der deutschsprachigen Geschichtswissenschaft etabliert, wird Geschichte im *Butt* schon vorher ausgiebig (wenn auch nicht ausschließlich) von unten erzählt. Das gilt in Bezug auf das oftmals den sozialen Unterschichten angehörende historische Personal sowie auf das Interesse am historischen Wandel des Alltäglichen. Der Roman verhandelt bevorzugt „das nicht in die offizielle Darstellung aufgenommene Anonyme" (Jurgensen 1980, 129) – und lässt seinen Erzähler darüber immer wieder auch explizit reflektieren. „Was ist das, Geschichte?" (NGA 9, 672), fragt er auf den letzten Seiten noch einmal ganz grundsätzlich, nachdem er zuvor „die Kluft zwischen dem Erleben und der [geschichtswissenschaftlichen] Überlieferung" (Gobyn 2019, 168) insbesondere durch seine regelmäßigen Ausführungen zur „Ernährungsgeschichte" (NGA 9, 181) zu überwinden versucht hat. Dass „die Einführung der Kartoffel in Preußen mehr verändert habe als die gloriose Schlachtenfolge des Siebenjährigen Krieges" (NGA 9, 540), lautet sein Credo – deshalb wird Geschichte im *Butt* vor allem als Geschichte sich verändernder Nahrungsmittel und Essgewohnheiten präsentiert. Umgesetzt wird dies in einer Kombination von fiktiven Elementen mit historischen Ereignissen und Personen – wie Grass im Interview ausgeführt hat, war es sein Ziel, „genauere Fakten zu erfinden als die, die uns als angeblich authentisch überliefert wurden." (Arnold 1978, 31)

Ein thematischer Schwerpunkt ist die in der Geschichtsschreibung übersehene oder marginalisierte historische Bedeutung von Frauen, insbesondere in ihrer existenziellen Funktion als Köchinnen. So wird der zunehmende Erfolg des Handelsstandorts Danzig – mit Folgen bis hin zur allmählichen Demokratisierung – auf die Pfefferbegeisterung der fiktiven kochenden Äbtissin Rusch zurückgeführt, die in der Romandiegese den Gewürzhandel mit Indien vorantreibt. Die Durchsetzung des Kartoffelanbaus im Preußen des 18. Jahrhunderts schreibt der Erzähler den Aktivitäten der Gesindeköchin Amanda Woyke zu (die zudem die Bratkartoffeln sowie den Kartoffelsalat erfunden habe). Indem Friedrich der Große nach einem Treffen mit Woyke im Jahr 1778 die Kartoffelsuppe zum königlichen Leibgericht erklärt, imaginiert der Roman eine unmittelbare Relevanz seines kochenden Personals bis in die Herrschaftselite hinein (das gilt auch für die fiktive Köchin Mestwina, die den historisch verbürgten und später heiliggesprochenen Bischof Adalbert von Prag 997 ermordet). Ausführlich wird dabei auf die Geschichte des Hungers Bezug genommen, und zwar im Blick sowohl auf europäische Hungerzeiten vergangener Jahrhunderte als auch auf Hungertote im Indien der 1970er Jahre. Anhand der Köchin Lena Pipka/Stobbe/Stubbe (1848–1942), Verfasserin eines ungedruckt bleibenden proletarischen Kochbuchs, wird zudem die Geschichte der Arbeiterbewegung nachgezeichnet, und zwar fern jeder Sozialromantik auch in Bezug auf häusliche männliche Gewalt.

Während die neun Kapitel den vom Butt vorangetriebenen Zivilisationsprozess von der Steinzeit bis in die Gegenwart nachzeichnen, finden sich komplementär dazu auch fortschrittsskeptische Reflexionen. So werden politisch motivierte Tötungen von namenlos gebliebenen Menschen miteinander überblendet, darunter kaschubische Hakelwerksbewohner (1308), Anführer eines Handwerkeraufstands von 1378 oder Arbeiter der Danziger Leninwerft (1970). Das lakonische Resümee des Erzählers lautet: „Seit 1378 hat sich in Danzig oder Gdańsk soviel verändert: Die Patrizier heißen jetzt anders.“ (NGA 9, 140) Obwohl der Roman zahlreiche optimistische Geschichtskonzepte u. a. von Hegel, Marx und Bloch zitiert, ist er im Ganzen von einem anthropologischen Skeptizismus geprägt, in dem die „Unvernunft des Menschen“ in der fehlenden Bereitschaft zum Ausdruck kommt, „aus der Geschichte zu lernen“ (Horvat 2004, 268).

5 Geschlechterkonflikt, Patriarchat, Feminismus

Alle Zeitebenen und Handlungsstränge des Romans sind von Geschlechterfragen und -konflikten durchzogen. Auf der individuellen Ebene stehen dafür Ilsebill und der Erzähler als ständig streitendes Paar, auf der kollektiven Ebene das feministische Tribunal, das den Butt als Repräsentanten der Geschichte des Patriarchats zur Anklage bringt. Während die Steinzeit als Matriarchat dargestellt und auf der Gegenwartsebene das Projekt männerdominierter Geschichte für gescheitert erklärt wird, legt der Butt im Prozess offen, mit welchen Strategien er in der mehrtausendjährigen Zwischenzeit die männliche Dominanz erzeugt und abgesichert habe. Der Roman ist dafür gewürdigt worden, „the first major novel in any language to deal with organized feminism in our time“ (Klüger 2021, 243–244) zu sein, und zugleich als ein von Chauvinismen geprägter Text zum Teil massiv kritisiert worden (vgl. dazu u. a. Garde 1988; Brady et al. 1990; Klüger 2021).

Aus einer gendertheoretischen Perspektive liest sich der Roman ambivalent. Einerseits lässt er keinen Zweifel daran, dass geschlechtstypisches Verhalten eine kulturelle Konstruktion darstellt und historisch variabel ist. Zudem wird die Geschichte des Patriarchats als die einer globalen Selbstzerstörung erzählt, die den Butt dazu bringt, eine „Zeitenwende“ auszurufen und seine Hoffnung von nun an auf einen „Machtwechsel der Geschlechter“ (NGA 9, 51) zu setzen. In seinen umfangreichen historischen Passagen wendet sich der Roman gegen eine Marginalisierung von Frauen und liefert eine vor allem Frauen fokussierende Gegengeschichte – damit weist er zahlreiche Schnittmengen mit der feministischen Bewegung seiner Entstehungszeit auf. Andererseits bleibt der Erzähler auch in seiner „gebrochene[n] Männlichkeit“ (NGA 9, 92) misogynen Klischees verhaftet, infantilisiert Feministinnen und spricht von (insbesondere weiblicher) Homosexualität mit kaum verhohlener Verachtung. Die historische Notwendigkeit einer Ablösung des Patriarchats gesteht er prinzipiell ein; fast alle konkreten Schritte, die Frauen in dieser Richtung unternehmen, lehnt er gleichwohl ab.

Da der Roman durchgängig auf die Perspektive des Erzählers beschränkt ist und keine interne Fokalisierung von Frauenfiguren enthält (kritisch dazu u. a. Saariluoma 1995, 82–85), entscheidet sich eine ideologiekritische Bewertung des Textes an der Frage, wie man die Rolle des Erzählers beurteilt. Alle historischen Inkarnationen des Erzählers, dem im Roman ein „Mutterkomplex“ (NGA 9, 480, zum Muttermotiv vgl. Hunt 1983) attestiert wird, werfen einen sexualisierten Blick auf Frauen (vgl. Prochnik 1990, 164–165). Auf der Gegenwartsebene unterhält der Erzähler Affären mit sämtlichen Frauen des Tribunals (oder behauptet das zumindest), nimmt auch andere Frauen primär als potenzielle Sexobjekte in den Blick und berichtet seitenlang über Aussehen und Kleidung der Frauen des Tribunals (freilich mit kulturgeschichtlich informiertem Bewusstsein über den historischen Wandel des Schönheitsideals). Dass der Butt im Tribunal „dreitausend Jahre Geschichte verurteilt“ (NGA 9, 642), will dem Erzähler nicht gefallen, der „die Männersache [...] immerhin in ihrer tragischen Größe bebildern, mit rhetorischen Figuren bevölkern, als kulturellen Fortschritt [...] steigern und mit einem [...] Chöre ersetzenden Abgesang feiern“ (NGA 9, 642) möchte. So offensichtlich es ist, dass der selbstmitleidige Chauvinismus des durchweg etwas tölpelhaften Erzählers satirisch überzeichnet ist und kein überzeugendes Identifikationsangebot darstellt, so sehr dominiert sein im Ganzen ironisch-abschätziger Blick auf seine Partnerin und die Frauenbewegung der 1970er Jahre gleichwohl den Roman.

Auch der Butt, der Frauen die längste Zeit auf Natürlichkeit und Mütterlichkeit reduziert wissen wollte und ihnen künstlerische Fähigkeiten weitgehend absprach, bleibt noch nach seiner Läuterung einem binären Geschlechtermodell verhaftet, welches das Frauenkollektiv nun auf wiederum homogenisierende Weise idealisiert und es pauschal gegen „das zerstörende, dem Leben feindliche, das mörderische, männliche, das kriegerische Prinzip“ (NGA 9, 643) setzt (kritisch dazu u. a. Preece 1995, 964). Neben der Weltanschauung von Butt und Erzähler ist in der Forschung kritisiert worden, dass einzelne Handlungselemente implizit einer „male supremacy“ (Klüger 2021, 241) verpflichtet seien, wenn etwa davon erzählt wird, dass sich im Dreißigjährigen Krieg ein 13-jähriges Mädchen in den ersten ihrer zahlreichen schwedischen Vergewaltiger verliebt habe.

Besondere Beachtung hat in Kritik und Forschung das achte Kapitel *Vatertag* gefunden, das Grass in groben Zügen schon 1961 skizziert hat; zudem existieren Entwürfe zu einem Theaterstück und Filmskript (vgl. Mayer-Iswandy 2002, 142–143). Eine Sonderstellung nimmt das Kapitel auch aus formalen Gründen ein, da es als einziges keine Rückblenden in frühere Epochen, keine Unterkapitel und Gedichte enthält und weil der

Erzähler nur hier am Geschehen nicht direkt beteiligt ist. Geschildert wird ein Ausflug, den vier Frauen am Himmelfahrtstag 1962, dem sogenannten Vatertag, an den Berliner Grunewaldsee unternehmen. Auf Anfeindungen feiernder Männergruppen, die schon die bloße Anwesenheit von Frauen als „Skandal" (NGA 9, 591) empfinden, reagieren die vier Protagonistinnen selbstbewusst – eine von ihnen zeigt „den Teutonen oder Rhenanen ihren venusweißen Arsch [...], dem auch sogleich ein Furz entfuhr" (NGA 9, 592). Eine Motorradgang fühlt sich davon zu einer Racheaktion motiviert: Sibylle Miehlau wird von ihnen mehrfach vergewaltigt und schließlich ermordet. Auf befremdliche Weise vorbereitet wird diese Wendung davon, dass die schlafende Miehlau zuvor bereits von ihren Freundinnen mit einem Dildo vergewaltigt worden ist und sich entsetzt von der Gruppe entfernt hat. Da auf der Handlungsebene erst die Brutalität der lesbischen Freundinnen den Tod der allein gelassenen Miehlau ermöglicht, legt der Erzähler eine allegorische Lesart nahe, nach der weibliche Homosexualität eine feministisch motivierte Verirrung darstellt und als Kopie männlicher Gewalt- und Machtstrukturen abzulehnen ist. In diese Richtung weist schon seine im zweiten Kapitel platzierte Kurzfassung des Kapitels, die eine kausale Verbindung zwischen der Homosexualität und der Ermordung Miehlaus suggeriert: „Die hatten alle den lesbischen Tick und haben mich abgehängt, bis es tragisch wurde und Billy draufging." (NGA 9, 180) In der Forschung ist das Kapitel bisweilen als seriöse „Warnung an die Frauen der Frauenbewegung" (Mayer und Neuhaus 1987, 657; mit Nachklängen bei Frizen 2015) gedeutet, vor allem aber als abstruse Männerphantasie kritisiert worden. Die latente Misogynie des Erzählers kommt zudem darin zum Ausdruck, dass er am Beginn des folgenden Kapitels die Frauengruppe als Kontrastfolie für eine Feier männlicher Freundschaft nutzt („Männer können das: Freunde bleiben. Das will Ilsebill nicht begreifen." (NGA 9, 620)). Auch wenn man die zahlreichen Textsignale in Rechnung stellt, die gegen eine affirmativ-identifikatorische Lesart der Erzählermeinung sprechen, bleibt zu konstatieren, dass die Handlung des Vatertag-Kapitels ein krudes Bild weiblicher Homosexualität zeichnet, das nur von den – oft polemisch überzeichneten – Frauen des Tribunals kritisiert und dem kein alternatives Narrativ zur Seite gestellt wird. In der Forschung findet sich die These, dass der *Butt* weniger ein Roman über den Feminismus als vielmehr „ein Buch über die Schwierigkeiten der Männer mit [dem Feminismus]" (Garde 1988, 12–13) sei.

6 Literaturgeschichtliches Personal

Ein Lieblingsobjekt der Sekundärliteratur sind die literaturgeschichtlichen Anleihen des Romans. Neben dem Märchenmotiv hat man sich dabei vor allem auf das zweite und das vierte Kapitel konzentriert, da in ihnen historische Autorinnen und Autoren auftreten. Dazu zählt die Dichterin und Mystikerin Dorothea von Montau (1347–1394), die 1976 kurz vor der Veröffentlichung des Romans (und in ihn noch integriert) von Papst Paul VI. heiliggesprochen wurde. Der Roman erzählt zum einen die bekannte

Lebensgeschichte Dorotheas, die von ihrer Familie zur Heirat gedrängt wird, neun Kinder zur Welt bringt, sich regelmäßiger Selbstgeißelungen unterzieht und die letzten Jahre ihres Lebens als Reklusin eingemauert in einer Zelle des Doms von Marienwerder verbringt. Zum anderen wird sie stärker als die meisten anderen historischen Figuren mit der Romanhandlung verwoben, da der Erzähler angibt, ihr Ehemann gewesen und von ihrer zunehmend asketischen Lebensweise (die im Roman auf eine erweckungsartige Begegnung mit dem Butt zurückgeführt wird) zur Verzweiflung gebracht worden zu sein. Während der zeitgenössische Erzähler seine Ehefrau als „frömmelndes Miststück" (NGA 9, 190) beschimpft, würdigt er sie auf der Gegenwartsebene als „erste Frau, die gegen den vaterrechtlichen Zwang der mittelalterlichen Ehe revoltiert hat"; die Vorsitzende des Tribunals deutet ihre Religiosität als Emanzipationsstrategie und empfiehlt, Dorothea von Montau als feministische „Vorkämpferin" (NGA 9, 204–205) anzuerkennen. Angeregt von Dorothea von Montau und der Äbtissin Rusch entwickelt der Butt auf der Gegenwartsebene die halb ironisch, halb ernstgemeinte Utopie, „feministische Klöster mit durchaus irdischer Zielsetzung zu gründen" (NGA 9, 273), von denen ausgehend die patriarchale Verflechtung von Kirche, Konsum und Krieg zu brechen und eine neue Zeit der Zärtlichkeit einzuläuten sei. Während Ulrich Müller der Dorothea-Episode einen „virtuosen Umgang mit Mythos und Geschichte" (2008, 611) attestiert, kommt Ruth Klüger zu dem Schluss, dass Dorotheas literarische Produktion (die fast ausschließlich in lateinischen Übersetzungen überliefert ist und von Grass auf freie Weise zurückübersetzt wurde) im Roman entwertet und ihre mystische Spiritualität sexualisiert werde (vgl. 2021, 236–237). Harro Zimmermann kommentiert, dass der Erzähler Dorotheas Frömmigkeit auf eine trivial-unhistorische Weise psychoanalytisch und politisch deute und damit „wegerklärt" (2016, 94), weist allerdings darauf hin, dass dieser fiktiven Stimme im Roman die reale Forschung des Danziger Historikers Richard Stachnik entgegengesetzt werde.

Eine besondere Affinität hegen Autor und Erzähler für die Barockliteratur, aus der im vierten Kapitel ausgiebig zitiert wird. Zentrum des Kapitels ist eine historisch mögliche, aber nicht nachgewiesene Begegnung der Dichter Martin Opitz und Andreas Gryphius 1636 in Danzig. Der rebellische Jungdichter Gryphius kritisiert die Positionen des rationalen und moderaten Opitz, der sein Schreiben in den Dienst des diplomatischen Ausgleichs gestellt und damit die Kunst verraten habe. Die Begegnung von Gryphius und Opitz stellt die Keimzelle des Folgewerks *Das Treffen in Telgte* dar, das ein barockes Dichtertreffen größeren Ausmaßes beschreibt und als verspielter Schlüsseltext zur Geschichte der Gruppe 47 angelegt ist, ohne sich darin zu erschöpfen. Schon der *Butt* legt nahe, Opitz – „die ‚positivste' männliche Gestalt im Roman" (Preece 1994, 313) – mit Grass zu assoziieren und Gryphius mit dem jungen Peter Handke, der 1966 die etablierten Mitglieder der Gruppe 47 angegriffen hatte und Grass' parteipolitischem Engagement wenig abgewinnen konnte. Als sich der Butt im Tribunal dafür zu verantworten hat, dass er dem Maler Anton Möller und dem Dichter Opitz die Köchin Agnes Kurbiella als erotische Muse empfohlen habe, verweist er zu seiner Verteidigung auf „Gutachten namhafter Literaturhistoriker", mit denen sich die literaturgeschichtliche Bedeutung von Opitz belegen lasse – was dem Butt den Vorwurf einbringt, „ein Scheißgermanist!“ (NGA 9, 314) zu sein. Dass dem *Butt* eine intensive Nutzung der literaturwissenschaftlichen Barockforschung zugrunde liegt (vgl. Moennighoff 2001), hat nicht unwesentlich zu dem besonderen Interesse beigetragen, das dieser Roman in der Germanistik gefunden hat (vgl. dazu zuletzt Frizen 2023).

Literatur

Arnold, Heinz Ludwig. „Gespräche mit Günter Grass“. *Text + Kritik* 1: *Günter Grass*. 5. Auflage (1978): 1–39.

Brady, Philip, Timothy McFarland, und John J. White (Hrsg.). *Günter Grass‘ ‚Der Butt‘. Sexual Politics and the Male Myth of History.* Oxford 1990.

Dünow, Tobias, und Caroline Emmelius. „Zeitreisen. ‚Der Butt‘, ‚Das Treffen in Telgte‘, Kopfgeburten‘“. *Blech getrommelt. Günter Grass in der Kritik.* Hrsg. von Heinz Ludwig Arnold. Göttingen 1997: 133–157.

Dziuba, Marek. „‚Butts‘-Lästerung. Über den Sinn des profanen Tabubruchs in ‚Der Butt‘ von Günter Grass“. *Tabu und Tabubruch. Literarische und sprachliche Strategien im 20. Jahrhundert. Ein deutsch-polnisches Symposium*. Hrsg. von Hartmut Eggert und Janusz Golec. Stuttgart et al. 2002: 141–149.

Filz, Walter. „Dann leben sie noch heute? Zur Rolle des Märchens in ‚Butt‘ und ‚Rättin‘“. *Text + Kritik* 1: *Günter Grass*. 6. Auflage (1978): 93–100.

Frizen, Werner. „Die Tragödie des Vatertags in Günter Grass’ ‚Butt‘“. *Freipass*. Bd. 1. Hrsg. von Volker Neuhaus, Per Øhrgaard und Jörg-Philipp Thomsa. Berlin 2015: 178–197.

Frizen, Werner. *Günter Grass. Werkkommentare.* Bd. 3: *Der Butt. Einführung, Stellenkommentar, Materialien.* Berlin und Boston 2023.

Frizen, Werner. „Über die allmähliche Verfertigung des Romans beim Schreiben. Zur Entstehungsgeschichte des ‚Butt‘“. *Freipass*. Bd. 3. Hrsg. von Volker Neuhaus, Per Øhrgaard und Jörg-Philipp Thomsa, Berlin 2018: 292–326.

Garde, Barbara. *„Selbst wenn die Welt unterginge, würden deine Weibergeschichten nicht aufhören“. Zwischen ‚Butt‘ und ‚Rättin‘. Frauen und Frauenbewegung bei Günter Grass.* Frankfurt/M. 1988.

Gobyn, Saartje. *Metalepse im Werk von Günter Grass. Eine Analyse der narrativen Struktur anhand von sechs ausgewählten Romanen*. Berlin 2019.

Grass, Günter, und Günter ‚Baby‘ Sommer. *Da sagte der Butt. Lyrik und Prosa, Schlagzeug und Perkussion. CD mit Booklet*. Göttingen 1993.

Hunt, Irmgard E. *Mütter und Muttermythos in Günter Grass’ Roman ‚Der Butt‘.* Frankfurt/M. et al. 1983.

Jurgensen, Manfred (Hrsg.). „‚Das allzeitig fiktionale Ich. Günter Grass’ *Der Butt*‘“. *Erzählformen des fiktionalen Ich*. Bern und München 1980: 121–144.

Klüger, Ruth. *„Der Butt* – A Feminist Perspective“. *„Wer rechnet schon mit Lesern?“ Aufsätze zur Literatur*. Hrsg. von Gesa Dane. Göttingen 2021: 233–245.

Koopmann, Helmut. „Between Stone Age and Present or the Simultaneity of the Nonsimultaneous: The Time Structure“. *The Fisherman and his Wife*. Hrsg. von Siegfried Mews. New York, NY 1983: 75–89.

Mayer, Claudia. „Anmerkungen und Übersicht zu ‚Der Butt‘“. *Günter Grass: Werkausgabe in zehn Bänden*. Bd. 5: *Der Butt*. Hrsg. von Claudia Mayer. Darmstadt und Neuwied 1987: 659–713.

Mayer, Claudia, und Volker Neuhaus. „‚Ein Mann mit seiner gelebten Geschichte: Es war einmal …‘“ Nachwort zu ‚Der Butt‘. *Günter Grass: Werkausgabe in zehn Bänden*. Bd. 5: *Der Butt*. Hrsg. von Claudia Mayer. Darmstadt und Neuwied 1987: 648–658.

Mayer-Iswandy, Claudia. *Günter Grass*. München 2002.

Moennighoff, Burkhard. „„Sich ausdenken und Nichtreisenmüssen'". Texte des Barock in Günter Grass' ‚Der Butt'". *„Ach, Neigung zur Fülle ...". Zur Rezeption ‚barocker' Literatur im Nachkriegsdeutschland.* Hrsg. von Christiane Caemmerer und Walter Delabar. Würzburg 2001: 83–94.

Moser, Sabine. *Günter Grass. Romane und Erzählungen*. Berlin 2000.

Neuhaus, Volker. *Günter Grass*. 2. Auflage. Stuttgart und Weimar 1993.

Neuhaus, Volker. *Schreiben gegen die verstreichende Zeit. Zu Leben und Werk von Günter Grass*. München 1997: 170.

Paaß, Michael. *Kulturelles Gedächtnis als epische Reflexion. Zum Werk von Günter Grass.* Bielefeld 2009.

Preece, Julian. „Sexual-Textual Politics: The Transparency of the Male Narrative in ‚Der Butt' by Günter Grass". *The Modern Language Review* 90 (1995): 955–966.

Reiff, Ingo. „Danzig als Gedächtnisort bei Günter Grass. Die erzählte Stadt in ‚Die Blechtrommel' und ‚Der Butt'". *Phrasis* 21.1 (2011): 31–56.

Rölleke, Heinz. *Der wahre Butt. Die wundersamen Wandlungen des Märchens vom Fischer und seiner Frau.* Düsseldorf und Köln 1978.

White, John J. „„Wir hängen nicht vom Gehänge ab'. The Body as Battleground in ‚Der Butt'". *Günter Grass's ‚Der Butt'. Sexual Politics and the Male Myth of History*. Hrsg. von Philip Brady, Timothy McFarland und John J. White. Oxford 1990: 109–131.

II.1.7 *Das Treffen in Telgte* (1979)

Erik Schilling

Die Erzählung *Das Treffen in Telgte* entstand anlässlich des 70. Geburtstags von Hans Werner Richter (12. November 1978) und erschien 1979 im Druck. Grass selbst spricht in einem Brief an Richter von der „kleine[n] Sonntagsidee, Dir zum 70. Geburtstag ein Gruppentreffen im Jahr 1647 zu skizzieren" (zit. n. Steinig 1992, 188) – einer Idee, die sich zu der genannten Erzählung ‚ausgewachsen' habe. Die erste Zusammenkunft der von Richter ins Leben gerufenen Gruppe 47 – junge Autorinnen und Autoren des Jahres 1947 – wird darin um 300 Jahre zurückprojiziert und zu einem anachronistisch-fiktiven Treffen von Barockdichtern umgestaltet (zum aktuellen Stand der Forschung vgl. Frizen 2016 u. 2023).

Trotz der historischen Distanz gibt es zahlreiche Parallelen zwischen den beiden Dichtertreffen (Laufhütte 1993, 368–370): Man kommt in einer vom Krieg versehrten Welt zusammen, im vorletzten Jahr des Dreißigjährigen Krieges bzw. kurz nach dem Ende des Zweiten Weltkriegs, man liest sich gegenseitig poetische oder theoretische Texte vor, man tauscht sich aus und kommt sich persönlich näher. Während es sich bei der Gruppe 47 um (noch) weitgehend unbekannte Autorinnen und Autoren handelt, treten im *Treffen in Telgte* die großen Dichter der Zeit auf. Dies lässt sich durch die Doppelperspektive auf eine 300 und eine 30 Jahre zurückliegende Vergangenheit erklären, denn Grass blickt zur Zeit der Entstehung der Erzählung nicht nur auf die Barockzeit zurück, sondern auch auf die Anfangsphase der Gruppe 47, deren Mitglieder sich in der Zwischenzeit vielfach zu berühmten Vertreterinnen und Vertretern der deutschsprachigen Literatur entwickelt haben.

1 Plot

Simon Dach hat zu einem Dichter-Treffen in Oesede bei Osnabrück geladen. Aus allen Teilen Deutschlands und Europas machen sich Teilnehmer auf den Weg, aus Nürnberg und Straßburg, Königsberg und London. Unter anderem reisen an: Andreas Gryphius und Christian Hoffmann von Hoffmannswaldau, Daniel Czepko und Friedrich von Logau, Philipp von Zesen und Johann Rist, Georg Philipp Harsdörffer und Georg Greflinger. Auch Verleger und Gelehrte sind mit von der Partie. Doch der Gasthof, in dem man Quartier nehmen möchte, ist von schwedischen Kriegern belegt. Ein junger „rotbärtiger Kerl" (NGA 10, 10) namens Christoffel Gelnhausen, dem „ein Kommando kaiserlicher Reiter und Musketiere" (NGA 10, 10) untersteht, weiß Rat: Er geleitet die obdachlosen Dichter nach Telgte, wo er das Gasthaus der Wirtin Libuschka räumen lässt – angeblich, um einen Trupp Pestkranker unterzubringen.

In diesem Gasthaus verweilt die Gruppe sodann drei Tage, im Wechsel (und gleichzeitig) mit Literatur und Essen beschäftigt, wobei sich der Wechsel auch räumlich zwi-

https://doi.org/10.1515/9783110755435-008

schen der „Große[n] Diele“ und der „kleinen Wirtsstube“ (NGA 10, 27) vollzieht. Man liest sich theoretische und literarische Texte vor, die dann diskutiert werden, wobei der Autor etwaiger Kritik stumm zu lauschen hat. Die Diskussionen dehnen sich auf Fragen allgemeiner Relevanz aus, etwa nach Charakteristika spezifisch deutscher Literatur oder nach deren politischer Bedeutung. Aber auch „derbe und hintersinnige Anekdoten“ (NGA 10, 42) erzählt man sich. Der erste Abend endet mit erotischen Freuden für die drei jüngsten Teilnehmer: Greflinger, Sigmund von Birken und Johann Scheffler, der spätere Angelus Silesius, liegen im Stroh „und hatten die Mägde bei sich“ (NGA 10, 44).

Für den zweiten Abend hat Gelnhausen ein „Festgedicht“ (NGA 10, 88) arrangiert: „Ihm seien fünf Gänse, drei Ferkel und ein fetter Hammel zugelaufen. [...] Schon könne man seine Leute draußen im Hof den Spieß drehen sehen“ (NGA 10, 87). Das Festmahl ist der Höhe- und Kipppunkt der Erzählung: Die Knochen krachen, das Fett trieft, und niemand fragt, woher die Leckerbissen stammen – bis der Musiker Heinrich Schütz die Szene betritt, der ebenfalls an dem Treffen teilnimmt, und Gelnhausen „ohne Ausrede“ entlockt, „daß die Gänse, Ferkel, der Hammel von den fouragierenden Schweden grad einem Bauern abgeschlachtet worden waren“ (NGA 10, 100). Es folgt Katerstimmung unter den Dichtern, „[a]lles schlug in Jammer um“ (NGA 10, 104).

Beschämt sucht man das Bett auf, nur Greflinger geht fischen, und Harsdörffer, Hofmannswaldau, Moscherosch sowie Rist arbeiten gemeinsam an einem Manifest: einem „politischen Friedensaufruf der deutschen Poeten“ (NGA 10, 110). Das Manifest wird am letzten Tag des Treffens heiß diskutiert, modifiziert und endlich unterschrieben; zum Mittagessen gibt es als Versöhnungsmahl die Fische, die Greflinger gefangen hat. Während des Essens aber bricht ein Feuer aus, das Wirtshaus und Manifest in Schutt und Asche legt. Die Dichter kommen unbeschadet davon, doch „hat uns in jenem Jahrhundert nie wieder jemand in Telgte oder an anderem Ort versammelt“ (NGA 10, 148) – erst dreihundert Jahre später sollte dies ‚wieder‘ Wirklichkeit werden.

2 Figuren

Fast alle Figuren der Erzählung sind nach ihren historischen Vorbildern gestaltet, bis hin zu Gesichts- und Körpermerkmalen, die Grass zeitgenössischen Kupferstichen entnimmt (Laufhütte 1993, 371). Darüber hinaus verkörpern sie die Autorinnen und Autoren des 20. Jahrhunderts, wobei klare Analogien im Sinne eines Schlüsselromans nicht immer aufgehen. Unstrittig ist, dass Simon Dach als Organisator des Treffens die Züge Hans Werner Richters trägt. Laufhütte zufolge müsse „blind sein“ (1993, 371), wer in August Buchner nicht den Literaturwissenschaftler und -kritiker Hans Mayer erkenne. Für die Entschlüsselung anderer Teilnehmer wurden konkurrierende Vorschläge unterbreitet, wie es Theodor Verweyen und Gunther Witting (2010, 243–244) an der Figur Greflinger vorführen, die man mit Günter Grass selbst, mit Rudolf Augstein und mit Peter Rühmkorf in Verbindung bringen kann. Für Gryphius wurden Parallelen zu Heinrich Böll und zu Martin Walser gesehen (Verweyen und Witting 2010, 243–244).

Die Wirtin Libuschka wird von Laufhütte (1993, 376) zur Hausherrin des ersten Treffens der Gruppe 47 in Bezug gesetzt: zu Ilse Schneider-Lengyel, die als Autorin am Treffen teilnahm, aber die Gruppe auch mit selbstgeangelten Fischen versorgte.

Literaturwissenschaftlich von größerer Relevanz als die Suche nach den Gemeinsamkeiten der Gruppen 1647 und 1947 ist die Beobachtung, dass die Figuren dreierlei zugleich darstellen: konkret die barocken Dichter als Figuren einer historischen Erzählung, abstrahierend Eigenschaften und Verhaltensweisen der Mitglieder der Gruppe 47 und ganz generell – quasi als Archetypen – Charakteristika von Autorinnen und Autoren überhaupt. In diesem Sinne verkörpern etwa Heinrich Schütz die absolute Kunst (eine „geradezu prä-Benn'sche[] Kunstmetaphysik [...], wie sie weit jenseits des Dichtungshorizonts der Zeit liegt", Neuhaus 2010, 173) und Paul Gerhardt die Gebrauchskunst, womit die beiden für die ‚pontifikale' und die ‚profane' Linie der Lyrik stehen.

Logau illustriert einen ironisch-distanzierten Zugriff auf Kunst und Welt, Gelnhausen die unscharfe Grenze zwischen Fiktion und Realität. Schon bei seinem ersten Auftritt wirkt er „wie erfunden" (NGA 10, 10), später erfindet er selbst Geschichten, etwa, um die wahre Herkunft des Festmahls zu verschleiern, diejenige von den Bauern, die von schwedischen Reitern überfallen wurden. Schütz gibt ihm den Rat, „seine Lügengeschichten [...] beherzt nieder[zu]schreiben" (NGA 10, 103). Allerdings ist das Spiel mit Realität und Fiktion noch komplexer als von Schütz angenommen: In Grass' Erzählung gibt Gelnhausen an, dass ihm als Kind dasselbe widerfahren sei wie den ausgeplünderten Bauern – es geht also nicht nur um einen Transfer der angeblich faktualen Geschichte in das fiktionale Medium der Literatur, sondern auch um ein Überführen eines fiktionsontologisch realen Ereignisses in die Fiktion. Darüber hinaus widerfährt das, was Gelnhausen bei Grass erlebt, der Figur Simplicissimus in Grimmelshausens gleichnamigem Roman, so dass nicht nur die von der Figur erzählten Geschichten die unscharfe Grenze zwischen Fiktion und Realität markieren, sondern auch das Spiel mit historischer Person und intertextuellem Verweis (Steinig 1992, 197). Gleiches gilt für Libuschka als künftige Romanfigur Courage bei Grimmelshausen.

3 Historisches Erzählen

Das Treffen in Telgte spielt in der Vergangenheit, erzählt also historisch. In Rezensionen sowie der Forschung wurde wiederholt über Anachronismen diskutiert (Laufhütte 1993, 379–380; ein Überblick zur Debatte bei Verweyen und Witting 2010, 245–247), allerdings verfehlt die gelehrte Frage nach dem, was ‚absichtlich' oder ‚versehentlich' nicht in die Welt des Jahres 1647 passe, die Zeitlosigkeit als poetisches Prinzip der Erzählung. Denn schon die ersten Sätze legen fest, dass die Erzählung von derselben „Vergegenkunft" (NGA 11, 104) als Simultaneität verschiedener Zeitebenen geprägt ist, die Grass in *Kopfgeburten* entworfen hatte. „Gestern wird sein, was morgen gewesen ist", beginnt das *Treffen in Telgte*, um fortzufahren: „Unsere Geschichten von heute müssen sich nicht jetzt zugetragen haben" (NGA 10, 7). In der Forschung wurde von einer „spielerischen Balance“ aus „Aktualitätsbezogenheit und Authentizität des Historischen“ gesprochen (Laufhütte 1993, 377). Entsprechend kann man das Vaterland des 17. Jahrhunderts, das nur in Sprache und Literatur (und gemeinsamer (Literatur-) Geschichte) existiert, auch vor dem Hintergrund des geteilten Deutschland des 20. Jahrhunderts verstehen.

Symbol dieser historischen Balance ist die Distel. Nachdem die Gruppe zunächst ohne „[s]ymbolhafte Zeichen“ (NGA 10, 28) ausgekommen ist, bildet ab dem zweiten Tag „eine hochtreibende Distel“ „des Vortragenden Schmuck“ (NGA 10, 62). Die Distel steht nicht nur für die exponiert-gefährliche Position des Vortragenden, sondern ist auch „Sinnebild kriegswüster Zeit“ (NGA 10, 62): „Städte und Ländereien“ sind mit „Nesseln und Disteln verkrautet“ (NGA 10, 7). Am Ende lässt Gryphius den Topf mit der Distel als „das distelwütige Deutschland“ fallen, wobei jedoch „die Distel inmitten Scherben und verstreutem Erdreich heil“ bleibt (NGA 10, 139), also auf cinc fortdauernde kriegerische Bedrohung in künftigen Jahren und Jahrhunderten verweist.

In zeitloser Schwebe zwischen dem 17. und dem 20. Jahrhundert steht auch die Frage nach dem angemessenen Nationalcharakter von Sprache und Dichtung, wie er von den Dichtern in Telgte am ersten Tag diskutiert wird und wie er für die Gruppe 47 zwischen Kahlschlagliteratur und dem berühmten Adorno-Diktum, nach Auschwitz ein Gedicht zu schreiben, sei barbarisch, ebenfalls virulent war (Steinig 1992, 198). Vor diesem Hintergrund birgt Gelnhausens Kommentar zum Sprachpurismus etwa Zesens oder Birkens besondere Sprengkraft: „Wer immerfort nur reinlich halte und dem Besen zuspreche, der kehre am Ende das Leben aus“ (NGA 10, 33), sagt Gelnhausen und trifft damit einen nicht nur sprachlich, sondern auch ideologisch motivierten Purismus, wie ihn das NS-Deutschland verkörpert hatte. In diesem Kontext wird zudem die Frage nach den Grenzen historischer Analogien virulent: Wenn Schütz nach dem mit Kriegsbeute gespeisten Gelage den Dichtern die Absolution erteilt – „Ihre Mitschuld an dem Greuel sei vor Gott klein“ (NGA 10, 102) –, bleibt offen, ob dies ebenso auf die Situation des 20. Jahrhunderts und die Mitglieder der Gruppe 47 zutreffen kann oder ob Grass hier die Fiktion für einen Persilschein nutzt.

Die ‚Vergegenkunft‘ geht über das Ausbalancieren historischer Analogien noch hinaus, insofern die Überblendung von Barockdichtern mit Mitgliedern der Gruppe 47 die erwähnten Züge von Figuren-Archetypen aufweist, unabhängig von jeder konkret-historischen Situation (Cepl-Kaufmann 1975, 53–54 spricht von „Strukturhomologien“). Dies lässt sich als Strukturprinzip der Erzählung insgesamt postulieren: Dargestellt ist nicht ein genau zu benennendes und zu rekonstruierendes historisches Dichtertreffen (sei es des Jahres 1647 oder 1947), nicht die „vielfältige Analogisierung historischer Phänomene“ (Laufhütte 1993, 370), sondern – quasi platonisch – die ‚Idee‘ eines solchen Treffens, wie es sich zu unterschiedlichen Zeitpunkten und in unterschiedlichen Kontexten konkret manifestiert hat oder haben könnte. Damit illustriert Grass auf einer poetologischen Ebene der Erzählung, was er anhand der Figur Gelnhausen vorführt: Die Fiktion erweist sich als präziser denn die Wirklichkeit (vgl. dazu Stolz 2023, 288–299).

4 Intertextualität und Postmoderne

Vor diesem Hintergrund lassen sich für *Das Treffen in Telgte* – etwa in Analogie zu Max Frischs ebenfalls 1979 erschienener Erzählung *Der Mensch erscheint im Holozän* – zahlreiche Merkmale postmoderner Literatur identifizieren. Laufhütte (1993, 384) nennt als entsprechende Stichworte ‚metapoetische Reflexion' und ‚Literaturliteratur'. Ergänzend kann man das Arbeiten mit intertextuellen Verweisen und ein Denken in zeitlicher Simultaneität statt in Linearität anführen. Indem er diese Merkmale mit dem historischen Erzählen verbindet, verwendet Grass bereits typische Verfahrensweisen des historischen Romans der 1980er Jahre (Schilling 2012).

Kennzeichen metapoetischer Reflexion ist etwa die Verbindung von Literatur und Nahrung. Stefanie Arend (2008, 423) zeigt, wie stark „das Speisen und das Sprechen [...] die beiden Konstituenten des Textes" bilden, wodurch die Funktion der Sprache über die Metapher des Speisens reflektiert wird, etwa im Hinblick auf Parallelen von Inhalt und Form, also die in der barocken Rhetorik diskutierte Frage nach dem Zusammenhang von *res* und *verbum* (Arend 2008, 430). Zum Eindruck von ‚Literaturliteratur' tragen potentiell die intertextuellen Referenzen bei, die teils implizit, teils explizit in *Das Treffen in Telgte* montiert werden: Buchner trägt aus dem zehnten Kapitel seines *Kurzen Weg-Weisers zur Deutschen Tichtkunst* vor, Birken das zwölfte Stück seiner *Teutschen Rede-bind- und Dicht-Kunst*. Harsdörffer gibt die Vorrede seines *Poetischen Trichters* zum Besten, Gryphius einige Teile aus seinem Drama *Leo Armenius*, und so weiter. Insbesondere für die theoretischen, aber auch für einige der literarischen Texte greift Grass auf die 1968 erschienene 2. Auflage der von Albrecht Schöne herausgegebenen Anthologie *Das Zeitalter des Barock* zurück (dazu und zur Intertextualität insgesamt Verweyen und Witting 2010, 248–250). Durch die Anordnung der Lesungen – zunächst theoretische, dann literarische Texte – wird zudem „der für die Epoche typische Primat von Regel und Poetik betont" (Neuhaus 2010, 170).

Auch in ihren intertextuellen Referenzen ist die Erzählung nicht auf die Vergangenheit beschränkt. Grass' eigene Werke werden einbezogen, etwa *Kopfgeburten* mit der erwähnten ‚Vergegenkunft' oder *Katz und Maus* mit den Haubentauchern, die im *Treffen in Telgte* am nächtlich angelnden Greflinger vorbeischwimmen. Darüber hinaus gibt es besondere Bezüge zum *Butt*, als dessen „Seitenstück" das *Treffen in Telgte* bezeichnet werden kann (Neuhaus 2010, 169). Grass' eigene Werke spielen zudem intermedial eine Rolle: Für den Umschlag der Erzählung entwirft er eine Federzeichnung, die eine Hand mit einer Schreibfeder aus Geröll herausragen lässt und damit Simon Dachs kämpferische Worte bildlich umsetzt: Selbst, so Dach, „wenn man sie steinigen, mit Haß verschütten wollte, würde noch aus dem Geröll die Hand mit der Feder ragen" (NGA 10, 144).

Indem Grass mit seiner Zeichnung in einem anderen Medium darstellt, was er Dach als literarische Figur sagen lässt, führt er das postmoderne Spiel eines multiperspektivischen Zugriffs auf die Vergangenheit bis ins gestalterische Detail des Werks durch. Vermittelnd zwischen den Zeiten und Figuren wirkt der Erzähler, der zwischen unterschiedlichen Formen von Nähe und Distanz, Beteiligung am Geschehen und Abstand dazu schwankt. Laufhütte (1993, 378) zufolge verankert die „surrealistisch-spielerische auktoriale Komponente der Ich-Rede [...] den Erzähler auf beiden historischen Gegenstandsebenen konkret als Mithandelnden und, von beiden unabhängig, auf der dritten des Erzählens in einem zeitlich [...] unfixierten Jetzt". Der Erzähler macht sich das Geschehen also zu Eigen und distanziert sich zugleich davon – er entwirft den Plot als eine Variante, zeigt aber mit der spielerischen Distanz zugleich auf, dass nicht die Rekonstruktion einer (wie auch immer gearteten) historischen Wahrheit im Vordergrund steht, sondern ein fiktionales Werk.

Es geht im *Treffen in Telgte* folglich nicht primär darum, die Welt der Vergangenheit korrekt zu historisieren und diejenige der Gegenwart bzw. Zukunft zu verändern, sondern vielmehr darum, sie verschieden zu interpretieren und zu fiktionalisieren. Vor diesem Hintergrund ist es nur konsequent, wenn das Feuer am Ende das poetisch-politische Manifest der Dichter verbrennt und damit „die tatsächliche politische Ohnmacht" (Steinig 1992, 203) besiegelt. Allerdings illustriert die Erzählung (die ja nicht verbrennt, sondern dem Publikum vorliegt) zugleich, dass Literatur vielleicht mehr bewegen kann als Politik – gerade, wenn sie nicht versucht, politisch zu agieren.

Literatur

Arend, Stefanie. „‚Brot und Spiele'. Zur Theatralität von Günter Grass' ‚Treffen in Telgte' und zur Rolle des Simon Dach". *Simon Dach (1605–1659). Werk und Nachwirken*. Hrsg. von Axel E. Walter. Tübingen 2008: 423–435.

Cepl-Kaufmann, Gertrude. *Günter Grass. Eine Analyse des Gesamtwerks unter dem Aspekt von Literatur und Politik*. Kronberg 1975.

Frizen, Werner. *Günter Grass. Werkkommentare*. Bd. 1: *Das Treffen in Telgte. Einführung, Stellenkommentar, Materialien*. Berlin und Boston 2023.

Frizen, Werner. „‚Wie die Sonne unter den Planeten ...'. Poeterey und Musik in Grass' Erzählung ‚Das Treffen in Telgte'". *Freipass*. Bd. 2. 2016: 153–173.

Laufhütte, Hartmut. „Die Gruppe 1647 – Erinnerung an Jüngstvergangenes im Spiegel der Historie. Günter Grass: ‚Das Treffen in Telgte'". *Literaturgeschichte als Profession. Festschrift für Dietrich Jöns*. Hrsg. von dems. Tübingen 1993: 359–384.

Neuhaus, Volker. *Günter Grass*. 3., aktualisierte und erweiterte Auflage. Stuttgart und Weimar 2010.

Schilling, Erik. *Der historische Roman seit der Postmoderne. Umberto Eco und die deutsche Literatur*. Heidelberg 2012.

Steinig, Swenta. „Günter Grass: Das Treffen in Telgte". *Erzählen, Erinnern. Deutsche Prosa der Gegenwart. Interpretationen*. Hrsg. von Herbert Kaiser und Gerhard Köpf. Frankfurt/M. 1992: 188–210.

Stolz, Dieter. *Günter Grass. Der Schriftsteller*. München 2023.

Verweyen, Theodor, und Gunther Witting. „Polyhistors neues Glück. Zu Günter Grass' Erzählung ‚Das Treffen in Telgte' und ihrer Kritik". *Einfache Formen der Intertextualität. Theoretische Überlegungen und historische Untersuchungen*. Hrsg. von dens. Paderborn 2010: 243–258.

II.1.8 *Kopfgeburten oder Die Deutschen sterben aus* (1980)

Jörg-Philipp Thomsa

1 Entstehung

1979 erscheint die Erzählung *Das Treffen in Telgte*, im selben Jahr bereits arbeitet Günter Grass an einem neuen Werk, das er am 11. Juni 1980 unter dem Titel *Kopfgeburten oder Die Deutschen sterben aus* der Öffentlichkeit vorstellt (vgl. Kölbel 2013, 710). Eine exakte Datierung der Arbeit am Manuskript der *Kopfgeburten* liegt noch nicht vor, da die im Archiv der Berliner Akademie der Künste aufbewahrten Manuskriptseiten undatiert sind. Hier müsste in Tagebüchern oder Werkplänen genauer recherchiert werden.

Anders als bei *Das Treffen in Telgte*, das Grass anlässlich des 70. Geburtstags von Hans Werner Richter schreibt, gibt es bei den *Kopfgeburten* keinen konkreten Schreibanlass. Der Prozess der Entstehung ist komplex und vielschichtig.

Günter Grass engagiert sich in den 1970er Jahren in zahlreichen Landtags- und Bundestagswahlkämpfen für die SPD. Anhand seiner politischen Reden und Essays aus dieser Dekade ist ablesbar, dass ihm die Probleme des Globalen Südens immer wichtiger werden. Seine erste Reise nach Indien im Jahr 1975 liefert einen bedeutenden Impuls für die intensivere Beschäftigung mit diesen Regionen der Welt. Grass möchte dort nicht nur berühmte Sehenswürdigkeiten und schöne Landschaften besichtigen oder auf den abgetretenen Pfaden der romantisch-verklärten Hippie-Bewegung wandeln, sondern auch die soziale Realität der Menschen hautnah erleben, etwa durch den Besuch von Slums in Kalkutta. Das Elend, das er dort sieht, bewegt ihn nachhaltig. Eindrücke von der Indienreise schlagen sich bis weit in die 1990er Jahre in seinem grafischen, literarischen und politischen Schaffen nieder.

Zunächst fließen die in Indien gesammelten Erfahrungen und Eindrücke in den Roman *Der Butt* (1977) ein. Im Kapitel „Vasco kehrt wieder" beschreibt der Autor die Slums und Umweltprobleme, den Bevölkerungsüberschuss und die vielen unterernährten Bewohnerinnen und Bewohner in der Weltstadt Kalkutta. Der Erzähler, der Grass zum Verwechseln ähnlich ist, „beschloß [...], inoffiziell auch als Vasco da Gama zu reisen" (NGA 9, 217). Wie Grass selbst möchte die Figur Vasco im *Butt* nicht ein Museum, sondern „einen Slum besichtigen". (NGA 9, 220) Ironisch werden typische Reisevorbereitungen eines Mitteleuropäers skizziert, der sich geimpft, mit Medikamenten und leichter Kleidung auf die Reise nach Indien begibt. „In einem Jumbojet reist er an. Vasco hat alle Statistiken gelesen. Vasco weiß, was der Präsident der Weltbank über Kalkutta denkt. Vasco soll einen Vortrag halten: schon in lange und kurze Sätze gebracht, hat er ihn vorsorglich niedergeschrieben. ‚Nach grober Schätzung' heißt seine Rede. Wohlgenährt leidet Vasco am Welthungerproblem. Wieder- und wiedergeboren ist Vasco jetzt Schriftsteller." (NGA 9, 217)

https://doi.org/10.1515/9783110755435-009

Den hier genannten Vortrag hält tatsächlich der Schriftsteller Günter Grass im Februar 1975 in Neu-Delhi. Er spricht darin über den Hunger und die Armut in der Welt, die Bevölkerungsexplosion, die Auswüchse des Kapitalismus, die Zerstörung der Umwelt und viele weitere Zukunftsthemen von globaler Bedeutung. Zudem könnten die Schreckensvisionen, die George Orwell in seinem Roman *1984* ausmalt, schon bald Wirklichkeit werden. Dies sind alles Themen und Motive, die später in den *Kopfgeburten* verhandelt werden. Auch ist in dem *Butt*-Kapitel vage von einer Filmidee die Rede, in dem „Vasco da Gama, wiedergeboren, das Indien von heute bereist" (NGA 9, 227). Das Thema Film wird für die Entstehung der *Kopfgeburten* noch eine große Rolle spielen.

Die titelgebende Idee der *Kopfgeburten* und ihren gesellschaftspolitischen Gehalt nimmt Grass auch im Essay *Im Wettlauf mit den Utopien* aus dem Juni 1978 in komprimierter Form inhaltlich vorweg. Grass beschreibt darin den großen menschlichen, „die Welt übertreffenden Kopf" (NGA 22, 54), dessen selbstherrliche Vorstellungen teilweise monströse Wirklichkeit werden, immer auf der Suche nach etwas Neuem, „häufig schroff gegen die Natur gerichtet" (NGA 22, 55).

1978 reisen Günter Grass und seine Frau Ute durch Asien und Afrika. Die Route führt nach Japan, Hongkong, Indonesien, Thailand, Indien und Kenia (vgl. Grass 2014, 605). Im Frühjahr 1979 feiert die *Blechtrommel*-Verfilmung des Regisseurs Volker Schlöndorff Premiere – und wird ein Welterfolg. Grass und Schlöndorff werden als international bekannte Repräsentanten deutscher Kultur vom Goethe-Institut nach Afrika und Asien eingeladen, um über ihre Werke zu sprechen. Sie reisen größtenteils zusammen und mit ihren Ehefrauen Ute Grass und Margaretha von Trotta nach China, Hongkong, Singapur, Indonesien, die Philippinen und Ägypten. Schlöndorff und Grass möchten nach der *Blechtrommel*-Verfilmung ihre produktive Zusammenarbeit fortsetzen. Nun planen sie, „ohne Umweg über die Literatur" (Zimmermann 2023, 598) ein Originaldrehbuch zu schreiben und zu verfilmen. Die Idee geht auf Grass zurück (vgl. Zimmermann 2023, 597). Der Plan wird schließlich verworfen, „aus Angst vor einem ‚schwachen Film'", wie Volker Schlöndorff befürchtet (Zimmermann 2023, 598). Grass reflektiert seine in Afrika und Asien gesammelten Reiseerlebnisse und bereitet das sehr heterogene und assoziative Material, das er in einem Arbeitsjournal gesammelt hat, auf. Er gestaltet es zu einer Erzählung mit dem Titel *Kopfgeburten oder Die Deutschen sterben aus*, die 1980 erscheint.

2 Inhalt der Erzählung

Der zweite Teil des Buchtitels greift die Debatten der damaligen Zeit auf. Die Geburtenrate in der Bonner Republik ist auf einem Tiefstand, die westdeutsche Bevölkerung droht zu vergreisen. Gleichzeitig werden für die Bevölkerungsentwicklung in den Ländern des Globalen Südens neue Rekordwerte prognostiziert. Grass führt gleich zu Beginn des Textes ein ironisches Gedankenexperiment durch, in dem er die Verhältnisse umkehrt: „In Zukunft habe die Welt mit neunhundertfünfzig Millionen Deutschen zu rechnen, während das chinesische Volk, nach Zählung der in zwei Staaten lebenden Deutschen, mit knapp achtzig Millionen Chinesen zu beziffern sei." Ironisch fragt Grass, ob die Welt „so viele Deutsche (Sachsen und Schwaben inbegriffen)" überhaupt ertragen könne (NGA 11, 7).

Porträtiert wird ein fiktives Ehepaar namens Harm und Dörte Peters aus Itzehoe. Die beiden Hauptfiguren sind ein für die erste Nachkriegsgeneration prototypisches „Paar zum Vorzeigen", das der 68er-Generation entstammt. Nach ihrer Studentenzeit arbeiten sie als verbeamtete Lehrer, „beide unterrichten Fremdsprachen – er Englisch, sie Französisch" (NGA 11, 12). Sie zelebrieren einerseits ihren „Egokult" (NGA 17, 50), interessieren sich aber andererseits für die Probleme in der „Dritten Welt" und engagieren sich politisch: Harm ist Mitglied der SPD, Dörte der FDP, womit sie die damalige sozialliberale Bundesregierung repräsentieren. Angesichts globaler Probleme wie der atomaren Bedrohung, der Gefahr eines dritten Weltkriegs, den Hungertoten in den Entwicklungsländern oder dem rasanten technischen Fortschritt können sie sich über „neun (Schwangerschafts-)Kapitel" (Stolz 2023, 302) hinweg nicht entscheiden, ob sie ein Kind in die Welt setzen möchten oder nicht. Eigene Pläne zur Selbstverwirklichung und die mögliche Wahl von Franz Josef Strauß zum Bundeskanzler im Wahljahr 1980 sieht das Ehepaar Peters als weitere Hinderungsgründe für ein Kind an. Um sich über ihre Zukunft klar zu werden und „die Wirklichkeit mit der Statistik [zu] vergleichen" (NGA 11, 13), unternehmen Dörte und Harm eine Bildungsreise nach Südostasien. Sie wählen das Reiseunternehmen „Sisyphos", das ihnen authentische Reiseerlebnisse verspricht. Ein zynischer und zwielichtiger Reiseleiter namens Dr. Wenthien zeigt ihnen einen echten Slum: „Sowas vergißt man nicht: den stehenden Gestank der Sumpfkloake über dem aufgepfählten Bretterbudengewirr, die Fliegen, die Ratten, die Enge und die Gastfreundschaft der zwölfköpfig heiteren Familie." (NGA 11, 40)

Nach ihrer Reise kehren Dörte und Harm in ihren Lehrerberuf und den Alltag in Norddeutschland zurück. Die *Kopfgeburten* enden mit den letzten Tagen des Jahres 1979, die vom „Wahlkampfrummel" und dem Einmarsch sowjetischer Truppen in Afghanistan geprägt sind. Die Schlussszene der Erzählung ist filmreif: Ein „Türkenjunge" (NGA 11, 143) rennt ihnen vors Auto, bleibt aber unverletzt. Aus der Umgebung kommen immer mehr Kinder, fremdländische zumeist: „indische, chinesische, afrikanische, heitere Kinder. Sie beleben die Straße, winken aus Fenstern, springen von Mauern, werden zahllos". Alle feiern das Überleben des Jungen. Das kinderlose Lehrerehepaar sitzt in seinem VW und weiß nicht, „was sagen auf deutsch" (NGA 11, 144).

3 Biographische Bezüge

Grass verwebt seine Biographie, Erfahrungen und Erlebnisse mit der fiktiven Geschichte der Reise des Lehrerehepaars. Seine politischen Ansichten spiegeln sich im Text entsprechend stark wider. In einem im November 1989 geführten Gespräch betont Grass, dass er in den *Kopfgeburten* „neben dem Thema Dritte Welt [...] immer wieder auf das, was vor der eigenen Haustür liegt", zurückkomme. So sei in dieser Erzählung „der Begriff der Kulturnation zum erstenmal vorformuliert" (NGA 24, 393). Grass greift darin die Idee einer gesamtdeutschen „Nationalstiftung deutscher Kultur" auf, die er zusammen mit Willy Brandt entwickelt hat. Sie könnte „das Fundament legen, damit wir uns endlich begreifen, damit uns die Welt anders und nicht mehr als fürchterlich begreift" (NGA 11, 123). Kulturgüter der durch den Zweiten Weltkrieg verlorenen deutschen Ostprovinzen sollten ihren Platz finden und „uns dort die Ursachen unserer Verluste erkennen lehren. Raum böte sich den Widersprüchen der gegenwärtigen Künste. Es ließe sich aus dem vielschichtigen Reichtum deutscher Regionen Beispielhaftes zusammentragen" (NGA 11, 123). Als Standort schlägt Grass in den *Kopfgeburten* das Niemandsland am Potsdamer Platz in Berlin vor, damit die Stiftung „den Widerpart aller Kulturen, die Mauer, an einer einzigen Stelle aufheben" könne (NGA 11, 124).

Grass lebt die Idee einer die innerdeutsche Grenze überschreitenden Kulturnation vor. Er organisiert Treffen zwischen west- und ostdeutschen Schriftstellerinnen und Schriftstellern in der DDR maßgeblich mit: „Wir und die anderen (Haufs, Meckel, Buch, Peter Schneider) fuhren vier Jahre lang alle paar Monate von Bahnhof Zoo nach Bahnhof Friedrichstraße. Mit den gefälteten Manuskripten hangelten wir uns durch die Kontrollen. Drüben endlich versammelt, nahmen wir ein Taxi zu Schädlichs raus: Rotkäppchenweg, oder zu Kunerts nach Berlin-Buch oder zur Sibylle Hentschke in das Einzimmerloch in der Lenbachstraße oder zu Sarah Kirsch ins Hochhaus mit dem Weitblick von Drüben nach Drüben. Born war immer dabei." (NGA 11, 65–66)

Nicolas Born, der am 7.12.1979 stirbt, ist das Buch gewidmet. Als Nebenhandlung schreibt Grass über die schwere Krebserkrankung, den Tod und die Beerdigung seines Kollegen und Freundes. Ihm und seinem Werk, das er an mehreren Stellen explizit würdigt, setzt er mit den *Kopfgeburten* ein literarisches Denkmal. Ironischerweise wird Volker Schlöndorff 1979 erst durch Günter Grass auf Nicolas Born aufmerksam, auch deshalb verwirft er den geplanten *Kopfgeburten*-Film und verfilmt stattdessen Borns Roman *Die Fälschung*, der 1981 Kinopremiere feiert.

Auch eher tagesaktuelle Debatten verbleiben im Manuskript, etwa die damals in den Feuilletons leidenschaftlich diskutierte Frage, ob es nach dem Kriegsende 1945 in der deutschen Literatur eine „Stunde Null" gegeben habe. Grass bezieht diese Debatte auf seine Biographie. Er betrachtet es als „fragwürdigen Glücksfall", 1927 geboren worden zu sein: „Ich war zu jung, um ernsthaft geprüft werden zu können." (NGA 11, 21) Wenn man davon ausgeht, dass an dieser Stelle Erzähler-Ich und Autor-Ich weitestgehend identisch sind, vermag die darauf folgende Aussage angesichts seiner Vergangenheit in einer Division der Waffen-SS zu überraschen: „Also bin ich fein raus. Also belastet mich nichts." (NGA 11, 21) Allerdings beschäftigt den Erzähler die Frage, was passiert wäre, wenn er zehn Jahre früher, also 1917, geboren worden wäre. Er vermutet, dass er sich dann „zum überzeugten Nationalsozialisten" entwickelt hätte (NGA 11, 22) und geht dann sogar noch weiter: „(Die Danziger SS-Heimwehr hätte, obgleich oder weil mein Onkel Franz bei der Polnischen Post Dienst tat, im Spätsommer 39 mit mir rechnen können, schriftlich bestimmt.)" (NGA 11, 22)

Mit seinem schriftstellerischen Talent hätte er im Dienste des Nationalsozialismus Ereignisse wie „Machtergreifung, Erntedankfest, Führers Geburtstag“ literarisch überhöht oder „später zum Kriegsverlauf Gereimtes und Hymnisches“ beigesteuert (NGA 11, 22). Mit dieser Selbsteinschätzung zeigt sich Grass selbstkritischer als viele seiner Zeitgenossen, die in der damaligen Feuilletondebatte retrospektiv den Stab über die Autorinnen und Autoren der ‚Inneren Emigration‘ brechen.

Dieses Engagement ist als dezidierte Abkehr von seiner eigenen frühen Begeisterung für den Nationalsozialismus einzuordnen. Als Bürger und politischer Intellektueller tritt Grass für eine vielfältige Gesellschaft jenseits von Zuordnungen wie Staatsangehörigkeit, Hautfarbe oder Herkunft ein, er engagiert sich für die Rechte von Menschen mit Migrationserfahrung, für Minderheiten wie Sinti und Roma sowie Geflüchtete.

4 Stellung im Gesamtwerk

Die frühen Prosawerke von Grass wie die *Danziger Trilogie* stehen hauptsächlich im Zeichen der Auseinandersetzung mit dem Nationalsozialismus. Die zunehmende Politisierung des Schriftstellers in den 1960er Jahren färbt auf seine literarische Tätigkeit ab. In *örtlich betäubt* (1969) und *Aus dem Tagebuch einer Schnecke* (1972) widmet sich der Autor dem politischen Alltag in der Bundesrepublik. Mit *Kopfgeburten oder Die Deutschen sterben aus* setzt er nach eigenen Angaben die „Stillage“ fort, die er in *Aus dem Tagebuch einer Schnecke* begonnen hat (NGA 24, 241). Die *Kopfgeburten* sind ähnlich wie das Schneckentagebuch ein politisches Reisejournal, allerdings verlässt Grass wie schon zum Teil im *Butt* den deutschen bzw. europäischen Rahmen. Programmatisch heißt es in den *Kopfgeburten* über Harm Peters: „Zwar sagt er nach zwei Brandt-Zitaten und einem Schmidt-Zitat: ‚Unsere Erfolge können sich weltweit sehen lassen!‘ – aber danach sind ihm der Proteinmangel und andere Sorgen der Dritten Welt näher als Wohngeld und Rentenreform.“ (NGA 11, 137)

Im Roman *Der Butt* (1977) und der Erzählung *Das Treffen in Telgte* (1979) taucht Grass zeitlich tief in die Jahrhunderte ab. In einem Interview spricht er davon, dass er „nach so viel Wegtauchen in Vergangenheit“ die Lust verspüre, „mich plötzlich der Realität zu stellen, z. B. einem Bundestagswahlkampf, einer vor der Tür lärmenden Realität“ und „Zeitgenosse zu sein, mitzusprechen, mich einzumischen und mich dabei zu beobachten“ (NGA 24, 260). In den vielen Reden, Essays und Gedichten, die er in den 1970er Jahren schreibt, spiegelt sich Grass’ wachsendes politisches Interesse wider. Dies gilt vor allem für solche Zukunftsfragen, die eine globale Dimension haben. Grass nimmt in den *Kopfgeburten* viele Fäden aus *Aus dem Tagebuch einer Schnecke, Der Butt* und *Das Treffen in Telgte* auf. So findet sich die der griechischen Mythologie entsprungene Idee einer Kopfgeburt bereits im *Butt* (vgl. NGA 9, 120). Grass’ Vorstellung einer deutschen Kulturnation wird schon im Barock-Kapitel des *Butt* und in *Das Treffen in Telgte* angedeutet (z. B. NGA 10, 76). Dennoch nimmt die Erzählung eine Sonderstellung in seinem Œuvre ein, sie markiert den Beginn einer neuen Werkphase. In dieser entfaltet sich „die für Grass' bisheriges Schaffen charakteristische Dialektik von literarischer Vergangenheitsbewältigung und politischer Gegenwartsbewältigung zu einer neuen Synthese engagierter Zukunftsbewältigung" (Lubich 1985, 395).

„Mir aber ist eine vierte Zeit, die Vergegenkunft, geläufig" (NGA 11, 104), beschreibt der Autor seine Verschränkung der Zeitebenen. Grass thematisiert in *Kopfgeburten* wie in früheren Werken auch die Zeit des Nationalsozialismus und die politische Gegenwart in Deutschland, erweitert aber die Perspektive ins Globale – und dies auf einer formal ganz neuen und inhaltlich viel breiteren Ebene. Nach seiner ersten Indienreise 1975 bereist er viele weitere asiatische und afrikanische Länder. Sein Wissensstand über das Nord-Süd-Gefälle ist durch eigene Anschauung und eine intensive theoretische Beschäftigung nicht mehr mit jenem vergleichbar, das er hatte, als er das *Butt*-Kapitel „Vasco kehrt wieder" schreibt.

Kopfgeburten oder Die Deutschen sterben aus bildet den Auftakt für Titel wie *Die Rättin* (1986), *Zunge zeigen* (1988), *Unkenrufe* (1992) und *Totes Holz* (1990). Ein „fatales Jahrzehnt", nennt Günter Grass die 1980er Jahre in seinem Werkstattbericht *Sechs Jahrzehnte* (vgl. Grass 2014, 245). Es ist bezeichnend, dass er nach den *Kopfgeburten* als Schriftsteller „das Schreiben einstellt" (Grass 2014, 251). Die intensive Auseinandersetzung mit gravierenden Problemen wie Armut, Hunger und Tod und die vielen Reisen haben ihn vom Schreiben entfernt. Erst 1986 publiziert Grass mit *Die Rättin* seinen nächsten zeitkritischen Roman. Halt findet er in der Zwischenzeit in der Bildenden Kunst. Während er zu den *Kopfgeburten* allein schon aus Zeitgründen nur wenige Radierungen anfertigt, drückt er sich in den frühen 1980er Jahren vor allem in Bildern und Plastiken aus. Zum einen machen ihn die Zerstörung der Umwelt, der Ost-West-Konflikt und die atomare Aufrüstung oder die Wahl Helmut Kohls zum Kanzler der Bundesrepublik zunehmend sprachlos. Zum anderen erzielt er mit drastischen bildkünstlerischen Arbeiten beim Publikum eine unmittelbarere Wirkung. Grass veröffentlicht *Zunge zeigen* und *Totes Holz* als Wort- und Bildbände. Diese Bücher erscheinen nicht mehr im klassischen Literaturverlag Luchterhand, sondern im Steidl Verlag, der für seine hochwertigen Bildbände bekannt ist.

5 Intertextuelle Referenzen

Kopfgeburten oder Die Deutschen sterben aus enthält eine Vielzahl von Anspielungen und Bezügen auf literarische und nicht-literarische Schriften von Grass und anderen Autorinnen und Autoren. Diese Texte, die er zum Teil schon im Gedicht *Zuviel* (NGA 9, 235) im *Butt* erwähnt, dienen ihm vor allem dem Zweck einer Zeitkritik (vgl. Gruettner 1997, 16).

5.1 George Orwell *1984*

Der Roman *1984* beeindruckt Grass so sehr, dass er ein ganzes Jahrzehnt nach ihm benennt. In *Kopfgeburten* heißt es: „Bald schlägt uns allen Orwells Jahrzehnt. ‚Nein, lieber George', könnte ein anderes Buch beginnen, ‚ganz so schlimm wird es nicht oder ganz anders schlimm und in Teilbereichen ein wenig schlimmer sogar.'" (NGA 11, 69) Anders als bei seiner ersten Lektüre im Jahr 1949 imponiert Grass die „düstere Hellsichtigkeit" Orwells. Dessen Zukunftsvisionen scheinen Realität zu werden, z. B. durch den Siegeszug der Computer, die ein massenhaftes Speichern von Daten ermöglichen: „Mein Protest gegen das Speichern von Daten ist gespeichert. Ich werde gedacht." Die neuen Technologien hätten einen negativen Einfluss auf das Bildungssystem, in dem „alle Schulpflichtigen [...] ab Ende der achtziger Jahre [...] durch staatlich programmierte Lehrcomputer unterrichtet" würden. (NGA 11, 45) Er fürchtet die übergroße Macht von Orwells „großem Bruder", der ja ebenfalls ein Computer ist, heute würde man wohl sagen: eine KI.

Die Aussage von Grass aus den frühen 1970ern, „Der Fortschritt ist eine Schnecke", bezeichnet der Erzähler angesichts der rasanten technologischen Entwicklung als „Irrtum": „Die damals riefen: Zu langsam! Das geht uns zu langsam! mögen (mit mir) erkennen, daß uns die Schnecke entglitten, davongeeilt ist. Wir holen sie nicht mehr ein. Wir sind im Rückstand. Die Schnecke ist uns zu schnell." (NGA 11, 112) Das „Ja zum Fortschritt" zeige sich exemplarisch an dem Bau des Kernkraftwerks in Brokdorf. Das Bestreben, dieses trotz gewaltiger Proteste aus der Bevölkerung weiterzubauen, sieht der Autor sogar als „Big Brothers Ja", dem „Orwells Nein ein wenig, doch nicht sonderlich lästig ist." (NGA 11, 130)

Neben einigen sprachkritischen Ausführungen – in Bezug auf das in Orwells Roman ausgeführte, der Manipulation und Unterdrückung dienende Konzept „Neusprech" – widmet sich Grass noch dem Aspekt, dass Orwell die Angleichung „zwischen den herrschenden Ideologien" des 20. Jahrhunderts beschrieben bzw. vorausgesehen habe. Kapitalismus und Kommunismus würden sich durch den jeweiligen Machtwillen der USA und der Sowjetunion immer ähnlicher: „Big Brother hat einen Zwilling." (NGA 11, 70) Orwells dystopische Beschreibung einer großen und mächtigen Führerfigur in einem Überwachungsstaat, die durch den „Big Brother" symbolisiert wird, überträgt Grass warnend in einen zeitgeschichtlichen Kontext.

„Orwells Jahrzehnt I" (vgl. NGA 22, 145–161) lautet der programmatische Titel einer Wahlkampfrede, die Grass im Februar 1980 hält. Die Rede zeigt beispielhaft die enge Verbindung zwischen epischen und essayistischen Perspektiven im Werk von Günter Grass der 1980er Jahre. Alle zentralen politischen Diskurse aus den *Kopfgeburten* tauchen in *„Orwells Jahrzehnt I"* zum Teil wortgetreu auf. Grass hebt die Grenzen zwischen den Kategorien Literatur und Politik quasi auf.

5.2 Albert Camus *Der Mythos des Sisyphos*

Zu den frühen und prägenden Leseerfahrungen von Grass gehört *Der Mythos des Sisyphos* von Albert Camus, und dass er Geschichte als absurden Prozess begreift, geht maßgeblich auf Camus und die Auseinandersetzung mit dem Existentialismus zurück.

Gelesen hat Grass den *Mythos des Sisyphos* Anfang der 1950er Jahre, fast zeitgleich mit Orwells *1984*. Die Bücher stehen für Grass in einem komplementären Verhältnis zueinander. Er versteht ihre erdachten Gestalten als Repräsentanten einer durch Kommunismus und Kapitalismus entindividualisierten Zivilisation. Für sein politisches Weltbild sind Orwell und Camus Kronzeugen, auf die er sich immer wieder beruft.

Grass versinnbildlicht mit dem Sisyphosmotiv seine Abkehr von sämtlichen Ideologien im Allgemeinen und vom Deutschen Idealismus im Besonderen. Laut Camus schweigen bei Sisyphos alle Götzenbilder. In diesem Sinne möchte Grass aufklärerisch wirken. Ähnlich wie sein Erfinder sieht die Hauptfigur Harm Peters Parallelen zwischen der „Arbeit und geistigen Haltung des Sisyphos" und den „Aufgaben und der Ethik des demokratischen Sozialismus": „„So seh ich mich, Dörte. Genau so. Raufgewuchtet den Stein, plumps liegt er wieder unten. Wieder rauf, nochmal runter. Immerzu. Lebenslang." (NGA 11, 81–82)

Problem folge auf Problem, Reform auf Reform, und das werde nie aufhören, denn „immer wartet unten der Stein". Dabei solle man im Sinne von Camus „nicht nachlassen" und „Ja sagen zum Stein", denn die „verschwiegene Freude des Sisyphos" sei es, dass sein Schicksal ihm gehöre, der Stein „seine Sache" sei. Ihn kann der Antipode „Orwell nicht schrecken": „Harm ist der absurde Held wider das Absurde, er ist der Held der Geschichte." (NGA 11, 82)

Kein Wunder, dass die Reisegesellschaft, mit der Dörte und Harm reisen, „Sisyphos" heißt. Mit der Namensgebung unterstreicht der Autor die Bedeutung des *Mythos* und sein Bestreben, sich den kaum lösbaren Problemen in der „Dritten Welt" dennoch zu stellen. Um dies zu untermauern, lässt er in die Reklameprospekte der Reisegesellschaft einige Originalzitate aus *Der Mythos des Sisyphos* einfließen. Der Satz „Mit Sisyphos läßt sich werben. Mit dir läßt sich reisen" (NGA 11, 83) darf schließlich auch als Einladung an die Leserinnen und Leser verstanden werden, sich auf eine geistige Reise mit Albert Camus' Sisyphos zu begeben.

Jenseits dieser tiefen Moral ist Grass' Zugang zu Camus' *Sisyphos* oft sehr ironisch. Er schildert in den *Kopfgeburten* unzählige absurde und skurrile Situationen. Einige Aufritte, etwa von Harm als „Großer Diktator", erinnern an das absurde Theater. (vgl. Brunssen 1997, 54–56) Die Sinnsuche des reisenden Ehepaars bleibt letztlich sinnlos. Die ständige Unentschiedenheit der komischen Figuren Dörte und Harm steht stellvertretend für das zeittypische „mitteleuropäische Gesellschaftsspiel ‚Einerseits-andererseits'" (NGA 11, 15). Grass symbolisiert mit diesem ewigen Kreislauf des Absurden eine kollektive Misere der Aufklärung und des Rationalismus (vgl. Brunssen 1997, 51).

5.3 Der Club of Rome und Willy Brandts *„Neue Weltwirtschaftsordnung"*

Die Hauptfiguren lesen in den *Kopfgeburten* Texte über das Nord-Süd-Gefälle, die Grass nachhaltig beeindruckt haben: Harm zitiert aus Willy Brandts „Neuer Weltwirtschaftsordnung" und Dörte nennt „aus den Papieren des ‚Club of Rome' schlimme Zahlen" über die Lage der Menschen im globalen Süden (NGA 11, 126). Mit den „Papieren" ist der zweite Bericht an den Club of Rome gemeint, den Wissenschaftlerinnen und Wissenschaftler 1974 unter dem Titel *Menschheit am Wendepunkt* veröffentlichen. Grass hat diesen Bericht im Gedicht *Zuviel* aus dem *Butt* gemeint, wie er in der Rede *Nach grober Schätzung* (1975) bestätigt. (vgl. NGA 21, 456–467) Das in den *Kopfgeburten* und zahlreichen Reden und Essays verwendete statistische Material über die Bevölkerungsexplosion, die Kindersterblichkeit und die Millionen Hungertoten hat er diesem Bericht entnommen. Dieser schlägt den Bewohnerinnen und Bewohnern der westlichen Welt vor, Verzicht zu üben und den Fortschritt kritisch zu hinterfragen. Grass schreibt dementsprechend: „Also nein sagen zu den Angeboten. Die erstaunlichen Erfindungen ausschlagen. Sich zur technischen (menschlichen) Entwicklung, in deren Verlauf alles Machbare auch gemacht wurde, bewußt fehlverhalten. Das Machbare über den Prüfstein der Notwendigkeit stolpern lassen. Was sich der menschliche Kopf (zu groß geraten) ausdenkt, muß nicht umgesetzt, zur Tat, muß nicht tatsächlich werden." (NGA 11, 129)

Auch den Appell der Wissenschaftler für ein neues Weltbewusstsein, dass sich jeder Mensch auch für die Probleme der „Dritten Welt" verantwortlich fühlen sollte, unterstützt Günter Grass uneingeschränkt. Seine *Kopfgeburten* sind ein Instrument, um ein solches empathisches Bewusstsein zu schaffen. Wie schon in der *Blechtrommel* schreibt er über grauenvolle Themen nicht kitschig oder wehleidig, sondern in „munterschwarzen Fabeln", wie es in seiner Nobelpreisbegründung heißt. Gerade dadurch möchte er bei seinen Leserinnen und Lesern eine umso größere Wirkung erzielen.

Der zweite Schlüsseltext, den Harm Peters zitiert, ist die Einleitung des Berichts der Nord-Süd-Kommission, die von deren Vorsitzenden Willy Brandt stammt. Unter dem Titel *Das Überleben sichern* (1980) fordert der Friedensnobelpreisträger eine „Neue Weltwirtschaftsordnung". Die auch als „Brandt-Bericht" benannte Studie wird im Februar 1980 dem Generalsekretär der Vereinten Nationen übergeben. Der Nord-Süd-Bericht ist für Grass ein Hoffnungsschimmer und kaum zu überschätzender Antrieb, sich weiterhin gesellschaftlich zu engagieren: „Er hat uns die Alternative zu Orwells düsterer Voraussicht gezeigt. [...] Mir jedenfalls hat Willy Brandt immer wieder Grund geboten, nicht nachzulassen, nicht zu resignieren, sondern den politischen Alltag notfalls auch kämpferisch zu bestehen." (NGA 22, 151–152)

Kopfgeburten gehört nicht zu den bekanntesten Werken von Günter Grass, aber es ist erstaunlich, wie viele der darin behandelten Themen noch von ebenso großer Relevanz sind wie bei Erscheinen des Buches.

Literatur

Brunssen, Frank. *Das Absurde in Günter Grass' Literatur der achtziger Jahre*. Würzburg 1997.

Grass, Günter. *Sechs Jahrzehnte. Ein Werkstattbericht*. Hrsg. von G. Fritz Margull und Hilke Ohsoling. Göttingen 2014.

Gruettner, Mark Martin. *Intertextualität und Zeitkritik in Günter Grass' „Kopfgeburten" und „Die Rättin"*. Tübingen 1997.

Kölbel, Martin (Hrsg.). *Willy Brandt und Günter Grass. Der Briefwechsel*. Göttingen 2013.

Lubich, Frederick Alfred. „Günter Grass' ‚Kopfgeburten': Deutsche Zukunftsbewältigung oder ‚Wie wird sich Sisyphos in Orwells Jahrzehnt verhalten?'". *The German Quarterly* 58.3 (Summer 1985): 394–408.

Neuhaus, Volker. *Günter Grass*. 3., aktualisierte und erweiterte Auflage. Stuttgart und Weimar 2010.

Stolz, Dieter. *Günter Grass. Der Schriftsteller*. 3., aktualisierte und erweiterte Auflage. München 2023.

Zimmermann, Harro, *Günter Grass. Biographie*. Hamburg 2023.

II.1.9 *Die Rättin* (1986)

Heinrich Detering

1 Entstehung

Die Rättin verhandelt die sich abzeichnende globale ökologische Krise *als* Krise der literarischen Repräsentation. Beides hatte Grass seit Ende der 1980er Jahre umgetrieben und zu seinem zeitweiligen Verstummen geführt: Nach *Kopfgeburten* (1980) „verhielt ich mich vier Jahre lang still. Etwas war geschehen: die Endlichkeit menschlicher Existenz, das heißt, der Hang und die Möglichkeit zur Selbstvernichtung, zudem die alltägliche Beflissenheit, mit der diese letzte menschliche Utopie tätig vorangetrieben [...] wird, ließen sich nicht mehr übersehen" (Grass 2014, 259). In dieser Zeit zog sich Grass vom Schreibtisch zurück und wechselte in die Töpferwerkstatt über. Dort arbeitete er 1982/83 teils an Texten, die er in Tontafeln einritzte und brannte, teils an Skulpturen, die Ratten in unterschiedlichen Größen und Konstellationen zeigen (vgl. Reinartz; zur Entstehung Neuhaus 2010, 182–197). Seit Ende 1982 ergaben sich daraus erste Textentwürfe, die später teils wörtlich, teils überarbeitet in die *Rättin* eingingen. Gleichzeitig äußerte sich Grass in Reden und Interviews ausführlich zu den ökologischen und militärischen Bedrohungen der Zeit, aber auch über literarische Möglichkeiten, diese Entwicklungen jenseits der konventionellen erzählerischen Möglichkeiten zu gestalten, programmatisch zuerst in der Dankrede zur Verleihung des Feltrinelli-Preises im November 1982, unter der Überschrift *Die Vernichtung der Menschheit hat begonnen* (NGA 22, 207–211).

Im Herbst 1983 kommt aus den bildkünstlerischen Arbeiten der Schreibprozess wieder in Gang, zunächst unter dem Arbeitstitel „Die See" oder „Die neue Ilsebill" (Grass 2014, 271), dann mit der Erweiterung des Themas und der Figurenkonstellation als *Die Rättin*. Weiterhin wird die Textentstehung begleitet von Terrakottaarbeiten, die auch Teile des *Rättin*-Manuskripts aufnehmen (vgl. Grass 2014, 270), Zeichnungen und Lithographien. Darunter ist eine Lithographie, die als graphisches ‚Treatment' in der Form eines verzweigten Baums die Konzeption eines Stummfilms über das Thema „Grimms Wälder" entwirft, den Grass zeitweise mit dem *Blechtrommel*-Regisseur Volker Schlöndorff plante und der dann im Text Oskar Matzerath zugeschrieben wird. (Abb. in Grass 2014, 276; aus dem Themenkomplex „Grimms Wälder" geht nach dem Erscheinen des Werks der Bild-Text-Band *Totes Holz* hervor.) Wie die erhaltenen Typoskript- und Fahnenkorrekturen zeigen (AdK Berlin, Göttinger Grass-Archiv), hat Grass den Text noch bis zur Drucklegung immer neuen, umfangreichen Korrekturen unterzogen. Ende 1985 veröffentlichte die Wochenzeitung *Die Zeit* zwei Kapitel vorab; im Frühjahrsprogramm 1986, kurz vor der Reaktorkatastrophe von Tschernobyl, erschien dann *Die Rättin* im Verlag Luchterhand, ohne Gattungsbezeichnung. Erst in der NGA wird das Werk als „Roman" etikettiert.

https://doi.org/10.1515/9783110755435-010

2 Konzeption und Deutungsperspektiven

Zwölf Kapitel umfasst der dystopisch-fantastische Roman, der im Rückblick aus der Perspektive des *Ecocriticism* als Pionier-Werk einer ökologisch reflektierten Literatur erscheint. In ihm versucht Grass 1986 die Epochenwahrnehmung einer sich rasant beschleunigenden ökologischen Krise literarisch zu gestalten, vierzehn Jahre bevor der Begriff ‚Anthropozän' geprägt wird. Er tut das mit den Mitteln der grellen Groteske, der Parodie und Genremischung; *Die Rättin* markiert Grass' größte Annäherung an die literarische Postmoderne. Absichtsvoll scheint mit diesem umfangreichen Text ein literarischer Endpunkt erreicht, der dem absehbaren ökologischen Untergang der menschlichen Spezies entsprechen sollte. An diesem Ende, jenseits dessen nur noch die Ratten und, natürlich, die Rättinnen überleben können, werden alle großen Themen und Figuren der eigenen Vorgängerwerke noch einmal aufgerufen, nur verzerrt und entstellt, verbunden mit weitläufigen literarischen Traditionen: „Es sollte ein Buch werden, das alte Geschichten aufnahm, um sie den allerneuesten Katastrophen auszuliefern." (Grass 2014, 275)

Die Rättin stellt die eigene Textualität in sich selbstreflexiv überschlagenden Fiktionsspielen provozierend aus. Der Text ist als Anti-Roman im genauen Wortsinn konzipiert: Er spielt mit unterschiedlichen Entwürfen eines möglichen Romangeschehens, ohne einen davon als die ‚eigentliche' Diegese zu privilegieren, von der die anderen – etwa als Vor- oder Rückblenden oder Digressionen– in hierarchischer Weise abhängig wären. Die so erzeugte Verwirrung über den ontologischen Status des jeweils Erzählten widersteht jedem Versuch, den ‚Inhalt' linear zusammenzufassen. Stattdessen wäre zu beschreiben, wie die unterschiedlichen Erzählfragmente beschaffen, arrangiert und in einen seinerseits vielfach gestaffelten narrativen Rahmen integriert sind.

Die einzigen kontinuierlich geltenden Regeln der erzählten Welt werden in den ersten Sätzen zusammengefasst. Ein männliches Erzähler-Ich, das immer wieder Ähnlichkeiten mit dem gegenwärtigen realen Autor aufweist (d. h. in der Zeit unmittelbar vor Erscheinen des Buches an dessen norddeutschem Wohnort lebt, seine lebensgeschichtliche Bindung an Danzig und die kaschubisch-deutsch-polnische Geschichte teilt und seine bisherigen Bücher verfasst hat: die *Danziger Trilogie*, den *Butt*, den Erzähl-Essay *Kopfgeburten*), lebt seit dem letzten Weihnachtsfest mit einer Rättin zusammen, die er sich als Weihnachtsgeschenk gewünscht hat, und er sieht angesichts großräumiger ökologischer Zerstörungen (Waldsterben, Verseuchung der Meere, Artenschwund) und atomarer Weltkriegsgefahren einer apokalyptischen Zukunft des Planeten Erde entgegen.

Alle weiteren Erzählansätze folgen aus dieser Konstellation. Der erste besteht darin, dass die Rättin zu sprechen beginnt und mit dem Erzähler in ein provozierendes, oft agonales Gespräch gerät – in einer Konstellation, die von ferne an die Einflüsterungen des Butts an den in immer wechselnden historischen Verkleidungen erscheinenden männlichen Protagonisten seiner Welt-Geschichte erinnert. Anders als in *Der Butt* aber geht es in den Einflüsterungen der Rättin nicht um eine parodistisch entfaltete Geschichtsphilosophie, sondern um mögliche Varianten einer teils in lokalen und regionalen, teils in globalen Perspektiven imaginierten Zukunft. Darin werden die gegenwärtigen, aber auch einige in der näheren Zukunft erwarteten Ereignisse immer wieder als bereits vergangen vorausgesetzt, die ihrerseits in teils voneinander unterschiedenen, teils ineinander verschränkten Varianten angedeutet werden: der „Große Knall" eines Weltkriegs mit Neutronenbomben, aus dem sich erst allmählich ein neues, von den überlebenden Pflanzen- und Tierarten, allen voran den Ratten initiiertes Leben erhebt; ein ökologisches Umkippen der Meere, darunter die zunächst überdüngte, dann von Quallen übervölkerte und schließlich biologisch tote Ostsee; eine Verelendung der Menschheit auf dem übervölkerten Planeten in einer Weise, wie der Erzähler-Autor sie schon in Calcutta gesehen hat.

Die Ansätze eines möglichen *plot*, die sich in unterschiedlichen Zeitabschnitten dieser Szenerien von Untergang und Wiederkehr des biologischen Lebens und der menschlichen Zivilisationen entfalten, lassen sich am besten als Fantasien beschreiben, die mit unterschiedlichen literarischen und filmischen Genres makabre Spiele treiben – was dem Text durchgängig einen hohen Grad literarischer Selbstreflexivität gibt. Was immer in ihm als Erzählung erprobt, an- oder durchgespielt wird, handelt auch von den Möglichkeiten und Grenzen menschlicher Vorstellungskraft am mutmaßlichen Ende aller Literatur, ihrer menschlichen Träger und ihrer menschenweltlichen Referenzen.

Die verwickelten *plot*-Linien zusammenzufassen heißt vor allem, diese Genres und die einzelnen sie exemplifizierenden Hypotexte zu bestimmen. Dabei sind lokale, also auf einzelne Linien begrenzte, und globale, also den gesamten apokalyptischen Erzählrahmen bestimmende Genres zu unterscheiden. *Lokal* verbinden sich lange parodistische Passagen, die teils auf kulturgeschichtliches Wissen (die Brüder Grimm, Nietzsches *Zarathustra* mit den Schlagworten von ‚Züchtung' und ‚Übermensch') und politische Gegenwartsdebatten (der als grobe Karikatur Helmut Kohls erkennbare „Bundeskanzler"), teils auf Zaubermärchen (Grimms, Musäus', Bechsteins, Hauffs, Andersens Märchenfiguren), Science-Fiction-Erzählungen (von Alfred Döblins *Berge, Meere und Giganten* bis zu den an Hollywood-Produktionen erinnernden „Watsoncricks"), Comic Strips (die Schlümpfe als aktuelle Variante der Märchen-Zwerge) und Katastrophenfilme zurückgehen, mit durchgängigen Reminiszenzen an frühere Werke des realen Autors Grass.

Sie alle führen in groteske Entstellungen sowohl der einzelnen Figuren (die etwa charakteristische Handlungen wie Rumpelstilzchens Beinausreißen unablässig wiederholen) als auch der jeweils von ihnen bestimmten Handlungsstränge. In einem satirisch-zeitkritischen Zusammenhang, der von der Schreibgegenwart ausgeht und sie mit historischen Vorgängern verbindet, wird etwa der Märchensammler, Germanist und Demokrat Jacob Grimm als Umweltminister in die vom ungenannten, aber wiedererkennbaren Helmut Kohl geleitete Bundesregierung aufgenommen, während die Märchenfiguren von Rumpelstilzchen bis zu Rübezahl, angeführt von den in Hänsel und Gretel verwandelten Kindern des Kanzlers, einen Protestzug in den toten, nur noch in Potemkin'schen Kulissenschiebereien existierenden Wald anführen. Dieser Handlungsstrang wird eingeführt als ein Filmprojekt („Grimms Wälder"), das der mittlerweile sechzigjährige und mit körperlichen Altersmalaisen hadernde, aber als Videoproduzent erfolgreiche Oskar Matzerath zusammen mit dem Erzähler ersonnen hat. Oskar wird teils wie eine der realen Welt angehörende, teils wie eine nur fingierte Figur geschildert. Mit seiner Großmutter Anna Koljaiczek, die ihren hundertsiebten Geburtstag begeht, wird Oskar in einem anderen Handlungsstrang im postapokalyptischen Danzig von den Ratten, in einer blasphemischen Verkehrung des Bildes von Gottesmutter und Christuskind, zum Gegenstand religiöser Verehrung. Währenddessen (oder: in einer anderen denkbaren Geschichte) sind fünf Frauen mit einem Boot, dessen Name an die Protagonistin aus Grass' *Butt* erinnert, auf die Ostsee hinausgefahren, biologische Studien über die Quallenvermehrung anzustellen oder um, begleitet von Musik Bachs und Bob Dylans (vgl. NGA 12, 245), das sagenhafte Vineta als matriarchale Utopie zu suchen, oder beides; ihre Reise geht je nach Erzählversion verheißungsvoll oder tödlich aus.

Die Ostsee wird von diesen Geschehnissen aus immer wieder ausführlich als historischer Schauplatz von Kriegen der Großmächte wahrgenommen, mit den großen historischen Konstellationen wie einzelnen, auf individuelle Akteure bezogenen Episoden vom Dreißigjährigen Krieg bis zum Zweiten Weltkrieg (einschließlich der dann in der *Krebsgang*-Novelle erzählten Geschichte vom Untergang der „Wilhelm Gustloff") und dem Kalten Krieg, in dem die Flucht eines einsamen Paddlers aus der DDR nach Dänemark scheitert und der Skandal um den Lübecker Kunstfälscher Lothar Malskat als Karikatur der widerstreitenden Selbstbilder der beiden deutschen Staaten und ihrer Regierungschefs Adenauer und Ulbricht erscheint, der „falschen Fuffziger".

Global werden diese demonstrativ heterogenen Erzählungen integriert in teils explizit genannte, teils implizit angedeutete Hypotexte, die es allesamt mit geschichtsphilosophischen Sinnentwürfen und ihrer Bestreitung zu tun haben. Das sind:

– die gleich zu Beginn des 1. Kapitels erstmals erwähnten biblischen Apokalypsen (von der am Ende der Heiligen Schrift stehenden Johannes-Apokalypse bis zurück zur Sintflutgeschichte) als Untergangs- und Erlösungserzählungen aus prophetisch-visionärer Perspektive („Und ich sah", NGA 12, 331, 334 u.ö.) und mit dem narrativen Dreischritt von ankündigenden Vorzeichen, Katastrophe und „einem neuen Himmel und einer neuen Erde" (Apk 21; hier: „Erneuern wird sich die alte Erde", „die Gegenkraft [...] der neue Frühling", NGA 12, 321 und 347);
– zeitgenössische Darstellungen wissenschaftlich begründeter Warnungen vor einem globalen ökologischen Kollaps wie dem Bericht des *Club of Rome* (1972), auf den Grass sich bereits in der Feltrinelli-Dankrede bezog; dem stehen biotechnologische Spekulationen über Anpassungen durch Genmanipulationen gegenüber (im Text repräsentiert durch die aus Züchtungsexperimenten hervorgegangenen „Watsoncricks", nach den DNA-Entdeckern Watson und Crick benannte Rattenmenschen);
– den parabelhaften Entwurf einer Mensch-Tier-Übergänglichkeit im Zeichen von Sterblichkeit und Kunstproduktion wie in Kafkas *Josefine oder das Volk der Mäuse*;

- die optimistische Geschichtsphilosophie der Aufklärung, für die leitmotivisch Lessings Schrift *Die Erziehung des Menschengeschlechts* steht, die aber auch in Hinweisen auf Leibniz' *Theodicée* und Voltaires *Candide* anklingt;
- die ‚nihilistische' Variante eines metaphysisch sinnlosen Weltgeschehens wie in Jean Pauls *Rede des toten Christus vom Weltgebäude herab, dass kein Gott sei* (NGA 12, 14; vgl. die Vision der gekreuzigten Ratten und die „Rattenmesse" im 9. Kapitel);
- schließlich pikareske und sprachspielerische Romane aus Renaissance und Barock wie Fischarts *Froschmäuseler* und Grimmelshausens *Simplicissimus*, auf deren Erzählweisen sowohl die grotesken Überzeichnungen der menschlichen, tierlichen und tiermenschlichen Gestalten als auch durchgängig die ausufernden Kapitelüberschriften verweisen.

Auch ikonographische Vor-Bilder tragen zu diesem gestaffelten Erzählrahmen bei, am markantesten Hieronymus Boschs groteskes, figurenreiches, zwischen allegorischen und fantastischen Darstellungen changierendes Bild *Der Garten der Lüste* (genannt NGA 12, 348).

Der äußerste Rahmen ist bestimmt durch die imaginierte Position des Erzählers in einer die zerstörte Erde umkreisenden Raumkapsel, in der er, an einem Rollstuhl festgeschnallt, zum ewigen Hinsehen als passiver Beobachter verurteilt ist: von der Rättin „als Space-Observer in eine Raumkapsel gezwängt" (NGA 12, 132). In dieser Position erinnert er an die körperlich verfallenden und doch nie endenden Dramen- und Romanfiguren Samuel Becketts, namentlich den an den Rollstuhl gefesselten Hamm, der in *Endspiel* (1956) in einer zerstörten Welt agiert; wie Becketts Figuren will auch der Erzähler der *Rättin*, der keine Adressaten mehr hat, nur noch „erzählen [...], weil ich durch Wörter das Ende aufschieben möchte" (NGA 12, 15). Seine wiederkehrenden Erinnerungen an verschüttete Wortbestände, wie sie das *Deutsche Wörterbuch* Jacob und Wilhelm Grimms sammelt, stellen dem sich abzeichnenden Verstummen die nunmehr obsolet gewordene Möglichkeit eines anderen, ‚poetischen' Sprechens gegenüber (und weisen auf die nach dem Vorbild ebendieser Abschnitte modellierten Prosagedicht-Passagen in *Grimms Wörter* voraus).

Gemeinsam ist allen Zukunfts-Imaginationen des Romans die – wiederholt mit diesem Begriff benannte – „posthumane" Dimension: Nach dem Ende der „Humanzeit" übernehmen andere Lebewesen deren Hinterlassenschaften auf ihre Weise. Dabei werden die in ihrem Verhalten märchenhaft anthropomorphen „Rattenvölker" zu Hauptträgern einer neuen, posthumanen Zivilisation, in die sie die menschliche Zivilisation überführt haben – in einer Abwandlung der ebenfalls leitmotivisch erinnerten Sage vom Rattenfänger zu Hameln.

In der Verflechtung dieser heterogenen Geschehensfäden erweist sich als Konstruktionsprinzip des Textes eine potenzierte Fiktionalität. Im 1. Kapitel werden die auf der „Neuen Ilsebill" fahrenden Frauen mit dem mythischen Bild der Parzen überblendet: Sie stricken, „als wollten sie den Faden nie abreißen lassen", und zwar „gegen die rinnende Zeit, gegen das drohende Nichts, gegen den Anfang vom Ende"; der männliche Erzähler folgt ihnen, die „strickend die letzte Gegenkraft" am Leben halten, in den Fäden seiner Erzählung.

Wie dieser mythische Anfang, so ist jeder der im Folgenden ausgesponnenen Erzählfäden begleitet von metanarrativen Reflexionen, in denen die Konstruiertheit des Textes insgesamt ausgestellt wird. Diese Metafiktionalität erzeugt immer neue, unauflösbare Ambiguitäten hinsichtlich des ontologischen Status der jeweiligen Diegese: Entweder ist das Geschehen nur der Traum des Erzählers – oder der vermeintliche Traum zeigt eine Wirklichkeit, die er sich nicht eingestehen will.

So beschreibt er zwar durchweg die „Rättin, von der mir träumt" (etwa NGA 12, 125), dennoch erwägt er immer wieder, dass er seinerseits nur von der Rättin fingiert sein könnte: „Mir träumte ein Mensch, / sagte die Ratte, von der mir träumt." (NGA 12, 398) Seine fortwährenden Proteste wären dann nur der mit den Mitteln romantischer Ironie erzählte Versuch einer Romanfigur, sich gegen ihren Autor, ihre Autorin selbständig zu machen. Immerhin verfügt die Rättin frei über die „Rückblenden, die ihr jederzeit abrufbar sind" (NGA, 314) und mit deren Hilfe sie den Erzähler als den letzten Menschen belehren will („Was du nicht glauben willst, soll dir zum Bild werden", NGA 335); spöttisch sieht sie ihm bei seinen Versuchen zu, sich als autonomen Erfinder zu inszenieren („noch immer denkst du dir deine Geschichte fortgesetzt aus", NGA 12, 360).

Mehrmals erwägt der Erzähler noch eine dritte Variante, in der sowohl er selbst als auch die Ratten mit allen übrigen Lebewesen von einem Gott geträumt werden: „Gott [...] träumt uns in Fortsetzungen, weil er uns lieb hat oder uns komisch findet, deshalb nicht von uns lassen kann, unser Gezappel nicht satt kriegt." In diesem Gottestraum lebten dann alle Wesen der Diegese „nur noch als ob", als „Reflex" oder in „Rückblenden" (NGA 12, 344) – so dass „beide, die Ratte und ich, geträumt werden / und Traum dritter Gattung sind" (NGA 12, 398).

Keine dieser vereindeutigenden Lesemöglichkeiten bekommt endgültig recht, immer ergeben sich aus dem Erzählten die paradoxen Kippfiguren romantischer Ironie. „Warum", fragt der Erzähler, „sind Träume, gegen die alles spricht, dennoch zwingend? Und wessen Logik bleibt vorgeschrieben im Traum?" (NGA 12, 133)

Relativ eigenständig gegenüber diesem hochkomplexen Erzähltext stehen die neunundzwanzig (wie im *Butt*) eingelegten, teils schon in den Vorarbeiten zum Roman entstandenen Gedichte. Wie dort nehmen sie Motive des jeweiligen Erzählkontextes auf und entwickeln sie eigenständig weiter. Anders als dort treten sie aber weitgehend aus dem Spiel der potenzierten Fiktionen heraus und reflektieren in lyrischer Rede die Positionen einer außerhalb der Erzählung stehenden Textinstanz, die angesichts des Erzählten poetische Trauerarbeit leistet.

Damit entsteht ein durchgängiger, den Anti-Roman bestimmender Gegensatz zwischen der grotesk-exaltierten, wortreichen und surrealen Erzählung auf der einen und den nüchtern konstatierenden, lapidaren und ‚realistischen' Gedichten auf der anderen Seite. Unter ihnen sind einige der eindringlichsten Gedichte in Grass' späterem Werk; in Lesungen hat der Autor sie mehrfach als eigenständige Texte vorgestellt (etwa *Mir träumte, ich müßte Abschied nehmen*, NGA 12, 109–112, und das Gegenstück *Mir träumte, ich dürfte*

Hoffnung fassen, NGA 12, 473–474). Das Gedicht *Die schönen Wörter* resümiert am bündigsten den romanbestimmenden Zusammenhang von ökologischer und Sprach-Krise:

> Die schönen Wörter.
> Nie mehr soll Labsal gesagt werden.
> Keine Zunge rührt sich, mit Schwermut zu sprechen.
> Nie wieder Stimmen, die uns Glückseligkeit künden.
> So viel Kümmernis sprachlos.
> Abschied von Wörtern, die vom Mann im Land Uz sagen,
> er sei nacket von seiner Mutter Leibe kommen.
> Können wir fernerhin Biermolke
> oder Mehlschütte, Honigseim, Krug sagen.
> So barmen wir der Amme nach.
> Wer weiß, daß der Sprecht einst Bienenwolf hieß?
> Wer hieße gern Nepomuk, Balthasar, Hinz oder Kunz?
> Abschied nehmen Wörter, die um Morgengabe,
> ums Vesperbrot, Abendmahl baten.
> Wer wird uns Lebewohl nachrufen,
> wer flüstern, das Bett ist gemacht?
> Nichts wird uns beiliegen, beschatten, beiwohnen
> und uns erkennen, wie der Engel der Jungfrau
> verheißen hat.
> Zum Abschied mit Taubheit geschlagen,
> gehen die Wörter uns aus. (NGA 12, 227–228)

3 Rezeption

Ein „frei nach dem Roman" im Auftrag des Saarländischen Rundfunks entworfener, Romanmotive mit einem neu erfundenen Handlungsbogen verbindender Fernsehfilm von Martin Buchhorn wurde am 15. Oktober 1997 in der ARD ausgestrahlt, mit prominenter Besetzung (u. a. Matthias Habich, Katharina Thalbach). Grass distanzierte sich von dieser Adaptation, die mit seinem Text einzelne Motive gemeinsam hat, die komplexe Struktur aber linear einebnet.

Von der Kritik wurde der Roman zunächst überwiegend skeptisch aufgenommen. Bereits vor der Veröffentlichung erschien im Eichborn-Verlag eine anonyme, unter dem Namen „Günter Ratte" veröffentlichte Parodie unter dem Titel *Der Grass* in Buchform. Zwar rühmte Fritz J. Raddatz den Roman in der *Zeit* als einen „Prosaentwurf von geradezu explosiver Phantasie, eine Unheilsprophetie säkularen Ausmaßes". Im *Spiegel* aber kritisierte Gunter Schäble ihn als eine erzählerisch aus den Fugen geratene politisch-didaktische Parabel, in der „das Dichterische und das Botschaftliche einträchtig" zusammengehen; die Leser blieben „ohne Schutz [...] dem Inferno ausgeliefert, das diese *Rättin* anzettelt". Und Marcel Reich-Ranickis in der *Frankfurter Allgemeinen Zeitung* erschienener Verriss fasst, unter der Überschrift *Ein katastrophales Buch*, die meisten gegen den Roman vorgebrachten Einwände zusammen. Er lässt sich darum exemplarisch für den bestimmenden Tenor der Erstrezeption lesen. Grass' „verzweifelte Anstrengung" habe nicht ausgereicht, seine „banalen Ansichten und Warnungen" zu einem Roman auszubauen. Hinter der Überfülle der Einfälle verberge sich nur die „Schwäche und Dürftigkeit" einer Erzählung ohne klare Konturen und mit keinem anderen Ergebnis als „Enttäuschung, Resignation, Hoffnungslosigkeit".

Eine zustimmende Rezeption zeichnet sich in einer ökoliterarischen Perspektive ab, in der die *Rättin* umgekehrt als in ökologischer Hinsicht prophetischer und in ästhetischer Hinsicht radikal innovativer Text gelesen wird. In der Germanistik wurde der Roman bereits seit den 1990er Jahren als avanciertes Beispiel einer ökologisch engagierten Literatur gelesen (Preece 1990, Görtz 1991, Elsner Hunt 1992 und 1998, Barkhoff 2000); in jüngster Zeit kommt dabei auch sein ästhetisch experimenteller Charakter neu in den Blick (Stolz 1994/2023, Wellnitz 2023). Eine von Claudia Bauer 2021 am Leipziger Schauspiel inszenierte, texttreue Bühnenfassung wurde von zahlreichen Kritikern zum Anlass einer Relektüre genommen, die – wie bei Till Briegleb in der *Süddeutschen Zeitung* (12. 10. 2021), Eberhard Spreng in *Deutschlandfunk Kultur* (10.8.2021), Tobias Prüwer (*Nachtkritik.de*, 15.2. 2021) und anderen – zu einer entschiedenen Aufwertung des Romans führte, „in später Anerkennung von Grass' Weitsicht" (Briegleb).

Literatur

Barkhoff, Jürgen. „In Grimms Wäldern wächst der Widerstand Kulturelles Gedächtnis und Waldsterben in Günter Grass' ‚Die Rättin'". *Das schwierige 19. Jahrhundert.* Hrsg. von Jürgen Barkhoff, Roger Paulin und Gilbert Carr. Berlin und Boston 2000: 155–169.

Elsner Hunt, Irmgard. „Chaos in der Endphase. Ökoliteratur von Volker Braun und Günter Grass". *Literatur und Ökologie.* Hrsg. von Axel Goodbody. Amsterdam und Atlanta, GA 1998: 243–255.

Elsner Hunt, Irmgard. „Vom Märchenwald zum toten Wald: ökologische Bewußtmachung aus globalökonomischer Bewußtheit. Eine Übersicht über das Grass-Werk der siebziger und achtziger Jahre". *Günter Grass. Ein europäischer Autor?* Hrsg. von Gerd Labroisse und Dick van Stekelenburg. Amsterdam und Atlanta, GA 1992: 123–168.

Görtz, Franz Josef. „Apokalypse im Roman. Günter Grass' ‚Die Rättin'". *Spätmoderne und Postmoderne. Beiträge zur deutschsprachigen Gegenwartsliteratur.* Hrsg. von Paul Michael Lützeler. Frankfurt/M. 1991: 197–210.

Grass, Günter. *Sechs Jahrzehnte. Ein Werkstattbericht.* Hrsg. von G. Fritz Margull und Hilke Ohsoling. Göttingen 2014.

Neuhaus, Volker. *Günter Grass.* 3., aktualisierte und erweiterte Auflage. Stuttgart 2010.

Preece, Julian. „Literature and the End of the World. Günter Grass' ‚Die Rättin'". *Literature on the Threshold. The German Novel in the 1980s.* Hrsg. von Arthur Williams, Stuart Parkes und Roland Smith. New York, NY 1990: 321–334.

Reich-Ranicki, Marcel (Hrsg.). „Ein katastrophales Buch". *Unser Grass.* München 2003: 113–122.

Reinartz, Dirk. *Gebrannte Erde.* Göttingen 2002.

Stolz, Dieter. *Günter Grass. Der Schriftsteller.* München 2023.

Stolz, Dieter. *Vom privaten Motivkomplex zum poetischen Weltentwurf. Konstanten und Entwicklungen im literarischen Werk von Günter Grass (1956–1986).* Würzburg 1994.

Wellnitz, Katrin. *Märchen als Roman: Inszenierung und Fortschreibung von Märchen und Sagen bei Günter Grass.* Göttingen 2024.

II.1.10 *Unkenrufe. Eine Erzählung* (1992)

Alexander Wagner

Unkenrufe erscheint 1992 und wird von Volker Neuhaus als Etüde zum Roman *Ein weites Feld* (1995) (Neuhaus 2010, 204) bezeichnet, der sich ebenfalls der politischen Wendezeit 1989/90 annimmt. Die Helen Wolff gewidmete Erzählung kennzeichnet, unter anderem aufgrund ihres utopischen, Auswege aus gegenwärtigen Krisen anbietenden Charakters und einer „neue[n], veränderte[n] Heiterkeit, die etwas Versöhnliches hat", den Beginn des Alterswerks von Grass (Meyer-Iswandy 2002, 194; Gobyn 2019, 210). In dieser Werkphase werden sich die Figuren zunehmend ihres Platzes innerhalb der Geschichte bewusst und wenden sich Fragen der Erinnerung zu (Thesz 2008, 3). In *Unkenrufe* geben die deutsche Einheit, das politische Tauwetter der Wendezeit und schließlich der Zweite Golfkrieg 1990/91 den handlungslogischen Hintergrund für eine Auseinandersetzung mit den Spätfolgen der Fluchterfahrung von Deutschen und Polen beim Vormarsch der Roten Armee im Zweiten Weltkrieg ab. Nach dem Band *Totes Holz* (1990) mit Grafiken zum Waldsterben sind die *Unkenrufe*, deren Hauptfigur ebenfalls von Fragen des Klimawandels umgetrieben wird, das erste umfangreiche Erzählwerk von Grass, das nicht mehr bei Luchterhand, sondern im Steidl Verlag erscheint. Die Geschichte des Verlagswechsels erzählt Jürgs (Jürgs 2002, 385–387).

1 Handlung

Schauplatz der Handlung ist, wie oft bei Grass, Danzig. Dort begegnen sich die beiden Hauptfiguren, Alexander Reschke, ein älterer Kunstgeschichtsprofessor aus Bochum, spezialisiert auf barocke Begräbnispraktiken im Ostseeraum, und Alexandra Piątkowska, eine Restauratorin und Vergolderin, die in Danzig lebt, zu Allerseelen, am 2. November 1989. Beide sind verwitwet, alleinstehend und teilen die Erfahrung, am Ende des Zweiten Weltkriegs aus ihrer Heimat, er aus Danzig und sie aus dem nun lettischen Wilno (Vilnius), geflohen zu sein. Sie lernen sich auf dem Markt kennen und entwickeln gemeinsam die Idee eines geopolitischen Versöhnungsprojekts. Im Rahmen einer Deutsch-Polnisch-Litauischen Friedhofsgesellschaft soll Geflüchteten aus Wilno und Danzig jetzt, wo es angesichts der sich entspannenden Weltlage und des Zerfalls des Ostblocks wieder möglich scheint, eine Bestattung in ihrer früheren Heimat und damit die späte Rückkehr ermöglicht werden. Das Projekt findet schnell viel Zuspruch und läuft erfolgreich an, zumindest was das deutsch-polnische Bestattungsgeschäft angeht. Die litauischen Behörden stehen dem Vorhaben skeptisch gegenüber und verweisen auf die zuvor drängendere Frage der nationalen Souveränität gegenüber der Sowjetunion und Russland, sodass dieser Teil der finanziell bald gut ausgestatteten Gesellschaft auf Eis gelegt werden muss. Zwischen Alexandra und Alexander entwickelt sich neben ihrer Tätigkeit als vorsitzende Gesellschafter der Friedhofsgesellschaft eine Liebesge-

https://doi.org/10.1515/9783110755435-011

schichte, die den eigentlichen, bei allen weltgeschichtlichen Hintergründen betont privaten Handlungsrahmen des Textes absteckt, der mit der ersten Begegnung des Paars beginnt und mit dem gemeinsamen Tod endet. In Danzig macht Alexander außerdem die Bekanntschaft des Bengalen Subha Chandra Chatterjee, der mit einem Rikschabetrieb den öffentlichen Nahverkehr der Ostseestadt revolutioniert. Durch die Expansion dieser Geschäftsidee in zahlreiche andere Städte, auch über die Grenzen Polens hinaus, wird ein utopischer Entwurf alternativer Verkehrskonzepte in großen Siedlungen mit Hilfe außereuropäischer Beförderungstechniken erzählt, der auch das Problem der Erderwärmung, das Reschke beschäftigt, zu lösen vermag. Die Friedhofsgesellschaft, als idealistisches Versöhnungsprojekt begonnen, hat großen Erfolg und findet Nachahmer in anderen Städten, wird aber auch mehr und mehr Kapitalinteressen unterworfen. Bald ergänzen das Beerdigungsgeschäft Seniorenheime, Urlaubsanlagen für die Angehörigen der alten Rückumsiedler und schließlich das Modell „raumkonzentrierte[r] Zweitbestattungen" (NGA 13, 187–188), hinter denen sich Umbettungen früher verstorbener Alt-Danziger in Gemeinschaftsgräber verbergen, die für das Paar bisher ein politisch-moralisches Tabu darstellten. Die Entwicklungen führen zum Rückzug der beiden Initiatoren und zu ihrer zunehmenden Distanzierung von der Gesellschaft. Während einer gemeinsamen Italienreise scheinen Alexander und Alexandra, die kurz zuvor noch geheiratet haben, bei einem Autounfall zu sterben und werden, zumindest der Legende nach, nebeneinander, aber anonym in einem italienischen Dorf bestattet.

2 Erzählperspektive

Die Erzählinstanz von *Unkenrufe* ist ein ehemaliger Mitschüler Alexander Reschkes, der von diesem ein Paket mit „verschnürte[m] Krempel" (NGA 13, 13), Aufzeichnungen und Briefen mit der Bitte erhalten hat, hieraus eine Geschichte der Deutsch-Polnischen Friedhofsgesellschaft zu machen. Der Erzähler thematisiert diese Aufgabe und die Mühen, aus dem überlieferten Material eine Narration zu rekonstruieren, explizit und lässt dabei neben Reflexionen über sein Vorgehen und die mögliche Form seines Schreibens auch immer wieder eigene Erinnerungen an die Kindheit in Danzig und die Frage darüber in den Text einfließen, bei welchem seiner Mitschüler es sich nun um jenen Alexander Reschke gehandelt hat. Ganz sicher ist er sich bei diesem Schulkameraden nämlich nicht mehr, sodass davon auszugehen ist, dass beide als Jungen keine besonders enge Freundschaft verband und spätestens das kriegsbedingte Verlassen der gemeinsamen Heimatstadt auch einen Bruch in ihrer Beziehung bedeutet hatte. Warum der Erzähler den Auftrag des ehemaligen Schulkameraden annimmt und die Geschichte erzählt, obwohl sie ihm doch an vielen Stellen banal vorkommt und ihre Figuren dramaturgisch oft wenig vielversprechend scheinen, bleibt unklar. Dieses Autor-Ich, Gobyn bezeichnet es als „textuelle Projektion des extratextuellen Autors", taucht seit *Aus dem Tagebuch einer Schnecke* (1972), wo das Verfahren eingeführt wird, in vielen von Grass' längeren Erzählungen auf (Gobyn 2019, 105).

Die Ausführungen Reschkes sind die Grundlage für die Erzählung und die Phantasie des Erzählers tritt ihnen immer wieder reflektierend zur Seite, manchmal notgedrungen („Den Rest muß ich mir einbilden." [NGA 13, 7]). Allenfalls Beschreibungen Danzigs können, dann natürlich mit Hilfe von Erinnerungen an die Stadt vor den Zerstörungen im Krieg, durch den Erzähler einigermaßen zuverlässig ergänzt werden. Das Ich der Erzählung, der namenlose Schulfreund Reschkes, bleibt dabei zu den Hauptfiguren betont auf Distanz. Anders als häufig bei Herausgeberfiktionen wird die Motivation der Sprechinstanz für ihre Sorge um das hinterlassene Material und das Verfassen einer zusammenhängenden Erzählung aus überlieferten Einzelteilen hier bis zum Schluss nicht vollständig geklärt. Neuhaus lässt diese Frage offen und rechtfertigt den Auftrag an den Schulfreund implizit mit seinem Status als „bekannte[r] Schriftsteller" und weist auf die, der Forschung immer wieder wichtigen, „zahlreichen Grass-Biographica" der Sprechinstanz hin (Neuhaus 2010, 205). Komplexer rekonstruiert Furch die Motivation des Erzählers als Reflexion über die eigene Vergangenheit und eine dem Protagonisten Reschke gegenüber offene Schuld, die schließlich, am Ende der Erzählung, auch explizit eingestanden wird (Furch 2013, 70–78; vgl. NGA 13, 239–240). Seine persönliche Distanz zu den beiden Hauptfiguren, deren Namen er beispielsweise erst verrät, als diese sich auch einander vorstellen, bedenkt der Erzähler sehr genau und mit deutlichen Kommentaren.

Die Erzählung ist damit auch eine Reflexion über das Erzählen aus der Entfernung in dreifacher Hinsicht: räumlich, zeitlich und inhaltlich. Der Anspruch, beim Arrangieren des übersandten Materials zur Erzählung „tatsächlicher als alle Tatsachen zu sein" (NGA 13, 236), führt beim Erzähler etwa immer wieder zum Nachdenken darüber, wie gut sich die vorgefundenen Figuren und ihre Merkmale eigentlich für eine interessante Handlung eignen beziehungsweise inwiefern sie und ihre Geschichten für den Erzähler einen handlichen Stoff darstellen: „Daß beide verwitwet waren, sprach für sie. […] [S]eit Jahren verwitwet, jeweils durch Tod des Ehegefährten freigestellt und abermals mündig, sind mir die beiden, zumal ihre Kinder erwachsen und außer Haus sind, handlich und immer in Sichtweite: Ich kann ihnen folgen." (NGA 13, 45) Ist der Erzähler zu Beginn noch skeptisch und „neugierig auf ihr Scheitern" (NGA 13, 45), entwickelt er im Lauf der Handlung eine Bindung zu beiden und ihrer Idee („Natürlich haben die beiden weitergemacht – jetzt will sogar ich, daß sie weitermachen, verdammt!" (NGA 13, 118)) und simuliert damit auch eine persönliche Progression. Erzähllogisch geht die Sprechinstanz im Lauf der Handlung auch zunehmend eine Symbiose mit dem Materialgeber ein, und Beschreibungen, die so detailliert nur aus den Aufzeichnungen von Alexander Reschke stammen können, gehen fließend in direkte Zitate aus Reschkes Tagebuchkladde über (vgl. bspw. NGA 13, 190). Dementsprechend werden die Informationen über den Fortgang der Friedhofsgesellschaft auch mit dem Austritt Alexanders und Alexandras spärlicher. Das Paar zieht sich ins Private von Alexandras Wohnung zurück und schaut von der Couch aus zu, „was die Welt zu bieten hatte" (NGA 13, 211). In die Darstellung ihrer Eindrücke des Golfkriegs und der Nachricht vom Tod Erna Brakups, einer ebenfalls aus der Friedhofsgesellschaft ausgeschiedenen Weggefährtin, schiebt der Erzähler eigenmächtig Erinnerungen an den Herbst 1944 ein, als es ihm und Reschke gelang, der Stadt zu entkommen, „bevor sie in Flammen aufging." (NGA 13, 211) Beide Jungen wurden gemeinsam „westlich der Oder in den Endkampf geworfen" und überlebten den Krieg, anders als Reschkes Brüder und der Bruder von Alexandra, aber aus Sicht des Erzählers „rein zufällig nur, nicht dank höherer Fügung" (NGA 13, 211).

An diesem Punkt der Erzählung sind Reschkes Aufzeichnungen schon dazu übergegangen, immer wieder auf eine zeitlich in der Zukunft liegende Position zu wechseln und potenziell kommende Entwicklungen aus dem Rückblick zu beschreiben. Der Text erhält mehrere Zeitebenen, die sich dank der sehr sorgfältigen Verweisstruktur des Erzählers sauber von Einschüben aus eigenen Erinnerungen oder anderen Informationen trennen lassen. Einschübe werden stets gekennzeichnet und der Erzähler verweist rekurrent auf den Überlieferungscharakter des Gesagten, was Furch als „übertriebene Quellenhandhabung" charakterisiert (vgl. Furch 2013, 78–79). Die im Krieg ermordeten Brüder der Protagonisten wollen nun von diesen gelebt werden, existieren in den Lebenden fort. Das sei durch Erna Brakups Tod und den der Gefallenen des Golfkriegs offenbar geworden: „Denn nichts, sage ich, nicht einmal das Leben findet ein Ende." (NGA 13, 213) Diese Erkenntnisse fügen sich ein in utopische Reflexionen Reschkes über den aufgrund des veränderten Klimas bevorstehenden Reis- und Sojaanbau im Danziger Werder und in der Kaschubei, die Ergänzung des polnischen Katholizismus durch aus Asien importierte hinduistische Praktiken und den Triumph des Rikschakonzepts seines Bekannten Chatterjee, mit einem Wort: die „polnisch-bengalische Symbiose" (NGA 13, 226). Das phantastische Element paradoxer Zeitlichkeit (vgl. Furch 2013, 82) wird vom Erzähler zunächst als „Einbrüche von Wirrnis", die sich „in den Papieren [...] breitzumachen beginnen" (NGA 13, 209), gekennzeichnet. So ist der Brief, der den Materialien beiliegt, aus denen der Schulfreund die Chronik erarbeiten soll, auf den 19. Juni 1999 und damit deutlich in die Zukunft datiert. Zeit als beschreibbares Phänomen entgleitet der Figur, was jedoch vom Erzähler nicht grundsätzlich problematisiert oder etwa als Verlust von Zurechnungsfähigkeit beschrieben wird. Neuhaus wertet das Verfahren als Wiederkehr der für Grass typischen Erzählmodalität einer „vierten Zeit, der ‚Vergegenkunft'" (Neuhaus 2010, 205). Die Lektüre von Furch, der den Hinweis auf dieses Modell ebenfalls gibt, geht etwas weiter und sieht damit nur eine Zeitebene der Erzählung beschrieben (Furch 2013, 82, 98). Generell besteht in diesem Punkt noch eine Forschungslücke, bei deren Schließung auch poetologische Implikationen von Reschkes utopischer „Prophetie", die sich potenziell bereits in seiner Kindheit zeigte, in den Blick genommen werden könnten.

3 Raum

Das vehementeste Argument gegen das Friedhofsprojekt von Alexander und Alexandra kommt von verschiedenen Seiten und betrifft seine Bewertung als nachträgliche räumliche Wiederaneignung vormals deutscher Territorien durch ‚deutsche' Körper. Die

Rückkehr der vertriebenen Deutschen nach ihrem Tod und der Anspruch, in „Heimaterde" zu ruhen, werden als revanchistische Geste zur Anmeldung überkommener Besitzansprüche gewertet. Danzig erfährt damit als Raum eine semantische Spaltung in eine polnische Stadt der Gegenwart und einen erinnerten und im Tod nun wieder adressierbaren Ort des früheren Zuhauses aus Sicht der Deutschen, der in erster Linie mental besteht und mit den tatsächlichen Gegebenheiten der Stadt nicht zwangsläufig übereinstimmt (Jabłowska 2013, 9). Zusätzlich gibt es in Reschkes Fantasien über die Vollendung von Chatterjees Verkehrsprojekt eine weitere, zumindest gedachte, Dimension über die Zukunft der Stadt als Lebensraum.

Die in einer semantischen Tiefe liegende Erinnerung an Danzig vor der deutschen Niederlage im Zweiten Weltkrieg, die etwa vom Erzähler diffus als „teils verwischte, dann wieder überdeutliche Ortskenntnis" (NGA 13, 8) erfahren wird, findet ihre Entsprechung folgerichtig in Körpern, die in die räumliche Tiefe der Stadt, ihr Erdreich gewissermaßen, eingehen sollen. Hier stören sie, geht es nach Alexander und Alexandra, die gegenwärtige Stadtstruktur nicht, auf deren Oberfläche Chatterjees blühender Rickschabetrieb nicht weniger signifikante und semantisch eindrückliche Reformen vorantreibt. Beispielsweise erwirbt er in Reschkes Vorstellung die Montagehallen der geschichtsträchtigen Leninwerft und bringt als Tribut an die historisch gewordene Gewerkschaft ein Rikschamodell „Solidarność" heraus. Erst als im Rahmen der Friedhofsgesellschaft auch auf der Erdoberfläche für Lebende gebaut werden soll, gerät das Paar in einen Konflikt.

Die Bauprojekte folgen einem vordergründig ökonomisch motivierten Dreischritt, der zugleich als gesteigerte Raumaneignung lesbar ist: Zunächst sollen Seniorenheime für alte Menschen, deren Lebenszeit sich bereits dem Ende zuneigt, das Bestattungswesen ergänzen. Dann wird unter dem Label „Bungagolf" der Ruf nach Freizeitanlagen und Golfplätzen für die Angehörigen der in den Heimen residierenden Senior:innen laut. Und schließlich müssen Vorkehrungen für Entbindungen von schwangeren Verwandten der Bestattungswilligen getroffen werden, sodass „in unserer alten Heimat nun wieder Deutsche geboren werden" (NGA 13, 217). Einen pikanten Sonderfall stellen Umbettungen früher Verstorbener und in der BRD beerdigter Alt-Danziger:innen dar. Deren Überführung in Gemeinschaftsgräber, die aus erinnerungspolitischen Gründen zuvor moralisch tabu waren, führt zum Streit in der Gruppe der Friedhofsgesellschaft und schließlich zum internen Bruch.

Die Erzählung kreist um die Frage, ob der Tod ‚gewöhnlicher' Menschen politisch ist und bearbeitet sie diegetisch als raumsemantisches und schließlich geopolitisches Problem am Beispiel der Stadt Danzig mit ihrer geteilten Geschichte, deren ‚deutscher' Teil durch das fortgeschrittene Alter der Zeitzeug:innen im Schwinden begriffen ist und die eine polnische Erinnerungskultur und globalisierte Zugriffe wie der des Bengalen Chatterjee immer mehr überlagern. Unterhalb der Erzählung, in der hin und wieder beiläufig darüber nachgedacht wird, ob Orte mit ihren polnischen oder ihren deutschen Namen zu benennen seien und in der die Einführung mehrsprachiger Hinweisschilder auf Sehenswürdigkeiten eine Maßnahme von vielen ist, entwickelt sich ein subtiler Diskurs über imaginäre Topographie. Diese soll zugleich als Erinnerungsraum aneigenbar sein, politisch aber nicht vereinnahmt werden.

Zugleich streitet auf diesem Feld ein Recht auf Heimkehr mit der historischen Schuld, durch die dieses Recht verwirkt wurde. Daraus ergibt sich die territoriale Ambivalenz des Friedhofsprojekts, dessen Signifikanten, die deutschen Namen und Inschriften auf den Grabsteinen, die explizit auf ‚deutsche' Körper in der offiziell ‚polnischen' Erde verweisen, von symbolischen Gesten flankiert werden, die den Verdacht des Geschichtsrevisionismus abwehren sollen. So finden die ersten beiden Bestattungen einerseits am 21. Juni 1990, also jenem Tag statt, an dem BRD und DDR die polnische Westgrenze noch einmal endgültig anerkennen. Andererseits erwirbt die Friedhofsgesellschaft später einen Platz für ihre Umbettungsbestattungen in Sammelgräbern, der zur NS-Zeit Massenaufmärschen diente und wo auch der Erzähler und Reschke „in Jungvolkuniform dabeigewesen sind" (NGA 13, 203).

Der Schaffung vermeintlicher historischer Fakten folgen also mehrmals im Text konterkarierende Tatsachen, die neu festgeschriebene oder endgültig überwunden geglaubte Zustände als weiterhin offen und potenziell wiederholbar markieren. Geschichte und Erinnerung werden damit, sowohl auf individueller als auch kollektiver Ebene, zu dauerhaft variablen und nie wirklich festen Größen, innerhalb denen es sich angesichts geänderter politischer Verhältnisse immer wieder neu zu verorten gilt. Begleitet wird dieses Verhältnis von Beschreibungen Danzigs als Stadt, die je nach Situation und semantischer Ebene zugleich als authentisch historisch, in ihrer Historizität vergangen und teilweise rekonstruiert sowie in dieser Rekonstruktion auch bereits wieder hinfällig beschrieben wird. Gleiches gilt für die Erinnerungen des Erzählers und der Figuren sowie für den Charakter des Friedhofsprojekts als ‚Versöhnung', deren Akteure die Toten sind. Der Raum, so ließe sich zusammenfassend sagen, trägt das narrative Verhältnis der Geschichte und ihrer Figuren zur Zeit in seiner Vielschichtigkeit auch auf individueller Ebene materiell aus. Dass dabei auch ein partieller Austritt aus der historisch verstrickten geopolitischen Semantik und einer Begräbniskultur mit Grabstein und sprachlichem Zeugnis möglich ist, zeigt der Tod der beiden Protagonisten selbst (Thesz 2008, 7), die in einem italienischen Dorf anonym bestattet werden und über deren Grab der Erzähler, potenziell der einzige mit ihnen bekannte Mensch, der den Ort ihres Verbleibs kennt, urteilt: „Ich will nicht, daß sie umgebettet werden. [...] Sie liegen gut da. Laßt sie da liegen." (NGA 13, 240)

Eine signifikante Leerstelle stellt in der Erzählung Ostdeutschland dar, dem zwar als Raum historischer Ereignisse, des Mauerfalls und des deutschen Einigungsprozesses, eine wichtige Funktion für die Ermöglichung des Friedhofsprojekts zukommt, über das aber im wahrsten Sinn hinwegerzählt wird. Dennoch wird *Unkenrufe* auf den ausdrücklichen Wunsch von Grass auf der Leipziger Buchmesse vorgestellt und nicht in Frankfurt, „wo es nur ums Geschäft gehe und nicht um Dichter" (Jürgs 2002, 385).

4 Unken, Engel, Rikschas (Motive in der Forschung)

Innerhalb der überschaubaren Forschung zu *Unkenrufe* herrscht nur bedingt Einigkeit darüber, welche Motive der Erzählung zentral und beachtenswert sind; wichtig scheint aber zu sein, dass bestimmte Elemente innerhalb des Textes nach gesonderter, von der Haupthandlung zum Teil losgelöster Deutung verlangen. Für Neuhaus gibt es drei wichtige Kontrapunkte zum „Todesthema". Es sind dies zwei „Leitmotive": ein Engel, den Alexandra in ihrer Küche restauriert und neu vergoldet, sowie „die titelgebenden Unkenrufe [...] als verfrühtes Naturphänomen, das auf den Treibhauseffekt und die drohende Klimakatastrophe verweist", und drittens der Erzählstrang um Chatterjee, den Neuhaus für eine Hommage an Salman Rushdie hält, als „weltimmanentes Gegenstück zur ‚Friedhofsgesellschaft'" (Neuhaus 2010, 207–208). Auch Mayer-Iswandy hebt das „Indienthema" besonders hervor und weist auf Bezüge zum vier Jahre zuvor erschienenen Reisebericht *Zunge zeigen* (1988) hin (Mayer-Iswandy 2002, 193, 195), und Furch betont die Bedeutung der Unkenrufe, ebenfalls als „Leitmotiv" und als „auf das Projekt DPFG [Deutsch-Polnische Friedhofsgesellschaft, AW] nach der Idee des Paares bezogene Untergangssymbolik" (Furch 2013, 95). Insgesamt gehen die Kommentare zum Text hier noch nicht sehr weit.

Konsens besteht in der Funktion der Globalisierungserzählung um Subhas Chandra Chatterjee als Kontrast zur Friedhofsgesellschaft. Chatterjee, der womöglich nach Subhash Chandra Bose benannt ist (die namentliche Verwandtschaft zum einflussreichen bengalischen Schriftsteller Bankim Chandra Chatterjee ist der Forschung bisher anscheinend entgangen) steht mit seiner hybriden Existenz zwischen Pakistan, Indien und England, dem expansiven Wirtschaftsunternehmen, das er leitet, seinen nachgeholten Vettern, die nach Polen immigrieren, und dem überwältigenden demographischen Faktor seiner Herkunft („Sehen Sie, bitte, in mir jemanden, hinter dem neunhundertfünfzig Millionen Menschen stehen" [NGA 13, 39]) anders als die Friedhofsgesellschaft für eine zukunftsgewandte und betont diesseitige Form der Raumnahme. Dieser sind ethnische und kulturelle Differenzen nicht mehr wichtig; stattdessen tendiert sie, auch in der Religion, zur synkretistischen Synthese. An Reschke, der dem Unternehmen Chatterjees sehr aufgeschlossen begegnet, und Alexandra Piątkowska, die deutliche Vorbehalte und einen manifesten Fremdenhass zeigt, wird das ambivalente Verhältnis zum Bengalen und seiner Verkehrsidee ausgehandelt. Dabei ist die Position Reschkes, der das Unterfangen Chatterjees aus globalisierter und klimapolitischer Perspektive als Ausweg aus der Krise begreift und es in seinen utopischen Ausführungen schließlich weltweit durchgesetzt sieht, den von Stereotypen geprägten Ansichten seiner Partnerin, die sich im Lauf der Erzählung durch positive Erfahrungen mit den Rikschas stark abschwächen, erzähllogisch deutlich überlegen. Flankiert wird die Zustimmung Reschkes von einer beiläufigen Anmerkung des Erzählers über einen bereits während der deutschen Besatzungszeit in Warschau existierenden polnischen Fahrradrikschabetrieb (vgl. NGA 13, 164).

Ein Desiderat bleibt die Aufarbeitung des „Indienthemas" in *Unkenrufe* allerdings nach wie vor. Ähnlich verhält es sich mit den anderen potenziellen Leitmotiven. Der Engel, den Alexandra in ihrer Küche restauriert, ließe sich als Reflexion des Textes über die Tätigkeit des Paars anhand von Alexandras Arbeit als Vergolderin lesen, bei der es ebenfalls um das Verhältnis von historischer ‚Tiefe' und erneuerter ‚Oberfläche' geht und über die beiläufig Bezüge zur DDR, aus der stets das Blattgold für ihre Projekte geliefert wurde, abgehandelt werden. Zudem fällt diese Tätigkeit mit dem Rückzug des Paars aus der Friedhofsgesellschaft zusammen. Die Wohnung, in der vergoldet wird, muss während der Arbeit am Engel vollständig windstill gehalten werden; die Figuren sind zu entsprechender Bewegungsarmut verurteilt. Körperliche und gesellschaftliche Reichweitenverkleinerung gehen hier also partiell Hand in Hand; Neuigkeiten erreichen das Paar nurmehr hauptsächlich über den Fernseher. Für Neuhaus geben der Engel und Alexandras Bemerkung zu ihm „Wirst sehen, wird sein wie neugeboren" (NGA 13, 206) einen Hinweis auf den eventuell nur inszenierten Tod des Paares (Neuhaus 2010, 207).

Schließlich haben auch die titelgebenden Unken die Forschung bisher nur mäßig interessiert. So sie thematisiert sind, wird einheitlich ihre volkstümliche Bedeutung als Verkünder bevorstehenden Unheils registriert (Furch 2013, 95). Ihr Ruf zieht sich als tonale Referenz durch die gesamte Erzählung. Im Werder quaken die Unken zu früh im Jahr und weisen damit auf die Veränderungen des Klimas hin („Sie wollen uns etwas sagen..." (NGA 13, 104)). Selbst die Klingeln von Chatterjees Rikschas imitieren das Geräusch der Froschlurche und statt wie andere Tourist:innen bei einem Besuch des Pantheons in Rom die Akustik der Kuppel durch Gesang zu prüfen, lässt Reschke „zum Rund der Kuppelöffnung empor eine einzelne Unke rufen" (NGA 13, 238). Selbst die Austrittserklärung aus der Friedhofsgesellschaft, auf ein Tonband gesprochen, hinterlegt das Paar als dramatischen Effekt mit dem Geräusch bei einem Ausflug aufgezeichneter Unken. Ihr ‚Gesang' vermischt sich auf diese Weise im Text mehrfach mit der menschlichen Stimme oder tritt an ihre Stelle, was von der Forschung ebenfalls noch zu deuten bleibt. Auch ihre Körper tauchen immer wieder auf, als überfahrene Exemplare oder vom Erzähler verschluckt, woran Reschke sich in seinen Aufzeichnungen erinnert, der Erzähler selbst aber nicht.

Die Unke wird damit auch zum Zeichen für die Fragwürdigkeit von Erinnerung und die Frage nach der Authentizität eigenen Erlebens und seiner Memorabilität. Schließlich geht der Lurch sogar semantisch in Alexander Reschke ein, wenn er von seinen Student:innen, ohne sein Wissen und ohne, dass der Text es näher erläutern würde, vermutlich aufgrund seiner Eigenheit, „ziemlich negativ rum[zu]fuchtel[n] [...] über die Zukunft, das Wetter und das Verkehrschaos, über die Wiedervereinigung und so" (NGA 13, 86), den Spitznamen „Unke" erhält. In Robert Glińskis filmischer Adaption der Erzählung mit dem Titel UNKENRUFE. ZEIT DER VERSÖHNUNG, die Hauptrollen spielen Matthias Habich und Krystyna Janda, wird es schließlich demonstrativ eine Unke sein, der Reschke auf einer italienischen Bergstraße ausweicht und dabei mit tödlichen Folgen von der Straße abkommt.

5 Rezeption

Grass' Erzählung ist sehr gemischt rezipiert worden. Die *New York Times* erklärte *Unkenrufe* 1992 zum Notable Book of the Year (die englische Fassung *The Call of the Toad* ist die letzte Grass-Übertragung von Ralph Manheim, dem seit der *Blechtrommel* langjährigen Übersetzer von Grass' Werken (Jürgs 2002, 388)) und Andrzej Szczypiorski besprach die Erzählung wohlwollend im *Spiegel*. Er bemerkte, es sei „etwas von Beckett in Grass' neuestem Werk, und eben das spricht am stärksten für dieses Buch" (Szczypiorski 1992). Daneben erhielt *Unkenrufe* im selben Heft des *Spiegel* einen deutlichen Verriss aus der Feder Marcel Reich-Ranickis. Eine Zusammenfassung einiger negativer Urteile gibt, in einer dritten Rezension im *Spiegel*, kurz nach Reich-Ranicki und Szczypiorski, Mathias Schreiber: Die *Welt* nenne Grass' Buch ein „geschwätziges opusculum", in der *FAZ* werde die Erzählung als „Vereinsgeschichte zweier zänkischer Rentner" bezeichnet, die *taz* schreibe von „Sachbearbeiterprosa", während die *Weltwoche* die Geschichte „buchhalterisch" und „peinlich" nenne (Schreiber 1992).

Zugewandtere Rezensionen, etwa im *freitag* und im *General-Anzeiger*, finden sich, zumindest als bibliographischer Vermerk, bei Schulz (Schulz 2004). Auch in Reich-Ranickis *Literarischem Quartett* werden die *Unkenrufe* kontrovers diskutiert. Neben anerkennenden Worten für die zeitnahe Reaktion des Erzählers Grass auf die geänderte politische Situation in Europa und seinen unbestreitbaren Rang bemängeln die Kritiker:innen dort den oberflächlichen Umgang mit Zeitgeschichte, die über bloße Erwähnungen hinaus im Buch nicht vorkomme, vor allem aber die leblose und kindisch-flache Figurenzeichnung, die mit der amoralischen Infantilität von Oskar Matzerath nichts mehr gemein habe, sondern zuweilen, etwa was die Liebeshandlung im Buch angeht, peinlich sei. Sigrid Löffler weist dagegen noch relativierend auf beachtenswerte Ähnlichkeiten der *Unkenrufe* zu Martin Walsers *Verteidigung der Kindheit* (1991) hin, denen in der Forschung bislang noch nicht weiter nachgegangen wurde.

Die Rezeption der *Unkenrufe* steht noch deutlich im Zeichen der eher negativen Aufnahme des Romans *Die Rättin* (1986), den Hellmuth Karasek in einer Liste der schlechtesten Bücher der Welt für die Zeitschrift *Bunte* nach *Mein Kampf* und Stalins Schriften zur Sprachtheorie auf den vierten Platz eingeordnet hatte (Jürgs 2002, 387). Dem Urteil von Mayer-Iswandy, die *Unkenrufe* seien „fast durchweg als Realsatire auf das alte Europa gelesen" worden und man sei sich „hinsichtlich der handwerklichen Qualität des Buches [einig]" gewesen (Mayer-Iswandy 2002, 194), ist also nicht zuzustimmen. Die Erzählung hat über einen kurzen Zeitraum nach ihrem Erscheinen sehr viele kontroverse und in kaum einem Punkt einhellige Reaktionen erfahren. Grass selbst habe die vielen eher ablehnenden Kommentare zu seiner Erzählung als komplottartige Kampagne interpretiert, als aus „politischen Motiven" gespeiste „Rache einheitstrunkener ‚Konvertiten' an einem ‚wirklichen Linken', der die deutsche Wiedervereinigung ‚nach Auschwitz' gefährlich gefunden hatte" (Schreiber 1992; zum aktuellen Stand der Forschung vgl. Stolz 2023, 309–324, und den Kommentarband von Preece 2023).

Literatur

Furch, Hannelore. *Der Erzählerdiskurs in ‚Unkenrufe' und ‚Im Krebsgang' von Günter Grass.* Köln 2013.

Gobyn, Saartje. *Metalepse im Werk von Günter Grass. Eine Analyse der narrativen Struktur in sechs ausgewählten Romanen (1961–2010).* Berlin 2019.

Jabłowska, Joanna. „Nicht-Ort oder Utopie. Günter Grass' Danzig". *Berliner Debatte Initial* 24.2 (2013): 69–76.

Jürgs, Michael. *Bürger Grass. Biografie eines deutschen Dichters.* München 2002.

Mayer-Iswandy, Claudia. *Günter Grass.* München 2002.

Neuhaus, Volker. *Günter Grass.* 3., aktualisierte und erweiterte Auflage. Stuttgart und Weimar 2010.

Reich-Ranicki, Marcel. „Wie konnte das passieren?". *Der Spiegel* 19 (1992). https://www.spiegel.de/kultur/wie-konnte-das-passieren-a-658c5c6f-0002-0001-0000-000009277871 (3. Februar 2023).

Preece, Julian. *Günter Grass. Werkkommentare.* Bd. 2: *Unkenrufe. Einführung, Stellenkommentar, Materialien.* Berlin und Boston 2023.

Schreiber, Mathias. „Lust an der Vernichtung". *Der Spiegel* 21 (1992). https://www.spiegel.de/kultur/lust-an-der-vernichtung-a-73825910-0002-0001-0000-000009278750 (3. Februar 2023).

Schulz, Marcus. *„Die Vernichtung der Menschheit hat begonnen". Zivilisationskritik im Spätwerk von Günter Grass.* Duisburg 2004. https://d-nb.info/974964484/34 (3. Februar 2023).

Stolz, Dieter. *Günter Grass. Der Schriftsteller.* München 2023.

Szczypiorski, Andrzej. „Fröschegequak und Krähengekrächz". *Der Spiegel* 19 (1992). https://www.spiegel.de/spiegel/a-216456.html (3. Februar 2023).

Thesz, Nicole. „Dangerous Monuments. Günter Grass and German Memory Culture". *German Studies Review* 31.1 (2008): 1–21.

Unkenrufe. Zeit der Versöhnung. Reg. Robert Gliński. Ziegler Film, 2004.

II.1.11 *Ein weites Feld. Roman* (1995)

Stefan Neuhaus

1 Der zeitgeschichtliche Hintergrund

Dieser vor allem in Berlin verortete Roman spielt mit Traditionen des Zeitromans und des Historischen Romans, zugleich hat er Züge des satirischen Schelmenromans in der Tradition Grimmelshausens *Simplicissimus Teutsch* und Flauberts epischem Weltentwurf *Bouvard et Pécuchet*. Grass nutzt also erneut sein seit der pikaresken *Blechtrommel* bereits mehrfach erprobtes Verfahren der verfremdenden Verarbeitung historischer Ereignisse und auch in diesem Fall führt die erzählte Haupthandlung in eine Zeit nur wenige Jahre vor dem Erscheinen des Romans zurück.

Nach dem sogenannten Mauerfall (der Öffnung der Grenze von der DDR zur BRD) am 9. November 1989 gab es in Ost- und Westdeutschland zunächst Stimmen für und gegen ein Weiterbestehen der DDR. Insbesondere in der ostdeutschen Literaturszene überwog anfangs die Ablehnung des Einigungsprozesses, der sogenannten, im Laufe von nur elf Monaten vollzogenen „Wiedervereinigung", die als Betritt der DDR zum Staatsgebiet der BRD kritisiert wurde. Als Ziel der Gegner dieses „Abwicklungsprozesses" wurde „eine revolutionär erneuerte DDR" ausgegeben (Kügler 1992, 12). Doch schnell veränderte sich die Stimmung und insbesondere jüngere Autor:innen begriffen die DDR als zu beseitigenden Unrechtsstaat. In den Massenmedien gab es erbitterte Auseinandersetzungen und zahlreiche Schuldzuweisungen vor allem an die Adresse von DDR-Intellektuellen, denen eine Mitschuld an der Misere im Osten Deutschlands zugeschrieben wurde (vgl. etwa Schwilk 1990).

Auch der geschichtsbewusste Autor Günter Grass, der sich als Schriftsteller immer zugleich als Zeitgenosse verstanden hat, reagiert zunächst mit Empörung auf die rasanten politischen Vorgänge und bleibt seiner sehr kritischen Haltung gegenüber dem „Schweinsgalopp samt voraussehbarer Flurschäden" (NGA 22, 478) im Grunde bis zu seinem Lebensende treu. Schon die Titel seiner zahlreichen Wendezeit-Reden ‚wider das dumpfe Einheitsgebot' – exemplarisch genannt seien nur *Einige Ausblicke vom Platz der Angeschmierten* (NGA 22, 451–458) und *Ein Schnäppchen namens DDR* (NGA 22, 475–489) –, sprechen Bände über die Position des „vaterlandslosen Gesellen" (vgl. NGA 22, 478) in diesem bis heute anhaltenden Streit.

Doch auch der mit primär ästhetisch begründeten Überzeugungen ans Werk gehende Sprachkünstler meldet sich in diesem Kontext immer wieder zu Wort. Nachdem es Grass in der Erzählung *Unkenrufe* (1992) um einen literarischen Beitrag zur deutsch-polnischen Diskussion um Revanchismus und Fremdenfeindlichkeit im Jahrhundert der Vertreibungen geht und sich in der Sonett-Sammlung *Novemberland* (1993) aus gegebenem Anlass, dem Mordanschlag von Neonazis in Mölln am 23.11.1992, alles um deutsch-deutsche Verdrängungsmechanismen und unverhohlen rassistische Verbrechen der Jetzt-Zeit dreht, rückt in seinem Deutschland-Roman *Ein weites Feld*

https://doi.org/10.1515/9783110755435-012

(1995), der unter dem Arbeitstitel „Treuhand" begonnen wurde (Grass 2004, 357), nicht zuletzt die Privatisierung des DDR-Vermögens durch die staatliche Treuhandanstalt in den Fokus. Aber im Gegensatz zur Polemik des engagierten Staatsbürgers nutzt der Gegengeschichtenerzähler nun die Möglichkeiten einer wirklichkeitsgesättigten Fiktion zur Aufbereitung des sperrigen Geschichtsmaterials. Die aus dieser Erkenntnis ableitbaren Interpretationsansätze, die dem zeitgenössischen Feuilleton angesichts der medialen Vorgeschichte in der Regel noch verborgen geblieben sind, hat die literaturwissenschaftliche Forschung mittlerweile angemessen differenziert herausgearbeitet (vgl. Stolz 2023, 249–262).

2 Reaktionen der Literaturkritik

Für positiv besetzte Aufmerksamkeit war schon im Vorfeld der Publikation des Romans gesorgt, galt Grass doch als eines der größten literarischen Schwergewichte der früheren Bundesrepublik wie des geeinten Deutschlands und als einer derjenigen, denen man den herbeigewünschten gewichtigen ‚Wenderoman' zutraute. Und auch die Werbekampagne des Steidl Verlags – es wurden allein 4.500 Rezensionsexem plare verschickt (vgl. Braun 2007, 590) – schien Früchte zu tragen. Die erste Rezeption – beispielsweise Wolfgang Ignée meldet in der *Stuttgarter Zeitung* vom 24. August 1995 Vollzug: Grass habe nun endlich „den vielbesprochenen, langerwarteten Roman der deutschen Einheit geschrieben und überzeugend hingekriegt" (zit. nach Negt 1996, 100) – wurde allerdings von einem Offenen Brief überlagert, den der damalige Star-Kritiker Marcel Reich-Ranicki am 21. August 1995 im Magazin *Der Spiegel* platzierte (zur Vor- und Nachgeschichte dieser Publikation vgl. Stolz 2008). Das Coverbild der Ausgabe bekam ikonographischen Status und gehört fortan zum Bildinventar des kollektiven Gedächtnisses: Der Kritiker reißt, natürlich ist dies nur in einer Fotomontage möglich, Grass' vielseitigen Roman in der Mitte durch – er verreißt ihn also nicht nur, sondern zerreißt ihn auch (vgl. Negt 1996, 39). In der als Freundschaftsbrief getarnten Abrechnung finden sich pejorative Aussagen wie: „Sie wissen nicht, wovon Sie reden" (zit. nach Negt 1996, 86). Reich-Ranicki sorgte überdies für eine „verbale Exekution im ‚Literarischen Quartett'" unter seiner Leitung, so Klaus Petzold in *Leipzigs Neue* vom 22. September 1995 (zit. nach Negt 1996, 167). Gustav Seibt nennt in der *Frankfurter Allgemeinen Zeitung* vom 19. August 1995 den Roman ein „Zeugnis bester Absichten, heroischen Fleißes und der Abwesenheit jeglichen Kunstverstandes, eine Totgeburt, ein Monstrum" (zit. nach Negt 1996, 75). Ira Panic befindet in der *Hamburger Morgenpost* vom 21. August 1995: „Ein zorniger, oft ungerechter Roman übers deutsche Wesen" (zit. nach Negt 1996, 88). Iris Radisch versteigt sich in der *Zeit* vom 25. August 1995 sogar zu der Behauptung: „[...] dieses Buch ist unlesbar" (zit. nach Negt 1996, 111). Ein die Kritik und das Jahr abschließender Versuch von Harmonisierung findet sich in der *Zeit*, wenn Christoph Dieckmann am 1. Dezember 1995 festhält: „Grass' Roman ist republikanische Kunst: ein öffentlich besorgtes Buch. Jegliche Kritik hat es bekannter gemacht und wurde ihm darin gerecht“ (zit. nach Negt 1996, 371). Der Erfolg beim Lesepublikum gab allerdings nicht Reich-Ranicki oder Radisch, sondern Dieckmann recht: „Im Frühling des Jahres 1996 erreichte die praktisch verkaufte Auflage des Romans *Ein weites Feld* alles in allem 350000 (350000!) Exemplare, und eine weitere Auflage ging zu diesem Zeitpunkt an den Markt“ (Vormweg 2002, 151).

Die äußerst harsch geführte Debatte, die mehr über die Zeitgeschichte und den Medienbetrieb als über den Roman aussagt, ist – pro Grass – von Oskar Negt dokumentiert und kommentiert worden (vgl. Negt 1996). Sie reiht sich ein in eine jahrzehntelange Abfolge von kritischen Auseinandersetzungen mit Grass-Texten (vgl. Boßmann 1997), die auch im neuen Jahrtausend nicht abreißen sollte. Grass hat die Aufregung um den ‚Zerriss‘ durch Reich-Ranicki, wohl auch gestärkt durch den Nobelpreis 1999, gut verkraftet und in seinem ‚Werkstattbericht‘ lakonisch festgestellt: „Welch ein barbarischer Kraftakt! Doch hat der Roman die Anstrengung des Eiferers überlebt. Die Leser in Ost und West ließen sich nicht beirren“ (Grass 2004, 369).

Viele Rezensent:innen beachteten im Eifer des Gefechts weder die diskursiven Voraussetzungen der Entstehung, die Grass selbst immer wieder kommentierte (vgl. dazu Bielefeld/Grass/Stolz 1996), noch die vielschichtige Konstruktion des ambitionierten Romans, die sich deutlich von den politischen (um nicht zu sagen: ideologischen) Paradigmen der vorangegangenen Mediendebatten entfernt (vgl. Stolz 1997 und Neuhaus 2002, 361). 1996 wurde Grass für seinen neuen Roman der Hans Fallada-Preis der Stadt Neumünster verliehen.

3 Konzeption

Bereits die Widmung *„Für Ute, die es mit F. hat...“* verweist auf den Schriftsteller Theodor Fontane (1819–1898), dessen Romane und Erzählungen vor allem Grass’ Ehefrau Ute ihrem Mann immer wieder empfahl (vgl. Weidermann 2021) und ihn so auf die Spur setzte, sich mit dem herausragenden Vertreter des bürgerlichen oder poetischen Realismus näher zu befassen als bisher geschehen. Der Titel des Romans geht auf eine sich wiederholende Formulierung des Vaters der Titelfigur aus Fontanes bekanntestem Roman *Effi Briest* (1895) zurück, der an brisanten oder ihm unangenehmen Punkten der Konversation behauptet, das behandelte Thema sei ein „weites Feld“, um es nicht weiter beackern zu müssen. Grass überblendet die erzählte Zeit vom 17. Dezember 1989 (NGA 14, 12) bis „Mitte Oktober“ 1990 (NGA 14, 758) mit der erzählten Zeit von Fontanes Werken und mit dessen Lebenszeit, nicht zuletzt, um Gemeinsamkeiten und Unterschiede der historischen Entwicklung aufzuzeigen. Die Hauptfigur des Romans, Theo Wuttke, genannt Fonty, wird als Wiedergänger Theodor Fontanes inszeniert. Fonty stellt im Gespräch über die deutsche Einheit fest: „Die Wahrheit ist ein weites Feld“ (NGA 14, 136). Ebenso wie *Effi Briest* bringt auch *Ein weites Feld* die Kritik an den politisch-gesellschaftlichen Konventionen der Zeit diskursiv hervor. Die ironisierte

Phrase vom ‚weiten Feld' lenkt in beiden Romanen demonstrativ vom Naheliegenden ab und verweist dadurch umso deutlicher auf verdrängte Missstände.

Wie ungenau die Lektüre des fast 800 Seiten starken und strukturell komplexen Grass-Romans vielfach erfolgt ist, soll hier exemplarisch am Beispiel einer näheren Betrachtung der Erzählstimme(n) gezeigt werden. Der erste, bei einem Roman nicht nur nach Fontanes Diktum stets wegweisende Satz beginnt mit: „Wir vom Archiv nannten ihn Fonty" (NGA 14, 9). Für Remmen (1998, 501) ist dieser „Wir"-Erzähler „der gesichtslose, im Hintergrund bleibende Beobachter und Begleiter des Erzählgeschehens". Paulsen (1996, 158) beantwortet die selbstgestellte Frage „wer erzählt hier eigentlich?" mit der etwas ratlosen Feststellung: „So kann man sich auch lange fruchtlos darüber streiten, um wen es sich bei diesen Leuten ‚vom Archiv' eigentlich handelt [...]." Der Erzähler lässt sich aber nur deshalb so schwer bestimmen, weil die entsprechenden Aussagen in dem Roman *en passant* eingeflochten werden. Später wird diese kollektive Instanz, hinter der sich auch mindestens eine Frau zu verbergen scheint, zwischen der ersten Person Plural und der ersten Person Singular wechseln. Im Roman wird allerdings erst am Anfang des 15. Kapitels deutlich, dass es sich dabei um eine Erzählerin handelt – ob das von Anfang an bzw. bis zum Ende durchgehend der Fall ist, bleibt offen –, die nun von den „Qualen und Freuden meiner im thüringischen Eichsfeld verschütteten Kindheit" (NGA 14, 288) berichtet.

Fest steht: In der Provinz spiegelt sich die gesamtdeutsche Situation – das Eichsfeld war „wie Deutschland im Ganzen, geteilt, mehr noch: der Europa in Ost und West scheidende Schnitt verlief, aufwendig als Todesstreifen bewacht, mitten durch meine waldige Heimat" (NGA 14, 288). Die DDR hat für die Erzählerin, nach einer „anfangs steilen FDJ-Karriere", einen sozialen Abstieg bedeutet. Vermutlich hat sie aus Sicht des Staates Systemkritik geübt, denn sie hat in Leipzig bei dem berühmten Literaturprofessor Hans Mayer studiert, dessen „Fortgang" in den Westen offenbar auch für sie Konsequenzen hatte. Nachdem sie zunächst „in die Braunkohlenproduktion gesteckt" wurde, kam sie schließlich auf ihren Archivposten (NGA 14, 289). Als Kritik an dem Prozess der Wiedervereinigung lässt sich lesen, dass sich die Situation der Erzählerin nach 1990 verschlechtert: „Dazu kamen finanzielle Sorgen, die damals das Archiv bedrückten. Wie überall, so mußte bei uns mit weniger Personal mehr geleistet werden. Mir wurde nur noch eine Halbtagsstelle zugestanden. Schon bewarb ich mich vergeblich in Marbach und anderswo, schon sah es so aus, als bliebe mir allenfalls übrig, mich spät ins sogenannte Eheglück zu flüchten – [...]" (NGA 14, 757–758). Der Gedankenstrich am Zitatende deutet an, dass dieses „Eheglück" kein Glück, sondern ein Zwang ist; als solcher wird die ökonomisch motivierte Konventionsehe auch in den meisten Romanen Fontanes dargestellt und kritisiert, nicht zuletzt in *Effi Briest* (vgl. Neuhaus 2020). Die kritische Sicht der Erzählerin auf die geschichtliche Entwicklung wird immer wieder in Kommentaren deutlich, etwa zur Währungsunion: „Weil der regierenden Masse [pejorative Bezeichnung für Bundeskanzler Helmut Kohl] nicht einfallen wollte, wie unsere Landeslast anders hätte geschultert und einheitlich balanciert werden können, mußte Geld den fehlenden Gedanken ersetzen. Das war da – nur Geld war da. Geld für den ersten Wunsch. Und überall, in zehntausend und mehr Bankfilialen, Sparkassen, Postämtern und Sonderauszahlungsstellen wurde taufrisch die erste Milliarde hingeblättert. Die Bundesbank sorgte dafür, daß im monetären Beitrittsgebiet, dem auf Schrottwert herabgestuften Arbeiter- und Bauern-Staat, kein Nest ohne Umtauschschalter blieb" (NGA 14, 147). Doch auch dieses ‚Ich' versteckt sich im Folgenden immer wieder im anonymen ‚wir' das die Zugehörigkeit zur Kollegenschaft des Archivs signalisieren soll, einem Gedächtnis-Kollektiv, dem eine pseudoobjektive Chronistenpflicht zugeschrieben wird. Dass der Roman über dieses Spiel mit verschiedenen Erzählebenen hinaus zahlreiche Realitätspartikel in die erzählte Welt aufnimmt, zeigt also bereits diese sehr viel, aber längst nicht alles wissende Institution, denn das Fontane-Archiv in Potsdam gab und gibt es wirklich. Es wurde bereits 1935 gegründet, in der DDR ideologisch neu ausgerichtet und ist auch nach der Wende und dem mit einer grundlegenden Umstrukturierung verbundenen Umzug in seiner Bedeutung für die agile Fontane-Forschung kaum zu überschätzen: „nichts ist unsterblicher als ein Archiv" (NGA 14, 104).

4 Figuren und Handlung

Wie dem Protagonisten des Romans, Theo Wuttke, genannt Fonty, wird „dem archivierenden Kollektiv der Name des Unsterblichen vorgeschrieben" (NGA 14, 104). Mit dem „Unsterblichen" ist Fontane gemeint, dessen Leben und Werk Fonty so intensiv studiert hat, dass er sich mit ihm identifiziert. Sein Name wird allerdings kein einziges Mal im Roman erwähnt. Die Parallele wird vielmehr durch ähnliche Lebensläufe und sogar Lebensdaten unterstützt, so ist Fonty 1919, also 100 Jahre nach Fontane geboren worden (vgl. NGA 14, 9). Als „Tagundnachtschatten" (NGA 14, 9) wird Fonty die Figur Ludwig Hoftaller an die Seite gestellt, ein Stasi-Spitzel mit Nazi-Vergangenheit (vgl. NGA 14, 67), der mit Fonty eine die deutsch-deutsche Geschichte spiegelnde Doppelfigur bildet (vgl. etwa NGA 14, 11–12). Schon Grass' Titelzeichnung für das Buchcover, die beiden ineinander verschwimmenden Figuren von hinten zeigend, verweist auf die Bedeutung der Beziehung der beiden, wobei sie ebenso für die unterschiedlichen Positionen innerhalb der DDR stehen wie für das anhaltend gespalten-vereinte Gesamtdeutschland.

Bei der Figur Hoftaller handelt es sich zunächst um die von Grass weitergeschriebene Geschichte der Figur Tallhover aus dem gleichnamigen, schon 1986 publizierten Roman von Hans Joachim Schädlich (zur kritischen Auseinandersetzung Schädlichs mit der Uminterpretation seiner Figur vgl. Schädlich 2001). Auf diese Quelle wird bereits am Anfang des Romans explizit verwiesen: „Ludwig Hoftaller, dessen Vorleben unter dem Titel ‚Tallhover' auf den westlichen Buchmarkt kam [...]" (NGA 14, 11). Schon die Umkehrung der beiden Silben deutet es an: Es handelt sich um eine sehr eigenwillige Fortschreibung der bei Grass unsterblichen, durchaus ambivalent gezeichneten Figur, um ihre Mutation zum ewigen, ebenso fürsorglichen wie gewaltsamen Druck ausübenden „Spitzel".

Doch auch weitere literaturgeschichtliche Anspielungshorizonte drängen sich auf, zumal Fontys „Tagundnachtschatten“ im Roman selbst auf das Schattenmotiv in Adelbert von Chamissos *Peter Schlemihls wundersame Geschichte* von 1814 verweist (NGA 14, 105) und diese Novelle nicht ganz zufällig als eine der berühmtesten stofflichen Verarbeitungen des Teufelspaktmotivs gilt. Faust und Mephisto grüßen demnach auch in diesem einerseits lebensnahen, andererseits sehr artifiziellen Kontext nicht nur aus der Ferne.

Die Interaktion des pikaresken, ebenso ungleichen wie unzertrennlichen Figurenpaars Fonty und Hoftaller dient in diesem weiten Spannungsfeld zwischen Fakten und Fiktionen als Zerrspiegel für 150 Jahre gesamtdeutscher (Ideologie-)Geschichte. Der Roman glorifiziert dabei aber nicht, wie oft behauptet, die DDR-Vergangenheit. Das Scheitern des Systems wird vielmehr als positive Entwicklung gezeigt, die Gründe für das Scheitern werden dargestellt. Allerdings entwickelt der Roman eine dialektische Sicht auf die historischen Hintergründe der aktuellen Zeitgeschichte, die sich einfachen Erklärungsmustern entziehen. Das spiegelt sich auch in der deutsch-deutschen Geschichte der Familie Wuttke, die durch den Mauerbau getrennt wurde. Die „Republikflucht“ der Söhne gab den ostdeutschen Behörden Handhabe zu „immer neuen Schikanen“ (NGA 14, 685). So stellt Fonty beispielsweise fest: „Jahrzehntelang wurde ich unter ideologischer Aufsicht geschurigelt“ (NGA 14, 512). Mit der Figur des Stasi-Spitzels Hoftaller an seiner Seite ändert sich dies jedoch zunächst nicht wesentlich. Im Gegenteil, Hoftaller verhindert Fontys Reise nach Schottland und ermahnt ihn immer wieder, keine Fluchtgedanken mehr zu hegen: „Sie wissen ja, wir können auch anders“ (NGA 14, 23), bis Fonty am Möglichkeitsräume eröffnenden Ende doch ohne ihn nach Frankreich entwischt.

Eine Handlung im herkömmlichen Sinn hat der Roman jedoch nicht, auch darin ähnelt er den Romanen Theodor Fontanes. Geschildert werden Spaziergänge, es werden Gespräche wiedergegeben, Figuren begegnen sich und gehen wieder auseinander. Angemerkt sei, dass die Kinder Fontys wie selbstverständlich die Namen der Kinder Fontanes tragen (NGA 14, 178–179). Die deutsche (Literatur-)Geschichte wird fortlaufend und achronologisch-assoziativ in die Erzählgegenwart hereingeholt, etwa wenn Fonty zum Aufstand des 17. Juni 1953 bemerkt, dieser sei „wirklichkeitsblind als vom Westen gelenkter Putsch oder [...] als Konterrevolution eingeschätzt“ worden (NGA 14, 543). Die Führung der DDR wird dabei in der Vorstellung sogar mit dem NS-Regime verglichen: „Neben Ulbricht saß Goebbels, der Kommunist neben dem Nazi [...].“ (NGA 14, 549) Zugleich wird aber auch die Abwicklung des ganzen staatlichen Systems der DDR immer wieder kritisch bewertet: „Sortierter Rest und Abraum der Geschichte. [...] Altlasten nennt man uns“, stellt Hoftaller fest (NGA 14, 495), der freilich in den Diensten der Stasi steht – weshalb die zitierte Stelle keineswegs eine pauschale Verurteilung der Veränderungen darstellt. Mit anderen Worten: Alles folgt dem Grass-Konzept des phantastischen Realismus. Genau recherchierte Tatsachen, glaubhafte Kopfgeburten sowie echte und frei erfundene Zitate gehen Hand in Hand (vgl. dazu Bielefeld/Grass/Stolz 1996). Der Treuhand-Chef, dem Fonty als Bürobote unterstellt worden ist, wird erschossen und ersetzt. Fontys Tochter Martha heiratet einen vermögenden Unternehmer aus dem ‚Westen', während es in Fontys Ehe kriselt und er entdeckt, dass er, aus einem lange zurückliegenden Seitensprung, eine französische Enkeltochter mit dem Proust-Namen Madeleine hat. Am 2. Oktober 1990, einen Tag vor dem Inkrafttreten des Einigungsvertrages und dem zukünftigen Nationalfeiertag, unternimmt das Ehepaar Wuttke mit Madeleine eine Bootspartie im Berliner Tiergarten (vgl. NGA 14, 432–433). Madeleine, so hieß auch Fontys damalige Geliebte und der erinnerungsselige Name verweist auf Lene Nimptsch, die Hauptfigur aus Fontanes ‚Berliner Roman' *Irrungen, Wirrungen* von 1888 (vgl. NGA 14, 399). Kurz und gut: Zu fast allen Elementen der Handlung gibt es Parallelen im Leben oder in den Texten Fontanes, die mehr oder weniger stark verändert werden, um die Zeit der ‚Wiedervereinigung' kritisch spiegeln und historisch perspektivieren zu können. Es geht um durchsichtige Zeitfolien und konsequente Fiktionalisierung im Zeichen der Aufklärung. Den Archivangestellten ergeht es demzufolge im besten Fall genauso wie den Romanlesern jeden Geschlechts: „Wir aber haben noch lange über Fiktion und Wirklichkeit nachdenken müssen" (NGA 14, 574).

5 Geschichte und Gegenwart

Historische Ereignisse seit dem Aufstieg Preußens zur Großmacht im 18. Jahrhundert, Episoden in Fontanes Werken und Tallhovers fiktiver Biographie werden mit der Romanhandlung zur Wendezeit überblendet und, oft gegen die Chronologie der Entwicklungen, miteinander in Beziehung gesetzt. Vergangenes erscheint „in zukunftstrunkener Präsenz (NGA 14, 240). Die neben der Fontane-Fonty-Biographie wichtigste Überblendung verknüpft die Gründung des deutschen Kaiserreichs 1870/71 mit dem (Wieder-)Vereinigungsprozess 1989/90 (vgl. etwa NGA 14, 19). Dass es sich dabei keineswegs um eine primär historische, sondern um eine literarische Auseinandersetzung mit Geschichte handelt, wird zum einen durch den ausgestellten Zitatcharakter des Romankonstrukts auf der einen und durch metafiktionale (also auf den Kunstcharakter verweisende) Formulierungen auf der anderen Seite verdeutlicht, etwa wenn Hoftaller einen Vergleich mit dem Theater wählt: „Mantel der Geschichte! hat neulich der Kanzler von drüben gesagt. Dem schlägt eine historische Stunde nach der anderen. Wird sich noch wundern, der Herr. Von wegen neues Kapitel aufschlagen. Daß ich nicht lache! Bißchen Wendezeit, der übliche Hemdentausch, das ist alles. Kennen wir doch, diesen Kostümwechsel auf offener Bühne" (NGA 14, 261). Dabei werden zahlreiche nationale Symbole als vielsagende Chiffren in die Handlung einbezogen, etwa die Siegessäule in Berlin, „deren krönender Engel als neuvergoldete Scheußlichkeit in der Abendsonne prahlte" (NGA 14, 20).

Besonders kritisch geht der Roman zumeist aus der Perspektive des scheinbaren Erzählkollektivs und der Perspektive Fontys, dem die Sympathie der Erzählerin gehört, mit den sozioökonomischen Veränderungen der Wendezeit um. Der mit großen Hoffnungen entstandene „Arbeiter-und-Bauern-Staat" (NGA 14, 204) ist zur „Konkursmasse" (NGA 14, 42) geworden. „Kurz vor Herrschaftsbeginn des neuen

Geldes war überall Ausverkauf angesagt. Produkte aus volkseigenen Betrieben gingen zu Schleuderpreisen vom Ladentisch“ (NGA 14, 127). Mit einer Anspielung auf Fontanes, die Gründerzeit satirisch reflektierenden Roman *Frau Jenny Treibel oder „Wo sich Herz zum Herzen find't“* (1893), stellt Fonty fest: „Sind doch schon da: die Treibels! Die machen als erste ihren Schnitt“ (NGA 14, 61). Hoftaller kommentiert die Wirtschafts- und Währungsunion vom 1. Juli 1990 mit ähnlichen Worten: „Sind alle vom Stamme Nimm, Ihre Treibels und Konsorten. Die machen bei uns ihren Schnitt. Für all diese Raffkes ist das hier Niemandsland“ (NGA 14, 132). Fonty entgegnet allerdings gut dialektisch: „Kolossal ideologisches Gewäsch, was Sie da reden. Ausbeuterklasse, kennen wir doch diese Sprüche. Kapitalisten wollen uns plattmachen, oft gehört, nie geglaubt“ (NGA 14, 133).

Im Zentrum der Erzähler- und der Figurenkritik, nicht zu verwechseln mit der des Autors in seinen Reden zur Lage der Nation, steht die Treuhandanstalt, deren Hauptaufgabe es war, die DDR-Industrie zu privatisieren. Diesen „Kolonialherren“ (NGA 14, 593) steht der später von Terroristen ermordete Karsten Rohwedder vor, der zur Romanfigur wird. Einerseits wird Rohwedder als sympathisch gezeichnet (vgl. etwa NGA 14, 488), andererseits aber auch als Opfer des Systems dargestellt, das er vertritt. In den Worten Fontys: „Was dieser Mann sich zumutet, ist zuviel. Eine kolossale Machtfülle, die eigentlich niemand gutheißen kann. Letzte Entscheidungen über Menschen und Eigentum, auf die – da bin ich mir sicher – Haß antworten wird. Mit erstem Blick gesehen: ein forscher Kerl. Ist Erfolg gewohnt. Versteht es anzupacken. Hat was Gewinnendes. Möchte aber nicht in seiner Haut stecken...“ (NGA 14, 550).

Die Ermordung des Treuhand-Chefs wird mit Todesfällen in Romanen Fontanes verglichen, etwa mit der Ermordung des Försters Opitz in dem Roman *Quitt* von 1891 (NGA 14, 614). Angedeutet wird, dass eine als Putzkraft getarnte Frau aus dem Umfeld der RAF den Mord begangen haben könnte (NGA 14, 609–610). Putzfrau Helma Frühauf wird mit der Titelheldin des letzten noch weitgehend fertiggestellten, aber nicht mehr zu Lebzeiten veröffentlichten Romans Fontanes verglichen, *Mathilde Möhring* (1908), die als radikalste Frauenfigur des Autors gilt (vgl. NGA 14, 621–623). Für den Tod des mächtigen Mannes hat Hoftaller nur abschätzige Worte: „Dieses System erledigt sich selbst“ (NGA 14, 611). Die ebenfalls nicht namentlich genannte Nachfolgerin Rohwedders, Birgit Breuel, wird als knallharte Geschäftsfrau gezeichnet, die das „Volkseigentum [...] zügiger und in schärferer Gangart“ abwickele (NGA 14, 617). Auch die Treuhand setzt für Fonty „auf Gewalt“; er glaubt, „daß der Sieg über den Kommunismus den Kapitalismus tollwütig gemacht hat“ (NGA 14, 654, 656).

Zentrales Romansymbol für das zyklische Auf und Ab der Geschichte ist der Paternoster (vgl. NGA 14, 72–75, 550) im von den Nationalsozialisten erbauten „Reichsluftfahrtministerium“, in dem sich die Treuhand-Zentrale befindet (vgl. NGA 14, 72–76). Hier ist schon „Fonty während der Kriegsjahre ein und aus gegangen“ (NGA 14, 67) und hier hat er „ein Bürofräulein namens Emilie Hering“ (NGA 14, 72) kennen und lieben gelernt. Auch Fontanes Ehefrau hieß Emilie, allerdings nicht Hering – ein komisierender Name, durchaus im Stil von Fontanes Namenssymbolik, der einmal mehr auf die Ironie der historisch-dialektischen Romankonzeption verweist. Immerhin, der Wiederkehr des Ewig-Gleichen wird zu guter Letzt eine neue Verbindung der über Staatsgrenzen hinaus miteinander verwandten Figuren aus unterschiedlichen Generationen entgegengesetzt. Fonty und Madeleine entziehen sich den Nachtgedanken und entschwinden in die Cevennen, wohl nicht zuletzt, um mit ihrer gemeinsamen Flucht die Bedeutung der deutsch-französischen Freundschaft für das Großprojekt einer darüber hinaus wünschenswerten Vereinigung Europas anzudeuten.

Festzuhalten bleibt: Neben seiner impliziten Kritik an der allzu Deutschland-zentrierten Orientierung vieler Landsleute und der sozioökonomischen Entwicklung der erweiterten BRD möchte der polyperspektivisch angelegte Bilderbogen zumindest zwischen den Zeilen vor einer Wiederholung von Fehlern der Geschichte warnen. Dies zeigt beispielsweise Fontys Rede im Rahmen der berühmt-berüchtigten Veranstaltung auf dem Alexanderplatz am 4. November 1989: „In Deutschland hat die Einheit immer die Demokratie versaut!", stellt Wuttke apodiktisch fest (NGA 14, 53). Der seinerzeitig von der ganz real stattfindenden Veranstaltung ausgehende Appell, die DDR unter geänderten Vorzeichen weiterzuführen, wird allerdings von Fonty selbst einer parodistischen Revision unterzogen: „Was heißt hier Unrechtsstaat! Innerhalb dieser Welt der Mängel lebten wir in einer kommoden Diktatur" (NGA 14, 312). Ein gut erfundenes Zitat, eine wahrhaftige Lügengeschichte mehr. Hier verfällt jede Autorität auf die eine oder andere Weise dem „Zweifel" (vgl. NGA 14, 296), auch die des Schwarz- bzw. Hellsehers der Nation selbst, über den sich der durchaus humorvolle Oberspielleiter des tragikomischen Romans auf metafiktionale Weise lustig macht, etwa wenn ein „Dreikäsehoch" erwähnt wird, der „auf eine Blechtrommel" schlägt (NGA 14, 48) oder wenn plötzlich, ein kurzes Intermezzo lang, ein verschrobenes älteres Pärchen auftaucht, das Ute und Günter Grass zum Verwechseln ähnlich sieht, vom Romanpersonal aber gar nicht registriert wird und explizit „einen ganz anderen Roman lebte" (NGA 14, 574). Fazit: „Ist doch Fiktion alles und nur in einem höheren Sinn wirklich" (NGA 14, 737).

Literatur

Adler, Sabine. *Umstrittene Treuhand-Bilanz. Zwischen Dichtung und Wahrheit. Auch 30 Jahre nach dem Mauerfall ist das Trauma um die Treuhand noch nicht vorbei. Die Behörde, die volkseigene DDR-Betriebe in gut funktionierende private Unternehmen umwandeln sollte, sorgt bis heute für Debatten. Sogar ein erneuter Untersuchungsausschuss wird gefordert* (22. August 2019). https://www.deutschlandfunk.de/umstrittene-treuhand-bilanz-zwischen-dichtung-und-wahrheit-100.html (22. Juni 2022).

Bielefeld, Claus-Ulrich, Günter Grass, und Dieter Stolz. „‚Der Autor und sein verdeckter Ermittler'. Ein Gespräch". *Sprache im technischen Zeitalter* 34.139 (1996): 289–314; zugleich: Sender Freies Berlin 3, Studio Drei - ForumKultur, Sendung vom 26. Februar 1996.

Boßmann, Tim. *Der Dichter im Schussfeld. Geschichte und Versagen der Literaturkritik am Beispiel Günter Grass.* Marburg 1997.

Braun, Michael. „‚J'accuse'. Literarische Skandalisierung in Offenen Briefen am Beispiel der Grass- und der Walser-Debatte". *Literatur als Skandal. Fälle – Funktionen – Folgen.* Hrsg. von Stefan Neuhaus und Johann Holzner. Göttingen 2007: 588–597.

Grass, Günter. *Deutscher Lastenausgleich. Wider das dumpfe Einheitsgebot. Reden und Gespräche*. Frankfurt/M. 1990.

Grass, Günter. „Deutschland im Zeichen der ‚Berliner Republik'. Ein Gespräch mit Jörg-Dieter Kogel u. Harro Zimmermann". *Günter Grass*. 7., revidierte Auflage. Hrsg. von Heinz Ludwig Arnold. München 1997: 131–135.

Grass, Günter. *Fünf Jahrzehnte. Ein Werkstattbericht*. Göttingen 2004.

Grass, Günter, und Martin Walser. *Ein Gespräch über Deutschland. Tonkassette*. Eggingen 1995 [Produktion des NDR v. 1994].

Kölbel, Martin (Hrsg.). *Ein Buch, ein Bekenntnis. Die Debatte um Günter Grass' „Beim Häuten der Zwiebel"*. Göttingen 2007.

Kügler, Hans. „Positionen – Schriftsteller zur deutschen Einheit (1989–1990). Über die Verarbeitung politischer Erfahrungen". *Praxis Deutsch* 19.12 (1992): 4–14.

Negt, Oskar (Hrsg.). *Der Fall Fonty. „Ein weites Feld" von Günter Grass im Spiegel der Kritik.* Göttingen 1996.

Neuhaus, Stefan. *Literatur und nationale Einheit in Deutschland.* Tübingen und Basel 2002.

Neuhaus, Stefan (Hrsg.). *Effi Briest-Handbuch*. Stuttgart 2019.

Paulsen, Wolfgang. „Günter Grass: ‚Ein weites Feld'". *Fontane-Blätter* 61 (1996): 153–162.

Schwilk, Heimo. „Die Mauer im Kopf. Revolution und Wiedervereinigung: Essays und Dokumente von Peter Schneider und Helga Königsdorf". *Rheinischer Merkur* 40 (5. Oktober 1990): 41.

Remmen, Andrea. „Günter Grass: ‚Ein weites Feld'". *Kindlers Neues Literatur-Lexikon.* München 1998: 500–502.

Schädlich, Hans Joachim (Hrsg.). „‚Tallhover' – ein weites Feld. Autobiographische Notiz". *Zwischen Schauplatz und Elfenbeinturm*. Göttingen 2001: 25–39.

Stolz, Dieter. „‚Deutschland – ein literarischer Begriff': Günter Grass and the German Question". *German Literature at a Time of Change 1989–1990. German Unity and German Identity in Literary Perspective.* Hrsg. von Arthur Williams et al. Bern et al. 1991: 207–224.

Stolz, Dieter. „Günter Grass: Ein weites Feld und kein Ende". *Die Medien und Günter Grass*. Hrsg. von Hanjo Kesting. Köln 2008: 173–182.

Stolz, Dieter. *Günter Grass. Der Schriftsteller*. München 2023.

Stolz, Dieter. „Nomen est omen. ‚Ein weites Feld' von Günter Grass". *Zeitschrift für Germanistik* 2, Neue Folge (1997): 321–335.

Vormweg, Heinrich. *Günter Grass.* Überarbeitete und erweiterte Neuausgabe. Reinbek 2002.

Weidermann, Volker. „Zum Tode von Ute Grass. Die erste und strengste Kritikerin seiner Werke. Wo er war, war auch sie: Ute Grass hat ihren Mann, den Nobelpreisträger Günter Grass, mit ihren literarischen Leidenschaften angesteckt". *Der Spiegel* (29. April 2021). https://www.spiegel.de/kultur/literatur/ute-grass-ist-tot-die-erste-und-strengste-kritikerin-seiner-werke-a-0574ff23-8c04-4174-803d-4ce8f785b3c6 (23. Juni 2022).

II.1.12 *Mein Jahrhundert* (1999)

Christoph Gardian

1 Entstehung

Nach der weitgehend missbilligenden Bewertung des historischen und Zeit-Romans *Ein weites Feld* (1995) seitens der Literaturkritik sowie der Publikation des bimedialen Bild- und Gedichtbands *Fundsachen für Nichtleser* (1997) – ein Jahreszyklus, für den statt Zeichnung und Druckgrafik erstmals das Aquarell prominent zum Einsatz kommt – wendet sich Grass mit *Mein Jahrhundert* erneut der zeitgenössischen Geschichte zu (zur Entstehung vgl. Neuhaus 2003, 320–324). Das seit April 1997 verfolgte Projekt firmiert zunächst unter dem Arbeitstitel „Verjährte Geschichten". Für die Recherchen zu den 100 kurzen Prosatexten seines Jahrhundertrückblicks hat Grass einen damals beschäftigungslosen Historiker, Olaf Mischer, engagiert. Der Band erscheint 1999 im Göttinger Steidl Verlag in zwei unterschiedlichen gebundenen Ausgaben: als großformatige Quart-Ausgabe (‚Prachtausgabe') wiederum mit Lithografien von Aquarell-Illustrationen zu jedem Jahr und jeder Erzählung sowie im kleineren Oktav-Format ohne Bebilderung. Das Buch ist Jakob Suhl gewidmet, einem Freund, der als jüdischer Bürger nach der Machtübernahme durch die Nationalsozialisten in den 1930er Jahren in die USA emigriert war. Im Text zum Jahr 1990 wird von einem gemeinsamen Besuch Suhls mit seiner Frau Leonore und dem Ehepaar Grass am Ort seiner Kindheit, in Markkleeberg (vormals Oetzsch) bei Leipzig, erzählt.

Nach eigener Aussage ging es Grass mit der Veröffentlichung von *Mein Jahrhundert* darum, „mit den Mitteln der Literatur […] aufzuklären", indem „trockene[r] Geschichtsstoff in Form von Geschichten" und „aus der Perspektive von Menschen, denen Geschichte widerfährt", nicht der „großen Handelnden", sondern der „Mitläufer und Opfer" erzählt würde. Die Funktion der Aquarelle nennt er in diesem Zusammenhang „emblematisch": „Sie bündeln eine Geschichte." (Grass 1999b; vgl. Grass 2001, 119–120) Das Buch ist demnach als Gegenentwurf zur gängigen oder ‚offiziellen' Geschichtserzählung konzipiert, als ‚(Kultur-)Geschichte von unten' im Unterschied zu einer die großen politischen Ereignisse und Akteure fokussierenden Darstellung. Die Aquarelle als ‚emblematische' *picturae* stehen dieser Konzeption nach in einem Ergänzungsverhältnis zu den entsprechenden Texten, Text und Abbildung interpretieren sich wechselseitig: Wie die Bilder die jeweiligen Texte in ihrer Aussage zuspitzen, wird die pointierende bildhafte Darstellung durch die zugehörigen Texte ‚ausgelegt'.

Eine ungekürzte Lesung mit Grass für Radio Bremen ist 1999 als CD in der Deutschen Grammophon erschienen und inzwischen bei Der Audio Verlag erhältlich. Richard E. Schade berichtet von einer mit Grass veranstalteten ‚szenischen Lesung mit Musik' bei den Dresdner Musikfestspielen am 4. Juni 2001 (Schade 2004, 419–420).

https://doi.org/10.1515/9783110755435-013

2 Inhalt

Mein Jahrhundert umfasst 100 kurze Prosatexte und Illustrationen, je ein Text (meist eine abgeschlossene Kurzerzählung) und ein Bild zu jedem Jahr, beginnend mit dem Jahr 1900 und abschließend mit dem Jahr 1999 (also gemäß einem herkömmlichen oder auch einem durch das Personalpronomen im Titel signalisierten subjektiven Verständnis von Jahrhundert und entgegen der Tatsache, dass das 20. Jahrhundert definitionsgemäß die Jahre von 1901 bis 2000 umfasst). Statt einer Überschrift ist den Text-Bild-Kompositionen jeweils eine Jahreszahl zugeordnet, die als Teil des Aquarells erscheint. Zudem sind die ersten Wörter der Textteile, die zum Teil als Titel fungieren könnten (zum Teil auch nicht), durch Fettdruck herausgestellt. Im Inhaltsverzeichnis erscheinen Jahreszahl und hervorgehobene Textanfänge gemeinsam vor der Seitenangabe.

Bei den Kurztexten handelt es sich fast durchgehend um Formen der Ich-Erzählung: In beinahe jedem wird konsequent homodiegetisch (durch einen Erzähler, der Teil der erzählten Welt ist) und in interner Fokalisierung (in der Mitsicht mit der erzählenden Figur) erzählt, die Ereignisse mancher Jahre sind erkennbar autofiktional gestaltet. Wenige Texte entsprechen dieser Vorgabe nicht: Der Abschnitt zum Jahr 1904 etwa bietet (ähnlich wie derjenige zum Jahr 1931) die szenische Wiedergabe eines Streitgesprächs während des Bergarbeiterstreiks im Ruhrgebiet von 1905. Der Streik hatte freilich im November 1904 in Bochum-Langendreer begonnen, mit thematisiert werden aber auch die Russische Revolution von 1905 sowie der Aufstand der Herero und Nama in Deutsch-Südwestafrika, angespielt wird auf mögliche revolutionäre Ereignisse in Berlin und staatliche repressive Gewalt. Hier wird die viel bemerkte Stimmenvielfalt in *Mein Jahrhundert* komprimiert erkennbar, ebenso wie die Verschränkung von Ereignissen und Zeiten in und zwischen einzelnen Abschnitten sowie der relativ freie Umgang mit geschichtlichen Daten und Fakten.

Einige historische Großereignisse sind in Blöcken organisiert: so der Erste Weltkrieg in den fünf Abschnitten zu den Jahren 1914–1918 als Gespräch der Antipoden Ernst Jünger und Erich Maria Remarque unter der Leitung einer Mitarbeiterin eines Schweizer Forschungsinstituts in den 1960er Jahren in Zürich (Anspielungen auf den Vietnamkrieg grundieren hier zusätzlich den zeitgenössischen Konnex des erinnerten fiktiven Gesprächs; überdies wird in vielen Erzählungen ein Aktualitätsbezug zu Situationen am Ende des 20. Jahrhunderts gesucht); der Zweite Weltkrieg 1939–1945 als Treffen ehemaliger Kriegsberichterstatter im Februar 1962 auf Sylt (vor der Folie von Kriegen in Indochina, Algerien und Palästina); die Jahre 1966–1968 als Erinnerung eines Germanistik-Dozenten an die Jahre der Studentenbewegung sowie ein Treffen zwischen Paul Celan und Martin Heidegger im Jahr 1967; die deutsch-deutschen Autorentreffen in Ostberlin 1975–1977. Jahres- und textübergreifende Komplexe bilden die Verfolgung von Menschen jüdischen Glaubens und die deutsche Teilung (sie sind miteinander verschränkt, etwa wenn im Abschnitt für das Jahr 1938 als Gegenbild zum Mauerfall in Berlin am 9. November 1989 die Reichsprogromnacht aufgerufen wird), Sport, Umweltzerstörung oder Literatur. Autobiographische bzw. autofiktionale Elemente finden sich in den Erzählungen zu den Jahren 1901, 1927, 1937, 1953, 1959, 1965, 1987–1990, 1996 und 1998. Der Krieg stellt, wie immer wieder festgestellt wurde, das beherrschende Thema dar, das gewissermaßen das vorgestellte Jahrhundert rahmt: Es bildet den Ausgangs- und den Endpunkt des Erzählens, indem es im ersten Satz des Eröffnungstextes („[...] denn da alleweil Krieg war [...]") wie am Ende des Abschlusstextes („Wenn nur nicht Krieg ist wieder ...") zur Sprache kommt (Grass 1999a, 6, 409). Damit ist das 20. Jahrhundert als eines der Kriege, gleichzeitig aber auch als ein abgeschlossenes gekennzeichnet, dessen Ende die Hoffnung auf bessere Zeiten beinhaltet.

Die den Texten zugeordneten Bilder stellen einen Aspekt des Erzählten heraus. In der Eröffnungserzählung beispielsweise sieht man einen abgeschnittenen Haarzopf in „von der Wüste" hergewehtem „gelbe[m] Staub[]" (Grass 1999a, 7) liegen – die Visualisierung eines Massakers an den Yihetuan auf dem Tian'anmen während des sogenannten Boxeraufstands, bei dem „die japanischen Scharfrichter den Boxern [...] den Nackenzopf abschnitten, um zu einem sauberen Hieb zu kommen". Einen dieser „Chinesenzöpfe", berichtet der Erzähler, ein bayerischer Marinesoldat, „hab ich mitgenommen und als Andenken nach Hause geschickt. Zurück in der Heimat trug ich ihn dann zur allgemeinen Gaudi beim Fasching [...]" (Grass 1999a, 7). Ein Bezug zur Publikationsgeschichte der eigenen Bücher wird auf der Bildebene hergestellt durch die Wiederaufnahme von Druckgrafiken etwa zur *Blechtrommel* (1959) oder zum *Butt* (1977) (vgl. Grass 1999a, 239, 305, 308, 312–313). Einige Doppelseiten zeigen anwachsende Haufen übereinandergeworfener Jahreszahlen. Sie markieren historische Einschnitte und veranschaulichen die Redewendung vom ‚Schutt der Geschichte' in doppelter Bedeutung: nach 1918, dem Ersten Weltkrieg, vor 1933, der Machtübernahme durch die Nationalsozialisten, nach 1945, dem Zweiten Weltkrieg, nach 1961, dem Jahr des Mauerbaus, nach 1968, dem Jahr des Prager Frühlings und der Studentenrevolte, nach 1977, dem sogenannten Deutschen Herbst, nach 1990, der deutschen Wiedervereinigung, sowie zum Abschluss des Jahrhundertrückblicks, im Anschluss an die letzte Erzählung (Grass 1999a, 80–81, 130–131, 184–185, 248–249, 278–279, 316–317, 370–371, 410–411). Diese abschließende Illustration fungiert zugleich als Abbildung auf dem Schutzumschlag von *Mein Jahrhundert*. Die dtv-Taschenbuchausgabe hat als Titelbild das Aquarell zum Jahr 1935, in dem der Bau der Autobahn behandelt wird.

3 Interpretation/Forschungsansätze

Wie bereits 1995 der Roman *Ein weites Feld*, so wird auch *Mein Jahrhundert* von der Literaturkritik insgesamt negativ besprochen. Roland Kroemer zum Beispiel nennt das *Jahrhundert*-Buch ein „altersmüdes Resümee" aus „Platitüden" [!] und „Abziehbilder[n]" (Kroemer 1999), Hubert Spiegel in der *Frankfurter Allgemeinen Zeitung* bezeichnet es als „brave[s] Panorama eines Säkulums" (Spiegel 1999), Volker Hage im *Spiegel* apostrophiert *Mein Jahrhundert* als „matte[] Geschichtsstunde" (Hage 1999; vgl. ausführlich Mews 2008, 300–313). Differenzierter als von der Literaturkritik, wenngleich teilweise recht affirmativ, wird das Buch in der literaturwissenschaftlichen Forschung rezipiert (vgl. dazu u. a. Stolz 2023, 324–333). Im Gegensatz zum Eindruck des Feuilletons, es handele sich um eine willkürliche Zusammenstellung belangloser Begebenheiten, wird nicht zuletzt die Kohärenz des Grass'schen Geschichtsbilds betont (vgl. Schade 2011, 268).

Uneinigkeit besteht hinsichtlich der Frage nach der Textgattung: *Mein Jahrhundert* wird als „Chronik" (Braun 2016, 224; Biebuyck 2019, 120), als „Journal" (Honsza 2000, 181) oder als „Almanach[]" (Weber 2001, 34) bezeichnet, einer strengen Gattungsdefinition halten diese Benennungen aber wohl nicht stand. Einige AutorInnen bescheinigen den Kurzerzählungen einen entschieden anekdotischen Charakter (vgl. Shafi 2002, 42; Schade 2004, 410; Biebuyck 2019, 120). Für viele der Texte in *Mein Jahrhundert*, die anhand eher beiläufiger Begebenheiten die Eigenart einer bestimmten Zeit und ihrer mentalen Gestimmtheit pointiert herauszustellen versuchen, mag das zutreffen; für andere jedoch, etwa Szenen, Briefe und Reden oder Ansprachen, Beichte und inneren Monolog sicher nicht. Entsprechend ist auch die generische Einordnung kritisch zu hinterfragen, die „Grundform des Erzählens" in *Mein Jahrhundert* sei „das Rechercheinterview" (Biebuyck 2019, 127). Vielmehr liegt hier eine Variation von Textformen vor (vgl. Kiefer 2002, 243). Wiederholt wird ein Vergleich zur Form der Kalendergeschichte angestellt (vgl. Eshel 2003, 188; Biebuyck 2019, 120). Von „Prosaminiaturen" und „Erzählminiaturen" ist die Rede (Honsza 2000, 181; Haberkamm 2000) oder von „Kurzgeschichten" (Neubauer 2020, 368).

Entsprechend der Rahmung wird in der Forschung die übergreifende Thematik des Krieges hervorgehoben und in diesem Zusammenhang die Funktion von „Erinnerungsliteratur" (Braun 2016, 216) für das kulturelle Gedächtnis, die „*memoria*-Funktion von Literatur": „Wenn die Zeitzeugen aussterben und die mündliche Tradierung abreißt, tritt exemplarisch Literatur an die Stelle" (Neuhaus 2003, 326; vgl. auch Schade 2011; Buczek 2010). Die Abschnitte zum Ersten Weltkrieg, das fiktive Gespräch zwischen Ernst Jünger und Erich Maria Remarque, sind die wohl am häufigsten besprochenen in *Mein Jahrhundert*. Schade erkennt in den Zitaten aus Jüngers *In Stahlgewittern* (1920) eine ‚intertextuelle Strategie', die dem eigenen Text ‚historische Authentizität' verleihe (vgl. Schade 2011, 264–266). Diese ‚Objektivität' schreibt Michael Braun dem Einsatz „journalistische[r] Stimmen" zu, insbesondere in den Kapiteln zum Ersten Weltkrieg, in denen die Mitarbeiterin eines Forschungsinstituts das Gespräch zwischen Remarque und Jünger zunächst leitet und „Gemeinsamkeiten" zwischen den Zeitzeugen festgestellt werden. Ihr allmählicher ‚Kontrollverlust' allerdings sorge dafür, dass die Zeitzeugen anhand von „Kryptozitate[n]" aus ihren Büchern gegeneinander ausgespielt würden: Dadurch werde die Gegensätzlichkeit von Perspektiven auf das vorgestellte Geschehen demonstriert (Braun 2016, 217, 221, 225). Indem Remarque „das letzte Wort" behält, wird allerdings, wie Braun feststellt, innerhalb der Komposition dennoch eine Tendenz hinsichtlich der Bewertung von Geschichte greifbar (Braun 2016, 216). Nach Sascha Kiefer geht es in *Mein Jahrhundert* entsprechend nicht darum, „Authentizität zu fingieren", sondern das historische Ereignis zu distanzieren. Dadurch würde „auf die Gesamtheit [des] Buches hin gesehen“ aber „zugleich ein[] einheitlich abgeklärte[r] Gestus“ befördert, „der emotionale Extremsituationen ausspart zugunsten einer weitgehend objektivierten, stets politisch korrekten Rekonstruktion“ (Kiefer 2002, 244). Amir Eshel bescheinigt Grass einen hegelianischen Geschichtsbegriff: Geschichte werde als kohärenter, intelligibler Prozess verstanden, dessen kausalen Ablauf das literarische Erzählen aufzudecken habe, um auf diese Weise politisch gestaltendes Eingreifen zu ermöglichen (vgl. Eshel 2003, 183–184; vgl. Eshel 2002; dagegen Shafi 2002). Das zentrale Verfahren dieses Erzählens charakterisiert Eshel als ein metonymisches, bei dem das erzählte, historisch-konkrete Ereignis ein geschichtliches Ganzes vertrete (Eshel 2003, 191).

Schade stellt das Persönliche des Jahrhundertrückblicks heraus, insofern Grass ab seinem Geburtsjahr 1927 sich selbst, seine Erfahrungen und seine Literatur in zahlreichen autobiographischen Episoden oder Reminiszenzen in die Geschichte einschreibe (Schade 2004, 414; vgl. ähnlich Eshel 2003, 189). Edgar Platen dagegen insistiert, „dass die Pluralisierung von Geschichte in *Mein Jahrhundert* einhergeht mit der Auflösung von begrenzten Identitätsvorstellungen [...], d. h. Ich-Identitäten erscheinen selbst pluralisiert (und fiktionalisiert)“ (Platen 2006, 294). Er unterscheidet „drei Ebenen des Autobiographischen“: Auf einer ersten Ebene gibt sich „der Ich-Erzähler eindeutig als der Schriftsteller Günter Grass zu erkennen“; auf einer zweiten Ebene setzt sich dieser Ich-Erzähler ins Verhältnis zu fiktiven Figuren der literarischen Texte von Grass selbst, etwa aus den Büchern der *Danziger Trilogie*; auf einer dritten Ebene schließlich erscheint der Autor Grass „nicht als Ich-Erzähler, sondern als angesprochene oder erwähnte Figur“, er wird „zum Gegenstand der Erzählfiktion“ (Platen 2006, 296–298, 303). Die Stimmenvielfalt der Erzählungen wird besonders von Benjamin Biebuyck hervorgehoben, die einzelnen Erzählerstimmen werden mit Susan Sniader Lanser aber als Artikulationen der „sequential communal voice“ einer „einseitig konzipierte[n] bundesrepublikanische[n] Gesellschaft“ bestimmt, die Perspektive auf die vorgestellten historischen Sachverhalte sei – auch infolge einer „redaktionelle[n] Parteilichkeit“ – patriarchalisch und „durchaus *germanozentrisch*“ (Biebuyck 2019, 122–123, 134; vgl. Shafi 2006, 203, 206).

Tatsächlich ist die Erzählerreflexion, das narrative Programm, das im vielfach zitierten Eingangssatz benannt ist, einzukalkulieren: „Ich, ausgetauscht gegen mich, bin Jahr für Jahr dabeigewesen.“ (Grass 1999a, 6) Die Stimme, die demnach in *Mein Jahrhundert* durchgehend erzählt, ist eine variierende, an eine subjektive Perspektive, gleichzeitig aber an keinen örtlichen oder zeitlichen Standpunkt gebundene. Das Erzählte ist dadurch wesentlich Fiktion, der Sprecher in seiner Omnipräsenz und grundsätzlichen Anonymität (Schade 2004, 409–410) mithin ein dezidiert fiktiver – das gilt auch für die anscheinend autobiographisch grundierten Texte, die das Ich des Schriftstellers konsequent in die Fiktion einbeziehen. So etwa auch in der Episode zum Jahr 1901 (vgl. hierzu Surowska 2006, 334–335): Es ist das Jahr der am 1. März eröffneten Schwebebahn Barmen–Elberfeld–Vohwinkel. Der Erzähler berichtet in der Erzählgegenwart, wie er „gegen Ende der fünfziger Jahre“ in „Kurtchen Mühlenhaupts Fundgrube“, einem Antiquariat am Chamissoplatz in Berlin-Kreuzberg, drei im Januar 1945 in Jerusalem gestempelte Postkarten Else Lasker-Schülers mit durchlaufendem Text, adressiert an Gottfried Benn, erstanden habe (Grass 1999a, 10). Der Maler, Bildhauer und Schriftsteller Kurt Mühlenhaupt, wie Grass Mitglied der 1972 gegründeten Gruppe Berliner Malerpoeten, hatte seit 1962 einen Trödelladen in der Blücherstraße 11 betrieben. Im angegebenen Text der Postkarten, kurz vor dem Tod der 1869 geborenen Dichterin geschrieben, ist von der Jungfernfahrt der Wuppertaler Schwebebahn die Rede. Sie habe diese Fahrt „[h]eute" (Grass 1999a, 10), also in der metadiegetischen Erzählgegenwart (im Jahr 1945 in Jerusalem), als „folgsames Kind" an der Hand ihres Vaters unternommen (im Jahr 1901 war Lasker-Schüler bereits 32 Jahre alt). Im Text wird das so kommentiert: „Nun ist zwar bekannt, daß Else Schüler am Tag, als die erste, viereinhalb Kilometer lange Teilstrecke der Wuppertaler Schwebebahn festlich für den öffentlichen Verkehr freigegeben wurde, kein Kind, vielmehr gut dreißig Jahre alt, mit Berthold Lasker verheiratet und seit gut zwei Jahren Mutter eines Sohnes war [...]." (Grass 1999a, 10–11) Der freie Umgang mit Ort und Zeit im hoch artifiziellen Text Lasker-Schülers wird, abgeschwächt, in der Erzählerrede wieder aufgenommen, die ‚Eulenspiegelei' der Autorin (sie schreibt von der „Eulenspiegelhand" des Vaters) im Augenzwinkern Mühlenhaupts am Ende des Textes reflektiert: „[...] Kurtchen Mühlenhaupt, dessen Trödel schon immer besonders war, zwinkerte mir zu." (Grass 1999a, 10–11)

Die für *Mein Jahrhundert* immer wieder hervorgehobene ‚Polyphonie' wird in der kurzen Erzählung zum Jahr 1901 durch die Verschränkung von Erzählebenen noch verstärkt. Orte (Berlin, Wuppertal, Jerusalem) und Zeiten (die vier Zeitschichten 1901, 1945, Ende der 1950er Jahre und 1990er Jahre – Jahrhundertbeginn, -mitte und -ende) sind komplex miteinander verwoben (zur „Polychronie" in *Mein Jahrhundert* vgl. Biebuyck 2019, 133; Kiefer 2002), das ‚Kopfstehen' der Zeit, das im Lasker-Schüler-Text thematisch ist, wird für die Kurzerzählung insgesamt generalisiert. Zum Spiel mit Ort und Zeit tritt dasjenige mit Identitäten, hier in der Form von Verwandlungen des angesprochenen Benn (Barbar, Tiger, Giselher) wie der schreibenden Lasker-Schüler (Sulamit, Prinz Jussuf), die konsequenterweise auch auf den Erzähler ausstrahlen: Die Identität der Stimme wird zu einer liminalen, das Autobiographische wird in die Fiktion verstrickt. Wie des Öfteren, lässt sich auch hier nicht zweifelsfrei zwischen „dokumentarisch belegter Realität und ausgedachtem Geschehen" (Weber 2001, 35) unterscheiden. Mit diesen Parallelen im Umgang mit Historie tritt zugleich die Art und Weise der Präsentation in den Vordergrund, die Vermitteltheit von Geschichte und Geschichten: Sie sind allein als mediatisierte und stets nur nachträglich zu begreifen. Diese Vermitteltheit wurde insbesondere in den Passagen zu den beiden Weltkriegen kommentiert, oder wenn der Golfkrieg im Jahr 1991 als Medienereignis herausgestellt wird: „[E]s geht um die Medien, in denen die Geschichten erinnert werden." (Braun 2016, 217; vgl. Neubauer 2020; Biebuyck 2019, 127) Die Reflexion der Vermitteltheit betrifft dabei das Erzählte wie den Erzählakt selbst.

Am Text zum Jahr 1901 lässt sich darüber hinaus die intratextuelle Verschränkung von Themen nicht nur innerhalb einzelner Abschnitte, sondern – aufgrund von referenziellen Übereinstimmungen, Querverweisen und Anspielungen – auch zwischen verschiedenen Erzählungen zeigen: Neben den Gegenstandsbereichen Technik-/Kulturgeschichte und Literatur, mithin des Literarischen, wird mit der Nennung der Namen Benn und Lasker-Schüler deren früheres Liebesverhältnis, mit den in Jerusalem gestempelten Ansichtskarten die Emigration der Dichterin, die Entrechtung und Verfolgung von Menschen jüdischen Glaubens im Nationalsozialismus sowie das (wenn auch kurzzeitige) Engagement Benns für denselben aufgerufen. Letzteres wird in der Erzählung zum Jahr 1956, die eine (fiktive) Begegnung Benns mit Bertolt Brecht am Grab Heinrich von Kleists am Kleinen Wannsee behandelt, direkt angesprochen. Hier werden zugleich die Folgen der nationalsozialistischen Verbrechen (die auch mit dem Namen Wannsee assoziiert sind – die gleichnamige Konferenz fand freilich in einer Villa am Großen Wannsee statt) als Teilung Deutschlands im Kalten Krieg und als zynische Resignation der einst engagierten und nun politisch vereinnahmten Literaten vorgestellt.

Literatur

Biebuyck, Benjamin. „‚Hätte der Hund nicht, dann hätt' er den Hasen …' Rhetorik erzählter Geschichte in Günter Grass' ‚Mein Jahrhundert'". *Rhetorik* 38.1 (2019): 120–136.

Braun, Michael. „Remarque trifft Jünger. Die Erfindung der Erinnerung an den Ersten Weltkrieg in Günter Grass' ‚Mein Jahrhundert' (1999)". *Nach 1914. Der Erste Weltkrieg in der europäischen Kultur*. Hrsg. von Michael Braun, Oliver Jahraus, Stefan Neuhaus und Stéphane Pesnel. Würzburg 2016: 215–226.

Buczek, Robert. „Kollektives Gedächtnis – subjektives Erinnern. Erinnerungen an das 20. Jahrhundert von Günter Grass in ‚Mein Jahrhundert'". *Keine Kultur kann auf Dauer von eigener Substanz leben. Günter Grass als Botschafter der Multikulturalität*. Hrsg. von Monika Kucner. Litblockin 2010: 161–173.

Eshel, Amir. „The Past Recaptured. Günter Grass and Alexander Kluge at the Turn of the Century". *Deutsche Geschichte des 20. Jahrhunderts im Spiegel der deutschsprachigen Literatur*. Hrsg. von Moshe Zuckermann. Göttingen 2003: 181–203.

Eshel, Amir. „The Past Recaptured? Günter Grass's ‚Mein Jahrhundert' and Alexander Kluge's ‚Chronik der Gefühle'". *Gegenwartsliteratur* 1 (2002): 63–86.

Grass, Günter. *Mein Jahrhundert*. Göttingen 1999a.

Grass, Günter. „Geschichte in Geschichten". *FOCUS Magazin* 27 (1999b). https://www.focus.de/kultur/medien/geschichte-in-geschichten-kultur_id_1928349.html (13. Mai 2022).

Grass, Günter. *Fünf Jahrzehnte. Ein Werkstattbericht*. Göttingen 2001.

Haberkamm, Klaus. „Rückblick auf 10 Jahre im Rückblick auf 100 Jahre. Zur deutschen Literatur 1990–1999 in Günter Grass ‚Mein Jahrhundert'". *Glossen* 10 (Sonderheft) (2000). https://www2.dickinson.edu/glossen/heft10/haberkamm.html (13. Mai 2022).

Hage, Volker. „Das ganze Säkulum: ein Quiz". *Der Spiegel* 27 (4. Juli 1999). https://www.spiegel.de/kultur/das-ganze-saekulum-ein-quiz-a-d5718488-0002-0001-0000-000013918383 (13. Mai 2022).

Honsza, Norbert. „‚Ein Zeitalter wird besichtigt.' Günter Grass: ‚Mein Jahrhundert'". *Literatur im interkulturellen Dialog. Festschrift zum 60. Geburtstag von Hans-Christoph Graf v. Nayhauss*. Hrsg. von Manfred Durzak und Beate Laudenberg. Bern, Berlin, Bruxelles, Frankfurt/M., New York, NY, Oxford und Wien 2000: 179–185.

Kiefer, Sascha. „Frühe Polemik und späte Differenzierung. Das Heidegger-Bild von Günter Grass in ‚Hundejahre' (1963) und ‚Mein Jahrhundert' (1999)". *Weimarer Beiträge* 48 (2002): 242–259.

Kroemer, Roland. „Platitüden [!] und Abziehbilder. Günter Grass' altersmüdes Resümee ‚Mein Jahrhundert'". *literaturkritik.de* 1.8 (1999). https://literaturkritik.de/id/353 (13. Mai 2022).

Mews, Siegfried. *Günter Grass and His Critics. From "The Tin Drum" to "Crabwalk"*. Rochester, NY 2008.

Neubauer, Martin. „Erinnern an ‚1937'. Günter Grass erzählt (nicht) vom Spanischen Bürgerkrieg". *Das Leben in einem rosa Licht sehen – Ver la vida de color de Rosa. Festschrift für Rosa Piñel*. Hrsg. von Isabel García Adánez, María Jesús Gil Valdés, Paloma Sánchez Hernández, María Luisa Schilling Rodríguez und Irene Szumlakowski Morodo. Bern, Berlin, Bruxelles, New York, NY, Oxford, Warszawa und Wien 2020: 367–384.

Neuhaus, Volker. „Günter Grass: *Mein Jahrhundert*". *Interpretationen. Romane des 20. Jahrhunderts*. 3 Bde. Stuttgart 2003. Bd. 3: 320–332.

Platen, Edgar. „‚Ich, ausgetauscht gegen mich, bin Jahr für Jahr dabei gewesen'. Versuch über die Funktion des Autobiographischen und seiner Überschreitung in Günter Grass' ‚Mein Jahrhundert'". *Grenzen der Identität und der Fiktionalität*. Hrsg. von Ulrich Breuer und Beatrice Sandberg. München 2006: 291–305.

Schade, Richard E. „Günter Grass's ‚Mein Jahrhundert': Histories, Paintings, and Performance". *Monatshefte* 96.3 (2004): 409–421.

Schade, Richard E. „‚... immerzu Krieg': History, Intertextuality and the Memoir of Günter Grass". *German Studies Review* 34.2 (2011): 261–276.

Shafi, Monika. „‚Gezz will ich ma erzähln': Narrative and History in Günter Grass's ‚Mein Jahrhundert'". *Gegenwartsliteratur* 1 (2002): 39–62.

Shafi, Monika. „Talkin' 'Bout My Generation: Memories of 1968 in Recent German Novels". *German Life and Letters* 59.2 (2006): 201–216.

Spiegel, Hubert. „Icke mit Lotte. Die Jahrhundertfibel des Günter Grass". *Frankfurter Allgemeine Zeitung* (17. Juli 1999). https://www.faz.net (13. Mai 2022).

Stolz, Dieter. *Günter Grass. Der Schriftsteller*. München 2023.

Surowska, Barbara L. „‚Mein Jahrhundert' von Günter Grass und seine Intellektuellen". *Von überspannten Ideen zum politischen Appell. 25 Essays zur deutschen Literatur*. Warszawa 2006: 327–335.

Weber, Hans. „Geschichte durch Geschichten: Überlegungen zu Günter Grass, ‚Mein Jahrhundert', im DaF-Unterricht". *Die Unterrichtspraxis / Teaching German* 34.1 (2001): 34–41.

II.1.13 *Im Krebsgang. Eine Novelle* (2002)

Gerhard Kaiser

Günter Grass' Novelle *Im Krebsgang*, deren erster handschriftlicher Entwurf auf den 17. Februar 2001 datiert, erscheint nach neunmonatiger Arbeit des Autors am Text (Pelster 2019, 57) am 5. Februar 2002 im Steidl-Verlag, wird schon zum Zeitpunkt ihrer Veröffentlichung in zahlreiche Sprachen übersetzt (Pelster 2019, 105) und avanciert bereits kurz nach ihrer Publikation zur „Pflichtlektüre in der gymnasialen Oberstufe mehrerer Bundesländer" (Mergen 2021, 105). *Im Krebsgang* ist, nach *Katz und Maus* (1961), das zweite, dezidiert als Novelle ausgeflaggte Werk des Autors und erweist sich in dreifacher Hinsicht als ein komplexes Phänomen kalkulierter, miteinander verwobener Grenzüberschreitungen:

(1) In inhaltlicher Hinsicht überschreitet Grass' Text beträchtliche zeitliche wie auch räumliche, historisch „labile Grenzen" (Sbarra 2005, 382): Die gattungskonstitutive, „unerhörte Begebenheit" wird eingebettet in ein drei Generationen umspannendes, erzählerisches Panorama des 20. Jahrhunderts, das „vom Wilhelminischen Reich, über die Weimarer Republik, das ‚Dritte Reich', die BRD und die DDR bis zur Wiedervereinigung" (Sbarra 2005, 382) reicht. Das „einmalige[] Ereignis" (NGA 16, 29) ist im Falle des *Krebsgangs* die Geburt des fiktiven Erzählers und Journalisten Paul Pokriefke während des Untergangs der von einem sowjetischen U-Boot torpedierten, flüchtende Zivilisten und Soldaten transportierenden „Wilhelm Gustloff" am 30. Januar 1945.

(2) In paratextuell-inszenatorischer Hinsicht überschreitet die Novelle (tatsächliche oder vermeintliche) Grenzen des um die Jahrtausendwende virulenten, erinnerungspolitischen Diskurses, weil ihre Veröffentlichung vom Verlag und ihrem Autor, ein „Marketingexperte und gewiefter Medienstratege" (Wassmann 2009, 319), kalkuliert und mit ebenso großem wie kontroversem Medienecho als „Tabubruch im kollektiven Gedächtnis" (Braun 2007, 120) – gemeint ist die öffentliche Erinnerung an deutsche Opfer während des Zweiten Weltkrieges – inszeniert wird.

(3) In formal-textstrategischer Hinsicht schließlich überschreitet *Im Krebsgang* die Grenzen eines traditionelleren novellistischen Erzählens, indem gattungsspezifische Erwartungen an die „Einsträngigkeit und Linearität der Handlungsführung" (Wassmann 2009, 323) konsequent unterlaufen werden durch eine auf mehreren Erzählebenen situierte, zum Teil metaleptisch arrangierte, multi-perspektivische Narration, durch die Vermischung von fiktionalem und Faktualität insinuierendem Erzählen sowie durch die Etablierung intertextueller wie intermedialer Konnotationsräume. In ihrer Gesamtheit realisieren diese Textstrategien jene titelgebende, anti-chronologische, digressive Erzählweise, die „der Zeit eher schrägläufig in die Quere komm[t], etwa nach Art der Krebse, die den Rückwärtsgang seitlich ausscherend vortäuschen, doch ziemlich schnell vorankommen" (NGA 16, 8) und die ein unmittelbares Sich-Einfühlen in die Welt des Textes bewusst erheblich erschwert.

https://doi.org/10.1515/9783110755435-014

Inhalt, paratextuelle Inszenierung und deren Rezeption sowie textuelle Strategien und deren Deutungen sollen – obwohl eng miteinander verzahnt – im Folgenden analytisch getrennt voneinander in den Blick genommen werden.

1 Inhalt

Grass' neun Kapitel umfassende Novelle erzählt *auch* vom Untergang der „Wilhelm Gustloff", der „größten Schiffskatastrophe aller Zeiten" (Beyersdorf 2002, 568), und vom Ertrinken der „über viertausend Säuglinge, Kinder und Jugendlichen, für die es kein Überleben gab" (NGA 16, 127). Allerdings machen die Textpassagen, die sich im sechsten Kapitel der Novelle dieser Katastrophe widmen, „weniger als ein Zehntel des Gesamtumfangs der Novelle aus[], nur etwa 20 von mehr als 200 Druckseiten." (Pontzen 2006, 344) Der weitaus größere Teil des Textes entfaltet indes auf zwei komplex miteinander verschalteten Erzählebenen hundert Jahre deutscher Geschichte und problematisiert zugleich die angemessene Erzählbarkeit von Geschichte überhaupt. Auf der intradiegetischen Ebene, inszeniert als „Bericht" (NGA 16, 115) des fiktiven Erzählers Paul Pokriefke, eines politisch wankelmütigen und „mittelmäßige[n] Journalist[en]" (NGA 16, 39), wird mit Anleihen beim typischen *Spiegel*-Stil (Schmitz 2004, 269) die Vor- und unmittelbare Nachgeschichte der realgeschichtlichen Schiffskatastrophe rekonstruiert. Strukturiert wird dieser ‚Bericht' zum einen durch die Geschichte des „KdF-Passagier-, dann Lazarett-, darauf Kasernen- und schließlich Flüchtlingstransportschiffes" (NGA 16, 58), das mithin als „zentrales Dingsymbol" (Pontzen 2008, 136) für den Verlauf der deutschen Geschichte zwischen 1933 und 1945 fungiert, zum anderen durch die ausschnitthaft skizzierten Lebensläufe eines realgeschichtlichen Figurentrios, das eng mit der Biographie des Schiffes verknüpft ist: Wilhelm Gustloff, geboren am 30. Januar 1895, Mitglied der NSDAP und Landesgruppenleiter in der Schweiz, wird im Februar 1936 in Davos von dem jüdischen Medizinstudenten David Frankfurter erschossen – „‚Ich habe geschossen, weil ich Jude bin.'" (NGA 16, 26) – und daraufhin als „Blutzeuge der nationalsozialistischen Bewegung" (NGA 16, 27) zum Namenspatron des Schiffes. Bei Alexander Marinesko, der dritten realgeschichtlichen Figur, handelt es sich schließlich um den U-Boot-Kommandanten, der die „Gustloff", in der er im Schneetreiben „die Umrisse eines auf zwanzigtausend Tonnen geschätzten Truppentransporters" (NGA 16, 119) zu erkennen vermeint, an jenem 30. Januar 1945 torpediert und versenkt, an dem der Erzähler Pokriefke von seiner Mutter Tulla, die – so die novellistische Fiktion – eine Überlebende dieses Untergangs ist, geboren wird.

Dass und warum sich der Journalist zum Erzählen der Untergangsgeschichte mehr genötigt als geneigt fühlt und welche Schwierigkeiten und wiederum katastrophalen Folgen mit diesem Erzählen verbunden sind, wird auf der extradiegetischen Ebene, der Erzählgegenwart Mitte der 1990er Jahre, verhandelt. Auch dieser Erzählstrang wird vor allem durch ein (diesmal allerdings mehr oder weniger fiktionales) Figurentrio strukturiert: Bei der ersten Figur handelt es sich um die bereits in *Katz und Maus* und den *Hundejahren* präsente, in der *Rättin* fälschlich totgesagte (Sbarra 2005, 385) Tulla Pokriefke, Mutter des Erzählers, Überlebende der Schiffskatastrophe, zu deren schriftlicher Fixierung sie ihren Sohn immer wieder zu nötigen versucht – „‚Ech leb nur noch dafier, daß main Sohn aines Tages mecht Zeugnis ablegen.'" (NGA 16, 18) –, und zugleich männerverführende „Hexe mit Fuchspelz um den Hals" (NGA 16, 181) und *femme fatale*-Zügen. Als zweite Figur, dem als „Alten" (NGA 16, 93) titulierten Gesprächspartner des Erzählers, wird ein fiktionalisiertes alter ego des Autors eingeführt (u. a. reklamiert er für sich die Autorschaft des „Wälzers ‚Hundejahre'" (NGA 16, 73)). Als „Schattenerzähler" „melde[t]" er sich in „sieben der neun Kapitel[] zu Wort" (Sbarra 2005, 380 und 381). Zugleich fungiert der „Alte", weil selbst angeblich „leergeschrieben" (NGA 16, 29), als „Auftrag- und Arbeitgeber" (Fricke 2003, 351) für den „Ghostwriter" (NGA 16, 29) Pokriefke. Diese für das Grass'sche Erzählen typische narrative Strategie (Gobyn 2019, 4 und Winkler 2009, 256), sich qua Metalepse als Figur in seinen eigenen Text einzuschreiben, zeugt indes nicht nur von einer gewissen selbstgefällig kokettierenden Freude des Autors an dem performativen Selbstwiderspruch, der darin liegt, dass die vorliegende Novelle das Bild eines „alte[n] Mann[es], der sich müdegeschrieben hat" (NGA 16, 93) in ihrer Sujetwahl und Formgebung gerade nachdrücklich widerlegt. Fiktionsintern verleiht er vielmehr auch jener Grundannahme Ausdruck, „[d]ass die Schiffskatastrophe und das Leid der Flüchtlinge aus Gründen politischer Korrektheit kollektiv verdrängt und verschwiegen worden seien" (Florack 2007, 42), die Grass öffentlich als eigentlichen Schreibanlass für *Im Krebsgang* kommuniziert. Ein solches „gemeinhin als Selbstkritik des Autors Grass verstanden[es]" (Florack 2007, 42) Eingeständnis, das zugleich das Versäumnis einer ganzen Generation von Nachkriegsschriftstellern nahelegt, wird denn auch in der Novelle an zentraler Stelle vom „Alten" artikuliert: „Das nagt an dem Alten. Eigentlich, sagt er, wäre es Aufgabe seiner Generation gewesen, dem Elend der ostpreußischen Flüchtlinge Ausdruck zu geben [...] Niemals [...] hätte man über so viel Leid, nur weil die eigene Schuld übermächtig und bekennende Reue in all den Jahren vordringlich gewesen sei, schweigen, das gemiedene Thema den Rechtsgestrickten überlassen dürfen. Dieses Versäumnis sei bodenlos..." (NGA 16, 93)

Dritte wichtige Figur, als Repräsentant des „extremen Rand[s] der Jugendgeneration" (Braun 2007, 122) im Drei-Generationen-Kosmos der Novelle, ist Pauls 17-jähriger Sohn Konrad, „hochbegabt und überaus sensibel" (NGA 16, 41), der nun den Aufschreibe-Impulsen seiner Großmutter folgt und auf seiner eigenen, rechtsextremen homepage „www.blutzeuge.de" (NGA 16, 63) zum „Verkünder der Legende eines Schiffes" (NGA 16, 90) wird. Damit nimmt er gleichsam die Stelle seines Vaters ein, der sich im Duktus der 68er-Generation vom „ewigwährenden Untergang" der „Gustloff" als „Sonntagsthema" (NGA 16, 31) seiner Mutter malträtiert fühlt. „[N]ichts als die Wahrheit" über den Untergang der „Gustloff" und über „das Weltjudentum, das uns Deutsche für alle Zeit und Ewigkeit an den Pranger ketten will" (NGA 16, 69) beabsichtigt Konrad zu bezeugen. In einer spiegelverkehrten Variante der Ermordung Gustloffs durch Frankfurter erschießt Konrad schließlich am 20. April – Hitlers Geburtstag – 1997 just an jener Stelle in Schwerin, an der sich einst ein Gustloff-Gedenkstein befand, seinen chat-partner und ideologischen Gegner Wolfgang Stremplin, mit dem er zuvor nur online über die richtige Deutung der Schiffskatastrophe gestritten und der sich fälschlicherweise als Jude ausgegeben hatte: „‚Ich habe geschossen, weil ich Deutscher bin'" (NGA 16, 163), so greift Konrad das Bekenntnis David Frankfurters auf und kehrt es um. Mit der siebenjährigen Haftstrafe und einer vorsichtigen Wiederannäherung zwischen Vater und Sohn – in deren Rahmen Konrad das Schiffsmodell der „Gustloff", ein Geburtstagsgeschenk seiner Großmutter Tulla, zerstört (NGA 16, 202) – kommt die Novelle allerdings nicht an ihr Ende. Im Internet entdeckt der Erzähler eine Website, „die [...] für jemanden warb, dessen Haltung und Gedankengut vorbildlich seien, den deshalb das verhaßte System eingekerkert habe." (NGA 16, 203) Dass der Schoß noch fruchtbar ist und bleiben wird, so wird man wohl die zwischen geschichtspessimistischer Resignation und aufklärerischer Warnung oszillierende Schlusswendung der Novelle verstehen dürfen: „Das hört nicht auf. Nie hört das auf." (NGA 16, 203)

2 Paratextuelle Inszenierung und Rezeption

Obwohl in den Feuilletons im In- und Ausland „weitgehend positiv aufgenommen" (Wassmann 2009, 311; zur Rezeption in Großbritannien s. Beyersdorf 2006, 163–167, zur Rezeption in russischsprachigen Ländern s. Fedorovskaja 2008, 258–271), löst *Im Krebsgang* unmittelbar nach Erscheinen einen „wahrhaftigen Wirbel in der Presse" (Beyersdorf 2006, 157) aus. Als literaturgeschichtliches Phänomen erschließt sich die Novelle nur im Zusammenhang mit ihrer paratextuellen Inszenierung und der von dieser mitbeeinflussten, unmittelbaren Rezeption. Die Geschichte der Inszenierung rund um die Veröffentlichung der Novelle am 5. Februar 2002 liest sich wie die Chronik der Inszenierung eines angekündigten Tabubruchs: Medial flankiert durch eine Titelgeschichte im *Spiegel* – „Die deutsche Titanic. Der neue Grass. Die verdrängte Tragödie des Flüchtlingsschiffes *Wilhelm Gustloff*" – am Vortag der Veröffentlichung (Braun 2007, 118) und durch mehrere Interviews mit dem Autor in diversen Zeitungen und Zeitschriften, in denen er die „in der Verlagsankündigung gemachte Aussage vom Tabubruch [...] seinerseits [...] mehrfach wiederholt" (Wassmann 2009, 314), veröffentlicht der Göttinger Steidl-Verlag die Novelle vierzehn Tage vor dem ursprünglich vorgesehenen Termin in einer schnell vergriffenen Erstauflage von 50.000 Exemplaren (am 14. Februar waren 250.000 Exemplare im Handel). „Durch das Vorziehen des Veröffentlichungstermins war das Buch bereits ein Bestseller, bevor die ersten, noch an die ursprüngliche Sperrfrist (22. Februar) gebundenen Rezensionen erschienen." (Braun 2007, 120) Grass' Intimfeind Marcel Reich-Ranicki preist am Tag der Veröffentlichung in der ersten Folge seiner neuen Literatursendung „Reich-Ranicki-Solo" *Im Krebsgang* als zugehörig zum „Besten und Erschütterndsten, was Grass in seinem Leben geschrieben [...] hat" (zit. nach Wassmann 2009, 312). Er habe, so der Starkritiker, bei bestimmten Passagen „Tränen in den Augen gehabt" und er „weine nicht unter [s]einem Niveau." (zit. nach Wassmann 2009, 312) Spekulationen kursieren, der Ausstrahlungstermin dieser

Pilotfolge sei der eigentliche Grund für den vorgezogenen Veröffentlichungstermin der Novelle gewesen (Wassmann 2009, 312). Gleichwohl entzündet sich in den folgenden Wochen in den Feuilletons der Republik eine resonanzverstärkende „*Krebsgang*-Kontroverse“ (Palm 2007, 47), die, wenn auch nicht in ihrem unmittelbaren ‚Gegenstand‘, so doch in ihren argumentativen Grundmustern und Fraktionierungen jene „erregte Debatte um die literarische Darstellung deutschen Leids“ (Wassmann 2009, 312) wiederholt, die bereits fünf Jahre zuvor rund um W.G. Sebalds Zürcher Poetikvorlesungen (1997) und seine Studie *Luftkrieg und Literatur* (1999) entbrannt war: Während die eine, quantitativ überwiegende, Fraktion Grass dafür lobt, dass er sich in der Tat als „erste[r] bedeutende[r] deutsche[r] Schriftsteller [...] mit diesem ‚Tabuthema‘“ (Beyersdorf 2006, 159) auseinandergesetzt habe, differenziert sich die Gruppe seiner Kritiker in jene, die „the very existence of such a taboo in the first place“ (Dye 2004, 474) bestreiten – Dirk Knipphals etwa spricht in der *taz* von „weit offen stehende[n] Tabu-Türen“ (zit. nach Dye 2004, 476) – sowie in jene, die auf eine durchaus beträchtliche Zahl von „mehr oder weniger renommierten Schriftstellern“ (Beyersdorf 2006, 159) wie Arno Surminski, Walter Kempowski, Siegfried Lenz oder Christa Wolf verweisen, die sich bereits vor dem Erscheinen von Grass' Novelle des Flucht- und Vertreibungsthemas angenommen hätten (zu weiteren exemplarischen Zitaten s. Dye 2004, 474–478). Der weiteren Zirkulation eines „‚neuen‘ Opferdiskurses“ (Palm 2007, 45) in der bundesrepublikanischen Medienlandschaft wie auch dem Erfolg von Grass' Novelle steht diese Kontroverse freilich nicht entgegen. Im Gegenteil: Gleich im März legt der *Spiegel* mit einer „Die Flucht“ betitelten, vierteiligen Serie „über die Vertreibung der Deutschen aus dem Osten“ nach und Grass' Novelle wird im gleichen Publikationsorgan Ende 2002 zum „Jahresbestseller“ (Beyersdorf 2006, 158–159) gekürt.

3 Deutungen

Ungeachtet der wiederum medial kalkulierten Erschütterungen, die Grass' sehr spätes Eingeständnis seiner sehr frühen Mitgliedschaft in der Waffen-SS 2006 auslöst, hat die Grass-Forschung in den vergangenen beiden Dekaden – neben der *second order*-Beobachtung und Argumentationsanalyse der oben skizzierten, öffentlichen Kontroverse um die von Verlag und Autor lancierte Tabubruch-These (Dye 2004; Beyersdorf 2006; Braun 2007; Palm 2007; Wassmann 2009, 311–320) – vor allem in dreierlei Hinsicht zu einer Versachlichung und Vertiefung des Blicks auf die Novelle beigetragen: a) durch eine historische Relativierung der Tabubruch-These in einem engeren, werkbiographischen sowie in einem weiteren, literaturgeschichtlichen Sinne, b) durch die Kontextualisierung des Novellenstoffes im Rahmen gedächtnis- und/oder traumatheoretisch grundierter Ansätze sowie schließlich c) durch die intensivere Betrachtung der Formgebung des Textes als einer „kunstvoll komponierte[n] Novelle“ (Paaß 2009, 420; vgl. dazu auch Stolz 2023, 271–287).

a) Schon beim Treffen der Nobelpreisträger in Vilnius im Oktober 2000 bekundet Grass in einer Rede sein Unbehagen daran, „wie spät und noch immer zögerlich an die Leiden erinnert wird, die während des Krieges den Deutschen zugefügt wurden" (zit. nach Braun 2007, 119). Dass der in der Novelle schließlich verhandelte Themenkomplex der Vertreibung nicht nur – wie Grass selbst in einem Interview 2002 einräumt – „bei mir schon seit Jahren [tickt], wenn nicht Jahrzehnten" (zit. nach Hall 2007, 162) – sondern bereits vor *Im Krebsgang* auch kontinuierlich Eingang in sein Gesamtwerk gefunden hat, zeigt exemplarisch (und mit bisweilen interessegeleitet anmutendem Aplomb) die werkbiographische Analyse von Beyersdorf, der Grass als „Schriftsteller der Vertreibung" (Beyersdorf 2002, 568) verstanden wissen will. Nicht erst in *Mein Jahrhundert* (1999) – dem eigentlichen „Auftakt zu *Im Krebsgang*" (Beyersdorf 2002, 580; ähnlich Sbarra 2005, 379) –, in dem der Erzähler des Jahres 1945 einräumt, „die Wilhelm Gustloff drei Tage, bevor sie sank", gesehen und trotzdem „kein Wort darüber" geschrieben zu haben (NGA 15, 139), sondern bereits seit der *Blechtrommel* habe sich Grass „immer wieder in verschiedenen Weisen dem Themenkomplex ‚Vertreibungsliteratur'" zugewendet (Beyersdorf 2002, 568; Einzelbelege v. a. 573–576; ausführlich zum Flucht- und Vertreibungskomplex in der *Blechtrommel* Schaal 2006, 42–108). Angefangen mit der *Blechtrommel*, in der sich „ein Zwölftel" des Gesamttextes „mit dem Zeitraum von der sowjetischen Eroberung Danzigs bis zu der wenige Monate später stattfindenden Ausweisung Oskars samt verbliebener Familie" (Beyersdorf 2002, 569) beschäftigten, über *Katz und Maus* und *Hundejahre* bis zur *Rättin*, in der Beyersdorf mehrere Bezüge „zu Schiffskatastrophen auf der Ostsee in der Endphase des Krieges" (Beyersdorf 2002, 576) nachweist, sei Grass immer wieder zu diesem Thema zurückgekehrt. *Im Krebsgang* entpuppe sich bei genauerer Betrachtung also als eine „Rückkehr zum Thema" (Beyersdorf 2002, 584) der Vertreibung und so überzeugend und stichhaltig dieser Gang durch Grass' Gesamtwerk im Blick auf die kontinuierliche Präsenz solcher Motive auch ausfällt, der Befund eines fiktionsinternen Wandels der Erzählhaltung – von „einer gewissen zynischen Kälte" im Frühwerk zum „uneingeschränkte[n] Mitleid" gegenüber „den leidenden Flüchtlingen" (Beyersdorf 2002, 584) im Spätwerk – wird angesichts der spezifischen, anti-immersiven Formgebung der Novelle (s. unten) in Frage gestellt (Pontzen 2006, 343).

Dass die These vom Tabubruch nicht nur in engerer, werkbiographischer Hinsicht, sondern auch in einem weiteren, literaturgeschichtlichen Sinne relativierungsbedürftig ist, hat die Forschung in zweierlei Hinsicht herausgearbeitet: zum einen durch den Verweis auf das umfangreiche, seit den 1950er Jahren entstandene Korpus historiographischer Arbeiten zum Komplex der Vertreibung (Hall 2007, 168 etwa spricht von „at least two hundred and fifty German-language studies […] on every conceivable aspect of the *Vertreibung*", davon allein zwölf über den Untergang der „Gustloff"). Zum anderen wird, neben Grass' eigenen Texten, ein Spektrum literarischer Vorläufer namhaft gemacht, das von Ernst Wiechert und Arno Surminski über Siegfried Lenz und Christa Wolf (Hall 2007, 169 im Rekurs auf Louis Helbigs bereits 1996 publizierte Studie *Flucht und Vertreibung in der deutschsprachigen Belletristik der Nachkriegszeit*) bis zu

Horst Bienek (Beyersdorf 2002, 582), Hans-Ulrich Treichel (Ölke 2007; Palm 2007, 49) und Walter Kempowski (Morstein 2011, 68) reicht. So ist etwa, wie u. a. Sbarra (2005, 381) zeigen kann, schon die titelgebende, poetologische Metapher von Grass' Novelle in Christa Wolfs, ebenfalls den Komplex der Vertreibung thematisierenden, Roman *Kindheitsmuster* (1976) vorgeprägt, in dem vom „Versuch" die Rede ist, „die Arbeit des Gedächtnisses zu beschreiben, als Krebsgang, als mühsam rückwärts gerichtete Bewegung, als Fallen in einen Zeitschacht" (Wolf 2000, 16). Dass es dann doch – ungeachtet dieser von der Forschung gezeigten, beträchtlichen Vorläuferschaft – Grass' Novelle ist, die für das Thema Vertreibung ein neues Maß an öffentlicher Aufmerksamkeit erzeugt und dass es schließlich der Autor Grass ist, dem in der Medienöffentlichkeit das „Prädikat des sog. Tabubrechers" zugeschrieben wird, mag mit der oben skizzierten Inszenierung wie auch mit der „Medienpräsenz des Nobelpreisträgers" und dessen „literaturgeschichtlicher Bedeutung für die BRD" (Palm 2007, 49 im Rekurs auf Ölke 2007) zusammenhängen.

b) Das sein Objekt des Erinnerns nicht weiter spezifizierende Motto von *Im Krebsgang*, „in memoriam" (NGA 16, 5), aufgreifend, zielt ein zweiter Komplex von Interpretationen auf eine Kontextualisierung der Novelle im Rahmen jener erinnerungs- und gedächtnistheoretischen Ansätze, die vor allem auf die Arbeiten von Jan und Aleida Assmann zurückgehen und die ersterer als ein „neues Paradigma der Kulturwissenschaften" (Assmann 2005, 11) etikettiert, ein Paradigma, das seit Beginn der 1990er Jahre auch für die Literaturwissenschaften virulent ist (Paaß 2009, 11). Der in der Novelle entfaltete, mit dem Figurentrio Tulla-Paul-Konrad drei Generationen umfassende Kampf um eine angemessene Weise des erzählenden Erinnerns an das initiale „traumatische[] Erlebnis[]" (Florack 2007, 53) des Schiffsuntergangs, um „die Überlieferung dieses Ereignisses über drei Generationen" (Prokop 2004, 125), ist gedächtnistheoretisch – darin ist sich die Forschung einig – situierbar im Kontext des konfliktträchtigen „Transponierungsprozesses von einem familiären, begrenzten Nahhorizont", dem kollektiven Familiengedächtnis, „in den Fernhorizont des kulturellen Gedächtnisses" (Paaß 2009, 434). Die Novelle entwirft – auch darin ist sich die Forschung einig – das Panorama eines ebenso komplexen wie vielstimmigen „multiperspektivischen Erinnerungsdiskurses" (Paaß 2009, 462): Innerhalb dieses Panoramas figuriert Tulla als „Vertreterin der ersten Generation" (Paaß 2009, 435) der überlebenden Zeitzeugen, die „den Anspruch" auf eine immersive, oral geprägte „‚zu Herzen gehende' Vergegenwärtigung" (Florack 2007, 53) der traumatischen Vergangenheit erhebt. Ihr Sohn Paul, durch sein „Geburtstrauma" (NGA 16, 141) und das „Trauma der Vaterlosigkeit" (Wassmann 2009, 337) „doppelt [t]raumatisiert[]", (Wassmann 2009, 333) repräsentiert die „in Grass' Text am stärksten negativ gezeichnet[e]" (Florack 2007, 47) 68er-Generation, die zwischen Verweigerung und distanzierter, berichtender Erinnerung oszilliert. Dessen Sohn Konrad wiederum erscheint als Vertreter der Enkelgeneration, der mit seinen „rechtsradikal geprägten Internetpräsentationen" (Paaß 2009, 464) eine heroisierend-geschichtsklitternde, re-mythisierende Version der Vergangenheit in

Umlauf und Erinnerung bringt. Kein Konsens im Rahmen der hier skizzierten Ansätze besteht allerdings hinsichtlich Frage, wie die Novelle selbst, als Ganzes, im Rahmen des bundesrepublikanischen Erinnerungsdiskurses einzuordnen ist: Während einige Arbeiten sie als ästhetisch überzeugende und in erinnerungspolitischer Hinsicht „kritische Reflexion auf kollektive Gedächtnisformen und kollektive Erinnerungsansätze" deuten (Paaß 2009, 470; in diesem Sinne auch Florack 2007, 53; Fricke 2003, 366; Wassmann 2009, 360; von der „selbstkritischen Potenz des Textes" spricht Pontzen 2006, 132), schätzen andere Arbeiten das erinnerungspolitische Potential der Novelle kritischer ein: Sei es, dass „the ethical foundation" (Henebury 2015, 90) von Grass' Novelle als problematisch erachtet wird, weil sie sich einer „appropriation of narrative codes of witnessing" verdanke, „that originated in the testimonies of the survivors of the Holocaust" (Henebury 2015, 90). Eine solche Aneignung ziele in bedenklicher Weise darauf, den Deutschen als Opfern des Krieges den Eindruck einer „closure" (Henebury 2015, 105), eines entlastenden Abschlusses, zu verschaffen (als „in Bezug auf den gegenwärtigen Erinnerungsdiskurs ambivalent" schätzt auch Prinz 2004, 194 die Novelle ein; die Abwesenheit eines „heilende[n] Erzählen[s]" diagnostiziert hingegen Wassmann 2009, 360). Oder sei es, dass aus gender-theoretischer Perspektive vor allem im Blick auf die *femme fatale*-artige, gleichsam „als Lulu-Figur" konzipierte Tulla ein die gesamte Novelle durchziehender, „machistische[r] Subtext[]" (Prokop 2004, 134) ausgemacht wird. Dieser Subtext desavouiere den aufklärerischen Impetus der Novelle in erinnerungspolitischer Hinsicht, da „der Text eine männliche narzisstische Phantasie als Abwehr von Bedrohung, Verwirrung und Trauer produziert." (Prokop 2004, 134) Dass der Erzähler auch im Blick auf seine despektierliche Darstellung der Ex-Frau Gabriele (s. etwa NGA 16, 40–41; dazu Prokop 2014, 130–131) ganz offensichtlich (und nicht auf subtextueller Ebene) ebenso „machistische" wie „narzisstische" Züge aufweist, ist unbestreitbar. Allerdings erscheint es fraglich, ob eine daraus abgeleitete „Identifikation des Autors mit dem Erzähler" (Pontzen 2006, 344) – Prokop attestiert dem Text eine ambivalenzfreie „Häme, die Grass außer Kontrolle gerät" (Prokop 2014, 131) – nicht die durchaus mehrdeutige Gesamtanlage und narrative Faktur eines Textes verkennt, dessen unzuverlässiges Erzählen gerade „die überaus heikle Position des Erzählers und die Fragwürdigkeit seiner gesamten Existenz" (Pontzen 2008, 133) beständig mitkommuniziert.

c) Eine intensivierte Hinwendung zur Formanalyse des Erzählens und damit zu Fragen nach der Intertextualität, der Selbstreflexivität und der Novellenform des Textes kennzeichnet denn auch den dritten Versachlichungsschub im Umgang mit der Novelle, den die *Krebsgang*-Forschung leistet. Alle drei Aspekte der Formgebung lassen sich insofern als Kennzeichen eines anti-immersiven Erzählens lesen, als sie dazu beitragen, Effekte eines unmittelbaren Sich-Einfühlens in das Schicksal der Geflüchteten zu unterlaufen. Wie nachhaltig das „dichte Netzwerk markierter intertextueller Bezüge und intermedialer Referenzen" (Wassmann 2009, 357), das Grass' Erzählen kennzeichnet, etwa zu einer „Dekonstruktion" sinnstiftender Eindeutigkeiten führt, hat Wassmanns akribische

Rekonstruktion der für Grass' zweite Novelle konstitutiven „polyphon-dialogische[n] *bricolage*-Technik" (Wasmann 2009, 356) demonstriert: Das intrikat gesponnene Netz von Verweisen beschränkt sich nicht nur auf werkinterne, über Tulla hinausgehende figuren- wie themenbezogene Interferenzen, wie etwa die zahlreichen Anspielungen auf die *Hundejahre*, auf die mehrfach u. a. im Zusammenhang mit Pauls potentiellen Vätern verwiesen wird (Wassmann 2009, 346; Paaß 2009, 421 weist auf 45 der 216 Seiten Anspielungen auf den dritten Teil der *Danziger Trilogie* nach) oder das „Schuldgefühl als eigentlicher Schreibanlass" (Wassmann 2009, 347), das den Erzähler Heini Pilenz aus *Katz und Maus* mit dem Erzähler Paul Pokriefke verbindet. Darüber hinaus lässt sich auch eine Fülle von intertextuellen und -medialen werkexternen Bezügen beobachten (s. Wassmann 349–355 zu den literarischen Anspielungen u. a. auf Manns *Zauberberg*, Goethes Gedicht *Selige Sehnsucht*, Jüngers *In Stahlgewittern* sowie auf zahlreiche dokumentarische Sachbuchquellen und Filme). Hall, die vor allem die „thematic and structural continuities" (Hall 2007, 23) zwischen *Im Krebsgang*, *örtlich betäubt* und der *Danziger Trilogie* herausarbeitet, verfolgt gar die begründete, in der Forschung bisher gleichwohl nicht weiter aufgegriffene These von einer mit diesen fünf Werken vorliegenden „discrete group within Grass's work" (Hall 2007, 14), die es als sinnvoll erscheinen ließe, von einem „‚Danzig Quintet'" (Hall 2007, 23) zu sprechen. Als Effekt einer solch vielstimmigen, intertextuellen Erzählweise im „postmodernen Gewand" (Wassmann 2009, 359) lässt sich ein gesteigertes Maß an literarischer Selbstreflektivität diagnostizieren, das durch die Vielzahl der interagierenden und zum Teil miteinander konfligierenden Stimmen „die Unmöglichkeit absoluter Wahrheiten und den fiktionalen Charakter jeder Art von Geschichtsschreibung" (Wassmann 2009, 356), mithin auch derjenigen, die *Im Krebsgang* selbst betreibt, immer schon mitausstellt (so auch Pontzen 2006, 351). Von ähnlicher, gleichsam ‚transzendentalpoetologischer' Qualität zeugt auch Grass' „produktive Adaption" (Helmke 2021, 94) der Form der Novelle, jener traditionsreichen Gattung, deren Erwartungshorizont *Im Krebsgang* in formaler Hinsicht gleichermaßen bedient wie unterläuft, während sie in inhaltlicher Hinsicht dezidiert mit novellenspezifischen Erwartungen an „unpolitische und ‚gediegene' Themen" (Helmke 2021, 94) bricht. Der ‚Alte' „sagt, mein Bericht habe das Zeug zur Novelle" (NGA 16, 115), so heißt es ebenso selbstreflexiv wie uneindeutig im Text, und die Forschung zeigt, wie Grass die beiden zentralen, literaturgeschichtlich etablierten Gattungsanforderungen – Goethes „unerhörte Begebenheit" und Paul Heyses von Boccaccio hergeleiteten „Falken" als symbolisches Verdichtungszentrum novellistischen Erzählens – einerseits aufnimmt und sie andererseits auf produktive Weise unterminiert: Die „unerhörte Begebenheit" wird durch ihre Verdopplung, d. h. durch den Schiffsuntergang zum einen – Helmke sieht im „nie gehörte[n], kollektive[n] Endschrei" (NGA 16, 136) der Ertrinkenden eine „metatextuelle[]" (Helmke 2021, 92) Anspielung auf Goethes Definition –, sowie den Totschlag Wolfgang Stremplins zum anderen, gleichsam auf Dauer gestellt und als „nicht enden könnende unerhörte Begebenheit" (Tholen 2008, 209), als Trauma einer nicht enden könnenden NS-Vergangenheit „poetologisch in die Novelle eingeschrieben." (Helmke 2021, 93) Auch Heyses Forderung nach einem „Falken" wird zwar aufgegriffen, zugleich aber durch ihre Übererfüllung pulverisiert: „Ob Tullas Fuchspelz, Konrads zum Kreuzfahrtziel passender Norwegerpullover, oder das alles dominierende topologische Schiff [...]“, so Rolf Füllmann „– der Falken flattern hier viele.“ (Füllmann 2010, 141) Helmke erweitert den Kreis der potentiellen Falken-Kandidaten schließlich, indem er im titelgebenden „Krebsgang“ selbst jenes metaphorische und „poetologische Leitmotiv“ ausmacht, das „die Novelle auf fragmentarische und diskontinuierliche Weise strukturiert.“ (Helmke 2021, 99) Hohes Verdichtungspotential weist die Tiermetapher (zur novellistischen Tradition der Tiermetaphern von Boccaccio über Kafka bis zu Walser und Grass s. Helmke 2021, 97) zweifellos auf: Verbildlicht sie doch die der Novelle ihre Form verleihende Erinnerungs- und Erzählweise und verweist zugleich auf Grass' zyklisches, geschichtstheoretisches wie poetologisches Konzept einer die Zeitebenen synchronisierenden „Vergegenkunft“, das von der Prämisse ausgeht, dass Geschichte nicht vergeht, sondern „in die Gegenwart und Zukunft hinein wirkt“ (Grass und Zimmermann 1999, 166–167). Dass es sich beim „Krebsgang“, wie Volker Neuhaus betont, zudem um eine musikalische Technik handelt, die darauf zielt, „eine Melodie auch rückläufig zu verwerten“, fügt sich in das Bild eines kreisenden, immer zu seinem Ausgangspunkt zurückkehrenden Erzählens; ein Erzählen, das, wie in einem „postmoderne[n] Experiment“ (Helmke 2021, 104), Gattungsanforderungen erfüllt und sie zugleich reflektierend transzendiert. Durchaus ambivalent bleibt allerdings die Zielsetzung eines solchen Erzählens, das einerseits „die Wiederholung menschlichen Verbrechens in einer Endlosschleife versinnbildlich[en]“ (Neuhaus 2012, 401) will, um damit andererseits – im Sinne Thomas Manns formuliert – den Faschisten den Mythos zu entreißen. Nicht von ungefähr verweist der Erzähler Pokriefke gleich zu Beginn auf Manns *Zauberberg* (NGA 16, 9) und erinnert in seiner Konfiguration als mittelmäßig begabter Berichterstatter, mit dem „die Wörter Schwierigkeiten [haben]“ (NGA 16, 7), an jenen unzuverlässigen Chronisten in Manns *Doktor Faustus*, Serenus Zeitblom, der permanent seine Erzählkompetenz in Frage stellt. Das paradoxal anmutende Zugleich von mythisierendem Erzählen einerseits und aufklärerischem Anspruch andererseits kennzeichnet Grass' Novelle *Im Krebsgang* wie sein Schreibprogramm insgesamt. Allerdings handelt es sich bei Grass' Variante einer ewigen Wiederkunft des Gleichen, bei seiner „Vision von Geschichte als Mythos“, um eine „dezidiert nicht-erhaben[e]“ (Pontzen 2008, 141–142): „Die Geschichte“, so delegiert der Autor diese Haltung an seinen Erzähler *Im Krebsgang*, „genauer, die von uns angerührte Geschichte ist ein verstopftes Klo. Wir spülen und spülen, die Scheiße kommt dennoch hoch.“ (NGA 16, 108)

Literatur

Assmann, Jan. *Das kulturelle Gedächtnis. Schrift, Erinnerung und politische Identität in den frühen Hochkulturen.* München 2005 [1992].

Beyersdorf, Herman. „Von der „Blechtrommel‘ bis zum ‚Krebsgang‘. Günter Grass als Schriftsteller der Vertreibung“. *Weimarer Beiträge* 1 (2002): 568–593.

Beyersdorf, Herman. „Günter Grass' ‚Im Krebsgang' und die Vertreibungsdebatte im Spiegel der Presse". *Wende des Erinnerns? Geschichtskonstruktionen in der deutschen Literatur nach 1989*. Hrsg. von Barbara Beßlich. Berlin 2006: 157–167.

Braun, Michael. „Die Medien, die Erinnerung, das Tabu: ‚Im Krebsgang' und ‚Beim Häuten der Zwiebel' von Günter Grass". *Tabu und Tabubruch in Literatur und Film*. Hrsg. von Barbara Beßlich. Würzburg 2007: 117–135.

Dye, Elizabeth. „‚Weil die Geschichte nicht aufhört': Günter Grass's ‚Im Krebsgang'". *German Life and Letters* 57.4 (2004): 472–487.

Fedorovskaja, Viktoria. „Günter Grass' Novelle ‚Im Krebsgang' im Spiegel der Literaturkritik". *Günter Grass. Bürger und Schriftsteller.* Hrsg. von Norbert Honsza und Irena Światłowska. Dresden et al. 2008: 257–274.

Florack, Ruth. „‚Köpfchen in das Wasser, Beinchen in die Höh'. Anmerkungen zum Verhältnis von Opfern, Tätern und Trauma in Günter Grass' Novelle ‚Im Krebsgang'". *Täter als Opfer? Deutschsprachige Literatur zu Krieg und Vertreibung im 20. Jahrhundert.* Hrsg. von Stefan Hermes. Hamburg 2007: 41–55.

Fricke, Hannes. „Günter Grass. ‚Im Krebsgang'. Der Zwang, Zeugnis abzulegen, und die virtuelle Realität". *Romane des 20. Jahrhunderts. Interpretationen*. Bd. 3. Stuttgart 2003: 351–368.

Füllmann, Rolf. *Einführung in die Novelle*. Darmstadt 2010: 133–142.

Gobyn, Saartje. *Metalepse im Werk von Günter Grass. Eine Analyse der narrativen Struktur in sechs ausgewählten Romanen (1961–2010)*. Stuttgart 2019.

Grass, Günter, und Harro Zimmermann. *Vom Abenteuer der Aufklärung. Werkstattgespräche*. Göttingen 1999.

Hall, Katharina. *Günter Grass's 'Danzig Quintet'. Explorations in the Memory of the Nazi Era from "Die Blechtrommel" to "Im Krebsgang"*. Oxford, Bern, Berlin et al. 2007

Helmke, Phillip. „Gattungsbewusstsein in Günter Grass' Erinnerungsnovelle ‚Im Krebsgang'". *Gegenwartsnovellen. Literaturwissenschaftliche und literaturdidaktische Perspektiven im 21. Jahrhundert*. Hrsg. von Sascha Kiefer und Torsten Mergen. Hannover 2021: 85–104.

Henebury, Anja: „‚Das Böse muss raus.' Witnessing and Testimony in Günter Grass's ‚Im Krebsgang'". *German Life and Letters* 68.1 (2018): 88–105.

Mergen, Torsten. „‚Er sagt, mein Bericht habe das Zeug zur Novelle.' Die gattungsspezifische Rezeption von Günter Grass' Novelle ‚Im Krebsgang' in schulischen Lehr- und Lernmitteln". *Gegenwartsnovellen. Literaturwissenschaftliche und literaturdidaktische Perspektiven im 21. Jahrhundert*. Hrsg. von Sascha Kiefer und Torsten Mergen. Hannover 2021: 105–129.

Morstein, Anja. „Günter Grass' Novelle ‚Im Krebsgang' als transkultureller Raum und Erinnerungsort". *Phrasis. Studies in Language and Literature* 52.1 (2001): 57–78.

Neuhaus, Volker. *Günter Grass. Schriftsteller – Künstler – Zeitgenosse*. Göttingen 2012.

Ölke, Martina. „‚Flucht und Vertreibung' in Hans Ulrich Treichels ‚Der Verlorene' und ‚Menschenflug' und Günter Grass' ‚Im Krebsgang'". *Seminar. A Journal of Germanic Studies* 43.2 (2007): 115–133.

Paaß, Michael. *Kulturelles Gedächtnis als epische Reflexion. Zum Werk von Günter Grass*. Bielefeld 2009.

Palm, Christian. „‚Neuer deutscher Opferdiskurs'? Flucht und Vertreibung in Günter Grass' ‚Im Krebsgang' und Tanja Dückers' ‚Himmelskörper'". *Germanistische Mitteilungen. Zeitschrift für deutsche Sprache, Literatur und Kultur* 66 (2007): 45–62.

Pelster, Theodor. *Günter Grass. Im Krebsgang*. Stuttgart 2019.

Pontzen, Alexandra. „Authentizität versus Fiktionalität. Grenzen des Realismus in Günter Grass' Novelle ‚Im Krebsgang'". *Les frontières du réalisme dans la littérature narrative du 20e siècle*. Hrsg. von Geneviève Fabry et al. Louvain-la-Neuve 2006: 343–353.

Prinz, Kirsten. „‚Mochte doch keiner was davon hören'. Günter Grass' ‚Im Krebsgang' und das Feuilleton im Kontext aktueller Erinnerungsverhandlungen". *Medien des kollektiven Gedächtnisses. Konstruktivität, Historizität, Kulturspezifität*. Hrsg. von Astrid Erll und Ansgar Nünning. Berlin et al. 2004: 179–194.

Prokop, Ulrike. „Trauma und Erinnerung in Günther Grass' ‚Im Krebsgang'". *Erinnern*. Hrsg. von Wolfram Mauser. Würzburg 2004: 125–136.

Sbarra, Stefania. „Die Entkonkretisierung der Zeitgeschichte im Familienalbum. Günter Grass' ‚Im Krebsgang'". *Weimarer Beiträge* 1 (2005): 376–390.
Schaal, Björn. *Jenseits von Oder und Lethe. Flucht, Vertreibung und Heimatverlust in Erzähltexten nach 1945 (Günter Grass – Siegfried Lenz – Christa Wolf)*. Trier 2006.
Schmitz, Helmut. *On Their Own Times. The Legacy of National Socialism in Post-1990 German Fiction.* Birmingham 2004.
Stolz, Dieter. *Günter Grass. Der Schriftsteller*. München 2023.
Tholen, Toni. „‚Unerhörte Begebenheit'. Zur Transformation eines zentralen Formmerkmals in der Novellistik der Gegenwart". *Germanisch-Romanische Monatsschrift* 58 (2008): 207–222.
Wassmann, Elena. *Die Novelle als Gegenwartsliteratur. Intertextualität, Intermedialität und Selbstreferentialität bei Martin Walser, Friedrich Dürrenmatt, Patrick Süskind und Günter Grass.* St. Ingbert 2009.
Wolf, Christa. *Kindheitsmuster*. München 2000 [1976].

II.1.14 Kurzprosa: Geschichten (1968, *Die Artur-Knoff-Geschichten*, post. 2019) und Einzelveröffentlichungen (1955–2005)

Julia Ingold

1 Überblick

Der Romancier Grass zählt nicht zu den vielen Autor:innen, die nach dem Zweiten Weltkrieg der Kurzgeschichte „zu einer Blütezeit verhalfen" (Bellmann 2018, 317; vgl. Bellmann 2018, 320). Seine Kurzprosa spielt aber, darauf weist Werner Frizen hin, womöglich für die Werkgenese seiner Großepik eine nicht zu unterschätzende Rolle (vgl. Frizen 2024, 110–111). Generell ist seine Kurzprosa sehr kurz und nicht unbedingt narrativ organisiert, sondern eher experimentell und geprägt von einer surrealistischen Traumlogik. Auf sie treffen tendenziell die Merkmale „Momentaufnahme" (Hummel 2010, 7), „Skizze" (Hummel 2010, 7), „Reflexionsprosa" (Hummel 2010, 7), „Denkbild" (Hummel 2010, 14) oder „Prosagedicht" (Hummel 2010, 15) zu, die Christine Hummel für die Kürzestgeschichte beobachtet. Grass ist einer der Autor:innen, deren Texte eine „Tendenz der Kürzestgeschichte zum experimentellen Spiel mit Erzählkonventionen und Leseerwartungen sowie zu phantastischen Verfremdungen und grotesken Pointierungen" (Göttsche 2006, 109) aufweisen. Seine „Kurzprosastücke" (Stolz 2023, 328) stehen dabei seiner Lyrik näher als seinem Erzählwerk. Auch die Eigenschaften „Verknappung" (Hummel 2010, 10), „Reduktion der Fabel" (Hummel 2010, 9), „Zuspitzung" (Hummel 2010, 9) und „Metafiktion" (Saupe 2007a) teilt sich Grass' Kurzprosa mit der Lyrik. Insgesamt fügt sich die Kurzprosa in Grass' werkübergreifende, transmediale Bildsprache, bei der dieselben Motive symbolisch aufgeladen und immer wieder in unterschiedlichsten Kunst- und Textformen aus verschiedenen Perspektiven behandelt werden (vgl. Frizen 2024, 107–117, 496–500, 503, 505). In der ersten veröffentlichten Kurzgeschichte *Meine grüne Wiese* etwa kommt schon Grass' „Wappentier" (Frizen 2024, 110) die Schnecke vor, um nur eines von vielen möglichen Beispielen zu nennen (vgl. Frizen 2024, 110). Außerdem tritt seine Kurzprosa selten ohne selbstreflexive Schleifen oder Rahmungen auf: „Wie der Lyriker Grass seinen Gedichten Gedichte über Gedichte voranstellt; wie der Romancier seine Rolle in der Geschichte der Romanerzählkunst reflektiert, so verzichtet auch der Kleinepiker von vornherein nicht darauf, die Kunst selbst zum Gegenstand der Kunst zu machen." (Frizen 2024, 109). Die Kurzprosastücke sind also häufig bereits para- oder metatextuell als Experimentierfeld und vieldeutiges Kunstwerk erkennbar.

https://doi.org/10.1515/9783110755435-015

2 Korpus

Grass' produktivste Phase für Kurzprosa sind die 1950er und 1960er Jahre (vgl. Frizen 2024, 111). Bis 1960 veröffentlicht er gelegentlich Miniaturen in diversen Periodika (vgl. NGA 2, 463–464). In der Zeit danach folgen nur noch zwei weitere Einzelveröffentlichungen: *Selbstgedrehte* (1974) und *Was nicht gesagt wurde / Netajis Weltreise* (2015b). Als Buch werden diese Texte zu Grass' Lebzeiten neben den Werkausgaben (1987; 1994; 1997b; 2007) nur in den Bänden *Geschichten* (Knoff 1968), *Meine grüne Wiese* (1989; 1992; 1997a) und *‚Wir leben im Ei'. Geschichten aus fünf Jahrzehnten* (2005) gesammelt. Kurzprosa erscheint außerdem bisweilen im Verbund mit längeren Werken als Teil der Komposition eines Buches unter diversen Kleinen Formen, wie etwa Gedichte oder Bilder. Das beginnt bereits in *Die Vorzüge der Windhühner* (1956), woraus das Prosaminiatur-Triptychon *Fünf Vögel* in der *NGA* in den Kurzprosa-Band aufgenommen wurde (NGA 2, 261–264). Ferner stammen (eine Variante von) *Selbstgedrehte*, *Entwurf weiblich*, *Aal und Salbei* und *Sülzkotelett* aus *Vier Jahrzehnte. Ein Werkstattbericht* (1991; NGA 2, 280–282, 319–325).

Seit der ersten *Werkausgabe*, die 1987 bei Luchterhand erschien, bis zur aktuellen *Neuen Göttinger Ausgabe* (*NGA*) sind die *Gedichte und Kurzprosa* in einem Band oder zwei Teilbänden zusammengefasst. Alle Prosa und Gedichte aus Grass' letztem Buch- und Text-Bild-Projekt *Vonne Endlichkait* (2015a) finden sich ebenfalls im Band *Gedichte und Kurzprosa II* der *NGA* (NGA 2, 345–458). Letzteres wird unter der Rubrik oder Gattung „Doppelstück[]" (NGA 2, 327) gefasst (vgl. Frizen 2024, 127) als „sich wechselseitig erhellende bzw. relativierende Kombination von kurzen Prosatexten mit themenverwandten Gedichten" (Stolz 2023, 365). Das zweite Doppelstück an diesem Ort der *NGA* ist *Was nicht geschrieben wurde / Netajis Weltreise*, erstmals 2015 in *Freipass* erschienen (NGA 2, 329–344). Nicht in die *NGA* aufgenommen wurden hingegen die in den *Berliner Heften zur Geschichte des literarischen Lebens* (Grass 2013) und in Frizens Bänden *Günter Grass. Gedichte und Kurzprosa. Kommentar und Materialien* (2010, 523–529) und *Günter Grass. Werkkommentare*. Bd. 4: *Gedichte und Kurzprosa* (2024, 562–565) abgedruckten Miniaturen. Die Datenbank des Günter-Grass-Archivs der Akademie der Künste in Berlin verzeichnet 105 Einträge unter der Klassifikation „Erzählungen, Kurzprosa" (Stand 28. Februar 2024). Darunter befinden sich Entwürfe und Texte aus dem Umkreis publizierter Erzählungen und Kurzprosa, aber auch unveröffentlichte Prosastücke (vgl. Frizen 2024, 562).

3 Kurzprosa 1954 bis 1960

Roland Berbig, Herausgeber der *Berliner Hefte zur Geschichte des literarischen Lebens*, fand 2012 im Berliner Grass-Archiv ein paar unveröffentlichte Manuskripte und bat Grass, diese abdrucken zu dürfen. Davon zeugt ein Brief des Autors an Berbig, der den Miniaturen bei der Publikation vorangestellt wurde. Grass zweifelt darin an, dass

„die Texte insgesamt gut oder gar wert sind, veröffentlicht zu werden“ (Grass 2013, 54), meint aber, dass „man als Autor sich seiner unbeholfenen Anfänge nicht schämen sollte“ (Grass 2013, 54). Einen Anhaltspunkt für die Datierung auf die 1960er Jahre gibt Grass' Erinnerung, es handele sich um „frühe Fingerübungen“ (Grass 2013, 54), sowie die Angabe „Berlin am 29.3.66“ (Grass 2013, 54). Die zufällig zusammengestellten Texte, die mitunter aphoristisch oder parabelhaft wirken, weisen als Gemeinsamkeit groteske Inhalte und formale Experimente mit lyrischer Prosa auf: So geht der Text *Die weinende Frau* von Prosa in eine durch Anaphern rhythmisierte Vers- und Strophengliederung über, während sich die absurde Handlung ungebrochen fortsetzt (Grass 2013, 55–58). *Wie ich entdeckt wurde* tendiert durch die ostentative Wiederholung des Namens Otto, der von Goethe bis Ernst Jandl der Marker für Lautspiele *par excellence* ist, Richtung absurde Poesie und unterstreicht dadurch formal die Satire auf die Gruppe 47 und Eitelkeiten im Literaturbetrieb (Grass 2013, 59–63). Grass selbst merkt in seinem Brief die thematische Überschneidung zwischen *Abwege* (Grass 2013, 82), und seinem „Gedicht ‚Der Vater‘“ (Grass 2013, 54) aus *Gleisdreieck* (1960) an. Grass' Brief als Paratext flankiert diese Geschichten gleichsam, um die Veröffentlichung schriftstellerischer Anfänge zu rechtfertigen und damit die Texte vorauseilend gegen Kritik abzusichern.

Zwischen 1955 und 1960 veröffentlicht Grass fünf kurze Prosastücke in Periodika (NGA 2, 253–260, 265–279). Hinzu kommen zwei Miniaturen, die in der Sammlung *„Wir leben im Ei“. Geschichten aus fünf Jahrzehnten* (2005) das erste Mal erscheinen, weil sie auf den „22.4.1954“ (NGA 2, 464) und „vermutlich 1958“ (NGA 2, 464) datiert sind und entsprechend zum selben Zeitraum gehören (NGA 2, 283–288). Der Kurzgeschichte *Meine grüne Wiese*, Erstdruck 1955 in *Akzente*, „Westdeutschlands einflußreichste[r] und angesehenste[r] Literaturzeitschrift“ (Krumme 1987, 223), ist Grass' erste Publikation im etablierten Literaturbetrieb, bevor Luchterhand 1956 *Die Vorzüge der Windhühner* herausbringt (vgl. Frizen 2024, 109). Ein Ich-Erzähler, wie er bei Grass von da an nicht selten ist, berichtet in traumbildartigen Szenen, teils in Versen, teils in Prosa, von seinem Spanien-Urlaub (vgl. Frizen 2024, 109–110). Ein Kind in einem weißen Kleid stirbt beim Spiel mit einem Hummer und drei Männer in weißen Hemden werden erschossen. Die Essenz ist: „Noch heute glaube ich, daß, wer sich auch immer entschließen mag, nach Spanien zu reisen, vorher wissen muß, daß man dortzulande Hemden und Kleider öffentlich färbt“ (NGA 2, 257). Schon hier liegt ein Doppelstück vor, das Kurzprosa und Lyrik verschränkt. Die Verschränkung findet dabei – das wird in den Doppelstücken so bleiben – nicht nur auf der Kompositionsebene statt, sondern auch auf der stilistischen, weil die Prosasätze lyrische und die Verse prosaische Qualitäten aufweisen. Alle Texte dieser Gruppe, die in Erzählperspektive und Thematik variieren, sind symbolistisch und geprägt von surrealen Szenerien (vgl. Frizen 2024, 109–110).

4 Die *Artur-Knoff-Geschichten* (1968)

Grass' wichtigster Kurzprosa-Komplex sind die *Geschichten* von 1968, die er unter dem Pseudonym Artur Knoff veröffentlicht (vgl. Krumme 1987; Frizen 2024, 115–117, 500–505). Bis auf *Herr Lettunich* waren alle darin enthaltenen Texte bereits 1966 unter demselben Pseudonym in *Akzente* erschienen (vgl. Krumme 1987, 223; Frizen 2024, 502). Grass versteckt sich nicht nur hinter dem Pseudonym, sondern setzt überdies seine „damals recht knäbisch wirkende Frau" (NGA 22, 393) Anna Margareta Schwarz „mit angeklebtem Oberlippenbärtchen und schräg aufgesetzter Schlägermütze" (NGA 22, 393) auf das typische Cover mit Autorenfoto, das die Bände der *Editionen* des Literarischen Colloquiums Berlin schmückt (Knoff 1968). Dieses Versteckspiel wird mit der Auflösung des Pseudonyms noch weitergeführt: In einer Anthologie, in die eine der Geschichten aufgenommen wird, heißt es hinten im Autorenverzeichnis schlicht „Artur Knoff, [...] d.i. Günter Grass" (Krumme 1987, 224). In dem *Artur Knoff* betitelten Brief von 1989 schildert Grass die Hintergründe zu seiner „Reihe von Geschichten" (NGA 22, 393): „[D]er Gedanke, sie unter meinem Namen zu veröffentlichen, also all jenen Großkritikern zum Fraß vorzuwerfen, die sich von Berufs wegen eine Super-Blechtrommel erwarteten, dieser Gedanke kam mir abstrus vor. Also schützte ich meine Geschichten, indem ich mir einen Autor erfand." (NGA 22, 393) Einmal mehr umgibt Grass die kleine Form mit einer Rahmung, die von den eigentlichen Texten ablenkt und die Aufmerksamkeit auf performative Aspekte lenkt (vgl. Frizen 2024, 116). Das literarische Spiel mit Identität, Geschlecht und symbolischem Kapital bekommt in diesem Paratext eine unerwartete Schwere aufgeprägt, wenn es um die Wahl des Pseudonyms geht: „Artur Knoff bot sich an; so hieß einer der Brüder meiner Mutter, der Schriftsteller werden wollte, aber 1917 im Alter von zweiundzwanzig Jahren nach einem Bauchschuß krepierte." (NGA 22, 393) So nutzt Grass eine scheinbare Anonymisierung (den Einsatz eines Pseudonyms) zur familiären Trauerarbeit und gibt seinem Onkel performativ postum eine Stimme (vgl. Grass 2005, 184–185).

In der *NGA* umfasst der Großteil der *Geschichten* nur eine halbe bis zwei Seiten. Nur drei Beiträge sind mit drei bis fünf Seiten etwas länger. Die „Erzählung[]" (Frizen 2010, 523) *Der Klavierstimmer* (Grass 2010, 523–524), die Frizen in seine *Kommentare und Materialien* von 2010 aufgenommen hat, in die *Werkkommentare* von 2024 aber nicht mehr, ist diesem Werkzusammenhang ebenso zuzuordnen, wie die „Erzählungen" (Frizen 2010, 523; Frizen 2024, 562) *Kleine Apokalypse*, *Michelangelo* und *Spione*, die sich in beiden Frizen-Bänden finden (Grass 2010; Grass 2024; vgl. Frizen 2010, 523–524; Frizen 2024, 562–565).

Knoffs einleitende Geschichte heißt *Geschichten Geschichten* und ist in der ersten Person Plural erzählt. Im letzten Satz offenbaren sich die „Geschichten Geschichten" (NGA 2, 291) selbst als Sprecherinnen (vgl. Frizen 2024, 116). Von Anfang an sind also eine Rahmung und eine poetologische Dimension gesetzt. Hier werden keine Geschichten zu lesen sein, sollen die Leser:innen verstehen, sondern Geschichten von und über Geschichten. Sie kündigen sich mit apologetischen Gesten an: „Unser Programm ging leider verloren. […] Da wir der Konjunktur mißtrauen, finden auch Ladenhüter Verwendung, […]. Einige von uns sind erlogen.“ (NGA 2, 291) Die Kürzestgeschichten und Prosaminiaturen, die folgen, sind teils in der ersten, teils in der dritten Person Singular erzählt. Sie sind symbolistisch verrätselt (z. B. *Susanne*; *Sophie; [Spione]*), zeigen skurrile Szenen mit dunklen Pointen (z. B. *Der Slawist*; *Mein Max*) oder kommentieren umständlich Politik und Zeitgeschehen (z. B. *Bikini Atoll*; *Einer unserer Mitbürger: Prinz Karneval; Langsamer Walzer*). Man könnte über sie allesamt das sagen, was der Erzähler in *Spione* über die „langwierige strenggebaute und immer wieder von Reflexionen durchsetzte Erzählung“ (Grass 2010, 529; Grass 2024, 565) sagt, die ihm vorgelesen wird, dass nämlich die „Handlung nicht existiert, weil alles Geschehen in isolierte absurde Details auseinanderfällt und nur der Handlung fordernde Erzähler diese Partikel, der Kunst halber, kittet, indem er Handlung vorspiegelt“ (Grass 2010, 529; Grass 2024, 565; vgl. Frizen 2024, 112–113). Sie handeln von unerhörten Begebenheiten, die Boulevardmedien ausschlachten könnten, sind allesamt kleine Grotesken mit dubiosen Charakteren (vgl. Frizen 2024, 108, 116). Insofern sind sie „Geschichten Geschichten“, das heißt Geschichten von und über Geschichten, weil sie erstens solche Ereignisse verarbeiten, wie sie später zu Geschichten werden – „Den Stoff beziehen wir gratis.“ (NGA 2, 291) –, weil sie zweitens ihren Ahninnen, der Anekdote oder der Parabel etwa (vgl. Marx 2005, 80–84; Saupe 2007b, 416), treu bleiben, sowie drittens, weil sie von intertextuellen Bezügen gespickt und von realen und fiktiven Akteur:innen der Literaturgeschichte bevölkert sind: „Oft erinnern wir uns […] an unser Herkommen usw.“ (NGA 2, 291; vgl. Frizen 2024, 116–117, 502–504) Artur Knoffs *Geschichten* stehen für sich und geben sich dennoch zugleich, zieht man den späten Paratext hinzu, als Romane *in nuce*, Vorschläge für den zu früh verstorbenen Onkel als Skizzen seiner ungeschriebenen Werke.

5 *Was nicht geschrieben wurde* (2015)

Grass’ letzte Kurzprosa-Veröffentlichung ist das Doppelstück *Was nicht geschrieben wurde / Netajis Weltreise* (vgl. Stolz 2023, 365–371; Frizen 2024, 507–516). Es erscheint 2015 in der ersten Ausgabe der Schriftenreihe *Freipass. Forum für Literatur, Bildende Kunst und Politik. Schriften der Günter und Ute Grass Stiftung* (Grass 2015b). Der Text stellt eine Art Retrospektive, Vermächtnis oder Nachtrag dar. Die Herausgeber der *NGA* haben ihn in den Band der Kurzprosa aufgenommen, auch wenn er dort recht vereinzelt steht. Er gehört eigentlich zum Komplex um das Text-Bild-Werk *Zunge zeigen* von 1988 (vgl. Stolz 2023, 365–371; Frizen 2024, 507–508). *Was nicht geschrieben wurde* ist die kurze Vorgeschichte und Einführung, *Netajis Weltreise* ist eine „Ballade“ (NGA 2, 332) bestehend aus neunzehn langen Strophen in freien Rhythmen (vgl. Stolz 2023, 369). Das Langgedicht ist nicht als Prosagedicht zu charakterisieren, denn es handelt sich um konventionelle moderne Lyrik, die sich gelegentlich sogar reimt (vgl. Stolz 2023, 369). *Was nicht geschrieben wurde* ist im Flattersatz gesetzt und changiert deshalb und aufgrund seiner poetischen Sprache zwischen Prosa und Gedicht. Grass beschreibt, dass er

„vor bald dreißig Jahren“ (NGA 2, 331), beeinflusst von seinem Aufenthalt in Kolkata, ein Theaterstück[]“ (NGA 2, 331) oder „einen verzweigten Roman“ (NGA 2, 331) schreiben wollte über den bengalischen Kämpfer für die indische Unabhängigkeit „Subhas Chandra Bose“ (NGA 2, 331), der unter anderem mit dem deutschen Nazi-Regime kollaborierte, weil er sich davon Unterstützung gegen die britische Kolonialmacht erhoffte (vgl. Stolz 2023, 370). „‚Netaji‘, was ‚Führerlein‘ heißen soll“ (NGA 2, 331), schreibt Grass „nennen ihn die Bengalen“ (NGA 2, 331) und ihm widmet er das folgende „Lehrgedicht“ (Stolz 2023, 370) *Netajis Weltreise*, das die verschiedenen Stationen dieses bewegten Lebens abschreitet. Bevor es beginnt, bemerkt Grass noch: „Doch immer noch tickt, was nie zu Papier kam. Jetzt erst, seitdem mein Alter mich lehrt, daß die Zeit zu knapp ist für den episch wuchernden Roman oder das abendfüllende Drama, will ich eine Ballade wagen“ (NGA 2, 332). So bleibt die Kurzprosa bis zuletzt auch diejenige Gattung, in der Grass gleichsam Dinge aufbewahrt, die noch zu epischer Breite entfaltet werden könnten (vgl. Frizen 2024, 110–111).

Literatur

Bellmann, Werner (Hrsg.). „Nachwort“. *Klassische deutsche Kurzgeschichten*. 3. Auflage. Ditzingen 2018: 313–333.

Frizen, Werner. *Günter Grass. Werkkommentare*. Bd. 4: *Gedichte und Kurzprosa*. 2., überarbeitete und wesentlich erweiterte Auflage. Berlin und Boston 2024.

Frizen, Werner. *Günter Grass. Gedichte und Kurzprosa. Kommentar und Materialien*. Göttingen 2010.

Göttsche, Dirk. *Kleine Prosa in Moderne und Gegenwart*. Münster 2006.

Grass, Günter. „Erzählungen aus dem Grass-Archiv“. *Günter Grass. Werkkommentare*. Bd. 4: *Gedichte und Kurzprosa*. Hrsg. von Werner Frizen. 2., überarbeitete und wesentlich erweiterte Auflage. Berlin und Boston 2024: 562–565.

Grass, Günter. *Vonne Endlichkait*. Göttingen 2015a.

Grass, Günter. „Was nicht gesagt wurde / Netajis Weltreise“. *Freipass* 1 (2015b): 12–24.

Grass, Günter. „Frühe unveröffentlichte Kurzprosa“. *Berliner Hefte zur Geschichte des literarischen Lebens* 10 (2013): 53–82.

Grass, Günter. „Erzählungen aus dem Grass-Archiv“. *Günter Grass. Gedichte und Kurzprosa. Kommentar und Materialien*. Hrsg. von Werner Frizen. Göttingen 2010: 523–529.

Grass, Günter. *Werke*. Bd. 1: *Gedichte und Kurzprosa*. Hrsg. von Werner Frizen. Göttingen 2007.

Grass, Günter. *„Wir leben im Ei“. Geschichten aus fünf Jahrzehnten*. Frankfurt/M. 2005.

Grass, Günter. *Meine grüne Wiese. Kurzprosa und Geschichten*. Göttingen 1997a.

Grass, Günter. *Werke*. Bd. 1: *Gedichte und Kurzprosa*. Hrsg. von Volker Neuhaus und Daniela Hermes. Göttingen 1997b.

Grass, Günter. *Gedichte und Kurzprosa. Studienausgabe in Einzelbänden*. Hrsg. von Volker Neuhaus und Daniela Hermes. Göttingen 1994.

Grass, Günter. *Meine grüne Wiese. Geschichten und Zeichnungen*. Hamburg und Zürich 1992.

Grass, Günter. *Vier Jahrzehnte. Ein Werkstattbericht*. Göttingen 1991.

Grass, Günter. *Meine grüne Wiese*. Zürich 1989.

Grass, Günter. *Zunge zeigen*. Darmstadt 1988.

Grass, Günter. *Werke*. Bd. 1: *Gedichte und Kurzprosa*. Hrsg. von Anita Overwien-Neuhaus und Volker Neuhaus. Darmstadt und Neuwied 1987.

Grass, Günter. „Selbstgedrehte“. *Zeit-Magazin* (11. Oktober 1974): 253–257.
Grass, Günter. *Gleisdreieck*. Darmstadt et al. 1960.
Grass, Günter. *Die Vorzüge der Windhühner*. Berlin und Neuwied 1956.
Grass, Günter. „Kürzestgeschichten aus Berlin“. *Akzente* 2.6 (1955): 517.
Hummel, Christine. „Versuch einer Begriffsbestimmung der Kürzestgeschichte“. *Kürzestgeschichten*. Hrsg. von ders. Stuttgart 2010: 7–16.
Krumme, Detlef. „Einer unserer Autoren: Artur Knoff. Ein literarisches Spiel und seine Auflösung“. *Monatshefte* 79.2 (1987): 223–231.
Knoff, Artur. *Geschichten*. Berlin 1968.
Marx, Leonie. *Die Deutsche Kurzgeschichte*. 3., aktualisierte und erweiterte Auflage. Stuttgart und Weimar 2005.
Saupe, Anja. „Kürzestgeschichte“. *Metzler Lexikon Literatur. Begriffe und Definitionen*. Hrsg. von Dieter Burdorf et al. 3., völlig neu bearbeitete Auflage. Stuttgart und Weimar 2007a: 416.
Saupe, Anja. „Kurzprosa“. *Metzler Lexikon Literatur. Begriffe und Definitionen*. Hrsg. von Dieter Burdorf et al. 3., völlig neu bearbeitete Auflage. Stuttgart und Weimar 2007b: 416–417.
Stolz, Dieter. *Günter Grass. Der Schriftsteller*. 3., aktualisierte und erweiterte Neuausgabe. München 2023.

II.2 Lyrik

II.2.1 *Die Vorzüge der Windhühner* (1956)

Claudia Hillebrandt

1 Einführung

Von den mit Federzeichnungen versehenen *Vorzügen der Windhühner* (1956), der ersten Lyriksammlung des Autors Günter Grass, bis zu den zerfließenden „Aquadichten" (vgl. NGA 1, 321) in dem Band *Fundsachen für Nichtleser* (1997), von der mit schwarzen Fettkreidezeichnungen des Schriftstellers durchsetzten Gedichtsammlung *Gleisdreieck* (1960) über die mit Rötelzeichnungen aufwartenden *Letzten Tänzen* (2003) bis hin zu seinem postum publizierten Buchkunstwerk *Vonne Endlichkait* (2015): Die Lyrik stellt neben den bildkünstlerischen Arbeiten des Multitalents eine durchgehende Konstante im Opus des späteren Nobelpreisträgers dar (vgl. dazu Stolz 2023, 17). Alle seine literarischen Werke sind nach vielfach belegten Angaben aus lyrischen Momenten entstanden, gelegentlich mit dramatischen Ausweitungen bis zur vielseitigen Romanform (vgl. dazu und zum Folgenden auch Stolz 1994, 17–22). Denn die Arbeit an Gedichten ist für den von Anfang an gattungsübergreifend arbeitenden Autor gleichzeitig eine Möglichkeit der Bestandsaufnahme und eine Art Experimentierfeld. Lyrische Formen bieten ihm immer wieder Gelegenheit, sich selbst in Frage zu stellen, erste Orientierungsmarken zu suchen und die Spielräume neu zu vermessen. Gleiches gilt auch für seine Parallelarbeit als Zeichenkünstler, Graphiker, Maler und Bildhauer.

Am Anfang seiner künstlerischen Laufbahn standen demnach von Zeichnungen ins Bild gesetzte Gedichte, obwohl Grass noch 1962 unterstrichen hat, dass er sich eigentlich immer für einen Theaterautor gehalten und zunächst sogar versucht hat, den gesamten Stoffkomplex der *Blechtrommel* dialogisch anzugehen (vgl. dazu Stolz 2010, 5). Fest steht: Schon vor der Publikation der *Blechtrommel* 1959 trat Grass zunächst vor allem als Lyriker mit theatralischen Ambitionen an die Öffentlichkeit. 1955 hatte er mit *Lilien aus Schlaf* (NGA 2, 197), einem von seiner Frau Anna Grass hinter dem Rücken ihres Ehemanns eingereichten Gedicht, den dritten Preis beim Lyrikwettbewerb des Süddeutschen Rundfunks gewonnen und damit erste Aufmerksamkeit im literarischen Feld auf sich gezogen. Kurz nach der Preisvergabe überraschte ihn eine auf Walter Höllerers Vermittlung zurückgehende Einladung, zum ersten Mal bei der Gruppe 47 zu lesen. Es folgten vereinzelte lyrische, dramatische und essayistische Publikationen, insbesondere in den *Akzenten*, und 1956 publizierte Grass dann seinen ersten Gedichtband mit Zeichnungen und Kurzprosa im Luchterhand-Verlag (vgl. Grass 1956).

https://doi.org/10.1515/9783110755435-016

2 Lyrikgeschichtliche Einordnung

Lilien aus Schlaf war noch ganz im geläufigen, neoromantischen Stil der frühen Nachkriegszeit verfasst (vgl. Cepl-Kaufmann 2008a, 71; Hartung 1985, 186–187) und wurde konsequenterweise in *Die Vorzüge der Windhühner* nicht aufgenommen. Denn die *Windhühner*– „der vom Begriff ‚Windei' abgeleitete Neologismus steht hier offensichtlich als Metapher für das lyrische Kunstwerk" (Stolz 2023, 239) – bringen Themen und Verfahren in die deutschsprachige Lyrik der zweiten Hälfte der 1950er Jahre ein, die im Zeichen eines neuen lyrischen Realismus stehen, wie er dann in den 1960er Jahren maßgeblich wurde. Für den Anfänger auf dem literarischen Feld galt: Mit diesem Gedichtband hatte er sich „freigeschrieben" (Grass 2014, 63). Nach epigonalen Fingerübungen des Autors auf der Suche nach einem eigenen Stil beginnt mit dem Erstling eine werkgeschichtliche Entwicklung, die in den beiden Folgebänden – *Gleisdreieck* (1960) und *Ausgefragt* (1967) – zur vollen Entfaltung gelangt.

Der Schwellencharakter der *Windhühner* lässt sich auch an seiner divergierenden literaturgeschichtlichen Einordnung ablesen: So spricht Gertrude Cepl-Kaufmann für die *Windhühner* von einer „lyrische[n] Eigenwelt", die durch eine „latente Wirklichkeitsferne" gekennzeichnet sei, und ordnet Grass' ersten Lyrikband einer „spielerisch-absurden Frühphase der fünfziger Jahre" zu (Cepl-Kaufmann 2008a, 72). Hermann Korte dagegen situiert Grass' ersten Gedichtband bereits im Kontext einer neuen, Realien gerade zugewandten generischen Tendenz Ende der 1950er Jahre (vgl. Korte 1989, 101).

Beide Sichtweisen lassen sich durchaus miteinander in Einklang bringen, bedenkt man den sammelnden Gestus, der die *Windhühner* auszeichnet. Ohne etwa den von Cepl-Kaufmann konstatierten spielerischen Charakter vieler Gelegenheitsgedichte aus den *Windhühnern* zu negieren, hat Hartung am Beispiel von *Geöffneter Schrank* (NGA 1, 14) darauf hingewiesen, dass hier „viel mehr Sammlung, Vorbereitung, Inventar und Inventarisierung" im „Spiel" war, „als der flüchtige Blick erkennen ließ" (Hartung 1985, 190). So betreibe Grass in den *Windhühnern* – dies lässt sich im Sinne einer Suchbewegung auf den bei Korte konstatierten neuen Realismus hin deuten – vielmehr eine „Inventarisierung der Dinge und ihre anschließende Belebung, die sie schließlich fähig macht, auch das Menschliche zu repräsentieren" (Hartung 1985, 191).

Die neue poesiologische Entwicklung, die sich Ende der 1950er Jahre herauszubilden beginnt, entfaltet Anfang der 1960er Jahre breitere Wirkung und drängt vorangegangene Tendenzen der Lyrik der 1950er Jahre zurück: deren vermeintlich leserfeindliche Hermetik oder eine zunehmend als wirklichkeitsfremd erfahrene Naturlyrik (vgl. Korte 1989, 82 und 100–101). Kennzeichnend für diese neue Tendenz, die Autoren wie Günter Eich, Walter Höllerer oder Karl Krolow programmatisch einfordern und die sich nicht nur in Grass' lyrischem Frühwerk, sondern z. B. auch in Hans Magnus Enzensbergers oder später Rolf Dieter Brinkmanns Lyrik abzuzeichnen beginnt, sind ein verändertes Wirklichkeitsverständnis sowie ein neuer lyrischer Detailrealismus (vgl. Korte 1989, 103, 108). Dabei ist „[a]uch bei Grass […] das Gegenständliche, sind die Realien nie Selbstzweck, sondern einbezogen in eine Diagnose von Verhaltens- und

Denkmustern, in eine zum Teil satirisch zugespitzte Replik auf kleinbürgerliche Nachkriegsmentalität" (Korte 1989, 109).

In dem Essay *Der Inhalt als Widerstand* (1957, vgl. NGA 20, 18–25) hat Grass diese, auch die *Windhühner* schon grundierende (Gedicht-)Poetik genauer charakterisiert. In diesem Statement zur Dichtungstheorie fordert Grass (auch, aber nicht nur) für die Lyrik ein vorrangig an literaturexternen Wirklichkeitserfahrungen ausgerichtetes, ein phantastisch-realistisches Schreiben. Im Mittelteil des Textes treten die beiden Poeten Pempelfort und Krudewil auf – sie können als zwei *alter ego*-Facetten des Autors verstanden werden – und artikulieren je unterschiedliche poesiologische Prämissen: Pempelfort, der Neoromantiker, findet seine Schreibanlässe in der Natur und im Traum. Krudewil dagegen führt Pempelforts Träume nüchtern auf den kalkulierten Verzehr von zu viel fettigem Essen vor dem Schlafengehen zurück und überredet sein Gegenüber schließlich, gemeinsam an einer neuen Muse zu stricken. „Grau, mißtrauisch, ohne jede botanische Himmels- und Todeskenntnisse, fleißig, doch wortarm in der Erotik und vollkommen traumlos" (NGA 20, 23) soll sie sein. In dieser Dialogpassage des Essays gewinnt der lakonische Realist Krudewil die Oberhand, artikuliert eben jene Prinzipien der Wirklichkeitsnähe und des Detailrealismus, die für Grass und die Lyrik der 1960er Jahre so bedeutsam werden sollten.

Pempelforts Ausrichtung auf die frei waltende Phantasietätigkeit wird dennoch nicht als vollständig nutzlos abqualifiziert. Immerhin stricken beide gemeinsam die neue Muse, wenn auch nach Krudewils Muster. Realismus und Phantasie treten damit in ein für Grass' Poetik spezifisches Verhältnis zueinander, das am Ende des Essays präziser bestimmt wird. Unter der Überschrift „Der Phantasie gegenüber" heißt es im letzten Drittel von *Der Inhalt als Widerstand*: „Ein wahrer Poet muß eine solche und unentwegt wuchernde Menge Phantasie haben, daß er auf sie nicht mehr angewiesen ist." (NGA 20, 24) Produktionsästhetisch ist Pempelforts Phantasie somit durchaus brauchbar, auch wenn ihre Produkte verworfen werden. Und dieses produktive Verwerfen geschieht eben im Abgleich mit dem aus der wachen Realität gewonnenen Inhalt.

Beispielhaft veranschaulicht wird dieses spezifische Zusammenspiel von Phantasie und Realität, wie es Grass vorschwebt, an dem Versuch, ein Gedicht über Drahtzäune der Berliner Firma Lerm & Ludewig zu schreiben. Deren tatsächlich angebotene Produktpalette deckt sich nicht mit den gestalterischen Absichten des Phantasten. Verschiedene Assoziationen zu Fliegen- und Stacheldraht müssen aufgegeben werden, was das dichterische Unterfangen vorerst scheitern lässt (vgl. NGA 20, 23–25). Die von einem Primat der Phantasietätigkeit getriebene, mit reichlich Spott bedachte Gedichtproduktion muss vor der eingeforderten Wirklichkeitsprüfung versagen. Die erhoffte glückende Produktion unter dem Primat der Wirklichkeitsausrichtung wird in die Erzählzukunft des Essays verlagert. Sie wird, da sie nur in Aussicht gestellt werden kann, den zeitgenössischen Autor:innen aufgegeben.

Mittels des Zaunbeispiels wird damit die Norm eines spezifischen Realismusgehaltes von Lyrik formuliert: Eben aus dem titelgebenden Widerstand des Inhalts gegen die dichterische Phantasie soll das Gedicht zukünftig entstehen. Grass' Gedichtpoetik negiert also nicht die Phantasie als Quelle literarischer Tätigkeit, weist ihr allerdings gegenüber der Wirklichkeitsausrichtung eine untergeordnete Position zu. Traum, Natur, Phantasie – die bekannten Residuen der neoromantischen Inspiration – sind auch hier am Schaffensprozess beteiligt, wenn auch *ex negativo*, um sich von den von ihnen angeregten Elaboraten abzugrenzen. Konsequenterweise gibt der Text schließlich die Maxime vor, als Autor kein reiner Phantast zu sein (vgl. NGA 20, 24). In den *Windhühnern* wie auch den beiden nachfolgenden Gedichtbänden findet dieser lakonisch gefärbte, schmucklose Detailrealismus sein außersprachliches Pendant in den asketischen Gelegenheitszeichnungen, die Grass ihnen beigibt (vgl. Cepl-Kaufmann 2008a, 76).

3 Motive und Themen

Jenseits dieses später auch programmatisch akzentuierten Detailrealismus fußte der ‚neue Ton' der *Windhühner* aber auch auf dem oben schon genannten Spielcharakter vieler Gedichte, ihrem heiter-grotesken Motivarsenal sowie verschiedenen Stileigentümlichkeiten, etwa „de[n] leichten, federnden Rhythmen, trockenen Trochäen, raffenden, aufzählenden, pedantischen Jamben" sowie „der Manier, die Sätze gelegentlich ohne Schluß zu lassen – eine Technik der Verknappung, die auch der Erzähler gelegentlich übernimmt." (Hartung 1985, 189–190) Der Zusammenhang zwischen den für sich stehenden *Windhühnern* wird nicht zuletzt durch eine Fülle von in Variationen immer wiederkehrenden Motiven gestiftet (vgl. Hartung 1985, 185). Die im Band versammelten Dinge sollen demzufolge zwar erst einmal nur und nicht mehr als sich selbst repräsentieren, können aber dennoch mitunter unverhofft eine allegorische Qualität gewinnen. Diese Qualität lässt sich nicht zuletzt den bisweilen überraschend krähenden *Windhühnern* selbst zuschreiben und somit der lebenslang andauernden Lyrikproduktion des Autors Günter Grass: „Oft bei Ostwind, / wenn die Zwischenwände umblättern, / ein neues Kapitel sich auftut, / lehne ich glücklich am Zaun, / ohne die Hühner zählen zu müssen – / weil sie zahllos sind und sich ständig vermehren." (Grass 1956, Schmutzumschlag, vordere Innenseite)

So kommt der immanent poetologischen Selbstreflexion des Schreibens – „eine duldsame Fläche, ganz klein beschrieben, / keine Feder vergessen, kein Apostroph ..." (NGA 1, 9) –, aber auch olfaktorischen und haptischen Sinneseindrücken besondere Bedeutung zu (vgl. dazu u. a. das barock anmutende Gedicht *Bohnen und Birnen*, NGA 1, 11); Puppen und Tiere bevölkern die Szenerien und die Farbmetaphorik gibt erste Aufschlüsse über das Weltbild und die Bildwelten des Autors, z. B. im Hinblick auf die polnische Fahne (NGA 1, 32), die nicht nur im späteren Erzählwerk eine wichtige Rolle spielen wird (vgl. Cepl-Kaufmann 2008a, 72; sowie Hartung 1985, 193; umfassender zu Motivübernahmen aus der frühen Lyrik im Roman Jarosz-Sienkiewicz 2003).

Der Bedeutungsgehalt dieser Motivwelt lässt sich allerdings nicht vollständig oder gar einheitlich entschlüsseln (vgl. Hartung 1985, 185). Vielmehr ist für die *Windhüh-*

ner eine Dingmagie, eine „Dialektik von Öffnung und Hermetik" konstatiert worden (Hartung 1985, 192). Dies zeigt sich ebenfalls schon im programmatischen Titelgedicht, wenn dort als einer der Vorzüge der *Windhühner* gepriesen wird, dass sie „die Tür offenlassen, / der Schlüssel die Allegorie bleibt, / die dann und wann kräht" (Grass 1956, Schmutzumschlag, vordere Innenseite). Mit Cepl-Kaufmann ist außerdem darauf hinzuweisen, dass Grass die Gattung Lyrik immer wieder auch gewählt hat, um seinem ästhetischen Programm Ausdruck zu verleihen: „Vornehmlich die frühen Gedichte [...] lassen sich für die poetologischen Grundsätze des Autors gewinnbringend analysieren." (Cepl-Kaufmann 2008a, 71; vgl. auch Hartung 1985, 184).

Thematisch prägend für den Band sind neben der Feier des Lebens und der Omnipräsenz des Todes u. a. eine metaphernreich verschlüsselte Kritik metaphysischen Denkens, eine Kritik vornehmlich an Theodizee, Teleologie und Christentum, wie sie z. B. *Der Kaffeewärmer*, *K., der Käfer* oder *Die Krönung* artikulieren (vgl. Frizen 1992, 12–14). Diese Metaphysikkritik in den *Windhühnern* ist nicht antihumanistisch zu verstehen, sie gründet vielmehr auf der „Vorsicht einer Skepsis, deren stets wacher Ideologieverdacht sich die Bewahrung des Humanums verspricht" (Frizen 1992, 15). Nach Werner Frizen ist insbesondere die den *Windhühnern* inhärente Kritik des Christentums durch eine vorausgesetzte Strukturhomologie wie ein Bedingungsverhältnis von Christentum und Nationalsozialismus zu erklären, die sich besonders deutlich in *Die Krönung* (NGA 1, 33) zeigt (vgl. dazu auch Stolz 1994, 38–45). Am Ende des Gedichts wird die Spottkrönung Jesu als vorzeitiger, wahrer, ernüchternder Schlusspunkt der christlichen Heilsgeschichte präsentiert und zugleich in Anspielung auf den Holocaust mit dem „Mandelscheitel", dem „blauen Gasometer" überblendet (vgl. Frizen 1992, 17–19): „Freitags krönten sie den König. / Von Geburt her blinde Nelken, / mit dem Atem einer Kröte, / mit dem blauen Gasometer, / Mitternacht und Mandelscheitel, / Vorstadt um Jerusalem." (NGA 1, 33; Grass 1956, 27)

4 Forschungsperspektiven

Die Komposition der *Windhühner*, an dessen Ende lärmende *Blechmusik* (NGA 1, 55–56) ertönt, erinnert nicht ganz zufällig an Grass' letzten mit dem bezeichnenden Titel *Vonne Endlichkait*. Die Verbindungen zeigen sich in „Selbstzitaten, werkübergreifenden Themen und Konzepten, verkappten Fortsetzungen und einem konstanten Motivreservoir." (Frizen 1986, 175)

Auch Schreiben und bildkünstlerisches Schaffen durchdringen sich im Gesamtwerk, was sich nicht zuletzt in der Gestaltung seiner Bücher manifestiert. Durch das enge Zusammenwirken des Schriftstellers, der darüber hinaus alle Cover entwirft, mit dem Verleger und den Buchgestalterinnen werden die vom Autor selbst bis zur Drucklegung betreuten Publikationen zu inhaltlich und optisch durchkomponierten Gesamtkunstwerken.

Trotz grundlegender Forschungen zur Lyrik unter besonderer Berücksichtigung von gattungsübergreifenden Motivkomplexen, thematischen Schwerpunkten, poetologischen sowie philosophisch-weltanschaulichen Perspektiven, die insbesondere von Dieter Stolz (1994/2023), Benedikt Engels (2005) und Werner Frizen (1992/2010) vorgelegt wurden, wie auch zum bildkünstlerischen Œuvre des vielseitigen Künstlers, die insbesondere Viktoria Krason (2019/), Katja Standfuß (2008) und Angelika Hille-Sandvoss (1987) erarbeitet haben, steht eine systematische Untersuchung zu Korrespondenzen im Gesamtwerk des Künstlers, also eine Zusammenführung und Fortschreibung der bislang vorgelegten Ergebnisse unter Einbindung buchgestalterischer Fragestellungen, noch aus (vgl. zu wichtigen Aspekten der heterogenen Rezeption von Grass' früher Lyrik vor dem Mauerfall Jarosz-Sienkiewicz 2008, 214–215). Erst 2022 wurde durch den Aufsatzband *Günter Grass als Buchkünstler*, den Heinrich Detering, Lisa Kunze und Katrin Wellnitz im Rahmen der Aufarbeitung des noch unerschlossenen Archivmaterials des Steidl Verlags herausgegeben haben, ein erster exemplarischer Vorstoß in diese Richtung unternommen.

Literatur

Cepl-Kaufmann, Gertrude. „Askese und Pan Kiehot. Die frühe Lyrik als Parameter der Grass'schen Poetik". *Günter Grass. Bürger und Schriftsteller.* Hrsg. von Norbert Honsza und Irena Światłowska. Wrocław, Dresden 2008a: 71–86.

Cepl-Kaufmann, Gertrude. „‚Kot gereimt' und andere Ablagerungen. Zur frühen Lyrik von Günter Grass". *Vogelflug und letzte Tänze. Der Lyriker Günter Grass*. Hrsg. von Burkhard Moennighoff und Rüdiger Zymner. Schwerte 2008b: 10–28.

Frizen, Werner. „‚Die Blechtrommel' – ein schwarzer Roman. Grass und die Literatur des Absurden". *arcadia* 21.2 (1986): 166–189.

Frizen, Werner. *Günter Grass. Gedichte und Kurzprosa. Kommentar und Materialien*. Göttingen 2010.

Frizen, Werner. „‚... weil wir Deutschen die Aufklärung verschleppten'. Metaphysikkritik in Günter Grass' früher Lyrik". *Günter Grass: ein europäischer Autor?* Hrsg. von Gerd Labroisse und Dick van Stekelenburg. Amsterdam 1992: 3–33.

Grass, Günter. *Die Vorzüge der Windhühner*. 2. Auflage. Berlin und Neuwied am Rhein 1956.

Grass, Günter. *Sechs Jahrzehnte*. Göttingen 2014.

Hartung, Harald (Hrsg.). „Narr mit Silberblick. Günter Grass als Lyriker". *Deutsche Lyrik seit 1965. Beispiele, Tendenzen, Porträts.* München 1985: 183–202.

Hille-Sandvoss, Angelika. *Überlegungen zur Bildlichkeit im Werk von Günter Grass*. Stuttgart 1987.

Jarosz-Sienkiewicz, Ewa. „Politisch oder nicht politisch? Zur Rezeption der frühen Lyrik von Günter Grass vor dem Mauerfall". *Günter Grass. Bürger und Schriftsteller.* Hrsg. von Norbert Honsza und Irena Światłowska. Wrocław und Dresden 2008: 211–222.

Jarosz-Sienkiewicz, Ewa. „Ähnlichkeiten der Motive in Epik und Lyrik am Beispiel ‚Der Blechtrommel' und der früheren Gedichte von Günter Grass. Eine Zusammenstellung". *Literatur und Kultur im Querschnitt.* Hrsg. von Norbert Honsza. Wrocław 2003: 101–116.

Korte, Hermann. *Geschichte der deutschen Lyrik seit 1945*. Stuttgart 1989.

Krason, Viktoria. *Günter Grass und die bildende Kunst. Eine interdisziplinäre Untersuchung der Schaffensjahre 1947 bis 1977*. Göttingen 2019.

Standfuß, Katja. *Gegenständlichkeit zur „neuen, alle meine Möglichkeiten versammelnde Form": die Text-Bild-Bände von Günter Grass*. Göteborg 2008.
Stolz, Dieter. *Günter Grass. Der Schriftsteller*. München 2023.
Stolz, Dieter. *Günter Grass. Theaterspiele. Kommentar und Materialien*. Göttingen 2010.
Stolz, Dieter. *Vom privaten Motivkomplex zum poetischen Weltentwurf. Konstanten und Entwicklungen im literarischen Werk von Günter Grass (1956–1986)*. Würzburg 1994.

II.2.2 *Gleisdreieck* (1960)

Christoph Cox

1 Entstehung

Grass' zweiter, zunächst unter dem Titel „Im Ei" (Grass 2014, 86–87) konzipierter Gedichtband *Gleisdreieck* erschien 1960 bei Luchterhand. Seine Entstehung fällt damit sowohl auf den Lebensmittelpunkt bezogen als auch poetologisch betrachtet in eine Zeit „des Übergangs" (Stolz 1994, 58), in der der Autor von Paris, wo er mit der Fertigstellung seines Romanerstlings *Die Blechtrommel* beschäftigt war, nach Berlin übersiedelt, um dort an seinem zweiten Erzählprojekt zu arbeiten, das unter wechselnden Arbeitstiteln firmiert: „Der Knirscher. Die Vogelscheuchen. Kartoffelschalen" (Grass 2014, 101). Wie Dieter Stolz bemerkt, ist diese besonders prägende Arbeitsphase zwischen 1956 und 1960 vor allem durch die konzentrierte Beschäftigung mit epischen Formen gekennzeichnet (vgl. Stolz 2005, 30), was Folgen auch für die Gestalt von Grass' Lyrik hat. In dieser werden nun, vor allem im Vergleich zum ersten Gedichtband *Die Vorzüge der Windhühner*, einzelne Gedichte sowohl zeitlich als auch topografisch verortbar. Darüber hinaus zeichnen sie sich durch „die zunehmende Berücksichtigung gesellschaftlich vermittelter Wirklichkeiten" (Stolz 2005, 30) aus. Auf der einen Seite fällt die Beschäftigung mit Lyrik im Vergleich zu der intensiven Auseinandersetzung mit der Prosaform in dieser frühen Schaffenszeit weniger systematisch aus, weshalb *Gleisdreieck* auch den Eindruck einer Sammlung von „Gelegenheitsgedichten" (Stolz 1994, 58) vermitteln kann. Auf der anderen Seite deutet sich insbesondere in den verwendeten Motiven eine Kontinuität an – eine Arbeit an den „privatmythologischen Chiffren" (Stolz 2005, 31) –, die gattungs- und künsteübergreifend für alle Grass'schen Werke von Bedeutung ist.

2 Aufbau und Inhalt

Der Gedichtband umfasst neben den 55 Gedichten 18 ganzseitige oder sich über zwei Seiten erstreckende Zeichnungen, die thematisch mit den Gedichtinhalten korrespondieren, so auch im Falle des Titelbilds, das dem titelgebenden Gedicht *Gleisdreieck* (vgl. NGA 1, 62) an die Seite gestellt ist. Exemplarisch lässt sich an dieser Zeichnung das im gesamten Band vorherrschende Gestaltungsprinzip zeigen, den im Gedicht vorgestellten Gegenstand bzw. die beschriebene Figur – in diesem Fall die bekannte Berliner Gleisanlage – nicht bloß zu illustrieren, sondern durch motivische Verfremdung zu variieren. Dementsprechend stellt das Titelbild keine naturgetreue Abbildung einer Bahnanalage dar, sondern eine frontal gezeichnete, an eine Spinne gemahnende Kreatur, die entfernt an ein Schienennetz erinnern mag, vor allem aber bildliche Assoziationen auslöst, die einen rein mimetischen Gehalt übersteigen. Auf poetologischer

https://doi.org/10.1515/9783110755435-017

Ebene reflektiert Grass das Verhältnis von Gegenstand und seiner künstlerischen, insbesondere sprachlichen Überformung in dem drei Jahre vor der Veröffentlichung von *Gleisdreieck* entstandenen Essay *Der Inhalt als Widerstand*, in dem er dem selbstreferenziellen Formenspiel eine am Gegenstand sich abarbeitende Poetik gegenüberstellt, die den Produkten einer zu lebhaften Fantasie mit „Mißtrauen" (NGA 20, 18) begegnet. Ein spezifischer Ausdruck dieser nüchternen, misstrauischen Poetik ist die Symbolkraft der Farbe „Grau", die, „wortarm in der Erotik und völlig traumlos" (NGA 20, 23), dem formalen und fantasiegetriebenen Spiel gegenübergestellt wird. Die Bedeutung des 1957 verfassten Essays für die Entstehung von *Gleisdreieck* wird u. a. in der Übernahme dieses zentralen Farbwortes in dem „programmatischen Gedicht" (Stolz 2005, 33; vgl. auch NGA 22, 422) *Askese* deutlich, in dem in einem biblisch anmutenden Imperativ gefordert wird: „du sollst die graue Farbe lieben" (NGA 1, 92). Das Programmgedicht *Askese* (vgl. dazu auch Frizen 2010, 57–59) ist jedoch nicht allein aufgrund seines poetologischen Gehalts von Interesse, sondern auch weil es zugleich genau diese Beschäftigung mit der Lebenswirklichkeit vor Augen führt. Die in dem Gedicht gestellte Forderung, „sich in Sacktuch wie Kartoffeln [zu] kleiden", und die biblisch konnotierte Weisung „aus grauem Topf: so sollst du leben" sowie die Aufforderung „Asche auf Geranien [zu] streuen" (NGA 1, 92) sind, so deutet Grass selbst das Gedicht in seiner *Frankfurter Poetikvorlesung* aus dem Jahr 1990, nur im Hinblick auf Adornos Verdikt bezüglich einer Lyrik nach Auschwitz zu verstehen (vgl. NGA 22, 424). Die Gedichte der Sammlung *Gleisdreieck* sind in der deutschen Nachkriegswirklichkeit verankert und reflektieren zum Teil deutlich die in die NS-Zeit zurückführenden Kontinuitäten. So wird beispielsweise in dem Gedicht *Normandie* bereits im Titel einer der wichtigsten Kriegsschauplätze aufgerufen und mit den Versen „Manchmal kommt ein halbtoter General / und streichelt Schießscharten" (NGA 1, 82) das Fortleben militaristischen Gedankenguts in der jungen Bundesrepublik angedeutet. Aus der Ernüchterung, die von den Erfahrungen des Zweiten Weltkriegs herrührt, ihren Ursprung aber auch der Lebenswelt der Adenauer-Ära verdankt – dem „Mumpitz des beginnenden Wirtschaftswunders", der „christlich verheuchelte[n] Restauration" und der erneuten Aufrüstung (NGA 22, 420) –, resultiert eine am französischen Existenzialismus geschulte Haltung. Sie äußert sich in besonderer Weise in dem Gedicht *Im Ei*, in dem „die Frage nach einer möglichen Transzendenz und damit nach dem Verhältnis von Gott, Welt und Mensch gestellt [wird]." (Stolz 1994, 95) Die sich darin äußernde Verweigerung gegenüber allen „unerschütterlichen Postulate[n]" (Stolz 1994, 96) ist paradigmatisch für Grass' frühe Schaffensphase und darüber hinaus (vgl. dazu auch Frizen 2010, 61–64).

3 Forschung

Einen Überblick über die wichtigsten Forschungsfragen zur Sammlung *Gleisdreieck* bieten insbesondere die Untersuchungen zur Grass'schen Lyrik von Dieter Stolz (1994/2005) und der Kommentarband zu den Gedichten von Werner Frizen (2010). Dort werden sowohl die Entstehungsumstände skizziert als auch die zentralen Gedichte in ihren wesentlichen Aspekten analysiert und im Hinblick auf ihre diskursiven Bezugspunkte diskutiert, d. h. zum einen die Frage nach einem literarischen Schreiben nach Auschwitz, zum anderen die Auseinandersetzung zwischen den beiden Existenzialisten Camus und Sartre im Jahr 1952. Stolz einleitende Ausführungen basieren auf seiner umfassenden Studie *Vom privaten Motivkomplex zum poetischen Weltentwurf* (1994), in der zahlreiche der in *Gleisdreieck* enthaltenen Gedichte interpretiert und in Beziehung zueinander gesetzt werden. Zudem verweist die Studie am umfangreichsten auf die ältere Forschung (vgl. Dahne 1970, May 1974, Brode 1979, Neuhaus 1985). Neben den bereits erwähnten Gedichten, von denen insbesondere *Im Ei* als ein „in seiner Aussagekraft über die weltanschauliche, geschichtsphilosophische und ästhetische Position des Autors Günter Grass kaum zu überschätzende[r]" (Stolz 1994, 95) Text gewürdigt wird, werden u. a. das in poetologischer Hinsicht relevante *Racine läßt sein Wappen ändern* (vgl. Stolz 1994, 63–65), das auf die Figur des zwischen Idealismus und Fleischlichkeit gefangenen Heiligen Antonius rekurrierende Gedicht *Anton* (vgl. Stolz 1994, 75–77) und die beiden die NS-Zeit und ihr in der Bundesrepublik unterschwelliges Nachleben reflektierenden Gedichte *Brandmauer* und *Normandie* (vgl. Stolz 1994, 84) betrachtet. Neben dem eng mit der existenzialistischen Gedankenwelt verknüpften *Im Ei* erfahren außerdem die *Ballade von der schwarzen Wolke* und das epigrammatisch kurze *Glück* Aufmerksamkeit und werden wie dieses als Ausdruck „erkenntnistheoretisch fundierte[r] Skepsis" (Stolz 1994, 90) analysiert. Während in den Studien von Stolz vor allem die ästhetisch-motivische und die philosophisch-weltanschauliche Analyse im Vordergrund steht, konzentriert sich die Arbeit von Benedikt Engels auf *Das lyrische Umfeld der „Danziger Trilogie"* (2005). Engels zeigt, wie im Wechselspiel von Epik und Lyrik sowohl in der frühen Prosa als auch in den ersten lyrischen Werken die Bildsprache entsteht, die für das spätere Gesamtwerk prägend werden soll. Aus *Gleisdreieck* wird hierzu ebenfalls *Im Ei* herangezogen, weiterhin werden Bezüge zwischen den Gedichten *Der Dichter*, *Normandie* und *Gleisdreieck* und dem Kapitel „Beton besichtigen – oder mystisch barbarisch gelangweilt" aus *Die Blechtrommel* hergestellt (vgl. Stolz 1994, 82–84). Mit der Gegenüberstellung von dem Gedicht *Zauberei mit den Bräuten Christi* und dem genannten Kapitel sowie dem Kapitel „Am Atlantikwall oder es können die Bunker ihren Beton nicht loswerden" findet zudem ein schwer zugängliches und darum auch selten rezipiertes Gedicht Beachtung (vgl. Stolz 1994, 89–91).

Als Werk des Autors Grass im Kontext seiner Zeit wird *Gleisdreieck* von Walter Hinderer gedeutet. In seiner für die Analyse von politischer Lyrik wichtigen Untersuchung, die außerdem die frühe Lyrik Hans Magnus Enzensbergers und Erich Frieds zum Gegenstand hat, wird der Autor Grass als engagierter „politischer Einmannbetrieb" gewürdigt, dessen Skepsis gegenüber „Apokalypsen und poetischen Paradiesgärtlein" (Hinderer 1972, 123–124) zuerst in *Gleisdreieck* deutlich zum Ausdruck komme. Als Beispiel für diese kritische, zunehmend auch politische Haltung des Autors zieht Hinderer das Gedicht *Normandie* heran und stellt dieses dann vor allem in Beziehung zum dritten Gedichtband *Ausgefragt* von 1967. Mit dem Autor Grass und seinem politischen Engagement im Kontext der deutsch-polnischen Geschichte beschäftigt sich anhand der in *Pan Kiehot* entwickelten Don Quijote-Motivik Volker Neuhaus in einem neueren Aufsatz, der überdies auf die rege polnischsprachige Forschung hinweist (Neuhaus 2021). Zu nennen ist hier etwa Małgorzata Wesołowskas Untersuchung von Übersetzungen des *Pan Kiehot* ins Polnische. Nicht ausschließlich auf das Grass'sche Werk konzentriert, dafür aber aufgrund der weiteren Rahmung von Interesse, sind die Studien von Johannes Roskothen und Michael Bienert zur kulturhistorischen Wirkung des Berliner Gleisdreiecks in der bildenden Kunst und Literatur. Beide Arbeiten bieten eine eindrückliche Beschreibung der riesigen Berliner Gleisanlage und machen auf das durch die schiere Größe des Motivs entstehende Problem bildlicher Darstellbarkeit aufmerksam (vgl. Bienert 1992, 22). Im Spannungsfeld zwischen Technikbegeisterung und technikfeindlicher Kulturkritik, für die jeweils das Motiv des Gleisdreiecks seit der Weimarer Republik steht, ist Grass mit der Darstellung des Verkehrsknotens als Spinne laut Roskothen eher letzterer Position zuzuordnen (vgl. Roskothen 2003, 283). Dafür spricht auch der von Bienert aufgedeckte Bezug zu einem Passus in Franz Hessels *Städte und Porträts*, in dem sich das von Grass gewählte Titelbild zuerst dargestellt findet (vgl. Bienert 1992, 41).

4 Offene Fragestellungen

Trotz der programmatischen Relevanz, die vor allem die Gedichte *Askese* und *Im Ei* für das Gesamtwerk haben, und der Stringenz, mit der die bereits im ersten Gedichtband skizzierte Motivik in *Gleisdreieck* fortgeführt wird, fehlt bislang eine Monografie, die sich mit der wegweisenden Bild-Lyrik-Sammlung *Gleisdreieck* als eigenständigem Kunstwerk auseinandersetzt. Zwar legen die Studien von Dieter Stolz (1994/2005) mit der Konzentration auf die Motive und die dahinterstehenden ästhetischen und philosophischen Konzepte, insbesondere des Existenzialismus, einen Grundstein für eine solche Arbeit. Und auch die von Benedikt Engels vorgenommene Einordnung in den Werkkontext der *Danziger Trilogie* erweist sich insofern als produktiv, als sie den von Stolz vorgegebenen Ansatz weiter ausbaut und die Gedichtsammlung im Hinblick auf die gleichzeitig entstehenden Prosatexte untersucht. Auf diesem Weg wird deutlich, dass die Wirkung nicht einseitig von der Prosa ausgeht, sondern umgekehrt erweist sich *Die Blechtrommel* aus dieser Perspektive als „stilistisch stark lyrisch geprägt" (Engels 2005, 38), was auf eine eigenständige Entwicklung der Lyrik in dieser Zeit hindeutet. Aber wünschenswert wäre es darüber hinaus, *Gleisdreieck* aufgrund seiner formalen

Gestaltung und engen motivischen Verzahnung von Gedichttext und Bild noch stärker als in sich geschlossene und konstruierte Einheit wahrzunehmen.

Literatur

Bienert, Michael. *Die eingebildete Metropole. Berlin im Feuilleton der Weimarer Republik*. Stuttgart 1992.

Brode, Hanspeter. *Günter Grass*. München 1979.

Dahne, Gerhard. *Zur Problematik des Geschichtsbewußtseins im Werk von Günter Grass*. Greifswald 1970.

Engels, Benedikt. *Das lyrische Umfeld der „Danziger Trilogie" von Günter Grass*. Würzburg 2005.

Frizen, Werner. *Grass, Günter. Gedichte und Kurzprosa. Kommentar und Materialien*. Göttingen 2010.

Grass, Günter. *Sechs Jahrzehnte*. Göttingen 2014.

May, Brigitte Zissel. *Gegenständlichkeit und Weltbild. Eine Untersuchung zur Lyrik von Günter Grass*. Tulane University 1974.

Neuhaus, Volker. „Pan Kiehot und Don Quijote. Zwei Ritter aus König Günters Tafelrunde oder: Was würde Günter Grass in Zeiten der digitalen Globalisierung und der globalen Digitalisierung zur Corona-Pandemie sagen?". *Grenzerfahrungen im Wandel der Zeit. Gesellschaftskritische Literatur – Texte, Autoren und Debatten*. Hrsg. von Ewa Wojno-Owczarska und Monika Wolting. Göttingen 2021: 159–171.

Neuhaus, Volker. „Das Chaos hoffnungslos leben. Zu Günter Grass' lyrischem Werk." *Zu Günter Grass. Geschichte auf dem poetischen Prüfstand*. Hrsg. von Manfred Durzak. Stuttgart 1985: 20–45.

Roskothen, Johannes. *Verkehr. Zu einer politischen Theorie der Moderne*. München 2003.

Stolz, Dieter. *Vom privaten Motivkomplex zum poetischen Weltentwurf. Konstanten und Entwicklungen im literarischen Werk von Günter Grass (1956–1986)*. Würzburg 1994.

Stolz, Dieter. *Günter Grass, der Schriftsteller. Eine Einführung*. Göttingen 2005.

Wesołowska, Małgorzata. „Pan Kiehot Güntera Grassa w serii przekładowej. Naśladowanie, wyobraźnia, tłumaczenie". *Poznańskie Studia Polonistyczne Seria Literacka* 23.43 (2014): 119–147.

II.2.3 *Ausgefragt* (1967)

Christine Hummel

Die dritte Gedichtsammlung von Günter Grass mit dem Titel *Ausgefragt* erschien 1967 im Hermann Luchterhand Verlag, wie auch zuvor die Sammlungen *Die Vorzüge der Windhühner* (1956) und *Gleisdreieck* (1960). Zwischen *Gleisdreieck* und *Ausgefragt* liegen der zweite und dritte Teil der *Danziger Trilogie Katz und Maus* (1961) und *Hundejahre* (1963) sowie eine Phase von Grass' verstärktem politischen Engagement, vor allem in den SPD-Wahlkämpfen für Willy Brandt. In seiner umfassenden Studie zur Poetik von Günter Grass konstatiert Dieter Stolz mit Recht, dass „die sich in den vorangegangenen Lyrikbänden herauskristallisierende, in der Regel sehr differenzierte Auseinandersetzung mit philosophischen bzw. religiösen Traditionshintergründen" in dem Maße abnimmt, „in dem sich die moralisch-didaktische Wirkabsicht der Gedichte steigert" (Stolz 1994, 98). Einige Gedichte der Sammlung *Ausgefragt* wurden in Zeitungen und Zeitschriften vorabgedruckt und nehmen explizit Stellung zu aktuellen politischen Ereignissen. Daneben enthält die Sammlung eine Reihe von Widmungsgedichten (etwa für Walter Henn NGA 1, 152–153, Renate Höllerer NGA 1, 161 und Peter Weiß NGA 1, 168). In seiner Rezension in der *Süddeutschen Zeitung* vom 24. April 1967 vergleicht Joachim Kaiser die Gedichtsammlung mit einem umfassenden Tagebuch in Form von „gelassenen Gelegenheitsgedichten", die auch „gelegentlich eines Zornesblitzes, eines verbalen Einfalls, einer ärgerlichen Politikums, einer Jahreszeit" entstanden seien (zitiert nach Loschütz 1968, 174); ganz ähnlich Peter Demetz: „Ich lese Grass' frühe lyrische Anstrengungen als eine Chronik seiner produktiven Wende von einem surrealistischen Repertoire intimer Bilder [...] zu einer lockeren, gereizten und aufschlußreichen Poesie über seine Empfindungen als Ehemann, Künstler und Bürger"; er prüfe in *Ausgefragt* in einer Art Tagebuch, ob es ihm gelungen sei, seine Vorsätze umzusetzen. (Demetz 1986, 386)

Der Untertitel der Sammlung „Gedichte und Zeichnungen" signalisiert die intendierte Gleichwertigkeit beider Kunstformen. Über den Band verteilt finden sich neun Bleistiftzeichnungen, freigestellte Natur- oder Alltagsobjekte, teils surreal verfremdet. In *Vier Jahrzehnte. Ein Werkstattbericht* beschreibt Grass die Entstehung und deren Qualität: „Mitte der sechziger Jahre hatte uns alle mehr oder weniger die Politik am Wickel. [...] Zwar litt nicht das Schreiben darunter, denn die Ausflüge in die Niederungen der politischen Provinz brachten Erfahrungen, Einsichten, neue Grauabstufungen ein, aber das Zeichnen litt unter dem Lärm und Gegenlärm. Es wurde nicht mehr still genug. Davon zeugen die Bleistiftzeichnungen im dritten Gedichtband, *Ausgefragt*, die mir heute leblos, erstarrt vorkommen; für größere Blätter fehlte zunehmend die Kraft." (Grass 1991, 127).

Das Titelbild zeigt eine geballte Faust, darüber den in massiver Druckschrift gesetzten Autornamen und den Titel der Sammlung. Schon der erste Eindruck impliziert eine kommunikative Situation, in der jemand ausgefragt wird (oder wurde) und

https://doi.org/10.1515/9783110755435-018

wie ein Boxer im Sinne der Ziel- oder Schlagrichtung ‚gerade heraus' bzw. schlagfertig reagiert. Im ersten Gedicht, das den Titel der Sammlung *Ausgefragt* aufgreift und programmatischen Charakter hat, wird im mittleren Teil das zwischen Gewalt- und Bedrohungspotenzial changierenden Faust-Schlag-Motiv wiederholt: „Und hast erkannt, was sich erkennen ließ? / Ja. Ich erkannte Gummi mit der Faust." (Verse 14–15) Der Sinn bleibt uneindeutig und lässt eher an ausweichende (butterweiche) Argumente statt klare Erkenntnisse und – in kämpferischer Hinsicht – allenfalls an laschen Widerstand denken. Der erste Teil des Gedichts (Verse 1–6) führt in einer Art metaphorischer Zustandsbeschreibung den emotionalen Duktus von Titel und Titelgrafik fort: „Nach großem und kleingemünztem Zorn" und einer wohl anstrengenden riskanten Arbeit („auf einem Hochseil" bzw. „ohne Netz") wird die Absichtserklärung des lyrischen Ich „will ich ganz und gar … " unterbrochen durch eine Kaskade von kurzen, allgemein gehaltenen Fragen, die mit teils phrasenhaften, teils metaphorischen Antworten gekontert werden. Die Empfindungen Zorn, Glück, Wut, Scham und die Erwartungshaltung Hoffnung werden pauschal und unzusammenhängend abgefragt, wodurch die Fragen als oberflächlich entlarvt werden. Im dritten Gedichtteil nach der Fragenserie wird der elliptische Satz aus Vers 6 aufgegriffen und mit einem klaren poetologischen Bekenntnis zu expliziten Aussagen zu Ende gebracht: „ich will nicht mehr vergleichen / und wiederkäuen, Silben stechen / und warten, bis die Galle schreibt." Die abschließenden Verse „Soll ich noch fragen? – Frag mich aus." suggerieren den Eindruck, als folge im Anschluss eine weitere Befragung.

Die Sammlung umfasst insgesamt 60 prosanahe Gedichte, sechs davon sind im Zyklus *Mein großes Ja bildet Sätze mit kleinem Nein* und vier unter dem Titel *Zorn Ärger Wut* zusammengefasst. Der Zyklus *Mein großes Ja bildet Sätze mit kleinem Nein* (NGA 1, 139–147) vermengt poetologische Aspekte mit Alltagsbeobachtungen. Im ersten Gedicht, *Ja*, greift Grass die von ihm immer wieder verwendete Farbmetapher grau auf – wie auch das zwei Texte zuvor platzierte Gedicht mit dem Titel *Grau* (NGA 1, 137). Grau steht für die im Dualismus von Schwarz und Weiß ‚vermittelnden', Zwischentöne, für eine kompromissfähige, unterschiedliche Positionen vereinende Haltung und für den Appell zur unspektakulären, das Alltägliche, historisch Aufgeladene und Unvollkommene integrierenden Askese (vgl. dazu das gleichnamige Gedicht in *Gleisdreieck* NGA 1, 62). In *Schreiben* (NGA 1, 140–141) werden weitere poetologische Aussagen ergänzt: „Dumm sein, immer neu anfangen wollen." und „Das Ungenaue genau treffen" sowie – pointiert und wie wenige Zeilen zuvor angekündigt mit „einem Doppelpunkt" schließend: „Nicht schmücken – schreiben:"

Uneindeutigkeit, ja Ambivalenz durchzieht diesen Zyklus auf mehreren Sinnes- und Wahrnehmungsebenen: In *Schlager im Ohr* (NGA 1, 141–143) mischen sich bedrohliche Klopf- und Radio- und Kampfgeräusche in die Alltagsgeräuschkulisse, in *Stiller Abend* (NGA 1, 143–144) steht Ungesagtes mehr oder weniger deutlich zwischen einem schweigenden Paar; fortgeführt werden die ambivalenten Betrachtungen zu Ehe und Familie, die durchzogen sind von Zeichen der Vergangenheit und der politischen Gegenwart, in den nachfolgenden Gedichten *Ehe* und *Advent* (NGA 1, 144–148).

Das zweite, auf das Titelgedicht *Ausgefragt* folgende Gedicht *Schulpause* (NGA 1, 136) hebt bezeichnenderweise mit zwei Fragen an. Es wurde in abweichender Fassung 1961 zuerst gedruckt, steht in engem Bezug zu Grass' Roman *Hundejahre* und kondensiert in einzelnen poetischen Bildern eine ausführliche Schilderung eines Moments auf einem Pausenhof im Kapitel *Sechsundzwanzigste Frühschicht* (NGA 6, 111–114). Die Szene ist hier ebenso wie im Gedicht von Geschichte und individuellen Geschichten der Figuren aufgeladen – wie zum Beispiel derjenigen der im Krieg gefallenen Schüler. Dies ist ein Grundprinzip des Schaffens von Grass: Nicht nur einzelne Gegenstände, sondern auch Orte und Landschaften sind Träger von politischen und historischen Aussagen.

Besonders explizit und schon im Titel angesprochen wird dies in *Politische Landschaft* (NGA 1, 188–189). In diesem Prosagedicht desavouiert Grass die öffentlich geduldete Kontinuität der politischen, ökonomischen und geistigen Machthaber des Nationalsozialismus in der Bundesrepublik. Den ästhetischen Kunstgriff des Gedichts signalisiert auch hier der Titel: Grass nimmt die umgangssprachliche Wendung für das komplexe Machtgefüge der Politik beim Wort und verschränkt die semantischen Bereiche Ökonomie und Politik einerseits mit Geografie bzw. Geologie andererseits. Landschaft erscheint auf diese Weise als immer auf Vergangenes verweisend, und das latente Fortbestehen des ‚Dritten Reichs' bis in die 1960er Jahre wird auf metaphorischer Ebene parallelisiert mit dem unabänderlichen Bestand der deutschen Landschaft. Grass zeichnet ein Zerrbild von traditionsreicher Idylle, Auflösung bzw. Verfall und zugleich steinerner Stagnation durch die Nennung prominenter Personen, gerade der Kontinuität der Besitzverhältnisse (beispielhaft Abs und Blessing) und Machtpositionen (beispielhaft Globke und Rehwinkel).

Seine Kritik an der nicht aufgearbeiteten NS-Vergangenheit spitzt Grass in *Der Neubau* (NGA 1, 197) auf die Person Heinrich Lübke zu, der 1959–1969 Bundespräsident war. Die von allerlei Pannen begleitete Errichtung eines Hauses auf schon einmal bebautem Gelände wird mit dem Wiederaufbau der Bundesrepublik nach 1945 parallelisiert. Unmittelbar nach dem Zweiten Weltkrieg forderte Kurt Schumacher, Vorsitzender der SPD von 1946–1952, den „gesellschaftlichen Neubau" (Glaser 1991, 181); dieses Bild für Schumachers programmatische Forderung greift Grass auf. Am Tag der Erstveröffentlichung des Gedichts in der Wochenzeitung *Die Zeit* am 7. Oktober 1966 untersagte die Frankfurter Polizei eine Pressekonferenz, bei der der hessische Landesvorsitzende des Verbandes der Vertriebenen, Ludwig Landwehr, Dokumente präsentieren wollte, die den Bundespräsidenten der Beteiligung am Bau von Konzentrationslagern bezichtigten (Piatzer 1990, 164). Begründet wurde das Verbot offiziell mit dem Argument, Landwehr wolle Lübke verunglimpfen und die verfassungswidrige Kommunistische Partei Deutschlands (KPD) unterstützen. Mit seinem Gedicht weist Grass auf die Notwendigkeit einer unbeirrbaren, tiefer gehenden und weiter reichenden Aufarbeitung in der Bundesrepublik hin, die auch vor höchsten Staatsämtern nicht Halt machen sollte. Mit der Vorabpublikation des Gedichts in der *Zeit* wählt Grass ein auflagenstarkes Leitmedium, um möglichst viele Rezipienten zu erreichen.

Während Gedichte wie *Politische Landschaft* und *Der Neubau* die brisante und weitgehend verdrängte Aktualität der NS-Vergangenheit von politisch und wirtschaftlich einflussreichen Personen in den 1960er Jahren zeigen, widmen sich weitere politische Gedichte der Sammlung *Ausgefragt* der sich am Vietnam-Krieg entzündenden Protestbewegung dieses Jahrzehnts, von der sich Grass nicht nur distanziert, sondern mit der er sich äußerst kritisch auseinandersetzt. Texte wie *Platzangst* (NGA 1, 163), *Der Dampfkessel-Effekt* (NGA 1, 176) und der Zyklus *Zorn Ärger Wut* (NGA 1, 177–186) sowie *Neue Mystik* (NGA 1, 190–191) bezeugen seine offene Ablehnung der außerparlamentarisch agierenden Gruppen – Vorläufer der sich 1968 formierenden Außerparlamentarischen Opposition – und sind mit seinen politischen Reden und Stellungnahmen dieser Zeit eng verknüpft.

Platzangst wurde zuerst im *Kursbuch* (September 1966) veröffentlicht und schildert die vermeintliche Bedrohung durch die „Söhne aus zu gutem Haus" – Grass' Bezeichnung für Schülerinnen und Schüler und Studierende der saturierten Mittelschicht. Im 1969 während des Bundestagswahlkampfs entstandenen *Tagebuch einer Schnecke* notiert der Erzähler ähnlich polemisch seine Erfahrungen einer Podiumsdiskussion: „Dicht kommen sie heran. Und ich entdecke, in welch irrlichterndem Ausmaß der Haß in jungen Gesichtern Schönheit anstiftet. Etwas für Fotografen. Es sind nur wenige, denen die Mehrheit beklommen und süchtig zuschaut. Sie wollen abschaffen, irgendwas, das System, ersatzweise mich. [...] Sie schmollen, weil nirgends etwas los ist. Sind traurig für sich. Ohne Zuhause, weil aus zu gutem Hause. Vergrämte Streichelkinder, die ihre Schwierigkeiten zur Litanei knüpfen: die Eltern, die Schule, die Verhältnisse, alles." (NGA 8, 20) Die dargestellte Situation erinnert zunächst an die eines hilfesuchenden Kindes; der Protest erscheint schließlich als Ausdruck von Langeweile, ja Dekadenz.

In *Der Dampfkessel-Effekt* ist Grass' Ausdrucksweise noch offensiver, es ist despektierlich die Rede von „diese[m] Volk" (Vers 9) und „diese[r] Elite" (Vers 14). Er hat das Gedicht während einer Wahlreise 1965 ad hoc verfasst, und ein zeitgenössischer Beobachter stellt fest, dass es sich „als glückliches Mittel gegen Zischer bewährt" habe (Brügge, zitiert nach Arnold/Görtz 1971, 45). Grass zeichnet Verhaltensschemata einer kollektiven, nicht verbalisierten Protesthaltung in grotesk überspannter Weise nach, ohne sich mit den Auslösern oder Inhalten zu befassen. Seine Geringschätzung kommt durch den Vergleich der auf diese Weise Protestierenden, die offenbar nicht bereit sind, sich argumentativ mit anderen Positionen zu befassen, mit einem lediglich Dampf ablassenden Kessel deutlich zum Ausdruck.

In dem für einen Vortragsabend im Literarischen Colloquium Berlin verfassten „Essay in Versen", dem vierteiligen Zyklus *Zorn Ärger Wut* (NGA 1, 177–186), gibt Grass seinem Widerwillen gegenüber Protestaktionen und -gedichten den schärfsten literarisch formulierten Ausdruck (Höllerer 1967, 265). Im ersten Gedicht, *In Ohnmacht gefallen*, finden sich Parallelen zu Grass' 1966 in Princeton gehaltener Rede *Vom mangelnden Selbstvertrauen der schreibenden Hofnarren unter Berücksichtigung nicht vorhandener Höfe* (NGA 20, 194–201), mit der er sich deutlich von engagierten Schriftstellerkollegen und der sich formierenden Studentenbewegung distanziert. Im zweiten Gedicht, *Irgendwas machen*, setzt sich Grass poetologisch mit der Gattung Protestgedicht auseinander. *Die Schweinekopfsülze* beschreibt polemisch verschränkt mit einem bis zur Ekelgrenze detailreichen Koch-Rezept, wie die Wut der Protestierer über ihre eigene Wut kompensiert werden könne – nämlich in der Zubereitung einer Sülze. Das letzte Gedicht, *Der Epilog*, thematisiert den Zustand nach dem Protest als Rückfall in bürgerliche Privatheit. Grass verfasst die Texte 1966, im gleichen Jahr, in dem Erich Frieds Gedichtsammlung ... *und Vietnam und ...* für Aufsehen sorgte, sich öffentlicher Widerstand gegen den Vietnam-Krieg verstärkt auch in Deutschland formierte und sich die Diskussion um die Aufgabe des Schriftstellers in der Gesellschaft zunehmend polarisierte.

Die Sammlung *Ausgefragt* wird in den großen Zeitungen und Literaturmagazinen kontrovers besprochen, wobei das Hauptaugenmerk der Rezensenten auf der politischen Lyrik liegt (vgl. dazu Hummel 2000, 52–66). Die erbittertste Kritik verfasste denn auch Erich Fried, der bereits in den 1960er Jahren zu den meistgelesenen Autoren politischer Lyrik in Deutschland gehörte und sich zu dieser Zeit mit den gegen den Vietnam-Krieg protestierenden Studentinnen und Studenten solidarisierte, für das Satiremagazin *Konkret* im Juli 1967. Die „Protestgedichte gegen Protestgedichte" erzeugen in ihm „Wut"; die *Schweinekopfsülze* hält er für „unverzeihlich". Den Zyklus *Zorn Ärger Wut* bezeichnet er als „bitteres Gekeife" und „Krankheitsherd" des Bandes und zusammen mit *Der Dampfkessel-Effekt* „boshaft", „platt" und „geschmacklos". Dem Autor wirft er Selbstgefälligkeit, Geschwätzigkeit, Überheblichkeit, „unscharfes Denken" und eine „große, aber unkritische Vitalität" vor (Loschütz 1968, 185–186). In einer weiteren Rezension in der Wochenzeitung *Die Zeit* vom 18. August 1967 nimmt Fried seine Kritik etwas zurück und betont, das „selbst das Mißlingen aller ‚Protestgedichte gegen Protestgedichte' bei Grass die Möglichkeit des politischen Gedichts nicht wiederlegen" könne.

Literatur

Arnold, Heinz L., und Franz J. Görtz (Hrsg.). *Günter Grass. Dokumente zur politischen Wirkung*. München 1971.

Demetz, Peter (Hrsg.). „Günter Grass: Die Macht der Phantasie". *Fette Jahre, magere Jahre. Deutschsprachige Literatur von 1965 bis 1985*. München und Zürich 1988: 384–414.

Glaser, Hermann. *Kleine Kulturgeschichte der Bundesrepublik Deutschland. 1945–1989*. München und Wien 1991.

Grass, Günter. *Vier Jahrzehnte. Ein Werkstattbericht.* Hrsg. von G. Fritze Margull. Göttingen 1991.

Höllerer, Walter. *Ein Gedicht und sein Autor. Lyrik und Essay*. Berlin 1967.

Hummel, Christine. „‚Gegen rhetorische Ohnmacht'. Die Rezeption politischer Lyrik von Günter Grass aus den 60er Jahren". *Wirkendes Wort* 1 (2000): 48–66.

Loschütz, Gert. *Von Buch zu Buch – Günter Grass in der Kritik. Eine Dokumentation*. Darmstadt und Neuwied 1968.

Piatzer, Sabina. *Chronik des Jahres 1966. Tag für Tag in Wort und Bild*. Dortmund 1990.

Stolz, Dieter. *Vom privaten Motivkomplex zum poetischen Weltentwurf. Konstanten und Entwicklungen im literarischen Werk von Günter Grass (1956–1986)*. Würzburg 1994.

II.2.4 *Mariazuehren* (1973)

Christine Hummel

Das Langgedicht *Mariazuehren* nimmt eine Mittelstellung zwischen den Prosawerken *Aus dem Tagebuch einer Schnecke* (1972) und *Der Butt* (1977) ein; die Erstausgabe erschien 1973 im Verlag F. Bruckmann in München. Der 88 Seiten umfassende bibliophile Band im Quadratformat enthält insgesamt 41 grafische Abbildungen. Dabei handelt es sich um Radierungen, Kohle-, Feder- und Tuschezeichnungen von Grass aus den Jahren 1955 bis 1973, die Motive aus dem Frühwerk und Themen des Langgedichts aufgreifen. Ein Teil von ihnen ist mit Fotografien von Maria Rama collagiert bzw. überzeichnet. Der Gedichttext *Mariazuehren* ist vorn im Buch in deutscher, französischer und englischer Sprache abgedruckt sowie in Grass' Handschrift über die Seiten 6 bis 82 variationsreich neben bzw. in die Illustrationen in lockerer Folge und hinsichtlich der Strophenfolge abweichend von späteren Drucken verteilt. Der Titel variiert den Titel des volkstümlichen Marienlieds *Maria zu lieben ist allzeit mein Sinn* und reiht sich damit in die Reihe von Katholizismus-Reminiszenzen im Werk von Grass, spielt aber auch unmittelbar auf den Namen der fotografierenden Begleiterin an.

Das Umschlagfoto zeigt Günter Grass, der gebückt mit einem Stöckchen etwas in den Sand zeichnet; die Rückseite wandelt das Motiv ab, der Autor betrachtet dort seine Zeichnung. Somit wird der Eindruck geweckt, der Inhalt zwischen den Buchdeckeln entspreche der Sandzeichnung – mithin einem sprichwörtlich „in den Sand geschriebenen" Kunstwerk mit einer unabdingbar kurzen Lebensspanne zwischen Ebbe und Flut bzw. bis zum nächsten Regen (s. u.). Die Fotografin Maria Rama (1911–1997), mit der sich Grass auf die hier dokumentierten Gänge in die Flusslandschaft der Elbmündung begibt, hat gemeinsam mit ihrem Mann Hans die Familie Grass über Jahrzehnte fotografiert. Der 2008 erschienene autobiographische Grass-Band *Die Box. Dunkelkammergeschichten* schildert in epischer Ausgestaltung, wie die Fotografin Mariechen mit der Kamera die Geschicke der großen (nur schwach kaschierten) Familie Grass begleitet. Sie fotografiert auch Fundsachen, dabei ist ihre Foto-Box „allsichtig" (NGA 18, 25), kann in die Zukunft schauen (NGA 18, 25) ebenso wie Mariechen mit ihrer „Wunderbox" das Vergangene (NGA 18, 36 u. ö.) oder auch Fantastisches sieht. Fotografie wird nicht als Realität abbildende Darstellungstechnik verstanden, sondern als aufdeckende, interpretierende und fortschreibende Kunst. Dieses Verständnis durchzieht auch das Langgedicht *Mariazuehren*, in dem der Prozess des explizit thematisierten Fotografierens den Vergangenes und Fantastisches integrierenden Sicht- und Reflexionsprozess des lyrischen Ich begleitet. Dass es sich dabei um den Autor selbst handelt, wird durch die vielfachen Abbildungen von Grass beim Wandern am Wasser, im Atelier oder mit Familienmitgliedern sowie in *Sechs Jahrzehnte. Werkstattbericht* belegt, in dem auch frühere Manuskriptfassungen reproduziert sind (Grass 2014, 194–195). Ebenso wie in *Die Box* wird Maria Rama in *Mariazuehren* als „‚ein masurisches Handchenvoll'" bezeichnet (NGA 18, 161; vgl. 7. Strophe NGA 1, 216), womit wahrscheinlich auf die gemeinsame

https://doi.org/10.1515/9783110755435-019

Herkunft und die schlanke Gestalt der Fotografin abgezielt werden soll – eine weitere Verschränkung beider Texte.

Mariazuehren hebt an mit dem appellativ-deiktischen „Schau“, das unregelmäßig über den Text verteilt mehrfach anaphorisch aufgegriffen wird. Man sieht förmlich das lyrische Ich mit der begleitenden Fotografin durch die Flussauen gehen, folgt seinem Blick und seinen Assoziationen. Zahlreiche Naturmotive, die Grass in seinem Werk immer wieder verwendet, werden im Gedichttext und den Illustrationen aufgegriffen. Der Monat März (vgl. Vers 3), in dem der Gang offenbar stattfindet, hat in Grass' Schaffen als Zeit des Frühlingserwachens eine besondere Bedeutung, etwa im politischen Gedicht *Gesamtdeutscher März* (NGA 1, 192–193), ferner dem von der Bleistiftzeichnung einer Vulva begleiteten Liebesgedicht *März* am Ende des Bands *Ausgefragt* (WA I, 216–217) sowie – nun in melancholischer Rückschau – im Gedicht *Wiederum März* im postum 2015 erschienenen Band *Vonne Endlichkait* (NGA 2, 427), das mit einer expliziten Bedeutungszuweisung eingeleitet wird: „weil März im Kalender steht und mir vor Jahrzehnten schon einmal der beginnende Frühling zu Kopf gestiegen war“ (*Im Treibhaus* NGA 2, 426).

Im Frühjahr belebt sich die Natur sichtbar – für Pflanzen, Vegetation und auch das lyrische Ich beginnt die Zeit von Zeugung und Wachstum. Alles Sprießen, selbst die Keime der Kartoffel oder die Ruten der Weiden, werden in *Mariazuehren* als „geil“ bezeichnet und bekommen obszönen Verweischarakter (Vers 3). Die Farbe Grau, bei Grass seit seinem frühen Gedicht *Askese* (NGA 1, 92) leitmotivisch für dialektisches, undogmatisches Denken, für Vernunft und Fortschritt verwendet, trübt die Szenerie in Form einer Wolke ein; später ist vom „graustichigen“ Traum des lyrischen Ich die Rede (11. Strophe) oder auch vom programmatischen „grausieben“ „der Schwärze, den Zwang, der auf Weiß besteht“ (15. Strophe).

Die zweite Strophe greift das in den *Hundejahren* (NGA 6, 59–60) episch ausgeführte Motiv der Aale, die sich über die Wiese zu den Kühen schlängeln, auf – im Roman ausgemalt als teils erotische, teils mütterliche Szene, in der die Kühe Aale säugen. In unterschiedlichen Variationen verwendet Grass viele Tiermotive, auch das des Aals, immer wieder in seinem Werk, am eindrücklichsten wohl im Kapitel „Karfreitagskost“ in der *Blechtrommel* (vgl. zu Tiermotiven Hille-Sandvoss 1987, 187–200). Auch Mariechens Kamera sieht in *Die Box* Aale an Eutern von Kühen, die dann später „der Alte“ auf Kupferplatten bannt (NGA 18, 107). Grass wird bei genau dieser Tätigkeit im Band *Mariazuehren* fotografiert; daneben findet sich die poetologische Strophe „Ich setze ein Zeichen / und lösche es mit dem nächsten. / Die Hühner, / die Nonnen, / die Vögel, / die Scheuchen ... “. Der Künstler schafft und überschreibt sein Werk in einem fortlaufenden Prozess und entwickelt so seinen „poetischen Weltentwurf“ (vgl. Dieter Stolz 1994).

Die ersten beiden Strophen zeichnen eine gleichermaßen reale wie surreale Landschaft. In der Erstausgabe wird dieser Eindruck durch die beigegebenen Illustrationen flankiert, die zusätzlich einen Querschnitt durch die vergangenen eineinhalb Jahrzehnte Grass'schen Schaffens bieten. Es folgen Nonnen und die typischen frühen Scheuchen-Schöpfungen, die Grass in *Die Vorzüge der Windhühner* bildlich und lyrisch ausführt, sowie dann als dritte Strophe (in der Werkausgabe als vorletzte abgedruckt) eine überraschend abstrakte Reflexion über Ebbe und Flut. In der Erstausgabe ist ihr das bereits erwähnte Titelmotiv, ein Foto von Grass, der in den Sand zeichnet, beigegeben. In spiegelbildlicher Weise werden hier drei Vorgänge miteinander verschränkt: die Überlieferung einer Gesichtsdarstellung in einem Tuch – wohl das nicht explizit genannte, aber deutlich alludierte Schweißtuch der heiligen Veronika, was auf den Namen von Grass' seinerzeitiger Geliebter Veronika Schröter, der Mutter von Helene Grass (geb. 1975), anspielt. (vgl. Frizen 2010, 81–84) Der Gesichtsabdruck hinterlässt auf magische Weise eine Zeichnung – dem gegenübergestellt wird das Verwischen einer Zeichnung im Sand durch die Flut.

Der dritte, wie der vorherige ebenfalls elliptische Satz der Strophe „Könnte ich wie der Staub, / bis ich mich nicht mehr verstehe" assoziiert das auf die Schöpfungsgeschichte (vgl. Gen. 3, 19) rekurrierende und bei christlichen Beerdigungen verwendete Beisetzungswort am Grab „Aus Staub bist du, und zu Staub wirst Du werden" und lässt semantisch offen, ob verdecken, zerfallen, wegfliegen oder möglicherweise etwas ganz anderes gemeint ist. Im Wechsel und in Kombination von Sehen, Fotografieren, Zeichnen, Collagieren, Dichten und Erinnern entwirft *Mariazuehren* einen eigenen flüchtigen Kosmos von Werden und Vergehen, der in diesen Versen wie in einer Miniatur beschrieben wird. Im *Butt* zeichnet das Erzähler-Ich ebenfalls in den nassen Sand (vgl. NGA 9, 30–31; vgl. dazu Cepl-Kaufmann 1986, 33); die in der zehnten Strophe erwähnten Stangenfische und deren „mythisch-rituelle Bedeutung" werden auch im *Butt* aufgegriffen und ausgeführt (vgl. NGA 9, 105; Cepl-Kaufmann 1986, 33). Dieser Ablauf von Zeugen, Werden und Vergehen lässt sich sowohl auf die Natur als auch auf den künstlerischen Prozess beziehen; es treten gezeichnet und in Versen wiederkehrende Grass'sche Figuren – Nonnen, Scheuchen, Hühner und Vögel – auf ebenso wie die Pilze, „entwurzelte Pimmel,/ die himmelwärts zeugen." (3. Strophe, NGA 1, 215)

Die vierte Strophe hebt wieder an mit dem deiktischen „Schau" und lenkt den Blick auf das Schwein (vgl. dazu z. B. in der Gedichtsammlung *Ausgefragt* den Text *Schweinekopfsülze* NGA 1, 182–185) und die Schnecke (vgl. *Tagebuch einer Schnecke* und die Übersicht bei Hille-Sandvoss 1987, 232–257) sowie, im Vorgriff auf den *Butt*, auf die Köchin. Die nachfolgenden Strophen thematisieren teils die Aktivitäten der Fotografin, also die Arbeit mit Lichtmesser (2. Strophe), wechselnden Blenden (5. Strophe) oder Auslöser (9. Strophe). In Strophe 11 gehen Natur und Fotografie eine sprachliche und bildliche Symbiose im „Akwakolor"-Schnattern der „kolorierten Enten" ein. Dieser Kunstgriff ist verbunden mit einem weiteren poetologischen Verweis „Aber graustichig ist mein Traum", von dem aus sich zahlreiche Verbindungen in das literarische und essayistische Werk des Autors ziehen lassen (vgl. dazu vor allem das bereits erwähnte frühe Gedicht *Askese* NGA 1, 92 sowie Cepl-Kaufmann 1985, 39–40). In der Schlussstrophe verläuft die im Text nachgezeichnete Entwicklung von den ‚geilen' Frühlingsgefühlen der ersten zur „Gräte der Gräte", dem „gedoppelten Memento mori, in der letzten Strophe" (Stolz 1994, 134).

Zusammenfassend lässt sich festhalten: In *Mariazuehren* sind die Tätigkeiten des Gehens und Fotografierens mit Naturbetrachtungen und den durch sie ausgelösten

Assoziationen und Fantasien eng verflochten und durchzogen von poetologischen Aussagen. Peter Zimmer beschreibt in seiner Rezension in der *Die Zeit* die Gesamtkomposition zutreffend als „aufs vielfältigste ineinander gesetzt. [...] – hier gehört alles zusammen, hallt alles ineinander wider, wie es sich in einem Bewußtsein zusammenfügt, das stark in sich zentriert ist und sich gleichzeitig geduldig zu den Dingen der Anschauung hin öffnet, aus denen es sich seine private Mythologie baut." (zit. nach Stolz, 135) In einem 1974 mit Heinz Ludwig Arnold geführten Gespräch betont Grass die biographische und selbstreflexive Bedeutung von Lyrik nach dem Abschluss eines größeren Prosawerks oder einer Schaffensperiode und bemerkt, er habe in solchen Momenten in den vergangenen beiden Jahren Gedichte geschrieben, denn Lyrik sei für ihn das „genaueste Instrument", sich „neu kennen zu lernen" und sich „neu zu vermessen" (Arnold 1975 bzw. NGA 24, 183). Dies lässt sich durch die Einbindung und Variation von zahlreichen im Grass-Werk etablierten literarischen wie bildkünstlerischen Motiven und vielfältigen biographischen Bezügen für Leser, die mit dem Leben und Werk des Autors vertraut sind, am Beispiel von *Mariazuehren* konkret nachvollziehen.

Literatur

Arnold, Heinz L. *Gespräche mit Schriftstellern*. München 1975: 47–108.

Frizen, Werner. *Günter Grass. Gedichte und Kurzprosa. Kommentar und Materialien*. Göttingen 2010.

Cepl-Kaufmann, Gertrude. „Der Künstler als Bürger. Selbstverständnis und Ausdrucksform im literarischen, bildkünstlerischen und politischen Werk von Günter Grass". *Günter Grass. Werk und Wirkung*. Hrsg. von Rudolf Wolff. Bonn 1985: 27–58.

Grass, Günter. *Sechs Jahrzehnte. Ein Werkstattberich*. Hrsg. von G. Fritze Margull. Göttingen 2014.

Hille-Sandvoss, Angelika. *Überlegungen zur Bildlichkeit im Werk von Günter Grass*. Stuttgart 1987.

Stolz, Dieter. *Vom privaten Motivkomplex zum poetischen Weltentwurf. Konstanten und Entwicklungen im literarischen Werk von Günter Grass (1956–1986)*. Würzburg 1994.

II.2.5 *Ach Butt, dein Märchen geht böse aus. Gedichte und Radierungen* (1983)

Gabriele Sander

1 Entstehungs- und Druckgeschichte

Sechs Jahre nach Erscheinen des Romans *Der Butt* gab Grass die darin enthaltenen 46 Gedichte als eigenständige Sammlung heraus, ergänzt um 14 lyrische Texte aus dem entstehungsgeschichtlichen Umfeld seines Epos. Bis auf einen Erstdruck (*Mein Schuh*) waren diese „themenverwandte[n] Gedichte der *Butt*-Zeit" größtenteils 1974/75 „entweder einzeln oder in dem Mappenwerk *Liebe geprüft* veröffentlicht" worden (Frizen 2024, 236); *Kinderstunde*, *Übers Jahresende in Budissin* und *Schöne Aussicht* erschienen zuerst 1981. Eine gewisse Sonderstellung nimmt das Gedicht *Federn blasen* ein, das „[i]m Mai 1974 entstand als privateste Reaktion auf Willy Brandts auch für Grass völlig unerwarteten Rücktritt am 6. Mai […]. Er veröffentlicht es als Gedicht Anfang 1975 in der Zeitschrift *Merkur* und dann erneut zwei Jahre später im *Butt* – diesmal aber als geschlossenen Prosaabsatz im ‚Siebten Monat' in der Erzählung von Bebels Beerdigung" (Neuhaus 2018, 247). 1976 war es außerdem „[a]ls Bildgedicht in anderer Fassung […] in der Lithographiemappe *Mit Sophie in die Pilze gegangen*" erschienen (Frizen 2024, 269).

Die Erstausgabe des Sammelbandes *Ach Butt, dein Märchen geht böse aus* enthält 31 Radierungen sowie die Reproduktion von zwei Gedichtmanuskripten (*Drei Fragen*, *Unsterblich*); die 1977 entstandene Radierung mit dem Titel *Sargnägel* bietet eine handschriftliche Version des gleichnamigen Gedichts, das jedoch nicht in den *Butt*-Zyklus einging, sondern erst 1984 publiziert wurde. Aufgrund verschiedener Aussagen zu seinem Produktionsprozess (vgl. z. B. NGA 24, 666–667) ist zu vermuten, dass viele der – laut Datierung zwischen 1973 und 1978 entstandenen – Graphiken der Niederschrift der Gedichte vorausgingen. Durch das Nebeneinander von Bildern und Texten im Erstdruck lässt Grass diese in ein dialogisches Verhältnis treten und lädt den Rezipienten ein, die motivischen Analogien und Differenzen zu ermitteln.

„Auf dem Umschlag (nicht auf dem Titelblatt [der Erstausgabe]) gibt sich der Titel durch Anführungszeichen als Zitat aus dem Ende des Romans zu erkennen" (NGA 24, 235; vgl. NGA 9, 674). In leicht abgewandelter Form begegnet „die Formel des Gegenmärchens" (Frizen 2024, 57) aber auch im Gedicht *Streit*, dessen letzter Vers lautet: „Ach, Butt! Dein Märchen geht böse aus." (NGA 1, 234) Während die als „Berater" des Ich-Erzählers in der „Männersache" (NGA 9, 33) eingeführte Titelfigur des Romans dort breiten Raum einnimmt, taucht der Butt innerhalb des Gedichtbandes nur sporadisch auf (vgl. NGA 1, 221, 234, 239, 264, 269, 271). Das lyrische Ich betont allerdings gleich im Eingangsgedicht, dass der Butt „[v]or allen Fischen" ein zentraler Gegenstand seines Schreibens sei (NGA 1, 221), und weist ihm an späterer Stelle ebenfalls eine beratende Funktion zu (NGA 1, 239). Mit der an den Butt adressierten Prognose setzt Grass

https://doi.org/10.1515/9783110755435-020

bereits im Titel insofern ein dystopisches Signal, als sich das „böse" Märchenende auf die männlich dominierte Geschichte und deren destruktive Folgen, insbesondere die Katastrophen des 20. Jahrhunderts beziehen lässt. Dies bringt innerhalb des Zyklus das Gedicht *Am Ende* pointiert zum Ausdruck: „Männer, die aus der Summe datierter Niederlagen / nur einen Schluß ziehen: den rauchverhangenen Endsieg / [...] / Männer, wie sie auf einer der täglichen Konferenzen, / [...] die Endlösung beschließen [...]" (NGA 1, 233). Inwieweit der im Titelzitat angedeutete Niedergang des Patriarchats auch ein zukunftsträchtiges Potenzial birgt, bleibt hier wie im Folgenden offen. So wird in dem geschichtsphilosophischen, von regressiven Phantasien und fortschrittsskeptischen Gedanken beherrschten Gedicht *Was uns fehlt* mit resignativem Unterton die Abwesenheit „eine[r] griffige[n] Utopie" (NGA 1, 227) auch hinsichtlich der im Wandel begriffenen Geschlechterverhältnisse festgestellt.

Im Lyrikband ist die an die neunmonatige Schwangerschaft Ilsebills angelehnte Kapiteleinteilung des Romans zwar aufgehoben, die Abfolge der Gedichte bleibt aber weitestgehend erhalten – von drei Ausnahmen abgesehen: Ihren Platz tauschen *Gestillt* und *Doktor Zärtlich* sowie *Bei Kochfisch Agnes erinnert* und *Spät*; *Zum Fürchten*, das zweitletzte Gedicht im sechsten Kapitel des *Butt*, rückt um drei Positionen vor, also vor *Sophie*, *Hinter den Bergen* und *Auf der Suche nach ähnlichen Pilzen*. An den Texten selbst nahm Grass jedoch keine Änderungen vor. Von einigen Gedichten sind allerdings frühere handschriftliche Fassungen überliefert, die er teilweise in seine Graphiken integrierte; sie weichen in der Textgestalt mehr oder minder stark von den Druckversionen ab (vgl. Frizen 2024, 239–269). Überhaupt hat Grass die *Butt*-Gedichte wohl überwiegend nicht „während der Arbeit an seinem epischen Entwurf" verfasst, sondern „der konzentrierte lyrische Ausdruck geht vielmehr auch in diesem für die Arbeitsweise des Autors typischen Fall den Prosateilen voraus" (Stolz 1994, 139). In textgenetischer Perspektive gewährt der Text- und Bildzyklus *Ach Butt, dein Märchen geht böse aus* Einblicke in Grass' Werkstatt bzw. in die Inkubationsphase seines Epos.

2 Strukturen, Inhalte und Intentionen

Aus der nachträglichen Herauslösung der Gedichte aus dem Romankontext – dort bilden sie „Halte- und Reflexionspunkte" (Frizen 2024, 50) – lässt sich folgern, dass Grass zum einen auf die Aussagekraft der Einzeltexte vertraut, die auch ohne Kenntnis des *Butt*-Romans und seiner zahlreichen Handlungsstränge, Figuren etc. ihre Wirkung entfalten sollen. Zum andern setzt er offenbar auf die Bereitschaft der Leserschaft, die neu arrangierte Sammlung in sukzessiver Lektüre als eigenständige zyklische Komposition zu rezipieren und sich das komplexe Referenzsystem von Themen, Motiven, Metaphern, Allusionen etc. im Sinne wechselseitiger Erhellung zu erschließen. So fördert die buchstäblich verdichtete Abfolge der lyrischen Texte eine intensivierte Wahrnehmung semantischer Kohärenzen und struktureller Ordnungsmuster.

Wie schon in früheren Gedichtzyklen verzichtet Grass auch in *Ach Butt, dein Märchen geht böse aus* weitgehend auf konventionelle lyrische Strukturelemente wie Reime, metrisch regulierte Verse und traditionelle Strophen- und Gedichtformen (vgl. Frizen 2024, 8–9). Stattdessen bevorzugt er freirhythmische, prosanahe Verse, die er zumeist in Strophen von unregelmäßiger Länge anordnet, und erzeugt u. a. durch rhetorische Wiederholungs- und Parallelstrukturen intensive Klangeffekte. So beginnen in dem Gedicht *Am Ende* sechs Verse anaphorisch mit dem Wort „Männer" (NGA 1, 233), denen in den folgenden Relativ- oder Modalsätzen bzw. Präpositionalphrasen bestimmte Eigenschaften zugewiesen werden. Hier wie in vielen anderen lyrischen Texten dominieren elliptische Satzformen (vgl. Frizen 2024, 11), die zur semantischen und rhythmischen Verdichtung beitragen.

Vereinzelt wird schon im Titel lyrisches Formbewusstsein suggeriert, etwa in dem „provokativen Gedicht" *Kot gereimt*, in dem „der Vorgang der Stuhlentleerung [...] zum literarischen Motiv" bzw. zum „Topos der Erkenntnis" erhoben wird und „[e]xistentielle Betroffenheit, Intimität und Enttabuisierung als Programm" erscheinen (Cepl-Kaufmann 2008, 21). Der Text ist der Ästhetik des Hässlichen verpflichtet und erinnert an die Tabubrüche von Charles Baudelaire (vgl. *Une charogne – Ein Aas* aus: *Les Fleurs du mal – Die Blumen des Bösen*, 1857–1868), Gottfried Benn (*Morgue und andere Gedichte*, 1912) u. a. Die poetologische Bedeutung des Titels erschließt sich erst in der letzten Strophe, die mit einer allegorisch formulierten These eingeleitet wird: „Alle Gedichte, die wahrsagen und den Tod reimen, / sind Kot, der aus hartem Leib fiel [...]" (NGA, 1, 254), bevor „der Tod des pestkranken Dichters Opitz beklagt wird" (Frizen 2008, 31). Dass menschliche Exkremente das lyrische Ich zu ästhetischen Betrachtungen veranlassen, zeigt auch das Gedicht *Spät*: „Was so viel Schönheit, / die sich am Morgen schon / in meinem Kot beweist, / soll oder zweckt, / weiß ich nicht." (NGA 1, 253)

Überhaupt enthalten zahlreiche Texte des Zyklus teils grundsätzliche, teils beiläufig eingestreute Reflexionen über die Medien Sprache, Literatur, Musik, Kunst, Fotografie und Film (z. B. *Wie im Kino*), gelegentlich auch über geschichtsphilosophische Themen (z. B. *Was uns fehlt*) und aktuelle politische Konflikte (z. B. *Zuviel*). Während mehrfach im Zusammenhang mit der zentralen Ilsebill-Figur und dem Butt auf die Märchengattung Bezug genommen wird, enthält nur das Abschlussgedicht *Scenisches Madrigal* eine explizite Referenz auf ein tradiertes lyrisches bzw. musikalisches Genre. Dass dieser Bezug ausschließlich inhaltlich motiviert ist, wird in der dritten Strophe deutlich, die das Modell für die Geschlechterkampfthematik benennt: „Auf unserer Langspielplatte / streiten (in Zimmerlautstärke) / Tancredi und Clorinda." (NGA 1, 289) Verwiesen wird damit auf die Titelfiguren von Claudio Monteverdis dramatischem Madrigal *Il combattimento di Tancredi e Clorinda* (1624); es „schildert [...] den Zweikampf zwischen der Sarazenin Clorinda und dem Kreuzritter Tancredi, die in religiösem Wahn und voller Haß aufeinander einschlagen" (Frizen 2024, 272; vgl. 58). Im Unterschied zur Opernvorlage, in der es „eine mystisch-entrückte Konfliktlösung" gibt, mündet Grass' Gedicht zwar in „die Versöhnungsrituale des alltäglichen Streichelns" (Frizen 2024, 272), es verweigert aber die tröstliche Perspektive auf eine dauerhafte Befriedung der Geschlechter.

Die meisten Gedichte des Zyklus lassen sich thematisch kaum eindeutig traditionellen lyrischen Genres wie Natur- oder Liebesgedichten zuordnen, wohl aber finden sich – wie überhaupt in Grass' Lyrik der 1970er Jahre – „zahlreiche[] Ehe- und Beziehungsgedichte" (Neuhaus 2018, 260), die vor allem die Differenzen und Streitigkeiten zwischen Ilsebill und der Sprechinstanz inszenieren, sowie eine Reihe von poetologischen bzw. selbstreflexiven Texten (*Worüber ich schreibe, Wie ich mich sehe, Geteert und gefedert* u. a.). Einzelne Texte lassen sich als Porträtgedichte lesen, denn sie charakterisieren mythologische oder biblische Figuren, so *Aua, Demeter* und *Esau sagt.* Andere greifen bestimmte historische oder politische Ereignisse auf und nehmen diese im kasuallyrischen Sinne zum Ausgangspunkt bzw. zur Inspirationsquelle wie das bereits erwähnte Gedicht *Federn blasen*: „Das war im Mai, als Willy zurücktrat. / Ich hatte mit Möwenfedern den sechsten tagsüber / mich gezeichnet [...]" (NGA 1, 283).

Auf der inhaltlichen und bildsprachlichen Ebene bewegt sich der *Butt*-Zyklus analog zum Roman auf den Spuren der menschlichen „Ernährungsgeschichte" (NGA 9, 181) und nimmt dabei unterschiedlichste Aspekte der Nahrungsgewinnung, -zubereitung, -aufnahme und -ausscheidung in den Blick. Das allegorisch ausgeweitete Bildspektrum reicht von der Muttermilch bis zu den Überresten der Verdauung, bezieht also natürliche Kreisläufe mit ein. Gemäß „Grass' sensualistischem Weltbild" und der damit korrespondierenden „Ethik der Sinnlichkeit" (Neuhaus 2018, 258) kreisen die Gedichte geradezu obsessiv und in teils drastischer Sprache um körperliche Grundbedürfnisse und Praktiken, vor allem um das Kochen, Essen, Verdauen und Ausscheiden, um Genuss und Ekel, um Hunger, Krankheit und Tod sowie um zahlreiche Facetten menschlicher Erotik und Sexualität. Die beiden aufs engste verflochtenen Themen- und Motivkomplexe werden jeweils ausgeleuchtet vor diversen mythologischen oder historischen Kulissen bzw. anhand fiktiver Figuren oder geschichtlich verbürgter Personen aus verschiedensten kulturellen Kontexten, Räumen und Zeiten, die von der Steinzeit bis in die unmittelbare Gegenwart reichen. Mit der menschheitsgeschichtlichen „Weitwinkelkamera" (NGA 1, 228) fokussieren die Texte vor allem die Geschlechterthematik, d. h. sie reflektieren die biologischen und soziokulturellen Determinanten weiblichen und männlichen Rollenverhaltens (vgl. *Arbeit geteilt*) – mit Seitenblicken auf matriarchale Herrschaftsformen (u. a. in *Was uns fehlt*) und aktuelle feministische Emanzipationsdiskurse (vgl. *Manzi Manzi*).

Das weibliche Figurenspektrum der Gedichte umfasst neben urzeitlichen Göttinnen (*Aua* und *Demeter*) vor allem die – von männlicher Geschichtsschreibung marginalisierten – Köchinnen (die dicke Gret, die Nonne Rusch, Agnes, Amanda Woyke, Sophie und Lena Stubbe), ferner die beinahe omnipräsente Ilsebill, die in Anlehnung an die weibliche Hauptfigur aus Philipp Otto Runges Märchen *Vom Fischer un syner Frau* gestaltet ist und als Repräsentantin zeitgenössischer Weiblichkeit fungiert, sowie die Tochter Helene (vgl. *Helene Migräne, Kinderstunde, Torso weiblich* und *Was Vater sah*). Das männlich konnotierte lyrische Ich präsentiert sich in verschiedenen Rollen, u. a. als stetig sich selbst und seine Arbeit reflektierender Autor und Künstler (vgl. *Wie ich mich sehe*), „als Junge" (NGA 1, 283) oder „Küchenjunge" (NGA 1, 241, 246), als erwachsener (Ehe-)Mann und Vater (vgl. *Kinderstunde, Was Vater sah* und *Pappi*). Dabei fließen gelegentlich autofiktionale Elemente ein, etwa Hinweise auf die 1975 unternommene Kalkutta-Reise (vgl. NGA 1, 221 und Frizen 2024, 237). An die Seite individualisierter lyrischer Betrachtungen treten Gedanken und Beobachtungen aus der Wir-Perspektive über spezifisch maskuline Emotionen, Denk- und Verhaltensweisen, artikuliert in verallgemeinernden Aussagen über das männliche Kollektiv, wie z. B. in *Gestillt*: „Männer nähren nicht. / Männer schielen heimwärts [...]“ (NGA 1, 229). Bisweilen werden kritische Fragen an die Geschlechtsgenossen gerichtet, so in den beiden letzten Versen von *Am Ende*: „Männer mit steiler Idee, der Taten platt folgten, / sind endlich – fragen wir uns – am Ende?“ (NGA 1, 233). In *Mannomann*, das im *Butt*-Roman den Reigen der eingestreuten Gedichte abschließt, reproduziert das Ich ironisch eine Reihe „typisch männlich[er]“ Rollenmuster bzw. -klischees (NGA 1, 273–274), um das adressierte Du zur Selbstreflexion zu motivieren und davon zu überzeugen, dass das patriarchale Verhaltensmodell keine Zukunft mehr hat: „Du bist doch fertig, Mann [...]“ und „Du bist nach deinen Gesetzen verbraucht, / entlassen aus deiner Geschichte [...]“ (NGA 1). Der Sprecher rückt aber auch immer wieder historische Persönlichkeiten ins Blickfeld, explizit benannt werden z. B. Karl der Große, Barbarossa, Vasco da Gama, Wallenstein, Martin Opitz, Karl Marx und Willy Brandt. Auch markante geschichtliche Ereignisse und Orte bilden Referenzpunkte, wie etwa „das Schlachten bei Tannenberg Wittstock Kolin“ (NGA 1, 222). Dem lyrischen Ich geht es dabei jedoch nicht um „datierte Geschichte“ (NGA 1), sondern es will – im Sinne einer post- bzw. antiheroischen, sozialen Geschichtsschreibung „von unten“ (NGA 24, 582) – das notieren, „was übrig bleibt, [...] / Knochen, Schlauben, Gekröse und Wurst“ (NGA 1, 222).

Dieses am Alltäglichen, Dinglich-Konkreten und nicht zuletzt am bislang Unbeachteten orientierte Schreib- und Geschichtskonzept wird in dem programmatischen Eröffnungs- bzw. Prologgedicht *Worüber ich schreibe* anschaulich zum Ausdruck gebracht. Formal ist der Text von Anaphern und Parallelismen bestimmt, denn die meisten Strophen beginnen mit analog formulierten Aussagen über die Inhalte bzw. Objekte seines Schreibens. Auf die rhetorische Titelfrage gibt das lyrische Ich zunächst elliptisch verkürzte Antworten: „Über das Essen, den Nachgeschmack. / Nachträglich über Gäste, die ungeladen [...] zu spät kamen“ (NGA 1, 221). In den folgenden Strophen zählt es nach Art einer Litanei bzw. nach dem Vorbild barocker Allegorien weitere Themen und Motive auf, die aus dem Wortfeld „Nahrung“ abgeleitet werden und die ganze Spannweite zwischen sinnlich-erotischem Genuss und existentiell bedrohlichem Mangel ausmessen: „Ich schreibe über den Überfluß. / Über das Fasten [...] / Über den Nährwert [...]“, „Ich schreibe über die Brust. / Über Ilsebill schwanger [...]“, „Ich schreibe über den Hunger [...]“. Die vierte Strophe durchbricht das formale Schema insofern, als das Ich ohne syntaktische Überleitung zunächst in Anspielung „auf Claude Lévi-Strauss’ mythologisches Chef d’œuvre *Le Cru et le Cuit* (*Das Rohe und das Gekochte*)“ (Frizen 2024, 237; vgl. Frizen 2023, 68) ein Nahrungsmittel benennt: „Fleisch: roh und gekocht [...]“ (NGA 1, 221), dessen evolutions- bzw. kulturgeschichtliche Bedeutung an späterer Stelle präzisiert wird (vgl. *Fleisch*; NGA 1, 226). Von hier aus wird dann in doppeldeutiger Formulierung übergeleitet zum „täglichen Brei“ und dem, „was sonst noch vorgekaut wurde: datierte Geschichte“ (NGA 1, 221–222). Diese Geschichte will der Sprecher allerdings gerade nicht in den Fokus seines Schreibens stellen (s. o.), denn er versteht sich als Chronist des Alltagslebens und verfolgt eine Poetik der Gegenständlichkeit (vgl. Neuhaus 2018, 238–240). So setzt das Ich in der folgenden Strophe mit Hilfe der anaphorischen „Über“-Formel seine Aufreihung konkreter und abstrakter Objekte fort und erläutert variierend seine Schreibmotivation und -intention: „Über den Ekel vor vollem Teller, / […] über die Rübe, den Kohl, den Sieg der Kartoffel / schreibe ich morgen / oder nachdem die Reste von gestern / versteinert von heute sind“ (NGA 1, 222).

Die letzte Strophe greift den Gedichttitel „Worüber ich schreibe: […]“ auf und verknüpft metaphorisch die Nahrungsthematik mit der „verzehrende[n] Liebe“ und ihren Konflikten: „Streit um das Haar und das Wort in der Suppe zuviel.“ Die Ankündigung des Ichs, „auch über dich und mich und die Gräte im Hals“ schreiben zu wollen, schlägt die Brücke zu dem zentralen Themenkomplex der Geschlechterrollen im Wandel der Zeit. Der Sprecher gibt sich in den folgenden Texten zwar immer wieder männlichen Wunschprojektionen hin (vgl. z. B. *Gestillt* oder *Doktor Zärtlich*), er offenbart aber neben Verlust- und Versagensängsten auch seine Verunsicherung gegenüber emanzipierter Weiblichkeit und spricht über die wachsende Entfremdung zwischen den Geschlechtern infolge neu definierter Rollen. So mündet das Gedicht *Arbeit geteilt* in eine offene Frage des Ichs an Ilsebill, „die ich anbete anbete, / während sie innerlich umschult, / ganz anders fremd anders und sich bewußt wird. // Darf ich dir immer noch Feuer geben?“ (NGA 1, 224).

Das Eingangsgedicht bietet also sowohl in nuce Grass’ ästhetische Leitlinien als auch ein Panorama der in der *Butt*-Sammlung extensiv behandelten Sujets, denn es legt gleichsam die Fäden aus, die in den folgenden Gedichten aufgenommen werden und die zyklische Textur des Bandes begründen. Dieser wird gleichermaßen abgerundet wie offen gehalten vom *Scenische[n] Madrigal* (s. o.), in dem „das tragikomische Ich dieser Gedichte“ (Stolz 1994, 159) am permanent streitenden Paar die Fortdauer des Geschlechterkonflikts vor Augen führt.

Literatur

Cepl-Kaufmann, Gertrude. „*Kot gereimt* und andere Ablagerungen. Zur frühen Lyrik von Günter Grass“. *Vogelflug und letzte Tänze*. Hrsg. von Burkhard Moennighoff und Rüdiger Zymner. Schwerte-Villigst 2008: 10–28.

Frizen, Werner. „Handwerker oder Schöpfergott?“. *Vogelflug und letzte Tänze*. Hrsg. von Burkhard Moennighoff und Rüdiger Zymner. Schwerte-Villigst 2008: 29–51.

Frizen, Werner. *Günter Grass. Werkkommentare. Einführung, Stellenkommentar, Materialien*. Bd. 3: *„Der Butt“*. Berlin und Boston 2023.

Frizen, Werner. *Günter Grass. Werkkommentare. Einführung, Stellenkommentar, Materialien*. Bd. 4: *Gedichte und Kurzprosa*. 2., überarbeitete und wesentlich erweiterte Auflage. Berlin und Boston 2024.

Neuhaus, Volker. „‚Wörter […] warten darauf, einen Schatten werfen zu dürfen'. Zu den Gedichten von Günter Grass". *Widerhall auf das Jahr der Revolten 1968*. Hrsg. von Volker Neuhaus, Per Øhrgaard und Jörg-Philipp Thomsa. Berlin 2018: 232–270.

Stolz, Dieter. *Vom privaten Motivkomplex zum poetischen Weltentwurf. Konstanten und Entwicklungen im literarischen Werk von Günter Grass (1956–1986)*. Würzburg 1994.

II.2.6 *Novemberland. 13 Sonette* (2001)

Heinrich Detering

1 Entstehung

Der Gedichtzyklus entstand Ende 1992 und Anfang 1993 kurz nach der Veröffentlichung der Erzählung *Unkenrufe* und während der Arbeit am Roman „Treuhand", aus dem dann *Ein weites Feld* wurde. „Zwischendurch und angestoßen von Mord- und Brandanschlägen, die in Ost und West gezielt ihren Ort fanden und deren Opfer Ausländer waren (so auch in meiner Nachbarschaft, in dem idyllischen Städtchen Mölln), schrieb ich unter dem Titel *Novemberland* dreizehn Sonette, deren Nummern zu Zeichnungen gerieten. Warum Sonette? Die breitgestreute unterschwellige Abwehr gegen alles, was fremd ist, so aussieht und angeblich fremden Geruch mit sich bringt, zudem die regierungsamtliche Härte Asylsuchenden gegenüber, diese diffuse Gemengelage verlangte nach einer strengen Form." (Grass 2014, 363) Aus Protest gegen den „Asylkompromiss", der nach den Auseinandersetzungen um das Ausländergesetz von 1991 von der regierenden CDU/CSU und der SPD-Opposition am 6. Dezember 1992 vereinbart worden war (und dann am 26. Mai 1993 durch den Deutschen Bundestag beschlossen wurde), war Grass 1992 aus der SPD ausgetreten. Im Zuge einer verbreiteten, in Umfragen dokumentierten ausländerfeindlichen Stimmung war es mehrfach zu Pogromen gekommen. Im August 1992 hatten in Rostock-Lichtenhagen mehrere hundert Rechtsradikale unter dem Beifall von etwa dreitausend Zuschauern ein Ausländerwohnheim angezündet; im November 1992 hatten im schleswig-holsteinischen Mölln Rechtsradikale das Wohnhaus einer türkischen Familie in Brand gesetzt und dabei drei Bewohner ermordet. Nachdem Vertreter der CDU zunächst ohne Beweise versucht hatten, linken Aktivisten zumindest eine Mitverantwortung für die Ausschreitungen zuzuschieben, und Bundeskanzler Kohl noch im November sein Fernbleiben von der Möllner Trauerfeier mit Vorbehalten gegen „Beileidstourismus" erklärt hatte, suchte die SPD mit der Regierungspartei zusammen nach Möglichkeiten einer Verschärfung des Asylrechts, aus Grass' mehrfach öffentlich artikulierter Sicht ein Verrat an sozialdemokratischen Grundwerten.

Titel und Leitmotiv von *Novemberland* werfen im Gestus der Trauer um die „Novembertoten" (so im Titelgedicht, NGA 1, 294) und „Mölln […], unsre kleine Stadt" (NGA 1, 298) und des Zorns auf den „Zeitgeist", vor dem eine „Zweidrittelmehrheit stramm" stehe (NGA 1, 300), einen Blick auf Kontinuitäten der deutschen Geschichte. Am 9. November des Erscheinungsjahres jährte sich der Hitler-Putsch zum siebzigsten, der Beginn der deutschen Novemberrevolution zum fünfundsiebzigsten Mal; fünfundfünfzig Jahre zuvor, am 9. November 1938, hatte in Deutschland die Pogromnacht stattgefunden, und am 9. November 1989 hatte sich in Berlin die Mauer geöffnet. Grass' Gedichte nehmen diese unterschiedlichen Bezüge auf und behandeln sie als düstere Kontinuitäten, wie im Titelgedicht *Novemberland*: „Das bleibt veränderlich sich gleich /

https://doi.org/10.1515/9783110755435-021

und ähnelt unterm Schutt der Moden – / mal sind es Jeans, dann wieder Loden – / den abgelebten Fotos aus dem Dritten Reich.“ (NGA 1, 294)

2 Themen und Verfahren

Novemberland formuliert tagesbezogene Zeitkritik in den Ausdrucksformen barocker Emblematik (Frizen 2010, 116) und Naturdichtung. Wie Andreas Gryphius, einer der Protagonisten von Grass' *Treffen in Telgte* (1979), es in seinen *Sonn- und Feiertagssonetten*, vor allem in Gedichten wie *Einsamkeit* oder *Es ist alles eitel* getan hatte, nutzt Grass Naturmotive als Bilder der Vergänglichkeit und Vergeblichkeit. Durchgängig bilden Novemberlandschaften und -witterung die Szenerie für gegenwärtige und erinnerte Gewalt und Korruption. Dabei stehen Stürme, Dunkel und Regen des „Novemberlands“ im Gegensatz einerseits zu den letzten Spuren von Sommer und Herbst (*Späte Sonnenblumen*: „November schlug sie, schwarz in schwarz vor Hell“ [NGA 1, 295]; Werke: *Die Festung wächst*: „Liegt brach das Land zum Fraß der Krähenschar“ [NGA 1, 301]; *Entlaubt*: „Der Nußbaum leer, hat alles fallenlassen“ [NGA 1, 302]; *Wer kommt?* „Seitab verglühen restlich Hagebutten“ [NGA 1, 305]) und andererseits, auch dies wie in der barocken Tradition, zu den liturgischen Zeiten: Der November, der hier mit den Worten „November droht zu bleiben“ (NGA 1, 300) als düsterer Dauerzustand verstanden wird, reicht von *Allerseelen* („die Narbe (unsre) pocht; umsonst war alles Hoffen: / Die Gräber stehn auf Allerseelen offen“ [NGA 1, 296]) bis in den Advent („demnächst droht Weihnacht dem Novemberland“ [NGA 1, 305]). Die barocker Emblematik folgenden Naturbilder gewinnen dabei eine über die allegorische Lesbarkeit hinausgehende, sehr konkrete Bedeutung durch den Bezug auf die deutlicher werdenden Anzeichen des bereits in der *Rättin* thematisierten Klimawandels (*Sturmwarnung*: „von Klimasorgen nicht zu reden […] Schon wieder, angekündigt, ein Orkan zuviel“ [NGA 1, 297]).

Auch die Form der Sonette spielt immer wieder auf barocke Alexandriner-Verse an, so gleich im ersten Sonett *Das Unsre*, einer parodistischen Umkehrung des sentimentalen, in der NS-Zeit besonders populären (vgl. NGA 17, 94) Volkslieds *Kein schöner Land* („als hier das unsre weit und breit“). Hieß es dort: „wo wir uns finden wohl unter Linden“, so schreibt Grass: „Wo wir uns finden, hat verkehrte Konjunktur / uns fett gemacht.“ (NGA 1, 293) Die sechshebigen Jamben anstelle der vierhebigen Volksliedstrophe bilden einen Alexandriner. Auch in anderen Gedichten folgt Grass präzise dem barocken Vorbild: „So nachbarlich durchnäßt, so ferngerückt verloren, / so anverwandt vom Lied und Leid im Lied besessen.“ (NGA 1, 296) Dennoch bleibt er nicht bei diesem Versmaß, sondern wechselt frei zwischen ihm, fünfhebig-jambischen *vers communs* („So lebten wir begünstigt auf Kredit“ [NGA 1, 304]) und vierhebigen Versen; immer wieder bringt er die gleichmäßigen Metren durch eingefügte Wörter ins Stolpern: „Wir sind ertappt auf frischer (unterlaßner) Tat“ (NGA 1, 304). Es hat vermutlich auch mit diesen metrischen Experimenten zu tun, dass der Zyklus dem Freund Peter Rühmkorf (und seiner virtuosen Formkunst) gewidmet ist.

Grass machte es allerdings seinen Kritikern leicht, den Band anzugreifen. Zum einen bezog er in das ohnehin schon an zeitkritischen Bezügen überreiche Themeninventar auch Zusammenhänge ein, die mit dem Panorama des dunklen „Novemberlandes“ nur am Rand zu tun hatten: seine Wut auf „das Feuilleton“ und seine „blassen stilgerechten Knaben“ (NGA 1, 299), die Korruption im „kommunalen Sumpf“ (NGA 1, 302) und die Diätenerhöhung der Bundestagsabgeordneten (vgl. NGA 1, 300). Er setzte sich damit dem Vorwurf aus, die von ihm beschriebene „diffuse Gemengelage“ ressentimentgeleitet weiter zu verwirren, statt zu ihrer Aufklärung beizutragen. Zum anderen führt das Bemühen um die „strenge Form“ des Sonetts, die jedoch nicht schematisch, sondern parodistisch gebrochen werden sollte, zu zwar metrisch korrekten, aber in der Metaphorik verrutschen Versen („Stillstand folgt dem Schnellimbiß der Zeit“ [NGA 1, 300]), ja zu syntaktischen Fehlern („Des Volkes Diener üppige Diäten / sind ängstlich rasch verdoppelt worden“ [NGA 1, 300]).

Bemerkenswert ist im Rückblick von Grass’ Spätwerk aus die Kombination von Texten und Bildern. Anders als in den Gedichtbänden von *Die Vorzüge der Windhühner* bis zu *Dummer August* fügen die 13 Illustrationen den Gedichten keine neuen Bildmotive hinzu, sondern verbinden nur verwischte Handschriften der Verse mit den Zahlen von 1 bis 13: von der Anfangs- bis zur Unglückszahl. In *Mein Jahrhundert* nimmt Grass dieses Verfahren wieder auf, so wie er umgekehrt in den Vignetten für *Grimms Wörter* Handschrift und Druck-Lettern (in der Typographie des Grimm’schen Wörterbuchs) zusammenführt. Buchstaben und Ziffern erscheinen damit als Chiffren einerseits geschichtlicher Zeit, andererseits der Sprachkunst als Selbstbehauptung gegen Zeit und Zeitlichkeit (vgl. dazu Detering, Kunze und Wellnitz 2022, 221–225.) Dass in den Illustrationen Verszeilen und Ziffern mit derselben schwarzen Tinte ausgeführt sind, nimmt den poetologischen Vers beim Wort: „Aus bittrem Sud fließt meine Litanei.“ (NGA 1, 302)

3 Rezeption

Der Zyklus fand eher geringe Resonanz. Beispiele für eine wohlwollende Aufnahme geben die in der *Frankfurter Rundschau* erschienene Rezension des Dichters Jan Wagner, der Grass’ Bemühen um ein eigenwilliges Spiel mit der Sonettform würdigt, aber die allzu plane und unironische Thesenhaftigkeit bemängelt, und Reinhart Baumgarts ähnlich akzentuierte Besprechung in der *Zeit*. Den ausführlichsten Verriss liefert Detering 1993. Im Zusammenhang des lyrischen Werks untersuchen Frizen und Stolz (Frizen 2010, 113–120; Stolz 2023, 78–83) den Zyklus.

Literatur

Baumgart, Reinhart. „Komm, Nebel, komm! 13 Novembersonette von Günter Grass". *Die Zeit* (18. Juni 1993).

Detering, Heinrich, Lisa Kunze, und Katrin Wellnitz. *Günter Grass als Buchkünstler*. Göttingen 2022.

Detering, Heinrich. „Nur der Orkan ist ohne Grenzen. Günter Grass hat dreizehn lyrische Leitartikel verfaßt". *Frankfurter Allgemeine Zeitung* (30. April 1993).

Frizen, Werner. *Günter Grass, Gedichte und Kurzprosa. Kommentar und Materialien*. Göttingen 2010.

Grass, Günter. *Sechs Jahrzehnte. Ein Werkstattbericht*. Hrsg. von G. Fritz Margull und Hilke Ohsoling. Göttingen 2014.

Stolz, Dieter. *Günter Grass. Der Schriftsteller*. München 2023.

Wagner, Jan. „Novemberland". *Frankfurter Rundschau* (15. August 2002).

II.2.7 *Letzte Tänze* (2003)

Werner Frizen

1 Entstehung und Rezeption

Der bibliophil gestaltete Folioband erschien im August 2003 im Steidl Verlag und ist Maria Sommer (1922–2023) gewidmet, der seit 1957 für die Fernseh-, Film- und Theaterrechte der Werke von Günter Grass verantwortlichen Verlegerin. Der Buchumschlag zeigt vorne ein Tango tanzendes Paar und hinten das Gedicht *Tango nocturno* („Der Herr knickt die Dame"). Entstanden sind die Gedichte im Verlaufe des Jahres 2002. Nach Abschluss der Flüchtlingsnovelle *Im Krebsgang* hatte sich zunächst eine schöpferische Pause als notwendig erwiesen; „[d]ann aber", so erinnert sich Günter Grass in *Sechs Jahrzehnte*, „fand ich spielerisch ein neues Thema: Als Gegengewicht zum düsteren und ausweglosen ‚Krebsgang' taugten heitere Bewegungen. Aus nassem Töpferton, später rotbrennend, entstanden tanzende Paare, nebenbei Bewegungsstudien als Kohlezeichnungen, dann, während Paar nach Paar heil den Brennofen verließ, eine Reihe Lithographien und schließlich Gedichte, die alle unter dem versammelnden Titel ‚Letzte Tänze' stehen und einige altersbedingt melancholische Einsichten leichtfüßig auflösen." (2014, 439 und 443). Die lyrischen Gebilde – Prosagedichte, strophisch streng gegliederte Formen, freie Verse aller Art, ein reimgebundenes Langgedicht, Augenblicksaufnahmen in Tanka-Form – hat Grass mit großformatigen schwarzen und roten Kohlezeichnungen tanzender und kopulierender Paare illustriert. Wie auch in anderen Gedichtausgaben sind die Texte mehrfach als Autographen in diese eingeschrieben und weichen im Wortlaut oft erheblich von der Druckversion ab.

Die Primärrezeption war – für Grass'sche Verhältnisse – durchweg wohlwollend, in Einzelfällen sogar enthusiastisch, und das sowohl bei ‚Freund' als auch bei ‚Feind'. Fritz J. Raddatz las die Gedichte einerseits als versifizierte Erinnerung und Beitrag zur fiktionalisierten Autobiographie, bewunderte andererseits den – ungeachtet aller tänzerischen und sexuellen Paarungen – einsamen Tanz eines „Lyrikers von Gnaden". Den Schaffensprozess beschrieb er aufgrund eigener Beobachtung des Freundes als Form des Modellierens, die in ständiger Bewegung ihre Objekte „umtanzt", um sie allseitig zu erfassen (4.9. und 5.10.2003). Bei Marcel Reich-Ranickis, des „Spinnefeind[s]" (NGA 1, 378), ungewöhnlich hochgestimmtem Essay hätte man vermuten können, er habe nach dem schändlichen Verriss von *Ein weites Feld* etwas gutmachen wollen, doch ist seine Einschätzung der ästhetischen Qualität der Gedichte so ungewohnt präzise, dass das Gesamturteil, Grass sei als Lyriker unterschätzt, und vor allem auch das Votum, dieser erhebe „das Prosaische zum Poetischen", wohlbegründet sind. Statt seiner gefiel sich der Kolumnist Wiglaf Droste in der peinlichen Rolle, die „Greisengeilheit" des „Kaschubiak" mit einem erbärmlichen rassistischen Pamphlet zu verhöhnen (29.8.2003). Von solchen Entgleisungen abgesehen zeigte das Feuilleton ein hohes Maß an Empathie für den Künstler als alten Mann, seine altersbedingten Stärken und Schwächen, seine

https://doi.org/10.1515/9783110755435-022

erstaunliche Produktivität aller blockierenden Melancholie zum Trotz, seine bis an den Exhibitionismus grenzende Offenheit und die Souveränität, „die er durch Alter und Werk gewonnen hat“ (Fuhr 11.10.2003). Einige suchten auch, offensichtlich aus gutem Grund, nach „Solitären“, die Bestand haben könnten. Für den Rezensenten der *Welt* war *Tango nocturno* das perfekte Werkstück, wie es einem Lyriker nur selten gelinge. Reich-Ranicki zeigte sich geradezu erschüttert von *Zum Paar gefügt* (30.8.2003), nicht anders Dorothea von Törne in einer kundigen Besprechung (5.12.2003). Roman Bucheli zog das Epitaph auf Kara, das tote Hündchen, allen anderen Versen des Bandes vor, die er für „entbehrlich“ hielt (6./7.9.2003). Im NDR war Ernst-Jürgen Walberg vom Überleben des Schlussgedichts *Doppelt in die Pilze gegangen* überzeugt (2.9.2003), und manch einer ließ sich vom „bewunderungswürdigen Bekenntnisgedicht“ *Des Wiederholungstäters halbherzige Beichte* besonders beeindrucken (u. a. Segebrecht, 10.10.2003).

2 Themen und Motive

Letzte Tänze ist Günter Grass’ thematisch geschlossenste Gedichtesammlung; ihre Themen sind in den beiden Schlüsselwörtern des Titels enthalten: Thanatos und Eros, Letzte Dinge und sinnlicher Lebensgenuss. Zwischen diesen beiden Polen changiert, irisiert, variiert ein farbenfreudiges Spektrum zugehöriger Motive: Alter und Verjüngung, phallische Angeberei und körperliches Versagen, Kriegstreiberei und *danses macabres*, Schleiertänze und Diwan-Liebeskunst, großsprecherische Erinnerungen und kleinlaute Bekenntnisse. Im Brennpunkt zwischen den Polen aber: die Kunst selbst als schöpferisches Tun.

Mit dem regierenden Substantiv des Titels widmet sich der Autor, seit seinen Kindheitsspielen im Ostsee-Sand vertraut mit der Vergänglichkeit der Zeichen (vgl. NGA 1, 200–203), nunmehr als enthusiastischer Tänzer einer Kunst, die ebenfalls elegante Figuren der Endlichkeit mit vollem körperlichen Einsatz schafft und wieder zerstört. Er greift Figuren der Standardtänze auf, um sie in Sprache zu verwandeln, der amerikanischen und lateinamerikanischen insbesondere, wie sie in Vor-, Kriegs- und Nachkriegszeit mit ihren Rhythmen den Paaren in die Beine fuhren. Wobei die paarweise Gruppierung unter Ausschluss der solistischen respektive solipsistischen Disco-Varianten Bedingung der Möglichkeit dieser Verse sind. Abgesehen vom Walzer – der ist dem Tänzer-Ich „zu rechtsrum, linksrum, zu selig / und ohne Ecken“ (NGA 1, 366), zu sehr Wiener Opernball –, diese Tangos, Polkas, Schieber, Blues’, Slowfox’ und Ragtimes stellen allesamt jenen vertikalen Ausdruck eines horizontalen Verlangens dar, als welchen man treffend den Tango charakterisiert hat, der dann auch in der kultivierten Sprache der Tanzlehrer und gleichzeitig in aller Zweideutigkeit den Ton angibt: „Der Herr knickt die Dame, / nein, biegt sie, so beugsam die Dame, / der Herr gibt sich steif.“ (NGA 1, 362). Das Sprecher-Ich, das wie so oft in Grass-Gedichten unverwechselbar dem Autor-Ich ähnelt, kennt keine Scham, im Gegenteil, es sucht die Publizität – als Familienpatriarch bei Kindern und Enkeln, als Autor bei einem Publikum, dessen professionelles Kritiker-Ressort ihm schon seit langem ‚Impotenz' und ‚Sterilität' nachzuweisen bemüht war. Weder von Entsagung noch von Resignation noch von Altersweisheit ist die Rede, stattdessen von lustvoller Regeneration, vom irdischen Vergnügen, von kindlicher Freude darüber, dass das „Einundalles" (NGA 1, 387) sich nicht auf immer zurückgezogen hat, sondern auch bei dem Fünfundsiebzigjährigen noch „steht": „Soeben noch schlaff und abgenutzt [...] / steht er / – was Wunder! / er steht –, / will von dir, von mir und dir bestaunt sein / verlästert und nützlich zugleich." (NGA 1, 382) Vor allem im zentralen Großgedicht *Des Wiederholungstäters halbherzige Beichte* (NGA 1, 377–380) – einer Lebensbilanz – nimmt das Ich in der Rolle des Beichtlings kein Blatt vor den Mund und auch in gewohnter Freizügigkeit kein Feigenblatt vor die Geschlechtsteile – und das absichtsvoll spöttisch im einzigen kunstvoll gereimten, jambisch geglätteten Gedicht des gesamten Corpus. Obwohl nichts, auch das Intimste nicht, ungesagt bleibt, nimmt der Leser von Vers zu Vers immer mehr wahr als bloß die postpubertären Potenzprahlereien eines Fünfundsiebzigjährigen: Worüber die Familie staunen, was das Lesepublikum zur Kenntnis nehmen soll, das ist im Verein mit der physischen und sexuellen Leistungsfähigkeit vor allem die künstlerische Produktivität.

So kreisen denn auch fast alle Gedichte um die schöpferische Lust, um die Beziehungen zwischen Sexualität und Werkschöpfung, Schaffensrausch und sexueller Ekstase. Gleich das Auftaktgedicht trumpft mit einem Paukenschlag auf: „Gottähnlich" fühlt sich das Ich, als ein zweiter Schöpfer, der mit Töpferton Mann und Frau erschafft: „Verjüngt war ich gottähnlich." (NGA 1, 357) Gezielt werden Durchblicke eröffnet bis zu den Demiurgen des Alten Orients oder Griechenlands, den ägyptischen Chnum oder den Jahwe des zweiten Schöpfungsberichts (Gen. 2, 7), die mit eigenen Händen den Menschen aus Lehm bilden, oder eben Erinnerungen wachgerufen an Prometheus, den Halbgott, der seinen Aufstand gegen die olympischen Götter mit einer eigenen Schöpfertat krönt. Wer sich nun gleich mit den ersten Zeilen eines Gedichtzyklus in der Rolle eines Titans gefällt und damit Erinnerungen an Geniezeit und Kunstreligion, deren Schaffens- und Werkbegriff, heraufzitiert, der mutet sich selbst eine immense Kraftanstrengung zu. Derartige Hybris mag zur Stimulation vonnöten sein, ihr sind aber bei dem alternden Schöpfer immer enger gezogene menschliche Grenzen gesetzt, die er schonungslos offenlegt. Den Allmachtsphantasien des erfüllten Augenblicks folgt der nüchterne Realismus auf dem Fuße. So wie die von ihm geschaffenen Terracotta-Menschlein „auf tönernen Füßen" stehen und leicht zu Scherben zerfallen (NGA 1, 386), so balanciert der Tänzer immer mit dem Absturz vor Augen (NGA 1, 379), so vermittelt auch das Gelingen der Werkstücke wie der Orgasmus nur „kurzes Glück" (NGA 1, 381). Pose und Zurücknahme der Pose, „Haltung" und „Beinahesturz" (NGA 1, 362, 357), das ist das Schrittmuster dieser Lebens- und Totentänze im Spannungsfeld zwischen Natur und (Zeit-)Geschichte.

Zwar ist auch sie, die Natur, in diesen hocherotischen Reigen einbezogen, im Unterschied zu den Menschen jedoch, die schamlos „wie Tiere" übereinander herfallen (NGA 1, 385), zeichnet sie Keuschheit aus. Zwei Buchen, um die der Beobachter einen magischen Kreis gezogen hat, bleiben, obwohl im Boden verwurzelt, „im Takt" und „tanzen auf der Stelle". „Zum Paar gefügt" sind sie aus einer Wurzel erwachsen und umschlingen sich so „verzweigt", dass sie „verzückt" ihr Geschlecht und ihr Einzeldasein aufgegeben haben: „Weiß nicht, welche ist sie, welche er." (NGA 1, 372) Mit guten Gründen vermutete Marcel Reich-Ranicki, dass *Zum Paar gefügt* „uns" überleben wird (so wie, möchte man ergänzen, Conrad Ferdinand Meyers durchaus vergleichbares Symbolgedicht *Zwei Segel* seine Zeit überlebt hat). Ausgeschlossen ist das Menschen-Ich auch vom *Tanz der Kakteen*, der zwar ekstatisch ausgreift wie der des Menschen, doch in ständigem Wachstum und friedlicher Metamorphose zeitlebens eine sich regenerierende Gemeinschaft bildet, die nadelspitz den verletzlichen menschlichen Beobachter abweist (NGA 1, 365). Die Realisierung des utopischen Menschheitsthemas, dass die Liebe Einsamkeit, Geschlechtertrennung und Individuationsprinzip aufheben könnte, hat Grass in die Flora verlegt. Wie sie sich auch ins Zeug legen, sich umarmen und umbeinen in all den kopulierenden Stellungen und ekstatischen Aufschwüngen in Bild und Text: eine Verschmelzung der Individuen wie den Kakteen und Buchen will den menschlichen Paaren angesichts dieser Vergeblichkeiten nicht gelingen. Während die Natur anthropomorphe Gestalt angenommen hat, verwandelt sich das kopulierende Menschenpaar nicht bloß ins Tierische, sondern nimmt teil am Beutefang jenes Ekelgetiers, das Grass' lyrisches Schaffen von Anfang an als fadenspinnendes Memento mori begleitet hat: „zwischen und unter den Spinnen [...] sind wir / einer / des anderen / Beute." (NGA 1, 381) Wie anders hingegen der strahlend weiße Schwan, der lebenslang streng monogame, der auf schwarzem Tümpel selig in sich selbst ruht, worüber der menschliche Beobachter nur erschrecken kann: „Zuviel Schönheit mit Gleichmut gepaart. / Hielt das nicht aus, ging." (NGA 1, 390)

In schonungslosem Kontrast zu dieser mit zahllosen lyrischen Assoziationen behafteten Schönheit in apollinisch-stiller Einfalt und zu einer in sich ruhenden Natur bildet die dunkle Gegenwelt der (Zeit-)Geschichte die Folie dieser *Carmina Priapea*. Auch dieser aufs Private und die natürlichen Reservate konzentrierte Gedichtband spart die Schrecken der Epoche, die Gräuel der allerjüngsten Geschichte nicht aus: die Raketen des Hegemon aus Texas, George W. Bush, den *bodycount* im Irak, die politischen und ideologischen Anpassungsleistungen der amerikanischen Generäle afroamerikanischer Herkunft, insbesondere des Musterschülers Vincent Keith Brooks, der als Pressesprecher während des Irakkriegs tagtäglich für ‚Sondermeldungen' sorgte, und damit die mediale Präsenz der Militäroperationen, denen das (vom amerikanischen Verteidigungsminister verspottete) alte Europa „tränenblind" zuschaut (NGA 1, 367).

3 Sprachmusik

Man sollte diese Gedichte laut lesen; denn in ihnen steckt „Musik!" (NGA 1, 357). Und es dominiert weniger die Melodie als der Rhythmus, wie es der Tanz mit sich bringt. Beispielhaft in dem atemberaubenden Doppelgedicht *Tango nocturno* und *Tango mortale* (NGA 1, 361–362), das in beiden konträren Variationen die Choreographie des Tanzes in der Rhythmik abbildet, die Körpersprache im Sprachkörper: die in den Raum ausgreifenden Schritte daktylisch gedehnt, die Stopps durch die stauende Hebung am Ende der Langzeile deutlich markiert („der Stúrz / ist gespielt nur"), die letzten fünf Schritte der Bewegung auslaufend, zur Ruhe kommend im fünfsilbigen *cursus planus* („und bleíben im Tákt"). Grass' persönliche Technik des Zeilenfalls, des Einrückens und des Enjambements, oft geübt in Tankas und umfangreicheren Gebilden, verbindet sich mit der Tanzrhythmik des allzu voreilig geschmähten Walzers: „IM GLEICHKLANG / Schwerer als Federnblasen / ist die fleischliche Liebe, / es sei denn, beide / erleben sich / gleichzeitig leicht." (NGA 1, 384) Nach einem prosaischen Beginn, der von der Schwierigkeit erotischer Harmonie spricht, staut sich der Rhythmus bis zur Zäsur: „es sei dénn–", worauf er ausschwingt im eleganten Einklang des Walzertakts. „Wie am Schnürchen" läuft hingegen der „Schieber"– der Vierzehnjährige tanzt ihn, den ersten Tanz seines Lebens überhaupt; stur halten die Verse über fünf lange Strophen dasselbe Metrum, mal mit weiblicher, mal mit männlicher Kadenz bei: „Ganz einfach der Schieber. / Der Herr greift die Dame, / sie zieht ihn sich über. [...] So einfach der Schieber." (NGA 1, 358) Ganz anders wieder *Nach alter Melodie*, ein prosanahes Sprachcluster über den Irakkrieg und die ungezählten, von amerikanischen Streubomben ermordeten Toten in der Zivilbevölkerung: Neben einer wüsten Grafik von schwarzer Kohle, auf der unter der Schrift des Gedichts die Leichensäcke nur zu erahnen sind, spielt der „Eintänzer" das Lied vom Tod in synkopierten Rhythmen, hart aufeinander stoßenden Hebungen, Zeilenumbrüchen, Synkopen; in Rhythmen, die Silben verstreuen wie die Streubomben die Glieder der Zerfetzten: „es sei denn, / er käme – unser Eintänzer – / mit der altmodischen Fiedel, auf daß / nach seiner Melodie alle verstreuten Glieder / wieder versammelt wären, / sich fänden reihum." Im zerbombten Irak kann der Knochenmann nicht einmal seinen traditionell verbürgten Reigen anführen, und die auf dem weiten Totenfeld verstreuten Leichenteile kann kein Hesekiel mehr, auch nicht „[g]ottbefohlen", zusammenfügen. Heißt es beim Propheten auf Jahwes Befehl hin: „Vnd sihe / es regete sich / vnd die Gebeine kamen wider zusamen" (Hes. 37, 7), so klingt der irakische Totentanz, der keiner mehr sein kann, fatal und makaber aus in beschwingtem, tänzelndem Rhythmus: „doch kein Bein, kein Arm / will sich regen" (NGA 1, 373).

4 Prätexte

Omnipräsent ist also auch hier das Bewusstsein vom „menschlichen Elende". Zu diesem Zweck meldet sich wie in so vielen Grass-Texten, wenn auch explizit nur einmal, Andreas Gryphius mit seinem allbekannten Memento mori zu Wort („Was sind wir Menschen doch! Ein bald verschmelzter Schnee / vnd abgebrante Kertzen"), wenn der Beichtling im Blick auf seine Lebensleistung bekennt: „Was bist du nun? Ein ausgewrungner Socken, / ein Schwamm, der mittlerweile trocken [...]." (NGA 1, 378) Mitzudenken zu dieser Pictura ist gewiss Gryphius' eschatologische Schlussfolgerung: „So muß auch vnser Nahm / Lob / Ehr vnd ruhm verschwinden." (Schöne 1988, 269)

Zum „menschlichen Elende" gehört der trotzige Hedonismus integral dazu, so will es die Eros-Thanatos-Ambivalenz, die das gesamte Gedichtcorpus prägt. In einer Kontrafaktur auf Gottfried Benns Gedicht *Einsamer nie* – (1960, Bd. 1, 140) mit den Versen: „Einsamer nie als im August: / [...] Wo alles sich durch Glück beweist [...] im Rausch der Dinge" behauptet hier das Ich unter dem Titel *Liebe im August* gegen die genialische Isolation des Benn'schen Schaffenden, der „dem Gegenglück, dem Geist" zu dienen genötigt ist, den unbedingten, zur Not auch tierischen, schamlosen Willen zur Zweisamkeit: „Wenn zweisam wir / [...] vielgliedrig uns ins Netz gehen, [...] sind wir / einer / des anderen / Beute." (NGA 1, 381) Ins Extrem getrieben würde diese Isolation, gepaart mit schöpferischer Euphorie und nahegelegt durch die das Werk bestimmende Tanzmetapher, zur Gemeinschaft mit dem hybriden Seiltänzer Zarathustra führen. Aber gerade mit diesem will der Tänzer „auf selbstgespanntem Seil" nicht verwechselt werden: „Nein, kein knöcherner Sensenmann, [...] / auch nicht der tanzende Gott / überm bergspiegelnden Wasser von Sils Maria, / wie er mit Sprüngen über sich weist / und als Superman Sprechblasen füllt; / einzig wir beide gepaart, / wenn uns um Mitternacht, / gleich nach den Spätnachrichten – / schon wieder droht Krieg – / das Küchenradio führt [...]." (NGA 1, 369)

Kein Zufall, dass Zarathustra mit einer amerikanischen Comic-Figur identifiziert wird: Superman ist auf amerikanischer Seite wie die ‚blonde Bestie' der Nazis auf deutscher eine Ausgeburt der Weltwirtschaftskrise und der Großen Depression. Auf beiden Kontinenten lebt so der Geniegedanke in irgendeiner Form seiner Verhunzung fort. Grass' Nein zum tanzenden Gott ist zugleich und nicht zuletzt im Lichte seiner damaligen Erfahrung gesprochen; denn – wir schreiben das Jahr 2002, „schon wieder droht Krieg", schon wieder sieht er die Hegemones am vernichtenden Werk (NGA 1, 369). So umspannen die selbstreflexiven Gedichte der *Letzten Tänze* die beiden Extrempole in der Geschichte des Geniegedankens: die Lehre vom göttlichen Menschen einerseits und ihre Perversion zum „Herrenmenschen" andererseits. – Wenn nun aber die Mitternachtsglocke schlägt, singt Zarathustra *Das andere Tanzlied*, das Lied von der ewigen Seinslust des Übermenschen: „*Denn alle Lust will – Ewigkeit!*" (1980, Bd. 4, 282 und 286) – eine übersteigerte Gier, von der sich das Gedicht *Nach Mitternacht* mit einem betont kleinbürgerlichen Genrebild distanziert. Im Hause Grass werden nicht mehr die großen Sprünge des Übermenschen gewagt, sondern bescheiden sich die beiden gemeinsam alt gewordenen Liebenden mit einem ruhigen Slowfox nach den Klängen des Küchenradios.

Weit näher als die steile Stilgeste Nietzsches, näher auch als Gryphius' melancholisches Lamento liegt dem Tänzer Grass die satirische Leichtfüßigkeit, der ironische Überlegenheitsgestus Heinrich Heines (vgl. Törne 2003). *Des Wiederholungstäters halbherzige Beichte* (NGA 1, 377–380) könnte mit ihrem blasphemischen Parlando, ihrem genussbegierigen Sensualismus, ihren anzüglichen Erotika und ihrer bösen Polemik gegen die „Tugendhaften", die heimlich Wein trinken und öffentlich Wasser predigen, auch in den Köln-Kapiteln von *Deutschland. Ein Wintermärchen* zu finden sein. Der Traum vom Schläfer, der als Erzengel die Jungfrau Maria schändet (NGA 1, 385), hätte auch in der Pariser Matratzengruft geträumt sein können von dem Spötter, den sein „armer Vetter“, der Versager Jesus, mit spöttischer Wehmut erfüllt (Heine 1971, Bd. 4, 605–606). Der „gottähnliche“, sich in Metamorphose verjüngende optimistische Schöpfer des Prolog-Gedichts kennt wie Heine den im Verlauf des Gedichtkompendiums freilich immer wieder skeptisch durchkreuzten Versuch, die Gegenwart des Todes im Leben nicht nur zu akzeptieren, sondern den Tod ins Leben aufzulösen. (Heine 1971, Bd. 4, 578) Und Heine, der Bruder in Sisyphos’ Geist, ist dem Kopfständler gleichermaßen nahe, wenn der „Kiste“ und Beine als skeptisch-krumme Fragezeichen in die Luft setzt (NGA 1, 388), wenn er, wie jener auf der Suche nach der „neue[n] Zeit“, Hegel vom Kopf auf die Beine stellen möchte und sich schließlich eine verkehrte Welt herbeiwünscht in der – vergeblichen – Hoffnung, dass ihr der Schlüssel zum Verständnis des ‚Ganzen‘, der Code des Sinns oder gar die Schlüssel des Himmelreiches (Stolz 2023, 93) aus der Tasche fielen.

Die Erfahrung des Alterns und die Sorge um die poetischen Ressourcen führen schließlich mit einer gewissen literaturgeschichtlichen Notwendigkeit zum intertextuellen Zwiegespräch mit dem alten Goethe. Denn Verjüngung, Metamorphose, Wiedergeburt, das sind die Urthemen Goethes. Faust zwingt sie mit magischen Mitteln herbei, der alternde Dichterfürst selbst braucht dies Hexengebräu nicht, sondern bricht aus dem in Klassik erstarrten Weimar auf in den Rheingau, in sein rheinisches Italien, und er weiß schon beim Aufbruch, dass ihn die Liebe verjüngen und eine Eruption neuer Gedichte erzeugen wird. Dank vergleichbarer Erfahrungen kokettiert Grass’ Gedichtzyklus mit Goethe selbst im Allgemeinen, mit dem *West-östlichen Divan* im Besonderen. Auch unter der scheinbar glatten Oberfläche der hochvirtuosen *Divan*-Gebilde kocht ein Vulkan von erotischer Explosivität. In einem der berühmtesten Gedichte des Zyklus bekennt Goethe, im Rollentausch mit dem persischen Dichter Hatem, – eben der Goethe, dem der Vulkanismus so wesensfremd war, er bekennt in einem Liebesdialog mit Suleika (*Locken! haltet mich gefangen*): „Nur dies Herz es ist von Dauer, / Schwillt in jugendlichstem Flor; / Unter Schnee und Nebelschauer / Rast ein Aetna dir hervor.“ (Goethe 1985–1998, 11.1.2, 79)

Grass, sich in diesem Modell des durch die Macht des Eros verjüngten Dichter-‚Greises‘ spiegelnd, bleibt dann trotz aller Analogie doch bei einem „nordöstlichen Diwan“ mit seinen baltischen „Vertällchens“ (NGA 12, 23): „Vom nordöstlichen Diwan / heben wir eins in eins ab. / Matt – auf dem Rückflug erst – / erzählen wir uns / die erprobten Inselgeschichten.“ (NGA 1, 386) Den Ätna aber unter dem Schnee, den kennt der nord-östliche Alte wie der west-östliche, und er beschreibt seine vulkanischen Eruptionen, dass die Gläser klirren (NGA 1, 383). Allerdings gibt es da noch einen weiteren Unterschied, in Fragen der Dezenz nämlich: Goethe hütete einen „Walpurgissack“, einen „infernalischen Schlauch“ mit zurückgehaltenen „Aristophanismen“, und überließ auch sonst die drastischsten Erotika seinen Nachlass-Editoren – eine Selbstzensur, die manche Rezensenten auch Günter Grass *ex post* empfohlen haben (u. a. Hartwig 2003).

Literatur

Bartmann, Christoph. „Halbherzige Beichte eines Wiederholungstäters“. *Süddeutsche Zeitung* (8. Dezember 2003).

Benn, Gottfried. *Gesammelte Werke in acht Bänden*. Hrsg. von Dieter Wellershoff. Wiesbaden 1960.

Brand, Jobst-Ulrich. „Ganz schön Grass. Im Bilderbuch ‚Letzte Tänze‘ überrascht Günter Grass mit melancholischer Abschiedslyrik und deftigen Altersspäßen“. *Focus* (13. November 2003).

Bucheli, Roman. „Eros und Thanatos. Günter Grass zeichnet und dichtet ‚letzte Tänze‘“. *Neue Zürcher Zeitung* (6./7. September 2003).

Diller, Christine. „Eine Lebenslust. Zeichnungen und Gedichte von Günter Grass“. *Münchner Merkur* (29. August 2003).

Dirksen, Jens. „Tango fatale mit Ausfallschritt. ‚Letzte Tänze‘. Nobelpreisträger Günter Grass legt ein neues Buch mit Gedichten und Zeichnungen vor“. *Neue Ruhr Zeitung* (1. September 2003).

Droste, Wiglaf. „die erotik des rentensystems. das letzte von Günter Grass“. *die tageszeitung* (29. August 2003).

Engels, Benedikt. *Das lyrische Umfeld der „Danziger Trilogie“ von Günter Grass*. Würzburg 2005.

Frizen, Werner. *Günter Grass. Gedichte und Kurzprosa. Einführung, Kommentar, Materialien*. 2. Auflage. Berlin und Boston 2024.

Fuhr, Eckhard. „Das ist der Danziger Tango, Monsieur. Die Alterslyrik von Günter Grass ist nur bedingt heiter“. *Die Welt* (11. Oktober 2003).

Gillen, Gabriele, und Günter Grass. „Meinungen über Bücher. Günter Grass. Letzte Tänze“. *WDR 3* (6. Oktober 2003).

Goethe, Johann Wolfgang von. *Sämtliche Werke nach Epochen seines Schaffens*. Hrsg. von Karl Richter et al. München 1985–1998.

Hage, Volker, und Martin Doerry. „Spiegel-Gespräch. ‚Siegen macht dumm‘. Günter Grass […] über das Erotische in der Literatur und seinen neuen Lyrikband ‚Letzte Tänze‘“. *Der Spiegel* 35 (2003): 140–144. [dazu Leserbriefe: „Pseudopubertäre Alterslyrik“. *Der Spiegel* 37 (2003): 14–15]

Hartwig, Ina. „‚Schwerer als Federnblasen/ist die fleischliche Liebe‘: Neue Zeichnungen und Gedichte von Grass“. *Frankfurter Rundschau* (27. August 2003).

Heinrich, Heine, und Klaus Briegleb (Hrsg.). *Sämtliche Schriften*. Bd. 4. München 1971.

Hoenig, Matthias. „Günter Grass’ ‚Letzte Tänze‘ – Autobiografisches in Gedichtform“. *dpa* (31. August 2003).

Nietzsche, Friedrich. *Sämtliche Werke. Kritische Studienausgabe in 15 Bänden*. Hrsg. von Giorgio Colli und Mazzino Montinari. Berlin und New York, 1980 [1967–1977].

Raddatz, Fritz J. „Auf zitterndem Seil. Günter Grass und die Choreographie des Gedichts“. *Die Zeit* (4. September 2003).

Raddatz, Fritz J. „Günter Grass. Letzte Tänze“. *Die Welt* (5. Oktober 2003).

Reich-Ranicki, Marcel. „Jenseits des Schreckens tanzende Paare. Zu den neuen Gedichten von Günter Grass“. *Frankfurter Allgemeine Zeitung* (30. August 2003).

Scheller, Wolf. „Es lebe der Johannistrieb. Günter Grass huldigt auf seine alten Tage vergänglichen jugendlichen Frühlingsgefühlen“. *Rheinischer Merkur* (9. Oktober 2003).

Schöne, Albrecht. *Das Zeitalter des Barock. Texte und Zeug*nisse. 3. Auflage. München 1988 [1968].

Segebrecht, Wulf. „Priapeische Tänze. Neue Gedichte und Zeichnungen von Günter Grass“. *literaturkritik.de* (10. Oktober 2003).

Stolz, Dieter. *Günter Grass. Der Schriftsteller*. München 2023.

Törne, Dorothea von. „Mann und Frau in Bewegung. Doktor Zärtlich korrigiert die Choreografie der Windhühner in den ‚Letzten Tänzen‘ des Günter Grass“. *Freitag* (5. Dezember 2003).

Walberg, Ernst-Jürgen. „Günter Grass: ‚Letzte Tänze‘. Gedichte und Bilder“. *NDR 1. Kulturjournal* (2. September 2003).

II.2.8 *Dummer August* (2007)

Christoph Cox

1 Entstehung

Der im Sommer und Herbst des Jahres 2006 entstandene Lyrikband *Dummer August* umfasst neben 41 Gedichten 28 Abbildungen von Zeichnungen bzw. Lithografien. Das Titelbild der 2007 im Steidl Verlag erschienenen Erstausgabe entspricht der Abbildung, die dem titelgebenden Gedicht *Dummer August* (Grass 2007, 14) beigegeben ist. Die Zeichnung zeigt das frontale Porträt des Autors im gestreiften Hemd, mit einem spitzen Hut bekleidet. Wie auch im Falle von siebzehn anderen, zum Teil sich über zwei Seiten erstreckenden Abbildungen, ist in die dem titelgebenden Gedicht an die Seite gestellte Zeichnung eine handschriftliche Fassung des Gedichts eingefügt. Ein Vergleich des abgedruckten Gedichttextes mit der in das Bild integrierten handschriftlichen Version ergibt erhebliche Unterschiede in der Textgestaltung, die auf einen intensiven Überarbeitungsprozess hindeuten. So fehlt im Falle von *Dummer August* in der Handschrift in V. 1 die Konkretisierung „der Clown", in V. 3 ist ebenda der Zusatz „gleichen Namens" durch Kommata hervorgehoben, V. 7 endet mit einem Doppelpunkt statt mit einem Komma, die letzte Strophe fehlt. Der in den Textvarianten sichtbar werdende Überarbeitungsprozess deutet sich auch in den anderen Text-Bild-Kombinationen an, wobei im Vergleich zur Handschrift im gedruckten Text nicht nur Ergänzungen, sondern ebenso Umstellungen (s. V. 1–3 in „Hart und leicht", Grass 2007, 5–6), Titeländerungen (s. „Nach kleinem Streit", Grass 2007, 20–21), Synonymwahl („Knochenbrühe" – „Fleischbrühe", V. 1 in „Rote Beete", Grass 2007, 16–17) oder Auslassungen (z. B. ist „geköpft" in *Der Fische Geständnis* nur in der Handschrift vorhanden, Grass 2007, 38–39) vorkommen. Abgesehen vom Schreibprozess ist das Verhältnis von Text und Bild außerdem für die Disposition des Gedichtbandes von Interesse.

2 Aufbau und Inhalt

In der Gestaltung der Bildseiten lässt sich ein auffälliger Wechsel in Konzeption und Motivwahl erkennen. Stehen bis einschließlich der Doppelseite 52–53 ganz unterschiedliche Bildmotive im Zentrum, wobei der Natur entnommene Dinge wie Federn, Steine, Pilze, Gemüsesorten sowie heimische Tiere und Alltagsgegenstände dominieren, erfolgt mit der dem Gedicht *Waldgängers Klage* beigegebenen Zeichnung (Grass 2007, 54–55) erstmals die Präsentation einer Doppelbildseite inklusive Handschrift, der kein Drucktext unmittelbar zur Seite gestellt ist. Durch die Darstellung zweier Hände, die nach Ästen greifen, führt die doppelseitige Zeichnung in das darauffolgende, mithilfe von Lithografien festgehaltene Motiv der Waldausschnitte ein. Der sich in diesem doppelten Wechsel ankündigende Übergang vollzieht sich auf inhaltlicher Ebene in der Gedicht-

https://doi.org/10.1515/9783110755435-023

folge *Waldgängers Klage, Schaden auf Dauer, Helden von heute, Mein Makel* (Grass 2007, 57–59) eher fließend. Erst nach den zwei unmittelbar hintereinander geschalteten Doppelseiten, die stark verknöcherte Bäume zeigen (Grass 2007, 60–61, 62–63), findet er einen Abschluss, nach dem auch auf der textuellen Ebene das Waldmotiv fast ausschließlich vorherrscht.

Der erste Abschnitt des Gedichtbands ist geprägt von einem nachdenklichen, melancholischen Grundtenor in zahlreichen Gedichten, die Vergänglichkeit und Tod zum Gegenstand haben. Thematisiert werden u. a. bereits verstorbene Weggefährten (Grass 2007, 6, 48), die kleinen Annehmlichkeiten eines gealterten Menschen (Grass 2007, 18), ebenso die pessimistische Weltsicht eines solchen (Grass 2007, 37). Dabei wird sowohl explizit über den Tod räsoniert – so in *Nachleben* (Grass 2007, 48) – als auch eher im Allgemeinen über die Vergänglichkeit reflektiert – z. B. in *Was im Laub raschelt* (Grass 2007, 8) oder in *Schuhwechsel* (Grass 2007, 51). Eng verbunden mit dem Themenkomplex Vergänglichkeit und Tod ist das Erinnern, das zum einen auf Personen wie Freunde bezogen ist, zum anderen auf die Erfahrung des Weltkriegs (vgl. *Rote Beete*, Grass 2007, 17). Mit der Fokussierung auf den gealterten Menschen und die damit verbundene bevorzugte Reflexion der Vergangenheit korrespondiert die Konzentration auf alltägliche Gegenstände und ein begrenztes häusliches Umfeld. Häufig stehen unverarbeitete Nahrungsmittel im Zentrum der Darstellung, z. B. Erbsen (vgl. Grass 2007, 18), Mais (vgl. Grass 2007, 21) oder Artischocken (vgl. Grass 2007, 25). Daneben finden sich Verweise auf die heimische Umwelt (vgl. Grass 2007, 6, 8, 31, 35, 37). Natur und Alltagsgegenstände werden zum Anlass einer tiefergehenden Reflexion und erhalten hierdurch einen symbolhaften Charakter, was vor allem bei der Zwiebel offensichtlich wird. In dem Gedicht *Am Pranger* (Grass 2007, 13), das mit dem folgenden Titelgedicht eine Einheit bildet, ruft die Zwiebel assoziativ den Intertext der zur Zeit der Entstehung des Gedichtbandes (2006) in der Öffentlichkeit heftig diskutierten autobiographischen Erzählung *Beim Häuten der Zwiebel* (s. Kap. 4.1) auf. Der Darstellung der eng umgrenzten häuslichen Lebenswelt steht außer in *Am Pranger* und *Dummer August* auch in *Hin und her endlos* (Grass 2007, 27), *Nach fünf Jahrzehnten oder elf Runden* (Grass 2007, 28–29), *Guter Rat* (Grass 2007, 32), *Beschönigung* (Grass 2007, 33) und *Global gesehen* (Grass 2007, 49) eine kritische, zum Teil polemische oder resignative Auseinandersetzung mit einer nicht genauer definierten medialen Öffentlichkeit gegenüber.

Die im ersten Teil des Bandes versammelten Themen spielen im zweiten ebenfalls eine wichtige Rolle. Sie werden hier allerdings immer vor der Folie des Waldmotivs entwickelt: so die selbstreflexive Erinnerung (Grass 2007, 64), das Erinnern an den Krieg (Grass 2007, 66) und die Auseinandersetzung mit der Öffentlichkeit bzw. die Medienkritik (Grass 2007, 73, 76, 79). Daneben finden sich außerdem Gedichte, die das Schreiben selbst reflektieren, z. B. in Form einer vegetabilen Allegorie (Grass 2007, 68) oder die Autopoetik bereits im Titel enthaltend wie in *Kurzgefasste Gedichte* (Grass 2007, 70).

3 Interpretationsansätze der Forschung

Ausgangspunkt der überschaubaren Forschung zu *Dummer August* ist die mediale Resonanz auf die 2006 erschienene autobiographische Erzählung *Beim Häuten der Zwiebel*, in der Grass erstmals seine Mitgliedschaft in der Waffen-SS publik machte (s. Kap. 4.1). Stellvertretend für eine in diesem Kontext sich vollziehende Rezeption des Gedichtbandes kann Edo Reents Rezension in der *Frankfurter Allgemeinen Zeitung* angeführt werden. *Dummer August* wird von Reents entsprechend der Kontextualisierung ausschließlich als Reaktion auf den Skandal im Jahr 2006 gelesen. Auf inhaltlicher Ebene wird Grass' angeblich selbstgerechter Umgang mit Kritikern hervorgehoben, stilistisch bemängelt Reents den prosaischen niederen Stil sowie eine Bildsprache, die zum Teil von Elementen aus der Zeit des Nationalsozialismus geprägt sei.

Die bisherige Forschung ist insbesondere darum bemüht, die in Reents Rezension beispielhaft zum Ausdruck kommenden Verengung hin zu einer sachlicheren Betrachtungsweise zu öffnen, die der Vielzahl der in dem Gedichtband versammelten Themen sowie dem komplexen Bild-Text-Verhältnis gerecht wird. So plädiert etwa Hartmut von Hentig in seinem Essay *Die Klugheit des dummen August* dafür, den Gedichtband nicht als Reaktion auf den Skandal 2006 abzutun, sondern ihn zunächst unter Ausblendung biographischer Bezüge zu lesen (vgl. Hentig 2007, 141). Dadurch erst eröffne sich das breite Themenspektrum der Gedichte, von denen nur ein geringer Teil als Antwort auf die Kritik an *Beim Häuten der Zwiebel* zu verstehen sei. Der Großteil der versammelten Texte ziele vielmehr auf allgemeine Reflexionen ab, die Fragen der individuellen Entwicklung, des Alterns, Alltagsweisheiten oder Tagespolitisches betreffen (vgl. Hentig 2007, 142). Stilistisch würdigt von Hentig die Gedichte als moderne Lyrik, die gerade durch ihren schlichten Stil besteche (vgl. Hentig 2007, 142).

Anders als von Hentig versucht Stefanie Wiech eine Neueinordnung des Gedichtbandes nicht durch Absehen von der Autorperson und ihren Lebensumständen, sondern durch einen erweiterten Blick auf die Schaffensphase im Entstehungsjahr. Mit besonderer Konzentration auf die bildnerischen Arbeiten zu *Dummer August*, die in einem eigenen Mappenwerk veröffentlicht wurden, und im Hinblick auf die Lithografien des *Møner Tagebuchs*, das wie die Bilder zu *Dummer August* (s. „Ulvshale Skov“, Grass 2007, 66) ein Jahr zuvor auf der dänischen Insel Møn entstand, deutet Wiech Grass' Schaffen im Jahr 2006 als geprägt von einem bewussten Rückzug aus der Öffentlichkeit, der mit einer sammelnden Konzentration auf Vertrautes einhergehe. *Dummer August* habe, berücksichtige man die Umstände, Tagebuchcharakter und diene vor allem der Selbstreflexion und damit der Konsolidierung des Autors (vgl. Wiech 2007, 152). Daneben betont Wiech die Bedeutung der Erinnerungsarbeit, die nach *Beim Häuten der Zwiebel* in *Dummer August* eine Fortsetzung finde (vgl. Wiech 2007, 153). Wichtig sei es außerdem, auf die enge Verbindung von Text und Bild einzugehen, wobei, so Wiechs These, das jeweilige Bild dem Text vorausgegangen sei (vgl. Wiech 2007, 153). Klaus Schuhmann widmet sich in seinem Beitrag erstmals ausführlicher einem einzelnen Gedicht aus der Sammlung *Dummer August*, genauer der Beziehung der Gedichte *Goethe: Wanderers Gemüthsruhe* und *Zeitvergleich* (Grass 2007, 28–29). Während Schuhmann ersteres als Werk von J. W. Goethe identifiziert, setzt er das zweite in einen Kontext zum Gedicht *Dummer August*. *Zeitvergleich* ist nach Schuhmann vor allem eine Verarbeitung der öffentlichen Debatte im Jahr 2006 unter Zuhilfenahme eines historischen Vergleichs mit den Anfeindungen, denen Goethe als Bewunderer Napoleons ausgesetzt gewesen sei.

Am ausführlichsten hat sich Anne Feuchter-Feler mit dem Werk im Kontext ihrer Beschäftigung mit den Zeichnungen in der Schaffensphase 2006 bis 2008 beschäftigt." ändern in: „Am ausführlichsten hat sich Anne Feuchter-Feler mit dem Werk im Kontext ihrer Untersuchung der Zeichnungen in der Schaffensphase 2006 bis 2008 beschäftigt. In ihrem Aufsatz verfolgt sie das Ziel, die Illustrationen im Zusammenspiel mit dem Text in ihrer poetologischen Funktion zu analysieren, wobei der Bezug zur Gattung der Autobiographie und damit einhergehende Fragen der Identitätskonstruktion von Bedeutung sind (vgl. Feuchter-Feler 2012, 15). Nach Feuchter-Feler äußert sich in dem Komplex aus Zeichnung, Bild und Intertexten nicht nur in *Beim Häuten der Zwiebel*, sondern auch – und hier bezieht sie sich wie Schuhmann auf die letzten beiden Gedichte – in *Dummer August* der künstlerische Versuch, durch eine neue Form der artifiziellen Ich-Konstruktion die Gattung der Autobiographie gleichsam mit zu revolutionieren (vgl. Feuchter-Feler 2012, 22).

4 Ausblick

Wenn es der bisherigen Forschung (vgl. dazu Frizen 2010, 142–151 und Stolz 2023, 96–104) auch gelungen ist, die zunächst durch das Feuilleton vorgenommene Verengung zugunsten einer Betonung der allgemeinen Reflexionsebenen der versammelten Themen und insbesondere einer Betrachtung der Intermedialität zu öffnen, steht die Auseinandersetzung mit dem Werk *Dummer August* doch erst am Anfang. Weiterer Analyse bedürfen unter anderem der Prozess der Text-Bild-Genese und in seinem Rahmen wiederum vor allem die auffälligen Varianten in den gedruckten bzw. den Bildern beigegebenen Texten. Von Interesse könnte außerdem das in vielen Gedichten präsente Thema des Erinnerns bzw. der erinnernden Verarbeitung sein, dessen bedeutungsvolle Dimension von Hentig in seinem Beitrag bereits skizzierte (Hentig 2007, 144). Bislang unbeachtet geblieben ist außerdem die poetologische Dimension des Waldmotivs in der zweiten Hälfte des Gedichtbandes. Exemplarisch hierfür kann das den entsprechenden Abschnitt einleitende Gedicht *Waldgängers Klage* genommen werden, in dem sich die Pilzsuche im Unterholz allegorisch als gedanklich-poetischer Arbeitsprozess deuten lässt.

Literatur

Feuchter-Feler, Anne. „Grass' Zeichnungen (‚Beim Häuten der Zwiebel', ‚Dummer August', ‚Die Box') als poetologische Etappen der literarischen Ich-Realisierung". *Image, reproduction, texte/Bild, Abbild, Text.* Hrsg. von Françoise Lartillot und Alfred Pfabigan. Bern 2012: 13–43.

Frizen, Werner. *Günter Grass. Gedichte und Kurzprosa. Kommentar und Materialien*. Göttingen 2010.

Grass, Günter. *Dummer August*. Göttingen 2007.

Hentig, Hartmut von. „Die Klugheit des Dummen August". *Die Horen* 52.227 (2007): 141–144.

Schuhmann, Klaus. „Goethe als Nothelfer im Gedichtband ‚Dummer August'". *Zbliżenia interkulturowe* 4 (2008): 25–28.

Reents, Edo. „Ich war dabei. Günter Grass". *Frankfurter Allgemeine Zeitung* (21. März 2007). faz.net/aktuell/feuilleton/buecher/guenter-grass-ich-war-dabei-1410145.html (23.3.2022).

Wiech, Stefanie: „‚Dummer August' und ‚Møner Tagebuch'. Neue bildnerische Arbeiten von Günter Grass". *Die Horen* 52.227 (2007): 151–153.

Stolz, Dieter. *Günter Grass. Der Schriftsteller*. München 2023.

II.2.9 *Eintagsfliegen* (2012)

Christoph Cox

1 Entstehung

Bemerkenswert an der Genese des im September 2012 im Steidl Verlag erschienenen Gedichtbandes *Eintagsfliegen*, der den Untertitel „Gelegentliche Gedichte" trägt und 85 Gedichte sowie die aquarellierten Zeichnungen von Eintagsfliegen umfasst, ist die Diskussion um die beiden vorab erschienen Gedichte *Was gesagt werden muss* – am 4. April 2012 in der *Süddeutschen Zeitung*, *La Repubblica* und *El País* abgedruckt – und *Europas Schande* – erstmals in der *SZ* am 27. Mai 2012 erschienen – und die sich daran anschließenden Textänderungen. Während im Falle von *Europas Schande* metrische Glättungen durch Umstellungen vorgenommen wurden (vgl. Grass 2012a, 96, V. 9–10 und 17–18), können die Änderungen in *Was gesagt werden muss* als Reaktion auf die anhaltende Kritik an dem zum Teil als antisemitisch empfundenen Inhalt des Gedichts gedeutet werden. Die Anpassungen betreffen V. 17, in dem der ursprüngliche juristische Begriff „Tatbestand" durch „Tatsache" ersetzt wurde; in V. 40 findet sich statt „dem Land Israel" die verallgemeinernde Beschreibung „jenem Land". Von besonderem Interesse ist V. 45, in dem der ursprüngliche Vorwurf „Die Atommacht Israel/gefährdet den ohnehin brüchigen Weltfrieden" durch den Zusatz „Die gegenwärtige Regierung der Atommacht [...]" konkretisiert wurde.

2 Aufbau und Inhalt

Keineswegs dominiert das Thema Politik, wie die vorab erfolgte Veröffentlichung von *Was gesagt werden* muss und *Europas Schande* suggerieren könnte, die Gesamtauswahl der in *Eintagsfliegen* versammelten Gedichte. Wenn auch eine Vielzahl anderer Texte wie *Ängstlich besorgt*, *Erster Advent*, *Über verfälschten Geschmack*, *Böse Elf*, *Nach Meinung vieler Leser unserer Zeitung*, *Trotz allem*, *Aus dem Abseits ein Aufruf*, *Ein Held unserer Tage*, *Mein Europa* (Grass 2012a, 17, 18, 26–27, 35, 49, 56, 66–67, 70–71) auf einen politischen Hintergrund Bezug nehmen – Schlagworte sind hier v. a. die Weltwirtschafts- bzw. Eurokrise und die postdemokratischen Zustände in westlichen Ländern –, lässt sich in überwiegender Zahl eine thematische Vielfalt aufzeigen, von denen der prominenteste Gegenstand – darauf weist bereits der Titel der Sammlung und die Gattung der Gelegenheitsdichtung hin – die Vergänglichkeit und, damit verbunden, das Erinnern ist. Während das titelgebende Insekt namentlich in dem Gedicht *Was kreucht und fleucht oder: Ein Beitrag zum Biologie-Unterricht* (Grass 2012a, 11) auftaucht, nimmt *Festplan für den 29. Februar* (Grass 2012a, 61) implizit auf dieses Motiv Bezug; eine Vielzahl weiterer Gedichte widmet sich allgemein dem Thema Altern, Vergänglichkeit und Erinnern, insbesondere der Erinnerung verstorbener Weggefährten wie Grass' langjäh-

https://doi.org/10.1515/9783110755435-024

rigem Lektor, Helmut Frielinghaus, dem die Widmungsseite und ein Widmungsgedicht (vgl. Grass 2012a, 45) zugeeignet sind. Erinnert wird darüber hinaus nicht nur an Zeitgenossen, z. B. Peter Rühmkorf (Grass 2012a, 46) oder Oskar Pastior (Grass 2012a, 50), sondern auch an historische Literaten (vgl. Grass 2012a, 44, 53). Ein weiterer mit dem Motiv der Eintagsfliege verbundener Komplex ist die Befragung der eigenen Identität und ihrer Dauerhaftigkeit, so in *Nachgewiesene Existenz* (Grass 2012a, 8) und *Selbstbild* (Grass 2012a, 31), oder der eigenen Identität und Tätigkeit als Schriftsteller, etwa in *Meine Füllfeder* (Grass 2012a, 65), *Guter Rat* (Grass 2012, 84), *Wer mir zuhört* (Grass 2012a, 86–87), *Kleine Versschule* (Grass 2012a, 90–91).

Wenn sich im Gesamtbild des Gedichtbandes thematische Schwerpunkte ausmachen lassen – die Themen Alter und Vergänglichkeit finden sich verstärkt im ersten Teil, die Erinnerung an Zeitgenossen und Dichter im mittleren, die Reflexion des eigenen Schreibens in den letzten Gedichten –, kann insgesamt von einer Verflechtung der Themenbereiche gesprochen werden, die auf das Hauptmotiv der Eintagsfliege und die Gattungszuordnung „Gelegentliche Gedichte" zurückzuführen ist. Hinterfragt wird das Bleibende künstlerischer, literarischer Produktion – der eigenen wie auch der fremden – als wesentlicher Bestandteil einer flüchtig erscheinenden Identität, die auf ihr gesellschaftliches und politisches Umfeld als ein sich wandelndes reagiert.

Geprägt ist die Auseinandersetzung mit dem spannungsreichen Spiel zwischen individueller Vergänglichkeit und der Dringlichkeit tagespolitischer Entwicklungen zugleich von einer latenten Reflexion der Unzulänglichkeit individueller Verarbeitungs- und Lösungsstrategien, die sich nicht zuletzt in der inhaltlichen Betonung eines begrenzten häuslichen Umfelds bzw. in wiederkehrenden Verweisen auf die umgebende Natur spiegelt. In Gedichten wie *Wo ich hause* (Grass 2012a, 6–7), *Eine Einladung* (Grass 2012a, 63), *Sonntags* (Grass 2012a, 77), *Frühstück zu viert* (Grass 2012a, 80–81), *Wer mir zuhört* (Grass 2012a, 86–87), *Was mir entgangen ist* (Grass 2012a, 99) finden sich zahlreiche Hinweise auf die norddeutsche bzw. dänische Landschaft, die dörfliche Lebensgemeinschaft und teilweise detaillierte Beschreibungen von Fauna und Flora, die in einem auffälligen Kontrast zu den Dimensionen der Gedichte mit politischer Agenda stehen. Wenn sich diese lokal und thematisch eng umgrenzten Gedichtinhalte zunächst nicht in das Gesamtbild fügen wollen, dann können sie doch als ironisierende Kontrastfolie insbesondere im Hinblick auf die aufgeregte Diskussion um die prominenten politischen Gedichte mitbedacht werden.

3 Interpretationsansätze der Forschung

Gegenstand der Forschung wurde der Gedichtband *Eintagsfliegen* fast ausschließlich wegen der medialen Aufmerksamkeit, die das vorab erschienenen *Was gesagt werden muss* auf sich gezogen hat. Während das ebenfalls im Vorhinein veröffentlichte *Europas Schande* nur in Folge der hitzigen Diskussion um das zuerst erschienene Gedicht etwas breiteren Raum in den Feuilletons einnahm, ohne damit zugleich eine literaturwissenschaftliche Debatte auszulösen, ist die ausufernde Auseinandersetzung um *Was gesagt werden muss* in einem eigens von Heinrich Detering und Per Øhrgaard herausgegebenen Sammelband dokumentiert.

In dessen Vorwort stellen die Herausgeber fest, dass Hauptgegenstand der Diskussion die als antisemitisch empfundene Kritik am außenpolitischen Handelns Israels gewesen sei, welche u. a. vor dem Hintergrund der in der autobiographischen Erzählung *Beim Häuten der Zwiebel* publik gemachten Mitgliedschaft Grass' in der Waffen-SS gelesen wurde (vgl. Detering und Øhrgaard 2013, 6). Sie heben zudem die sich rapide vollziehende Loslösung des Diskurses von dem Gedicht und die Konzentration der Kritik auf die Autorperson Grass bzw. gänzlich andere Problemfelder hervor (vgl. Detering und Øhrgaard 2013, 7).

Einige der von Detering und Øhrgaard für das Jahr 2012 zusammengetragenen Dokumente entstammen der Literaturplattform *literaturkritik.de*. Im Gegensatz zu der in den Feuilletons teilweise in einem polemischen Ton ausgetragenen Debatte zeichnen sich die hier versammelten Beiträge von Literaturwissenschaftlern zum Großteil durch das Bemühen um eine sachliche Auseinandersetzung mit *Was gesagt werden muss* und seinem literarischen Kontext aus.

So plädiert etwa Thomas Anz für eine Lektüre des Gedichts als Wortmeldung in der Tradition der Friedensbewegung und moniert insbesondere die mangelnde Auseinandersetzung mit der literarischen Gestaltung des Gedichts, etwa mit der Funktion des prosaischen Stils oder der Differenz von lyrischem Ich und Autor (vgl. Anz 2012, o. S.).

Walter Hinderer unternimmt in seinem Artikel *Politische Lyrik. Eine heikle Angelegenheit* eine Einordnung des Gedichts unter gattungsspezifischen Gesichtspunkten. Er verweist auf die Bedeutung einer widerspruchsvollen mehrdimensionalen Darstellung für politische Dichtung an sich, die auf die analytische Mitarbeit der Lesenden setzt (vgl. Hinderer 2012, o. S.).

Auch Dieter Lamping, der zudem mit *Wenn nichts gesagt wird* einen der wenigen Artikel zu *Europas Schande* veröffentlichte (vgl. Lamping 2012a), stellt *Was gesagt werden muss* in einen größeren literaturhistorischen Kontext, um dessen Skandalisierung zu relativieren. In Referenz auf Alfred Anderschs Gedicht *Artikel 3 (3)* hebt Lamping hervor, dass weniger der Inhalt als Grass' ostentative Selbstdarstellung als *poeta vates* als anstößig empfunden worden sei (vgl. Lamping 2012b, o. S.).

Adornos Verdikt über das Produzieren von Lyrik nach dem Holocaust ist für Jan Süselbeck Ausgangspunkt, um sich auf kritische Art und Weise mit Grass' Gedicht auseinanderzusetzen. Süselbeck moniert insbesondere die Verkehrung von Täter und Opfer und weist diese sowie andere Strategien eines sekundären Antisemitismus sowohl in Grass' Frankfurter Poetikvorlesung *Schreiben nach Auschwitz* als auch in der Novelle *Im Krebsgang* nach.

Einen Überblick über den öffentlichen und wissenschaftlichen Diskurs um *Was gesagt werden muss* sowie eine eingehende rhetorische Analyse des Gedichts unter besonderer Berücksichtigung des Vorwurfs des Antisemitismus findet sich in der Dissertation *Lyrische Agonistik. Das Politische in Gedichten der Gegenwart* (Cox 2023, 122–164).

Eine weitere wichtige Diskussion um *Was gesagt werden muss* wird in englischsprachigen Fachzeitschriften geführt. Eröffnet wird dieser Diskursstrang von Stuart Taberner, der in seinem Artikel auf die Bedeutung der Selbstpräsentation Grass' als engagierter Autor hinweist (vgl. Taberner 2012, 520). Taberner verfolgt die Form der Selbstinszenierung in dieser Rolle durch die verschiedenen Schaffensphasen und kommt zu dem Schluss, dass sich Grass angesichts des radikalen Wandelns der medialen Öffentlichkeit seiner eigenen zunehmenden Bedeutungslosigkeit durchaus bewusst geworden sei, diese aber zugunsten einer über die Gegenwart hinausreichenden Tradition kritischer Zeitgenossenschaft negiere (vgl. Taberner 2012, 522).

Ein weiterer Artikel Taberners zu *Was gesagt werden muss* mit ähnlicher inhaltlicher Ausrichtung (vgl. Taberner 2013) findet sich unter gleich mehreren Wortmeldungen, die sich in der Zeitschrift *German Studies Review* in Folge eines Kongresses der German Studies Association im Herbst 2012 diesem Gegenstand gewidmet haben (vgl. Berman 2013, 381). Russel Berman leitet die Ausgabe mit der Bemerkung ein, die in der Zeitschrift versammelten Wortmeldungen gäben einen Einblick in das politische Leben in Deutschland und zeigten darüber hinaus, inwiefern die Literaturwissenschaft einen Beitrag dazu leisten könne, Kultur und Politik im deutschen Ausland verständlicher zu machen (vgl. Berman 2013, 382), wobei keine der folgenden Beiträge die von Grass vertretene Position bestärken wolle. Man sei sich im Gegenteil einig über die schwindende Bedeutung des vom Autor vertretenen Typus des engagierten Intellektuellen (vgl. Berman 2013, 382).

Dementsprechend ist die Ausrichtung von Richard E. Schades Beitrag eher als kritisch zu deuten. Er hebt einerseits die mangelnde ästhetische Qualität des Gedichts negativ hervor (vgl. Schade 2013, 394), plädiert andererseits aber auch dafür, das Gedicht angesichts des ernstzunehmenden und langanhaltenden Engagements Grass' gegen nukleare Bewaffnung, wie sie vor allem im Roman *Die Rättin* zum Ausdruck komme, nicht als völlig bedeutungslos abzutun (vgl. Schade 2013, 395). Ein Verdienst des Beitrags von Richard E. Schade ist darüber hinaus der Abdruck eines Schreibens, das Grass als Antwort auf bei ihm eingegangene das Gedicht *Was gesagt werden muss* betreffende Briefe versendet hat (vgl. Schade 2013, 396–397).

Die im Jahr 2013 veröffentlichten Positionen weisen darauf hin, dass die Auseinandersetzung um *Was gesagt werden muss* auch nach dem Erscheinungsjahr eine Fortsetzung finden würde, wenn auch in geringerem Umfang. Mit zunehmendem zeitlichem Abstand wird der literarischen, politischen und historischen Kontextualisierung von der Forschung mehr Aufmerksamkeit geschenkt. So beginnt Monika Kucners Artikel *Literatur – Moral – Politik* mit einer ausführlichen Beschreibung der politischen Beziehung zwischen Deutschland und Israel seit dem Ende des Zweiten Weltkriegs. Besonders hebt Kucner die Bedeutung des sogenannten *Manifests der 25* für das Verständnis der in *Was gesagt werden muss* vertretenen Position hervor, in dem 25 Politologen fordern, die historisch besonderen Beziehungen zwischen Deutschland und Israel neu zu überdenken (vgl. Kucner 2013, 321). Grass' Haltung zur deutsch-israelischen Beziehung wird damit in einen kontrovers diskutierten Zusammenhang gestellt, der, so Kucner, nicht wenig zu der emotionalen bzw. wenig sachorientierten Auseinandersetzung um *Was gesagt werden muss* beigetragen habe (vgl. Kucner, 325). Sie selbst sieht einen direkten Zusammenhang zwischen anderen politischen Gedichten früherer Schaffensphasen und *Was gesagt werden muss* und deutet die spezifische und oft kritisierte Prosaform des Gedichts als Versuch einer Vermittlung zwischen politischem Engagement und literarischer Autorschaft (vgl. Kucner 2013, 327).

Mit mehreren Jahren Abstand zu der ursprünglichen Debatte folgen die Beiträge von Anja Schnabel, Rolf-Peter Janz und Carla Dondera ebenfalls mit dem Ziel, durch eine distanzierte und um eine Kontextualisierung bemühte Darstellung der Komplexität des Gedichts und der durch es hervorgerufenen Problemstellungen gerecht zu werden. Anja Schnabel unternimmt hierzu in einem Dreischritt eine Analyse, die zunächst auf die Bestimmung der Gattung politischer Lyrik abzielt, um anschließend durch einen Bezug auf die Biographie und die Untersuchung ausgewählter Textstellen zu einer Einschätzung der in dem Gedicht vorgenommenen Beurteilung der deutsch-israelischen Beziehung zu kommen. Schnabel sieht in dem Gedicht einen engagierten Beitrag, der eine notwendige Debatte über das deutsch-israelische Verhältnis anstoße und dabei keinesfalls als antisemitisch zu bewerten sei, auch wenn zum Teil auf nationalsozialistisches Sprachmaterial zurückgegriffen werde (vgl. Schnabel 2014, 160).

Rolf-Peter Janz hingegen setzt Grass' Gedicht in Beziehung zu Martin Walsers Rede zur Verleihung des Friedenspreis des Deutschen Buchhandels (1998), um mithilfe des Tabu-Begriffs zu erläutern, inwiefern das Gedicht in eine literaturhistorische Reihe mit anderen politischen Gedichten einzuordnen sei, die sich vornehmlich der Polemik als Stilmittel bedienten bzw. inwiefern in diesem Kontext der Vorwurf des Tabubruchs, d. h. der Vorwurf des Antisemitismus gerechtfertigt sei, wobei angemerkt werden müsse, so Janz, dass der von den Kritikern verwendete Antisemitismus-Begriff unbestimmt bleibe (vgl. Janz 2016, 58). Carla Dondera knüpft an den von Janz ins Zentrum seiner Überlegungen gestellten Tabu-Begriff an. Sie stellt die These auf, dass Grass, indem er das Tabu in seiner restriktiven Form ostentativ vorführe, den Tabubruch agitatorisch inszeniere (vgl. Dondera 2019, 65).

4 Ausblick

Die intensive Beschäftigung mit dem Skandalgedicht *Was gesagt werden muss* hat bislang die ganze Aufmerksamkeit der Forschung auf sich gezogen, weshalb die komplexe Gesamtanlage des Gedichtbandes, insbesondere die enge thematische Verzahnung unbeachtet geblieben ist. Wie bereits in dem vorausgegangenen Gedichtband *Dummer August* von 2007 sind Reflexionen über Vergänglichkeit, Altern und damit verbunden das Erinnern zentrale Aspekte. Zu fragen wäre hier nach Kontinuitäten im lyrischen Spätwerk, dessen Konzentration auf die retrospektive Aufarbeitung der biographischen und künstlerischen Entwicklung auch in Prosawerken wie *Beim Häuten der Zwiebel* zur Sprache kommt. Die Fixierung auf *Was gesagt werden muss* hat trotz der intensiven Diskussion über die Bedeutung politischen Schreibens für die Literatur der Gegenwart keine Beschäftigung mit den zahlreichen politischen Gedichten in *Eintagsfliegen* wie in *Dummer August* nach sich gezogen. In Bezug auf diese wäre zu fragen, ob Grass' politische-literarische Position, d. h. insbesondere der oft monierte Gestus eines engagierten Literaten, tatsächlich so überholt ist, wie es noch 2012 den Anschein hatte.

Literatur

Anz, Thomas. „Günter Grass und ‚Was gesagt werden muss'. Kleine Verteidigung eines heftig attackierten Friedensgedichtes". *Literaturkritik.de* 5 (2012). literaturkritik.de/id/16571 1. April 2022).

Berman, Russell A. „Roundtable on Günter Grass's ‚Was gesagt werden muss' (What Must Be Said)". *German Studies Review* 36.2 (2013): 381–403.

Cox, Christoph. *Lyrische Agonistik. Das Politische in Gedichten der Gegenwart*. Berlin 2023.

Detering, Heinrich, und Per Øhrgaard (Hrsg.). *Was gesagt wurde. Eine Dokumentation über Günter Grass' „Was gesagt werden muss" und die deutsche Debatte*. Göttingen 2013.

Dondera, Carla. „‚Was gesagt werden muss'. Günter Grass und der inszenierte Tabubruch". *Antisemitismus seit 9/11. Ereignisse, Debatten, Kontroversen*. Hrsg. von Samuel Salzborn. Baden-Baden 2019: 65–88.

Grass, Günter. *Eintagsfliegen. Gelegentliche Gedichte*. Göttingen 2012a.

Grass, Günter. „Europas Schande". *Süddeutsche Zeitung* 121 (2012b): 15.

Grass, Günter. „Was gesagt werden muss". *Süddeutsche Zeitung* 80 (2012c): 11.

Hinderer, Walter. „Politische Lyrik. Eine heikle Angelegenheit". *Literaturkritik.de* 5 (2012). literaturkritik.de/id/16648 (23. März 2022).

Janz, Rolf-Peter. „Zum Tabu des Antisemitismus: Die Kontroversen um Martin Walser und Günter Grass". *Zeitschrift für Interkulturelle Germanistik* 7.1 (2016): 47–59.

Kucner, Monika. „Literatur – Moral – Politik. Einige Bemerkungen zu Günter Grass' Prosagedicht ‚Was gesagt werden muss' im Angesicht der deutsch-israelischen Beziehungen". *Repräsentationen des Ethischen. Festschrift für Joanna Jabłkowska*. Hrsg. von Kalina Kupczyńska und Artur Pelka. Frankfurt/M. 2013: 319–327.

Lamping, Dieter. „Wenn nichts gesagt wird. Warum das neue Gedicht von Günter Grass kein Skandal ist". *Literaturkritik.de* 6 (2012a). literaturkritik.de/id/16768 1. April 2022).

Lamping, Dieter. „Ein Gedicht als Skandal. ‚Was gesagt werden muss' von Günter Grass – und anderen". Literaturkritik.de 5 (2012b). literaturkritik.de/id/16646 1. April 2022).

Schade, Richard E. „‚Was gesagt werden muss'. Concerning Grass's ‚Schweigen' (with an Epistolary Coda)". *German Studies Review* 36.2 (2013): 393–398.

Schnabel, Anja. „Verschweigen und Erinnern im Spiegel politischer Lyrik. Zu Günter Grass' Gedicht ‚Was gesagt werden muss'". *Deutschland und Israel/Palästina von 1945 bis heute*. Hrsg. von Katja Schubert. Würzburg 2014: 149–160.

Süselbeck, Jan. „Was geantwortet werden muss. Wie Günter Grass sein Gedicht Was gesagt werden muss bereits 1990 in seiner Frankfurter Poetikvorlesung ankündigte – mit einem Exkurs zu seiner Novelle ‚Im Krebsgang' (2002)". *Literaturkritik.de* 5 (2012). literaturkritik.de/public/rezension.php?rez_id=16633 1. April 2022).

Taberner, Stuart. „Grass's Poem ‚Was gesagt werden muss' or, the Last Hurrah of the Aging Author". *German Studies Review* 36.2 (2013): 399–403.

Taberner, Stuart. „‚Was gesagt werden muss'. Günter Grass's ‚Israel/Iran' Poem of April 2012". *German Life and Letters* 65.4 (2012): 518–531.

II.2.10 Einzelveröffentlichungen von Gedichten (1952–2014)

Gabriele Sander

Bereits während seiner Tätigkeit als Steinmetzlehrling in Düsseldorf versuchte sich Grass als Lyriker. Rückblickend erklärte er dazu: „Während dieser Zeit kurz nach dem Krieg habe ich schon Gedichte geschrieben, und zwar zuerst auf dem Friedhof und dann – als der Wiederaufbau begann, nach der Währungsreform – auf dem Baugerüst beim Sandsteinversetzen." (NGA 24, 6) Wegen der offensichtlichen Anleihen bei berühmten Vorbildern, zu denen nach eigener Auskunft Rilke, Trakl, Apollinaire, Ringelnatz, Lorca u. a. gehörten, distanzierte sich Grass später mehrfach von seinen ersten tastenden Versuchen auf dem Feld der Lyrik, er vernichtete diese Gedichte aber nicht: „[...] das gut gefüllte Archiv bei der Berliner Akademie der Künste hütet unveröffentlichte, vom Autor seit dem Jahre 1950 aufbewahrte ‚lyrische Beute' dieser Art in Hülle und Fülle" (Frizen 2024, 1; vgl. die Textbeispiele Frizen 2024, 4–5).

Überhaupt ist Lyrik „die literarische Gattung, die Grass am frühesten, am längsten und am intensivsten gepflegt hat"; er findet „[z]ur Lyrik, häufig begleitet von bildkünstlerischen Arbeiten, Plastik oder Grafik, [...] in der Regel in Inkubationszeiten epischer Großwerke" (Neuhaus 2018, 233). Das gilt bereits für den 1952 während seiner Frankreich-Reise konzipierten Gedichtzyklus *Der Säulenheilige*, der auf die Hauptfigur der *Blechtrommel* vorausweist. Laut Grass handelt es sich um ein „auswucherndes Gedicht, in dem Oskar Matzerath, bevor er so hieß, als Säulenheiliger auftrat. [...] Dieses lange Gedicht war schlecht gelungen, [...] hat sich mir nur in Bruchstücken erhalten [...]" (NGA 21, 378). Trotz dieses Verdikts las er das Eingangsgedicht am 4. Dezember 1980 im Literarischen Colloquium Berlin vor; der Erstdruck erschien 1986; 1991 folgten im Werkstattbericht *Vier Jahrzehnte* zwei weitere Gedichte: „Daß mich das Licht ... " und *Frühling*. „Eine andere Fassung [von *Der Säulenheilige*], die den Stand des lyrischen Ichs auf der Säule auch optisch durch eine Mittelachsengliederung (wie sie Arno Holz in die Lyrik eingeführt hat) widerspiegelt, ist als Autograph in *Sechs Jahrzehnte*, S. 26 [2014], veröffentlicht" (Frizen 2024, 471).

Im Zentrum des mehrteiligen Gedichts steht eine hybride, aus unterschiedlichen Rollenmodellen komponierte Figur, die durch ihre Position „hoch auf der Säule" (NGA 2, 195; vgl. 114) den menschlichen Niederungen enthoben und wie die „Styliten, spätantike Asketen der Ostkirche, [...] aus der Gesellschaft" ausgegrenzt ist (Frizen 2024, 431–432). Das lyrische Ich identifiziert sich mit der „Lüge" und lässt seinen poetischen Imaginationen freien Lauf, die sich zunächst in Allmachtsphantasien äußern: „Ich bin drei große Männer zusammen [...]" (NGA 2, 195). Der Sprecher stilisiert sich zum antibürgerlichen Außenseiter, für den keine gesellschaftlichen Normen gelten: „Ich bin der Zwerg, der die Röcke der alten Weiber zählt, / Ich verkaufe Teppiche mit Motteneiern gespickt [...]. " Anklänge an Mythen und Märchen, an surrealistische und existentialistische Topoi mischen sich mit literarischen Anspielungen, so auf Jakob van Hoddis' früh-

https://doi.org/10.1515/9783110755435-025

expressionistisches Gedicht *Weltende*: „Und schlage euch Nägel in die Köpfe, / Damit euch die Hüte nicht wegfliegen" (NGA 2, 195; vgl. Frizen 2024, 471–472). Dass der Säulenheilige eine Präfiguration des Blechtrommlers Oskar Matzerath darstellt, zeigt sich vor allem im Gedicht *Frühling*: „Ach, nur ein pockiger Bengel / Schlug auf den Rand seiner Trommel [...]" (NGA 2, 115).

Erstmals als Lyriker an die Öffentlichkeit trat Grass 1955 mit dem Gedicht *Lilien aus Schlaf*, das ihm „den 3. Preis bei einem Lyrikwettbewerb des Süddeutschen Rundfunks" und eine Einladung „zur Frühjahrstagung der Gruppe 47 im Mai 1955" eintrug (Frizen 2024, 472). Zu dem in drei Strophen gegliederten Text, der unter Rückgriff auf den antiken Mythos der Aphrodite bzw. Venus (vgl. NGA 2, 197–198) die fließenden Übergänge zwischen Wachen, Schlafen und Träumen suggestiv heraufbeschwört, nahm er für die *Frankfurter Neue Presse* (3. September 1955) eine Selbstdeutung vor, betonte aber, dass diese nicht mehr sein könne und dürfe als „ein Hinweis" (NGA 20, 6). Zweifellos bringt das hermetische, auf einen hohen Ton gestimmte Gedicht „eine lyrische Eigenwelt" hervor: „Das poetische Konstrukt lässt mit der Farbe Weiß Unschuld assoziieren, auch christliche Heilssymbolik, und verstärkt sich mit der Hinwendung zur ‚Traum' signalisierenden Funktion des ‚Schlafs'" (Cepl-Kaufmann 2008, 11).

1956 profilierte sich Grass als neue Stimme in der Nachkriegslyrik mit seinem ersten Sammelband *Die Vorzüge der Windhühner*, dessen „programmatische[s] Titelgedicht [...] einen ersten, metaphernreichen Eindruck vom Selbstverständnis des wenig theoriefreundlichen Künstlers" vermittelt (Stolz 1999, 18). Außerhalb dieses Zyklus erschienen im selben Jahr zwei Einzeldrucke: *Saturn* und *Brot und Romane*. In beiden Gedichten treten jenseits mythologisch und biblisch inspirierter Bilderwelten mehr oder minder deutlich Nachkriegsrealitäten ins Blickfeld. Während in *Saturn* das Motiv der „von den Wänden" abgenommenen „alten Bilder" (NGA 2, 199) auf den Umgang mit der Vergangenheit nach 1945 verweist, wird in *Brot und Romane* mit Vokabeln wie „Asche", „Schutt", „Kräne", „Gerüste[]" die Szenerie der im Wiederaufbau begriffenen Städte entfaltet, in denen jedoch der Kriegslärm nachhallt bzw. die Wiederbewaffnung der Bundesrepublik hörbar wird: „Im Park der Gewehre stottert der Flieder." Die auf den Gedichttitel Bezug nehmende letzte Strophe unterstreicht die Besorgnis der Sprechinstanz vor erneuter Aufrüstung: „Herbst, o wie peinlich hört man die Lunten / Knistern und ahnt schon / Den Schluß der Romane." (NGA 2, 201)

So schöpfen Grass' frühe Gedichte in ihrer Bildlichkeit zwar aus dem tradierten Fundus lyrischen Sprechens, sie reihen sich aber durch ihre Verweigerung konventioneller Ausdrucksformen wie Reim, Metrum etc. und durch die Integration selbstreflexiver, sprachspielerischer und -kritischer Elemente in die Lyrik der Moderne ein. Durch die schrittweise Öffnung für aktuelle Themen der Nachkriegsgesellschaft lassen sie das Konzept einer gegenwartsbezogenen Lyrik erkennen, die durchaus auch politische Akzente setzt und sich damit von den restaurativen Tendenzen der zeitgenössischen Lyrik abgrenzt, insbesondere von den „lyrischen Zeitlosigkeiten der Naturmystiker, die in den fünfziger Jahren ihre Kleingärten bestellten" (NGA 22, 425). Auf der Arbeitstagung „Lyrik heute" distanzierte sich Grass 1960 in seinem Vortrag über

Das Gelegenheitsgedicht auch von sprachexperimentellen „Labordichter[n]“ wie Max Bense und positionierte sich selbst als ein „eingefleischter Gelegenheitsdichter“, für den „[a]m Anfang [...] immer ein Erlebnis“ steht (NGA 20, 29–30). In der Manuskriptfassung wird seine Orientierung an Goethes Dichtungskonzept durch dessen explizite Bezeichnung als „Gelegenheitslyriker“ noch deutlicher (zit. nach Neuhaus 2018, 236). Zu den von Grass übernommenen „zentrale[n] Kategorien der Goetheschen Poetologie“ gehört neben „Erlebnis“ und „Gelegenheit“ auch der Begriff „Gegenstand“ (Neuhaus 2018, 237). Schon 1958 hatte er betont: „In meinen Gedichten versuche ich, durch überscharfen Realismus faßbare Gegenstände von aller Ideologie zu befreien, sie auseinanderzunehmen, wieder zusammenzusetzen [...]. Oft kommt mir mein anderer Beruf entgegen und erlaubt, den zu fixierenden Gegenstand von allen Seiten zu zeichnen. Erst dann erfolgt die Niederschrift des Gedichts“ (NGA 20, 26; vgl. dazu Drux 2022, 218).

Ein Beispiel für die Gegenständlichkeit seiner Lyrik ist der 1960 publizierte achtteilige Zyklus *Mein Radiergummi*, der mit viel Selbstironie die spannungsreiche Beziehung des Künstler-Ichs zu einem seiner Arbeitsinstrumente behandelt – mit Anspielungen auf die barocke „Vanitas-Topik“ und den Sisyphos-Mythos (Frizen 2024, 475; mit Verweis auf Neuhaus und Dittberner). Nach Art einer Ballade finden sich neben szenisch-dramatischen Elementen etwa in Form einer Anrede des Ichs an seinen personifizierten Radiergummi (vgl. NGA 2, 206) vor allem narrative Strukturen, die sich nicht nur in der fast durchgängigen Verwendung des Erzähltempus Imperfekt, sondern auch in den ereignishaften Titeln des zweiten, dritten und letzten Gedichts widerspiegeln: *Verlust*, *Gefunden* und *Abschied*. Da das abhanden gekommene, dann wiedergefundene Objekt „nicht mehr zu gebrauchen ist“ (NGA 2, 206), entsteht nach dem Kauf eines „neuen Radiergummi[s]“ zunächst eine produktive Kooperation („wir [...] / arbeiten Hand in Hand.“), dann wegen seiner Neigung, „die falschen Striche“ auslöschen zu wollen und „den richtigen hinterdrein“ zu laufen (NGA 2, 207), eine komplizierte *Teamwork*-Beziehung: „Der ruhelose Radiergummi (er ‚schläft nur selten‘) indiziert ein ständiges Bemühen um selbstkritische Überarbeitung des ‚mit beiden Händen‘ Geschaffenen; sie geht mit der inspiratorischen Gestaltung eine zur Vervollkommnung des Kunstwerks notwendige Verbindung ein“ (Drux 2022, 223).

Spätestens seit den 1960er Jahren ist analog zu seinen epischen und dramatischen Texten auch in den Gedichten eine zunehmende Politisierung unübersehbar. Deren Beginn datierte Grass retrospektiv auf den „Arbeiteraufstand vom 16. und 17. Juni [1953] in der DDR“; dadurch sei ihm „die politische Nachkriegsrealität und also auch die Verlogenheit des Anspruchs auf ‚Wiedervereinigung in Frieden und Freiheit‘ bewußt“ geworden (NGA 21, 314). Ein poetisches Echo finden die dramatischen Ereignisse am Brandenburger Tor in dem 1965 erschienenen Monolog-Gedicht *Der Mann mit der Fahne spricht einen atemlosen Bericht*, in dem das Ich als Augenzeuge seine lebensbedrohlichen Erlebnisse „auf dem Dach vom Adlon“ in einem buchstäblich „atemlosen“ Staccato elliptischer Sätze schildert (NGA 2, 216–217).

Sein Verständnis von zeitgenössischer Autorschaft motivierte Grass nicht nur zu öffentlichen Reaktionen auf aktuelle nationale und internationale Ereignisse und

Entwicklungen, sondern auch zu parteipolitischen Kommentaren, die er mitunter in lyrischer Form präsentierte. So nahm er in dem anlässlich der Bundestagswahl 1961 geschriebenen, in Paarreimen verfassten *Fromme[n] Wahllied für Katholiken, Schildbürger und Unentschiedene* insbesondere die opportunistischen Wahlempfehlungen der katholischen Kirche satirisch aufs Korn. Namentlich genannt werden neben Kardinal Frings prominente Politiker wie Willy Brandt, Franz-Josef Strauß und der von Erzengeln „vom Stengel" gestürzte ehemalige NS-Verwaltungsjurist Hans Globke, der unter Konrad Adenauer zum Chef des Bundeskanzleramts aufgestiegen war, sowie der „Dichter Heinrich Böll", der „Nazis in die Höll" schickt (NGA 2, 213–214). In ganz anderer Tonlage bezog Grass zur folgenden Bundestagswahl 1965 Stellung. Ans Ende seiner – von Ernst Moritz Arndts patriotischem Gedicht *Was ist des Deutschen Vaterland?* inspirierten und um die „westdeutsche Wiedervereinigungspolitik" (NGA 20, 126–138, hier 133) kreisenden – *Rede im Bundestagswahlkampf* setzte er eine *Transatlantische Elegie*. Darin verarbeitet er Gespräche, die er während seiner USA-Reise im Mai/Juni 1965 mit Emigranten aus NS-Deutschland geführt hatte. Ihnen gegenüber vertritt er die Position, dass es in der Bundesrepublik „besser geworden" sei und sich nun „endlich […] auch meine Generation" politisch engagiere: „Bald, im September, sind Wahlen" (NGA 2, 218). Allerdings verzichtet er hier noch auf eine explizite Wahlempfehlung, wie er sie am Schluss des Gedichts *Gesamtdeutscher März* (aus dem 1967 erschienenen Zyklus *Ausgefragt*) ausspricht: „ich rat Euch, Es-Pe-De zu wählen." (NGA 1, 193)

Aufgrund seiner „Zugehörigkeit zur ‚Täter-Generation'", die „Grass' literarisches Werk" insgesamt prägt, ziehen sich Spuren der NS-Geschichte auch durch seine Lyrik, denn diese „rekonstruiert aus der Vergangenheit die gegenwärtigen Verstrickungen" (Boyken und Immer 2020, 193–194). Ein Beispiel dafür ist das zum Jahresende 1973 zusammen mit dem Essay *Israel und Ich* publizierte und mit dem Victory-Zeichen überschriebene Gedicht *V.*, das sich auf den Jom-Kippur-Krieg bezieht, in dem Ägypten, Syrien und weitere arabische Staaten im Oktober 1973 auf dem Sinai und den Golan-Höhen gegen Israel kämpften. Mit den Versen: „Die jeweils gerechte Sache. / Zwei Riesen rechnen ihr Spielzeug auf. / […] / Alle machen das Zeichen V. / Im Jahre achtundzwanzig nach Auschwitz." (NGA 2, 234) verdeutlicht Grass seinen Gewissenskonflikt, sich bei diesem Krieg eindeutig auf die Seite Israels zu schlagen – trotz der aus der deutschen Geschichte erwachsenen besonderen Verantwortung diesem Staat gegenüber, den er mehrfach besuchte (vgl. NGA 21, 387–393). Die sich hier andeutende Israel-kritische Haltung verschärfte er in dem 2012 veröffentlichten „skandalträchtige[n] Gedicht" *Was gesagt werden muss* (Cox 2023, 71), das zu heftigen Reaktionen führte und grundsätzliche Diskussionen über politische (Tendenz-)Lyrik auslöste.

In seinen Anfängen als Lyriker hatte sich Grass, obwohl „unter dem Adorno-Verdikt stehend, nach Auschwitz Gedichte zu schreiben sei barbarisch, zwar nicht das Schweigen, doch immerhin poetische Askese verordnet" (Frizen 2024, 6), wie das sowohl poetologisch wie politisch lesbare Gedicht *Askese* aus dem Zyklus *Gleisdreieck* bezeugt (vgl. Boyken und Immer 2020, 189–196). 25 Jahre bevor sich Grass 1990 in der Frankfurter Poetik-Vorlesung über *Schreiben nach Auschwitz* ausführlich mit dem „Adorno-Gebot“ auseinandersetzte, das für ihn „wenn überhaupt – nur schreibend zu widerlegen war“ (NGA 22, 424), hatte er ein Gedicht über den Philosophen publiziert: *Adornos Zunge* (Abdruck einer früheren Version ohne Namensnennung unter dem Titel *Zungenwurst* bei Frizen 2024, 479–480). Darin erhebt er gegen den Autor „mit der schönen Zunge“ (NGA 2, 220) zwar den „Vorwurf der Sprachartistik und Unverbindlichkeit wie de[n] des Hegelisierens“ (Frizen 1992, 42), lässt aber als Gegenbewegung in der zweiten, vierten und sechsten Strophe eine Gruppe von Metzgern auftreten, die es auf „Adornos Zunge“ abgesehen haben und diese schließlich „in ihr Haus“ tragen (NGA 2, 220). Frizen zufolge sind hier mit den Metzgern jedoch nicht die „Nazischergen“ gemeint, sondern „die messerscharf argumentierenden linkshegelianischen Seminarmarxisten, die Adorno ins Schweigen drängen, weil seine Schüler die Seminartheorie in die Realität überführen wollen“ (Frizen 2024, 480).

Erstmals am Genre des Porträtgedichts hatte sich Grass 1959 versucht und den mit ihm befreundeten Künstler Karl Oppermann als „konservative[n] Maler“ (NGA 2, 205) charakterisiert und dabei das Qualitätsgefälle seiner Werke betont: *Der Maler Oppermann* (Erstdruck 2013; vgl. Frizen 2024, 474). In den folgenden Jahrzehnten verfasste er zu besonderen Anlässen weitere Gedichte über prominente Persönlichkeiten, die darin nicht nur in freundlichem Licht erscheinen: Auf *Adornos Zunge* (1965) folgten 1973 ein lyrischer Nekrolog auf die verstorbene Ingeborg Bachmann unter dem Titel *Todesarten* (NGA 2, 233) und 1975 das Gedicht *Auf der Durchreise Biermann* (NGA 2, 235), das ein Jahr vor dessen Ausbürgerung aus der DDR entstand. In einem Interview von 1974 hatte Grass ihm zwar „Riesenrespekt“ gezollt, aber betont, dass ihn dies nicht hindere, Biermanns „Arbeit kritisch zu sehen“ (NGA 24, 152)

Zu den thematischen Konstanten seiner Lyrik gehören auch die deutsch-deutsche Teilung und der Ost-West-Konflikt. In dem Gedicht *Tränentüchlein* (1968) veranschaulicht Grass die grotesken Auswüchse der innerdeutschen ideologischen Konkurrenz an den Kindersendungen „Sandmännchen West und Sandmännchen Ost“, die „einander nicht anerkennen“ wollen (NGA 2, 222). „Den parzellierten Unsinn“ (NGA 2, 226) als globales Problem spricht er im *Meißner Tedeum* (1971) an, das in Form einer Antiphon zu einem liturgischen Lobgesang Gottes gestaltet und in zwei Spalten gedruckt ist. Das ungewöhnliche Werk entstand 1966 in Zusammenarbeit mit dem Kirchenmusiker Wolfgang Hufschmidt, der anlässlich des tausendjährigen Bestehens des Bistums Meißen und des Meißner Doms einen Kompositionsauftrag erhalten hatte. An der Uraufführung 1968 durfte Grass allerdings nicht teilnehmen, da er „seinerzeit in der DDR Persona non grata“ war (Frizen 2024, 483). Sein monologischer Gegengesang zu dem von Luther übersetzten ambrosianischen *Tedeum* lässt sich nicht nur als grundsätzliche „Auseinandersetzung mit religiösen und philosophischen Traditionshintergründen“ (Stolz 1994, 127) bzw. mit der „unheiligen Tradition“ des Christentums lesen (Neuhaus 1990, 494), sondern auch als kritischer Kommentar zur Geschichte und Gegenwart: „Soll ich den Fortschritt, / Recht aufs Einzelgrab, / den Ledernacken loben, / wen? / Die Macht? / Dich blindlings immerrecht / hat die / Partei?“ (NGA 2, 226); bei der Uraufführung wurde „diese Provokation der SED von Hufschmidt in Selbstzensur herausgeschnitten“ (Frizen

2024, 483). Mit Hilfe eines Fragenkatalogs bringt der Sprecher gleich zu Beginn seine Glaubensskepsis zum Ausdruck und erinnert an die verheerenden Folgen christlich motivierter Herrschaftsansprüche: „Soll ich dem Gott, einsilbig / Wort, / einst auf dem Koppelschloß, / dem Kreuzzugsgott, / dem Gott auf Münzen, dem / in Gips, / wem soll ich danken, loben / wen?“ (NGA 2, 226) Anschließend dekonstruiert er durch seine Gegenrede zentrale Glaubensinhalte des Alten und Neuen Testaments und bekennt sich dazu, „klein und beschränkt im / Vakuum“ selbstverantwortlich zu leben, „nicht zu verstoßen, zu erlösen, / nur irdisch mündig will ich / sein“ (NGA 2, 231). An die Empfehlung, „die folgenschwere Leere mit heiterer Melancholie zu ertragen“ (Stolz 1994, 131), schließt sich sein persönliches Credo an, das er dem AMEN gegenüberüberstellt: „DICH, Zweifel, will ich kettenrauchend rühmen, / [...] und DICH, Vernunft, [...] will ich laut rühmen – / [...] will – NEMA! – ich laut / rühmen gegen / Wind [...]“ (NGA 2, 232)

In den 1990er Jahren setzte sich Grass intensiv mit den Folgen des Zusammenbruchs des DDR-Regimes und der Situation nach der Wiedervereinigung auseinander. Er begleitete die Ereignisse zunächst publizistisch, wie der Sammelband *Ein Schnäppchen namens DDR. Letzte Reden vorm Glockengeläut* (1993) dokumentiert, verarbeitete sie dann auch literarisch, u. a. in dem Sonett-Zyklus *Novemberland* (1993) und dem Roman *Ein weites Feld* (1995). Bereits 1992 hatte er ein Gedicht über die *Treuhand* verfasst, in dem deren rein ökonomisch orientiertes Wirken „[i]m zweiten Jahr der Einheit“ sarkastisch als Einsammeln von „toten Fliegen“ bezeichnet wird; die Schlusspointe lautet: „Gleichmäßig und gerecht sät übers Land / Treuhand die toten Fliegen.“ (NGA 2, 241) „Grass' negative Sichtweise auf die Treuhand“ (Stausberg 2023, 200) begegnet auch in dem Sonett *Späte Sonnenblumen* aus dem *Novemberland*-Zyklus: „Ach, Treuhand hat uns abgeschöpft.“ (NGA 1, 295)

Unter den separat gedruckten Gedichten finden sich auch solche, die mehr oder minder deutlich markierte intertextuelle Bezüge zu Grass' Romanen aufweisen und mit diesen in engem entstehungsgeschichtlichen Zusammenhang stehen. So zeigt das 1968 publizierte Gedicht *Danach* (NGA 2, 223) teils wörtliche Übereinstimmungen mit dem Beginn des dritten Teils von *örtlich betäubt* (vgl. Frizen 2024, 481). Als weiteres Beispiel ist das 1975 erschienene Gedicht *Neben den Zwiebeln* (NGA 2, 236) zu nennen, das motivische Schnittmengen zum *Butt* enthält, aber weder in den Roman noch in den Gedichtzyklus *Ach Butt, dein Märchen geht böse aus* aufgenommen wurde; eine frühere Version war 1974 als „Bildgedicht unter dem Titel *Möhrenfinger*“ reproduziert worden (Frizen 2024, 488).

Eine Konstante in Grass' lyrischem Œuvre bilden in formaler Hinsicht Gedichte, die sich durch eine epigrammatische Kürze und Prägnanz auszeichnen. Solche Kurzformen hatte Grass schon seit den 1950er Jahren erprobt, um aus Alltagsbeobachtungen bzw. ‚Erlebnissen‘ gewonnene Erkenntnisse oder auch spontane Einfälle zu bestimmten Ereignissen und Anlässen pointiert zum Ausdruck bringen. Dieses Genre pflegte er bis ins hohe Alter, wie sein letzter, 2012 erschienener Zyklus *Eintagsfliegen* bezeugt, den er mit dem Untertitel *Gelegentliche Gedichte* versah – in Anspielung auf seinen 1960 gehaltenen Vortrag über *Das Gelegenheitsgedicht*. Darin hatte Grass seinen Vierzeiler über *Die Lüge* als „Urgelegenheitsgedicht“ bezeichnet, an dessen Anfang „immer ein

Erlebnis“ stehe (NGA 20, 30) – in diesem Falle der Besuch bei einem Schneider: „Ihre rechte Schulter hängt, / sagte mein Schneider. / Weil ich rechts die Schultertasche trug, / sagte ich und errötete.“ (NGA 2, 212) Allerdings „fällt auf, dass der [im Vortrag] berichtete Anlass mit seiner poetischen Fassung im Gedicht nicht übereinstimmt“, denn „[d]as Erlebnis beim Schneider wird umgeformt zu einem Gleichnis über pädagogische Deformation; die Rechtslastigkeit seiner Erziehung prägt noch den Erwachsenen [...]. Aus der Gelegenheit [...] wird also eine überindividuelle Erkenntnis gezogen“ (Drux 2022, 222).

Vielfach integrierte Grass seine einstrophigen, meist aus vier bis acht Versen bestehenden Kurzgedichte in seine Sammelbände, einzelne Texte publizierte er aber auch separat, z. B. die beiden parabolischen Texte *Fotogen* (1961) und *Vergleichsweise* (1964; beide in NGA 2, 215). Erst 1994 gedruckt wurde das einem Brief an Walter Höllerer vom 5. Januar 1958 beigefügte vierzeilige Gedicht *Feiertage*, das einen blasphemischen Kommentar zum Weihnachtsfest enthält: „Immer wenn jemand Christkindchen sagt, / muß ich mir eine Zigarette anzünden. / Der Heiland dieser Welt / ruiniert meine Gesundheit.“ (NGA 2, 202)

Nachdem Grass 1997 unter dem Titel *Fundsachen für Nichtleser* „ein Alltagsuniversum von Kurz- und Kürzestgedichten“ veröffentlicht und darin „ein neues Genre“ (Frizen 2024, 75) namens *Aquadichte* (NGA 1, 321) kreiert hatte, ließ er 2001 als Beispiele dafür *Späte Neugierde, Den Kamin beschweigen* und *Luxus* (NGA 2, 243) in dem Aquarellband *Mit Wasserfarben* abdrucken und veranschaulichte damit erneut das symbiotische Verhältnis zwischen seiner lyrischen und künstlerischen Produktion. Im Unterschied zu diesen Texten lassen die letzten beiden einzeln veröffentlichten Kurzgedichte ihre Anlassgebundenheit schon im Titel erkennen. So verfasste Grass nach einer „auf Einladung des ‚Jemenitischen Studien- und Forschungszentrums‘ und des jemenitischen Staatspräsidenten“ unternommenen Reise in den Jemen im Dezember 2002 (Frizen 2024, 494) für den *diwan*, die *Zeitschrift für arabische und deutsche Poesie*, sieben Verse mit dem Titel *Tour de Jemen* (NGA 2, 244) – in ausdrücklicher Erinnerung an seinen Vierzeiler *Tour de France* aus der Sammlung *Ausgefragt* (1967; NGA 1, 171). Zu einer Plakataktion während der FIFA-Weltmeisterschaft 2006 steuerte er das vierzeilige Gedicht *Der Ball ist rund* bei, das diese berühmte Phrase von Sepp Herberger ironisch konterkariert: „Meiner hat eine Delle [...]“ (NGA 2, 245).

Eine Sammlung von sechs Kurzgedichten veröffentlichte Grass 2006 unter dem Titel *Sommergedichte, geschrieben auf Møn*. Die dänische Insel begegnet auch schon in den *Fundsachen für Nichtleser* (1997), und zwar in dem Gedicht *Butt über Møn* (NGA 1, 323). Bereits die Titel der *Sommergedichte* mit ihren teils jahreszeitlichen (*Brombeerzeit, Beim Schwimmen* und *Augusthimmel*), teils lokalen Bezügen (*Am Fuß steiler Küste* und *Mein Wald*) lassen ahnen, dass das lyrische Ich durch die Konfrontation mit konkreten Naturphänomenen und sinnlichen Eindrücken nicht nur die sommerliche Idylle zu erkunden versucht, sondern auch, wie der Titel des fünften Gedichts signalisiert, *Das Eigene*: „Rauschen im Ohr. / Von fernher die Brandung? / Naher Verkehr? / Oder bin ich das?“ (NGA 2, 247) Im Mittelpunkt des Zyklus stehen vor allem Irritationen, die bestimmte Beobachtungen und Erfahrungen auslösen und zu kritischen, durchaus existentiellen Selbstbefragungen führen. Zwar dominiert in den meisten Gedichten die subjektive Wahrnehmung, aber bisweilen nimmt sich der Sprecher vollständig zurück, um in lakonischer Zuspitzung von einem Doppelereignis *Am Fuß steiler Küste* scheinbar objektiv zu berichten: „Von Møns Klinten brach ein Stück / zu lange gelagerte Kreide ab / und beendete eine Ehe, weil die Frau / zurückgeblieben, der Mann um 50 rettende Schritte / davongeeilt war." (NGA 2, 246) Während hier auf einen Kommentar zur Koinzidenz von Naturkatastrophe und menschlicher Tragödie verzichtet wird, schildert das Ich am Schluss des Zyklus angesichts der Sterne am *Augusthimmel*, die – in Anspielung auf Kants Diktum – bei ihm „[k]ein Staunen mehr oder Erschrecken" hervorrufen, immerhin seine physischen Reaktionen: „Nur Genickstarre vom Sternegucken / und ein Rest erklärbarer Schwindel." (NGA 2, 247)

So heterogen inhaltlich und formal das Textkorpus der von Grass separat publizierten Gedichte ist, es lassen sich an ihnen nicht nur die Entwicklungslinien seiner Lyrik im Spiegel der deutschen Nachkriegsgeschichte nachzeichnen, sondern sie bilden auch das breite Spektrum seiner poetischen Ausdrucksmöglichkeiten ab. Insofern kommt diesen Texte keineswegs nur der Status von Neben- bzw. Randprodukten innerhalb seines Œuvres zu.

Literatur

Boyken, Thomas, und Nikolas Immer. *Nachkriegslyrik. Poesie und Poetik zwischen 1945 und 1965*. Tübingen 2020.

Cepl-Kaufmann, Gertrude. „‚Kot gereimt' und andere Ablagerungen. Zur frühen Lyrik von Günter Grass". *Vogelflug und letzte Tänze*. Hrsg. von Burkhard Moennighoff und Rüdiger Zymner. Schwerte-Villigst 2008: 10–28.

Cox, Christoph. *Lyrische Agonistik. Das Politische in Gedichten der Gegenwart*. Berlin und Heidelberg 2023.

Drux, Rudolf. „‚Das Gelegenheitsgedicht oder ... '? Eine gattungspoetische Kontroverse zwischen Günter Grass und Helmut Heißenbüttel". *Gelegenheitslyrik in der Moderne. Tradition und Transformation einer Gattung*. Hrsg. von Johannes Franzen und Christian Meierhofer. Bern et al. 2022: 217–231.

Frizen, Werner. „‚... weil wir Deutschen die Aufklärung verschleppten'. Metaphysikkritik in Günter Grass' früher Lyrik". *Günter Grass: Ein europäischer Autor?* Hrsg. von Gerd Labroisse und Dick van Stekelenburg. Amsterdam und Atlanta, GA 1992: 3–44.

Frizen, Werner. *Günter Grass. Werkkommentare. Einführung, Stellenkommentar, Materialien*. Bd. 4: *Gedichte und Kurzprosa*. 2., überarbeitete und wesentlich erweiterte Auflage. Berlin und Boston 2024.

Neuhaus, Volker. „Das Meißner Tedeum – Günter Grass als Koautor eines liturgischen Textes". *Architectura poetica. Festschrift für Johannes Rathofer zum 65. Geburtstag*. Hrsg. von Ulrich Ernst und Bernhard Sowinski. Köln und Wien 1990: 491–497.

Neuhaus, Volker. „‚Wörter [...] warten darauf, einen Schatten werfen zu dürfen'. Zu den Gedichten von Günter Grass". *Widerhall auf das Jahr der Revolten 1968*. Hrsg. von Volker Neuhaus, Per Øhrgaard und Jörg-Philipp Thomsa. Berlin 2018: 232–270.

Stausberg, Friederike. *Günter Grass und die Berliner Republik. Eine biografische Fallstudie über die kommunikative Macht von Intellektuellen*. Berlin und Boston 2023.

Stolz, Dieter. *Vom privaten Motivkomplex zum poetischen Weltentwurf. Konstanten und Entwicklungen im literarischen Werk von Günter Grass (1956–1986)*. Würzburg 1994.

Stolz, Dieter. *Günter Grass zur Einführung*. Hamburg 1999.

II.3 Theaterspiele / Szenische Texte

II.3.1 *Hochwasser. Stück in zwei Akten* (1957)

Ioana Crăciun

Die erste Fassung des Stücks, dem das Grass'sche Gedicht *Hochwasser* (NGA 1, 15) aus seiner ersten Buchveröffentlichung *Die Vorzüge der Windhühner* (1956) zugrundeliegt – es „[enthält] das Drama *in nuce*" (Dixon 1971, 368) –, entstand 1955, zu einem Zeitpunkt, als Bertolt Brecht sein Konzept eines ‚epischen Theaters' bereits in seine Schreib- und Bühnenpraxis umgesetzt hatte und auf den Bühnen Europas Stückschreiber wie Samuel Beckett, Eugène Ionesco und Arthur Adamov als Erneuerer des dramatischen Diskurses gefeiert wurden. *Hochwasser* ist sowohl als Produkt des antiaristotelischen Theaterkonzepts Brechts als auch als Produkt des Theaters des Absurden zu verstehen. Einen Forschungsüberblick geben neben Volker Neuhaus (2010, 14–15) die Dissertation von Dieter Stolz (1994, 164–172), sein Theaterspiele-Kommentar (2010, 22–26, 73–79, 179) und seine Darstellung des dramatischen Gesamtwerks von Günter Grass (2023, 117–181).

Hochwasser wurde erstmals am 19. Januar 1957 im Studententheater *neue bühne* in Frankfurt am Main gespielt. Der Regisseur der Aufführung war der spätere Literatur- und Theaterverleger Karlheinz Braun. Eine von Helmut Heißenbüttel bearbeitete Version von *Hochwasser* wurde 1957 vom *Süddeutschen Rundfunk* ausgestrahlt, Regie führte Martin Walser. Zu den Mitwirkenden gehörten Annemarie Holtz in der Rolle der Schwägerin Betty und Johanna von Koczian in der Rolle der Tochter Noahs, Jutta. Es folgten die Veröffentlichung des Stücks in *Akzente* Nr. 7 (1960, 498–539) und seine Aufführung im April 1960 am Deutschen Theater in Göttingen.

Eine zweite Fassung des Bühnenwerks *Hochwasser. Stück in zwei Akten* entstand 1963, im gleichen Jahr wie Rolf Hochhuths dokumentarisches Stück *Der Stellvertreter. Ein christliches Trauerspiel*, ein skandalumwittertes Theaterstück über die Verstrickung des Vatikans in den Holocaust. Diese zweite *Hochwasser*-Fassung wurde in der Edition Suhrkamp als 40. Folge der Schriftenreihe *Im Dialog. Neues deutsches Theater* publiziert. Als neu im deutschen Theater der 1960er Jahre galten einerseits solche Texte wie *Hochwasser*, die dem epischen Theater und dem Theater des Absurden verpflichtet waren, und andererseits solche, die politisch engagiert waren und, wie Rolf Hochhuths *Stellvertreter* oder Peter Weiss' *Die Ermittlung. Oratorium in 11 Gesängen* (1965), das Ziel verfolgten, sich mit der nationalsozialistischen Vergangenheit kritisch auseinanderzusetzen. Das gilt auch für das Grass'sche Stück, wenngleich in diesem Theaterspiel die geschichtliche Katastrophe als Naturkatastrophe verschlüsselt ist.

Das Interesse der etablierten Bühnen für den Zweiakter ist bis heute gering. Das mag damit zusammenhängen, dass das Urteil über *Hochwasser* scheinbar leicht zu fällen ist: *Das Stück* ist auf den ersten Blick ein lose strukturiertes Theaterwerk ohne Tiefgang, ein grotesk-skurriler Text voller Ironie und Pointen, die ins Leere laufen, eine dem Geist des absurden Theaters mit seinem schwarzen Humor entstammende Kopf-

https://doi.org/10.1515/9783110755435-026

geburt, die sich avantgardistisch gibt und Schritt zu halten versucht mit der modernen europäischen Dramatik. Eine aufmerksame Lektüre vermag jedoch, die stringente Komposition des Stücks, seine konsequent in die Praxis umgesetzte Poetik, seine auktoriale Selbstreflexivität, sein kultur- und zivilisationskritisches Moment sowie seine soziale Relevanz zu zeigen.

Zum Figurenensemble von *Hochwasser* zählen Archibald Noah – ein Hausbesitzer, Betty – seine Schwägerin, Jutta – seine Tochter, Leo – sein Sohn, Henn – Juttas Verlobter, Kongo – Leos Freund sowie ein namenloser Schadensprüfer. Hinzu kommen zwei Ratten – Strich und Perle –, die sich, ähnlich den Tieren in Fabeln und in Kindermärchen, der menschlichen Sprache bedienen, um einander Geschichten zu erzählen, gemeinsame Erinnerungen wachzurufen und Pläne für die Zukunft zu schmieden. Die antithetisch konzipierte Figurenkonstellation lässt effektvolle Kontraste, jedoch auch überraschende Berührungspunkte zwischen der Welt der Menschen und derjenigen der Tiere entstehen.

Als Schlüssel zur Interpretation des Stücks kann der Name Archibald Noah gelten, in dessen Haus sich die Handlung abspielt. Er lässt an die gleichnamige biblische Gestalt denken, während sein Haus Assoziationen mit der rettenden Arche im Alten Testament weckt. Diese Assoziationen sind umso berechtigter, als Grass selbst den alttestamentlichen Mythos um Noah und seine Arche evoziert, allerdings aus der ironisch verfremdenden Perspektive der beiden Ratten. „Die Leute haben heutzutage kein Gefühl mehr für echte Symbole. Wenn wir Tauben wären, waschechte Friedenstauben", lässt er Perle seufzen, während Strich ihm sekundiert: „Achgottachgott, und hätten ein grünendes Zweiglein im Schnabel. […] Die Künstler würden uns malen, die Dichter uns bedichten … " (NGA 3, 63) Das Spiel mit dem biblischen Mythos lässt Fragen aufkommen, um die das gesamte Stück zentriert ist: Kann man Katastrophen verhindern? Wie bewältigt man sie emotional und in der Kulturpraxis? Was lernt man daraus? Gemeint sind weniger Naturkatastrophen als vielmehr solche, die der Mensch selbst verschuldet.

Noahs Sohn heißt Leo, d. h. Löwe. Ist im christlichen Denken die alttestamentliche Arche Noah eine Präfiguration der Kirche Christi, so ist der Löwe ein Symbol Jesu Christi und der Auferstehung. Leo – Mensch, Tier und Gott zugleich – verbindet in subtiler Art und Weise die Ebene der menschlichen mit der Ebene der tierischen Gestalten des Stücks. Anders als in der biblischen Erzählung ist das Tierreich im Grass'schen Stück durch ein einziges Tierpaar vertreten, ausgerechnet durch die klugen, aber bei vielen Menschen eher weniger beliebten Ratten. Dem Ratten-Duo legt Grass allerdings die einfallsreichsten Phantasien, die schärfsten Kommentare, die bittersten Ironien in den Mund. Sind Strich und Perle vielleicht ein selbstironisches, grotesk verzerrtes Selbstbild des Stückeschreibers Grass? Das Doppelporträt eines unbequemen Künstlers, den eine bürgerlich-konservative Gesellschaft als Schädling, als Ratte beschimpft? Es heißt ja: „Ratten sind auch Menschen, basta!" (NGA 3, 42) Strichs Identitätsbewusstsein ist jedenfalls das eines großen, wenn nicht größenwahnsinnigen Künstlers: „Von nun an nährt mich der Geist. […] Geist macht unsterblich. Alle werde ich überleben, alle, alle, – auch die Katzen." (NGA 3, 42)

Archibald Noahs Haus besteht aus einem Keller, einem niedrigen Zimmer und einem Flachdach. Die drei Raumebenen, auf denen die Handlung abwechselnd spielt, entsprechen der Architektur des Holzkastens, den Noah nach Anweisungen Gottes baute (1. Mose 6, 16). Diese Bühnenform, die man aus den Mysterienspielen des Spätmittelalters und auch aus Erwin Piscators agitatorischen Inszenierungen kennt, lässt die metaphysische Dimension des Stückes und seine politische Substanz eine Synthese eingehen, die auch dem Hochhuth'schen *Stellvertreter* und der *Ermittlung* von Peter Weiss eigen ist.

Zwei Generationen bewohnen die zeitgenössische Arche Noah: Unten, im Keller, schleppen der alte Archibald Noah und seine Schwägerin Betty schwere Kisten, die sie vor dem Hochwasser retten wollen, während Tochter Jutta und ihr Verlobter Henn oben im Zimmer im Bett liegen und sich die Zeit mit einem Ratespiel vertreiben. Die alte Generation ist aktiv und energisch, die junge träge und hedonistisch. Der Kontrast zwischen der *vita activa* der Alten und der *vita contemplativa* der Jungen ist umso deutlicher, als das Ratespiel darauf abzielt, die Gedanken des Mitspielers zu erraten: „Ich muß alles wissen, alles, was du denkst, alles. [...] Gehst du zum Schrank, was denkst du dabei, ziehst du dir immer wieder diesen verwaschenen Pullover an, was denkst du dabei." (NGA 3, 28) In Grass' Worten, die er Jutta sprechen lässt, heißt es: „Ist das ein Spiel, oder willst du bloß wieder mal nachschnüffeln?" (NGA 3, 27) Nachgeschnüffelt wird in jeder Diktatur, nachgeschnüffelt wurde im Übermaß auch im Nazideutschland. Henn reproduziert in seinem Ratespiel mit Jutta ein diktatorisches Verhaltensmuster mit katastrophalen Folgen. Die Geschichte kann sich wiederholen, solange sich das Verhalten der Menschen nicht ändert, so Grass' Warnung.

In den Kisten, die die Alten aus dem Keller ins obere Stockwerk hochtragen, befindet sich neben Photoalben, Schallplatten und Zeitungen Noahs große Sammlung von Tintenfässern. Was Noah zu retten versucht, ist neben der eigenen Identität und der Lebensgeschichte seiner Familie, so wie sie in Bettys Fotoalben dokumentiert ist, das kulturelle Gedächtnis einer von Verfall und Zerstörung bedrohten Welt. Tintenfässer versinnbildlichen die schriftlich fixierte literarische Tradition und das historische Gedächtnis der Menschheit. In eines der Tintenfässer habe Königin Luise ihre Feder getaucht, „als sie auf der Flucht hier durchkam, übernachtete und mehrere Briefe schrieb ... " (NGA 3, 24). Noah bemüht sich einerseits, seine photographisch dokumentierte Vergangenheit vor der Zerstörung zu retten, denn: „Ein Mensch ohne Fotoalbum ist ein Sarg ohne Deckel" (NGA 3, 34), wie es pseudoaphoristisch heißt. Andererseits kämpft er darum, seine Vergangenheit zu verdrängen und sie vor den eigenen Kindern geheim zu halten: „Ich glaube nicht, daß hier der geeignete Platz ist und die rechte Zeit" (NGA 3, 23), darüber zu sprechen, sagt er zu Betty. In der biblischen Sintfluterzählung wird Noah als frommer Mensch ohne Tadel geschildert. Archibald Noah hingegen trägt mit sich die Bürde einer Vergangenheit, über die er lieber schweigen möchte. Ist es womöglich seine NS-Vergangenheit, die hier verschwiegen und verdrängt wird? Grass' *Hochwasser* bietet Raum für eine Vielfalt von Interpretationsmöglichkeiten, was gleichermaßen irritierend wie produktiv ist.

Offene Fragen zuhauf. Das gilt auch im Hinblick auf die vielen Überraschungen, die das detailverliebte Stück darüber hinaus bereithält: Leo und sein Freund Kongo steigen plötzlich wie selbstverständlich aus einer der schweren Kisten aus und spielen sofort fröhlich auf der Bühne mit. Leos Erscheinungsbild hat dank seiner uniformähnlichen Kleidung etwas Martialisches, und sein Gastgeschenk für Tante Betty – Fallschirmseide – weckt Assoziationen mit Fallschirmjägern und Luftkriegen. Das Rheinland, wo Leo sich längere Zeit aufgehalten hatte, ist das Gebiet, das Hitler 1936 entgegen dem Versailler Abkommen remilitarisiert hatte, so David Barnetts Hinweis (Barnett 2009, 183). Personifiziert Leo die verdrängte Vergangenheit Noahs? Ist er die personifizierte Wiederkehr der gleichen imperialistischen Ideologie, als welche Leos Freund Kongo mit seinem Kolonialismus suggerierenden Namen fungiert? Grass' dramatischer Diskurs bleibt bewusst in der Schwebe und schließt jede eindeutige Antwort aus.

Jutta und Henn stehen dem historischen und dem kulturellen Erbe der Elterngeneration gleichgültig gegenüber. Sie „liegen nur immer herum und haben sich." (NGA 3, 23) Ihre eigene Kultur ist diejenige des Scheins, nicht des Seins, so Grass' Kritik, die er Strich äußern lässt: „Die haben nur im Kino Angst, weil es da duster ist und weil sie ihre Mark fuffzig bezahlt haben." (NGA 3, 59) Alle Hausbewohner, auch die Ratten, verdrängen die Todesgefahr, in der sie schweben, indem sie einander allerlei Geschichten erzählen. Diese Geschichten sind nicht neu, sie wiederholen sich und werden jedes Mal anders erzählt, bald in zartem, poetischem Ton, bald in einer derb-obszönen, Ekel erregenden Sprache. Auf diese Weise wird ihr Wahrheitsgehalt relativiert, bis er völlig verschwindet und die Geschichten absurd klingen: „Laßt Kongo erzählen, der lügt besser." (NGA 3, 44) Nicht als ästhetisches Produkt sind diese Geschichten fragwürdig, sondern als Strategie, einer Realität zu entkommen, die immer bedrohlicher wird. Poetologisch selbstreflexiv wird in *Hochwasser* die Frage gestellt, inwiefern die Literatur eine Form des Eskapismus darstellt, insbesondere diejenige Literatur, die zum bildungsbürgerlichen Gut und zum Zitat erstarrt ist und keine unbequemen Fragen stellt, d. h. keine soziale Funktion mehr erfüllt: „Nix fragen, fragen verboten, kennen Sie Lohengrin? Na also!" (NGA 3, 37) Zugleich wird in *Hochwasser* die Frage gestellt, wie man heutzutage Theaterstücke schreibt, die fernab von tradierten Klischees ihre soziale Funktion erfüllen: „LEO Wenn es nicht so abgeschmackt langweilig wäre und käme das nicht in jedem dritten Theaterstück als ganz besonderer Knalleffekt vor, würd ich ihn umbringen, den Alten. Vatermord!" (NGA 3, 68)

Der erste und der zweite Akt des Stückes *Hochwasser* stehen sich antithetisch gegenüber. Stieg das Wasser im ersten Akt immer bedrohlicher, so beginnt es im zweiten immer mehr zu fallen. War im ersten Akt vom Regen die Rede, so wird im zweiten Akt mehr und mehr über die Sonne geredet. Kaum ist der Wasserspiegel gesunken, beginnen die Figuren, die alte Ordnung ihrer verwüsteten Welt wiederherzustellen. Die Katastrophe hat sie nicht geändert, sie haben offenbar nichts daraus gelernt. Die Katastrophe wird lediglich von der roboterähnlichen Gestalt eines Beamten bürokratisch verwaltet, als hätte sie nur materielle Schäden hinterlassen und keine tieferen, geistigen Wunden. Nur die Ratten sind klüger geworden: Sie verlassen das unmerklich sinkende

Schiff, Archibald Noahs Haus, eine morsche Arche, in die sich eine Welt gerettet hat, die es nicht verdient hätte, gerettet zu werden. Denn dort fürchten sich die Hausbewohner mehr vor der Sonne als vor dem Wasser, da diese sie zeigt, wie sie in Wirklichkeit sind. Genauso kritisch sieht Grass die bürgerlich-konservative Gesellschaft der Adenauerära, die sich mit der Katastrophe des Zweiten Weltkriegs arrangiert hat und unwillig ist, sich der Verantwortung zu stellen. Die bitterste Pointe ist jedoch, dass Jutta sich am Ende des Stücks wünscht, „daß es wieder regnet, bis das Wasser so hoch steht, so hoch!“ (NGA 3, 71) Diese Selbstauslöschungspointe reflektiert die Dialektik so manch historischer Katastrophe, vor deren Wiederkehr Grass als politisch engagierter Schriftsteller zwischen den Bühnendialogen warnt.

Literatur

Barnett, David. „Günter Grass as dramatist“. *The Cambridge Companion to Günter Grass*. Hrsg. von Stuart Taberner. Cambridge 2009: 180–192.

Dixon, Christa. „Ernst Barlach: ‚Die Sündflut‘ und Günter Grass: ‚Hochwasser‘. Ein Beitrag zum Vergleich“. *The German Quarterly: A Journal of the American Association of Teachers of German* 44 (1971): 360–371.

Neuhaus, Volker. *Günter Grass*. 3., aktualisierte und erweiterte Auflage. Stuttgart und Weimar 2010.

Stolz, Dieter. *Günter Grass. Der Schriftsteller*. München 2023.

Stolz, Dieter. *Günter Grass. Theaterspiele. Kommentar und Materialien*. Göttingen 2010.

Stolz, Dieter. *Vom privaten Motivkomplex zum poetischen Weltentwurf. Konstanten und Entwicklungen im literarischen Werk von Günter Grass (1956–1986)*. Würzburg 1994.

II.3.2 *Onkel, Onkel. Ein Spiel in vier Akten* (1958)

Ioana Crăciun

Im April 1957 erschien in den *Neuen Deutschen Heften* (Jg. 4, H. 33, 35–44) ein „Spiel in einem Akt" mit dem Titel *Die Grippe*, das dem ersten Akt des Theaterspiels *Onkel, Onkel* entspricht, dessen Uraufführung am 3. März 1958 an den Bühnen der Stadt Köln („studio") stattfand und das 1965 im Wagenbach Verlag erstmals publiziert wurde. Eine Sammlung zeitgenössischer Kritiken zu diesem Bühnenstück findet sich bei Loschütz 1968. Einen Forschungsbericht liefern neben der Monografie von Volker Neuhaus (2010, 115–116) insbesondere die Dissertation von Dieter Stolz (1994, 180–184), sein Theaterspiele-Kommentar (2010, 30–32, 79–86, 180–199) und seine Darstellung des dramatischen Gesamtwerks von Günter Grass (2023, 117–181).

Das Schauspiel *Onkel, Onkel* besteht aus vier einzeln betitelten Akten mit jeweils einem Vorspiel. Auf den ersten Akt *Die Grippe* folgt *Der Kuckuck*, danach *Die Diva* und schließlich der vierte Akt, der dem gesamten Bühnenstück auch den Titel gab. Nur eine der insgesamt acht Dramenfiguren ist in allen vier Akten präsent: der Serienmörder Hermann Bollin, dessen Name eine Anspielung auf den Protagonisten von Ernst Barlachs expressionistischem Stationendrama *Der blaue Boll* enthält. Auch Oskar Kokoschkas frühexpressionistisches Drama *Mörder, Hoffnung der Frauen* könnte bei Grass' „Spiel in vier Akten" Pate gestanden haben, vor allem, wenn man an das Vorspiel zum zweiten Akt denkt, in dem Bollin mit einem Messer auf die Puppe Pinkie einsticht. Neben expressionistischen Einflüssen finden sich in *Onkel, Onkel* auch Einflüsse des absurden Theaters. Wenn Bollin etwa im ersten Akt eine halbe Stunde lang mucksmäuschenstill unter dem Bett der grippekranken Sophie liegt, um dann plötzlich aufzuspringen und das Inventar des Jungmädchenzimmers aufzunehmen – „Einfaches Fenster, Läden geschlossen, Tapete in sich gemustert, Schalter, Doppelstecker, sechziger Birne" – (NGA 3, 77), oder wenn Bollin zu Beginn des Schlussaktes zwischen Kieshaufen und Gerüstbrettern auf einem Mörteleimer steht, um dort den durch den dritten Akt unterbrochenen Dialog mit den beiden Jugendlichen Sprotte und Jannemann wieder aufzunehmen, ist Grass' Schauspiel von der Welt der absurden Dramen, etwa von Eugène Ionescos *Les Chaises*, nicht mehr allzu weit entfernt. Das Surrealistische mancher Szenenanweisungen oder das Expressionistische mancher Dialoge wird allerdings durch den realistischen sprachlichen Duktus, der das gesamte Drama durchzieht und der sich neben einfachen hochsprachlichen Sätzen auch durch dialektale Elemente der Berliner Mundart auszeichnet, in der Waage gehalten.

Der Titel *Onkel, Onkel* evoziert mehrere Bedeutungsdimensionen. So spielt er auf die Ambivalenz des lieben und guten Onkels an, der den Kindern nur das Beste will, gegenüber dem bösen Onkel, der als Kinderschreck, als Krimineller oder gar als pädophiler Verführer eine Gefahr für die Kleinen darstellt. Die Reduplikation in der Wendung „Onkel, Onkel" kann außerdem auch als Drohung verstanden werden, in Analogie etwa zum warnenden „Bürschchen, Bürschchen" einer Erziehungsperson, und in der Tat

https://doi.org/10.1515/9783110755435-027

ist in Grass' Drama der Onkel nicht nur Aggressor, sondern zugleich auch Gegenstand der Aggression der beiden Jugendlichen Jannemann und Sprotte. Am Ende wird Bollin gar von Sprotte erschossen. „Onkel" ist ferner die stereotype Anredeformel der beiden Jugendlichen, die Bollin ständig piesacken, und die Wendung „Onkel, Onkel" ist ein Zitat aus ihrem Spottlied (NGA 3, 76, 128, 137), mit dem sie Bollin auch nach seinem Tod noch verhöhnen. „Onkel" spielt schließlich auch noch auf ein wichtiges inhaltliches Moment des Dramas an: auf Bollins Onkel Max, dessen Missbrauch seines Neffen in *Onkel, Onkel* wiederholt zur Sprache kommt, allerdings immer nur elliptisch und in Andeutungen.

Das Thema der Pädophilie und des sexuellen Missbrauchs von Jugendlichen ist im ersten und vierten Akt des Dramas sowie in sämtlichen Vorspielen deutlich präsent. Im Vorspiel zum ersten Akt erfüllt Bollin zwar das Klischee des Onkels mit einer Tüte Bonbons, die Initiative der Verführung geht aber eindeutig von der dreizehnjährigen Sprotte und dem vierzehnjährigen Jannemann aus, die sich erkundigen: „Onkel, biste einsam?" (NGA 3, 75) Wiederholt fragen sie, ob Bollin nicht „irgend son Ding" (NGA 3, 75, 76) für sie hat, wobei das erbetene Ding zwischen realer Denotation und metaphorischer, in diesem Fall sexueller, Konnotation changiert. Die beiden realen Gegenstände, Uhr und Füller, verweisen ihrerseits auf Bollins eigene Missbrauchsgeschichte, denn sie sind, wie sich später herausstellt, Reue- und Wiedergutmachungsgeschenke seines Onkels Max. Das Vorspiel endet mit einer Drohung Bollins: „Und wenn sie keine Bonbons wollen, dann bekommen sie was anderes." (NGA 3, 76) Der erste Akt führt dann das Missbrauchsthema weiter. Bollin liegt unter dem Bett der fast sechzehnjährigen Sophie, die als Grippekranke Kreuzworträtsel löst, wobei einzelne der von ihr gesuchten Wörter wie etwa ‚Zuchthaus' Bezüge zur laufenden Missbrauchsszene aufweisen. Anzügliche Fragen Bollins nach Sophies Menstruation, pubertäre Arztspiele mit Ausziehen des Schlafanzugs, Nachfragen, ob die Mutter „dichthalten" (NGA 3, 84) wird und ob Sophies Bruder Addi, ein Polizist, nicht vielleicht Verdacht schöpfen könnte, runden die Missbrauchsszene ab, die in Analogie zur Grippe als Infektion metaphorisiert wird. Sophies Frage „Haben Sie etwa ein schlechtes Gewissen?" (NGA 3, 84) beantwortet Bollin mit der Erzählung seiner eigenen Missbrauchsgeschichte, die von Sophie aber unterbunden wird – „Bitte, kein Wort mehr. Es ist sicher eine schreckliche Geschichte." (NGA 3, 85) –, wenngleich Bollin insistiert: „Damals wurden die Gleise gelegt. Wer weiß, was sonst aus mir alles. Dem Hang zur Systematik hätte ich auch auf ganz anderem Felde. Dabei alles ohne mein Verschulden." (NGA 3, 85) Schließlich unterbricht Frau Domke, Sophies Mutter, die gerade vom Einkaufen zurückgekommen ist und über den offensichtlichen Missbrauch ihrer Tochter hinwegsieht, die Szene und lädt Bollin ein, ihr beim Wolleaufwickeln behilflich zu sein. Dabei offenbart ihr Bollin seine Vorliebe für Systematik und Statistik, für Tabellen und Inventare, für Wiederholung und Reihung: „Das Gesetz der Serie regiert mein Leben." (NGA 3, 87) Nach seinen sozialen Kontakten gefragt, bekennt Bollin: „Meistens bin ich allein. […] Das ist alles sehr schwer für mich und, im Detail betrachtet, traurig. Mein Onkel Max dachte ähnlich. Wer sich einmal einer Sache, einem System – nennen wir es: dem Gesetz der Serie verschrieben hat, vereinsamt rasch. Mit den Kindern versteh ich mich gut." (NGA 3, 90) Während Sophie im Kreuzworträtsel nach dem Wort ‚Steckbrief' sucht, vereinbart die verwitwete Frau Domke mit dem Wiederholungs- und Serientäter Bollin den nächsten Besuchstermin.

Im Vorspiel zum zweiten Akt missbraucht Bollin stellvertretend die Puppe Pinkie, die er Sophie gestohlen hat und die er im perversen Rollenspiel als „klein Nimmersatt" (NGA 3, 92) bezeichnet. „Mein Name ist Bollin. Was, Sie kennen mich nicht, mein viel zu schönes Fräulein? Lesen Sie keine Zeitung? Aufgepaßt, ich zeige Ihnen, wie zärtlich Bollin sein kann." (NGA 3, 92) Nachdem er auf die Puppe eingestochen hat, vernäht er den Stich anschließend wieder. „Weißt du, zu oft dürfen wir das nicht machen. Allenfalls zweimal in der Woche." (NGA 3, 92) Anschließend hängt er die Puppe an einen Haken an der Decke und schießt mit dem Revolver auf sie. Da er sie beim ersten Mal verfehlt, wofür er der Puppe die Schuld gibt, dreht er sie um, schießt erneut und trifft: „Das hättest du auch von vorne haben können." (NGA 3, 93) Darauf erhält Bollin, wie auch in den beiden folgenden Vorspielen, einen Anruf von Erwin, seinem Schüler in Sachen Triebtat, Lustmord und Serientötung, dem er folgenden Rat erteilt: „Hören Sie mal, junger Freund, wenn Sie in diesem Beruf etwas leisten wollen, dann dürfen Sie mich auf keinen Fall blindlings nachahmen. [...] Lassen Sie sich was einfallen. Ideen, sagte mein Onkel Max, helle Momente, Geistesblitze! Und wenn Ihnen eines Tages solch ein geniales Lichtchen aufgegangen ist, dann dürfen Sie wieder anrufen." (NGA 3, 93) Der folgende Akt *Der Kuckuck* verlegt Bollins Jagdrevier von der Großstadt in den Wald, wo dieser mit einer Förster-Serie bereits auf erste Erfolge verweisen kann. Er hat mittlerweile zwei Forsteleven und den Förster Platzmann aus dem Weg geräumt, und nun liegt der Förster Forschbach in der von Bollin gegrabenen Fallgrube. Das Auftauchen der beiden Jugendlichen, die im Wald Beeren sammeln, sorgt dann für eine Klimax. „Warum schaufelste nich, Onkel?" (NGA 3, 102), fragt Sprotte, und Janneman prahlt: „Den da hätt' ich schon längst zujeschippt." (NGA 3, 102) Auch der Förster stimmt in den Abgesang mit ein: „Ich bitte Sie, Bollin: Nur Ihre Schaufel will ich hören, den guten märkischen Sand, vielleicht dann und wann einen Vogel und den Wind in den Kiefern." (NGA 3, 103) Der Mordversuch Bollins geht dann aber unvermittelt in eine botanische Lektion des Försters über, der ihm und den Jugendlichen den Unterschied zwischen Kiefern und Fichten erklärt. Am Ende darf der Förster sogar aus seiner Grube und verschwindet mit den Kindern, die er dabei über weitere Arten von Nadelbäumen belehrt, im Wald. Damit ist das „Gesetz der Serie" (NGA 3, 87, 96, 101, 116, 117), auf das Bollin schwört, mit einem Mal unterbrochen, die Förster-Serie bleibt Fragment, die Zwangshandlung und Wiederholungstat wird nicht vollendet. Diese Lösung hatte sich im Gespräch mit dem Förster bereits abgezeichnet, der ihm, noch in der Grube liegend, zurief: „Alles Große, Bollin, ist und war immer Ausnahme." (NGA 3, 99)

Das Vorspiel zum dritten Akt beginnt wie dasjenige zum zweiten mit einer Gewaltorgie. Bollin schlägt mit einem Beil auf seinen Weihnachtsbaum ein, offenbar aus Wut über die unvollendete Förster-Serie. „Unabgeschlossene Serien. Dokumentierte Inkonsequenz. Nadelbäume! [...] Versuchsreihe abgebrochen. Wollte entförstern. Hat sich nun ausgeförstert." (NGA 3, 108) Auf der Suche nach künftigen Opferserien denkt er an Metzgergesellen, Briefträger, ja, saisonal bedingt, auch an Weihnachtsmänner, nimmt sich dann jedoch die Friseure vor. „Von nun an wird sich Bollin zweimal in der Woche rasieren lassen!“ (NGA 3, 109) Im dritten Akt *Die Diva* liegt die Friseur-Serie bereits hinter Bollin, der sich inzwischen zum Killer berühmter Opernsängerinnen gemausert und sich den Künstlernamen Bruno de Pollino zugelegt hat. Sein nächstes Opfer soll die Operndiva Mimi Landella sein. Gemeinsam mit dem Fotografen Bodo, Mimis Verlobten, möchte Bollin den Mord unter dem publikumswirksamen Titel „Die scheidende Landella“ (NGA 3, 113) künstlerisch inszenieren und medial vermarkten. Doch auch dieses Ansinnen scheitert, weil sich Bollin vom Mörder zum Künstler wandelt. Mit pathetischen Invokationen, die aus expressionistischen Wandlungsdramen stammen könnten, schließt der vorletzte Akt: „DIVA Deine Stimme. Diese Stirn. Diese Brauen. / BOLLIN Tropisches Baumharz. Weibliches Nutztier. Vollbrachte Handlung. / DIVA Bleich sind die Schläfen. Herrlich die Nase.“ (NGA 3, 122)

Doch das Dasein als Künstler scheint Bollin auf die Dauer nicht zu bekommen. Im Vorspiel zum Schlussakt klagt er: „Hat der Umgang mit dem Völkchen der Künstler Bollin die unbekümmerte Fröhlichkeit, ja, den naiven Sinn fürs Normale genommen und anstelle Größenwahn keimen lassen? Seitdem du dich zu den Geistesschaffenden zählst, geht es dir miserabel.“ (NGA 3, 125) Lustlos und unverbindlich verabredet er mit seinem Schüler Erwin telefonisch, gemeinsam die hoch betagte Frau Oberst Molzahn umzubringen. Der Schlussakt *Onkel, Onkel* knüpft dann wieder an das Vorspiel zum ersten Akt an. Wieder wird um Uhr und Füller gestritten. Wieder klingt das Missbrauchsthema an. Wieder geht es um „so’n Ding“ (NGA 3, 127), das der Onkel „inne Tasche“ (NGA 3, 126) hat, aber nicht herausholen will. „SPROTTE Die sieht ja so geschwollen aus. / JANNEMANN Ganz schweres Ding scheint das zu sein. / […] / JANNEMANN Was ist denn das für’n Ding? Was Besonderes / BOLLIN Auf jeden Fall nichts für Kinder.“ (NGA 3, 133) Dann sucht Sprotte Bollin zu verlocken, ihr das Ding zu zeigen: „Darfst mich auch mal anfassen, wo du willst. Ich schrei’ bestimmt nich.“ (NGA 3, 134) Endlich zieht Bollin einen Revolver aus seiner Tasche, mit dem Sprotte ihn kurz darauf erschießt. Am Ende nehmen sich die beiden Jugendlichen vor, eine Szene nachzustellen, die sie unter der Überschrift „Eisenbahner vergewaltigt Minderjährige“ (NGA 3, 137) aus der Zeitung kennen. So schließt sich der Kreis des Dramas und die Serie des Missbrauchs zeugt sich fort.

Grass hat mit diesem Vierakter ein Werk geschaffen, das sich einer stringenten Deutung verweigert. Es ist weder eine schlüssige Verbrecherstudie über den Serienmörder Bollin, noch ein überzeugendes Psychodrama über den Zusammenhang von Kindheitstrauma, Wiederholungszwang und der symptomatischen Zwangshandlung pedantischen Systematisierens oder eine plausible Darstellung der Ambivalenz in einer besonderen Missbrauchssituation, in der die Rollen von Täter und Opfer wechseln. Es ähnelt als Ganzes eher einer Reihe von dramatischen Fingerübungen, die, wie das Schicksal des Protagonisten und seiner Mordserien, Fragment bleiben und der Vollendung entraten.

In der Literaturwissenschaft hat es vereinzelt Versuche gegeben, den fragmentarischen Charakter von *Onkel, Onkel* metaphorisch zu überhöhen oder symbolisch zu deuten. Volker Neuhaus (Neuhaus 2010, 15–16) erwähnt etwa zwei knappe Deutungsversuche von W. Gordon Cunliffe (Cunliffe 1969, 47–49) und Gertrude Cepl-Kaufmann (Cepl-Kaufmann 1975, 146–147). Ob mit *Onkel, Onkel* freilich die Diagnose einer Gegenwart intendiert ist, in der Mordwunsch und Gewaltverzicht in absurder Weise einander abwechseln, oder ob mit dem entlarvenden „Spiel in vier Akten" gar System- bzw. Ideologiekritik betrieben wird, insofern der Tod des Systematikers Bollin die Lebensunfähigkeit jedweder dogmatisch fixierter Glaubenslehre nahelegt, bleibt dahingestellt. Fest steht: „Eindimensionale Erklärungsmuster gesellschaftspolitischer oder sozialpsychologischer Art werden der Interpretation dieses von der Lust am grotesken Unsinn und der Freude an spielerischer Antithetik lebenden Theaterstücks nicht gerecht." (Stolz 2010, 32–33)

Literatur

Cepl-Kaufmann, Gertrude. *Günter Grass. Eine Analyse des Gesamtwerks unter dem Aspekt von Literatur und Politik*. Kronberg/Ts. 1975.

Cunliffe, W. Gordon. *Günter Grass*. New York, NY 1969.

Loschütz, Gert (Hrsg.). *Von Buch zu Buch – Günter Grass in der Kritik. Eine Dokumentation*. Neuwied und Berlin 1968: 112–161.

Neuhaus, Volker. *Günter Grass*. 3., aktualisierte und erweiterte Auflage. Stuttgart und Weimar 2010.

Stolz, Dieter. *Günter Grass. Der Schriftsteller*. München 2023.

Stolz, Dieter. *Günter Grass. Theaterspiele. Kommentar und Materialien*. Göttingen 2010.

Stolz, Dieter. *Vom privaten Motivkomplex zum poetischen Weltentwurf. Konstanten und Entwicklungen im literarischen Werk von Günter Grass (1956–1986)*. Würzburg 1994.

II.3.3 *Beritten hin und zurück* (1958)

Christoph Gardian

1 Entstehung

Seit Ende 1957 hatte Grass an *Beritten hin und zurück* unter verschiedenen vorläufigen Titeln gearbeitet. 1958 wurde der Einakter in der Zeitschrift *Akzente* (Grass 1958, 399–409) veröffentlicht, 1959 im Hamburger theater 53 uraufgeführt, am selben Tag auch an der neuen bühne der Goethe-Universität Frankfurt am Main gespielt. In den 1960er Jahren stand das Stück fünfmal auf dem Programm verschiedener Bühnen: 1964 in Krefeld, 1966 in Iserlohn, 1967 in Würzburg sowie 1969 in Bad Godesberg (zusammen mit *Diva* aus *Onkel, Onkel* [1958]) und in Stuttgart (vgl. Stolz 2010, 68, 332). Seither wurde es nicht wieder inszeniert.

2 Inhalt

Beritten hin und zurück spielt auf einer *„leeren Bühne“* (NGA 3, 7). Neben dem Clown Conelli auf seinem Schaukelpferd Ingeborg in der Mitte der Bühne treten als Figuren ein Dramaturg, ein Stückeschreiber, ein Schauspieler sowie die Tochter Conellis, die Kunstreiterin Dorothea, und ihr Verlobter Karl-Heinz, ein Cutter beim Film, auf. Das Stück enthält Reflexionen auf die Bedingungen und Möglichkeiten des zeitgenössischen Theaters in Konkurrenz zu anderen Künsten, über die Komik und Tragik menschlicher Existenz, über gesellschaftliche Macht- und Ohnmachtsverhältnisse.

Der Clown Conelli ist aus dem Zirkus entlassen und spekuliert über eine mögliche Anstellung am Theater oder beim Fernsehen. Dramaturg, Stückeschreiber und Schauspieler diskutieren seine Verwertbarkeit für die Bühne, die Ersetzung des Schaukelpferds durch andere Requisiten und darüber, ob der Clown eine komische oder tragische Figur ist. Alle ihre zynischen Versuche, ihn zu instrumentalisieren und ein Theaterstück zu improvisieren, scheitern – zumindest auf der Handlungsebene – an der Verweigerung Conellis: Mit unsinnigen Reden entzieht er sich dem Gespräch; Initiativen, eine Handlung in Gang zu bringen (zum Beispiel durch neue Requisiten: ein Klavier, eine Pistole, ein Bett), werden unterlaufen, indem er schlicht weiterschaukelt oder sich tot stellt – „kein Dialog“, kein dramatischer „Konflikt“ kommt zustande (NGA 3, 12). Schließlich betreten nacheinander Dorothea, die Tochter Conellis, und ihr Verlobter, der Filmcutter Karl-Heinz, die Bühne und berichten von Schikanen seitens des Clowns. Dieser zeigt sich nun seinerseits als „Gewaltmensch“ (NGA 3, 17), indem er die beiden anherrscht und Karl-Heinz überdies verhöhnt. Da sich aus dem allen aber keine kohärente Handlung ergibt, beschließt der Stückeschreiber: „Der Clown Conelli sitzt auf seinem Schaukelpferd. – Lassen wir es vorläufig dabei.“ (NGA 3, 18) Zuletzt imaginiert er doch noch eine Katastrophe, in der Conelli „gelyncht“ (NGA 3, 19) wird. Conelli

https://doi.org/10.1515/9783110755435-028

„schaukelt eifrig“, um nicht zu spät zu seiner Beerdigung und der anschließenden Kindervorstellung zu kommen. Dramaturg und Stückeschreiber verlassen die Bühne, *„der Vorhang fällt“* (NGA 3, 20).

3 Interpretation/Forschungsansätze

Wie beinahe alle Grass'schen Theaterstücke, insbesondere die frühen, wird *Beritten hin und zurück* von der zeitgenössischen Kritik vorwiegend negativ aufgenommen, und auch die literaturwissenschaftliche Forschung hat angesichts des vorliegenden Materials (sofern besprochen) keine „verspätete Ehrenrettung des Dramatikers Günter Grass“ (Schultheis 1976, 881) vornehmen wollen.

Der kurze Einakter wird im Untertitel *Ein Vorspiel auf dem Theater* genannt. Es handelt sich dabei um eine Anspielung auf Johann Wolfgang Goethes „Vorspiel auf dem Theater“ aus dem ersten Teil des *Faust*, in dem Direktor, Theaterdichter und Lustige Person auftreten (vgl. Goethe 1996, 10–15). Wenngleich sich über die bloße Allusion hinaus kaum ein weitergehender Vergleich anbietet (abgesehen vom merkantilen Interesse des Theaterdirektors, der ästhetischen Wirkungsabsicht des Dichters), so ist mit dem Zitat des programmatischen ‚Vorspiels‘ doch eine poetologische Dimension des Stücks aufgerufen. Tatsächlich ist neben dem ‚Theater des Absurden‘ (vgl. Cunliffe 1969, 43–51) die Selbstreflexivität des romantischen Dramas, insbesondere der Komödie, als zweiter Traditionsstrang festzuhalten.

Was das absurde Theater betrifft, dem die frühen Theaterstücke insgesamt oft zugerechnet werden, so sind als Bezugspunkte (neben dem Surrealisten Jean Cocteau) direkt angesprochen: Samuel Beckett und Eugène Ionesco. Das ‚Unsinnige‘, Absurde macht sich dezent als weltanschaulicher Hintergrund, als Geschichtsauffassung (vgl. Durzak 1985, 11) bemerkbar; es zeigt sich in der Vergeblichkeit des Handelns der beteiligten Figuren, vor allem aber in der grundsätzlichen Handlungsarmut des Theaterspiels: Werner Schultheis nennt Grass' frühes Drama zurecht eines der „Verhinderung“, das auf dem „Prinzip der Retardation“ (Schultheis 1976, 881) aufbaut, wobei die Retardation durch die auf der Stelle verharrende Bewegung des Schaukelpferds figuriert wird. Das vorgestellte Geschehen ist kaum noch motiviert, aus der Figurenzeichnung ergeben sich keine dynamischen, mehrdimensionalen Charaktere. Eine „Absage an die aristotelische Dramatik“ (Schultheis 1976, 882) liegt hier sicherlich vor, indem auf einen tragenden Konflikt, eine die Handlung in Gang setzende und am Ende zu lösende Verwicklung verzichtet wird. Eine gewisse Ziellosigkeit ist die Folge. Überhaupt fällt auf, wie politisch enthaltsam sich die frühen Stücke lesen, ‚geistes-‘ oder ‚ideengeschichtliche‘ beziehungsweise existenzielle ‚Probleme‘ sind stark zurückgenommen.

Insofern ist *Beritten hin und zurück* vielleicht ebenso als „Absage“ (Schultheis 1976, 882) an das ‚Theater des Absurden‘ zu verstehen, wenn die Anspielungen auf Ionesco (die Idee, „den Zirkus auf die Bühne [zu] bringen“ [NGA 3, 7; vgl. Stolz 2010, 69]) und Beckett (die Erwägung eines „surreal[en]“ Bühnenbilds: „man denkt sofort an die Franzosen, Beckett und so weiter“ [NGA 3, 9]) als ironische aufgefasst werden – zu bedenken bleibt allerdings, dass diese Einfälle von den nicht zur Identifikation einladenden Theaterleuten Stückeschreiber, Dramaturg und Schauspieler formuliert, diskutiert und verworfen werden. Der Minimalismus des Stücks erscheint als allgemeine Kritik an den Moden und der Innovationslogik („Motorrad“ – „Cocteau“ [NGA 3, 7]) des Theaterbetriebs, die diesen zum ‚Zirkus‘ machen. Tatsächlich stehen bei Grass weniger die Bühne und der Nebentext der Regieanweisungen im Vordergrund (wie etwa bei Beckett), vielmehr rückt hier das unsinnige Aneinandervorbeireden der Figuren ins Zentrum der Aufmerksamkeit. Ontologische, existenzielle und soziologische Probleme werden zwar angedeutet, aber an den Rand gedrängt: So wird die ‚Welt‘ in Gestalt eines Zirkuspublikums herbeizitiert, das den Clown aus der Manege vertreibt und sich durch sein Brüllen selbst lächerlich macht, und es wird eine soziale Vereinsamung des Einzelnen in der Figur des Clowns berührt, die ihn sowohl als tragisches Opfer wie auch in eigensinniger, ohnmächtiger Komik erscheinen lässt (insbesondere wenn er es am Ende ist, der sich brüllend lächerlich macht) – eigentlich thematisch werden diese Aspekte aber nicht. Der Clown („die Wirklichkeit ist längst komischer als er“ [Neuhaus 1979, 146]) handelt nicht mehr, wie Sisyphos, der Absurdität eines ‚Schicksals‘ zum Trotz, in die er keine Einsicht hat. Wenn Conelli sich gleich zu Beginn fragt, ob man ihn vielleicht „beim Theater [gebrauchen]“ (NGA 3, 7) kann, so entgeht ihm, dass er bereits ‚beim Theater‘ ist. Weniger die ‚Welt‘ gerät hier als vernunftlose in den Blick als vielmehr die Situation des Theaters und die Figuren, deren beschränktes Verhalten jede konsequente Handlung beständig hintertreibt.

Dennoch ist mit der angesprochenen Spiegelung – der Frage nach der Brauchbarkeit des Clowns für das Theater – eine selbstreflexive Dimension des Stücks eröffnet, die sich von der romantischen Komödie, namentlich Ludwig Tiecks ‚Kindermärchen‘ *Der gestiefelte Kater* (1797), herleitet. Wie Conelli aus dem Zirkus „raus[ge]schm[iss]en“ wird, ist in Tiecks Drama der Hanswurst der durch Johann Christoph Gottscheds Anweisungspoetik von der Bühne verbannte Spaßmacher, „ein armer verbannter Flüchtling, ein Mann, der vor langer Zeit einmal spaßhaft war, den man nachher für dumm, abgeschmackt und unanständig hielt und der nun in einem fremden Lande wieder in Dienste getreten ist, wo man ihn von neuem auf einige Zeit für unterhaltend ansieht. [...] Meine Landsleute wurden um eine gewisse Zeit so klug, daß sie allen Spaß bei Strafe verboten [...].“ (Tieck 1985, 524) Bereits die kritische Zitation zeitgenössischer Theaterkonventionen bei Grass deutet auf ein vergleichbares Verfahren im *Gestiefelten Kater* hin. Dem Mangel an Kaninchen bei Tieck (Tieck 1985, 521) entspricht die Behauptung des Clowns, es gebe „zuviel Kaninchen“ (NGA 3, 9), das anschließende Streitgespräch zwischen dem Schauspieler und Conelli über diese Frage ist in seiner Absurdität der berühmten Disputation zwischen dem Hofgelehrten Leander und Hanswurst (Tieck 1985, 546–547) vergleichbar. Schließlich fallen Grass’ Figuren, wie etwa der Kater bei Tieck, aus der Rolle beziehungsweise ‚in ihre Rolle‘: Am Ende verwechselt der Clown Conelli seinen vom Stückeschreiber fingierten Tod mit seinem tatsächlichen Ableben, die Fiktion mit der Wirklichkeit – damit wird das Stück zwar in einer Kreisfigur abgeschlossen (es beginnt mit den Worten: „Wie angenehm! Man sagt, ich bin tot“ [NGA 3, 7]), eine Folge für sein tatsächliches Weiterleben hat dies freilich nicht. Zuletzt tritt auch in Tiecks Komödie mit Dichter und Maschinist der Theaterapparat als Wirklichkeit auf die Bühne und wird dort vom Publikum für ästhetischen Schein gehalten. Aber die selbstreflexive Spiegelung zwischen Handlungs- und Metaebene, die als ‚Spiel im Spiel‘ bei Grass angelegt ist, erreicht nicht die Konsequenz wie bei Tieck, wo gerade über den Einbezug eines fiktiven Publikums die Unterbrechung der Theaterillusion hin zu einer Infragestellung des Wirklichkeitsbegriffs überschritten wird. Eine ironische Ununterscheidbarkeit von Spiel und Ernst wird nur noch angedeutet, nicht mehr ausgeführt, das Stück bleibt ein weitgehend folgenloses, assoziatives Spiel mit Anspielungen und „mehr oder weniger lustige[n] Episoden“ (NGA 3, 17).

Literatur

Cunliffe, W. Gordon. *Günter Grass*. New York, NY 1969.

Durzak, Manfred. „Geschichte ist absurd. Eine Antwort auf Hegel“. *Zu Günter Grass. Geschichte auf dem poetischen Prüfstand*. Hrsg. von Manfred Durzak. Stuttgart 1985: 9–19.

Goethe, Johann Wolfgang von. *Faust. Eine Tragödie. Werke. Hamburger Ausgabe in 14 Bänden.* Bd. 3: *Dramatische Dichtungen I*. Hrsg. von Erich Trunz. 16. Auflage. München 1996.

Grass, Günter. „Beritten hin und zurück“. *Akzente* 5.5 (1958): 399–409.

Neuhaus, Volker. *Günter Grass*. Stuttgart 1979.

Schultheis, Werner. „Vom Schaukelpferd zum Zahnarztstuhl. Günter Grass und sein Drama der Verhinderung“. *Wissen aus Erfahrung. Werkbegriff und Interpretation heute. Festschrift für Herman Mayer zum 65. Geburtstag*. Hrsg. von Alexander von Bormann. Tübingen 1976: 881–902.

Stolz, Dieter. *Günter Grass – Theaterspiele. Kommentar und Materialien*. Göttingen 2010.

Tieck, Ludwig. *Der Gestiefelte Kater. Ein Kindermärchen in drei Akten, mit Zwischenspielen, einem Prologe und Epiloge. Schriften in zwölf Bänden.* Bd. 6: *Phantasus.* Hrsg. von Manfred Frank. Frankfurt/M. 1985: 490–566.

II.3.4 *Noch zehn Minuten bis Buffalo* (1958)

Christoph Gardian

1 Entstehung

Der Einakter *Noch zehn Minuten bis Buffalo* ist vermutlich zwischen 1956 und 1957 entstanden, veröffentlicht wurde das Stück 1958 in der Zeitschrift *Akzente* (Grass 1958, 5–17). Am 19. Februar 1959 feierte es unter der Regie von Manfred Heidmann am Bochumer Schauspielhaus Premiere. Bis 1969 wurde *Noch zehn Minuten bis Buffalo* zweiundzwanzigmal an verschiedenen Spielstätten zur Aufführung gebracht, einmal zusammen mit *Beritten hin und zurück* und *Diva* aus *Onkel, Onkel* am Kleinen Theater in Bad Godesberg. Seitdem wurde das Stück nur noch einmal, 1979 am Städtetheater in Dinkelsbühl, gespielt (vgl. Stolz 2010, 86, 334–335).

2 Inhalt

Noch zehn Minuten bis Buffalo. Ein Spiel in einem Akt (so der ausgewiesene vollständige Titel) ist sicher einer der schwerer deutbaren Theatertexte von Grass. In der Mitte der Bühne steht *„eine alte, verrostete, bewachsene Lokomotive"*. Der Lokomotivführer Krudewil und sein Heizer Pempelfort *„blicken in Fahrtrichtung und täuschen große Geschwindigkeit vor"* (NGA 3, 141). Im Bühnenvordergrund sitzt der Maler Kotschenreuther mit seiner Staffelei vor einer grünen Landschaft mit Kühen und malt eine Fregatte. Dem Kuhhirten Axel, der darauf beharrt, Kühe auf einer Weide, kein Schiff zu sehen, hält er ‚Täuschung' vor und belehrt ihn, „die Dinge" nicht „zu sehr mit dem Intellekt" (NGA 3, 142) aufzufassen. Der zarte, tugendsame Pempelfort (möglicherweise nach dem Regisseur und Theaterintendanten Karl Pempelfort [1901–1975] benannt; vgl. Stolz 2010, 88) ist mit dem groben, rücksichtslosen Krudewil auf der Flucht: vor der Fregattenkapitänin, gegen die sie als Seeleute gemeutert haben, nach Buffalo, das zwischen Wanne-Eickel und Gelsenkirchen liegt und den Flüchtenden für „Freiheit" (NGA 3, 152) steht. Die Maschine heizen sie mit Kuhfladen, sie streiten und singen bis, zehn Minuten vor Buffalo, die Kapitänin auf den Schienen liegt und die imaginäre Fahrt beendet. Ihr Name ist Fregatte, sie trägt eine Admiralsuniform und als Hut eine Fregatte, raucht abwechselnd drei Zigarren und bläst in eine Bootsmannspfeife. Krudewil und Pempelfort geben ihre Flucht auf, sie mimen die Jagd auf Moby Dick, den weißen Wal aus Herman Melvilles gleichnamigem Roman, gehen aber tatsächlich „hinter den Kühen her" (NGA 3, 156) und mit Fregatte von der Bühne ab. Der Kuhhirte Axel setzt anstelle von Krudewil und Pempelfort die Fahrt nach Buffalo auf der verlassenen Lokomotive fort, die sich nun tatsächlich bewegt und *„nach rechts"* von der Bühne *„abfährt"*. Das Stück schließt mit einem ‚Knalleffekt': *„Die Kühe muhen, der Hund bellt, im Schornstein der Lok blitzt und kracht es. Krudewils Pistole"*, die er der Kapitänin gestohlen

https://doi.org/10.1515/9783110755435-029

hatte und bei ihrem Erscheinen in den Rauchfang wirft, „*ist es zu warm geworden*" (NGA 3, 156).

3 Interpretation/Forschungsansätze

Werner Schultheis nennt *Noch zehn Minuten bis Buffalo* ein „reines", „mit Überraschungen durchspicktes Kombinationsspiel", dessen „fröhliche Antithetik, tollpatschige Assoziationen und vor allem aus bloßer Freude an der Phantasie entstandene Reihungen" sich „von Anfang an jeder symbolischen Deutung" entziehen: „Wer nach einem tieferen Sinn des Ganzen sucht, wird vergeblich suchen und sich über soviel Sinnlosigkeit ärgern." (Schultheis 1976, 883–885) Tatsächlich kann das Stück Ratlosigkeit hervorrufen, zunächst durch die zahlreichen Anspielungen auf Prätexte mit inhaltlichen, sprachlichen und poetologischen Implikationen: Aus Theodor Fontanes Ballade *John Maynard* (1886) stammt das titelgebende Zitat. Melvilles *Moby Dick* (1851) wird mehrfach angeführt, unter anderem sind dem Roman die Fachbegriffe aus der Seemannssprache beim Klarmachen der ‚Fregatte' entnommen, ebenso die Frage, wo Buffalo liegt, oder die Erwähnungen des Wals zu Beginn und am Ende, die das Theaterspiel zyklisch schließen. Mittels Hinweisen auf Johann Wolfgang Goethes *Faust* wird Krudewil als mephistophelisch angeleiteter Machtmensch ausgewiesen. Des Weiteren finden sich Anspielungen auf die biblischen Geschichten vom Kampf Jakobs mit Gott (Gen 32,23–33) und vom Propheten Jona. Dieter Stolz findet das Verbindende dieser Prätexte in dem „Allerweltsmuster: Unruhe, Zweifel, Aufbruch – Reise, Jagd, Suche – Ankunft, Ziel, Rettung", wobei die „Erlösung" bei Grass „aus[bleibt]" (Stolz 2010, 27). Dieser „Grundeinfall, abwegiges Hoffen auf ein symbolisch überhöhtes, nie erreichbares Ziel" (Brode 1979, 47), wiederum verbindet Grass' Stück mit dem Theater des Absurden (vgl. auch Schultheis 1976, 884). W. Gordon Cunliffe sieht diese Absurdität in einer ‚Macht der Dinge', die Gegenstände über den Menschen ausüben würden: Krudewils und Pempelforts Leben seien vollkommen der außer Betrieb gesetzten Lokomotive unterworfen (vgl. Cunliffe 1966, 317).

Manfred Jurgensen bespricht *Noch zehn Minuten bis Buffalo* zudem als Umsetzung eines ästhetischen Programms (vgl. Jurgensen 1973), das Grass in dem zuerst in der Zeitschrift *Akzente* publizierten Aufsatz *Der Inhalt als Widerstand* (1957) entworfen hatte (vgl. NGA 20, 18–25). Allerdings bleiben Jurgensens Deutungen des Programmentwurfs wie des Theaterstücks vor dessen Folie selbst an einigen Stellen ungenau. Dennoch lässt sich von den dort angestellten Überlegungen zum Verhältnis von Form und Inhalt her vielleicht am ehesten eine poetologische Dimension des Einakters rekonstruieren. Grass Aufsatz geht aus von Wassily Kandinskys Diktum, die authentische künstlerische Form sorge selbst für ihren Inhalt, um diesen umzukehren zu der Aussage, der relevante Inhalt sorge selbst für seine Form, und schließlich beide zu verwerfen, mit dem Hinweis, ihr Verhältnis sei komplexer und der gelungene künstlerische Ausdruck das Ergebnis gestalterischer Arbeit. Zunächst wird also Position bezogen gegen einen abstrakten, inhaltslosen Formalismus einerseits wie gegen einen ‚Inhaltismus' andererseits, der sich auf die bloße Wiedergabe des Vorfindlichen beschränkt. Jedoch räumt Grass dem relevanten Inhalt den Vorrang vor der Form ein: „Der Inhalt ist der unvermeidliche Widerstand, der Vorwand für die Form." (Grass 1968, 56) Das ‚Bild' des inhaltlichen Widerstands, der die Form begründet, erklärt Jurgensen aus der Arbeit des Bildhauers, der Grass auch war: Der „Bildhauer [...] legt die" darstellende „Form aus dem Stoff frei" (Jurgensen 1973, 200), indem der „Inhalt [...] als Widerstand" gegen das Handwerkszeug des Bildhauers wirkt. Der Maler Kotschenreuther, der gegen alle sinnliche Evidenz dem Gesehenen eine ganz andere Gestalt gibt, wäre in diesem Sinn ein „inhaltsfeindliche[r]" Formalist, der sich „selbst voraus" (Grass 1968, 57) zu sein meint: „Ich bin ein Mensch, dessen Uhr um mehrere Jahrhunderte vorgeht" (NGA 3, 148), spricht er seine Verblendung denn auch gegenüber Pempelfort aus. „Was kann man nicht alles machen, wenn man Phantasie hat." (Grass 1968, 57) Krudewil und Pempelfort dagegen täuschen sich, indem sie den ‚Inhalt' (die Lokomotive) mit der ‚Form' (Geschwindigkeit) verwechseln.

Im Aufsatz *Der Inhalt als Widerstand* treten die Figuren Pempelfort und Krudewil (wie auch in verschiedenen Szenenentwürfen in der Entstehungszeit des Dramentextes; vgl. Stolz 2010, 201–227) in einem „mißtrauischen Dialog" als „Poeten" auf. Pempelfort ist dort der ‚blumenpflückende' ‚Formalist', der sich, ohne Sachkenntnis zu haben, in abstrakten, kühnen Metaphern ergeht: „Denn in den Planquadraten des Löwenzahn / Sind schon des Todes Späher verzeichnet. –" (Grass 1968, 58) Krudewil schilt ihn der Lüge und tritt als sein Gegenpart für Wirklichkeitstreue ein: „Wir wollen uns eine neue Muse stricken" – eine ‚Muse', von der, außer einer gewissen Akkuratesse, ihrer Skepsis gegenüber der Form sowie der Forderung, „bei der Sache" zu bleiben (Grass 1968, 60–61), wenig bekannt wird. Die Positionen decken sich wohl auch nicht mit denen Pempelforts und Krudewils in *Noch zehn Minuten bis Buffalo*. Zwar pflückt Pempelfort auch dort Blumen und wird dafür von Krudewil verspottet, zu einer ‚sachlichen' Handlungsweise ist dieser jedoch ebenfalls nicht fähig. Zuletzt ist der Kuhhirte Axel der lachende Dritte, der in seiner am Tatsächlichen orientierten Handlungsweise die Lokomotive zum Laufen bringt und in die ‚Freiheit' fährt – wenn auch nur „für zwei Tage" (NGA 3, 156). Das Stück endet „mit dem dazugehörigen Knall, einige Sekunden nachdem das Auge etwas zu sehen bekam" (Grass 1968, 56–57): wie, durch die Verhältnismäßigkeit von ‚Form' und ‚Inhalt', von Sachlichkeit und Fantasie (vgl. Honsza 1985, 157), der Stillstand in „*Bewegung*" (NGA 3, 156) umschlägt.

Liest man *Noch zehn Minuten bis Buffalo* auf diese Weise poetologisch, so bleiben dennoch zahlreiche Aspekte des Stücks weitergehend erklärungsbedürftig. Das liegt zum einen an der schwer zugänglichen Privatsymbolik des Autors und seiner ungenauen Begrifflichkeit, die offenbar die Terme „Story, Fabel, roter Faden, Sujet oder auch Inhalt" (Grass 1968, 56) einerseits, Form, Fantasie und sprachliche Ornamentik andererseits synonym setzt und dadurch selbst zur Undifferenziertheit tendiert. Die Parallelen zwischen programmatischem Aufsatz und Theaterspiel sind vage, Gegensätze werden nicht durchgehalten. So erscheint *Noch zehn Minuten bis Buffalo* als negative Kritik an künstlerischen Positionen, ohne selbst einen positiven Gegenentwurf anzubieten. Grass' ‚neue Muse' bleibt abstrakt.

Literatur

Brode, Hanspeter. *Günter Grass*. München 1979.

Cunliffe, W.Gordon. „Aspects of the Absurd in Günter Grass". *Wisconsin Studies in Contemporary Literature* 7.3 (1966): 311–327.

Grass, Günter. „Der Inhalt als Widerstand". *Über meinen Lehrer Döblin und andere Vorträge*. Berlin 1968: 56–62.

Grass, Günter. „Noch zehn Minuten bis Buffalo". *Akzente* 5.1 (1958): 5–17.

Honsza, Norbert. „Dokumente einer unglücklichen Liebe? Zu den Dramen von Grass". *Zu Günter Grass. Geschichte auf dem poetischen Prüfstand*. Hrsg. von Manfred Durzak. Stuttgart 1985: 155–165.

Jurgensen, Manfred. „Die gegenständliche Muse: ‚Der Inhalt als Widerstand'". *Grass. Kritik – Thesen – Analysen*. Hrsg. von Manfred Jurgensen. Bern und München 1973: 199–210.

Schultheis, Werner. „Vom Schaukelpferd zum Zahnarztstuhl. Günter Grass und sein Drama der Verhinderung". *Wissen aus Erfahrung. Werkbegriff und Interpretation heute. Festschrift für Herman Mayer zum 65. Geburtstag*. Hrsg. von Alexander von Bormann. Tübingen 1976: 881–902.

Stolz, Dieter. *Günter Grass – Theaterspiele. Kommentar und Materialien*. Göttingen 2010.

II.3.5 *Stoffreste* (1959)

Anselm Weyer

Das Thema Günter Grass und das Ballett unter besonderer Berücksichtigung seines Librettos mit dem Titel *Stoffreste* wurde in der Forschung bislang nur sehr selten untersucht (vgl. dazu und zum Folgenden Weyer 2007, 114–131). Dass Grass sich überhaupt mit dem Ballett beschäftigt hat, ist nicht sonderlich in das Bewusstsein der Öffentlichkeit und nicht einmal in dasjenige der Germanistik gedrungen. Dabei ist diese phasenweise sehr intensive Beschäftigung keine bloße Randnotiz. In seinem literarischen Gesamtwerk spart er dementsprechend nicht mit autobiographischen Verweisen auf seine Tanzleidenschaft, die nach einer späten Selbstinterpretation in seiner „durchtanzten Jugend" (NGA 1, 377) vorprogrammiert wurde (zum Motiv des Tanzes im Gesamtwerk des Autors Frielinghaus 2022).

Gleich sein erster poetologischer Essay mit dem Titel *Die Ballerina* (1956) ist „der unnatürlichsten und damit formvollendetsten aller Künste" (NGA 20, 16) gewidmet, wobei die Ballerina zum Sinnbild der Kunst wird. Die in diesen und anderen wegweisenden Grass-Texten zum Thema Tanz zum Ausdruck kommenden Begeisterung für die einerseits hochartifizielle, andererseits sinnenfrohe Kunstform geht nicht zuletzt auf seine erste Ehepartnerin zurück, die Schweizer Ballett-Tänzerin Anna Schwarz: „Ich habe nicht zufällig eine Balletttänzerin geheiratet: ich habe immer als Bildhauer in Düsseldorf, bevor ich Anna Grass kennenlernte, neben dem üblichen Studium in Ballettsälen gezeichnet, diese Art von Bewegung und Disziplin und Gelöstheit hat mich fasziniert" (Grass und Stallbaum 1991, 26).

Ganz im Sinne dieser Liebe zum Tanz und zu seiner Tanzpartnerin hat Grass Libretti zu verschiedenen Balletten entworfen. Dabei handelt es sich um literarische Fingerübungen, die er im Nachhinein in einem Fernsehinterview mit Klaus Geitel vom April 1969 als „Liebeserklärung an meine Frau" (Geitel 1969) bezeichnet. Insgesamt drei Kooperationen mit dem Choreografen Marcel Luipart, der das Ehepaar Grass dann auch mit dem noch jungen Komponisten Aribert Reimann bekannt machte, kamen auf die Bühne: *Fünf Köche*, *Stoffreste* und *Die Vogelscheuchen*.

Uraufführung feierten die *Fünf Köche*, von Grass selbst als *Die Gans und fünf Köche* erinnert (Grass 2004, 71), am 4. August 1957 in Aix-les-bains (vgl. dazu und zum Folgenden Weyer 2007, 116–124 und Stolz 2010, 236–243, dort findet sich auch Skizzen und Manuskripte zum Ballett). Es besteht nur ein geringer Verwandtschaftsgrad zu dem späteren Theaterstück *Die bösen Köche*: „Fünf mit Messern bewaffnete Köche suchen ein für ihre Küche brauchbares Schlachttier", heißt es im ersten Satz des Librettos, das jahrzehntelang als verschollen galt. Zunächst erscheint der jüngste Koch als geeignetes Opfer, bevor die Gans auftritt und – so das Libretto – „die Mordlust der Köche auf ihren gefiederten Leib" lenkt. Die Köche jagen daraufhin hinter der Gans her, doch diese nutzt die Situation aus. Sie „sammelt die Messer der Köche ein und bewegt sich – wie sich eben nur eine Gans bewegen kann – mit der gefährlichen Beute davon". Als sie schließlich

https://doi.org/10.1515/9783110755435-030

doch gefangen wird, stellt sich die Gans tot und wird schließlich wunderbar gerettet: Die Köche und das Publikum sehen „die Gans auf den Mond steigen, der sie entführt".

Die Zusammenarbeit behagte sowohl Grass als auch Luipart, die daraufhin gleich neue Pläne schmiedeten. So kam es auch zum Ballett *Stoffreste* zur Musik von Aribert Reimann (Umschlagentwürfe zu Libretto und Partitur finden sich in Grass 2004, 82), uraufgeführt im Februar 1959 im Opernhaus Essen (vgl. dazu und zum Folgenden sowie zur Rezeptionsgeschichte des künsteübergreifenden Projekts Weyer 2007, 124–131 und Stolz 2010, 247–253, dort finden sich auch gattungsübergreifende Manuskripte zum Themenkomplex). Im Mittelpunkt stehen ein Stoffhändler, vier Motten, ein weibliches Zwillingspaar und ein Scherengestell. Zu Beginn des Stücks ist der Trödelladen dunkel, abgesehen von einem beleuchteten Tisch mit den Stoffresten. „Die Stoffreste beginnen sich zu bewegen", heißt es dann im Libretto, „vier Motten lösen sich langsam, immer wieder untertauchend aus den Fetzen, tanzen auf dem Tisch und zerreißen, ihren Fraß demonstrierend, ein größeres weißes Tuch." Anschließend tritt der Stoffhändler auf, der versucht, die Motten zu vertreiben. Von ihm angelockt, betreten die Zwillinge das Geschäft. Während sie sich nur für den Stoff interessieren, versucht der Händler ihre Aufmerksamkeit zu gewinnen. Es kommt zum Konkurrenzkampf, „in einem wilden Pas de deux streiten beide Mädchen um die Stoffe". Der Händler versucht die Situation zu entschärften, doch das ist nicht von Erfolg gekrönt. Es folgt ein illusionistisches Scherenballett: „Tanzend nähert sich jetzt das reale Scherengestell und bietet ihm zwei Scheren an. Nach einem Zögern greift der Händler zu, während die Bewegungen der Mädchen immer schneller und monotoner werden, und stößt, den Höhepunkt des Tanzes erreichend, beiden Mädchen gleichzeitig langsam in Zeitlupe die Scheren zwischen die Schulterblätter." Daraufhin erscheint ein Polizist, doch gerade als dieser den Händler abführen möchte, erwachen die Zwillinge wieder zum Leben. „Der Händler macht den Polizisten auf die veränderte Rechtslage aufmerksam", heißt es im Libretto, woraufhin alle den Laden verlassen und den Händler allein mit seinen Scheren und Motten zurücklassen. „Nach einem verzweifelten Tanz mit den Scheren, die ihm an den Händen zu kleben scheinen, die ihm niemand mehr abnimmt, stößt er sich beide Scheren in die Brust, sinkt auf den Tisch mit den Stoffresten und stirbt dort, indem er mit letzter Kraft die Fetzen hochschleudert, bis er fast ganz unter den Stoffen begraben liegt." Das Ballett endet, indem die Motten den Laden vollkommen erobern.

Klaus Geitel schreibt in der *Welt* über diesen „Zauberladen": „Das ist witzig geschrieben, phantasievoll, poetisch und unaufdringlich hintergründig, aber ohne jeden Hang zu angestandenen Symbolen." Das sei kein Ballett „für Grübler, sondern für Tänzer" und Aribert Reimanns Musik „aus dem gleichen Guß", während Luipart das Ganze „mit Hingabe in Szene gesetzt" habe.

Doch mit dieser Lobeshymne stand Geitel nach der Uraufführung im Grunde alleine da. Alle anderen Rezensenten zeigten sich weniger begeistert von der Zusammenarbeit der Newcomer, stellvertretend zitiert sei nur die *FAZ*-Kritik, in der das folgende Resümee gezogen wird: „Aus Sartres „Fliegen" sind da Motten geworden. Sie beherrschen – E. Th. A. Hoffmännisch – ein Tuchgeschäft, in welchem als gleichsam gefesselter

Dämon ein skurriler junger Händler haust. [...] Der Hintersinn ist schwer zu erkennen. Ein Blacher-Schüler, Aribert Reimann, hat eine höchst geschickt illustrierende, wacker strawinskoide Musikuntermalung dazu verfasst. [...] Ihrer gleichsam frontalen Haltung aber widersprach der anekdotische Naturalismus, in welchem Luipart die Regie beließ. Das ging bis zur Niedlichkeit und erschien eigentlich rundheraus albern." (Schulze-Vellinghausen, 16.2.1959)

Erst 1970 kam das nächste und letzte Grass-Reimann-Luipart-Ballett mit dem Titel *Die Vogelscheuchen* zur Uraufführung.

Literatur

Frielinghaus, Helmut. „Tänze im Werk von Günter Grass – ein unveröffentlichtes Vortragsmanuskript aus dem Jahr 2004". *Freipass. Forum für Literatur, Bildende Kunst und Politik*. Bd. 6: *Günter Grass – Schriftsteller, Künstler und engagierter Zeitgenosse*. Hrsg. von Volker Neuhaus, Per Øhrgaard und Jörg-Philipp Thomsa. Berlin 2022: 212–234.

Grass, Günter. *Fünf Jahrzehnte*. Göttingen 2004.

Grass, Günter, und Klaus Stallbaum. „Der vitale und vulgäre Wunsch, Künstler zu werden". *Die „Danziger Trilogie" von Günter Grass*. Hrsg. von Volker Neuhaus und Daniela Hermes. Frankfurt/M. 1991: 11–33.

Geitel, Klaus. „Ballett – die ruhelose Kunst". *NDR* (Erstsendung am 4. April 1969).

Geitel, Klaus: „Nicht sensationell, aber überraschend". *Die Welt* (17. Februar 1959).

Schulze-Vellinghausen, Albert. „Beschworene Tiefe? Zwei Uraufführungen. Ballettabend der Essener Bühne". *Frankfurter Allgemeine Zeitung* (16. Februar 1959).

Stolz, Dieter. Günter *Grass. Theaterspiele. Kommentar und Materialien*. Göttingen 2010.

Weyer, Anselm. *Günter Grass und die Musik*. Frankfurt/M. 2007.

II.3.6 *Zweiunddreißig Zähne* (1959)

Alexander Wagner

Das als *Farce in fünf Akten* untertitelte, an Zitaten und bildungsbürgerlichen Referenzen reiche Theaterstück *Zweiunddreißig Zähne* entstand 1957 als Manuskript für die Bühne und wurde am 24. April 1959 vom Süddeutschen Rundfunk in einer Bearbeitung als Hörspiel gesendet; Regie führte dabei Irmfried Wilimzig, Redakteur war Helmut Heißenbüttel und die Hörspielbearbeitung stammt von Klaus Roehler (Stolz 2010, 101; Deutsches Rundfunkarchiv 2022). Als Theaterstück ist der Text bisher nicht an einer größeren Bühne aufgeführt worden und die Forschung hat sich für das Drama nur in sehr geringem Ausmaß, meistens im Rahmen von Überblicksdarstellungen des dramatischen Gesamtwerks von Grass, interessiert. Die einzige umfangreiche Analyse gibt Stolz (Stolz 1994, 199–221). Das Stück fällt in eine Schaffensphase, in der sich Grass, nachdem er zuvor hauptsächlich als bildender Künstler in Erscheinung getreten war, mehr der Literatur zuwendet und erste Lyrik, Theaterstücke und Libretti veröffentlicht, und es ist, „sieht man vom Einakter *Beton besichtigen* in der *Blechtrommel* ab", der letzte Text von Grass, der sich „im absurden und zugleich symbolischen Theater" versucht (Neuhaus 2010, 18). Die Aufführung als Hörspiel findet wenige Monate vor Erscheinen der *Blechtrommel* und kurz nach dem Erhalt des Preises der Gruppe 47 für Teile des *Blechtrommel*-Manuskripts statt. *Zweiunddreißig Zähne* ist nicht das erste Drama von Grass, das als Hörspiel adaptiert wurde. Bereits 1957 sendete der Süddeutsche Rundfunk, auf Vermittlung Helmut Heißenbüttels, eine Bearbeitung des erfolgreicheren Stücks *Hochwasser* (Mayer-Iswandy 2002, 66–67). Aus biographischer Sicht fällt die Entstehung von *Zweiunddreißig Zähne*, das Manuskript der ersten Fassung wird am 21. August 1957 abgeschlossen, eine zweite ist am 13. Oktober fertig (Stolz 2010, 100), in die Zeit der Geburt von Grass' Söhnen Franz und Raoul am 4. September desselben Jahres (Mayer-Iswandy 2002, 69).

1 Handlung

Der Volksschullehrer Ernst Friböse ist gespalten: Seinem kultivierten, Pestalozzi lesenden Ich steht ein zweites mit einer Vorliebe für Krimis zur Seite, das im Dramentext als „Double" benannt wird. Friböse lebt in einem Hotel, ist mit Franziska verlobt, leidet unter einem zunächst unverständlichen Ekel vor dem mehrfachen Gebrauch derselben Zahnbürste und wird täglich vom Studienrat Purucker heimgesucht. Dieser trägt, durch Ernst Ginsberg als Sprecher in der Hörspielfassung noch verstärkt, deutlich an Gustaf Gründgens erinnernde, mephistophelische Züge; Gründgens berühmte *Faust*-Inszenierung fand 1957 am Hamburger Schauspielhaus statt, im Jahr also, in dem auch *Zweiunddreißig Zähne* entstand. Auf Fensterbrettern sitzend und an Zügen oder Schiffsbullaugen hängend ist Purucker nie abzuschütteln und ermahnt sein Gegenüber in

https://doi.org/10.1515/9783110755435-031

wiederkehrenden Vorträgen zur „Hygiene". Fribōse putzt sich mehrmals täglich die Zähne, stets mit einer neuen Nylonbürste und immer mit der Zahnpasta Chloromint, die auch Franziska bei den wenigen Küssen, die sie ihrem spröden Verlobten mühevoll abringt, gut schmeckt. Um ihn zu disziplinieren steckt sie Zeiträume ab, in denen er bestimmte Aufgaben zu erledigen hat, und verbalisiert das Verrinnen der Zeit durch zwanghaftes Zählen. Schließlich reist das Paar in die Schweiz. Andere Urlaubsziele, das fränkische Wunsiedel, das auch Purucker sehr zugesagt hätte, um dort Forschungen zu Jean Paul zu betreiben, oder Marburg, werden Fribōse von Franziska resolut ausgeredet. In den Alpen stößt noch Franziskas Freundin Susi zur Gruppe, in die Fribōse sich sofort verliebt. Bei drei Mordversuchen an Purucker, zu denen Fribōse von seinem Double animiert wird, verpasst er den richtigen Moment oder scheitert an Puruckers Wachsamkeit. Als Purucker sich in die Reisegruppe hineindrängt und andeutet, die mysteriöse gemeinsame Geschichte, die Fribōse und er teilen, den beiden Damen zu erzählen, flieht Fribōse, bringt sein Double um (im Hörspiel stürzt er es vom Gletscher, in der Theaterfassung aus einem Bullauge) und besteigt einen Dampfer nach Amerika. Auch auf hohe See folgt ihm Purucker, mit Franziska, die er inzwischen geheiratet hat, und Susi im Schlepptau. Purucker ist inzwischen mit der Erfindung einer synthetischen Faser, die zu Ehren seines „Freundes" Frilon genannt wird und besonders für die Herstellung von Zahnbürsten geeignet ist, reich geworden, und der Realisierung des Wunsches, eine gemeinsame Schule nach den Idealen der „großen Gemeinschaft" im Sinne Rabelais', Rousseaus und Pestalozzis zu gründen, steht nichts mehr im Weg. Die Gruppe hält Fribōse davon ab, sich zu erschießen und nimmt ihn, indem sich alle nacheinander mit derselben Bürste die Zähne putzen, Fribōse als letzter mit geschlossenen Augen, von den anderen „andächtig" betrachtet (NGA 3, 342), wieder in ihr Kollektiv auf.

2 Oralität, Referenzialität & Beziehungsdynamiken

Zähne spielen in Grass' Werk immer wieder eine Rolle. Neben der eindrucksvollen Szene im Roman *Hundejahre* (1963), in der Matern seinem früheren Freund Amsel alle Zähne ausschlägt (vgl. NGA 6, 272–280), taucht das Thema vor allem in *örtlich betäubt* (1969) auf, findet aber auch Eingang in die Novelle *Katz und Maus* (1961) (Groß u. Steinmetzer 2005, 868). Die meisten der überschaubaren Interpretationen zu Grass' frühem Drama *Zweiunddreißig Zähne* sehen im wiederkehrenden Zähneputzen und generell in der (Mund-)Hygiene ein Zeichen von Gemeinschaft (Neuhaus 2010, 18). Sie betonen den Prozess, wie die anderen Figuren Fribōse oralhygienisch zur Gesellschaft ‚bekehren' (Schultheis 1976, 889) sowie die penetrante Bearbeitung von dessen Ausweichbewegungen durch (möglichst gemeinsam ausgeübte) Körperpflege (Hille-Sandvoß 1987, 561) oder sehen, in ausdrücklicher Abgrenzung von Schultheis, einen starken ideologiekritischen Impuls in der Darstellung der hygienisch grundierten „oberlehrerhaft verordneten Gleichschaltung" am Ende des Stücks (Stolz 1994, 221). Fribōse unterliegt dabei, selbst ziemlich willenlos, dem Entscheidungsregime seiner Mitmenschen. Seine

Verlobte Franziska drängt ihn notorisch zu Entscheidungen, Purucker nötigt ihm Lektüren und Ansichten auf und macht Äußerungen, die Fribóse wiederum im Streit mit Franziska als Ausreden wiederholt, und sein Double kritisiert Fribóses Schwachheit im Umgang mit der Verlobten und dem notorischen „Kollegen", den umzubringen er dreimal nicht schafft. Stück und Hörspiel widmen sich also dem Problem der „Verstrickung des Menschen in Zwänge und eigene Schwächen" und „seine[r] Unfähigkeit, diese zu überwinden und wirklich frei zu sein." (Deutsches Rundfunkarchiv 2022) Hille-Sandvoß spricht weiterhin von „Mechanismen von Gewalt, die, gezähmt durch das vermeintlich oberflächliche Wortgeplänkel der Dialoge, Orwellschen Geist heraufbeschwören" (Hille-Sandvoß 1987, 561). Hierfür steht neben der inneren Spaltung der Hauptfigur vor allem Fribóses Verhältnis zum Über-Ich-artigen Purucker und nebenbei auch zu seiner Verlobten, die, im Theaterstück noch deutlicher als in der Hörspielfassung, von seinen Problemen im Prinzip nichts wissen will (vgl. NGA 3, 263, 274–275). Lediglich das „Schönwettermädchen" (NGA 3, 288) Susi, Franziskas etwas einfältige Freundin, die in der Theaterfassung noch deutlicher als im Hörspiel als puppenhaft beschrieben wird („Wie du wieder aussiehst. Überall Schleifen und Bändchen. Fast könnt man meinen, die Käte Kruse hätt' dir was angetan." (NGA 3, 291)) und weder sehr markante äußere Merkmale noch besondere Charaktereigenschaften zu haben scheint (Fribóse übersieht und vergisst schnell die Farbe ihrer Augen und ihres Kleids), nimmt große Rücksicht auf den Volksschullehrer und zeigt Verständnis für seine Gereiztheit.

Bereits in der ersten Szene geht Fribóses Zahnbürste durch mehrere Hände. Nachdem er sich damit die Zähne geputzt hat, benutzt Purucker sie und anschließend Franziska. Am Ende des Stücks wird Fribóse in einer solchen Reihe, die nun auch noch Susi einschließt, der letzte sein und damit symbolisch reintegriert. Ist das Double der Hauptfigur eindeutig als Ausdruck einer dissoziativen Identitätskrise des Volksschullehrers zu bewerten, bleibt der Status der Figur Purucker uneindeutig. Neben wenigen Hinweisen auf einen körperlichen Zusammenhang zwischen ihm und Fribóse („Aber Sie sollten sich losreißen von diesem Raubbau an der eigenen und schließlich auch meiner Gesundheit." [NGA 3, 248]) und seiner unerklärt bleibenden Fähigkeit, an Häuserwänden emporzuklettern und an den Außenseiten von Zügen und Ozeandampfern zu reisen, spricht die Tatsache, dass er Franziska und Susi auch unabhängig von Fribóse begegnet, von diesen gesehen wird und mit ihnen interagiert, dagegen, dass es sich bei ihm um eine Einbildung Fribóses handelt. Überzeugend wäre diese Lesart nur, wenn auch beide Frauen und ebenso Frau Teffner, die Hotelrezeptionistin, die einen Dialog mit Franziska führt, und also schließlich alle anderen Figuren des Hörspiels (in der Theaterfassung ist das Personal um einige, für die Handlung nicht wesentliche, Charaktere erweitert) als Einbildungen Fribóses gedeutet werden.

Ein kurzer Text von Grass mit dem Titel *Zahnpflege*, den Stolz in den Materialband zu den Theaterspielen aufgenommen hat, zeugt bereits von der Panik eines männlichen Hotelbewohners, jemand würde heimlich durch das Fenster in sein Zimmer steigen, um seine Zahnbürste zu benutzen. Der daraus folgende Ekel und die Anschaffung von 36 neuen Zahnbürsten beschleunigen schließlich die Verheiratung mit seiner auf die Hochzeit drängenden Verlobten namens Franziska, die, „Sportlehrerin und schon immer eine gute Kletterin“, letztlich im Verdacht steht, hinter dem Zahnbürstenmissbrauch zu stecken, der mit der Eheschließung endet (Stolz 2010, 256–258). Auch die Franziska im Hörspiel ist eine gute Kletterin, initiiert die Reise in die Schweiz und dort eine Bergtour auf den Rigi. In beiden Texten ist der Mund als zentraler Zugang zur Welt modelliert, wobei es, dem absurden Drama entsprechend, nicht die Sprache ist, die als verbindendes Medium fungiert. Sie wird vielmehr misstrauisch behandelt und gilt als krisenanfällig („meine Lippen schaffen es nicht“ [NGA 3, 253]), während die Hygiene und insbesondere die Zahnpflege zur kulturstiftenden Ressource für die Hervorbringung des „herrliche[n] Mensch[en]!“ (NGA 3, 342) erklärt wird.

Zweiunddreißig Zähne ist vor allem ein Beziehungs-Drama. Der kurze Prosatext *Zahnpflege* aus dem Grass-Archiv macht das Theaterstück und seine Hörspielfassung als Reflexion über die Entscheidungsschwierigkeiten eines kleinbürgerlichen Mannes in einer etwas erschlafften Liebesbeziehung lesbar, in dessen Brust „zwei Seelen“ wohnen (NGA 3, 242). Die forsche und selbstbewusste Verlobte Franziska signalisiert mit ihrem Zählzwang das Verrinnen von Zeit und übt damit zugleich immer wieder Druck auf die männliche Hauptfigur, den „kleine[n] Volksschullehrer“ aus dem Arbeitermilieu (NGA 3, 257) aus. Friböses Double, der Studienrat Purucker und Franziskas Freundin Susi stellen dagegen jeweils spezifische Projektions- und Kompensationsmöglichkeiten für das gespaltene, orientierungslose Individuum, mithin Iterationen des Freudschen Instanzenmodells aus. Kann im Double der abgründige, Mordgelüsten nachhängende und am liebsten Kriminalromane lesende Teil Friböses gesehen werden, der von Susis oberflächlicher Freundlichkeit unbeeindruckt bleibt, steht Purucker für den Minderwertigkeitskomplex des Volksschullehrers, der die „fortschrittliche[n] und wahrhaft revolutionäre[n] Thesen“ (NGA 3, 256–257) des väterlich agierenden Studienrats bewundert und von dessen „weitem, klarem Horizont“ (NGA 3, 243) beeindruckt ist. Susi schließlich gibt die leicht erkennbare Männerfantasie der stillen, nicht widersprechenden und in ihren Eigenschaften für Übertragungen offenen Frau ab, über die Friböse treffend sagen kann „mit dir will ich für mich sein.“ (NGA 3, 336) Die existenzielle Ortlosigkeit des Protagonisten wird durch sein Leben im Hotel „Vier Jahreszeiten“ vorgeführt, aber auch durch die fluchtartigen Raumbewegungen (Hille-Sandvoß 1987, 561) in die Schweiz, durch die Berge und schließlich über den Atlantik, wo auf dem Schiff als heterotopischem Nicht-Ort par excellence im Nahtoderlebnis die Entscheidung für die Gemeinschaft fällt. Im Modus des absurden Dramas wird die Psychoökonomie des Stücks schließlich von einem intimisierenden Konzept von ‚Hygiene‘ zusammengehalten. Diese fungiert gewissermaßen als Schwundstufe von Kultur und zeigt, „ärmlich und dennoch deutlich genug“, Reste davon, „[w]as jenen unseren Vorgängern die gemeinsame Arbeit im Garten war, was ihnen das abendliche Musizieren oder ein feingeschliffenes Glas bedeutete – auf welchem sich Initialen rankten […]“ (NGA 3, 283). Gleichzeitig ist der Text durchzogen von Referenzen auf klassische Werke, vor allem Goethes *Faust* und *Die Wahlverwandtschaften*, die das Stück auch auf intertextueller Ebene zu einem über Subjektkrisen und den Einfluss gesellschaftlicher Verhältnisse auf zwischenmenschliche Beziehungen machen, für die die Regeln dauerhafter, monogamer Bindungen neu verhandelbar werden. Einen Stellenkommentar zu den diversen anderen Anspielungen, etwa auf Jean Paul, Schiller und den Rütli-Schwur, den in der Theaterfassung die drei Eidgenossen mit den Gebissen von Mensch, Schwein und Hai in der Hand, gemischt mit zahnanatomischen Erläuterungen vortragen, sowie zu Bibelbezügen und möglichen Vorbildern der Figurennamen, gibt Stolz (Stolz 2010, 101–116; Stolz 1994, 199–221).

Literatur

Deutsches Rundfunkarchiv. „Vollinfo zu Günter Grass: Zweiunddreißig Zähne. Studio-Hörspiel". *ARD Hörspieldatenbank* (24. April 1959). https://hoerspiele.dra.de/vollinfo.php?tipp=1&dukey=1411530 (3. Februar 2023).

Grass, Günter. „32 Zähne". Funkbearbeitung Klaus Roehler. Manuskript aus dem Archiv des SWR.

Groß, Dominik, und Jan Steinmetzer. „Zahn". *Literatur und Medizin. Ein Lexikon*. Hrsg. von Bettina von Jagow und Florian Steger. Göttingen 2005: 859–867.

Hille-Sandvoß, Angelika. „‚Hier wird diskutiert, nicht gehandelt'. Zu den THEATERSPIELEN". *Werkausgabe in 10 Bänden*. Bd. 8: *Theaterspiele*. Hrsg. von Angelika Hille-Sandvoß. Darmstadt und Neuwied 1987: 558–566.

Jagow, Bettina von, und Florian Steger (Hrsg.). *Literatur und Medizin. Ein Lexikon*. Göttingen 2005: 868.

Mayer-Iswandy, Claudia. *Günter Grass*. München 2002.

Neuhaus, Volker. *Günter Grass*. 3., aktualisierte und erweiterte Auflage. Stuttgart und Weimar 2010.

Schultheis, Werner. „Vom Schaukelpferd zum Zahnarztstuhl. Günter Grass und sein Drama der Verhinderung". *Wissen aus Erfahrungen. Werkbegriff und Interpretation heute. Festschrift für Herman Meyer zum 65. Geburtstag*. Hrsg. von Alexander von Bormann in Verbindung mit Karl Robert Mandelkow und Antonius H. Touber. Tübingen 1976: 881–902.

Stolz, Dieter. *Vom privaten Motivkomplex zum poetischen Weltentwurf. Konstanten und Entwicklungen im literarischen Werk von Günter Grass (1956–1986)*. Würzburg 1994.

Stolz, Dieter. *Günter Grass. Theaterspiele. Kommentar und Materialien*. Göttingen 2010.

II.3.7 *Die bösen Köche* (1961)

Christoph Gardian

1 Entstehung

Seit Mitte des Jahres 1956 arbeitete Grass an einem Ballettlibretto mit dem Titel „Fünf Köche". Ein Jahr später, am 4. August 1957, wurde das Ballett *Die Gans und die fünf Köche* beim Wettbewerb junger Choreographen in Aix-les-Bains unter dem französischen Titel *Les Cuisiniers méchants* aufgeführt, am 12. Dezember 1957 dann in Bonn als *Fünf Köche*. Gleichzeitig arbeitete Grass das Thema in mehreren Schritten zum fünfaktigen Theaterstück aus. *Die bösen Köche. Ein Drama in fünf Akten* wurde 1957 als Bühnenmanuskript von der Gustav Kiepenheuer Bühnenvertriebs-GmbH verlegt, der Erstdruck erschien 1961 in dem von Paul Pörtner herausgegebenen Band *Modernes deutsches Theater* (vgl. Grass 1961). Gewidmet ist das Stück dem „Bildhauer und Koch" (NGA 3, 157) Ludwig Gabriel Schrieber, der an der Hochschule der Künste Berlin Grass' Lehrer gewesen war und dem dieser bis zu dessen Tod im Jahr 1975 freundschaftlich verbunden blieb. Premiere feierten *Die bösen Köche* am 16. Februar 1961 in der Werkstatt des Schiller-Theaters in Berlin. Weiterhin wurde der Fünfakter 1969 am Hessischen Staatstheater in Wiesbaden gespielt, in der Saison 1996/1997 stand er am Kapuzinertheater in Luxemburg auf dem Programm (vgl. Stolz 2010, 92, 335).

2 Inhalt

Zu Beginn des Stücks *„hockt der Koch Petri auf einem Schemel"* in der Mitte der Bühne *„und bläst eine riesige Trompete"* (NGA 3, 158). In einer Art ‚Geburtsszene' treten nach und nach die übrigen vier Köche auf die Bühne: Mit *„jedem Trompetenstoß"* (NGA 3, 159) erscheint zunächst der Koch Benny aus der Trompete, anschließend steigt Grün aus einem Ei, Vasco aus einem Berg Salz, Stach tritt aus einem Schneegestöber, das auf ein Klatschen Petris hin eingesetzt hat. Die Köche versammeln sich, weil sie „in Gefahr" sind: „[U]nser guter Ruf scheint erschüttert, die Leute wenden sich ab, es schmeckt ihnen nicht mehr bei uns." (NGA 3, 162) Das liegt an einer ‚grauen Suppe', die der Gelegenheitskoch Herbert Schymanski einige Mal in ihrer Küche zubereitet hat, der aus Reverenz seither nur noch ‚der Graf' genannt wird. Sie „wollen […] das Rezept", das der Graf nicht bereit ist, herauszugeben, und „hetzen" ihn darum (NGA 3, 164). Zunächst ist es der Koch Vasco, der ihn bedrängt und von einer Brücke zu stoßen droht.

Vasco ist derjenige der Köche, der mit dem Grafen besser bekannt ist. Zuerst in der Wohnung seiner Tante, die im Sterben liegt und von seiner Geliebten, der Krankenschwester Martha, gepflegt wird, später auch in der Küche des Wirts Schuster wird er nun seinerseits von den anderen Köchen, die von seinem Alleingang wissen, genötigt, das Rezept preiszugeben, das er doch nicht kennt. Währenddessen verrät Stach die

https://doi.org/10.1515/9783110755435-032

Pläne der Köche an Kletterer, den Chef einer Großküche. Im Trockenraum der Wäscherei von Frau Kühlwasser treffen die verschiedenen Konfliktparteien aufeinander: Grün hat Martha dorthin bestellt, Benny, Stach und Vasco haben den Grafen entführt, Kletterer dringt mit den Großküchenköchen ein und übernimmt das Kommando – er hat Petris Trompete an sich genommen. Mit dem Grafen treffen die Köche eine Vereinbarung: Er zieht mit Martha in sein Landhaus, „[u]nd wenn ihr dann kommt in einigen Wochen, und sie will bei mir bleiben, nicht nur als mein Besuch, dann werde ich es [das Rezept, C.G.] geben" (NGA 3, 216). Als die Köche zur verabredeten Zeit erscheinen, hat der Graf die Zubereitungsweise der „grauen Suppe" jedoch vergessen. Von den Köchen weiterhin bedroht, nimmt der Graf sich und Martha das Leben: *„Zwei Pistolenschüsse fallen kurz nacheinander.*" (NGA 3, 229) Nun ist es wiederum Vasco, von dem die Köche glauben, er kenne das ‚Rezept', und den sie deshalb verfolgen. Nur Petri und Grün bleiben zurück, denn „[e]s geht ja auch nicht um die Suppe" (NGA 3, 230).

3 Interpretation/Forschungsansätze

Wie die frühen Stücke insgesamt, so wurde auch das abendfüllende Theaterspiel *Die bösen Köche* vorwiegend negativ besprochen. In der literaturwissenschaftlichen Forschung dominieren – neben der Zuordnung zum Theater des Absurden (vgl. Cunliffe 1969, 50) – drei Interpretationsansätze: Werner Schultheis erkennt in dem Stück eine Abwendung vom „kunterbunte[n] Durcheinander" und „anspruchslose[n] Spiel" der vorausgehenden ‚Dramen' hin zu einem „gesellschaftlich relevanten Inhalt" (Schultheis 1976, 891). Thema der *Bösen Köche* sei „die Ablehnung gewaltsamer und demagogischer Methoden", von „Gewaltanwendung, Intimidation und Bestechung", die „Position des Widerstandes" werde durch den Grafen verkörpert (Schultheis 1976, 892–893). Diese Lesart ist vor dem zeitgenössischen weltpolitischen Hintergrund sicher auch dadurch gerechtfertigt, dass es sich in dem Stück um „organisierte[] Köche" handelt, die auf ihrer Uniformierung bestehen, deren Losung, die eingeforderte „Solidarität" (NGA 3, 162), sich angesichts ihres internen Machtkampfs jedoch als bloße Phrase erweist: Auch der despotische Küchenchef Petri ist letztlich „problemlos austauschbar[]" (Stolz 2010, 33). Die ‚Gefahr' des Ansehensverlusts ist eigentlich eine Frage der Herrschaftsgewalt, die Kenntnis der grauen Suppe nur Mittel zu deren Realisierung: „Wenn sie den Kurzsichtigen die Brillen genommen haben, werden sie die besitzanzeigenden Fürwörter enteignen" (NGA 3, 164), erkennt der zum Grafen ‚geadelte' Hobbykoch Schymanski. Die so angelegte politische Dimension trägt allerdings kaum das gesamte Schauspiel, weshalb Dieter Stolz die „ebenso sinnlose wie gewalttätige, nie endende Jagd" (Stolz 2010, 33) als ‚weltgeschichtliches Prinzip' und Thema der *Bösen Köche* ausmacht. Das „aschgraue Lebenssüppchen" des Grafen steht dieser Lesart zufolge für eine existenzialistische „Lebensphilosophie der uneindeutigen Begriffe" (Stolz 2010, 34).

Eine grundlegende Skepsis gegenüber „allen welterklärenden und verbessernden Systemen" (Spycher 1976, 37), ein „Mißtrauen gegenüber Ideologien" (Stallbaum 1989,

65) bringt Grass' Theaterstück ohne Zweifel zum Ausdruck – gerade auch gegenüber der Religion, die in der Figur der Tante Vascos in ihrer dogmatisch-katholischen Variante vertreten ist. Nicht nur, dass Vasco – dem noch am ehesten zur Identifikation einladenden Charakter unter den Köchen – die Glaubenspraktiken der Tante zum leeren Ritual geworden sind, gegen das er sich empört; auch das ‚Selbstopfer' des zum ‚Erlöser' ausersehenen Grafen negiert die Passion Christi und jeden „übergeordneten Sinnzusammenhang": „Durch den Freitod des Grafen wird nichts verbessert, niemand vom Übel der Welt, vom ‚Bösen' oder vom unersättlichen Willensdrang befreit." (Stolz 2010, 33, 36) Martin Esslin nennt *Die bösen Köche* daher eine „Tragikomödie" vor einem religiösen Hintergrund, deren „Analogie zur Leidensgeschichte" und zur Eucharistie in Gestalt der grauen Suppe (Esslin 1967, 289) dennoch zur theologischen Interpretation einlädt. Auf der Grundlage zahlreicher religiöser Anspielungen (Petri konnotiert den Fischer und Wettermacher Petrus, Grün die liturgische Farbe der Hoffnung und des sich erneuernden Lebens, Stephan, wie Vasco eigentlich heißt, den Heiligen Stephanus und Stach den Märtyrer Eustachius; im letzten Akt wird auf die Fußwaschung beim letzten Abendmahl [Joh 13,1–11] angespielt, mit der Krankenschwester Martha ist die sorgende Martha von Bethanien assoziiert, der Graf vergleicht sie wiederholt mit der biblischen Rut) sieht Jan Holzendorf die bösen Köche als „Figurationen des in die strukturelle Bosheit verstrickten und sich dadurch transzendental zunächst heimatlos empfindenden Menschen" (Holzendorf 2021, 241). Das Grau der begehrten Suppe, als Mitte zwischen Schwarz und Weiß, stehe für den Zweifel, im Grau seien die Widersprüche des Lebens vereint (vgl. Holzendorf 2021, 242). Damit ist die ‚Erfahrung' angesprochen, auf die der Graf den Erfolg seiner Suppe an prominenter Stelle zurückführt: Für die graue Suppe, „eine ganz gewöhnliche Kohlsuppe" mit einer „ganz bestimmte[n] Menge ganz besonderer Asche" (NGA 3, 171), gibt es gar kein Rezept, sie ist nur ein „ganz privates kleines Geheimnis" (NGA 3, 208) des Grafen: „[E]s ist eine Erfahrung, ein bewegliches Wissen, ein Wandel, es dürfte euch bekannt sein, daß es noch nie einem Koch gelang, zweimal dieselbe Suppe zu kochen." (NGA 3, 224) Diese Einsicht, die es dem Grafen schließlich ermöglicht, ein Leben in erfüllter Liebe in der Idylle des ‚Paradiesgartens' seines Landguts zu führen, macht die Erinnerung an die Zubereitung der grauen Suppe überflüssig (vgl. Holzendorf 2021, 244–245). Dies hat Vasco erkannt, wenn er am Ende „Das Rezept!" (NGA 3, 229) ausruft und von da an selbst zum Gehetzten wird.

Der dritte Deutungsansatz fokussiert auf die poetologische Dimension des Theatertextes. Marianne Kesting hat die Köche als Kritiker aufgefasst, die dem Autor das ‚Rezept' für seine Bühnendichtung abjagen wollen (Kesting 1969, 301). Weil es nicht wahrscheinlich ist, dass Literaturkritiker es darauf absehen, die Schreibweise eines literarischen Autors nachzuahmen, sowie aufgrund einiger selbstreflexiver Stellen in Grass' Stück (etwa wenn Petri Stach zurechtweist: „[D]u sollst die Hühner nicht auf offener Bühne schlachten! Willst du die Gäste zu Vegetariern machen?" [NGA 3, 201]) liest Peter Spycher *Die bösen Köche* als „eine Art allegorische Parabel" auf die Spannungen „zwischen einem echten Dichter und ‚Labordichtern'" (Spycher 1976, 65, 41): Der Graf ist solch ein ‚echter' Dichter, ebenso Vasco (vgl. Spycher 1976, 47, 50), der talentierteste unter den Köchen und „Liebling“ (NGA 3, 196) des Grafen, der zuletzt dessen ‚Rezept‘ erkennt (sein Name leitet sich her vom ‚Entdecker‘ des Seewegs nach Indien, Vasco da Gama). ‚Labordichter‘ nennt Grass mittelmäßige Autoren, die sich bei der Verfertigung ihrer Texte nicht durch ‚Inspiration‘, die ‚Muse‘ leiten lassen, sondern mit ‚Berechnung‘ vorgehen (vgl. Grass 1961; Spycher 1976, 53). Die Köche haben kein Bewusstsein für die Widersprüche des Daseins, ihre Berufsbekleidung ist weiß, aber ihr Himmel ist ein schwarzer Baldachin (vgl. NGA 3, 162). Sie brauen eine tödliche Suppe, die sie Vasco einflößen wollen, falls er nicht das Rezept verrät, aus vorberechneten Portionen zum Beispiel von „Stecknadelsamen“ (NGA 3, 182). Diese Art der Zubereitung ist kein kreativer Akt: „Bin ich ein Dichter,“ fragt Grün, „daß ich mir einfallen lasse? Errechnet habe ich, zusammengezählt, abgezogen und durch etwas geteilt, das man nicht laut aussprechen darf“ (NGA 3, 181). Mit ihrer Suche nach dem Rezept des Grafen zielen sie ab auf Reproduktion – Erfindung und individuelle Ausführung auf der Grundlage von Erfahrung (vgl. Schneider 2007, 60, 68) zählen nicht zu ihrem Repertoire. „Dauernd jagen sie einem Ziel nach, das eine reine Täuschung ist“ (Spycher 1976, 61), aber auch der Graf ‚scheitert‘ zuletzt im „Refugium“ seines „Gartens“ (Stallbaum 1989, 67), in den er sich zurückzieht, um der Welt in die Exklusivität des Privaten zu entfliehen, insofern er damit aufhört, ein gesellschaftlich relevanter Dichter zu sein.

Literatur

Cunliffe, W. Gordon. *Günter Grass*. New York, NY 1969.

Esslin, Martin. *Das Theater des Absurden*. 2. Auflage. Frankfurt/M. und Bonn 1967.

Grass, Günter. „Die bösen Köche. Ein Drama in fünf Akten“. *Modernes deutsches Theater*. Hrsg. von Paul Pörtner. Neuwied und Berlin 1961: 7–72.

Holzendorf, Jan. *Theologie bei Günter Grass. Eine Untersuchung auf der Grundlage der Lichterlehre Karl Barths und ihrer Interpretation durch Michael Trowitzsch*. Berlin und Boston 2021.

Kesting, Marianne. „Günter Grass“. *Panorama des zeitgenössischen Theaters: 58 literarische Porträts. Revidierte und erweiterte Neuauflage*. München 1969: 300–304.

Schneider, Gisela. „Die bösen Köche“. *Küchenzettel. Essen und Trinken im Werk von Günter Grass*. Hrsg. von Volker Neuhaus und Anselm Weyer. Frankfurt/M. 2007: 55–73.

Schultheis, Werner. „Vom Schaukelpferd zum Zahnarztstuhl. Günter Grass und sein Drama der Verhinderung“. *Wissen aus Erfahrung. Werkbegriff und Interpretation heute. Festschrift für Herman Mayer zum 65. Geburtstag*. Hrsg. von Alexander von Bormann. Tübingen 1976: 881–902.

Spycher, Peter. „Die bösen Köche von Günter Grass – ein ‚absurdes‘ Drama?“. *Günter Grass. Ein Materialienbuch*. Hrsg. von Rolf Geißler. Darmstadt und Neuwied 1976: 33–73.

Stallbaum, Klaus. *Kunst und Künstlerexistenz im Frühwerk von Günter Grass*. Köln 1989.

Stolz, Dieter. *Günter Grass – Theaterspiele. Kommentar und Materialien*. Göttingen 2010.

II.3.8 *Goldmäulchen. Stück in 22 Szenen* (1963)

Ioana Crăciun

Im Jahre 1963 vollendete Grass seinen Roman *Hundejahre*, den dritten Teil der später so genannten *Danziger Trilogie*. Im selben Jahr wurde sein „Stück in 22 Szenen" mit dem Titel *Goldmäulchen* vom Berliner Medien- und Theaterverlag Gustav Kiepenheuer Bühnenvertriebs-GmbH als Manuskript vorgelegt. Im Juli 1963 strahlte der Hessische Rundfunk eine Hörspielbearbeitung des Bühnenwerkes aus. Die Uraufführung von *Goldmäulchen* fand am 1. Juli 1964 in den Münchner Kammerspielen („Werkraumtheater") statt. Regie führte Hansjörg Utzerath (vgl. dazu auch die Einführung, den Stellenkommentar und das Archivmaterial in Stolz 2010, 12–15, 116–122, 259–265).

Das Personenverzeichnis des Dramas *Goldmäulchen* umfasst drei Hauptgestalten und eine unbestimmte Anzahl von anonymen Diskutanten. Neben Harry L., dem Diskussionsleiter, und Walli S., dessen Assistentin, tritt ein dritter Protagonist auf, der als „der Diskussionsgegenstand" (NGA 3, 344) bezeichnet wird: Walter Matern. Diese Dramenfigur ist in jeder Hinsicht identisch mit der gleichnamigen Hauptfigur aus Grass' Roman *Hundejahre*. Walter Matern ist dort der Gegenspieler des „Halbjuden" Eduard Amsel, der in *Hundejahre* unter verschiedenen Namen auftritt, darunter auch unter dem Namen „Goldmäulchen". Als „Goldmäulchen" ist Amsel in der Nachkriegszeit auf dem Schwarzmarkt aktiv und tritt dort mit seinen erfolgreichen Transaktionen in die Fußstapfen seiner geschäftstüchtigen Eltern. Walter Matern wird in den *Hundejahren* als Opportunist gezeichnet, welcher als Kommunist, Nationalsozialist, Antifaschist, Kapitalist und Sozialist der Reihe nach verschiedene Stadien der deutschen Geschichte vom Ausgang des Ersten Weltkriegs bis in die frühen sechziger Jahre hinein durchläuft. Während Amsel in den *Hundejahren* in erster Linie als Opfer dargestellt wird, steht Matern, der zudem seinen eigenen Freunden nicht die Treue hält, sondern diese verrät und sich an ihnen rächt, dezidiert auf der Seite der Täter.

Goldmäulchen ist die überarbeitete, teils gekürzte, teils erweiterte, aber im Großen und Ganzen identische Fassung des Romankapitels „Eine öffentliche Diskussion", eines Dramoletts, das Grass im dritten Buch seiner *Hundejahre* zwischen der „hundertsten öffentlich diskutierten Materniade" und der „fluchtbewegten hundertundersten Materniade" eingefügt hat. In *Hundejahre* nehmen neben den drei Protagonisten (Diskussionsleiter, Assistentin, Diskussionsgegenstand) allerdings exakt 32 Diskutanten als Vertreter der Nachkriegsgeneration an der Diskussion teil. Denn die Zahl 32 hat, wie die Szenen 5, 21 und 22 verdeutlichen, für Matern eine persönliche, existentielle, traumatische Bedeutung.

Der Beginn des „Stücks in 22 Szenen" erfüllt – um es mit Kant zu formulieren – die Funktion von Prolegomena zu einer jeden künftigen Diskussion, die als herrschaftsfrei, offen und demokratisch wird gelten können. Es geht dabei um eine Grundlegung zu einer Metaphysik der Diskussion, die als Bedingung der Möglichkeit der Menschwerdung – „Deshalb heißt Menschsein [...] diskutieren wollen!" (NGA 3, 348) – gefeiert

https://doi.org/10.1515/9783110755435-033

und mit Worten aus dem Johannesevangelium beschworen wird: „Das Wort ist wieder Fleisch geworden und hat in unserer Mitte Wohnung genommen. Anders gesagt: Wir sind zusammengekommen, um zu diskutieren.“ (NGA 3, 346) Gott wird in einer Art Bittgebet als „O Herr aller Diskussionen“ (NGA 3, 351) angerufen, beim Diskutieren ist es „wie beim Jüngsten Gericht / wo jedermann spricht“ (NGA 3, 350), die Diskussion geschieht „Indreigottesnamen“ (NGA 3, 356) wie auch in „der Jungfrau Namen“ (NGA 3, 349) und endet folgerichtig mit einem „Amen!“ (NGA 3, 385), dem letzten Wort von *Goldmäulchen.* Immer wieder wird im Stück in Form einer Metadiskussion auf das Wesen echter Diskussion Bezug genommen, die im Sinne von Habermas' Diskursethik und seiner späteren Theorie des kommunikativen Handelns als „große, dynamische, nicht enden wollende Diskussion“ (NGA 3, 347) beschrieben wird. Als offene und herrschaftsfreie Form des Diskurses wird sie im Lauf des Stücks abgegrenzt vom Verhör, von der Beichte, von bloßer Informationsvermittlung, aber auch von öffentlichen Schuldbekenntnissen stalinistischer Provenienz (NGA 3, 366), wenngleich in *Goldmäulchen* verschiedentlich der Begriff „Zwangsdiskussion“ (NGA 3, 349, 367 u. ö.) fällt, der in Analogie zur Beugehaft als Mittel der Erzwingung einer Aussage verstanden wird. Hier spielt auch das ominöse Accessoire der Wunder- oder Erkenntnisbrille (vgl. NGA 3, 349, 353 u. ö.) eine Rolle, die durch die Vergegenwärtigung der Vergangenheit die geschichtliche Wahrheit offenbart und damit „diskussionshemmende Aussagen“ (NGA 3, 353), die dazu dienen sollen, den Mantel des Schweigens über das Geschehene auszubreiten, widerlegt und entlarvt. Der Titel *Goldmäulchen* betont damit gegenüber dem Roman eine zusätzliche Konnotation: die der freien und offenen Rede, die, im Gegensatz zum Schweigen, das bloß Silber ist, wertvoll wie Gold sein kann. Außerdem stehen beim Titel des Grass'schen Stücks auch Hesses fiktionale Figur Goldmund mit ihrem Streben nach Vollkommenheit oder die Redebegabung des historischen Johannes von Antiochia mit dem Beinamen Chrysostomos (Goldmund) Pate.

Bereits in der 1. Szene des Stücks wird deutlich, dass das Thema der Wahrheitsfindung in der Diskussion mit demjenigen der Auseinandersetzung mit der Geschichte des ‚Dritten Reichs‘ enggeführt wird. Matern wird als eine der „Stimmen, die unsere Vergangenheit zum Klingen bringen“ (NGA 3, 346), präsentiert, während der um ein paar Jahre jüngere Diskussionsleiter die ‚Gnade der späten Geburt‘ für sich in Anspruch nimmt. Gleichwohl spricht er, wie die Tätergeneration, in elliptischen Aussparungen: „Wär ich ein paar Jährchen früher, die hätten mich genau wie Sie auf den Leim. Bin gewiß der letzte, der hier auf Moral. Meine Generation, wissen Sie, ist mit allen Wassern.“ (NGA 3, 345) Zwei Sichtweisen, diejenige der Zeitzeugen und diejenige der Nachgeborenen, konkurrieren also miteinander im Kampf um Deutungshoheit und geschichtliche Wahrheit. Bezeichnenderweise wurde die besagte Erkenntnisbrille nur an jüngere Menschen ausgegeben, denn sie befähigte „den jeweiligen Käufer, so er nicht weniger als sieben Jahre und nicht mehr als einundzwanzig Jahre zählte, alle Erwachsenen vom dreißigsten Lebensjahr an zu erkennen.“ (NGA 3, 352) So erschien etwa der Diskussionsassistentin Walli, Materns Nichte, nachdem sie die Brille auf dem Düsseldorfer Weihnachtsmarkt aufgesetzt hatte, ihr Onkel Walter als „schreckliches Ungeheuer“ (NGA 3, 353) und Walli musste nach diesem traumatischen Erlebnis vier Wochen lang im Krankenhaus behandelt werden. Wie der Diskussionsleiter und seine Assistentin, so gehören auch die Diskutanten der jüngeren Generation an. Grass inszeniert sie als antiken Chor und lässt sie größtenteils in gereimten Distichen sprechen. Von Anfang an ist auch Materns Hund Pluto mit auf der Bühne. Mit dessen kynologischer Beschreibung beginnt und endet das Stück, während Plutos Geschichte, die mit Materns persönlicher Geschichte sowie mit der Geschichte Deutschlands zusammenhängt, in mehreren Szenen entfaltet wird.

In der 5. Szene des Stücks wird dann die eigentliche Diskussion eröffnet, in Analogie zur Mikrophonprobe zunächst mit drei Testfragen, die allerdings bereits zentrale Traumata Materns berühren: Die Zahl 32 als Antwort auf die erste Testfrage verweist auf Materns Verrat an seinem Blutsbruder Amsel, dem er zusammen mit acht anderen SA-Leuten alle 32 Zähne ausgeschlagen hat; die Erwähnung der Weichsel bei der Beantwortung der zweiten Testfrage erinnert daran, dass Matern das Taschenmesser als Zeugnis jener Blutsbrüderschaft in die Weichsel geworfen und damit erneut Verrat an Amsel begangen hat; und Materns nihilistische Beantwortung der dritten Testfrage „Glauben Sie an Gott?“ (NGA 3, 355) verweist auf den Verrat an der geschichtlichen Wahrheit, da Gott, der „Schöpfer der dynamischen und immerwährenden Weltdiskussion“ (NGA 3, 351), als Garant dieser Wahrheit fungiert. Die Frage „Lieben Sie Tiere?“ (NGA 3, 357) aus der 6. Szene veranlasst Materns Bekenntnis, dass er den Hund Harras vergiftet hat, sowie das Urteil des Diskussionsleiters: „Er tötet Tiere und gibt vor, Tiere zu lieben. Hier liegt ein durchaus dialektischer Widerspruch vor, der den Fortgang der Diskussion zu fördern, ja machtvoll anzutreiben verspricht.“ (NGA 3, 358) Die 7. Szene schildert Materns Selbstbekenntnis als opportunistisches „Stehaufmännchen“ (NGA 3, 359), das immer im richtigen Moment die Seiten wechselt und dabei stets obenauf bleibt. In den folgenden Szenen werden dann Details aus dem Leben Walter Materns untersucht. Er ist am selben Tag des Jahres wie Adolf Hitler geboren und teilt mit ihm die Liebe zu Schäferhunden sowie die Angewohnheit des Zähneknirschens (vgl. NGA 3, 364). Wie die Leute vor Hitler Angst haben, so haben sie auch Angst vor Matern. Der Roman *Hundejahre* sollte ursprünglich den Titel „Der Knirscher“ tragen, und in *Goldmäulchen* ertönt die Warnung: „Dreht euch nicht um! / Der Knirscher geht um.“ (NGA 3, 364)

Konkret verbunden sind Walter Matern und Adolf Hitler dadurch, dass sich Materns Hund Pluto „als nachgelassener Führerbesitz“ (NGA 3, 373) erweist. Besagter Hund wurde im Schutzpolizeihundezwinger zu Danzig-Langfuhr, Grass' Geburtsort, gezeugt. Dessen Vater war der später von Matern vergiftete Rüde Harras, seine Mutter die Hündin Senta. Harras gehörte dem Vater des Diskussionsleiters, Senta dem Vater Materns. Der so gezeugte Schäferhund Prinz wurde vom Danziger Gauleiter Albert Forster dem Reichskanzler zum Geschenk gemacht, der ihn auf den Berghof in Obersalzberg, seinen privaten Wohnsitz, mitnahm. Danach begleitete er Hitler, bedingt durch die Kriegsereignisse, in diverse Führerhauptquartiere „bis zur endgültigen Verlegung in den Führerbunker der Reichskanzlei.“ (NGA 3, 372) Kurz vor Kriegsende, an Hitlers 56. Geburtstag, entläuft er dem Führer, durchschwimmt am 8. Mai 1945 bei Magdeburg die Elbe und sucht sich „westlich des Flusses einen neuen Herrn." (NGA 3, 372) Dieser ist dann Matern, der ihm den Namen Pluto gibt. In *Goldmäulchen* wird die Verbindung von Pluto alias Prinz und Hitler auf zwei Wegen „bewiesen". Auf Mozarts Musik reagiert der Hund nicht, auf die Musik von Joseph Haydn, dem Komponisten der Kaiserhymne und des Deutschlandliedes, aber sehr wohl. Beim Vorspielen Wagner'scher Leitmotive – in der 13. Szene fällt der bezeichnende Satz: „Mordmotive von einst / sind Leitmotive von jetzt." (NGA 3, 368) – wird hinreichend deutlich, „daß der Hund Pluto einem Wagnerverehrer gehört haben muß" (NGA 3, 370), wie eben Hitler einer war. Und die Gegenüberstellung mit einem Hitlerbild schließt die Beweisführung ab, man hat sich einen Reim auf die Geschichte gemacht: „Gegenübergestellt / hat er mehrmals gebellt. / Hat, was er entdeckt, / mit der Zunge geleckt." (NGA 3, 371)

In der 16. Szene geht es dann um Materns politische Vergangenheit. Matern bezeichnet sich als Antifaschist und führt seine Mitgliedschaft bei den Roten Falken und in der KPD ins Feld. „Wenn ich später in die SA eintrat, war das nur ein knapp einjähriges Intermezzo." (NGA 3, 373) In diesem Kontext möchte Matern die Vergiftung des „Nazihundes" (NGA 3, 374) Harras als antifaschistische Tat gewertet wissen. Bei der Untersuchung von Materns Beziehung zu seinem Freund Amsel wird allerdings Materns diskriminierendes Verhalten deutlich, das in der antisemitischen Bezeichnung „Itzich" (NGA 3, 378) für den „Halbjuden" Amsel gipfelt. Matern möchte die Anschuldigung der Diskutanten, die ihn des Rassismus bezichtigen, nicht hinnehmen: „Ich protestiere als Mensch und als ausgesprochener Philosemit." (NGA 3, 379) Doch die Diskutanten beharren auf ihrem Standpunkt, indem sie Matern, der Hunde liebt und zugleich tötet, ironisch bloßstellen: „Matern liebt die Tiere; / liebt Matern auch die Juden?" (NGA 3, 381) Grass lässt allerdings deutlich werden, dass auch die Diskussionsbeiträge der nachgeborenen Diskutanten von rassistischem Gedankengut nicht ganz frei sind. So richtet einer von ihnen an Matern die Frage „War Ihr Freund etwa Neger, Zigeuner oder Jude?" (NGA 3, 377), und der Chor der Diskutanten gibt in derselben Szene (vgl. NGA 3, 379) ein antisemitisches Spottliedchen zum Besten. In der 20. und 21. Szene manifestiert sich dann Materns Schuld endgültig. Sein Bekenntnis „Im Notfall würde ich für jeden Juden mit meinem Leben einstehen" (NGA 3, 382) erweist sich als Schutzbehauptung und als blanke Lüge, denn er selbst war einer der neun SA-Männer, die Amsel an jenem kalten Januartag fast zu Tode prügelten und ihn, zu einem Schneemann gerollt, liegen ließen. Diese Untat Materns wird aber nicht von ihm selbst offenbart, sondern allein durch Wallis Erkenntnisbrille ans Licht gebracht: „Neun traten nieder den Januarschnee, / mein Onkel im Schnee dabei." (NGA 3, 383) Auch wenn die Wahrheit über den Antisemiten in Matern nun an den Tag gekommen ist, zeigt sich dieser immer noch uneinsichtig: „Ich, Matern, war und bin ausgesprochener Antifaschist. Das hab ich bewiesen, zweiunddreißigmal und immer wieder ... " (NGA 3, 384), wobei Materns symptomatische Erwähnung der Zahl 32 psychoanalytisch betrachtet einem Schuldeingeständnis gleichkommt. Eine hymnische Hochpreisung des schwarzen Schäferhundes Pluto schließt Grass' Stück über die trotz offener Diskussion misslingende deutsche Vergangenheitsbewältigung ab. Am Ende dominiert die paradoxe Ambivalenz der Farbe

Schwarz – „schutzstaffelschwarz, falangeschwarz, amselschwarz, othelloschwarz“ (NGA 3, 385) –, die in den an Paul Celans Gedicht *Todesfuge* gemahnenden Oxymora „mehlschwarz, milchschwarz, schneeschwarz“ (NGA 3, 385) die Einheit der Gegensätze ohne Synthese und die Unmöglichkeit einer „Wiedergutmachung“ (NGA 3, 382) nach Auschwitz andeutet.

Literatur

Stolz, Dieter. *Günter Grass. Theaterspiele. Kommentar und Materialien*. Göttingen 2010.

II.3.9 *POUM oder Die Vergangenheit fliegt mit* (1965)

Martin Kölbel

1 Entstehung

Der Schlüssel zum Verständnis dieses Gelegenheitswerks liegt in seiner Entstehungs- und Publikationsgeschichte. Es entstand zwischen Ende Januar und Mitte März 1965 als Beitrag für das Wahlkampftaschenbuch *Plädoyer für eine neue Regierung oder Keine Alternative*, in dem 25 Schriftsteller für die SPD und ihr Schattenkabinett Wahlwerbung machten (Richter 1965, 96–104; Nachdruck: Grass 1965; vgl. NGA 3, 387–402). Grass' „Vorbemerkung" weist seinen Beitrag aus als „Porträt des Regierenden Bürgermeisters von Berlin" und damaligen SPD-Kanzlerkandidaten Willy Brandt, seine politische Zielsetzung als „SPD-freundlich" mit „skeptische[r] Grundstimmung" (Richter 1965, 97).

Das Sujet für dieses „Tendenz-Stück" (so Grass, zit. in Zimmermann 2010, 157) geht auf eine Flugreise zurück, die Grass am 6. September 1961 als Begleiter Brandts zu dessen Wahlkampfauftritt in Heilbronn unternahm (vgl. NGA 22, 444–450). Während des Flugs nach Stuttgart wurde er Zeuge, wie Brandt seine „Stellungnahme zu *Die Kandidaten* von Hans Frederik" (BwBG, 49–86) in Teilen diktierte. Das 33 Seiten umfassende Papier wurde seinem „Strafantrag wegen Beleidigung, Verleumdung und politischer übler Nachrede" (BwBG, 22–49) vom 23. September 1961 beigelegt und listet minutiös 130 Einwände gegen Frederiks Publikation auf, die sich polemisch und oft fehlerhaft mit Brandts Zeit im skandinavischen Exil (1933–1945) auseinandersetzt.

Beide Dokumente ließ sich Grass Ende Januar 1965 schicken, ebenso einen Terminplan über Brandts Flugreisen, Informationen über den Typ des „eingesetzten Sonderflugzeug[s]" und einen „Auszug" aus Brandts am 10. September 1961 in Passau gehaltener Rede (BwBG, 19–22, 87–93). Bei der Lektüre markierte Grass für sein Stück relevante Kommentare Brandts zu „a) unrichtige[n] Darstellungen, b) Fälschungen, c) verleumderische[n] bzw. beleidigende[n] Behauptungen" (BwBG, 49), aber auch typische Formeln rhetorischer Insistenz: „Es ist falsch, wenn behauptet wird" oder „Es ist eine niederträchtige Unterstellung, wenn F. behauptet" (BwBG, 49, 52). Für das Theaterstück übernahm Grass aus der Stellungnahme zum Teil wörtliche Zitate.

2 Deutung

Das Bühnengeschehen gruppiert sich um das Diktat der Stellungnahme durch den Kandidaten während des Flugs nach Stuttgart. Die Einheit von Ort, Zeit und Handlung wird weitgehend gewahrt und nur einmal durch „wirr[e]" Träume des Schriftstellers unterbrochen, die auf der Bühne nachgespielt werden (NGA 3, 396). Die Handlung charakterisierte Grass als „Stillstand in zweitausend Metern Höhe", als „Widerstreit" zwischen „schnelle[r] Vorwärtsbewegung" und „fleissige[n] Rückblicken" (Richter 1965, 96).

https://doi.org/10.1515/9783110755435-034

Die Figuren verwickeln sich entsprechend in keine dramatischen Konflikte, sondern führen einvernehmliche, oft sentenzartige Diskurse, die sich mit einem kardinalen Thema der jungen Bundesrepublik befassen: der Zeit des Nationalsozialismus und dem politischen Umgang mit ihr. „Mit dieser Vergangenheit", beschließt der Kandidat die Flugreise, „leben wir heute noch Tür an Tür. – Es wird Zeit, für bessere Nachbarn zu sorgen." (NGA 3, 401)

Drei Umgangsformen mit der NS-Zeit treten dabei unvermittelt nebeneinander. Ohne personale Repräsentanz auf der Bühne, aber politisch wirksam ist jene Art der Vergangenheitspolitik, die – meist durch kalkulierte Geschichtsklitterung – zum Nachteil der an den NS-Verbrechen Schuldlosen betrieben wurde (vgl. Brandt 2007; BwBG, 122; Frei 2012). In diesem Sinne agierte der nur anonymisiert als „F." (NGA 3, 391) angesprochene Hans Frederik: ein Publizist, dessen Arbeiten das Ministerium für Staatssicherheit der DDR und Bayerns konservative Kreise um den Verleger der *Passauer Neuen Presse* Hans Kapfinger unterstützten (vgl. BwBG, 1074). Dementgegen stehen die detailgenaue Aufklärungsarbeit des Kandidaten und seine Insistenz auf biographisch-historische Exaktheit. Sie begreift sich gleichermaßen als ein „Geschichtsunterricht", der die NS-Zeit rekonstruiert, und als eine „Gegenwartskunde", die deren Nachwirkung dokumentiert (NGA 3, 395). Im Mittelpunkt steht dabei Brandts Wirken im Umfeld der „linkssozialistische[n] Arbeiterpartei" Partido Obrero de Unificación Marxista (POUM) während des Spanischen Bürgerkriegs (NGA 3, 402; vgl. Lorenz 2002, 45–48; Merseburger 2006, 126–171).

Der Schriftsteller übernimmt in diesem „Geschichtsunterricht" den Part des störenden Schülers. Im entscheidenden Moment, als der Kandidat sich anschickt, die historische Bedeutung des rätselhaften Akronyms POUM zu erläutern, fällt der Schriftsteller in ein „anarchistisches Schläfchen" (NGA 3, 395), dem auch die Handlung folgt. Auf der Bühne werden nicht die Sacherklärungen des Kandidaten gegeben, sondern die ebenso traumartigen wie traumatischen Erinnerungen des Schriftstellers als Spiel im Spiel aufgeführt. Der blutige Bürgerkrieg verwandelt sich dabei in ein unbedarftes Spiel auf dem Pausenhof mit Parteinahme für die faschistische Falange um General José Moscardó. Begleitet wird es von bohrenden Fragen des Schriftstellers an seine eigene Vergangenheit und einem mit ihr offenbar verbundenen Schuldkomplex (NGA 3, 396–400).

Die biographischen Hintergründe dieser „Pausenhofspiele" hat Grass 2007 umfassend in *Beim Häuten der Zwiebel* (NGA 17) und 1999 bezogen auf das Jahr 1937 in *Mein Jahrhundert* (NGA 15, 116) ausgeführt: „Was später Spanischer Bürgerkrieg hieß, spielte sich auf dem Pausenhof des Conradinums zu Danzig-Langfuhr als ein einziges, stets wiederholbares Ereignis ab. Natürlich siegte am Ende die Falange. Der Belagerungsring wurde von außen gesprengt. Eine Horde Tertianer schlug übertrieben heftig zu. Danach große Umarmung. Oberst Moscardó begrüßte die Befreier mit der berühmt gewordenen Losung ‚Sin novedad', was soviel wie ‚Nichts zu berichten' heißt. Dann wurden wir, die Roten, liquidiert."

Dramaturgisch gesehen führt das Spiel im Spiel eine zweite, metadramatische Ebene ein, die die Fiktionalität des Spiels und dessen Bedeutung für die historische

Wahrheitssuche problematisiert. Gegen den Versuch akribischer Objektivierung, wie ihn der Kandidat betreibt, bringt sich das Unwillkürliche erinnernder Subjektivität zur Geltung, der der Schriftsteller und vorübergehend das Bühnengeschehen folgen. Das Historisch-Faktische (Bedeutung der POUM) wird durch Theatral-Imaginäres (Darstellung der Pausenhofspiele) überblendet und dabei die Mehrdeutigkeit der historischen Aufklärungsarbeit angedeutet: Die Suche nach historischer Wahrheit erweist sich als abhängig von der Biographie, Generationenzugehörigkeit oder dem jeweiligen Zugriff der Betroffenen. Der Geschichte des Kriegsflüchtlings im Widerstand (Kandidat) steht diejenige eines jugendlichen Opportunisten (Schriftsteller) gegenüber. Beide trennt zudem ein für die Generationenfrage relevanter Altersunterschied von knapp 14 Jahren. Beide pflegen einen je anderen, einen rationalen bzw. imaginären Zugriff auf die zeitgeschichtlich problematische NS-Vergangenheit. Grass charakterisierte seinen Umgang mit ihr in dem Entwurf *Sympathie zwischen Luftlöchern*: „solange lügen, bis die Wahrheit sich einstellt" (zit. nach Pietsch 2006, 82).

Der Einakter wurde bislang nicht aufgeführt. In der Forschung fand er nur selten Beachtung: Pietsch nennt ihn eine „dokumentarische Montage" zur „Erprobung" von „tagesaktuellen" oder politischen „Wirklichkeiten" auf der Bühne. Diese stehe im Zeichen von Grass' beginnender Politisierung und der begleitenden Suche nach einer ihr entsprechenden Poetologie (Pietsch 2006, 82). Stolz behandelt es als ein „unter motivischen Gesichtspunkten nicht ganz uninteressantes Nebenwerk" (Stolz 2010, 46). Neuhaus bescheinigt dem Stück eine „eigentümliche Zwischenstellung zwischen dem absurden und dem politischen Theater von Grass" (Neuhaus 2010, 19).

Literatur

BwBG = *Willy Brandt und Günter Grass. Der Briefwechsel*. Hrsg. von Martin Kölbel. Göttingen 2013.

Brandt, Willy. „Barcelona 37 – Madrid 77". *L'76* 3 (Februar 1977): 55–63.

Brandt, Willy. *Verbrecher und andere Deutsche. Ein Bericht aus Deutschland 1946*. Bearbeitet von Einhart Lorenz. Bonn 2007.

Frederik, Hans. *Die Kandidaten*. München 1961.

Frei, Norbert. *Vergangenheitspolitik. Die Anfänge der Bundesrepublik und die NS-Vergangenheit*, 2., durchgesehene, um ein Nachwort erweiterte Auflage. München 2012.

Grass, Günter. „POUM oder Die Vergangenheit fliegt mit". *Der Monat* 17.201 (1965): 33–38.

Lorenz, Einhart. „‚Hitler ist nicht Deutschland'. Jugend in Lübeck – Exil in Norwegen". *Willy Brandt. Berliner Ausgabe*. Bd. 1. Hrsg. von Helga Grebing, Gregor Schöllgen, Heinrich August Winkler und bearbeitet von Einhart Lorenz. Bonn 2002: 15–72.

Merseburger, Peter. *Willy Brandt 1913–1992. Visionär und Realist*. München 2002.

Neuhaus, Volker. *Günter Grass*. 3., aktualisierte und erweiterte Auflage. Stuttgart und Weimar 2010.

Pietsch, Timm Niklas. *„Wer hört noch zu?" Günter Grass als politischer Redner und Essayist*. Essen 2006.

Richter, Hans Werner. *Plädoyer für eine neue Regierung oder Keine Alternative*. Reinbek bei Hamburg 1965.

Stolz, Dieter. *Günter Grass. Theaterspiele. Kommentar und Materialien*. Göttingen 2010.

Zimmermann, Harro. *Günter Grass unter den Deutschen. Chronik eines Verhältnisses*. Göttingen 2010.

II.3.10 *Die Plebejer proben den Aufstand. Ein deutsches Trauerspiel* (1966)

Antonius Weixler

Das 1966 uraufgeführte Stück *Die Plebejer proben den Aufstand* ist eine Art ‚Schlüsseldrama' über Bertolt Brechts Rolle während des Volksaufstandes in der DDR am 17. Juni 1953. Kein anderes seiner Stücke hat derart heftige Reaktionen hervorgerufen, es „zählt bis heute zu den umstrittensten Theaterstücken von Günter Grass" (Stolz 1994, 226). Im Feuilleton der Bundesrepublik wurde es wiederholt als Abrechnung mit Brecht rezipiert, in der Ost-Presse als antikommunistisches Stück (vgl. *Der Morgen*, 21. Januar 1966 in Loschütz 1968, 144–145), Grass wurde in der DDR fortan nicht mehr publiziert. Das „deutsche Trauerspiel" ist Grass' erster und letzter Versuch, eine Art dokumentarisches Künstlerdrama zu schreiben, danach folgt nur noch ein weiteres Theaterspiel mit dem Titel *Davor* (1969), das ebenfalls als Parabelstück verstanden werden kann.

Neben Brecht, der im Stück nur „Chef" genannt wird, sind in der Figur Volumina noch Helene Weigel und in Kosanke Kurth Barthel (in der DDR bekannt als „Kapo") zu entschlüsseln. In der die drei Einheiten einhaltenden Stück-im-Stück-Konstellation wird am Tag des Volksaufstandes auf einer nicht näher benannten Probebühne die Aufführung von Shakespeares letzter Tragödie *Coriolanus (The Tragedy of Coriolanus*, 1608) einstudiert. Die Proben werden indes immer wieder unterbrochen, da sowohl Vertreter der Arbeiter (Maurer, etc.) als auch der regimetreue Dichter Kosanke den Chef für ihre Seite zu vereinnahmen suchen. Das Stück ist reich an (zu ‚entschlüsselnden') Anspielungen auf den Aufstand der Plebejer gegen den Patrizier Coriolanus im Rom des 5. Jhd. v. Chr., auf Shakespeares Verarbeitung dieses Aufstandes in seiner Tragödie sowie auf Brechts unvollendete Shakespeare-Bearbeitung mit dem Titel *Coriolanus* (vgl. Brecht 1992, 7–81). Ebenso finden sich Zitate und Anspielungen auf Brechts sonstiges Werk, seine Reaktion auf den 17. Juni, seine Verarbeitung dieser Ereignisse in den *Bukower Elegien* und auf zeitgenössische Bewertungen der Rolle Brechts rund um den Volksaufstand. Das Stück thematisiert damit neben Brechts Verhalten im Speziellen das Verhältnis von Kunst und Politik im Allgemeinen und dekliniert nahezu sämtliche mögliche Positionierungen zwischen Engagement und Eskapismus durch. Durch die über mehrere Ebenen verlaufende Spiegelung, wie der Chef die literarische Verarbeitung (Shakespeares) einer historischen Vorlage (Aufstand in Rom) in eine neue episch-dramatische Uminterpretation in Form eines Lehrstückes vornimmt und dabei von tagesaktuellen Ereignissen (17. Juni 1953) eingeholt wird, gerät *Die Plebejer proben den Aufstand* zu einem Lehrstück zweiter Ordnung (ein Anti-Lehrstück oder „Lehrstück about Lehrstücke"; Mason 1974, 111), ästhetisch handelt es sich v. a. um ein Pastiche des epischen Theaters mit Anleihen am absurden Theater.

Trotz der von Grass in seiner Shakespeare-Rede 1964 explizit dargelegten Bezüge zu Brechts Verhalten am Tag des Volksaufstandes und trotz der „unnötig vielen Anspie-

https://doi.org/10.1515/9783110755435-035

lungen“ (Stolz 1994, 227) und „unnötig zahlreiche[n] Brechtbiographica“ (Klotz 1968, 134) distanziert sich Grass nach der Uraufführung nach Kritik u. a. von Reich-Ranicki (1992, 67–75) von der Einschätzung, nur ein Stück über Brecht geschrieben zu haben. In Rezeption wie Forschung ergeben sich daraus die beiden bis heute gültigen Pole in der Bewertung des Stückes: Einerseits wird das Stück als Schlüsseltext über die Reaktion Brechts auf die Ereignisse des Volksaufstandes vom 17. Juni 1953 und als „Anti-Brecht-Drama“ rezipiert oder in der Hauptfigur zumindest eindeutig Brecht identifiziert (Reich-Ranicki 1992; Kaiser 1967; Gratfhoff 1971; Wirth 1971, 24; Pelster 1999, 46; Sprenger 2017). Andererseits wird es als eine generelle Auseinandersetzung mit dem Verhältnis von Kunst und Leben und als eine „Tragödie des engagierten Schriftstellers“ (Schultheis 1976, 893–894) oder spezifischer des „linken Intellektuellen“ (Verweyen 1984, 273) gelesen. Diese zweite Lesart hat auch Grass für sein Stück reklamiert, indem er nach der Kritik bereits in einer Pressekonferenz am Tag nach der Uraufführung erklärt, dass er die „Kluft zwischen Theorie und Praxis, das Verhältnis des Intellektuellen zur gesellschaftlichen Realität schlechthin zur Debatte [habe] stellen wollen“ (Hildebrandt [1966] 1968, 140). Mitdiskutiert wird in dieser Debatte auch stets, wie faktentreu und authentisch dokumentarisches Theater zu sein habe oder überhaupt sein könne.

Der Entstehung des Stückes in vier Akten gehen umfangreiche Recherchen voraus, die in der vom Autor selbst zusammengestellten Materialmappe im Grass-Archiv dokumentiert sind. Der Entstehungskontext im engeren Sinne beginnt im April 1964 mit Grass' Rede zum 400. Geburtstag Shakespeares in der West-Berliner Akademie der Künste mit dem Titel *Vor- und Nachgeschichte der Tragödie des Cariolanus von Livius und Plutarch über Shakespeare bis zu Brecht und mir*, dort heißt es: „Dieses Stück will geschrieben werden.“ (NGA 20, 96) Die Uraufführung fand am 15. Januar 1966 im Berliner Schiller-Theater statt (Regie: Hansjörg Utzerath), das „deutsche Trauerspiel“ wurde im selben Jahr im Luchterhand-Verlag veröffentlicht und ebenso noch 1966 vom Süddeutschen Rundfunk in einer Hörspielbearbeitung gesendet (Stolz 2010, 134). Während seines Indienaufenthaltes beteiligte sich Grass an einer bengalischen Übersetzung und einer Aufführung in Calcutta (August 1968 bis Januar 1987). Zum 50. Jahrestag des Volksaufstandes am 17. Juni 2003 las Grass das Stück an der Wirkungsstätte Brechts im Berliner Ensemble.

1 Handlung

Das Stück beginnt auf einer Probebühne mit den Arbeiten an einer Neuinterpretation von Shakespeares Tragödie. Dabei soll aus der Patrizier- und Absolutismus-freundlichen Darstellung des antiken Stoffes bei Shakespeare ein Lehrstück für die Arbeiterklasse werden, in dem gezeigt wird, wie ein Aufstand der Plebejer ohne einen zentralen ‚Helden‘ aussehen könnte: „Der Chef will zeigen, daß Coriolan zu ersetzen ist.“ (NGA 3, 405) Diese Proben werden von Nachrichten von einem Aufstand gestört, zunächst vorgetragen von Volumina, der Mutter Coriolans, die wie alle anderen Plebejer im Stück nur mit ihrem Rollennahmen auftaucht. Volumina versucht den Chef dabei mit Zitaten aus Brechts Stück *Trommeln in der Nacht* zur Parteinahme für den Aufstand aufzurufen. Als Arbeiter auftauchen, um vom Chef eine schriftliche Unterstützung des Aufstandes einzufordern, lehnt dieser mit Verweis auf die Zaghaftigkeit und Planlosigkeit der Erhebung ab.

Der zweite Akt beginnt mit der ironischen Gegenüberstellung von ‚realen' Arbeitern und als Plebejer verkleideten Schauspielern, im Laufe des Aktes vermischen sich diese Rollen zusehends, die Arbeiter schlüpfen in Plebejerkostüme. Der Chef antwortet auf die Versuche der Vereinnahmung mit einer Parabel von der Theorie. Im zweiten und längsten Aufzug wird in Botenberichten vom Beginn des Aufstandes berichtet. Danach tritt der Dichter Kosanke auf, der im Namen der Staatsregierung eine Treuebotschaft des Chefs einfordert. Dadurch ergibt sich am Ende des zweitens Aktes die „tragische" Situation, dass eine Parteinahme und damit jede Handlungsoption für den Chef negative Auswirkungen und den Vorwurf des Verrats von der jeweils anderen Seite zur Folge hätten. Als tragisch (im Aristotelischen Sinne) wird damit der Konflikt um (revolutionäre) Theorie und Praxis oder um die dichterische Positionierung zwischen Autonomie und Heteronomie/Engagement vorgeführt.

Zu Beginn des dritten Aktes wird der Chef von den Arbeitern als Verräter verurteilt und ihm sowie seinem Assistenten Erwin werden Schlingen um den Hals gelegt. Vor der drohenden Hinrichtung können sich die beiden nur durch eine abgewandelte Version des Bauch-und-Glieder-Gleichnisses retten (s. u.). Zugleich kommen Nachrichten von der Niederschlagung an, der Akt endet mit der Verkündigung des Ausnahmezustandes, der Aufstand ist gescheitert.

Der vierte und letzte Akt dient der Verarbeitung der Ereignisse. Zum Kristallisationspunkt wird die schon zuvor leitmotivisch durchgespielte These, dass dem Chef die Realitäten nur Anschauungsmaterial und Stoff waren und er sich dementsprechend rein ästhetisch zu den Ereignissen des Tages verhält: „Material! Material für drei Stücke und eine Bearbeitung!" (NGA 3, 474) Volumina hat sich indessen auf Kosankes Seite ziehen lassen, um das Theater, das „Haus" (als Anspielung auf Brechts Theater am Schiffbauerdamm), zu retten. In Kosankes Bericht, einer Rede, die er auf Panzern stehend gehalten habe, sind Zitate aus Kapos tatsächlicher Rede aus dem *Neuen Deutschland* vom 20. Juni 1953 eingebaut (vgl. Stolz 2010, 283–284). Die folgende Auseinandersetzung um eine Positionierung des Chefs verweist auf Brechts Brief an Ulbricht vom Tag des Volksaufstandes, in dem dieser zwar Kritik übt, aber auch mit einer Solidaritätsadresse an die SED schließt. Dass die DDR-Regierung nur diesen letzten Teil veröffentlichte (am 21. Juni 1953 im *Neuen Deutschland*), hat Brechts Ansehen nachhaltig beschädigt. Im Stück werden diese Kürzung sowie die Folgen für die Reputation für den Chef antizipiert.

Das Stück endet mit dem Ausblick auf eine Reise des Chefs zu seinem Haus am idyllischen See, also im Zeichen des Eskapismus, denn dort „zwischen Birken" geht es dem sich zurückziehenden Protagonisten nunmehr explizit darum zu dichten: „Vielleicht fallen bei all dem Elend Gedichte ab." (NGA 3, 485) Beim Abgang von der Bühne ruft der

Chef abschließend: „Unwissende. Ihr Unwissenden! Schuldbewußt klag ich euch an." (NGA 3, 486) Dies ist Anspielung und Variation zugleich: In Brechts „Böser Morgen" aus den *Buckower Elegien* heißt es: „Heut Nacht im Traum sah ich Finger, auf mich deutend / Wie auf einen Aussätzigen. Sie waren zerarbeitet und / Sie waren gebrochen. / Unwissende! schrie ich / Schuldbewußt." Auch das Motiv der anklagend zeigenden und sich dabei gleichsam ‚abnutzenden' Finger wird in Grass' Stück wiederholt aufgegriffen. Die Schlusspointe qua Brecht-Allusion und -Variation eröffnet (oder vielmehr repräsentiert pars pro toto) zwei der wesentlichen Deutungshorizonte für das Stück: Zum einen wird die Selbstanklage aus den *Buckower Elegien* hier in eine als Selbstverteidigung dienende Gegenanklage verdreht. In seinen letzten Worten wird damit eine Einstellung noch einmal besonders pointiert, die den Chef der *Plebejer* das ganze Stück über auszeichnet, nämlich uneinsichtig und nicht überzeugt zu sein, ja als von den tagesaktuellen Ereignissen abgehoben und sich lediglich ästhetisch dazu verhaltend, letztlich von Beginn an eskapistisch. Zum anderen lässt sich die Schlusspointe auch als Publikumsansprache lesen, d. h. als eine Verteidigung Brechts sowie der Rolle des an der Realität scheiternden engagierten Intellektuellen im Speziellen sowie als Kommentar zum Verhältnis von Kunst und Politik zwischen Autonomie und Heteronomie im Allgemeinen.

2 Form/Dramaturgie

Innerhalb des dramatischen Gesamtwerkes steht das Stück *Die Plebejer proben den Aufstand* für Grass' Abkehr von seiner Spielart des absurden Theaters in den frühen antiaristotelischen Texten bei einer zugleich nicht vollgültigen Hinwendung zur Dialektik des Lehrstückes. An diese Form des Brecht'schen epischen Theaters knüpft das Stück durchaus in mehrfacher Hinsicht an, Gillett etwa erkennt Parallelen zu *Der gute Mensch von Sezuan* und *Leben des Galilei* (2008, 336; für Intertextualität generell Verweyen 1984). Mit dem Fehlen eines fünften Aktes fehlt dem Stück aber die Synthese, die zu einer dialektischen Struktur gehört. Es ist erkennbar nicht auf Entwicklung hin ausgelegt, vielmehr haben wir es mit einem Stück der „Retardation" zu tun (vgl. Schultheis 1976, 881; Kux 1980, 58–63; Stolz 1994, 228; Gillet 2008). Bereits nach der ersten Begegnung des Chefs mit der Realität des Aufstandes führt die antithetische Konfrontation zur Stagnation, die eingangs eingenommenen Positionen werden die Protagonisten im Lauf der vier Akte kaum verlassen. Nach Retardation und Variation steht am Ende ein umfängliches Scheitern: des Aufstandes, der Ideale der Arbeiter und der Ideale des sozialistischen Staates ebenso wie der Programmatik des Theaterchefs. *Die Plebejer proben den Aufstand* – in diesem Titel ist das Scheitern des Geprobten, aber nie erfolgreich Durchgeführten ja bereits prominent benannt – ist somit auch ein Lehrstück über das Scheitern von Lehrstücken.

Im Scheitern der Revolution scheint Grass zudem etwas spezifisch Deutsches verstanden wissen zu wollen, wie der Untertitel „Ein deutsches Trauerspiel" suggeriert. Im Gegensatz zur Tragödie, „wo es den tragischen Einzelfall gibt, gibt es im Trauerspiel das schuldhafte und verstrickte Verhalten von mehreren“, so Grass in einem Interview (Brown 1973, 10). „Deutsch“ an diesem Trauerspiel ist die Unfähigkeit zur Revolution, zumindest reagiert der Chef auf Berichte des Aufstandes wiederholt mit Variationen des Stalin-Zitats, wonach es in Deutschland nie eine Revolution geben würde, da man dafür den städtischen Rasen betreten müsste (vgl. u. a. NGA 3, 422).

3 Motive: politische Parabeln

In dem Stück finden sich eine ganze Reihe von wiederkehrenden Motiven, insbesondere von politischen Parabeln und Gleichnissen, mit denen das Verhältnis von Theorie und Praxis sowie von Kunst und Leben thematisiert wird. Gerahmt wird das Trauerspiel etwa von der Frage, ob man Shakespeare ändern könne. Gleich zu Beginn unterhalten sich zwei Komparsen wie folgt darüber: „Warum ändern wir Shakespeare?“ / [...] Der Chef sagt, weil wir ihn ändern können“ (NGA 3, 405), und bringen damit fast ein direktes Brecht-Zitat an, wie es sich in den Notizen seiner Shakespeare-Bearbeitung findet (vgl. BFA 23, 396). Ziel dieser Änderungen ist, dass Coriolan, dieser „Koloß“ der antiken Überlieferungen von Livius, Plutarch und Shakespeare, „abgetragen“ wird zugunsten einer Aufwertung der Massen, der Plebejer und Tribunen, um ein Lehrstück über Klassenbewusstsein zu schaffen: „Nicht wirre Revoluzzer, bewußte Revolutionäre will er sehen“ (NGA 3, 406). Damit ist eigentlich bereits vor dem ersten Auftritt der Hauptfigur klar, dass sich der Chef den ‚unbewusst‘-revoltierenden Arbeitern nicht anschließen kann und wird. Der Chef ist zugleich als eine Spiegelfigur Coriolans gestaltet, die Ähnlichkeit wird etwa über Kleidung markiert. So wie Brecht mit seiner Shakespeare-Bearbeitung den „Koloß“ Coriolan von seinem historischen Podest stürzen will, stürzt Grass mit seinem „deutsche[n] Trauerspiel“ das ‚Denkmal‘ Bertolt Brecht. Diese Rahmung wird damit geschlossen, dass der Chef nach der Niederschlagung des Aufstandes auch die Neubearbeitung des Klassikerstücks absetzt, da wir „den Shakespeare nicht ändern können, solange wir uns nicht ändern. [...] Wir, selber kolossal und des Abbruchs würdig.“ (NGA 3, 480).

Ein weiteres Motiv ist das bereits aus der Antike überlieferte Gleichnis vom Staat als einem Körper mit einem satten, die Patrizier verkörpernden Bauch und hungernden Gliedern, die die Plebejer symbolisieren. Der Zynismus dieser Parabel wird zu Beginn des Trauerspiels mit beißendem Spott bedacht: „Weil Gleichnis sich auf Einfalt reimt, / wird gleichnishaft das Volk geleimt.“ (NGA 3, 409). Mit deutlicher Ironie müssen der Chef und Erwin sich im 3. Akt sodann selbst durch diese Parabel vor der Todesstrafe retten, allerdings weigert sich der Chef, diese Rettungserzählung selbst vorzutragen, dies muss Erwin tun: „Nun, hat auch dich die Fabel von den Gliedern, / die ihren Bauch berennen, überzeugt? / Hier hat ein Unsinn Tradition.“ (NGA 3, 463).

Der Chef flüchtet sich währenddessen in ein zeitweilig völliges Verstummen. Aus diesem Zustand wird er von einer jungen Revolutionärin, einer „Friseuse“, erlöst, deren Leidenschaftlichkeit für die Sache ihn sogar für einen kurzen Moment seine theoretischen Bedenken vergessen lassen. Für einen kurzen (retardierenden) Moment lang sieht es im 3. Akt so aus, also könnte die Friseurin zur Jeanne d'Arc dieses Aufstandes und das Trauerspiel doch noch zu einem Revolutionsstück werden, doch wenige Verse später erstarrt die dramaturgische Entwicklung wieder: „Ich, wissend, listig, kühl, allein, war ein Gedicht lang fast dabei", resümiert der Chef (NGA 3, 473).

Durch die Parabeln und das Vorführen von historischen Parallelen etwa der sich spiegelnden Figuren – verkleidete Plebejer vs. ‚richtige' Arbeiter, die sich im Verlauf des Stückes gegenseitig Aufstandsszenen vorspielen, Coriolan vs. Chef, antike Überlieferung vs. Shakespeare vs. Brecht etc. – wird darüber hinaus auch vorgeführt, dass die Wirklichkeit stets nur über ästhetisch bereits vorgeprägte Narrative oder ‚Skripts' wahrgenommen und vermittelt werden kann. Als Volumina den Beginn des Aufstandes in einem Botenbericht vorführt, wird dies vom Chef explizit benannt und kritisiert: „Sie war im Kino und sah Eisenstein", und weiter: „Das ist, beste Freundin, alles von mir. / Du bückst dich und findest dir passend Zitate. / [...] Genossin, ich bitt dich, sprich eigenen Text." (NGA 3, 416) Vor diesem Hintergrund wird erst der ganze Umfang der Ironie deutlich, die hinter der Rettung durch das Bauch- und Glieder-Gleichnis steckt.

4 Rezeption

Baumgart resümiert im Mai 1966 in der *Neuen Rundschau*: „Zwingend bleibt der Einfall, enttäuschend ist das Stück, ganz versagt hat seine erste Aufführung –, auf diese Skala des Urteils haben sich viele geeinigt." (Baumgart 1968, 149) Die Uraufführung im Berliner Schiller-Theater wird verrissen und schadet der Reputation des Stückes. Klotz und Hildebrandt berichten sogar von Buhrufen, letzterer zudem noch von einem „Gott, war das schlecht"-Zwischenruf aus dem Publikum bei der Premiere. (Klotz 168, 134; Hildebrandt 1968, 140) Ein wiederholt genannter Kritikpunkt an der von Hansjörg Utzerath inszenierten Uraufführung war die allzu deutlich markierte Ähnlichkeit mit Brecht. Mit späteren Aufführungen werden die Kritiken erkennbar in dem Ausmaß wohlwollender, in dem der Bezug zu Brecht und Weigel vermieden wird, Nolte berichtet von der Hamburger Aufführung vom Januar 1968 etwa, dass jegliche Ähnlichkeit mit dem Theaterpaar in der Inszenierung sogar „ostentativ vermieden" wurde (Nolte 1968, 159; ähnlich Berger 1968, 156).

Bereits in den überwiegend sehr kritischen zeitgenössischen Rezensionen der Uraufführung entsteht eine Debatte darüber, ob Grass ein überzogen polemisches Anti-Brecht-Stück oder ein ebenso vielstimmiges wie komplexes Theaterspiel über die Rolle des Intellektuellen geschrieben habe. Helene Weigel soll in einem Brief an Boleslaw Barlog die Aufführung als „eine Instinktlosigkeit" bezeichnet haben (vgl. Hildebrandt 1968, 142). Für Zwerenz schreibt Grass dieses Stück „nicht als Dramatiker, sondern als Ideologe", zumal er Brecht zu einem „infantilen Viertel-Hamlet degenerieren lasse[]" (Zwerenz 1966, 24); ähnliche Interpretationen als Anti-Brecht-Pamphlet finden sich bei Jenny („Was hat Grass eigentlich gegen Brecht?") und Baumgart (Jenny 1968, 137;

vgl. Baumgart 1968, 149–153). Demgegenüber sieht Hartmann darin „das klügste aller Dramen über die Teilung Deutschlands“ (Hartmann 1968, 154), Karasek empfindet das Ende des Stückes als „merkwürdig versöhnlich und einverständlich mit Brecht“ (Karasek 1968, 346) und Hildebrandt liest gar eine „Verehrung“ von Grass’ für Brecht heraus (Hildebrandt 1968, 142), Berger wiederum plädiert für eine Trennung der Figur von der historischen Person: „dieser ‚Chef‘ bei Grass war nicht Brecht!“ (Berger 1968, 156) und Klotz liest das Stück gar als eine „Tragödie der Theorie“ (Klotz 1968, 133).

Die meisten Rezensionen loben die Grundidee des Stückes („ebenso simpel wie genial“; Hildebrandt 1968, 140), erkennen aber deutliche Mängel in der Dramaturgie. Schwächen werden etwa darin erkannt, dass das Stück zu statisch sei und es keine Entwicklung gebe oder dass keine dialektische Struktur entstehen könne, da dem Chef ein adäquater Antagonist fehle (vgl. Zwerenz 1966, 24; Schwab-Felisch 1968; Berger 1968, 157; Vielhaber 1968). Kritisiert wird zudem die Ästhetik der Figurenreden (etwa als „bühnenelisabethanisch“; Baumgart 1968, 150) oder dass sich das Trauerspiel nur von „Botenbericht zu Botenbericht“ quäle (Baumgart 1968, 152; Schwab-Felisch 1968, 148). Zur Verteidigung eilt neben dem bereits mehrfach zitierten Hildebrandt auch Klotz, für den Grass hier „zum ersten Male ein theatralisch und thematisch bündiges Drama gelungen“ sei (Klotz 1968, 132).

Die Plebejer wurden zudem als eine kalkulierte Provokation von Grass aufgenommen (Jenny 1968, 136). Baumgart etwa erkennt in dem Versuch, einen Skandal zu provozieren, eine Strukturanalogie zu Rolf Hochhuths *Der Stellvertreter*, Grass brauche die Figur Brechts entsprechend vor allem für die „Fallhöhe“ des Stückes. Dabei sei es „naiv“ zu glauben, und darin liege zudem der dramaturgische Grundfehler, dass ein Wort Brechts die Geschichte ebenso hätte verändern können wie ein „Nein“ von Pius XII. (Baumgart 1968, 151–152). Generell liegt für Baumgart Grass’ literarische Stärke in der erkenntnisstiftenden Erzählung aus der „Froschperspektive“ wie in der *Blechtrommel*, in *Die Plebejer* hingegen scheitere er „beim ersten Versuch, Erwachsene einmal unverzerrt, nicht mehr aus der grotesken Perspektive von unten zu sehen“ (Baumgart 1968, 153).

Eine besonders süffisant-ironische Reaktion auf *Die Plebejer* stammt von Peter Hacks, der in *Theater heute* im Januar 1967 eine „deutsche Komödie“ über Grass und Biermann ankündigt. Die Hauptfigur, der „Kleinbürger […] Wolf-Günter“, sei beim Bau der Berliner Mauer „versehentlich mit geteilt worden“, weshalb Wolf nun im Osten und Günter im Westen leben müsse. Beide seien darin identisch, „ein hübsches Talent und ein enormes Geltungsbedürfnis zu haben“. Dieses Stück enthalte somit „eine ganz frappante Hauptperson, […] überhaupt keine Handlung aber die Chance zu den modernsten dramaturgischen Experimenten und ist von allerhöchstem nationalen Gewicht.“ (Hacks 1967, 13).

5 Forschung

Grathoff hat in einer der ersten wissenschaftlichen Arbeiten zu Grass' Stück die Brecht-Anspielung besonders deutlich als „frontale[n] Angriff auf die politischen und die künstlerischen Anschauungen des Kollegen" interpretiert (Grathoff 1971, 169). Sprenger greift diese Position in einer der jüngsten Forschungsarbeiten wieder auf, um das Stück als Brecht-Invektive und „wohlplatzierte und ästhetisch durchaus interessante Provokation" (Sprenger 2017, 33) zu lesen. Sprenger zeigt mit Grathoff dabei, dass Grass Brechts werkästhetische und insbesondere ideologische Entwicklung ignoriere und dessen frühe Phase mit der späten Phase überblende, um daraus „provokative[s] Potenzial" zu schlagen (Sprenger 2017, 44) und sich so bewusst gegen die SPD-feindliche „Außerparlamentarische Opposition" zu stellen: „Grass, der Duz-Freund und Wahlkämpfer Willy Brandts attackierte [...] eine kommunistische Ikone, die literarische Ikone der DDR schlechthin. Das war eine Provokation, lange bevor Grass seine Schnecke Tagebuch führen und dieses 1972 veröffentlichen ließ." (Sprenger 2017, 46) Für Sprenger habe Grass mit der Skandalwirkung „möglicherweise auch spekuliert", um „die Debatte weiterhin anzufachen bzw. am Leben zu erhalten" (Sprenger 2017, 46–48).

Ansonsten wird das Stück *Die Plebejer proben den Aufstand* in der Grass-Forschung fast durchgehend gegen die überwiegend kritische zeitgenössische Rezeption verteidigt (vgl. dazu zusammenfassend Stolz 1994, 226–239). So ist schon für Schultheis das Stück nur insofern ein „Anti-Brecht-Drama", als Grass hier „die Unzulänglichkeit der Brecht'schen Methodik demonstriert" habe (Schultheis 1976, 893–895). Er weist zudem darauf hin, dass nach dem „reine[n] Spiel mit Formen, Gestaltung und Gegenständen" in Grass' bisherigen dramatischen Arbeiten hier erstmals die „inhaltliche[] Komponente" (Schultheis 1976, 887) in den Vordergrund rücke. In positivistischer Lesart wird das ambivalent stimmende Trauerspiel für Schultheis zudem zu einem Dokument für Grass' Politisierung, mit dem er sich „zugleich auch Klarheit über die eigene literarische Position und über die Wirkungsmöglichkeiten gesellschaftlich ausgerichteter Werke zu verschaffen versucht" habe (Schultheis 1976, 894). Kesting und Kux diskutieren die dichterische Freiheit als ein „Dilemma der politischen Dokumentarstücke" (Kesting 1971, 87), wobei Kesting diese Freiheit „gegenüber Fakten, deren Augenzeugen noch leben", negiert (Kesting 1971, 89), während sie Kux in seiner Dissertation zu *Moderne[n] Dichterdramen* verteidigt (Kux 1980, v. a. 38–41).

Auch zum Vorwurf der dramaturgischen Schwäche finden sich in der Forschung zahlreiche Gegenpositionen, ebenfalls erstmals vorgetragen von Schultheis, der das „Prinzip der Retardation" (Schultheis 1976, 881) als bestimmende Form des Dramas erkennt (ähnlich dann auch Kux 1980, 58–63; Stolz 1994, 228; Gillet 2008). Verweyen hat ausführlich das äußerst dichte intertextuelle Verweisnetz aus „Zitat, Allusion und Motivadaption" (Verweyen 1984, 260) aufgearbeitet und gezeigt, dass weniger Brechts *Coriolan*-Bearbeitung die „dahinterliegende Textstufe" bilde, als vielmehr die „Skizze der Regiegespräche zwischen Brecht und seinen Mitarbeitern im Berliner Ensemble, Manfred Wekwerth, Peter Palitzsch und Käthe Rülicke, [...] eine Skizze, die in Brechts

Schriften zum Theater Anfang der sechziger Jahre unter der Überschrift ‚Das Studium im ersten Auftritt Shakespeares *Coriolan*' zugänglich war" (Verweyen 1984, 247–248). An weiteren Prätexten identifiziert er Tiecks Shakespeare-Übersetzung, Goethes *Westöstlichen Divan*, Jean Pauls *Rede des toten Christus vom Weltgebäude herab* sowie zahlreiche Brechtstücke (Verweyen 1984, 260–264). Wiederholt wird in der Forschung darüber hinaus eine Hamlet-Anspielung im Stück genauer untersucht (vgl. etwa Verweyen 1984, 261; Stolz 1994, 235), nach Karasek sei für Grass hierdurch das „Schicksal der Erhebung haarscharf" diagnostizierbar (Karasek 1968, 346).

Intertextuelle Vergleiche zwischen den Stücken und Poetiken von Shakespeare, Brecht und Grass stellen auch die dominante Untersuchungsperspektive in der Auslandsgermanistik, insbesondere im anglo-sächsischen Bereich dar. Für Metzger und Gillet etwa wird das Dilemma des Protagonisten mit Brecht'schen Theatermitteln als ein „rehearsal play" (Metzger 1987) bzw. „self-conscious theatre" (Gillet 2008, 341) vorgeführt, wobei die Mittel des epischen Theaters nicht bloß reproduziert, sondern „ironically reversed" würden (Gillet 2008, 341). Das Stück sei entsprechend bewusst kein heroisches Drama, da die Vorstellung des Heldischen dialektisch dekonstruiert werde (Gillet 2008, 343). Calero (Spanien) vergleicht die drei Coriolanus-Stücke von Shakespeare, Brecht und Grass, in dem sie jeweils die beiden Szenen des Plebejer-Aufstandes und der Werbung um Stimmen von Coriolanus vergleicht. Während bei Shakespeare ein Held im Zentrum stehe und ‚Volkes' Stimme lediglich über ein kurzes „Stottern" zu hören sei, übertrage Brecht dem Volk die Hauptrolle für die dramaturgischen Ereignisse. Grass stelle demgegenüber die Arbeiter als Gruppe dar, die einen Helden benötige, jedoch keinen der Tat, sondern einen des Wortes (Calero 2006). In komparatistischen/auslandsgermanistischen Untersuchungen hat schließlich der Untertitel vom „deutschen Trauerspiel" noch besonderes Augenmerk gefunden: „the play is less about Brecht than about Germany and Grass himself" (Bryden 1987, 38; vgl. auch Metzger 1987, 141 und Marahens 1997, 349). Im Zentrum des allzu-deutschen Trauerspiels steht demzufolge der unauflösbare (Gewissens-)Konflikt des Intellektuellen im Spannungsfeld von Geist und Macht, Kunst und Leben, Dichtung und Politik (vgl. Stolz 2010, 57).

Literatur

Baumgart, Reinhard. „Plebejer-Spätlese" [*Neue Rundschau*, Mai 1966]. *Von Buch zu Buch – Günter Grass in der Kritik. Eine Dokumentation*. Hrsg. von Gert Loschütz. Neuwied und Berlin 1968: 149–153.

Berger, Friedrich. „Es lohnt doch, mit Grass den Aufstand zu proben" [*Kölner Stadtanzeiger*, 16. Januar 1967]. *Von Buch zu Buch – Günter Grass in der Kritik. Eine Dokumentation.* Hrsg. von Gert Loschütz. Neuwied und Berlin 1968: 156–157.

Brecht, Bertolt. *Stücke 9. Große kommentierte Berliner und Frankfurter Ausgabe*. Berlin 1992.

Brown, Thomas. „‚Die Plebejer' and Brecht: An Interview with Günter Grass". *Monatshefte* 65 (1973): 10.

Bryden, Ronald. „Germany's Tragedy [*The Plebians Rehearse the Uprising*]". [Reprint from *The Observer* (London), 26. Juli 1970, 24]. *Critical Essays on Guenter Grass.* Hrsg. von Patrick O'Neill. Boston 1987: 36–38.

Calero, Ana R. „'The people are the city': Das Volk und der Held bei Shakespeare, Brecht und Grass". *Revista de Filología Alemana* 14 (2006): 81–100.
Gillett, Robert. „Iconoclast or Acolyte? GG Plays BB". *„Verwisch die Spuren!" Bertolt Brecht's Work and Legacy. A Reassessment.* Hrsg. von Robert Gillett und Godela Weiss-Sussex. Amsterdam und New York, NY 2008: 321–344.
Grathoff, Günter. „Dichtung versus Politik: Brechts *Coriolan* aus Günter Grassens Sicht". *Brecht heute – Brecht today. Jahrbuch der Internationalen Brecht-Gesellschaft* 1 (1971): 168–187.
Hacks, Peter. „Brief über ein neues Stück". *Theater heute* 8 (1967): 13.
Hartmann, Rainer. „Ein Trauerspiel vom deutschen Trauerspiel" [*Frankfurter Neue Presse*, 11. Juli 1966]. *Von Buch zu Buch – Günter Grass in der Kritik. Eine Dokumentation.* Hrsg. von Gert Loschütz. Neuwied und Berlin 1968: 154–156.
Hildebrandt, Dieter. „Brecht und der Rasen" [*Frankfurter Allgemeine Zeitung*, 17. Januar 1966]. *Von Buch zu Buch – Günter Grass in der Kritik. Eine Dokumentation.* Hrsg. von Gert Loschütz. Neuwied und Berlin 1968: 140–144.
Jenny, Urs. „Grass probt den Aufstand" [*Süddeutsche Zeitung*, 17. Januar 1966]. *Von Buch zu Buch – Günter Grass in der Kritik. Eine Dokumentation.* Hrsg. von Gert Loschütz. Neuwied und Berlin 1968: 135–140.
Kaiser, Joachim. „Grass überfordert seinen Hamlet. ‚Die Plebejer proben den Aufstand' in München". *Süddeutsche Zeitung* (27. April 1967).
Karasek, Hellmuth. „Stück vom Stückeschreiber. Die Berliner Aufführung des Brecht-Dramas von Günter Grass". *Stuttgarter Zeitung* (17. Januar 1966).
Kesting, Marianne. „Das deutsche Drama seit Ende des Zweiten Weltkriegs". *Die deutsche Literatur der Gegenwart. Aspekte und Tendenzen.* Hrsg. von Manfred Durzak. Stuttgart 1971: 76–98.
Klotz, Volker. „Ein deutsches Trauerspiel" [*Frankfurter Rundschau*, 17. Januar 1966]. *Von Buch zu Buch – Günter Grass in der Kritik. Eine Dokumentation.* Hrsg. von Gert Loschütz. Neuwied und Berlin 1968: 132–135.
Kux, Manfred. *Moderne Dichterdramen. Dichter, Dichtung und Politik in Theaterstücken von Günter Grass, Tankred Dorst, Peter Weiss und Gaston Salvatore.* Köln und Wien 1980.
Marahrens, Gerwin. „Die Gestaltung des Politischen in Arthur Schnitzlers ‚Der grüne Kakadu' und Günter Grass' ‚Die Plebejer proben den Aufstand'". *Ein Leben in Dichtung und Freiheit. Festschrift zum 70. Geburtstag von Joseph P. Strelka.* Hrsg. von Karlheinz F. Auckenthaler, Hans H. Rudnick und Klaus Weissenberger. Tübingen 1997: 323–350.
Loschütz, Gert (Hrsg.). *Von Buch zu Buch – Günter Grass in der Kritik. Eine Dokumentation.* Neuwied und Berlin 1968.
Mason, Ann L. *The Sceptical Muse. A Study of Günter Grass' Conception of the Artist.* Bern 1974.
Nolte, Jost. „Die Plebejer proben den Aufstand" [*Die Welt*, 6. Januar 1968]. *Von Buch zu Buch – Günter Grass in der Kritik. Eine Dokumentation.* Hrsg. von Gert Loschütz. Neuwied und Berlin 1968: 159–161.
Pelster, Theodor. *Günter Grass. Literaturwissen für Schule und Studium.* Stuttgart 1999.
Sprenger, Karoline. „Eine Provokation und ihre Folgen. Zum ‚deutschen Trauerspiel' ‚Die Plebejer proben den Aufstand' von Günter Grass". *Studia theodisca* 24 (2017): 29–49.
Reich-Ranicki, Marcel. „Trauerspiel von einem deutschen Trauerspiel. Günter Grass, Bertolt Brecht und der 17. Juni. ‚Die Plebejer proben den Aufstand' in Berlin uraufgeführt". *Die Zeit* (21. Januar 1966). Neuabdruck in: Marcel Reich-Ranicki. *Günter Grass. Aufsätze.* Zürich 1992: 67–75.
Schultheis, Werner. „Vom Schaukelpferd zum Zahnarztstuhl. Günter Grass und sein Drama der Verhinderung". *Wissen aus Erfahrungen. Werkbegriff und Interpretation heute. Festschrift für Herman Meyer zum 65. Geburtstag.* Hrsg. von Alexander von Bormann. Tübingen 1976: 881–902.
Stolz, Dieter (Hrsg.). *Günter Grass: Die Plebejer proben den Aufstand. Ein deutsches Trauerspiel.* Göttingen 2003.
Stolz, Dieter. *Vom privaten Motivkomplex zum poetischen Weltentwurf. Konstanten und Entwicklungen im literarischen Werk von Günter Grass (1956–1986).* Würzburg 1994.
Stolz, Dieter. *Günter Grass. Theaterspiele. Kommentar und Materialien.* Göttingen 2010.

Schwab-Felisch, Hans. „Günter Grass und der 17. Juni" [*Merkur*, März 1966]. *Von Buch zu Buch – Günter Grass in der Kritik. Eine Dokumentation*. Hrsg. von Gert Loschütz. Neuwied und Berlin 1968: 145–149.

Triesch, Manfred. „[Rezension zu:] Günter Grass: ‚Die Plebejer proben den Aufstand'". *Books Abroad* 40.3 (1966): 285–287.

Verweyen, Theodor. „‚Die Tragödie des Coriolanus' bei Brecht und Grass oder über die Verarbeitung literarischer Modelle". *Poetica* 16 (1984): 246–275.

Vielhaber, Gerd. „Günter Grass und die Folgen" [*Frankfurter Allgemeine Zeitung*, 19. Januar 1967]. *Von Buch zu Buch – Günter Grass in der Kritik. Eine Dokumentation*. Hrsg. von Gert Loschütz. Neuwied und Berlin 1968: 157–159.

Wirth, Andrzej. „Günter Grass and the Dilemma of Documentary Drama". *A Günter Grass Symposium*. Hrsg. von A. Leslie Wilson. Austin, TX und London 1971: 18–31.

Zwerenz, Gerhard. „Brecht, Grass und der 17. Juni. Elf Anmerkungen". *Theater heute* 7.3 (1966): 24.

II.3.11 *Davor. Ein Stück in 13 Szenen* (1969)

Ioana Crăciun

Das Stück, das mit einigen Erweiterungen dem Mittelteil des Romans *örtlich betäubt* (1969) entspricht, wurde am 14. Februar 1969 im Berliner Schiller-Theater unter der Regie von Hans Lietzau uraufgeführt. Im April desselben Jahres folgte sein Erstdruck in der Zeitschrift *Theater heute* (Heft 4, 41–54). Einen Forschungsbericht und Interpretationsansätze liefern insbesondere die Dissertation von Dieter Stolz (1994, 239–252), sein Theaterspiele-Kommentar (2010, 57–65, 154–169, 299–302) und seine Darstellung des dramatischen Gesamtwerks von Günter Grass (2023, 117–181).

Zur Figurenkonstellation des Stücks gehören zwei Generationen, die in einem antithetisch gezeichneten, konfrontativen Verhältnis zueinander stehen. Dieses Verhältnis fungiert als Hauptquelle des dramatischen Konflikts, bis schließlich die jüngere Generation die vehement kritisierten Denk- und Verhaltensmuster der älteren entweder aus Resignation oder als paradoxe Form des Protests übernimmt. Der Studienrat Eberhard Starusch, die Studienrätin Irmgard Seifert und ein namenloser Zahnarzt gehören zur Generation der Hitlerjugend und des Bundes Deutscher Mädel, während die Siebzehnjährigen Philipp Scherbaum, genannt Flip, und seine Freundin Veronika Lewand, genannt Vero, die „neue, unbelastete Generation" (NGA 3, 501) der Nachkriegszeit vertreten (zur Rolle der Siebzehnjährigen im Werk von Günter Grass, der kurz vor dem Kriegsende mit 17 Jahren in eine Einheit der Waffen-SS eingezogen wurde, vgl. Schlichting 2013). Kriegs- und Nachkriegsgeneration personifizieren das „Davor" bzw. „das Danach" des Grass'schen Stücks: „Schon im Davor beginnt das Danach." (NGA 3, 561), heißt es zusammenfassend gegen Ende des Theaterspiels. Anders gesagt, die Gefahr, dass sich die Geschichte wiederholt, ist jederzeit gegeben, trotz so mancher (Schein-)Bemühungen, die nationalsozialistische Vergangenheit zu verarbeiten und aus der Erfahrung der braunen Diktatur zu lernen. Zum historischen Kontext des Stücks gehört denn auch, dass mit dem Christdemokraten Kurt Georg Kiesinger ein ehemaliges NSDAP-Mitglied Bundeskanzler war. Kiesinger wird in Grass' Stück namentlich erwähnt (NGA 3, 511) und seine unrühmliche NS-Vergangenheit ist Gegenstand von Diskussionen: „STARUSCH [...] Dreiunddreißig trat er in die Partei ein. Da war er neunundzwanzig. / SCHERBAUM Und der ist jetzt Kanzler. Schon zwei Monate lang. / STARUSCH Man hatte keine Bedenken." (NGA 3, 555)

Der Studienrat und seine Kollegin tragen Spitznamen, die ihre Identität aus der Perspektive ihrer Schülerinnen und Schüler ironisch umschreiben. „Old Hardy" (NGA 3, 490, 497) ist der Spitzname Eberhard Staruschs, „Der Erzengel" (NGA 3, 510) derjenige Irmgard Seiferts. „Old Hardy" weckt Assoziationen mit dem amerikanischen Komiker Oliver Hardy, mit dem der deutsche Studienrat den Sinn für Humor und Ironie teilt. Old Hardy ist zugleich der Name des Helden einer anonymen Londoner Groschenerzählung *The History of Old Hardy, the Soldier*, 1830 erschienen, dessen Kriegserfahrungen denjenigen Eberhard Staruschs als eines Wehrmachtsoldaten in nichts nachstehen. Irmgard

https://doi.org/10.1515/9783110755435-036

Seifert verdankt ihren auf Führungsstärke sowie Heilungs- und Reinigungskraft anspielenden Spitznamen „Erzengel" (NGA 3, 510) der Radikalität, mit der sie als angebliche Antifaschistin die NS-Vergangenheit ihrer Landsleute anprangert, bis diese Vergangenheit sie selbst als Denunziantin einholt und ihr ein böses Erwachen beschert. Die Präsenz des namenlosen Zahnarztes unter den Dramenfiguren wird von Grass mit auktorialer Selbstironie als literarästhetisches Novum kommentiert: „Zahnärzte kommen [...] in der Literatur kaum vor. [...] Allenfalls in Spionageromanen. Der Mikrofilm in der Degudentbrücke." (NGA 3, 505) Mit seinem objektiv wirkenden, fachsprachlich kühlen Diskurs sorgt der Zahnarzt für das nötige Gegengewicht zum überhitzten Pathos der ideologischen Konfrontation zwischen den beiden Generationen. Der Fachsprache des Zahnarztes, der ständig von Karies, Prophylaxe, „Degudentbrücken" (NGA 3, 490), „Weltkrankenfürsorge" (NGA 3, 490), „Distalbiß" (NGA 3, 543) und „eine[r] wirksame[n] Heilzahnpaste" (NGA 3, 513) redet, ist ein metaphorisches Moment eigen, das im Geist des an die Diagnosen des dänischen Philosophen Søren Kierkegaard anknüpfenden Existentialismus wurzelt: „Alle sind krank, waren krank, werden krank, sterben. [...] Wofür Systeme, die den Menschen hindern, zu seiner Krankheit zu finden?" (NGA 3, 489), sinniert der philosophisch bewanderte Zahnarzt, der immer wieder Seneca zitiert und seinen Patienten die Geduld der Stoiker attestiert. „Die Welt als Krankenhaus" (NGA 3, 490), die Existenz als unheilbare Krankheit, der Zahnschmerz als grotesk gezeichneter Weltschmerz, das Analgetikum „Arantil" (NGA 3, 492) als transzendenzlose Erlösung von dem Bösen sind Bilder und Metaphern, die dem in der deutschen Geschichte und Gegenwart stark verankerten Grass'schen Theaterspiel zugleich auch eine zeitlose, universale Dimension verleihen.

Die Handlung des Stücks ist auf einer offenen Bühne angesiedelt, die alle Schauplätze gleichzeitig zeigt. *„Auf Wunsch des Autors verzichten alle Regisseure auf Filmeinblendungen, kabarettistische Einlagen und zusätzliche Massenszenen, die etwas demonstrieren sollen, das der Autor nicht demonstrieren will."* (NGA 3, 489) Nicht zu überhören sind in diesen Regieanweisungen die deutlichen Anspielungen auf die politisch engagierten Inszenierungen Erwin Piscators, die Bertolt Brechts Konzept des antiillusorischen Theaters maßgeblich beeinflusst haben. Als Intendant der Freien Volksbühne in West-Berlin hatte Erwin Piscator in den 1950er und 1960er Jahren Stücke wie Rolf Hochhuths *Der Stellvertreter. Ein christliches Trauerspiel* (UA 1963) und Peter Weiss' *Die Ermittlung. Oratorium in 11 Gesängen* (UA 1965) inszeniert, Dokumentarstücke, die sich mit der NS-Vergangenheit kritisch auseinandersetzen. Grass distanziert sich jedoch von der Ästhetik des Dokumentartheaters. Im Unterschied zu der in der marxistischen Philosophie wurzelnden Anschauung von Literatur als einem Spiegel der historischen Wirklichkeit plädiert der Autor von *Davor* für die absolute Autonomie der Theaterbühne und gegen ihre Instrumentalisierung zu politischen Zwecken: *„Die Wirklichkeit ist die Wirklichkeit der Bühne."* (NGA 3, 489) Doch wie dezidiert das Postulat einer absoluten Bühnenautonomie auch klingen mag, in die Praxis des dramatischen Diskurses wird es, anders etwa als in seinen frühen Theaterspielen, nur partiell umgesetzt. Auch wenn Ort und Zeit der Handlung sich in *Davor* jeder Mimesis verweigern, auch wenn die

Handlung der Szenenfolge eher einer Kreisbewegung als einem Fortschreiten gleicht, ist dieses Grass-Stück zweifellos ein politisch engagiertes Schauspiel, das gelegentlich auf die Mittel des Dokumentartheaters (exakte Zahlen und Daten, Statistiken, Namen von realen Personen und Orten, Zitate aus Archivdokumenten, Einblendung von dokumentarischen Aufnahmen, usw.) zurückgreift, um eine sozial und politisch kritische Botschaft zu vermitteln. Zum Eindruck der Künstlichkeit des Bühnengeschehens tragen die ineinander fließenden Handlungsräume und -zeiten sowie die nach dem barocken Prinzip von Thema und Variation strukturierten Diskurse aller Gestalten bei. Dennoch ist der Handlungsort in seiner topographischen Realität mit dem mehrmals erwähnten Kurfürstendamm, dem Hotel Kempinski, der Fasanenstraße und dem Bezirk Lankwitz genauso präzise als West-Berlin identifizierbar wie der Zeitpunkt der Handlung: die späten 1960er Jahre, die Zeit der Studentenbewegung, die Zeit des Vietnam-Kriegs, die Amtszeit des Bundeskanzlers Kiesinger.

In diesem historischen Klima führen Grass' Gestalten Diskussionen und planen politische Aktionen mit Symbolcharakter. Im Zahnarztstuhl sitzend, fragt Starusch am Anfang des Stücks: „Sagen Sie, Dokter, was halten Sie eigentlich vom Rätesystem?" (NGA 3, 489) Die Frage mag heute weit hergeholt, wenn nicht sogar irrelevant klingen, doch zum Zeitpunkt der Entstehung des Stücks war sie dank der stürmisch gefeierten Stuttgarter Uraufführung des Theaterstücks *Toller. Szenen aus einer deutschen Revolution* von Tankred Dorst (1968) von brisanter Aktualität. Im Dorst'schen Stück wurde das tragische Scheitern der Münchner Räterepublik mit den expressionistischen Literaten Ernst Toller und Erich Mühsam an ihrer Spitze thematisiert. In diesem Licht erscheint die Diskussion in der Zahnarztpraxis über das Rätesystem auch als ein Gespräch über die neueste Sensation der bundesrepublikanischen Theaterszene. Solche Verweise auf das zeitgenössische Theaterleben in Deutschland gibt es in *Davor* nicht wenige, so etwa die Anspielungen auf Peter Weiss' *Viet-Nam Diskurs*, die sich als hintergründige Theaterkritik entpuppen: „Und was ist da unten los? Im Mekong-Delta? Haben Sie das gelesen? / STARUSCH Ja, Scherbaum, das hab ich gelesen. Schlimm. Schlimmschlimm." (NGA 3, 500); oder die Anspielungen auf Rolf Hochhuths *Stellvertreter*, das Stück über die Verstrickung des Vatikans in den Holocaust, aus dem der Anfang einer Enzyklika des Papstes Pius XII. zitiert wird: „Oder der Papst schenkt der Welt eine neue Friedensenzyklika: In brennender Sorge ... " (NGA 3, 518); und nicht zuletzt die parodistischen Anspielungen auf Peter Handkes Sprechstück *Publikumsbeschimpfung*: „*Scherbaum weist ins Publikum.* [...] Die denken nur Sahnenußtorte, sonst nix. [...] Richtig verstopft sehen sie aus. [...] Kuchenfressende Pelztiere. [...] Guck mal die, wie die mampft. [...] kuchenfressende[] Topfhüte." (NGA 3, 503–504) In der 8. Szene des Stücks radikalisiert sich die Publikumsbeschimpfung zu einer politischen Philippika: „Solange sie Törtchen essen, sind sie zufrieden und wohl auch ungefährlich. [...] Auswählen und nachbestellen, das verstehen sie unter Demokratie." (NGA 3, 537)

Als medial wirksam inszeniertes „Happening" (NGA 3, 545), als schockierende Show mit politischem Symbolcharakter, die die öffentliche Meinung auf die Napalmopfer im Vietnam-Krieg aufmerksam zu machen beabsichtigt, ist auch die von Scherbaum geplante Aktion zu charakterisieren: „Ich werde meinen Hund verbrennen. […] Auf dem Ku'damm. Am Nachmittag. […] Und zwar vor dem Kempinski, wenn da Betrieb ist. […] Damit die Topfhüte was zu sehen bekommen. […] Ich werde Presse, Fernsehen hinbestellen und ein Schild malen: Das ist Benzin und kein Napalm. […] Vielleicht begreifen sie dann." (NGA 3, 494) Auch Irmgard Seifert plant eine politische Show, eine ‚Solo-Selbstkasteiungsnummer', die ihre eigene braune Vergangenheit zum Thema hat. Als siebzehnjährige „BDM-Ziege" (NGA 3, 500) hat Irmgard in „nahezu hysterischer Trunkenheit" (NGA 3, 499) einen Bauern bei der Kreisleitung denunziert, „nur weil er sich geweigert hat, auf seinem Rübenfeld einen Panzergraben ausheben zu lassen" (NGA 3, 499). Der Bauer überlebte die Denunziation, die Irmgard angeblich keine Ruhe lässt. Mit dieser beschämenden Geschichte aus ihrer NS-Vergangenheit plant die Studienrätin nun vor ihre Schulklasse zu treten, weil sie damit kokettiert, sich „offenbar machen [zu] müssen." (NGA 3, 559) Denn „diese Schuld gilt es auszusprechen … " (NGA 3, 502), wie dies auch im Dokumentartheater der 1960er Jahre üblich war. Dabei ist sie sich der Konsequenzen ihrer Aktion bewusst: „Ich werde den Schuldienst quittieren müssen." (NGA 3, 503) Je mehr Irmgard Seifert über ihre Gewissensbisse redet, desto plakativer klingt sie, als gälte es, Pflichtübungen in Sachen NS-Vergangenheitsbewältigung zu absolvieren: „Zweifellos hat unsere Generation versagt. […] Wir, mit siebzehn schon gezeichnet von einem verbrecherischen System, wir konnten die Zeit nicht wenden, wir nicht … " (NGA 3, 501) Das spektakulärste Happening, die künstlerisch interessanteste ‚Show' verspricht jedoch die rote Revolution zu sein, von der die Idealistin Vero Lewand ständig schwärmt: „Wir stehen vor der Schwelle der dritten Revolution." (NGA 3, 523) Veros Anspielungen auf Karl Marx' 11. Feuerbach-These: „Aber Sie wollen die Welt bloß interpretieren, ändern, das schaffen sie nicht" (NGA 3, 544), und ihre Mao-Zitate beschwören eine Weltrevolution, die von der geschichtsskeptischen Kriegsgeneration als neuer Mythos taxiert wird: „Da wächst eine Generation heran, die, bei aller zur Schau getragenen Sachlichkeit, einen neuen Mythos sucht." (NGA 3, 521)

Die Verbrennung des Hundes auf dem Kurfürstendamm, das Verlesen der Denunziationsbriefe vor der Schulklasse und die Weltrevolution sind Themen, die in *Davor* wie in einer Bach'schen Fuge zu einem dramatischen Kontinuum komponiert und variiert werden. So beispielsweise das Thema Verbrennung, dessen Variationen „mittelalterliche Hexen- und Judenverbrennungen" (NGA 3, 506), „die Verbrennung des Hus" (NGA 3, 506), die „Verbrennungsgreuel der Spanier in Süd- und Mittelamerika" (NGA 3, 506), die „Witwenverbrennungen in Indien" (NGA 3, 506), die „Phosphorverbrennungen im Zweiten Weltkrieg" (NGA 3, 506) und die „Selbstverbrennung einer vietnamesischen Nonne" (NGA 3, 507) sind. Antithetisch dazu stehen Eberhard Staruschs Versuche, die geplanten Happenings durch verschiedene Strategien zu verhindern, was ihm schließlich auch gelingt. Flip gegenüber gibt er zu bedenken, dass Berlin nicht der geeignete Ort für seine Protestaktion sei, da sich das politische Machtzentrum in Bonn befinde. Auch tiefenpsychologische Gegenargumente bringt er ins Spiel: „Hören Sie: Öffentliche Verbrennungen schrecken nicht ab, sondern befriedigen Lust." (NGA 3, 496) Und seine Kollegin Irmgard beruhigt Starusch mit dem Hinweis: „Aber wer wollte heute ein siebzehnjähriges Mädchen von damals anklagen, wenn die Vergangenheit unseres Bundeskanzlers ... " (NGA 3, 511) Vero hofft zwar auch weiterhin auf die Weltrevolution, wird schließlich aber doch nur, aus Protest, wie es heißt, Unmengen von Kuchen auf dem Kurfürstendamm ‚mampfen', genauso wie die Topfhüte, die sie beschimpft hat.

Die im Stück problematisierte Alternative zum politisch symbolischen Happening, wie beispielsweise die Kanzlerohrfeige durch Beate Klarsfeld auf dem CDU-Parteitag in Berlin im November 1968 eines war, ist das geschriebene Wort, so wie es in der Presse oder in der Belletristik seine soziale Funktion zu erfüllen vermag. Deshalb versucht Starusch, Flip die Chefredaktion einer Schülerzeitung schmackhaft zu machen und ihn an sein dichterisches Talent zu erinnern, da mit kämpferischen Presseartikeln oder mit unsterblichen politischen Liedern in der Tradition eines Tucholsky, Brecht oder Wedekind angeblich mehr zu erreichen sei als mit öffentlichen Aktionen, die schnell in Vergessenheit geraten. Flip glaubt jedoch kaum an die Literatur als politische Waffe, und sein Urteil ist nichts anderes als Grass' eigenes Urteil über die engagierte Literatur der 1960er Jahre: „Nichts bewegt das. Damit kann man, wenn's gutgeht, Geld mit verdienen. Ist doch Seelenmassage." (NGA 3, 531) Mit diesem Satz hat Grass vielleicht das Urteil auch über sein eigenes Stück *Davor* gefällt.

Literatur

Neuhaus, Volker. *Günter Grass*. 3., aktualisierte und erweiterte Auflage. Stuttgart und Weimar 2010.

Schlichting, Julia K. „Die Nach-Vergangenheit als neues Zeitfenster und die Bedeutung des Siebzehnjährigen – Zur Poetologie des Zweifels". *Günter Grass. Werk und Rezeption*. Hrsg. von Mirosław Ossowski. Gdańsk 2013: 65–74.

Stolz, Dieter. *Günter Grass. Der Schriftsteller*. München 2023.

Stolz, Dieter. *Günter Grass. Theaterspiele. Kommentar und Materialien*. Göttingen 2010.

Stolz, Dieter. *Vom privaten Motivkomplex zum poetischen Weltentwurf. Konstanten und Entwicklungen im literarischen Werk von Günter Grass (1956–1986)*. Würzburg 1994.

II.3.12 *Die Vogelscheuchen* (1970)

Anselm Weyer

Die großen Erfolge, die Günter Grass und Aribert Reimann nach der Uraufführung des Balletts *Stoffreste* (1959) mit ganz anderen Projekten feiern konnten – Grass sorgt mit der *Blechtrommel* und der Novelle *Katz und Maus* (1961) für Furore, Reimann avanciert schnell zu einem der erfolgreichsten Komponisten seiner Generation –, mögen ein Grund dafür gewesen sein, dass die Umsetzung des gemeinsamen Ballettprojekts mit dem Titel *Die Vogelscheuchen* länger auf sich warten ließ (vgl. dazu und zum Folgenden auch Weyer 2007, 131–144). Doch das Scheuchen-Thema beschäftigte zumindest den Autor der *Danziger Trilogie* weiter. Grass schrieb schon für den Lyrikband *Gleisdreieck* ein gleichnamiges Gedicht (NGA 1, 62), eine Art „Komplexvorform" für den 1963 erschienenen Roman *Hundejahre* (vgl. dazu Neuhaus 2010, 6). Und auch die Berufung seiner dort federführenden Romanfigur Amsel lag „von Anfang an im Erfinden von Vogelscheuchen" (NGA 6, 36), sodass die gespenstisch-real anmutenden Kunstwesen „später vom ersten bis zum dritten Buch" seinen zweiten großen Roman bevölkerten (Grass 2004, 71). Aber die Tatsache, dass der Autor das Libretto dann sogar komplett in die *Hundejahre* aufnahm (vgl. NGA 6, 371–374 und vor allem 424–428), als ein Ballett, an dem eine der Figuren „schon seit seiner Kindheit herumbastelte" (NGA 6, 424), ließ es vielleicht als ein für die Bühne ungeeignetes Projekt erscheinen. Hinzu kam, dass Luipart sich im Roman wenig schmeichelhaft als „kleiner Fenchel" (NGA 6, 425) unter seinem bürgerlichen Namen verarbeitet fand, was ihn sehr erbost haben soll.

Im dritten Teil der *Danziger Trilogie* wird erzählt, wie im ersten Akt des Balletts der Garten eines bösen alten Gärtners von tanzenden Vögeln geplündert wird. Der Bestohlene engagiert einen jungen Mann als Vogelscheuche, der die Vögel vertreibt. Als sich die Gärtnerstochter in ihn verliebt, entpuppt sich der junge Mann als Herrscher aller Vogelscheuchen. Die Tochter flieht, der Vater jedoch verstößt sie, und sie wird abermals entführt. „Zurück kommen noch einmal die neckenden Vögel – Pas de chat, Pas de basque –und kreisen den Alten ein." (NGA 6, 428) Daraufhin verwandelt sich der Gärtner selbst in eine Vogelscheuche und vertreibt die Vögel.

Dieses „Handlungsballett […] mit Masken, Zwitschermaschinen und beweglichen Automaten auf großer Zauberbühne" (NGA 6, 425) wird in der Romanwirklichkeit niemals uraufgeführt. Doch im August 1969 der realen Welt kündigte der Generalintendant der Deutschen Oper Berlin, Gustav Sellner, überraschend dann doch noch die Premiere des Balletts an. Die Deutsche Oper war ausverkauft, als *Die Vogelscheuchen* am 7. Oktober 1970 nach 13-jähriger Vorgeschichte Uraufführung feierten und der Abend mit einer Filmprojektion von flatternden Schwärmen begann. Breite Zustimmung für eine „originelle Schöpfung des Tanztheaters" (Stuckenschmidt, 13.10.1970) trifft auf vereinzelte Kritik. Die Besprechungen lobten unisono die Kostüme Liselotte Erlers, das luzide konzipierte Bühnenbild von Erich Kondrak und vor allem die fantasievolle Musik Reimanns. Bei den Tänzern stellte die Kritik insbesondere den von Frank Frey darge-

https://doi.org/10.1515/9783110755435-037

botenen Gärtner mit seinen Sprung- und Wirbelkaskaden heraus. Eva Evdokimova tanzte die Rolle der Tochter in klassischer Manier, wenn Luipart sie mit hellblauem Kleidchen und ängstlich vorgehaltenen Händen durch die Spukwelt der mechanischen Vogelscheuchen schickt. Obwohl die Tänzer durchweg positive Resonanz erhielten, war die Presse über Luiparts Choreografie, die Günter Grass gefallen hat (vgl. Weyer 2007, 139), geteilter Meinung. Verschiedentlich wurde bemängelt, er sei ästhetisch in den Fünfzigerjahren stehengeblieben, sodass sich der Librettist besser einen anderen Choreografen gesucht hätte. „Getanzt wird allerdings wenig in diesem Ballett", mäkelt etwa Hellmut Kotschenreuther in seiner Besprechung vom 9.10.1970 für die *Neue Ruhrzeitung*. Auch Grass selbst, dessen opulentes, zwischenzeitlich überbordend gewachsenes Libretto für die Aufführung wieder radikal zum pantomimischen Ballett zusammengestrichen worden war, äußerte sich zum aufgeführten Werk zurückhaltend, ebenso wie seine sowohl im klassischen wie auch im modernen Ausdruckstanz ausgebildete Frau. So schreibt Anna Grass in der Zeitschrift *Melos* hinsichtlich der endlich fertiggestellten Komposition von Aribert Reimann: „Jetzt hören wir es, aber wir sind noch nicht sicher, ob die Vogelscheuchen ihre endgültige Form haben finden können" (Anna Grass 1971,17).

Eine Neuproduktion im Jahr 1971, bei der Choreograf Pavel Šmok unter der Regie von Ladislav Stros, so die *Nürnberger Nachrichten*, auf „schrankenlosen Ausdruckstanz, animalische, rituelle Beziehungen" setzte, floppte. Einen Platz im modernen Repertoire hat sich das Werk nicht erobert. Weitere Handlungsballett-Libretti hat Grass nach der 1972 beginnenden Trennung von Anna nicht mehr geschrieben, obwohl der vielseitige Autor es bis zu den *Vogelscheuchen* offenbar genossen hat, „zwischen meinen größeren Arbeiten auf drei Seiten Prosa etwas vorzulegen und dann zuzusehen, was die anderen damit machen." (Grass zit. nach Collani 1970)

Literatur

Collani, Eva: „Ab heute flattern die ‚Vogelscheuchen'". *Berliner Zeitung* (7. Oktober 1970).

Grass, Anna. „Die dreizehnjährige Vorgeschichte der Vogelscheuchen". *Melos* 1 (1971).

Grass, Günter. *Fünf Jahrzehnte*. Göttingen 2004.

Kotschenreuther, Hellmut. „Grass-Ballett mit wenig Tanz. ‚Die Vogelscheuchen'– Uraufführung in Berlin". *Neue Ruhr Zeitung* (9. Oktober 1970).

Neuhaus, Volker. *Günter Grass*. 3. Auflage. Stuttgart und Weimar 2010.

Stuckenschmidt, H.H. „Der Garten voller Scheuchen". *Frankfurter Allgemeine Zeitung* (13. Oktober 1970).

Weyer, Anselm. *Günter Grass und die Musik*. Frankfurt/M. 2007.

II.4 Autobiographik

II.4.1 *Beim Häuten der Zwiebel* (2006)

Heinrich Detering

1 Entstehung

„Was blieb zu tun?“ fragt Grass zurückblickend auf die Zeit nach dem Abschluss von *Im Krebsgang* und *Letzte Tänze* 2003: „Zu Beginn des sechsten Jahrzehnts meiner Werkstattarbeit begann die Zeit der Rückblicke. Angestoßen zu mir, meiner Herkunft, meinen jungen Jahren zu kommen, hatte mich, trotz aller Vorbehalte gegen Autobiographien, die der umweglosen Behauptung ‚So war es‘ folgen, schon meine Vilnius-Rede über die Zukunft der Erinnerung aus dem Jahr 2000.“ (Grass 2014, 479) Gemeint ist die anlässlich eines litauisch-polnisch-deutschen Schriftstellertreffens am 2. Oktober 2000 in Vilnius gehaltene Rede *Ich erinnere mich …* (NGA 23, 284–289). Darin beschreibt Grass, wie ihm „die verlorene Heimat zum andauernden Anlaß für zwanghaftes Erinnern, das heißt für das Schreiben aus Obsession geworden“ sei. (NGA 23, 286) Und er fragt nach dem, was in allen literarischen Gestaltungen („Der Schriftsteller erinnert sich professionell“, NGA 23, 285) noch immer verschwiegen sein könnte: „Sprachlose Gegenstände stoßen uns an […], plaudern Geheimnisse aus: peinlich, peinlich! Dazu Träume, in denen wir uns als Fremde begegnen, unfaßbar, endlosen Deutung bedürftig.“ (NGA 23, 284)

Von solchen Gedanken geleitet, unternahm Grass von August 2003 bis September 2004 erste Versuche, „das Stückwerk Erinnerung zu ergänzen“ und von dem Jungen zu erzählen, „der ich zur Zeit des herrschenden Nationalsozialismus gewesen war, ein Kind seiner Zeit“ (Grass 2014, 483). Zunächst plante er keine zusammenhängende Erzählung, sondern eine Sammlung einzelner Texte und Bilder: *Zu Tisch mit Gästen. 13 Erzählungen, Essays, Gedichte, Rezepte, Zeichnungen* (Grass 2014, 500; vgl. jetzt das 5. Kapitel „Mit Gästen zu Tisch“, 161–202). Dann sei die Arbeit zum Erliegen gekommen; die Gedichtauswahl *Lyrische Beute …* sei an die Stelle der Erinnerungen getreten. Erst die erneute lesende und zeichnende Beschäftigung mit den Märchen Hans Christian Andersens für den Band *Der Schatten* im Laufe des Jahres 2004 habe die Freude am Erzählen neu geweckt: „Danach fand ich wieder – als hätte Andersen mir auf die Sprünge geholfen – zur Zwiebel und ihren Häuten.“ (NGA 23, 493) In Behlendorf und auf Møn arbeitete Grass von Oktober 2004 bis September 2005 fast ausschließlich am Erinnerungsbuch, nun unter dem Titel: „Beim Häuten der Zwiebel. Bericht aus frühen Jahren.“ (NGA 23, 504 und 502) Von Oktober 2005 bis in den Februar 2006 entstand die zweite Überarbeitung; Anfang 2006 wurde die Arbeit dann in Madrid abgeschlossen, wo auch die Rötelzeichnungen für Umschlag und Illustrationen entstanden. (NGA 23, 497–504) Der Band erschien im August 2006.

https://doi.org/10.1515/9783110755435-038

2 Erinnern und Erzählen: Leitmetaphern der Selbstreflexion

Beim Häuten der Zwiebel erschien ohne Gattungsbezeichnung und Untertitel. In der Rezeption wurde der Text fast durchweg als Autobiographie aufgefasst und im Blick auf lebens- und zeitgeschichtliche Sachverhalte, vor allem die Mitgliedschaft des jugendlichen Grass in der Waffen-SS hin diskutiert, auch wenn gelegentlich romanhafte Züge wahrgenommen wurden. An die Stelle einer Gattungsfestlegung treten die schon mit dem Titel beginnenden Reflexionen über Wahrheit und Fiktion, die den gesamten Text durchziehen. Sie hängen, auch dies kündigt bereits der Ibsens *Peer Gynt* zitierende Titel an, eng mit den transtextuellen Referenzen zusammen, die das autobiographische Erzählen auf weite Strecken strukturieren.

Ort dieser Erinnerungsarbeit ist die letzte, „vonne Endlichkait“ bestimmte Lebensphase: „Ich [...] atme hörbar, höre mich husten und lebe, so heiter es geht, auf den Tod hin.“ (NGA 17, 16) Grass reflektiert den Prozess des erinnernden Erzählens durchgängig in zwei Perspektiven: auf die Stabilität oder Instabilität des erzählenden Ich und auf die Verbindungen von Erinnerung und Fiktion. Das Titelmotiv bezieht Grass aus Henrik Ibsens ausdrücklich (NGA 17, 51–52) erwähntem Drama um den weltreisend-abenteuerlustigen Phantasten und Geschichtenerzähler *Peer Gynt* (1867), „dessen Lebenszwiebel am Ende, nachdem Haut auf Haut geschält war, keinen sinnstiftenden Kern barg“ (NGA 17, 387; vgl. Ibsen 1982, 145–146). Bei Grass erscheinen diese Häute als im Laufe eines Lebens gewachsene, einander überlagernde und verdeckende – und sich überdies, anders als bei Ibsen, eigenmächtig ständig wandelnde – Manuskriptseiten eines Ich, das sich in diesen jeweiligen Erzählungen konstituiert hat und das sich nun, „beim Häuten der Zwiebel“, als Effekt der eigenen Fiktionen enthüllt: „Ehrlich, du lügst wie gedruckt!“ (NGA 17, 376) Gegen die eigenen lebenslangen Fiktionen soll „freigelegt“ werden, „was Buchstab nach Buchstab ablesbar steht“, darunter auch „zu lang gemiedene Wörter“. (NGA 17, 8)

Bereits im ersten Kapitel tritt dieser autobiographisch-poetologischen Erinnerungsmetapher eine zweite an die Seite: diejenige des Bernsteins, in den wie Pflanzen- und Insektenreste arretierte Szenerien oder Zustände des eigenen Ich eingelagert scheinen. Stellt das Zwiebel-Bild die Substanz einer stabilen Identität grundsätzlich in Frage, so repräsentiert das Bernstein-Bild genau diese Stabilitätsannahme.

Die Frage nach Kohärenz oder Inkohärenz des Ich wird durch das Hinzutreten weiterer Erinnerungsmetaphern verstärkt. So erscheint die Erinnerungsarbeit, aperçuhaft beiläufig oder passagenweise ausführlich, manchmal im geologischen Bild als Abtragen des „Schicht auf Schicht“ Abgelagerten (NGA 17, 46), dann als „Fluglinie ins Irgendwo [...], wo [...] nichts greifbar Handfestes auf mich wartet“ (NGA 17, 56) oder als Gespräch mit der „fragwürdigste[n] aller Zeuginnen, [der] Dame Erinnerung“ (NGA 17, 58), als ein „mal grob-, mal feinmaschig“ wirkendes Sieb (NGA 17, 163), als Speichermöbel, das sich „gleich einem Kleiderschrank öffnet“ (NGA 17, 259), oder als Mosaik probeweise zusammengeklebter „Erinnerungsschnipsel“ (NGA 17, 203), als Sequenz von Bildern im Fotoalbum („spontane Schnappschüsse, die das Gedächtnis archiviert“, NGA 17, 222) oder von Zigarettenbildern, wie sie der kunstbegeisterte Junge gesammelt hat: „Ich lebte in Bildern." (NGA 17, 11) Zeitweise sieht der Erzähler sich „einem Bildersturm ausgesetzt". (NGA 17, 125) Der umfangreichste dieser Metaphernkomplexe verbindet die Vorstellung fixierbarer Einzelbilder mit der narrativen Dynamik unterschiedlicher Bearbeitungsmöglichkeiten in einem Film. Diese Metapher wird ganz unterschiedlich akzentuiert: Der Film kann vorwärts- oder rückwärtslaufen, reißen und geflickt werden; er ist aus unterschiedlichen „Handlungsabläufen gestückelt", verbindet Vor- und Rückblenden, läuft „mal in Zeitlupe, dann überschnell" ab (NGA 17, 121) und kann unmarkiert Material aus anderen Quellen übernehmen: „Bilder aus zweiter Hand – Filmszenen, Angelesenes" (NGA 17, 76). Auf weite Strecken erscheint so das „Häuten der Zwiebel" wie die fortwährende Bearbeitung eines fragmentarischen Films.

3 Lebensgeschichten

Zentrales Thema der autobiographischen Erzählung ist die Verflechtung des erinnerten Ich mit Ereignissen, Verhaltensmustern, Denk- und Redeweisen der Zeitgeschichte. Die Erzählung folgt dabei zwei narrativen Modellen: einerseits dem Entwicklungs- als Künstlerroman, andererseits dem Pícaroroman. Beide Aspekte sind in der Figur des Protagonisten verbunden, der sich schon von Kindheit an wie Ibsens Peer Gynt als fantasievoll fabulierender und unzuverlässiger Geschichtenerzähler behauptet und schließlich nach den Wirren der NS-, Kriegs- und Nachkriegszeit (und der damit verbundenen Rollen als Hitlerjunge, Flakhelfer, Soldat der Waffen-SS, Bergmann, Steinmetz und in anderen Tätigkeiten) die Kunst zu seinem Lebensberuf machen wird, der also wie Goethes Wilhelm Meister durch alle Verwirrungen „mich selbst, ganz wie ich da bin auszubilden" lernt. (Goethe 1992, 657) Das ebenfalls von Beginn an betonte Einzelgängertum, das er auch in seiner bereitwilligen Unterwerfung unter die NS-Herrschaft nicht verliert, und seine vor allem in der Absetzung von der katholischen Herkunft betonte amoralischen, sinnenfreudigen und lustbetonten Lebensvorstellungen führen auf diesem Weg jedoch zu diversen pikaresken Verwirrungen und Abenteuern und stellen auch das vorläufige Ende unter einen skeptischen Vorbehalt.

In der Ausgestaltung dieser Erzählschemata werden immer wieder Grimm'sche und Andersen'sche Märchen herangezogen, wie sie Grass seit dem *Butt* und dem *Schatten* wieder geläufig waren (vgl. Wellnitz 2022). In ihnen werden jugendliche Protagonisten auf wunderbare Weise durch alle Bedrohungen hindurch gerettet, vom Märchen *Von einem, der auszog, das Fürchten zu lernen* (im Kriegs-Kapitel „Wie ich das Fürchten lernte", NGA 17, 107–160) bis hinein in die Inventarisierung der eigenen Nachkriegsexistenz: „Allenfalls hätte Hans Christian Andersen solch ein Märchen erfinden können." (NGA 17, 407) Auch die künstlerische Laufbahn wird nach Andersens Vorbild stilisiert: „so fand das Märchen seine Fortsetzung: Es war einmal ein junger Bildhauer" (NGA 17, 413; zur Beziehung auf Andersens dichterische Autobiographie *Das Märchen meines Lebens* vgl. Øhrgaard 2007, 188–195).

Schauplätze sind zunächst die deutsch-polnisch-kaschubischen Grenzgebiete um Danzig, von deren Konflikten schon die Familie des Protagonisten geprägt ist, dann die 1944/45 zusammenbrechende Ostfront zwischen sowjetischen und deutschen Truppen (vor und hinter den russischen Linien) und der bestialischen Verfolgung von Deserteuren durch die Wehrmacht. Es folgen die Stationen einer ziellosen Wanderung durch das zerfallene Deutsche Reich auf der Suche nach einer neuen Heimat, die mit der Entscheidung zum Leben als Bildender Künstler zeitweise an der Kunstakademie in Düsseldorf und schließlich in Berlin, in der Eheschließung mit der Tänzerin Anna Schwarz und dem Anschluss an die Gruppe 47, vorläufig gefunden scheint, ehe sie durch einen längeren Aufenthalt in Paris als dem Schreibort der *Blechtrommel* zeitweise wieder aufgegeben wird. Mit dem Erscheinen des Romandebüts 1959 geht aus der erinnerten Jugendgeschichte die sich ihrerseits aus ihr speisende, fantasievoll ausgestaltete Fiktion hervor. Fortwährende Ausblicke auf spätere Lebensphasen, in denen das hier Erzählte etwa mit Freunden oder Familienangehörigen erörtert oder in literarischen Werken gestaltet wird, erweitern den zeitlichen Horizont so, dass über den „Bericht aus frühen Jahren“ hinaus die Umrisse der Lebens- und Werkgeschichte bis in die Erzählgegenwart hinein erkennbar werden.

Im Zentrum der Erinnerungsarbeit stehen die Erfahrungen der NS-Zeit, das „Jungnazitum“ (NGA 17, 236) des Jugendlichen, die Einziehung in die Waffen-SS und die Kriegserlebnisse. Auch die folgenden Jahrzehnte stehen, in Reflexion, Reue und Scham und deren literarischer Bearbeitung, im Zeichen dieser Lebensphase, bis hinein etwa in die in den fünfziger Jahren in Paris entstehende Freundschaft mit Paul Celan (NGA 17, 423; zur Bedeutung der Scham in *Beim Häuten der Zwiebel* und grundsätzlich zur Scham als Antrieb für das Schreiben von Grass siehe Zimmermann 2015, bes. 347–388). Die Erzählung setzt ein mit dem Ausbruch des Zweiten Weltkriegs auf der Westerplatte vor Danzig, dem „fernen Geschützdonner der *Schleswig-Holstein*“ (NGA 17, 7), am 1. September 1939. Von diesem ersten historischen Wendepunkt aus (der zweite wird dann nach dem Krieg „die Währungsreform“ sein, sie „trennte davor und danach“, NGA 17, 282) führen Rückblenden in die Kindheit und Jugend des Protagonisten. Der sucht im trotzigen Widerstand gegen die bedrückend kleinbürgerlich-engen Verhältnisse, zugleich fraglos überzeugt vom Nationalsozialismus und seinem Führerkult, nach Ausbruchsmöglichkeiten in Hitlerjugend und Arbeitsdienst und schließlich im Krieg. Nun, als Erzähler seiner selbst, deckt er rückblickend die wirklichen Dimensionen der „winzigtuende[n] Schande“ auf, der bis zum Schreibaugenblick eine „ihr nachhinkende Scham“ gefolgt ist (NGA 17, 15). Von den ersten Kindheitserinnerungen an sind die ideologischen und organisatorischen Angebote des Nationalsozialismus eng mit dem immer wieder wahrgenommenen und verdrängten NS-Terror verbunden. Neben der „durchaus freiwillig“ gewählten (NGA 17, 24) Mitgliedschaft im „Jungvolk“ mit den Abenteuern von Lagerleben und Kriegsspielen stehen die Schreckensbilder der Pogromnacht (NGA 17, 23–24) und die Deportation der letzten „Danziger Juden aus dem Ghetto Mausegasse in das Konzentrationslager Theresienstadt“ (NGA 17, 36).

Aus der Erwägung alternativer Handlungsmöglichkeiten heraus schildert Grass immer wieder moralische Kontrastfiguren, die anders als er den Verführungen und Drohungen des NS widerstehen. Die erste von ihnen ist ein als Lateinlehrer arbeitender, dann ins KZ Stutthof deportierter Priester, die letzte Grass' künstlerischer Lehrmeister Otto Pankok, über den „während der Nazizeit Mal- und Ausstellungsverbot verhängt" war und der sich mit der „verfolgten, schließlich dezimierten Minderheit" der Sinti und Roma solidarisierte: „So unbeugsam und deshalb begleitet von Spöttern werden wohl Urchristen aufgetreten [...] sein." (NGA 17, 311) Am ausführlichsten porträtiert wird ein junger „Zeuge Jehovas", der den Dienst an der Waffe verweigert und verhaftet wird. Seinem einzigen, stets wiederholten Satz „Wir tun sowas nicht" verdankt er seine Spitznamen (im Kapitel „Er hieß Wirtunsowasnicht", NGA 17, 67–106). Als Verkörperung jener konsequenten „Verweigerung" (NGA 17, 86), der Grass' autobiographischer Protagonist opportunistisch ausweicht, erinnert er an Herman Melvilles *Bartleby, the Scrivener* und sein „I would prefer not to". Aus dem Kontrast zu diesen Gegenbildern ergibt sich die Selbstkritik des erwachsenen Autors, dem erst „in Schüben das Ausmaß meiner Dummheit bewußt wurde" (NGA 17, 164), der erkennen muss, dass er „nicht wissen wollend Anteil an einem Verbrechen hatte, das mit den Jahren nicht kleiner wurde" (NGA 17, 197), und der angesichts dieser Einsicht auch seine einstige literarische Selbstsicherheit anzweifelt: „Ach, wie leicht sind mir zu Beginn der sechziger Jahre die Wörter von der Hand gegangen." (NGA 17, 133) Im Zentrum seiner Schuld sieht er dabei von Beginn an nicht nur das Mitmachen, sondern den vorsätzlichen Verzicht auf Fragen im Willen, „mich verführen [zu] lassen" (NGA 17, 40).

4 Novellistisches

Grass' anfänglicher Plan, das Buch als Konglomerat einzelner Erzählungen zu gestalten, zeigt sich in novellistisch einprägsamen Episoden wie derjenigen vom „Wirtunsowasnicht" deutlich. Das gilt (im vierten, dem Kriegs-Kapitel) auch für die Geschichte vom Überleben des Jungen, der nie das Fahrradfahren erlernt hat und deshalb als einziger Soldat zurückbleibt, als seine Kompanie Fahrräder konfisziert und mit ihnen geradewegs in einen Hinterhalt fährt, oder für die Episode vom buchstäblichen Pfeifen im Walde, mit dem der hinter den feindlichen Linien verirrte Landser sich beruhigen will und zugleich einen Unsichtbaren, den er in der Nähe hört, identifiziert: Nachdem er selbst den Anfang des Kinderliedes „Hänschen klein ging allein ... " gepfiffen hat, antwortet der Andere mit der gepfiffenen Fortsetzung „ ... in die weite Welt hinein" und gibt sich damit als ungefährlich zu erkennen; fortan tun beide sich zusammen.

Exemplarisch zeigt gerade diese Episode Grass' Kunst, Grundfragen seiner Erzählung in novellistischen Sequenzen zu verdichten: Der Einzelgänger, als den er sein heranwachsendes Ich zeigen will, geht hier buchstäblich mutterseelenallein durch eine potenziell tödliche Welt; in dem für ihn charakteristischen Bemühen, die Angst durch Selbstermutigung zu überwinden, wird er trotz seiner betonten Männlichkeit wieder so kindlich wie der Held des Grimm'schen Märchens, der „das Fürchten zu lernen" hat (NGA 17, 128); gerade so findet er als durch eine bedrohliche Welt streifender Pícaro zu seiner Erleichterung einen Gefährten, mit dem gemeinsam er überlebt.

5 Literarische Referenzen und Genrespiele

Beim Häuten der Zwiebel entfaltet die individuelle Lebens-Erzählung durchgängig im Spiel mit explizit reflektierten literarischen Mustern. Die Literatur, die der leselustige Heranwachsende zuerst „im Bücherschrank meiner Mutter" entdeckt, als „Schlupflöcher in andere Welten" (NGA 17, 44 und 34; vgl. Neuhaus 2022), eröffnet dabei nicht nur Einblicke in Parallel- oder Gegenwelten von den systemkonformen Reiseabenteuern Sven Hedins bis zu Texten der verbotenen Décadence wie Oscar Wildes *Dorian Gray*. Vielmehr findet der Lesebegeisterte hier auch die Muster, die ihm fortan zum erzählenden Verstehen seiner eigenen Lebensumstände und nun, im Rückblick des Erwachsenen, zum Erzählen verhelfen – allen voran die „Volksausgabe des ‚Simplicissimus'" (NGA 17, 35 und 129). Der *Abentheuerliche Simplizissimus* „aus Grimmelshausens kriegswirrer Zeit" (NGA 17, 156) bildet neben Ibsens *Peer Gynt* und den Märchen den wichtigsten, weil für die längsten Passagen des Werks dominanten Hypotext von Grass' Erzählung. Ab dem zweiten Kapitel werden einzelne Figuren, Figurenkonstellationen, Handlungsverläufe und Weltdeutungen dieses barocken Schelmenromans in solcher Weise auf das eigene Leben bezogen, dass einerseits im Kontrast mit der Erzählung aus dem Dreißigjährigen Krieg die spezifischen Konturen dieser einen Lebensgeschichte in der Mitte des 20. Jahrhunderts schärfer hervortreten, andererseits aber hinter dieser Individualität der „Überlebenskünstler Simplicius" (NGA 17, 125) als Muster erkennbar werden soll.

Grimmelshausen hat für Grass schon seit der pikaresken *Blechtrommel* als Anreger eine wichtige Rolle gespielt; in *Das Treffen in Telgte* tritt er (als stets nach seinem Geburtsort genannter „Gelnhausen") als Figur mit autobiographischen Zügen auf. Nun erinnert Grass ausdrücklich an den „Grimmelshausen, als er sich noch Gelnhausen nannte" (NGA 17, 187). Die strukturelle Beziehung der Texte ergibt sich zuerst aus der im *Simplicissimus* wie nun in *Beim Häuten der Zwiebel* bestimmenden Dreiteiligkeit von Kindheit, Kriegs- und Nachkriegszeit. Der barocke Simplex wird – wie sein moderner Nachfahre „ausgezogen, das Fürchten zu lernen" (NGA 17, 128) – aus einer engen und armen Familiensituation schockhaft in einen Krieg gerissen, dessen Erleben mit seiner Adoleszenz identisch ist, den er selbst zur abenteuerlichen Weltentdeckung und Bewährung umzudeuten versucht und aus dem er traumatisiert und schuldbewusst hervorgeht. Hier wie dort ergeben sich zwischen den kollabierenden und unübersichtlichen Frontverläufen, Seitenwechseln und Vertreibungserfahrungen die „Wanderwege" (NGA 17, 260), an deren Ende die Niederschrift dieser Erlebnisse steht. Immerfort sucht der Protagonist listenreich seinen Hunger zu stillen (der bei Grass verdreifacht wird zum Hunger nach Essen, dann nach Sexualität, schließlich nach Kunst: als Bildhauerei und Zeichenkunst, Jazzmusik, Dichtung). Auf die ersten Gewalterfahrungen folgt die sexuelle Initiation, und zunehmend erkennt der Held mit der eigenen auch die Korrumpierbarkeit zunächst seiner Mit- und Gegenspieler, dann der nur scheinbar stabilen sozialen und kulturellen Ordnungen selbst. Hier wie dort werden diese Desillusionierungserfahrungen durchgehend explizit auf einen christlichen Horizont bezogen, der bei Grimmelshausen nur im Blick auf die blutigen Konfessionskämpfe relativiert, bei Grass aber grundsätzlich in Frage gestellt wird. Dem Rückzug des alternden Simplex aus der verdorbenen Welt in die Kontemplation entspricht bei Grass die satirisch-grotesk enthüllende Darstellung dieser Welt in der der Literatur. Dabei erscheint hier wie dort der Roman als Produkt und Reflexion des Erlebten.

Augenfällig wird die spielerische Freiheit, mit der Grass die Analogien „zum in jüngste Zeitweil versetzten Grimmelshausen" (NGA 17, 151) behandelt, in der Figur des dort erst am Ende, in der *Continuatio*, erscheinenden „Baldanders" (Grimmelshausen, 579–582). Im barocken Roman ist dieser Gestaltwandler die allegorische Verkörperung einer im großen historischen wie im kleinen lebensweltlichen Maßstab unberechenbaren, trügerischen Fortuna-Welt aus „List und Fortune", in der allein „das aus Schläue mit dem Zufall gezeugte Kind namens Glück" helfen kann (NGA 17, 128–129). Diese schillernde Figur bestimmt schon die erste kindlich-identifikatorische Lektüre: „Schon immer wollte ich weranders und woanders, jener ‚Baldanders' sein, der mir […] gegen Schluß des Buches begegnete: eine unheimliche und doch anziehende Gestalt, die erlaubte, aus den Pluderhosen des Musketiers in die zottelige Kutte eines Eremiten zu schlüpfen." (NGA 17, 35) In der Schilderung des im Wald verirrten jugendlichen Kriegers geht das Bild dieser Gestalt zusammen mit dem des Simplex aus dem Märchenmotiv hervor, und nun verschmelzen alle drei zur Außenansicht des ferngerückten eigenen Ich: „Er sieht aus, als sei er einem Grimmschen Märchen entlaufen. Gleich wird er weinen. Bestimmt gefällt ihm die Geschichte nicht, in der er vorkommt. Viel lieber möchte er der Titelfigur eines Buches gleichen, das ihm jederzeit so nah ist, als wäre es greifbar. Und richtig: jetzt ähnelt er jenem Helden aus Grimmelshausens Stall, dem die Welt ein labyrinthisch verwinkeltes Narrenhaus ist, dem nur mit Tinte und Feder als jemand namens Baldanders zu entkommen sein wird." (NGA, 138)

In leitmotivisch eingesetzten Reminiszenzen verweist Grass auf diesen Hypotext bereits ab dem ersten Leseerlebnis (NGA 17, 35). Am deutlichsten tritt er in Figurenkonzepten und -konstellationen der Kriegs- und Nachkriegsdarstellung hervor: Der einfältige und gewitzte Protagonist strebt dem Vorbild des Simplex nach, „der aus immer neuen Gefahren findet und so zum allseits gefeierten Jäger von Soest wird" (NGA 17, 139). Der ihm zuverlässig beistehende „Herzbruder" erscheint in wechselnden Verkörperungen als der erfahrene, hilfsbereite und ehrgeizlose „Obergefreite", ein „zeitloser Typ" (NGA 17, 220). „Er war mir Schutzengel und mein von Grimmelshausen entliehener Herzbruder" (NGA 17, 141): „Wie Simplex bei Gefahr für Leib und Leben einen Herzbruder zur Seite hatte, so konnte ich mich […] auf meinen Obergefreiten verlassen." (NGA 17, 146) Dem frommen Einsiedler schließlich, der dort den irregehenden Protagonisten auf den rechten Weg zurückführen will, entspricht hier der katholisch fromme Gefährte, den der Erzähler stets als „meinen Kumpel Joseph" bezeichnet und von dem „immer wieder erzählt werden" muss (NGA 17, 199): „einen gewissen Ratzinger [...], der heute als Papst unfehlbar sein wolle" (NGA 17, 375) und der schon in der Landseruniform auf eine klerikale Laufbahn vorausblickt.

Die erklärtermaßen von der biographischen Faktizität abweichende Fiktion („ob das spillerige Kerlchen [...] wirklich Ratzinger hieß, kann ich nicht beschwören", die Behauptung ist „eine von deinen typischen Lügengeschichten", NGA 17, 375) bleibt für die Erzählung bis ins Schlusskapitel wichtig (NGA 17, 411), weil der „Kumpel Joseph" in Weltsicht und Lebenseinstellung das genaue Gegenstück des Protagonisten repräsentiert: „Er glaubte immer noch, mir war nichts heilig." (NGA 17, 170) „Ich sagte, es gibt mehrere Wahrheiten. Er sagte, es gibt nur die eine." (NGA 17, 193) Als die andere Lebensmöglichkeit wird dessen Biographie der eigenen bis in die hypothetische Frage nach den Folgen eines möglichen Rollentausches hinein kontrastiert (NGA 17, 375–376).

Lebenserfahrung und Weltsicht des Erzählers konturieren sich im Gegensatz dazu, so wie die Fortunawelt des „Baldanders" als Gegenteil jener „Fügung" erscheint, auf die seine Mutter unbeirrbar vertraut: „Das war ihr fester Glaube: Alles, Unglück wie Glück, so auch mein Überleben [...] füge sich nach höherem Willen, werde durch Fügung vorherbestimmt." (NGA 17, 240) Dieser Weltsicht und den daraus hervorgehenden Erzählschemata der frommen Legende wie des säkularen Bildungsromans widerspricht Grass' Erzählung mit der Betonung eines jederzeit ergebnisoffenen Geschehens, das erst retrospektiv und dabei im Rückgriff auf vorgeformte narrative Modelle als ein folgerichtiger (und anfechtbarer) Zusammenhang erscheint.

Wenn am Ende des Textes der erwachsen gewordene Erzähler aus den bis dahin geschilderten Erlebnissen seinen ersten Roman schreibt, dann vollzieht sich der Wandel vom „Musketier" zum „Eremiten" nicht als fromme Flucht aus der Welt, sondern als zugleich fabulierende und selbstkritisch reflektierte Gestaltung der Welt im literarischen Werk. In der Behauptung, der siebzehnjährige Soldat gleiche dem „Überlebenskünstler Simplicius", dem, „während der Schlacht von Wittstock, sein Herzbruder beistand, [...] auf daß er später schreiben und schreiben konnte" (NGA 17, 129), weist das „später" auf ebenden Ort voraus, an dem nun die Geschichte erzählt wird.

6 Rezeption

Die Erstrezeption ist umfassend dokumentiert in Martin Kölbels Sammlung *Ein Buch, ein Bekenntnis* (2007). Wie der Titel andeutet, kreist die Debatte fast ausschließlich um Grass' Darstellung seiner Mitgliedschaft in der Waffen-SS als Siebzehnjähriger. Der Scoop des FAZ-Herausgebers Frank Schirrmacher, ein am 17. Juli 2006 zunächst nur als Ankündigung eines geplanten Vorabdrucks geführtes Interview mit Grass noch vor dem geplanten Erscheinen des Buches als sensationelles „Geständnis" zu veröffentlichen (so Schirrmachers Leitartikel in der FAZ vom 12. August), lenkte die internationale Aufmerksamkeit auf die vermeintliche Enthüllung und ihre Folgen für das moralische und politische Ansehen des Autors. Als literarisches Werk wurde *Beim Häuten der Zwiebel* in dieser hunderte von Artikeln, Interviews, Radio- und Fernsehbeiträgen umfassenden Debatte nicht wahrgenommen. Bis heute ist es – mit wenigen Ausnahmen wie Øhrgaard 2007, Neuhaus 2022 und Stolz 2023 – fast ausschließlich als biographisches Dokument erörtert worden. Diese Rezeptionsgeschichte gehört insoweit zu Grass' Biographie, nicht zur literarischen Diskussion seines Werks. Grass selbst hat sowohl diese Reduktion als auch die Enttäuschung darüber, dass ihm durch den Skandal die Herrschaft über seine eigene Erzählung entzogen worden sei, in seinem Text-Bild-Band *Dummer August* reflektiert (dazu Kunze 2022). Ijoma Mangold hat diese Rezeptionslage in der *Zeit* mit der Bemerkung resümiert: „Es ist schon paradox: Warum eigentlich macht die Öffentlichkeit ausgerechnet Schriftsteller so gern zu moralischen Autoritäten, wo es doch ersichtlich nicht das literarische Werk ist, für das sie sich interessiert?" (Mangold 2010)

Literatur

Goethe, Johann Wolfgang von. *Wilhelm Meisters theatralische Sendung / Wilhelm Meisters Lehrjahre.* Hrsg. von Wilhelm Voßkamp und Herbert Jaumann. Frankfurt/M. 1992: 355–992.

Grass, Günter. *Sechs Jahrzehnte. Ein Werkstattbericht.* Hrsg. von G. Fritz Margull und Hilke Ohsoling. Göttingen 2014.

Grimmelshausen, Hans Jacob Christoph von. *Der abentheuerliche Simplicissimus Teutsch und Continuatio.* Hrsg. von Dirk Niefanger. Stuttgart 2017.

Ibsen, Henrik. „Peer Gynt. Ein dramatisches Gedicht". Übertragen von Christian Morgenstern. *Dramen.* Hrsg. von Horst Bien. Berlin 1982 [1867]: 5–170.

Kölbel, Martin (Hrsg.). *Ein Buch, ein Bekenntnis. Die Debatte um Günter Grass' „Beim Häuten der Zwiebel".* Göttingen 2007.

Kunze, Lisa. „Buchgestaltung als Gefühlsbarometer: ‚Dummer August'". *Günter Grass als Buchkünstler.* Hrsg. von Heinrich Detering, Lisa Kunze und Katrin Wellnitz. Göttingen 2022: 182–192.

Neuhaus, Volker, und Dorothee Neuhaus. *Katalogisierung und Kommentierung der Jugendlektüren von Günter Grass in den 1930er und frühen 1940er Jahren oder: Wie Oskar Matzerath zu seinem Vornamen kam.* Bern 2022.

Mangold, Ijoma. „Seht, wie meine Augen tränen. Günter Grass' ‚Beim Häuten der Zwiebel'". *Die Zeit* (19. Mai 2010).

Øhrgaard, Per. *Günter Grass. Ein deutscher Schriftsteller wird besichtigt.* München 2007.

Stolz, Dieter. „Auf krummen Wegen. ‚Kindheitsmuster' bei Christa Wolf und Günter Grass". *Freipass.* Bd. 6. Berlin 2022: 268–282.

Stolz, Dieter. „‚Beim Häuten der Zwiebel' oder ‚Ich erinnere mich … '". *Günter Grass. Literatur – Kunst – Politik. Dokumentation der internationalen Konferenz vom 4. –6.10.2007 in Danzig.* Hrsg. von Marion Brandt, Marek Jaroszewski und Miroslaw Ossowski. Gdansk 2009: 103–113.

Stolz, Dieter. *Günter Grass. Der Schriftsteller.* München 2023.

Wellnitz, Katrin. *Märchen als Roman: Inszenierung und Fortschreibung von Märchen und Sagen bei Günter Grass.* Göttingen 2024.

Zimmermann, Jennifer. *Umbarmherzige Augen. Eine Analyse der Scham im Erzählwerk von Günter Grass.* Würzburg 2015.

II.4.2 *Die Box. Dunkelkammergeschichten* (2008)

Christian Klein

1 Kontext

In seinem „Werkstattbericht“ *Sechs Jahrzehnte* aus dem Jahr 2014 beschreibt Grass die Zeit um den Jahrtausendwechsel als Phase einer selbstkritischen Standortbestimmung: „Ein neues Jahrhundert! Dessen Beginn machte mich ratlos. War irgend etwas auf den Punkt gebracht? Konnte, wenn soviel Altes überlappte und anzudauern versprach, Neues beginnen?“ (Grass 2014, 421) Ausgehend von diesen Fragen nimmt Grass als neues Themenfeld sein eigenes Leben in den Blick: „Was blieb zu tun? Was war vordringlich und konnte mir jetzt noch, spät genug, abverlangt werden? Zu Beginn des sechsten Jahrzehnts meiner Werkstattarbeit begann die Zeit der Rückblicke.“ (Grass 2014, 479) So unterstreicht diese Darstellung die Dringlichkeit des autobiographischen Schreibens als Resultat einer Bestandsaufnahme vor dem Hintergrund einer absehbar zeitlich begrenzten Schaffenskraft. Den reflexiven Auftakt zu diesem Prozess autobiographischer Selbstvergewisserung markiert Grass’ im Jahr 2000 in Vilnius gehaltene programmatische Rede *Ich erinnere mich …*, die beispielhaft für sein paradoxes Verhältnis zur Autobiographie steht. Denn während diese Rede inhaltlich seine „Vorbehalte gegen Autobiografien, die der umweglosen Behauptung ‚So war es‘ folgen“, artikuliert (Grass 2014, 479) und sein „Mißtrauen jenem autobiografischen Schreiben gegenüber, das auf Selbstgewißheit fußt“, auf den Punkt bringt (Grass 2014, 483), ist sie nach eigener Aussage der produktive Anstoß für ein umfangreiches Erinnerungsprojekt, das er in den folgenden Jahren verfolgt (vgl. Grass 2014, 479).

Publizierten Niederschlag findet jene „Zeit der Rückblicke“ in der autobiographischen Werkgruppe, die Grass im Nachhinein als „Trilogie der Erinnerung“ bezeichnet und deren mittleren Teil das Werk *Die Box* bildet. In den drei Teilen seiner Trilogie setzt Grass lebensgeschichtlich und thematisch jeweils unterschiedliche Schwerpunkte: Während sich *Beim Häuten der Zwiebel* (2006) auf die Jugendzeit konzentriert, fokussiert er in *Die Box* (2008) insbesondere seine Vaterrolle in den 1960er bis 1990er Jahren. In *Grimms Wörter* (2010) rückt er schließlich sein Wirken als politisch engagierter Bürger in den Blick: „So fügten sich ‚Beim Häuten der Zwiebel‘, ‚Die Box‘ und ‚Grimms Wörter‘ zur abschließenden Trilogie, die, wäre es nicht vermessen, unter dem traditionsreichen Titel ‚Aus meinem Leben‘ stehen könnte“ (Grass 2014, 574).

2 Märchenhaft Autobiographisches – Erzählanlage und Gattungsfragen

Die Box präsentiert Versatzstücke einer Autobiographie aus Sicht der acht Kinder eines namenlos bleibenden Vaters, dessen unstetes und beruflich ereignisreiches Leben in

https://doi.org/10.1515/9783110755435-039

den Erzählungen der Kinder mosaikartig gespiegelt wird. Das dabei entstehende Mosaik trägt zum einen autobiographietheoretischen Überlegungen Rechnung, die den nach Kohärenz und Konsistenz strebenden rückblickenden Lebenserzählungen skeptisch gegenüberstehen. Grass betont auch im Gespräch über *Die Box* die „Fragwürdigkeit" des autobiographischen Schreibens, das immer „Verfremdung" und „Beschönigung" sei (Grass 2008b, 73; vgl. dazu auch Stolz 2023, 334–364). Zum anderen reflektiert das aus den Erzählungen der acht Kinder resultierende fragmentarische Bild „das jeweilige Erleben einer zerbrechenden, einer zerbrochenen und einer dann wieder ‚zusammengestückelten Familie'" (Neuhaus 2010, 249).

Die Anlage des autobiographischen Textes ist aber nicht allein aufgrund seiner Multiperspektivität komplex, sondern auch, weil konstitutiv Fakten und Imaginationen miteinander verschränkt werden: „*Die Box* is a creative amalgam of the factual and the fictional." (Schade 2009, 170) Schon der Textbeginn verweist darauf, dass die präsentierten *Dunkelkammergeschichten* nur mit Vorsicht als referentialisierbare autobiographische Ausführungen zu verstehen sind: So zitieren die ersten Worte des Textes mit „Es war einmal ein Vater" die durch die Brüder Grimm popularisierte Märchenformel und evozieren derart, in Grass' Worten, „aus der Erkenntnis heraus, dass Märchen den Realitätsgehalt des wirklichen Geschehens noch erhöhen und verdeutlichen können" (Grass 2008b, 73), einen Blick auf die Welt, der offen für Unglaubliches und Phantastisches ist. Zentraler Bestandteil dieser märchenhaften Konstruktion ist die titelgebende ‚Box', eine Rollfilmkamera, deren Fotos einen Erinnerungsprozess in Gang setzen, während sie zugleich als Imaginationsraum dient. Denn das Besondere an der ‚Box' ist, dass ihre Fotos nicht nur Vergangenes abbilden, sondern auch Zukünftiges, Träume und Wünsche sichtbar werden lassen können, sodass der vermeintlich dokumentarische Anspruch des Mediums hier konterkariert wird (vgl. Schlichting 2021, 242; Yuqing 2012, 322).

Die Erinnerungen der Kinder, in die die Entstehungsgeschichten der mit ihren realweltlich referentialisierbaren Titeln versehenen Grass'schen Werke von *Katz und Maus* bis *Ein weites Feld* eingebettet sind, präsentieren einen insgesamt abwesenden und selbstbezogenen Vater, der „immer mehr Papier vollgekritzelt" hat (NGA 18, 93), der „mit seinen Gedanken immer woanders" ist (NGA 18, 64), sich kaum Zeit für die Beschäftigung mit seinen Kindern nimmt („War einfach kein Spielvater"; NGA 18, 93) und vor allem um sich kreist („... denn nur er, nie wir ..."; NGA 18, 179). Es entsteht das Bild eines mehr künstlerisch denn familiär engagierten Vaters, dessen Verhalten „frühes Leid" (NGA 18, 103) und tiefe Verletzungen provoziert („Nach soviel verstrichener Zeit wollen die Tränen noch immer nicht trocknen"; NGA 18, 83). Vor diesem Hintergrund hofft „der unzulängliche Vater, daß die Kinder ein Einsehen haben" (NGA 18, 82), während er sich für das verursachte familiäre „Kuddelmuddel" (NGA 18, 63) in gewisser Hinsicht „Absolution" zu erschreiben versucht (Neuhaus 2010, 249).

Doch nicht nur die Scham eines versagenden Vaters wird in *Die Box* erzählerisch ausgestellt, sondern am Rande auch die Schuld eines Jugendlichen, der in die Verbrechen des Zweiten Weltkriegs verstrickt war. So macht die Box-Kamera im Bretagne-Urlaub Fotos, auf denen zwei Söhne, die auf Bunkerresten klettern, als junge Soldaten „mit viel zu großen Stahlhelmen auffem Kopp und umgehängten Gasmaskenbüchsen" zu sehen sind (NGA 18, 53). Wenn der Vater daraufhin wütend alle Bilder zerreißt und die Kinder dafür liebevoll Verständnis haben („Ist doch verständlich, daß unser Väterchen sowas nicht sehen wollte [...] ... So mußte er selbst mal aussehen, als Krieg war, hat davon noch lange geträumt, sogar gestöhnt im Schlaf ..."; NGA 18, 53–54), dann bekämpft er damit die Befürchtung, dass sich die eigene Schuld im Dasein der Söhne spiegelt und fortsetzt, während die Kinder ihn davon entlasten. Taberner erkennt in diesem Oszillieren zwischen Selbstanklage und Selbstermächtigung, zwischen privater Scham und performativ ausgestellter Entlastung einen Kern von Grass' Schreiben insgesamt (vgl. Taberner 2009, 507). In der Überlagerung von (väterlicher) Vergangenheit, (Urlaubs-)Gegenwart und Zukunftssorgen veranschaulichen die Fotos das Grass'sche Erinnerungskonzept (s. u.).

Der Handlungsrahmen in *Die Box* präsentiert eine vermeintlich dokumentarische Situation, in der der alt gewordene Vater seine acht Töchter und Söhne darum bittet, sich miteinander vor Mikrophonen über ihre Kindheit zu unterhalten, „alle durcheinander, zwar ausgedacht vom Vater und nach seinen Worten, doch eigensinnig und ohne ihn, bei aller Liebe, schonen zu wollen" (NGA 18, 7). Die Kinder versammeln sich in wechselnden Konstellationen – „unter leicht verfremdeten Namen in fast menuettmäßiger Abfolge" (Neuhaus 2010, 249) – zu neun Treffen, die realiter nie stattgefunden haben, sondern „rein erfunden" sind, wie Grass in einem Interview klarstellt (Grass 2008b, 75). Diese fiktiven neun Treffen, die mittels Tontechnik für den Vater konserviert werden, strukturieren den Text in neun Kapitel, wobei der Vater als „bei den Gesprächen nicht präsenter, doch [...] agierender Akteur und Erzählarrangeur" den Fixpunkt der Unterhaltungen bildet (Urválek 2012, 140). So entsteht ein autobiographischer Text, der, wie Grass rückblickend formuliert, „aus der Sicht meiner Kinder, wenn auch auf Grund meiner Erfindung" (Grass 2008b, 73), das Wahrhaftigkeitsversprechen der Autobiographie permanent problematisiert, nicht zuletzt, weil die Kinder ihre Ausführungen gegenseitig in Frage stellen („Absoluter Schwachsinn, was ihr da quasselt. [...] Alles gesponnen und wie von unserem Vatti ..."; NGA 18, 54), sich korrigieren („Stimmt überhaupt nicht"; NGA 18, 142) und zurechtweisen („Hör wohl nicht richtig. Schon wieder Mitleid mit ihm!" NGA 18, 97). Die Präsentation der vermeintlich intimen familiären Biographie wird somit als literarische Inszenierung erkennbar, die den Wahrhaftigkeitsanspruch der Autobiographie unterläuft (vgl. Taberner 2009, 508).

Die sich hier anschließenden gattungstypologischen Fragen wurden mit unterschiedlichen Schlussfolgerungen im Hinblick auf die Textrezeption diskutiert. Schlichting etwa konzediert (2021, 240–245), dass ungeachtet der strukturellen Konstruktion des Textes, die einen „omnipräsenten Märchenerzähler" im Zentrum hat, mit „vermeintlich ‚dokumentarischen' Ansprüchen an das Erzählte gespielt wird" (Schlichting 2021, 241), wozu die fiktiven Tonbandmitschnitte ebenso beitragen wie das Aufrufen der Stationen „eines Autors, der in der Fiktion die Werke geschrieben, die in der Realität Günter Grass verfasst hat" (Schlichting 2021, 243). Schlichting betont allerdings, dass eine Lesart, die das Werk „eindimensional biografisch" verstehe, einer „Missdeutung" unterliege, die davon ausgehe, dass „die Kinder sprechen und mithin offenbar die Konstruktion des Werks nicht genau genug erkannt wurde" (Schlichting 2021, 240, Fn. 964). Diese operiere auf zwei Fiktionsebenen: der ersten Ebene der aufgenommenen Gespräche der Kinder sowie der zweiten Ebene des diese Gespräche imaginierenden Vater-Erzählers. So zutreffend die daraus abgeleitete Beobachtung einer impliziten Aufforderung zum Zweifel an der Glaubwürdigkeit der erzählten Geschichten auch ist, so praxisfern scheint doch die Erwartung, dass das Wissen um die komplexe Erzählkonstruktion einer biographischen Interpretation des Buches an sich im Wege stehen würde.

Neuhaus (2015) kommt auf Grundlage vergleichbarer Textbefunde zu einer anderen Bewertung der Wirkung der in *Die Box* eingesetzten Erzählstrategien. Er untersucht, inwieweit die einzelnen Teile der „Trilogie der Erinnerung" den Gattungskonventionen der Autobiographie entsprechen, und kommt zu dem Ergebnis, dass *Die Box* „der einer Autobiographie fernste [Teil] des ganzen Projekts" sei, da gegen eine Reihe der zentralen autobiographischen Gattungskonventionen verstoßen werde, insofern eine fiktive Erzählerfigur implementiert sei, die im Märchenton erdachte Gespräche nach imaginierten Tonbandmittschnitten präsentiere (Neuhaus 2015, 34). Zugleich referiere der Text aber aus dieser literarischen „Parallelwelt" immer wieder explizit auf die extratextuelle Wirklichkeit – etwa durch die Nennung von Grass' „wirklichen Werken im Textinneren" –, wodurch der „autobiographische Pakt" (Philippe Lejeune) immer wieder aufgerufen und aktualisiert werde (Neuhaus 2015, 35). Zwar realisiere der Text die mit der Lektüre autobiographischer Erzählungen verbundenen Erwartungen der ‚Ähnlichkeit' und ‚Richtigkeit' im Hinblick auf den Autor nicht, allerdings „lesen wir selbst ein solches Werk zu Recht autobiographisch" (Neuhaus 2015, 35).

Entsprechend ist es vor dem Hintergrund dieser gattungstypologischen Debatten als programmatisch zu verstehen, wenn der Vater am Ende des siebten Kapitels festhält: „Ja, Kinder, ich weiß: Vatersein ist nur eine Behauptung, die sich andauernd selbst zu bestätigen hat. So muß ich lügen, damit ihr mir glaubt." (NGA 18, 143) Denn die eigene Arbeit als Autor bezeichnet Grass auch als „ein Erfinden von Wahrheiten, das sich im Gegensatz zu dem, was sich als realistisch gibt, oft genug als genauer darstellt", und pointiert im Hinblick auf *Die Box*: „Den Wirklichkeiten, auch meinen eigenen Wirklichkeiten gegenüber, bin ich am genauesten, wenn ich lüge." (Grass 2008b, 74) „Lügen" ist hier weniger im Sinne der absichtsvollen Falschaussage mit dem Ziel des Täuschens zu verstehen, vielmehr zielt es – in Anlehnung an das Grass'sche Märchenverständnis (s. o.) – auf den Einsatz literarischer Verfahren, mit deren Hilfe die Realität zur Kenntlichkeit entstellt wird.

Die endgültige Fassung von *Die Box* ist auch Ergebnis einer „kritischen Auseinandersetzung" zwischen Grass und seinen Kindern, von denen einige teils heftige Kritik an früheren Fassungen geübt hatten, was Grass nach Selbstaussage zu zahlreichen Überarbeitungen veranlasste (Grass 2008b, 75). Dem Text sind diese Auseinandersetzungen insofern eingeprägt, als sich einige Kinder gegen die Vereinnahmung durch den

Vater sträuben, sich wehren, „Teilhaber seiner Geschichten zu sein. ‚Laß uns da raus!‘ riefen sie. ‚Aber‘, hat er gesagt, ‚eure Geschichten sind auch meine, die lustigen wie die traurigen.‘“ (NGA 18, 81–82)

An der vermeintlichen Instrumentalisierung der Kinder haben die feuilletonistische Literaturkritik und teils auch die Literaturwissenschaft verschiedentlich Anstoß genommen (vgl. zur Rezeption Schlichting 2021, 240, Fn. 964). Dabei übersieht eine solcherart moralische Lesart des Textes, die von „Ausbeutung“ oder „Vampirismus“ (Taberner 2009, 514/515) spricht, dass die Kinder im Text als Figuren gestaltet werden, die ihre fiktionale Existenz problematisieren („Er denkt sich uns einfach aus!“ NGA 18, 144) und damit das literarische Verfahren durchscheinen lassen, das die Kinder als unterschiedlich perspektivierende Variationen der väterlichen Erzählinstanz ausweist.

Das Textende mündet ins Offene und evoziert eine Fortsetzung, wenn gemutmaßt wird, dass „der Vater“ die Box versteckt habe: „für später, weil immer noch was in ihm tickt, das abgearbeitet werden muss, solang er noch da ist …“ (NGA 18, 179). Damit wird implizit auf die Unabschließbarkeit des autobiographischen Erinnerungsprozesses verwiesen, dessen Besonderheiten und Herausforderungen einen Fluchtpunkt der Geschichten in *Die Box* bilden.

3 Medien und Erinnerung

Im Zuge der (vermeintlichen) Rekonstruktion autobiographischer Erlebnisse reflektieren die Ausführungen in *Die Box* immer wieder die Herausforderungen bei der Vergegenwärtigung vergangener Ereignisse. Der Text liest sich daher auch als Beitrag zu einem Metadiskurs, indem er wichtige Einblicke in Grass’ Erinnerungskonzept erlaubt und auch in dieser Hinsicht eine Weiterführung von *Beim Häuten der Zwiebel* darstellt (vgl. Kliche-Behnke 2016, 146–178). Während Grass in *Beim Häuten der Zwiebel* vielfach auf eine filmische Terminologie zurückgreift, um die Rekonstruktion historischer Erlebnisse zu veranschaulichen, so nutzt er dafür in *Die Box* die titelgebende Rollfilmkamera. Hüterin der Box ist die Familienvertraute Marie, als deren realweltliches Vorbild die mit Grass befreundete Fotografin Maria Rama (1911–1997) zu erkennen ist (vgl. Grass 2014, 529). Über viele Jahre hat Maria Rama, die Grass in *Die Box* vergleichbar den Kindern in eine „fiktive Figur“ (Grass 2014, 529) verwandelt, den Autor begleitet und nach dessen Vorgaben künstlerisch interessante Motive fotografiert. Mit Maria Rama hat Grass auch künstlerisch zusammengearbeitet (vgl. Grass 1973) und ihr ist *Die Box* gewidmet. In der Originalausgabe von *Die Box* ist jedem Kapitel eine Zeichnung von Grass vorangestellt (vgl. Grass 2008a), die die Fotografin im Einsatz zeigt – „Schreiben und Zeichnen mit einer Tinte“ nennt Grass diese Parallelbeschäftigung rückblickend (Grass 2014, 529). In die *Box*-Ausgabe der NGA sind diese Zeichnungen nicht aufgenommen worden (vgl. zur Interpretation der Zeichnungen in *Die Box* Feuchter-Feler 2012, 34–40).

Mit der einfachen Rollfilmkamera geht die fiktive Figur Marie im Text „für Vater auf Motivsuche für alles, was er so brauchte für seine Einfälle. Und diese Box war was

Besonderes“ (NGA 18, 12). Denn die Box ist das einzige, was Marie nach einem Bombenangriff von ihrer Habe geblieben ist (NGA 18, 17–18), und seitdem hat die Box märchenhafte Eigenschaften, ist sie „allsichtig“: „Meine Box macht Bilder, die gibts nicht. Und Sachen sieht die, die vorher nicht da waren.“ (NGA 18, 17) Wahlweise kann die Box Ereignisse voraussehen, Verschwundenes wieder sichtbar machen oder Wünsche und Ängste visualisieren. Sie erscheint als „Wünschdirwasbox [...], eine, die richtig verrücktspielt, wenn ringsum alles vernunftmäßig abläuft“ (NGA 18, 22). Indem die Agfa-Kamera einen Vergegenwärtigungsprozess in Gang setzt, der entgegen der rationalen Logik abläuft, ruft sie die Spezifika des Erinnerns auf. Denn die Ungeplantheit der Schnappschüsse, die „nur nach Gefühl geknipst“ werden, während Marie „oft in ne andere Richtung“ guckt (NGA 18, 15), verweist auf die Willkürlichkeit des Erinnerungsprozesses, der zudem Unangenehmes ausspart oder schönt (vgl. Tafazoli 2021, 337–339): „Die Box-Kamera ist in dieser Lesart als Chiffre für die Erinnerung zu deuten. [...] Erinnerte Gedächtnisbilder und Projektionen stehen hier also neben realen Fotografien.“ (Schlichting 2021, 249)

Während Fotografien im Rahmen autobiographischen Erzählens häufig im Sinne referentialisierender Beglaubigung funktionalisiert werden, wird diese vermeintlich dokumentarische ‚Beweiskraft‘ der Fotos in *Die Box* aufgerufen, um sie zu unterlaufen. Die Zuverlässigkeit der Fotografie wird hier problematisiert und das ‚Dokumentationsmedium‘ wird als ‚Erinnerungsmedium‘ konzeptionalisiert: in einem erweiterten Sinne, der Historie und Fantasie kombiniert. Damit veranschaulicht der Einsatz der Fotografien in *Die Box* Grass' Verständnis von Erinnerung, das er in seiner Vilnius-Rede präzisiert, wenn er Erinnerung und Gedächtnis differenziert: „Erinnerung ist – so verschwommen und lückenhaft sie erscheint – mehr als das auf Genauigkeit zu schulende Gedächtnis. Erinnerung darf schummeln, schönfärben, vortäuschen, das Gedächtnis hingegen tritt gerne als unbestechlicher Buchhalter auf.“ (Grass 2001, 28)

Zugleich wird die Box im Kontext der poetologischen Selbstreflexion als Teil einer performativen Selbstinszenierung erkennbar. Taberner (2009, 509) weist darauf hin, dass die Schnappschüsse, die mithilfe der Rollfilmkamera entstehen, in *Die Box* in expliziten Kontrast zu jenen inszenierten Fotos gesetzt werden, die Maries Ehemann Hans „mit der Hasselblad oder der Leica, nie mit der Agfa-Box Nummer 54“ (NGA 18, 13) macht. So etabliert der Text eine Differenz zwischen den intimen Box-Fotos, die den privaten Familienmenschen Grass zeigen, und anderen offiziösen Künstlerporträts, die eher die Persona der öffentlichen Figur Grass repräsentieren. Doch wird die Box zu Beginn des Textes nicht nur als Zugangsmittel zum vermeintlich ungestellten Familienleben und damit zu einem imaginiert ‚authentischen‘ Grass eingeführt („fotografiert hat sie mit der Leica oder der Hasselblad, geknipst aber wurde mit der Box“; NGA 18, 11–12), sondern rückt den künstlerischen Schaffensprozess selbst ins Zentrum.

Die Box repräsentiert den künstlerischen Blick auf die Welt: „The magical box camera [...] is a metaphor for his imagination. Its lens is the author's mind's eye, that nonexistent human organ of fictional creativity, be in the past, present or future.“ (Schade 2009, 179) Die „Zauberbox“ oder auch „Wunderbox“ (NGA 18, 59) hat „drei

Blendwerte und drei Entferungseinstellungen“ (NGA 18, 59), sie erlaubt es, zugleich in Vergangenheit, Gegenwart und Zukunft präsent zu sein (NGA 18, 37): „Meine Box ist wie der liebe Gott: sieht alles, was ist, was war und was sein wird“ (NGA 18, 48). Die Box verfügt damit über Möglichkeiten, die sonst nur eine allwissende Erzählinstanz hat, sie kann die Zeit gestalten („den Zeitverlauf aufheben“; NGA 18, 62) und eine tieferliegende Wahrheit unter den empirischen Erscheinungen freilegen (eine „Box, die nicht richtig tickte, aber aufdeckte, freilegte, bloßstellte“, NGA 18, 62). Damit veranschaulicht die Kamera Grass' künstlerischen Blick auf die Welt, in dem Gegenwart, Vergangenheit und Zukunft überblendet werden, und ruft das Grass'sche Konzept der „Vergegenkunft“ auf: „Das geht von einer Erfahrung oder Grunderkenntnis aus, dass wir der Zwangsvorstellung der Chronologie unterliegen, dabei wissen wir – jeder kann es an sich beobachten –, dass sich in unserem Kopf die Zeitebenen, Vergangenheit, Gegenwart, Zukunft, mitsamt Zukunftsängsten und Zukunftshoffnungen, mischen. Ich habe daraus den Begriff ‚Vergegenkunft‘ gemacht, in dem diese drei Zeitebenen miteinander verschränkt sind und sich überlappen, eine vierte Zeit bilden, wenn man so will. Was im Grunde wieder eine Märchenform ist.“ (Grass 2008b, 74–75)

Die Kamera-Box liefert somit nicht nur Vorlagen für die Erzählungen der Kinder im Rahmen der künstlerischen Produktivität des Vaters, sondern steht zugleich für die Eigendynamik des literarischen Schaffensaktes selbst, der seinerseits in der Rekonstruktion der Autobiographie des Vaters auf die kreativen Möglichkeiten und Herausforderungen des Erinnerungsprozesses verweist. So versinnbildlicht die Box als literarisches Symbol jene Verschränkung von Medien- und Erinnerungsdiskurs, die die zwischen autobiographischem und literarischem Erzählen changierenden *Dunkelkammergeschichten* ihrerseits vorführen.

Literatur

Feuchter-Feler, Anne. „Grass' Zeichnungen (‚Beim Häuten der Zwiebel‘, ‚Dummer August‘, ‚Die Box‘) als poetologische Etappen der Ich-Realisierung“. *Image, Reproduction, Texte*. Hrsg. von Françoise Lartillot und Alfred Pfabigan. Frankfurt/M. 2012: 13–43.

Grass, Günter. *Mariazuehren. Hommageàmarie. Immarypraise*. (Fotos: Maria Rama.) München 1973.

Grass, Günter. „‚Ich erinnere mich ... ‘“. *Die Zukunft der Erinnerung*. Hrsg. von Martin Wälde. Göttingen 2001: 27–34.

Grass, Günter. *Die Box. Dunkelkammergeschichten*. Göttingen 2008a.

Grass, Günter. „‚So muss ich lügen, damit ihr mir glaubt‘. Hanjo Kesting im Gespräch mit Günter Grass über sein neues Buch ‚Die Box‘“. *Neue Gesellschaft / Frankfurter Hefte* 10 (2008b): 73–76.

Grass, Günter. *Sechs Jahrzehnte. Ein Werkstattbericht*. Hrsg. von G. Fritz Margull und Hilke Ohsoling. Göttingen 2014.

Kliche-Behnke, Dorothea. *Nationalsozialismus und Shoah im autobiographischen Roman: Poetologie des Erinnerns bei Ruth Klüger, Martin Walser, Georg Heller und Günter Grass*. Berlin und Boston 2016.

Neuhaus, Volker. *Günter Grass*. 3., aktualisierte und erweiterte Auflage. Stuttgart 2010.

Neuhaus, Volker. „Taktieren beim Paktieren – Grass' autobiographische ‚Trilogie der Erinnerung' 2006 – 2010 als Spiel mit Lejeunes autobiographischem Pakt". *Studia Niemcoznawcze – Studien zur Deutschkunde* 56 (2015): 23–42.

Schade, Richard E. „Photos, Family, Fiction: Günter Grass's ‚Die Box'". *Colloquia Germanica* 42.2 (2009): 169–181.

Schlichting, Julia Kanchana. *Die Poetologie des Zweifels. Erzählen und Erinnern in der späten Prosa von Günter Grass*. Diss. Göttingen 2021. http://dx.doi.org/10.53846/goediss-9388 (20. Januar 2023).

Stolz, Dieter. *Günter Grass. Der Schriftsteller*. München 2023.

Taberner, Stuart. „‚Kann schon sein, daß in jedem Buch von ihm etwas Egomäßiges rauszufinden ist': ‚Political' Private Biography and ‚Private' Private Biography in Günter Grass's ‚Die Box' (2008)". *The German Quarterly* 82.4 (2009): 504–521.

Tafazoli, Hamid. „Formen von Gedächtnis und Erinnerung in ‚Beim Häuten der Zwiebel' und ‚Die Box'". *The German Quarterly* 85.3 (2012): 328–349.

Urválek, Aleš. „‚Weil unsrem Vater immer noch ne Geschichte … ' G. Grass' Weg von der Blechtrommel zur Box". *Brünner Beiträge zur Germanistik und Nordistik* 26 (2012): 1–2, 137–149.

Yuqing, Wei. „Das Imaginäre und Kreative in der Erinnerungstrilogie von Günter Grass". *Literaturstraße. Chinesisch-deutsche Zeitschrift für Sprach- und Literaturwissenschaft* 13 (2012): 315–324.

II.4.3 *Unterwegs von Deutschland nach Deutschland. Tagebuch 1990* (2009)

Alexandra Pontzen

Obwohl eigener Einschätzung zufolge kein „passionierter Tagebuchschreiber“ (U, 6) bedient sich Grass mehrfach des Genres, das mit Privatheit und Exposition im Dienste der Autorinszenierung gleichermaßen spielt (vgl. Dusini 2005, 70–71): Schon *Aus dem Tagebuch einer Schnecke* greift auf Aufzeichnungen aus dem Wahlkampf von 1969 zurück, und das während seines Aufenthalts in Kalkutta 1986 geführte Tagebuch wird Grundlage seines Indien-Buchs *Zunge zeigen*. 1990 nehmen Grass, so sein Empfinden, die außergewöhnlichen politischen Ereignisse „in die Pflicht“ (U, 6) und machen ihn zum Diaristen, der diesmal jedoch ohne literarische Einkleidung und Zutat auskommt, obwohl er von vornherein die Veröffentlichung im Blick hat (vgl. U, 99 und 140). Das liegt auch daran, dass Grass die Wende nicht nur als ein öffentliches Ereignis erlebt, sondern sich von ihr persönlich betroffen fühlt, weil sie ihn zwingt, sein Selbstbild als Deutscher zu überprüfen. Als Zeugnis prominenter Positionen zur deutschen Wiedervereinigung steht sein Tagebuch damit in einem impliziten Bezugs- und Komplementärverhältnis zu Diarien anderer zeitgenössischer Schriftsteller, in Sonderheit dem des Freundes und politischen Gesinnungsgenossen Peter Rühmkorf, *TABU I. Tagebücher 1989–1991* (1997) (vgl. dazu Berbig 2013; Pontzen 2011), sowie denen des Antipoden Walter Kempowski, v. a. *HAMIT: Tagebuch 1990* (2006), dessen Haltung zur Wiedervereinigung der grassschen entgegensteht (vgl. Humbert und Kempke 2014).

Erst zwanzig Jahre nach seiner Entstehung publiziert, hat *Unterwegs* als Tagebuch des ‚Wendejahres‘ 1989/90 einen mindestens doppelten Bezugs- und Referenzrahmen: Es dokumentiert unmittelbar die deutsch-deutschen Ereignisse im Jahr 1990 nach dem Mauerfall und bis zur Bundestagswahl im Dezember 1990 sowie vor allem deren direkte Resonanz beim Autor; die späte Publikation der Aufzeichnungen 2009 und zeitgleich mit dem Bändchen *Als der Zug abfuhr*, das die 1989 bis 1991 publizierten Verdikte des Autors über den Einigungsprozess enthält, situiert die Rezeption der im Zentrum stehenden politischen Veränderungen wie auch die Wahrnehmung von deren Einschätzung durch den Diaristen auf der Folie der späteren, heute allgemein bekannten Entwicklungen. Die strukturelle Überlegenheitsposition nachzeitiger Lektüre wird indes relativiert oder zumindest verunsichert durch das Wissen der Lesenden, dass Grass, ebenfalls in Kenntnis des Fortgangs des Einigungsprozesses, seine früheren Urteile, Prognosen und Befürchtungen nachträglich öffentlich macht, also mit der Intention, sie an den späteren Entwicklungen der Wirklichkeit bemessen, zumindest mit ihnen abgleichen zu lassen. Die Exposition, die das Veröffentlichen eines Tagebuchs für den Autor bedeutet, ist durch die zeitliche Distanz bei gleichzeitiger Jubiläums-Referenz also intensiviert; exponiert werden die früheren Urteile wie die zum Zeitpunkt der Publikation aktuelle Haltung des Autors zu ihnen, zur Welt und zu sich selbst. Diese Konstellation porträtiert

https://doi.org/10.1515/9783110755435-040

Grass als Zeitzeugen von „politischen Großereignissen" (U, 5) mit reichlich Selbstbewusstsein; auf die Frage, warum er das Tagebuch von 1990 erst zum 20. Jubiläumsjahr veröffentliche, antwortet Grass in der *ZEIT*: „Ich möchte einigen Sonntagsrednern in die Suppe spucken." (Grass 2009) Sonntagsredner sind für ihn diejenigen, die die Vereinigung der beiden deutschen Staaten im Rückblick als nationale Errungenschaft zu feiern geneigt sind, während er daran festhält, dass die deutsche Einheit missglückt ist. Allerdings räumt Grass ein: „Aber ich bezweifle, dass sie [die Sonntagsredner, A.P.] das überhaupt zur Kenntnis nehmen. Die Sonntagsreden sind schon geschrieben." Insofern grundiert zwar Resignation den Text – „Bewußtwerden der Vergeblichkeit meiner politischen Anstrengungen: nur noch aussprechen, weil es gesagt werden muss." (U, 78) –, doch der Kommunikationsakt des spät publizierten Tagebuchs, der auch dessen Autorschaftsgestus charakterisiert, dokumentiert eher Trotz.

Entstehungsgeschichtlich scheint die Funktion von *Unterwegs* neben der Dokumentation von Tagespolitisch-Historischem, dem alltäglichen Arbeitspensum, künftigen Projekten und der Organisation der häufigen Ortswechsel, Reisen und Begegnungen vor allem in der Selbstvergewisserung des Schreibenden angesichts der erlebten Umbrüche zu liegen. Letztere werden weitgehend als Verluste empfunden und im Hinblick auf ihre Folgen besonders für die Ostdeutschen, mit denen Grass deutlich mehr sympathisiert als mit den Westdeutschen, und für die angrenzenden osteuropäischen Länder, besonders Polen, als schwerwiegend und langfristig desaströs eingeschätzt. Diese Haltung schwächt den Autor zwar in seinem Lebensgefühl und das Tagebuch bezeugt verstärkt Momente von Depression oder Altersschwere bis hin zur für den Autor ungekannten Schreibhemmung (vgl. U, 250); sie schwächt aber nicht den Glauben an die Richtigkeit der persönlichen politischen Überzeugungen und die eigene Urteilssicherheit. Insofern inszeniert Grass sich hier als Unverstandener und Außenseiter (darin seinem Antipoden Kempowski, in dessen Tagebuch *Hamit* durchaus ähnlich, vgl. Humbert und Kempke 2014, 168). Das macht das Tagebuch als „lässige tägliche Übung" (U, 240), nahezu unabhängig vom Inhalt, zu einer im Wesentlichen die Vitalität und Ich-Stärke seines Schreibers bezeugenden Lektüre.

Thematisch haben die Ausführungen vier Schwerpunkte: Sie zeigen Grass als Zeitzeugen (1), als kritischen Intellektuellen (2), als Künstler (3) und als Privatperson (4). Facettenreichtum, Vielfalt der Rollen, Themen und Äußerungsformen sind verknüpft mit dem Motiv des „Unterwegs"-Seins: Der Entschluss, „ab Ende Februar [1990] bis zum September jeden Monat in längeren und kürzeren Abständen in der DDR zu sein, von Rügen bis zum Vogtland, um die Veränderungen nach der großen politischen und revolutionären Veränderung im Auge zu behalten", macht Grass zum Reisenden, zum Gast auf Podien, zum Zeichner, Koch und Gastgeber und liefert Anregungen und Motive für das literarische wie bildkünstlerische Werk. Deutlich wird als Spezifikum der grassschen Lebens- und Arbeitsweise das In- und Miteinander dieser, hier der besseren Darstellbarkeit halber getrennten, Sphären, das seinen Ausdruck auch in seiner transmedialen Poetik findet: So wie zahlreiche Naturbeobachtungen sich für Grass als politisch-historische Allegorien erweisen, so verweisen die meist reflexhaft entstehenden

Zeichnungen auf künftige Erzählprojekte (etwa Unkenrufe vgl. U, 6 f.), und auch Alltagsverrichtungen weisen, symbolisch aufgeladen, auf Wendungen entstehender Werke, die ihrerseits Spiegel der Weltpolitik sind: „[K]ein Wunder, daß mir die Verpflanzung des Kaktus bedeutungsvoll vorkam.“ (U, 14)

1 Zeitzeugenschaft

Als Zeitzeuge dokumentiert Grass die politischen Ereignisse vorrangig in Deutschland, aber auch weltweit, wie etwa den Ausbruch des (Zweiten) Golfkriegs (vgl. U, 247) oder Vorboten der Klimakatastrophe, die er in den Unwettern und heißen Sommern des Jahres 1990 erkennt (vgl. U, 29, 35, 46, 57, 83, 89, 150 und 253) und die den Diskurs über das Waldsterben, an dem Grass mit dem Graphikband *Totes Holz* beträchtlichen Anteil hat (vgl. Stuhlfauth-Trabert 2017, 173–199), fortsetzt resp. ablöst. *Totes Holz*, kurz vor Drucklegung, wird im Tagebuch vielfach erwähnt (vgl. U, 10, 33, 49 und 67), auch weil Grass das Buch um letzte Zeichnungen erweitert; das Motiv bestimmt den Blick des reisenden und zeichnenden Autors auf die Kohleabbaugebiete in der Oberlausitz (U, 83–84). Der Zusammenhang zwischen Saurem Regen und Waldsterben, den Grass als im weitesten Sinne umweltpolitische Reflexion im Graphikband herstellt und um eine geopolitische Lesart zur grenzüberschreitenden (deutsch-deutschen) Zerstörung des Waldes erweitert (vgl. Stuhlfauth-Trabert 2017, 189–190), wird in *Unterwegs* ergänzt um eine allegorische Lesart, in der der sterbende ostdeutsche Wald das Schicksal der DDR teilt: „die Grube als Bild der Zerstörung im Vergleich zur DDR“ (U, 112). Damit spiegelt der Blick in die (zerstörte) Natur die tagespolitischen Ereignisse und mehr noch deren psychischen Widerhall im Diaristen wider.

Die innenpolitischen, mit der Wiedervereinigung unmittelbar verknüpften Ereignisse, die im Tagebuch ihre Resonanz finden, sind die verschiedenen staatsrechtlichen Stationen des Einheitsprozesses wie der Staatsvertrag (Mai 1990), der Einigungsvertrag (August 1990), der Beitritt der DDR zum Geltungsbereich des Grundgesetzes (Oktober 1990) sowie die Wahlen zu Landtagen (Januar und Oktober), zur Volkskammer (März 1990) und die Bundestagswahl (Dezember 1990).

In der Erwartung, künftig eine „‚rechthaberische‘ Bilanz ziehen zu können“ (U, 244), wiederholt Grass seine Argumente gegen Tempo, Art und Ziel der deutschen Vereinigung in einer Art masochistischem Selbstzitat: „Erstens der geistlose Anschluss, zweitens die DM-Wahl, drittens der hausbackene Nationalismus in einer Zeit großer Mobilität, viertens der einstige Verlust der Kolonie Deutsch-Südwest und der neuerliche Gewinn einer Kolonie: Deutsch-Ost, fünftens der Streit um die Artikel 23 und 146, die Gunst einer zeitgemäßen Verfassung, Vielvölkerkulturnation, sechstens wie man aus einem konföderierten verfassungsgebenden Zustand zu einem konföderalistischen Bundesstaat kommt, siebtens zum Schluß erst die DM-Herrschaft.“ (U, 77–78; siehe dazu auch U, 112)

Dass Grass, von Beginn an Einheitsskeptiker, lediglich eine deutsche Kulturnation und eine Konföderation der beiden deutschen Staaten zulassen will, erklärt seine gegen den deutschen Nationalstaat gerichtete Polemik ebenso wie die angstvoll-solidarische Haltung, die er zu Polen einnimmt, das durch das „‚Kolonialherren-Verhalten' der Bundesrepublik gegenüber der DDR" in Gefahr gerate (Humbert und Kempke 2014, 172). Die Angst vor einem neuerlichen Rechtsruck einer „Großbundesrepublik" (U, 40) verweist auf jenen „‚negativen Gründungsmythos' der Bundesrepublik", der für Grass mit Auschwitz, als Zivilisationsbruch und Inbild deutscher Schuld, verbunden ist und die Einheit verbiete: „Noch einmal meine Warnungen vor dem Anschluß als Wiedervereinigung und der Hinweis auf Auschwitz als unumgängliches Gebot." (U, 61). Es müsse „die Einheit Deutschlands (Wiedervereinigung)" „dem Sperriegel Auschwitz konfrontiert werden" (U, 16). Er braucht das Argument Auschwitz, um seinen Warnungen vor der Wiedervereinigung ein moralisch schwer lastendes Gewicht zu geben: „Will versuchen, in der Frankfurter Rede das angebliche Recht auf deutsche Einheit im Sinne von wieder-vereinigter Staatlichkeit an Auschwitz scheitern zu lassen." (U, 7)

Durchgängig deutlich wird Grass' ablehnende Haltung gegenüber einem neuen Gesamtdeutschland an dessen Gleichsetzung mit Nazi-Deutschland, die unterschwellig durch die Vokabel „Großbundesrepublik" (vgl. U 40, 131 und 140) suggeriert wird. Diese weist zurück auf „Großdeutschland" und ruft die damit verbundene politische und moralische Katastrophe wach. Vor diesem Hintergrund ist auch die Bezeichnung „Anschluss" (U, 77 und 131) für die Vereinigung der beiden deutschen Staaten nicht wertneutral. Sie ist mit der Besetzung Österreichs durch das nationalsozialistische Deutschland historisch fest verknüpft und soll jetzt die Bundesrepublik als einen expandierenden Staat anprangern, der sich einen schwächeren einverleibt. Zusätzlich verschärft die Vokabel „Anschluss" die von Grass unermüdlich vorgebrachte Kritik an dem staatsrechtlichen Vorgehen, die Vereinigung der beiden deutschen Staaten durch Beitritt der DDR zum Geltungsbereich des Grundgesetzes herbeizuführen, nicht durch Ausarbeitung einer neuen Verfassung für das vereinigte Deutschland.

Zu dem Bild von der Bundesrepublik als einem seine Stärke missbrauchenden Staat trägt auch die Verteufelung ihrer Währung bei. Wenn die politische Einheit durch die Währungseinheit eingeleitet wird, so bewertet Grass das als klaren Fall von Wirtschaftsimperialismus, den er mit pejorativen Formulierungen über die „DM-Herrschaft" belegt (U, 78 und passim), etwa: „Die Vergötzung der DM. Vulgärer Materialismus als Nationalverständnis. ‚Warum, verdammt, ihr Zonis, wollt ihr nicht nach unserem Gebot ums Goldene Kalb tanzen'?" (U, 48) Auch die Doppelsinnigkeit, dass es sich bei der DM um eine „harte Währung" handelt, nutzt Grass zur Polemik (U, 135); sie allegorisiert die Erweiterung des DM-Geltungsbereichs mit einer militärischen Invasion (vgl. U, 127) und setzt sich fort in der an Polen gerichteten Warnung: „die DM an der Oder" (U, 116), die an einen Wehrmachtsbericht über Feindbewegungen erinnert. Für Grass ist es eine Tatsache, dass der Nachbar im Osten, als dessen Anwalt er auftritt, das ökonomisch überlegene vereinigte Deutschland zu fürchten habe; auf der Rückfahrt von einer Polen-Reise über Swinemünde notiert er: „Die für mich doch erschreckende Einsicht in Swinemünde: hier grenzt demnächst die Großbundesrepublik an Polen als europäische Reichtums- und Armutsgrenze." (U, 126) Dass Grass die Bewohner der ehemaligen DDR hier zu den Reichen Europas zählt, während er sonst ihre Ausbeutung durch die Westdeutschen prophezeit, ist zwar sachlich inkonsequent, aber psychisch und auch poetologisch schlüssig. Es verweist sowohl auf sein Selbstverständnis als Kaschube und die entsprechenden Sympathien als auch auf seinen damit verbundenen Wunsch, sich auf die Seite der Verlierer zu stellen, im Sinne von Lukans' „Victrix causa deis placuit, sed victa Catoni" („Die siegreiche Sache gefiel den Göttern, aber die besiegte dem Cato." *Bellum civile* – „Der Bürgerkrieg", Buch I, 128). Diese Haltung wiederum macht Grass trotz seiner sonstigen Nähe zur politischen ‚Linken' zu einem auf Bewahrung bedachten Konservativen, so dass sein Blick auf die DDR ästhetisch wie politisch von (westlicher) ‚Ostalgie' geprägt ist. Darin und im Entschluss, auch angesichts der politisch-historischen Umwälzungen des Mauerfalls im „rechten linken Glauben" zu verharren, unterscheidet sich Grass von anderen prominenten Linken seiner Generation wie dem Freund Peter Rühmkorf (vgl. Pontzen 2011), von dem es im August 1990 noch heißt „Wir litten lustig an Deutschland." (U, 149)

2 Kritischer Intellektueller und öffentliche Person

Wo Grass als kritischer Intellektueller und öffentliche Person in Erscheinung tritt, versucht er tagesaktuell und parteipolitisch Einfluss zu nehmen, etwa in der Beratung von SPD-Politikern oder durch Stellungnahmen zu medialen Kontroversen, etwa um Christa Wolf, durch Teilnahme an Kolloquien, Gesprächen mit DDR-Dissidenten oder in Reden, Essays, Interviews. Auch intratextuelle Selbstverweise resp. Selbstzitate wie die wiederholten Lesungen aus dem 1966 entstandenen und erstaufgeführten „deutschen Trauerspiel" über den Arbeiteraufstand vom 17. Juni 1953 *Die Plebejer proben den Aufstand* (vgl. Sprenger 2017) in den ‚Beitrittsgebieten', wo er ein empfängliches Publikum erwartet, dokumentieren seine Haltung – und inszenieren das frühe Werk im Sinne vorausweisender Einsicht (vgl. generell zum Thema Inszenierung von Prophetie bei Grass auch Sieg 2014).

Grass' öffentliches Leben im Jahr 1990 enthält viele Höhepunkte, die der an Ruhm gewöhnte Diarist aber nicht als außergewöhnlich zu empfinden scheint. Beeindruckend ist die Zahl der renommierten Persönlichkeiten, denen er im Lauf des Jahres begegnet. Im Mai begleitet er den Bundespräsidenten Richard von Weizsäcker bei einem Besuch Polens, in dessen Verlauf er auch Lech Wałęsa trifft, der übrigens unfreundlich charakterisiert wird: „platzt mittlerweile vor Würde" (U, 93). Im Juni geht es wieder nach Polen, wo er die Ehrendoktorwürde der Universität Posen entgegennimmt. Zwischen die beiden Polen-Reisen fällt ein Treffen der ‚Veteranen' der Gruppe 47 in Prag (vgl. U, 103–105); sie werden vom tschechoslowakischen Präsidenten Václav Havel empfangen. Im August ist Grass Gast bei einem von Elie Wiesel nach Oslo einberufenen Kongress über „The Anatomy of Hate", an dem unter anderem Nelson Mandela, György Konrád,

Václav Havel, Nadine Gordimer, Jimmy Carter und François Mitterrand teilnehmen. Gegen Mitterrand tritt Grass offen auf und wirft ihm vor, „eine nur rhetorische, das heißt leere Rede gehalten zu haben" (U, 166). Die „inhaltslose Schönrede" (U, 182) des französischen Präsidenten verstimmt ihn erneut einen Monat später bei einer anderen Konferenz in Paris.

Sein Leben lang (auch partei-)politisch engagiert (vgl. Berbig 2013), trifft Grass in Deutschland in erster Linie mit Parteifreunden aus der SPD zusammen, obwohl er am Sinn eines weiteren Engagements zweifelt, bereits den Austritt aus der Partei erwägt und die Distanz zu deren Ehrenvorsitzendem, dem verehrten Freund Willy Brandt, der „der Einheit das Wort redet" (U, 30) und an den er nicht mehr denken mag (vgl. U, 128), stetig wächst.

3 Werkprojekte

Die politische Lesart des Tagebuchs, zu der der ausgreifende Titel *Unterwegs von Deutschland nach Deutschland* auffordert und die bisher im Fokus der Forschung stand (vgl. Humbert und Kempke 2014; Pontzen 2011), ist für sich genommen deutlich weniger interessant als ihre Verknüpfung mit den literarischen Projekten und der Blick auf den Texte konzipierenden Autor, den Künstler und den Menschen Grass.

Die politisch-historischen Grundüberzeugungen und -ängste, die das Tagebuch 1990 durchziehen, werden reflektiert, verbalisiert und zum Teil fiktionalisiert in den Texten, die Grass zu dieser Zeit beschäftigen: die Frankfurter Rede *Schreiben nach Auschwitz* (vgl. U, 43), später in *DIE ZEIT* veröffentlicht, das Projekt der Erzählung *Unkenrufe* (erst noch mit der Titelidee *Im Krebsgang*, U, 11 und 16), der sich abzeichnende Plan zu *Treuhand* / *Ein weites Feld* und die ersten Motivideen zu *Im Krebsgang* („Geschichte als rückläufiger Prozeß", U, 137; zur Titelkonkurrenz von „Unkenrufe"/ „Im Krebsgang" vgl. U, 11 und 16). Ebenso dokumentiert sind die Planung eines „Werkstattbandes" (d. i. *Vier Jahrzehnte*, 1991), „Signatur [Nr. 14]", 1991, ein Triptychon zum Thema „Totes Holz" (später: Marienkirche Lübeck); Grass' Jahresbilanz am 31.12.1990 gibt einen Überblick über Manuskripte, Zeichnungen und Pläne für Lesungen und Hörbücher (vgl. U, 236–238).

Sofern er nicht mit politischen Reden und Aufsätzen beschäftigt ist, bedenkt Grass den Plan zur Erzählung *Unkenrufe*: „Die Wahrscheinlichkeit, dass ich ‚Unkenrufe' schreiben werde, steigt mit der gegenwärtig wachsenden Gefahr, dass die Rechten, allen voran die DSU, die Wahlen gewinnen. Schon wieder: Literatur nur möglich aus der Verliererposition?" (U, 63) Plot, Charaktere, narrative Mittel, außerdem Einbeziehung der jüngsten politischen Entwicklung in die vom deutsch-polnischen Verhältnis bestimmte Handlung werden detailliert erwogen und mehrfach modifiziert: „So schreibt die Politik meiner vorerst nur erwogenen Erzählung ‚Unkenrufe' die Handlung vor." (U, 141) Die erste Niederschrift erfolgt dann zu Beginn des Jahres 1991. Nach und nach jedoch wird sein Interesse an der Erzählung, das das Tagebuch durchzieht, geschmälert durch das

Projekt zu einem „dicken“ Buch: Der Plan zu *Ein weites Feld*, Arbeitstitel noch „Treuhand“, nimmt Gestalt an (vgl. U, 250) und ist strategisch als „das Altersprojekt, mein mögliches Buch der neunziger Jahre“ (U, 204) Konzipiert, denn Grass plant, auch unter publikationsökonomischen Gesichtspunkten, sich „97 (zu meinem 70sten Geburtstag) mit einem ausgewachsenen Alterswerk zu beschenken“ (U, 205). Das Tagebuch stellt also der an textgenetischen Fragen interessierten Philologie aufschlussreiches Material zu zwei Erzählwerken bereit.

Die Werkprojekte dokumentieren als eine Spielart des Autors, auf Tagespolitik zu reagieren, ebenjene Distanz-Haltung zu Deutschland (als Heimat), die der Zeitzeuge empfindet, die öffentliche Person zur Schau stellt und der Autor artikuliert, wenn er feststellt, dass das „große“ Deutschland nicht mehr sein Land sein könne (vgl. U, 94). Schon Anfang Februar 1990 kokettiert er mit der Rolle eines „vaterlandslosen Gesellen“ und knüpft so an ein Schimpfwort an, mit dem man in Wilhelminischer Zeit die damals noch nicht national ‚korrumpierten' Sozialdemokraten belegte (vgl. NGA 22, 410–415; U, 30); am Ende des Jahres träumt er von einem Leben als Staatenloser: „Hat dieses Jahr mich verändert? Mehr als ihm zukommen sollte. [...] Erst das Entstehen, Wiedererstehen einer Nation führt diesen Begriff ad absurdum. Will lieber Zigeuner als Deutscher sein. Oder anders entschlossen: vor die Wahl gestellt, Deutscher oder Pole sein zu wollen, zu müssen, hieße mein dritter Weg: Zigeuner, staatenlos, europäisch sein. [...] Auch vor die Wahl gestellt: Jude oder Zigeuner, wäre ich lieber Rom oder Sinto. Und solch kindisch unnütze Spekulationen nach einem Jahr deutscher Einheit!“ (U, 210)

Da er die Nationalität nicht einfach abschütteln kann, vor allem nicht als ein in der deutschen Sprache beheimateter Autor, entsteht der Plan zu einem Werk als „langsame, nicht schmerzfreie Ablösung von Deutschland mit Hilfe der deutschen Sprache“ (U, 129). Streng genommen bezieht sich der Eintrag nur auf die entstehende Erzählung *Unkenrufe*, deren Hauptschauplatz Danzig ist, lässt sich aber noch zutreffender auf *Ein weites Feld* beziehen: An dessen Ende kehrt der Protagonist Fonty der Heimat den Rücken. Das Festhalten an der deutschen Sprache bei gleichzeitiger Loslösung von Deutschland zitiert berühmte Vorbilder in der deutschen Exilliteratur, scheint allerdings angesichts von Grass' Lebenssituation und seinen langen Arbeits- resp. Ferien-Aufenthalten in eigenen Häusern bzw. Wohnungen in Portugal und Dänemark alles andere als notgedrungen.

Mehr noch als dem Schreiben widmet sich Grass 1990 dem Zeichnen, das er zuweilen fast rauschhaft betreibt, so dass Störungen unbemerkt bleiben, „weil die Lust beim Zeichnen vorherrscht“ (U, 159). Es bietet ihm auch Zuflucht vor der politischen Welt und anderen Kümmernissen. „Möchte weder Pole noch Deutscher sein, sondern zeichnen“ (U, 92), notiert er während der in Begleitung des Bundespräsidenten unternommenen Reise nach Polen, deren Sinn er nicht recht einsieht; und einem enervierenden Telefonat folgt der Stoßseufzer: „Gäbe es nicht das große und kleine Zeichenbrett!“ (U, 148) Allerdings ist das Zeichnen keine Flucht in die Idylle, sondern es hält die Zerstörung der Natur fest: das überall wahrnehmbare Waldsterben und die Folgen des Braunkohleabbaus in der Niederlausitz. Produktionsästhetisch und psychologisch scheint es zudem den Weg zum Schreiben zu ebnen oder zu erleichtern: „Jeder Gedanke an Manuskriptarbeit ruht beunruhigend. Halte mich an sibirischer Reißkohle fest." (U, 218). So finden Skizzen von Pfifferlingen, Kröten, Fischen, Heuschrecken, Kaninchenskeletten und auch einige der Selbstbildnisse mit totem Holz Eingang ins Tagebuch und visualisieren, was der Autor in seinen Arbeitsnotizen beschreibt, den „kreatürliche[n] Dialog zwischen Bild und Wort, Pinsel und Feder, Druckerpresse und Olivetti" (Wertheimer 1999, 7).

Das besonders enge Verhältnis von Zeichnen (in Blei und Kohle), Schreiben und seiner im Jahr 1990 an den politischen Beobachtungen bestärkten ‚Poetik des Verlustes' konzentriert sich in der Farbe Grau. Sie wird einerseits der alten DDR zugeschrieben und steht für das trostlos unprätentiöse, verborgen Schöne, das im Begriff ist, (unbemerkt) verloren zu gehen (vgl. U, 61, 138 und 176). Die „Trauer, die über dem Land DDR liegt und die auch [ihn] erfasst hat" (U, 87), führt dazu, dass er einen „Rest der ehemaligen DDR-Kultur wieder- und neubeleben" will (U, 233). Andererseits vertritt sie Stimmung und Selbstwahrnehmung der DDR-Bevölkerung, der „(wieder einmal) die Rolle des Versagers, Verlierers zu [fällt]" (U, 145). Auch Grass' Eintreten für Christa Wolf im sog. ‚Literaturstreit' (vgl. u. a. U, 146 und 139) lässt sich als Ausdruck seiner Sympathie für die Verlierer deuten, aus deren Sicht allein Literatur zu denken sei: „Schon wieder: Literatur nur möglich aus der Verliererposition?" (U, 63)

4 Privatperson

Grass als Privatperson tritt in den bekannten und von ihm auch andernorts gepflegten Rollen auf, als Patriarch einer Patchwork-Großfamilie (vgl. U, 11, 17, 18, 76, 83, 87, 136, 152, 173, 177 und 228), Gastgeber und Koch meist für Freunde und Familie, der, neben Fisch und Kutteln, bevorzugt die seinem „Sammel- und Erntetrieb" (U, 161) zu verdankenden Beeren und Pilze zubereitet, sowie als Reisender und lustvoller Bewohner verschiedener Häuser und Wohnungen: Das Tagebuch beginnt am 1. Januar in Vale das Eiras, in Portugal, wo Grass und seine Frau Ute ein Haus haben und regelmäßig die Jahreswende verbringen, und es endet auch dort (am 31. Januar 1991), bevor das Paar am folgenden 1. Februar nach Hamburg zurückfliegt. Während in Portugal der Garten, die Anpflanzungen von Algarven und Tintenfische, kulinarisch wie künstlerisch, als Objekte und Tintenlieferanten, das Leben bestimmen, sind es in Behlendorf bei Lübeck Brombeerernten und Pilzsuche, in der Berliner Wohnung Niedstraße die Treffen mit Freunden und Teilfamilien, in Dänemark auf der Insel Møn Lektüre, Landschaft und der enge Austausch mit Ehefrau Ute. Der Wechsel zwischen diesen Wohn- und Arbeitsorten – alle Häuser verfügen über Werkstätten oder Ateliers, die für das Schreiben und Zeichnen/Malen hergerichtet sind – strukturiert das Jahr und bietet reale Sesshaftigkeit bei innerer Ruhelosigkeit: „Ruhelos bleiben. Mit wenig Gepäck reisen. Abreisen und ankommen. Habe schon viele Häuser aufgeben müssen. Gut vorbereitet Flüchtling zu sein." (U, 194)

Die Einblicke in das Familienleben bleiben diskret, deuten aber sowohl die Anstrengungen an, das heikle Gleichgewicht in einer Patchworkfamilie mit 6 leiblichen (und weiteren) Kindern und vor allem zwischen den Müttern und der letzten Ehefrau auszutarieren, als auch die Freude, wenn das gelingt. Dass seine Ehe eine Krise durchmacht, wird erst nachträglich angedeutet, als sich die Harmonie zwischen den Eheleuten wieder einzustellen beginnt (vgl. U, 204–208). Die private Verstimmung trägt offenbar zum psychischen Missbefinden von Grass bei: Er selbst diagnostiziert eine erst „latente" (U, 197), „lange verdeckte" (U, 202), schließlich „umfassende Depression" (U, 198), ausgelöst nicht nur durch die politische Entwicklung, die drohende Klimakatastrophe, das Altern und gesundheitliche Defizite – er muss sich wegen eines Leistenbruchs operieren lassen –, sondern auch durch atmosphärische Eintrübungen im persönlichen Umfeld. Obschon Klagen über Alter, Erschöpfung (vgl. U, 143, 154 und 184) und allgemeine Sinnlosigkeit zum Jahresende zunehmen – „Zur Zeit ist einzig das Fallobst sinnvoll." (U, 191) –, hat Grass im Tagebuch 1990 Pläne zu zentralen Werken entwickelt; sie wurden alle verwirklicht.

Literatur

U = Grass, Günter. *Unterwegs von Deutschland nach Deutschland. Tagebuch 1990*. Göttingen 2009.

[Anon.] „Günter Grass hadert mit der deutschen Einheit". *Zeit Online* (21. Januar 2009).

Berbig, Roland. „‚Jinterchen und Peterchen'. Rühmkorf mit Grass auf öffentlichen Bühnen und stillgelegten Gleisen". *Berliner Hefte zur Geschichte des literarischen Lebens* 10. Berlin 2013: 229–250.

Bock, Tobias. „Schwärze bei Gegenlicht. Günter Grass' Dystopie ‚Totes Holz' als Scharnierstück im bildnerisch-literarischen Werk". *Berliner Hefte zur Geschichte des literarischen Lebens* 10. Berlin 2013: 171–183.

Bonner, Withold. „‚Geographie eines Verlustes'. Friedhöfe als Heterotopien in der deutsch-polnischen Grenzlandliteratur". *Sarmatien – Germania Slavica – Mitteleuropa*. Hrsg. von Sabine Egger, Stefan Hajduk und Britta C. Jung. Göttingen 2021: 251–268.

Brockmann, Stephen. „Günter Grass and German unification". *The Cambridge Companion to Günter Grass*. Cambridge et al. 2009: 125–138.

Chubb, Adrian, und Timothy B. Malchow. „Günter Grass and the genders of German memory". *The German Quarterly* 4. Cherry Hill, NJ 2021: 551–554.

Dusini, Arno. *Tagebuch. Möglichkeiten einer Gattung*. München 2005.

Grass, Günter. *Unterwegs von Deutschland nach Deutschland. Tagebuch 1990*. Göttingen 2009.

Hartisch, Sophie-Charlott. „Gelegentliches und Abgelegenes. Facetten eines ‚Öffentlichen' Grass nach 1990". *Berliner Hefte zur Geschichte des literarischen Lebens* 10. Berlin 2013: 204–214.

Humbert, Anna-Marie, und Kevin Kempke: „Heimat und Neubeginn. Die Wiedervereinigung in Tagebüchern von Walter Kempowski und Günter Grass". *Walter Kempowskis Tagebücher.* Hrsg. von Philipp Böttcher und Kai Sina. München 2014: 160–176.

Kühn, Peter. „‚So lebte ich fortan von Seite zu Seite und zwischen Buch und Buch.'. Konstruktion und Modifikation von Phraseologismen bei Günter Grass". *Formelhaftigkeit in Text und Bild*. Wiesbaden 2012: 245–258.

Moosmüller, Silvan. „Wir in anderen Zeiten. Identitätskonstruktionen der Wende bei Jana Hensel und Günter Grass". *Zeitschrift für interkulturelle Germanistik* 12.2 (2021): 71–83.

Pizer, John David, und Timothy B. Malchow. „Günter Grass and the genders of German memory". *German Studies Review* 45.1 (2022): 185–187.
Pontzen, Alexandra. „Polemik und Ostalgie. Zu Günter Grass' ‚Tagebuch 1990' mit Seitenblick auf Peter Rühmkorfs ‚TABU'". *Gegenwartsliteratur* 10. Tübingen 2011: 139–163.
Schlichting, Julia Kanchana. „Zeichnendes Schreiben als Bewältigung von Scham in Günter Grass' ‚Zunge zeigen' und ‚Totes Holz'". *Phrasis* 52.1 (2011): 95–138.
Sieg, Christian. „Apokalypse und Autorschaft. Prophetische Rede bei Günter Grass und im deutschsprachigen literarischen Feld der 1980er-Jahre". *Prophetie und Autorschaft*. Berlin 2014: 395–414.
Sprenger, Karoline. „Eine Provokation und ihre Folgen. Zum ‚deutschen Trauerspiel' ‚Die Plebejer proben den Aufstand' von Günter Grass. *Studia theodisca* 24. Milano 2017: 29–49.
Stuhlfauth-Trabert, Mara. *Seit Jahrzehnten „fünf nach zwölf". Ökologisches Bewusstsein in Werken von Günter Grass, Andreas Maier, Christine Büchner, Kathrin Röggla und Ilija Trojanow*. Würzburg 2017.
Thesz, Nicole A. *The Communicative Event in the Works of Günter Grass. Stages of Speech, 1959–2015*. Rochester, NY 2018.
Wagner-Egelhaaf, Martina. „Der Körper des Erzählers". *Text – Körper – Textkörper*. Heidelberg 2019: 189–205.
Wertheimer, Jürgen. „Vorwort". *Wort und Bild. Materialien und Selbstzeugnisse. Tübinger Poetik Vorlesung & Materialien.* Hrsg. von Günter Grass, Jürgen Wertheimer und Ute Allmendinger. Tübingen 1999: 7.

II.4.4 *Grimms Wörter* (2010)

Per Øhrgaard

1 Entstehung

1. Grimms Wörter nennt sich im Untertitel „eine Liebeserklärung" – an die deutsche Sprache, gewissermaßen auch an die Brüder Grimm und nicht zuletzt an des Autors Frau Ute, „die Wort nach Wort dabei war", wie es in der Widmung heißt. Mit dem Untertitel „Liebeserklärung" vermeidet Grass, wie bereits in den beiden anderen Teilen der sog. ‚Erinnerungstrilogie', eine literarische Gattungsbezeichnung. *Grimms Wörter* ist denn auch Wörterbuch-Kommentar, Grimm-Biographie und Autobiographie in einem; eine Fortschreibung des Rechenschaftsberichts, der mit *Beim Häuten der Zwiebel* (2006) begann und mit *Die Box* (2008) fortgesetzt wurde. Durch den Wegfall der Gattungsbezeichnung erübrigt sich die genaue Unterscheidung zwischen Autor und Erzähler, die beiden sind hier eins.

Die Vorarbeiten und Manuskripte zu *Grimms Wörter* sind seit 2023 im Besitz des Günter Grass Hauses in Lübeck. Im Archiv der Günter und Ute Grass Stiftung befinden sich etliche Werke, mit denen Grass gearbeitet hat; das *Deutsche Wörterbuch* (*DW*) besaß er in der dtv-Paperbackausgabe. Der Arbeitsprozess war gemessen an vielen anderen Grass'schen Werken kurz. Der erste erhaltene Manuskriptbeleg, zum Buchstaben A, ist datiert „Ulvshale, am 28. Juli 2008", nur wenige Tage nachdem die Fahnenkorrekturen zu *Die Box* an den Verlag abgegangen waren. Die Arbeit scheint dann von Anfang August bis Anfang Dezember 2008 unterbrochen zu werden, was vermutlich an ausgiebiger Lektüre liegt, denn Grass hat sich gründlich in die Materie eingelesen. Wie stets ist die erste Fassung von Hand, danach kommen Schreibmaschinenfassungen und ab Oktober 2009 die diktierten Computerfassungen, beides in der Mehrzahl. Von Januar bis März 2010 wird mit dem langjährigen Lektor Helmut Frielinghaus gearbeitet, vom Mai datieren Fahnenfassungen, und im August 2010 erscheint das Buch.

2 Form und Inhalt

Sehr früh steht fest, dass der Band Illustrationen enthalten soll. Diese ziehen sich als farbige Buchstaben durch das ganze Werk, angefangen mit dem Inhaltsverzeichnis. Auch der Schutzumschlag ist farbig gestaltet, während der Leinenband dieselbe Buchstabenfolge einfarbig braun wiederholt: womöglich sinnbildlich für Liebe und Arbeit? Auf der Rückseite des Schutzumschlags sind zudem 26 Wörter aufgelistet, für jeden Buchstaben eins. Die Illustrationen sind in der NGA nicht enthalten, sondern nur in der Originalausgabe sowie in der späteren dtv-Ausgabe. Ebenfalls fehlen in der NGA der Anhang mit Faksimiles des Titelblatts und der ersten Spalten zum Buchstaben A,

https://doi.org/10.1515/9783110755435-041

a des *DW* sowie Faksimile und Protestation der ‚Göttinger Sieben'. Gleichzeitig mit der gedruckten Erstausgabe erschien *Grimms Wörter* als Hörbuch, gelesen vom Autor.

Im Leben wie im Werk von Grass waren die Brüder Grimm schon immer anwesend. Anlässlich des Erscheinens von *Grimms Wörter* erzählte er in Interviews mehrfach von der Theateraufführung *Der Däumling* im Danzig seiner Kindheit und von deren indirekter Bedeutung für die Figur des Oskar Matzerath in *Die Blechtrommel*, und auch in *Grimms Wörter* gibt es entsprechende Hinweise. Später traten die Brüder in *Der Butt* als Mitglieder der Runde, die im Olivaer Wald „[d]ie andere Wahrheit" besprachen (NGA 9, 428), auf. Schließlich waren sie in *Die Rättin* als Minister (Jacob) und Staatssekretär (Wilhelm) zuständig für den deutschen Wald, Schauplatz vieler der sog. „Grimmschen Märchen". Auf beides wird in *Grimms Wörter* kurz hingewiesen. Hier werden die Märchen zwar auch erwähnt, aber eher am Rande, denn um sie geht es in diesem Zusammenhang nicht, wenn auch die Darstellung ihres Lebens wie ein Märchen anhebt: „Es waren einmal zwei Brüder [...]." (NGA 19, 9) Dementsprechend steht der ältere Bruder Jacob im Zentrum der Darstellung, nicht der Hauptherausgeber – und Redaktor – der Märchen, Wilhelm.

Gegen Ende des Buches wird der ältere Grimm gar mit „Freund Jacob" angeredet (NGA 19, 234). Doch solange die Brüder am Leben sind, hält der Autor zu ihnen Distanz. Wohl nähert er sich ihnen mit einer ‚zarten Empirie' (Goethe), die ihm erlaubt, das Leben der Grimms nicht nur nachzuerzählen, sondern auch zu dichten. Aber erst lange nach ihrem Tod, als sie als literarische Gestalten frei verfügbar sind, versucht der Autor, sie direkt anzusprechen, etwa als er sie 1945 in einen zurückgelassenen Kübelwagen der Wehrmacht im abgeholzten Berliner Tiergarten (vgl. NGA 19, 287–293) imaginiert. Und erst zu allerletzt, 1960, als das Wörterbuch abgeschlossen ist, legt er ihnen Fragen an sich in den Mund, kommt es halbwegs zum Dialog (NGA 19, 298).

Dabei ist das gesamte Buch gewissermaßen dialogisch angelegt, als Gespräch zwischen den Epochen. „Sein Zeitalter, mein Zeitalter." (NGA 19, 228) Das Spiel mit den Zeitebenen hat bei Grass Tradition. Es werden dabei nicht vorschnell Parallelitäten oder gar Identitäten suggeriert, wohl aber Vergleiche gezogen und Verwandtschaft angedeutet. Dabei wird nicht einfach linear erzählt, sondern immer mit Vor- und Rückgriffen. Grass zitiert seine frühere Formulierung „Vergegenkunft" (NGA 19, 260) und kommentiert später Zeit und Raum: „So ist es mit der Zeit. Sie will in ihrem Ablauf vergangen, gegenwärtig, zukünftig sein. Mir aber bleibt sie durchlässig und jederzeit zugänglich, wie allseits der Tiergarten." (NGA 19, 309) Schon am Anfang wird daher vieles angesprochen, das erst später entfaltet wird, und umgekehrt wird später bereits Mitgeteiltes hin und wieder rekapituliert, nicht unähnlich den Spaziergängen, vor allem jenen im Berliner Tiergarten, die kein Ziel anstreben, sondern Kreise bilden. Diese Spaziergänge der Brüder, die eine Abwechslung von den staubigen Arbeitszimmern bieten, könnten auch mit dem Wechsel zwischen literarischem und bildkünstlerischem Wirken bei Grass verglichen werden.

Vergleiche gibt es etwa, wenn Grass Wilhelm Grimms finanzielle Talente direkt zu seinen eigenen in Beziehung setzt (NGA 19, 231), oder, indirekt, wenn er Jacob Grimms

Eigensinn verständnisvoll beschreibt. Wenn Grass die Neigung der Brüder Grimm, zurückgezogen ihrer Arbeit nachzugehen, schildert, schreibt er damit zugleich über seine eigene eskapistische Ader, die wegen seiner öffentlichen Präsenz nicht immer bemerkt wurde, die sich jedoch im Werk immer wieder zu erkennen gibt, angefangen bei Oskar Matzeraths Wunsch, seine Geburt rückgängig zu machen.

Selbst wo der Abstand am größten scheint, im Politischen – „Abscheulich schmeckte ihm jegliche Politik" (NGA 19, 20) – stehen sich Jacob Grimm und Günter Grass vielleicht nicht ganz fern. Als die Brüder (und mit ihnen die übrigen fünf der ‚Göttinger Sieben') sich 1837 weigerten, ihren Eid auf die frühere, vom neuen König aufgehobene Verfassung des Königsreichs Hannover zu brechen, war das nicht Teil eines politischen Programms, sondern eine moralische Entscheidung. Auch Grass hatte ursprünglich nicht vor, sich in die Politik einzumischen, fühlte sich aber von der Niederträchtigkeit des Bundeskanzlers Konrad Adenauer provoziert: Dieser hatte im Wahlkampf 1961 seinen Gegner Willy Brandt mit der Namensnennung „Brandt alias Frahm" auf dessen Exil in der Nazizeit hingewiesen und ihn damit diffamieren wollen. „Diese[n] Rufmord aus allerchristlichstem Mund", nennt Grass diese Rede (NGA 19, 70). Der politische Grass kann sich in dem unpolitischen Jacob Grimm weitgehend wiedererkennen. Daher auch sein Hinweis auf das, „was gesagt werden mußte" (NGA 19, 54), was zwar „[...] verhallte, aber gesagt werden mußte" (NGA 19, 194): was also in seinem Selbstverständnis nicht der Lust am Provozieren, sondern den Verhältnissen geschuldet sei.

Eine weitere Übereinstimmung sieht Grass zwischen sich und den Brüdern; die Arbeit hört nie auf: „[...] nach jeweiligem Schlusspunkt war mir weitere Arbeit gewiss bis heutigentags", sagt er von sich ziemlich am Anfang (NGA 19, 31, siehe auch die Nobelvorlesung 1999: „Fortsetzung folgt ... ", NGA 23, 259–278). Und ganz am Schluss widersprechen die Brüder dem Autor, als er die Arbeit am Wörterbuch für „fertig" erklären will. „Nichts ist fertig", sagt der eine, „Nichts wird fertig" der andere (NGA 19, 312). Da sitzen sie alle drei in einem Boot im Berliner Tiergarten, eine deutliche Anspielung auf ein anderes Berlin-Buch von Grass, *Ein weites Feld* (1995).

Besonders verbunden sieht sich Günter Grass aber seinem Freund Jacob Grimm im gemeinsamen Älterwerden. So zitiert Grass aus Grimms Akademierede *Über das Alter* und verbindet dies mit Gedanken über das eigene Alter und den zu erwartenden Tod (vgl. NGA 19, 229–235): „Nun aber drängt sich mir der Tod auf. Nein, Freund Jacob, nicht an den allgemeinen, an meinen Tod denke ich, an den vorzuahnenden Punkt nach all den kurzen und langen Sätzen." (NGA 19, 234) Dass *Grimms Wörter* sein letztes umfangreiches Werk sein würde, sprach Grass beim Erscheinen des Buches mehrfach aus und behielt recht; doch erschienen danach noch ein Gedicht- und ein Text-Bild-Band (*Eintagsfliegen*, 2012 und *Vonne Endlichkait*, postum 2015. Sein Tod kam wie erwünscht: „kurz und schmerzlos." (NGA 19, 235)).

3 Im Anfang sind die Wörter

Im Anfang sind aber die Wörter, ist die Sprache: „Beide [Brüder Grimm] sind zuinnerst vom Andrang der Wörter bewegt, die gerufen wie ungerufen zur Stelle sind, wispernd anhänglich bleiben, drängeln und laut auf Vortritt bestehen. Kaum abgerufen, sind sie wortwörtlich da, ergeben Sinn oder klingen nur nach; fast alle erheben Anspruch, mit Zitaten bestätigt zu werden." (NGA 19, 12) Gesammelt werden die Wörter von Jacob und Wilhelm Grimm: „Mehr dem Zufall als der alphabetischen Reihenfolge hörig, legten sie Zettel an und baten mit dem Überschwang des Beginns Fachkundige wie die gelehrten (Philologen) Lachmann und (Haupt), aber auch weit verstreut lebende Freunde, zu denen Achim von Arnims umtriebige Witwe, die auf Anhieb zu begeisternde Bettine gehörte, mit ihnen auf Wörtersuche zu gehen und dabei jegliches Wort mit Anleihen aus den Schätzen deutscher Dichtung zu belegen." (NGA 19, 28) Erst nach und nach wird alles systematisiert, werden die Prinzipien festgelegt und wird auf eine Veröffentlichung hin gearbeitet, zunächst in Heften, bis 1854 der erste regelrechte Band „A-Biermolke" erscheint.

Weil Grimms Wörter den Kern des Buches bilden, wird die Arbeit am Wörterbuch auch über den Tod der Brüder hinaus verfolgt. Die Geschichte der wechselnden Herausgeber und des Verlags wird nachgezeichnet. Dazu gehören der Antisemitismus einiger Mitarbeiter und die Arisierung des Hirzel-Verlags im Dritten Reich, „ein allerorts praktizierter Vorgang, dessen Nutznießer noch fernerhin das Erbgut von einst vererben." (NGA 19, 277–278). Dazu gehört auch die Feststellung, dass die Arbeit am Wörterbuch unbeirrt fortgesetzt wurde und auch die deutsche Teilung ihr nichts anhaben konnte: Gearbeitet wurde in Ostberlin und in Göttingen. Die Verlagsgeschichte gibt Grass die Gelegenheit, über seine eigenen Verleger und Verlegerinnen zu schreiben, Eduard Reifferscheid und Gerhard Steidl, Maria Sommer und Helen Wolff (vgl. NGA 19, 267–271). Die gesamtdeutsche Arbeit am Wörterbuch wiederum fügt sich in die Erinnerung an sein Engagement für die kulturelle Einheit Deutschlands bei aller Skepsis gegenüber der Art der Einigung (vgl. NGA 19, 156–158).

Von gelegentlichen eingestreuten Auskünften abgesehen meldet sich Grass erst, als es um das Wort ‚Arbeit' und dessen verschiedene Ableitungen geht (NGA 19, 31–36). Grass erzählt dort von einer Begegnung mit Arbeiterfrauen in Gelsenkirchen oder Wanne-Eickel und entfaltet die Struktur, die das Buch weiterhin bestimmen wird: Ein Wort aus dem Wörterbuch gibt Anlass zum eigenen Erfahrungsbericht, der wiederum mit vielen Wörtern desselben Anfangsbuchstaben angereichert ist. Hier also A wie ‚Arbeit', dann im weiteren Text ‚Angstschweiß', ‚ausgefeilt', ‚Altnazis', ‚ausnahmsweise', ‚angebunden', ‚Antwort', ‚alle', ‚Anekdoten', ‚also', ‚Allesbesitzer', ‚Andersen', ‚abermals', ‚Angebot', ‚amtierend', ‚ahnte', ‚aufzutischen', ‚Applaus', ‚Achtungserfolg'. Nur in den wenigsten Fällen wäre hier ein A-Wort unvermeidlich, in der Regel wird es anderen Möglichkeiten vorgezogen. Dass Grass aus der Fülle der Belege im Wörterbuch oft Johann Fischarts Eindeutschung der Romane von Rabelais oder Stellen aus der Barockliteratur wählt, ist keine Überraschung, da diese Traditionen seit eh und je eine zentrale

Rolle in seinem Werk spielen. Aber auch Wörter, die nicht im *Deutschen Wörterbuch* vorkommen, weil sie entweder zu Grimms Zeiten nicht vorhanden waren oder weil sie ausgelassen wurden, ziehen seine Aufmerksamkeit auf sich und geben Anlässe zur eigenen Erzählung.

Dieses Verfahren setzt sich bei den weiteren Buchstaben sowie besonders in den eingestreuten Gedichten fort. Seit *Der Butt* hatten die Gedichte in Grass' Romanen die Funktion, den Erzählfluss aufzuhalten und Assoziationen und Reflexionen Raum zu geben, gleichsam alles nochmals, aber aus einem anderen Blickwinkel zu rekapitulieren. So auch jetzt. Um nur ein Beispiel herauszugreifen: Das Gedicht, welches das Kapitel über den Buchstaben E einleitet, reicht vom „Erlebnispark Eden" über „Elend", „Erstgeburt", „Eigentum" u. a. m. bis zur „Erbschaftssteuer" (NGA 19, 149).

Die eigene Biographie wird allerdings auch nach dem ersten Auftritt des Autors nicht fortlaufend erzählt, sondern vielmehr episodisch je nach Anlass. Auch ist sie nicht auf irgendwelche bekannten Höhepunkte angelegt. Auch Vorgänge, die weniger öffentlich waren, werden erinnert: so etwa, ausgehend vom Stichwort Bronze, wie nach dem Sturz des Diktators Hoxha Metall aus Albanien für eine Lichtenberg-Figur in Göttingen geholt wurde (NGA 19, 59–61); oder wie es, ausgehend vom Stichwort „darben", zu einer Lehrstunde über Gerhart Hauptmanns *Die Weber* in einem Schulungszentrum der IG Metall kam (vgl. NGA 19, 115–118). Hierher gehört auch, verbunden mit Stichworten wie „kokeln" und „Kurras" (letzteres natürlich nicht aus dem Wörterbuch) die Erzählung von dem Polizisten, der 1965 zum Schutz der Wohnung von Grass abkommandiert war, und der nach dem Freispruch des Todesschützen von Benno Ohnesorg, Karl-Heinz Kurras, den Dienst quittierte, weil er mit der Klüngelei der Berliner Polizei nichts zu tun haben wollte (vgl. NGA 19, 258–261).

Manchmal werden Erfolge erinnert, so z. B., wie es Grass gelang, seine Mitstreiter im Wahlkampf 1969 für das Wort „dafür" als Titel einer Wahlzeitung zu gewinnen; waren sie doch alle viel eher im „dagegen" geübt (NGA 19, 120–121). Aber keineswegs werden die Niederlagen unter den Teppich gekehrt. Wie den Grimms nicht immer alles gelang, so auch Günter Grass nicht, etwa nicht – Stichwörter „Entwicklung" und „Entwicklungspolitik", auch „Eppler" (Erhard) –, in Tansania örtliche Kleinbetriebe aufzubauen (vgl. NGA 19, 170–173): Der mit Anderen unternommene Versuch scheiterte an eingespielten Machtstrukturen. Überhaupt ist oft die Rede von Vergeblichkeit, von „[i]ns Leere reden" (NGA 19, 293) oder von Niederlagen, die ihn auch wieder mit den Brüdern verbinden: „[...] die Niederlage, die den Grimms im Plural geläufig gewesen ist, wie auch ich Niederlagen gesammelt habe, mich durch Niederlagen beleben ließ, was auch von den nächsten zu hoffen bleibt." (NGA 19, 243)

Grass geht vergangenen Kontroversen nicht aus dem Weg, weder wenn er sich nach wie vor im Recht fühlt, noch, wenn er die Folgen seines Tuns bedauert. Beispiele für Ersteres ist seine Rede in der Akademie der Künste 1985, in der er für die figurative Kunst eine Lanze brach und angegriffen wurde, als habe er die nonfigurative ‚entartet' genannt (vgl. NGA 19, 192–193), oder seine Laudatio auf Yaşar Kemal 1997, als dieser den Friedenspreis des Deutschen Buchhandels erhielt, in der Grass zum Schluss die deutschen Waffenlieferungen an die Türkei anprangerte (vgl. NGA 19, 140–144). Ein Beispiel für Letzteres ist die Erinnerung an seine Intervention gegen ein Programmheft der Münchner Kammerspiele aus dem Jahr 1971, die indirekt zur Entlassung des Dramaturgen Heinar Kipphardt führte (vgl. NGA 19, 102–105). Diese Episode geht ihm nach: „Viele Jahre später, und nachdem ich mich oft genug gefragt hatte," (NGA 19, 205) ob er damals zu weit gegangen, saß er mit Kipphardt auf einem Podium, aber sie „redeten nur wenige Worte miteinander" (NGA 19, 205).

Auch sonst können Grass Selbstzweifel kommen: „Sind meine Warnrufe, die gelegentlich laut werden, weil sich die Demokratie in Zerfall bringt, nur störendes Geunke?" (NGA 19, 230) Gleich aber führt er Belege für die Angemessenheit seiner Warnungen an. Es muss eben dies und jenes gesagt werden, und am Ende hält es Günter Grass mit Jacob Grimm, den er denn auch (aus dessen Rede über das Alter) zitiert: „je näher wir dem rande des grabes treten, desto ferner weichen von uns sollten scheu und bedenken, die wir früher hatten, die erkannte wahrheit, da wo es an uns kommt, auch kühn zu bekennen." (NGA 19, 229)

4 Rezeption

Die Rezensionen zu *Grimms Wörter* reichten wie fast immer im Falle Grass von mehr oder weniger hämischer Kritik (etwa Steinfeld 2010) bis zur Anerkennung und Lob. Viele bewegen sich dazwischen, bemängeln zu viel Grass und zu wenig Grimm, zeigen aber Respekt und Verständnis gegenüber dem Projekt (so etwa Magenau 2010, der das Buch „vielleicht sein schönstes" nennt). Und Hans Martin Gauger schreibt: „Wieder bewähren sich (und im zugleich erschienenen Hörbuch gewiss noch mehr) der vitale Charme seines Redens, auch der seines munteren Assoziierens, seine Poetenbonhomie, der entspannte, manchmal fast Fontane'sche Ton." (Gauger 2010)

Wie immer nach einem größeren Grass-Buch gab es auch zu *Grimms Wörter* ein Treffen mit den Übersetzern, diesmal im März 2011 im Übersetzerkollegium Straelen. Grass hatte während der Arbeit an *Grimms Wörter* erklärt, er schreibe jetzt ein unübersetzbares Buch, und die meisten Übersetzer hatten ihm geantwortet: Was übersetzbar ist, bestimmen wir! Allerdings waren die Hürden aus strukturellen Gründen für die Mehrheit dann doch zu hoch: In anderen Sprachen haben die einschlägigen Wörter ganz andere und verschiedene Anfangsbuchstaben, und bei Änderungen kann der historische und biographische Kontext verloren gehen. Es gibt aber Übersetzer, die das scheinbar Unmögliche wagen: Jan Gielkens ins Niederländische, Oili Suominen ins Finnische und Alexandru Al. Sahighian ins Rumänische (siehe hierzu Gielkens 2015).

Literatur

Gauger, Hans-Martin. „Günter Grass: Grimms Wörter. A wie Apostel, M wie Moral". *Frankfurter Allgemeine Zeitung* (24. August 2010).

Gielkens, Jan. „Die Unübersetzbarkeit verschwand beim Übersetzen. Zur niederländischen Übersetzung von *Grimms* Wörter." *Freipass. Schriften der Günter und Ute Grass Stiftung*. Bd. 1. Berlin 2015: 137–142.

Magenau, Jörg. „Gebrüder Grimm. Günter Grass' Liebeserklärung an die deutsche Sprache". *Der Tagesspiegel* (17. August 2010).

Steinfeld, Thomas. „Günter Grass: Neues Buch. Weil eitler Ehrgeiz juckt". *Süddeutsche Zeitung* (18. August 2010).

II.4.5 *Sechs Jahrzehnte. Ein Werkstattbericht* (2014)

Alexandra Pontzen

1991 erscheint mit *Vier Jahrzehnte. Ein Werkstattbericht* das erste autobiographische Werk von Grass überhaupt (vgl. Neuhaus 2010, 1). Der Band, 341 großformatige Seiten stark, enthält zahlreiche bis dato unveröffentlichte Dokumente aus dem bildkünstlerischen wie literarischen Werk und Werdegang des Autors sowie einen knappen chronologischen autobiographischen Kommentar zu den verschiedenen Phasen seiner Arbeit als Bildhauer, Zeichner, Lyriker, Dramatiker, Romancier usw. Zur gleichen Zeit geht das Berliner Privatarchiv des Autors an die Akademie der Künste, dort sind Materialien aus der Zeit seit 1950 der Forschung zugänglich; weitere Archivalien zur Pariser Zeit (1956 bis 1960) befinden sich im Literaturarchiv Sulzbach-Rosenberg (vgl. Neuhaus 2010, 1). Der erste *Werkstattbericht* wurde 1992, um zahlreiche essayistische Texte des Autors und die graphischen Unterlagen zu *Unkenrufe* erweitert, als Katalog einer Ausstellung in der staatlichen Kunsthalle zu Berlin neu herausgegeben (vgl. Mayer 1995, 455). 2001 erscheint zum Welttag des Buches am 23. April der *Werkstattbericht* fortgesetzt bis ins Jahr 2000 in kleinerem Format mit einer Auswahl der Abbildungen unter dem Titel *Fünf Jahrzehnte*, im Oktober 2004 dann als vollständige Ausgabe. 2014 schließlich liegt der sechs Dezennien der künstlerischen Arbeit umfassende, jetzt 608 Seiten starke Band vor. Das Projekt *Werkstattbericht* ist seit Beginn begleitet etwa von der Vorlesungsreihe „Literatur für Mediziner" an der medizinischen Universität Lübeck (1998) (vgl. Reinartz 2007, 91–92) und flankiert von anderen Formen der Arbeitsbiographie wie der Video-Dokumentation „Lübecker Werkstattbericht. Sechs Vorlesungen an der Medizinischen Universität Lübeck von 1998" (Neuhaus 2010, 1). In der Forschung wurde *Ein Werkstattbericht* bisher nur vereinzelt und punktuell in den Blick genommen: im Wesentlichen als Quelle werkgenetischer Information zu einzelnen Texten (Braun 2008, 122; Däufel 2013, 185) und Motiven (wie dem Huhn, vgl. Mayer 1995, 455) oder zum komplementären resp. synästhetischen Verhältnis der verschiedenen künstlerischen Tätigkeiten zueinander (Jurgensen 1992, 68); verstreute Hinweise zu den einander ergänzenden oder supplementierenden Arbeitsweisen aus produktionspsychologischer Sicht (vgl. etwa Grass 2014, 411 und 419) finden wenig Beachtung. Auch die Schrift-Bild-Poetik des Autors, die sich im Laufe seines Gesamtwerks entfaltet und die er im *Werkstattbericht* kommentiert und – um das Moment der Komposition und Collage erweitert – vorführt, findet nur kurze Erwähnung (vgl. Schade 2007, 170–171): „Während in den Jahren zuvor Zeichnen und Schreiben verschiedene Wege gingen, durften sich zum ersten Mal beide Disziplinen in phantastischer Gegenständlichkeit üben; sie lebten von einer Tinte." (Grass 2014, 49, über die Entstehungszeit von *Die Vorzüge der Windhühner*, 1955) Ein systematischer Vergleich der unterschiedlichen oben genannten Versionen (Grass 2014, 608) steht aus und vor allem fehlt eine Analyse der Komposition der Bücher, ihrer Leerstellen und Schwerpunkte und mit ihr auch eine nähere gattungstypologische Bestimmung: Neuhaus' Versuch, die „annalistische Werk-

https://doi.org/10.1515/9783110755435-042

biographie“ als „eine Art reich bebilderter Version von Goethes *Tag- und Jahresheften*“ einzuordnen, in der „die Werke und ihre Entstehungsumstände ausführlich behandelt [werden, AP], Privates [...] höchstens gestreift“ wird und „das Ganze mit Skizzen, Entwürfen, Fragmenten und generell bislang Unveröffentlichtem aus den Zeichen-, Manuskript- und Fotomappen“ illustriert werde (Neuhaus 2010, 1), betont zu Recht, dass hier Goethes Konzept gehuldigt wird, die Produktion von Kunst bzw. Dichtung gemeinsam mit der Lebensgeschichte des Künstlers bzw. Dichters als Autor selbst in den Blick zu nehmen und für die Nachwelt zu gestalten. Ausgeblendet bleiben bei dieser Analogie indes die Eigentümlichkeit des Text-Bild-Gefüges von *Sechs Jahrzehnte*, die Frage nach der Zielgruppe und dem ‚idealen‘ Rezeptionsmodus des Werks, dessen Opulenz im Widerspruch zum nüchtern anmutenden Titel „Bericht“ steht. Wie Goethe ist Grass in seinen Sechzigern, als er das Projekt in die Tat umsetzt, sich seinem Schaffen in annalistischer Manier zuzuwenden und bisher verstreut Archiviertes ausgewählt, geordnet und kommentiert sich selbst vor Augen und der Öffentlichkeit zur Kenntnis zu bringen. Fragt man nach einem Auslöser für den Plan, einer möglichen lebensgeschichtlichen Zäsur, die dem Tod Schillers in seiner Bedeutung für Goethes Selbstverständnis und seine *Tag- und Jahreshefte* gleichkäme, indem sie Grass zur autobiographischen Reflexion und Werkschau anregte, so wären das am ehesten die Ereignisse zur Jahreswende 1989/90, der Fall der Berliner Mauer und die Wiedervereinigung. Wie der Roman *Ein weites Feld*, die in *Als der Zug abfuhr* gesammelten Reden und das *Tagebuch 1990* mit dem Titel *Unterwegs von Deutschland nach Deutschland* bezeugen, haben die Ereignisse Grass in seinen politischen Überzeugungen, in seiner Rolle als wirkmächtiger SPD-naher Intellektueller und als den Bürger:innen der DDR vielfach verbundener Autor in Frage gestellt. Betrachtet man *Werkstattbericht* auch als Reaktion auf diesen Einschnitt, mit dem eben auch vier Jahrzehnte bundesrepublikanischen Kunstschaffens zu Ende gehen, so erklärt sich daraus die eigentümlich hybride Gestalt des Buchs, die Leistungsschau, Selbstermächtigung und lenkende Werkpolitik mit der gefälligen Pracht eines Coffee-Table-Books für die bundesrepublikanischen Intellektuellen der Nachkriegsgeneration verbindet, einer Pracht, die das Arbeitspensum eines außerordentlich produktiven und vitalen Künstlers ebenso zur Schau stellt wie die Gestaltungsmacht seiner Verlagswerkstatt. Weder Gattung noch Format haben ihresgleichen in der deutschen Literaturlandschaft der Gegenwart, und stärker als das Prozessuale der Entstehung von Texten, Bildern oder Plastiken treten Vielfalt, Reichtum und Vitalität der Ergebnisse hervor, der Künstler weniger als Suchender, mit Formen Experimentierender denn als produktiver und erfolgreicher, handwerklich versierter Schöpfer – kaum ein Projekt, das in statu nascendi präsentiert wird, das nicht auch Wirklichkeit geworden wäre, bisher Unveröffentlichtes, oft Gedichte, findet hier in die Öffentlichkeit. Insofern liefert der *Werkstattbericht* eine Art künstlerischer Bilanz, nicht eines Geschäfts-, d. h. Produktionsjahres, sondern gleich mehrerer Jahrzehnte schöpferischer Produktivität und in der letzten Fassung wohl des Lebenswerks von Grass, allerdings nicht als Ausgabe letzter Hand, sondern als Überblick mit eigenen Schwerpunkten, und, aus Sicht des

Künstlers, mit offenem Ende: „Am Ende dieses Werkstattberichts steht ein auf Zukunft setzender Doppelpunkt.“ (Grass 2014, 602)

Ausgangspunkt der annalistischen Werk- und Produktionsschau ist ein Foto des jungen Grass als zwanzigjähriger Steinmetz an der Kunstakademie Düsseldorf aus dem Jahr 1948 – (Mayer kommentiert für *Werkstattbericht* (1991), „daß alle vorausgehenden Dokumente zur bildkünstlerischen Arbeit verschollen“ seien, Mayer 1995, 455) und finales Tableau das Foto des Autors und seiner Frau Ute, einander zugewandt auf einer kleinen Bank sitzend, unter einem Baum im Garten des Steidl Verlages in Göttingen (schon *Fünf Jahrzehnte* (2004) schließt mit einem fotografischen Doppelporträt des Ehepaars, vgl. Schade 2009, 170). Die Aufnahme aus dem Jahr 2014 lässt sich als doppelte Reverenz an die beiden Konstanten in Grass' künstlerischem Leben der letzten Jahrzehnte deuten: die in zahlreiche Entstehungsprozesse eingebundene zweite Ehefrau und den (zweiten) Verlag Steidl, ohne dessen Sinn für Buchgestaltung und Autorenpflege das Projekt *Werkstattbericht* und seine stete Fortsetzung so wohl kaum möglich gewesen wären.

Schon an diesen gestalterischen Entscheidungen der Rahmung wird deutlich, dass der ‚Bericht' mehr ist als nüchterne Bestandsaufname oder Dokumentation: Gezeigt wird der „artist-writer“ (Schade 2009, 170) als Mehrfachkünstler, Prominenter und Patriarch in seiner Werkstatt, wobei „Werkstatt“ auch als Metapher zu verstehen ist für jede Art von Wirkungsraum, wie die zahlreichen fotografischen Zeugnisse vor Augen führen. Im Konzept der Werkstatt als (auch sozialem, politischem und familiärem) Lebensraum feiert der *Werkstattbericht* ein schließlich mehr als sechs Jahrzehnte der nahezu unausgesetzten künstlerischen Tätigkeit gewidmetes Leben, das Arbeit als sinnstiftenden, Kontinuität, Identität und Dauer von Person und Werk gewährleistenden Wert definiert. Anschaulich wird das, eher als in Texten in Bildern, vor allem Fotografien: Sie dokumentieren den bildenden Künstler Grass ausführlicher als den Autor – auch insofern ist der vorangestellte Schnappschuss des Steinmetzen programmatisch –, und sie würdigen mit dem Schlusstableau neben Ehefrau Ute auch den Verlag, der wie kein zweiter in der Lage ist, der Doppelbegabung von Grass gerecht zu werden, und der seit gut drei Jahrzehnten die Weltrechte an dessen Werk besitzt. Gerhard Steidls Name fällt im *Werkstattbericht* oft und die (gemeinsame) Arbeit an den Werkstattberichten dokumentieren auch die Tagebücher (vgl. *Unterwegs* 88–89). Der Luchterhand Verlag hingegen, mit dem Grass zuvor über 30 Jahre lang verbunden war, wird weitgehend ignoriert. Das mag damit zusammenhängen, dass die Trennung von Luchterhand nicht harmonisch war, vor allem aber damit, dass produktive Autoren die Aufmerksamkeit lieber auf jüngere Werke richten als auf solche, deren Entstehung länger zurückliegt. Diese Fokussierung auf die unmittelbare Gegenwart in der letzten Aktualisierung des Werkstattberichts im Jahr 2014 zeigt sich auch in der Präsentation der Jubiläumsausgabe der *Hundejahre* (2013), deren Gestaltung Wort- und Bildkunst verbindet. Der Roman, der bei der Rezeption der *Danziger Trilogie* eher zu kurz gekommen ist, jedenfalls im Vergleich mit *Die Blechtrommel* und *Katz und Maus*, wird nun in *Sechs Jahrzehnte* als illustrierte Ausgabe fast ausführlicher vorgestellt als *Die Blechtrommel* insgesamt. Diese Akzentverschiebung legt die Vermutung nahe, dass Grass eine Erfolgsgeschichte, die er für einseitig hält, ins Gleichgewicht bringen will. Ein anderes Beispiel für eine die Rezeptionsgeschichte korrigierende resp. modifizierende Werkpolitik, bei der die jüngeren Werke im Vordergrund stehen und ältere in den Hintergrund drängen, mag man im Umgang mit der ebenfalls sehr erfolgreichen Erzählung *Das Treffen in Telgte* (1979) sehen. Obwohl sie als literarhistorische Kostümierung der Gruppe 47 und als Hommage an Hans Werner Richter eine aufschlussreiche Entstehungsgeschichte hat, behandelt der *Werkstattbericht* sie nur knapp. Das könnte daran liegen, dass neben dem einprägsamen Buchumschlag – eine aus Geröll emporwachsende Hand, die einen Federkiel hält – einschlägiges Bildmaterial nicht ohne weiteres zur Verfügung stand. Hier wie auch anderswo stößt das Bemühen, Kunst und Dichtung gemeinsam zu präsentieren, an seine Grenzen. Wo ihre Affinität nicht, im eigentlichen Wortsinn, vor Augen geführt werden kann, ist Verzicht oder zumindest Unausgewogenheit schwer vermeidbar. Das ist der Preis einer um Anschaulichkeit bemühten Buchkonzeption und wohl auch der didaktischen Überzeugung des Autors, dass „ein Blick in die Werkstatt mehr sagt als lange Erklärungen" (Grass 2014, 467) – eine Überzeugung, die Grass nicht nur im Umgang mit seinen Leser:innen, v. a. den jungen Schüler:innen, zu Offenheit motiviert, sondern letztlich der (bildlichen) Demonstration den Vorzug vor der (sprachlichen) Erklärung lässt.

Das hat Folgen auch für den Informationsfluss des *Werkstattberichts*, der entgegen der Suggestion des Titels eben nicht gleichmäßig, kontinuierlich und kontextualisierend erläutert, sondern häufig sprunghaft, auslassend, implizit und Vorwissen voraussetzend verfährt, so dass als Zielgruppe die Grass-Kenner:innen und -Leser:innen anvisiert scheinen; diese ‚idealen' Rezipient:innen wissen die Lücken der Darstellung mit Vorwissen zu überbrücken und bloße Anspielungen oder Verkürzungen, etwa auch von Namen oder Freundschafts- und Verwandtschaftsbeziehungen, leicht und mit der Freude am Ingroup-Wissen zu dekodieren.

Ohne Vorwissen lassen sich auch Grass' Familienverhältnisse, die im *Werkstattbericht* als bekannt vorausgesetzt und lediglich en passant angedeutet werden, nicht rekonstruieren. Seine Herkunftsfamilie bleibt trotz der prägenden Bedeutung, vor allem der Mutter, außen vor. Das scheint in einem *Werkstattbericht* zwar verständlich, verwundert aber doch angesichts der Weite des Begriffs, der für Grass auch zahlreiche Kombinations-Varianten von Widmungspoetik und Produktionsästhetik umfasst; gewidmet ist *Sechs Jahrzehnte* der Tochter Laura.

Grass' erste Frau tritt ohne einführende Erläuterung unvermittelt auf: „Berlin brachte mir Realität bei, auch fand ich Anna." (Grass 2014, 37) Dass es eine Ehe gegeben hat sowie vier Kinder und schließlich eine Scheidung, wird nur allmählich mitgeteilt oder muss zwischen den Zeilen und Abbildungen erschlossen werden; so erscheinen die Familienporträts in wechselnder und wachsender Besetzung durchweg ohne Legende (vgl. Grass 2014, 124 und 327) und versetzen die Betrachter:innen in die Rolle von im Familienalbum blätternden, rätselnd um Identifizierung der Abgebildeten bemühten (entfernteren) Verwandten – ein eigentümlicher rezeptionsästhetischer Reiz. Auch, dass Anna Grass, Mutter der vier ehelichen Kinder, Balletteuse war, was nicht unwichtig zum Verständnis und zur Einordnung für einige Zeichnungen und Texte ist (vgl. die Skizzen zu Ballett-Libretti oder dem Ballett *Die Vogelscheuchen*, Grass 2014, 74, 76 bzw. 79–81), erfährt man nicht. Ähnlich ausgeblendet oder nur als Schemen zu ahnen sind die anderen Frauen, die in Grass' Leben und in seinen Werken eine Rolle spielen. Am präsentesten ist die zweite Ehefrau Ute.

Etwas anders verhält es sich mit Kindern, was offenbar produktionsästhetische Gründe hat: Im Laufe der Jahre, in denen Grass zum Patriarchen einer stattlichen Patchwork-Familie avanciert, wächst dem familiären Umfeld größere Bedeutung zu. Kinder „gehören zum Werkstattbericht. Die mitgebrachten, die dazugekommenen Kinder [...]. Zu Kinderlärm fiel mir immer was ein." (Grass 2014, 179) Privilegiert scheint Tochter Helene (auch der Name von Grass' Mutter). Ihrer Zeugung wird Relevanz für die Entstehung des *Butt* zugesprochen (vgl. Grass 2014, 179), und die Mitteilung ihrer Geburt wird von der Interjektion „Halleluja!" emphatisch begleitet (vgl. Grass 2014, 191). Als professionelle Schauspielerin tritt sie später gemeinsam mit dem Vater bei musikbegleiteten Lesungen von *Des Knaben Wunderhorn* auf.

Derartige Informationen verabreicht der Werkstattbericht nur verstreut und häppchenweise. Er taugt nicht zur genauen Unterrichtung. Vielmehr macht er den Eindruck eines opulenten Bildbandes, der durchblättert, nicht Seite um Seite zur Kenntnis genommen werden will. Doch zumindest in einem Punkt unterscheidet er sich von luxuriös aufgemachten Coffee-Table-Books: Trotz des aquarellfarbigen Einbands – vier Federkiele, die an den Umschlag von *Treffen in Telgte* erinnern – wirkt er nicht bunt, sondern farblos.

Als Künstler hat Grass erst spät die Farbe für sich entdeckt und ihr vor allem als Aquarellist zeitweilig gehuldigt; meist aber praktiziert er Techniken des Zeichnens und Radierens, so dass die für den *Werkstattbericht* konstitutiven zahlreichen Illustrationen in ihrer Gesamtheit grau wirken, ebenso wie die Wiedergabe von – oft mit zeichnerischem Beiwerk angereicherten – Manuskriptseiten. Hinzu kommen Typoskripte und Schwarzweißfotografien.

Die Vorherrschaft aller Schattierungen von Grau dürfte nicht allein der Drucktechnik geschuldet sein, sondern auch Stilwillen manifestieren. „Du sollst die graue Farbe lieben" – diese Aufforderung ergeht schon in dem frühen Gedicht *Askese* (NGA 1, 92), in welchem Grass, so seine spätere Selbstdarstellung in der Poetikvorlesung *Schreiben nach Auschwitz* (1990), bereits sein ästhetisches Credo formuliert hat. Die Opulenz von Steidls Buchkunst hindert ihn nicht, dieser Form der Askese verpflichtet zu bleiben.

Literatur

Braun, Rebecca. *Constructing Authorship in the Work of Günter Grass*. Oxford 2008.

Däufel, Christian. *Ingeborg Bachmanns ‚Ein Ort für Zufälle'. Ein interpretierender Kommentar*. Berlin und Boston 2013.

Grass, Günter. *Sechs Jahrzehnte. Ein Werkstattbericht*. Hrsg. von G. Fritz Margull und Hilke Ohsoling. Göttingen 2014.

Jurgensen, Manfred. „Die Sprachpuppen des Günter Grass". *Günter Grass: Ein europäischer Autor?* Hrsg. von Gerd Labroisse und Dick van Stekelenburg. Amsterdam und Atlanta 1992: 45–70.

Mayer, Sigrid. „Rückblick und Ausblick: Fünfzig Jahre im Spiegel des bildnerischen und literarischen Werkes von Günter Grass". *Amsterdamer Beiträge zur neueren Germanistik*. Bd. 38/39. Hrsg. von Gerhard P. Knapp und Gerd Labroisse. Amsterdam und Atlanta 1995: 455–478.

Neuhaus, Volker. *Günter Grass*. Stuttgart 2010.

Reinartz, Florian. „Zwiebel gelesen, Aale gefilmt". *Küchenzettel. Essen und Trinken im Werk von Günter Grass*. Hrsg. von Volker Neuhaus und Anselm Weyer. Frankfurt/M. 2007: 87–94.

Schade, Richard E. „Günter Grass and art". *The Cambridge Companion to Günter Grass*. Hrsg. von Stuart Taberner. Cambridge 2009: 166–179.

II.5 Text-Bild-Werke

II.5.1 *Zunge zeigen* (1988)

Christian Klein

1 Entstehungskontext

Als sich Günter Grass Anfang August 1986 gemeinsam mit seiner Ehefrau Ute nach Kalkutta aufmacht, um dort ein Jahr zu verbringen, ist das keine Reise ins gänzlich Ungewisse. Anfang 1975 hatte sich Grass erstmals auf Einladung der indischen Regierung im Land aufgehalten und neben Delhi auch die Stadt Kolkata (so ihr offizieller Name seit 2011) besucht. Grass konnte die Metropole als Staatsgast zwar nicht selbstbestimmt erkunden, aber eine Ahnung davon gewinnen, wie sehr das ihm präsentierte, prunkvolle Indienbild mit dem entbehrungsreichen Alltagsleben der Menschen kontrastierte (vgl. Kämpchen 2005, 11–12). Bei diesem Besuch, so Grass später, habe er den Eindruck gewonnen, dass die Stadt an einer geopolitischen Bruchlinie liege, „daß Calcutta derjenige Ort ist, an dem der reiche Westen und Norden auf der einen und der arme Süden auf der anderen Seite zusammenkommen" und sich globale Konflikte dort wie unter einem Brennglas beobachten ließen (Grass und Zimmermann 1999, 221). Einen ersten literarischen Niederschlag finden diese Eindrücke im Kapitel „Vasco kehrt wieder" des 1977 erschienen Romans *Der Butt* (vgl. Neumann 2007, 6).

1979 besucht Grass dann u. a. in Begleitung des Regisseurs Volker Schlöndorff im Rahmen einer Asienrundreise auch Mumbai, wo er sich erneut mit der Diskrepanz zwischen sozialer Realität und der „Postkartenschönheit" Indiens sowie dem Fortwirken des kolonialen Erbes konfrontiert sieht (vgl. Kämpchen 2005, 12–15). Grass' Kritik am europäischen Blick auf Indien, dem eine spirituelle Mystifizierung und damit Naturalisierung des sozialen Elends großer Bevölkerungsteile eingeschrieben sei, prägt auch die Passagen um den Mumbai-Besuch des Lehrer-Ehepaars Harm und Dörte Peters in seinem 1980 erschienen Buch *Kopfgeburten oder Die Deutschen sterben aus*, die allerdings ihrerseits nicht ganz frei von postkolonialen Überlegenheitsperspektiven sind (Neumann 2007, 8–10).

Elf Jahre nach seinem ersten Indienbesuch bricht Günter Grass 1986 also erneut dorthin auf, allerdings muss der Aufenthalt wegen des schlechten Gesundheitszustands von Ute Grass nach ca. sechs Monaten abgebrochen werden (vgl. Neuhaus 2021, 198). Grass will bei diesem Besuch das ‚authentische' Indien kennenlernen – sein Vorhaben lautet: „Ich will in das Herz Kalkuttas eindringen" (zit. nach Dasgupta 2005, 70). In einem autobiographischen Rückblick hält Grass fest, er und seine Frau seien in diesem Fall nach Indien gereist, „um in Calcutta zu wohnen, solange das auszuhalten war. Anfangs fanden wir Platz im nahen Baruipur, später in der Stadt. Dort oder dort waren der Tisch unterm Ventilator und die Straße Werkstatt." (Grass 2014, 303)

https://doi.org/10.1515/9783110755435-043

Auf täglichen Streifzügen durch die Gassen der Stadt und ihre Armenviertel fertigt Grass „Skizzen im Vorbeigehen oder im Stehenbleiben, wie festgenagelt." (Grass 2014, 303) Um seine Eindrücke weitergehend zu verarbeiten, führt Grass in der Folge ein Tagebuch, das von Zeichnungen durchzogen ist, „die vom bengalischen Alltag erzählen", da er nicht alle Erlebnisse unmittelbar habe verbalisieren können: „Anfangs war Schreiben nicht möglich, weil die Wirklichkeit nicht in Worte zu fassen war. [...] Ich habe mich zeichnend der Wirklichkeit genähert" (Grass und Zimmermann 1999, 222). „Niemals zuvor", so Grass an anderer Stelle retrospektiv, „ist mir das Zeichnen, sobald die Wörter versagten, so notwendig gewesen. [...] Angestrengt hinsehen: was stumm macht und jeder Beschreibung spottet, will dennoch gezeichnet, aufgezeichnet werden." (Grass 2014, 303) Als „auch wieder Wörter möglich" sind, entsteht im Tagebuch die erste Fassung des zwölfteiligen Stadtgedichts *Zunge zeigen*, dessen Schlussfassung 1988 der Buchpublikation zur Indienreise den Titel gibt und in der Druckfassung ergänzt wird durch einen vorangestellten Reisebericht sowie sechsundfünfzig „doppelseitige von Schrift durchsetzte" Zeichnungen, die auf den Tagebuchskizzen basieren (Grass 2014, 303).

2 Zur Form: Intermedialität

Das Werk *Zunge zeigen* setzt sich mithin aus drei Textteilen zusammen: dem einleitenden in Prosa gehaltenen Reisebericht – der seinerseits zwischen Reportage, Essay und Tagebuch changiert –, den Zeichnungen und dem den Band beschließenden titelgebenden Gedicht. Grass weist auf die enge Verknüpfung von Inhalt und Form, aber auch der Textteile miteinander hin, wenn er festhält: „Und so ist aus den alltäglichen Abfällen, Tagebucheintragungen und Skizzen und dem ersten Entwurf eines ausholenden Calcutta-Gedichts dieses merkwürdige Buch ‚Zunge zeigen' entstanden. In ihm reichen Prosa, Lyrik und Zeichnung einander die Hand. Alles geht ineinander über, das eine zitiert das andere, steht in Wechselbeziehungen zu sich selber und macht auch deutlich, wie fremd wir [...] in diesem Erfahrungsraum bleiben." (Grass und Zimmermann 1999, 222) Damit handelt das Buch nicht nur von Grass' Indienerlebnissen, sondern „gleichzeitig vom Dialog zwischen den Medien des Zeichnens und Schreibens" (Mayer 1992, 247). Die drei Teile bilden ein intermediales Geflecht: „Tagebuch- und Gedichtfragmente finden sich in den Zeichnungen, die aus dem Tagebuch hervorgegangene Reportage schildert immer wieder die Entstehung einzelner Zeichnungen, das Langgedicht verknappt und verdichtet Notizen aus dem Prosatext." (Neuhaus 2010, 199)

Viele der spontan entstandenen Skizzen arbeitet Grass noch in Indien zu großformatigen Zeichnungen aus. Dieser sogenannte Calcutta-Zyklus, dessen Prägung durch variierende Materialien und Bildträger „Zeugnis für ein weitreichendes Experimentieren" (Mayer 1992, 248) ablegt, umfasst ca. dreihundert Grafiken. Einen Eindruck von der Art der ursprünglichen Skizzen vermittelt der kleine Band *Skizzenbuch*, in dem 1989 eine Auswahl von ca. einhundert der in Indien angefertigten Skizzen veröffentlicht wurde (vgl. Grass 1989). Im Vergleich zum „Calcutta-Zyklus" sind die Zeichnungen in *Zunge zeigen* eher einheitlich – sowohl im Hinblick auf den Stil, der bisweilen (eine interpretationslenkende Anmerkung von Grass aufgreifend) als „expressionistisch" bezeichnet wird (Mayer 1992, 248; Heinz 2015, 204), als auch hinsichtlich der Technik und der Materialien. Angefertigt hat Grass die Zeichnungen für *Zunge zeigen* nach eigener Aussage „mit stinkender Tintenfischtinte", die ihm auch für die schreibgrafischen Elemente ideal erschien: „Dieser natürliche, bis zur Schwärze gerinnende Sepiaton eignete sich für die Calcutta-Motive, auch für Schrift, die sich aus Zeichnungen ergab." (Grass 2014, 327) Die Integration von Schrift als bildnerischem Element ist ein originäres Merkmal der Zeichnungen in *Zunge zeigen*, sodass die verschiedenen künstlerischen Ausdrucksformen strukturell amalgamiert werden: „Mit äußerster Konsequenz enthält eine jede der [...] Zeichnungen in *Zunge zeigen* eine schriftliche Komponente, das Schreiben ist substantieller und grafischer Bestandteil des Bildes geworden. Zeichnen und Schreiben sind zu einer Einheit verschmolzen." (Mayer 1992, 250)

Das Verhältnis von Text und Zeichnung, von Prosa und Lyrik ist komplex. Einerseits markieren die Teile jeweils für sich eigenständige, durch die Anordnung im Buch voneinander separierte Abschnitte. Andererseits sind die Teile miteinander verschränkt und beziehen sich auch explizit immer wieder aufeinander, etwa wenn der Reisebericht die Arbeit des Zeichners beschreibt und kommentiert („Es ist, als müßte ich mir zeichnend ins Wort fallen", Grass 1988, 54) und das Gedicht ankündigt („sein Gedicht in zwölf Teilen lagert in erster Fassung", Grass 1988, 60), Zitate aus dem Bericht in die Zeichnungen graphisch integriert werden und das Gedicht die Motive des Berichts und der Zeichnungen noch einmal komprimiert (vgl. Yu 2005, 224). Grass selbst bezeichnet diese Art der „Mischform" als eine Möglichkeit, im Rahmen der Kombination der künstlerischen Praktiken gleichermaßen neue Erfahrungen zu verarbeiten wie zu neuen Erkenntnissen zu gelangen (vgl. Yu 2005, 223), indem der Einsatz unterschiedlicher künstlerischer Formen zugleich Nähe und Distanz und damit Immersion wie Reflexion erlaubt. Während Grass mithilfe der Zeichnungen seine Wahrnehmungen zu ordnen versucht und dabei eine distanzierte Außensicht einnimmt, lässt er sich in den sprachlich-lyrischen Schilderungen in das Geschehen vor Ort involvieren (vgl. Heinz 2015, 205; Shafi 1993, 345). Dabei springt die Darstellung auch in den einzelnen Teilen selbst chronologisch und geographisch: „Charakteristisch für Grass bleibt die Komposition, die die räumliche und zeitliche Struktur immer wieder sprengt" (Sareika 2013, 180), wenn beispielsweise die Beobachtungen zur indischen Gegenwart mit Erinnerungen des Erzählers an Kindheitserlebnisse verknüpft werden (vgl. Schlichting 2011, 102–103).

Die besondere Form von *Zunge zeigen* ist damit zugleich Voraussetzung für die Verarbeitung der in Indien gemachten Erfahrungen, wie auch deren Resultat, insofern sie die Verunsicherung der eigenen Rolle als Wahrnehmender und den Prozess des Infragestellens der eigenen Wertemaßstäbe spiegelt. Während sich der Reisebericht einem ethnographischen Diskurs einschreibt, von einem übergeordneten Standpunkt vermeintlich neutral-objektiv beobachtet und die damit einhergehende Machtposition nicht reflektiert, wird im Gedicht die Stellung der lyrischen Sprechinstanz ins Seherische überhöht, wird „jede Beobachtung sofort mythologisch gelesen" (Kniesche 1998, 277) und aus privilegierter Perspektive in überzeitliche Zusammenhänge eingeordnet. Erst am Ende des Gedichts und vor allem in Verbindung mit den Zeichnungen, die das wahrnehmende Zeichner-Subjekt zugleich als Objekt der Wahrnehmung der gezeichneten Figuren zeigen, wird eine Auflösung der übergeordneten Beobachterperspektive erkennbar: „Der ethnologische, der registrierende und aufzeichnende Blick wird zum ‚postkolonialen Blick', der die eigene Identität im Angesicht des Anderen auflöst, der unter dem Blick des Anderen seiner selbst und seiner Ursprünge unsicher wird. Erst die hybride Form des Textes selber mit seinen Verweisungsbezügen, die über die Grenzen der Gattungen hinausweisen, macht diesen Prozeß möglich." (Kniesche 1998, 290) Damit verweist die Form zugleich auf zentrale inhaltliche Motive aus *Zunge zeigen*.

3 Inhaltliche Akzente

Zusammengehalten werden die drei Teile (Prosabericht, Zeichnungen, Gedicht) durch die leitmotivisch eingesetzte Figur der hinduistischen Göttin Kali, Namenspatronin der Stadt Kolkata, die gleichermaßen für Tod und Zerstörung wie für Leben und Erneuerung steht: „Ende und Anfang menschlicher und kosmischer Existenz sind in ihr untrennbar miteinander verknüpft. Damit findet Grass in ihr eine Gestalt, an der er seine widersprüchlichen Erfahrungen in dieser Stadt und in diesem Land festmachen kann." (Sareika 2013, 176) Auch die Bedeutung des Titelmotivs ‚Zunge zeigen' wird mit dieser Figur auf dem Umschlagmotiv verknüpft, wenn im Reisebericht zu lesen ist: „In einer der Göttergeschichten heißt es: in rechter Hand, an einem Arm ihrer zehn Arme, die Sichel schon hoch, habe Kali in ihrer Raserei Zunge gezeigt, als ihr (vielleicht durch Zuruf von außen) bewußt wurde, daß sie zuletzt ihrem Göttergatten Shiva, der, gleich Kali, Gottheit der Zerstörung ist, an die Gurgel wollte; Zunge zeigen als Zeichen von Scham." (Grass 1988, 33) Scham durchzieht als erzählerische Grundhaltung das Buch (vgl. Schlichting 2011), dessen zentrales Thema die Diskrepanz zwischen der Lebenswelt eines erfolgreichen Autors in Deutschland und der Lebenswirklichkeit der Mehrheit der Bewohner Kolkatas ist. So positiv der Erzähler Grass auch der indischen Kultur gegenüber eingestellt ist und so sehr er sich um eine wertfreie Sicht auf die indische Lebenswirklichkeit bemüht, so unvermeidlich sind seine Erfahrungen doch von Fremdheit und Andersartigkeit geprägt, die Grass auf seine Stellung als privilegierter Westeuropäer verweisen sowie die andauernde Bedeutung von Unterdrückung und Kolonialisierung aufrufen. „So wird das Buch selber zum Ausdruck jener Scham, mit der Grass dem Erlebten begegnet." (Moser 2000, 137)

Kali, deren Repräsentationen dem Indienbesucher auf Schritt und Tritt begegnen, wird vom Erzähler allerdings nicht nur als Projektionsfläche für die in der europäischen Perspektive mit Indien untrennbar verbundenen Vorstellungen von Mythologie und Spiritualität genutzt, sondern auch politisch gedeutet und im Sinne einer „dämonischen Fratze der terroristischen Selbstzerfleischungsrituale der indischen Gesellschaft"

(Durzak 2009, 48) funktionalisiert. Damit steht sie im Text als eine Art Platzhalterin für das Archaisch-Irrationale der indischen Kultur und Gesellschaft insgesamt. Indem Grass sich damit vom überlieferten Mythos entfernt, gestaltet er Kali um „zu einer eigenen Kunstfigur“, mit deren Hilfe er „den Zustand gesellschaftlicher Widersprüche sichtbar macht“ (Ulrich 2004, 203). Neben Kali taucht eine genuin politische Figur leitmotivisch im Text auf: Der indische Politiker Subhas Chandra Bose (1897–1945), der zunächst an der Seite von Gandhi für die indische Unabhängigkeit kämpfte und dann auf der Suche nach Verbündeten im Freiheitskampf aktiv mit den Nationalsozialisten zusammenarbeitete. „Bose verknüpft sozusagen die indische Geschichte mit dem politischen Sündenfall des deutschen Faschismus“ und steht damit im Buch für die Gefahr des Abgleitens der indischen Politik ins Autoritäre (Durzak 2009, 44).

Der Erzähler Grass bekennt zu Beginn des Reiseberichts, dass die Indienreise auch als Versuch zu verstehen ist, den eingespielten Abläufen in der Heimat und seiner eigenen Rolle darin zu entfliehen: „Wovon ich wegfliege: von Wiederholungen, die sich als Neuigkeiten ausgeben; […] von mir als Teil oder Gegenstand der Öffentlichkeit.“ (Grass 1988, 17) Im Gepäck hat er eine Auswahl klassischer Autoren der deutschen Geistesgeschichte (vgl. zu den intertextuellen Verweisen detaillierter Mayer 1992, 255–266): u. a. Schopenhauer, Lichtenberg, Thomas Mann und Fontane – wobei die Verweise auf Letzteren schon erste Vorboten der Entstehung des Romans *Ein weites Feld* (1995) sind. Im Wandel des Blicks auf die mitgebrachte Bibliothek erweist sich *Zunge zeigen* als interkulturelles Lehrstück, denn während der Erzähler angesichts der Erfahrungen vor Ort Kraft aus der Lektüre aufklärerischer Autoren zu schöpfen hofft, erscheinen ihm zunehmend die politischen Ansichten der einzelnen Autoren und selbst das eurozentrische Konzept der Aufklärung an sich problematisch (vgl. Kniesche 1998, 286–288). So bekommt in Konfrontation mit ‚dem Anderen‘ das Fundament des eigenen Denksystems Risse, Mitgebrachtes verliert seine Dauerhaftigkeit und beginnt buchstäblich zu faulen: „Alles schimmelt: die Schuhe, die Pfeifen, letzte Zigarren, Rücken neben Rücken: die Bücher …“ (Grass 1988, 39).

Konsequenterweise erfährt der Ich-Erzähler eine Neuausrichtung seines kulturgeschichtlichen Koordinatensystems und macht sich in Auseinandersetzung mit Texten indischer Autoren daran, „Bausteine für einen Weltbegriff aus der Sicht Calcuttas freizulegen“ (Mayer 1992, 262). In diesem Zuge hinterfragt er beim Durchsehen von Skizzen, welchen Maßstäben die ihm gültigen Vorstellungen von Kunst und Ästhetik folgen: „Wieder erschreckt mich die (ungeschriebene) Ästhetik der Armut: wie jedes Detail aus Lumpen […] entsetzlich gegenständlich ist und benannt werden will. Kein Zweifel, diese letztmögliche Schönheit stellt alles, was anerkannt als schön gilt, in Frage.“ (Grass 1988, 71) Jutta Heinz buchstabiert die Eckpunkte der von Grass hier angedeuteten „Ästhetik der Armut“ folgendermaßen aus: „‚Arme‘ Materialien aus der Not, Gegenständlichkeit in der Darstellung, lebensweltliche Verwurzelung in der realen Existenz, aufmerksame Wahrnehmung und anschließende Benennung durch den Künstler.“ (Heinz 2015, 204) Auch wenn es Grass zunächst um die Evaluation der persönlichen Wahrnehmungsparameter und die Neuausrichtung des eigenen Kunstverständnisses geht, wurde die Formulierung von der „Ästhetik der Armut“ in der Rezeption von *Zunge zeigen* moralisch kontextualisiert und wahlweise als unzulässiger Versuch der Ästhetisierung von Armut gedeutet (vgl. Lüdke 1988) bzw. als lobenswertes Bemühen darum, die „Würde noch der Elendesten“ zu retten (Vormweg 1988). Wenn der Erzähler Grass gegen Ende des Reiseberichts „(plötzlich) Lust hatte, in jenem blasenwerfenden, menschlichen Brei, der gegen Mittag immer dickflüssiger einkocht, unterzutauchen, verrührt zu werden, verlorenzugehen“ (Grass 1988, 90), dann verweist die verdinglichende Diktion zwar nach wie vor auf den beobachtenden Außenseiterstatus, der Wunsch selbst aber auf die Bereitschaft zur Verschmelzung von ‚Eigenem‘ und ‚Fremdem‘.

4 Rezeption

Nach seiner Rückkehr aus Indien hat Grass nach eigener Aussage „noch lange an dem Thema gearbeitet“ (Grass und Zimmermann 1999, 223), bis dann 1988 „dieses Buch, in seiner neuen, alle meine Möglichkeiten versammelnden Form“ (Grass 2014, 303) erschien, das in der Wahrnehmung des Autors insgesamt negativ aufgenommen wurde. Grass selbst liefert unterschiedliche Erklärungen für die Ablehnung von *Zunge zeigen* in den Feuilletons und verweist darauf, dass es das Buch schwergehabt habe, weil der politische Fokus bei Erscheinen des Bandes im Herbst 1988 auf deutsch-deutsche Fragen gerichtet gewesen und kein Raum für globale Fragen geblieben sei (Grass 2014, 303). Andernorts führt er eine „den westlichen Verhältnissen entsprechende kritische Aufnahme“ an (Grass und Zimmermann 1999, 222–223) und insinuiert damit die mangelnde Bereitschaft ‚des Westens‘ zur selbstkritischen Auseinandersetzung mit der eigenen Kolonialvergangenheit als Ablehnungsgrund.

Tatsächlich war das publizistische Echo auf *Zunge zeigen* nicht durchweg negativ (vgl. ausführlich zur tagesaktuellen Rezeption Onderdelinden 1992). So lobt Fritz J. Raddatz, dass es Grass gelungen sei, seine drei „artistischen Fähigkeiten“ kunstvoll auszubalancieren, und das Buch erheblich zur Klärung des Selbstverständnisses als Autor beigetragen habe (Raddatz 1988). Heinrich Vormweg unterstreicht, dass es sich bei *Zunge zeigen* eben nicht um ein beschreibendes Sachbuch mit abgeklärtem Urteil handele, sondern um „ein Buch von Günter Grass, der nur gelten läßt, was in seiner eigenen Erfahrung, vor seiner eigenen Befragung Bestand hat“, und auf diese Weise „mehr Objektivität als Statistiken und allgemeine Schilderungen“ erreiche (Vormweg 1988). Diese Kritiken stellen ihrerseits eine Besonderheit des Grass’schen Indienbuches positiv heraus, die in anderen Rezensionen Anlass für Kritik ist: die erzählerische Grundanlage, die aus selbstbezogen-autobiographischer Sicht eher Anekdotisches schildert und dieses zum Anlass für grundlegende Reflexionen nimmt. Gegenläufig zu Raddatz und Vormweg hält in diesem Sinne etwa Hans J. Geppert fest: „Mich entsetzt ein Egomane, der stakkatohaft Sätze aneinanderfügt, ohne Wesentliches mitzuteilen“ (Geppert 1988).

Insgesamt lassen sich zwei Ansätze für die Kritik an *Zunge zeigen* erkennen: Während die einen auf inhaltliche Aspekte abstellen, dem Buch eine unangemessene, eurozentrische Perspektive auf Indien vorwerfen und jenseits der Faszination für ‚Exotik' einen Mangel an Bewusstsein für die indische Kultur beklagen („das spezifisch Indische fehlt; es könnte auch Beirut, der Golf oder Afghanistan sein", Metken 1988), kritisieren andere die Form, die literarisch nicht überzeugend und der Thematik unangemessen sei. So wirkt für Harald Hartung im Reisebericht vieles „zufällig, marginal", das Gedicht hält er schlicht „für mißlungen" (Hartung 1988) und Volker Hage kommt zu dem Schluss: „Günter Grass am Ganges: das ist vor allem ein stilistisches Trauerspiel" (Hage 1988). Für Peter von Becker belegt *Zunge zeigen* Grass' Kapitulation vor der Komplexität der indischen Realität: „Sie hat den sprachgewaltigsten Fabulierer aus Deutschland, der sich ihr mit den Waffen der europäischen Aufklärung nähern wollte, mit einem Male die Zunge geraubt" (Becker 1988).

Inwieweit die insgesamt eher kritische zeitgenössische Rezeption dazu geführt hat, dass *Zunge zeigen* von der Grass-Forschung lange Zeit eher wenig beachtet wurde (vgl. Shafi 1993, 340), muss offen bleiben. Klar ist, dass der Text deutliche Positionierungen in der Tagespresse provoziert hat, wobei insbesondere Grass' Formulierung von der „Ästhetik der Armut" viele Rezensenten herauszufordern schien (vgl. hierzu auch Heinz 2015, 199–201). Deutlich geworden sein sollte allerdings, dass Pauschalisierungen, die auf einzelne Formulierungen oder Detailaspekte abstellen, der inhaltlichen Komplexität von *Zunge zeigen* nicht gerecht werden (vgl. dazu auch Frizen 2010, 96–112). Der heutigen Leserschaft legt das Buch den Standort eines privilegierten Europäers Mitte der 1980er Jahre frei, dessen kulturelle und politische Ideale von der Lebensrealität in Indien herausgefordert werden, und verdient insbesondere im Hinblick auf Grass' Reflexion seines Selbstverständnisses als Autor der europäischen (Post-)Moderne und wegen seiner komplexen intermedialen Form Aufmerksamkeit.

Literatur

Becker, Peter von. „Die Rache der Göttin Kali". *Der Spiegel* (22. August 1988).

Dasgupta, Subhoranjan. „Zwei Nachmittage mit Günter Grass. In Hamburg und Kalkutta". *Ich will in das Herz Kalkuttas eindringen. Günter Grass in Indien und Bangladesch*. Hrsg. von Martin Kämpchen. Eggingen 2005: 65–72.

Durzak, Manfred. „Die Göttin Kali in Grass' Indien-Buch ‚Zunge zeigen'". *Der Gott der Anderen. Interkulturelle Transformationen religiöser Traditionen*. Hrsg. von Ernest W. B. Hess-Lüttich und Arupon Natarajan. Frankfurt/M. et al. 2009: 43–55.

Geppert, Hans J. „Elend, das die Sprache sprengt". *Deutsches Allgemeines Sonntagsblatt* (11. Dezember 1988).

Frizen, Werner. *Günter Grass. Gedichte und Kurzprosa. Kommentar und Materialien*. Göttingen 2010.

Grass, Günter. *Zunge zeigen*. Darmstadt 1988.

Grass, Günter. *Skizzenbuch*. Göttingen 1989.

Grass, Günter. *Sechs Jahrzehnte. Ein Werkstattbericht*. Hrsg. von G. Fritz Margull und Hilke Ohsoling. Göttingen 2014.

Grass, Günter, und Harro Zimmermann. *Vom Abenteuer der Aufklärung. Werkstattgespräche*. Göttingen 1999.

Hage, Volker. „Der Mißvergnügungsreisende“. *Die Zeit* (2. September 1988).
Hartung, Harald. „Die schwarze Göttin“. *Frankfurter Allgemeine Zeitung* (3. September 1988).
Heinz, Jutta. „Vom Sieg des Zauberlehrlings in Kalkutta: Günter Grass' ‚Zunge zeigen'“. *Freipass*. Hrsg. von Volker Neuhaus et al. Berlin 2015: 198–210.
Kämpchen, Martin (Hrsg.). „Einleitung“. *Ich will in das Herz Kalkuttas eindringen. Günter Grass in Indien und Bangladesch*. Eggingen 2005: 7–46.
Kniesche, Thomas. „‚Calcutta' oder Die Dialektik der Kolonialisierung. Günter Grass: ‚Zunge zeigen'“. *Schriftsteller und ‚Dritte Welt'. Studien zum postkolonialen Blick*. Hrsg. von Paul Michael Lützeler. Tübingen 1998: 263–290.
Lüdke, Martin. „Halb zog es ihn, halb floh er hin“. *Frankfurter Rundschau* (4. Oktober 1988).
Mayer, Sigrid. „Günter Grass in Calcutta: Der intertextuelle Diskurs in Zungen zeigen“. *Günter Grass: Ein europäischer Autor?* Hrsg. von Gerd Labroisse und Dick van Stekelenburg. Amsterdam et al. 1992: 245–266.
Metken, Günter. „Fluchtpunkt Kalkutta“. *Süddeutsche Zeitung* (10./11. September 1988).
Moser, Sabine. *Günter Grass: Romane und Erzählungen*. Berlin 2000.
Neuhaus, Volker. *Günter Grass*. 3., aktualisierte und erweiterte Auflage. Stuttgart 2010.
Neumann, Gregor. *Bestandsaufnahme eines Missvergnügungsreisenden. Das Indienbild des Günter Grass*. Berlin 2007.
Onderdelinden, Sjaak. „‚Zunge Zeigen' in den Zeitungen“. *Günter Grass: Ein europäischer Autor?* Hrsg. von Gerd Labroisse und Dick van Stekelenburg. Amsterdam et al. 1992: 205–228.
Raddatz, Fritz J. „Literatur und Lüge“. *natur* 10 (1988): 50–52.
Sareika, Rüdiger. „‚Zunge zeigen'. Die Aufzeichnungen von Günter Grass zu seinem Indienaufenthalt 1986/87 als Beispiel für einen neuen Trend in der literarischen Beschreibung der *Dritten Welt* nach 1985“. *Unbegrenzt. Literatur und interkulturelle Erfahrung*. Hrsg. von Michael Hofmann. Frankfurt/M. et al. 2013: 175–183.
Schlichting, Julia Kanchana. „Zeichnendes Schreiben als Bewältigung von Scham in Günter Grass' ‚Zunge zeigen' und ‚Totes Holz'“. *Traum oder Schande: Nachdenken über transkulturelle Räume in den Werken Günter Grass'*. Hrsg. von Saartje Gobyn und Benjamin Biebuyck. Gent 2011: 95–138.
Shafi, Monika. „‚Dir hat es die Sprache verschlagen': Günter Grass' ‚Zunge zeigen' als postmoderner Reisebericht“. *The German Quarterly* 66.3 (1993): 339–349.
Ulrich, Carmen. *Sinn und Sinnlichkeit des Reisens. Indien(be)schreibungen von Hubert Fichte, Günter Grass und Josef Winkler*. München 2004.
Vormweg, Heinrich. „Die Scham und die Würde“. *Der Tagesspiegel* (5. Oktober 1988).
Yu, Yang. *„Wie Fremdes vertraut wird und fremd bleibt“ – Die Rolle der Dritten Welt im politischen und literarischen Werk von Günter Grass*. Stuttgart 2005.

II.5.2 *Totes Holz* (1990)

Heinrich Detering

1 Entstehung

Zusammen mit der *Rättin* (1986) und *Zunge zeigen* (1987) ergibt *Totes Holz* für Grass die „Ansätze einer Trilogie“ (Steidl 1990, 9.) Der Calcutta-Band *Zunge zeigen* und der Band über das Waldsterben sind als Text-Bild-Werke nicht nur nach der *Rättin* entstanden, sondern auch thematisch und konzeptionell aus diesem Anti-Roman hervorgegangen. Auf der Suche nach künstlerischen Konsequenzen aus den dort narrativ verhandelten globalen Krisenerfahrungen und metafiktionalen Endspielen experimentierte Grass hier wie dort mit Ausdrucksformen, die über die Schrift hinausgehen.

Ursprünglich hatte das in den 1980er Jahren erstmals aktuelle Thema des Waldsterbens bereits zu Beginn der *Rättin* angesprochen werden sollen: „doch wollte ich eigentlich über die See, meine baltische Pfütze schreiben; [...] auch vom Wald, wie er stirbt“ (Typoskript in Göttingen, Cod. Ms. Grass-Archiv R LH 1). Die Entstehung des Text-Bild-Experiments zu den „neuartigen Waldschäden“ dokumentiert das 1991 veröffentlichte Tagebuch *Unterwegs von Deutschland nach Deutschland*, das in der illustrierten Erstausgabe die politischen Zeitereignisse mit Bildern ökologischer Zerstörung konfrontiert; sie zeigen teils die vom Braunkohleabbau zerstörten Landschaften in der Lausitz, teils tote Wälder.

Im Nachwort erinnert sich Grass: „Vom Sommer achtundachtzig bis in den Winter neunundachtzig hinein zeichnete ich, unterbrochen nur von den Tatsachenbehauptungen des Zeitgeschehens, totes Holz“, und zwar „in einem dänischen Mischwald, im Oberharz, im Erzgebirge, gleich hinterm Haus, wo Wald dicht ansteht und das Nadelholz aufgegeben hat.“ (*Totes Holz*, 103) Die „Tatsachenbehauptungen des Zeitgeschehens“, also des Zusammenbruchs der DDR und der deutschen Wiedervereinigung, unterbrachen diese Arbeit und hinterließen Spuren in den Texten, wenn sie das Waldsterben als Symptom einer ökologischen Krise jenseits der politischen Systeme und Grenzen begreifen: „Blieb dennoch bei *Totes Holz*.“ (Grass 1991a, 184)

Am 12. September 1989 spricht Grass in einem Brief vom „Thema *Totes Holz*, das mich seit gut einem Jahr beschäftigt“: „es sind inzwischen über 100 Zeichnungen und in Steidls Werkstatt 20 Lithographien entstanden, und noch immer ist der zeichnerische Prozeß nicht abgeschlossen.“ Am 25. Oktober berichtet Grass dann vom vorläufigen „Abschluß der zeichnerischen Arbeit“ und erklärt, „daß die Zeichnungen mit Kohle und Tusche insgesamt stärker und variationsreicher sind als die zu illustrativ wirkenden Lithographien. Ich habe zwischen 50 – 60 Zeichnungen ausgewählt“ (unpubl. Briefe an Helmut Frielinghaus vom 12.9., 3.5., 25.10.1989, Göttingen, Cod. Ms. Grass-Archiv Grass XXXI 2 und 3). Der veröffentlichte Band enthält dann fünfzig Zeichnungen, während aus den Lithographien eine gleichzeitig separat publizierte Graphikmappe hervorgeht. Ende Januar 1990 entwirft Grass den Umschlag (Detering et al. 2022, 80).

https://doi.org/10.1515/9783110755435-044

Im Brief an Frielinghaus vom 12. September 1989 notiert Grass, mittlerweile seien „auch erste lyrische Texte zu Papier gekommen"; im Werkstattbericht *Vier Jahrzehnte* beschreibt er 1991, wie diese Texte angesichts der ökologischen Krisensymptome zerfallen: „Anfangs hatte ich versucht, mit Gedichten auf den sterbenden Wald zu reagieren. Doch was [...] in Strophen konzipiert war [...], fiel zwangsläufig auseinander" (Grass 1991b, 333). Ein Beispiel dieser frühen Versuche zeigt ein an japanische Gedicht-Kalligraphien erinnerndes getuschtes Blatt aus dem August 1989 (Abb. in Detering et al. 2022, 81). Der Lübecker Nachlass lässt erkennen, wie Grass fragmentarische Texteinfälle – von denen einzelne schon in die Zeichnungen hineingeschrieben sind – auf Zetteln ohne feste Ordnung festhält, die er dann in zwei Zigarrenschachteln sammelt (Abb. Detering et al. 2022, 90). Immerhin dokumentiert Klaus Wagenbach in seiner Auswahl von Grass' Poesie, dass sich manche Texte noch immer lyrisch lesen lassen: Vier Gedichte sind hier Bildtexte aus *Totes Holz* (Grass 2002, 83).

Im Januar 1990 entsteht das Nachwort, der „Nachruf *Die Wolke als Faust überm Wald*": eine Text-Montage aus dem Material der Bildtexte, die Grass dann bei der nachgetragenen letzten Sitzung der Gruppe 47 zu Ehren von Hans-Werner Richter 1990 erstmals vorträgt. Erst in dieser letzten Arbeitsphase fügt er den Bildtexten, in kleinerer Drucktype, noch dreizehn Abschnitte aus dem *Waldzustandsbericht des Bundesministeriums für Landwirtschaft und Forsten* von 1989 hinzu. Mit ihnen wechselt das Stilregister brüsk vom Poetischen ins Technokratische (dazu Standfuss 2008, 150–158).

Der künstlerische Konzeptionswechsel, der sich zwischen *Zunge zeigen* und *Totes Holz* vollzogen hatte, trug entscheidend zum Bruch mit dem Verlag Luchterhand bei. In der Branchenzeitschrift *Buchreport* (Nr. 19/1990) äußerte sich dessen Co-Verlegerin Elisabeth Raabe skeptisch über das neue Projekt und unterschied zwischen dem (vermeintlich) textdominierten, nur um umfangreiche Illustrationen erweiterten *Zunge zeigen* und dem (vermeintlich) bilddominierten, nur von unselbständigen Kurztexten begleiteten *Toten Holz*. Das wies Grass scharf zurück: „Mir gefällt dieser Stil nicht, und ich verwahre mich gegen dieses öffentliche Gezänk [...]. Selbst wenn der Textanteil bei *Totes Holz* geringer ist als bei *Zunge zeigen*, so bildet dieses Buch doch (wie auch *Zunge zeigen*) eine Einheit von Text und Bild" (unpubl. Brief vom 1. Juni 1990, Göttingen, Cod. Ms. Grass-Archiv Grass XXXI 1). In einem Interview mit *buch aktuell* erklärte er dann öffentlich: „Dieses neue Buch zeigt die Zielrichtung, in der nach einem Buch wie *Die Rättin* zu arbeiten ist", und fügte mit Blick auf die dort durchgespielten Endzeitvisionen hinzu: „Wenn überhaupt noch zu arbeiten ist." (Übernommen ins Werbefaltblatt zu *Totes Holz*, Steidl 1990)

Umso mehr vertiefte sich Grass' Zusammenarbeit mit Gerhard Steidl; mit *Totes Holz* war der Verlagswechsel faktisch vollzogen. Die Lübecker Nachlassbestände führen eindringlich vor Augen, wie intensiv Grass mit Steidl an der Buchgestaltung gearbeitet hat, vom Format über den Umbruch und die auf jeder Text-Bild-Seite wechselnden Schriftgrößen bis zu den Farbtönen von Einband und Vorsatzpapier, in denen zunächst Rot und Schwarz kontrastiert werden sollten und die nun nur in grauen Schattierungen gehalten sind. Noch die Frage nach dem Papier, auf dem der Band gedruckt werden sollte, bezog das „tote Holz“ als Rohstoff und Fragen nach seiner Herkunft und Verarbeitung ein (dazu Steidl in Detering et al. 2022, 20). 1990 erschien *Totes Holz. Ein Nachruf,* gleichzeitig mit der Lithographien-Sammlung *Kahlschlag in unseren Köpfen* und einer großformatigen Mappe mit Text- und Bild-Blättern, aus denen sich rasch Ausstellungen bestücken lassen sollten: *Plakate zum Thema Totes Holz.*

Grass’ Arbeit am Bildmaterial setzt sich noch über das Erscheinen des Buches hinaus fort: mit einem großformatigen, in der Lübecker Marienkirche ausgestellten *Golgatha*-Triptychon, in dem – den Friedrich-Bezug des Schlussbildes aus dem Band aufnehmend – das tote Holz selbst als Gekreuzigter dargestellt ist (Abb. Detering et al. 2022, 106–107; vgl. Artinger 2004).

2 Konzeption

Totes Holz ist Kahlschlag-Literatur im buchstäblichen Sinn: als dokumentarische Trauerarbeit wie als Versuch einer neuen Sprachfindung. Sein fünfzigmal variiertes Bildthema sind Kahlschläge zwischen abgestorbenen Einzelbäumen und Waldstücken. Das titelgebende „Holz“ – statt dem zu erwartenden „Wald“ – verweist auf den entsprechenden Artikel im Grimm’schen Wörterbuch. Dort erscheint zuerst „holz als materie“, dann als „eine mit waldbäumen und sträuchern dicht bestandene fläche, wald“, schließlich als Entsprechung des Menschen: „mit rücksicht auf seinen wert und seinen innern gehalt wird der mensch dem holze verglichen: er ist aus gutem holze; ein grobes holz“ (Grimm, Bd. 10, Sp. 1763–1767).

Vor allem auf diese Analogie zielt das Konzept des Bandes; es geht über die Dokumentation des Waldsterbens substanziell hinaus. Mit dem Ausruf „Leibhaftig Buchen!“ beginnt der erste Bildtext; auf den folgenden Seiten wird die forstbotanisch-menschliche Doppeldeutigkeit von Kernvokabeln durchgespielt: „Panikblüte“, „radikal“, „Mortalitätsmuster“. Sie läuft hinaus auf die Analogisierung von „Windbruch“ (als Bezeichnung eines großflächigen Waldschadens) und „Wortbruch“ im doppelten Sinne von Sprachkrise („Silbenschwund, Lautverfall“, so im siebten Bildtext) und Vertragsbruch (zwischen Menschen und Wäldern). „Sprachlos“ entspricht die Krise der Literatur derjenigen in den „Kammlagen im Erzgebirge und Harz, weil auf unsere engstehenden Wörter Regen fiel, den wir sauer nennen.“ (*Totes Holz*, 105)

Wie in *Zunge zeigen* sind in *Totes Holz* Texte und Bilder gleichberechtigt miteinander verbunden. Der Vergleich zeigt jedoch innerhalb dieser Gemeinsamkeit schon quantitativ aufschlussreiche Differenzen. In beiden Bänden werden die auf den ersten Blick dominierenden Zeichnungen begleitet von essayistischen und poetischen Texten. In *Zunge zeigen* jedoch umfasst der Essay knapp hundert, das Langgedicht dreiundzwanzig Seiten; ihnen stehen einhundertfünfundzwanzig Bildseiten gegenüber. *Totes Holz* hingegen verbindet fünfzig Kohle-, Bleistift und Tuschzeichnungen mit ebenso vielen kurzen lyrisch-aphoristischen Bildtexten; der begleitende Essay braucht nur knapp acht Seiten. Folgten dort die drei jeweils selbständigen Teile aufeinander, so sind sie hier ineinander verschränkt: An die Stelle des einen Langgedichts sind kurze Texte getreten, von denen die Zeichnungen durchgängig begleitet werden. Erst *Totes Holz* ist damit ein Text-Bild-Werk im emphatischen Sinne geworden.

Im Versuch einer künstlerischen Selbstvergewisserung treibt *Totes Holz* die in der *Rättin* begonnene Auseinandersetzung mit der romantischen Wald-Verklärung auf die Spitze. Dabei bezieht Grass sich durchgängig auf Hypotexte der Goethezeit, von Grimms Märchen und Tiecks *Waldeinsamkeit* über Goethes *Faust* und Briefe der Bettine von Arnim an Wilhelm Grimm bis zu Heines *Harzreise*. Die Zeichnungen zitieren, in makabrer Verzerrung, Ikonographien romantischer Walddarstellungen; Caspar David Friedrich tritt im letzten Text unter der Zeichnung einer Bergkuppe mit abgestorbenen Bäumen auf.

Grass führt diese Auseinandersetzung in einer Weise, die in melancholischer Aneignung und parodistischem Widerspruch die Verfahren einer ‚romantischen Ironie' auf die Romantik selbst bezieht. Die auf den ersten Blick ‚realistischen' Darstellungen der toten Gehölze werden – in den mitlaufenden Texten wie in den Zeichnungen – immer wieder gebrochen: von der grotesken Stilisierung der auf dem Waldgebirge lastenden Wolke zu einer Faust aus saurem Regen oder zu einer riesigen toten Eule über die Verbindung eines fingierten Briefs von Bettina von Arnim an Jacob Grimm mit dem trostlosen Anblick des toten Märchenwaldes bis hin zu einer Zeichnung, aus der heraus das ‚unrealistisch' große Selbstporträt des Autor-Zeichners zwischen den abgestorbenen Stämmen hindurch die Betrachter anblickt. Dieses im genauen Sinne *dekonstruierende*, durchgängig zwischen Setzung und Selbstaufhebung changierende Verfahren folgt Friedrich Schlegels Forderungen nach einer romantischen Ironie und einer progressiven, hier Texte und Bilder umfassenden Universalpoesie, nun jedoch im Blick auf dezidiert antiromantische Sujets. So versucht *Totes Holz*, ungleich lakonischer als *Die Rättin*, jene Sprache wiederzugewinnen, die es aufs Äußerste verkürzt und fragmentiert (Beispiele bei Detering 2022).

3 Rezeption

Das Werk wurde zunächst weitgehend als Nebenwerk des Graphikers Grass verstanden und literaturkritisch kaum wahrgenommen. Eine Ausnahme ist Peter Rühmkorf, der im Tagebuch über die Zeichnungen des „Gegen-Arboretums *Totes Holz*" bemerkt: „Ich las sie für mich" (Neumann, 417), die Zeichnungen also als Fortsetzungen der Schrift begreift. Erst mit der Entwicklung eines ökologisch engagierten *Nature Writing* um 2000 erschien, wie die *Rättin*, auch *Totes Holz* in neuem Licht, mit Ausstellungen u. a. in Lübeck und Göttingen und mit bild- und literaturwissenschaftlichen Untersuchungen (Merkes-Irro 2004 zur graphischen Gestaltung, Standfuss 2008 zur Position im Corpus von Grass' Text-Bild-Bänden, Artinger 2008 zur Verfremdung sakraler Ikonographie, Detering 2022 zu den romantischen Referenzen).

Literatur

Artinger, Kai (Hrsg.). „Der gekreuzigte Wald. Betrachtungen zu Grass' Triptychon in der Lübecker Marienkirche". *Arkadien*: 114–115.

Artinger, Kai (Hrsg.). *Diesseits und jenseits von Arkadien. Goethe und Grass als Landschaftszeichner*. Göttingen 2004.

Detering, Heinrich. „Windbruch und Wortbruch. Ökologische Krise und romantische Dekonstruktion in Grass' ‚Totes Holz'". *Freipass*. Bd. 6. Berlin 2022: 152–176.

Detering, Heinrich, Lisa Kunze, und Katrin Wellnitz. *Günter Grass als Buchkünstler*. Göttingen 2022.

Steidl, Gerhard. *Günter Grass: „Du bist der Augenzeuge. Sonst ist hier niemand."* Verlagsprospekt zu *Totes Holz*. Göttingen 1990.

Grass, Günter. *Unterwegs von Deutschland nach Deutschland. Tagebuch 1990*. Göttingen 1991a.

Grass, Günter. *Vier Jahrzehnte. Ein Werkstattbericht*. Göttingen 1991b.

Grass, Günter. *Wörter auf Abruf. 77 Gedichte*. Hrsg. von Klaus Wagenbach. Berlin 2002.

Grimm, Jacob, und Wilhelm Grimm. *Deutsches Wörterbuch*. 33 Bde. München 1999.

Merkes-Irro, Gabriele. „Vom Verlust eines qualitativen Naturerlebnisses. Die Zeichnungen zu ‚Totes Holz'". *Arkadien*: 22–31.

Neumann, Uwe (Hrsg.). *Alles gesagt? Eine vielstimmige Chronik zu Leben und Werk von Günter Grass*. Göttingen 2017.

Standfuss, Katja. *Gegenständlichkeit. Zur „neuen, alle meine Möglichkeiten versammelnden Form". Die Text-Bild-Bände von Günter Grass*. Göteborg 2008.

II.5.3 *Fundsachen für Nichtleser* (1997)

Luisa Banki

Der großformatige Band *Fundsachen für Nichtleser* kombiniert jeweils auf einer Doppelseite einen oder mehrere lyrische Kurztexte und ein ganzseitiges Aquarell. Grass selbst nennt die intermedialen Kompositionen „Aquadichte“ (Grass 1997, 68 und 108): „Aquadichte / sind Verse, die ich / mittels gefüllter Tuborgflaschen, / wasserlöslichen Farben, / sattem Pinsel / und offenen Auges herstelle; / ach ja, Papier ist vonnöten.“ (Grass 1997, 68) Aus dieser programmatischen Definition lassen sich vier zentrale Charakteristika dieser intermedialen kleinen Form ableiten: In „Aquadichten“ sind (1) Wort- und Bildkunst untrennbar verbunden, wird (2) thematisch und motivisch der Fokus auf Alltägliches, oft Übersehenes und Marginales gelegt, wobei (3) die Materialität von bildender und Sprachkunst in den Blick gerückt und (4) der alltägliche Gegenstand zum Anlass profunder, aber leichthin, humorvoll und (selbst-)ironisch geäußerter Reflexionen wird.

1 Intermedialität

Die Entstehung der „Aquadichte“ ist als ein Medienwechsel beschrieben worden, der zunächst einer Flucht aus der Literatur in die bildschaffende Kunst gleichkam: Nach der ausgesprochen kritischen Aufnahme von *Ein weites Feld* (1995) zog sich Grass auf die dänische Insel Møn zurück und erprobte die Aquarelltechniken seines Kunststudiums wieder (vgl. Neuhaus 2010, 221; Frizen 2010, 120). Aus Aquarellskizzen zunächst von Wald und Bäumen wurde eine Sammlung unterschiedlichster, aber immer alltäglich gegenwärtiger Motive. Grass malt Gebrauchsgegenstände aus Haus und Garten (von der Teekanne und seinen Pfeifen, Schuhen, Büchern und Stiften über Gartenstühle und -schläuche bis hin zu Toilettenpapier und seiner Zahnprothese) und die ihn umgebende Flora und Fauna (u. a. Bäume, Blätter, Kastanien, Nüsse, Insekten, verschiedene Tiere und vor allem Tierkadaver) und stellt jedem aquarellierten Motiv zumeist einen, manchmal mehrere kurze lyrische Kommentare zur Seite. Der Text erscheint dabei häufig verdoppelt: Einmal schwarz auf weiß gedruckt und dann, mehr oder minder gut lesbar, mit dem Pinsel ins Aquarell selbst geschrieben und also als Teil des Bildes.

Die intermediale Beziehung von Text und Bild wirkt zunächst harmonisch: Die Aquarelle illustrieren zumeist einen im Gedicht benannten Gegenstand, während umgekehrt der Text das Bild erläuternd oder auch assoziativ kommentiert. Gleichzeitig besteht eine Spannung zwischen den scharf pointierten Kurztexten und den weichen Farbverläufen der in warmen Braun-, Gelb-, Rot-, Blau- und Grüntönen gehaltenen Aquarelle. In jedem Fall stellen die Texte und Bilder eine Einheit dar, die gerade aufgrund der ihr eingelegten intermedialen Spannung – Dieter Stolz spricht von der „im Grunde unauflösbare[n] Konfrontation von Text und Bild“ (Stolz 1999, 73) – einen

https://doi.org/10.1515/9783110755435-045

reichen Bedeutungs- und Assoziationsraum öffnet. Der Band ist somit ein augenfälliges Beispiel der für Grass' Schaffen konstitutiven Verbindung von literarischem und bildkünstlerischem Arbeiten, über deren Unauflöslichkeit er etwa 1980 (mit Blick auf das Zeichnen, nicht das Aquarellieren) sagte: „Beide Disziplinen befruchteten einander zwittrig. Der Gegensatz zwischen Zeichnen und Schreiben hob sich bei der Gestaltung einer Bildvorstellung auf, die, ins Wort gesetzt, zeichenhaft wirkt, die, als Zeichen, wörtlich zu nehmen ist. [...] Seht, sagt die Zeichnung, wie wenige Wörter ich brauche; hört, sagt das Gedicht, was zwischen den Linien ist." (Grass 1984 [1980], 70 und 72)

Der ironische Titel *Fundsachen für Nichtleser* mag also zum einen die paratextuell in der Widmung adressierten, nicht oder nicht geübt lesenden Enkelkinder des Autors meinen oder auch ein Lesepublikum, das lyrische Kurztexte allzu langer Epik oder überhaupt Bilder Texten vorzieht. Zum anderen aber stellt er die Frage nach der Lesbarkeit von Bildern, die sich – wie die verdichtete Form der Lyrik auch – durch Uneindeutigkeiten und Mehrdeutigkeiten auszeichnen. Damit verweist der nicht zuletzt auch humorvoll spielerische Titel des intermedialen Bandes auf die (Be-)Deutungsoffenheit der Text-Bild-Relationen, die sich hinter der ostentativen Einfachheit der Sujets erst auf den zweiten Blick offenbart.

2 Themen und Motive

Ostentativ einfach sind die Sujets der Texte und Bilder, weil ihr Fokus auf alltäglich Gegenwärtigem liegt: Malerisch dargestellt und zum Gegenstand und/oder Anlass des lyrischen Kommentars genommen werden Alltags- und Naturgegenstände, die bevorzugt in vernachlässigtem, ge- oder verbrauchtem Zustand präsentiert werden. So heißt es gleich im ersten titelgebenden „Aquadicht" programmatisch: „Einige Fundsachen für Nichtleser / Alles, was abseits der Buchstaben / wie von Sinnen ins Auge fällt: / dieses Dingsda, krumme Nägel oder Krümel, die ein Radiergummi hinterließ." (Grass 1997, 6) Die Fundsachen sind *objets trouvés*, deren Ästhetik weniger den Zufall des Findens als das Zu-Fallen der intersubjektiven Begegnung von Künstlersubjekt und Fundobjekt betont (vgl. Frizen 2010, 124). Die materielle Fundsache kann – hierin liegt jeweils die Pointe der „Aquadichte" – eine ideelle Reflexion eröffnen, indem bspw. Konkreta mit Abstrakta analogisiert werden: „Ein Ast / sandgeschliffen, dazu Federn, / vom Wind getragen. / Matt schlägt die See an. Das Glück, so heißt es, / ist eine Fundsache." (Grass 1997, 127)

Gemeinsam ist den ganz heterogenen „Fundsachen", dass sie als Reste oder Übrigbleibsel organischer und anorganischer Art zu Spuren werden, die auf Abwesendes oder Vergangenes verweisen, zu Zeichen des dem Leben eigenen unausweichlichen Wandels und damit zu „Signaturen der Vergänglichkeit" (Frizen 2010, 125). Ist der Band in der Darstellung von Alltäglichkeiten und der Dokumentation des privaten Tagesablaufs folglich als ein „malerisches Tagebuch" (Neuhaus 2010, 221) lesbar, so ist der Kreislauf von Tag und Nacht ergänzt durch den Wechsel der Jahreszeiten und den Kreislauf des Lebens überhaupt. Dass und wie sich das Große im Kleinen spiegelt, findet eine Entsprechung im Verhältnis von konkretem Gegenstand und abstrakter Idee, die Grass teils unmittelbar, teils über assoziative Umwege verknüpft.

In der Darstellung lassen sich drei dominante Motivkreise erkennen: ganz heterogene Gebrauchsgegenstände aus Haus und Garten; Naturmotive wie Obst, Gemüse, Pflanzen und Tiere; sowie stellenweise in Überlappung damit Essen, nämlich essbare Tiere und Ernteerzeugnisse. Zur Darstellung gebracht werden stets Momentaufnahmen, Ausschnitte und Wahrnehmungsfragmente, die oft Kleines, gelegentlich auch Abjektes (etwa mehrere gehäutete oder geöffnete Tierkadaver) in den Blick rücken. Dabei richtet die malende und dichtende Autorpersona ihre Aufmerksamkeit gleichmütig und vollkommen gleichwertig auf menschliche Artefakte, Naturphänomene, Tiere und immer wieder auch auf sich selbst. Die Begegnung des menschlichen lyrischen Ich mit der Natur wird dabei mit einem geradezu anti-erhabenen Gestus in Szene gesetzt: Es dominiert die Erkenntnis der Mensch, Tier und Pflanze gemeinsamen Sterblichkeit und vor allem die Indifferenz der Natur gegenüber dem Menschen: „Jeden Morgen / begegnet mir, auf dem Weg zur Heide, / ein Ameisenberg, dem ich nicht begegne, / denn er setzt seinen Betrieb fort / und hört nicht auf mein Krisengerede." (Grass 1997, 94)

3 Materialität

Die Materialität seiner Wort- und Bildkunst rückt Grass schon dadurch in den Blick, dass er die jeweiligen Arbeitswerkzeuge und materiellen Träger zum Gegenstand der malerischen und lyrischen Darstellung macht: Stifte, Pinsel, Farbe, Tinte und Papier werden abgebildet und/oder besprochen. Dabei wird nicht nur die Verwandtschaft der künstlerischen Praktiken des Malens und Schreibens offenbar, sondern auch das Verhältnis von Materiellem und Ideellem in häufig ironisierender Weise bedacht. Im Zentrum des Interesses steht die Frage nach der Bedeutungsgeneration durch Buchstaben – deren für sich genommen enigmatische Zeichenhaftigkeit in den oft unleserlich mit dem Pinsel ins Bild gemalten Gedichtduplikaten ins Auge springt – und Wörter, die zwar zur Verfügung stehen, aber doch nicht ‚alles' sagen können. Solcher Sprachskepsis ist beispielsweise ein metapoetisch *Vier Zeilen nur* betiteltes Kurzgedicht gewidmet, das neben einem Aquarell eines gleich einem Blumenstrauß in einem irdenen Krug arrangierten grünen Bleistiftbouquets präsentiert wird: „Alle Bleistifte angespitzt. / Wörter auf Abruf. / Und doch wird ein Rest / ungesagt bleiben." (Grass 1997, 15) An anderer Stelle überwiegt das Spielerische im Umgang mit dem Sprachmaterial, etwa wenn Bedeutungsverschiebung und -erweiterung durch Analogiebildung und Metaphorisierung erreicht werden: „Mein Schwamm / mit dem ich Papier anfeuchte, / ist ohne weitere Bedeutung; / es sei denn verglichen / mit meiner Saugfähigkeit: / Man drücke mich aus, immer wieder." (Grass 1997, 71)

Die „Aquadichte" bieten so Einblick in Grass' Umgang mit seinem Material, und zwar sowohl im materiellen Sinne – er „spalte[t] Wörter" (Grass 1997, 115) – als auch ideell, wenn er „über Komma und Punkt hinweg spekulier[t]“ (Grass 1997, 131). Wiederum gibt die Intermedialität Aufschluss, denn ebenso wie die Aquarellfarbe formgebend aufgetragen wird und dann verläuft, so entwickelt die Sprache gerade in der verdichteten und versifizierten Form der Lyrik ein Eigenleben, das ein Mehr an Bedeutung generiert. Worte und Farben, könnte die Pointe der „Aquadichte“ lauten, sind gleichermaßen widerständiges Material und überbordende Bedeutungsfülle, was beides in der Verfremdung der Versifizierung und des intermedialen Arrangements in den Blick gerät: „Mit seinen Wortspaltereien zerstört er den begrifflichen Funktionalismus, mit den assoziativen Sprachspielerein, durchaus auch und zugegebenermaßen manchmal an der Grenze zum Kalauer, verfremdet er scheinbar heile Sprechweisen, gibt er standardisierter Rede eine neue Wendung.“ (Frizen 2010, 127–128)

4 Lakonie und Ironie

Wie die Texte mit den Bildern, so harmonisiert der gleichermaßen skeptische wie spielerische Umgang mit Sprache in den ungereimten, in freien Rhythmen verfassten Kurzgedichten mit ihrer Thematik der Alltagsminiaturen und Naturbegegnungen im Zeichen einer abgeklärten Akzeptanz der Vergänglichkeit. Dass und wie hier Alltags- und Naturdinge einfach präsentiert, d. h. gegenständlich ins Bild gesetzt und im Gedicht direkt benannt werden, lässt den Text-Bild-Band zugänglich und unprätentiös wirken – eben „für Nichtleser“. Dennoch erschöpfen sich die Gedichte nicht in Lakonie, sondern münden zumeist in eine Pointe, eine Doppeldeutigkeit oder einen Witz, die sie als aphoristisches Resultat einer Reflexion und als Einladung zur Relektüre wirken lässt (zu der die Intermedialität, die ein doppeltes Lesen-Schauen verlangt, ohnehin einlädt). Frizen liest Grass' Lyrik in der Tradition von „Brechts Auflösung der lyrischen Form“: „Typisch für diese ‚neue Unmittelbarkeit‘ ist das lakonische Parlando, das Grass früh entwickelt und in den späten *Fundsachen* zur immer wieder Aha-Effekte erzeugenden Perfektion entwickelt hat.“ (Frizen 2010, 24)

Der Lakonie ist rhetorisch die Ironie zur Seite gestellt, die den Auseinandersetzungen mit Vergänglichkeit und Tod einen humorigen Zug verleiht. Die schon der Tagebuchförmigkeit der Alltagsbetrachtungen geschuldete zentrale Position des lyrischen Ich wird so durch selbstironische Betrachtungen der Autorpersona von allzu großem Ernst befreit. Eine besondere Rolle spielt hierbei die Körperlichkeit des Menschen, die vom morgendlichen Einsetzen der Zahnprothesen (vgl. Grass 1997, 18) bis zur abendlichen, mit dem Hund geteilten Behandlung mit der Zeckenzange (vgl. Grass 1997, 92) präsent gehalten wird und ein biologisch-materielles Gegengewicht zur Ideenwelt der gedanklichen Reflexionen und Assoziationen bildet.

Außerdem ermöglicht die Verbindung von Lakonie und Ironie, auch traditionell gewichtige Themen wie Politik, Ökonomie und Religion in der ‚kleinen Form‘ der Kurzgedichte anzusprechen. Hat die Aufmerksamkeit für Marginales ohnehin eine (literatur-)politische Dimension, insofern sie das Private, Abseitige und z. T. Abjekte für literaturwürdig erklärt, so machen einige der „Aquadichte" dies explizit. Lakonisch (aber in diesem Fall nicht ironisch) kritisieren etwa diese neben dem Bild eines deutschlandförmigen braunen Fladens präsentierten Verse das Fortleben nationalistischen Denkens in Deutschland nach dem Nationalsozialismus: „Seit Jahren / liegt eine Last auf meinem Land. / Versteinerter Brei, klebfest, / nicht abzuwählen." (Grass 1997, 179) Deutlich ironischer fällt die Religionskritik im Gedicht *Kurze Sonntagspredigt* aus, die den monotheistischen ‚Urheber' der Schriftreligion als gemeinfrei darstellt: „Gott ist – laut Nietzsche – verstorben, / doch als Mehrzweckwaffe / immer noch tauglich / und weltweit im Handel, / weil urheberrechtlich nicht geschützt." (Grass 1997, 111)

5 Ausblick

Die *Fundsachen für Nichtleser* seien, so Frizen, „Grass' höchst persönliches Buch: ein Porträt des Künstlers als alter Mann." (Frizen 2010, 124) Die knappen, pointierten Kurzgedichte dokumentieren gemeinsam mit den sie ihrerseits sowohl duplizierenden als auch erweiternden Aquarellen Tages- und Jahreslauf der Autorpersona Grass', die sich in der Begegnung mit Alltags- und Naturgegenständen lakonisch mit Vergänglichkeit auseinandersetzt. Kritisch und oft ironisch werden die Umwelt, die Mitmenschen und die eigene Person betrachtet – doch endet der Band mit einer Affirmation sowohl der Überlebenskraft der Natur als auch dem Fortleben (des Autors in seiner) der Kunst: In der erstarrten Winterlandschaft erkennt das lyrische Ich neben der „Hoppelschrift der Kaninchen" auch „meine Spur" (Grass 1997, 237), die sicht- und im übertragenen Sinn des vorliegenden Gedichts lesbar bleibt.

Die intermedialen Kompositionen der „Aquadichte" sind im Vergleich mit Grass' anderen lyrischen Texten wenig komplex, worin ein Grund liegen mag, warum sich die Forschung kaum mit den *Fundsachen für Nichtleser* beschäftigt hat (vgl. Frizen 2010, 124). Vor dem Hintergrund, dass das lyrische und das bildschaffende Arbeiten eine Konstante in Grass' Werkbiografie darstellt und gerade die Nähe von Lyrik und Grafik für sein Schreiben konstitutiv ist (vgl. Grass 1984 [1980]), stellt die Verwendung der Aquarelltechnik in den *Fundsachen* eine bemerkenswerte Neuerung und ein intermediales Experiment dar. Die Fruchtbarkeit dieser Übung lässt sich nicht zuletzt daran ermessen, dass Grass das in den „Aquadichten" erprobte Zusammenspiel von Aquarellen und Texten in seinem nächsten Prosawerk übernahm: So sind die intermedialen Text-Bild-Kompositionen mit ihrer kräftigen Farb- und Formgebung auch eine Vorarbeit zu *Mein Jahrhundert* (1999), in dem einige Motive nur leicht variiert nochmals auftauchen (vgl. Schade 2004, 417–418).

Literatur

Frizen, Werner. *Günter Grass. Gedichte und Kurzprosa. Kommentar und Materialien*. Göttingen 2010.

Grass, Günter. *Fundsachen für Nichtleser*. Göttingen 1997.

Grass, Günter. „Bin ich nun Schreiber oder Zeichner?". *Günter Grass: Auskunft für Leser*. Hrsg. von Franz Josef Görtz. Darmstadt 1984 [1980]: 70–72.

Neuhaus, Volker. *Günter Grass*. Stuttgart 2010.

Schade, Richard E. „Günter Grass's *Mein Jahrhundert*. Histories, Paintings, and Performance". *Monatshefte* 96.3 (2004): 409–421.

Stolz, Dieter. *Günter Grass zur Einführung*. Hamburg 1999.

II.5.4 *Vonne Endlichkait* („Doppelstücke", 2015)

Lisa Kunze

1 Entstehung

Vonne Endlichkait ist das letzte Buch, an dem Grass arbeitete; noch wenige Tage vor seinem Tod im April 2015 ging er die Korrekturfahnen durch. Die Veröffentlichung erlebte er nicht mehr – der Band wurde postum im August 2015 vom Steidl Verlag publiziert. Dementsprechend bezeichnet Dieter Stolz ihn auch als „eine Art literarisches Testament" und „ästhetisches Vermächtnis" (Stolz 2019, 158). Es ist ein Text-Bild-Band, der sich aus Prosatexten, Gedichten und Zeichnungen zusammensetzt.

Den ersten Text, der später in stark überarbeiteter Form Eingang in *Vonne Endlichkait* fand, schrieb Grass, noch bevor der Plan für ein neues Buch gefasst war: Mitte September 2012 schloss er die erste Manuskriptfassung von „Letzter Wille" ab, deren Titel er im Februar 2013 änderte zu „Worin und wo wir liegen werden". Diese Erzählung bildet den Kern des Buches, sie ist als der längste Text im Zentrum platziert. Am 18. September 2012, dem Tag nach dem vorläufigen Abschluss von „Letzter Wille", notierte Grass: „Arbeitsvorhaben nach ‚Eintagsfliegen' / während der Zeit vom Okt. 2012 bis Dezember 2012 / 1.) Ein Band Erzählungen ‚Letzter Wille' mit 6 bis 9 Erzählungen, etwa 120 Seiten bis Juni 2013" (Bestand *Vonne Endlichkait*, Grass-Archiv Lübeck). Die erste Idee zur thematischen Ausrichtung hatte Grass folglich schon früh, plante vorerst aber nur wenige längere Erzählungen. Die Arbeit an dem neuen Projekt kam jedoch nur stockend in Gang: Erst im März 2013 kam die zweite kurze Erzählung „Flaschenpost" zustande, später im Buch „Abschied von restlichen Zähnen". Im Juni 2013 schrieb Grass, gegen den Plan eines Erzählungsbandes, mit „Selbstbild" ein erstes Gedicht. Von nun an wurde die Produktion konzentrierter: Parallel entstanden Gedichte und kürzere Prosatexte. In der Zeit der konzentriertesten Textproduktion, zwischen Herbst 2013 und Sommer 2014, entstanden ganze Serien von Aquarellen und Zeichnungen mit den Motiven, die schließlich in den Band eingingen. Fünf der Zeichnungen veröffentlichte Grass zuvor schon, genauso wie sie dann in *Vonne Endlichkait* abgedruckt wurden: in dem von ihm und Heinrich Detering herausgegebenen Andersen-Band *Die fünffache Seereise* (2014).

Wie das Konzept des Bandes erst nach und nach klare Konturen annahm, so wandelte sich auch der Titel. In der Notiz vom September 2012 ist noch die Rede von dem „Band Erzählungen ‚Letzter Wille'"; hier wurde also noch die Überschrift der ersten im Rahmen des Projekts entstandenen Erzählung als Buchtitel verwendet. Ein Jahr später findet sich in einem auf den 18. November 2013 datierten Blindband ein neuer Titel: „Gedichte und Prosa / Auf immer neuem Blatt", nun überschrieben mit einem der Gedichttitel. Aus einer undatierten Notiz geht hervor, dass auch der Titel des Gedichtes „Jetzt" für den Band in Erwägung gezogen wurde. Der Titel „Vonne Endlichkait" kam erst spät ins Spiel, da das Gedicht mit dieser Überschrift erst am 5. Februar 2014 entstand.

https://doi.org/10.1515/9783110755435-046

Wie auch bei seinen früheren Werken ist die Buchgestaltung hier für Grass sehr wichtig. Stolz nennt den Band einen „überzeugenden Beleg für die von der Liebe zum Detail lebende Buchkunst“ (Stolz 2019, 160). *Vonne Endlichkait* sollte ein Buch werden, das man „leicht in der Hand halten kann“ und das man „gern und bewusst anfasst“ (Detering und Steidl 2022, 17, 19). So wurde es ein Band ohne Schutzumschlag, mit einem Einband aus weichem Baumwollpapier, in handlichem Mittelformat. Die Formatidee gab *Lyrische Beute* (2004), das seines Formats wegen sowohl für Grass als auch für Steidl immer „das schönste Gedichtbuch“ dieses Autors war (Detering und Steidl 2022, 18). Diese Idee war bereits ein Jahr vor der Veröffentlichung von *Vonne Endlichkait* für *Sechs Jahrzehnte* und die sechste Auflage der *Fundsachen für Nichtleser* verwendet worden. Laut Steidl nahm die Buchgestaltung sogar Einfluss auf den Inhalt des Buches: „Bevor er die Zeichnungen machte, fragte er mich, wie er sie anlegen sollte. Das ging vom Format aus […]. Ich habe ihm tatsächlich die exakten Proportionen vorgegeben und er hat die Zeichnungen teilweise nochmal neu angefertigt, auf dem entsprechend proportionierten Papier.“ (Detering und Steidl 2022, 17)

Die Farbgebung des Bandes wurde dem Inhalt angepasst – entsprechend dem Titel und dem titelgebenden Thema der „Endlichkait“ bleibt er monochrom, ganz Grau in Grau. Diese Monochromie war allerdings nicht von Anfang an so geplant: Im Sommer 2013 malte Grass fast alle Motive als bunte Aquarelle wie in *Fundsachen für Nichtleser* und im Herbst desselben Jahres entstanden zahlreiche farbenfrohe Rötelzeichnungen. Erst im Sommer 2014 zeichnete Grass die meisten der schließlich verwendeten Motive in zurückgenommener Farbgebung mit Tuschestift.

2 Inhalt

Wie es kennzeichnend ist für die späteren Text-Bild-Bände von Grass, trägt auch *Vonne Endlichkait* keine Gattungsbezeichnung. Aufgrund der Verbindung von Prosa, Lyrik und Zeichnungen ließe es sich auch nur schwerlich auf einen Begriff bringen. Selbst die Prosapassagen sind nicht genau festzustecken: Da finden sich Erzählungen, Berichte, Tagebucheinträge und Briefe, und in ihrer oft rhythmisierten und im Flattersatz gesetzten Form erinnern sie wiederholt an Prosagedichte. Die Gedichte wiederum sind reimlos, größtenteils in freien Rhythmen verfasst, nur manche halten sich an ein Metrum: Auf diese Weise gehen Prosa und Lyrik ineinander über.

Grass selbst bezeichnete die Lyrik- und Prosatexte als „Doppelstücke“. So spricht er in einem Brief vom 27. März 2015 an Heinrich Detering von der „Beendigung meines Manuskriptbandes zu den Doppelstücken Prosa und Lyrik“ (Detering und Grass 2017, 127). Auch die Verlagsvorschau greift auf diesen Begriff zurück: „Plötzlich findet rhythmisierte Kurzprosa ein vielstimmiges Echo in episch wuchernden oder pointiert zugespitzten Gedichten. Plötzlich entstehen sinnenfrohe ‚Doppelstücke‘ – mit diesem Begriff benennt Grass von Anfang an seine Textpaare, die auch vom Zeichner ins Bild gesetzt, weitererzählt oder auf den Doppelpunkt gebracht werden.“ (Stolz 2019, 159)

Der Anteil der Texte (96) ist umfangreicher als derjenige der Zeichnungen (64). Bei den Texten überwiegen die Gedichte leicht (51 Gedichte und 45 Prosatexte). Es sind folglich nicht nur „Doppelstücke", einige der Texte stehen auch für sich. Im größten Teil aber widmet sich Grass einem Thema sowohl in Prosa- als auch in Gedichtform, stellt sie einander gegenüber und lässt sie sich gegenseitig kommentieren. Mit diesem Wechsel von Prosa und Lyrik greift Grass auf ein wiederholt erprobtes Modell zurück: „die grundlegende Bauform des *Butt*-Romans, nur jetzt in der ganz kleinen, der Spiel-Form eines literarischen Epilogs und Abschieds-Buches." (Detering 2015, 45) In *Vonne Endlichkait* stehen die einzelnen Prosapassagen für sich, sind nur durch Leitmotive miteinander verbunden und nicht durch eine durchgängige Handlung. Ein paar Motive werden jedoch sowohl in den Zeichnungen als auch in den Texten wieder aufgegriffen und weiterentwickelt, sodass sie sich als kleine Fortsetzungsgeschichten durch den Band verfolgen lassen. So etwa zieht sich ein Handlungsstrang zu den zwei Särgen durch vier Texte. Kleine Bildergeschichten ergeben sich beispielsweise aus den Zeichnungen von zuerst rauchenden Pfeifen, die dann im Verlauf des Buches erlöschen, oder der Zeichnung einer Hand, der sich eine Schere nähert und auf die zwei Bilder folgen, auf denen abgeschnittene Finger neben der Schere zu sehen sind.

Anders als in den meisten von Grass' Text-Bild-Bänden gehen Texte und Bilder hier nicht ineinander über, sondern sind klar voneinander abgegrenzt. Die Zeichnungen sind mit Bleistift gefertigt und fokussieren einzelne Objekte oder kleine Stillleben. Sie variieren in der Größe, sind manchmal nur als kleine Details unter die Texte gesetzt und nehmen dann wieder ganze Doppelseiten ein. Buchgestalterisch wird zwischen Texten und Zeichnungen dadurch eine Verbindung hergestellt, dass die Überschriften das silbrige Grau der Zeichnungen aufgreifen. Diese klare Abgrenzung war nicht von Beginn an vorgesehen: Im November 2013 entstanden drei Zeichnungen, in denen die Texte in die Bilder geschrieben sind, die Konzeption erinnert an die Bilder in *Dummer August*.

Die Text-Bild-Beziehungen in *Vonne Endlichkait* lassen sich in zwei Varianten aufteilen: die illustrative und die ergänzende. Immer wieder ist ein offensichtlicher Bezug zwischen Text und Bild festzustellen, die Zeichnung greift ein Motiv aus dem Text auf und hat daher den Charakter einer Illustration. Häufiger aber geht die Beziehung über diese rein illustrative Dimension hinaus und stehen Texte und Zeichnungen dadurch miteinander in Verbindung, dass sie die Leitmotive aufgreifen, die sich durch das ganze Buch ziehen. So ergibt sich zwischen Bild und Text eine Art Verweisspiel, spiegelt das Bild den Text und umgekehrt – wie es bei den „Doppelstücken" von Prosa und Lyrik der Fall ist (zum Zusammenspiel von Text und Bild vgl. auch Schwitalla 2016, 43–45). Durch diese Verweisspiele sowohl zwischen den „Doppelstücken" von Prosa und Lyrik als auch zwischen Texten und Zeichnungen entstehen Motivstränge, die die einzelnen Elemente des Bandes miteinander verbinden und den Eindruck eines in sich geschlossenen, kongruenten Werkes vermitteln.

Der bereits das zentrale Thema des Bandes ankündigende Titel *Vonne Endlichkait* nimmt die Überschrift des letzten Gedichts auf, das in der Grass aus seiner Danziger

Kindheit vertrauten, ostpreußischen Mundart geschrieben ist. Dabei gehen Vergänglichkeit und Lebenslust Hand in Hand. Die Texte haben einen autobiographischen Charakter, denn auch wenn sich in die Fakten immer wieder die Fiktion mischt, scheint die Sprechinstanz doch größtenteils mit dem Autor identisch zu sein: Es geht um seine persönlichen Gedanken zu und Erfahrungen mit Alter und Tod, Gedanken, die er aus Alltagsszenen heraus entwickelt. Er zeigt sich dabei „radikal schonungs- und schamlos und eben darum mit einer wundersamen Würde, als einen alternden, dem Sterben nahen Menschen." (Detering 2015, 44) Die Gedanken zur Endlichkeit beschränken sich jedoch nicht auf die eigene Person, sondern weiten sich aus ins Alltäglich-Allgemeine, auf die den Erzähler umgebende Umwelt sowie einzelne Tiere und Dinge. So werden beispielsweise in mehreren Texten die Folgen des Klimawandels thematisiert. Daneben stehen, wie es für Grass' Werke charakteristisch ist, einige Texte zu gesellschaftlichen und politischen Problemen. Dabei wird auch den bedrückendsten Themen mit einer Portion Galgenhumor die Schwere genommen. Am greifbarsten ist die Lebensfreude in den Texten, die selbstreflexiv das eigene Schreiben und Zeichnen thematisieren, und in denen über das Kochen und Essen.

Bei den Zeichnungen überwiegt die Inszenierung von Vergänglichkeit und Tod, und der Schwere dieser Themen wird wenig entgegengesetzt. Grass zeichnet ganze Serien wiederkehrender Motive: Vogelfedern, tote Vögel und tote Unken, welkes Laub, Ammoniten und Sargnägel setzen die „Endlichkait" alles Lebendigen ins Bild. Diese Leitmotive werden in immer neuer Zusammenstellung in kleinen Stillleben miteinander kombiniert. Die Zeichnungen bilden eine Art Naturalienkabinett, das vor allem eines verdeutlicht: Der menschliche Körper ist Teil der Natur, sein Lebenszyklus verläuft ähnlich demjenigen der Tiere und Pflanzen; in ihrer Vergänglichkeit gleichen sich Menschen, Tiere und Pflanzen.

Die Motivfäden ziehen sich nicht nur durch den Band *Vonne Endlichkait*, sondern knüpfen ebenso Verbindungen zu früheren Werken, denn Grass greift hier wiederholt sowohl in den Texten als auch in den Zeichnungen – etwa die Pilzmotive oder die toten Fliegen und Unken – bereits erprobte Motive auf und spielt mit Selbstzitaten: „Der Dichter kehrt zu seinen Themen, Motiven und Formen zurück, abermals wird das Grass-Werk sich selber zum Zitat, legt es sich aus in seiner Historizität." (Zimmermann 2017, 328) Diese Verweise reichen weit zurück bis zu Grass' frühesten Veröffentlichungen: *Die Vorzüge der Windhühner*, *Der Butt*, *Das Treffen in Telgte*, *Die Rättin* oder *Totes Holz* klingen an. Besonders deutlich ist die Verbindung zu dem achtzehn Jahre zuvor veröffentlichten Text-Bild-Band *Fundsachen für Nichtleser*: Dort in bunten Aquarellen getuscht und in haikuartigen Gedichten verschriftlicht, hier im silbrigen Bleistiftgrau gezeichnet und in den Lyrik-Prosa-Doppelstücken beleuchtet, zeigt sich dasselbe Nebeneinander von Vergänglichkeit und Lebenslust. Auch aufgrund solcher Motivparallelen, die immer wieder den Charakter von Selbstzitaten gewinnen, wirkt *Vonne Endlichkait* nicht nur wie ein Buch, das von letzten Dingen handelt, sondern auch wie eines, das im Bewusstsein entstand, das letzte zu sein.

3 Interpretation/Forschungsansätze

Vom Titel an kann *Vonne Endlichkait* als ein barockes Buch bezeichnet werden, Detering nennt es Grass' „letzte barocke Dichtung" (Detering 2015, 44). Sowohl durch die Texte als auch durch die Zeichnungen zieht sich die barocke Motivik von *vanitas*, *memento mori* und *carpe diem*. Auch über intertextuelle Verweise wird ein Bezug zu dieser Epoche hergestellt, etwa durch den gleich im ersten Text erwähnten „Baldanders". Hier wird auf die Figur von Hans Sachs angespielt, die vor allem bekannt wurde durch den *Abentheuerlichen Simplicissimus Teutsch* von Hans Jakob Christoffel von Grimmelshausen, in dem Grass „sein eigenes Vor- und Leitbild sah" (Detering 2015, 44). Detering stellt den Barock-Bezug als ein den ganzen Band und seine Gestaltung bestimmendes Element heraus. Für die Buchgestalt ist insbesondere die barocke Emblem-Kunst prägend: Zeichnungen, Prosatexte und Gedichte sind auf eine Weise miteinander verschränkt, wie es die drei Teile eines barocken Emblems sind, *inscriptio*, *pictura* und *subscriptio*.

Zum zentralen Thema wird angesichts der alles bestimmenden Vergänglichkeit die Rolle der Kunst. Selbstreflexiv wird das eigene Zeichnen und Schreiben immer wieder aufs Neue in den Blick gerückt; sie werden zur lebenserhaltenden Maßnahme für den alternden Autor. Mithilfe der Kunst wird die eigene Endlichkeit beschworen, blickt der Autor der eigenen Vergänglichkeit ins Gesicht und setzt ihr im selben Moment etwas entgegen, das nicht vergeht. Performativ wird diese Reflexion über die Rolle der Kunst im Angesicht der Vergänglichkeit umgesetzt durch ein intermediales Verweisspiel, ein „Spiel mit Bezügen zur Literatur-, Kunst- und Musikgeschichte" (vgl. Wellnitz 2022, 194). Die intertextuellen Verweise reichen von François Rabelais über Joseph von Eichendorff bis zu Hans Magnus Enzensberger. Rabelais und Jean Paul werden zum Gegenstand exkursartiger „Doppelstücke", die „wie abschließende Kommentare zu großen literaturgeschichtlichen Experimenten wie *Das Treffen in Telgte* (1979) oder *Grimms Wörter* (2010)" wirken (Wellnitz 2022, 200). Schwitalla weist in seiner linguistischen Stilanalyse des Bandes zusätzlich auf Bezüge zu Paul Celan und Rainer Maria Rilke hin (vgl. Schwitalla 2016, 47). Das Verweisspiel beschränkt sich jedoch nicht auf die Literatur: Auch die Bildende Kunst spielt in die Texte hinein, etwa mit Albrecht Dürer, Pablo Picasso oder Alexej von Jawlensky, und ebenso die Musik mit Robert Schumann und Franz Schubert (Wellnitz 2022, 200–204). Durch diese Menge an intertextuellen und intermedialen Bezügen führt Grass vor, dass die Kunst tatsächlich etwas ist, das der eigenen Endlichkeit entgegensetzt werden kann (vgl. dazu auch Stolz 2023, 371–384).

Eben diese selbstreflexiven Motive werden in den Zeichnungen mit den Vergänglichkeitsmotiven verschränkt. So wird das welke Laub verbunden mit dem herbstlichen Vergehen der Lebenskraft, aber ebenso mit beschriebenen Blättern. Auch die toten Vögel setzen ganz offensichtlich den Tod ins Bild, sind aber zugleich durch die Verbindung der Vogelfreiheit mit dem Schriftstellerdasein im ersten Text ein Bild des Autors selbst: Er identifiziert seine Position als Schriftsteller mit der eines Vogels, mit dessen Leichtigkeit und Gewandtheit, aber auch mit seiner Schutzlosigkeit. Die Zeichnung des toten Vogels nimmt damit den Tod des Autors vorweg und führt ihn immer wieder aufs Neue vor Augen. Die gezeichneten Federn sind sowohl die Federn, die der vogelfreie Autor unter dem Beschuss seiner Jäger verliert, als auch Schreib- und Zeichenfeder, „sind gleichermaßen Medium, Motiv und Metapher der ästhetischen Verfertigung“ (Zimmermann 2017, 328): „als ganz einfache, triftige Bilder der Flüchtigkeit, der Vorläufigkeit und Endlichkeit auch des großartigsten Höhenfluges, als Erinnerungen an die Schreibfeder, wie sie Grass' Umschlagszeichnung zum *Treffen in Telgte* zeigte, als Inbild aber auch einer Leichtigkeit und Heiterkeit angesichts des Sterbens, ja noch inmitten des Sterbens, von der dieses Buch nicht nur handelt, sondern die es auf jeder Seite zeigt.“ (Detering 2015, 45–46) Diese Leichtigkeit angesichts des schwerwiegenden Themas der Endlichkeit ist ebenso selbstreflexiv in den Zeichnungen wie in den Texten umgesetzt. Wenn leichte Federn und welkes Laub neben schweren Nägeln oder Ammoniten schweben, dann setzen sie die den ganzen Band bestimmenden Oppositionspaare ins Bild: Leichtigkeit und Schwere, Leben und Tod, Vergänglichkeit und Lebenslust.

Literatur

Detering, Heinrich. „Günter Grass: ‚Vonne Endlichkait‘“. Einführung in eine Lesung am 14. Juni 2015 im Deutschen Theater Göttingen. *Studia niemcoznawcze* 56 (2015): 43–46.

Detering, Heinrich, und Günter Grass. *In letzter Zeit. Ein Gespräch im Herbst*. Göttingen 2017.

Detering, Heinrich. „Pingpong am Zeichentisch. Ein Gespräch mit Gerhard Steidl“. *Günter Grass als Buchkünstler*. Hrsg. von Heinrich Detering, Lisa Kunze und Katrin Wellnitz. Göttingen 2022: 8–23.

Schwitalla, Johannes. „Ein linguistischer Abschied von Günter Grass: ‚Vonne Endlichkait‘“. *Ostravská univerzita / Filozofická fakulta. Studia Germanistica* 18 (2016): 41–56.

Stolz, Dieter. *Günter Grass. Der Schriftsteller.* München 2023.

Stolz, Dieter. „Vonne Endlichkait“. *Freipass. Forum für Literatur, Bildende Kunst und Politik*. Bd. 4: *Horst Janssen und Günter Grass*. Hrsg. von Volker Neuhaus, Per Øhrgaard und Jörg-Philipp Thomsa. Berlin 2019: 156–160.

Wellnitz, Katrin. „‚Willkommen, nicht Abschied erleuchtet die Schrift‘. Literatur-, kunst- und musikgeschichtliche Wegmarken in Günter Grass' Text-Bild-Band“. *Vonne Endlichkait. Freipass. Forum für Literatur, Bildende Kunst und Politik.* Bd. 6: *Günter Grass – Schriftsteller, Künstler und engagierter Zeitgenosse*. Hrsg. von Volker Neuhaus, Per Øhrgaard und Jörg-Philipp Thomsa. Berlin 2022: 192–211.

Zimmermann, Harro. *Günter Grass und die Deutschen. Eine Entwirrung*. Göttingen 2017.

II.6 Essays und Reden

II.6.1 Ein tapferer Mann: Zu den Essays und Reden von Günter Grass

Paul Ingendaay

Das Auftreten, die Vorlieben oder der regionale Hintergrund eines Autors bilden gemeinhin keine Kategorie für seine Bewertung, aber es steht außer Frage, dass mit Danzig als literarischer Topographie etwas Besonderes in die deutsche Literatur gekommen ist. Allein schon deshalb, weil Gdańsk – kaschubisch Gduńsk – lange Zeit auf der anderen Seite des Eisernen Vorhangs lag. Günter Grass beschwor den größeren Teil seines schöpferischen Lebens hindurch eine gähnende Abwesenheit, zugleich einen Fluchtpunkt deutscher Schuld. Das verleiht seinem Werk, nicht nur von heute aus gesehen, etwas Unerwartetes: Wenig daran verstand (und versteht) sich von selbst. Die Kaschuben, hat er etwa im *Tagebuch einer Schnecke* (1972) geschrieben, „sind Altslawen, die eine aussterbende, mit deutschen und polnischen Lehnwörtern gespickte Sprache sprechen" (NGA 8, 121). Das Besingen der verlorenen Danziger Heimat und das fremdartig klingende Deutsch haben, diesseits der außergewöhnlichen literarischen Qualität, schon *Die Blechtrommel* (1959) zu einem sonderbaren Werk gemacht. Es setzte sich in *Katz und Maus* (1961) und *Hundejahre* (1963) fort. Doch dann hat dieser Steinmetz, Zeichner, Kleinbürger und Autodidakt die ganze übrige deutsche Literatur in die Tasche gesteckt. Nicht nur im Schreiben. Auch im Reden, Streiten, Debattieren.

Wirkungsgeschichtlich – und sehr vereinfachend gesagt – haben auf dem Feld des Romans zwei Autoren die deutsche Literatur des zwanzigsten Jahrhunderts geprägt: die erste Hälfte Thomas Mann; die zweite Günter Grass. Diese Repräsentativität hat das Grass-Bild bestimmt, und weder er noch wir kommen davon los. Der frühe Ruhm, das expansive Ego und der kolossale Geltungsdrang dieses Schriftstellers haben auch Spötter auf den Plan gerufen. „Anruf von einer Redaktion genügt, und er verlautbart", steht im *Berliner Journal* von Max Frisch über den Berliner Nachbarn. „Als könne er Aktualität ohne Grass nicht ertragen. Wie heilt man ihn?"

Er war unheilbar. Im Gegenzug glaubte die deutsche Gesellschaft, mit der er rang und die er ein ums andere Mal provozierte, in den späteren Jahren schnell Bescheid zu wissen, was von Grass zu erwarten war: Seine politische Haltung schien klar definiert, Überraschungen waren ausgeschlossen. Das rasche Urteil der Öffentlichkeit drohte den Blick auf die inneren Prozesse und auch die Veränderungen im Denken von Grass zu verstellen. Als wäre bei diesem Autor eine gleichsam mechanisierte Meinungsproduktion mit vorhersehbarem Ergebnis am Werk gewesen. Als könnten wir den Mann, der 2006 bekannte, als Siebzehnjähriger der Waffen-SS angehört zu haben, zu den Akten legen und vergessen.

https://doi.org/10.1515/9783110755435-047

Die Lektüre der vier Bände „Essays und Reden“ in der *Neuen Göttinger Ausgabe* (2020) erlaubt eine genauere und differenziertere Betrachtung, zu der, so seltsam es klingen mag, auch das Staunen gehört – allein schon deshalb, weil die jeweiligen Lebensalter des Künstlers Günter Grass die Aufmerksamkeit auf die Entwicklung seines Denkens lenken. Im ersten Band etwa tritt hinter dem Etikett Grass ein junger, kämpferischer Mann von endloser Energie hervor. Er tat, was weit und breit niemand anderer tat: Auf derselben Höhe wie der Literat wollte er ein verantwortungsvoller Bürger sein. Man pflegt die sechziger und siebziger Jahre in der Grass-Biographie unter dem Rubrum „SPD-Wahlkampf“ und „Engagement für Willy Brandt“ einzusortieren. Seit 2013 liegt bei Steidl auch der mehr als tausendseitige Briefwechsel zwischen Brandt und Grass vor, der die Zusammenarbeit akribisch dokumentiert und in dem Grass der Eifrige, Werbende, manchmal Drängende und Bevormundende war.

Besonders eindrücklich ist es, die politische Prosa des damals jungen Autors am Stück zu lesen und sich sein zivilgesellschaftliches Engagement als Teil einer auch ansonsten überaus aktiven, ja hektischen Künstlerexistenz vorzustellen. Statt des barocken Sprachspielers – ein nüchterner strategischer Kopf mit glasklaren Sätzen, der vieles fordert: Bücher für die Bundeswehr. Mehr Umweltschutz. Bekämpfung der NPD. Einen Blick (bei dem es nicht bleiben darf) in die armen Regionen der Welt. All das nicht im Gestus preiswerter Allzuständigkeit, sondern besorgt, ungeduldig, konkret, bewehrt mit Zahlen und Statistiken. Grass lässt sich vor den SPD-Wahlkampfkarren spannen und schwitzt in Turnhallen und auf Marktplätzen, denn „Wahlen sind Appelle an die Vernunft“ (NGA 20, 102). Vielleicht liegt hier eine der größten Leistungen des jungen Günter Grass: seine Energie, auch physisch, einem unerschütterlichen Vernunftglauben gewidmet zu haben. „Bürger der Stadt Düsseldorf“, begrüßt er sein Publikum in einer Wahlkampfrede 1965 (NGA 20, 139) und steigt dann ins Kleingedruckte der Parteiprogramme ein. Seine Forderungen in der Gesundheitspolitik etwa sind so detailliert, dass sie direkt aus der SDP-Zentrale stammen könnten, mehr: Man könnte sie gut ein halbes Jahrhundert später auf Flugblätter schreiben, und der kritische Teil der deutschen Öffentlichkeit würde zustimmend nicken: „Jedermann weiß, welch alarmierende Zahlen den Mangel an gutgeschultem Pflegepersonal belegen. Es wird also darauf ankommen, das Ansehen des Krankenschwesternberufsstandes zu heben und diesen in gleichem Maße verantwortlichen wie schlechtbezahlten Beruf aus dem Ghetto altmodischer Samaritervorstellungen zu befreien.“ (NGA 20, 153–154)

Seine Lieblingsfeinde bei der CDU heißen Kiesinger, Barzel und Strauß. Grass wusste genau, was er Kiesinger vorwarf: dass er „als Erwachsener voll verantwortlich gegen jede christliche Moral gehandelt“ habe (NGA 20, 225) und als ehemaliges NSDAP-Mitglied Bundeskanzler geworden sei. Die Formulierung ist wichtig; Grass selbst sah seine eigene Verstrickung, die ungleich geringer war, von der zu sprechen ihm aber die Scham verbot, in seiner verführten Jugend begründet. Noch 1979, viele Jahre später, spricht er in einem Beitrag für einen Ausstellungskatalog mit dem Titel *Wie sagen wir es den Kindern?* von der „Generation der Mitwisser, Mittäter und Mitschweiger“ und meint damit Männer, die in seinen Augen „in politische Verantwortung [drängten], als sei nichts geschehen“ (NGA

22, 119), und denen das Nachdenken über ihre eigene Schuldhaftigkeit fremd zu sein schien – jene manchmal peinigende moralische Selbstbefragung also, die für Grass von Anfang an der Basso continuo seiner politischen Äußerungen war. Sein Erwachsenendasein lässt sich als lebenslange Abbitte begreifen.

Aus späterer Sicht ist übrigens wenig an den damaligen SPD-Forderungen „links", das meiste eher demokratisches Konsensdenken unserer bürgerlichen, grün angehauchten Mitte: Abschaffung des Paragraphen 218. Ein schärferes Bewusstsein für das, was damals noch nicht Klimawandel, sondern Umweltschutz hieß. Anerkennung der Oder-Neiße-Grenze und Verzicht auf die ‚verlorenen' Ostgebiete. Aussöhnung mit Polen. Das klare Bekenntnis zu Israel, zur überragenden Bedeutung von ‚Auschwitz' und deutscher Schuld, vor allem: zu den historischen und politischen Lehren, die daraus zu ziehen wären. Es ist nicht übertrieben, von einer allmählichen Sozialdemokratisierung der deutschen Nachkriegsgesellschaft zu sprechen, die in verblüffendem Kontrast zu der eher geringen Beteiligung an realer politischer Macht durch den SPD-Kanzler steht. In Grass' Reden und Essays ist es mit einer Anschaulichkeit und Detailfülle nachzulesen wie nirgendwo sonst.

Angesichts der späteren Merkel-CDU und eines breiten Konsenses der gesellschaftlichen Mitte kommen uns allerdings manche Positionen der damaligen Konservativen skandalös vor. Alt sieht nicht der junge Grass aus, sondern der politische Gegner. Es beginnt mit der Diffamierung Willy Brandts als ‚Emigrant' und ‚Vaterlandsverräter', ein Leitmotiv der Nachkriegs-Konservativen in Deutschland. Es setzt sich fort mit Kampfbegriffen wie ‚Verzichtpolitiker' und endet nicht mit der schäbigen Geste der CDU-Bundestagsfraktion, Brandt zum Friedensnobelpreis 1971 demonstrativ nicht zu applaudieren. (Grass hebt lobend die wenigen Ausnahmen hervor.) In Brandt, 1965 noch Regierender Bürgermeister seines Wohnorts Berlin, hatte der Schriftsteller früh den einzigen Politiker erkannt, „der das verdrängte Ziel der Wiedervereinigung wieder in den Blick rückt" (NGA 20, 117). Das Ziel entschwindet mit der Großen Koalition 1969 in weite Ferne, doch die Nähe zu Brandt bleibt. „Skeptisch vertraue ich ihm", schreibt Grass. „Sympathie äußert sich in Kritik." (NGA 20, 116)

1 Auschwitz als Geißel und Mahnung

Den Kniefall vor dem Denkmal der Helden des Warschauer Ghettos 1971 hat Grass immer wieder kommentiert, er hatte Brandt ja auf der Reise begleitet und beim Abfassen der Tischrede geholfen. Sachlich erzählt er davon in einer politischen Kolumne: „Ich habe es nicht gesehen. Ich hörte davon; es sprach sich herum." (NGA 21, 91–92) Mit echtem katholischen Pathos – Brandt als Passionsfigur – und verstellter Stimme nimmt Grass die weltberühmte Geste dann in *Mein Jahrhundert* (1999) wieder auf. Dort ist aus der Perspektive eines Brandt-kritischen Journalisten von der Reue die Rede, welcher der Bundeskanzler Ausdruck gegeben habe, „Reue für alle im deutschen Namen begangenen Untaten, indem er die übergroße Schuld auf sich nahm, er, der selber nicht schuldig wurde, fiel dennoch aufs Knie“ (NGA 15, 220).

Auch in dem aufschlussreichen Text-Hybrid *Aus dem Tagebuch einer Schnecke* kommt Grass anhand von Dürers Kupferstich *Melencolia I* auf den Kniefall und die darin ausgedrückte „Erkenntnis ungeminderter Schuld“ (NGA 8, 309) zu sprechen. Fast meint man einen weiteren Sinn zu erspüren: nämlich den, Brandt stehe auf einer grundsätzlich anderen Seite als die übrigen Deutschen, Grass eingeschlossen. Weil Brandt als Unschuldiger etwas tat, was Grass zu tun versäumt hatte und nun nie mehr würde tun können. Er ist, unwiderruflich, ein zu spät Gekommener und schreibt dieses Bewusstsein seinem Werk ein. „Immer noch einen Schritt vor Ausschwitz muss ich im Krebsgang üben“, heißt es schon im Mai 1970, Jahrzehnte vor seinem Erinnerungsbuch desselben Titels, in einer Berliner Rede zur Eröffnung der Ausstellung „Menschen in Auschwitz“. Und er fährt fort: „Immer wieder und abermals liegt vor einer halbwegs hinreichenden Erklärung weiterer Anlaß, noch mehr Ursache zu nennen. Und vor den Ursachen melden sich andere Ursachen zu Wort: Wir sind es auch gewesen.“ Denn *er* ist es gewesen, lässt sich daraus lesen; er meint sich mit, als schuldlos Schuldhafter: „Das haben wir zwar nicht gewollt“, geht es in der Rede weiter. „Aber das, was wir taten, sagten und schrieben, führte auf Umwegen zu einer Ortschaft, die Auschwitz heißt, aber auch Treblinka heißen könnte.“ (NGA 21, 57–58)

Volle sieben Jahre war der Autor der *Blechtrommel* Teil der „Sozialdemokratischen Wählerinitiative“, die für die SPD in den Wahlkampf zog, vom Niederrhein bis ins tiefste Bayern. Aber er bleibt sein eigener Kopf. Von der westdeutschen Linken distanziert er sich, wo sie ihm irrational oder verbohrt erscheint. Exemplarisch dafür steht seine Baseler Rede im September 1968 „Die Prager Lektion“, in der Grass nach der Niederschlagung des Prager Frühlings solidarisch an die politische Niederlage von Schriftstellern wie Václav Havel, Milan Kundera, Ivan Klíma oder Pavel Kohout erinnert, während „die revolutionäre westdeutsche Linke und der zu jenem Zeitpunkt anschwellende Studentenprotest“ nicht nur ahnungslos geblieben seien, sondern sich als Posterboy ausgerechnet den „Berufsrevolutionär Che Guevara“ ausgesucht hätten (NGA 20, 407). Eine interessante Spannung ist in jenen Jahren in Grass’ politischem Auftreten zu beobachten. Er kümmert sich um viel, interessiert sich für noch mehr, schreibt alle drei, vier Wochen eine Rede oder einen Essay, die bis zu zwanzig Seiten lang sind – besonders produktiv sind die Jahre 1966 bis 1969 –, möchte aber bei aller sichtbaren Allzuständigkeit nicht als allzuständig gelten. Die Rolle, die er faktisch ausfüllt, lehnt er eigentlich ab. „Gewissen der Nation“, das will er ausdrücklich nicht sein, sondern „demokratischen Kleinkram betreiben“ und „Kompromisse anstreben“ (NGA 20, 200).

In einem gewissen Widerspruch dazu steht die gelegentliche Forschheit seiner Rede, das Zupackende seiner Forderungen und Appelle, das ihnen auch heute noch, über die politische Bedeutung oder das zeithistorische Kolorit hinaus, eine hohe Lesbarkeit garantiert. In den Reden ähnelt sein apodiktischer Ton manchmal dem des jungen Hans Magnus Enzensberger (dem er Kokettieren mit der Revolution vorwirft – NGA 20, 389). Von Heinrich Böll und Alfred Andersch, den Älteren, fordert Grass öffentlich und nicht ohne Spott mehr Engagement (NGA 20, 188), und das auf dem sichtbarsten Podium, das er in jenen Jahren besteigt: im Oktober 1965 in Darmstadt, bei der Dankesrede zur Verleihung des Georg-Büchner-Preises. An den in der DDR verfemten Uwe Johnson erinnert er in Ost-Berlin ohne Furcht und rüffelt Anna Seghers 1961, gleich nach dem Bau der Mauer, für ihr staatsfrommes Schweigen. Es dürfe nicht sein, schreibt er der Vorsitzenden des Schriftstellerverbandes in der DDR in einem offenen Brief, „daß Sie, die Sie bis heute vielen Menschen der Begriff aller Auflehnung gegen die Gewalt sind, dem Irrationalismus eines Gottfried Benn verfallen und die Gewalttätigkeit einer Diktatur verkennen, die sich mit Ihrem Traum vom Sozialismus und Kommunismus, den ich nicht träume, aber wie jeden Traum respektiere, notdürftig und dennoch geschickt verkleidet hat" (NGA 20, 45). Zwei Tage darauf schickt er seinen Protest, zusammen mit Wolfdietrich Schnurre, unter dem Titel „Wer schweigt, wird schuldig" auch an den ostdeutschen Schriftstellerverband und an vier Tageszeitungen. Der Satz wird später einmal auch für ihn gelten: Wer schweigt, wird schuldig. Er wird es gewusst haben. Sechs Jahre vor dem Medienskandal um sein Erinnerungsbuch *Beim Häuten der Zwiebel* (2006) sagt er in einer Rede vor dem Internationalen PEN-Club in Moskau: „Noch immer hat uns die Vergangenheit eingeholt; und ihre Siege im Wettlauf mit der Gegenwart verdankt sie, nicht zuletzt, der Literatur." (NGA 23, 279)

Natürlich gab es unzählige verpasste Gelegenheiten, mit gebotener Genauigkeit von sich selbst zu sprechen. „Als ich siebzehn war" ist das Interview überschrieben, das Irmgard Bach von Radio Bremen im Mai 1968 mit Günter Grass führte. Dort spricht der Schriftsteller vom Jungvolk, der Hitlerjugend mit vierzehn, von der Uniform des Luftwaffenhelfers, in die man ihn mit fünfzehn gesteckt habe, von der Schule und der „vaterlose[n] Gesellschaft, in der die Väter zumeist Soldaten waren" (NGA 24, 70). Immer wieder zeigt Grass, wie stark eine brutale Realität und die Verständnisfähigkeit des Jugendlichen auseinanderklafften und dass er sich – die Aussage bezieht sich auf die zwangsausgesiedelten ‚Ostarbeiter' in seiner Heimatstadt Danzig, die um Brot betteln, gilt aber auch für vieles andere, was er wahrnimmt – „keinen Vers darauf machen konnte" (NGA 24, 73). „Ich wußte nicht", sagt er seiner Gesprächspartnerin, „daß in diesen Lagern schon viele an Typhus gestorben waren. [...] Die Welt war ja eine Barackenwelt, ein Aufwachsen in Uniform, in wechselnden Uniformen mit der Hitlerjugend-, der Luftwaffenhelfer-Uniform, Arbeitsdienst, Militäruniform bis in das Kriegsgefangenenkostüm hinein" (NGA 24, 73). So wenig bezieht Grass diese Lebensstationen auf sich selbst und als Mensch mit freiem Willen, dass er sie als von oben herab dekretierte Rollenspiele mit Kostümierungen darstellt. Niemand, der sich in Ruhe das Lebensalter von siebzehn Jahren vor Augen hält und außerdem fähig ist, auch sich selbst als Siebzehnjährigen zu sehen, wird bezweifeln, dass zu diesen erzwungenen Rollenspielen für Günter Grass auch die Waffen-SS zählte.

Egal wie forsch seine Auftritte, die frühen und die späten, immer sind ihnen Skepsis und Zweifel beigemischt. Er sehe, sagt er 1966 bei der Tagung der Gruppe 47 in Princeton, nur „verwirrte, am eigenen Handwerk zweifelnde Dichter", die ihre „winzigen" Möglichkeiten „wahrnehmen oder nicht wahrnehmen oder halbwegs wahrnehmen"

(NGA 20, 199). Natürlich zählt er sich zu den Ersten. Aber seine Sprache bläst sich nicht auf. Und sie kann auch elegisch sein. Aus seiner Rede *Was ist des Deutschen Vaterland?* klingt 1965 das schönste Pathos eines linken Patrioten. In einem als Antwort auf Ernst Moritz Arndt konzipierten Gedicht stellt Grass sich deutsche Emigranten der NS-Zeit in New York, Washington oder Cincinnati vor und spürt deren Unsicherheit, was es mit dem gegenwärtigen Zustand Deutschlands auf sich habe. „Sollte man wieder zurück?", fragen sie das lyrische Ich. „Ist da noch Platz für unsereins?" / Und wird mein Deutsch – es ist altmodisch, ich weiß – nicht jedermann verraten, daß ich solange ... ? / Und ich antwortete, den Whisky erwärmend: / Es ist besser geworden. / Wir haben eine gute Verfassung. / Jetzt, endlich, rührt sich auch meine Generation. / Bald, im September, sind Wahlen." (NGA 20, 137–138) Grass war damals kein verträumter Sozialdemokrat, sondern das seltene Ding: ein radikaler Mann der Mitte. Seinen Standpunkt markierte er zwischen einer Rechten, die noch „Deutschen Reichen" nachtrauerte, und einer linksnaiven APO, die „Ho, Ho, Ho Chi Minh!" skandierte. Für den Schriftsteller war diese Mitte unverrückbar, und Revolutionsnostalgie war ihm fremd. Der Kern dieser Mitte bestand darin, auch und gerade „den Verächtern der Toleranz gegenüber" – so Grass in einer Wahlkampfrede nach Brandts Rücktritt 1974 – „Toleranz dennoch als Voraussetzung für jegliche Politik zu verteidigen" (NGA 21, 411).

2 Die Debatte um seine Vergangenheit

Der letzte Band der *Neuen Göttinger Ausgabe*, *Gespräche 1958–2015*, ist der dickste. Auf achthundert Seiten versammelt er die wichtigsten Interviews. Für Grass war es eine Paradedisziplin. Aus dem Abstand von Jahrzehnten nimmt sich das Gespräch mit Frank Schirrmacher und Hubert Spiegel (vgl. NGA 24, 755–772), das im August 2006 in der *Frankfurter Allgemeinen Zeitung* die Debatte um des Autors Mitgliedschaft in der Waffen-SS eröffnete, harmloser aus als damals. Es war eine lange, ruhige Unterhaltung, nichts Inquisitorisches. „Und dann stellte ich vielleicht erst in Dresden fest, es ist die Waffen-SS", sagte Grass über den Einberufungsbefehl, der ihn so unvorbereitet getroffen hatte wie alles andere in jenen Kriegsmonaten, und es gibt keinen Grund, diese Darstellung zu bezweifeln. Ob er deswegen ein Schuldgefühl gehabt habe, fragen seine Gesprächspartner. „Währenddessen? Nein. Später hat mich dieses Schuldgefühl als Schande belastet" (NGA 24, 759). Den besten Beweis, dass es diese innere Entwicklung im Denken und Empfinden des Schriftstellers so, genau in diesem Mechanismus, gegeben hat, liefert das frühe Gespräch mit Günter Gaus, in dem Grass ein halbes Menschenalter zuvor mit ziemlicher Selbstgewissheit sagt: „Die Jahrgänge um meinen Jahrgang herum – wir sind ja zu jung gewesen, um Nazis werden zu können oder um schuldig werden zu können, und zu alt, um diese Zeit abstreifen zu können" (NGA 24, 49). Nein, so hätte er es später nie mehr gesagt. Weil es nicht stimmte. Und weil er es immer stärker spürte, obwohl Grass paradoxerweise die Kompanie, in die der Siebzehnjährige eingezogen worden war, im Grunde schon 1968 in dem bereits zitierten Gespräch mit

Radio Bremen öffentlich benannt hatte: „Diese wechselnden Einheiten, in denen ich war, waren sogenannte Marschkompanien, zusammengewürfelt aus Sechzehn-, Siebzehnjährigen, alten Männern zwischen 50 und 60, Resten vom Volkssturm, eingezogener Waffen-SS, Marine und der sogenannten Hermann-Göring-Spende, die man von der Luftwaffe plötzlich in diese Kampfeinheiten hineingestopft hatte.“ (NGA 24, 75)

Das Gespräch mit Schirrmacher und Spiegel im August des Jahres 2006 ist, neben allem anderen, der Beleg für eine fatale Fehleinschätzung: Grass hatte geglaubt, die öffentliche Reaktion auf das jahrzehntelang offenbar wieder verdrängte Detail seiner Kriegsjugend, den schambehafteten Namen der Kampfeinheit, sowohl durch den freiwillig gewählten Schritt als auch durch die Einbettung in eine Poetologie des Erinnerns kontrollieren zu können. Doch sein autobiographisches Buch *Beim Häuten der Zwiebel* wurde danach nur noch auf ‚Stellen‘ hin gelesen. Nachdem der *Spiegel* schon 1995 einen wütenden Marcel Reich-Ranicki aufs Titelbild gebracht hatte, der ein Exemplar des Romans *Ein weites Feld* physisch zerreißt – eine fürchterliche Botschaft, auch heute noch, und daran wird sich nichts ändern, solange es Bücher gibt –, vollendete das Magazin den Angriff auf den Achtundsiebzigjährigen elf Jahre später mit einer bösen Titelillustration: Grass trommelt Blech, und zwar auf einem Helm der Waffen-SS. Hat er, so die Suggestion, auch Blech *geredet*? Sind also seine Worte und Schriften zur deutschen Geschichte, sind die vielen tausend Seiten seines Werks entwertet? „Spätes Bekenntnis eines Moral-Apostels“ lautet die Titelzeile des Magazins, das mit dieser Ausgabe wahrlich keinen strahlenden Augenblick erlebte. Denn der *Spiegel* sah im Verhalten des berühmtesten deutschen Schriftstellers tatsächlich nur das, was auch schon die Stasi viele Jahre zuvor erkannt hatte: Grass, so der Informantenbericht des notorischen IM „Kant“, „möchte immer als ein Freiheitsapostel erscheinen“ (zit. nach Bartels 2010).

Ein Siebzehnjähriger, der aus seiner jugendlichen Nazi-Gläubigkeit später nie ein Hehl gemacht hat, ließ sich von der Waffen-SS rekrutieren (vgl. dazu auch Stolz 2023, 398–401). Er versichert, keinen Menschen getötet zu haben. Dass ihm der Schriftstellerkollege Louis Begley, der als jüdisches Kind in Polen knapp der Ermordung entging, nach eigenen Worten nie mehr die Hand reichen wollte (Begley 2006), mag verständlich sein und gehört in den Bereich persönlicher Reaktionen, die zu bewerten der Respekt verbietet. Aber die Ehrlichkeit von Grass’ öffentlichem Nachdenken über deutsche Schuld und das deutsche Erinnerungstrauma in Zweifel zu ziehen, wie es mit so viel genussvoller Häme geschah, war ungerecht.

Denn wer genau liest, entdeckt in seinen Büchern und vielen öffentlichen Reden ein nagendes Schuldgefühl, eine alte Wunde, die er nicht in Ruhe lassen kann. Es spricht ein Mann über einen Jugendlichen, und er quält sich dabei. Er tut es nicht, um zu verklausulieren, es ist viel komplizierter: Er schreibt um das Ereignis herum, er nähert sich ihm zwanghaft, rückt wieder von ihm ab und kann doch nicht davon schweigen. In seiner Frankfurter Poetik-Vorlesung *Schreiben nach Auschwitz* kommt er 1990 dem Geständnis abermals nahe, so nah, dass es beim Lesen nachträglich schmerzt. Er empfindet „Ungenügen nach fünfunddreißig Jahren Bilanz“, schreibt er, denn: „Etwas, das noch nicht zu Wort kam, muß gesagt werden.“ Meint er *das*? Man ist fast geneigt, den Sinn nachträglich in die Zeilen hineinzulesen. „Eine alte Geschichte will ganz anders erzählt werden“ (NGA 22, 441). Welche *andere* alte Geschichte könnte er gemeint haben? Es ist erstaunlich, dass seinen Kritikern das Muster im Denken des Günter Grass nicht aufgefallen ist. „Auschwitz“ ist seine Geißel, lebenslang. Darf es wundern, dass er uns, seinen Lesern, damit immer wieder in den Ohren lag, auch bei der Wiedervereinigung, wie sich in seinen Essays „Ein Schnäppchen namens DDR“ (NGA 22, 475–489) oder auch in der „Bitterfelder Rede“ (NGA 22, 511–524) nachlesen lässt? Psychologen könnten es uns leicht erklären. Es billig oder bequem zu nennen wäre seinerseits billig und bequem. Mehr als dreißig Jahre nach Grass' bitterem Befund über westliches Dominanzdenken und östliche Identitätsbeschädigung sind die Risse, die nach dem Mauerfall sichtbar geworden sind, immer noch Gegenstand intensiver gesellschaftspolitischer Debatten.

3 Rückzug aus dem Gefecht

Als Grass 2007, ein Jahr nach dem Skandal, der ihn tief verletzt und Spuren der Verbitterung hinterlassen hat, den Ernst-Toller-Preis in Empfang nahm, hielt er eine kurze Rede mit diskreten Anspielungen auf sich selbst (vgl. NGA 23, 455–459). Dankbarkeit ist zu spüren, dass ihn jetzt noch jemand ehrt. Die Lust allerdings, sich selbst als beispielhaft zu betrachten, ist Günter Grass vergangen. Es mag nicht nur am Alter liegen, dass er in den folgenden Jahren kaum noch Reden oder Essays schreibt. In solidarischen Gedenkblättern würdigt er sowohl Heinrich Böll als auch Christa Wolf als Schriftstellerkollegen, die hart attackiert wurden (NGA 23, 470–476 und NGA 23, 497–499). Genau wie er.

Wer sich an den alten Grass als Mahner mit zugekniffenen Augen erinnert, an die Pfeife und die erdfarbenen Joppen, der kann bei der Lektüre der Reden und Essays nicht nur das Staunen lernen, sondern klarer auf diesen tapferen Mann schauen. Hier gilt der Buchstabe allein, nicht die Aura, nicht der Ton, schon gar nicht das von Medien gemachte und verkaufsfördernd ausgestellte Konstrukt. In seinen Forderungen nimmt der junge Grass das moderne, liberale Deutschland von heute vorweg – ein offenes, nachdenkliches Land, das nachdenklicher wurde durch ihn und auch dank der Arbeit dieses Mannes seine eigenen Dämonen kennt. Die Reden, Essays und Erzählwerke von Günter Grass sind als großes Geschichtsbuch der Bundesrepublik lesbar; vielleicht das größte seiner Art.

Literatur

Bartels, Gerrit. „Grass' Stasi-Akte. Ein enges Feld“. *Tagesspiegel* (6. März 2010). https://www.tagesspiegel.de/kultur/ein-enges-feld-7077493.html.

Begley, Louis. „Günter Grass macht reinen Tisch. Lügen in Zeiten des Friedens: Hätte ich das gewußt, ich hätte die Flucht ergriffen“. *Frankfurter Allgemeine Zeitung* (21. August 2006): 31.

Stolz, Dieter. *Günter Grass. Der Schriftsteller*. München 2023.

II.6.2 Essays und Reden 1955–1969

Michael Scheffel

Mitte der 1950er Jahre feierte Günter Grass erste kleinere literarische Erfolge und schloss 1956 sein künstlerisches Studium in Berlin als Meisterschüler von Klaus Hartung ab; im Sommer desselben Jahres zog der schreibende und zeichnende Bildhauer mit seiner ersten Frau Anna Schwarz nach Paris, um dort an einem Roman zu arbeiten, der im Herbst 1959 unter dem Titel *Die Blechtrommel* erschien. Dieses erste Werk der später so genannten *Danziger Trilogie* (1959–1963) machte ihn schlagartig berühmt und erhob ihn in den Rang eines Schriftstellers von internationaler Bedeutung. Ab 1960 lebte er wieder in Berlin, wo der Beginn des Baus einer Mauer am 13. August 1961 die Deutsche Teilung zu zementieren schien. Nicht zuletzt angesichts der wachsenden, Besorgnis erregenden Spannungen zwischen Ost und West wurde Grass etwa zur gleichen Zeit politisch aktiv (vgl. dazu auch *Wer wird dieses Bändchen kaufen?* [1961], NGA 20, 40–43). Von kaum zu überschätzender Bedeutung ist in diesem Zusammenhang, dass der mittlerweile erfolgreiche Autor im September 1961 Willy Brandt, zu dieser Zeit SPD-Kanzler-Kandidat und regierender Oberbürgermeister von Berlin, persönlich kennen und schätzen lernte. Schon bald darauf wurde er dessen langjähriger rhetorischer Berater und z. T. auch persönlicher Begleiter während verschiedener Wahlkampagnen auf Landes- und Bundesebene (zur besonderen Art der Beziehung zwischen dem Künstler und dem Politiker vgl. den entsprechenden Briefwechsel (Brandt und Grass 2013) und etwa Boll 2014). Parallel dazu trat Grass zunehmend auch selbständig als politischer Redner in unterschiedlichen Zusammenhängen auf.

Berücksichtigt man den entsprechenden biographischen und historischen Hintergrund, so versammelt der im Rahmen der *Neuen Göttinger Ausgabe* erschienene erweiterte Band mit Grass‘ frühen Essays und Reden zwischen 1955 und 1969 die Äußerungen eines Autors in verschiedenen Rollen und von wachsendem öffentlichen Gewicht. Abgesehen davon enthält er nicht nur die literarischen und ästhetischen Reflexionen eines sich seiner selbst noch vergewissernden jungen Schriftstellers, sondern dokumentiert auch, wie dieser sein Aktionsfeld erweitert, wie er die Erörterung ästhetischer Fragen zeitweise zurückstellt und wie engagiert und detailfreudig er sich in einer ab Beginn der 1960er Jahre stetig wachsenden Zahl von Reden mit Fragen der Zeitgeschichte und des politischen Handelns in der Nachkriegszeit und einer Epoche der Neuordnung Europas befasst.

1 Überlegungen zu Literatur und Ästhetik: Gelegenheitsdichter und engagierter Erzähler

In seinen frühen Essays setzt Grass sich vorzugsweise mit allgemeinen ästhetischen Fragen, mit der Bedeutung von Gedichten und dem Wert des Erzählens auseinander.

https://doi.org/10.1515/9783110755435-048

Angeregt wohl auch durch seine Frau Anna Schwarz, die zu dieser Zeit zunächst in Berlin, dann in Paris eine Ausbildung als Ausdrucks- und Balletttänzerin absolvierte, betrachtet er im Rahmen eines ebenso selbstreflexiven wie anspielungsreichen Spiels in *Die Ballerina* (1956) ein „Bildchen“ in „der Manier der Commedia dell'arte“ (NGA 20, 7), das einen „Dichter“ und eine Ballerina zeigt. Von dieser Darstellung ausgehend reflektiert er am Beispiel unterschiedlicher Formen des Tanzes zwischen klassischem Ballett und freiem Ausdruckstanz das Verhältnis von „Natur und Kunst“ (NGA 20, 15–17) sowie die Bedeutung des Balletts als „einer der unnatürlichsten und damit formvollendetsten aller Künste“ (NGA 20, 16). Die besondere Stellung der Kunst und allgemeine poetologische Fragen werden von Grass in den 1950er Jahren wiederholt am Beispiel von Gedichten erörtert. Diese werden aber immer wieder auch ins Verhältnis zu anderen Künsten gesetzt. „Das Gedicht beginnt immer beim Torso“, so heißt es schon in einem seiner ersten theoretischen Texte *Der Autor sagt zu seinem Gedicht* (1955; NGA 20, 6). Infolge eines Prozesses der ‚Ergänzung‘ von in der Welt vorgefundenen ‚Fragmenten‘ schaffe das Gedicht eine „neue Realität“, eine „Überrealität“ (NGA 20, 6), die der junge Grass als die Folge eines „überscharfen Realismus“ bestimmt (*Über das Schreiben von Gedichten*, 1958; NGA 20, 26). Für den entsprechend vielschichtigen Arbeitsvorgang nutzt er seine Erfahrungen in unterschiedlichen künstlerischen Bereichen und verdeutlicht dessen Ziel mit Hilfe eines Bildes: „Oft kommt mir mein anderer Beruf entgegen und erlaubt, den zu fixierenden Gegenstand von allen Seiten zu zeichnen. Erst dann erfolgt die Niederschrift des Gedichts. Die Aufgabe des Versemachens scheint mir darin zu bestehen, klarzustellen und nicht zu verdunkeln; doch muß man manchmal das Licht ausknipsen, um eine Glühbirne deutlich machen zu können.“ (NGA 20, 26) Im Unterschied zu zeitgenössischen „Labordichter[n]“ wie Max Bense (oder etwa dem von Grass selbst nicht genannten Helmut Heißenbüttel; vgl. dazu Drux 2022), „die ihre Gedichte Texte nennen, die nicht Dichter genannt werden wollen“, sieht der noch junge Autor sich in einer alten Tradition (zu seinen impliziten Bezügen auf Goethes Konzept von Dichtung vgl. Neuhaus 2018, 236–237). In diesem Sinne zählt er sich auf eine besondere Weise zu den stets auf irgendein „Erlebnis“ bezogenen „Gelegenheitsdichtern“, die er selbstironisch in einem Vortrag mit dem ausladenden Titel *Das Gelegenheitsgedicht oder Es ist immer noch, frei nach Picasso, verboten, mit dem Piloten zu sprechen* (1960) an Beispielen von banalen Alltagserlebnissen wie dem Kauf und der Zubereitung von grünen Heringen erläutert (NGA 20, 29). Auch im Blick auf das in so vielen Poetiken erörterte Verhältnis von Inhalt und Form rechnet er sich einer Art gemäßigtem Modernismus zu, d. h. er plädiert in Abgrenzung etwa zu Kandinskys berühmter Forderung nach radikaler Abstraktion für eine – auch – gegenständliche Kunst, die der Phantasie des Künstlers Raum lässt und die ihren Inhalt nicht allein in der reinen Form zu finden versucht (*Der Inhalt als Widerstand* [1957], NGA 20, 18–25; zur gegenständlichen und letztlich nachahmenden Arbeit des bildenden Künstlers vgl. auch den Nachruf auf seinen Lehrer *Genau hingucken. Zum Tod des Bildhauers Karl Hartung*. NGA 20, 334–336). In eine ähnliche Richtung weisen seine Stellungnahmen zu avancierten zeitgenössischen Diskussionen um eine zeitgemäße, besonders formbewusste Gestalt des Romans und die Ablehnung eines angeblich ‚naiven' Erzählens in der Tradition des alten ‚Realismus'. In unmittelbarem Gegensatz zur Programmatik eines in den 1950er und 1960er Jahren vor allem von Alain Robbe-Grillet und anderen französischen Autoren vertretenen sogenannten ‚nouveau roman' begreift Grass ein primär im Sinne des ‚Fabulierens' verstandenes Erzählen erklärtermaßen als unverzichtbare Grundlage des Romans, als „des Autors Lust" (vgl. seine Replik auf Walter Jens' seinerzeit vielbeachtete kleine polemische Abhandlung zur Literatur der Zeit *Deutsche Literatur der Gegenwart. Themen, Stile, Tendenzen* [1961] unter dem Titel *Ohrenbeichte. Brief an ein unbeschriebenes Blatt*, NGA 20, 52). Konsequenterweise erscheint ihm die – im Übrigen schon seit 1900 wiederholt zu findende – Rede von einer ‚Krise des Erzählens' oder auch der Notwendigkeit einer ‚Entfabelung' des Romans wenig überzeugend. Die Möglichkeit einer ausführlichen Erwiderung auf entsprechende Forderungen in Gestalt eines größeren Aufsatzes mit dem seinerseits programmatischen Titel *Es lebe die Erzählung* erörtert er in einem Brief an Hans Bender, dem Mitherausgeber von *Akzente*, einer der bedeutendsten Literaturzeitschriften der Zeit. Im Ergebnis hält er sie allerdings für wenig reizvoll, weil so ein Text „im Grunde offene Türen einrennen müsste; eine Beschäftigung, die, obgleich schmerzlos, sicher nicht ohne Langeweile ist." (NGA 20, 27)

2 Kollegiale Beziehungen

In einer Laudatio zur Verleihung des Fontane-Preises an Arno Schmidt in Berlin übt Grass 1964 zum ersten Mal „das Handwerk, den Kollegen zu ehren" (*Kleine Rede für Arno Schmidt*, NGA 20, 59), wobei er liebevoll und zugleich kongenial die in Schmidts eigenwilliger Prosa zur Darstellung gebrachte Verbindung von kritischen Zeitbildern, sinnenfroher Daseinslust und sprachmächtigem Realismus preist. Der Suche nach einer engagierten, aber nicht dogmatischen Kunst und der eigenen Entwicklung vor dem Hintergrund einer langen Tradition gelten seine historisch weit ausgreifenden Überlegungen in der zum 400. Geburtstag Shakespeares gehaltenen, zugleich auf das eigene dramatische Schaffen bezogenen Rede *Vor- und Nachgeschichte der Tragödie des Coriolanus von Livius und Plutarch über Shakespeare bis zu Brecht und mir* (1964) (NGA 20, 65–96). In einer großen Rede zum zehnten Todestag Döblins in der Akademie der Künste Berlin würdigt er seinen „Lehrer Döblin" (NGA 20, 310–333), der „Geschichte als absurden Prozess" verstanden habe und dem „kein Hegelscher Weltgeist über die Schlachtfelder reiten" wolle. Mit Protagonisten wie Franz Biberkopf in *Berlin Alexanderplatz* oder Edward „im ‚Hamlet'-Roman" habe Döblin „Helden wider die Absurdität" gestaltet, denen „Kierkegaards ‚Redlichkeit'" gemeinsam sei (NGA 20, 311–312). Grass zitiert und veranschaulicht Döblins gegen alle Form von Innerlichkeitskult gewendeten Ausspruch „Der Gegenstand des Romans ist die entseelte Realität. Der Leser in voller Unabhängigkeit einem gestalteten, gewordenen Ablauf gegenübergestellt; er mag urteilen, nicht der Autor" (NGA 20, 315), und er schließt seine Rede mit einem Hinweis, den man wohl nicht nur auf den von ihm so verehrten, seiner Ansicht nach zu Unrecht wenig beachteten Döblin, sondern auch auf viele Werke seines erklärten ‚Schülers' beziehen könnte: „Er wird Sie beunruhigen; er wird Ihre Träume beschweren; Sie werden zu schlucken haben; er wird Ihnen nicht schmecken; unverdaulich ist er, auch unbekömmlich. Den Leser wird er ändern. Wer sich selbst genügt, sei vor Döblin gewarnt." (NGA 20, 333)

3 Politisches Engagement eines Schriftstellers

In einer 1966 im Umfeld der berühmten Jahrestagung der Gruppe 47 in Princeton gehaltenen Rede reflektiert Grass den scheinbar unüberbrückbaren Gegensatz von ins Alltagsgeschäft verstrickten „übermüdeten Politikern" und „unsicheren Schriftsteller[n] mit ihren Forderungen, die immer schon morgen erfüllt sein wollen." (*Vom mangelnden Selbstvertrauen der schreibenden Hofnarren unter Berücksichtigung nicht vorhandener Höfe*, NGA 20, 1194) Ironisch spielt der Autor, der Gedichte grundsätzlich für einen „Ausdruck des Zweifels" hält (NGA 20, 416), mit Bezügen auf das seines Erachtens in aller Regel unklare oder aber zu banalen Ergebnissen führende Konzept einer ‚engagierten Literatur' (dezidiert wider die „littérature engagée" und die „selbstgefällige Art, im Nachhinein eine Widerstandsliteratur liefern zu wollen", später auch in *Unser Grundübel ist der Idealismus* (1969), NGA 20, 555; zum historischen Kontext etwa Müller 1982 und Sieg 2017) und entwirft die satirisch überzeichnete Utopie eines Schriftstellers, dem es gelingt, „Geist und Macht" zu versöhnen und gegenüber den Mächtigen dieser Welt „jeweils das letzte beratende Wort" so zu sprechen, dass seine gut gemeinten Ratschläge unmittelbar in Taten umgesetzt werden (NGA 20, 197–198). Doch, resümiert er, „diese kurzatmigen Utopien finden nicht statt, die Realität spricht anders" (NGA 20, 199). Und weil das so ist, es aber gleichwohl eine Menge in der Welt zu tun und zu verbessern gäbe, plädiert Grass für einen anderen Weg, nämlich dafür, sich zu engagieren, aber Dichtung und Engagement zu trennen und sich auch als Schriftsteller nicht in wohlgemeinten und letztlich wohlfeilen Manifesten zu verlieren, sondern konkret und pragmatisch politisch zu handeln. Dementsprechend schließt er seine Rede mit der zugleich als Appell gemeinten Beobachtung: „Und es gibt auch die Menge Schriftsteller, bekannte und unbekannte, die weit entfernt von der Anmaßung, ‚Gewissen der Nation' sein zu wollen, gelegentlich ihren Schreibtisch umwerfen – und demokratischen Kleinkram betreiben. Das aber heißt: Kompromisse anstreben. Seien wir uns dessen bewußt: Das Gedicht kennt keine Kompromisse; wir aber leben von Kompromissen. Wer diese Spannung tätig aushält, ist ein Narr und ändert die Welt." (NGA 20, 201; ähnlich kritisch zur Rolle von Schriftstellern als ‚Gewissen der Nation' z. B. NGA 20, 555; grundsätzlich dazu Woodgate 2004)

Dem Anspruch dieser Worte hat sich Grass offensichtlich über viele Jahre hinweg verpflichtet gefühlt. In ihrem Sinne hat er einerseits als Schriftsteller gearbeitet und literarische Texte verfasst und sich andererseits seit dem Beginn der 1960er Jahre zunehmend politisch engagiert (mit einem Fokus auf Grass späterer Rolle in der ‚Berliner Republik‘ grundlegend zu den Formen und der Wirkung von Grass‘ Engagement Stausberg 2023). Dabei hat er in seinen vielen öffentlichen, an verschiedenen Orten und in ganz unterschiedlichen Kontexten gehaltenen Reden nahezu alle großen Themen der 1960er Jahre in den Blick genommen und bei dieser Gelegenheit Positionen vertreten, die zu dieser Zeit weitgehend auch denen der Sozialdemokratie und damit der SPD entsprechen. Ab den späten 1960er Jahren hat sich Grass denn auch wiederholt öffentlich als „Sozialdemokrat“ bezeichnet (vgl. z. B. NGA 20, 354 und 367). Mitglied der SPD wurde er allerdings nicht in diesen Jahren, sondern erst 1982 (bevor er 1993 aus Protest gegen die Asylpolitik der Sozialdemokraten wieder ausgetreten ist).

4 Deutsche Teilung und Einheit

Noch vor dem Bau der Mauer weist Grass auf einer im Mai 1961 gehaltenen Rede auf dem V. Schriftstellerkongreß in Ostberlin (*Wer könnte uns das Wasser reichen?*) auf grundsätzliche Gemeinsamkeiten zwischen Ost- und Westdeutschland als letztlich unteilbare ‚Kulturnation‘ hin (zu dieser von Grass immer wieder vertretenen Position grundsätzlich Stolz 1991) und moniert zugleich die in der DDR praktizierte Intoleranz gegenüber scheinbar vom offiziellen politischen Kurs abweichenden Schriftstellern wie dem 1959 in die Bundesrepublik ‚übergesiedelten‘ Uwe Johnson. „Lassen Sie Taten sehen! Geben Sie den Schriftstellern die Freiheit des Wortes“, so lautet seine Forderung nach mehr Toleranz, abgesehen davon, dass er den nicht nur im Falle Johnsons unternommenen Versuch, politisch unliebsam gewordene Autoren aus dem kollektiven Gedächtnis einer sogenannten sozialistischen Gesellschaft zu tilgen, entschieden als „Schweinerei“ kritisiert (NGA 21, 38 und 39). Einen Tag nach dem Bau der Mauer richtet Grass einen offenen Brief an Anna Seghers als Vorsitzende des Deutschen Schriftstellerverbandes in der DDR und fordert sie dazu auf, gegen die „Gewalttätigkeit einer Diktatur“ vorzugehen, die sich „mit Ihrem Traum von Sozialismus und Kommunismus, den ich nicht träume, aber wie jeden Traum respektiere, notdürftig und dennoch geschickt verkleidet hat“ (*Und was können die Schriftsteller tun?*, NGA 20, 44). In einem weiteren offenen Brief an „die Mitglieder des Deutschen Schriftstellerverbandes“ vom 16. August 1961 stellt er lakonisch fest: „Stacheldraht, Maschinenpistole und Panzer sind nicht die Mittel, den Bürgern Ihres Staates die Zustände in der DDR erträglich zu machen. Nur ein Staat, der der Zustimmung seiner Bürger nicht mehr sicher ist, versucht sich auf diese Weise zu retten.“ (*Wer schweigt, wird schuldig*, NGA 20, 47; ähnlich wenig später, aber verbunden mit einem Blick auf die Fehler und Probleme in beiden deutschen Staaten *Teufel und Beelzebub*, NGA 20, 49–51; allgemein zu Grass‘ Verhältnis zur DDR Ulmer 2016) Zugleich übt Grass scharfe Kritik an der Bundesregierung unter Adenauer. Ihr wirft er vor, keine „Ostpolitik“ (gehabt) zu haben (NGA 20, 293) und „die Teilung des restlichen Deutschland, zum kurzfristigen Nutzen der Bundesrepublik, zum andauernden Schaden der Landsleute in der DDR, zu zementieren“ (vgl. dazu die kritisch an ein Gedicht von Ernst Moritz Arndt anknüpfende Wahlkampfrede *Was ist des Deutschen*

Vaterland?, NGA 20, 126–138, zit. 129; ähnlich etwa in *Die kommunizierende Mehrzahl*, NGA 20, 285–301, bes. 293: „Die Politik der Stärke hat die Festigung der Sowjetzone zum Staat DDR bewirkt. Der Alleinvertretungsanspruch oder die Fiktion, es sei die Bundesrepublik legitime Nachfolgerin des ‚Reiches' in den Grenzen von 1937, sind nur Beweise, wie schizoid die Ergebnisse dieser rhetorisch gesamtdeutschen, in Wirklichkeit separaten Politik kaschiert worden sind. Die Politik des ‚Alles oder nichts' hat uns erlaubt, das Nichts als Ernte einzufahren.") In diesem Zusammenhang entwirft Grass schon früh die durchaus eigenwillige, dann später in der Zeit der tatsächlichen Wiedervereinigung so heftig kritisierte Position, dass es im ‚Herzen Europas' kein wiedervereinigtes, zentralistisch regiertes Deutschland, sondern nur eine Art ‚Konföderation' von Ost- und Weststaat auf deutschem Boden geben solle (im Einzelnen zu dieser Position Stolz 1991 und Latkowska 2020). Vergleichsweise ausführlich entwickelt er diese Idee in einer im Mai 1967 vor dem Presseclub in Bonn gehaltenen Rede, in der er sich allgemein gegen den Nationalismus wendet und u. a. fordert: „Wir sollten trotz aller ideologischen Versteinerung, hier wie drüben, und ohne das übliche Schielen nach Vorbildern, deren Zentralismus uns eher ein warnendes Beispiel sein müßte, eine Politik betreiben, die den Rückfall in die Nationalstaatlichkeit ausschließt, die den sinnentleerten Begriff ‚Wiedervereinigung' vermeidet und dafür eine schrittweise Annäherung versucht, die sich die Konföderation zweier deutscher Länderverbünde als Ziel setzt." (NGA 20, 298; wenig später heißt es: „Nicht als geballte Nation, nicht als zwei wider einander gesetzte Nationen, nur als friedlich wettstreitende Länderbünde können wir unseren Nachbarn in Ost und West Sicherheit bieten", NGA 20, 299) Zu dieser Position gehört später die „Anerkennung der DDR als zweite[m] deutschen Staat" (NGA, 20, 402) sowie die von Grass ab Mitte der 1960er Jahre regelmäßig vorgetragene Forderung, endlich auch offiziell die Endgültigkeit des Verlusts der Ostprovinzen als eine notwendige Folge des von Deutschland begonnenen und verlorenen Krieges und damit als bittere Konsequenz des eigenen Handelns in der Vergangenheit zu akzeptieren: „Wir haben diese Provinzen vertan, verspielt, eine Welt herausfordernd verloren." (NGA 20, 129) Willy Brandts Ost-Politik wird von Grass insofern von Anfang an mit großem Nachdruck und unter wiederholtem Hinweis auf die persönliche Biographie und das eigene Herkommen aus einer der für immer verlorenen ‚Provinzen' im Osten unterstützt.

5 Nationalsozialismus – vergangene Schuld und gegenwärtiges Handeln

„Zum ersten Mal in der Geschichte der Menschheit wurde die systematische Vernichtung von Menschen geplant, organisiert und durchgeführt." (*Über die erste Bürgerpflicht*, NGA 20, 242) So formuliert Grass die besondere Voraussetzung der Schuld, die aus der jüngeren deutschen Vergangenheit resultiert (grundsätzlich dazu Kniesche 1996; vgl. auch Neuhaus 2006). Ein Leitmotiv vieler seiner Reden ist die Forderung, dass die Verantwortlichen für das Unrecht und die ungeheuren Verbrechen in der Vergangenheit in der jungen Demokratie der Bundesrepublik keine Macht mehr ausüben und keinerlei öffentliche Position mehr bekleiden dürfen. In diesem Sinne kritisiert Grass u. a. immer wieder heftig, dass „Hans Globke, der Kommentator der Nürnberger Rassengesetze [...] über ein Jahrzehnt lang die Geschicke der Bundesrepublik [hat] mitbestimmen dürfen. Der Mann mit dem Persilschein avancierte zum Repräsentanten unserer Zeit." (NGA, 20, 242); ebenso nachhaltig wendet er sich etwa gegen das „Versagen der deutschen Öffentlichkeit" (NGA 20, 445) im Blick auf die Rolle des ehemaligen NSDAP-Mitglieds von 1933–1945 Kurt Georg Kiesinger als Kanzlerkandidat der CDU und späterem Kanzler (vgl. etwa *Offener Brief an Kurt Georg Kiesinger* vom 30. November 1966; ähnlich zum ‚Altnationalsozialisten' Kiesinger als Gefahr für die Jugend z. B. NGA 20, 252–254). Der „Zulauf der NPD kommt aus solch schlecht gelüfteten Stuben" (NGA 22, 241) stellt er fest und setzt sich wiederholt dafür ein, aktiv einen kritischen Diskurs mit der NPD zu führen, statt diese Partei einfach zu verbieten oder sie auch nur zu ignorieren (NGA 20, 216).

Aus der deutschen Vergangenheit folgt für Grass eine besondere, unhintergehbare Bedeutung der Beziehungen zwischen Deutschland und Israel. „Ein Deutscher, der nach Israel reist, macht sich nicht alleine auf den Weg; seine Reisegesellschaft ist beklemmend vielgestalt, sein Gepäck hat Übergewicht." So heißt es in Grass' 1967 auf einer Israelreise in Tel Aviv und Jerusalem gehaltenen *Rede von der Gewöhnung* (NGA 20, 257–273, zit. 258). Hier und in anderen Reden spricht Grass offen das Ausmaß der mit dem Holocaust verbundenen Verbrechen an und warnt sowohl davor, nach einem „Antisemitismus der Eltern" nunmehr einem „gegenstandslosen Philosemitismus" zu verfallen (Grass konkretisiert das am Beispiel einer „Anne-Frank-Verehrung, die verdächtig rasch zur kultischen Symbolhandlung versteinerte", NGA 20, 261; gut vier Jahrzehnte später mündet sein früh formulierter Appell zu einem trotz aller Solidarität immer auch unter Freunden einzuhaltendem kritischen Abstand in das politische Gedicht *Was gesagt werden muß*), als auch davor, konservativen Stimmen zu folgen und die vielen Deutschen, die bereit seien, „dem Verbrechen die Wiederkehr zu verwehren", als „Reue-Deutsche" zu diffamieren (NGA 20, 261). In diesem Zusammenhang erwähnt er wiederholt auch die eigene Biographie als Hitlerjunge und Soldat sowie seine Verführbarkeit als Jugendlicher und Angehöriger einer besonderen Generation: „Mein Geburtsjahr sagt: Ich war zu jung, um ein Nazi gewesen zu sein, aber alt genug, um von einem System, das von 1933 bis 1945 die Welt zuerst in Staunen, dann in Schrecken versetzte, mitgeprägt zu werden." (NGA 20, 264)

In der im zeitlichen Umfeld des Sechstagekriegs in verschiedenen deutschen Städten gehaltenen Rede *Wir und Israel* (1967) wendet er sich darüber hinaus ausdrücklich gegen die bei Links und Rechts zu findende Darstellung Israels als „zutiefst reaktionäre[r] Aggressor" und stellt fest: „Jeder Schlag gegen Israel trifft auch uns. Denn Israel ist Deutschlands indirekter Nachbar; eine Nachbarschaft, die auf schuldhafter Verstrickung beruht. Wir sind die Schuldner; unser Gläubiger ist bedroht, auch wenn Kreise in der Bundesrepublik wie in der DDR, die von der ‚National- und Soldaten-Zeitung' bis zum ‚Neuen Deutschland' reichen, insgeheim hofften, so einen Gläubiger loswerden zu können.“ (NGA 20, 304) Zur aufkommenden Studentenbewegung geht Grass in diesem, aber auch in anderen Zusammenhängen auf kritische und bald energische Distanz. Aus seiner Sicht werde diese Bewegung von einer „besitzelitäre[n] Auslese“ getragen (NGA 20, 395), ihre Spitze betrage sich „bald ähnlich unbelehrbar wie ein Teil des von ihnen angegriffenen Establishments“ (NGA 20, 451), sie bediene sich selber „faschistische[r] Methoden“ (NGA 20, 469) und sie befriedige letztlich die Bedürfnisse eines besonderen Typus von Opportunisten in der deutschen Nachkriegsgeschichte: „Und neuerdings gibt es sogar den linken Opportunisten. Oft gehört er meiner Generation an; er kann es schlecht ertragen, schon vierzig Jahre alt zu sein und noch nichts für die Revolution getan zu haben. Also schreit er sich ins Stimmbruchalter zurück. Also läßt er sich einen Mao-look-Anzug maßschneidern. Also macht er sich lächerlich.“ (vgl. *Die angelesene Revolution* NGA 20, 394) Den Polarisierungen der unterschiedlichen radikalen Lager zwischen ‚links‘ und ‚rechts‘ in der aufgewühlten Zeit nach dem Mai 1968 stellt der sich selbst wider den Geist der Zeit auch als „Revisionist“ bezeichnende Grass (vgl. *Vorwort eines Revisionisten* [1969], NGA 20, 496–497) einen Appell zur Vernunft und zur Toleranz entgegen: „Tolerant sein heißt: Widersprüche aushalten können, heißt: den Kompromiß als Lösung respektieren, heißt: die Wahrheit des anderen gegen den ausschließlichen Anspruch der eigenen Wahrheit verteidigen“ (*Konflikte* [1969], NGA 20, 461).

Nach dem am 21. August 1968 erfolgten Einmarsch der Truppen des Warschauer Paktes in die Tschechoslowakei setzt sich Grass verstärkt für eine ‚europäische Friedensordnung‘ im Sinne einer neuen, konzeptionell durch Egon Bahr, Willy Brandt und Erhard Eppler begründeten bundesdeutschen ‚Entspannungspolitik‘ im Zeichen des ‚Wandels durch Annäherung‘ ein (vgl. dazu etwa *Friedenspolitik in Spannungsfeldern* [1968], NGA 20 433– 439). Im Zeichen dieses Engagements unterbricht er erklärtermaßen seine literarische Arbeit, d. h. er schließt im Frühjahr 1969 seinen „literarischen Schreibtisch“ in Berlin ab (vgl. *Rede vom alten Eisen* [1969], NGA 20, 512–525, zit. 519) und engagiert sich fortan mit aller Kraft als einer der Protagonisten der „Sozialdemokratischen Wählerinitiative“ im Wahlkampf von 1969. Die Wahl Gustav Heinemanns zum Bundespräsidenten im März 1969 feiert er als ein Ereignis, das „als knapper Sieg der Vernunft in die deutsche Geschichte eingehen“ wird (NGA 20, 526–529, zit. 529). Die „nüchterne und realistische Formel der SPD von der Anerkennung beziehungsweise Respektierung der Oder-Neiße-Grenze“ (NGA 20, 589), die Notwendigkeit, sich in die „Tretmühle der Vernunft“ (NGA 20, 273) zu begeben und „keine extremen Lösungen“ zu verfolgen, sondern „den Mittelweg, den Weg praktischer Vernunft“, als einzig sinnvolle Grundlage politischen Handelns einzuschlagen (NGA 20, 599), wird von ihm in zahlreichen Wahlreden dann immer wieder neu betont. „Wir haben die Wahl“ – so lautet der Schlusssatz vieler seiner Reden im historischen, zum Ende der Großen Koalition und zur Kanzlerschaft von Willy Brandt führenden Wahljahr 1969 (vgl. z. B. NGA 20, 551).

Literatur

Boll, Friedhelm. „Brandt und Grass – eine Freundschaft?“. *Revue d'Allemagne et des pays de langue allemande* 46.2 (2014): 347–363.

Brandt, Willy, und Günter Grass. Der Briefwechsel. Göttingen 2013.

Drux, Rudolf. „‚Das Gelegenheitsgedicht oder … ‘? Eine gattungspoetische Kontroverse zwischen Günter Grass und Helmut Heißenbüttel“. *Gelegenheitslyrik in der Moderne. Tradition und Transformation einer Gattung*. Hrsg. von Johannes Franzen und Christian Meierhofer. Bern et al. 2022: 217–231.

Kniesche, Thomas. „‚Das wird nicht aufhören, gegenwärtig zu bleiben.‘ Günter Grass und das Problem der deutschen Schuld“. *Günter Grass. Ästhetik des Engagements*. Hrsg. von Hans Adler und Jost Hermand. New York, NY et al. 1996: 169–197.

Latkowska, Magdalena. „Konföderation oder Nationalismus? Zu Nation und deutscher Einheit in der politischen Publizistik von Günter Grass“. *Im Clash der Identitäten. Nationalismen im literatur- und kulturgeschichtlichen Diskurs*. Hrsg. von Wolfgang Brylla und Cezary Lipiński. Göttingen 2020: 201–210.

Müller, Helmut L. *Die literarische Republik. Westdeutsche Schriftsteller und die Politik*. Weinheim und Basel 1982.

Neuhaus, Volker. „Günter Grass. ‚Auschwitz als Zäsur und unheilbarer Bruch der Zivilisationsgeschichte‘“. *Shoah in der deutschsprachigen Literatur*. Hrsg. von Norbert Otto Eke und Hartmut Steinecke. Berlin 2006: 226–236.

Pietsch, Timm Niklas. *‚Wer hört noch zu?‘ Günter Grass als politischer Redner und Essayist*. Essen 2006.

Preece, Julian. „Views of History, Views of the State. Günter Grass and the German Past“. *German Culture and the Uncomfortable Past. Representations of National Socialism in contemporary Germanic literature*. Hrsg. von Helmut Schmitz. Aldershot et al. 2001b: 29–43.

Ridé, Jacques. „Günter Grass et le national-socialisme. De l'expérience à la théorie“. *Recherches Germaniques* 11 (1981): 203–228.

Ryland, Charlotte. „‚Wenn wir weiterleben wollen, muß dieser Satz widerlegt werden‘. Rewriting Adorno in the Debate on post-Holocaust Poetry“. *Focus on German Studies* 13 (2006): 51–68.

Sieg, Christian. *Die ‚engagierte Literatur‘ und die Religion. Politische Autorschaft im literarischen Feld zwischen 1945 und 1990*. Berlin und Boston 2017.

Stolz, Dieter. „‚Deutschland – ein literarischer Begriff‘. Günter Grass and the German Question“. German Literature at a Time of Change 1989–1990. German Unity and German Identity in Literary Perspective. Hrsg. von Arthur Williams et al. Bern et al. 1991: 207–224.

Ulmer, Konstantin. „Günter Grass und die DDR. Der lange Weg zur ‚Grassnost‘“. *Freipass* 2 (2016): 132–152.

Woodgate, Kenneth B. „Günter Grass: Gewissen der Nation?“. *Die Lektüre der Welt. Zur Theorie, Geschichte und Soziologie kultureller Praxis*. Hrsg. von Helmut Heinze und Christiane Weller. Frankfurt/M. et al. 2004: 463–474.

II.6.3 Essays und Reden 1970–1975

Christoph Jürgensen

1 Literatur und Politik

Der Beginn der 1970er Jahre sieht den Schriftsteller Grass zwischen den Mühen literaturbetrieblicher wie politischer Kämpfe in der Bundesrepublik auf der einen Seite und hoher Anerkennung im Ausland auf der anderen: Während *örtlich betäubt* im deutschsprachigen Feuilleton auf wenig Verständnis trifft, ist *Local Anasthetic* in den USA etwa ein „überwältigender Erfolg" (Zimmermann 2006, 298). Im April 1970 tritt Grass an der Columbia-Universität in New York auf, spricht im dortigen Goethe-Institut und gibt Pressekonferenzen, so dass die *Süddeutsche Zeitung* konstatieren kann: „Grass ist in den USA äußerst populär. Wenn er am Horizont auftaucht, reißen sich Fernsehen, Rundfunk und sonstige Medien um Interviews" (Berg 1970). Das *Time-Magazin* widmet ihm folgerichtig die Titelstory (*Germany's Günter Grass. Novelist between the generations*), und in der ‚Heimat' wiederum schwankt die Resonanz auf diesen Erfolg zwischen Stolz („eine längst fällige Anerkennung der deutschen Gegenwartsliteratur") und Vorurteil („literarisch daherkommender Anpassungsstratege"; zit. n. Arnold und Görtz 1971, 213 u. 214).

Diese exponierte Stellung setzt Grass in der Folge nach innen wie außen vorrangig weniger als Autor literarischer Texte und mehr für die weithin hörbare Artikulation politischer Positionen ein (zur inszenierungspraxeologischen Vorgeschichte dieses Modells siehe Sieg 2017, 215–303). Namentlich in der ersten Hälfte des Jahrzehnts dominiert seine Werkbiographie entsprechend die äußerst engagiert ausgefüllte Rolle als „Bürger", der den im Wahlkampf mit und für Brandt und die SPD erkämpften Erfolg sichern und weiter profilieren will. Mit Blick auf diese dominant politisch kalibrierte Inszenierungspraxis haben die Herausgeber der *Neuen Göttinger Ausgabe* eine *Literatur und Politik* betitelte Rede von Grass (datiert auf März 1970) im Sinne eines Vorzeichens an den Beginn des Bandes mit den Essays und Reden des Zeitraums 1970 bis 1975 gestellt. Dort betont Grass in offenkundiger Referenz auf Brechts *Die Nachgeborenen*, dass das „Land, in dem ich schreibe, [schwer trägt] an den Folgen seiner Politik […]: Es wird wenig Sinn haben, politikfreie Idyllen zu suchen, denn unversehens sind selbst Mondmetaphern makaber geworden." (NGA 21, 5). Als Schriftsteller, der sich in der Tradition „politischer Aufklärung und aufgeklärter Politik" verortet, als Nachfolger von Autoren wie Diderot und Lessing, müsse er folglich politisch sein, und stärker noch, parteiisch: „denn politisch tätig werden heißt Partei ergreifen. Schriftsteller, die über den Positionen schweben, sind allenfalls Teil jener linken Elite, die in mondäner Exklusivität den Sozialismus als Neoscholastik betreiben." (NGA 21, 6) Auf eine solche parteipolitische Weise also sei er am Versuch beteiligt, einen wie schneckenhaft auch immer anmutenden gesellschaftlichen Fortschritt zu erzielen. Seine Rolle in diesem Prozess fasst Grass in zehn Thesen, die in Analogie zur Kommunikationsstruktur von *Aus dem Tagebuch einer Schnecke* (1972) als „Frageundantwortspiel" mit seinen Kindern insze-

https://doi.org/10.1515/9783110755435-049

niert sind. „Wenn ich zu Hause bin, mache ich meistens Literatur; sobald ich verreise, geht es um Politik. Im Sitzen schreiben, im Stehen reden“, beginnt diese die Kunst politischer Rede propagierende Thesenreihe (NGA 21, 7), und sie mündet in eine Apologie des Engagements als notwendige Voraussetzung von Freiheit: Er interessiere sich „so zeitraubend für Politik“, damit „ich weiter schreiben darf, was ich schreiben muß.“ (NGA 21, 9)

2 Im geschichtsphilosophischen „Sprachwechselbad“: Die Rede zum Dürerjahr 1971

Gleichermaßen geschichtsphilosophisches und gesellschaftsanalytisches Kernstück der „Rede-Essays“ (Pietsch 2006) wie Gelenktext zwischen den politischen und literarischen Werken dieser Phase ist die Rede *Vom Stillstand im Fortschritt. Variationen zu Albrecht Dürers Kupfertich „Melencolia I“* (NGA 21, 150–175; zur literarischen Rezeption des Kupferstichs siehe Böhme 1988). Während des Wahlkampfs des Jahres 1969 beginnt Grass mit der Arbeit an dem Festvortrag zum Dürerjahr und durchlebt dergestalt ein „Sprachwechselbad. Einerseits durch die pausbäckigen Zielbeschwörungen des Fortschritts positiv gestimmt und in Bewegung gehalten, blieb ich andererseits dem Bleigehalt dieser Rede verhaftet, weil ich mich frühzeitig für Albrecht Dürers Kupferstich ‚Melencolia I aus dem Jahr 1514 entschieden hatte.“ (NGA 21, 151) Am 7.5.1971 hält Grass die Rede in Nürnberg, zudem stellt er sie an das Ende seines Prosawerks *Aus dem Tagebuch einer Schnecke* (1972), zu deren Flucht- und Zielpunkt sie damit wird. Eine Kopie der Rede schickt Grass auch an Willy Brandt in das Bundeskanzleramt: „So kunsthistorisch der Gegenstand meiner Betrachtungen ist, die Rede fiel dennoch recht zeitgemäß aus: das Spannungsfeld zwischen Melancholie und Utopie ist Dir gewiß nicht fremd. Vielleicht kann Dir die eine oder andere Passage der Rede für weitergehende Überlegungen Anregung sein.“ (Brief von Grass an Brandt vom 17. Mai 1971, Brandt und Grass 2013, 458)

Diese Überschneidung von Handlungsrollen, von Wahlkämpfer, Autor und kunsthistorischem Festredner, prägt der „grossartigen“ Rede (so Brandt an Grass in seinem Antwortbrief vom 24. Mai 1971, Brandt und Grass 2013, 461) folglich ihren Charakter auf: Sie ist Bilanz der „Arbeit in unübersichtlich politischem Gelände“ (NGA 21, 150), die mit der Wahl Brandts zum Bundeskanzler im September 1969 einen Höhepunkt erreicht, und zugleich Abschluss einer Werkphase und Ankündigung der nächsten, die bald zum *Butt* (1977) führen sollte. Aus diesem Doppelcharakter erklärt sich, dass der Rede-Essay mit einer Aktualisierung des Dürer'schen Settings anhebt, genauer: mit einer Überblendung bekannter Fakten und für den Anlass erfundener Fiktion. Als sich die erste Mondlandung ereignete, fabuliert Grass, „geschah wenig später etwas, wovon keine Zeitung berichten wollte. Auch das Fernsehen redete sich auf ‚Bildstörung‘ heraus, als beide Astronauten – kaum hatten sie die Plakette, das Fähnchen, die empfindlichen Instrumente gepflanzt – Urväterhausrat auspackten: Edwin Aldrin stellte die Waage, die Sanduhr, die Glocke auf, bettete das magische Zahlenquadrat und spießte den geöffneten Zirkel, der einen ordentlichen Schatten warf; Neil Armstrong zeichnete mit dem Finger im Handschuh groß und wie für ewig die Initialen des Nürnberger Meisters: Zwischen gespreizten Beinen nahm das A im Mondstaub das D in Schutz.“ (NGA 21, 150)

Im Motiv der ‚Bildstörung‘ artikuliert sich die Eigenlogik des Ästhetischen bzw. Literarischen, die Heterogenität der Zeichen. Zurückgewiesen ist damit die Idee einer eindeutigen Geschichtsschreibung, ins Spiel gebracht dagegen das Konzept einer „ambivalenteren Wahrheit“ (Pietsch 2006, 177), die sich im dialektischen Verhältnis von Melancholie und Utopie ausdrückt. Diese Dialektik zeigt der Redner etwa an Dürers Melancolia im zeitgenössischen Gewand, so bei der entfremdeten Arbeit am „Fließband“ (NGA 21, 153) und als fotografierende Massentouristin, „preiswert in Gruppen an sonnige Strände, zwischen Bildungsruinen, auf Markusplätze geschaufelt“, der beim „Klickklack des Auslösers [...] der Vorgeschmack auf die Lächerlichkeit der Ausbeute“ bewusst wird (NGA 21, 154). Damit entwirft Grass die Melancholie gerade nicht als negativen Zustand, sondern weist ihr vielmehr eine kritische Funktion zu, insofern sie Zweifel am falschen Schein des nur vorgeblich befriedeten Daseins weckt. Im Sinne dieser generellen Einsicht lässt Grass seinen geschichtsphilosophischen Grundgedanken mit der „Schnecke Fortschritt“ eine emblematische Gestalt annehmen; den ähnlich konturierten Begriff linker Melancholie bei Wolf Lepenies (*Melancholie und Gesellschaft*, 1969) will Grass erst zur Kenntnis genommen haben, als er sich seinen eigenen Reim auf die Geschichte gemacht hatte. (vgl. NGA 21, 155)

Diese allgemeine Bestimmung wird schließlich, in der für seine Dürer-Rede charakteristischen Pendelbewegung vom Konkreten zum Abstrakten und zurück, an zwei Porträts historischer Persönlichkeiten sinnbildlich gemacht: So lässt sich Willy Brandt erkennen, wenn sich die Melancholie „[e]rmüdet und angewidert von schneckenhaft langwierigen Vorgängen, trübsinnig zwischen Terminen“, doch gleich wieder aufmacht, „ein Stückwerk Reform reformieren, ein vorläufiges Ziel setzen, wichtige Termine abstimmen und – unter der Hand – eine lupenreine Utopie entwerfen, in deren verordnet heiterer Ordnung gestrenges Melancholieverbot herrscht“ (NGA 21, 164). Namentlich identifiziert wird dann Leo Bauer, erst überzeugter Marxist, dann Opfer eines Schauprozesses und jahrelang in einem sibirischen Lager inhaftiert. Als er Mitte der 1950er Jahre endlich entlassen wird, müsste Bauer eigentlich „aufgeben hinwerfen, abtreten. Aber Willen, wie ihn nur vielfach Gebrochene, Totgesagte und aus eigener Kraft Schuldbewußte aufbringen, läßt ihn, wenn nicht richtig leben, so doch immerhin tätig sein.“ (NGA 21, 173) Von hier aus schlägt Grass am Ende seiner Ausführungen den Bogen zu einer Selbstpositionierung, die das Sisyphos-Prinzip seiner schriftstellerischen wie politischen Tätigkeit als notwendiges Durchgangsstadium zu einer paradoxal organisierten Fortentwicklung begreift: „Ich spreche für die Melancholie. Ich habe sie in Variationen von heute sein lassen, damit sie uns nicht mehr fremd und verdächtig, damit sie uns gegenständlich ist. Nur wer den Stillstand im Fortschritt kennt und achtet, wer schon einmal, wer mehrmals aufgegeben hat, wer auf dem leeren Schneckenhaus gesessen und die Schattenseite der Utopie bewohnt, kann Fortschritt ermessen.“ (NGA 21, 175)

3 Teilnehmende Beobachtung: *Politisches Tagebuch*

Das für Grass typische Ineinandergreifen der Tätigkeitsfelder zeigt sich in den frühen 1970er Jahren überdies in einer diarischen Parallelaktion: Während das *Tagebuch einer Schnecke* auf Grundlage der Journale zum Wahlkampf für die SPD entsteht (zum „Schneckentagebuch" Stolz 2023, 213–225), veröffentlicht der teilnehmende Beobachter eine Folge von *Politisches Tagebuch* überschriebenen Artikeln für die *Süddeutsche Zeitung*. Richtungsweisend ist der erste Text vom 3.10.1970, insofern er unter dem Titel *Zwischen den Terminen* den „Leerlauf" der allgemeinen Betriebsamkeit wie die eigene Eingebundenheit beschreibt. So beobachtet Grass das „zunehmende Tempo der Verschleppung" (NGA 21, 68) durch übervolle Terminkalender, die Politiker wie ein Ehrenzeichen vorweisen, und ist selbst ständig unterwegs, „siebenmal abgeflogen und [...] siebenmal zurückgeflogen" (NGA 21, 68) in vierzehn Tagen, u. a. zu einer Lesung mit Heinrich Böll und Thilo Koch „aus den „Büchern tschechoslowakischer Schriftsteller, denen nach der Okkupation der Tschechoslowakei die Freiheit verkürzt worden ist" (NGA 21, 69). Zur Gewohnheit geworden sind entsprechend die Kontrollen am Flughafen, bei denen nichts gefunden wird, was unmittelbar gefährlich erscheint – denn, formuliert Grass seine Poetologie des Engagements, „meine Anschläge sind anderer Art" (NGA 21, 70). Ebenso programmatisch erscheint der 32. und letzte Artikel der Reihe vom 1.7.1972, der *Die Deutschen und ihre Dichter* betitelt ist und sich mit dem gesellschaftlich isolierten Wolf Biermann beschäftigt. Auf der „Mattscheibe" sieht Grass Biermann in seiner „Zimmerburg" singen, weil der Liedermacher seit 1965 nicht mehr vor Publikum auftreten darf, ein „westdeutsches Kamerateam ist dabei und hält einfach drauf" (NGA 21, 285). In seiner Performance wirkt er auf Grass wie ein „kommunistischer Clown, dem die Melancholie und die Utopie zwei angrenzende Zimmer sind" (NGA 21, 286), wie es im offenkundigen Rekurs auf die Dürer-Rede heißt. Damit wird Biermann trotz merklichem Spott auf die „Passionsspiele" seiner Mimik als Wahlverwandter von Grass selbst oder dem politisch nahe positionierten Heinrich Böll gezeichnet, alle drei Autoren, die in Ost- wie Westdeutschland gleichermaßen „isoliert und stumm gemacht" (NGA 21, 287) werden sollen. Aber, wendet sich der Text mit der letzten Volte der *Politischen Tagebücher* ins Utopisch-Optimistische: „Ich kann mir Zeiten vorstellen – ohne sie besingen zu müssen –, in denen Wolf Biermann in Ost und West nicht nur sein Publikum, sondern auch sachliche Kritik findet, in denen Heinrich Böll, sobald er seinen moralischen Maßstab anlegt, nicht mehr durch plakative Solidarität beschützt werden muß. Die Deutschen werden ihre Dichter, bevor sie Denkmäler werden, lebend, und das heißt notfalls auch laut, ertragen lernen." (NGA 21, 287)

Stilistisch ist dieses öffentliche Diarium im Vergleich zum *Tagebuch einer Schnecke* homogen geraten, in seinem spezifischen Berichtsstil umfasst es zwischen Auftakt und Ende jedoch ein breites Spektrum an Themenfeldern. Dabei wechseln sich „fette[] und magere[] Wochen" (NGA 21, 87) ab, weil Grass nicht anlassbezogen schreibt, sondern durchgängig beobachtet und in vierzehntägigem Rhythmus liefert. In eher ‚mageren' Wochen räsoniert Grass über das Recht auf Eigentum (NGA 21, 73), gibt Impressionen aus Berlin und wünscht sich die Stadt noch multikultureller (NGA 21, 100–102), beschäftigt sich mit der mangelnden Wirkmächtigkeit linksliberaler Zeitschriften (wie *konkret* und dem *Vorwärts*, NGA 21, 198–200 und 209–212) oder ärgert sich allgemein darüber, dass die CDU/CSU (und vor allem ihre Führungsfiguren Rainer Barzel und Franz-Josef Strauß) ihrer Rolle als Opposition nicht gerecht wird, sondern sich aus taktischen Gründen auf Obstruktion beschränkt (NGA 21, 223–229).

‚Fett' hingegen sind die Wochen, in denen zeitgleich innen- wie kulturpolitisch hoher Betrieb herrscht, wie in den Tagen vor der Veröffentlichung des Tagebuch-Abschnitts vom 28.11.1970: „In Warschau wurde der deutsch-polnische Vertrag paraphiert; in Stuttgart trafen sich deutsche Schriftsteller und hatten den Bundeskanzler zu Gast; in Bayern bewiesen die Wahlen, wie groß der Pansen der CSU ist: Doch eine geschluckte NPD ist noch keine verdaute." (NGA 21, 87) Grass ist immer mittendrin, vor allem aber bewegt ihn die Reise nach Warschau derart, dass sie in der nächsten Tagebuch-Folge noch einmal aufgegriffen wird: „Immer noch betroffen, suche ich den Anfang, höre ich in protokollarischer Folge zwei Nationalhymnen, die schwermütig anmutende Beschwörung der Deutschen, den zum Tanz aufrufenden Marsch der Polen." (NGA 21, 90) Weil der hier wie prinzipiell auf politischen Kompromiss geeichte Grass entschieden an der Seite des Ausgleichspolitikers Brandt ist, lehnt er radikale Positionen ab, d. h. die ultrakonservative Rechte wie die sich radikalisierende Linke gleichermaßen. Denn während er die CSU als krypto-faschistisch verurteilt, scheint es ihm ebenfalls falsch, der „kriminell gewordenen Praxis der Baader-Meinhof-Gruppe als Bande eine revolutionäre Theorie zu unternähen", auch sollten ihrem politischen Terror keine „idealistischen Motive als erklärende Entschuldigung" (NGA 21, 246) angedichtet werden. Dem Projekt einer sozialliberal konturierten Politik würden sie sogar schaden, insofern die Gruppe der Springer-Presse zur generellen Desavouierung einer „realistischen Deutschland- und Friedenspolitik" (NGA 21, 247) diente.

Vor allem seine Haltung zur RAF trifft auf eine politisch wie kulturbetrieblich aufgeladene Stimmung, wie an einer besonders resonanzträchtigen Einmischung von Grass anschaulich wird, die geradezu eine explosive Wirkung erzielt. Als Grass den Andruck des Programmheftes der Münchner Kammerspiele zur Inszenierung des anti-stalinistischen Biermann-Stückes *Der Dra-Dra* in die die Hände bekommt, greift er den Chefdramaturgen Heinar Kipphardt vehement an. Anlass für seinen Zorn ist, dass sich im Heft die ‚Steckbriefe' von 24 westdeutschen Wirtschaftsmagnaten, Politikern und Zeitungsmachern finden sollen, u. a. von Strauß, Springer oder vom Münchner Oberbürgermeister Vogel, die damit gleichsam zum Abschuss freigegeben seien. Kipphardt sei damit, moniert Grass, unter die Hexenjäger gegangen, und auch wenn es sich bei den Köpfen mehrheitlich um seine politischen Gegner handele, rechtfertige das keine „Hetze, die zum Mord führen" könne (NGA 21, 140). Zum Zeitpunkt von Grass' Angriff ist die Idee allerdings bereits entschärft, zu einer Variante, die anstelle der Fotos zwei leere Seiten bringt. Wessen Fotos zu sehen gewesen wären, wird folglich erst durch Grass' Durchstechen sichtbar, er plauderte mithin aus, wie Joachim Kaiser irritiert in der *Süddeutschen Zeitung* vermerkt, „was niemand hätte zu wissen brauchen." (Kaiser 1971) Und mehr noch, Kipphardt kann in der Folge nachweisen, dass er ohnehin weder Idee noch Realisierung des Heftes zu verantworten hat (Kipphardt 1971). Dieser Nachweis hilft ihm jedoch nichts mehr: Bald wird bekannt, dass der Kulturausschuss Münchens (wohl auch auf Druck von Vogel) seinen Vertrag nicht verlängern will, und der Anteil des eng mit Vogel eng verbundenen Grass an dieser Entscheidung ist nicht zu übersehen. Damit ist die Angelegenheit endgültig ein Politikum: Die Ensemble-Mitglieder solidarisieren sich mit ihrem Dramaturgen, und als Günter und Anna Grass eine *Peer-Gynt*-Aufführung unter Regie von Peter Weiss in der Berliner Schaubühne am Halleschen Ufer besuchen, „verliest der Schauspieler Dieter Laser auf der Bühne eine vorformulierte Solidarisierungserklärung" mit Kipphardt (Zimmermann 2006, 314). Und Kollegen wie Günter Herburger wollen gar die Gelegenheit nutzen, mit dem Großautor Grass grundsätzlich abzurechnen, der aus seinem (literarischen wie sozialen) Milieu ins unangemessen Staatsmännische hinausgewachsen sei: „Falls er noch einmal zusammenschnurrt, wie unsereins, werden wir ihn wieder verstehen und mit ihm gehen können, denn dann wird auch sein Satzbau nicht mehr so großartig pumpen. Wir werden ihn wieder lesen und ihn nicht mehr mit irgend jemand verwechseln, der auch die Verwaltungslaufbahn hinter sich haben könnte und jetzt dröhnt wie Vaters Ofenblech." (Herburger 1971) Grass wiederum lenkt nicht ein, sondern legt vielmehr nach. Mit dem Bild des Narrenschiffs von Sebastian Brant kommt er im *Politischen Tagebuch* vom 29.5.1971 auf den ‚Fall Kipphardt' zurück und spottet: „Wer sich zur linken Schickeria zählt, mustert an" (NGA 21, 186), und so haben die Narren überhand genommen. „Neuerdings linksradikale Narren, die den rechtsradikalen die Schelle gestohlen haben. Feige Narren. Einäugige Narren. Nicht mehr lustige, gefährliche Narren. Wer hilft mir ihre Kappen zählen?" (NGA 21, 189) Offenkundig wird an diesem beispielhaften Fall, dass Grass das vorgängige Rechts-Links-Raster nicht bedienen, sondern eine erkennbar eigenständige Position dazwischen behaupten will.

4 Der Schriftsteller als Innenpolitiker: Bürger und Politik

Noch konkreter eingebunden in die innenpolitischen Auseinandersetzungen der frühen 1970er Jahre als die *Politischen Tagebücher* sind eine Reihe von Reden, mit denen Grass sein buchstäblich rhetorisches Engagement für eine sozialdemokratische Reformbewegung auch im Anschluss an den Wahlerfolg von 1969 fortsetzt (zu Kontur und Genese dieses Engagements siehe Stausberg 2023, 107–116). So unterschiedlich die performativen Kontexte, d. h. die Anlässe der Reden wie ihre Adressierungen sind, gemeinsam ist diesen ‚Programm-Reden' (Pietsch 2006, 185), dass die Selbstbeschreibung als ‚Schriftsteller und Bürger' wie ein basso continuo durch sie hindurchläuft. Diese Formel dient dem zwar für die SPD streitenden, aber damals noch parteilosen Grass einerseits zur Positionierung im intellektuellen Feld, andererseits bildet sie das zentrale Persuasionselement seiner Wahlrhetorik. In einer bezeichnend *Bürger und Politik* überschriebenen Rede, die Grass am 19.2.1972 in Mannheim auf einem Kongress der Sozialdemokratischen Wählerinitiative hält, erläutert er die Doppelrolle mittels eines Rückblicks, der den Erfolg seiner ‚Öffentlichkeitsarbeit' betont: „Wie schwer fiel es Mitte der sechziger Jahre, deutlich zu machen, daß es für einen Schriftsteller selbstverständlich sein kann, einerseits während Jahren über seinen Manuskripten zu hocken und andererseits bei Anlässen – und sei es im Wahlkampf – den Schreibtisch beiseite zu rücken und als Bürger den Politikern dreinzureden." (NGA 21, 249)

So selbstverständlich, wie Grass es hier darstellt, ist dieses durchaus umstrittene Modell allerdings keineswegs, vielmehr wird ihm unterstellt, sein Selbstbild sei „verrutscht", seine Wirkung habe sich verbraucht und überhaupt ziele er nicht mehr auf das Wohl der Allgemeinheit, sondern „Triebkraft seines Engagements ist mehr oder minder der Trotz des Einzelgängers" geworden (zit. n. Zimmermann 2006, 322). Diese Angriffe hindern Grass aber nicht daran, erneut in den Wahlkampf für Brandt und die SPD im Besonderen zu ziehen und für eine aufgeklärte Reformpolitik im Allgemeinen einzutreten. Unter dem appellativen Titel *Bürger für Brandt* etwa hält Grass im Rahmen des Bundestagswahlkampfs im September 1972 eine Rede, in der er vor allem mit dem Hinweis auf die „überragende Leistung der sozialliberalen Koalition, die als neue Ostpolitik den Namen Friedenspolitik zugesprochen bekommen hat" (NGA 21, 288), für eine weitere Amtszeit von Willy Brandt wirbt. Dabei profiliert er den Politiker von „Weltrang" (NGA 21, 301) als Garanten für eine Politik gegen den „doppelten Ansturm" der radikalen Positionen, von „Nazis und Deutschnationalen, gegen den gleichzeitigen Ansturm der Kommunisten" (NGA 21, 295). Auch in den Landtagswahlkämpfen dieser Jahre tritt Grass auf, beispielsweise unter der Überschrift *Linke Politik muss aufklärend wirken* zur Bürgerschaftswahl in Bremen 1971 oder mit Gedanken *Über die Toleranz* im Landtagswahlkampf 1974 in Niedersachsen. Grundsätzlich verbindet er in diesen öffentlichen Auftritten ein Votum für die von Brandt personifizierte Politik mit einer allgemeinen Mobilisierung bürgerschaftlicher Einmischung in die etablierte Parteipolitik: „Mir kam es darauf an, den Wählern ihre demokratischen Grundrechte bewußter zu machen; mir ging es darum, das Mißverständnis, Demokratie sei ein unverbindliches Sandkastenspiel, auszuräumen" (NGA 21, 408). Andersherum wendet sich Grass auch direkt an die Protagonisten der Politik und füllt die Rolle des mündigen Bürgers dergestalt mit Leben. In einer *Rede an die Sozialdemokratische Bundestagsfraktion* etwa warnt er seine Zuhörer:innen als Sprachrohr der Sozialdemokratischen Wählerinitiative, angesichts des Wahlerfolgs bequem zu werden: „Gewählt ist noch nicht wiedergewählt." (NGA 21, 119)

Die herausgehobene Rolle von Grass als kritischer Intellektueller zeigt sich zudem anschaulich daran, dass er fast schon traditionsgemäß programmatische Mahn- und Bilanzreden zum 1. Mai hält. So plädiert er am 1. Mai 1970 in Baden-Baden unter dem Titel *Was Erfurt außerdem bedeutet* dafür, die Teilung der beiden deutschen Staaten anzuerkennen. Im Stil eines sozialgeschichtlich informierten poeta doctus begründet Grass diese Haltung mit einem Rekurs auf das Erfurter Programm von 1891, skizziert den Revisionsmusstreit und will im Verhältnis von Willy Brandt und Willi Stoph zueinander ein Anzeichen für die Annäherung der linken Positionen sehen, mehr sei für den

Moment nicht zu haben: „Die Geschichte bietet uns keinen Trost. Harte Lektionen teilt sie aus. Zumeist liest sie sich absurd. Zwar schreitet sie fort, aber Fortschritt ist nicht ihr Ergebnis. Die Geschichte schließt nicht ab: Wir befinden uns in und nicht außerhalb der Geschichte.“ (NGA 21, 22) Am 1. Mai 1971 spricht er dann in Hamburg über das Thema *Der Arbeiter und seine Umwelt* und meint damit konkreten Umweltschutz, der die von der sichtbaren Verseuchung der Natur betroffenen Arbeiter schützen soll. (NGA 21, 141–149) Und am 1. Mai 1974 nimmt Grass in Itzehoe *Herr[n] Dreißiger und sein Risiko* in den Blick, den Fabrikanten aus Gerhart Hauptmanns Stück *Die Weber* (1892), um für das Recht auf Mitbestimmung zu argumentieren. Bedingung der Möglichkeit, eine solche Forderung überhaupt stellen zu können, sei, dass im „Verlauf der letzten Jahre die Schriftsteller aus dem plüschgepolsterten Dichterhimmel auf die rauhe Kokosfaser unserer gesellschaftlichen Wirklichkeit gefallen sind [und sich] spät, aber immerhin mit ihrer sozialen Abhängigkeit vertraut gemacht und mit Mehrheit beschlossen [haben], der Industriegewerkschaft Druck und Papier beizutreten.“ (NGA 21, 340; hierzu auch die Rede *Schriftsteller und Gewerkschaft*, NGA 21, 80–86)

In diesen Zusammenhang einordnen lassen sich darüber hinaus *Die Rede anläßlich der Feier des 500 000. Mitglieds der IG Metall Baden-Württemberg in Stuttgart* am 7.9.1974, die sich der Forderung nach einem Recht auf Bildungsurlaub für Arbeiter widmet, sowie die Ansprache zum fünfzigjährigen Jubiläum der Büchergilde (4.10.1974), die unter den Titel *Der lesende Arbeiter* gestellt ist. Entgegen dem „arroganten, weil die Arbeiter beleidigenden Geschwätz“ (NGA 21, 440), dass diese Schicht allenfalls leichte Unterhaltungsliteratur brauchen oder verarbeiten könne, glaubt Grass an die Fähigkeit der Arbeiterschaft, in Texten der Moderne ihre Lebenswelt wiederzuerkennen und die Möglichkeit, ihnen „die Funktion des inneren Monologs bei James Joyce, die „motorische Diktion in Döblins *Berlin Alexanderplatz*, die tödlich-bürokratischen Systeme Kafkas zu erklären. In den Büchern dieser und anderer Autoren ist ihre Welt, ihre unentdeckte Welt.“ (NGA 21, 440) Von diesem bildungspolitischen Gedanken aus unterbreitet Grass der Büchergilde den Vorschlag, eine Arbeiterbibliothek anzulegen, für die er einen „Grundstock“ von zwanzig Titeln benennt: Chronologisch setzt sie ein mit Grimmelshausen *Simplicius Simplicissimus* und den *Aphorismen* von Lichtenberg, führt über Goethes *Italienische Reise* nebst Schillers *Geschichte des Abfalls der Niederlande* zu Kleists Novellen und einer Gesamtausgabe Büchners bis hin zu Kafka (*Das Schloss*) und Brecht (*Hauspostille*). Die Jahrhundertwende ist repräsentiert durch Fontanes *Stechlin* und Manns *Buddenbrooks*, zudem gibt es gleichsam Seitenblicke ins Ausland, zu Lew Tolstoi (*Krieg und Frieden*), Émile Zola (*Germinal*) und Charles Dickens (*David Copperfield*). Faktuale Texte finden sich mit Sigmund Freud (*Traumdeutung*), August Bebel (*Aus meinem Leben*) und Leszek Kołakowski (*Der Mensch ohne Alternative*), und der Bibliotheksgrundstock führt bis in die Gegenwart zu Max Frisch (*Stiller*) und Alexander Kluge (*Lebensläufe*) sowie Christa Wolf (*Nachdenken über Christa T.*). Dieser Kanon verrät über seinen unmittelbaren Rede-Kontext hinaus viel über Grass‘ Traditionsverhalten sowie seine Poetologie, indem er eine sozialgeschichtlich orientierte, politisch imprägnierte Literatur favorisiert, die im weitesten Sinne als ‚realistisch‘ zu verstehen und in

Sicht auf ihren starken Bezug zur anhaltend aktuellen Lebenswelt ausgewählt ist. Für ästhetizistische Gebilde ist in diesem Kontext augenscheinlich kein Platz.

5 Der Schriftsteller als Außenpolitiker: Bilanzen

Als Autor von weltliterarischem Rang, der das im literarischen Feld erworbene symbolische Kapital für eine Wirkung im politischen Betrieb einzusetzen versucht, wird Grass auch regelmäßig als Redner ins Ausland eingeladen. Dort greift er auf dieselben Topoi zurück, die seine innenpolitisch perspektivierten Reden strukturieren, verzichtet aber kontextgemäß auf die Darstellung bundesrepublikanischen ‚Kleinkleins", mischt sich stattdessen in die ‚große' Politik ein und reflektiert allgemein über demokratische Werte. Noch nah an seiner innenpolitischen Verstricktheit ist die Rede *Der Schriftsteller als Bürger – eine Siebenjahresbilanz*, die Grass am 23.2.1973 auf Einladung der SPÖ in Wien hält. Dem Titel gemäß blickt er dort zurück auf den Beginn seiner Aufritte im Wahlkampf 1965, skizziert seine Erfahrungen mit den Mühen der Ebene, nennt Stationen seiner Wahlreisen von Wanne-Eickel bis Erlangen und freut sich generell über seinen Anteil am Erfolg des Bundestagswahlkamps, der „im Aufbau der Sozialdemokratischen Wählerinitiative" bestehe. (NGA 21, 311) Diese detaillierten Schilderungen stehen aber nicht für sich, sondern dienen vor allem dazu, sein Autorschaftsmodell zu propagieren. Es kommt ihm also auch vor diesem Publikum vor allem darauf an, „die politische Nebenarbeit eines Schriftstellers als das selbstverständliche Betragen eines Bürgers darzustellen." (NGA 21, 317) Mehr noch, bei diesem Selbstporträt des Autors als Bürger bleibt Grass nicht in der innenpolitischen Rekonstruktion stecken, sondern weitet den Blick auf die gegenwärtigen europäischen Verhältnisse: „Wien ist der Ort, um Prag und Athen, die europäischen Wunden, offenzuhalten. Wir mögen noch so viele Gewinne verbuchen, demokratisch fett und sozialistisch proper werden; gemessen und gewogen jedoch werden wir dort, wo Sozialismus und Freiheit ein keusches Wort sind." (NGA 21, 328)

Mit dem Hinweis auf Athen knüpft Grass selbstbezüglich an einen Auftritt in Athen am 20.3.1972 an, der außenpolitisch spektakulär geriet oder sogar, in einem Land, das nach dem Militärputsch von 1967 kaum noch Spuren seiner demokratischen Traditionen erkennen ließ, spektakulär geraten musste. Grass lehnt den Vorschlag ab, mit dem Regierungssprecher Stamatopoulos im Fernsehen über „Demokratie, Europa und die NATO" zu diskutieren, denn „die derzeitige griechische Regierung ist nicht demokratisch legitimiert." (zit. nach Zimmermann 2006, 322) Als demokratisches Feigenblatt will Grass nicht dienen und sich dementsprechend auch in seiner *Rede gegen die Gewöhnung* nicht in der grenzüberschreitend gewünschten Zurückhaltung üben. Zunächst wiederholt er sein Credo, dass der Schriftsteller keine Distanz zu wahren habe, weil Geist und Macht „unversöhnlich" seien, vielmehr sei seine Handlungsmaxime: „Ein Schriftsteller muß sich durch Wirklichkeiten, also auch durch politische Wirklichkeiten in Frage stellen lassen; das kann nur geschehen, wenn er seine Distanz aufgibt. Ein literarischer Stil, der wie Zimmerlinden in geschlossenen Räumen und fürsorglich abgestützt Treibhauswachstum verspricht, wird zwar als Kunstsprache reinlich bleiben, doch Wirklichkeit ist nicht rein." (NGA 21, 267) Daher kritisiert Grass jegliche totalitär-staatliche Machtausübung und meint damit die griechische Regierung, findet sie „lächerlich" in ihrem Versuch, ‚harmlos' und bieder zu wirken, und grüßt zum Finale seiner Rede ausdrücklich die inhaftierten Georgios Mangakis und Babis Protopapas: „Beide grüße ich stellvertretend für viele, beide, weil sie mit doppelter Unfreiheit leben. Meine Grüße sind gleichzeitig ein Versprechen: Ich werde nicht vergessen, ich werde mich nicht gewöhnen." (NGA 21, 272–273) Der deutsche Botschafter distanzierte sich von Grass, und der ignorierte Regierungssprecher empörte sich über die ungeheuerlichen Verleumdungen, die Wirkung der Rede war also erheblich.

Schauplatz eines noch weniger staatsmännischen, aber umso selbstbewussteren Auftritts wird dann Florenz, wo Grass am 29.6.1973 vor dem Europarat-Symposium über *Die Meinungsfreiheit des Künstlers in unserer Gesellschaft* spricht. Dabei nimmt er seine Stellung innerhalb der europäischen Literatur sowie die Meriten aus seinen politischen Kämpfen als Lizenz, nicht nur für sich zu sprechen, denn er werde „nicht umhin können, stellvertretend auch für jene Künstler – sei es in Griechenland, sei es in der Tschecheslowakei – zu sprechen, denen die Freiheit der Meinung verwehrt oder bis zur Zellengröße beschränkt worden ist [...]." (NGA 21, 335) Als Sprachrohr engagierter Literaten tritt Grass also auf, geißelt in dieser Rolle die offenkundigen Unfreiheiten im Osten wie die weniger leicht sichtbaren im Westen und warnt die Kolleg:innen davor, sich der gesellschaftlichen Zustände zu entheben. Auf einer „Spielwiesenfreiheit" sei der „Künstler die Hure wechselnder Mächte", und nur dort, wo die „sozialen und individuellen Menschenrechte geachtet werden" (NGA 21, 355), könnten die Künste frei sein.

6 Rückblick und werkwärts

Mit diesen Bilanzreden deutet sich bereits ein feldpolitischer wie literarischer Umschwung in Grass' Redewerk an, der vor allem motiviert ist durch eine wachsende Distanz zwischen sich und der SPD. Zunächst kommt das Projekt einer Buchreihe „Demokratischer Sozialismus – Theorie und Praxis" nicht voran, mittels derer Grass das „ideologische Vakuum" (NGA 21, 37) füllen wollte, das aus seiner Sicht seit dem Godesberger Programm entstanden war: „So hart mein Urteil klingen mag: Es besteht die Gefahr, daß die SPD als Organisation die Auswirkungen ihrer Politik nicht genügend zur Kenntnis nimmt und hinter ihre eigenen Ansprüche zurückfällt." (NGA 21, 38) Das sich immer stärker abzeichnende Scheitern des Projekts verbindet sich mit der Sorge über den zerstrittenen Zustand der SPD, der Grass durch die Pariser Rede und seine sieben Thesen zum demokratischen Sozialismus Ausdruck verleihen und den „Anstoß zu einem weiterführenden Gespräch" (Grass an Wilhelm Dröscher, 24.4.1974, Günter-Grass-Archiv) liefern will. Dieses Gespräch zwischen Grass und der Partei wollte in der Folge allerdings nicht in Gang kommen, zudem traf Grass der Rücktritt von Willy

Brandt als Bundeskanzler tief, weil er bei allem Engagement für die SPD als Ganzes seine politischen Hoffnungen vor allem mit der Person Brandts verknüpft hatte.

Zu beobachten ist seitdem die Wandlung vom unmittelbar in die politischen Prozesse integrierten Bürger zum intellektuellen Stichwortgeber, der kaum noch resonanzträchtige Reden in großen Sälen hält, sondern gelegentlich essayistische Einwürfe platziert und sich ansonsten aus dem politischen Tagesgeschäft weitgehend zurückzieht. Gesellschaftspolitisch beteiligt ist er als engagierter Zeitgenosse also weiterhin, aber nun wieder stärker mit Formen der Einmischung, die eher ins literarische als ins politische Feld gehören. So plant Grass eine Zeitschrift, die zunächst „L'76" und dann „L'80" heißen und als Diskussionsforum rund um Fragen des demokratischen Sozialismus fungieren soll. Dazu schreibt er am 5. September 1975 an Martin Walser: „Meine politische Aktivität (neben nach wie vor lusthafter Manuskriptarbeit) beschränkt sich zur Zeit auf Veranstaltungen in Schleswig-Holstein und auf ein größeres Unternehmen, das ich lange vergeblich betrieben habe, doch dessen Aussicht auf Realisierung neuerdings größer geworden ist. Mit einigen exilierten tschechoslowakischen Sozialisten [...] planen Heinrich Böll und ich beim Luchterhand Verlag eine Zeitschrift, die viermal im Jahr [...] erscheinen soll." (zit. n. Pietsch 2006, 225)

Zu dieser stärker im literarischen Leben verankerten Rolle passen Texte wie derjenige zu einer Rezension Wolfgang Harichs von Raddatz' Marx-Biographie, deren Vernichtungswillen Grass als Verteidiger des Autors auf den Plan ruft (NGA 21, 468–471), ebenso wie der verwandte Hinweis an die Literaturkritik (*Die Erwartungen des Kritikers*, NGA 21, 476), nicht ideologisch zu urteilen und vor allem nicht nur vom Schriftsteller eine Entwicklung zu fordern, sondern auch „der Kritiker sollte das Recht für sich beanspruchen", sprich: sich mitentwickeln und nicht jedes neue Buch an der *Blechtrommel* messen. Auch in diesen Zusammenhang gehört Grass' Rede zur Begrüßung von Karl Krolow als neuem Stadtschreiber von Bergen-Enkheim, betitelt *Ein Schwangerenheim für Schriftsteller*, dem er Muße wünscht und so wenig „Fliegenschiß alltäglicher Kleintermine" (NGA 21, 473) wie möglich, fast schon eine Variante des Elfenbeinturms, in dem sich der Trommler für die „ESPEDE" während seiner Wahlkampf-Jahre sicher nicht verortet sehen wollte. Ausdrücklich werkwärts bewegt sich Grass dann mit der erinnernden Selbstbetrachtung *Rückblick auf die Blechtrommel – oder Der Autor als fragwürdiger Zeuge. Ein Versuch in eigener Sache* für den SWR. Obwohl er eingangs einräumt, als fragwürdiger Zeuge in eigener Sache im Grunde nur „Lügen verbreiten" zu können, „die als Stecklinge das Treibhaus Germanistik produktiv machen" (NGA 21, 375), fabuliert er dann doch drauflos, erinnert an das kleinbürgerliche Herkommen als „Triebwerk" seiner künstlerischen Produktivität, erzählt vom artistischen Vergnügen, „auf Papier Gegenwirklichkeiten zu entwerfen" (NGA 21, 377), reichert die autobiographische Rekonstruktion mit Hinweisen auf seine philosophisch-weltanschaulichen Grundüberzeugungen und poetologischen Ansätze anekdotisch und deutet die psychologische Disposition des ehrgeizigen Autodidakten an. Alles in allem entwickelt sich diese aus wahrhaftigen Lügengeschichten zusammengesetzte Genese der *Blechtrommel* dergestalt zu einer Werkbiographie in nuce: „Habe ich alles gesagt? – Mehr, als ich wollte. Habe ich Wichtiges verschwiegen? – Bestimmt. Kommt noch ein Nachtrag? – Nein.“ (NGA 21, 386) Doch auch damit war Mitte der siebziger Jahre natürlich noch lange nicht das letzte Grass-Wort gesprochen bzw. geschrieben.

Literatur

Arnold, Heinz Ludwig, und Franz Josef Görtz (Hrsg.). *Grass. Dokumente zur politischen Wirkung*. München 1971.

Berg, Robert von. *Süddeutsche Zeitung* (2. April 1970).

Böhme, Hartmut. „Zur literarischen Wirkungsgeschichte von Dürers Kupferstich ‚Melencolia I‘“. *Polyperspektivik in der literarischen Moderne. Studien zur Theorie, Geschichte und Wirkung der Literatur. Festschrift Karl Robert Mandelkow*. Hrsg. von Jörg Schönert und Harro Segeberg. Frankfurt/M. 1988: 83–123.

Brandt, Willy, und Günter Grass. *Der Briefwechsel*. Göttingen 2013.

Herburger, Günter. „Überlebensgroß Herr Grass. Porträt eines Kollegen“. *Die Zeit* (3. Juni 1971).

Kaiser, Joachim. *Süddeutsche Zeitung* (1971).

Kipphardt, Heinar. „Grass als Kämpfer gegen den linken Terror. Eine Erwiderung“. *Süddeutsche Zeitung* (10. Mai 1971).

Pietsch, Timm Niklas. *‚Wer hört noch zu?‘ Günter Grass als politischer Redner und Essayist*. Essen 2006.

Sieg, Christian. *Die ‚engagierte Literatur‘ und die Religion. Politische Autorschaft im literarischen Feld zwischen 1945 und 1990*. Berlin und Boston 2017.

Stausberg, Friederike. *Günter Grass und die Berliner Republik. Eine biografische Fallstudie über die Macht von Intellektuellen*. Berlin und Boston 2023.

Stolz, Dieter. *Günter Grass. Der Schriftsteller*. München 2023.

Zimmermann, Harro. *Günter Grass unter den Deutschen. Chronik eines Verhältnisses*. Göttingen 2006.

II.6.4 Essays und Reden 1976–1991

Julia Ingold

1 Überblick

Grass' Tätigkeit als Redner und Essayist prägen im Zeitraum von 1976 bis 1991 vor allem vier Ereignisse, Debatten und Funktionen: 1. Sein politisches Engagement für einen demokratischen Sozialismus, zu dem auch die Gründung der Zeitschrift *L '76* (später *L '80*) zählt, 2. seine Aktivitäten im Literaturbetrieb und aus dem Literaturbetrieb heraus, worunter auch seine Präsidentschaft der (West-)Berliner Akademie der Künste fällt, 3. seine Auseinandersetzung mit den deutschen Verbrechen während des Nationalsozialismus, die in seine Frankfurter Poetikvorlesung vom Februar 1990 mündet, und 4. seine kontrovers diskutierten Beiträge zur Wiedervereinigung der beiden deutschen Staaten.

Neben den genannten Themenkomplexen, die unten ausführlicher besprochen werden, sind hier zumindest noch zu erwähnen: Es erscheinen die ersten gemeinsam mit Gerhard Steidl konzipierten, ambitionierten Text-Bild-Bände und darin und auch an anderen Orten poetologische Essays zu Grass' Selbstverständnis als künstlerisches Doppeltalent und politischen Belangen der bildenden Kunst generell (vgl. z. B. *Bin ich nun Schreiber oder Zeichner?*; *Hinsehen und Aufzeichnen*; *Das geschändete Bild*). Außerdem veröffentlicht Grass Berichte über seine Reisen in die „Dritte Welt" (NGA 22, 38), wie damals noch die gängige Bezeichnung lautete, vor allem Indien und Nicaragua. Darin und andernorts äußert er sich zur Ungerechtigkeit im Verhältnis zwischen den Ländern des globalen Nordens und des globalen Südens, fordert etwa mehr Entwicklungshilfe und das Ende der Ausbeutung von Ressourcen (vgl. z. B. *Im Hinterhof. Bericht über eine Reise nach Nicaragua*; *Zum Beispiel Calcutta*; *Orwells Jahrzehnt I*).

Obwohl Grass' „Essays, Reden, Interviews im Gesamtwerk und in der Rezeption so breiten Raum einnehmen und immer wieder die literarischen Werke in puncto öffentlicher Aufmerksamkeit mühelos in den Schatten stellen" (Pietsch 2006, 41), ist die Forschung hauptsächlich interessiert an Grass' literarischem Werk, vor allem seinen Romanen (vgl. Pietsch 2006, 42). Rebecca Braun mahnt an, dass es Zeit sei, „to move away from the dominant trend of mining Grass's political writings for straightforward facts which are then used to explain the socio-political ‚message' believed to determine his fiction." (Braun 2008, 40; vgl. Pietsch 2006, 42) Die Reden und Essays als solche müssen demnach mehr Beachtung finden. Wenige Studien beschäftigen sich bereits ausführlich mit Grass' politischem und essayistischem Schreiben und Wirken: Timm Niklas Pietsch (2006) bietet eine Rhetorik und Typologie von Grass' „Reden und Essays (Rede-Essays) als eigenständige[m] Werkteil" (3; vgl. 41). Harro Zimmermann (2006, 2017, 2023) dokumentiert akribisch Grass' Verhältnis zur (west-)deutschen Medienöffentlichkeit. Friederike Stausberg (2023) widmet sich Grass' als Intellektuellen seit der Wiedervereinigung. In den Biographien finden Grass' Essays und Reden Beachtung in

https://doi.org/10.1515/9783110755435-050

Bezug auf die enge Zusammenarbeit mit Willy Brandt in den 1960er Jahren und dann wieder im Hinblick auf Grass' erfolglose und relativ unbeliebte Haltung gegen die Wiedervereinigung (vgl. Øhrgaard 2005, 151; Braun 2008, 57; Zimmermann 2023, 685–686; z. B. *Kurze Rede eines vaterlandslosen Gesellen*; NGA 22, 504, 513).

2 Für demokratischen Sozialismus in der politischen Publizistik

Von 1976 bis 1988 gibt Günter Grass zusammen mit Heinrich Böll, Carola Stern und anderen die Zeitschrift *L '76*, später *L '80*, heraus, mit besonderem Augenmerk auf die Intellektuellen Osteuropas (vgl. Zimmermann 2006, 354, 378; Neuhaus 2012, 298–300; Preece 2018, 128). Das geschieht, um sein Werben für einen „demokratischen Sozialismus" (NGA 22, 24) zu institutionalisieren und von der Wahlkampftribüne in die Publizistik zu verlegen (vgl. Zimmermann 2006, 354; Neuhaus 2012, 299; z. B. *Die Zukunft des demokratischen Sozialismus. Plädoyer für eine Revision des Godesberger Programms*). Dennoch tritt Grass auch weiterhin gelegentlich als Unterstützer der SPD auf, der er erst 1982 beitritt (vgl. Müller 1982, 233; Preece 2001a, 151; Pietsch 2006, 85; z. B. *Für Freiheit und Sozialismus*; *Die Bundesrepublik ist (k)ein Einwanderungsland*; *Rede von der Verantwortung*; *Assistenz durch Dreinreden*). Er ist dabei kein politischer Theoretiker, sondern einer, der konkrete politische Forderungen erhebt und das Programm der favorisierten Partei beeinflussen möchte (vgl. Øhrgaard 2005, 79; Ingendaay 2020). Er erklärt Theorie und politische Philosophie nicht, sondern er führt sie an, wenn es der Veranschaulichung dient (vgl. Pietsch 2006, 49). In den späten 1970er Jahren bezieht er sich zum Beispiel auf Albert Camus' Interpretation des Sisyphos-Mythos, der für eine kompromissbereite und geduldige „Politik der kleinen Schritte" (Stausberg 2023, 108) steht (vgl. Pietsch 2006, 230; Krönig und Weyer 2008, 131, 133). Insgesamt dominiert für Grass die soziale Frage, wenn er sich aus politischen Anlässen äußert. Ob in den Essays für *L '76/L' 80* oder den Reden für die SPD: soziale Gerechtigkeit in globalem Maßstab und der Schutz der Bevölkerung und der Natur vor kapitalistischer Ausbeutung sind seine Kernanliegen (vgl. Müller 1982, 234; Dahn 2003, 18; Woodgate 2004, 464; Øhrgaard 2005, 76; Pietsch 2006, 115; Zimmermann 2006, 399; z. B. *Einige Denkzettel nach der Wahl*; *Der Dreck am eigenen Stecken. Der ‚freie Westen' und das Kriegsrecht in Polen*). Außerdem beschäftigt ihn in Anbetracht von Kaltem Krieg und NATO-Doppelschluss die Friedensbewegung (vgl. Osterle 1985, 496; Zimmermann 2006, 399).

Im letztgenannten Zusammenhang kommt eine Strategie zum Tragen, die (nicht nur) Grass' politisches Schreiben prägt, nämlich drastische Vergleiche und das Veranschaulichen der Argumentation mit „Strukturhomologien" (Müller 1982, 234). In Bezug auf die Stationierung von Atomsprengköpfen in Europa zum Beispiel, spricht Grass vom drohenden „Völkermord" (NGA 22, 220–222, 238, 266–267, 269, 271) an der gesamten deutschen oder europäischen Bevölkerung und vom gebotenen „Widerstand" (*Vom Recht auf Widerstand*; *Den Widerstand lernen, ihn leisten und zu ihm auffordern*; vgl. NGA 22, 439; Øhrgaard 2005, 76; Preece 2018, 127; Stausberg 2022, 12). Auch die

„Identifikation von Rechts- *und* Linksideologien." (Müller 1982, 234) gehört zu dieser Strategie. Grass gilt als „radikaler Mann der Mitte" (Ingendaay 2020) und ist Anhänger des sogenannten ‚Hufeisenmodells' (vgl. NGA 22, 22, 134, 260–261, 279–280; Øhrgaard 2005, 75–76), wenn er etwa schreibt: „1946 habe ich ein dreiviertel Jahr lang in einem Bergwerk gearbeitet. [...] Häufig kam es zum Streik, und ich erlebte jedesmal, daß sich im Verlauf eines Streiks die Kommunisten mit den Nazis gegen die Sozialdemokraten verbündet haben. Es war ein Nachhilfeunterricht über die Weimarer Republik." (NGA 22, 449) Er geht davon aus, dass die Weimarer Demokratie von rechts und links gleichermaßen zerstört wurde und dass ein solches ‚Schicksal' auch der BRD drohen könnte: „Er verficht die Totalitarismus-These, die faschistische und kommunistische Systeme in die gleiche Schublade tut, dabei aber gegenüber der Ähnlichkeit äußerer Merkmale die Unterschiede im Inhaltlichen vernachlässigt." (Müller 1982, 234) Sein Beitrag in der ersten Ausgabe von *L '76*, betitelt *Als das Radieschen umbenannt werden sollte*, ist exemplarisch für Grass' rhetorische Vorliebe für provokative Homologien. Er ist eine polemische Kritik am sogenannten ‚Radikalenerlass', in der Grass warnt, die BRD drohe sich aufgrund der „durch Erlasse legalisierte Gesinnungsschnüffelei" (NGA 22, 6) der DDR zu nähern (vgl. NGA 22, 7; Zimmermann 2006, 354–358). Obwohl Grass die DDR hier und auch andernorts als Negativbeispiel anführt, hört er nicht auf für demokratischen Sozialismus zu werben.

3 *Poeta vates* in Orwells Jahrzehnt

Im Zusammenhang mit Grass' politischer Redetätigkeit und Publizistik seit Ende der 1970er bahnt sich etwas an, das er in den 1980er Jahren intensiviert. Seine Sprecherrolle bewegt sich weg vom aufbegehrenden Bürger hin zum *poeta vates*: „[T]he author is now a specially talented ‚seer' who communicates his mythical visions in order to bring help and guidance to ordinary mortals in the socio-political sphere." (Braun 2008, 53; vgl. NGA 22, 175; Pietsch 2006, 115; Sieg 2017, 495, 499) Grass ruft „Orwells Jahrzehnt" (NGA 22, 145) aus und zieht zur Veranschaulichung seiner Befürchtungen in den kommenden Jahren häufig den Roman *1984* (1949) heran, während er sich und George Orwell gleichermaßen zu Propheten stilisiert (vgl. *Orwells Jahrzehnt I*; *Orwells Jahrzehnt II*; *Die Vernichtung der Menschheit hat begonnen*; NGA 22, 71–72, 145, 225, 260–261; Osterle 1985, 494, 496; Braun 2008, 53, 55; Sieg 2017, 533–534). Technokratie, Überwachungsstaat und kriegstreiberische, konkurrierende Großmächte sind die drei Orwell'schen Motive, die Grass übernimmt (vgl. *Vom Recht auf Widerstand*; NGA 22, 148, 156, 159, 224, 257–258, 272). Der inhaltliche Schwerpunkt von Grass' Essays und Reden verlagert sich von pragmatischen Maßnahmenkatalogen entsprechend zu dystopischen Krisenszenarien, in denen der Schriftsteller häufig mit der Rolle der Kassandra kokettiert (vgl. Pietsch 2006, 40, 108, 145, 230, 307; Sieg 2017, 532–533; Preece 2018, 127; z. B. *Ohne garantierte Zukunft*; *West-östliches Höllengelächter*; NGA 22, 174, 342).

Nicht nur Grass' Texte weisen inhaltlich vermehrt literarische Beispiele auf, sondern auch die Aktivitäten, denen Grass neben dem Schreiben nachgeht, verlagern sich von der politischen Bühne auf den Literaturbetrieb (vgl. Pietsch 2006, 145, 148; Braun 2008, 56, 58; Zimmermann 2023, 628; z. B. *Im Wettlauf mit den Utopien*). So ist er von 1983 bis 1986 Präsident der (West-)Berliner Akademie der Künste (AdK) (vgl. Zimmermann 2006, 417; Neuhaus 2012, 317–318). Grass' wichtigste Amtshandlung ist eine Vortragsreihe zum Thema Aufklärung – ein Schlagwort, das bei ihm generell häufig fällt (vgl. NGA 22, 46, 159, 279, 302, 317, 331, 390, 500, 509; Zimmermann 2006, 441; Zimmermann 2017, 287; Preece 2018, 127; Zimmermann 2023, 627–632). Die Vortragsreihe heißt *Vom Elend der Aufklärung*. Grass betitelt seine Beiträge *Der Traum der Vernunft* (1984) und *Ist das noch Aufklärung?* (1985). Er vermischt dabei – sowie zuvor und später – topisch eine auf die prominenten Schlagworte beschränkte Rezeption der *Dialektik der Aufklärung* (1944) mit einer durch Orwell legitimierten Technik- und Fortschrittsskepsis (vgl. NGA 22, 156, 174, 257–258, 281, 317, 342; Øhrgaard 2005, 84–85; Pietsch 2006, 43; Zimmermann 2006, 400). Für Grass hat Orwell die Welt prophetisch dargestellt, vor der Max Horkheimer und Theodor W. Adorno philosophisch gewarnt haben (vgl. Sieg 2017, 532; z. B. NGA 22, 151). In der Rede mit dem bezeichnenden Titel *Literatur und Mythos*, die er 1981 auf einem Schriftstellertreffen in Finnland hält und die er in *L '80* veröffentlicht, etwa sagt er: „Ein immer engerer, jede Gefährdung abweisender Vernunftbegriff schuf sich unter dem Deckmantel vernünftelnder Sprache seinen hausgemachten Irrationalismus, gipfelnd im Mythos vom Fortschritt." (NGA 22, 162) Er politisiert die AdK und er wird trotz seiner pessimistischen Einlassungen nicht müde, seine Künstler-Kolleg:innen zum Wahrnehmen ihrer politischen Verantwortung und Möglichkeiten aufzurufen (vgl. *Wir sind dennoch nach Heilbronn gekommen*; *Als Schriftsteller immer auch Zeitgenosse*; Zimmermann 2006, 417, 438, 455; Sieg 2017, 533; Zimmermann 2017, 283; Zimmermann 2023, 618, 628).

4 Verantwortung in Anbetracht der deutschen Geschichte

Das „Stigma Auschwitz" (NGA 22, 298), stellvertretend genannt für den deutschen Massenmord an den europäischen Jüdinnen und Juden, tritt bei Grass häufig auf und in der Regel, um seinen Forderungen in der Tagespolitik Nachdruck zu verleihen (vgl. Brandes 1998, 85, Woodgate 2004, 464, Neuhaus 2006, 226). Pietsch beobachtet sogar, dass der „Topos Auschwitz [...] zum omnipräsenten Ausgangspunkt der Rede-Essayistik und Literatur von Grass" (2006, 291–292) wird (vgl. Ridé 1981, 205–206; Stolz 1991, 209). Zur autobiographischen Standortbestimmung gehört bei Grass deshalb das Bekenntnis, dass „er begeisterter Jung-Nazi gewesen ist" (Neuhaus 2012, 19), von dem er aber auch sagt: „Ich war zu jung, um schuldig zu werden." (NGA 22, 121) Er gibt sich selbstkritisch und wissend um die eigene Verführbarkeit, um sich als lebensgeschichtlich beglaubigten Mahner und Warner zu inszenieren (vgl. NGA 22, 121, 142, 303, 416–419; Ingendaay 2020; Kyora 2022, 113–114; Waldow 2022, 318–319; Stausberg 2023, 113).

Der wichtigste und prominenteste Rede-Essay in diesem Zusammenhang ist Grass' Frankfurter Poetikvorlesung von 1990, betitelt *Schreiben nach Auschwitz*. Auch hier bildet eine auf Schlagworte beschränkte Adorno-Rezeption die theoretische Grundlage (vgl. Woodgate 2004, 464; Pietsch 2006, 43; Ryland 2006, 60; Krönig und Weyer 2008, 133; Röger 2015, 41; Kyora 2022, 113–114; Waldow 2022, 318–319). Das gleichermaßen poetologische wie moralische Anliegen des Vortrags ist die Begründung des eigenen Schreibens durch die historische Schuld, „der Drang, schreiben zu müssen, um auf das, was ‚Auschwitz' genannt wird, zu reagieren." (Kniesche 1996, 169) Es ist quasi die Umkehrung der dominierenden Interpretation Adornos: gerade aufgrund der historischen Verantwortung muss der Schriftsteller schreiben, aber er muss sein Schreiben immer an dem von Adorno gesetzten „Maßstab" (NGA 22, 421) ausrichten (vgl. NGA 22, 419; Kniesche 1996, 170–171; Preece 2001b, 36; Ryland 2006, 60). Grass stellt Adornos „Gebotstafel" (NGA 22, 423) als entscheidenden Faktor für seine künstlerische Entwicklung dar. Seine Texte wären „spielerisch, artistisch, kunstverliebt bis ins Künstliche" (NGA 22, 424) und „wahrscheinlich kaum der Rede wert" (NGA 22, 424) gewesen, „wären ihnen nicht rechtzeitig Bleigewichte verordnet worden." (NGA 22, 424) Er geht in Stationen sein Schreiben seit den ersten Gedichten ab und erklärt, was die Texte nach Auschwitz und in der jeweiligen historischen Situation bedeuten, wobei er „Graustufungen" (NGA 22, 424) und „Askese" (NGA 22, 425) als zentrale Schreibverfahren herausarbeitet, die für ihn die angemessene Reaktion auf die deutsche Geschichte darstellen (vgl. Preece 2001b, 36; Ryland 2006, 60–61; Braun 2008, 58; Kyora 2022, 113–114; Waldow 2022, 318–319). Die andere Strategie, die Grass das Schreiben nach Auschwitz erlaubt, ist die Autorisierung durch seinen Freund Paul Celan, der ihn „verlockt, nach Rückfällen dennoch weiterzumachen" (NGA 22, 432) und jüdische Figuren in seinen Texten auftreten zu lassen (vgl. NGA 22, 432–433; Baer 2005, 58–61, 69–70).

Nach der autobiographischen und poetologischen Rekapitulation des eigenen Werks wendet sich Grass dem aktuellen Zeitgeschehen zu. Die tagespolitische Forderung, der Grass diesmal durch den Topos Auschwitz Nachdruck verleihen will, ist die Verhinderung der Wiedervereinigung der beiden deutschen Staaten, um nicht wieder neue gefährliche Großmachtphantasien heraufzubeschwören (vgl. NGA 22, 298, 406, 440–441, 489; Kniesche 1996, 171, 186; Woodgate 2004, 464; Baer 2005, 55–56; Ryland 2006, 60; Stausberg 2023, 126; Zimmermann 2023, 683, 689–690). Für Grass ist das Misstrauen gegenüber den Deutschen berechtigt, weil sie den Nationalsozialismus demokratisch gewählt hatten und dieser nicht durch innere Proteste, sondern durch die Siegermächte gestürzt wurde: „Allzu verführerisch war und ist es, sich auch zu den Befreiten zu zählen, wobei das peinigende Wissen verdrängt wird, daß die Masse des deutschen Volkes, nachdem der Widerstand aus dem Land getrieben oder inländisch eliminiert worden war, alles getan hatte, um diese Befreiung zu verhindern." (NGA 22, 304) So hatte es Grass in seiner „erinnerungspolitische[n] Rede" (Zimmermann 2023, 622) *Geschenkte Freiheit* (1985), die zum Themenkomplex der Poetikvorlesung gehört, in Gedenken an den 8. Mai 1945 noch im Amt des Akademiepräsidenten ausgedrückt. In seiner Poetikvorlesung pocht er auf die Einzigartigkeit der deutschen Verbrechen, denn

„das Ungeheure, auf den Namen Auschwitz gebracht, ist […] dergestalt zur Zäsur geworden, daß es naheliegt, die Menschheitsgeschichte […] mit Ereignissen zu datieren, die vor und nach Auschwitz geschehen sind." (NGA 22, 418) Diese Ansicht führt Grass auf Adorno zurück: „[S]eit 1951 lag Adornos Buch ‚Minima Moralia. Reflexionen aus dem beschädigten Leben' vor, in dem meines Wissens zum ersten Mal Auschwitz als Zäsur und unheilbarer Bruch der Zivilisationsgeschichte begriffen wird" (NGA 22, 420–421). Charlotte Ryland merkt an, dass Grass Adorno damit grundlegend mussversteht, da sich Adorno gerade gegen die „conception of the Holocaust as a break in civilization" (Ryland 2006, 62) ausspreche, sondern vielmehr argumentiere, Auschwitz sei „an integral element of that civilization." (Ryland 2006, 62)

Auf seine von Ryland kritisierten, aber gängigen Adorno-Interpretation folgend, hatte Grass in der Rede *Geschenke Freiheit* von dem „Gewinn" (NGA 22, 309) gesprochen, den „diese Last" (NGA 22, 309) bedeute. In seiner Poetikvorlesung zur Begründung, warum dem „Schreiben nach Auschwitz […] kein Ende versprochen werden" (NGA 22, 441) dürfe, führt er das näher aus: „Wir sollten, sosehr es uns drängt, einen solchen Gewaltakt auch nicht versuchen, weil Auschwitz zu uns gehört, bleibendes Brandmal unserer Geschichte ist und – als Gewinn! – eine Einsicht möglich gemacht hat, die heißen könnte: Jetzt endlich kennen wir uns." (NGA 22, 441) Das kann man zurecht eine unglückliche Formulierung nennen. Ulrich Baer kommentiert sie 2005 mit: „One can respond to such a suggestion only with the fervent wish that the Germans will not need to know any more about themselves." (59) Grass macht sich mit seiner Poetikvorlesung zweifach angreifbar und wird auch angegriffen, weil er die historische Schuld argumentativ ‚benutzt' und weil er sich gegen die Wiedervereinigung ausspricht (vgl. Stolz 1991, 214; Øhrgaard 2005, 151; Neuhaus 2012, 337–338; Zimmermann 2017, 202; Bohley 2022, 97–98; Stausberg 2023, 131–132, 147; Zimmermann 2023, 685–686, 689).

5 Solidarität und Hoffnung in der Debatte um die beiden deutschen Staaten

Die Teilung Deutschlands ist für Grass ein Dauerthema (vgl. NGA 22, 511; Stolz 1991; Preece 2001a, 170; Mayer-Iswady 2002, 190; Ulmer 2016; Preece 2018, 10). Er bemüht sich beständig, auch wenn er in Ostdeutschland von offizieller Seite nicht gern gesehen ist und überwacht wird, im Austausch mit seinen DDR-Kolleg;innen zu bleiben, die Einheit der „Kulturnation" (Zimmermann 2023, 575) aufrecht zu erhalten und zu fördern (vgl. Dahn 2003, 9, 11–12; Woodgate 2004, 464; Zimmermann 2017, 197; Zimmermann 2023, 575–587, 579, 584, 678). Daran arbeitet er zum Beispiel durch Organisation von und Teilnahme an zahlreichen bilateralen Schriftstellertreffen, bei denen Texte vorgelesen und diskutiert werden, durch die Förderung der Publikation ostdeutscher Literatur in der BRD und umgekehrt, sowie das Kommentieren der Bewegungen und Vorgänge rund um Künstler:innen, Schriftsteller:innen und Intellektuelle der DDR und

Osteuropas, wie etwa Uwe Johnson, Wolf Biermann, Lew Kopelew oder Václav Havel (vgl. NGA 22, 136–138, 202, 488; *Berlin – eine sich fortschreibende Fiktion*; *Abschied von Uwe Johnson*; *Die Zeit erinnernd aufheben*; Braun 2008 52–53, 140–141; Stausberg 2023, 177, 503; Zimmermann 2023, 531, 575–587). Schon 1979 stellt er in seinem Vortrag *Die deutschen Literaturen* fest, dass „die seit Jahren stagnierende Entspannungspolitik zwischen den Blocksystemen und zwischen den beiden deutschen Staaten einzig noch von den Schriftstellern weitergedacht wird." (NGA 22, 129) Er sieht gerade im ost-west-deutschen Kulturaustausch eine grundsätzliche Möglichkeit Frieden zwischen der NATO und der UdSSR zu fördern (vgl. NGA 22, 129). Grass trägt dazu bei, dass der Austausch nie abbricht (vgl. NGA 22, 131–132, 137–138, 158).

Als das politische Klima auf eine Wiedervereinigung hindeutet, hat er nicht nur aufgrund der deutschen Verbrechen im Nationalsozialismus Bedenken, was den „Einheitsstaat" (NGA 22, 406) betrifft, sondern als Verfechter eines demokratischen Sozialismus hofft er, dass die DDR nach der friedlichen Revolution selbstbestimmt eine sozialistische Alternative zum kapitalistischen Wirtschaftssystem entwickelt, in der die Freiheits- und Bürgerrechte gewahrt sind (vgl. NGA 22, 412, 521; Brandes 1998, 84; Preece 2001a, 171; Øhrgaard 2005, 148–149; Finlay 2009, 36–37; Neuhaus 2012, 299; Zimmermann 2017, 197; Zimmermann 2023, 664, 678). In diesen Sinne warnt Grass: „[W]ie sich das Volk der DDR von Tag zu Tag mehr Freiheiten erkämpft und dabei gewaltlos die Bastionen des verhaßten Systems schleift, dieser in der deutschen Geschichte einzigartige, weil revolutionäre und dennoch erfolgreiche Vorgang, droht in den Hintergrund zu geraten." (NGA 22, 405) Genau dies jedoch, eine reformierte DDR, könnte zum Vorbild für eine sozialere BRD werden (vgl. Zimmermann 2023, 409, 482, 679–680).) Grass wird deshalb um das Jahr 1990 herum nicht müde, bei unterschiedlichsten Gelegenheiten für seine Vorschläge zu werben und zu streiten, vor allem eine „Konföderation beider Staaten" (NGA 22, 408) (vgl. *Lastenausgleich*; *Kurze Rede eines vaterlandslosen Gesellen*; *Einige Ausblicke vom Platz der Angeschmierten*; *Ein Schnäppchen namens DDR*; *Bitterfelder Rede*; Brandes 1998, 84; Braun 2008, 57; Preece 2001a, 150, 170; Mayer-Iswady 2002, 188–189; Zimmermann 2006, 489; Zimmermann 2017, 197; Preece 2018, 136–137; Latkowska 2020, 205; Stausberg 2023, 123–178; Zimmermann 2023, 686).

Während Grass noch seine Vorbehalte äußert, schafft die Politik zügig Tatsachen. Die Volkskammerwahlen 1990 fallen deutlich zugunsten des Wahlbündnisses Allianz für Deutschland aus, das für die Wiedervereinigung, die soziale Marktwirtschaft und gegen Sozialismus antritt (vgl. NGA 22, 461, 514, 521; Stausberg 2023, 155). Im medialen Diskurs während des Wiedervereinigungsprozesses stellt sich Grass vor seine ostdeutschen Kolleg:innen, wenn sie, wie zum Beispiel Christa Wolf, wegen einer als zu positiv wahrgenommenen Einstellung zu sozialistischen Ideen und Vorbehalten gegen die Wiedervereinigung in die Kritik geraten (vgl. *Bericht aus Altdöbern*; NGA 22, 488; Brockmann 2009, 125–126; Zimmermann 2023, 696). Nach der Wiedervereinigung verurteilt er das Vorgehen der Treuhand scharf als kapitalistische Ausbeutung einer vom Westen bevormundeten ostdeutschen Bevölkerung, die ohnehin schon „die Last des verlorenen Krieges weit mehr, als gerecht sein kann, drückte" (NGA 22, 406; vgl. NGA 22, 407–408,

412, 456, 461–462, 477, 479, 485, 487, 514, 516, 518–519, 521–522; Mayer-Iswady 2002, 189; Øhrgaard 2005, 148–149; Preece 2018, 15, 126–127; Stausberg 2023, 179–229; Zimmermann 2023, 697). Wieder greift er zu drastischen Vergleichen, etwa wenn er die Wiedervereinigung als „Anschluß" (NGA 22, 452) der DDR an die BRD bezeichnet. Ab 1991 beginnt Grass dennoch die historische Tatsache der Wiedervereinigung zu akzeptieren und antizipiert die Probleme, die auf das wiedervereinigte Deutschland im Angesicht von Globalisierung, europäischer Einigung und erstarkenden Nationalismen zukommen werden. Es kündigen sich in den Reden Themen an, die in den 1990er Jahren schließlich immer wichtiger werden: Deutschland als multikulturelles Einwanderungsland, rechtsextreme Gewalt und eine rassistische Mehrheitsgesellschaft (vgl. NGA 22, 457, 480, 482, 501, 504–505, 508).

Literatur

Baer, Ulrich. „The Hubris of Humility. Günter Grass, Peter Schneider, and German Guilt After 1989". *The Germanic Review* 80.1 (2005): 50–73.

Bohley, Johanna. „Geschichte der deutschsprachigen Poetikvorlesungen ab 1959". *Handbuch Poetikvorlesungen. Geschichte – Praktiken – Poetiken.* Hrsg. von Gundela Hachmann, Julia Schöll und Johanna Bohley. Berlin und Boston 2022: 87–104.

Brandes, Ute. *Günter Grass.* Spiess 1998.

Braun, Rebecca. *Constructing Authorship in the Work of Günter Grass.* Oxford und New York 2008.

Brockmann, Stephen. „Günter Grass and German unification". *The Cambridge Companion to Günter Grass.* Hrsg. von Stuart Taberner. Cambridge 2009: 125–138.

Dahn, Daniela. „Ästhetik der Zuständigkeit. Nachdenken über den abwesenden Herrn G.". *Günter Grass. Stimmen aus dem Leseland.* Hrsg. von Klaus Pezold. Leipzig 2003: 9–18.

Finlay, Frank. „Günter Grass's political rhetoric". *The Cambridge Companion to Günter Grass.* Hrsg. von Stuart Taberner. Cambridge 2009: 24–38.

Ingendaay, Paul. „Ein tapferer Mann". *Frankfurter Allgemeine Zeitung* (12. Dezember 2020): 18.

Kniesche, Thomas. „‚Das wird nicht aufhören, gegenwärtig zu bleiben.' Günter Grass und das Problem der deutschen Schuld". *Günter Grass. Ästhetik des Engagements.* Hrsg. von Hans Adler und Jost Hermand. New York et al. 1996: 169–197.

Krönig, Franz Kasper, und Anselm Weyer. „Ein schwerer Brocken. Das ‚Ärgernis Heidegger' bei Günter Grass". *Günter Grass. Bürger und Schriftsteller.* Hrsg. von Norbert Honsza. Dresden 2008: 131–151.

Kyora, Sabine. „Verhältnis zur Öffentlichkeit und Habitus". *Handbuch Poetikvorlesungen. Geschichte – Praktiken – Poetiken.* Hrsg. von Gundela Hachmann, Julia Schöll und Johanna Bohley. Berlin und Boston 2022: 109–124.

Latkowska, Magdalena. „Konföderation oder Nationalismus? Zu Nation und deutscher Einheit in der politischen Publizistik von Günter Grass". *Im Clash der Identitäten. Nationalismen im literatur- und kulturgeschichtlichen Diskurs.* Hrsg. von Wolfgang Brylla und Cezary Lipiński. Göttingen 2020: 201–210.

Mayer-Iswady, Claudia. *Günter Grass.* München 2002.

Müller, Helmut L. *Die literarische Republik. Westdeutsche Schriftsteller und die Politik.* Weinheim und Basel 1982.

Neuhaus, Volker. *Günter Grass. Schriftsteller – Künstler – Zeitgenosse. Eine Biographie.* Göttingen 2012.

Neuhaus, Volker. „Günter Grass. ‚Auschwitz als Zäsur und unheilbarer Bruch der Zivilisationsgeschichte'". *Shoah in der deutschsprachigen Literatur*. Hrsg. von Norbert Otto Eke und Hartmut Steinecke. Berlin 2006: 226–236.

Øhrgaard, Per. *Günter Grass. Ein deutscher Schriftsteller wird besichtigt*. Übers. von Christoph Baumann. Wien 2005 [2002].

Osterle, Heinz D. „An Orwellian Decade? Günter Grass between Despair and Hope (With a Campaign Speech of 1983)". *German Studies Review* 8.3 (1985): 481–507.

Pietsch, Timm Niklas. *‚Wer hört noch zu?' Günter Grass als politischer Redner und Essayist*. Essen 2006.

Preece, Julian. *Günter Grass*. London 2018.

Preece, Julian. *The Life and Works of Günter Grass. Literatur, History, Politics*. Basingstoke und New York 2001a.

Preece, Julian. „Views of History, Views of the State. Günter Grass and the German Past". *German Culture and the Uncomfortable Past. Representations of National Socialism in contemporary Germanic literature*. Hrsg. von Helmut Schmitz. Aldershot et al. 2001b: 29–43.

Ridé, Jacques. „Günter Grass et le national-socialisme. De l'expérience à la théorie". *Recherches Germaniques* 11 (1981): 203–228.

Röger, Maren. „Adorno-Diktum". *Lexikon der ‚Vergangenheitsbewältigung' in Deutschland. Debatten- und Diskursgeschichte des Nationalsozialismus nach 1945*. Hrsg. von Torben Fischer und Matthias N. Lorenz. 3., überarbeitete und erweiterte Auflage. Bielefeld 2015: 41–42.

Ryland, Charlotte. „‚Wenn wir weiterleben wollen, muß dieser Satz widerlegt werden'. Rewriting Adorno in the Debate on post-Holocaust Poetry". *Focus on German Studies* 13 (2006): 51–68.

Sieg, Christian. *Die ‚engagierte Literatur' und die Religion. Politische Autorschaft im literarischen Feld zwischen 1945 und 1990*. Berlin und Boston 2017.

Stausberg, Friederike. *Günter Grass und die Berliner Republik. Eine biografische Fallstudie über die kommunikative Macht von Intellektuellen*. Berlin und Boston 2023.

Stausberg, Friederike. „Günter Grass' politisches Konzept für die Berliner Republik". *Freipass* 6 (2022): 177–191.

Stolz, Dieter. „‚Deutschland – ein literarischer Begriff'. Günter Grass and the German Question". German Literature at a Time of Change 1989–1990. German Unity and German Identity in Literary Perspective. Hrsg. von Arthur Williams et al. Bern et al. 1991: 207–224.

Ulmer, Konstantin. „Günter Grass und die DDR. Der lange Weg zur ‚Grassnost'". *Freipass* 2 (2016): 132–152.

Waldow, Stephanie. „(Schreib-)Haltungen in deutschsprachigen Poetikvorlesungen". *Handbuch Poetikvorlesungen. Geschichte – Praktiken – Poetiken*. Hrsg. von Gundela Hachmann, Julia Schöll und Johanna Bohley. Berlin und Boston 2022: 313–326.

Woodgate, Kenneth B. „Günter Grass: Gewissen der Nation?". *Die Lektüre der Welt. Zur Theorie, Geschichte und Soziologie kultureller Praxis*. Hrsg. von Helmut Heinze und Christiane Weller. Frankfurt/M. et al. 2004: 463–474.

Zimmermann, Harro. *Günter Grass. Biographie*. Hamburg 2023.

Zimmermann, Harro. *Günter Grass und die Deutschen. Eine Entwirrung. Essay*. Göttingen 2017.

Zimmermann, Harro. *Günter Grass unter den Deutschen. Chronik eines Verhältnisses*. Göttingen 2006.

II.6.5 Essays und Reden: 1992–2011

Friederike Stausberg

Wenn die Reden und Essays von Günter Grass „als großes Geschichtsbuch der Bundesrepublik lesbar“ (Ingendaay 2020, 18) sind, dann sind diese Texte im Zeitraum von 1992 bis 2011 ein Geschichtsbuch der Berliner Republik. Ingendaay weist darauf hin, dass Grass in diesen Texten das „moderne, liberale Deutschland von heute vorweg [nimmt] – […], das nachdenklicher wurde durch ihn“ (Ingendaay 2020. 18). Dass die Worte des Schriftstellers in der Berliner Republik von der Öffentlichkeit wahrgenommen wurden, belegt die umfassende Medienberichterstattung über ihn (Zimmermann 2006, Stausberg 2023). Grass' Popularität nahm in der Mitte dieser Phase durch den 1999 verliehenen Literatur-Nobelpreis sogar noch zu, allerdings wurde diese Reputation dann durch das Bekanntwerden seines Dienstes in der Waffen-SS im Jahr 2006 beschädigt. Der dadurch verursachte Skandal hinderte Grass nicht daran, sich weiterhin kontinuierlich zu Wort zu melden. Erst mit zunehmendem Alter äußerte er sich seltener und nahm weniger an öffentlichen Veranstaltungen teil, sodass er als 84-Jähriger im Jahr 2011 einen seiner letzten Beiträge verfasste.

In der Berliner Republik hielt Grass vor allem „Reden-Essays“ (Pietsch 2006, 26) bei verschiedenen Anlässen und öffentlichen Veranstaltungen vor Publikum. Dagegen ist die Anzahl der Essays, die in Zeitungen oder Zeitschriften veröffentlicht wurden, in diesem Zeitraum überschaubar: Es handelt sich um *Erbarmen mit Kuba* (1993), *Freiheit nach Börsenmaß* (2005) sowie *Zwischen den Kriegen* (2003). Ergänzt werden diese durch zwei Vor- bzw. Nachworte, *Der Versuch öffentlicher Dreinrede* (1994) oder *Zuletzt* (2002). Ebenso selten publizierte Grass in dieser Phase offene Briefe und Erklärungen, wie *Offener Brief an Salman Rushdie (1992), Vorsicht: Schildbürgerstreich! (1993), Nachdruck und Gegendruck* (1996) oder *Das Unrecht des Stärkeren* (2003).

1 Literatur: Schriftstellerische Anfänge bis zum Zenit des Nobelpreises

Grass gibt auch in den Reden und Essays dieser Phase autobiographische Einblicke in seine literarischen Anfänge und seine Beweggründe Schriftsteller zu werden. In *Nach zwanzig Seiten waren alle Helden tot* erinnert er 1995 an seinen ersten Versuch einen Roman über „Die Kaschuben“ zu verfassen. Durch die Erfolglosigkeit des Unterfangens spart er sich für spätere Werke laut eigener Aussage „ein Thema auf“, nämlich „die Kaschuben und ihr heidnisch-katholisches Unterfutter“ (NGA 23, 116–117). Immer wieder verweist Grass in seinen Texten darauf, wie die Jugendzeit seine Literatur und Kunst geprägt habe. Beispielsweise beschreibt er sich selbst in *Schwarzweiße Kinoträume* als „passionierte[n] Kinogänger“ (NGA 23, 110). Sein Onkel eröffnete ihm als Kinovorführer den „Einblick in alle Himmelreiche […] und also auch in jene himmlische Separées, die nur für Erwachsene reserviert waren“ (NGA 23, 110).

https://doi.org/10.1515/9783110755435-051

Grass gibt zu: „Nichts hat meiner Phantasie mehr Auslauf erlaubt [...].“ (NGA 23, 111). Es waren aber vor allem die Kriegsjahre, die seine Kindheit bestimmte. Im Elternhaus begegnete der Schriftsteller als 14-Jähriger dem literarischen Werk von Hans Fallada, dessen „Aufbäumen und Anpassung“ (NGA 23, 132) in der Zeit zwischen ersten Weltkrieg und Nationalsozialismus Grass rückblickend als *Eine deutsche Biographie* charakterisiert. Auch in Ernst Tollers *Jugend in Deutschland* im ersten Weltkrieg erkennt er Parallelen zu seiner eigenen Kindheit. Allerdings betont er auch die Unterschiede, denn im Gegensatz zu ihm erkannte Toller früh „den nicht nur in Deutschland spürbaren Nationalismus und Rassenwahn“ (NGA 23, 458). Daher folgert Grass im April 2007: „Viele haben gewarnt, seit Jahren gewarnt. Daß unsere Stimmen verhallten, ist unsere Schuld, unsere größte Schuld.“ (NGA 23, 457)

Grass wiederholt bei verschiedenen öffentlichen Anlässen, dass der zweite Weltkrieg, der Verlust seiner Heimatstadt Danzig und die deutsche Schuld seine schriftstellerischen Anfänge bestimmt habe. Seine Literatur, formuliert er in *Vom Überspringen der Grenzen* programmatisch, soll den „Verlust, diese Lücke“ (NGA 23, 71) auffüllen. 1996 erklärt er in *Von der Überlebensfähigkeit der Ketzer*: „Wer, wie ich, das Kriegsende nur zufällig überlebt hat, [...] dem ist der Erzählfaden vorgesponnen“ (NGA 23, 140). Diese enge Verbindung der Sujets *Literatur und Geschichte* thematisiert Grass auch bei der Verleihung des Prinz-von-Asturien-Preises im Jahr 1999. Literatur hat für ihn die Aufgabe, durch ihr „demonstratives Enthäuten von Zwiebeln [...] das Unterfutter der Geschichte“ (NGA 23, 254) aufzudecken, in dem sie den Blick auf individuelle „Kleinereignisse, die sich hinter der staatstragenden Tribüne ergeben“, frei gibt. Im gleichen Jahr gibt Grass in der Dankesrede zur Verleihung des Literaturnobelpreises (*Fortsetzung folgt...*) zu, dass gerade seine persönliche Erfahrungswelt und der „jähe Einbruch der Politik ins familiäre Idyll [...], [...] dem allzuleicht dahinsegelnden Talent zu dauerhaftem Ballast und einigem Tiefgang verhalf“ (NGA 23, 265). Diese Zeit habe seine „Schreibobsession“ (NGA 23, 273) begründet und er setze als Autor daher die „Verlierer geschichtlicher Prozesse“ (NGA 23, 268) in den Fokus, um dem Vergessen etwas entgegenzusetzen. Diese Rede ist dergestalt als ein „bewusster Widerruf der Angst vor dem Ende der Literatur“ (Neuhaus 2012, 380) nach dem zweiten Weltkrieg zu verstehen. Die Vergabe des Nobelpreises und die Dankesrede des „Sammler[s] des Schweigens“ (Grass 1999, 18) wird in Deutschland kontrovers diskutiert (Zimmermann 2006, 587–589), denn, so lautet ein Vorwurf, Grass missverstehe die literarische Ehrung als „Rehabilitierung seines [politischen] Weltgerichts“ (Steinfeld 1999, 49). Auch Evelyn Roll (1999, 3) unkte: „Er wird die Autorität des Nobelpreises nutzen, um dem Land und der Welt weiter ins Gewissen zu reden.“ Diese Prognose bestätigte sich bereits kurz danach auf der Tagung des Internationalen P.E.N. in Moskau im Mai 2000. In der dort gehaltenen Rede *Nie wieder schweigen* ruft Grass öffentlichkeitswirksam (Kriwulin 2000, 49; Urban 2000, 17) seine Kollegen als Zeitgenossen dazu auf, auch in Kriegszeiten mit ihrer Literatur ein Zeugnis abzulegen, das „zumeist im Widerspruch zur offiziellen Geschichtsschreibung“ (NGA 23, 279) stehen solle. Dies sei die besondere Leistung der Literatur: „Sie schaut nicht weg, sie vergißt nicht, sie bricht das Schweigen.“ (NGA 23, 283)

Mit seiner Rede setzt Grass „in der internationalen Kulturöffentlichkeit ein Zeichen", das „auf demokratische Defizite im schwierigen Transformationsprozeß Osteuropas aufmerksam" (Zimmermann 2006, 595) macht.

Grass wendet sich in der Berliner Republik auch seinem eigenen Schweigen und Erinnerungsdefiziten zu, sodass sein gesamtes „Werk der 2000er Jahre [...] im Zeichen der Erinnerung" (Brunssen 2014, 70) steht. Den Anstoß, sich mit „meiner Herkunft, meinen jungen Jahren" (Grass 2014, 479) zu beschäftigen, gab sein Vortrag *Ich erinnere mich...* bei einer Konferenz in Vilnius im Jahr 2000. Dort spricht Grass über den qualvollen Erinnerungsprozess, dem er immer wieder ausgesetzt sei: „Erinnerung darf schummeln, schönfärben, vortäuschen, das Gedächtnis hingegen tritt gerne als unbestechlicher Buchhalter auf." (NGA 23, 285) Steinfeld (2000, 49) fällt auf, dass es sich dabei um eine „sehr persönliche" Rede handelt. Versatzstücke seiner Biographie hat Grass bereits in der *Danziger Trilogie* verarbeitet, aber welche Erlebnisse der Autor davon selbst erlebte, bleibt unklar, wie er 1996 in seiner Rede *Von der Überlebensfähigkeit der Ketzer* deutlich macht. Hier weist Grass auf die in seiner Literatur enthaltenen „Versteckspiele [hin]. Wo verbirgt sich der Autor? Natürlich im Detail. Aber in welchem? Wer erzählt hier?" (NGA 23, 141). Im Jahr 2000 stellt sein „Gedächtnis, mithin alles, was haften geblieben ist [...] in Frage" (Grass 2014, 749), so dass die Rede in Vilnius ein wichtiger Startpunkt für den Beginn seiner literarischen Rückblicke darstellt, wie Grass selbst in *Sechs Jahrzehnte* reflektiert: Dies war der „Anlaß, mich endlich einer ungestalteten Stoffmasse zuzuwenden, die mir seit Jahren querlag." (Grass 2014, 425) Aus diesem Erinnerungsprozess resultiert dann bald *Im Krebsgang* (2002). Aber der Prozess des Erinnerns fand mit dieser Novelle keinen Endpunkt, sondern führte weiter zu seiner literarischen Biographie *Beim Häuten der Zwiebel*. Kurz vor der Veröffentlichung spricht Grass im Mai 2006 in seiner Eröffnungsrede *Schreiben in friedloser Welt* vorm Kongress des Internationalen P.E.N. in Berlin über die Rolle von Literatur in Kriegszeiten: „Wir Schriftsteller waren immer dabei, ob schweigend oder protestierend." (NGA 23, 453) Erst wenige Monate nach dieser Rede wurde durch die Veröffentlichung *Beim Häuten der Zwiebel* bekannt, dass Grass als Sechzehnjähriger im Dienst der Waffen-SS in den Krieg zog.

2 Politik: Der Schriftsteller als Zeitzeuge

Für Grass fungieren Schriftsteller grundsätzlich als Zeitzeugen, die das politische Geschehen durch ihre Literatur ‚dokumentieren' sollen. Auch seine Reden behandeln meistens politische Sujets und demonstrieren, wie vielschichtig Grass' politisches Konzept während der Berliner Republik war (Stausberg 2022). Sie belegen, dass sich der Intellektuelle in seinen Beiträgen sowohl der Innen-, Asyl-, Wirtschafts-, Kultur- als auch Außenpolitik widmet. Er scheute sich aber auch nicht, sich in Wahlkämpfe einzumischen und für eine rot-grüne Regierung zu werben.

Grass' Verhältnis zur SPD ist zu Beginn der Berliner Republik von großer Distanz geprägt. So kündigt er Björn Engholm 1992 in *Was an die Substanz geht* an, dass seine Parteimitgliedschaft „auf der Kippe" (NGA 23, 39) stehe, und tatsächlich tritt er kurz darauf aus der SPD aus. Statt eines aktiven Beitrags zum Wahlkampf 1994 veröffentlicht er lediglich das Vorwort *Der Versuch öffentlicher Dreinrede* in seiner Redensammlung *Angestiftet, Partei zu ergreifen.* Darin äußerte er seine Hoffnung, dass er „die nachwachsende Generation anstifte[n könne], Partei zu ergreifen, denn nur so ließe sich Demokratie wiederbeleben und erneuern" (NGA 23, 81). Erst im Wahlkampf 1998 rührt Grass wieder aktiv die Werbetrommel, wie die *Rotgrüne Rede* im Landtagswahlkampf in Sachsen-Anhalt belegt. Er bekennt dort allerdings: „Es fällt mir schwer, eine von kritischen Nebentönen freie, nur lobpreisende Rede anzustimmen." (NGA 23, 214) Seine Rede zur Bundestagswahl mit dem Titel *Wer dreimal lügt …* (Grass 1998) macht dann deutlich, warum er sich trotz seiner Vorbehalte parteipolitisch engagiert: „Wir wollten die Politik nicht allein den Parteien überlassen." Anlässlich des Wahlkampfs von 2002 beschränkt Grass sich auf Gespräche mit einzelnen Politikern, sodass die nächste Wahlrede unter dem Titel *Was steht zur Wahl?* erst aus dem Jahr 2005 stammt und für „die Fortsetzung der rotgrünen Regierung" (NGA 23, 428) plädiert. Es folgt im Januar 2008 sein Impulsvortrag *Fünf Merkzettel* vor der SPD-Bundestagsfraktion, mit dem er der Partei für den anstehenden Wahlkampf Mut machen will. Grass' Wahlengagement hat dabei vor allem eine symbolische Wirkung (Stausberg 2023, 387). Das sozialdemokratische Narrativ will Grass zusätzlich auch mit der Gründung der August-Bebel-Stiftung stärken, wie er 2011 unter dem Titel *Weil Demokratie ohne soziale Gerechtigkeit keinen Bestand hat* angekündigt (Bissinger und Thierse 2013; Stausberg 2023, 363–365). Durch Buchprojekte und jährliche Preisverleihungen möchte hiermit Grass auf bekannte Sozialdemokraten aufmerksam machen und Politiker somit ermutigen, diese Anfänge der Sozialdemokratie aufzugreifen.

In der Berliner Republik beschäftigt sich Grass inhaltlich primär mit den Folgen der Deutschen Einheit, wobei seine Beiträge Anfang der 1990er Jahre eine große Distanz zu ‚seinem' Land zeigen. Im Rahmen der Veranstaltungsreihe *Nachdenken über Deutschland* thematisiert er beispielsweise in einer „Novemberrede" (Pietsch 2019, 302) unter dem Titel *Rede vom Verlust* den „Niedergang der politischen Kultur im geeinten Deutschland" (NGA 23, 40). Herbert Riehl-Heyse (1992) bezeichnet diesen Beitrag als eine neue „deutsche Selbstpeitschungs-Lust". Wie ein roter Faden zieht sich in dieser Phase der Hinweis auf die Folgen der Wiedervereinigung durch Grass' politische Reden, die für den Schriftsteller eine „Einheit ohne Einigung" (NGA 23, 43) darstellt (Stausberg 2023, 123–178). Daher betrachtet Grass *Die Wiedervereinigung als andauernde Aufgabe*, wie er in seiner Rede in Korea 2002 betont. Er wird hier „mit dem Hinweis auf [s]eine kritischen Kommentare zum Prozeß der deutschen Einheit gebeten, eigene Erfahrungen vorzutragen" (NGA 23, 737). Bis zuletzt fehlt Grass in Deutschland die „soziale Einigung" (NGA 23, 463), wie er in *Fünf Merkzettel* vor der SPD-Fraktion in Berlin 2008 festhält.

Als weiteres Thema bestimmt die Asylpolitik Anfang der 1990er Jahre seine Texte. Den Empfang zu seinem 65. Geburtstag in Lübeck nutzt Grass daher, um sich in seiner Rede *Was an die Substanz geht* direkt an den damaligen SPD-Parteivorsitzenden Björn Engholm zu wenden. Engholm (2016, 96) gibt rückblickend zu, dass Grass' „harsch[er]" Beitrag ihn „als Gastgeber kraftvoll düpiert" habe. Anlässlich eines TV-Gespräches am 3. November 1992 haben die beiden dann die Gelegenheit, das Thema „auszudiskutieren" (Semler 1992). Seine Verbitterung über das dennoch verabschiedete Asylgesetz thematisiert der Schriftsteller in seiner *Rede vom Verlust*. Dabei betont Grass angesichts der rechtsradikalen Anschläge auf Asylantenheime seine Sorge vor der Wiederkehr des „häßliche[n] Deutsche[n]" (NGA 23, 42). Diese „Reden in der Krise" (End. 1993, 13) kündigen einerseits seinen Austritt aus der SPD an (Stausberg, 2023, 266–271), und das „landesweite Schweigen, die ohnmächtigen Proteste [und] die [...] Gesetzesänderung" (NGA 23, 78) provozieren anderseits verschiedene „Gelegenheitsgedichte[n]" (NGA 23, 78), die unter dem Titel *Novemberland* 1993 erscheinen, wie der Schriftsteller es in *Orientierungsmarken* festhält. Darin kritisiert Grass, dass Europa sich als Festung gegen Flüchtlinge abschirmen möchte (NGA 1, 301). Dieser Gedanken findet sich bereits 1992 in seiner Rede *Mein Traum von Europa* in Sevilla (NGA 23, 25). 1997 nutzt Grass seine *Laudatio auf Yaşar Kemal*, um die „demokratisch abgesicherte[] Barbarei" (NGA 23, 207) in der deutschen Asylpolitik zu kritisieren und löst damit einen Skandal aus (Bissinger und Hermes 1998). Im selben Jahr gründet zudem Grass eine Stiftung, mit der er die Minderheit der Roma und Sinti unterstützt, die „permanent der Gewalt ausgesetzt" (NGA 23, 45) ist, wie Grass bereits 1992 in der *Rede vom Verlust* angeklagt hatte. „Kein Abgeordneter vertritt andauernd ihre Sache" (NGA 23, 62), moniert er dort ein Versagen der offiziellen Politik, sodass er sich selbst der Sache annimmt, wie er in *Wie ich zum Stifter wurde* angibt. Diese Minderheit vertritt Grass 2000 auch in Europa, beispielsweise mit seinem Beitrag *Ohne Stimme* auf einer Konferenz im europäischen Parlament oder vor der Europäischen Investitionsbank mit seiner Rede *Zukunftsmusik oder Der Mehlwurm spricht*. Briefe belegen, dass er die Wirkung seine öffentliche Politikberatung auf europäischer Ebenen als gering einschätzte und das Gefühl hatte, ins Leere zu sprechen (Stausberg 2023, 263–264). Stattdessen sucht er den direkten Kontakt zu Politikern, wie Martin Schulz oder Kurt Beck.

Zunehmend prägen während der Berliner Republik nun auch wirtschaftliche Themen seine Reden und Essays. Bereits in seiner *Rede über den Standort* liest der Schriftsteller 1997 „den Parteien in Dresden die Leviten" (Schneider 1997, 11). Darin heißt es: „Zum Standort verkümmert zeigt sich Deutschland der Welt." (NGA 23, 181) Kurz darauf schämt er sich in seiner *Laudatio auf Yaşar Kemal* öffentlich seines „zum bloßen Wirtschaftsstandort verkommenen Landes" (NGA 23, 201). Mit diesen Sätzen eröffnet Grass einen politischen Diskurs, der kurzfristig die Gemüter erregt (Jabłkowska 2002, 25–42; Luchtenberg, 2000, 71–92; Stausberg 2023, 244–260). Grass kann nicht begreifen, wie eine derartige „soziale Schieflage [in] der Gesellschaft" (NGA 23, 365) herrsche, die auch Kinderarmut betreffe. Er unterstützt daher mit dem Nachwort *Zuletzt* das gemeinsam mit Daniela Dahn und Johano Strasser publizierte Buch *In einem reichen Land*, um den nötigen Anstoß zur Solidarität zu geben. 2005 veröffentlicht Grass zudem in mehreren internationalen Zeitungen sein Essay *Freiheit nach Börsenmaß*, das er 2005 anknüpfend an seine Rede zum Jahrestag des Kriegsausbruchs *Geschenkte Freiheit* (1985) verfasst. Grass fordert darin die Bevölkerung auf, sich als „selbstbewußte Demokraten" der „Macht des Kapitals" (NGA 23, 423) zu widersetzen. Sein Beitrag findet den öffentlichen Widerspruch des Politikers Richard Schröder (2005, 8), der die Vorwürfe als gegenstandslos bezeichnet: „Günter Grass sieht Gespenster". In *Fünf Merkzettel* wiederholt er 2008 seine Forderungen auch vor der SPD-Fraktion und setzt sich für ein „Hausverbot" (NGA 23, 465) für Lobbyisten ein.

Grass' kulturpolitisches Engagement zeigt sich in der Berliner Republik vor allem in offenen Briefen, in denen er etwa für die freie Akademie der Künste in Hamburg (*Auf Holzboden*) oder den Erhalt des Literarisches Kolloquiums (*Vorsicht: Schildbürgerstreich!*) eintritt. Sein Brief *Nachdruck und Gegendruck* an Gerhard Steidl spielt im Protest gegen die Rechtschreibreform eine wichtige Rolle, insofern Grass als Wortführer der Gegenöffentlichkeit wahrgenommen und als Beispiel in der Plenardebatte aufgeführt wird (Stausberg 2023, 282–289). Durch die Etablierung eines Autorenrats mischt sich Grass überdies in die Tätigkeiten der Verlage ein, wie sein Brief *Im selben Verlagsschiff* an Peter Härtling belegt. Seine Hartnäckigkeit bei kulturpolitischen Initiativen zahlt sich mitunter aus. Bei der Gründungsveranstaltung der Kulturstiftung des Bundes betont er beispielsweise, wie *Nach dreißig Jahren* seine Idee umgesetzt wurde. Dagegen ist sein Einsatz für ein Koeppenhaus durch den direkten Kontakt zu Gerhard Schröder von einem schnellen Erfolg gekrönt, wie er unter dem Titel *Dem Macher sei Dank gesagt* hervorhebt. Auch Grass' Rede *Wir Urheber!* spielt als Unterstützung des Gesetzgebungsprozesses als Gegengewicht zu den einflussnehmenden Verlagen eine wichtige Rolle (Stausberg 2023, 324–331). Andere Vorschläge, wie beispielsweise für ein Beutekunstmuseum in der Rede *Über das Brückenschlagen*, verhallen dagegen wirkungslos.

Grass ist nicht nur in Deutschland, sondern auch 60 Jahre lang gleichsam als Kulturbotschafter für das Goethe-Institut im Ausland politisch aktiv, wie er in seiner Rede mit dem Titel *Den Bedürfnissen des Gastlandes entgegenkommen* hervorhebt. Während dieser Zeit lernt er ihre „fruchtbare Arbeit und die Grenzen ihrer Möglichkeiten kennen" (NGA 23, 155) und kommt zum Fazit: „Kultur [...] eignet sich nicht als Werbeträger für die deutsche Wirtschaft. Sie ist ein Wert an sich und sollte sich nicht in zusätzliche Abhängigkeit begeben." (NGA 23, 156) Auch von europäischen Institutionen wird Grass als Redner eingeladen, beispielsweise beschreibt er seinen *Traum von Europa* 1992 in Sevilla anlässlich der bevorstehenden Weltausstellung. Für sein Engagement als „Brückenbauer" (Fischer 1996, 14) zu Polen wird er mit dem Ehrendoktortitel der Universität Gdańsk im Jahr 1993 ausgezeichnet. In seiner Dankesrede *Vom Überspringen der Grenzen* macht Grass deutlich, welche wichtige Rolle dabei Literatur und deren Übersetzer spielen: „Sie machen den Büchern Beine. Und mit ihrem Autor wissen sie aus Erfahrung, daß Grenzen nur da sind, um übersprungen zu werden." (NGA 23, 73) Einige Übersetzern stellt er in *Autor und Übersetzer* sowie *Lob der Vielseitigkeit* besonders in den Mittelpunkt.

Grass nimmt in den Reden dieses Zeitraums darüber hinaus kontinuierlich Stellung zu außenpolitischen Konflikten. Ihm ist klar, dass „das vergebliche Warnen vor drohender Kriegsgefahr [...] mittlerweile zur Routine" (NGA 23, 379) geworden sei. Dennoch verurteilt er in seiner *Laudatio auf Yaşar Kemal* (1997) den Bürgerkrieg in der Türkei, die Waffenexporte Deutschlands und die folgende Flüchtlingsbewegung. Dass der Schriftsteller aber dennoch kein Pazifist ist, zeigt seine Unterstützung des Kosovoeinsatzes der rot-grünen Regierung im Jahr 1999, den er trotz ausgeprägter Zweifel nach vielen Gesprächen auch mit Gerhard Schröder befürwortet, wie er in *Der lernende Lehrer* offenlegt (Stausberg 2023, 423). 2003 warnt Grass dann allerdings Schröder davor, sich am Irakkrieg zu beteiligen. In dem Exklusivbeitrag für die Deutsche Presse-Agentur (dpa) *Zwischen den Kriegen* zitiert er Matthias Claudius „'s ist leider Krieg – und ich begehre nicht schuld daran zu sein!". Dieses Gedicht trägt er eindrucksvoll auch bei informellen Gesprächen mit Gerhard Schröder vor (Stausberg 2023, 436–446). Er äußert in der über die *dpa* vertriebenen Erklärung *Das Unrecht des Stärkeren* seinen Stolz, dass schließlich „die Regierung [...] den Mut hatte, dem mächtigen Verbündeten zu widersprechen" (NGA 23, 388). Mit diesen Beiträgen erzeugt er in der „Rolle des Friedens-Mahners" (Fuhr 2003, 27) eine „Meinungsoffensive" (Spiegel 2003, 31), die öffentlichkeitswirksam den Kurs Schröders unterstützte. In *Der Knoten im Revolverlauf* dankt Grass schließlich der Regierung, dass sie „gegen erheblichen Widerstand [...] bei diesem Nein geblieben" (NGA 23, 425–426) ist. Die Presse verfolgt aufmerksam, dass für den Schriftsteller „der verknotete Revolver also Friedens- und Ohnmachtszeichen gleichermaßen" (Fuhr 2005, 27) ist. Wie wenig Einfluss Schriftsteller auf Kriege haben, beklagt er 2000 in seiner Rede *Nie wieder schweigen*, in der er in Moskau vor Publikum den Tschetschenienkrieg verurteilt. Diese Worte sind dennoch bemerkenswert, da in Russland „die Rolle des Schriftstellers in der modernen Gesellschaft hier einfach nicht verstanden wird" (Kriwulin 2000). Dass ein *Schreiben in friedloser Welt* dennoch notwendig ist, macht Grass beim P.E.N 2006 in Berlin deutlich, denn Schriftsteller geben in ihren Werken den Verlierern und zivilgesellschaftlichen Opfern ein Gesicht. Grass nutzt die Öffentlichkeit auch bei diesem Anlass und richtet sein „zornbebende[s] Donnerwort" (Krause 2006, 27) gegen die USA. Im Publikum erhielt er viel Beifall und Standing Ovations für seine „bundespräsidentiale Rede" (Seibt 2006, 13, vgl. auch Mohr 2006).

3 Medienkritik: Das Sekundäre aus primärer Sicht

Grass äußert sich in der Berliner Republik verstärkt negativ über Medienvertreter und Literaturkritiker. Seine Kritik an der Presseberichterstattung beginnt bereits im Zuge der Wiedervereinigung, wie er 1993 rückblickend in seinem Beitrag über den Spiegel-Journalisten Rudolf Augstein, *Ein Zug, nicht aufzuhalten*, deutlich macht. In seiner *Rede vom Verlust* warnt der Schriftsteller 1992, dass die Demokratie ohne eine „Vielfältigkeit öffentlicher Meinung" (NGA 23, 58) Schaden nehme. Auch im Kulturbetrieb spielen die Medien laut Grass eine entscheidende Rolle, denn „nicht mehr das Buch ist wichtig, sondern dessen feuilletonistische Aufbereitung, die sich Kritik nennt“ (NGA 23, 82), wie er in seinem Artikel *Blindstellen auf der Spur* 1994 bemängelt. Im gleichen Jahr widmet er dem Thema anlässlich der Verleihung des Großen Literaturpreises der Bayerischen Akademie der Schönen Künste eine eigene Essay-Rede mit dem Titel *Über das Sekundäre aus primärer Sicht*. Grass kritisiert dort, dass das „primäre Erlebnis“ des Lesens nicht mehr im Fokus stehe, sondern nur die ‚sekundäre Sicht' der Kritiker und Literaturwissenschaftler. Mit diesen Worten will er „die Grundkoordinaten des literaturkritischen Diskurses [...] wieder zurechtrücken“ (Zimmermann 2006, 523). Seine Rede provoziert eine polemische Reaktion des Literaturkritikers Marcel Reich-Ranicki (1994, 33), der sich gegen diese Kritik verwehrte. Hier stritten „zwei Platzhirsche des Literaturbetriebes um die Vorherrschaft im Revier“ (Wittstock 2015, 265), ihr „letzte[s] große[s] Duell“ (Weidemann 2019, 256–257). Man kann hier einen Vorboten des Streits um *Ein weites Feld* im Jahr 1995 erkennen, den Grass bei mehreren Preisverleihungen im Jahr 1996 als „derzeitige Feuilletonbesorgnis [wie folgt zusammenfasst]: Es verderbe die Politik den literarischen Stil; der Autor solle und müsse sich reinlich nur der Ästhetik verschreiben“ (NGA 23, 231). Im Gegensatz dazu setzt Grass sich in *Von der Überlebensfähigkeit der Ketzer* vehement für eine politische Haltung von Schriftstellern ein: „Wollten wir auf diese Parteinahme, sei es aus Ermüdung, sei es aus Einsicht in unsere Ohnmacht, verzichten, müßten wir uns selbst aufgeben; allein dem Zeitgeist wäre Tribut gezollt.“ (NGA 23, 139) Er rät daher „Abstand vom sekundären Gemäkel zu nehmen und das Gesamtwerk in seiner primären Gestalt neu zu entdecken“ (NGA 23, 154). Seine scharfen Angriffe gegen seine Kritiker werden von der Presse wahrgenommen (dpa 1996, 36), aber nicht weiter kommentiert. 2011 bietet der Titel *Was Journalisten anrichten* der Veranstaltung *Netzwerk Recherche* Grass für seine Abrechnung mit den Medien noch einmal „eine Steilvorlage“ (Kern 2011): „Zusammengefaßt läßt sich sagen, der Journalismus [...] lebt von der Hand in den Mund, zehrt von Sensationen und [...] nimmt sich nicht ausreichend Zeit, die Hintergründe all dessen auszuleuchten“ (NGA 23, 487). Grass fühlt sich selbst jahrzehntelang den „Treibjagden des Kampagnenjournalismus“ (NGA 23, 488) ausgesetzt. Er solidarisiert sich auch mit Schriftstellerkollegen, wie Christa Wolf (*Was bleibt*) oder Stephan Hermlin (*Zum Tod von Stephan Hermlin*), die ähnliche Erfahrungen gemacht haben. In *Mein schwieriger Freund Paul Celan* beschreibt er, welche Auswirkungen derartige Äußerung des Feuilletons auch bei seinen Kollegen haben. Lobend erwähnt er in diesem Zusammenhang in seinem *Berliner Appell* die Gruppe 47, die für ihn ein „Forum für entstehende Literatur und gegen die sekundäre Übermacht“ (NGA 23, 184) sei. Da dies zukünftigen Generationen als Erfahrung und somit der deutschsprachigen Literatur der Gegenwart fehle, fördert, Grass selbst derartige Treffen in Lübeck.

4 Würdigungen und Gedenken: Die Aufrechten

Zudem würdigt Grass in dieser Phase verschiedene Schriftsteller, Künstler und Freunde anlässlich von Preisverleihungen oder Geburtstagen, besonders diejenigen „die hart attackiert wurden. Genau wie er." (Ingendaay 2020, 28) Ihnen gemein ist ein *Aufrechter Gang, schmerzhaft*, wie er mit Hilfe einer Zeile aus dem Gedicht des Lyriker Rolf Haufs beschreibt: „Das ist die uns vorgeschriebene Haltung, der wir uns immer wieder in gekrümmtem Zustand zu entziehen versuchen." (NGA 23, 125) Grass fühlt sich als Intellektueller verpflichtet seine prominente Stimme zu erheben, damit es nicht „nur die eine, uns zwangsverordnete Wirklichkeit gilt" (NGA 23, 8). Der Schriftsteller setzt sich durch sein Engagement als Intellektueller und Bürger „zwischen die Stühle" (NGA 23, 225). Er fordert seine Kollegen auf, in ähnlicher Weise Stellung zu beziehen, denn „wäre es nicht besser um die bundesdeutsche Gesellschaft bestellt, wenn es eine Vielzahl von Schriftstellern, oder sagen wir: Intellektuellen, gäbe" (NGA 23, 225), die gesellschaftlichen Druck auf die Politik ausübten. Dabei spricht er auch besonders die jüngeren Generationen an, die sich einmischen sollen, wie die Reden *Der lernende Lehrer* und *Mündig sein* zeigen. Grass fordert sie auf „aus Prinzip zu Zweifeln" (NGA 23, 235) und weiterhin die Aufgabe wahrzunehmen, die „Steine zu wälzen" (NGA 23, 496). Der Schriftsteller hebt in seinen Beiträgen gerade diejenigen Schriftsteller und Intellektuellen als Vorbild hervor, die sich politisch engagieren. Beispielsweise hält er 2001 die Laudatio *Parzivâl, der andere Simplex* auf den Schweizer Schriftsteller Adolf Muschg, „der mit Parzivâl in die Schule der Widersprüche gegangen ist, der mit ihm das Fragen gelernt hat" (NGA 23, 349). Grass erinnert auch daran, dass er in seiner *Begegnung in Paris* mit François Bondy 1956/1957 „ansatzweise das Argumentieren gelernt" (NGA 23, 109) habe. Auch in seiner *Laudatio auf Yaşar Kemal* hebt er dessen „Kampf gegen das Unrecht" (NGA 23, 203) hervor. Derartige Würdigungen weisen zugleich auf das Netzwerk des „internationalen Intellektuellen" (Brunssen 2008, 94–115) hin.

Grass protestiert zudem öffentlich, sobald Intellektuelle und Schriftsteller Opfer von Zensur wurden, Verfolgung oder Exil drohte. Dies zeigt sich beispielhaft an seinem *Offene[n] Brief an Salman Rushdie*, der nicht nur in Deutschland, sondern in mehreren internationalen Zeitungen erscheint (Chervel und Rediske 1992). In seiner Rede *Gegen die Hohenpriester der Eindeutigkeit* erinnert er an dieses Ereignis und weist darauf hin, dass „seitdem dem Wort Macht nachgesagt wird, [...] den Philosophen und Schriftstellern [...], Zensur und Exil, Verfolgung bis zum Mord" (NGA 23, 19) drohe. Daher fordert er eine weitere Unterstützung des Kollegen, der „auf unsere Solidarität angewiesen" (NGA 23, 124) sei. Rushdie bezeichnet Grass rückblickend als einen „starke[n] Verbündete[n]", der mit deutlicher Vehemenz auf seiner Seite stand (Delius und Rushdie 2018, 38).

Grass' Reden beschäftigen sich jedoch nicht nur mit in der unmittelbaren Gegenwart zensierten oder verfolgten Autoren, sondern auch mit dem literaturgeschichtlich weiter zurückliegenden Exil der Autoren Alfred Döblin oder Thomas Mann. Vor allem Döblin ist für Grass ein schriftstellerisches Vorbild und habe als „Lehrer" (NGA 23, 183) den Anstoß zu seiner literarischen Arbeit gegeben. Unter dessen Namen gründet er als „vehementes Votum für diesen außerordentlichen Autor“ (NGA 23, 326) daher eine Stiftung, um ihn neben Thomas Mann und Bertolt Brecht zu etablieren, wie er in seiner *Rede zur Verleihung des Alfred-Döblin-Preises* 2001 betont. Mann sei nach seinem Exil, wie Grass anlässlich der Preisverleihung *Die Fremde als andauernde Erfahrung* feststellt, trotz „beharrlichen Bemühungen, in Deutschland fremd geblieben“ (NGA 23, 143).

Grass verteidigt in seinen Reden andersherum auch Schriftsteller, die in der Diktatur verblieben sind, wie beispielsweise Erich Loest, Stephan Hermlin und Christa Wolf. Das Verständnis für seine Kollegen ist in Hinblick auf seine eigene Erfahrung im Nationalsozialismus und in der Waffen-SS von besonderem Interesse für die Forschung. So bekundet er in der Rede *Wir sind als Richter nicht tauglich*: „[N]ur wenn wir unser Fehlverhalten in Rechnung stellen, darf kleinlaut nach den Fehlern der anderen gefragt werden.“ (NGA 23, 122) Mit dieser Rede kritisiert er im November 1995 die Verurteilung von Ost-Schriftstellern und positioniert sich somit im deutsch-deutschen Literaturstreit. Anlässlich des 70. Geburtstages von Loest lobt er in *Ein gemeinsames Unterfutter* im Februar 1996, dass dies er sich nach der Übersiedelung nicht als Richter aufgespielt habe. Grass erwähnt *Zum Tod von Stephan Hermlin*, dass der Schriftsteller der Kritik wie „Freiwild“ (NGA 23, 188) ausgesetzt gewesen sei. Besonders intensiv ist sein Einsatz für Christa Wolf, denn beide gehörten „einer Generation an, die mit anhaltend lastendem Gepäck auf die Reise geschickt wurde[n]“ (NGA 23, 357). Ihr „Engagement als Jugendliche (im BDM und der Waffen-SS) für den verbrecherischen NS-Staat [hinterlässt] bei beiden Schriftstellern bleibende Spuren“ (Sandhöfer 2016, 265). Dies zeigt sich auch in seinem *Brief an Christa Wolf anläßlich ihres 70. Geburtstages*, in dem er ihre Tapferkeit „gegenüber den Hohepriestern der Doktrin“ (NGA 23, 288) hervorhebt. Der Briefwechsel von Grass und Wolf, der bislang nur in Teilen veröffentlicht wurde, ist geprägt von der „gemeinsame[n] Erfahrung der öffentlichen Verurteilung“ (Sandhöfer 2016, 264). Grass hält im Rahmen der Verleihung des Deutschen Buchpreises im März 2002 eine *Laudatio auf Christa Wolf* und ihr Lebenswerk. Auch seine letzte dokumentierte Rede *Was bleibt* widmet sich bezeichnender Weise ihrem Gedenken in der Akademie der Künste und erregt heftigen Widerspruch in der Presse, da er statt einer Würdigung von Wolf den Literaturstreit der 1990er Jahre über ihre Rolle als Schriftstellerin in der DDR in den Fokus stellt. Schwilk (2011) mokiert sich, dass Grass mit seinen Worten „den Gedenkraum in ein Tribunal [verwandelt], die Grenze des Geschmacklosen streifend am Tag der Trauer“. Und auch Dirk Knipphals (2011, 15) befand den „Polterauftritt von Günter Grass“ als unangemessen, denn „so unliterarisch, so wenig auf ihr Werk nehmend verabschiedet sich doch kein bedeutender Schriftsteller von einer Schriftstellerin!“

Es war nicht die einzige Beerdigung, die Grass zu einem Rückblick anregte, vielmehr war die Zeit der Berliner Republik für ihn geprägt von vielen „Abschiede[n] von Freunden“ (Neuhaus 2012, 403) und Mentoren. Er selbst beschreibt dies in seiner Rede *Zum Tod von Stephan Hermlin* folgendermaßen: „Es starben Freunde, Weggenossen, Autoren, die mir nahe gewesen sind“ (NGA 23, 186), wie Jurek Becker, Allen Ginsberg und Stephan Hermlin. Darunter waren auch „ältere[] Mentoren, die für den frühen

Lebensweg oft richtungsweisend gewesen sind" (Neuhaus 2012, 403). In seiner Trauerrede *Jemand mit Hintergrund* gibt Grass zu, dass 1992 Willy Brandts „Tod das nicht zu beschwichtigende Gefühl des Verlassenseins" (NGA 23, 36) erzeugt habe. In einem Brief an Hartmut von Hentig, der 1995 veröffentlicht wurde, betont Grass, wie sehr Brandts Entspannungspolitik dazu beigetragen habe, das Ende der Ost-West-Konfrontation herbeizuführen. Der Schriftsteller erinnert sich dabei an ein „kurzes Erschrecken, an die Wahrnehmung: Etwas Unglaubliches geschieht" (NGA 23, 112), als *Willy Brandt im Warschauer Ghetto* niederkniete. Um dessen Visionen aktuell zu halten, plädierte Grass anlässlich des zehnten Todestages in seiner Rede *Das Haus in der Stadt der sieben Türme* für die Errichtung eines Willy-Brandt-Hauses als Dialogforum in Lübeck, denn der Politiker sei, wie er in der Laudatio mit Titel *Zu Tisch mit Legenden* hervorhob, ein Vorbild dafür, „auf welch tätige Weise Konfrontationen entspannt, Konflikte vorausschauend erkannt werden können" (NGA 23, 396). Diese öffentlichen Reden setzen wichtige Impulse zur Umsetzung des Willy-Brandt-Haus in Lübeck (Stausberg 2023, 367–369). 1994 stirbt zudem noch Grass' amerikanische Verlegerin Helen Wolf, der er nicht nur seine „literarische Präsenz in Amerika zu verdanken" (NGA 23, 87) hatte, sondern die auch eine „mütterliche Freundin" (Neuhaus 2012, 403) für ihn war. Eine ursprünglich geplante Laudatio wird somit zu einem Nachruf, der persönliche Einblicke gibt, wie sehr „ihr Tod [...] alles verändert" (NGA 23, 86) hat. Ihre „geheimsten und monologischen Zwiegespräche" (NGA 23, 86) lassen sich in den veröffentlichten Briefen nachlesen.

5 Forschungsausblick

Grass sorgt dafür, dass seine öffentlichen Beiträge möglichst in ungekürzter Form in Zeitungen, Rede- oder Briefsammlungen der breiten Öffentlichkeit zur Verfügung gestellt werden. Seine Essays, Reden und Erklärungen sind im Feuilleton häufig abgedruckt, aber nur zum Teil durch Journalisten kommentiert. Die Medienwirkung seiner Beiträge kann durch die Überblicksdarstellung von Harro Zimmermann (2006) nachvollzogen werden. Hier zeigt sich, dass Grass als Schriftsteller in der Berliner Republik etabliert, aber als politischer Redner und Essayist stark kritisiert wird. Dies liegt darin begründet, dass er mit diesen Texten am Deutungskampf seiner Zeit teilnimmt. Ingendaay hofft, dass die neue Werkausgabe 2021 dazu beitrage, nun mit zeitlichem Distanz „klarer auf diesen tapferen Mann" (Ingendaay 2020, 28) zu schauen. Auch Detering (2020, 74) wünscht sich, dass „mit wachsendem Abstand [...] die zeitgenössischen Scharmützel kleiner und die Vielstimmigkeit, die Farbigkeit, das künstlerische Eigenleben der Texte immer deutlicher erkennbar" würden. Lange Zeit werden seine nicht-fiktionalen Texte der Berliner Republik von der Literaturwissenschaft vor allem auf seine Kritik an der Wiedervereinigung reduziert (Moser 2002). Timm Niklas Pietsch (2006) widmet sich schließlich umfassend Grass' Rolle als politischer Redner und Essayist. Die Reden des Schriftstellers sind der Ausgangspunkt für eine nähere Erforschung seines politischen

Engagements in der Berliner Republik (Stausberg 2023). Sie dokumentieren die Diskurse der Berliner Republik und somit die Themen dieser Zeit. Die dort behandelten Grundsatzfragen über Krieg und Frieden, Meinungsfreiheit und soziale Gerechtigkeit sind zugleich zeitgenössisch perspektiviert wie zeitlos und finden somit auch heute ihre Anwendung.

Literatur

Bissinger, Manfred, und Daniela Hermes (Hrsg.). *Zeit sich einzumischen. Die Kontroverse um Günter Grass und die Laudatio auf Yaşar Kemal in der Paulskirche*. Göttingen 1998.
Bissinger, Manfred, und Wolfgang Thierse (Hrsg.). *Was würde Bebel dazu sagen? Zur aktuellen Lage der Sozialdemokratie*. Göttingen 2013.
Brunssen, Frank. *Günter Grass*. Marburg 2014.
Brunssen, Frank. „Speak Out!! Günter Grass as International Intellectual". *Changing the nation, Günter Grass in International Perspective*. Hrsg. von Rebecca Braun und Frank Brunssen. Würzburg 2008: 94–115.
Detering, Heinrich. „Trommelschlag mit Holzkassette". *Neue Gesellschaft / Frankfurter Hefte* 13.11 (2020): 71–74.
Dpa. „Ich war verletzt". *Frankfurter Allgemeine Zeitung* (20. April 1996): 36.
end. „Reden in der Krise". *Süddeutsche Zeitung* (30. November 1993): 13.
Engholm, Björn. „Koexistenz zweier Raucher". *Zwei lange Nächte für Günter Grass, Freunde und Weggefährten erinnern sich*. Hrsg. von Jörg-Philipp Thomsa. Lübeck 2017: 92–97.
Roll, Evelyn. „Der Steinewälzer in Stockholm". *Frankfurter Allgemeine Zeitung* (11./12. Dezember 1999): 3.
Fischer, Eva-Elisabeth. „Literaten als Brückenbauer". *Süddeutsche Zeitung* (1. April 1996): 14.
Fuhr, Eckhard. „Auf Agentur". *Die Welt* (17. Januar 2003): 27.
Fuhr, Eckhard. „Die Gnade der totalen Niederlage". *Die Welt* (23. August 2005): 27.
Grass, Günter. *Sechs Jahrzehnte. Ein Werkstattbericht*. Göttingen 2014.
Grass, Günter. „Wer dreimal lügt … ". *Frankfurter Rundschau* (2. September 1998).
Grass, Günter. „Der Sammler des Schweigens". *Süddeutsche Zeitung* (9. Dezember 1999): 18.
Spiegel, Hubert. „Kriegslied". *Frankfurter Allgemeine Zeitung* (17. Januar 2003): 31.
Ingendaay, Paul. „Ein tapferer Mann". *Frankfurter Allgemeine Zeitung* (12. Dezember 2020): 18.
Jabłkowska, Joanna. „Zwischen Tabuisierung und deren Überwindung. Zum Friedenspreis des Deutschen Buchhandels". *Tabu und Tabubruch. Literarische und sprachliche Strategien im 20. Jahrhundert*. Hrsg. von Harmut Eggert und Janusz Golec. Stuttgart 2002: 25–42.
Kern, Ekkehard. „Der Käßmann-Effekt". *Die Welt* (5. Juli 2011).
Knipphals, Dirk. „Abschied von der Gegeninstanz". *Die Tageszeitung* (15. Dezember 2011): 15.
Krause, Tilmann. „Herrscherlob und Heuchelei". *Die Welt* (24. Mai 2006): 27.
Kriwulin, Viktor. „Zorn des Literaturbeamten". *Frankfurter Allgemeine Zeitung* (29. Mai 2000): 49.
Luchtenberg, Sigrid. „Zum Umgang mit ‚Störfällen' im Migrationsdiskurs". *Einwanderungsdiskurse. Vergleichende diskurslinguistische Studien*. Hrsg. von Thomas Niehr und Karin Böke. Wiesbaden 2000: 71–92.
Mohr, Reinhard. „Schreiben in friedloser Welt". *Der Spiegel* (23. Mai 2006).
Neuhaus, Volker. *Günter Grass. Eine Biografie*. Göttingen 2012.
Grass, Günter. „Der Sammler des Schweigens". *Süddeutsche Zeitung* (9. Dezember 1999): 18.
Pietsch, Timm Niklas. *„Wer hört noch zu?" Günter Grass als politischer Redner und Essayist*. Essen 2006.
Reich-Ranicki, Marcel. „Guter Grass, böse Kritik". *Frankfurter Allgemeine Zeitung* (13. Mai 1994): 33.
Riehl-Heyse, Herbert. „Ganz schön häßlich". *Süddeutsche Zeitung* (28. November 1992).

Sandhöfer, Kathrin. „Briefwechsel mit Günter Grass“. *Christa Wolf-Handbuch. Leben – Werk – Wirkung*. Hrsg. von Carola Hilmes und Ilse Nagelschmidt. Stuttgart 2016: 261–266.
Semler, Ulrich. „‚Björn, Hände weg vom Asylrecht‘. Streitgespräch zwischen Björn Engholm und Günter Grass“. *Norddeutscher Rundfunk* (3. November 1992).
Schneider, Jens. „Von Habgier und Heuchelei“. *Süddeutsche Zeitung* (25. Februar 1997): 11.
Schröder, Richard. „Günter Grass sieht Gespenster“. *Die Zeit* (12. Mai 2005): 8.
Schwilk, Heim. „Wolf, echt Grass“. *Die Welt* (15. Dezember 2011).
Seibt, Gustav. „Kriegsherren und Gelächter“. *Süddeutsche Zeitung* (24. Mai 2006): 13.
Stausberg, Friederike. „Das politische Konzept in der Berliner Republik“. *Freipass. Forum für Literatur, Bildende Kunst und Politik*. Bd. 6: *Günter Grass- Schriftsteller, Künstler und engagierter Zeitgenosse*. Hrsg. von Volker Neuhaus, Per Øhrgaard und Jörg-Philipp Thomsa. Berlin 2022: 177–191.
Stausberg, Friederike, *Günter Grass und die Berliner Republik. Eine biografische Fallstudie über die kommunikative Macht von Intellektuellen*, Berlin 2023.
Steinfeld, Thomas. „Rättinnengesang“. *Frankfurter Allgemeine Zeitung* (9. Dezember 1999): 49.
Steinfeld, Thomas. „Wolkenleser über dünnem Eis“. *Frankfurter Allgemeine Zeitung* (5. Oktober 2000): 49.
Delius, Mara, und Salman Rushdie. „Schreiben in bösen Zeiten“. *Erinnerungen an Günter Grass*. Hrsg. von Jörg-Philipp Thomsa. Lübeck 2018: 35–46.
Urban, Thomas. „Russland staunt über Grass“. *Süddeutsche Zeitung* (25. Mai 2000): 17.
Weidermann, Volker. *Das Duell. Die Geschichte von Günter Grass und Marcel Reich-Ranicki*. Köln 2019.
Wittstock, Uwe. *Marcel Reich-Ranicki. Die Biografie*. München 2015.
Zimmermann, Harro. *Günter Grass unter den Deutschen. Chronik eines Verhältnisses*. Göttingen 2006.

II.7 Briefe / Briefwechsel

II.7.1 Günter Grass – Pavel Kohout: *Briefe über die Grenze. Versuch eines Ost-West-Dialogs* (1968)

Sonja Klimek

1 Entstehung

Bei dem Buch *Briefe über die Grenze. Versuch eines Ost-West-Dialogs* (1968) handelt es sich um einen Nachdruck von sieben öffentlichen Briefen, die von September 1967 bis Mai 1968 zwischen Günter Grass und dem tschechoslowakischen Theaterautor Pavel Kohout (* 1928 in Prag) gewechselt und sukzessive in der deutschen Wochenzeitung *Die ZEIT* und im tschechoslowakischen *Student* publiziert wurden, nebst einem Anhang weiterer Briefdokumente. Kohout schrieb seine Briefe an Grass auf Tschechisch; für die Veröffentlichung in der *ZEIT* wurden sie ins Deutsche übersetzt.

Die Korrespondenz entwickelte sich im Vorfeld bzw. während des ‚Prager Frühlings', in dem die Tschechoslowakei sich auf einem Reformkurs bewegte. Im Vorwort von Dieter E. Zimmer, der diesen Schriftsteller-Dialog als „Zeugnis und Spiegel einer der wahrscheinlich wichtigsten Veränderungen dieser Jahre" feierte (Grass und Kohout 1968, 8), finden sich noch keine Hinweise auf die weiteren Ereignisse in der Tschechoslowakei. Die Euphorie der Reformkräfte aus der ersten Jahreshälfte 1968 wurde bekanntlich durch die Ereignisse des August 1968 zerschlagen, als Panzer des Warschauer Paktes den ‚Prager Frühling' militärisch beendeten. Der Briefwechsel zwischen Grass und Kohout erhielt in der Folgezeit eher wenig Aufmerksamkeit und wurde nicht neu aufgelegt.

Der beigegebene „Anhang" dokumentiert u. a. den „Anlaß" (abgedruckt in Grass und Kohout 1968, 99–103) der Korrespondenz: Am 3. September 1967 war in der Londoner *Sunday Times* ein als *Manifest der tschechoslowakischen Schriftsteller an die Weltöffentlichkeit* betitelter Text abgedruckt worden, der angeblich von 329 tschechoslowakischen Intellektuellen unterzeichnet worden sei. Darin wurden insbesondere linke Schriftsteller aus dem Westen aufgerufen, gegen die staatliche Unterdrückung der Kunstschaffenden in der Tschechoslowakei zu protestieren. Einige der Intellektuellen hatten während des Vierten Tschechoslowakischen Schriftstellerkongresses im Juni 1967 gegen die Zensur der Kunst unter dem damaligen Staatspräsidenten und Ersten Sekretär der Kommunistischen Partei Antonín Novotný protestiert (unter ihnen Milan Kundera, Ivan Klíma und Ludvik Vaculík), waren daraufhin zunächst intern sanktioniert und anschließend aus der Kommunistischen Partei ausgeschlossen worden. Diese Vorgänge wurden erst durch das vermeintliche ‚Manifest' im Westen bekannt und umgehend breit kommentiert. Das *Manifest* stellte sich später als Werk eines Einzelnen heraus, des Historikers und Schriftstellers Ivan Pfaff, der als

https://doi.org/10.1515/9783110755435-052

Urheber kurze Zeit später vom Geheimdienst ermittelt und für fünf Monate in Haft genommen worden war (vgl. Daniel 2017).

2 Inhalt

Unter den im angeblichen ‚Manifest' namentlich um Beistand angerufenen Personen befand sich auch Günter Grass. Im Glauben an die Echtheit des Dokumentes verfasste Grass daraufhin einen offenen Brief an den damaligen Staatspräsidenten der CSSR, Antonín Novotný, der am 22. September 1967 in der Wochenzeitung *Die ZEIT* publiziert wurde (Nachdruck im Anhang, vgl. Grass und Kohout 1968, 104–106). Darin drückt Grass seine Freude darüber aus, dass seine eigenen Werke in der Tschechoslowakei erscheinen durften (zur Übersetzungs-, Veröffentlichungs- und Rezeptionsgeschichte von Grass' Werken in der Tschechoslowakei vgl. Karlach 2019). Er bittet aber auch nachdrücklich darum, die ihm gewährten Rechte auf die einheimischen Kollegen auszudehnen und fortan auf staatliche Zensur von künstlerischen Werken sowie von „wissenschaftlichen Arbeiten" (Grass und Kohout 1968, 106) zu verzichten. Grass endet mit dem bekannten Zitat des Marquis Posa aus Schillers *Don Karlos*: „Geben Sie Gedankenfreiheit!" (Grass und Kohout 1968, 106).

Von den tschechoslowakischen Schriftstellern nahm daraufhin Pawel Kohout, der sich als einen derjenigen erkannte, „in deren Interesse [...] dieser Appell" verfasst worden sei (Grass und Kohout 1968, 11), den Ball auf und antwortete Grass in einem wiederum öffentlichen Brief. Kohout war einer der vier Teilnehmer am Vierten Kongress des Verbandes der tschechoslowakischen Schriftsteller, die nach ihrem Reformen fordernden Auftreten durch Parteiobere von der Kandidatenliste „für die Wahl des neuen Vorstandes" gestrichen worden waren (Grass und Kohout 1968, 11). Kohout betont bereits in seinem ersten Schreiben an Grass, dass er die Echtheit des „Manifest[es]" anzweifelt (Grass und Kohout 1968, 14) und sich als kritischer Intellektueller in der Tschechoslowakei gar nicht gefährdet sehe (vgl. Grass und Kohout 1968, 17–18), also kein Anlass zur Verteidigung durch westliche Intellektuelle bestehe (vgl. Grass und Kohout 1968, 11). Anstatt, wie Kohout später formulierte, „den Sozialismus" „durch einen Druck von außen", „aus dem Westen", „von stalinistischen Deformationen befreien" zu wollen (Grass und Kohout 1968, 84), setzt Kohout vielmehr konsequent auf innere Diskussionen innerhalb der Tschechoslowakei. Dazu versucht Kohout, Grass „klarzumachen, worin Sie sich grundsätzlich irren" (Grass und Kohout 1968, 11): Er betont, er gehöre zu einer „Team-Generation" (Grass und Kohout 1968, 12), die trotz aller „Peripetien" und „Grenzen" immer noch an „unsere Revolution" und ihre „unverrückbare[] Zielsetzung – d[ie] materielle[] und geistige[] Befreiung des Menschen" – durch den Kommunismus als Staatsform glaube (vgl. Grass und Kohout 1968, 13–15). Statt, wie das ‚Manifest' behauptete, Hilfe von außen für unterdrückte Reformkräfte zu fordern, ordnet Kohout die Ereignisse um den Vierten Schriftstellerkongress als interne Angelegenheit („Ehekrisen", Grass und Kohout 1968, 19) von prinzipiell Gleichgesinnten ein: „Das Ringen um das wahre Wesen des Sozialismus geht durch meine ganze Partei, durch alle Schichten unserer Gesellschaft" (Grass und Kohout 1968, 15). Dennoch dankt Kohout Grass für sein – in diesem Fall jedoch unerwünschtes und unnötiges – „Auftreten auf unserem Schlachtfeld" in der riskanten Rolle eines „Parlamentariers und Sanitäters" (Grass und Kohout 1968, 20).

In seinem ersten Antwortschreiben an Kohout, veröffentlicht am 17. November 1967 (vgl. Cepl-Kaufmann 1975, 279), nimmt Grass diesen Faden auf und erkennt an, dass Kohout „unbeirrt [...] an der Verwirklichung der Sozialistischen Revolution" in der „Sozialistischen Volksrepublik" arbeite, er selbst aber „an der evolutionären Entwicklung der Parlamentarischen Demokratie" festhalte (Grass und Kohout 1968, 26). Er beklagt, dass beide Staatssysteme momentan „in sich stagnierten und die Schuld für die innere Stagnation" jeweils in der „Bedrohung" durch die andere Seite suchten – und somit „besonders Wissenschaftler und Schriftsteller, denen von Berufs wegen der Zweifel ein produktives Werkzeug ist", zum Ziel „forciert scharfe[r] Reaktionen" der „Staatsapparate" in Ost wie in West würden (vgl. Grass und Kohout 1968, 28).

Kohout greift diese These von der ‚Stagnation' des Sozialismus auf und bezeichnet sie als irrig. Dabei verteidigt er die Gewalt, mit der Revolutionen (z. B. die Oktoberrevolution und die Französische Revolution) einen besseren Zustand herbeiführen müssten, und rechtfertigt den Stalinismus als von politischen Gegnern aufgezwungenes Übel: „So wie das preußische und österreichische Militär Paris zwang, seinen Robespierre zu suchen, so hat das bourgeoise und faschistische Europa Sowjetrußland gezwungen, seinen Stalin zu finden" (Grass und Kohout 1968, 33).

In seiner Antwort, die am 19. Januar 1968 (vgl. Cepl-Kaufmann 1975, 279) abermals in der *ZEIT* abgedruckt wurde, hält Grass dem „Kampf" gegeneinander in der auf Dauer gestellten „Revolution" und der „Verketzerung der sozialen Demokratie durch den Kommunismus" den Appell einer „evolutionären Koexistenz" zur Lösung der gemeinsamen weltumspannenden „Aufgaben" der kommenden Jahre („Überbevölkerung und Hungersnöte") entgegen und formuliert als Ziel die Koordination der „Entwicklungshilfe beider Systeme für die Staaten der Dritten Welt" (Grass und Kohout 1968, 46; vgl. auch 73–74). Entschieden lehnt Grass Kohouts These ab, Gewalt in Revolutionen antworte immer nur auf Gegengewalt, und denunzierte „den terroristischen Mechanismus nahezu jeder Revolution": Denn 1948, als die zunächst friedliche tschechoslowakische Revolution in „Terror" umgeschlagen sei, habe es ja gar „keine bürgerliche Reaktion oder gar Konterrevolution" gegeben (Grass und Kohout 1968, 66).

Weitere wichtige Themen des Briefwechsels sind die jeweilige Beurteilung des Münchner Abkommens von 1938 (Grass und Kohout 1968, 43–44; 48), des Hitler-Stalin-Paktes von 1939 (Grass und Kohout 1968, 52) sowie der gegenwärtigen politischen Situation in der BRD. Kohout betont die rechtliche Ungültigkeit des „brutale[n] Diktat[s] von München" „von allem Anfang an" (Grass und Kohout 1968, 53; vgl. auch 93–94) und wirft der BRD vor, bisher nur die Außerkraftsetzung, nicht aber die grundsätzliche Illegitimität des am 29. September 1938 ohne Mitspracherecht der Tschechoslowakei zwischen Hitlerdeutschland, dem Vereinigten Königreich von Großbritannien, Italien und Frankreich geschlossenen Abkommens zur Annektierung des Sudetenlandes durch das Deutsche Reich bekannt zu haben (vgl. Grass und Kohout 1968, 53). Grass pflichtet dem zwar bei (vgl. Grass und Kohout 1968, 71–73), Dissens besteht aber in der Beurteilung des Hitler-Stalin-Paktes vom August 1939, der Kohouts Meinung nach überhaupt nur möglich geworden sei, weil zuvor eine sowjetisch-englisch-französische Militärallianz, wie Russland sie am 25. April 1939 vorgeschlagen hatte, wegen der westlichen Partner nicht zustande kam (vgl. Grass und Kohout 1968, 52). Für Kohout verbindet sich mit der Teilung Polens 1939 kein „Einmarsch" der Sowjets in Polen, da die ‚Russen' sich von Polen nur diejenigen Gebiete zurückgeholt hätten, die Polen selbst erst nach der Oktoberrevolution annektiert hätte (vgl. Grass und Kohout 1968, 52). Grass entgegnet Kohout vehement, dass dies keine Rechtfertigung für den Einmarsch in Polen sein könne, da dann auch der sowjetische Einmarsch in Finnland 1939 zum „Selbstverteidigungsakt der Sowjetunion" erklärt werden müsste (Grass und Kohout 1968, 67).

Durch die sich im Frühjahr 1968 immer schneller entwickelnden Ereignisse vergrößerten sich die zeitlichen Abstände zwischen den Briefen. Dafür kam es zu persönlichen Treffen zwischen Grass und Kohout in Westberlin und Prag. In seinem letzten Brief vom 27. Mai 1968 schreibt Kohout noch voller Begeisterung über die anlaufenden Reformen, an denen er nunmehr als Politiker aktiv teilhatte, die gesamtgesellschaftliche Aufbruchsstimmung, den Fall des „polizei-bürokratische[n] Modell[s]" mit seiner „anonyme[n] Zensur", und schwärmt von der Errichtung einer „freiere[n] Presse als [in der] Bundesrepublik" (Grass und Kohout 1968, 87). Er hofft, dass sich die Tschechoslowakei zu einem Land entwickeln würde, „das dem Bürger sowohl soziale Gerechtigkeit als auch Freiheit des Geistes" garantiere und somit zu einem „neue[n] Beispiel" für die „Welt" werde (Grass und Kohout 1968, 90–91). Zum Abschluss schlägt Kohout noch vor, den „Versuch eines Ost-West-Dialogs" künftig nicht nur mit Grass, sondern auch mit anderen deutschen und tschechoslowakischen Schriftstellern und Philosophen öffentlich weiterzuführen (Grass und Kohout 1968, 95).

3 Politische Kontexte, Forschungsansätze

Pavel Kohout gilt heute als einer der wichtigsten politisch aktiven Schriftsteller der früheren Tschechoslowakei. Sein Briefwechsel mit Grass war 1968 das erste seiner Werke, das im Westen gedruckt wurde. Noch im gleichen Jahr erschien sein autofiktionaler „Memoiroman" (Kohout 1990 [1969], 381) *Aus dem Tagebuch eines Konterrevolutionärs* in deutscher Übersetzung. Es waren aber zuvor bereits sechs Bühnenstücke von Kohout im Westen aufgeführt, wenn auch noch nicht in Buchform publiziert worden, sodass Kohout zum Zeitpunkt seines Schreibens an Grass auch im Westen bereits über eine gewisse Bekanntheit verfügte. Zur Zeit seines ersten Briefes an Grass hielt sich Kohout zudem gerade für die Inszenierung seiner Bühnenbearbeitung von Jaroslav Hašeks Schelmenroman *Schwejk* am Deutschen Schauspielhaus in Hamburg auf (vgl. Grass und Kohout 1968, 21).

Nachdem Kohout in seiner Jugend begeisterter Stalinist gewesen war, hatte er sich in den 1960er Jahren zu einem führenden Sprecher der für Reformen des Kommunismus eintretenden Kräfte in der Tschechoslowakei entwickelt (vgl. Kohout 2010). Im Juni 1967 provozierte er den besagten Eklat auf dem Vierten Kongresses des Tschechoslowakischen Schriftstellerverbandes, als er einen offenen Protestbrief des russischen Schriftstellers und Dissidenten Alexander Solschenizyn vom Mai 1967 an den Schriftstellerverband der UdSSR verlas. In den Folgemonaten bereitete er den ‚Prager Frühling' mit vor, den er bald darauf unter dem Reformkommunisten Alexander Dubček als neu gewähltem Generalsekretär der Kommunistischen Partei mitprägte. Es wurden freie Wahlen für September 1968 vorbereitet, zu denen es jedoch durch die Niederschlagung des ‚Prager Frühlings' nicht kam.

Auch für Grass war der öffentliche Briefwechsel mit Kohout nur ein Teil seines umfänglichen politischen Engagements, wobei Grass im Unterschied zu Kohout im Folgenden sich nie selbst als Politiker zur Wahl stellte, sondern immer vorrangig (politisch Partei ergreifender) Schriftsteller und Bildender Künstler blieb. Spätestens seit er am 14. August 1961 einen offenen Brief an Anna Seghers, die damalige Vorsitzende des Deutschen Schriftstellerverbandes der DDR, verfasst hatte (vgl. Fehervary 1996, 68), bemühte sich Grass immer wieder um einen Dialog mit Intellektuellen und Schriftstellern im Ostblock (vgl. Berbig et al. 2005; Engel 2020). Als „Lösung für die Ost-West Krise" erneuerte er in den folgenden Jahren mehrfach seinen „Ruf nach einer Volksfront ost- und westdeutscher Schriftsteller" (Fehervary 1996, 69; vgl. auch Berbig et. al. 2005, 222). Dabei nutzte er gezielt die politisch interessierte Öffentlichkeit und verfasste zahlreiche öffentliche Briefe (vgl. Cepl-Kaufmann 1975, 278–282; 308–312), aber auch politische Gedichte, die wiederum (häufig kontroverse) öffentliche Diskussionen auslösten (vgl. Hummel 2000).

Der Briefwechsel mit Kohout fiel somit in die Phase von Grass' Schaffen, in der er sich als „politischer Trommler" für einen von ihm so genannten „‚demokratischen Sozialismus'" als einen „dritten Weg" zwischen Kommunismus und Kapitalismus verstand (vgl. Wagner 2009, 12). Grass hoffte wohl zunächst, dass dieser „in der Tschechoslowakei Alexander Dubčeks", für die auch Kohout stand, „politische Gestalt annehmen würde" (Wagner 2009, 12). Als der Briefwechsel erschien, hatte jedoch die Niederschlagung des ‚Prager Frühling' durch den Einmarsch des sowjetischen Militärs diese Hoffnung bereits wieder zunichtegemacht. Kohouts eigene Beteuerungen zu Beginn des Briefwechsels, er fühle sich mit seinen Reformforderungen und seinen kritischen Werken in der Tschechoslowakei nicht gefährdet (vgl. Grass und Kohout 1968, 21), bewahrheiteten sich in der Folgezeit nicht: Als einer der Wortführer des ‚Prager Frühlings' wurde Kohout nach dem Ende der Reformbewegung 1969 aus der Kommunistischen Partei der Tschechoslowakei, der er seit 1945 aus Überzeugung angehört hatte, ausgeschlossen, seine Werke wurden verboten oder zensiert (vgl. Daniel 2017). Dennoch betätigte er sich weiterhin reformorientiert, u. a. in der Bürgerinitiative „Charta 77" (vgl. Ackermann 1990).

Literatur

Ackermann, Ulrike. „Wider den ‚Dämon des Einverständnisses'. Gespräch mit Pavel Kohout". *Die Neue Gesellschaft. Frankfurter Hefte* (1990): 9–13.

Berbig, Roland. „Allzeit Ostberlin im Auge. Günter Grass – deutsch-deutsches Literaturleben intern". *Stille Post. Inoffizielle Schriftstellerkontakte zwischen West und Ost. Von Christa Wolf über Günter Grass bis Wolf Biermann*. Hrsg. von Roland Berbig. Berlin 2005: 218–237.

Berbig, Roland, Stefan Hanse, Julia Karnahl, Hannah Markus, und Daniel Schaarenberg. „‚Na, Grass, weißt du noch, damals … ' Gespräch mit Bettina Wegner am 12. Februar 2003 in Berlin". *Stille Post. Inoffizielle Schriftstellerkontakte zwischen West und Ost. Von Christa Wolf über Günter Grass bis Wolf Biermann*. Hrsg. von Roland Berbig. Berlin 2005: 250–259.

Cepl-Kaufmann, Gertrude. *Günter Grass. Eine Analyse des Gesamtwerkes unter dem Aspekt von Literatur und Politik*. Kronberg/Ts. 1975.

Daniel, Isabelle. „Prager Vorfrühling: Das ‚falsche Manifest', das in Vergessenheit geriet". *da Hog'n. Onlinemagazin ausm Woid* (15. November 2017). https://www.hogn.de/2017/11/15/1-da-hogn-geht-um/tschechien-boehmen-behm-hogn/prager-vorfruehling-manifest-tschechoslowakische-schriftsteller-pfaff-grass-kohout-novotny-kommunismus-vaculik/103087 (27. August 2022).

Engel, Walter. „Solidarität eines Schriftstellers in Zeiten des ‚Kalten Krieges'. Günter Grass vor fünfzig Jahren in Rumänien: Eklat in Bukarest und eine Lesung in Hermannstadt / Dokumentation und Erinnerung". *Siebenbürgen als Erfahrungsraum. Studien zur deutschsprachigen Literatur, Presse und Schule*. Hrsg. von Maria Sass und Doris Sava. Berlin 2020: 41–72.

Fehervary, Helen. „Günter Grass und die Schriftsteller der DDR. Ein Maulwurf gräbt sich von West nach Ost". *Günter Grass. Ästhetik des Engagements*. Hrsg. von Hans Adler und Jost Hermand. New York et al. 1996: 63–91.

Grass, Günter, und Pavel Kohout. *Briefe über die Grenze. Versuch eines Ost-West-Dialogs*. Hamburg 1968.

Hummel, Christine: „‚Gegen rhetorische Ohnmacht'. Die Rezeption politischer Lyrik von Günter Grass aus den 60er Jahren". *Wirkendes Wort* 50.1 (2000): 48–66.

Karlach, Hanuš. „Günter Grass und seine Resonanz in Prag und in der Tschechischen Republik". *Freipass. Forum für Literatur, Bildende Kunst und Politik*. Bd. 4: *Horst Janssen und Günter Grass*. Hrsg. von Volker Neuhaus, Per Øhrgaard und Jörg-Philipp Thomsa. 2. Auflage. Berlin 2019: 170–176.

Kohout, Pavel. *Aus dem Tagebuch eines Konterrevolutionärs*. Übers. von Gustav Solar und Felix R. Bosonnet. Mit Graphiken von Pravoslav Sovák. München 1990 [1968].

Kohout, Pavel. *Mein tolles Leben mit Hitler, Stalin und Havel. Erlebnisse – Erkenntnisse*. Übers. von Marcela Euler et al. Berlin 2010.

Wagner, Helmut. „Don Quichotte oder Politschelm. Kompensation als politisches Vermächtnis". *Studia niemcoznawcze* 42 (2009): 11–22.

II.7.2 Günter Grass – Kenzaburô Ôe: *Gestern, vor 50 Jahren. Ein deutsch-japanischer Briefwechsel* (1995)

Ioana Crăciun

Im Jahre 1995, anlässlich des fünfzigsten Jahrestags des Zusammenbruchs des nationalsozialistischen Deutschlands und seiner Verbündeten, wurde Grass von zwei international renommierten Zeitungen, der *Frankfurter Rundschau* und dem japanischen Millionenblatt *Asahi Shimbun*, fast gleichzeitig und ohne dass jene voneinander wussten, um einen Beitrag gebeten. Nicht nur in Europa, sondern auch in Asien war Grass längst zum Inbegriff des Engagements gegen jede Form des politischen Machtmissbrauchs in der Nachfolge Zolas und seiner epochemachenden Streitschrift *J'accuse* (1898) geworden. Zu diesem Ruf hatten Grass neben seinen Wahlkampfreden für Willy Brandt und die SPD seine offenen Briefe verholfen, in denen der Schriftsteller mit nüchternem Pathos sein sozialdemokratisches Credo im Sinne eines dringenden Appells gegen Rechtsbruch, Gewalttätigkeit und politische Irrationalismen jedweder Couleur artikuliert hatte.

Um den Wunsch der deutschen und der japanischen Zeitung zu erfüllen und „in wenigen Worten oder mit einem längeren Text jener Daten zu gedenken, an denen vor 50 Jahren zuerst für Deutschland und dann für Japan der Zweite Weltkrieg als bedingungslose Kapitulation sein Ende fand" (Grass und Ôe 1995, 12), wandte sich Grass an seinen japanischen Freund und Schriftstellerkollegen Kenzaburô Ôe mit dem Vorschlag, in einem offenen Briefwechsel gemeinsam über das Kriegsende und das darauf folgende halbe Jahrhundert nachzudenken. Der japanische, 1994 mit dem Nobelpreis für Literatur ausgezeichnete Romancier Kenzaburô Ôe nahm den Vorschlag gerne an. Ôe, der in der *Blechtrommel* (1959) eines der bedeutendsten Prosawerke der zweiten Hälfte des 20. Jahrhunderts sah (vgl. 36), kannte Grass damals bereits. Persönlich war er dem deutschen Autor zum ersten Mal 1978 in Tokyo begegnet, aus Anlass eines Interviews über Literatur und die Erfahrung des Krieges. Zudem hatten sich die beiden Schriftsteller zur Zeit der deutschen Wiedervereinigung in Frankfurt am Main erneut zu einem öffentlichen Gespräch über Deutschland und Japan getroffen. Biographische Gemeinsamkeiten – beide verstanden sich als „gebrannte Kinder" (vgl. NGA 20, 160) und erlebten ihre heimatlichen Provinzerfahrungen als prägend –, ein ähnliches politisches Credo – beide engagierten sich als zeitgenössische Schriftsteller in der politischen Arena für Demokratie und Aufklärung, gegen Apathie und Resignation –, ein vergleichbares ästhetisches Programm, das weit über thematische und motivische Berührungspunkte zwischen dem Grass'schen Debütroman und Kenzaburô Ôes Roman *Der Tag, an dem Er selbst mir die Tränen abwischt* (1971, auf Deutsch erstmals 1995 erschienen) hinausgeht und nicht zuletzt die persönliche Freundschaft der beiden Autoren ließen zwischen Februar und Juli 1995 einen acht Texte umfassenden deutsch-japanischen Briefdialog entstehen, der nicht nur in der *Frankfurter Rundschau* und in der *Asahi*

https://doi.org/10.1515/9783110755435-053

Shimbun veröffentlicht, sondern auch von verschiedenen großen Tages- und Wochenzeitungen in Belgien, Frankreich, Großbritannien, Italien, Israel, Dänemark, Schweden und Ungarn abgedruckt und – gleich dem Ost-West-Dialog von Günter Grass mit Pavel Kohout – noch im selben Jahr als Buch herausgebracht wurde.

Die Reaktion der literatur- und kulturwissenschaftlichen Forschung auf diesen Dialog der passionierten Gegengeschichten-Erzähler im Spannungsfeld von Schuld und Scham ist überraschend karg ausgefallen. Denn die gesellschaftlich so relevanten und rhetorisch geschliffenen Texte erweisen sich, der weitgehenden Nichtbeachtung zum Trotz, als eine wahre Fundgrube für die Analyse des schriftstellerischen Selbstverständnisses zweier Autoren von Weltrang. Sie bieten zugleich ein ergiebiges Betätigungsfeld für reflektierte Auseinandersetzungen mit Phänomenen wie Erinnerung und Gedächtnis. Erinnerungen an die Zeit des Zweiten Weltkriegs und an sein Ende bilden zwar den ‚Rohstoff' des epistolarischen Gesprächs zwischen Günter Grass und Kenzaburô Ôe, doch wichtiger als ihre persönlichen Kriegserinnerungen ist beiden Korrespondenzpartnern das Nachdenken über die Erinnerung als einen individuell wie kollektiv verlaufenden Prozess auktorialer Selbstreflexion, die künstlerische Identität stiftet und diese zugleich durch Abgrenzung definiert. Das Schriftstellergedächtnis ist nach Grass' Ansicht durch eine Radikalität gekennzeichnet, die keine Lücken, d. h. keine faulen Kompromisse, duldet. Die archivalische, par excellence nicht selektive Natur des Schriftstellergedächtnisses lehnt jede Lücke und jeden Versuch der Historisierung der Vergangenheit als moralisch unvertretbare Form des gesellschaftlichen und politischen Eskapismus ab. Dem Gedächtnis des Schriftstellers, so Grass, „darf keine Erinnerungslücke als fragwürdige Wohltat zugute kommen. Wer erzählende Prosa schreibt, weiß, dass das berufsnotorische Bedürfnis der Historiker, bestimmte Phasen der Geschichte den Lehrbüchern als abgeschlossen zu überlassen, zu trügerischen Hoffnungen verführt." (GuÔ 1995, 13) Indem er sich das Bild erhängter Deserteure im Nazideutschland ins Gedächtnis ruft, schreibt Grass an seinen Freund Kenzaburô Ôe: „Ich könnte sagen: Das war gestern, vor fünfzig Jahren. So genau kann Erinnerung sein, wenn man sie herausfordert, ihr nicht ausweicht. Sie gehört zu unserem Beruf, sie ist die uns vorgeschriebene Disziplin." (GuÔ 1995, 48) Aus japanischer Perspektive entspricht der Erinnerung als vorgeschriebener Disziplin, die das literarische Schaffen nach dem Kriegsende nicht nur ermöglicht, sondern auch legitimiert, die Auseinandersetzung mit „Wunden, die sich nicht mehr schließen" (GuÔ 1995, 36), das Bewusstsein der solidarischen Verantwortung, die den Schriftsteller mit denjenigen Menschen verbindet, die „ihm diese Wunden zufügen" (GuÔ 1995, 36). Ôe schreibt an seinen Freund Günter Grass: „In meiner Existenz als Schriftsteller [...] blieb mir keine andere Wahl, als bald die Last unseres Zeitalters als mein eigenes Schicksal auf mich zu nehmen" (GuÔ 1995, 35).

Die Erinnerung an Vergangenes verbinden beide Autoren mit einer Betrachtung der „nuklear verseucht[en]" (GuÔ 1995, 70) Gegenwart und der von einem „Rückfall in die Barbarei" (GuÔ 1995, 18) bedrohten Zukunft, einer äußerst kritischen Betrachtung, die nicht als „Nestbeschmutzung" (vgl. GuÔ 1995, 23) gemeint, sondern als „der genaueste Ausdruck der Liebe zu unserem Land" (GuÔ 1995, 23) intendiert ist. Beiden Schriftstellern ist Vergangenheit keine museale Realität, sondern Ingrediens eines gegenwärtigen, individuell wie kollektiv beschädigten Lebens im Sinne Theodor W. Adornos, das es in der Hoffnung auf eine bessere Zukunft zu bewältigen gilt. Trotz des jeweiligen Lokalkolorits sind die dafür signifikanten Symptome in Deutschland und in Japan vergleichbar, konstatiert Grass. Ein, so der deutsche Schriftsteller, „vehemente[r] Verdrängungsprozeß" (GuÔ 1995, 17) lässt beide „Wirtschaftsriesen" (GuÔ 1995, 18) zwar „Weltgeltung" (GuÔ 1995, 18) erringen, doch ihr „Selbstverständnis nicht finden" (GuÔ 1995, 19), weshalb „der Rückfall in die Barbarei" (GuÔ 1995, 18) in beiden Ländern eine nicht zu unterschätzende Gefahr darstellt. Als zentrales Symptom des beschädigten Lebens nach dem unvergleichbaren Zivilisationsbruch Auschwitz wertet Günter Grass das „alte[] Übel der Fremdenfeindlichkeit" (GuÔ 1995, 20), das sein Land heute wieder heimsucht, die „Verflechtung [...] von Staats- und Wirtschaftsinteresse [...] auf Kosten der Demokratie" (GuÔ 1995, 64), die „steigende Arbeitslosigkeit [und die] Verelendung" (GuÔ 1995, 65) in Deutschland, die Herrschaft der Großbanken (vgl. GuÔ 1995, 66), „die Ästhetisierung des Krieges als ‚Ästhetik der Grausamkeit'" (GuÔ 1995, 62) sowie „die latente Gefahr der atomaren Selbstvernichtung" (GuÔ 1995, 85–86).

Auf japanischer Seite sind diese Symptome nicht minder akut. Ihr breites Spektrum reicht nach Kenzaburô Ôe von einem „stereotype[n] Verhaltensmuster aus Passivität und der Bereitschaft, sich ins Unvermeidliche zu fügen" (GuÔ 1995, 29–30), als dem Fundament japanischer Außenpolitik auch nach einem halben Jahrhundert Unabhängigkeit, bis hin zur Verneinung des Invasionscharakters des Krieges durch hohe Regierungsbeamte, welche die Verbrechen bestreiten, die in Asien begangen wurden (vgl. GuÔ 1995, 39). Als Hauptsymptom des beschädigten Lebens betrachtet Ôe eine im heutigen Japan herrschende Staatsethik, die im traditionellen Tenno-System ihre Wurzeln hat, d. h. per definitionem undemokratisch ist (vgl. GuÔ 1995, 53–54). Metaphorisch nennt er diese Staatsethik einen „Pfahl" (GuÔ 1995, 53), den man „während des Krieges der Länge nach durch unseren Geist und unser Fleisch" (GuÔ 1995, 54) trieb und von dem man im heutigen Japan seiner Ansicht nach immer noch nicht befreit ist. Dieser „Pfahl" als plastisches Bild einer das Individuum geistig und psychisch tief verletzenden Indoktrination, die zur Unmündigkeit führt, lässt nicht nur die von Kriegsverbrechen geprägte Vergangenheit und die von der friedlichen Nutzung der Atomenergie abhängige Gegenwart Japans als beschädigt erscheinen, sondern gefährdet auch seine Zukunft. Doch optimistischer als sein deutscher Briefpartner setzt der japanische Nobelpreisträger seine Hoffnungen auf „die neuen Japaner" (GuÔ 1995, 80), auf verantwortungsbewusste Bürger, die mit ihrem Entschluss, die Völker Asiens zu entschädigen und aus der Katastrophe von Hiroshima die richtigen Konsequenzen zu ziehen, seiner Ansicht nach das zukünftig bessere Japan verkörpern.

Der Auseinandersetzung mit der Epoche des Zweiten Weltkrieges, den beide Autoren metaphorisch als Umgang mit offenen Wunden umschreiben, folgt ein idealistisch anmutender Appell, dessen Initiator Grass ist und der als solcher eine der Hauptingredienzen jedes offenen Briefes mit politischem Inhalt darstellt: Es handelt sich in diesem Fall um den Appell, die Deserteure, „die eigentlichen Helden des Krieges" (GuÔ

1995, 45), zu rehabilitieren, die „nicht blindlings jedem Befehl [folgten]" GuÔ 1995, (45), sondern „die Größe auf[brachten], Angst zu zeigen. [...] Ungehorsam hieß ihre Tugend." (GuÔ 1995, 45) Grass begründet seine Forderung nach der Rehabilitierung der Deserteure im Zweiten Weltkrieg mit dem Argument, dass „sie, die tapfer nein gesagt haben, auch heute noch beispielhaft sind" (GuÔ 1995, 45). „Ihr Aufruf zur Rehabilitierung der Deserteure findet meine volle Zustimmung" (GuÔ 1995, 50), antwortet ihm Kenzaburô Ôe, obwohl er genauso gut wie Grass weiß, dass dieser Appell zumindest in Japan, wenn nicht sogar in beiden Ländern wirkungslos verhallen wird. Hier wird auf beiden Seiten eine Rhetorik des maximalen Konsenses praktiziert, der den Briefwechsel dominiert, in ihm die natürliche Dynamik jeder interkulturellen Begegnung dämpft und sich zu einem „Wir" verdichtet, dem objektive Nuancen zum Opfer fallen. Dieses im Briefwechsel ubiquitäre „Wir", dessen Legitimität auf schriftstellerischem Betätigungsfeld über alle Zweifel erhaben ist, sonst aber forciert wirkt, und zu dem Grass wesentlich häufiger als sein Korrespondenzpartner Ôe greift (vgl. GuÔ 1995, 12–13, 14, 23, u. ö.), ist eine essayistische Fiktion. Denn nur im Medium der Literatur sind spekulative Parallelismen zu Hause, die den Nationalsozialismus dem Tenno-System, den nationalsozialistischen Führerkult der japanischen Tradition der Kaiservergöttlichung, den Holocaust dem japanischen Invasionskrieg in Asien, den industriellen Judenmord der Zwangsprostitution koreanischer Frauen, die Unfähigkeit zu trauern der Ablehnung einer Antikriegsresolution durch das japanische Parlament, den siebzehnjährigen Günter Grass dem zehnjährigen Kenzaburô Ôe gleichsetzen. Der spekulative Charakter dieser Parallelismen rechnet mit dem Interesse des Leserpublikums, indem er den Protestgestus des offenen Briefwechsels ästhetisiert und ihn in die Nähe einer Literarizität rückt, die ihre Anziehungskraft aus Gedankenspielen speist und sich im vollen Bewusstsein ihrer politischen Wirkungslosigkeit entfaltet.

Die Literarizität dieser politischen Intervention potenziert sich in demjenigen Moment, in dem Grass „eine neue Radikalität" (GuÔ 1995, 93) jenseits von radikalen Ideologien (vgl. GuÔ 1995, 93) fordert und von allen verantwortungsbewussten Bürgern verlangt, „jedes militärische Geheimnis offenzulegen – und sei es durch Verrat" (GuÔ 1995, 93). Den Verrat militärischer Geheimnisse betrachtet Grass als die einzige Möglichkeit, der wachsenden nuklearen Bedrohung ein Ende zu setzen und eine friedliche Zukunft zu gestalten. Indem er die Öffentlichkeit zum Verrat militärischer Geheimnisse auffordert (vgl. GuÔ 1995, 95–96), an die Tugend des verweigerten Gehorsams appelliert (vgl. GuÔ 1995, 96) und die Fahnenflucht als paradoxe Form des politischen Engagements aufgeklärter Bürger preist (vgl. GuÔ 1995, 61), spielt Grass auf das bekannte Gedicht Ingeborg Bachmanns *Alle Tage* an.

Noch deutlicher wird der intertextuelle Charakter des deutsch-japanischen Briefdialogs zwischen Günter Grass und Kenzaburô Ôe, wenn er im Bewusstsein des idealistischen bis naiven Charakters seines Grass'schen Appells „die Tugend des Kindes in Andersens Märchen *Des Kaisers neue Kleider*" (GuÔ 1995, 96) beschwört, „diese ansteckende Einsicht, die das Lügengespinst der Konventionen, den korrumpierten Bürgersinn durchbrach und den Kaiser ‚nackt' nannte" (GuÔ 1995, 96). Kenzaburô Ôe antwortet ihm im Geist jenes maximalen Konsenses, der zur Bildung eines deutsch-japanischen „Wir“ führt. Dieses „Wir“ durchlebt im epistolarischen Gespräch keine Thesen und Antithesen, sondern es setzt sich aus ‚Übersetzungen‘ und derselben sozialen, politischen oder sprachlichen Realität in die Kultur des Korrespondenzpartners zusammen. Mehr noch, es findet Gefallen an der Entlarvung der „Kostümierung“ GuÔ 1995, 61) desselben Phänomens in Deutschland und in Japan als einem ästhetisierten Gedankenspiel par excellence. Beispielen für diese Art von kulturellen ‚Übersetzungen’ begegnet man im Briefwechsel immer wieder; es sei hier lediglich an die deutsche „Ästhetisierung des Krieges“ (GuÔ 1995 m 62) erinnert, deren „japanische Version“ (GuÔ 1995, 74) die Ablehnung einer deutlichen Antikriegsresolution durch das japanische Parlament ist, oder an die kaum miteinander vergleichbaren Sprachrealitäten wie den deutschen Begriff „Fahnenflucht“ (GuÔ 1995, 61) und den japanischen „kenkyo“ (GuÔ 1995, 77–78). Den intertextuellen Dialog mit Hans Christian Andersens Märchen *Des Kaisers neue Kleider* hat Grass im Übrigen immer wieder gepflegt, wenn es darum ging, seinem politischen und, eng damit verbunden, seinem literarischen Credo Ausdruck zu verleihen. Das Märchen diente Grass in einer Rede im Bundestagswahlkampf 1965 als Grundlage einer offenen und rhetorisch eindringlichen Kritik an Ludwig Erhard und dessen Politik, und über drei Jahrzehnte später in der Rede anlässlich der Verleihung des Prinz von Asturien-Preises in Oviedo als Parabel für die aufklärerische Funktion der Literatur.

Da die raffinierten Gedankenspiele, die zahlreichen intertextuellen Bezüge, die Kommentare belletristischer Erzeugnisse eigener und fremder Provenienz, die geschliffene Satire, die fein dosierte Ironie und Selbstironie, mit einem Wort: die Literarizität die Hauptquelle der intellektuellen Faszination ist, transzendiert dieser in vielerlei Hinsicht einmalige deutsch-japanische Dialog die Gattungskonventionen des offenen Briefes. Die äußeren Gattungsmerkmale – etwa *salutatio, narratio, captatio benevolentie, petitio* und *conclusio* – werden jedoch von beiden Briefeschreibern mit gleicher Konsequenz respektiert wie die inneren – etwa der politisch intendierte Appellcharakter, die Emotionalisierung der Sachverhalte, die provozierende Missachtung der Gesetzgebung, die simplifizierenden Erklärungsmuster sozialer und politischer Phänomene. Was mag ein epistolarisches Gespräch wie dieses bewirken, das sich mit Bescheidenheit der Konventionen der *amicorum conloquia absentium* bedient, der Gespräche der Freunde in Abwesenheit, wie Cicero den Brief als solchen einst definiert hat?

Politisch Konkretes erreicht diese Literatur nicht, so wie die meisten offenen Briefe mit Appellcharakter, wenn man von Zolas *J'accuse* absieht. Die Antwort darauf vermag uns Günter Grass, der „auf dem althergebrachten, man mag sagen, altmodischen Anspruch der Schriftsteller auf Resonanz“ (GuÔ 1995, 89) beharrt, selbst zu geben, wenn auch nur auf indirekte Weise. Nicht als Schreiber offener Briefe bewirkt der Schriftsteller Politisches, sondern als Schöpfer fiktionaler Literatur. Indem er an seine ‚beschädigte’ Jugend als verblendeter, bis zum Schluss gläubiger „Jungnazi“ (NGA 17, 40) zurückdenkt, erinnert sich Grass an zwei Bücher, die seine Entwicklung entscheidend geprägt haben. Das eine Buch war Ernst Jüngers Werk *In Stahlgewittern*, das „den Krieg als schicksalhafte Zeit männlicher Bewährung idealisierte. [...] Süchtig las ich und glaubte mich zwischen den Zeilen bedingungslos opferbereit.“ (GuÔ 1995, 62–63) Das andere Buch, ein „seit 1933 verbotenes (und bei der großen Bücherverbrennung verbranntes) Buch, [war] Erich Maria Remarques *Im Westen nichts Neues* [...], dessen abstoßender und zugleich anziehender Realismus mich nicht losließ: Das erbärmliche und alltägliche Krepieren deutscher und französischer Soldaten, der ‚Frontschweine' im Grabenkrieg, impfte mich wie ein Gegengift, bis heute wirksam [...].“ (GuÔ 1995, 63) Ernst Jünger und Erich Maria Remarque verkörpern nach Grass extreme Hypostasen schriftstellerischen Wirkens, der eine als ideologischer Verführer, der andere als Aufklärer. Zwischen diesen beiden Extremen entfaltet sich das Wirkungspotential von Autoren, die sich in ihren Schriften politisch engagieren. Dass der deutsch-japanische Briefdialog zwischen Günter Grass und Kenzaburô Ôe sich bestens dazu eignet, als ‚Gegengift' gegen die zynische Idealisierung und die skrupellose Legitimierung der Gewalt zu wirken, daran besteht kein Zweifel.

Literatur

GuÔ 1995 = Grass, Günter, und Kenzaburô Ôe. *Gestern, vor 50 Jahren. Ein deutsch-japanischer Briefwechsel.* Göttingen 1995.

Crăciun-Fischer, Ioana. „„Das war gestern, vor fünfzig Jahren.‘ Erinnerung und Gedächtnis im deutsch-japanischen Briefwechsel zwischen Günter Grass und Kenzaburô Ôe“. *Kulturwissenschaftliche Germanistik in Asien*. Bd. 2. Hrsg. von der Koreanischen Gesellschaft für Germanistik. Seoul 2008: 215–226.

II.7.3 Günter Grass – Helen Wolff: *Briefe 1959–1994* (2003)

Luisa Banki

Der gut 30 Jahre umspannende Briefwechsel zwischen Günter Grass und seiner US-amerikanischen Verlegerin Helen Wolff dokumentiert sowohl ein Stück bedeutsame transatlantische Literaturbeziehungen als auch eine produktive Zusammenarbeit und enge Freundschaft. Der archivalisch nicht vollständig erhaltene und dennoch umfangreiche Briefwechsel umfasst in der von Daniela Hermes umsichtig edierten Ausgabe 25 Briefe von Kurt Wolff, 231 Briefe von Helen Wolff und 127 Briefe von Günter Grass sowie 18 Telegramme (vgl. Hermes 2003, 441–442). Hervorstechendes Charakteristikum der Korrespondenz ist die Verwobenheit von (Zusammen-)Arbeit und Freundschaft: In einem von Offenheit, Zugewandtheit und gelegentlichem Witz geprägten Ton gaben Grass und Wolff sich von 1963 bis zu Wolffs Tod 1994 kontinuierlich Bericht über Arbeitsvorgänge und Arbeitsvorhaben, besprachen politisches Tagesgeschehen, gemeinsame Bekannte und Reisen und kommentierten ihre familiären Verhältnisse und Umgebungen. Aus der anfangs nur professionellen Beziehung zwischen Autor und Verlegerin wurde mit den Jahren eine für beide wertvolle Freundschaft, deren wichtigstes Vehikel ihr Briefwechsel war.

1 Helen Wolff (1906–1994)

Anders als alle anderen der wenigen Verlegerinnen ihrer Generation stammte Helen Wolff nicht aus einer Verlegerfamilie (vgl. Ziegler 2014, 130). Geboren am 27. Juli 1906 als Helene Mosel in Üsküb (heute Skopje) wuchs sie als Tochter einer deutschen Unternehmerfamilie in Mazedonien, Wien, Berlin und Oberammergau auf. 1927 wurde ihr aufgrund ihres Fremdsprachentalents und ihrer Literaturkenntnisse ein Praktikum im Kurt Wolff Verlag in München vermittelt, wo sie dank ihres Organisationstalents und ihrer Übersetzungsfähigkeiten reüssierte. Nach Jahren in München und Paris heiratete Helene Mosel 1933 in London den knapp 20 Jahre älteren Kurt Wolff; 1934 wurde der gemeinsame Sohn Christian in Nizza geboren. Weil ein Leben in Deutschland unter nationalsozialistischer Herrschaft beiden undenkbar und die Arbeit für den jüdischen Verleger avantgardistischer Literatur Kurt Wolff dort ohnehin unmöglich geworden war, folgten Jahre des Exils in Italien und Frankreich. 1941 gelang der Familie mithilfe des Emergeny Rescue Commitees die Flucht in die USA.

In New York gründeten Kurt und Helen Wolff 1942 den Verlag Pantheon Books Inc. mit dem Ziel, europäische Literatur durch Übersetzungen in den USA bekannt zu machen. Besonders erfolgreich waren eine vollständige und illustrierte Ausgabe von *Grimm's Fairy Tales* (1944), Boris Pasternaks *Doctor Zhivago* (1958), Giuseppe Tomasi di

https://doi.org/10.1515/9783110755435-054

Lampedusas *The Leopard* (1960) und Günter Grass' *The Tin Drum* (1962) (vgl. ausführlicher Blattmann 1999, 229–233; Ziegler 2014, 131).

1959 verlegten die Wolffs aufgrund von Unstimmigkeiten bei Pantheon Books und gesundheitlicher Probleme Kurt Wolffs ihren Wohnsitz nach Locarno; 1960 veräußerten sie ihre Anteile am Verlag, der 1961 von Random House übernommen wurde. Bereits im selben Jahr gründeten sie auf Einladung des Verlegers Bill Jovanovich in dessen Verlagshaus Harcourt, Brace & World (ab 1970 Harcourt Brace Jovanovich) das Imprint Helen und Kurt Wolff Books. Das verlegerische Programm der Vermittlung europäischer Literatur blieb unverändert, wobei ein Schwerpunkt mit Übersetzungen u. a. von Giorgio Bassani, Italo Calvino, Max Frisch, Günter Grass, Uwe Johnson, Georges Simenon und Stanisław Lem auf der europäischen Gegenwartsliteratur lag.

Nach dem plötzlichen Unfalltod Kurt Wolffs 1963 übernahm Helen Wolff die alleinige Leitung von Helen und Kurt Wolff Books und führte die verlegerische Arbeit – ab 1964 wieder in New York – bis 1981 mit großem Erfolg fort. Sie verlegte mit bis zu 25 Titeln pro Jahr „einen gut ausgesuchten und dennoch breiten Querschnitt von Weltliteratur." (Blattmann 1999, 237) Erst als 75-jährige zog sie sich weitgehend aus der Verlagsarbeit zurück, blieb ihrem Haus aber als Beraterin und Lektorin vor allem von Übersetzungen weiterhin verbunden.

Als bedeutende Vermittlerin europäischer Literatur in den USA wurde Wolff vielfach geehrt, u. a. mit dem Verlegerpreis des PEN-Clubs 1977 und der Goethe-Medaille 1985. Die Ehrung durch die Deutsche Akademie für Sprache und Dichtung, die ihr im April 1994 den Friedrich-Gundolf-Preis verleihen wollte, erlebte sie nicht mehr. Sie starb im März 1994 in Hanover, New Hampshire, und Grass' Laudatio musste zum „Nachruf auf Helen Wolff" werden, in dem er sie als herausragende Verlegerin und Freundin würdigte: „Ohne die Verlegerin Helen Wolff hätte die deutschsprachige Literatur in Amerika nur minimale Chancen gehabt. Sie hat die Brücke gebaut." (Grass 2003 [1995], 435)

2 Die Verlegerin und ihr Autor im Briefwechsel

Wolffs außergewöhnlicher Erfolg und ihre Bedeutung als Verlegerin gründeten zum einen darauf, dass sie mit der Vermittlung europäischer Literatur in herausragenden Übersetzungen in den USA eine Marktnische besetzen konnte; zum anderen verdankten sie sich ihrer Arbeitsweise, Sorgfalt nicht nur auf die Arbeit an Manuskripten, sondern auch auf die intensive Pflege der Beziehungen zu den Autoren und Autorinnen zu verwenden (vgl. Ziegler 2014, 132). Sie folgte der Grundüberzeugung, dass die verlegerische Arbeit „von einem Netz persönlicher Beziehungen abhängt, die vor allem auf Wahlverwandtschaft beruhen." (Wolff 2003, 421) Die berufliche und bald auch freundschaftliche Beziehung, die sie mit Grass pflegte, ist hierfür beispielhaft. In ihrem Briefwechsel mischen sich fast immer berufliche und private Nachrichten; ab den frühen

1970er Jahren gingen die beiden zum vertrauten Duzen über und reflektierten besonders in den späteren Briefen der 1980er Jahre ihre langjährige Freundschaft.

Formal zeichnet sich der Briefwechsel durch eine Mischung von maschinen- und handgeschriebenen Briefen aus: Grass und Wolff führten ihre jeweiligen umfangreichen Korrespondenzen mithilfe von Sekretärinnen, denen sie ihre Briefe diktierten. Entsprechend sind die meisten ihrer Briefe maschinengeschrieben und nur handschriftlich unterzeichnet oder gelegentlich mit einem Postskriptum von Hand versehen (vgl. Hermes 2003, 443). Hieraus ergibt sich auch die punktuelle Zweisprachigkeit des Briefwechsels, denn zwischen 1976 und 1981 hatte Wolff keine deutschsprachige Sekretärin und musste ihre Briefe auf Englisch diktieren. Die neben den überwiegend maschinenschriftlichen Briefen dennoch zahlreich vorhandenen handschriftlichen Briefe wurden zumeist explizit als solche kommentiert und mit Erläuterungen ihrer Entstehung versehen, da Grass und Wolff beide „sehr bewußt zwischen handschriftlichen und getippten Briefen [unterschieden]" (Hermes 2003, 443).

Inhaltlich dominieren im Briefwechsel zwei Themenkreise: zum einen die Zusammenarbeit zwischen Autor und Verlegerin in allen Phasen der literarischen und verlegerischen Produktion und zum anderen ihre Freundschaft, der Austausch über Privates und vor allem über das Familienleben.

3 Zusammenarbeit

Wolffs verlegerische Arbeitsweise zeichnete sich durch eine „handwerkliche Art des Büchermachens" (Blattmann 1999, 238) aus, die zwar einerseits unmodern zu werden drohte, die sie aber anderseits zu einer „Garantin für literarische Qualität und Innovation" (Ziegler 2014, 133) werden ließ. Dies zeigte sich insbesondere in ihrem Umgang mit Übersetzungen, die sie – die Deutsch, Englisch, Französisch und Italienisch sprach – minutiös prüfte und über die sie mit den Übersetzern detailliert korrespondierte. Über ihre Zusammenarbeit mit dem Übersetzer der meisten Werke Grass', Ralph Manheim, hielt sie Grass nicht nur auf dem Laufenden, sondern bezog ihn auch in manch fragliche Entscheidung mit ein. Grass nahm engagierten Anteil an den Übersetzungen seiner Werke und initiierte bspw. für die Übersetzung von *Der Butt* (1977) ein Arbeitstreffen mit seinen Übersetzern – eine Idee, die er zuerst Wolff brieflich vorstellte (vgl. Grass und Wolff 2003, 236).

Ein weiterer Aspekt der verlegerischen Arbeit, den Wolff mit größtem Engagement betrieb und mit Grass ausführlich brieflich besprach, war die zur Bewerbung von Neuerscheinungen und zur Steigerung seiner Bekanntheit nötige Öffentlichkeitsarbeit. Zur Publikation der Übersetzung von *Hundejahre* (1963) als *Dog Years* (1965) organisierte sie einen Besuch von Grass in den USA: Die professionell geplante und brieflich durchaus humorvoll ausgehandelte Gestaltung – Programmpunkte, finanzielle Kompensation und Unterkunftswünsche miteingeschlossen – dieser *publicity tour* sah in 21 Tagen eine Pressekonferenz, Interviews mit Kritikern einflussreicher Zeitungen, Fernseh- und

Radioauftritte sowie Lesungen im New Yorker Goethe Haus und an verschiedenen Universitäten vor (vgl. Grass und Wolff 2003, 73). Wolff sah ihre Aufgabe darin, den Balanceakt zu meistern, Grass einerseits als Autor publik zu machen und andererseits seine persönlichen Interessen nicht aus den Augen zu verlieren: „Ich werde mein Möglichstes tun, daß Sie es trotzdem ‚bequem haben'. Mit anderen Worten, daß die Interviews in vernünftigen Abständen stattfinden und Sie auch Zeit zu Besuchen bei Tiffany übrig haben, von bummeln und Mahlzeiten nicht zu reden." (Grass und Wolff 2003, 59) Dieses Modell einer sowohl geschäftigen als auch vergnüglichen Lese- und Pressetour in den USA behielten Grass und Wolff für die folgenden Veröffentlichungen der Übersetzungen seiner Werke bei.

Zu Wolffs Werbemaßnahmen, denen sich die Popularität von Grass in den USA zu großen Teilen verdankte, gehörte auch, dass sie Vorabdrucke und längere Interviews in renommierten Zeitschriften organisierte, zu denen sie Grass nicht selten zwar rhetorisch sanft, aber hartnäckig überredete: „Ich lege die Sache in Ihre Hände, aber nicht ohne zu bemerken, daß Sie uns allen, und das schließt Sie ein, lieber Günter, durch einen großen Artikel in ‚Life', der der Publikation von ‚Dog Years' unmittelbar vorausgehen würde, eine besondere Hilfestellung geben würden. (Die Dame, der ich dies diktiere, sagt hier laut und deutlich: ‚And how!') ‚Life' bedeutet eben doch Ruhm von Texas bis Maine; die Tantiemen werden es beweisen." (Grass und Wolff 2003, 65)

Wolff förderte Grass' Bekanntheit in den USA nicht nur als Romanautor, sondern wollte die Gesamtheit seines Schaffens dem amerikanischen Publikum vorstellen. So verlegte sie u. a. ausgewählte Gedichtübersetzungen (*Selected Poems* [1966], *New Poems* [1968], *Love Tested* [1975], *In the Egg and Other Poems* [1977]), die mit Grass' Zeichnungen illustriert waren, dramatische Werke (*The Plebeians Rehearse the Uprising* [1966], *Four Plays* [1967], *Max: A Play* [1972]) und war Wegbereiterin der Ausstellung ausgewählter grafischer Werke (vgl. Blattmann 1999, 254). Auch sein politisches Engagement machte sie der amerikanischen Öffentlichkeit bekannt: Nach der Veröffentlichung seiner in Jerusalem und Tel Aviv 1967 gehaltenen Rede in der *New York Times Book Review* veröffentlichte sie eine für das US-amerikanische Publikum mit erklärenden Anmerkungen versehene Übersetzung der politischen Schriftensammlung *Über das Selbstverständliche* (1968), die 1969 als *Speak Out!* erschien.

4 Freundschaft

Neben Berichten über ihre Arbeiten und beruflichen Absprachen tauschten Grass und Wolff stets auch private Nachrichten aus: Wolff nahm regen Anteil am Leben der ganzen Familie Grass, erkundigte sich nach den Kindern und besonders nach der von ihr liebevoll mit einem Goethe-Zitat als „nußbraunes Mädchen" apostrophierten Tochter Laura (z. B. Grass und Wolff 2003, 214). Grass berichtete teils ausführlich von seinen Kindern und – besonders in den für ihn in privater Hinsicht turbulenten 1970er Jahren – vom Ende seiner Ehe mit Anna Grass und den folgenden Beziehungen mit Veronika Schröter, Ingrid Krüger und seiner zweiten Ehefrau Ute Grass. In gleichzeitig diskret zurückhaltenden und doch nicht meinungsscheuen Briefen tauschten sich die beiden Mitte der 1970er Jahre über die Veränderungen im Familienleben Grass' aus und berührten dabei mit der Frage nach der Emanzipation der Frauen ein nicht nur familien-, sondern auch tagespolitisches Thema. Wolff, die Grass in seinem Nachruf als „radikal und konservativ zugleich" (Grass 2003 [1995], 439) charakterisierte, reagiert auf seine Klage, „der Virus der weiblichen Emanzipation wird [...] nur das anhaltende Verschnupftsein beider Geschlechter zur Folge haben" (Grass und Wolff 2003, 202) durchaus sympathisierend: „Die Emanzipation, wie sie jetzt ausgeübt wird – leider auch meist auf dem Rücken der Kinder –, hat etwas vom Charakter eines anabaptischen Massenwahns." (Grass und Wolff 2003, 203) Sie selbst, die fast ihr gesamtes Eheleben hindurch Familie und Beruf zu vereinen und als verwitwete Alleinstehende in jeder Hinsicht unabhängig zu agieren gewusst hatte, konnte mit den Parolen der Frauenbewegung der 1970er Jahre offenkundig wenig anfangen. Für ihre eigene Situation fand sie gut zehn Jahre nach dem Tod ihres Mannes eine Formulierung, mit der sie so zufrieden war, dass sie sie Grass brieflich mitteilte: „Ich wurde vor einiger Zeit in einem Interview gefragt, seit wann ich mich nicht mehr im Schatten von Kurt fühle. Meine spontane Antwort: ‚Ich war nie seinem Schatten, sondern immer in seinem Licht.'" (Grass und Wolff 2003, 219)

Nachdem Wolff 1981 die Leitung von Helen und Kurt Wolff Books ihrer Nachfolgerin Drenka Willen übergeben und in die kleine Universitätsstadt Hanover in New Hampshire in die Nähe ihres Sohnes Christian gezogen war, veränderte sich auch die Korrespondenz mit Grass: In dem Maße, in dem berufliche Korrespondenz in den Hintergrund trat, nahmen freundschaftlicher Austausch und gegenseitige Unterstützung mehr Raum ein (vgl. Blattmann 1999, 259). Obwohl Wolff ihrem Verlag als Beraterin verbunden blieb und etwa die Übersetzungen der Werke von Grass bis zu ihrem Tod lektorierte, war sie doch vom verlegerischen Tagesgeschäft befreit und hatte mehr Zeit für die briefliche Zwiesprache über deutsche und amerikanische Politik, über Literatur und gelegentlich und immer selbstironisch über ihr eigenes vom zunehmenden Alter geprägtes Leben. Ihre nun mehrheitlich handschriftlichen Briefe betonen die persönliche Ebene ihres Schreibens: „Du bist für mich kein ‚business'." (Grass und Wolff 2003, 295; vgl. Blattmann 1999, 259)

Weiterhin nahmen Grass' literarische Arbeiten einen prominenten Platz in ihrer Korrespondenz ein, nicht zuletzt, weil er auf Wolffs Rat nicht verzichten wollte. „Wenn du erlaubst, liebe Helen, werde ich Dir etwa Ende September eine Fotokopie des Manuskripts [von *Die Rättin*, L.B.] schicken; mir liegt an Deinem Urteil. Auch wünschte ich mir, daß Du gegebenenfalls die Übersetzung im Auge behältst." (Grass und Wolff 2003, 329) Wolffs Antwort: „Natürlich ‚darfst' Du mir Dein Manuskript schicken – was heißt hier dürfen? Ich kann es gar nicht abwarten" (Grass und Wolff 2003, 330).

Im Sommer 1989 besuchten Grass und seine Tochter Laura Wolff während einer Amerikareise und er zeigte sich beeindruckt, dass Wolff trotz zunehmender körperlicher Fragilität mit unverminderter geistiger Energie an ihrer couragierten Lebensführung festhielt: „Manchmal, wenn mir die Kräfte knapp zu werden beginnen, erinnere ich mich an Dich, an Deine gebrechliche Vitalität, an Deinen offenbar nicht zu ermüdenden Geist und Witz, und sogleich geht es mir wieder besser. Das, liebe Helen, sind die wahren fernwirkenden Musenküsse. Ich liebe Dich übers große Wasser hinweg." (Grass und Wolff 2003, 366; vgl. Blattmann 1999, 260)

5 Ausblick

In seinem Nachruf apostrophierte Grass Wolff als „Büchermacherin und Briefstellerin" (Grass 2003 [1995], 438) und verwies damit auf die immense Bedeutung ihrer Korrespondenztätigkeit, für die der Briefwechsel, den er selbst mit ihr führte, beispielhaft ist. Die Forschung hat sich dieser Bedeutung sowie der Verlegerin Helen Wolff überhaupt bislang kaum gewidmet. Einige Arbeiten aus jüngerer Zeit – etwa Blattmann (1999), Ziegler (2014), Herweg (2015) – lassen aber darauf hoffen, dass eine eingehendere Beschäftigung mit der Arbeit und dem Wirken dieser bedeutenden transatlantischen Literaturvermittlerin (und Autorin eines postum edierten Romans, vgl. Wolff 2020) noch folgen kann.

Grass' Beurteilung seiner amerikanischen Verlegerin konnte jedenfalls wertschätzender nicht sein – wie er etwa anlässlich seiner Zueignung von *Unkenrufe* (1992) brieflich erläuterte: „[D]ankbar lese ich, dass ich Dir nun meine Erzählung ‚Unkenrufe' widmen darf, doch bitte ich Dich, diese Widmung nicht vom Inhalt des Buches abzuleiten. [...] Nein, liebe Helen, ich widme Dir dieses Buch aus Dankbarkeit und Freundschaft. Wie sonst niemand hast Du meinen Schreib- und Lebensprozeß, von den Prosaanfängen der Endfünfziger Jahre bis in die Gegenwart, begleitet. Hinzu kommt, daß Du, bei so viel Mittelmäßigkeit und Stümperei im Verlagsgewerbe, für mich die einzige Verlegerin von Format bist – meine eigentliche Verlegerin." (Grass und Wolff 2003, 386)

Literatur

Blattmann, Corinna. „‚Welch eine Verlegerin! Wo hat es das jemals gegeben ... ' Helen Wolff als Vermittlerin europäischer Kultur in Amerika". *Leipziger Jahrbuch zur Buchgeschichte* 9 (1999): 223–261.

Grass, Günter, und Helen Wolff. *Briefe 1959–1994*. Hrsg. von Daniela Hermes. Göttingen 2003.

Grass, Günter. „Nachruf auf Helen Wolff. Laudatio zur (postumen) Verleihung des Friedrich-Gundolf-Preises an Helen Wolff in Leipzig am 30. April 1994". *Johnson-Jahrbuch* 2 (1995): 13–18 und in Günter Grass und Helen Wolff: *Briefe 1959–1994*. Hrsg. von Daniela Hermes. Göttingen 2003: 433–439.

Hermes, Daniela. „Editorischer Bericht". *Briefe 1959–1994*. Hrsg. von Daniela Hermes. Göttingen 2003: 441–444.

Herweg, Nikola. *Helen und Kurt Wolff in Marbach*. Marbach/N. 2015.

Wolff, Helen. „Wahlverwandtschaften. Rede im Deutschen Haus in New York am 15. Mai 1990". *Briefe 1959–1994*. Hrsg. von Daniela Hermes. Übers. von Hans Altenheim. Göttingen 2003: 421–431.

Wolff, Helen. *Hintergrund für Liebe*. Aus dem Nachlass hrsg. u. mit einem Nachwort von Marion Detjen. Bonn 2020.

Ziegler, Edda. „Helen Wolff (1906–1994), die Ideal-Verlegerin". *Buchfrauen. Frauen in der Geschichte des deutschen Buchhandels*. Göttingen 2014: 129–135.

II.7.4 Uwe Johnson – Anna Grass – Günter Grass: *Der Briefwechsel 1961–1984* (2007)

Christoph Jürgensen

1 Skizze einer (teilweise) verunglückten Freundschaft

Günter Grass und Uwe Johnson lernen sich auf der Frankfurter Buchmesse des Jahres 1959 kennen, auf der sie ihre kurz zuvor erschienenen Debütromane *Die Blechtrommel* und *Mutmaßungen über Jakob* mit großer Resonanz vorstellen. Im Herbst 1960 führt die Bekanntschaft zu einer gemeinsamen Lesereise nach Wuppertal, und am 21. März 1961 richtet Grass dem Publikum einer Lesung in Leipzig Grüße von Johnson an seine Alma Mater aus – Johnson, geboren 1934 in Pommern, hatte dort von 1952 bis 1956 studiert –, ein provokatorischer Solidaritätsakt mit dem drei Jahre später nach West-Berlin gezogenen, in der DDR verfemten Autor. Johnson wiederum unterstützte Grass beispielsweise, indem er eine ausführliche Liste von Büchern zusammenstellte, die Grass aus den Mitteln seiner Wahlkampfauftritte an fünf Bundeswehr-Bibliotheken stiften wollte.

Diese literaturpolitische wie private Vertrautheit prägt das Verhältnis der beiden Autoren vorrangig in der ersten Hälfte der 1960er Jahre. Sie treffen sich im Rahmen der Gruppe 47, verstehen sich gut in Gesprächen über das Schreibhandwerk (vgl. NGA 24, 433–455), beteiligen sich an der (letztlich scheiternden) Planung einer internationalen Literaturzeitschrift und unternehmen zusammen eine mehrtägige Lesereise in die USA. Ab 1963 sind die Familien Grass und Johnson dann unmittelbare Nachbarn in Berlin-Friedenau, wo ‚die Grassens' auf Betreiben von Johnson ein Haus in der Niedstraße 13 kaufen, direkt neben dessen Atelier. Politisch allerdings entfernen sie sich langsam voneinander, denn während Grass konsequent an seiner Idee des Schriftstellers als ‚Staatsbürger' festhält und mit der SPD in den Wahlkampf zieht, fremdelt Johnson mit einem derart politisch konturierten Autorschaftsbild. Zudem zeigt Johnson wiederholt eine Empfindlichkeit, die alle seine Beziehungen prägt. Ab Mitte der 1970er Jahre nähern sie sich wieder an, treten erneut gemeinsam auf und, ein bezeichnendes Indiz von vielen, Uwe und seine Frau Elisabeth nehmen die Einladung zum 50. Geburtstag von Grass an (vgl. Neumann 1996, 395). Im Hintergrund läuft zudem noch eine ganz andere Geschichte: Grass will dem auf Sherness-on-Sea zunehmend vereinsamenden und stark trinkenden Johnson helfen, wie ein Brief an Siegfried Unseld erhellt, in dem er sich „heftig besorgt" zeigt und dem Verleger den Vorschlag unterbreitet, Johnson ein „vernünftig begründetes (das hieße für ihn akzeptables) einjähriges Reisestipendium in die Vereinigten Staaten" auszuloben, an dessen Finanzierung er sich heimlich beteiligen würde (am 1.8.1977, zit. n. Barnert 2007, 192). Aber Johnson ist damals wohl schon nicht mehr zu helfen, der Plan wird jedenfalls nicht realisiert. Nach dem ex post fast unvermeidlich erscheinenden frühen Tod Johnsons im Jahr 1984 fasst Grass ihre Beziehung in die bündige Beschreibung: „Unsere seit 1959 anhaltende Freundschaft

https://doi.org/10.1515/9783110755435-055

bestand aus Distanz, heftiger Nähe, neuem Fremdsein und Fremdbleiben. So konnte mir genaue Annäherung nur über sein literarisches Werk gelingen." (NGA 22, 278) Zu diesem nekrologischen Resümee passt, dass Johnson im 30. Kapitel von *Ein weites Feld* einen Auftritt hat, in dem er (durchaus spöttisch im Sinne Johnsons) als „Dichter der deutschen Teilung" (NGA 14, 589) apostrophiert und zum Anlass einer poetologischen Reflexion über das Verfahren des Romans avanciert wird (siehe hierzu Ivanovic 1996).

2 Korpus

Aus dieser Verlaufsform einer (teilweise) verunglückten Freundschaft erklärt sich zu weiten Teilen die ‚Gestalt' des Briefwechsels zwischen den Familien Grass und Johnson, sie gibt Hinweise auf den Umfang wie den Inhalt der Korrespondenz sowie auf dasjenige, was in ihr gerade nicht zur Sprache kommt. Der erste Brief von Johnson an Grass ist nicht erhalten, alle weiteren Textzeugnisse sind teils im Grass-Archiv der Akademie der Künste in Berlin, teils im Johnson-Archiv in Frankfurt am Main aufbewahrt, mehrheitlich in Schreibmaschinen-Durchschlägen von Johnson. So setzt die im Jahr 2007 im Suhrkamp Verlag erschienene und sämtliche überlieferten Schriftstücke bietende Brief-Ausgabe mit Grass' Antwort auf den verlorenen Brief am 17. Juni 1961 ein, kurz nachdem er eine Kohlezeichnung des hier noch im ‚Sie' adressierten Kollegen angefertigt hat. Der epistolografische Austausch endet am 25. November 1982 mit einer die Basilika von Toulouse zeigenden Postkarte an Grass, die Johnson für seine Gratulation zum Feltrinelli-Preis nutzt. Damit umgreifen die Briefe und Postkarten fast die gesamte Zeit ihrer Bekanntschaft, dennoch ist der Umfang dieser Korrespondenz im Vergleich zu anderen Briefwechseln beider Autoren schmal. In zwei Jahrzehnten haben sie gerade einmal 39 Briefe gewechselt, dazu kommen 17 Briefe von Anna Grass an Johnson und einige doppeladressierte von oder an Anna und Günter Grass gleichermaßen, alles in allem 75 Briefe, sechs Postkarten, ein Telegramm sowie eine Widmung; Elisabeth Johnson hat sich nicht am Schriftverkehr beteiligt und läuft daher gleichsam als stumme Adressatin wie Adressantin mit (siehe hierzu die Aufstellung bei Rittler, 161). Zudem abgedruckt ist ein Rundbrief Johnsons an alle möglichen Akteure der geplanten internationalen Zeitschrift vom 10. Februar 1963 sowie als nicht nummerierte Anlage die komplette Bücherliste für Bundeswehr-Bibliotheken, die Johnson am 16. Juli 1965 zur Durchsicht an Grass schickt, eine Vollmacht für Grass (s. u.) und eine Bitte an Johnson um eine Stellungnahme zum Nahostkonflikt.

3 Phasen – Themen – Schreibweisen

Grundsätzlich lassen sich für diese Korrespondenz drei Phasen identifizieren (vgl. Barnert 2007, 212–213). Die erste Phase reicht von Anfängen im Zeichen großer Vertrautheit unmittelbar nach der initiierenden Begegnung bis Ende der 1960er Jahre.

„Lieber Uwe, darf ich mich noch einmal mit Deinem Werkzeug rasieren", fragt Grass etwa auf der Göhrdener Tagung der Gruppe 47 per an der Rezeption deponierter Postkarte (Johnson und Grass 2007, 12). Johnson und Grass verständigen sich in dieser Zeit aber vor allem über literaturbetriebliche Dinge und betreiben, freilich ohne das Wort zu verwenden, Netzwerkarbeit. Auch ist es ihnen um drängende politische Diskussionen zu tun und um die Frage nach der Öffentlichkeit des Autors. In diese Richtung weist auch ihr Engagement für die bereits erwähnte Literaturzeitschrift, die Autor:innen aus Deutschland, Frankreich und Italien zusammenführen sollte. Auf deutscher Seite gehörten Ingeborg Bachmann, Hans Magnus Enzensberger, Helmut Heißenbüttel, Peter Rühmkorf, Martin Walser und eben Grass zum Herausgeberkreis, Uwe Johnson wiederum sollte auf Betreiben von Grass die Redakteursstelle übernehmen. Entsprechend bereitete der Redakteur in spe das Projekt vor, verschickte Nachrichten an die Herausgeber sowie an den Suhrkamp Verlag. Einerseits scheiterte das Projekt schließlich an den unterschiedlichen Vorstellungen der Akteure, namentlich daran, dass die deutsche Seite auf eine deutlich politische Kontur der Zeitschrift abzielte, während die französischen und italienischen Kollegen weniger konkret und stattdessen „spekulativ-theoretisch" (so Johnson abschätzig an die deutschen Kollegen über einen Text von Roland Barthes.) perspektivieren wollten. Andererseits zeigt sich hier trotz des Scheiterns, wie freundschaftlich Grass dachte, indem er dem deutlich weniger gut verdienenden Johnson eine feste Einnahmequelle beschaffen wollte.

Briefliche Werkstattgespräche führen die Schriftsteller hingegen nicht, poetologische Probleme werden nicht diskutiert, allenfalls fließt gelegentlich der Fortschritt des gerade in Arbeit befindlichen Schreibprojekts ein. So freut sich Grass am 5. August 1962, dass das Klima am Lagio Maggiore seiner „Hundegeschichte" gut bekomme, „Seite 471 ist abgelegt, Land ist in Sicht!" (Johnson und Grass 2007, 17), worauf Johnson mit einer Ironie antwortet, aus der man etwas Neid auf den mühelos produktiven Kollegen herauslesen mag: „Das hören wir gern dass deine Seite 471 abgelegt ist! nur verstehen wir schwer wieso du Land in Sicht hast, nachdem wir neulich aus einer Zeitung erfuhren dass das Buch drei Bände und einen Epilog umfassen soll." (Johnson und Grass 2007, 19) Diese Zurückhaltung in Sicht auf ästhetische Positionen und produktionsästhetische Prozesse ist nicht mit künstlerischer oder privater Distanz zu erklären, sondern andersherum mit der (gerade räumlich) großen Nähe der beiden Autoren, die offenbar eher lange Kneipenabende zur handwerklichen Diskussion nutzten. (vgl. Neumann, 392–393) Das Medium ‚Brief' wird für diese Dimension der professionellen Kommunikation letztlich nicht benötigt.

Einen Briefband hätte es allerdings kaum gebraucht, wenn die Johnsons nicht für zwei Jahre (vom Frühjahr 1966 bis August 1968) nach New York gezogen wären, aus der geographischen Ferne resultiert gleichsam naturgemäß eine deutlich höhere Brief-Frequenz. Zunächst sind es praktische Notwendigkeiten, die zu klären sind: Johnson bittet beispielsweise um Vermittlung beim Fernmeldeamt, weil sein Telefonanschluss abgeklemmt werden soll (vgl. Johnson und Grass 2007, 128–129). Wichtiger noch wird bald die Grass'sche Intervention, als sich herausstellt, dass die Kommune I in Johnsons Atelierwohnung unter Führung von Ulrich Enzensberger für den anstehenden Berlin-Besuch des US-Vizepräsidenten Hubert Humphrey einen Anschlag mit aus Pudding-Pulver gebauten Bomben plante. Am 5. April werden die Kommunarden verhaftet, am folgenden Tag setzt Johnson eine akribisch formulierte Vollmacht auf und schickt sie nach Berlin, am 8. April ist Grass bei der Entsiegelung und Räumung der Wohnung zugegen und setzt das Hausrecht energisch um: „Mir haben diese [...] Aktionen den Ruf eingetragen, der große Rausschmeißer der Puddingsschmeißer zu sein. Auch diesen Titel werde ich mit Würde und Anstand bis ans Ende meiner Tage tragen." (Johnson und Grass 2007, 92) Johnson wiederum ‚revanchiert' sich für den tatkräftigen Einsatz, indem er einen Ersatz für Grass' Hut besorgt, der auf einer Lesung in den USA gestohlen wurde, bzw. er schickt gleich zwei Hüte: „Der eine ist gedacht für harmlosen bürgerlichen Gebrauch. Den anderen sollst du aufsetzen, wenn du Örtlichkeiten besuchst, wo einem womöglich der Hut gestohlen wird. In der Hoffnung, du merkst den Unterschied." (Johnson und Grass 2007, 122)

In seiner direkten Adressierung an Günter Grass bildet dieser Brief jedoch eine Ausnahme innerhalb der ‚amerikanischen Jahre' Johnsons, ansonsten übernimmt Anna Grass nun die Kommunikation und ihr Mann rückt in den Hintergrund. Ausschlaggebend dafür war ein „schöner", außergewöhnlich beschwingter Brief Johnsons (vgl. Johnson und Grass 2007, 69) vom 23. Juni 1966, den er Anna nach ihrem Besuch in New York geschrieben hat. Von diesem Emotionsschub angestoßen entwickelt sich die Wechselrede zwischen ‚lieber Uwe' und ‚liebe Anna' unter der Hand fast zu einem eigenen Briefwechsel, mit eigenen Themen und vor allem einem spezifischen Ton und stärker narrativen Charakteristika. Anders als gegenüber Günter zeigt sich Johnson hier von leichtem, spielerischem Humor, und der innere Zusammenhang der Briefe tendiert zu einer Form epistolaren Erzählens. Ausgetauscht wird sich über die Kinder oder die verbindende Leidenschaft für das Kino, beispielsweise über Bonnie und Clyde. „Angenommen du wärst nicht in N.Y. gewesen [...] und wärst hier mit mir ins Kino gegangen: was hättest du mir dann gesagt?", fragt Anna am 28. Februar 1968 (Johnson und Grass 2007, 117), worauf Johnson einige Wochen später mit dem Hinweis auf die „kommerzielle Ausbeutung des Films" reagiert. „So gibt es in der Schallplatten-Industrie einen Mitschnitt des Films in Auswahl, Adaptionen anderer Vokalkünstler und ein Interview mit Bonnies lebender Schwester, dazu Fotografien. Was möchtest du davon nun haben." (Johnson und Grass 2007, 121) Gleichsam eine Erzählung innerhalb der Korrespondenz bildet sich um die Gestalt einer New Yorker Kellnerin heraus: „morgens sehe ich an der Ecke der Dritten Avenue und der 47ten Strasse durch die Fenster von Bickford's Coffee Shop die Serviererin, mit der du, wärst du ein Mann, etwas angefangen hättest." (Johnson und Grass 2007, 66). Anna Grass entgegnet: „Übrigens habe ich nie gesagt ich hätte, wenn ich ein Mann gewesen wäre, mit dem Mädchen an der 47. etwas angefangen, sondern: die würde mir gefallen. Das ist etwas anderes." (Johnson und Grass 2007, 72) Diese Kellnerinnen-Figur stattet Johnson, zum lesbaren Vergnügen von Anna, mit immer weiteren Details aus, liefert Beobachtungen und kleine literarische Skizzen. Am 11. Mai etwa schildert er ausführlich seinen allmorgendlichen Kaffeebesuch und lässt die ‚Erzählung' in den Seufzer münden: „In den letzten vierzehn Tagen hat sie sich heimlich das Haar wachsen lassen und es heute morgen hochgesteckt, so dass sie unverhofft verheiratet aussieht. Es ist ein Jammer, dass du wie ich noch andere Sorgen haben." (Johnson und Grass 2007, 96–97) Eine ästhetische Eigenlogik gewinnt dieser Dialog also, jedoch in sozialer Hinsicht offenbar kein von der Ehe abgekoppeltes Eigenrecht, jedenfalls endet er mit der Trennung von Günter und Anna Grass im Jahr 1972.

Die Entfremdung zwischen Grass und Johnson, die sich gegen Ende dieser ersten Phase andeutet und offenkundig eine Weile von Anna Grass noch ausgeglichen werden konnte, führt dann trotz ihrer Bemühungen zu einer weitgehenden Kommunikationspause, die zwischen Mitte 1969 und Ende 1973 anhält und die Briefe im Besonderen wie das private Gespräch im Allgemeinen gleichermaßen betrifft. Grass macht, wie er Helen Wolff brieflich erläutert, Johnsons moralischen Rigorismus wie seinen eigenen politischen Anspruch verantwortlich für das Auseinanderdriften der vormaligen Weggefährten: „Mit Uwe und Elisabeth ist es nun leider doch, wenn nicht zu einem Zerwürfnis, dann doch zu einer längeren Gesprächspause gekommen. Sosehr ich mich an Uwes anspruchsvolles Moralisieren gewöhnt hatte und sosehr ich während Jahren bemüht gewesen bin, selbst seiner verbissensten Beckmesserei ein Körnchen Komik abzugewinnen, seinen letzten, nun sehr persönlich werdenden Aufrechnungsstücken bin ich nicht mehr (oder zur Zeit nicht mehr) gewachsen. [...] Dieses ist wohl der Preis, den ich für meine politische Arbeit zahlen muß." (Grass und Wolff 2003, 147) Lediglich einmal, im Juni 1971 wird dieses epistolografische Schweigen unterbrochen, als Johnson sich von Grass gegenüber dem Bayerischen Rundfunk als DDR-Autor verunglimpft fühlt. „Dein Mißtrauen ehrt weder Dich noch mich", reagiert Grass auf die telefonisch gemachten Vorhaltungen. „Schon einmal haben Dich Aussprüche über Dich, die ich getan haben soll, aber nicht getan habe, zu einem raschen und folgenreichen Urteil verführt; unsere Freundschaft scheiterte an mangelndem Vertrauen. Dieser Verlust wird mich nicht hindern, weiterhin Dich in Deinen Büchern zu schätzen." (Johnson und Grass 2007, 141) Johnson reagiert auf diese Dementi nur knapp mit dem Hinweis, dass er nicht als Kenner eines Landes empfohlen werden möchte, „in dem ich seit zwölf Jahren nicht mehr gelebt habe. Was unseren Streit angeht, so war es nicht nur um ein Wort, das weisst du." (Johnson und Grass 2007, 142)

Die dritte Phase des Briefwechsels hebt am 13. Dezember 1973 mit der Abstimmung über eine Nachfrage zur 1968 mitunterzeichneten „Gemeinsame Erklärung von 20 Vertretern der deutschen Linken zum Nahostkonflikt" an, zwei Tage später lesen beide (zusammen mit Oswald Wiener) in der Berliner Akademie der Künste. Grass und Johnson nähern sich in der Folge wieder etwas an, sehen sich gelegentlich in Berlin und New York, im Jahr 1977 kurzzeitig gar so häufig, dass Grass „[f]ür Uwe nach beinahe wieder üblichem Sonntagsfrühstück" (Johnson und Grass 2007, 148) in ein Widmungsexemplar des *Butt* schreiben kann. Hochkonjunkturell wird der Briefaustausch jedoch nicht mehr, es bleibt bei gelegentlichen Karten mit Geburtstagsgrüßen oder Glückwünschen zu Büchern. Immerhin schickt Johnson am 21. November 1982 ein Kapitel aus dem vierten Band der *Jahrestage* zur kritischen Lektüre an Ute und Günter Grass, ein

Akt großen Vertrauens für den notorisch misstrauischen Johnson: „Bei Nichtgefallen zurück. Das sehe ich voraus, weil von manchen Personen nur Namen da sind und ihr Hintergrund fehlt. Für Aufklärung über andere Gründe (so gen. ‚Kritik') wäre ich euch verbunden." (Johnson und Grass 2007, 150) Etwa einen Monat vor seinem Tod gratuliert Johnson mit einer Postkarte zum Erscheinen der polnischen Übersetzung der *Blechtrommel*, damit endet der Austausch.

4 Rezeption

Das Feuilleton las den Briefwechsel als Dokument einer Freundschaft, wobei vor allem Grass' herzliche Solidarität für den spröden Mecklenburger profiliert wird. Michaelis nutzt die sich hier offenbarende „überwältigende[] Freundlich- und Freundschaftlichkeit" darüber hinaus zur Verteidigung von Grass in der zum Publikationszeitpunkt des Briefwechsels nachwirkenden Debatte um *Beim Häuten der Zwiebel*: Wer verantwortlich sei für diesen „Tiefpunkt deutscher Literaturkritik", möge hier nachlesen und bedenken, „dass der damals noch keineswegs üppig verdienende Vater einer Großfamilie das Geld, das er erworben hat bei Werbeveranstaltungen für die Wahl von Willy Brandt, gespendet hat für den Aufbau von Bibliotheken zu je 350 Bänden in sechs Bundeswehr-Bataillonen." Einigkeit herrscht zudem in der Einschätzung, dass eine spezifische Literarizität vorrangig in den Briefen zwischen Anna Grass und Uwe Johnson zu erkennen ist. Braun erkennt zwischen beiden eine „große Herzlichkeit" und attestiert, dass die „erratisch-strengen Fügungen der sonstigen Johnson-Briefe [...] hier einer erzählerischen Lockerheit" wichen, Michaelis liest gar „einige von Johnsons schönsten Texten – in Briefform."

Erste Forschungsimpulse kommen bislang vor allem von Seiten der Johnson-Forschung. Krellner (2008) hat dem Briefwechsel zusammen mit dem äußerst voluminösen Band *Johnson-Jahre. Zeugnisse aus sechs Jahrzehnten* eine Doppelrezension gewidmet, die die literaturbetrieblichen Erkenntnisse für eine Geschichte der Nachkriegsliteratur aufblendet, eher psychologisch und dabei gelegentlich vermutend orientiert sind Webers Beobachtungen für das *Johnson-Jahrbuch* 2016. Rittler (2016) schließlich fügt sich mit ihren Beobachtungen zum gesamten Briefwerk Johnsons in die gegenwärtige Hochkonjunktur der Briefforschung ein und fragt ihrer Perspektive gemäß vor allem nach Wechselbeziehungen zwischen Briefen und dem Werk Johnsons. Für den Werkzusammenhang bei Grass wurde diese Frage andersherum noch nicht gestellt was auch daran liegen mag, dass es dort in dieser Hinsicht schlicht weniger zu beobachten gibt.

Literatur

Barnert, Arno. „Nachwort“. *Uwe Johnson – Anna Grass – Günter Grass: Der Briefwechsel 1961–1984*. Hrsg. von Arno Barnert. Frankfurt/M. 2007: 212–222.

Braun, Michael. „Dichterfreundschaft – eine schwierige Kunst“. *Neue Zürcher Zeitung* (1. Dezember 2007).

Ivanovic, Christine. „Fonty trifft Johnson: Zur Fiktionalisierung Uwe Johnsons als Paradigma der Erzählstrategie in Günter Grass' ‚Ein weites Feld‘“. *Johnson-Jahrbuch* 3 (1996): 173–199.

Johnson, Uwe, Anna Grass und Günter Grass. *Der Briefwechsel*. Frankfurt/M. 2007.

Krellner, Ulrich. „[Rez. zu] Johnson Jahre: Zeugnisse aus sechs Jahrzehnten; Uwe Johnson/Anna Grass/Günter Grass“. *Wirkendes Wort* 1 (2008): 167–172.

Michaelis, Rolf. „Gespräche, schriftlich“. *Die Zeit* (30. April 2018).

Neumann, Bernd. *Uwe Johnson*. Hamburg 1996.

Rittler, Janine. *Das Briefwerk Uwe Johnsons*. Berlin et al. 2016.

Weber, Jasmin. „Hinter den Kulissen: Ein Briefwechsel der ambivalenten Gefühle. Zum Verhältnis von Uwe Johnson, Anna und Günter Grass“. *Johnson-Jahrbuch* 16 (2009). Hrsg. von Michael Hofmann und Mirjam Springer: 39–52.

II.7.5 Willy Brandt – Günter Grass: *Der Briefwechsel* (2013)

Martin Kölbel

Der Briefwechsel zwischen Willy Brandt und Günter Grass wurde erstmals im Jahr 2013 publiziert (BwBG) und umfasst 288 Briefe, Karten und Telegramme. Von diesen 288 stammen nur 233 Briefe ausschließlich von einem der Briefschreiber und wurden zugleich nur an den jeweils anderen adressiert. Bei den übrigen handelt es sich um Gruppenbriefe (sechs), offene Briefe (acht) und um Schreiben von Brandts Büro (fünfzig), das sich zudem mit Vorentwürfen beteiligte. Brandts Briefe tragen meist einen offiziösen Briefkopf, der sein jeweiliges Amt oder seine jeweilige Funktion ausweist. Grass adressiert seine Briefe in der Regel an den Funktionsträger und nicht an die Privatperson. Nicht minder auffällig ist die quantitative Asymmetrie des Briefverkehrs: Es ist vor allem Grass, der ihn betreibt. Im Durchschnitt folgt auf drei lange Grass-Briefe ein kurzer Brief von Brandt, zeitweise liegt das Verhältnis sogar bei fünf zu eins.

Bereits diese Befunde legen es nahe, den Briefwechsel in der Grauzone zwischen Politischem und Persönlichem, Amtlichem und Privatem, Pragmatischem und Utopischen zu verorten: Sein vorrangiger Zweck liegt in der tagespolitischen Beratung und Intervention. Die Briefe zeigen sich ebenso stark vom „Andrang der Aktualität" (BwBG, 397) wie von den begleitenden Überlegungen zu seiner Bewältigung beherrscht. Sie verhandeln Politisches in dem Maße wie sie selbst Politik betreiben und sind insofern Teil des „Streben[s] nach Machtanteil oder nach Beeinflussung der Machtverteilung" (Weber 1994, 36). Aus dieser doppelten Funktion erklärt sich auch die quantitative Asymmetrie. Zwischen den Briefschreibern herrscht ein institutionelles Machtgefälle, das der ämterlose Grass mit brieflicher Eloquenz und Überzeugungsarbeit zu überwinden sucht, während es dem Amtsträger Brandt zeitsparende Formen der Kommunikation über getroffene oder zu treffende Entscheidungen auferlegt.

Zeitlich lässt sich der Briefwechsel in vier Phasen gliedern, die sich an Brandts politischer Karriere und, daran gekoppelt, an Grass' politischer Selbstverständigung orientieren. (1.) Der Briefwechsel beginnt mit der Intensivierung von Grass' im Jahr 1961 begonnener Politisierung und folgt den letzten Etappen des langen Wegs, der den Regierenden Bürgermeister von Berlin, den Kanzlerkandidaten und Parteivorsitzenden der SPD in seine ersten Bonner Regierungsämter führen wird (1964–1966). (2.) Während Brandts Zeit als Vizekanzler und Bundesaußenmister dominiert Grass' Suche nach einer neuen Form partizipativer Demokratie (1966–1969). (3.) Mit Brandts Kanzlerschaft erreicht der Briefwechsel seine Hochphase und wird zu einem wichtigen Instrument für Grass' Projekt einer freigeistigen Regierungsbeteiligung (1969–1974). (4.) Auf Brandts Rücktritt als Bundeskanzler folgt Grass' eigener Rückzug. Die nur noch sporadisch verschickten Briefe konzentrieren sich fortan auf schriftstellerische Belange

https://doi.org/10.1515/9783110755435-056

in wechselnden, vor allem deutschland- und friedenspolitischen Zusammenhängen (1974–1992).

1 Die Anfänge des Briefwechsels (1964 bis 1966)

Die Briefschreiber brachte ein von Brandt initiiertes Projekt zueinander, das der SPD neue Wählerschichten im Bildungsbürgertum neben ihrer Stammwählerschaft aus dem Arbeitermilieu erschließen sollte. Für dieses „das große Gespräch" (BwBG, 940) genannte Projekt (vgl. W. Brandt 1961a, 641; Münkel 2005, 151–185) suchte Brandt ab 1961 über die Mittelsmänner Egon Bahr (Brandts enger Berater und zugleich Pressesprecher) und Hans Werner Richter (Spiritus Rector der Gruppe 47) auch den Kontakt zu einigen Schriftstellern. Die „Sozialdemokratie brauche", erinnerte sich Grass 1972 an Brandts Erläuterungen, „ein Vorfeld, das von unabhängigen und unbequemen Fürsprechern beackert werden möge" (BwBG, 588). Das Projekt gab einen wichtigen, nachhaltigen Anstoß für Grass' sozialdemokratische Politisierung. Der zweite ging von dem Bedürfnis aus, „Brandt beim Kampf gegen zunehmende Diffamierung zu helfen" (BwBG, 310), d. h. beim Kampf gegen die zeitgenössischen Kampagnen, die Brandt wegen seiner Zeit im skandinavischen Exil (1933–1945) und seiner Lebensführung zu diskreditieren suchten.

Mit Grass' erstem direkt an Brandt geschickten Brief vom April 1965 verbindet sich nicht nur seine erste größere politische Initiative, sondern in ihm bekundet sich auch bereits ein Engagement, das sich als Hilfs- und Freundschaftsdienst für Brandt begreift und den Briefwechsel bis Mai 1974 dominieren wird. Ein „Team (4–5 Mann)" solle „Textvorschläge" für Brandt formulieren, um die Überzeugungskraft der politischen Sprache gegen ihren Verschleiß zu stärken (vgl. BwBG, 98–99). Die Initiative führte zur Gründung des Wahlkontors deutscher Schriftsteller, an dem Grass selbst allerdings nicht beteiligt war.

2 Eine neue Form partizipativer Demokratie (1966 bis 1969)

Kaum begonnen, drohte dem „große[n] Gespräch" mit Brandts nächstem Karriereschritt schon wieder das Ende. Im Dezember 1966 führte die Bildung der Großen Koalition mit dem früheren NSDAP-Mitglied Kurt Georg Kiesinger als Bundeskanzler zum Zerwürfnis zwischen dem „geistige[n] Deutschland" (BwBG, 127) und der SPD. Die „miese Ehe" (BwBG, 122) ist Gegenstand dreier offener, für die zeitgenössische Urteilsfindung exemplarischer Briefe (vgl. BwBG, 121–130). Für Grass' weiteren politischen Werdegang ist vor allem Brandts Votum gegen außerparteiliche Urteils- und Entscheidungsfindungen ausschlaggebend: „Das Gewissen der Sozialdemokratischen Partei", betont Brandt, „schlägt nicht außerhalb dieser Partei." (BwBG, 127) Auf Grass' „heftigen Widerspruch", den er in der *Zeit* publizierte (NGA 20, 224), folgt eine neue

Ausrichtung seines politischen Engagements, das er fortan verstärkt über seine „kritische Sympathie“ (BwBG, 122) für Brandts SPD und die eigene Außerparteilichkeit definiert. Die Briefe bis zum Regierungswechsel 1969 dominiert die Suche nach einer neuen Form für die außerparteiliche Parteinahme von „politisch aktiv[en]“ (BwBG, 591) Bürgern zugunsten der SPD.

Etwa im Monatsrhythmus schickt Grass briefliche Berichte der auch „Saline“ (BwBG, 1100) genannten „Gruppe Grass“ (BwBG, 160), die in seiner Berliner Wohnung die Gründung einer Sozialdemokratischen Wählerinitiative (SWI) vorbereitet. Die Arbeitspapiere lassen von Beginn an eine doppelte Ausrichtung erkennen: Neben einer Wahlhilfe „ohne Tabus“, die Brandt als „Avantgarde der SPD“ (BwBG, 204) bewerben soll, beharrt die Gruppe auf eigenen politischen Initiativen zu tagesaktuellen Themen. Eine regionale Organisationsstruktur und die Unabhängigkeit vom Parteiapparat sollen mehr Bürgernähe und eine freie Parteinahme „neben der Partei für die Partei“ möglich machen. Zwar ging im SPD-Vorstand die Sorge um vor einer „Nebenpartei“ (BwBG, 241–244, 591, 1101) oder einer „Partei in der Partei“ (BwBG, 327, 1107), gleichwohl fand die Initiative mit Brandt und Hebert Wehner (vgl. BwBG, 861–863) wichtige innerparteiliche Förderer und wurde schließlich im März 1969 offiziell vorgestellt. Grass bewertete die Neugründung rückblickend als einen „Weg zur Demokratisierung der Gesellschaft“ (BwBG, 307), als Basis für „eine große Solidarisierung im intellektuellen Bereich“ (630) und als entscheidenden Beitrag zu den Wahlsiegen der SPD (vgl. BwBG, 588, 591, 982).

Sein verändertes Verständnis als politisch engagierter Schriftsteller artikuliert Grass am nachdrücklichsten in seinem Bericht über eine Reise in den Prager Frühling (März 1968). Unter dem Eindruck des tschechoslowakischen Reformkommunismus hält er „die Intellektuellen, insbesondere die Schriftsteller, dafür geschaffen, Schrittmacher für größere Veränderungen zu sein“ (BwBG, 202). Brieflich schlägt sich diese pointierte Hoffnung nieder in der Intensivierung seiner Rolle als selbsternannter Berater Brandts. Neben den, wie es Grass selbst formuliert, „üblichen und manchmal überflüssigen Ratschläge[n]“ (BwBG, 256) zur Tagespolitik schickt er Wahlprognosen, Warnungen vor Fehlentwicklungen in der SPD, Werbungen für die SWI als „korrigierende Alternative“ (308) und Forderungen nach einem „härtere[n] Führungsanspruch“ (BwBG, 233, 302–303).

3 Freigeistige Regierungsbeteiligung (1969–1974)

Mit Brandts Kanzlerschaft erreicht der Briefwechsel seine höchste Frequenz und zugleich eine neue Qualität. Zwar zeigt er sich weiterhin von Grass’ politischen Interessen dominiert, doch zunehmend dienen die Briefe Grass auch als Gesprächsersatz. Die Klage über Absagen wegen Brandts „Terminnot“ (BwBG, 571, 597) begleitet die Forderung, „Gespräche in einem einigermaßen regelmäßigen Turnus festzusetzen“ (325). Schlussformeln wie „So viel für heute“ (BwBG, 374, 400, 408, 410, 457, 460), „So viel in Kürze“ (BwBG, 625, 664) oder „So viel in Eile“ (BwBG, 585) betonen das Momentane und zugleich Kontinuierliche einer Kommunikation, die darauf drängt, den „brieftypischen Phasenverzug" (Bürgel 1976, 288) zugunsten der Direktheit des Mündlichen zu reduzieren. Treibende Kraft dafür ist ein politisches Selbstverständnis, das Brief und Gespräch als Instrumente einer freigeistigen Regierungsbeteiligung einzusetzen sucht. Neben dem politischen Ratgeber meldet sich zunehmend auch der ämterlose Handlungsträger zu Wort, der die sozialdemokratische Regierungspolitik über seine informellen Kontakte mitzugestalten sucht.

Bereits fünf Tage nach der Bundestagswahl und einige Wochen vor Brandts offiziellem Amtsantritt bringt sich Grass als freier Mitarbeiter ins Gespräch, der Brandt „im Sinne sozialdemokratischer Friedenspolitik [...] eine Hilfe sein kann" und sich davon auch eine Aufwertung der „gesellschaftliche[n] Stellung des Schriftstellers" erhofft (BwBG, 312). Brandt und sein Beraterstab reagieren zunächst mit einer „gewisse[n] Hilf- und Einfallslosigkeit" (BwBG, 333), ermöglichen Grass aber zuletzt mehrere politische Initiativen. Zu ihnen gehören ein Geheimauftrag zur Befreiung von im Vietnamkrieg entführten Mitarbeitern des Malteser Hilfsdienstes (vgl. BwBG, 368–369), ein erneuter Vorstoß „zur Reform der Truppenbücherei" (BwBG, 337–338), ein „Vorhaben schwedisch-jugoslawisch-deutscher Zusammenarbeit auf dem Gebiet der Entwicklungspolitik" (BwBG, 370–371), die Gründung einer deutschen Nationalstiftung zur Pflege des deutschen Kulturguts aus den früheren Ostgebieten (vgl. BwBG, 341–342, 373; 559–561) und der Ausbau der SWI vom „Wahlhilfeverein" (BwBG, 592) zu einem Beratergremium der SPD (vgl. BwBG, 307, 468, 596). Keine der Initiativen führte zum erhofften Erfolg.

Anders fällt die Bilanz in repräsentativer Hinsicht aus, die sich besonders in einer intensivierten Reisetätigkeit bemerkbar macht. Grass war u. a. Teil der offiziellen Delegationen bei symbolpolitisch hoch bewerteten Reisen: zur Unterzeichnung des Warschauer Vertrags (6.–8. 12. 1970; BwBG, 412) oder bei Brandts Staatsbesuch in Israel (7.–11. 6. 1973; 599–607). Dazu gehören aber auch die zahlreichen Formulierungshilfen, an denen Brandt Grass' „Gabe" schätzt, „das Wort unmittelbar in Wirkung umzusetzen" (BwBG, 1173). Über die Formulierungshilfen ist Grass an der politischen Sprachfindung für bedeutende, Brandts Kanzlerschaft prägende Ereignisse beteiligt: an dessen erster Regierungserklärung (28. 10. 1969; BwBG, 318–319), dem Kniefall vor dem Mahnmal für die Opfer des Aufstands im Warschauer Ghetto (7. 12. 1970; BwBG, 437, 452), Brandts Gastauftritt beim Stuttgarter Kongress des Verbandes deutscher Schriftsteller mit einer Grundsatzrede über das Verhältnis von „Geist" und „Macht" (21. 11. 1970; BwBG, 396–400) oder an der Osloer Rede zur Verleihung des Friedensnobelpreises (11. 12. 1971; BwBG, 518–522, 527).

Im letzten Jahr von Brandts Kanzlerschaft richtet sich Grass' politisches Selbstverständnis abermals neu aus: vom „adviser" (so Brandt, vgl. BwBG, 1060) zum Anwalt „des parteiungebundenen sozialdemokratischen Wählers" (BwBG, 591). Brieflich äußert sich diese neue Orientierung in schärfer werdender Kritik an der „mangelnde[n] Öffentlichkeitsarbeit" (BwBG, 391) der Regierung, an den Querelen zwischen den sozialdemokratischen Ministern (vgl. BwBG, 353, 424, 460, 467, 489, 504, 559, 592–593), an Brandts Vernachlässigung der Innen- gegenüber der Außenpolitik (vgl. BwBG, 391, 353–355,

384, 475), seiner Führungsschwäche (vgl. 384, 424) und einem mangelnden Offensivgeist (vgl. BwBG, 410, 550, 561, 585). Brandts Antworten schwanken zwischen offener oder formelhafter Zustimmung (vgl. BwBG, 356, 509, 472), gereiztem Stillschweigen und Anflügen von Resignation (vgl. BwBG, 384, 394, 489).

Im November 1973 macht Grass seine Kritikpunkte schließlich in der NDR-Sendung *Panorama* und im *Vorwärts* öffentlich (*Koalition im Schlafmützentrott*, NGA 21, 372–374). Brieflich reagiert Brandt darauf mit pragmatischem Optimismus (BwBG, 620), doch Monate später, als er seine (erst postum publizierten) *Notizen zum Fall G*, d. h. zur Affäre um den DDR-Spion im Kanzleramt Günter Guillaume, niederschreibt, zeigt er sich tief getroffen: „Günter Grass: ‚Denkmal' + andere Klugscheissereien" (Brandt 2001, 530). Grass blieb, urteilt Boll, „seiner Rolle als Berufskritiker so sehr verhaftet, dass er nicht erkennt, wie sehr Brandt nicht der Kritik, sondern der Hilfe bedarf" (Boll 2014, 359).

4 Die langen letzten Jahre (1974–1992)

Seinen Rückzug hat Grass bereits im Dezember 1972 angekündigt (vgl. BwBG, 594) und im Juni 1973 nochmals bekräftigt (vgl. BwBG, 608), im Mai 1974 vollzieht er ihn schließlich unfreiwillig, als Brandt sein Amt als Bundeskanzler im Zuge der Spionageaffäre um Günter Guillaume niederlegt. Keine zwei Wochen nach Brandts Rücktritt teilt Grass seinen eigenen „Rücktritt" mit, da er die Grundlage seiner „politischen Bemühungen während der zurückliegenden Jahre" entzogen sieht (BwBG, 622, 643), die von Beginn an fest mit der Person und Karriere Brandts verbunden gewesen ist. Brieflich macht sich der Verlust einer für Grass „unerläßliche[n] Dimension" der „sozialdemokratischen Politik" (BwBG, 622) in einem Rollenwechsel bemerkbar. Nicht selten übernimmt nun Grass den Part des Resignierten, den er zuvor Brandt zugeschrieben hat. Von seiner „langjährigen politischen Arbeit" sei „nicht allzu viel übrig geblieben" (BwBG, 637), er habe sich noch nie „politisch so ohnmächtig gefühlt wie gegenwärtig" (668). 1981 konstatiert er eine insgesamt „um sich greifende Lähmung" (BwBG, 727). Brandt hingegen tritt in seinen Briefen vermehrt als Mutmacher auf: „Aber das meiste von dem, woran Dir lag, wird wiederkommen." (BwBG, 638, vgl. auch 734, 741, 770)

In den knapp zwanzig Jahren der letzten Phase des Briefwechsels rücken vor allem Grass' literarische und politische Publizistik in den Vordergrund. Brandt beteiligt sich mit Beiträgen an der von Grass mitherausgegebenen Buchreihe *Theorie und Praxis des demokratischen Sozialismus* und der Zeitschrift *L'76*, fortgesetzt als *L'80* (Brandt 1975, 1977). An die Stelle tagespolitischer Reflexionen treten nun vermehrt Überlegungen zu berufsständigen Belangen, die sich teils aus Grass' Tätigkeit als Präsident der West-Berliner Akademie der Künste, teils aus privaten Treffen mit DDR-Schriftstellern in Ost-Berlin ergeben. Grass hebt dabei das Einheitsstiftende der „zwei Literaturen" (BwBG, 691) als Teil einer deutschen Kulturnation hervor (vgl. Bw BG, 666, 725–727).

Im Jahr 1990 geraten beide über der Frage nach der richtigen „Gang- und Machart der deutschen Einheit“ (BwBG, 804) in einen Dissens, der zwar brieflich nicht direkt, wohl aber über öffentliche Stellungnahmen ausgetragen wird und bis zu Brandts Tod ungeschlichtet bleibt (vgl. BwBG, 799–805). Als Auslöser wirkt Brandts in Rostock gehaltene Rede, gegen die Grass in einem Interview Stellung bezieht. Brandt habe dem „hastige[n] Sofortprogramm Einheit“ (BwBG, 799) das Wort geredet und dabei das deutsche Erbe der NS-Vergangenheit ignoriert, das die Bildung eines nationalen Einheitsstaats verbiete und nach einer langsamen Fortentwicklung von BRD und DDR als Konföderation verlange. Brandt reagiert darauf mit Unverständnis und Zweckoptimismus: „vieles wird in wenigen Jahren freundlicher aussehen.“ (BwBG, 805)

Den Briefwechsel beschließt drei Monate vor Brandts Tod das Dankesschreiben eines Büromitarbeiters für Grass’ Widmungsexemplar der *Unkenrufe* (BwBG, 807).

5 Biographische und historische Einordnung

Besonders aufschlussreich sind die Briefe für Grass’ politische Biographie: Sie konkretisieren den hohen Stellenwert, den Brandts Karriere für Grass’ sozialdemokratische Politisierung gewinnen konnte und der sich in der Stilisierung von Brandts Person zum Politikum niederschlug: mal als Repräsentant des „anderen Deutschlands“ (BwBG, 122), der – auch im Unterschied zu Grass’ eigener Biographie – von keiner nachwirkenden NS-Vergangenheit belastet ist, mal als „Vater“ und „großer Bruder“ Berlins (BwBG, 159), mal als Vorbild für die 1967/68 protestierende Jugend, mal als Inbegriff einer auf Toleranz und Verständigung gegründeten Politik der Bürgerbeteiligung.

Der Briefwechsel gewährt zudem Einblicke in die nicht leicht zu fassende persönliche Seite dieser politischen „Partnerschaft“ (Boll 2014, 347). Öffentlich hat sie wohl nur Grass als Freundschaft bezeichnet: 1972 in *Aus dem Tagebuch einer Schnecke* oder 1992 bei seiner Trauerrede für Brandt (NGA 23, 33). Brieflich bekennen sich beide zu ihr, aber in der für die Korrespondenz insgesamt typischen Asymmetrie: Grass beruft sich sechsmal auf beider Freundschaft (vgl. BwBG, 316, 421, 440, 597, 623, 691), Brandt hingegen nur zweimal (vgl. BwBG, 509, 673). Obgleich auch dabei das Persönliche durch Politisches instrumentalisiert und überlagert ist, lässt sich durchaus freundschaftlich Geteiltes rekonstruieren.

Sicherlich stimmten beide überein in ihrer hohen Bewertung der politischen Sprache als Grundlage für eine erfolgreiche Politik, weshalb Grass’ Formulierungshilfen auch zu den gelingenden Momenten ihres Verhältnisses gehörten. Als freundschaftlich Geteiltes lässt sich zudem ein gemeinsames politisches Grundverständnis identifizieren. Grass hat es in seiner von Brandt geschätzten Dürer-Preis-Rede als „das Spannungsfeld zwischen Melancholie und Utopie“ (BwBG, 458, 461) gedeutet, das den politisch Handelnden zwischen lähmender Resignation und tätigem Fortschrittsglaube schwanken lässt. Dem geteilten Grundverständnis stehen aber auch größere politische Meinungsverschiedenheiten entgegen: Während Brandt seine Urteils- und Entscheidungsfindung an der Partei- oder Staatsräson ausrichtete, beharrte Grass auf einer freien, oft absolut gesetzten Rationalität. Beispielhaft dafür sind die Konflikte um die Absage von Grass' UdSSR-Reise 1973 (vgl. BwBG, 611–614). Während Brandt in der Ostpolitik oder in Menschenrechtsfragen auf die Wirksamkeit geheimer Diplomatie vertraute, beharrte Grass auf einem direkten „demokratischen Interventionalismus" (BwBG, 956–957). Zweimal spitzte sich ihr Dissens bis an die Grenze zum Zerwürfnis zu. Der Streit vom Dezember 1973, ausgelöst durch Grass' Fernsehkritik an Brandts Regierungsstil, ließ sich 1974/75 wieder schlichten. Bei dem Konflikt von 1990 über die „Gang- und Machart der deutschen Einheit" (BwBG, 804) kam Brandts Tod einer möglichen Annäherung zuvor.

Historisch gehört der Briefwechsel zu den wichtigen Dokumenten der zweiten, der „intellektuelle[n] Gründung der Bundesrepublik" (Albrecht/Behrmann 1999; Schönhoven 1999). Mit ihr verbinden sich eine wachsende Politisierung des Bildungsbürgertums und die Öffnung der Gesellschaft für die politische Partizipation. Die Briefe sind eine Folge, ihre Verfasser Akteure dieser Entwicklung, die zudem das tradierte Verhältnis von „Geist" und „Macht" neu gewichtete. Zwei „Mißverständnisse" wurden dabei ausgeräumt, die unter den Weimarer Intellektuellen und auch in den Anfangsjahren der Bundesrepublik stark verbreitet gewesen waren: Politisches Engagement führe erstens zu einer „Entdifferenzierung eigensinnig ausgebildeter kultureller Sphären" (Verlust intellektueller Autonomie) und zweitens zwangsläufig zur „Eingliederung in den Betrieb des politischen Machtkampfes" (Verlust sozialer Autonomie; vgl. Habermas 2003, 59; Hübinger und Hertfelder 2000). Umgekehrt bescheinigte die Berufspolitik dem politischen Schriftsteller bis weit in die 1960er Jahre hinein oft „eine ins Leere laufende ‚Romantik des intellektuell Interessanten' ohne alles sachliche Verantwortungsgefühl." (Weber 1994, 74). Dem stehen in den Briefen ein Politiker entgegen, der die intellektuelle Dreinrede in seine politische Arbeit zu integrieren weiß, und ein Schriftsteller, der Gesellschaft nicht nur künstlerisch zu entwerfen, sondern tagespolitisch mitzugestalten sucht. Mit der Normalisierung des intellektuellen Engagements in den 1970er Jahren verloren die Schlagworte „Geist" und „Macht" und die daran gekoppelten politik- bzw. intellektuellenfeindlichen Diskurse an Überzeugungskraft.

Literatur

BwBG = Willy Brandt und Günter Grass. Der Briefwechsel. Hrsg. von Martin Kölbel. Göttingen 2013.

Albrecht, Clemens, und Günter C. Behrmann (Hrsg.). *Die intellektuelle Gründung der Bundesrepublik. Eine Wirkungsgeschichte der Frankfurter Schule*. Frankfurt/M. und New York 1999.

Boll, Friedhelm. „Brandt und Grass – eine Freundschaft?". *Revue d'Allemagne et des pays de langue allemande* 46.2 (2014): 347–363.

Brandt, Willy. „Das Regierungsprogramm der SPD". *Außerordentlicher Kongreß der SPD* (28. April 1961). Bonn o. J.

Brandt, Willy, Bruno Kreisky, und Olof Palme. *Briefe und Gespräche 1972 bis 1975. Demokratischer Sozialismus in Theorie und Praxis*. Bd. 1. Hrsg. von Günter Grass, Eberhard Jäckel und Dieter Lattmann. Frankfurt/M. und Köln 1975.

Brandt, Willy. „Barcelona 37 – Madrid 77". *L'76*. H. 3 (Februar 1977): 55–63.
Brandt, Willy. „Karl Marx und die Sozialdemokratie". *L'76*. H. 5 (September 1977): 142–156.
Brandt, Willy. „Notizen zum Fall G". *Brandt. Berliner Ausgabe*. Bd. 7. Hrsg. von Helga Grebing, Gregor Schöllgen und Heinrich August Winkler. Bearbeitet von Wolther von Kieseritzky. Bonn 2001: 508–537.
Bürgel, Peter. „Der Privatbrief. Entwurf eines heuristischen Modells". *Deutsche Vierteljahrsschrift für Literaturwissenschaft und Geistesgeschichte* 50 (1976): 281–297.
Habermas, Jürgen. „Heinrich Heine und die Rolle des Intellektuellen in Deutschland". *Zeitdiagnosen. Zwölf Essays 1980–2001*. Hrsg. von Jürgen Habermas. Frankfurt/M. 2003: 50–77.
Hertfelder, Thomas, und Gangolf Hübinger (Hrsg.). *Kritik und Mandat. Intellektuelle in der deutschen Politik*. Stuttgart 2000.
Kölbel, Martin. „‚Dass wir es einander nicht zu leicht machen'. Die politische Freundschaft von Willy Brandt und Günter Grass". *Zwei lange Nächte für Günter Grass. Freunde und Weggefährten erinnern sich*. Lübeck 2017: 16–24.
Lagny, Anne. „L'engagement de l'artiste dans la fabrique de l'homme politique. La correspondance entre Willy Brandt et Günter Grass". *Cahiers d'Études Germaniques* 71 (2016). Bd. II: L'Art épistolaire entre civilité et civisme. De Jean Paul à Günter Grass. Hrsg. von Françoise Knopper und Wolfgang Fink: 239–252.
Münkel, Daniela. *Bemerkungen zu Willy Brandt*. Berlin 2005.
Øhrgaard, Per. „Geistvolle Macht – machtvoller Geist. Zum Briefwechsel zwischen Willy Brandt und Günter Grass". *Freipass. Schriften der Günter und Ute Grass Stiftung*. Bd. 1. Hrsg. von Volker Neuhaus, Per Øhrgaard und Jörg-Philipp Thomsa. Berlin 2015: 163–176.
Schönhoven, Klaus. „Aufbruch in die sozialliberale Ära. Zur Bedeutung der sechziger Jahre in der Geschichte der Bundesrepublik". *Geschichte und Gesellschaft* 25 (1999): 123–145.
Weber, Max. „Politik als Beruf. 1919". *Studienausgabe der Max-Weber-Gesamtausgabe*. Abt. I: *Schriften und Reden*. Bd. 17. Hrsg. von Wolfgang J. Mommsen und Wolfgang Schluchter. Tübingen 1994: 35–88.

II.8 Gespräche

Jonas Meurer

Günter Grass war ein Autor des Gesprächs und hat zeit seines Lebens sehr viele Interviews gegeben (beide Termini werden nachfolgend synonym verwendet, vgl. Jürgensen 2014, 34). Signifikanterweise verläuft Grass' um 1960 einsetzende Karriere parallel zur Herausbildung und Dynamisierung einer von Performativität und Authentizität geprägten „interview society" (Atkinson und Silverman 1997). Gespräche mit prominenten Schriftsteller:innen gewannen im Zuge dessen auch im Literaturbetrieb, der mehr und mehr Züge einer „Event- und Präsenzkultur" (Birnstiel 2014, 73) oder „Erlebnis- und Spektakelkultur" (Fischer-Lichte 1998, 89) annahm, an Popularität. Mit den daraus erwachsenden Anforderungen wusste Grass souverän umzugehen und stellte sich zu verschiedenen Anlässen dem dialogischen ‚Rollenspiel' mit Journalistinnen, aber auch mit Kolleg- und Philolog:innen: Bereitwillig beantwortete er Fragen zum eigenen Leben und Werk im Besonderen, zu Literatur und Kunst im Allgemeinen, zu Geschichte und politischem Zeitgeschehen und nahm die Gespräche als Gelegenheiten zur „öffentlichen Dreinrede" (NGA 23, 80) sowie zur rezeptionssteuernden Selbstreflexion wahr. Grass' Interviews erlauben Aufschlüsse über zentrale Aspekte seiner Biographie, Poetik, Ästhetik, politischen Haltung, Selbststilisierung und -inszenierung sowie Rezeptions- und Wirkungsgeschichte, darüber hinaus lassen sich an und mit ihnen zahlreiche Facetten der ‚Intellectual History' Deutschlands nach 1945 rekonstruieren.

1 Textlage und Forschungsstand

Dass sowohl die *Werkausgabe in zehn Bänden* (GW X) als auch die *Neue Göttinger Ausgabe* (NGA 24, vorab bereits veröffentlicht als Grass 2019) den Gesprächen einen eigenen Band widmen, unterstreicht die Relevanz und Sonderstellung dieses Formats im Kontext des Grass'schen Gesamtwerks (vgl. Cepl-Kaufmann 1992, 270). In beiden Bänden sind jedoch aus der schieren Masse lediglich exemplarische Interviews abgedruckt. Seit den 1980er Jahren erschienen zudem mehrere Interviews auch als Monografien – von und mit Nicola Casanova (Grass 1979), Françoise Giroud (Giroud und Grass 1988, 1989), Rudolf Augstein (Augstein und Grass 1990), Michael Martens (1999), Harro Zimmermann (Grass und Zimmermann 1999), Mathias Döpfner (Grass und Döpfner 2006) und Heinrich Detering (Detering und Grass 2017) – und Hörkassetten (Grass und Walser 1995, 1999). Eine Bibliografie sämtlicher Interviews stellt ebenso ein Desiderat dar wie systematische und differenzierte Analysen dieses Textkorpus vor dem Hintergrund der kultur- und literaturwissenschaftlichen Interviewforschung (vgl. Hoffmann 2009, 2011; Hoffmann und Kaiser 2014; Hoffmann und Pabst 2016; Masschelein et al. 2014; Roach 2018; Rodden 2001; Salmon 1997; Walzer 2020).

https://doi.org/10.1515/9783110755435-057

Zwar wurde Grass' Affinität zu Interviews schon früh registriert (vgl. Cepl-Kaufmann 1975, 12), die Grass-Forschung zog diese Texte bislang aber nur sporadisch und als Informationsquelle unter primär inhaltlichen Gesichtspunkten heran. Im Gegensatz dazu besteht inzwischen weitgehend Einigkeit darüber, dass Interviews keineswegs nur etwas ‚Sekundäres' sind. Ein Verständnis als bloße Para- bzw. Epitexte im Sinne Gérard Genettes (1989), denen in Bezug auf das Werk rahmende und kommentierende Funktionen zukommen, greift zu kurz. Eine „Entparatextualisierung des Interviews" (Hoffmann 2011, 316) hingegen verspricht Erkenntnisgewinne und bedeutet zunächst einmal, sich Klarheit über die Eigenlogik und konstitutive Hybridität des Genres (vgl. Hoffmann und Kaiser 2014b, 12; Masschelein et al. 2014, 17) zu verschaffen: Interviews oszillieren zwischen Privatheit und Öffentlichkeit, Mündlichkeit und Schriftlichkeit sowie Konventionalität und Spontaneität, sie vereinen erzählerische, dramatische und performative Elemente und stellen als Publikationen nicht zuletzt Formen geteilter Autorschaft dar. Das legt die Einordnung als „eigenständige Text- oder Kunstform" (Hoffmann 2011, 316; vgl. Hofmann 2009) nahe, was in doppelter Hinsicht heuristisch produktiv ist: Zum einen erlaubt diese Perspektivierung, Interviews ihrer spezifischen dialogischen Strukturierung, narrativen und rhetorischen Faktur und performativen Dimension wegen als literarisch-ästhetische Artefakte ernst zu nehmen, was einen veränderten literaturwissenschaftlichen Umgang mit ihnen zur Folge hat. Zum anderen sind bei einer praxeologisch-performativen Sichtweise Strategien der Autorschaftsinszenierung (vgl. Künzel und Schönert 2007; Grimm und Schärf 2008; Jürgensen und Kaiser 2011a; Wenndorf 2014) im Kontext heterogener Literaturbetriebspraktiken (vgl. Assmann 2015) einzubeziehen: Wenn Autorschaft als „komplizierter Mechanismus aus Selbst- und Fremdzuschreibungen" konzeptualisiert wird, ist das „Interview [...] der Ort, an dem dieses Bewusstsein implizit oder explizit ausgetragen wird" (Hoffmann und Pabst 2016, 1).

Insofern ist der Beitrag der Interviews zur Herausbildung und Stabilisierung der ‚Marke' oder des ‚Labels' Günter Grass nicht zu unterschätzen. In diesem Sinne betont Pietsch (2019, 862), „wie wichtig Interviews und Gespräche durch die Jahrzehnte für Grass als Instrument der Selbstverortung, gewiss auch der Selbstinszenierung und [...] Selbstvergewisserung waren". Angesprochen wurden bereits zwei der drei Hauptfunktionen von Interviews im literarischen Diskurs, die Hoffmann und Kaiser (2014b, 11) identifizieren: die ästhetische (Interviews als qualitativ hochstehender Teil von Œuvres) und die werkpolitische (Beitrag zur Herausbildung, Verfestigung und Korrektur von Autorimages sowie Möglichkeit der Einflussnahme auf Rezeption und Interpretation), von denen Grass gleichermaßen intensiv Gebrauch machte. Hinzu kommt noch eine kanonisierende Funktion im Sinne einer „Literaturgeschichtsschreibung in nuce".

2 Chronologischer Überblick

2.1 1958–1974

Grass' Interview-Œuvre setzt gewissermaßen mit einer Durchstreichung der Gattung ein. So formuliert er nämlich im Gespräch mit Wilhelm Unger (*Den Menschen entlarven. Der Bildhauer-Dichter Günter Grass*), das am 22.2.1958 im *Kölner Stadtanzeiger* erschien und den Auswahlband im Rahmen der Werkausgabe eröffnet: „Ihr Journalisten wollt alle so viel wissen, als ob ein Dichter selber wüßte, worum es ihm geht." (NGA 24, 5) Diese Zurückweisung gehört zum Inventar moderner Autorschaftspoetologien, Grass bezieht sie jedoch ausdrücklich *nicht* auf sich selbst, äußert er sich in der Folge doch programmatisch zu grundsätzlichen ästhetischen Strategien („Der Mensch muß entlarvt werden, die Klischees müssen zertrümmert [...] werden"), zur Absicht einzelner Texte (in *Onkel, Onkel* die Bewältigung der „Tragödie des Menschen mit den Mittel der Komödie") oder zu literarischen Vorbildern („Büchner, Büchner, immer wieder Georg Büchner!"). Schon im Titel als der *Bildhauer-Dichter Günter Grass* angekündigt, führt er beide künstlerischen Rollen und Disziplinen eng zusammen: Seine Textproduktion folge der Maxime, „das Erkannte darzustellen, ich meine: zu zeichnen, es optisch werden zu lassen" (NGA 24, 5). Er habe Freude daran, heißt es in einem späteren Gespräch, die „Disziplinen ineinanderwirken zu sehen" (NGA 24, 198).

Weit ausführlicher fallen 1962 die Antworten im von „kollegialer Arbeitsorientiertheit" (Hansen 1998, 473) geprägten ‚Werkstattgespräch' mit Horst Bienek aus: Ganz konkret geht Grass auf Fragen nach Stationen der eigenen Biographie, nach Verlagsbeziehungen, Lektürevorlieben und dem Schreibprozess („Was ich aber zum Schreiben brauche, sind Zigaretten", NGA 24, 15), nach einzelnen Gattungen, Figuren, Schauplätzen, Plots und Darstellungsformen ein. Diese Bereitschaft, gerne und detailliert auf das praktische literarische ‚Handwerk' einzugehen, behält Grass zeitlebens bei (vgl. Pietsch 2019, 859). Zu diesem Zeitpunkt ist Grass durch die Publikation der *Blechtrommel* (NGA 5) und die anschließenden Kontroversen längst in die ‚erste Reihe' der berühmten Schriftsteller vorgerückt und die enge Assoziation von Autorschaft und Skandal (vgl. Wagner-Egelhaaf 2014) etabliert. Daher kommen die Gespräche in der Folge zunehmend auch auf die Themen der Rezeption und Wirkung zu sprechen: Ja, er habe mit dem „Ruhm [...] Bekanntschaft gemacht", verstehe sich aber keineswegs als „Gewissen der Nation" (NGA 24, 34–35; vgl. auch 340). Fragen nach der Rolle in der Öffentlichkeit werden auch mit Blick auf Grass' Einsatz für die SPD akut, für die er ab 1965 als Wahlkampfredner aktiv wird. Im von Günter Gaus geführten Interview in der legendären Sendereihe *Zur Person* des ZDF, das am 28.9.1965 gesendet wird, rechtfertigt Grass seine Parteinahme für die Sozialdemokratie ebenso wie den mit Wolfdietrich Schnurre verfassten Offenen Brief an die Mitglieder des Deutschen Schriftstellerverbandes am 16. August 1961. In diesem Kontext postuliert er einen erweiterten Begriff von Engagement (vgl. NGA 24, 51), der die literarische und künstlerische Praxis selbstverständlich einschließe. Die Literatur dürfe ihre Figuren jedoch keinesfalls zu eindimensionalen

„Ideenträgern“ (NGA 24, 52) reduzieren, sondern solle sie in ihrer Widersprüchlichkeit darstellen. Es ist Grass ein Anliegen, in diesem Zusammenhang seinen Literatur- und Kunstbegriff zu profilieren: Ihm gehe es primär um Aufklärung – freilich „nicht [...] im platten Sinn“. Vielmehr versuche er „[...] mit einer oft unmerklichen Aufklärung und ausschließlich künstlerischen Mitteln den Horizont zu erweitern, Tatsachen ans Licht zu fördern, Mystifizierungen zu zerstören“ (NGA 24, 196–197). Die Künste seien in der Lage, der „enggefaßten, faßbaren Wirklichkeit eine neue Wirklichkeit, eine literarische, eine bildhafte, eine musikalische, eine theatermäßige“ (NGA 24, 132) gegenüberzustellen. Die politische Relevanz von Literatur bestehe nicht oder nicht nur in expliziter Gesellschaftskritik, sondern im Bemühen, den „Realismusbegriff [zu] erweitern“ und – in der für ihn vorbildhaften Tradition des Pikaroromans und Jean Pauls – „Einbeziehen des Unterbewußten, der Phantasie, des Traumhaften, des Phantastischen“ (NGA 24, 195). Die Interviews dieser Zeit sind Versuche der Positionsbestimmung eines Autors, der sich als widerständiger Intellektueller und *homo politicus* profiliert und „sein im literarischen Feld erworbenes symbolisches Kapital nutzt, um sich stetig in den gesellschaftspolitischen Diskurs der Bundesrepublik einzuschalten“ (Hägele 2007, 601). Die Interviews sind für Grass prädestinierte Möglichkeiten, seine „militante Vernunft“ (Zimmermann 2009) in den öffentlichen Diskurs einzubringen und etwa das „Mißtrauen jeder Ideologie gegenüber“ (NGA 24, 81) zu postulieren oder Partei für eine „unbequeme Generation“ (NGA 24, 85) zu ergreifen.

Auch die parallel entstehenden literarischen Texte sind von den Interventionen des engagierten Intellektuellen nicht zu lösen. Das gilt für das Stück *Davor*, am 14.2.1969 am Berliner Schiller Theater uraufgeführt, das Grass zufolge sämtliche „Dogmatisierungen verunsicher[n]“ (NGA 24, 82) sollte, ebenso wie für den im gleichen Jahr erschienenen Roman *örtlich betäubt* (NGA 7), auch und vor allem aber für dessen Aufnahme in der Literaturkritik. Schon gegenüber Gaus hatte Grass sich kritisch zu Rezensionen geäußert, die die *Blechtrommel* autobiographisch gelesen und seiner Meinung nach den Unterschied zwischen Autor und Figur verwischt hätten (vgl. NGA 24, 42). Im Fall von *örtlich betäubt* wird die Journalistenschelte ausgeweitet. Dabei ist es weniger die zwiespältige Aufnahme als solche, die Grass übel aufstößt, vielmehr nimmt er an, man habe seinen Roman vorurteilsbehaftet wahrgenommen und ihm gar keine Chance gegeben. Vielen Kritikern fehle generell „das notwendige Handwerkszeug“, um einen Text adäquat beurteilen zu können. Wenn es bloß darum gehe, ob ein Autor „die Wunschvorstellungen des Rezensenten erfüllt hat“, entstünden nicht Rezensionen, sondern „Meinungsbilder“. Beim Namen nennt Grass einzig und allein Marcel Reich-Ranicki, dem er vorwirft, über keine konsistenten Wertmaßstäbe zu verfügen und „dauernd auf oberlehrerhafte Art und Weise Zensuren“ auszusprechen (NGA 24, 96–97; vgl. auch *Die Erwartungen des Kritikers*, 1975, NGA 21, 476). Reich-Ranicki hatte in seiner Rezension in der *Zeit* davon gesprochen, dass der „urwüchsige Tausendsassa“ und „triumphierende Draufgänger“ in *örtlich betäubt* nur noch „dürr und dürftig“ (zit. nach Arnold 1997, 113) schreibe. Grass’ Kritik an journalistischen Praktiken bezieht sich des Weiteren auch auf den Umgang mit der Gruppe 47, bei der er 1958 erstmals gelesen hatte. Der

„Einbruch von Öffentlichkeit mit […] vor den Türen lauernden Fernsehteams“ (NGA 24, 163) habe der Sache massiven Schaden zugefügt und den freien Meinungsaustausch zwischen den Autorinnen und Autoren letztlich unmöglich gemacht. Schon früh erhebt Grass auch in Interviews die Stimme gegen die „Bedrohung der Meinungsfreiheit in der Bundesrepublik durch den übermächtigen Springer-Konzern“ (NGA 24, 68).

Weil Grass seine politische und literarische Aktivität, Realität und Fiktion, als unhintergehbar zusammengehörig begreift, bricht die Reflexion genuin künstlerischer Aspekte – und der eigenen Autorschaft – auch in den Interviews während des „roten Jahrzehnts“ (Koenen 2001) nie ab. Die Arbeit an *Aus dem Tagebuch einer Schnecke* (1972; NGA 8) etwa habe ihn „zum ersten Mal auf eine für mich akzeptable Formulierung des Schriftstellers“ gebracht: „Ein Schriftsteller ist jemand, der gegen verstreichende Zeit schreibt“ (NGA 24, 140–141). Auch die Frage nach den relevanten Traditionen und Vorbildern wird weiterhin gestellt, und es ist neben Laurence Sterne, Georg Christoph Lichtenberg oder Jean Paul vor allem Alfred Döblin, dessen Namen wiederholt fällt – ein Autor, der nicht wie etwa Thomas Mann in der Tradition der Klassik „mit einem festgefügten Lebenswerk“ aufwarten könne, sondern der vielmehr „immer wieder mit einem neuen Ansatz antritt“ und „sich selbst durch seine Bücher in Frage stellt“ (NGA 24, 169; vgl. auch *Über meinen Lehrer Alfred Döblin*, 1976, NGA 20, 310–333).

2.2 1975–1990

Die poetologische Selbstreflexion findet, angesichts der veränderten politische Lage seit Mitte der 1970er Jahre (RAF-Terrorismus und NATO-Doppelbeschluss), Anfang 1981 einen Höhepunkt im Interview *Phantasie als Existenznotwendigkeit* mit Siegfried Lenz. Neben die erneute Nobilitierung der Phantasie als elementaren „Teil der Wirklichkeit“ (NGA 26, 246), die die Möglichkeit der Transzendierung der beschränkten Wirklichkeit eröffnet, tritt einerseits eine Reflexion über die produktive Kraft des Erinnerns, wobei in Anlehnung an Marcel Proust „das Abwesende als Quelle unserer Einbildungskraft“ (NGA 24, 248) bestimmt wird, andererseits eine affirmative Lesart von Albert Camus‘ *Le mythe de Sisyphe* (vgl. NGA 24, 272–274). In der existenzialistischen Amalgamierung von Verzweiflung und Hoffnung findet Grass, der darüber bereits in *Kopfgeburten oder Die Deutschen sterben aus* (1980; NGA 11) geschrieben hatte, seine weltanschauliche Haltung gespiegelt (vgl. Brunssen 1997; Hensing 1992). Im Interview *Sisyphos und der Traum vom Gelingen*, geführt 1985 mit Johano Strasser, Oskar Negt und Horst Wernicke, holt Grass weiter aus und bezeichnet Sisyphos gar als seinen „Privatheilige[n]“ (NGA 24, 327). Mit Camus wähnt er sich insbesondere in der Ablehnung sämtlicher „Erlösungsspezialisten aller Art im christlichen und marxistischen Lager“ (NGA 24, 309) einig; die weltgeschichtliche Lage verleihe seiner Philosophie ungebrochene Aktualität, denn man könne an ihr lernen, „weiter tätig zu sein, auch wenn keine Hoffnung besteht“ (NGA 24, 312).

In der Folgezeit rückt die Wiedervereinigung in den Mittelpunkt mehrerer Gespräche. Mit Willi Winkler vom *Spiegel* zeigte sich Grass kurz nach dem Mauerfall beeindruckt angesichts der sich überschlagenden Ereignisse, kritisiert aber das „Wiedervereinigungsgeschrei" und plädiert für eine „Konföderation" (NGA 24, 385–386) zwischen beiden deutschen Staaten. Wenige Monate später, im Februar 1990, rechtfertigt er in einer von Joachim Wagner moderierten Fernsehdiskussion in der ARD mit Rudolf Augstein erneut seine Meinung. Grass macht vor allem das Argument stark, dass der mit Auschwitz assoziierte Zivilisationsbruch, die Singularität der Verbrechen der Shoa, „besonders heute mitgedacht werden muß, wenn wir [...] die Chance bekommen, Deutschland neu zu gestalten" (NGA 24, 398). Eine Fortsetzung findet die Diskussion in einem Interview, das am 27.7.1990 in der *Frankfurter Rundschau* erschien (NGA 24, 418–432). Die unter dem Titel *Unterwegs von Deutschland nach Deutschland* publizierten Tagebuchaufzeichnungen des Jahres 1990 geben Aufschluss darüber, wie Grass die beiden letztgenannten Interviews eingeschätzt hat. Während Grass das Interview für die *Frankfurter Rundschau* vor allem als Chance wahrnahm, „die lang gestaute Kritik an Brandt und Lafontaine [...] zu formulieren und so meine wachsende Distanz einerseits zur Partei als Mitglied und zur Großbundesrepublik [...] zumindest anzudeuten" (Grass 2009, 131), stuft er das Gespräch mit Augstein als „heftig" ein. Er bereut jedoch, seine Themen und seine Überzeugung nicht noch „detaillierter" vorgebracht zu haben. Negativ äußert sich Grass insbesondere über seine Gesprächspartner Augstein und Wagner: Der eine sei „ein welfisch-preußischer Oberleutnant" mit „Kasinoton" (Grass 2009, 46), der „die Korruption in aller Welt mit dem ‚Spiegel' bekämpft, aber die Korruption in seinem Haus [...] duldet und sich in deutschnationalem Starrsinn gefällt", der andere lese permanent vom Teleprompter ab und erwecke so „für Fernsehzuschauer den Eindruck [...], er spreche fließend auswendig", was Grass als „Täuschung" empfindet (Grass 2009, 41–42). Immerhin die Verkaufszahlen der Publikation des Gesprächs seien erfreulich (vgl. Grass 2009, 70 und 237). Auch andere Interviews des Jahres finden im Tagebuch Erwähnung: Unwillen empfindet Grass vor einem „‚Spiegel'-Gespräch [...] mit dem mir widerlich gewordenen Karasek", das indes wider Erwarten „einigermaßen zivilisiert" (Grass 2009, 131–132) abläuft. Anlass zu echter Freunde gibt demgegenüber ein simultan übersetztes Gespräch mit dem japanischen Kollegen Kenzaburō Ōe (vgl. auch Grass/Ōe 1995). Nach einem ersten Interview im Jahr 1978 trifft man nun auf der Frankfurter Buchmesse erneut zusammen (vgl. Nemoto 1993) – und „trotz der Sprachschwierigkeiten und der gegebenen Distanz zwischen den Kulturen waren wir uns näher, als ich es etwa im direkten Gespräch mit irgendeinem Kulturprofi Europas wäre" (Grass 2009, 190). Es ist die Vertrautheit zwischen Kollegen mit gemeinsamen Erfahrungen, die Grass zu schätzen weiß. Diese hat sich wohl auch in der Unterhaltung mit Salman Rushdie im Juni 1985 eingestellt, die Grass immerhin mehr als zehn Jahre später noch im Gedächtnis hat (vgl. NGA 24, 545–546). Einigkeit zwischen den Kollegen und Freunden besteht beispielsweise darüber, dass die Erfahrung des Verlustes der Heimat – Danzig bei Grass, Bombay bei Rushdie – für das Schreiben ein außerordentlich produktives Moment darstellt (vgl. NGA 24, 329–330). Diese These vertritt Grass im Jahr 1988 auch in einem langen Gespräch mit der französischen Journalistin und Schriftstellerin Françoise Giroud (vgl. 1989, 79; frz. ED Giroud 1988).

2.3 1991–1999

Die Jahre 1992 bis 1995 klaffen als erstaunlich große Lücke in NGA 24, die mit einem Interview zur Entstehungsgeschichte von *Ein weites Feld* (1995; NGA 14) geschlossen wird (NGA 24, 456–493). Es überrascht wenig, dass sich Grass erneut über die von ihm registrierte „Substanzlosigkeit der Auseinandersetzung" durch die Literaturkritik echauffiert: Etlichen Besprechungen des neuen Romans merke man an, „daß ihnen nicht einmal Lektüre vorausgegangen ist" (NGA 24, 488), das „tiefe Niveau" auch „von einigen Großkritikern" habe ihn regelrecht „entsetzt" (NGA 24, 492). Zwar seien seine Bücher von Anfang an umstritten gewesen, stellt Grass an anderer Stelle rückblickend mit Blick auf *Die Rättin* (1986; NGA 12) fest, neu sei jedoch ein regelrechter „Vernichtungswille": Einzelnen Rezensenten gehe es einzig und allein darum, Bücher „kaputtzumachen". Explizite Erwähnung findet in diesem Zusammenhang erneut der „Mann, der sich als Quartett ausgibt" (NGA 24, 555) – Grass' ewiger Intimfeind hatte in seiner *FAZ*-Besprechung vom 10.5.1986 deutliche Worte gefunden und von einem „ungenießbar[en], ja „katastrophalen Buch" gesprochen (zit. nach Arnold 1997, 162).

Spätestens Mitte der 1990er Jahre ist eine Redundanz innerhalb der Grass'schen Interviews nicht mehr zu übersehen, sowohl die Fragen als auch die Antworten betreffend. Zwar sind Auskünfte über Details seines Schreibprozesses (NGA 24, 494–509), über die Freundschaft mit Uwe Johnson (vgl. NGA 24, 433–455) oder zur Beziehung mit Paul Celan im Paris der 1950er Jahre (vgl. NGA 24, 481–484) aufschlussreich, geringen Neuigkeitswert haben im Gegensatz dazu aber bereits vielfach geschilderte Stationen des eigenen Lebens oder Selbstcharakterisierungen als „Kind der europäischen Aufklärung" (NGA 24, 554) oder als gegen alle Widerstände anschreibender „fröhlicher Steinewälzer" (NGA 24, 571) im Sinne von Camus' Sisyphos (vgl. Wenndorf 2014, 244–245). Ein signifikantes Indiz sind diese gleichsam mythisierenden ‚Formeln' allerdings für die Professionalität, die Grass in Interviews an den Tag legte: Er wusste um die Logiken der Medienöffentlichkeit, und auch ein Gespür dafür, welche Formulierungen eingängig und ‚markenbildend' sind, wird man unterstellen können.

Einem außergewöhnlichen Gesprächspartner saß Grass Ende des Jahres 1999 gegenüber: dem französischen Soziologen Pierre Bourdieu. Das in NGA 24 (582–598) als *Zivilisiert endlich den Kapitalismus!* betitelte Gespräch erschien zunächst in der *Zeit* vom 2.12.1999, war am 5.12.1999 bei *arte* zu sehen und wurde schließlich am 29.12.1999 bei *Radio Bremen* gesendet. Zum Zeitpunkt der Unterhaltung war bereits bekannt, dass der Literaturnobelpreis in diesem Jahre an Grass verliehen wird; dieser hebt diesbezüglich hervor, er habe „ganz gut ohne ihn leben können, und ich hoffe, es gelingt mir, auch mit ihm zu leben" (NGA 24, 595). Zu Beginn des Gesprächs erwähnt Grass die Unwahrscheinlichkeit der Begegnung eines Soziologen mit einem Literaten und zeigt sich beeindruckt von Bourdieus Studie *La misère du monde* (1993), die 1997 als *Das Elend der Welt* übersetzt wurde – Bourdieu und sein Team hatten zahlreiche Interviews mit Menschen geführt, die in prekären Verhältnissen in den Pariser Banlieus leben. Deshalb erkannt Grass Parallelen zu seiner Neuerscheinung *Mein Jahrhundert* (1999; NGA 15): „Wir erzählen Geschichte von unten. Wie sprechen nicht über die Gesellschaft hinweg, nicht aus der Position der Sieger, sondern sind berufsnotorisch auf Seiten der Verlierer." (NGA 24, 582) Grass bringt die Aspekte des Humors und der Komik in die Diskussion ein, welche er bei Bourdieu vermisst. Dabei könne die Schilderung sozialer Missstände von solchen Darstellungsweisen sehr wohl profitieren: Voltaires *Candide* oder Denis Diderots *Jacques le Fataliste* seien die besten Beispiele dafür, dass „Tragödie und Komödie einander nicht ausschließen". Auch das eigene Schreiben charakterisiert Grass durch eine spezifische „Komik des Scheiterns". Bourdieu hält dagegen, dass es ihm darum gegangen sei, „die brutale Absurdität den Lesern ohne jede Effekthascherei vor Augen [zu] führen". Das Fehlen von Komik in seinem Buch erklärt er mit dem Ziel, die Missstände der Gegenwart „schonungslos" zu beschreiben und „der Wirklichkeit ihre gewalttätige Seite wiederzugeben". Die Verwerfungen der neoliberalen Gesellschaften lassen seiner Ansicht nach nur einen Schluss zu: „Es gibt nichts, über das man lachen könnte." (NGA 24, 583–585) Einen Konsens erzielen die beiden Diskutanten weder in dieser Sache noch in der Reflexion der Rolle und Aufgaben des Intellektuellen: Während Bourdieu die Vision spezifischer intellektueller Assoziationen entwickelt, um „einen neuen Utopismus zu erfinden, der sich in den sozialen Kräften aufgehoben weiß", gibt sich Grass skeptisch und setzt auf den individuellen Mut „des Mundaufmachens, des Sicheinmischens" (NGA 24, 597–598). Letztlich kommen Grass und Bourdieu, auch wenn sie sich etwa in der Ablehnung des Neoliberalismus und der Monopolisierung der Medienwelt einig wissen, nicht zusammen; ihre Überzeugungen und ihr Verständnis von Engagement erweisen sich als nur bedingt kompatibel. Franz Schultheis zufolge, der jahrelang mit Bourdieu zusammengearbeitet hat und beim Interview zugegen war, war für Bourdieu die Unterhaltung mit Grass „in jeder Beziehung eine Tortur". Bourdieu sei nicht nur vom „riesigen Aufgebot der Medienleute fast schon eingeschüchtert" gewesen, sondern auch von seinem Gegenüber: „Als frisch gekürter Nobelpreisträger war Grass hier für Bourdieu kein Gesprächspartner auf Augenhöhe. Er dominierte auch physisch gegenüber dem deutlich kleineren Bourdieu, atmosphärisch durch seine nonchalante körperliche Hexis, verbal nicht nur dank der gerade erhaltenen höchsten Weihen, sondern auch durch das Heimspiel im deutschsprachigen Kontext, und schließlich auch symbolisch als der Hausherr, der den Gast empfängt und den Ton und die Richtung der Konversation vorgibt." Mit „großem Nachdruck" habe Bourdieu im Anschluss gesagt: „Diese Aufzeichnung darf nicht gesendet werden!" Jedoch, so Schultheis (2019, 72) weiter: „Nach einem Glas Wein mit Grass und seiner Frau im Wohnzimmer des Hauses und beim Abendessen in deren Stammlokal entspannte sich Bourdieu nach und nach."

2.4 2000–2015

Im Zuge der seit den 1990er Jahren verhandelten und 2004 vollzogenen EU-Osterweiterung ist Grass qua seiner Herkunft ein gesuchter Gesprächspartner. Ein Befürworter der EU ist Grass allerdings nicht, er spricht vom „Wasserkopf Brüssel" und dem Straßburger „Spielparlament[]" (NGA 24, 676). Eine von eigenen Erfahrungen imprägnierte und dezidiert persönliche Sichtweise nimmt Grass ein, wenn er die auch im literarischen Werk vielfach thematisierten deutsch-polnischen Beziehungen reflektiert (vgl. NGA 24, 682–694). Einmal mehr ist es die Verknüpfung von „[k]ünstlerischer Praxis und Lebenserfahrung" (Mertens 2005, 10), die die Interviews in dieser Zeit prägt.

Das Jahr 2006 hält zwei bedeutsame Interviews bereit. Ende Mai kommt es zu einer von Manfred Bissinger moderierten Debatte mit dem Springer-Vorstandsvorsitzenden Mathias Döpfner, die am 19.6.2006 gekürzt im *Spiegel* abgedruckt wird (*Ich stand zwischen den Fronten*; NGA 24, 732–754; ungekürzt in Grass und Döpfner 2006). Beide Gesprächspartner werden wohl ihren Rollen gerecht: Auf der einen Seite der unbeugsame Autor, der seine harsche Kritik am Springer-Verlag und der *Bild*-Zeitung erneuert, auf der anderen der Medienpraktiker, der die Agenda und Ausrichtung seines Blattes rechtfertigt und – in diesem Fall – die Differenzierung und Versachlichung der Debatte einfordert. Kurze Zeit später spricht Grass mit Frank Schirrmacher und Hubert Spiegel: Unter dem Titel *Warum ich nach sechzig Jahren mein Schweigen breche* erschien das mitunter emotional diskutierte und als Skandal empfundene Interview am 12.8.2006 in der *FAZ* (NGA 24, 755–772). Eine breite Öffentlichkeit erfuhr dadurch von Grass' Mitgliedschaft in der Waffen-SS als Siebzehnjähriger, die in den Kindheits- und Jugenderinnerungen *Beim Häuten der Zwiebel* (2006: NGA 17) genau geschildert wird. Obwohl im Gespräch weit mehr Themen angesprochen wurden, konzentriert sich die öffentliche Debatte vor allem auf die naheliegende Frage: „Warum erst jetzt?" Grass Antwort: „Das hat mich bedrückt. Mein Schweigen über all die Jahre zählt zu den Gründen, warum ich dieses Buch geschrieben habe. Das mußte raus, endlich." (NGA 24, 757) Sein Schweigen wurde dem Nobelpreisträger vielfach verübelt; einzelne Passagen des Interviews können ebenfalls als Relativierungen gelesen werden, etwa der Hinweis, „daß unsere Erinnerungen, unsere Selbstbilder trügerisch" (NGA 24, 755) seien oder die Annahme, dass man erst im Alter „die Kindheitsphase deutlicher" (NGA 24, 765) sehen könne. Auch das Interview selbst wurde heftig kritisiert, als genau kalkulierte Marketingmaßnahme ebenso wie als „bombastisches Geständnisevent", folge es doch einer regelrechten „Rechtfertigungsdramaturgie, deren Peinlichkeit durch die schwammigen Fragen der Journalisten noch vergrößert" (Finger 2006) worden sei.

Grass' späte Interviews sind weiterhin geprägt von ‚seinen' Themen – die Sozialdemokratie (vgl. NGA 24, 795–817), das Verhältnis von Kunst und Politik, das „Wolfsrudelgeheul" (Grass und Detering 2017, 116) der Literaturkritik, das Opponieren gegen den Zeitgeist, die Erfahrungen im wiedervereinten Deutschland usw. Auch als meinungsstarker politischer Kommentator tritt Grass weiterhin in Erscheinung, prangert die „Abhängigkeit der Politik vom Lobbyismus" (NGA 24, 823) an, thematisiert die

„Krim-Krise, Ukraine-Krise“ (NGA 24, 835), „Überbevölkerung“ oder „Atommüll“ (NGA 24, 845) oder rechtfertigt sein kontrovers diskutiertes Israel-Gedicht *Was gesagt werden muss* (NGA 1, 530–532, vgl. NGA 24, 849). Gleichzeitig scheint tendenziell zunehmend der Charakter von „Lebensabendgesprächen“ durch, in denen durchaus, so Iris Radisch (2015, 12), der „Geist der alten Bundesrepublik“ wieder lebendig wird, als deren Zeuge und Chronist Grass in dieser Hinsicht figuriert. Er wird gefragt, was einmal auf seinem Grabstein stehen soll („Mein Name. Mehr nicht.“ NGA 24, 826) oder damit konfrontiert, dass er in Lübeck nun ein eigenes Museum habe: „Geht es Ihnen wie Goethe, der im Alter schrieb, er komme sich mehr und mehr ‚historisch‘ vor?“ In der Tat komme er sich „manchmal vor wie aus der Zeit gefallen“, so Grass, doch „nicht des Ruhmes oder der Gesamtausgaben wegen“ (NGA 24, 819–820). In einem der letzten Gespräche, wenige Wochen vor seinem Tod mit dem spanischen Journalisten Juan Cruz in Behlendorf geführt, beschwört Grass noch ein letztes Mal eines seiner ‚Leitmotive‘, Camus‘ *Mythos des Sisyphos* (vgl. Pietsch 2019, 855), und resümiert: „Schmerz ist der Hauptgrund für meine Arbeit und mein Schaffen.“ (NGA 24, 847)

3 Interviewstrategien und -effekte

Wenn der gealterte ‚Nationalautor‘ über seine Einsicht informiert, „daß Ruhm, zumindest in Deutschland, eine langweilige Sache ist“ (NGA 24, 833), demonstriert er „nachträglich seine Gleichgültigkeit gegenüber den eingetretenen Inszenierungseffekten“ (Wenndorf 2014, 419) – als habe er nicht die Ruhmbildung selbst über Jahrzehnte hinweg auf verschiedene Arten und Weisen forciert. Gleichzeitig gibt Grass seiner Verwunderung Ausdruck, dass in der „sogenannten Öffentlichkeit“ von seiner Person ein vermeintlich eindimensionales Bild gezeichnet worden sei: „immer verbissen, Rechthaber, immer den Zeigefinger hoch“. Das entspreche keineswegs der Wirklichkeit: „Viele, die mich kennenlernen, sind erstaunt, daß ich eigentlich ein umgänglicher Mensch bin, sogar zuhören kann.“ (NGA 24, 838)

An Detering schreibt Grass Ende 2014, das gemeinsame Gespräch habe „einiges aufs Tonband befördert, das sonst nie erfragt wird und also nicht zur Sprache kommt“, er sei „der Erste und damit Einzige, der mir so eindringliche und also auch den Grund meiner Verletztheit berührende Fragen gestellt“ (Grass und Detering 2017, 125) habe. Umgekehrt erhebt André Müller, als Grass im Gespräch im Jahr 2009 das Thema der Wiedervereinigung streift, den Vorwurf: „Ich habe das alles schon oft von ihnen gehört und gelesen. Ihr Standpunkt in dieser Frage ist ja zur Genüge bekannt“ (NGA 24, 781). Beide Aussagen berühren – hier aus Perspektive des Befragten, dort aus Perspektive des Fragenden – die für Grass’ Interviewpraxis zentralen Aspekte der „Interview-Routine“ (Pietsch 2019, 857) und der thematischen Redundanz, die ihn selbst offenbar beschäftigten.

So ist in der Forschung davon die Rede, dass Grass mit seiner „Neigung zur stereotypen Beantwortung von Fragen der ideale Interview- und ein denkbar schlechter

Diskussionspartner“ (Cepl-Kaufmann 1992, 269) sei. Am Beispiel des langen Interviews mit Heinz Ludwig Arnold im Jahr 1974 (*Die Verzweiflung arbeitet ohne Netz*; NGA 24, 142–183) macht Johannsen (2014, 230) deutlich, wie früh Grass' „Formen der Selbstpräsentation und -inszenierung [...] in eingeschliffenen Bahnen“ verliefen. Zwar sei seine Tendenz zum Monologisieren in diesem speziellen Fall von Arnolds zurückhaltender Gesprächsführung massiv begünstigt worden, unabhängig davon jedoch gehe Grass' „staatstragender Sprechduktus“ auf Kosten der Spontaneität und so seien in den Interviews „zündende Momente“ die Ausnahme. Insgesamt wird man mit Blick auf das Grass'sche Interviewwerk in der Tat von einer kontinuierlichen und habitualisierten Variation von im Zeitverlauf relativ stabilen ‚Bündeln‘ von Motiven, Themen und Narrativen sprechen können, die problemlos situativ ergänzt und modifiziert werden können, ohne der angestrebten Kontinuität und Kohärenz von Leben und Werk Abbruch tun zu müssen. Gleichwohl gibt es Ausnahmen: Aussagen in den Interviews also, die inhaltlich überraschen bzw. zu denen keine nennenswerten Parallelstellen existieren, allen voran das weithin wahrgenommene *FAZ*-Interview *Warum ich nach sechzig Jahren mein Schweigen breche* vom August 2006 (vgl. Masschelein et al. 2014, 25), das zu Recht als „öffentlich stilisierte Läuterung“ (Wenndorf 2014, 408) eingestuft wurde.

Grass' Popularität als Interviewgast lässt sich darauf zurückführen, dass ein Gespräch mit ihm Planbarkeit bedeutete: Nicht nur Reichweite, auch meinungsstarke und ‚griffige‘ Äußerungen waren garantiert, „provokative Posen“ (Niefanger 2004) keine Seltenheit. So spricht der Moderator des Gesprächs mit Springer-Chef Döpfner zu Beginn nicht zufällig davon, dass das Aufeinandertreffen „schon Bewertungen ausgesetzt [war], bevor es überhaupt stattgefunden hat. Die Rede war von einem bevorstehenden ‚schweren Match‘.“ (Grass und Döpfner 2006, 9; fehlt in NGA 24) Das im „ewigen Streit um Günter Grass“ (Weninger 2004, 208) entstandene bzw. generierte „Image als Querdenker und als intellektuelle Repräsentanz“ (Wenndorf 2014, 131) resultierte in kommunikativen Routinen, in denen ein gewisses Provokationspotential stets einberechnet war. Dem entsprach von Seiten des Steidl-Verlags die Strategie, Interviews mit dem skandalaffinen Erfolgsautor zeitnah als preisgünstige Broschüren zu publizieren und als Gegenwartsdiagnosen zu lancieren: Ein Titel wie *Die Springer-Kontroverse. Ein Streitgespräch über Deutschland* (Grass und Döpfner 2006) weckt mit seiner Drastik Erwartungen, die das tatsächliche Gespräch nur zum Teil erfüllt, verdeutlicht aber, wie man mit den Grass'schen Interviews aufmerksamkeitsökonomisch kalkulierte. Schon 1990 vermarktete Steidl die Diskussion von Augstein und Grass (1990) im Anschluss als Buch, das den Titel *Deutschland, einig Vaterland? Ein Streitgespräch* trug. Interviews, die sich vorzüglich für die Zuspitzung von Meinungen eignen, waren das prädestinierte Format für einen Autor, der „von seinem ganzen Selbstverständnis her ein streitbarer Dichter“ (Weninger 2004, 208) war und primär – auch in Interviews – als solcher wahrgenommen wurde.

Es gab jedoch auch Versuche, durch Interviews dezidiert gegenzusteuern. Dabei verdienen die Gespräche Erwähnung, die Harro Zimmermann im Sommer 1998 und

Heinrich Detering Ende 2014 mit Grass in Behlendorf führten und die beide in Buchform publiziert wurden: *Vom Abenteuer der Aufklärung. Werkstattgespräche* (mehr als 300 Seiten stark) sowie *In letzter Zeit: Ein Gespräch im Herbst*. Beide Interviewer, die nicht von ungefähr auch Literaturwissenschaftler sind, verfolgen dabei eine sehr ähnliche Intention: Zimmermann schreibt in seinem Vorwort, Grass werde „nahezu ausschließlich als einer der führenden politischen Bekenntnisträger" wahrgenommen und nur selten als der „Wortkünstler", als der er außerhalb Deutschlands in erster Linie gelte. Die Folge sei eine „Trivialisierung und Verzerrung" des Werks, der er nun „einen offenen und authentischen Gesprächsversuch entgegenstellen" (Grass und Zimmermann 1999, 7–8) wolle. Eineinhalb Jahrzehnte später ist es auch Deterings Anliegen, „der Reduktion des Dichters Grass auf die Figur eines politischen Kommentators zu entkommen – zu der er selbst mehr als gewollt beigetragen hatte – und stattdessen von seinem Werk zu sprechen" (Grass und Detering 2017, 8).

Ein Geständnis von Nicht-Wissen oder Ahnungslosigkeit kommt Grass in keinem Interview je über die Lippen, allenfalls einmal ein knappes „Das mag sein" (NGA 24, 169). Stets gibt er sich meinungsstark. Das gilt auch für eine spezielle Interviewstrategie, von der Grass ausgiebig Gebrauch macht: die explizite Affirmation oder Distanzierung von je spezifischen Rollen und Aufgaben als Teil der Selbstinszenierung als Autor, Künstler und politisch aktiver Intellektueller. Mit pointierten Formulierungen wie „Ich halte es unter anderem für die Aufgabe eines Schriftstellers, den Finger in die Wunde zu legen," (NGA 24, 654), „Ich würde mich nie als Intellektuellen bezeichnen" (NGA 24, 702) oder „Ich bin ein ausgesprochener Patriot" (NGA 24, 738) lenkt Grass die Wahrnehmung seiner Person auf bestimmte Bahnen. Einer Äußerung wie „Der ungläubige Thomas, der den Finger in die Wunde legt, war immer einer meiner liebsten Apostel" (Grass und Zimmermann 1999, 39) ist vor diesem Hintergrund durchaus komplex, wenn man, wie Wenndorf (2014, 44), die intertextuelle und rhetorische Strukturierung aufschlüsselt.

Eine andere Interviewstrategie besteht in der regelmäßigen Thematisierung der je spezifischen Interviewsituation selbst: „Wir sind auf dem Weg, einen Disput zu führen – das ist gut." (NGA 24, 840) Das eigene Antwortverhalten hingegen rückt in den Blick, wenn Grass sagt: „Ja, sehen Sie, ihre Aufforderung bringt mich jetzt ins Plappern und Erzählen" (Gansel 2015, 496) Andere Kommentare dienen der Differenzierung von Fragstellungen: „Das ist nicht mit Ja und Nein zu beantworten" (NGA 24, 106), „Ich weigere mich, das Ganze in Schwarzweiß zu sehen" (NGA 24, 387) oder „Worauf wollen Sie hinaus?" (NGA 24, 783) Wieder andere kommentieren den Gesprächsverlaufs durch die Artikulation von Zustimmung und Konsens – „Wir stimmen überein! Wunderbar!" (Radisch 2015, 178) oder „Ja, so kann man das sehen" (NGA 24, 712) – oder Dissens: „Ich widerspreche" (NGA 24, 415) oder „Sie sagen Pragmatismus. Da melde ich schon meine Kritik an." (NGA 24, 99) Gelegentlich wehrt sich Grass auch gegen Unterbrechungen: „Lassen Sie mich erst mal meinen Gedankengang zu Ende führen." (NGA 24, 104) Eine andere wichtige Methode der Gesprächsgestaltung ist die der expliziten Konkretisierung. Vielfach nutzt Grass in Interviews Formulierungen wie „Ich will es an einem konkreten Beispiel deutlich machen" (NGA 24, 547–548) oder, gewendet ins Subjektive, „Ich kann dazu nur etwas aus meiner eigenen Erfahrung sagen“ (Giroud und Grass 1989, 15). Nicht selten leitet er damit Antworten ein, in denen er erzählerisch weiter ausholt und mitunter die ästhetische Funktion des Interviews dominant wird. Das gilt auch für Ankündigungen autobiographischen Erinnerns: „Ich muß zurückgehen.“ (NGA 24, 549) Auffällig ist darüber hinaus, dass Grass so gut wie nie selbst in die Rolle des Fragenstellers schlüpft. Eine Ausnahme bildet das Gespräch mit Giroud (1988, 1989), in dem er ebenfalls Fragen an sein Gegenüber richtet und man sich, wie Cepl-Kaufmann (1992, 281) bemerkt, „in gegenseitigem Interesse und ohne ideologische Verfestigungen“ begegnet.

Bei all dem ist zu bedenken, dass die stimmlich-prosodischen, mimischen, gestischen und insgesamt performativen Dimensionen, die die Interaktion im Gespräch maßgeblich prägen, sich weitgehend der schriftlichen Widergabe entziehen (vgl. Walzer 2010, 210), so auch in NGA 24 oder GW X, wo zudem auf den Abdruck von Fotografien, Vorbemerkungen oder Kommentaren verzichtet wurde, die in Erstdrucken unter Umständen vorhanden sind. Ihre Funktion besteht dort darin, das erwähnte Defizit wenigstens partiell zu kompensieren, können sie doch „die körperliche Erscheinung und andere nicht-sprachliche Eigenheiten von Autoren“ (Hoffmann und Kaiser 2014b, 12) dokumentieren – bei Grass wäre etwa an die ‚Markenzeichen‘ Brille, Oberlippenbart und Pfeife zu denken (vgl. Wenndorf 2014, 330). Auch ‚Nebentext‘, der Handlungen während der Interviews nachvollziehbar macht („*Grass holt Zigarillos und portugiesischen Weißwein*“, Radisch 2015, 162), wird in den Bänden der Werkausgaben ausgespart. Die Bedeutung „performativer Inszenierungspraktiken“ (Jürgensen und Kaiser 2011b, 13) ist jedoch gerade bei Grass hoch zu veranschlagen (vgl. exemplarisch die bereits zitierte Schilderung bei Schultheis 2019, 72) und ihre systematische praxeologische und/oder intermediale Analyse stellt ein Desiderat der Grass-Forschung dar.

Literatur

Arnold, Heinz Ludwig (Hrsg.). *Blech getrommelt. Günter Grass in der Kritik*. Göttingen 1997.

Assmann, David-Christopher. „Präliminarien zu einer Exploration literaturbetrieblicher Praktiken“. *Literatur für Leser* 38.2 (2015): 69–75.

Atkinson, Paul, und David Silverman. „Kundera's Immorality: the interview society and the invention of self“. *Qualitative Inquiry* 3.3 (1997): 304–325.

Augstein, Rudolf, und Günter Grass. *Deutschland, einig Vaterland? Ein Streitgespräch*. Göttingen 1990.

Birnstiel, Klaus. „Interview, Präsenz, Paratext. Versuch einer vorläufigen Feldbestimmung“. *Echt inszeniert. Interviews in Literatur und Literaturbetrieb*. Hrsg. von Torsten Hoffmann und Gerhard Kaiser. Paderborn 2014: 63–80.

Brunssen, Frank. *Das Absurde in Günter Grass' Literatur der achtziger Jahre*. Würzburg 1997.

Cepl-Kaufmann, Gertrude. *Günter Grass. Eine Analyse des Gesamtwerkes unter dem Aspekt von Literatur und Politik*. Kronberg im Ts. 1975.

Finger, Evelyn. „Das Geständnis-Event“. *Zeit-Online* (18. Juni 2006). https://www.zeit.de/online/2006/33/Grass-Kommentar (1. Mai 2023).

Fischer-Lichte, Erika. „Inszenierung und Theatralität". *Inszenierungsgesellschaft. Ein einführendes Handbuch.* Hrsg. von Herbert Willems und Martin Jurga. Opladen 1998: 81–90.

Gansel, Carsten (Hrsg.). „‚Das Verlorene wieder entstehen lassen.' Gespräch mit Günter Grass". *Literatur im Dialog. Gespräche mit Autorinnen und Autoren 1989-2014.* Hrsg. von Norman Ächtler. Berlin 2015: 485–500.

Genette, Gérard. *Paratexte. Das Buch vom Beiwerk des Buches.* Frankfurt/M. und New York 1989.

Giroud, Françoise, und Günter Grass. Ecoutez-moi. Paris, Berlin, aller-retour. Paris 1988.

Giroud, Françoise, und Günter Grass. *Wenn wir* von *Europa sprechen. Ein Dialog.* Frankfurt/M. 1989.

Grass, Günter. *Atelier des Métamorphoses. Entretiens avec Nicole Casanova.* Paris 1979.

Grass, Günter. Werkausgabe in 10 Bänden. Hrsg. von Volker Neuhaus. Bd. 10: Gespräche mit Günter Grass. Hrsg. von Klaus Stallbaum. Darmstadt und Neuwied 1987.

Grass, Günter. *Unterwegs von Deutschland nach Deutschland. Tagebuch 1990.* Göttingen 2009.

Grass, Günter. *Gespräche 1958-2015. Ausgewählt und mit einem Nachwort von Timm Niklas Pietsch.* Göttingen 2019.

Grass, Günter. Werke. Neue Göttinger Ausgabe. Hrsg. von Dieter Stolz und Werner Frizen. Bd. 24: *Gespräche 1958–2015.* Göttingen 2020.

Grass, Günter, und Heinrich Detering. *In letzter Zeit. Ein Gespräch im Herbst.* Göttingen 2017.

Grass, Günter, und Mathias Döpfner. *Die Springer-Kontroverse. Ein Streitgespräch über Deutschland.* Hrsg. von Manfred Bissinger. Göttingen 2006.

Grass, Günter, und Martin Walser. *Ein Gespräch über Deutschland.* Eggingen 1995.

Grass, Günter, und Martin Walser. *Zweites Gespräch über Deutschland.* Eggingen 1999.

Grass, Günter, und Harro Zimmermann. *Vom Abenteuer der Aufklärung. Werkstattgespräche.* Göttingen 1999.

Grass, Günter, und Kenzaburō Ōe. *Gestern, vor 50 Jahren. Ein deutsch-japanischer Briefwechsel.* Göttingen 1995.

Grimm, Gunter E., und Christian Schärf (Hrsg.). *Schriftsteller-Inszenierungen.* Bielefeld 2008.

Hägele, Christoph. „Skandal oder Inszenierung? Günter Grass in der Kritik". *Literatur als Skandal. Fälle – Funktionen – Folgen.* Hrsg. von Stefan Neuhaus und Johann Holzner. Göttingen 2007: 598–612.

Hansen, Volkmar. „Das literarische Interview". „In Spuren gehen ... ". Festschrift für Helmut Koopmann. Hrsg. von Andrea Bartl, Jürgen Eder, Harry Fröhlich, Klaus Dieter Post und Ursula Regener. Tübingen 1998: 461–473.

Hensing, Dieter. „Günter Grass und die Geschichte – Camus, Sisyphos und die Aufklärung". *Günter Grass: Ein europäischer Autor?* Hrsg. von Gerd Labriosse und Dick van Stekelenburg. Amsterdam und Atlanta 1992: 87–121.

Hoffmann, Torsten. „Das Interview als Kunstwerk. Plädoyer für die Analyse von Schriftstellerinterviews am Beispiel W.G. Sebalds". *Weimarer Beiträge* 55.2 (2009): 276–292.

Hoffmann, Torsten. „Die Ausschaltung der Einschaltung des Autors. Autorkritische Selbstinszenierungen in Interviews von Heiner Müller und W.G. Sebald". *Schriftstellerische Inszenierungspraktiken – Typologie und Geschichte.* Hrsg. von Christoph Jürgensen und Gerhard Kaiser. Heidelberg 2011: 313–340.

Hoffmann, Torsten, und Gerhard Kaiser (Hrsg.). *Echt inszeniert. Interviews in Literatur und Literaturbetrieb.* Paderborn 2014a.

Hoffmann, Torsten, und Gerhard Kaiser: „Echt inszeniert. Schriftstellerinterviews als Forschungsgegenstand". *Echt inszeniert. Interviews in Literatur und Literaturbetrieb.* Hrsg. von Torsten Hoffmann und Gerhard Kaiser. Paderborn 2014b: 9–25.

Johannsen, Anja. „‚... dass ich nicht kam wie ein Kläffer'. Heinz Ludwig Arnolds Gespräche mit Schriftstellern: Peter Handke, Rolf Hochhuth, Günter Grass". *Echt inszeniert. Interviews in Literatur und Literaturbetrieb.* Hrsg. von Torsten Hoffmann und Gerhard Kaiser. Paderborn 2014: 223–237.

John-Wenndorf, Carolin. *Der öffentliche Autor. Über die Selbstinszenierung von Schriftstellern.* Bielefeld 2014.

Jürgensen, Christoph. „‚ich bin kein guter archivar meiner selbst'. Zu Formen der Autorinszenierung bei Ulrich Peltzer". *Die Gegenwart erzählen. Ulrich Peltzer und die Ästhetik des Politischen.* Hrsg. von Paul Fleming und Uwe Schütte. Bielefeld 2014: 27–41.

Jürgensen, Christoph, und Gerhard Kaiser (Hrsg.). *Schriftstellerische Inszenierungspraktiken – Typologie und Geschichte*. Heidelberg 2011a.

Jürgensen, Christoph, und Gerhard Kaiser. „Schriftstellerische Inszenierungspraktiken – Heuristische Typologie und Genese". *Schriftstellerische Inszenierungspraktiken – Typologie und Geschichte.* Hrsg. von Christoph Jürgensen und Gerhard Kaiser. Heidelberg 2011b: 9–30.

Koenen, Gert. *Das rote Jahrzehnt. Unsere kleine deutsche Kulturrevolution 1967–1977.* Köln 2001.

Künzel, Christine, und Jörg Schönert (Hrsg.). *Autorinszenierungen. Autorschaft und literarisches Werk im Kontext der Medien*. Würzburg 2007.

Martens, Michael, *„Ich werde die Wunde offen halten". Ein Gespräch zur Person und über die Zeit mit Günter Grass*. Winsen und Weimar 1999.

Masschelein, Anneleen, Christophe Meurée, David Martens und Stéphanie Vanasten: „From Writer's Interview to Literary Interview: For a Poetics of a Shared Genre". *Poetics Today* 35.1/2 (2014): 1–48.

Mertens, Mathias. *Figurationen von Autorschaft in Öffentlichkeit und Werk von Günter Grass*. Weimar 2005.

Nemoto, Reiko Tachibana. „On Two Interviews between Günter Grass and Ōe Kenzaburō". *World Literature Today* 67.2 (1993): 301–305.

Niefanger, Dirk. „Provokative Posen. Zur Autorinszenierung in der deutschen Popliteratur". *Pop Pop Populär. Popliteratur und Jugendkultur*. Oldenburg 2004: 85–101.

Pietsch, Timm Niklas. „Nachwort". *Günter Grass. Gespräche 1958–2015*. Ausgewählt und mit einem Nachwort von Timm Niklas Pietsch. Göttingen 2019: X–X.

Radisch, Iris (Hrsg.). „Martin Walser und Günter Grass. ‚Das Leben wird nur erträglich durch die Verlängerung in die Kunst.'" *Die letzten Dinge. Lebensendgespräche*. Reinbek bei Hamburg 2015: 149–183.

Roach, Rebecca. *Literature and the Rise of the Interview*. Oxford 2018.

Rodden, John. *Performing the Literary Interview. How Writers Craft Their Public Selves*. Lincoln und London 2001.

Salmon, Richard. „Signs of Intimacy: The Literary Celebrity in the ‚Age of Interviewing'". *Victorian Literature and Culture* 25.1 (1997): 159–177.

Schultheis, Franz. *Unternehmen Bourdieu. Ein Erfahrungsbericht*. Bielefeld 2019.

Wagner-Egelhaaf, Martina. „Autorschaft und Skandal. Eine Verhältnisbestimmung". Skandalautoren. Zu repräsentativen Mustern literarischer Provokation und Aufsehen erregender Autorinszenierung. Bd. 1. Hrsg. von Andrea Bartl und Martin Kraus. Würzburg 2014: 27–46.

Walzer, Dorothea. „Interview". *Handbuch Literatur & Audiokultur*. Hrsg. von Natalie Binczek und Uwe Wirth. Berlin und Boston 2020: 209–227.

Weninger, Robert. Streitbare Literaten. Kontroversen und Eklats in der deutschen Literatur von Adorno bis Walser. München 2004.

Zimmermann, Harro. „Militante Vernunft. Über den Intellektuellen Günter Grass". *Fliegende Fische. Eine Soziologie des Intellektuellen in 20 Porträts*. Hrsg. von Thomas Jung und Stefan Müller-Doohm. Frankfurt/M. 2009: 424–448.

II.9 Grass als bildender Künstler

II.9.1 Graphiken

Julia Ingold

1 Überblick

Zu Günter Grass' graphischem Werk sind all seine bildkünstlerischen Arbeiten auf Papier zu zählen, also seine Zeichnungen, Drucke und Aquarelle. Das Zeichnen gehört von Anfang an zu Grass' künstlerischem Schaffen, während er die Druckgraphik erst später entdeckt. Anders als die Bildhauerei ist die Graphik jedoch zu keiner Zeit sein Hauptberuf. Seine Graphiken begleiten vielmehr stetig die anderen Arbeiten. Sie dienen als Entwürfe zu Skulpturen, als Illustrationen und Umschlagabbildungen oder als gleichberechtigte Elemente in multimodalen Werken. All seine Bildwerke hängen in der Regel motivisch mit seinen Texten zusammen. Das eigenständige graphische Werk spielt eine Nebenrolle. Wie seine Plastiken und Skulpturen sind auch seine Zeichnungen und Druckgraphiken gegenständlich und beerben die klassische Moderne. Er betätigt sich beständig auch als bildender Künstler und schreibt in seinen autobiographischen Schriften der bildenden Kunst die Ursprünge seines Künstlertums zu (vgl. z. B. *Beim Häuten der Zwiebel* 2006). Damit pflegt er einerseits fortschreitend eine Poetik des Textes als graphische Kunst, an deren Gestaltung der Autor ebenso mitwirkt, andererseits inszeniert er sich als Doppelbegabung wiederum in der Tradition der klassischen Moderne. In der internationalen Rezeption des Autors spielt höchstens die Tatsache, dass Grass sich auch *als* Graphiker ausdrückt eine Rolle, die ambitionierte intermediale Poetik, die sich *in* den Graphiken ausdrückt, aber kaum: „Die Bilder haben zunächst quasi zu bestehen gegenüber dem Nimbus des weltberühmten Schriftstellers, gegenüber dem literaturhistorischen Faktum Grass." (Joch 1997, 15) Während er als Romanautor international eine nachfolgende Generation beeinflusst, rufen seine Graphiken keine derartige Resonanz hervor, was an ihrem eher handwerklichen und traditionellen Stil liegt (vgl. Jensen 1987, 19; Jensen 1988, 58–60). Nicht so sehr die ästhetische Gestalt von Grass' Graphiken birgt künstlerische Originalität als vielmehr die damit verbundene Arbeitsweise, insofern die Vorarbeiten zu den literarischen Werken in Form von Lyrik, Zeichnung und Druckgraphik stattfinden (vgl. Willson 1983, 3; Kniesche 2002, 1). Die Asymmetrie in der Rezeption von Literatur und Bildkunst spiegelt sich auch in der wissenschaftlichen Beschäftigung mit Grass, die sich bis auf relativ wenige Ausnahmen auf das literarische Werk fokussiert. In den Bänden *Vier Jahrzehnte* (1991), *Fünf Jahrzehnte* (2004) und *Sechs Jahrzehnte* (2014) beschreibt Grass selbst seine künstlerische Entwicklung und illustriert sie mit zahlreichen Reproduktionen von Fotografien und eigenen Bildwerken. Dem Schriftsteller ist es in diesen drei *Werkstattberichten* – so jeweils der Untertitel – offensichtlich darum zu tun, herauszustellen, dass Bildkunst auch schon immer zu seinen Tätigkeitsfeldern gehört. Sein druckgraphisches Werk ist in einem

https://doi.org/10.1515/9783110755435-058

zweibändigen *Catalogue Raisonné* von 2007, Band 1 *Die Radierungen* und Band 2 *Die Lithographien*, verfügbar. Während Grass' Kanonisierung von seinen Texten herrührt, erfüllen die Graphiken dennoch in seinem Gesamtwerk mindestens drei wichtige Funktionen: Sie dienen der Selbst-Inszenierung als Doppeltalent des Typus, wie er unter den Avantgarden Mitteleuropas vor 1933 verbreitet war. Sie dienen als Korrektiv der Texte, erweitern und verrätseln ihren symbolistischen Bedeutungsüberschuss. Sie dienen der poetologischen Positionierung als *poeta faber*, im Sinne eines Handwerkers, der mit sinnlichem Material, mit Papier und Tinte arbeitet.

2 Entwicklung

Seit seinem ersten Buch, dem Gedichtband *Die Vorzüge der Windhühner* (1956), gehören Graphiken zu Grass' Publikationen. Von Anfang an sorgt er auch für die charakteristischen und wiedererkennbaren Abbildungen auf seinen Buchumschlägen, die geradezu ikonischen Eigenwert erlangen (vgl. Steidl 2022b, 73; Detering et al. 2022, 9), wie zum Beispiel das Cover der *Blechtrommel* (1959). In taschenbuchförmigen Neuauflagen und Kompilationen, die nicht vom Künstler zusammen mit seinem Verleger Gerhard Steidl gestaltet wurden, finden sich in der Regel Reproduktionen von Graphiken (vgl. Willson 1983, 3–4). Sein Experimentieren mit illustrativen und multimodalen Formen wird im Laufe der Zeit immer komplexer, wobei er seinen eigenen Zeichenstil weg von den abstrahierenden Vorbildern der klassischen Moderne hin zu relativ realistisch oder expressionistisch gehaltenen Stillleben oder surrealen und grotesken Szenen entwickelt. Ein besonderes Vorhaben stellt die Zusammenarbeit mit Ingeborg Bachmann dar, deren Büchnerpreisrede von 1964, der Berlin-Text *Ein Ort für Zufälle*, 1965 zusammen mit dreizehn von Grass eigens dafür angefertigten Zeichnungen in einem Quartheft bei Wagenbach erscheint (Bachmann 1965; vgl. Däufel 2013, 130–131). Mitte der 1960er bis Anfang der 1970er Jahre gibt es eine Phase, in der Grass sich kaum mit Zeichnungen beschäftigt, da er laut Selbstauskunft vor allem mit Politik befasst ist und kein Raum für andere Formen bleibt (vgl. NGA 21, 369–370; Gerner 1992, 4; Krason 2021, 163–176). Nach den singulär bleibenden Zeichnungen auf Fotografien von Maria Rama für den Band *Mariazuehren* (Grass 1973b) beginnt Grass' kontinuierliche Produktion von Bleistift-, Tinten- und Kohlezeichnungen sowie Radierungen und Lithographien, letztere teilweise als Zyklen in Mappenwerken. Diese Entwicklung wird begünstigt von dem Verlagswechsel von Luchterhand zu Steidl im Jahr 1986 (vgl. Gerner 1992, 4). So entstehen etwa die Bücher *Mit Sophie in die Pilze gegangen* (1987b), *Zunge zeigen* (1988), *Totes Holz* (1990) oder *Letzte Tänze* (2003).

Abgesehen von wenigen frühen Versuchen erweitert Grass sein auf Zeichnung und Linie konzentriertes Bildschaffen Mitte der 1990er Jahre um Aquarelle, die es ihm ermöglichen beim Papier als Trägermedium zu bleiben und trotzdem malerischer zu arbeiten. Diese Entwicklung mündet in Büchern wie *Fundsachen für Nichtleser* (1997a), *Mein Jahrhundert* (1999) und *Mit Wasserfarben* (2001). Gerade in diese malerische

Form der Graphik integriert Grass Texte, die wiederum transkribiert neben den Reproduktionen der Bilder abgedruckt sind. In den begleitenden Bemerkungen betont er, dass die Texte zuerst mit den Wasserfarben geschrieben wurden und aus dem Akt des Aquarellierens heraus entstanden seien: „Plötzlich wollten Wörter, Halbsätze, Drei-, Vier-, Siebenzeiler aufs Papier, und sei es flüchtig mit sattrotem, blaugetränktem, gelbfeuchtem Pinsel entworfen." (Grass 2001, 7) Diese Bemerkung steht auch exemplarisch für Grass' Bemühen, seine Literatur als physische Arbeit mit Werkzeugen und Ausdrucksmitteln zu inszenieren. Grass' multimodale Bücher zeigen etwas deutlicher, was bei allen Publikationen eine Rolle spielt: Der Autor versteht bedruckte Textseiten als Druckgraphiken, Typographie und Layout sind Teil der Buchgestaltung, an der er aktiv mitwirkt (vgl. Standfuss 2008, 83–194; Detering et al. 2022). Dies, sowie das Zurückgreifen auf alte, analoge Drucktechniken betonen die handwerkliche und materielle Seite seiner Kunstproduktion (vgl. Margull 1986, 23–26; Joch 1997, 41; Detering 2022; Steidl 2022b, 22).

3 Kunsthistorische Einordnung

Grass arbeitet sich von seinen filigranen, abstrakten Zeichnungen der 1950er Jahre, die an Kubismus, Abstraktionen und visuelle Poesie der klassischen Moderne erinnern (vgl. Thompson 1980, 120; Jensen 1987, 17–18; Neuhaus 1997, 133–134; Joch 2000, 32; Kniesche 2002, 4; Krason 2021, 11–40), hin zu einerseits expressiven, wilden und freien Linien und andererseits zu surrealen, detaillierten und präzisen Gegenstandsstudien (vgl. Hille-Sandvoß 1986, 9). Als er seinen eigenen Stil gefunden hat, werden Grass' Bildflächen insofern plastisch. Mit Hilfe von Schattierungen erzeugt er räumliche Tiefe, so dass der Bildraum weniger ästhetische Oberfläche ist, als vielmehr zum Fenster in eine andere Welt wird (vgl. Jensen 1987, 21). Ein solches Bildverständnis gehört eher in die Vormoderne, das heißt in die kunsthistorische Phase, in der seit Erfindung der Perspektive in der Renaissance auf der Bildfläche eine räumliche Illusion erzeugt wird. Damit bricht in letzter Konsequenz erst die konkrete Malerei der klassischen Moderne – eine Entwicklung, die Grass in seinen ersten graphischen Versuchen zwar mitmacht (vgl. z. B. *Die Vorzüge der Windhühner*), dann aber zugunsten der Gegenständlichkeit wieder umkehrt. Seit Mitte der 1970er Jahre kommt die Integration von Schrift in den Bildgrund hinzu (vgl. Timm 1987, 20). Grass braucht die Figuration, um erstens die Eigenheiten seines Stils überhaupt sichtbar zu machen, also die Art wie er die Dinge und die Welt darstellt, und zweitens, um die surrealen und grotesken Verfremdungseffekte erkennbar zu machen, zum Beispiel die für ihn typischen Anspielungen auf phallische und vaginale Formen (vgl. Thompson 1980, 118–119; Hille-Sandvoß 1986, 9; Hille-Sandvoß 1987, 162–256; Timm 1987, 13; Joch 1997, 19; Neuhaus 1997, 136–137; Joch 2000, 13). Auf diese Art dominiert die ‚Lesbarkeit' des Bildmotivs die graphische Oberfläche und nicht ihre abstrakte oder ornamentale Ästhetik. Damit haben seine Graphiken Anteil an der transmedialen Entfaltung von Grass' Privatsymbolik in Bild und Text, die traditionelle Symbolik aufgreift, weiterentwickelt oder konterkariert (vgl. Hille-Sandvoß 1986; Hille-Sandvoß 1987, 11; Timm 1987, 5, 16; Joch 1997; Joch 2000, 5; Kniesche 2002, 13; Steidl 2022b, 39).

Der Lyrik kommt hierbei eine besondere Mittlerrolle zu: „Da ich nie unter meinem Doppelberuf gelitten habe, [...] zeichne und schreibe ich alternierend; einzig das Gedichteschreiben und das Zeichnen bildhaft-gegenständlicher Wirklichkeiten schließen einander nicht aus, sind vielmehr gleichzeitig möglich und notwendig." (Grass 1973a, 369) In diesem Sinne nennt Grass einen Sammelband mit „Gedichte[n] und Zeichnungen aus fünfzig Jahren" *Lyrische Beute* (2004). Aus der Beschäftigung mit der Rolle von Zeichnungen in Grass' Schaffen geht hervor, dass er Lyrik dieselben Potentiale und Funktionen zuschreibt wie seinen Skizzen: „Gedichte und Zeichnungen kreisten das Thema ein, setzen Pfähle in noch unvermessenes Land." (Grass 1991, 159; vgl. Neuhaus 2007, 224; Krason 2021, 39, 274). In seinen Zeichnungen und Drucken variiert Grass deshalb phasenweise dieselben Motive, etwa Fische, Schnecken, Ratten, Federn, Pilze oder Bäume (vgl. Hille-Sandvoß 1986; Timm 1987, 13; Joch 2000, 21, 43; Neuhaus 2007, 224; Krason 2021, 86–162, 177–271). Grass will diesen symbolistischen Umgang mit Gegenständlichkeit in der Tradition der barocken Emblematik verstanden wissen (vgl. NGA 21, 150–175; NGA 22, 104–106; Joch 2000, 29–34; Kniesche 2002, 2–3). Neben der Berufung auf mittelalterliche und frühneuzeitliche Drucktechniken und Bildkünste sind wichtige Bezugspunkte einerseits Graphiken wie die von Francisco de Goya (vgl. NGA 22, 279–284), Max Klinger und dem Doppeltalent Alfred Döblin sowie die Malerei von René Magritte und Salvador Dalí, die alle räumliche Tiefe und Gegenständlichkeit mit ‚lesbaren' und teilweise symbolistischen, also allgemeingültigen oder selbstgeschaffenen symbolischen, Sujets verbinden (vgl. Thompson 1980, 118–120; Gerner 1992, 4–5; Joch 1997, 22, 34–37; Joch 2000, 70; Krason 2021, 273). Andererseits weisen die surrealen und grotesken Bildfindungen auch humoristische Aspekte auf und nähern sich teilweise der Karikatur (vgl. Mayer 1982, 122–129; Joch 2000, 11–18).

4 Verhältnis von Schrift und Bild

Grass arbeitet laut Selbstaussage alternierend als Bildhauer oder als Schriftsteller, während Zeichnen beide Tätigkeiten stets begleitet: „Ich zeichne immer, auch wenn ich nicht zeichne, weil ich gerade schreibe oder konzentriert nichts tue. Und auch beim Zeichnen schreiben sich Sätze fort, die angefangen auf anderem Papier stehen." (NGA 22, 105) Der kurze Essay mit dem bezeichnenden Titel *Bin ich nun Zeichner oder Schreiber?* aus dem Jahr 1979 zeigt sich von hier aus sowie durch die mehrfache Veröffentlichung in entsprechenden Zusammenhängen als Grass' programmatisches Manifest der eigenen Doppelbegabung (vgl. z. B. Grass 1986, 7–8 [hier unter dem Titel *Über das Zeichnen und Schreiben*]; Grass 1987a, 7–9). Darin betont er, dass jede seiner Ausdrucksformen im Grunde aus dem Bildhaften komme: „Der Gegensatz zwischen Zeichnen und Schreiben hob sich bei der Gestaltung einer Bildvorstellung auf, die ins Wort gesetzt, zeichenhaft wirkt, die, als Zeichen, wörtlich zu nehmen ist." (NGA 22, 104) Er will „seine bildnerische Arbeit und sein Schreiben als gemeinschaftlichen künstlerischen Prozeß" (Gerner 1992, 4) verstanden wissen. In seinen verstreuten poetologischen (vgl. z. B. *Bin ich nun Zeichner oder Schreiber?* oder *Hinsehen und Aufzeichnen* in *Skizzenbuch*) und selbstreferentiellen (vgl. z. B. *Beim Häuten der Zwiebel* oder das Motiv der Feder in Gedichten und Graphiken). Aussagen stellt sich heraus, dass Zeichnen und Schreiben einander auch deshalb nicht ausschließen, weil beide Ausdrucksformen an dasselbe Material geknüpft sind, nämlich an Papier und Bleistift oder Tinte (vgl. Grass 1991, 47; Steidl 2022b, 22). Zeichnungen stellen dabei zwar bisweilen eigenständige Werke dar, aber in der Regel dienen sie der Vorbereitung aller drei Ausdrucksformen von Grass: der Literatur, der Skulptur/Plastik und der Druckgraphik (vgl. Timm 1987, 10, 17; Jensen 1987, 16, 20; Neuhaus 1997, 133; Schade 2009, 168). Die Druckgraphiken nehmen wiederum grundsätzlich, das verhält sich mit Grass' dreidimensionalen Werken ebenso, eine gleichsam dienende Rolle ein. Sie leuchten Motivkomplexe gegenständlich aus, die auch in Texten verwirklicht werden, etwa die Graphiken um *Aus dem Tagebuch einer Schnecke* (1972) herum oder das Mappenwerk *Mit Sophie in die Pilze gegangen* (1976) zu *Der Butt* (1977) (vgl. Hille-Sandvoß 1987, 26–27; Joch 2000; Krason 2021, 177–272). Grass' komplexe graphische Werkpläne zeugen von einem zyklischen Textverständnis und könnten, würden sie einbezogen, neue Lesereihenfolgen und neue Interpretationen provozieren (vgl. Grass 1991, 132, 159, 167, 169, 171, 252, 258, 268). Seltener kommentieren verstreute Texte oder Textauszüge größere Bilderzyklen, wie etwa der kleine Gedichtzyklus *Zauberei mit den Bräuten Christi* (NGA 1, 88–89) und bestimmte Romanpassagen beispielsweise aus der *Blechtrommel* die zahlreichen Zeichnungen von Vinzentinerinnen mit ihren großen Hauben (vgl. Joch 2000, 14–16; Krason 2021, 111–133).

Zusammenfassend lässt sich festhalten, dass sich Grass' Graphiken grundsätzlich in zwei Gruppen von Text-Bild-Werken teilen: die einen sind multimodale Bücher, in denen die zweite Art, Graphiken mit integrierter Schrift, auftreten kann oder nicht. Entweder es sind Graphiken neben Texten in Büchern reproduziert (vgl. Standfuss 2008) oder auf einzelnen Blättern wird die Schrift motivisch Teil des Bildes. Diese Verbindungen unterstreichen wiederum – ebenso wie der Ausstellungs- und Buchtitel *Ohne die Feder zu wechseln* (Grass 1997b) – das Material des Papiers und des Bleistifts oder der Tinte als gemeinsame Grundlage für Schreiben und Zeichnen (vgl. Detering et al. 2022, 11; Steidl 2022c). Sind Texte in die Bilder integriert, dann nur, wenn sie zugleich leserlich daneben abgedruckt sind, wie etwa in *Mit Sophie in die Pilze gegangen* (1987b), *Fundsachen für Nichtleser* (1997a) oder *Letzte Tänze* (2003). Grass bleibt immer Schriftsteller: „Denn auch dort, wo sich erklärtermaßen aus einer Schreibkrise durch das Zeichnen oder Modellieren zu befreien sucht, ist Ziel seiner Bemühungen und Mittelpunkt des Ergebnisses ein wie auch immer mit bildnerischer Arbeit verbundener Text." (Detering et al. 2022, 13) Die Zeichnungen haben also das Primat als Entwürfe sowohl für literarische als auch für bildkünstlerische Arbeiten, während die Texte das Primat haben, weil sie leserlich bleiben sollen und nicht im Bildraum aufgehen dürfen. Grass selbst betont, dass er auf Bildwerke zurückgreift, wenn ihm die Sprache versagt, wenn etwas ausgedrückt werden soll, das nicht mehr in Worte zu fassen ist (NGA 22, 400–402). Er und seine Interpret:innen sehen hier eine politische Dimension, wenn es etwa um die Darstellung der indischen Kastengesellschaft in *Zunge zeigen* oder das Waldsterben in *Totes Holz* geht (vgl. NGA 22, 400–402; NGA 22, 466–472; Joch 1997, 25–26; Neuhaus 1997, 139–140; Joch 2000, 81, 90; Neuhaus 2012, 274–175; Detering et al. 2022, 11). Generell ist bei Grass das Verhältnis zwischen Texten und Bildern nicht einseitig, sondern wechselseitig. Peter Joch und Viktoria Krason nehmen umfassende Interpretationen zum Zusammenspiel von Text und Bild bei Grass vor (vgl. Joch 1997; Joch 2000; Krason 2021). Daraus wird ersichtlich, dass es bei jedem Bild-Text-Komplex, seien es multimodale Bücher oder Romane mit passenden Mappenwerken, jeweils detaillierter Einzelanalysen bedarf, um zu verstehen, inwiefern die verschiedenen Ausdrucksformen einander erklären, kommentieren, illustrieren oder verrätseln (vgl. Joch 1997, 28; Joch 2000, 43). Die Multimodalität hat dabei immer selbstreflexives Potential, weil sie die Frage nach Herstellung von Bedeutung in der Kunst mit sich bringt (vgl. Joch 1997, 41; Joch 2000, 49; Kniesche 2002, 12; Detering et al. 2022, 13).

Literatur

Bachmann, Ingeborg. *Ein Ort für Zufälle*. Berlin 1965.

Däufel, Christian. *Ingeborg Bachmanns ‚Ein Ort für Zufälle. Ein interpretierender Kommentar*. Berlin und Boston 2013.

Detering, Heinrich, Lisa Kunze, und Katrin Wellnitz (Hrsg.). *Günter Grass als Buchkünstler*. Göttingen 2022.

Detering, Heinrich. „Vorwort". *Büchermachen mit Günter Grass. Werkkatalog 1986–2022*. Hrsg. von Gerhard Steidl. Göttingen 2022: 9.

Gerner, Cornelia. „Günter Grass: Ein Werkstattbericht 1951–1992". *Ein Werkstattbericht 1951–1992*. Hrsg. von Günter Grass. Göttingen 1992: 4–5.

Grass, Günter. *In Kupfer, auf Stein*. Göttingen 1986.

Grass, Günter. *Graphik und Plastik*. Regensburg 1987a.

Grass, Günter. *Mit Sophie in die Pilze gegangen*. Göttingen 1987b.

Grass, Günter. *Zunge zeigen*. Darmstadt 1988.

Grass, Günter. *Totes Holz*. Göttingen 1990.

Grass, Günter. *Vier Jahrzehnte. Ein Werkstattbericht*. Göttingen 1991.

Grass, Günter. *Fundsachen für Nichtleser*. Göttingen 1997a.

Grass, Günter. *Ohne die Feder zu wechseln*. Göttingen 1997b.

Grass, Günter. *Mein Jahrhundert*. Göttingen 1999.

Grass, Günter. *Mit Wasserfarben*. Göttingen 2001.

Grass, Günter. *Letzte Tänze*. Göttingen 2003.

Grass, Günter. *Fünf Jahrzehnte. Ein Werkstattbericht*. Göttingen 2004a.

Grass, Günter. *Lyrische Beute*. Göttingen 2004b.

Grass, Günter. *Catalogue Raisonné*. Bd. 1: *Die Radierungen*. Göttingen 2007.

Grass, Günter. *Catalogue Raisonné*. Bd. 2: *Die Lithographien*. Göttingen 2007.

Grass, Günter. *Sechs Jahrzehnte. Ein Werkstattbericht*. Göttingen 2014.

Hille-Sandvoß, Angelika. „Günter Grass. Das graphische Werk". *In Kupfer, auf Stein*. Hrsg. von Günter Grass. Göttingen 1986: 9–22.

Hille-Sandvoß, Angelika. *Überlegungen zur Bildlichkeit im Werk von Günter Grass*. Stuttgart 1987.

Jensen, Jens Christian. „Günter Grass als Zeichner“. *Hundert Zeichnungen 1955 bis 1987*. Hrsg. von Günter Grass. Kiel 1987: 13–21.

Jensen, Jens Christian. „Günter Grass als Bildkünstler“. *Text+Kritik* 1 (1988): 58–72.

Joch, Peter. „Ohne die Feder zu wechseln – Deutungen zum bildnerischen Werk von Günter Grass“. *Ohne die Feder zu wechseln*. Hrsg. von Günter Grass. Göttingen 1997: 15–42.

Joch, Peter. *Zaubern auf weißem Papier. Das graphische Werk von Günter Grass. Deutungen und Kommentare*. Göttingen 2000.

Kniesche, Thomas W. „‚Distrust the Ornament‘: Günter Grass and Textual/Visual Imagination“. *GegenwartsLiteratur. Ein germanistisches Jahrbuch* 1 (2002): 1–20.

Krason, Viktoria. *Auseinandernehmen und Zusammensetzen. Günter Grass und die bildende Kunst*. Göttingen 2021.

Margull, G. Fritze. „Werkstattarbeit mit Günter Grass“. *In Kupfer, auf Stein*. Hrsg. von Günter Grass. Göttingen 1986: 23–26.

Mayer, Sigrid. „Nachwort“. *Zeichnen und Schreiben. Das bildnerische Werk des Schriftstellers Günter Grass*. Bd. 1: *Zeichnungen und Texte 1954–1977*. Hrsg. von Günter Grass. Darmstadt und Neuwied 1982: 122–129.

Neuhaus, Volker. *Schreiben gegen die verstreichende Zeit. Zu Leben und Werk von Günter Grass*. München 1997.

Neuhaus, Volker. „‚Bin ich nun Schreiber oder Zeichner?‘ Zum Verhältnis von dichterischem und bildkünstlerischem Werk bei Günter Grass“. *Günter Grass. Literatur, Kunst, Politik*. Hrsg. von Marion Brandt, Marek Jaroszewski und Miroslaw Ossowski. Sopot 2007.

Neuhaus, Volker. *Günter Grass. Schriftsteller, Künstler, Zeitgenosse. Eine Biographie*. Göttingen 2012.

Schade, Richard Erich. „Günter Grass and art“. *The Cambridge Companion to Günter Grass*. Hrsg. von Stuart Taberner. Cambridge 2009: 166–179.

Standfuss, Katja. *Gegenständlichkeit. Zur ‚neuen, alle meine Möglichkeiten versammelnde Form‘. Die Text-Bild-Bände von Günter Grass*. Göteborg 2008.

Steidl, Gerhard (Hrsg.). *Büchermachen mit Günter Grass. Werkkatalog 1986–2022*. Göttingen 2022a.

Steidl, Gerhard (Hrsg.). „Gesammelte Werke von Günter Grass“. *Büchermachen mit Günter Grass. Werkkatalog 1986–2022*. Göttingen 2022b: 14–93.

Steidl, Gerhard (Hrsg.). „Über das Büchermachen mit Günter Grass“. *Büchermachen mit Günter Grass. Werkkatalog 1986–2022*. Göttingen 2022c: 12.

Thompson, Mary Lee. „Günter Grass Prints“. *The Print Collector's Newsletter* 9/4 (1980): 117–120.

Timm, Werner. „Der Grafiker Günter Grass“. *Graphik und Plastik*. Hrsg. von Günter Grass. Regensburg 1987: 10–26.

Willson, A. Leslie. *Die doppelspitzige Feder von Günter Grass*. Wiesbaden 1983.

II.9.2 Skulpturen/Plastiken

Stephanie Marchal

Günter Grass war gelernter Bildhauer. Sein skulpturales und plastisches Werk entstand über sechs Jahrzehnte hinweg, immer wieder unterbrochen von langjährigen Pausen. Grass arbeitete in verschiedenen Materialien, stilistisch angelehnt an Positionen der Klassischen Moderne und stets gegenständlich. Das motivische Spektrum seines bildkünstlerischen Arbeitens ist eng mit seinem literarischen Schaffen verknüpft. Erste intermediale Motivwanderungen lassen sich mit den Grass'schen Vogelfiguren zu Beginn der 1950er Jahre konstatieren, sie werden in Zeichnungen, Grafik, Plastik und Lyrik gleichermaßen umkreist (vgl. Krason 2021, 86–106). Während ein *catalogue raisonné* zu seinen Lithographien und Radierungen 2007 vorgelegt wurde, gibt es bislang keine vollumfängliche Erfassung seines bildhauerischen Schaffens.

1 Ausbildung und Studium

Im Jahr 1947 begann Grass in Düsseldorf in einem vor allem Friedhöfe beliefernden Steinmetzbetrieb seine erste Berufsausbildung bei einem Steinbildhauermeister namens Singer, der u. a. am Hamburger Bismarck-Denkmal mitgewirkt haben soll (vgl. Kunsthaus Lübeck 2002, 9) sowie bei Julius Göbel am Werstener Friedhof in Düsseldorf (vgl. Krings 2015). Grass überbrückte damit die Wartezeit bis zur Annahme an der Düsseldorfer Kunstakademie 1948; er arbeitete während dieser Ausbildung mit Sandstein, Marmor und Muschelkalk. Das Arbeiten mit Stein ist allein Charakteristikum seines Frühwerks, mit Ton begann er erst an den Kunstakademien zu arbeiten.

Die Düsseldorfer Akademie legte einen starken Akzent auf die handwerkliche Ausbildung, auch um die Studierenden am Wiederaufbau des in Ruinen liegenden Nachkriegsdeutschland zu beteiligen. Grass wirkte als Student an Restaurierungsarbeiten etwa an der Fassade der Deutschen Bank auf der Düsseldorfer Königsallee mit. Ebenda habe er, wie er das Publikum seiner 1998 an der Martin-Luther-Universität in Halle gehaltenen Rede wissen ließ, Verzierungen in aufgesprengte Muschelkalkblöcke gesetzt (vgl. NGA 23, 211–222). Von seinen frühen Düsseldorfer Akademie-Arbeiten haben sich nur wenige erhalten, darunter stehende Mädchenfiguren, Hühner, ein schlanker Vogel, ein Plattfisch (vgl. Krason 2021, 22; vgl. NGA 24, 599–611).

Lehrende in Düsseldorf waren zuerst der sich auf die technischen Fertigkeiten der Erstsemester konzentrierende, neoklassizistisch ausgerichtete und die stereometrischen Formen Aristide Maillols als Vorbild inthronisierende Josef Mages (1895–1977) sowie ab dem Wintersemester 1950/51 Otto Pankok (1893–1966).

Ab 1953 studierte Grass bei Karl Hartung (1908–1967) an der Akademie der bildenden Künste in Berlin (HfBK), wo er sein Studium 1956 abschloss. Hartung wirkte prägend auf den Studenten Grass, indem er zu genauem Hinsehen, zum Arbeiten in

https://doi.org/10.1515/9783110755435-059

Serien und zum Herausarbeiten der Urform eines Objekts im Sinne Constantin Brancusis anregte (vgl. Krason 2021, 50). Aus dem ersten Berliner Studienjahr sind keine bildkünstlerischen Arbeiten erhalten. Während seines weiteren Berliner Studiums gewinnt das Tier als Motiv zusehends an Bedeutung. Grass wird es in seinem literarischen wie bildkünstlerischen Schaffen zeitlebens als Stellungnahme gegen ein anthropozentrisches Weltbild begreifen und umkreisen. Außerdem befasste sich Grass seit seiner Berliner Studienzeit mit surrealen Kompositionen und Metamorphosen, die er an klare, biomorphe Strukturen rückband (vgl. Krason 2021, 41–66).

2 Werkphasen nach dem Studium

Nach Abschluss seines Studiums 1956 siedelte Grass nach Frankreich um. In Paris versuchte er anfänglich einen Heizungsraum als Atelier zu nutzen; dieser erwies sich als ungeeignet, so dass Grass im Zuge der Aufnahme der Arbeit am Roman *Die Blechtrommel* das plastische Arbeiten weitestgehend und für Jahrzehnte einstellte. Immer wieder wies Grass auf die Unvereinbarkeit der beiden Arbeitspraktiken Schreiben und Bildhauern hin, die sich ob ihres je zeitaufwändigen Arbeitsprozesses ausschlössen, wohingegen Zeichnen neben dem Schreiben stets möglich gewesen sei. Zugleich jedoch habe ihn seine Bildhauerausbildung mit Blick auf Disziplin sowie hinsichtlich des für seine freiplastischen Arbeiten charakteristischen Verfahrens, Figuren schrittweise und multiperspektivisch freizulegen, grundlegend und zeitlebens geprägt: „Der Text bleibt immer in Bewegung. Vielleicht kommt das von meiner Berufsausbildung als Steinbildhauer: Ich muß immer um das Ding herumgehen." (NGA 24, 434).

Auch nach seiner Rückkehr nach Berlin 1960 griff Grass seine frühere bildhauerische Tätigkeit trotz einer nun geräumigeren Ateliersituation nicht wieder auf, sondern konzentrierte sich weiterhin aufs Schreiben, Zeichnen und ab 1972 zudem auf das Radieren. Zeitmangel aufgrund politischen Engagements gibt Grass als einen weiteren Grund für seine bildhauerische Abstinenz an (vgl. Krason 2021, 10).

Erst zu Beginn der 1980er Jahre im Zuge einer selbstverordneten Schreibpause nach *Kopfgeburten oder Die Deutschen sterben aus* (1980) kehrte Grass zum plastischen Arbeiten zurück, dessen Fokus auf das Haptische er als zum Schreiben und Spekulieren gegenläufig erachtete (vgl. NGA 24, 604). Terrakotta stand fortan im Vordergrund, ein Material, zu dem Grass von seiner Tochter Laura, einer gelernten Töpferin, angeregt worden ist. Motivisch blieb er anfangs im Umkreis seines *Butt*-Romans: Die dreibrüstige Göttin Aua und verschiedene Formen von Fischen standen im Zentrum. Hinzu kamen Köpfe von Köchen weiß- und rotbrennend, später in Neusilber und Bronze gegossen, Metamorphosen in Form von Mischwesen – freiplastisch wie reliefiert – sowie Geflügel, Insekten und Schnecken. Zudem wurden Fundsachen wie ein Plastikhandschuh, ein Schwanenhals oder eine Pilzgruppe in das motivische Repertoire integriert. Darüber hinaus entstanden gelegentliche Porträts Nahestehender.

Bis hin zum Motiv der Ratte 1983/84, deren Fabel bzw. erste Manuskriptseiten Grass auf weißbrennenden Tonblättern mit schwarzbrennender Tonfarbe zu schreiben begann, waren die literarischen den bildhauerischen Motivumkreisungen vorangegangen. Die Arbeit an *Die Rättin* (1986) stellte in der Umkehr dieser wechselseitigen, intermedialen Durchdringung seiner künstlerischen Herangehensweisen eine Ausnahme dar. Im Zuge der Niederschrift des Romans wirkte dieser aber schließlich auch seinerseits wieder auf das plastische Arbeiten zurück: Ihm waren liegende, gestürzte, kriechende Figuren entstiegen. Diese Werkphase stellte ein kurzes plastisches Intermezzo dar, auf das erneut eineinhalb Jahrzehnte ausschließliches Arbeiten auf Papier folgten.

Erst 2000 sollten Fotos und Fernsehbilder von Massakern Grass zu einer neuen Werkphase, wiederum in Ton, bewegen (vgl. NGA 24, 608). Mit dem heiteren Motiv tanzender Paare, in verschiedenen Stellungen ausgeführt, behandelte Grass nach *Im Krebsgang* (2002) einen neuen, dem Text bewusst als Kontrastfolie entgegengestellten Themenkomplex (vgl. Kunsthaus Lübeck 2002).

3 Kunstgeschichtliche Verortung

In *Beim Häuten der Zwiebel* (2006) beschreibt sich Grass als von Kindesbeinen an für bildende Kunst empfänglich. Er habe früh Reproduktionen von Gemälden gesammelt und sich über diese über Knackfuß-Künstler-Monographien informiert. Während des Krieges sei es die Kunstlehrerin und Malerin Lilly Kröhnert (1912–1996) gewesen, die ihn mit im NS diffamierten, künstlerischen Positionen in Kunstkatalogen und -zeitschriften vertraut gemacht habe, so etwa mit Werken von Ernst Barlach, Otto Dix, Lyonel Feiniger, Karl Hofer, Paul Klee, Oskar Kokoschka und Wilhelm Lehmbruck, sämtlich Beispiele einer sich mit der Wirklichkeit auseinandersetzenden sowie ein sich der NS-Ideologie entziehendes Menschenbild entwerfenden Kunst (vgl. NGA 22, 416–441). Es waren diese Kunsttraditionen, wie sie repräsentativ im Nachkriegsdeutschland etwa auch von Gerhard Marcks oder Gustav Seitz in der Skulptur vertreten wurden, denen sich Grass zeitlebens verbunden zeigte und anschloss. Formberuhigt, klassisch-maßvoll, abstrahierend (nicht abstrakt), teilweise ins Biomorphe hineinspielend – wofür des Weiteren auch die Skulpturen Henry Moores, Ewald Matarés, Constantin Brancusis, Henri Laurens', Hans Arps sowie der Giacomettis beispielhaft waren, Positionen, die Grass ebenfalls gelegentlich als Vorbilder anführte.

Es handelt sich um bildhauerische Positionen, die zumal in den *Darmstädter Gesprächen* der ersten Hälfte der 1950er Jahre zur Diskussion standen: Seitens derjenigen Künstler, Kritiker und Kunstwissenschaftler, die die Abstraktion befürworteten, wurden sie ideologisch aufgeladen, zum Teil mit Nationalsozialismus oder Kommunismus assoziiert und gegen die als demokratisch und universal projektierten, gegenstandslosen Positionen ausgespielt. Grass' Düsseldorfer Lehrer Otto Pankok sollte sich in dieser Debatte auf die Seite der Gegenständlichkeit schlagen und diese als humanistische Position gegen die behauptete Universalität der Abstraktion verteidigen (vgl. Krason 2021, 18–19). Pankoks expressionistischer Stil und seine engagierte Persönlichkeit beeindruckten Grass nachhaltig und wirkten in seinem eigenen bildkünstlerischen Ansatz fort (vgl. Krason 2021, 26). 1955 gipfelte die Auseinandersetzung im Disput Will Grohmanns gegen Karl Hofer (vgl. Gillen 2013), im Zuge derer Grass sich, seiner Position treu bleibend, auf die Seite des Berliner Akademieleiters schlagen sollte. Der realistisch-figürlichen Formsprache zeitlebens verbunden, war es für Grass im westdeutschen Nachkriegsdeutschland nicht einfach, mit seinem bildhauerischen Werk Fuß zu fassen und auf dem Kunstmarkt zu reüssieren.

4 Bildkünstlerische Positionierung und Arbeitsprozess

Den stets gegenständlichen ‚Inhalt' eines Werkes erachtete Grass als zur jeweiligen Formfindung in einem produktiven Spannungsverhältnis stehend. Der bildkünstlerische Gestaltungsprozess stellte sich für ihn als vom Leben und Sehen ausgehend und angeregt dar. Einem bestimmten Inhalt sei eine spezifische Form zu geben und dabei mit den materiellen Widerständen umzugehen. Ungegenständlichkeit war für Grass demgegenüber als beliebig konnotiert, Realität verdrängend anstatt gestaltend und entsprechend sozial irrelevant. Das gesellschaftliche Verantwortungsbewusstsein, das Grass für sein figürliches Werk reklamierte, lässt sich allerdings schwer festmachen und entsprechend ebenfalls als projektiv begreifen. Grass' Haltung ist vor dieser Folie charakteristisch für die nachkriegszeitlichen Debatten über den weltanschaulichen Gehalt von Kunst und im Lager derjenigen zu verorten, die die Propagierung von Abstraktion als universale Weltsprache in Frage stellten.

Auch in seinem bildkünstlerischen Schaffen spielten Werkpläne für den konkreten Arbeitsablauf eine entscheidende Rolle, wobei das Wechseln der Medien und Techniken der Vermeidung von Routinen und als einseitig empfundener Spezialisierung entgegenwirken sollte (vgl. NGA 24, 604; NGA 23, 383). Mit Blick auf sein künstlerisches Selbstverständnis im Spannungsfeld von Bildhauerei, Schriftstellerei und graphischem Werk hob Grass wiederholt und durchaus pragmatisch darauf ab, es als beruhigend zu empfinden, sein Geld im Notfall auch mit Grabsteinen verdienen zu können (vgl. NGA 24, 39).

Stationen seiner eigenen künstlerischen Entwicklung und Fragen des bildkünstlerischen Sehens und Schaffens, der Herangehensweise und Haltung thematisiert Grass immer wieder in verschiedenen Texten, zumal im *Butt* oder in Figuren wie Eddi Amsel in *Hundejahre* (1963). Bereits in der *Blechtrommel* lässt er Josef Mages als „Professor Maruhn" als Repräsentanten der in der Nachkriegszeit als überholt und stagnierend empfundenen, neoklassizistischen Richtung auftreten, während er mit der Figur „Professor Kuchen" Otto Pankok ein literarisches Denkmal setzt (vgl. dazu u. a. Stallbaum 1989; Mason 1974).

5 Erschließung des plastischen Werkschaffens

Das plastische und skulpturale Werk von Günter Grass harrt einer Inventarisierung. Teile seines bildkünstlerischen Werkes befinden sich u. a. in der Kunsthalle Bremen, dem Ludwig Forum für Internationale Kunst in Aachen, in der Sammlung Würth (Künzelsau), in den Städtischen Galerien bzw. der Günter-Grass-Galerie in Danzig sowie im Günter Grass Archiv des Steidl Verlags. Als seine Galeristen führte Grass selbst namentlich Anselm Dreher und Frank Thomas Gaulin an (vgl. NGA 21, 369–370; NGA 24, 610).

Literatur

Breuer, Gerda (Hrsg.). *Die Zähmung der Avantgarde: Zur Rezeption der Moderne in den 50er Jahren.* Basel et al. 1997.

Damus, Martin. *Kunst in der BRD: 1945–1990. Funktionen der Kunst in einer demokratisch verfaßten Gesellschaft.* Reinbek bei Hamburg 1995.

Gillen, Eckhart. „Kunst zwischen kosmischen Harmonien und Zerrissenheit: Anmerkungen zum Streit zwischen Will Grohmann und Karl Hofer um die Nachkriegsmoderne". *Zwischen Intuition und Gewissheit: Will Grohmann und die Rezeption der Moderne in Deutschland und Europa 1918–1968.* Hrsg. für die Staatlichen Kunstsammlungen Dresden von Konstanze Rudert. Dresden 2013: 62–71.

Günter Grass: Bilder und Skulpturen, Sammlung Würth [im Rahmen der Ausstellung „Literatur Kann Man Sehen: Hans Magnus Enzensberger. Günter Grass. Hermann Hesse", 14.10.2006–18.3.2007, Kunsthalle Würth, Schwäbisch Hall]. Künzelsau 2006.

Held, Jutta. *Kunst und Kunstpolitik 1945–49: Kulturaufbau in Deutschland nach dem 2. Weltkrieg.* Berlin 1981.

Hille-Sandvoss, Angelika. *Überlegungen zur Bildlichkeit im Werk von Günter Grass.* Stuttgart 1987.

Krason, Viktoria. „Zum Verhältnis von bildender Kunst und Erzählung in der ‚Blechtrommel'". *Ein Buch schreibt Geschichte: 50 Jahre „Die Blechtrommel".* Lübeck 2009: 35–64.

Krason, Viktoria. „Erste Bilder und Plastiken von Günter Grass – eine Fundsache aus Düsseldorf". *Freipass. Forum für Literatur, Bildende Kunst und Politik: Schriften der Günter und Ute Grass Stiftung* 2 (2016): 110–131.

Krason, Viktoria. *Auseinandernehmen und Zusammensetzen: Günter Grass und die bildende Kunst.* Göttingen 2021.

Krings, Dorothee. „In Düsseldorf wurde Grass zum Künstler". *Rheinische Post* (14. April 2015).

Kunsthaus Lübeck (Hrsg.). *Günter Grass: Gebrannte Erde.* Göttingen 2002.

Lichtenstern, Christa. „Voraussetzungen und Entwicklungen naturästhetischer Perspektiven in der Skulptur und Plastik nach 1945". *Marburger Jahrbuch für Kunstwissenschaft* 23 (1993): 19–42.

Maiser, Myriam. *Der Streit um die Moderne im Deutschen Künstlerbund unter dem ersten Vorsitzenden Karl Hofer: Eine Analyse der Ausstellungen von 1951 bis 1955.* Diss. 2007.

Mason, Ann L. *The skeptical muse: a study of Günter Grass' conception of the artist.* Bern 1974.

Ohsoling, Hilke (Hrsg.). *Günter Grass: catalogue raisonné.* Bd. 1: *Radierungen.* Bd. 2: *Lithographien.* Göttingen 2007.

Stallbaum, Klaus. *Kunst und Künstlerexistenz im Frühwerk von Günter Grass.* Köln 1989.

II.9.3 Buchgestaltungen

Heinrich Detering

In seinem Essay *Bin ich nun Schreiber oder Zeichner?* (1979) erinnert Grass daran, dass die strikte Trennung von Texten und Bildern buchgeschichtlich erst jungen Datums sei und nicht beibehalten werden müsse: „Vielleicht sind es die Ursprünge der Kunst, von der Bildersprache zur Bilderschrift, die daran erinnern, daß unsere klassische Einteilung und Abgrenzung der Künste jüngeren Datums und einzig vom akademischen Zwang geleitet ist." (NGA 22, 104) Schon mit seinem literarischen Debüt *Die Vorzüge der Windhühner* (1956) ist Grass nicht nur als Dichter und Illustrator hervorgetreten, der als „schreibender Zeichner [...] die Tinte nicht wechselt" (NGA 22, 106), sondern auch als Buchgestalter. Seiner künstlerischen Ausbildung und Herkunft nach Bildhauer und Zeichner, hat er fortan mit zunehmender Intensität seine literarischen Arbeiten mit bildkünstlerischen und buchgestalterischen verbunden. Bis zu *Vonne Endlichkait* (2015) entspinnt sich in Grass' Büchern „anstelle einer Illustration von Literatur ein Dialog gleichberechtigter Künste, in dem Wort und Bild einander durchdringen, kommentieren, ergänzen und widersprechen" (Joch 2000, 49).

Das Bemühen um eine Verbindung der Kunstformen zeigt sich bereits im Blick auf die durchweg von Grass selbst entworfenen Buchumschläge. Daniela Hermes hat darauf hingewiesen, wie nachhaltig diese plakativen Entwürfe „sich ins kollektive Gedächtnis der deutschen und der internationalen Grass-Leserschaft gegraben haben", im Unterschied zu den Werken von Zeitgenossen wie Böll, Lenz, Koeppen oder Christa Wolf (Hermes o. J.). Kein anderer Bereich von Grass' bildkünstlerischen Arbeiten dürfte größere Bekanntheit erreicht haben. Über die Umschläge hinaus hat Grass, auch dies bereits seit *Die Vorzüge der Windhühner*, seine Gedichtbände und Erzähltexte oft mit Zeichnungen und Graphiken versehen, zumeist in den Erstausgaben, im Fall von *Hundejahre* in der dreibändigen, mit 136 Radierungen ausgestatteten Neuausgabe 2013 (dazu Wellnitz 2022). In der Auswahl von Andersens Märchen *Der Schatten* (2005) und seinem Seitenstück, dem Band *Die fünffache Seereise* (Grass und Detering 2014), hat er ausschließlich Texte eines anderen Autors illustriert (dazu Detering 2022).

Seine Arbeiten als Buchgestalter im engeren Sinne aber gehen über dieses Neben- und Miteinander von Texten und Bildern entscheidend hinaus: zunächst indem beide Kunstformen ineinander übergehen, „zwittrig" werden (NGA 22, 104), sodann, indem sie auch die Materialität des Buches in Format, Papier, Typographie als die „dritte Dimension" einbeziehen (Detering et al. 2022, 9). Die Aufmerksamkeit für diese Aspekte des Buches als eines Kunstwerks lassen sich bereits in Grass' ersten beiden Gedichtbänden beobachten, dann in weit größerem Umfang wieder seit der in den 1980er Jahren beginnenden Zusammenarbeit mit dem Verleger Gerhard Steidl. In dessen auch durch Kunstbücher, Graphiken und Plakate bekannt gewordenem literarischen Verlag gestaltet Grass seine Bücher als Artefakte, von Umschlag- und Einbandentwürfen über die

https://doi.org/10.1515/9783110755435-060

Vignetten der einzelnen Kapitel bis in die Details der Typographie und schließlich auch der Werbematerialien hinein.

1 Anfänge 1959/60

Bereits auf *Die Vorzüge der Windhühner* trifft Grass' Bemerkung zu, dass der „Gegensatz zwischen Zeichnen und Schreiben [...] sich bei der Gestaltung" aufhebe (NGA 22, 104). Hier durften sich „zum ersten Mal beide Disziplinen in phantastischer Gegenständlichkeit üben; sie lebten von einer Tinte." (Grass 2014, 49) Dabei fällt die besondere Aufmerksamkeit für das graphische Potential der Schriften und Schriftzeichen ins Auge (Krason 2021, 94); diese Zeichnungen sind bereits mehr als Illustrationen. Zwar sind sie von den Texten noch deutlich abgegrenzt; in *K, der Käfer* oder *V, der Vogel* aber werden bereits die Gestalten der gezeichneten Tiere und die Formen der Buchstaben verbunden, wird „die gemeinsame Wurzel von Bild und Schrift" betont (Krason 2021, 100). Die Orientierung an Vorbildern etwa aus der visuellen Poesie des frühen 20. Jahrhunderts ist deutlich (vgl. Krason 2021, 100–101).

Mit dem großformatigen Gedichtband *Gleisdreieck* (1960) erscheint dann erstmals auch die Handschrift des Autors als graphisches Element. Mindestens zweimal lassen sich hier die Bilder nicht mehr auf Illustrationen zum Text reduzieren, sondern bilden mit diesem eine Einheit, wenn Zeilen von Zeichnungen durchbrochen werden (vgl. Frizen 2010, 196–198, und Wellnitz 2022, 39–45).

2 Auf dem Weg zu Steidl

Von der *Blechtrommel* (1959) über den *Butt* (1977) bis zur *Rättin* (1986) beschränkt Grass sich weitgehend auf die Umschlaggestaltung. Die im Laufe der 1980er Jahre einsetzende Zusammenarbeit mit Steidl hingegen ist dann bestimmt von Grass' dringlicher werdendem Wunsch, seine Vorstellungen vom Buch als einem dreidimensionalen Kunstwerk konsequent zu verwirklichen. Nachdem er mit Steidl 1986 bereits *In Kupfer, auf Stein* realisiert hatte (ein Werkverzeichnis der Radierungen und Lithographien), erschien *Mit Sophie in die Pilze gegangen* erstmals als Text-Bild-Band (1987 zunächst als limitiertes Mappenwerk, dann als Buch). Hier wie im folgenden Band *Zunge zeigen* (1988) sind Grass und Steidl im Impressum gemeinsam als Gestalter genannt. Diese Zusammenarbeit bleibt in den Text-Bild-Projekten des Spätwerks bestimmend, auch wenn zu einzelnen Bänden von *Zunge zeigen* bis *Vonne Endlichkait* zusätzlich Klaus Detjen, Bernd Fischer, Claas Möller und Sarah Winter herangezogen werden.

Die experimentelle Zusammenführung von Text und Bild als Teil des Buchkunstwerks ist in *Mit Sophie in die Pilze gegangen* erstmals realisiert. Nun wird die Schrift zum Teil des Bildwerks; neben die gedruckten Gedichttexte treten Zeichnungen, in die diese Texte, manchmal variierend, handschriftlich eingefügt sind. In *Zunge zeigen*

(1988), dem noch bei Luchterhand erschienenen, aber bereits von Steidl hergestellten Calcutta-Buch, stehen neben einem epischen Gedicht in zwölf Abschnitten und einem essayistischen Bericht in Umfang und Format gleichberechtigte Sepiazeichnungen. Alle drei Teile reflektieren sich dabei gegenseitig als „unabhängige Dialogpartner [...], die einander ins zu vage Wort fielen“ beziehungsweise „dem Bild, weil es vorschnell Bild wurde, widersprachen.“ (Grass 1989, o. S.) In diesem intermedialen Gespräch (dazu Wellnitz 2022, vgl. Neuhaus 2012, 329) bleiben jedoch die einzelnen Teile selbständig, so dass auch das Langgedicht und der Bericht in die allein auf die Texte konzentrierte NGA separat aufgenommen werden konnten. In der Erstausgabe wird erstmals programmatisch auch die Materialität des Buches thematisiert, das auf Recycling-Papier gedruckt wurde (Steidl 2022, 17).

In *Fünf Jahrzehnte* nennt Grass *Zunge zeigen* ein „Buch in seiner neuen, alle meine Möglichkeiten versammelnden Form“ (Grass 2004, 196). Es steht am Beginn von Text-Bild-Bänden, die so konsequent als Kunstwerke gestaltet sind, dass Wellnitz dafür den Begriff „Buchgestaltungsliteratur“ vorschlägt (Wellnitz 2022, 51). Auch in *Totes Holz* (1990) werden zunächst auf separate Blätter oder Karten geschriebene – nun jedoch aperçuhaft knappe – lyrische Texte und ein Prosa-Essay mit Tuschzeichnungen verbunden. Hier aber sind die Übergänge zwischen diesen drei in *Zunge zeigen* noch voneinander getrennten Bereichen so fließend, dass sich für die NGA allein der Nachwort-Essay aus dem Band herauslösen ließ (vgl. Detering 2022). Die 1990 auch öffentlich ausgesprochene Kritik des Luchterhand-Verlags an der Akzentverschiebung von Umschlaggestaltung und Illustration zum Buchkunstwerk veranlasste Grass 1992 zum endgültigen Verlagswechsel zu Steidl.

3 Buchgestaltungen bei und mit Steidl

Maßgeblich beteiligt war Grass seither an der Gestaltung aller seiner Bücher; zu seinem bevorzugten Schreibmaterial gehörten dabei Blindbände, die der Verleger ihm zur Verfügung stellte und die es ihm ermöglichten, von Anfang an „beim Schreiben und Zeichnen schon das Buch als Objekt im Blick“ zu haben (Steidl 2022, 20). Während die Buchgestaltung sich aber bei Erzähltexten wie *Unkenrufe* (1992), *Ein weites Feld* (1995) und *Beim Häuten der Zwiebel* (2006) weitgehend auf Umschlag und Typographie beschränkte, wurde sie in den Text-Bild-Bänden zu einem wesentlichen Teil des Kunstwerks.

In *Fundsachen für Nichtleser* (1997) verbindet Grass seine Texte, nach den ausschließlichen Schwarz- und Grautönen in *Zunge zeigen* und *Totes Holz*, erstmals mit farbigen Aquarellen. Die zunächst separat geschriebenen Texte sind mit dem Pinsel in die Bilder hineingetuscht, werden aber, häufig in abweichenden Formulierungen, zugleich gedruckt daneben gesetzt. So steht neben den, mit Grass' Ausdruck, „Aquagedichten“ nun jeweils das „ausgearbeitete Gedicht“. Beabsichtigt ist, Texte und Bilder in eine Dynamik zu bringen, die zeigen soll, „wie sich ein Text zwischen Zeichnung und

Füllfederhalter auf dem Papier entwickelt, wie das Bild den Text beeinflusst und umgekehrt“ (Steidl 2022, 22; vgl. Detering und Kunze 2022).

Farbige Aquarelle bestimmen auch *Mein Jahrhundert* (1999), worin jeder Prosatext von einem mit Wasserfarben gemalten Bildmotiv begleitet wird. Dabei prägt die jeweilige narrative Technik der unterschiedlichen Erzählungen auch das Verhältnis zwischen Text und Bild. Zunächst entstehen erneut zahlreiche Blätter, in denen die Aquarelle handschriftliche Passagen enthalten. Da jedoch „die mit ständig wechselnder Stimme [...] gesprochenen wie niedergeschriebenen Geschichten sich, sobald sie in Buchform versammelt sein würden, nicht mit meiner individuellen Pinselschrift vertragen könnten“ (Grass 2001, 9), werden schließlich die Bildmotive nur um die getuschten Jahreszahlen ergänzt. In der hier wie bei *Fundsachen* auf das anfängliche Großformat folgenden kleineren Leseausgabe entfällt dann alles Bildmaterial; „die Verbindung [...] erscheint nicht wichtig genug“ (Kunze 2022a, 140).

Anders organisiert ist der aus einer Skulpturen-Serie hervorgegangene Text-Gedicht-Band *Letzte Tänze* (2003). Hier wird das Thema des Tanzes als einer erotischen Begegnung vor der Folie des Alterns zum Prinzip auch der Buchgestaltung insgesamt bis hinein in die subtile Farbgebung. Die „selbstreflexiv ausgestellte Gleichsetzung von Tanzen, Schreiben und Zeichnen“ bestimmt die wieder in unterschiedlichsten Entwürfen erhaltene Gestaltung der in Schwarzweiß und Rottönen gehaltenen Doppelseiten wie des Umschlags; das Ergebnis steht in einem Kontrastbezug zur Todes-Ikonographie von *Totes Holz* (Brand und Wellnitz 2022, 150 und 153). Die Entwürfe für den folgenden Text-Gedicht-Band *Dummer August* (2007) zeigen, wie umsichtig Grass selbst unauffällige Varianten des Formats und Kontraste der Farbgebung zwischen Umschlag, Gedichtüberschriften, Texten und Zeichnungen abwägt (dazu Kunze 2022b).

Die konsequenteste programmatische Verschränkung von Texten, Bildern und Buchgestaltung gelingt Grass in *Grimms Wörter*, dem ersten graphisch durchgestalteten Prosabuch nach den lyrischen Text-Bild-Bänden (2010; dazu Detering 2022). Das *Deutsche Wörterbuch* der Brüder Grimm ist nicht nur thematischer Kern des Buches, sondern wird auch zu seinem dominierenden Gestaltungsprinzip. Das gilt für die in die erzählenden Passagen eingefügten Lautgedichte ebenso wie für das graphische Erscheinungsbild. Nicht die Chronologie bestimmt den Fortgang des Textes, sondern das Alphabet. Jedes Kapitel ist zunächst mit einem Buchstaben überschrieben, der ihm als Vignette vorangestellt ist. Grass entwickelt die Zeichnungen – wie ansatzweise zuerst in *Die Vorzüge der Windhühner* – ganz aus der Schrift heraus, und zwar in der Schrifttype des Grimm'schen Wörterbuchs, der *Bodoni Old Face*. Umrankt sind die farbig aquarellierten Lettern von arabesken Handschrift-Kritzeleien; zunächst hatte Grass hier nach dem Vorbild mittelalterlicher Initialen auch figürliches Rankenwerk erprobt. Im Innentitel sowie auf Einband und Buchumschlag verschlingen sich diese Buchstaben zu bunten Reigen; sie werden zu farbigen und bewegten Akteuren einer Choreografie aus Sprachzeichen.

Der 2012 erschienene, ähnlich konzipierte Gedichtband *Eintagsfliegen. Gelegentliche Gedichte* demonstriert, wie auch Texte, die in der separaten Veröffentlichung als skandalträchtige Provokationen wirkten (etwa die Israel-Gedichte *Was gesagt werden muss* und *Ein Held unserer Tage*), mit dem Wechsel der Buchgestaltungsformen eine andere, leichtere und spielerische Wirkung entfalten können. Die Konzeption des Bandes als Kladde im Querformat mit etikettartiger Gestaltung des Umschlagtitels und die durchgängige graphische Begleitung der Texte durch Arabesken, die in schwarzer Tinte und Aquarellfarben Darstellungen bewegter Eintagsfliegen variiert, erzeugen eine „Spannung zwischen Handwerk und Spontaneität", die den Status der Texte als Gelegenheitsgedichte betont (Rauser 2022). Die im Göttinger Archiv erhaltenen Entwürfe lassen erkennen, dass auch in diesem Fall zunächst Grass' Texte handschriftlich in die Zeichnungen integriert sein sollten, dann jedoch wieder herausretuschiert wurden. Damit unterscheiden die zunächst buchstäblich ohne Wechsel der Feder entstandenen Blätter nun zwischen Text und Graphik in solcher Weise, dass die letztere als relativierende, ‚entschärfende' Kommentierung der ersteren erscheint (Rauser 2022, 238–241).

Der postum erschienene Band *Vonne Endlichkait* (2015) nimmt die unterschiedlichen von *Fundsachen* bis zu *Eintagsfliegen* entwickelten Ikonographien der Endlichkeit und Vanitas in einer nunmehr ganz auf zarte Grau-Nuancen heruntergedimmten Gestaltung wieder auf. Entwürfe, die den Erzähltext *Worin und wo wir liegen werden* bereits als gezeichnetes und farbig aquarelliertes Bilderbuch konzipiert hatten (dazu Brandt 2022), und selbst vorsichtigere Versuche mit unterschiedlichen Farben für Texte und Überschriften (Kunze 2022c, 263) werden schließlich in monochrome Grautöne zurückgenommen, und zwar im selben Buchformat wie die Leseausgabe der farbenfrohen *Fundsachen für Nichtleser*. Hier verwendet Grass die größte Sorgfalt auf die Positionierung von Texten und Zeichnungen zueinander (Kunze 2022c, 265–267) sowie auf unterschiedliche Einbandentwürfe (Kunze 2022c, 277–284), die Bildmotive von Sargnägeln, Versteinerungen und schwebenden Federn zu Chiffren der „Leichtigkeit, Flüchtigkeit und Vergänglichkeit sowie der Selbstreflexivität" verbinden (Kunze 2022c, 284).

Die Arbeit des Buchgestalters Grass steht der Forschung als Arbeitsgrundlage zur Verfügung, seit Gerhard Steidl 2018 mit der Übergabe sämtlicher einschlägiger Materialien an die Universität Göttingen (im Rahmen einer Stiftung) die Gründung des Göttinger Grass-Archivs ermöglichte.

Literatur

Brand, Svenja. „Vom ‚Letzten Willen' zur Frage, ‚Worin und wo wir liegen werden'. Zur Entstehung einer Erzählung in Günter Grass' ‚Vonne Endlichkait'". *Günter Grass als Buchkünstler*. Hrsg. von Heinrich Detering, Lisa Kunze und Katrin Wellnitz. Göttingen 2022: 285–312.

Brand, Svenja, und Katrin Wellnitz. „Tango mit dem Tod und andere Tanzspiele". Günter Grass als Buchkünstler. Hrsg. von Heinrich Detering, Lisa Kunze und Katrin Wellnitz. Göttingen 2022: 142–169.

Detering, Heinrich, Lisa Kunze, und Katrin Wellnitz. Günter Grass als Buchkünstler. Göttingen 2022.

Detering, Heinrich. „Windbruch und Wortbruch. Ökologische Krise und romantische Dekonstruktion in ‚Totes Holz'". *Günter Grass als Buchkünstler*. Hrsg. von Heinrich Detering, Lisa Kunze und Katrin Wellnitz. Göttingen 2022: 73–110.
Detering, Heinrich. „Andersens Schatten. Günter Grass illustriert einen Lieblingsdichter". *Günter Grass als Buchkünstler*. Hrsg. von Heinrich Detering, Lisa Kunze und Katrin Wellnitz. Göttingen 2022: 170–181.
Detering, Heinrich. „Wie die Buchstaben tanzen lernen. ‚Grimms Wörter'". *Günter Grass als Buchkünstler*. Hrsg. von Heinrich Detering, Lisa Kunze und Katrin Wellnitz. Göttingen 2022: 193–225.
Detering, Heinrich, und Lisa Kunze. „‚Federn, Knoche, Halbsätze'. ‚Fundsachen für Nichtleser'. *Günter Grass als Buchkünstler*. Hrsg. von Heinrich Detering, Lisa Kunze und Katrin Wellnitz. Göttingen 2022: 111–130.
Frizen, Werner. *Günter Grass – Gedichte und Kurzprosa. Kommentar und Materialien*. Göttingen 2010.
Grass, Günter. *Skizzenbuch*. Göttingen 1989.
Grass, Günter: Mit Wasserfarben. Aquarelle. Göttingen 2001.
Grass, Günter. *Vier Jahrzehnte. Ein Werkstattbericht*. Göttingen 2004.
Grass, Günter. *Sechs Jahrzehnte. Ein Werkstattbericht*. Göttingen 2014.
Grass, Günter und Heinrich Detering. *Die fünffache Seereise*. Neumünster 2014.
Hermes, Daniela. *Der Buchkünstler Günter Grass. Wie Text und Bild zusammenfinden*. Undatiertes Vortragsmanuskript, Grass-Archiv Göttingen.
Joch, Peter. Zaubern auf weißem Papier. Das graphische Werk von Günter Grass. Deutungen und Kommentare. Göttingen 2000.
Krason, Viktoria. *Günter Grass und die bildende Kunst. Eine interdisziplinäre Untersuchung der Schaffensjahre 1947 bis 1977*. Göttingen 2021.
Kunze, Lisa. „Zahlen als Figuren. ‚Mein Jahrhundert'". *Günter Grass als Buchkünstler*. Hrsg. von Heinrich Detering, Lisa Kunze und Katrin Wellnitz. Göttingen 2022a: 131–141.
Kunze, Lisa. „Buchgestaltung als Gefühlsbarometer. ‚Dummer August'". *Günter Grass als Buchkünstler*. Hrsg. von Heinrich Detering, Lisa Kunze und Katrin Wellnitz. Göttingen 2022b: 182–192.
Kunze, Lisa. „Vielgestuftes Grau. ‚Vonne Endlichkait'". *Günter Grass als Buchkünstler*. Hrsg. von Heinrich Detering, Lisa Kunze und Katrin Wellnitz. Göttingen 2022c: 263–284.
Neuhaus, Volker. *Günter Grass. Eine Biographie*. Göttingen 2012.
Rauser, Max. „Vergänglichkeit als Anlass und Erlebnis. ‚Eintagsfliegen'". *Günter Grass als Buchkünstler*. Hrsg. von Heinrich Detering, Lisa Kunze und Katrin Wellnitz. Göttingen 2022: 226–244.
Standfuss, Katja. *Gegenständlichkeit. Zur „neuen, alle meine Möglichkeiten versammelnden Form". Die Text-Bild-Bände von Günter Grass*. Göteborg 2008.
Steidl, Gerhard. „Pingpong am Zeichentisch. Ein Gespräch mit Heinrich Detering". *Günter Grass als Buchkünstler*. Hrsg. von Heinrich Detering, Lisa Kunze und Katrin Wellnitz. Göttingen 2022: 15–30.
Wellnitz, Katrin. „Wege zu Steidl. ‚Die Vorzüge der Windhühner', ‚Gleisdreieck' und ‚Mit Sophie in die Pilze gegangen'". *Günter Grass als Buchkünstler*. Hrsg. von Heinrich Detering, Lisa Kunze und Katrin Wellnitz. Göttingen 2022: 31–48.
Wellnitz, Katrin. „‚Wirklichkeitsbilder'. Text-, Bild- und Schriftspiele in ‚Zunge zeigen'". *Günter Grass als Buchkünstler*. Hrsg. von Heinrich Detering, Lisa Kunze und Katrin Wellnitz. Göttingen 2022: 49–72.
Wellnitz, Katrin. „Schattentheater und Bildergeschichten. Die Jubiläumsausgabe der *Hundejahre* von 2013". *Günter Grass als Buchkünstler*. Hrsg. von Heinrich Detering, Lisa Kunze und Katrin Wellnitz. Göttingen 2022: 245–262.

II.9.4 Ausstellungen

Viktoria Krason

1 Einleitung

Dank der engen Verflechtungen zwischen Wort- und Bildwelten von Günter Grass haben Ausstellungen seiner Kunstwerke stets auch einen visuellen Zugang zu seiner Literatur und seiner interdisziplinären Arbeitsweise geboten. Mehr noch: Grass' früher Erfolg als Schriftsteller hatte zur Folge, dass nahezu alle Ausstellungen seiner Grafiken und Plastiken vor dem Hintergrund seines schriftstellerischen Schaffens initiiert und rezipiert wurden.

Grass war von 1947 bis 1955 an Kunstakademien in Düsseldorf und (West)Berlin zum Bildhauer und Grafiker ausgebildet worden. Im Frühjahr 1955 hatte er zum ersten Mal an einem Treffen der Gruppe 47 teilgenommen und sich im Herbst 1955 dazu entschlossen, von Berlin nach Paris zu ziehen und seine Energie hauptsächlich auf das Schreiben seines ersten Romans zu richten, der unmittelbar nach der Veröffentlichung 1959 weltweite Anerkennung fand. Aus den Jahren zuvor sind nur zwei Ausstellungen überliefert (vgl. Staatliche Kunsthalle Berlin 1992, 343–344), und schon die erste Ausstellung im Herbst 1955 in der Galerie Lutz & Meyer in Stuttgart wurde in Zusammenhang mit dem dritten Preis des Lyrikwettbewerbs des *Süddeutschen Rundfunks* in Stuttgart besprochen, den Grass im Frühjahr desselben Jahres erhalten hatte (vgl. Böttiger 2012, 209). Umgekehrt trug nach Grass' Erinnerung die Ablehnung, die er als figurativ arbeitender Künstler in einem von abstrakter Kunst bestimmten Ausstellungsbetrieb erfuhr, wesentlich dazu bei, dass er die Meisterklasse an der Berliner Hochschule der bildenden Künste 1955 vorzeitig verließ und sich von da an verstärkt der Literatur zuwendete (vgl. Krason 2021, 73–76). Es war das Scheitern des bildenden Künstlers an der Kunstwelt, das den Weg zur Karriere des Schriftstellers ebnete, und andersherum der Erfolg des Schriftstellers, der dem bildenden Künstler einen Zugang zu Galerien und Museen erschloss.

Die bislang nicht erforschten Ausstellungen der Arbeiten von Grass lassen sich grundsätzlich in drei Phasen einteilen, die sich durch einen jeweils anderen Intensitätsgrad der künstlerischen Betätigung und durch das Engagement von jeweils anderen Mitarbeiterinnen und Institutionen auszeichnen. Darüber hinaus unterscheiden sie sich durch den Wandel der Wahrnehmung des Autors in der Öffentlichkeit – begonnen beim *enfant terrible* des Literaturbetriebs der 60er Jahre, über den arrivierten Großschriftsteller bis hin zum zu Lebzeiten historisierten Nationaldichter. Mit dieser Karriereentwicklung und ihrer Rezeption verändern sich auch die Formate und Zielsetzungen der Ausstellungen.

https://doi.org/10.1515/9783110755435-061

2 1959–1969

Nach der Veröffentlichung der *Blechtrommel* (1959) arbeitete Grass in Berlin an Gedichten, Theaterspielen und an seinem zweiten Roman, den *Hundejahren* (1963), aus dem er vorab die Novelle *Katz und Maus* (1961) auskoppelte. Parallel zu den literarischen Projekten entstanden Zeichnungen, die vergleichbare Motivkonstellationen zeigen, aber auch viele Arbeiten, die motivischen Parallelen zum Trotz nicht mit bestimmten Textpassagen in Verbindung stehen (vgl. Krason 2021, 86–162). Von 1959 bis 1963 hatte Grass zwar keine Plastiken geschaffen, aber viele Zeichnungen mit Kohle, Fettkreide und Tusche gefertigt. Ausstellungen seiner Arbeiten sind aus dieser Zeit nur wenige überliefert: Im Jahr 1959 ist eine Ausstellung in Bremen dokumentiert und für das Jahr 1961 eine weitere in Hamburg in der Galerie Neuendorf (vgl. Staatliche Kunsthalle Berlin 1992, 343–344). Belegt und kommentiert sind zudem eine Schau in der Kreuzberger Galerie *zinke* im Juni 1961 (vgl. Grass 2014, 93) und eine Ausstellung in der Hochschule für bildende Künste in Westberlin im März 1962 (vgl. [Anon.] 1962). Im Mittelpunkt beider Ausstellungen standen Variationen des Nonnenmotivs, das literarisch in der *Blechtrommel* und den *Hundejahren*, aber auch in lyrischen und dramatischen Texten aus deren Umfeld verarbeitet ist. Wie einige Zeilen im Magazin *Der Spiegel* zur Berliner Ausstellung nahelegen, war die bildkünstlerische Betätigung des Schriftstellers für die breite Öffentlichkeit zu diesem Zeitpunkt ein Kuriosum, so heißt es in der Miszelle: „Günter Grass, 34, Blechtrommler, überraschte die Kunstwelt mit einer Ausstellung selbstgefertigter Graphiken in der Westberliner Hochschule für bildende Künste" ([Anon.] 1962).

Das Programm der Kreuzberger Galerie *zinke*, in der Grass auch vor großem Publikum aus seinen Texten las, hatte Berührungspunkte mit seinem eigenen Schaffen: Die Gründer Günter Anlauf, Günter Bruno Fuchs und Robert Wolfgang Schnell luden zu Kunstausstellungen und zu Lesungen gleichermaßen ein. In den drei Jahren des Bestehens der *zinke* von 1960 bis 1963 wurden dort Werke eines phantastischen Realismus gezeigt, der sich einer Aufteilung in abstrakte Kunst westlicher Demokratien und gegenständliche Kunst des sozialistischen Ostens entzog (vgl. Drewitz 1970, o. A.). Während Grass als bildender Künstler in den 1960er Jahren noch diesem Stil der Nachkriegszeit zugeordnet werden konnte, sind später keine solche Bezüge zum Kunstschaffen seiner Zeit mehr erkennbar. Seine bildkünstlerische Betätigung, und damit auch Präsentationen seiner Arbeiten in Ausstellungen, ebbten in den Jahren seines politischen Engagements von 1963 bis 1969 ab.

3 1970–2001

Mit der Arbeit am *Tagebuch einer Schnecke* (1972) zeichnete Grass wieder häufiger. Ab 1972 kamen unter der Anleitung des Berliner Galeristen Anselm Dreher zudem Radierungen und Lithographien hinzu, die in dessen Werkstatt gedruckt werden konnten.

Dreher, der 1967 eine eigene Galerie eröffnet hatte, präsentierte Grass' Drucke dort mehrfach (vgl. Staatliche Kunsthalle Berlin 1992, 343–344). Gleichwohl passten Grass' surreale, gegenständliche Arbeiten nicht zur Ausrichtung der Galerie, die auf Konkrete Kunst, Minimal-Art und Konzeptkunst spezialisiert war (vgl. Dreher 2017). Die Zusammenarbeit mit Dreher endete 1984, kurz nachdem Grass im Vorfeld seines Romans die *Rättin* (1986) damit begonnen hatte, sich erneut dem Modellieren von Plastiken zuzuwenden.

Parallel zu Grass' intensiver Beschäftigung mit der Druckgrafik hat sich Maria Rama nach dem Tod ihres Mannes, des Fotografen Hans Rama, zusehends mit der Verwaltung des bildkünstlerischen Werkes von Grass befasst: Sie sorgte für die Lagerung seiner Arbeiten und für fotografische Reproduktionen, organisierte Ausstellungen seiner Werke und ihren Verkauf. Im Mai 1986 eröffnete sie „Hausgalerien" in Räumen der Kurfürsten Straße 35 in Berlin, die ihr Mann ehemals als Fotoatelier genutzt hatte und stellte dort Grass' Arbeiten aus (vgl. Sprenger 2013). Die Frequenz, in der seine Werke der Öffentlichkeit zugänglich gemacht wurden, erhöhte sich in dieser Phase entscheidend. Neben Galerien und Kulturinstituten zeigten auch Kunstmuseen im In- und Ausland seine Arbeiten. Allein im Jahr 1979 wurden sie im Louisiana Museum Kopenhagen, der Nationalgalerie Stockholm und der Rijksgalleriet Oslo ausgestellt, in den 1980er Jahren in den Kunsthallen Darmstadt, Mannheim, Kiel und Bremen sowie 1992 in der Staatliche Kunsthalle Berlin, anlässlich von Grass' 65. Geburtstag (vgl. Staatliche Kunsthalle Berlin 1992, 343–344). Diese als Werkschau angelegte Präsentation ragt unter den Ausstellungen auch aufgrund ihres opulenten Ausstellungskatalogs hervor, der den bereits 1991 veröffentlichten, reich bebilderten *Werkstattbericht* um weitere Dokumente und herausragende Interviews mit Grass ergänzt (vgl. Staatliche Kunsthalle Berlin 1992). Ausstellungen der Bildwerke von Günter Grass gaben in den 1980er- und 1990er Jahren zunehmend einen Überblick über das bildkünstlerische Schaffen des Schriftstellers und bemühten sich in ihren begleitenden Publikationen um eine erste kunsthistorische Einordnung seines Werkes (vgl. Jensen 1987; Staatliche Kunsthalle Berlin 1992; Ludwig-Forum für Internationale Kunst Aachen 1997).

4 2002 bis heute

Auch in den letzten Jahrzehnten seines Lebens hat Grass sich eingehend der bildenden Kunst gewidmet. Hilke Ohsoling, die seit dem Umzug seines Sekretariates von Berlin nach Lübeck 1995 seine Mitarbeiterin war, löste Maria Rama in der Inventarisierung, dem Ausstellen und dem Verkauf der bildkünstlerischen Arbeiten ab, die sich in seinem Besitz befanden. Insbesondere Verkaufsausstellungen fanden dabei auch in Kooperation mit dem Galeristen Frank-Thomas Gaulin statt, der Grass mit dem Kunsthaus Lübeck vor Ort vertrat.

Eine neue Entwicklung bildet um die Jahrtausendwende eine systematische Archivierung und damit auch Historisierung des Grass'schen Schaffens. Sie geht mit der

Gründung von Institutionen an seinen Lebens- und Wirkungsstätten einher, die sich in Form von Ausstellungen mit seinem bildkünstlerischen Werk befassen. So wurde im Jahr 2002 das Günter Grass-Haus, Forum für Literatur und bildende Kunst, in unmittelbarer Nähe zu Grass' Sekretariat in Lübeck eröffnet. Im Bestand des Museums befinden sich 1.100 Zeichnungen, Aquarelle, Druckgrafiken und Skulpturen, zudem Manuskripte zu Grass' literarischem Werk, das zwischen 1996 und 2002 entstanden ist. Das Haus brachte in den ersten Jahren seines Bestehens die bildende Kunst des Schriftstellers ins Bewusstsein der Öffentlichkeit. In seiner ersten Sammlungsausstellung hob es Grass' Arbeiten als eigenständige Kunstwerke hervor. Wechselausstellungen zeigten die Werke anderer berühmter Doppelbegabungen des Literaturkanons wie Johann Wolfgang von Goethe oder Hermann Hesse (vgl. Wisskirchen 2002). In der zweiten Variante der permanenten Ausstellung von 2007 wurden Bezüge zum literarischen Werk punktuell herausgearbeitet. 2009 wurden das Themenspektrum und die Präsentationsweisen der Ausstellungen erweitert: Das Museum widmet sich seitdem verstärkt auch populären zeitgenössischen Mehrfachbegabungen, Literaturausstellungen zu einzelnen Erzählwerken von Grass und zu Themen seines Lebens und Schaffens. Hierzu werden Exponate aus Geschichte, Literatur und Kunst miteinander kombiniert und von einer szenografischen Ausstellungsgestaltung unterstützt. In der Sammlungspräsentation von 2012 wurde der bisherige Fokus auf den bildenden Künstler Grass erweitert: Grass' literarische und bildkünstlerische Erzeugnisse wurden nun in engerem Bezug zueinander präsentiert und historische Hintergründe und Rezeptionen des Grass-Werks in die Ausstellung einbezogen (vgl. Thomsa 2013). In den Dauer- und Sonderausstellungen kamen seitdem immer neue digitale Medien zum Einsatz, die die Besucher:innen zu Interaktion und Partizipation einluden. 2021/2022 wurde die Dauerausstellung des Hauses zum dritten Mal überarbeitet. Sie konzentriert sich seitdem wieder stärker auf die Wechselbeziehungen von Literatur und bildender Kunst in Grass' Werk und nutzt ausgewählte Kunstwerke, Manuskripte und Objekte als Ausgangspunkt zur Erläuterung seiner Lebensthemen. Während die vorhergehenden Sammlungsausstellungen des Hauses, die noch zu Lebzeiten seines Namensträgers entstanden sind, bewusst eine Distanz zu Grass als Person aufrechterhielten (vgl. Hoffmann 2018, 383), bringt die aktuelle Präsentation dessen Biographie vermehrt in Fotografien in Erinnerung.

Auf die Eröffnung des Grass-Hauses in Lübeck folgte 2009 die Gründung der Günter-Grass-Galerie in Gdańsk, als eine von drei Abteilungen der städtischen Galerien der Geburtsstadt von Grass. Ihre Sammlung besteht aus 141 Kunstwerken des Schriftstellers und wird stetig um weitere Arbeiten ergänzt. Auftrag der Institution ist es, Grass' Schaffen in seiner Geburtsstadt vorzustellen und in einen Dialog mit Arbeiten der zeitgenössischen Kunst zu versetzen. Grass' Grafiken und Plastiken werden dabei ebenso wie die Werke anderer Kunstschaffender im *white cube* des Galerieraums präsentiert. Für die Kunstausstellungen der „4G" werden jedoch nicht die Galerieräume allein genutzt, sondern auch die gesamte Stadt mit einbezogen. So richtet die Galerie jährlich ein Festival aus, für das Aspekte des Grass'schen Gesamtwerks zeitgenössischen Kunstschaffenden als Bezugspunkt dienen (vgl. Wróblewska 2016, 271–272).

Als letzte Institution, die sich bislang Grass' Schaffen in Ausstellungen widmet, wurde 2015 das Günter Grass Archiv in Göttingen in Betrieb genommen. Es ist Teil des Göttinger Kunstquartiers, dessen Entwicklung seit 2008 von Grass' Verleger Gerhard Steidl und der Stadt Göttingen vorangetrieben wird. Die Sammlung des Archivs kreist um die Gestaltung der Bücher von Grass. Sie enthält Archivalien aus seiner Zusammenarbeit mit Gerhard Steidl seit 1993, aber auch sämtliche Radierungen und Lithographien des Schriftstellers sowie zahlreiche seiner Zeichnungen. Ein Teil des Archivs steht für kleinere Ausstellungen zur Verfügung. Zur Eröffnung des Hauses im Juni 2015 wurden Zeichnungen und Layoutentwürfe zu Grass letztem, postum veröffentlichten Buch *Vonne Endlichkait* (2015) präsentiert. Die Entstehung des illustrierten Buches wurde in der Kabinettausstellung anhand von Originalen anschaulich und in unmittelbarer Nähe zu dem Ort präsentiert, an dem Grass an der Umsetzung seiner Texte und Bilder ins fertige Buch gearbeitet hatte (vgl. Stöckmann 2015).

Literatur

[Anon.]. „Günter Grass". *Der Spiegel* 10 6. März 1962). https://www.spiegel.de/politik/guenter-grass-a-a6ab531f-0002-0001-0000-000045139282 (27. März 2022).

Ausstellungsverzeichnis (Auswahl). *Günter Grass. Ein Werkstattbericht, 1951–1992, Ausstellung vom 14. Oktober bis 18. November 1992, Staatliche Kunsthalle Berlin*. Hrsg. von der Staatlichen Kunsthalle Berlin. Göttingen und Berlin 1992: 343–344.

Böttiger, Helmut. *Die Gruppe 47. Als die deutsche Literatur Geschichte schrieb*. München 2012.

Dreher, Anselm. *Wo ist denn hier die Ausstellung …* Heidelberg 2017.

Drewitz, Ingeborg. „O.T.". *Zinke. Berlin. Ein Diarium*. Hrsg. von Günter Anlauf, Günter Bruno Fuchs und Robert Wolfgang Schnell. Berlin 1970: o. A.

Grass, Günter. *Sechs Jahrzehnte*. Hrsg. von G. Fritz Margull und Hilke Ohsoling. Göttingen 2014.

Hoffmann, Anna Rebecca. *An Literatur erinnern. Zur Erinnerungsarbeit literarischer Museen und Gedenkstätten*. Bielefeld 2018.

Jensen, Jens Christian (Hrsg.). *Günter Grass. Hundert Zeichnungen 1955 bis 1987. Kunsthalle zu Kiel der CAU, 11.10.–22.11.1987*. Kiel 1987.

Krason, Viktoria. *Auseinandernehmen und Zusammensetzen. Günter Grass und die bildende Kunst*. Göttingen 2021.

Ludwig-Forum für Internationale Kunst Aachen (Hrsg.). *Günter Grass. Ohne die Feder zu wechseln: Zeichnungen, Druckgraphiken, Aquarelle, Skulpturen. Ludwig-Forum für Internationale Kunst Aachen 27.6.–7.9.1997*. Göttingen 1997.

Sprenger, Jonathan. „Günter Grass und Maria Rama. Eine Begegnung in Leben und Werk". *Berliner Hefte* 10 (2013): 195–203.

Stöckmann, Jochen. „Denkfutter für Generationen". *Deutschlandfunk* (12. Juni 2015). https://www.deutschlandfunkkultur.de/grass-archiv-in-goettingen-denkfutter-fuer-generationen-100.html (27. März 2022).

Thomsa, Jörg-Philipp. „Was ist neu im Grass-Haus?". *Das neue Grass-Haus*. Hrsg. von Jörg-Philipp Thomsa. Lübeck 2013: 33–42.

Wißkirchen, Hans. „Wortbilder und Wechselspiele. Das Günter Grass-Haus. Forum für Literatur und bildende Kunst". *Wortbilder und Wechselspiele. Das Günter Grass-Haus. Forum für Literatur und bildende Kunst*. Hrsg. von Kai Artinger und Hans Wißkirchen. Göttingen 2002.

Wróblewska, Marta. „Die Danziger Günter-Grass-Galerie". *Freipass* 2 (2016): 271–272.

III Strukturen, Schreibweisen, Themen

III.1 Erzählformen

Matthias Aumüller

1 Gattungen

Generisch gesehen, umfassen Grass' Erzählformen hauptsächlich Romane, Novellen, Erzählungen und Kurzprosa. Eine entsprechende Zuordnung ist in der Regel im Untertitel benannt. Sie verdankt sich nicht allein dem unterschiedlichen Umfang der Texte, sondern auch ihren jeweiligen strukturellen Besonderheiten. Da in den Texten der Bezug zur jeweiligen literarischen Tradition, und damit eben auch zur Gattungstradition, offensichtlich ist und „die Frage nach literarischer Herkunft" dem Autor nach eigenem Bekunden wichtig war (NGA 24, 366), ist die Zuordnung nicht nur eine Klassifikationsaufgabe, sondern auch interpretationsrelevant. Die unter ‚Autobiographik' und unter ‚Text-Bild-Werke' fallenden Werke stehen durch ihre Erzählform teilweise in enger Beziehung zu diesen Gattungen.

Als ‚Novelle' bezeichnet wurden – und als solche gelten sie auch heute – *Katz und Maus* (1961) und *Im Krebsgang* (2002), als ‚Erzählung' *Das Treffen in Telgte* (1979) und *Unkenrufe* (1992). Darüber hinaus lassen sich den Erzählungen aus narratologischer Perspektive auch die autobiographischen „Dunkelkammergeschichten" zuordnen, so der Untertitel des Bandes *Die Box* (2008). Unter die Bezeichnung ‚Kurzprosa' fallen, analog dazu, nicht nur die im 2. Bd. der NGA versammelten Prosastücke, sondern auch die einzelnen Kapitel des Bandes *Mein Jahrhundert* (1999).

Daneben gibt es weitere Werke, die als Erzählwerke gelten können, ohne jedoch einer der genannten Gattungen per Untertitel zugeordnet werden zu können: *Aus dem Tagebuch einer Schnecke* (1972) und *Kopfgeburten oder Die Deutschen sterben aus* (1980). Sie stehen in der Nähe der Autobiographik, wie im Falle des zuerst genannten Werks schon der Titel andeutet, und des Essays, insofern sie sich explizit mit konkreten tagespolitischen und allgemeinen (kultur)politischen Fragestellungen auseinandersetzen. Zugleich enthalten sie kohärente fiktionale Passagen, die einen quantitativ und qualitativ signifikanten Anteil ausmachen, so dass es berechtigt ist, sie weder unter ‚Essays' noch unter ‚Autobiographik' einzusortieren. Man könnte diese Werke als ‚hybride Formen' bezeichnen, weil die autobiographisch-faktualen, die essayistisch-faktualen und die fiktionalen Anteile sich ungefähr die Waage halten.

Für Michail Bachtin (1941) ist der Roman das Chamäleon unter den Gattungen, weil er sich stärker als andere Gattungen im Lauf seiner langen Geschichte verändert hat und sein Charakteristikum darin bestehen soll, beständig andere, neue Formen in sich aufzunehmen. Gemäß dieser Romantheorie wären die nur auf den ersten Blick gattungslosen Texte von Grass Romane *par excellence*.

Bemerkenswert ist, dass *Die Rättin* (1986) erst nachträglich mit dem Untertitel ‚Roman' versehen wurde (vgl. NGA 12). Dass dieses Werk bei der Erstveröffentlichung noch ohne Gattungsbezeichnung ausgekommen war, könnte an der stark aufgebroche-

https://doi.org/10.1515/9783110755435-062

nen narrativen Kohärenz und der übergeordneten Dialogstruktur des Gesprächs zwischen Rättin und Erzähler liegen. Von Kritikern wurde *Die Rättin* jedenfalls schon früh als „Roman" bezeichnet, so von Beate Pinkerneil in einem Gespräch mit dem Autor (NGA 24, 343). Der Grund dafür könnte sein, dass der Erzähler dieses Werks im Gegensatz zu *Aus dem Tagebuch einer Schnecke* und *Kopfgeburten oder Die Deutschen sterben aus* nicht umstandslos mit dem Autor identifiziert wurde und die Handlung weniger gegenwartsbezogen ist (NGA 24, 341). Daher erscheint die Gattungsbezeichnung ‚Roman' in der neuen Referenzausgabe als durchaus folgerichtig.

Schließlich ist auch die Frage nach dem Verhältnis von Grass' Erzählen zu historischen Erzählformen wie Bildungs- und Schelmenroman generischer Natur. Insbesondere im Falle der *Blechtrommel* ist ihr Verhältnis zu bekannten Romangattungen diskutiert worden. So wurde dieser Roman als Parodie oder gar Destruktion des Bildungs- bzw. Entwicklungsromans in der Folge des *Wilhelm Meister* aufgefasst (vgl. Brunssen 2014, 111) und als Aktualisierung bzw. Adaption des Pikaroromans, auf den sich Grass selbst beruft (NGA 24, 169; vgl. Diederichs 1971; Jacobs 1983 u. v. a.). Die große Bedeutung dieses Romanmusters für Grass wird daraus ersichtlich, dass noch die Autobiographie *Beim Häuten der Zwiebel* (2006) sich in dieser Tradition verorten lässt (Hinck 2008; Stolz 2023).

2 Narrative Formen der Erzählungen/Novellen

Grob gesagt, lässt sich die Einteilung in Romane hier und Erzählungen/Novellen dort dadurch erklären, dass sich die Narration bei den kürzeren Werken auf wenige Figuren oder zumindest auf einen Erzählstrang beschränkt. Die Novelle *Katz und Maus* folgt ihrem Protagonisten ebenso eng wie die Erzählung *Unkenrufe* dem deutsch-polnischen Paar Alexander und Alexandra. *Im Krebsgang* ist gekennzeichnet durch den historisch aufgeladenen Konflikt zwischen Konny Pokriefke, dem Sohn des Erzählers, und dessen Kontrahenten Wolfgang Stremplin, der sich novellistisch zuspitzt, aber durch historische Informationen angereichert ist. *Das Treffen in Telgte* ist in dieser (und anderer) Hinsicht eine Ausnahme, insofern von einer großen Gruppe von historisch belegten Schriftstellern die Rede ist. Dabei werden allerlei historisch verbürgte Informationen verarbeitet, die mit dem konkreten fiktiven Treffen nicht unmittelbar in Verbindung stehen, und mit Anspielungen auf Mitglieder der Gruppe 47 verschränkt. Zwar könnte man sagen, dass hier das Treffen die Rolle der Figuren in den anderen genannten Werken als singulärer Erzählfokus übernimmt, doch ist der Charakter dieser Erzählung durch das historische Setting, die Doppelcodierung mit Hilfe der Gegenwartsanspielungen und die anekdotische Reihung der erzählten Ereignisse ein ganz anderer. Hingegen bewegt sich *Das Treffen in Telgte*, was die Handhabung der Erzählinstanz angeht (die sich in Teilen dem Autor annähert), in der Werkentwicklung auf einer Linie mit den Werken der 70er und 80er Jahre und fällt diesbezüglich nicht aus dem Rahmen (s. u. Abschnitt „Narrative Instanzen").

Nicht untypisch für Grass' Kurzepik ist, im Anschluss an die europäische Novellenkunst des 19. Jahrhunderts, die Einbeziehung eines narrativen Rahmens. Damit ist gemeint, dass die Hauptgeschichte intradiegetisch und damit nach Ebenen gezählt eine sekundäre Erzählung ist, wobei die Situation, in der sich die Erzählinstanz befindet, als primäre Erzählung nur grob skizziert wird, wie etwa im Falle des Erzählers Pilenz, dessen Bericht von seinem Mitschüler Joachim Mahlke (sekundäre Ebene) als schuldhafte Erinnerung inklusive Recherche bei überlebenden Schulkameraden inszeniert wird (primäre Ebene). Ähnlich verhält es sich in der Erzählung *Unkenrufe*, in der der Erzähler immer wieder seinen Widerwillen bekundet, die ihm von Alexander überlassenen Dokumente auszuwerten.

Es stellt sich die Frage, wie und ob überhaupt sich die Novellen von den Erzählungen unterscheiden. In den Novellen lässt Grass seine Erzähler explizit auf Goethes Novellenkennzeichnung anspielen. Darüber hinaus kann man in der Erzählkonstruktion auch die Beherzigung von Heyses sog. Falkentheorie erkennen, insofern ein zentrales Motiv prominent in den Vordergrund gerückt wird. Letzteres gilt aber auch für *Unkenrufe*, in der das Titelmotiv, das die prophetischen Elemente des Erzählten aufruft, mit dem des Krötenschluckens verquickt wird. Der Unterschied zwischen dieser Erzählung und den beiden Novellen mit ihren fiktiven Erzählern Pilenz und Pokriefke liegt daher nicht in diesen für die ‚Novelle' als typisch erachteten Erzählformen, sondern allenfalls darin, dass es sich bei *Unkenrufe* um Autofiktion handelt in dem Sinne, dass sich die Erzählinstanz als ‚Grass' zu erkennen gibt, der in einer fiktiven Beziehung zu seinem Protagonistenpaar steht (s. u.). Wie man schon bei der *Rättin* sehen konnte, scheint die Frage, ob die Autor-Persona sich im Text als Verkörperung der Erzählinstanz explizit anbietet, für den Literaturbetrieb generische Unterschiede zu markieren.

3 Narrative Instanzen

Grass' gesamtes Werk ist von einprägsamen und formal stark profilierten Erzählinstanzen gekennzeichnet. Zu unterscheiden sind hierbei fiktive Erzähler vom faktualen Erzähler/Autor. Blickt man auf die Werkentwicklung, lassen sich drei Phasen bestimmen, auf die diese Unterscheidung projiziert werden kann. Die erste Phase reicht von der *Blechtrommel* bis zu *örtlich betäubt* (1969). Ihre vier Werke präsentieren fiktive homodiegetische Erzählfiguren. Neben den bekannten Oskar Matzerath und Pilenz sowie Starusch sind das im Falle der *Hundejahre* drei Erzähler, von denen einer zugleich als (fiktiver) Herausgeber der drei Teile fungiert. In der zweiten Phase dominiert als Erzählinstanz der Autor oder zumindest eine Autor-Persona. Das gilt für die beiden o. g. halbdokumentarischen Werke *Aus dem Tagebuch einer Schnecke* und *Kopfgeburten oder Die Deutschen sterben aus* ebenso wie für die Romane *Der Butt* und *Die Rättin* und die beiden Erzählungen *Das Treffen in Telgte* (1979) und *Unkenrufe* (1992). Für die letzte Phase sind wiederum fiktive Erzählinstanzen charakteristisch. Dies trifft überwiegend auch auf die Kurzgeschichten in *Mein Jahrhundert* zu, wobei in mehreren auch Grass selbst als Ich-Erzähler auftritt und er für die anderen Fälle deutlich macht, dass es sich um Rollen handelt: „Ich, ausgetauscht gegen mich" (NGA 15, 7). Als Besonderheit ist der Roman *Ein weites Feld* (1995) anzuführen, in dem sich der Ich-Erzähler zunächst lange in einem Kollektiv verbirgt: „Wir vom Archiv", heißt es gleich zu Beginn und auch später. Dem Erzähler Paul Pokriefke von *Im Krebsgang* (2002) ist die Randfigur „der Alte" übergeordnet, die Einfluss auf das Erzählen hat und als Verkörperung des Autors gelten kann.

Schon in der frühen Kurzprosa herrschen Ich-Erzähler vor. Reine Er-Erzählungen wie *Im Tunnel* (1960) oder einzelne der pseudonym veröffentlichten ‚Artur-Knoff-Geschichten' (1966) wie *Der Slawist* sind die Ausnahme. Für das autobiographische Schreiben des Spätwerks gilt umso mehr, dass es homodiegetisch angelegt ist. Selbst die einzelnen Bestandteile der *Box*, in denen der Autor nicht ‚Ich' sagt, sondern aus der Sicht seiner Kinder erzählt wird, lassen sich unter der Prämisse, dass sie „nach Vaters Regie" (NGA 18, 26) faktual-autobiographisch sind, als homodiegetisch bestimmen. Verstünde man sie hingegen als fiktional, wären sie immer noch homodiegetisch, nur mit dem Unterschied, dass als multiple Erzählinstanzen die Kinder fungierten.

Infolge dieses Überblicks hat es den Anschein, dass das homodiegetische Erzählen vorherrsche. In besonderem Maße gilt dies für die Form der früher so genannten Rollenprosa, also derjenigen Erzähltexte mit fiktiven Erzählinstanzen, die als Figuren in das fiktive Geschehen involviert sind und die nicht als Sprachrohr des Autors dienen. In anderen Fällen, in denen die Erzählinstanz sich selbst als Autor Grass zu erkennen gibt, ist das homodiegetische Erzählen in dem Sinne, dass die Erzählerfigur als handelnde Figur in das Geschehen eingreift, zuweilen stärker reduziert.

In *Unkenrufe* ist es beispielsweise so, dass der Autor auf der Basis von Dokumenten erzählt, die er von Alexander Reschke, einer der Hauptfiguren, erhalten hat. Das ist offensichtlich ein Fall von Auto*fiktion*. Reschke ist in diesem fiktiven Setting ein ehemaliger Mitschüler des dem Autor nachempfundenen Erzählers, so dass die beiden als Figuren einer – in dieser Beziehung wenigstens – homogenen erzählten Welt aufzufassen sind. Auch wenn der Autor-Erzähler insofern homodiegetisch ist, als er von einer Welt erzählt, von der er selbst ein Bestandteil ist, bezieht sich dies nur auf die erzählte Vorvergangenheit, d. h. die Vorgeschichte, die nur in wenigen Hinsichten punktuell aufleuchtet, und auf die Reaktionen, die der Autor-Erzähler angesichts der ihm von Reschke überlassenen Materialien äußert. In der erzählten Hauptgeschichte, die von Reschke und seiner Freundin Alexandra Piątkowska handelt, spielt der Autor-Erzähler dagegen keine Rolle.

Auch in den Romanen ist das homodiegetische Erzählen nicht immer so dominant, wie man es von der *Blechtrommel* kennt. Beispielsweise liest sich *Hundejahre* (1963) im ersten Teil zunächst heterodiegetisch, bis sich herausstellt, dass die Hauptfigur, von der in ‚Er-Form' erzählt wird, zugleich der Erzähler ist. So wie ein Ich-Narrativ nicht immer homodiegetisch ist, ist eben auch ein Er-Narrativ nicht immer heterodiegetisch.

In der *Rättin* ist die erzählende Autorinstanz durch den strukturell bedeutsamen Dialog mit der Rättin zwar sehr präsent, letztlich aber doch auf diesen Rahmen beschränkt. Im *Butt* ist das mit Bezug auf die Schilderungen über das Verhältnis zwischen dem Autor-Ich und seiner schwangeren Ilsebill ähnlich. Eine Besonderheit des *Butt* besteht jedoch darin, dass das Autor-Ich in die sekundären männlichen Ich-Erzähler ‚schlüpft', die die verschiedenen historischen intradiegetischen Erzählungen (quasi-)vermitteln. Formal gesehen, hat man es in diesem Werk mit multiplen Ich-Erzählern zu tun, wobei man aber auch aus stilistischen Gründen genauso gut zu dem Schluss kommen kann, dass es sich um einen einzigen (Autor-)Erzähler handelt. In der Summe ist der homodiegetische Charakter hier also wieder stärker ausgeprägt.

In *Ein weites Feld* ist das formal identifizierbare homodiegetische Erzählen insgesamt schwächer realisiert, weil das Erzählerkollektiv, und noch weniger das Ich darin, kaum als Aktant in Erscheinung tritt, obwohl es sich immer wieder auf Kontakte mit Fonty alias Theo Wuttke beruft. Es tritt vor allem kommentierend in Erscheinung. Trotzdem und gerade deswegen ist die prinzipiell homodiegetische Anlage des Romans für seine Interpretation nicht ohne Belang, denn dadurch wird das Geschehen speziell perspektiviert, was Rückschlüsse auf das Bild eines Teils der DDR-Gesellschaft zu ziehen erlaubt, das der Roman vermittelt.

Im *Treffen in Telgte* wiederum changiert der Autor-Erzähler zwischen hetero- und homodiegetischem Erzählen. So unterbricht er eine lange anscheinend heterodiegetische Erzählpassage und macht sie, den *Hundejahren* strukturell ähnlich, zu einer homodiegetischen: „Woher ich das alles weiß? Ich saß dazwischen, war dabei" (NGA 10, 94). Demgegenüber heißt es zu Beginn, bevor das vermeintlich heterodiegetische Erzählen einsetzt: „Was in Telgte begann, schreibe ich auf, weil ein Freund, der im siebenundvierzigsten Jahr unseres Jahrhunderts seinesgleichen um sich versammelt hat, seinen 70. Geburtstag feiern will." (NGA 10, 7) Da die Erzählung „Hans Werner Richter gewidmet" ist und dieser 1978 siebzig Jahre alt wurde, wird man schließen können, dass das Ich hier als Autor spricht. Die diesem Text eigentümliche Doppelcodierung erlaubt aber zugleich, in dem Ich den namenlosen homodiegetischen Erzähler zu sehen, dessen Einlassung zuvor zitiert wurde.

Diese Befunde haben ihre Entsprechung auf der stilistischen Ebene, d. h. in dem schon in der *Blechtrommel* erprobten Schwanken Oskars zwischen Ich- und Er-Erzählung, teilweise in einem und demselben Satz, bzw. zwischen ‚Er' und ‚Du', womit sich Pilenz wechselweise auf Mahlke in *Katz und Maus* bezieht (vgl. Botheroyd 1976; Richter 1977). Bereits an dieser Stelle ist zu erkennen, was auch im Hinblick auf andere Aspekte der Erzählformen für Grass typisch ist. Er unterläuft beharrlich die konventionellen Muster (die man nur deshalb unterlaufen kann, weil es sie gibt, und die mit den Mitteln der klassischen Narratologie theoretisch zu erfassen dadurch nicht obsolet wird).

4 Narrative Ebenen

Es ist nur folgerichtig, dass dieses Unterlaufen der Muster auch in anderer Hinsicht zu entdecken ist. Besonders augenfällig ist es, wenn man sich die verschiedenen narrativen Ebenen in den Erzähltexten ansieht. Die Konstanz und Kohärenz der Kategorien Figur, Zeit und Realität werden von Grass immer wieder herausgefordert.

Besonders eindrücklich und geradezu programmatisch ist die Zerstörung der Figurenidentität in *Ein weites Feld*. Theo Wuttke, genannt Fonty, ist als Wiedergänger von Theodor Fontane angelegt. Er ist nicht nur in der erzählten Geschichte selbst ein Fontane-Spezialist, der sich mit dem auf den Tag genau einhundert Jahre älteren Autor stark identifiziert so wie er von anderen mit ihm identifiziert wird, sondern wiederholt auf der Ebene der Erzählung zeitversetzt dessen Biographie. Da auch von dem historischen Fontane, selbstironischerweise als von dem „Unsterblichen", erzählt wird (und die historische Figur nicht nur eine implizite Folie ist), geht dies mitunter so weit, dass man zuweilen nicht unterscheiden kann, von wem die Rede ist, vom historischen Fontane oder der literarischen Figur namens Fonty. Dieses Verfahren kommt auch bei der zweiten zentralen Figur zum Einsatz. Der Stasi-Mitarbeiter Ludwig Hoftaller, Wuttkes „Tagundnachtschatten", ist ebenfalls einer literarischen Figur nachempfunden, Hans Joachim Schädlichs Tallhover nämlich, die ihrerseits in dem gleichnamigen Roman Schädlichs schon als überzeitliche Figur oder Typus angelegt ist und dort in unterschiedlichen Abschnitten der jüngeren deutschen Geschichte ihre Spitzeldienste leistet.

Das Verschleifen der Figurenidentitäten ist indes keine Neuerung des Spätwerks, sondern gehört bereits zum Roman *Hundejahre*. Hier tritt nicht nur der Erzähler unter mehreren Namen auf, sondern erfindet sich immer wieder neu und gibt sich damit jeweils eine neue Figurenidentität. Dass es sich um dieselbe Figur handelt, ist mehr Behauptung als Erzählung. Dieses Verfahren begegnet uns in abgeschwächter Form auch in anderen Werken, etwa wenn in *örtlich betäubt* (1969) historische und fiktive Gestalten als fiktive Figuren zweiter Ordnung (als Fiktion innerhalb der Romanfiktion) auftauchen. So wird Staruschs Ex-Verlobte als Tochter eines Wehrmachtgenerals vorgestellt, über den Starusch ein Manuskript mit dem Titel „Verlorene Schlachten" schreibt. Hier verschwimmen die Identitäten der fiktiven Figuren, die sich auf derselben Realitätsebene Staruschs befinden, mit den Identitäten der auf dieser Ebene von Starusch erfundenen literarischen Figuren.

Ganz ähnlich geht der Autor Grass vor, wenn er von seinem fiktiven Helden Hermann Ott im *Tagebuch einer Schnecke* schreibt: „Auch wenn ich ihn erfinden muß, es hat ihn gegeben." (NGA 8, 22) Und dass die historischen Figuren in *Das Treffen in Telgte* doppelt codiert sind und damit über teilweise doppelte Identitäten verfügen, wurde schon angemerkt. Der Anlage nach kann man in diesen Fällen von einer metaleptischen Grundkonzeption sprechen, wobei die Verklammerung unvereinbarer Seinsebenen jedoch unterschiedlich stark ausgeprägt ist.

Schließlich gehört hierher, dass es bei Grass auch Figurenidentitäten über verschiedene Werke hinweg gibt. So erhält Starusch in *örtlich betäubt* die Identität des „Störtebeker" genannten Anführers der Jugendbande aus der *Blechtrommel*, von dessen Entwicklung zu einem Lehrer in dem ersten Roman noch nichts zu ahnen war.

Oskars weiteres Schicksal wird in der *Rättin* aufgenommen. Harry Liebenau und Tulla Pokriefke aus *Hundejahre* haben in *Im Krebsgang* ein späteres Nachleben.

Mit den problematischen Figurenidentitäten hängt zusammen, dass das, was in einer erzählten Geschichte als wahr anzunehmen ist, problematisiert wird. Der Fiktionsstatus gerät auf diese Weise aus den gewohnten Fugen. Dies betrifft vor allem die Werke der mittleren Periode, in denen der Autor selbst das Wort zu ergreifen und damit von vornherein auf die Fingierung von Realität zu verzichten scheint und, wie etwa im *Butt*, als Ich in den jeweiligen Figuren der intradiegetischen Geschichten aus unterschiedlichen Epochen der Menschheitshistorie inkarniert ist. Zugleich erfährt man etwas vom Autor-Ich über den Schreibprozess. Auf weiteren Ebenen inszeniert er sich als Dialogpartner des titelgebenden Plattfischs und seines weiblichen Gegenübers Ilsebill.

Verwandte Effekte gibt es bereits im Frühwerk. In *Hundejahre* integriert Grass phantastische Elemente, etwa die Erkenntnisbrillen, die nicht mehr, wie es teilweise für die außergewöhnlichen Fähigkeit Oskars in der *Blechtrommel* gilt, als Hirngespinst des fiktiven Erzählers interpretiert und damit entsprechend einer als realistisch angenommenen Fiktion normalisiert werden können (vgl. Aumüller 2023). Grass selbst spricht denn auch von einer künstlerischen „Erweiterung des Wirklichkeitsverständnisses" (Grass 1978 [1970], 11). An anderer Stelle nennt er dasselbe auch „die realistische Dimension der Phantasie" (NGA 24, 173).

In *Unkenrufe* wiederum wird eine – vom Standpunkt des historischen Autors während des Schreibens im Jahr 1991 – wahrscheinliche *künftige* Entwicklung, die von der Übernahme des Kapitalismus westeuropäischer Prägung in Mittel- und Osteuropa geleitet wird, vom Standpunkt der Autofiktion *retrospektiv* erzählt. So ist der Titel der Erzählung performativ und selbstreferentiell zu verstehen: Der, der das erzählt, hat es immer schon gewusst. In der im Duktus der retrospektiven Erzählung verfassten futurisch-prophetischen (= unkenhaften) Geschichte ist dieselbe Integration disparater Wirklichkeitsbereiche zu erkennen wie in den meisten anderen Werken von Grass auch, sei es mit Bezug auf den Unterschied zwischen Realistik und Phantastik, sei es auf den zwischen Vergangenheit und Gegenwart oder Traum und Realität.

Die hergebrachten Erzählformen werden auf diese Weise zwar nicht zerstört, weil sie nach wie vor die Folie abgeben, vor deren Hintergrund Grass' Werke nur verstanden werden können; aber das ästhetische Spiel mit und die daraus folgende Distanzierung von diesen Formen sind das Programm seines Schreibens von Beginn an, wie man nicht zuletzt an den surrealistischen Elementen der frühen Kurzprosa sieht. Zweck der Übung ist Verfremdung, das Generalverfahren postrealistischen Schreibens und jeglicher moderner Kunst mit anti-mimetischer Ausrichtung. Auch dafür findet sich in Grass' Œuvre das passende Bonmot, hier auf einen Film gemünzt, für den er sich, in Zusammenarbeit mit Volker Schlöndorff, in *Kopfgeburten* (in Ansätzen) *plot* und Inszenierung ausdenkt: „Verdammt! Wie kriegen wir die Ästhetik des Farbfilms kaputt? Er macht alles schön, eindeutig, glatt, akzeptabel." (NGA 11, 129) Dies lässt sich ohne weiteres auf Grass' Schreibprogramm übertragen, das auf das genaue Gegenteil der hier am Beispiel der Farbfilmästhetik aufgeführten ästhetischen Normen abzielt.

Schon in der *Blechtrommel* setzt sich dieses anti-mimetische Programm am Ende durch, obwohl man in ihr noch recht deutlich Ansätze findet, die man in einem durchdachten Sinne als unzuverlässiges Erzählen qualifizieren kann, das ein konventionelles Erzählmuster zur Grundlage hat. Nur weil der Erzähler in einer „Heil- und Pflegeanstalt" einsitzt, ist er kein unzuverlässiger Erzähler; im Gegenteil, gerade in den 50er Jahren waren die Außenseiterfiguren nicht selten die zuverlässigen Figuren oder Erzähler, und Oskar ist lange Zeit genau auch in diesem Sinne rezipiert worden. Allerdings ist Oskar im Hinblick auf seine sexuelle und kognitive Reife nachweislich als unzuverlässiger Erzähler angelegt, im Hinblick auf seine irreale Fähigkeit, Glas zu zersingen, und auf seine Karriere im Fronttheater jedoch nicht (Aumüller 2023, Kap. 7.3). Gerade in der inkonsequenten Verwendung dieses Erzählverfahrens zeigt sich bereits, dass der Bruch mit narrativen Konventionen von Beginn an in Grass' Werk angelegt ist und seither ein immer offensiver verwendetes und geradezu systematisch auf verschiedenen narrativen Ebenen arrangiertes Muster seiner Erzählweise ist. Erst im Spätwerk vereinfacht sich sein Erzählen wieder, wie man nicht zuletzt an der eingängigen Autobiographie *Beim Häuten der Zwiebel*, aber auch der späten Kurzprosa unschwer beobachten kann. Schon das zumindest nach außen sachliche, auf historische Information abzielende Erzählen von *Im Krebsgang* kann diesbezüglich zum Spätwerk gerechnet werden.

5 Hybride Formen

Aus dem Tagebuch einer Schnecke und *Kopfgeburten oder Die Deutschen sterben aus*, aber auch spätere Werke wie *Die Box* oder *Beim Häuten der Zwiebel* sind narrativ. Allerdings enthalten sie mehr oder weniger mächtige essayistische, d. h. reflektierende und argumentierende Anteile, die den narrativen Anteilen nicht subordiniert, sondern koordiniert sind, also als eigenständige Teile neben den erzählenden Teilen stehen oder mit ihnen verflochten sind. Hinzu kommt, dass die erzählenden Anteile ihrerseits in ausbalancierte fiktionale und faktuale Teile zerfallen, während in den nicht-hybriden Erzählformen zumeist der fiktionale über den faktualen Teil dominiert.

Aus dem Tagebuch einer Schnecke besteht im Wesentlichen aus drei zusammenhängenden Ereignisreihen, die immer wieder aufgegriffen werden: die gegenwartsbezogene faktuale Ereignisreihe des Bundestagswahlkampfs 1969, die faktuale historische Dokumentation der Judenverfolgung in Danzig und eine fiktionale Geschichte, die in das historische Setting der NS-Judenverfolgung gesetzt ist. Diese drei Erzählstränge unterbrechen sich wechselseitig und werden durch weitere faktuale Betrachtungen teils historischer, teils autobiographischer Natur, die nicht unmittelbar die genannten Ereignisreihen betreffen, ergänzt. Der Unterschied zwischen Fakt und Fiktion wird aber auch innerhalb dieser Handlungsstränge unterlaufen. So berichtet Grass einerseits im Rahmen seiner faktualen Wahlkampfarbeit von den Verhältnissen im fiktiven Schnecklingen (vgl. NGA 8, 43) und bindet andererseits die fiktive Figur des Hermann Ott, genannt Zweifel, an Marcel Reich-Ranicki zurück, der ihm „seine Geschichte vor

Jahren erzählt hat" (NGA 8, 22). Auf diese Weise werden zwar nicht die Grenzen zwischen Fakt und Fiktion eingeebnet, dafür aber die wechselseitige Abhängigkeit immer bewusst gehalten. In beiden Fällen hat der Ebenensprung denselben Effekt: So wie Schnecklingen repräsentativ ist für eine ganze Anzahl vermutlich süddeutscher Kleinstädte, ist Hermann Ott repräsentativ für die zahllosen Opfer, die im Zuge der Judenverfolgung litten. (Wobei festzuhalten ist, dass er selbst wohl nicht jüdisch ist, was seinem historischen Vorbild nicht gefiel und was aus heutiger Sicht eine für Grass' Generation nicht untypische Verzerrung der Perspektive auf die Opfer darstellt.) Entsprechend gesichtslos wird Ott dargestellt, der so oder so ausgesehen haben könnte.

Das Resultat ist ein Springen über Zeit- und Themenebenen hinweg mit dem Effekt, dass die Chronologie in den Hintergrund gedrängt zu werden scheint. Dieses Erzählprinzip wird in *Kopfgeburten* selbst thematisch, wenn Grass von der „Vergegenkunft" spricht, die er als „eine vierte Zeit" beschreibt (NGA 11, 104). Und auch der Erzählanfang von *Das Treffen in Telgte* lautet entsprechend: „Gestern wird sein, was morgen gewesen ist. Unsere Geschichten von heute müssen sich nicht jetzt zugetragen haben." (NGA 10, 7) Seit den 70er Jahren ist dieses Verfahren nachweisbar, das aber auch in den Szenen zeitlicher Entgrenzung, die sich bereits in den Front-Kapiteln der *Blechtrommel* finden, vorgeprägt ist.

Die Form scheint irritiert zu haben. „Diesen mit kompositorischer Fertigkeit zurechtgeschüttelten Riesenzettelkasten [...] wollen wir getrost einen Roman nennen" (zit. n. Brunssen 2014, 166), schreibt Rolf Michaelis 1972 in einer Rezension des Schneckentagebuchs [„Das Prinzip Zweifel", 2.9.72] für die *FAZ*. Zu Recht, wenn man, wie eingangs bereits erwogen, die Roman-Konzeption von Bachtin zugrunde legt, der Hybridität insofern für ein Charakteristikum des Romans hält, als dieser offen ist für kompositorische Veränderung und Einbezug eigentlich der Epik fremder Schreibweisen und Gattungen.

Literatur

Aumüller, Matthias. *Unzuverlässiges Erzählen: Studien zur deutschsprachigen Nachkriegsliteratur*. Mit einem Kapitel von Tom Kindt, Dana Kissling und Victor Lindblom. Stuttgart 2023.

Beyersdorf, H. E. „The Narrator as Artful Deceiver: Aspects of Narrative Perspective in ‚Die Blechtrommel'". *The Germanic Review* 55.4 (1980): 129–138.

Bachtin, Michail. „Epos und Roman: Zur Methodologie der Romanforschung". *Disput über den Roman: Beiträge zur Romantheorie aus der Sowjetunion 1917–1941*. Hrsg. von Michael Wegner et al. Berlin 1988 [1941]: 490–532.

Botheroyd, Paul F. *Ich und Er: First and Third Person Self-Reference and Problems of Identity in Three Contemporary German-Language Novels*. The Hague 1976.

Brunssen, Frank. *Günter Grass*. Marburg 2014.

Diederichs, Rainer. *Strukturen des Schelmischen im modernen deutschen Roman: Eine Untersuchung an den Romanen von Thomas Mann „Bekenntnisse des Hochstaplers Felix Krull" und Günter Grass „Die Blechtrommel"*. Düsseldorf 1971.

Durzak, Manfred. „Harsdörffer-Variationen: Zur Barock-Rezeption im ‚Treffen in Telgte' von Günter Grass". *Georg Philipp Harsdörffer: Ein deutscher Dichter und europäischer Gelehrter*. Hrsg. von Italo Michele Battafarano. Bern u. a. 1991: 365–379.

Gerstenberg, Renate. *Zur Erzähltechnik von Günter Grass*. Heidelberg 1980.

Grass, Günter. „Gespräche mit Günter Grass". *Text + Kritik 1: Günter Grass*. Hrsg. von Heinz Ludwig Arnold. 5. Auflage. München 1978 [1970]: 1–50.

Hinck, Walter. „Der Autobiograph und der fabulierende Erzähler Günter Grass: ‚Beim Häuten der Zwiebel' auf dem Hintergrund zeitgenössischer Selbstbiographien". *literatur für leser* 31.1 (2008): 1–12.

Jacobs, Jürgen. *Der deutsche Schelmenroman: Eine Einführung*. München 1983.

Krumbholz, Martin. *Ironie im zeitgenössischen Ich-Roman: Grass – Walser – Böll*. München 1980.

Moser, Sabine. *Günter Grass: Romane und Erzählungen*. Berlin 2000.

Neuhaus, Volker. *Günter Grass*. 2., überarbeitete und erweiterte Auflage. Stuttgart 1993.

Rempe-Thiemann, Norbert. *Günter Grass und seine Erzählweise: Zum Verhältnis von Mythos und literarischer Struktur*. Bochum 1992.

Richter, Frank. *Die zerschlagene Wirklichkeit: Überlegungen zur Form der Danzig-Trilogie von Günter Grass*. Bonn 1977.

Rohlfs, Jochen. „Erzählen aus unzuverlässiger Sicht: Zur Erzählstruktur bei Günter Grass". *Text + Kritik 1: Günter Grass*. Hrsg. von Heinz Ludwig Arnold. 5. Auflage. München 1978: 51–59.

Schirrmacher, Beate. „Die Unzuverlässigkeit des schuldigen Erzählers: Erzählerfiguren bei Günter Grass, ihr Verhältnis zur Schuld und das Häuten der Zwiebel". *Points of Arrival: Travels in Time, Space, and Self*. Hrsg. von Marion Gymnich et al. Tübingen 2008: 119–128.

Stolz, Dieter. *Günter Grass: Der Schriftsteller*. München 2023.

III.2 Autobiographie und Autofiktion

Christian Baier

Grass' Verhältnis zum Autobiographischen ist geprägt von einem grundlegenden „Misstrauen gegenüber Autobiografien" (Doerry und Hage 2003, 144), da er es für unmöglich hält, das eigene Leben wahrheitsgemäß zu erzählen: „Ich könnte gar nicht autobiographisch schreiben, weil ich sofort ins literarische Lügen geriete." (Grass und Zimmermann 2000, 38) Gerade deshalb üben Literarisierung und Fiktionalisierung der eigenen Person einen unwiderstehlichen Reiz auf Grass aus: „Wenn ich eine Möglichkeit sähe, mich gewissermaßen in Variation zu erzählen – das wäre vielleicht reizvoll. Aber eigentlich mag ich Autobiographisches in der verschlüsselten Form der Fiktion, des Romans, lieber." (Doerry und Hage 2003, 144) Entsprechend sind seine Werke bevölkert von „fictional first-person narrators unmistakably endowed with Grass's biography" (Braun 2008, 4). Doch obgleich autobiographisches und autofiktionales Schreiben damit als „one of the most unifying aspects of his literary work" (Braun 2008, 3) anzusehen ist, steht eine umfassende Auseinandersetzung mit dieser Form literarischer Selbstinszenierung bei Grass noch aus (Ansätze dazu finden sich u. a. in Braun 2008, Neuhaus 2010 und Stolz 2023).

Im Rahmen der folgenden Ausführungen werden, nach einer kurzen Einführung in die theoretischen Grundlagen autobiographischen und autofiktionalen Schreibens, chronologisch teilweise weit auseinander liegende Werke gemeinsam behandelt, um strukturelle Parallelen zu zeigen. Aus praktischen Erwägungen beschränkt sich die Darstellung dabei auf ausgewählte literarische Texte, während Interviews, Reden oder Werkstattberichte zwar gegebenenfalls als Sekundärquellen herangezogen, nicht aber als eigenständige Ego-Dokumente behandelt werden.

1 Theoretische Grundlagen

Etymologisch betrachtet bezeichnet der Begriff *Autobiographie* „die Beschreibung (*graphia*) des Lebens (*bios*) eines Einzelnen durch diesen selbst (*auto*)" (Misch 1989, 38; vgl. Schwalm 2019). Mit seiner Kategorie des *autobiographischen Pakts* formalisiert Philippe Lejeune (1994) diesen Anspruch auf wahrheitsgemäße Wiedergabe realer Ereignisse, indem er als gattungskonstitutives Merkmal die Namensidentität „zwischen dem Autor (wie er namentlich auf dem Umschlag steht), dem Erzähler und dem Protagonisten der Erzählung" (Lejeune 1994, 25) postuliert. Da der autobiographische Pakt damit eine Verbindung zwischen realer Welt und literarischer Darstellung etabliert, fasst Lejeune die Autobiographie als grundsätzlich referentielle Gattung auf (vgl. Lejeune 1994, 39) und schließt das Auftreten des komplementären, eindeutig fiktionalen *Romanpakts* in autobiographischen Texten explizit aus (vgl. Lejeune 1994, 30). Lejeunes anhaltender Einfluss zeigt sich noch in Helga Schwalms Definition von Autobiographie als „non-fic-

https://doi.org/10.1515/9783110755435-063

tional, retrospective narration that seeks to reconstruct an individual's life course in terms of a formation of one's unique personal self within a given historical, social and cultural framework." (Schwalm 2019, 503)

Bereits Goethes *Dichtung und Wahrheit* (1811–1833) macht jedoch deutlich, dass Selbststilisierung, literarische Gestaltung sowie das imaginative Schließen von Erinnerungslücken integrale Bestandteile autobiographischen Schreibens darstellen (vgl. Wagner-Egelhaaf 2020, 23–45). Entsprechend ist in der Forschung trotz und jenseits von Lejeune die Einsicht verbreitet, dass das konstitutive Merkmal der Gattung gerade in der Kombination von fiktional-literarischen und faktual-referentiellen Elementen besteht (vgl. Schmidt 2014, 26–38).

An dieser Stelle kommt als „an intrinsic mode within the autobiographical" (Wagner-Egelhaaf 2022, 24) die ebenso produktive wie umstrittene Vorstellung der *Autofiktion* ins Spiel: Geprägt von Serge Doubrovsky im Jahr 1977 (vgl. Gronemann 2019), wird das Konzept in der Forschung wahlweise bestimmt als die bewusste und demonstrative Verwendung fiktionaler Elemente zur Konstituierung des autobiographischen Ichs (vgl. Wagner-Egelhaaf 2010, 198), beziehungsweise, in der Nachfolge Lejeunes, entweder als das Oszillieren der Lektüre zwischen autobiographischem Pakt und Romanpakt (vgl. Zipfel 2009, 306) oder die Überlagerung beider Paktformen in *autofiktionaler Interferenz* (vgl. Baier 2022, 67–68). Effe/Lawlor (2022, 4) bevorzugen den Begriff des *Autofiktionalen*, definiert als „a combination of real and invented elements; onomastic correspondence between author and character or narrator; and stylistic or linguistic experimentation", und betrachten seine konzeptionelle Offenheit als ausdrückliche Chance zur theoretischen Auseinandersetzung mit der Vielfalt autofiktionalen Schreibens (vgl. Baßler 2022, 267–327). Die vorliegende Analyse bezieht sich auf dieses flexible Konzept, das nicht nur den aktuellen Forschungsstand repräsentiert, sondern mit seiner Einbeziehung faktualer und fiktionaler Elemente, der Namensgleichheit von Autor, Figur und Erzähler sowie der experimentellen Natur autofiktionaler Texte auch zentrale Merkmale maßgeblicher Begriffsbestimmungen in sich vereint.

2 Zwischen Politik und Fiktion: *Aus dem Tagebuch einer Schnecke* (1972) und *Kopfgeburten oder Die Deutschen sterben aus* (1980)

Sowohl *Tagebuch* als auch *Kopfgeburten* sind grundsätzlich autobiographische Texte, da in ihnen, wie Grass selbst feststellt, „das Autor-Ich und das Erzähler-Ich weitgehend identisch" (Grass und Raddatz 1977) sind. Obwohl bereits frühere Werke autobiographische Elemente enthalten, gilt *Aus dem Tagebuch einer Schnecke* daher als Grass' „first explicitly autobiographical" work (Thesz 2018, 69). Bereits Cory (1983, 520) verweist dabei auf die „mixture of autobiography and fiction", die den Text auszeichnet, und Braun (2008, 70) spricht sogar von Grass' „first piece of autofiction", ohne auf die Implikationen dieser Bezeichnung jedoch genauer einzugehen.

Im Kern berichtet das *Tagebuch*, dessen Titel bereits auf seinen autobiographischen Charakter verweist, von Grass' Aktivitäten als Wahlkämpfer in den Jahren 1969 bis 1971 (vgl. NGA 8, 7 und 282–283). Mit diesem historisch-referentiellen Bericht verknüpft der Autor-Erzähler das Schicksal der Danziger Juden in den Jahren 1929 bis 1945, das er am Beispiel der fiktiven Lehrerfigur Hermann Ott, Spitzname Zweifel, veranschaulicht (vgl. NGA 8, 22). Das Erzählen wird unterbrochen von den imaginierten Zwischenfragen der vier Kinder des Autors, denen ihr Vater die deutsche Geschichte nahezubringen und zugleich die politische Gegenwart der Bundesrepublik zu erklären sucht: „Damit, Kinder, beginnt es: Die Juden sind. Die Fremdarbeiter wollen. Die Sozialdemokraten haben." (NGA 8, 20) Ein autofiktionales Element kommt ins Spiel, wenn Grass seine Figur Hermann Ott alias Zweifel zum Augenzeugen der in Wirklichkeit gehaltenen Wahlkampfreden macht: „Ihr zweifelt, Kinder, und sagt, den gibt es, gab es nicht, Zweifel. Alles ausgedacht und erfunden, und nur der Wahlkampf ist wahr. […] Als sei er nicht überall […] der stumme Beisitzer jeder Rede gewesen." (NGA 8, 280; vgl. Neuhaus 2010, 140). Zwar zieht der sprechende Name der fiktiven Figur ihre tatsächliche Anwesenheit in Zweifel, doch ist in der angedeuteten Überblendung zweier Fiktionsebenen eine narrative Konstellation präfiguriert, die in Werken wie *Die Rättin* und *Grimms Wörter* zu voller Entfaltung kommen wird.

Der Autor-Erzähler von *Kopfgeburten oder Die Deutschen sterben aus* gibt sich explizit als Verfasser des *Tagebuchs einer Schnecke* und damit als Günter Grass zu erkennen: „Vor zehn und mehr Jahren sagte ich: Der Fortschritt ist eine Schnecke." (NGA 11, 112; vgl. Braun 2008, 65–95 und Cory 1983) Diesmal besteht die autobiographische Grundlage des Erzählten in der „Monatsreise […] über Singapore, Manila und Kairo" (NGA 11, 8), die das Ehepaar Grass im Jahr 1979 zusammen mit Volker Schlöndorff und Margarethe von Trotta unternimmt. Erzählerisch parallel, wenn auch zeitlich versetzt, reisen die ausdrücklich als Grass' „Kopfgeburten" (NGA 11, 106) gekennzeichneten Figuren Dörte und Harm Peters nach Bali: „[U]nser Lehrerehepaar soll eine Reise machen, wie Ute und ich, Volker und Margarethe unsere Reise machen" (NGA 11, 13). Expliziter als im *Tagebuch* kreuzen sich die diesen Handlungssträngen entsprechenden Fiktionsebenen, wenn Günter Grass und Dörte Peters bei der „Fortsetzung des Brockdorfer Prozesses am Montag, dem 26. November 1979" (NGA 11, 106), leibhaftig aufeinandertreffen.

Bedeutsamer als diese direkte Interaktion des Autor-Erzählers mit seiner Figur ist für die Erörterung des autofiktionalen Schreibens bei Grass allerdings die Einführung des Begriffs ‚Vergegenkunft': „Wir haben das so in der Schule gelernt: nach der Vergangenheit kommt die Gegenwart, der die Zukunft folgt. Mir aber ist eine vierte Zeit, die Vergegenkunft, geläufig" (NGA 11, 104; vgl. Schirrmacher 2010), in der die drei Zeitebenen zusammenfallen. Da sich mit den verschiedenen Zeiten oft auch die ihnen entsprechenden Fiktionsebenen überlagern, wird die Vergegenkunft zur Bedingung der Möglichkeit des Autofiktionalen.

3 Das Leben fabulieren: *Mein Jahrhundert* (1999) und *Die Box* (2008)

Handelt es sich bei den oben besprochenen Werken im Kern um traditionell autobiographische Texte, wird *Mein Jahrhundert* von einer Vielzahl narrativer Instanzen erzählt, die der Autor-Erzähler Grass im ersten Absatz als Fiktionalisierungen seiner selbst bezeichnet: „Ich, ausgetauscht gegen mich, bin Jahr für Jahr dabeigewesen." (NGA 15, 7) Zumindest einige Kapitel können dennoch als eindeutig autobiographisch gelten (vgl. Neuhaus 2010, 244; Platen 2006, 296): Als er selbst berichtet Grass etwa vom Erfolg der *Blechtrommel* im Jahr 1959 (vgl. NGA 15, 182–183) oder von der Reise mit Ehefrau Ute nach Kalkutta im Jahr 1987 (vgl. NGA 15, 274–276) sowie, in spielerischem Umgang mit den Konventionen der Gattung, von der eigenen Geburt im Jahr 1927 (vgl. NGA 15, 84–86). In anderen Kapiteln taucht er als Nebenfigur (vgl. NGA 15, 214) oder als Gegenstand des Zorns anderer Figuren auf (vgl. NGA 15, 297–300). Im letzten Kapitel lässt Grass seine bereits 1954 verstorbene Mutter Helene auftreten, indem er sie „überredet" (NGA 15, 317), als Figur, die sich der eigenen Fiktivität bewusst ist, von der Vergangenheit zu erzählen (vgl. Platen 2006, 296–300).

Dieser literarische Kunstgriff bildet das zentrale kompositorische Merkmal von *Die Box*: Das Werk besteht aus Gesprächen zwischen Grass' Söhnen und Töchtern, die, „ausgedacht vom Vater und nach seinen Worten" (NGA 18, 7), ihr Leben und damit zugleich seines diskutieren. Wie Helene Grass sind die Kinder sich bewusst, als fiktive Figuren in literarisch imaginierten Zusammenkünften aufzutreten: „‚Er denkt sich uns einfach aus!' ruft Nana. ‚Und mir legt er Wörter in den Mund, die absolut nicht meine sind', beklagt sich Taddel." (NGA 18, 144) Grass selbst, dessen Name im Text nicht genannt wird, hält sich zwar als Figur im Hintergrund, greift aber als Autor-Erzähler kommentierend und korrigierend in seinen Text ein: „Jetzt weiß der Vater nicht, was tun: tilgen, was geschrieben steht? Ersatzweise Harmloses finden, dem keine Empfindlichkeiten abzuleiten sind? Oder den Streit verlängern?" (NGA 18, 81)

Sowohl *Mein Jahrhundert* als auch *Die Box* sind gekennzeichnet durch ihre komplexe narrative Struktur, die in der Selbstfiktionalisierung ihres Autors, in multiperspektivischem Erzählen sowie in Figuren zum Ausdruck kommt, die sich ihrer eigenen Fiktivität bewusst sind. Beide Werke zeigen damit eine formale und stilistische Kreativität, die als konstitutives Merkmal autofiktionalen Schreibens angesehen werden kann.

4 Fiktive Alter Egos: *Katz und Maus* (1961), *Im Krebsgang* (2002), *Die Rättin* (1986) und *Ein weites Feld* (1995)

Obwohl es sich bei dem Erzähler von *Katz und Maus* eindeutig nicht um Günter Grass handelt, ist das Autofiktionale in dieser frühen Novelle zumindest angedeutet: Pilenz ist sich nicht nur bewusst, „erzählendes Medium für eine Welt zu sein, in der er selbst handelnd auftritt" (Neuhaus 2010, 93), er verweist auch auf „eine dunkle verzweigte Geschichte, die an anderer Stelle [...] niedergeschrieben werden soll." (NGA 5, 41) Diese

Anspielung auf den Roman *Hundejahre* lässt den „Autor“ (NGA 5, 120) von *Katz und Maus*, „[d]er uns erfand, von berufswegen“ (NGA 5, 5), als Günter Grass erkennbar werden.

In *Im Krebsgang* tritt Grass’ fiktives *alter ego* deutlicher hervor: „Der Alte“ (NGA 16, 94), auf dessen Drängen Paul Pokriefke vom Untergang der ‚Wilhelm Gustloff‘ berichtet, nimmt direkten Einfluss auf die literarische Gestaltung des Berichts (vgl. NGA 16, 129 und 187), dem er „das Zeug zur Novelle“ bescheinigt (NGA 16, 115). Doch obgleich Pauls „Arbeitgeber“ (NGA 16, 52) ohne Zweifel als fiktive Figur auftritt – er trifft sich mit Paul zu „Arbeitsgespräche[n]“ (NGA 16, 73) und behauptet, Tulla Pokriefke persönlich gekannt zu haben (vgl. NGA 16, 93 und 141) –, ist er doch zugleich als Grass erkennbar. Neben dem erneuten Verweis auf das „Erscheinen des Wälzers *Hundejahre*“ (NGA 16, 73) kann auch die Motivation des Autor-Erzählers als Hinweis auf seine Identität gelesen werden: Es wäre, so bekennt er, „Aufgabe seiner Generation gewesen, dem Elend der ostpreußischen Flüchtlinge Ausdruck zu geben“ (NGA 16, 93). Zwar tritt Grass hier als Vertreter seiner Generation auf, doch verrät diese Aussage zugleich „the author’s preoccupation with the question of German victimhood“ (Dye 2004, 474–478; vgl. Hall 2009) als persönlicher Verpflichtung: Gezielt nutzt Grass in *Im Krebsgang* das autofiktionale Erzählen, um ein als individuell empfundenes „Versagen“ (NGA 16, 73) in literarischer Form aufzuarbeiten.

In *Die Rättin* wird die Identität von Autor, Erzähler und Figur nicht nur von zahlreichen autobiographischen Details beglaubigt (vgl. Neuhaus 1999, 175), sondern auch durch den Verweis auf Grass’ frühes Theaterstück *Hochwasser* (1957), in dem „zwei Ratten, Strich und Perle genannt, witzig über die Menschen plaudern.“ (NGA 12, 177; vgl. NGA 3, 21–71) Dabei treffen in der Person des Autor-Erzählers vier narrative Ebenen aufeinander: (1) Der ‚reale‘ Autor Günter Grass schreibt (2) die Geschichte um das Forschungsschiff ‚Die Neue Ilsebill‘, verhandelt (3) mit dem Filmproduzenten Oskar Mazerath und träumt (4) die postapokalyptische Welt der Rättin, in der er selbst als letzter Überlebender der Menschheit die verheerte Erdkugel in einer Raumkapsel umkreist.

Im Rahmen einer Diskussion des Autofiktionalen ist vor allem die dritte Ebene von Bedeutung, da Günter Grass den eindeutig fiktiven Oskar Mazerath in dessen Villa in Düsseldorf-Oberkassel besucht (vgl. NGA 12, 156), was an sein Treffen mit Dörte Peters erinnert und auf entsprechende Interaktionen in *Grimms Wörter* und *Beim Häuten der Zwiebel* vorausweist. Der autofiktionale Charakter dieser Konstellation wird noch dadurch unterstrichen, dass Oskar weiterhin der Willkür seines Schöpfers ausgeliefert ist: Als Mazerath die Unterschrift unter einen Vertrag verweigern will, erpresst ihn der Autor-Erzähler mit seiner schriftstellerischen Macht: „Es könnte mir im Nebensatz einfallen, Ihr Visum einfach verfallen zu lassen.“ (NGA 12, 118; vgl. Neuhaus 2010, 192)

An dieser Stelle zeigt sich das Autofiktionale als Voraussetzung für die komplexe narrative Konstellation in *Die Rättin*: Jeder der vier narrativen Ebenen, die in der Figur des Autor-Erzählers zusammenlaufen, ist je eine eigenständige Erzählinstanz zugeordnet. Doch während die Frauen auf der ‚Neuen Ilsebill‘ wie Oskar Mazerath der Erzählerfigur Grass strukturell untergeordnet sind, erscheint die Rättin als ebenbürtige Gegenspielerin in einem Streit um narrative Dominanz und die Frage, wer wessen Geschichte träumt und von wem erzählt wird (vgl. Anderson 1991; Thesz 2018, 108–113).

Als erzählerische Kuriosität kann eine autofiktionale Episode im Roman *Ein weites Feld* gelten: Während der Protagonist Theo Wuttke auf Drängen seines „Tagundnachtschattens“ (NGA 14, 567) das Fontane-Denkmal in Neuruppin besteigt, „besucht ein Ehepaar das Denkmal – für den Leser unschwer als Ute und Günter Grass erkennbar“ (Neuhaus 2010, 215). Von ähnlichen Zusammentreffen etwa in *Kopfgeburten* oder *Grimms Wörter* unterscheidet sich diese Szene dadurch, dass das Ehepaar Grass – „ein ungleiches Paar, das einen ganz anderen Roman lebte“ (NGA 14, 574) – die fiktiven Figuren Fonty und Hoftaller nicht wahrnimmt, was die kollektive Erzählinstanz des Romans veranlasst, „noch lange über Fiktion und Wirklichkeit nach[zu]denken“ (NGA 14, 574).

5 Verschränkung der Zeitebenen: *Der Butt* (1977), *Das Treffen in Telgte* (1979) und *Grimms Wörter* (2010)

Wie *Die Rättin* ist auch *Der Butt* bestimmt von vier miteinander verwobenen Erzählebenen: (1) Den neun Monaten zwischen der Zeugung von Helene Grass im Oktober 1973 und ihrer Geburt Ende Juni 1974 (vgl. NGA 9, 9 und 663) entsprechen (2) die neun Kapitel des Romans sowie (3) die neun Monate des intradiegetischen feministischen Tribunals, das ebenfalls „Mitte Oktober“ 1973 beginnt (NGA 9, 55 und 43); hinzu kommt (4) die Geschichte des märchenhaften Butt selbst, die sich von einem „zeitlosen Tag“ (NGA 9, 29) gegen Ende einer imaginierten Steinzeit bis in die Gegenwart der 1970er Jahre erstreckt (vgl. Koopmann 2017, 175–176). Diese Kulturgeschichte des Essens wie des Geschlechterkampfes wird erzählt von zahlreichen Ich-Erzählern, die zwar in vielerlei Gestalt auftreten, aber gemäß der Maxime „Ich, das bin ich jederzeit“ (NGA 9, 9) als „many alternative personae of the author“ (Durrani 1980, 821; vgl. Bauer Pickar 1983) anzusehen sind.

Angesichts dieser Vervielfältigung der autobiographischen Dichotomie von erzählendem und erlebendem Ich bleibt zunächst unklar, ob es sich bei dem „Schriftsteller“ (NGA 9, 91), der in der Romangegenwart der 1970er Jahre dem Tribunal der Frauen über den Butt beiwohnt, tatsächlich um Günter Grass handelt. Die Aussage, er wolle „über neun oder elf Köchinnen eine Art Ernährungsgeschichte“ (NGA 9, 181) schreiben, deutet eine solche Identität an, die sich bestätigt, als der Erzähler – „[w]ieder- und wiedergeboren“ (NGA 9, 217) in der Gestalt Vasco da Gamas – bekennt, an einem Buch zu arbeiten, „in dem es ihn zu jeder Zeit gegeben [habe]: steinzeitlich, frühchristlich, hochgotisch, reformiert, barock, aufgeklärt und so weiter.“ (NGA 9, 218) Entsprechend erläutert der (reale) Autor Günter Grass im Gespräch mit Heinz Ludwig Arnold, dass er in *Der Butt* „das Autoren-Ich als Erzähler-Ich einführe und […] dieses Autoren-Ich nach einer gewissen Zeit in ein fiktives Ich verwandle, aber immer in Korrespondenz zum Autoren-Ich” (Arnold 1978, 28).

Die Identität der mannigfaltigen Erzählfiguren mit dem Autor-Erzähler Grass führt zu einer Überlagerung zahlreicher Zeitebenen, so dass in *Der Butt* das Konzept der Vergegenkunft eine zentrale Rolle spielt: „Auf unserem Papier findet das meiste gleichzeitig statt." (NGA 9, 153) Dabei kann die experimentelle Aufspaltung des Autors Günter Grass in historisch-fiktive *alter egos* nicht nur als Merkmal autofiktionalen Schreibens angesehen werden, sondern stellt zudem eine strukturelle Analogie zur Barock-Vignette *Das Treffen in Telgte* her (vgl. Wimmer 1983, 34–35).

Die autofiktionale Dimension von *Das Treffen in Telgte* ergibt sich unmittelbar aus dieser Verschränkung der Zeitebenen: „Gestern wird sein, was morgen gewesen ist." (NGA 10, 7) Durch Hinweise auf die ‚Gruppe 47' sowie auf Hans Werner Richters 70. Geburtstag am 12. November 1978 verortet sich der Ich-Erzähler einerseits im 20. Jahrhundert (vgl. Neuhaus 2010, 169–70) und gibt sich indirekt als Günter Grass zu erkennen, während er andererseits am fiktiven Treffen der Barockpoeten in Telgte teilnimmt: „Woher ich das alles weiß? Ich saß dazwischen, war dabei." (NGA 10, 94) Seine historische Identität bleibt zwar in der Schwebe – „Ich weiß, wer ich damals gewesen bin" (NGA 10, 148) –, doch steht außer Zweifel, dass (1) *Das Treffen in Telgte* als grundlegend autofiktionaler Text zu gelten hat und (2) eine enge Verbindung besteht zwischen dieser historischen Erzählung, dem Roman *Der Butt* und dem dritten Teil von Grass ‚autobiographischer Trilogie'.

In *Grimms Wörter* wird die Identität von Autor und Erzähler durch die Erörterung der Schreibweise des Namens ‚Graß/Grass' (vgl. NGA 19, 153) explizit verbürgt. Da der Autor zudem auf Werke wie *Die Box* und *Beim Häuten der Zwiebel* (vgl. NGA 19, 19 und 64) verweist und noch dazu erklärt, „nunmehr das achtzigste Jahr" (vgl. NGA 19, 31) vollendet zu haben, lässt sich die Schreibsituation präzise auf die Jahre 2008 und 2009 datieren. Zugleich finden sich zahlreiche Beispiele dafür, dass Grass leibhaftig im 19. Jahrhundert zugegen ist und als fiktive Figur unmittelbar mit den Brüdern Grimm interagiert: Nachdem Jacob „vor den Mitgliedern der Königlich Preußischen Akademie der Wissenschaften seine Rede über Wilhelm" (vgl. NGA 19, 193) gehalten hat, trägt Grass dem von ihm selbst imaginierten Gelehrten „sein Manuskript nach, damit es später gedruckt werden möge." (NGA 19, 199) Der Autor-Erzähler beansprucht somit nicht nur für seine historisch verbürgten „Wahlkampfreisen in den Jahren fünfundsechzig und neunundsechzig" (NGA 19, 32), sondern ebenso für seine Anwesenheit im Berlin des Jahres 1860 den Status eines Augenzeugen. An diesem scheinbaren Widerspruch erweist sich nicht nur die konzeptionelle Begrenztheit der Lejeune'schen Dichotomie von autobiographischem Pakt und Romanpakt, sondern zugleich die interpretative Fruchtbarkeit der Kategorie Autofiktion (vgl. Baier 2016).

6 Autofiktionale Interferenzen: *Beim Häuten der Zwiebel* (2006) und *Die Blechtrommel* (1959)

Der Skandal um Grass' Mitgliedschaft in der Waffen-SS (vgl. Kölbel 2007) illustriert die Vorstellung, die sich interessierte Leser wie professionelle Rezensenten von der Gattung Autobiographie machen. Der öffentliche Aufschrei ist nur unter der Voraussetzung verständlich, dass *Beim Häuten der Zwiebel* – in bester Lejeune-Tradition – als eindeutig referentiell verstanden wird: als wahrheitsgemäße Darstellung persönlicher Erfahrungen (vgl. Fuchs 2007). Die Äußerungen, mit denen Grass selbst die Publikation seines umstrittenen Werkes begleitet (vgl. Schirrmacher und Spiegel 2006), machen dabei deutlich, dass der Autor seinem hochgradig literarisch überformten Text zumindest einen partiellen Referenz- und Authentizitätsanspruch zuschreibt.

Zugleich wird die Grundlage dieses Anspruchs in *Beim Häuten der Zwiebel* systematisch unterlaufen: Immer wieder weist Grass auf den Abstand zwischen erzählendem und erlebendem Ich hin, dem gealterten Autor und dem „Jungen von einst, der ich als Dreizehnjähriger gewesen bin" (NGA 17, 33). Seine innere Distanz zu diesem früheren Ich, das ihm inzwischen „zwar nicht ganz und gar fremd, doch abhanden gekommen und entrückt [ist] wie ein entfernter Verwandter" (NGA 17, 163), verschärft noch die prinzipielle Unzuverlässigkeit der Erinnerung (vgl. NGA 17, 8). Grass' Auseinandersetzung mit dem Erinnerungsprozess kommt im Text in den Metaphern des Bernsteins, des gerissenen Films und der Zwiebel zum Ausdruck (vgl. NGA 17, 122 und 59), unter deren zahlreichen Häuten sich kein fester Kern findet (vgl. Baier 2022, 68–69).

Unverkennbar ist zudem, dass Grass die in *Beim Häuten der Zwiebel* berichteten Ereignisse literarisch überformt, was nach Wagner-Egelhaaf (vgl. 2010, 198) und Effe/Lawlor (2022, 4) ein konstitutives Merkmal autofiktionalen Schreibens darstellt. Die Schrecken des Weltkriegs beschreibt er mittels sprachlicher Anleihen bei Grimmelshausen (vgl. NGA 17, 133), und als der junge Soldat Grass auf einen „zählebig gewitzten [...] Obergefreiten" (NGA 17, 146) trifft, weist er diesem kurzerhand die Rolle des ‚Herzbruders' zu, um sich selbst als Nachfolger des Simplicius Simplicissimus inszenieren zu können (NGA 17, 129; vgl. Schade 2011). Ob diese Inszenierung bereits dem erlebenden oder erst dem erzählenden Ich zuzuschreiben ist, bleibt dabei in der Schwebe.

Das für *Beim Häuten der Zwiebel* einflussreichste literarische Werk ist jedoch nicht Grimmelshausens *Simplicissimus Teutsch* (1668), sondern *Die Blechtrommel*, was zu einer einzigartigen Form autofiktionaler Interferenz führt: Da Grass viele seiner prägenden Kindheits- und Jugenderlebnisse dem Protagonisten Oskar Mazerath angedichtet und als dessen Lebensgeschichte veröffentlicht hat (vgl. NGA 17, 8), beeinflusst der Roman mit seiner fast fünf Jahrzehnte umfassenden Wirkungsgeschichte Inhalt und Rezeption des späteren Werkes. Als Grass etwa von seinen jugendlichen Eskapaden in der Herz-Jesu-Kirche in Danzig-Langfuhr berichtet, muss er sich korrigieren: „[N]icht ich habe dazumal [...] das Gießkännchen des Jesusknaben abgebrochen" (NGA 17, 65) – das hatte, wie man aus der *Blechtrommel* weiß, Oskar getan (vgl. NGA 4, 175). Dieses metafiktionale Spiel literarischer Selbstreferentialität erreicht seinen Höhepunkt, als

Grass die Vermischung von Ereignis und Imagination, Erinnerung und Erfindung, Geschichte und literarischer Fiktion der einst von ihm selbst erfundenen Figur anlastet: „Oskar besteht auf Vortritt, weiß alles besser und verlacht meine löchrige Erinnerung.“ (NGA 17, 314) Damit unterläuft der Text die Trennung von Autor und Erzähler, Person und Figur, Roman und Autobiographie, und etabliert das Autofiktionale als kompositorisches Prinzip von *Beim Häuten der Zwiebel* (vgl. Baier 2022, 70–71). Zugleich beweist der Skandal um Grass' SS-Mitgliedschaft, dass autofiktionale Texte, aller literarischen Überformung und sprachlich-stilistischen Experimentierfreude ungeachtet, als Spielart des Autobiographischen dem impliziten Referenz- und damit Wahrheitsanspruch dieser Gattung verpflichtet bleiben.

7 Schluss

Grass' literarisches Werk ist geprägt von vielfältigen Formen autobiographischen und autofiktionalen Erzählens: Wird die Überlagerung verschiedener Fiktionsebenen in *Aus dem Tagebuch einer Schnecke* nur gerade angedeutet und beschränkt sich in *Kopfgeburten* wie auch in *Ein weites Feld* auf eine einzelne Szene, nimmt die Interaktion des Autor-Erzählers mit eindeutig fiktiven Figuren in *Im Krebsgang* (Paul Pokriefke) und *Die Blechtrommel* (Oskar Mazerath) deutlich breiteren Raum ein, ehe diese Konstellation in *Grimms Wörter* (Jacob und Wilhelm Grimm) zum Strukturprinzip wird. Oskars Wissen um seinen Status als erfundene Figur stellt dabei eine Verbindung nicht nur zu der frühen Novelle *Katz und Maus* her, sondern auch zu dezidiert autobiographischen Werken wie *Die Box* und *Mein Jahrhundert*. In dieser Chronik fiktiver Augenzeugenberichte kommt zudem das multiperspektivische Erzählen zur erneuten Anwendung, das Grass bereits in *Der Butt* in aller Komplexität entfaltet hatte. Der Roman illustriert darüber hinaus die Bedeutung des Prinzips der Vergegenkunft für das autofiktionale Erzählen, da die postulierte Gleichzeitigkeit verschiedener Zeitebenen hier – wie im *Treffen in Telgte* und in *Grimms Wörter* – die Selbst-Fiktionalisierung des Autor-Erzählers ermöglicht. Schließlich führt die spezifische Konstellation von Grass' Gesamtwerk dazu, dass die literarische Überformung des eigenen Lebens in *Beim Häuten der Zwiebel* von der fünf Jahrzehnte zuvor erschienenen *Blechtrommel* überschattet wird und sogar die Rezeption dieses Werkes beeinflusst: Die Lektüre des autofiktionalen Textes mit seinem zumindest partiellen Wahrheitsanspruch führt möglicherweise zu einer Neubewertung bestimmter Szenen des Romans.

Angesichts dieser Ubiquität und formalen Vielfalt können das Autobiographische und besonders das Autofiktionale als bevorzugte Formen der Selbstdarstellung und Welterschließung des Autors Günter Grass gelten: als Grundkonstante seines literarischen Schaffens, dessen volle Bedeutung es noch zu erschließen gilt.

Literatur

Anderson, Susan C. „Lies and More Lies: Fact and Fiction in Günter Grass's ‚Die Rättin'". *The Germanic Review: Literature, Culture, Theory* 66.3 (1991): 106–112. https://doi.org/10.1080/00168890.1991.9936534.

Arnold, Heinz Ludwig (Hrsg.). „Günter Grass". *Text und Kritik*. 5. Auflage. München 1978.

Baier, Christian. „A Trickster's Tale: Autofictional Humour in Günter Grass's ‚Beim Häuten der Zwiebel'". *Life Writing* 19.1 (2022): 63–80. https://doi.org/10.1080/14484528.2021.1896330.

Baier, Christian. „‚In jedem Danach liegt ein Davor begraben ... ' Vergegenkunft als kompositorisches Prinzip in Günter Grass' ‚Grimms Wörter'". *Zeitschrift für deutschsprachige Kultur&Literatur / 독일어문화권연구* 26 (2017): 339–362.

Baier, Christian. „Grass' Wörter: Von der Fiktionalität autobiographischen Schreibens". *Germanisch-Romanische Monatsschrift* 66.2 (2016): 199–224.

Bauer Pickar, Gertrud. „The Prismatic Narrator: Postulate and Practice". *„The Fisherman and His Wife": Günter Grass's „The Flounder" in Critical Perspective*. Edited by Siegfried Mews. New York 1983: 55–74.

Baßler, Moritz. *Populärer Realismus: vom International Style gegenwärtigen Erzählens*. München 2022.

Cory, Mark E. „Sisyphus and the Snail: Metaphors for the Political Process in Günter Grass' ‚Aus dem Tagebuch einer Schnecke' and ‚Kopfgeburten oder die Deutschen sterben aus'". *German Studies Review* 6.3 (1983): 519–533. https://doi.org/10.2307/1429759.

Durrani, Osman. „‚Here Comes Everybody': An Appraisal of Narrative Technique in Günter Grass's ‚Der Butt'". *The Modern Language Review* 75.4 (1980): 810–822. https://doi.org/10.2307/3726589.

Dye, Elizabeth. „‚Weil die Geschichte nicht aufhört': Günter Grass's ‚Im Krebsgang'". *German Life and Letters* 57.4 (October 2004): 472–487. https://doi.org/10.1111/j.1468-0483.2004.00298.x.

Effe, Alexandra, und Hannie Lawlor (Hrsg.). „Introduction: From Autofiction to the Autofictional". *The Autofictional: Approaches, Affordances, Forms*. London 2022: 1–18.

Fuchs, Anne. „‚Ehrlich, du lügst wie gedruckt': Günter Grass's Autobiographical Confession and the Changing Territory of Germany's Memory Culture". *German Life and Letters* 60.2 (2007): 261–275.

Grass, Günter. „‚Heute lüge ich lieber gedruckt.' ZEIT-Gespräch über den ‚Butt' mit Günter Grass". Interviewt von Fritz J. Raddatz. *Die Zeit* 34 (12. August 1977): 29–30.

Grass, Günter, und Harro Zimmermann. *Vom Abenteuer der Aufklärung. Werkstattgespräche*. Göttingen 2000.

Grass, Günter. „‚Siegen macht dumm.' Günter Grass, 75, über den Krieg im Irak und die Prägung seiner Generation durch den Zweiten Weltkrieg, über das Erotische in der Literatur und seinen neuen Lyrikband ‚Letzte Tänze'". Interviewt von Martin Doerry und Volker Hage. *Der Spiegel* (25. August 2003): 140–144.

Grass, Günter: „Warum ich nach sechzig Jahren mein Schweigen breche." Interviewt von Frank Schirrmacher und Hubert Spiegel. *Frankfurter Allgemeine Zeitung* (12 August 2006): 33.

Gronemann, Claudia. „Autofiction". *Handbook of Autobiography/Autofiction*. 1: *Theory and Concepts*. Edited by Martina Wagner-Egelhaaf. Berlin und Boston 2019: 241–245.

Hall, Katharina. „‚Why Only Now?': The Representation of German Wartime Suffering as a ‚Memory Taboo' in Günter Grass's Novella ‚Im Krebsgang'". *Germans as Victims in the Literary Fiction of the Berlin Republic*. Hrsg. von Stuart Taberner und Karina Berger. Rochester, NY 2009: 133–146.

Kölbel, Martin (Hrsg.). *Ein Buch, ein Bekenntnis: Die Debatte um Günter Grass' „Beim Häuten der Zwiebel"*. Göttingen 2007.

Koopmann, Helmut. „Zwischen Steinzeit und Gegenwart oder Die Gleichzeitigkeit des Ungleichzeitigen: Zu den Zeitstrukturen in Günter Grass' ‚Der Butt'". *Revisiting Günter Grass: Voices from India and Germany*. Hrsg. von Vibha Surana und Meher Bhoot. Würzburg 2017: 169–187.

Lejeune, Philippe. „Der autobiographische Pakt". *Der autobiographische Pakt*. Hrsg. von Karl Heinz Bohrer. Übers. von Dieter Hornig. Frankfurt/M. 1994: 13–51.

Misch, Georg. „Begriff und Ursprung der Autobiographie (1907/1949)". *Die Autobiographie: Zu Form und Geschichte einer literarischen Gattung*. Hrsg. von Günter Niggl. Darmstadt 1989: 33–55.

Neuhaus, Volker. *Günter Grass*. 3., aktualisierte und erweiterte Auflage. Stuttgart 2010.

Neuhaus, Volker. „Das Motiv der Ratte in den Werken von Günter Grass". *Die Zoologie der Träume: Studien zum Tiermotiv in der Literatur der Moderne*. Hrsg. von Dorothee Römhild. Opladen 1999: 170–184.

Platen, Edgar. „‚Ich, ausgetauscht gegen mich, bin Jahr für Jahr dabei gewesen'. Versuch über die Funktion des Autobiographischen und seiner Überschreitung in Günter Grass' ‚Mein Jahrhundert'". *Autobiographisches Schreiben in der deutschsprachigen Gegenwartsliteratur*. Hrsg. von Ulrich Breuer und Beatrice Sandberg. Bd. 1: *Grenzen der Identität und der Fiktionalität*. München 2006: 291–305.

Schade, Richard Erich. „‚... immerzu Krieg': History, Intertextuality and the Memoir of Günter Grass'". *German Studies Review* 34.2 (2011): 261–276.

Schirrmacher, Beate. „Die Engführung der Zeit: Intermedialität und Günter Grass' Konzept der Vergegenkunft". *Sprache – Literatur – Kultur. Text im Kontext. Beiträge zur 8. Arbeitstagung schwedischer Germanisten in Uppsala, 10.–11. 10. 2008*. Hrsg. von Bo Andersson. Uppsalla 2010: 279–288.

Schmidt, Nadine Jessica. *Konstruktionen literarischer Authentizität in autobiographischen Erzähltexten: Exemplarische Studien zu Christa Wolf, Ruth Klüger, Binjamin Wilkomirski und Günter Grass*. Göttingen 2014.

Schwalm, Helga. „Autobiography". *Handbook of Autobiography/Autofiction*. Volume 1: *Theory and Concepts*. Edited by Martina Wagner-Egelhaaf. Berlin und Boston 2019: 503–519.

Stolz, Dieter. *Günter Grass: Der Schriftsteller*. München 2023.

Thesz, Nicole A. *The Communicative Event in the Works of Günter Grass: Stages of Speech, 1959–2015*. Rochester, NY 2018.

Wagner-Egelhaaf, Martina. „Zum Stand und zu den Perspektiven der Autobiographieforschung in der Literaturwissenschaft". *Bios. Zeitschrift für Biographieforschung, Oral History und Lebensverlaufsanalysen* 23.2 (2010): 188–200.

Wagner-Egelhaaf, Martina. „Of Strange Loops and Real Effects: Five Theses on Autofiction/the Autofictional". *The Autofictional: Approaches, Affordances, Forms*. Hrsg. von Alexandra Effe und Hannie Lawlor. London 2022: 21–39.

Wagner-Egelhaaf, Martina. *Sich entscheiden: Momente der Autobiographie bei Goethe*. Göttingen 2020.

Wimmer, Ruprecht. „‚I, Down Through the Ages': Reflections on the Poetic of Günter Grass'". *„The Fisherman and His Wife": Günter Grass's „The Flounder" in Critical Perspective*. Edited by Siegfried Mews. New York, NY 1983: 25–38.

Zipfel, Frank. „Autofiktion: Zwischen den Grenzen von Faktualität, Fiktionalität und Literarität?" *Grenzen der Literatur: Zu Begriff und Phänomen des Literarischen*. Hrsg. von Simone Winko, Fotis Jannidis und Gerhard Lauer. Berlin und New York 2009: 285–314. https://doi.org/10.1515/9783110210835.

III.3 Intermedialität

Viktoria Krason

1 Einführung

Grass' Gesamtwerk weist verschiedene Formen von Intermedialität zwischen diversen ästhetischen Medien auf: In seinem Arbeitsprozess verzahnte Grass das Zeichnen, Modellieren und Schreiben gewinnbringend miteinander, indem er sich in der bildenden Kunst seit Mitte der 50er Jahre weitgehend denselben Gegenständen widmete wie in seiner Literatur. Seine Texte enthalten Bezüge zu statischen und bewegten Bildern, zu Musikkompositionen und Tanzchoreographien, während seine bildkünstlerischen Arbeiten per Motivkongruenz und durch eingefügte Textfragmente auf seine literarischen Werke verweisen. In Büchern und Grafiken kombinierte er eigene Texte und Bilder miteinander und rezitierte Prosa wie Lyrik immer wieder in musikalischer Begleitung.

Ungeachtet dieser intermedialen Vielfalt wurden Methoden der Intermedialitätsforschung, die sich in den 1990er Jahren konstituierte, bisher nur selten zur Analyse von Grass' Werken herangezogen (vgl. Schirrmacher 2012; Krason 2019/2021). Sicher auch deshalb, weil ihre Begriffe und Methoden, Ansätze der Komparatistik und der Filmwissenschaften mit solchen der Intertextualität verbindend, erst seit Beginn der 2000er Jahre eine Systematisierung erfuhren (vgl. Rajewsky 2002, 6–11 und 43–58). Den wenigen Untersuchungen der Grass'schen Arbeiten aus Sicht einer solchen grenzüberschreitenden Forschungsperspektive gingen jedoch zahlreiche Analysen der Bildlichkeit und Musikalität der Literatur von Grass mit literaturwissenschaftlichen Methoden voraus, die ihrerseits wichtige Grundlagen zu intermedialen Studien bereitstellen (vgl. Wagenbach 1963; Just 1972; Jurgensen 1974; Hoesterey 1988; Weyer 2007). Für die Betrachtung der verschiedenen medialen Zusammenhänge in Grass' Werk hat sich deren Einteilung in die drei Hauptkategorien intermedialer Phänomene als fruchtbar erwiesen: In 1.) Medienwechsel, also die „Transformation eines medienspezifisch fixierten Produkts bzw. Produkt-Substrats in ein anderes, konventionell als distinkt wahrgenommenes Medium [...]", in 2.) intermediale Bezüge, also „Verfahren der Bedeutungskonstitution eines medialen Produkts durch Bezugnahme auf ein Produkt (=Einzelreferenz) oder semiotisches System (=Systemreferenz) eines konventionell als distinkt wahrgenommenen Mediums mit den dem kontaktnehmenden Medium eigenen Mitteln [...]." sowie in 3.) die Medienkombination, also eine „punktuelle oder durchgehende Kombination mindestens zweier, konventionell als distinkt wahrgenommener Medien, die sämtlich im entstehenden Produkt materiell präsent sind" (Rajewsky 2002, 19).

Grass' Gesamtwerk enthält Phänomene aller drei Kategorien in verschiedenen Ausprägungen, wobei insbesondere intermediale Bezüge in seinen Texten in vielen Ausdifferenzierungen zu finden sind: Sie reichen von Erwähnungen und Evokationen eines

https://doi.org/10.1515/9783110755435-064

anderen Mediums im Text bis hin zu verschiedenen transmedialen, also medienunspezifischen Phänomenen, die im literarischen Text eine teilweise Reproduktion eines anderen Mediums ermöglichen. Alle drei Arten von Intermedialität sind in Grass' Werk in Verbindung miteinander zu beobachten. Ihre Effekte überblenden, stützen und bedingen einander, was nicht allein für die drei Hauptkategorien intermedialer Phänomene gilt, sondern zudem für Bezüge zu verschiedenen künstlerischen Medien innerhalb eines Werks (vgl. Schirrmacher 2015).

2 Medienwechsel

Betrachtet man die Ausgestaltung desselben Motivs durch den Schriftsteller und bildenden Künstler Grass, so lässt der Vergleich Schlüsse darüber zu, welche spezifischen Funktionen den verschiedenen Ausdrucksformen in seinem künsteübergreifenden Schaffen zukommt. Grass' Œuvre ermöglicht bezogen auf Literatur und bildende Kunst diese Zusammenschau, weil er sich seit der Arbeit an seinem ersten Gedichtband *Die Vorzüge der Windhühner* (1956) als Bildhauer, Grafiker und Schriftsteller denselben Motiven widmete. Zuvor hatte er sich als Jugendlicher und als Student an den Kunstakademien in Düsseldorf und (West-) Berlin parallel verschiedener künstlerischer Techniken bedient, ohne dass dabei inhaltliche Berührungspunkte erkennbar wären. Gleichwohl setzte er sich in beiden Schwesterkünsten intensiv mit Stilrichtungen des ersten Drittels des 20. Jahrhunderts auseinander, mit dem Symbolismus, Expressionismus, Kubismus und Surrealismus, und fand insbesondere im Surrealismus Anregungen, um sein Schreiben und Zeichnen miteinander zu verbinden (vgl. Krason 2021, 11–39).

Als Grass 1954 begann, diejenigen Gedichte zu verfassen, die später in seinen Debütband eingehen sollten, entwickelte er in Zeichnungen und Gedichten eine surrealistische Bildsprache, deren Motive er der Alltagswelt entnahm. In seinen Bleistift- und Tuschezeichnungen kombinierte er Darstellungen von Objekten aus disparaten Zusammenhängen häufig über eine ihnen gemeinsame Form miteinander (vgl. Krason 2021, 57–74). Über Gegenstände und menschliche wie tierliche Figuren hinaus dienten ihm auch Buchstaben und Ziffern als Material (vgl. Detering 2016). Ihre Kombinationen finden sich in zeitgleich entstandenen Gedichten als Bestandteile von Allegorien und Metaphern wieder. Diese Art der Bildsprache, die von Grass abwechselnd in verschiedenen Medien ausformuliert wurde, durchzieht sein gesamtes Werk.

Der Wechsel von einem Medium ins andere, von der Zeichnung in einen Text oder umgekehrt, ist hinsichtlich der Abfolge meist nicht rekonstruierbar. Vergleiche von Texten und Bildern weisen allerdings ebenso wie die Äußerungen des Künstlers darauf hin, dass Zeichnungen bildhafte Einfälle auslösten oder dazu dienten, solche auf ihre visuelle Stimmigkeit hin zu überprüfen (vgl. Jensen 1987, 17; Krason 2021) – ganz gleich, ob die Zeichnung der tatsächlichen Niederschrift eines Gedichts vorausging oder nicht. In einzelnen Fällen konnte die bildkünstlerische Betätigung nach Grass' eigenem Bekunden Schreibblockaden lösen oder Nicht-Sagbares vermitteln. Das trifft insbesondere auf das Modellieren und Zeichnen im Vorfeld des Romans *Die Rättin* (1986) und der Text-Bild-Bände *Zunge zeigen* (1987) und *Totes Holz* (1990) zu, die in eine Phase der Auseinandersetzung mit globalen humanitären und ökologischen Krisen der Endzeit des Kalten Krieges fielen (vgl. Grass 2014, 251 und 303; Detering 2022, 162). Umgekehrt hat Grass in einzelnen Fällen eindeutig nachträglich Prosatexte in Bildserien überführt. In Lithografien zum Kapitel „Vatertag" aus dem Roman *Der Butt* (1977) aus dem Jahr 1981/1982 und in Radierungen zu den *Hundejahren* (1963) aus dem Jahr 2013 schälte er sein Anschauungsmaterial für Sprachbilder und Figuren gewissermaßen im Rückwärtsgang wieder aus dem Prosatext heraus.

Auch wenn die Reihenfolge der Medienwechsel von Wort und Bild in Grass' Werkstatt oft unbestimmt bleibt oder nachweislich variierte, gibt es bezogen auf die Entstehung seines Gesamtwerks ein wiederkehrendes Schema in der Nutzung verschiedener Ausdrucksformen: Nach dem Abschluss eines umfangreichen Prosawerkes näherte Grass sich mit Hilfe von Gedichten und Zeichnungen dem nächsten Thema, wobei Motive oft aus dem Bild, der kleineren Form des Gedichts oder manchmal auch des Theaterspiels in den Prosatext wanderten und dort Abwandlungen und Kontextualisierungen erfuhren (vgl. Stolz 1994; Engels 2005). Neben den Zeichnungen von einzelnen Objekten und ihren Kombinationen fertigte Grass in der Vorbereitungsphase eines Romans in vielen Fällen auch grafische Arbeitspläne an, die die Struktur des Buches vorab in verschiedenen Arbeitsetappen visualisierten. In Einzelfällen gestaltete er diese Zeichnungen um ihrer selbst willen zu eigenständigen Zeichnungen und Druckgrafiken aus (vgl. Krason 2021, 274)

Medienwechsel haben in Grass' Schaffen jedoch nicht nur eine operative Funktion für die Genese von Texten und Bildern, sondern sind zugleich Teil seiner Poetologie und Ästhetik, die er schon in den 1950er Jahren in programmatischen Texten skizzierte. So benennt der kurze Text *Über das Schreiben von Gedichten* aus dem Jahr 1958 das Zeichnen eines Objektes von allen Seiten als Praxis, die noch vor dem Schreiben eines Gedichts dazu beiträgt, dessen „faßbare Gegenstände von aller Ideologie zu befreien" (NGA 20, 26). Den Anspruch, seine literarischen Texte aus der wahrnehmbaren Welt heraus zu entwickeln, hat er in seinem Essay *Der Inhalt als Widerstand* von 1957 vor dem Hintergrund der politisch-ästhetischen Nachkriegsdebatte über die Geltung von abstrakter und figurativer Kunst formuliert. Die allgemeine Hinwendung zur Abstraktion in der Kunst der 1950er Jahre wertete er polemisch als Mangel an Begabung und Kreativität ab (vgl. NGA 20, 18–25). Späterhin ergänzte er seine Einschätzung um eine moralische Beurteilung, die die Abkehr vom wahrnehmbaren Gegenstand in der Kunst mit einer Abkehr von der gesellschaftlichen Realität gleichsetzte. Das verdeutlicht Grass' Rede *Geschenkte Freiheit* von 1985 ebenso wie seine Ausführungen in *Zunge zeigen* (1988) und *Totes Holz* (1990). Letzteren ging das Zeichnen sterbender Wälder voraus, die abschließend mit Textfragmenten und einem „Nachruf" veröffentlicht wurden. Der vom Medienwechsel getragene Arbeitsprozess ging dabei explizit in den fertigen Text-Bild-Band ein: „Hinsehen, wieder die Skizzen befragen. Nur nicht abstrakt werden. Dinglich bleiben. Du bist Augenzeuge. Sonst ist hier niemand." (Grass 1990,

105) Philosophisch unterfüttert wurde die Rolle der empirischen Wahrnehmung in Grass' Texten ausdrücklich mithilfe intertextueller Verweise im *Tagebuch einer Schnecke* (1972) auf Arthur Schopenhauers *Welt als Wille und Vorstellung*, worin der unmittelbaren Anschauung eine tragende Rolle bei der Einsicht in die Notwendigkeit moralischen Handelns zugesprochen wird (vgl. Krason 2021, 205).

3 Intermediale Bezüge

Intermediale Bezüge treten bereits im Zusammenhang mit Medienwechseln in Grass' Werk auf und zeigen, wie sein künsteübergreifendes Schaffen auch in zahlreichen literarischen Texten explizit von ihm eingebracht oder reflektiert wird: In einigen Erzählwerken werden bildnerische Arbeiten erwähnt und beschrieben, die Grass vor oder nach Verfassen des Buchmanuskriptes in vergleichbarer Weise selbst gefertigt, ausgestellt und in Büchern veröffentlicht hat. In der *Blechtrommel* (1959) etwa imaginiert der fiktive Maler Lankes eine Serie von Nonnendarstellungen, die er zu malen plant (vgl. NGA 4, 701–702). Seine anschaulichen Beschreibungen lassen sich aus der Rückschau ohne weiteres mit realen Zeichnungen des Schriftstellers in Verbindung bringen. Auf vergleichbare Weise scheinen Grass' Nonnenbilder hinter Konstruktionszeichnungen für Vogelscheuchen auf, die in den *Hundejahren* (1963) beschrieben werden (vgl. Krason 2021, 151).

Handelt es sich dabei gleichsam um Cameo-Auftritte des Künstlers Grass, die nur erkennt, wer mit seinem bildkünstlerischen Schaffen vertraut ist, bringt Grass im autobiographisch gefärbten *Tagebuch einer Schnecke* (1972) die Zeichnungen ausdrücklich als seine eigenen ein: Knappe Beschreibungen geplanter oder ausgeführter Bilder verteilte er im gesamten Erzählwerk, das nach Vorbild der Lichtenberg'schen Sudelbücher fiktive Erzählstränge locker mit tagebuchartigen Berichten des Erzählers und dessen Selbstreflexionen, mit Phantasien und fragmenthaften Einfällen verzahnt. Die Bildbeschreibungen skizzieren emblematische Kombinationen von Schnecken und anderen Objekten und benennen sie als Ideen für gezeichnete Bilder des Erzählers: „Ich habe sie mit ihrer Kriechsohle auf den Bunker gesetzt. Verkantet und um sein Schußfeld gebracht überdauert er zwischen Dünen: nicht zu verkaufen, nicht zu sprengen. (Soll ich ihr, weil sie eine Nacktschnecke ist, den Atlantikwallbunker als Haus entwerfen und bis ins Detail zeichnen? […])." (NGA 8, 170) Die sprachlichen Bilder wurden von Grass, Kapiteln vergleichbar, fest im Konzept des Buches verankert. Als Simulationen graphischer Bilder, erzeugt durch die Beschreibung des Vorgangs der Bildkomposition und des Zeichnens, in anderen Passagen verbunden mit einem Hinweis auf das Hinsehen, setzen sie das Postulat des anschaulichen Schreibens, das der Erzähler im Text immer wieder formuliert, unmittelbar um. Grass' Annäherung an sein Thema mit verschiedenen künstlerischen Ausdrucksformen wird dabei mit thematisiert und so in die Gedankengänge um die große Bedeutung der sinnlichen Wahrnehmung für den Erzähler und Schriftsteller eingebunden. Die ungewöhnlichen Bildkompositionen hemmen den

Erzählfluss und bilden Denkanstöße in komprimierter Form, die in anderen Passagen des Erzähltextes weiter ausgeführt werden. Eine solche Zusammenstellung knapper Sprachbilder und ihrer näheren Erläuterungen lässt Assoziationen zur Emblematik des 16. und 17. Jahrhunderts zu, die zudem im *Tagebuch einer Schnecke* selbst thematisiert wird. Die tatsächlichen Zeichnungen wurden von Grass parallel zur Arbeit am Manuskript gefertigt (vgl. Krason 2021, 177–209).

Das *Tagebuch einer Schnecke* kulminiert schließlich in einer Auseinandersetzung mit dem berühmten Werk eines anderen Künstlers, mit Albrecht Dürers *Melencolia I*. Diese Auseinandersetzung ist eines von vielen Beispielen, in welchen Grass statt eigener Arbeiten, bekannte Kunstwerke anderer in seine Texte einbrachte. Dazu zählen Gemälde von Anton Möller, Francisco de Goya und Eugène Delacroix. Dürers Kupferstich wird von Grass beschrieben und in verschiedenen neuen Varianten imaginiert. Das Kunstwerk wird damit zum Material des Erzählers, der es vor seinem inneren Auge umgestaltet und auf diese Weise eine Allegorie des 16. Jahrhunderts mit einer des 20. Jahrhunderts überschreibt: „Ich tausche den saturnischen Engel mit seinen Versatzstücken gegen eine vielzitierte Sozialistin aus. […] Das Dürerjahr und der Kupferstich ‚Melencolia I' regen an, ein Foto der Rosa Luxemburg zu montieren und nach drei vier Varianten ein weiteres Blatt, die ‚Melencolia V', aufzulegen." (NGA 21, 165–166)

Neben Bezügen zu tatsächlich existierenden Kunstwerken stellte Grass in seinen Texten auch solche zu frei erfundenen her oder formulierte einzelne Passagen der Narration so, dass diese zwangsläufig als Fotografien, Filme, Lieder oder Ballettopern vorstellbar werden. Den Rahmen geben in der *histoire* der Erzählwerke dabei meist Künstlerfiguren und Kunstkenner vor: Ihr im Text thematisiertes Schaffen und ihre Expertise markiert die Einbettung von intermedialen Bezügen verschiedenster Art für die Lesenden. Der Musiker Oskar und sein als „Bildhauer" von Bindfadenskulpturen aktiver Pfleger Bruno in der *Blechtrommel* (1959), der vielseitige Vogelscheuchenbauer und Choreograph Eddie Amsel in den *Hundejahren* (1963), der zeitwandernde Schriftsteller und bildende Künstler des *Butt* (1977) führen in den Romanen sogar selbst das Wort und lassen besonders bildhafte oder musikalischen Kompositionsprinzipien folgende Passagen nicht nur besser als solche erkennbar werden, sondern erlauben Reflexionen über das Verhältnis zwischen der Erzählung und der Zeichnung, der Fotografie, dem Film, dem Tanz oder dem Lied.

Gleich welche andere künstlerische Ausdrucksweise im Text evoziert wird, passiert dies stets, indem der Erzähler einen Inhalt immer wieder in Gestalt eines anderen Mediums beschreibt. Die Erzählung selbst wird auf diese Weise punktuell modifiziert. Ein Beispiel für eine solche Darstellung der Erzählung ‚als' Musik im Text der *Blechtrommel* (1959) ist das Kapitel „Glaube, Hoffnung, Liebe", dessen Struktur von Repetition und Variation geprägt ist. Der in immer kürzeren Abständen wiederkehrende Satzbeginn „Es war einmal" und die folgende Kette kausaler Bezüge, die immer neu variiert werden, bilden die Kennzeichen einer musikalischen Kompositionsform, in der die Forschung bisher wahlweise Fuge oder Rondo erkannte (vgl. Schirrmacher 2012, 122–126). Dieser Eindruck wird durch den weiteren Kontext gestützt, in den das

Kapitel eingebettet ist: Der Erzähler Oskar Matzerath ist zeitlebens auch Blechtrommler, der durch seine Musik vergangene Ereignisse erneut erlebbar machen kann. Das Verwenden musikalischer Kompositionsprinzipien hat für die angeführte Passage eine spezifische Funktion: Erzählt wird am Werdegang einer Nebenfigur des Romans, wie es dazu kommen konnte, dass Teile der Danziger Bevölkerung sich an den Novemberpogromen beteiligten. Die Variationen jeder Erläuterung mit jedem neuen „es war einmal" führen diese selbst ad absurdum. Zudem werden nicht nur Geschichten, sondern auch Geschichte auf diese Art nicht als kontinuierliche Abfolge von Ereignissen, sondern ebenfalls als Abfolge von Repetition und Variation erzählt – ein Effekt, wie er in Grass' Werken in Zusammenhang mit musikalischen Kompositionsprizipien wiederholt zu finden ist (vgl. Weyer 2007, 152–153; Bruhn et al. 2021, 187–188). Die Präsentation der Passage als Musikstück geht zugleich mit einer Vergegenwärtigung des Vergangenen einher und ebenso mit einer Vergegenständlichung des Erzählten, das nicht nur als erzählte Realität, sondern mittelbar als Lied wahrgenommen werden kann.

Intermedialen Bezügen in Grass' Literatur können verschiedene werkspezifische Funktionen zugeschrieben werden. Gemeinsam ist ihnen, dass sie die Illusion vermitteln, das Erzählte sei in einem anderen Modus wahrnehmbar: Simuliert werden Bilder, musikalische Kompositionen oder Tänze, und zwar oft als Alternative zur linearen Erzählung, die denselben Zusammenhang auf eine andere Weise vermittelt. Die Darstellung eines Themas als Gegenstand eines anderen medialen Produkts vergegenwärtigt den Inhalt und ermöglicht es, ein Ereignis, das außerhalb der erzählten Zeit liegt, quasi simultan mit ihr wahrnehmbar zu machen. Das gilt für die erwähnten Bildzitate der *Blechtrommel* (1959) ebenso wie für die Videos, in welchen Starusch in *örtlich betäubt* (1969) seine Vergangenheit auf dem Bildschirm einer Zahnarztpraxis nachvollzieht oder für die magischen Fotografien von Maria Rama in der *Box* (2008), die nicht nur Sichtbares zeigen, sondern dazu auch die geheimen Wünsche der Fotografierten (vgl. Krason 2021, 174; Römhild 2016). Intermedialität wird damit zu einem Mittel, um eine Verdichtung unterschiedlicher Zeitebenen zu erreichen, die Grass in seinem Roman *Kopfgeburten oder Die Deutschen sterben aus* (1988) zum ersten Mal als „Vergegenkunft" bezeichnet, die ebenso Teil seiner Poetologie wurde wie die dichte Verknüpfung seines Erzählens und Dichtens mit sinnlich wahrnehmbaren Gegenständen. Auch die Gegenständlichkeit seiner Texte wird durch intermediale Bezüge in seiner Literatur maßgeblich gestützt. Einen Zusammenhang zwischen beiden stellt wiederum die Nachkriegssituation dar, aus der heraus Grass zu schreiben begann: Während die Bindung der Literatur und Kunst an das sinnlich Wahrnehmbare für Grass zur notwendigen Bedingung eines gesellschaftlich relevanten Kunstwerks wurde, eröffnete die Verdichtung der Zeit einen Weg, die nachhaltige Wirkung vergangener Ereignisse in der Gegenwart darzustellen (vgl. Schirrmacher 2015).

4 Medienkombinationen

Produkte verschiedener künstlerischer Ausdrucksformen aus Grass' Hand sind vor allem in seinen Büchern und Grafiken zu finden: Für jeden seiner Buchumschläge hat er eigene Zeichnungen, Druckgrafiken oder Grafiken ausgewählt und jedem seiner Gedichtbände eigene Bildserien beigefügt, während er diese selbst seit der Arbeit an Lithographien im Umkreis des *Butt* (1977) immer häufiger mit handschriftlichen Textfragmenten versah. Seit Entstehung der *Rättin* (1986) hat Grass Federzeichnungen zwischen Zeilen der handschriftlichen ersten Manuskriptfassung seiner epischen Texte gefügt und im Folgenden immer wieder auch Prosaveröffentlichungen mit eigenen Bildern publiziert. Als neue Form der Zusammenstellung von Wort und Bild können die Veröffentlichungen *Zunge zeigen* (1988), *Totes Holz* (1990), *Letzte Tänze* (2003), *Fundsachen für Nichtleser* (1997) und *Mein Jahrhundert* (1999) betrachtet werden. Zur Unterscheidung von früheren Gedichtbänden werden vor allem eine besonders große Rolle des Zeichnens für die Werkgenese, des Bildes in Format und Layout sowie eine dichtere Verschränkung verschiedener Medien und literarischer Gattungen zu einem Gesamtkunstwerk angeführt (vgl. Platen 2002, Standfuß 2008).

Neben der bildkünstlerischen Arbeit an seinen eigenen Büchern entwarf Grass auch Umschläge zu Büchern anderer Autoren wie zu Reinhard Lettaus *Obstacles* (1965), Hans Joachim Schädlichs *Versuchte Nähe* (1977) und Erich Loests *Der Zorn des Schafes. Aus meinem Tagewerk* (1990) und eine Reihe von Federzeichnungen zu Ingeborg Bachmanns *Ein Ort für Zufälle* aus demselben Jahr (vgl. Grass 2014, 125; Däufel 2013). Eine umfangreiche Serie von Lithografien wurde noch 2004 zu *Der Schatten: Andersens Märchen* veröffentlicht. Immer wieder rezitierte Grass zudem eigene Texte mit musikalischer Begleitung von Musikern: mit den Flötisten Horst Geldmacher und Aurél Nicolet, immer wieder mit dem Schlagzeuger Günter „Baby" Sommer und vereinzelt mit dem vielseitigen Musiker Stephan Meier (vgl. Weyer 2007, 145–166).

Die bekannteste Zusammenstellung eigener Worte und Bilder bildet die Gestaltung der Umschläge zu seinen Büchern, wobei zu den meisten Publikationen verschiedene Entwürfe entstanden sind. In seinen Titelbildern verdichtete Grass die Themen, Figuren oder Erzählanordnungen, die für die jeweiligen Texte zentral waren.

Zu allen Veröffentlichungen von Gedichten fügte Grass neben dem Titelbild auch eine Reihe von Zeichnungen, Druckgrafiken oder Aquarellen hinzu, wobei das Verhältnis der Anzahl von Texten und Bildern von Veröffentlichung zu Veröffentlichung stark variiert. Auch der Stil, in dem die Bilder jeweils gehalten sind, ist von Buch zu Buch verschieden: Ihre Ästhetik findet stets Berührungspunkte zur Poetologie der Texte. So entsprechen die surrealistischen Federzeichnungen zu den *Vorzügen der Windhühner* (1956) und die naiv anmutenden, expressiveren Fettkreidezeichnungen zu *Gleisdreieck* (1960) jeweils anderen Dichtungsweisen. Gleichzeitig sind die stilistischen Eigenschaften und verwendeten künstlerischen Techniken immer auch repräsentativ für eine einige Jahre währende Phase des bildkünstlerischen Schaffens von Grass (vgl. Meyer 1982). Die Arbeiten, die er gemeinsam mit seinen Gedichten veröffentlichte, sind im selben Zeitraum entstanden wie diese und gehen, wie oben beschrieben, aus dem Wechsel derselben Motive und Inhalte zwischen Text und Bild hervor. Gleichzeitig werden sie im Gedichtband zusammen mit den gedruckten Texten rezipiert und lenken die Aufmerksamkeit der Betrachtenden auf die ihnen gemeinsamen Elemente: So können grafische Bilder die visuelle Ebene einer Metapher unterstreichen, während Gedichte die fragmenthaften grafischen Motivdarstellungen oftmals in eine Narration einbetten. Gemeinsam stützen sie Grass' Poetologie, selbst phantastische Einfälle an sinnlich erfahrbare Gegenstände zu binden.

Während Wort und Bild bis in Grass' Bücher der 1960er Jahre hinein neben- und hintereinander zwischen die Buchdeckel gebunden wurden, verschwamm die Grenze zwischen den Medien selbst in den 1970er Jahren weiter, indem Grass handschriftlichen Text in Zeichnungen oder Druckgrafiken einfügte. Einen Anfang machte hierzu die separate Veröffentlichung des Gedichts *Mariazuehren* im gleichnamigen Buch aus dem Jahr 1973, das neben dem Großdruck des lyrischen Textes in drei Sprachen eine Auswahl Grass'scher Zeichnungen und Grafiken der vergangenen Jahrzehnte zeigte und diese mit Fotografien von Maria Rama kombinierte. Auf den Fotos sind Gegenstände zu sehen, Fundsachen, die Grass zu seinen Texten inspirierten und die er mit gezeichneten Äquivalenten desselben Gegenstands und handschriftlichen Versen des besagten Gedichts versah. In dieser bewussten Konfrontation des technischen Bildes mit der Handzeichnung wurden Text und Bild zu einer selbständigen Einheit zusammengeführt.

Dank der Auffrischung seines Wissens von verschiedenen Drucktechniken durch den Galeristen Anselm Dreher konnte Grass seit Mitte der 1970er Jahre auch auf die Lithographie und dabei insbesondere auf Umdruckpapier zurückgreifen, was ihm einen mühelosen Einsatz von Text im Bild ermöglichte, ohne die Schrift spiegelverkehrt auftragen zu müssen. Er nutzte die Verquickung von Wort und Bild in den Gedichtbänden *Mit Sophie in die Pilze gegangen* (1976 veröffentlicht als Künstlerbuch), *Fundsachen für Nichtleser* (1997), *Letzte Tänze* (2003) und *Dummer August* (2007) und ebenso im gattungsübergreifenden *Zunge zeigen* (1987), während er in *Totes Holz* (1990) seitenfüllende Kohlezeichnungen mit gedruckten Textfragmenten kombinierte. Handschriftliche Kommentierungen prägen hingegen auch unzählige selbständige Druckgrafiken und Aquarelle des Spätwerks, im Fall der Aquarelle führten sie zur Wortneuschöpfung des „Aquadichts". Die Bildwerke werden auf diese Weise deutlich an den literarischen Zusammenhang gebunden, dem sie entsprungen sind.

Seine Romane hat Grass nie gemeinsam mit Bildern veröffentlicht – die fünfzig Jahre nach Erstveröffentlichung publizierte Jubiläumsausgabe der *Hundejahre* (1963) bildet hierzu eine opulente, späte Ausnahme. Die drei autobiographischen Werke der „Trilogie des Erinnerns" wurden hingegen bemerkenswerterweise alle jeweils mit einer Serie von Bildern veröffentlicht, deren Einzelelemente zwischen die Kapitel gesetzt sind. Im Gegensatz zu den meisten Zeichnungen, die Grass zu Gedichten und Kurzprosatexten geschaffen hat, handelt es sich nicht um heterogene Bildkompositionen, sondern um Abwandlungen desselben, die Handlung vorantreibenden oder strukturierenden Motivs: die von Bild zu Bild an Häuten verlierende Zwiebel in *Beim Häuten der Zwiebel* (2006); Maria Rama, die mit ihrem Fotoapparat in der Hand verschiedene Körperhaltungen einnimmt, um ein Foto zu schießen, in der *Box* (2008); und von handschriftlichen Wortbeispielen überschriebene aquarellierte Buchstaben des Alphabets in *Grimms Wörter* (2010). Die drei Bücher werden durch diese auffälligen Parallelen in der Buchgestaltung in Beziehung zueinander gesetzt und Grass' doppeltes Selbstverständnis als bildender Künstler und Schriftsteller in seinen autobiographischen Büchern sichtbar gemacht.

Literatur

Bruhn, Jørgen et al. „Media Representation: Film, music and painting in literature". *Intermedial Studies: An Introduction to Meaning Across Media*. Hrsg. von Jørgen Bruhn und Beate Schirrmacher. London 2022: 162–194.

Däufel, Christian. *Ingeborg Bachmanns „Ein Ort für Zufälle": Ein interpretierender Kommentar*. Berlin 2013.

Detering, Heinrich. „Windbruch und Wortbruch: Ökologische Krise und romantische Dekonstruktion in Günter Grass' ‚Totes Holz'". *Freipass* 6 (2022): 152–176.

Grass, Günter. *Totes Holz*. Göttingen 1990.

Grass, Günter. *Günter Grass. Ohne die Feder zu wechseln: Zeichnungen, Druckgraphiken, Aquarelle, Skulpturen*. Hrsg. vom Ludwig-Forum für Internationale Kunst Aachen. Göttingen 1997.

Grass, Günter. *Sechs Jahrzehnte*. Hrsg. von G. Fritz Margull und Hilke Ohsoling. Göttingen 2014.

Engels, Benedikt. *Das lyrische Umfeld der „Danziger Trilogie" von Günter Grass*. Würzburg 2005.

Hoesterey, Ingeborg. *Verschlungene Schriftzeichen: Intertextualität von Literatur und Kunst in der Moderne/Postmoderne*. Frankfurt am Main 1988.

Jensen, Jens Christian, und Günter Grass. *Günter Grass: Hundert Zeichnungen 1955 bis 1987. Kunsthalle zu Kiel der CAU, 11.10.–22.11.1987*. Hrsg. von Jens Christian Jensen. Kiel 1987.

Joch, Peter. *„Zaubern auf weissem Papier" – Das graphische Werk von Günter Grass: Deutungen und Kommentare*. Göttingen 2000.

Jurgensen, Manfred. *Über Günter Grass: Untersuchungen zur sprachlichen Rollenfunktion*. Bern 1974.

Just, Georg. *Darstellung und Appell in der „Blechtrommel" von Günter Grass: Darstellungsästhetik vs. Wirkungsästhetik*. Frankfurt/M. 1972.

Krason, Viktoria. „Bildende Kunst und Imagination in Günter Grass' ‚Beim Häuten der Zwiebel'". *Günter Grass: Werk und Rezeption*. Hrsg. von Mirosław Ossowski. *Studia Germanica Gedanensia* 28 (2013): 85–96.

Krason, Viktoria. *Günter Grass und die bildende Kunst: Eine interdisziplinäre Untersuchung der Schaffensjahre 1947 bis 1977*. Göttingen 2019.

Krason, Viktoria. *Auseinandernehmen und Zusammensetzen: Günter Grass und die bildende Kunst*. Göttingen 2021.

Meyer, Sigrid. „Nachwort". *Günter Grass: Zeichnen und Schreiben*. 2 Bde.: I: *Zeichnungen und Texte 1954–1977*. Hrsg. von Anselm Dreher. Textauswahl u. Nachweise von Sigrid Mayer. Darmstadt 1982.

Rajewsky, Irina O. *Intermedialität*. Tübingen 2002.

Römhild, Dorothee. „Fotoalbum und Anatomietafeln, Himmelfahrt und Marienerscheinung: Fotografie als poetologische Metapher bei Grass und Böll". *Freipass* 2 (2016): 69–96.

Schirrmacher, Beate. *Musik in der Prosa von Günter Grass: Intermediale Bezüge – Transmediale Perspektiven*. Stockholm 2012.

Schirrmacher, Beate. „Günter Grass intermedial: Text zwischen Bild und Klang". *Freipass* 1 (2015): 221–233.

Sprenger, Jonathan. „Günter Grass und Maria Rama: Eine Begegnung in Leben und Werk". *Berliner Hefte* 10 (2013): 195–203.
Stolz, Dieter. *Vom privaten Motivkomplex zum poetischen Weltentwurf: Konstanten und Entwicklungen im literarischen Werk von Günter Grass (1956–1986)*. Berlin 1994.
Standfuß, Katja. *Gegenständlichkeit, Zur „neuen alle meine Möglichkeiten versammelnden Form". Die Text-Bild-Bände von Günter Grass*. Göteborg 2008.
Wagenbach, Klaus. „Günter Grass". *Schriftsteller der Gegenwart, 53 Porträts*. Hrsg. von Klaus Nonnenmann. Ölten und Freiburg 1963: 118–126.
Weyer, Anselm. *Günter Grass und die Musik*. Köln 2006.

III.4 Traditionen und Vorbilder

Gabriele Sander

1 Literarische Sozialisation

Als Kind habe er, so bekannte Grass 1989, „nie oder selten, jedenfalls nicht mit Nachwirkung Kinderbücher gelesen“ (NGA 22, 403). Anders erging es ihm mit Märchenerzählungen: „Ich war schon seit der Kindheit stark beeinflußt von der Tradition der deutschen Romantik: den Märchen. [...] Ich habe in vielen meiner Bücher solche Archetypen aus dem deutschen Märchen benutzt, etwa im ‚Butt‘ und auch in der ‚Blechtrommel‘“ (NGA 24, 334). Zahlreiche Referenzen u. a. auf Märchen der Brüder Grimm enthält außerdem noch der Roman *Die Rättin* (vgl. NGA 24, 554; Ossowski 2020). Eine späte Hommage an die Sammler der *Kinder- und Hausmärchen* erschien 2010 unter dem Titel *Grimms Wörter. Eine Liebeserklärung.*

Trotz seiner Herkunft aus kleinbürgerlichem Milieu bahnte sich Grass bereits in jungen Jahren einen Zugang zur Welt der Kunst und Literatur. Während im Schulunterricht neben NS-konformer Literatur auch „Gedichte wie ‚Erlkönig‘ [...] zum Pensum“ gehörten, „genauso wie Schillers ‚Glocke‘“, dieser „Schulstoff“ jedoch keine „große Wirkung“ hinterließ (NGA 24, 655), entwickelte der Schüler daheim eigene literarische Interessen und Vorlieben. Grass betonte später mehrfach, dass seine Mutter eine eifrige Leserin, Musik- und Theaterliebhaberin gewesen sei. Sie habe sogar „gelegentlich Gedichte für den Sonntagsteil einer Zeitung geschrieben [...], Spaßgedichte oder Rätselgedichte“ (NGA 24, 45). Da er in der elterlichen Wohnung „kein eigenes Zimmer“ hatte (NGA 24, 248), las der Jugendliche „auf besondere Weise: mit den Zeigefingern in den Ohren“ (NGA 23, 264), fand aber auch ein Refugium für seine vom Zufallsprinzip bestimmten Lektüren: „[...] mein Lieblingsleseplatz war der Dachboden des Mietshauses, wo mir ein Lukenfenster Licht gab“ (NGA 17, 48).

In einem 1962 geführten Werkstattgespräch mit Horst Bienek benannte Grass „drei Stadien“ seiner Lesebiographie: „Das erste Stadium war der Bücherschrank meiner Mutter, als ich ungefähr vierzehn Jahre alt war. Den habe ich planlos von oben nach unten durchgelesen. Das fing an mit Vicki Baum, ging über Dostojewski, Tolstoi und was nicht alles von der Deutschen Buchgemeinschaft. [...] Nach dem Krieg kam das Nachholbedürfnis; [...] ich kannte kaum etwas von der modernen Literatur. Dann kamen Rilke, Ringelnatz, Apollinaire in der Übersetzung, Lyrik, Prosa, später Hemingway, Kafka, Faulkner. [...] Erst später fing ich dann an, etwas wählerisch zu werden, weil ich merkte, daß sich übersetzte Literatur kaum als Basis für eigene Versuche verwenden läßt. Dann las ich deutsche Klassiker. Also ein umgekehrter Bildungsweg: erstmal der Heißhunger auf die ausländische Literatur und dann Jean Paul, Goethe, Hoffmann und Keller.“ (NGA 24, 6–7)

In seiner Autobiographie *Beim Häuten der Zwiebel* zählt Grass weitere Buchtitel auf, die ihn als Jugendlichen gefesselt oder „in jungen Jahren verwirrt“ haben, wie Franz Körmendis Roman *Versuchung in Budapest* (dt. 1934; NGA 17, 44). Seiner – einge-

https://doi.org/10.1515/9783110755435-065

standenermaßen unzuverlässigen – Erinnerung zufolge standen im Bücherschrank der Mutter „Dostojewskis ‚Dämonen' neben Wilhelm Raabes ‚Chronik der Sperlingsgasse', Schillers ‚Gesammelte Gedichte' neben Selma Lagerlöfs ‚Gösta Berling'. Irgendwas von Sudermann stand Rücken an Rücken mit Hamsuns ‚Hunger', Kellers ‚Grüner Heinrich' neben eines anderen [Paul] Keller ‚Ferien vom Ich'. Und Falladas ‚Kleiner Mann – was nun?' war zwischen Raabes ‚Hungerpastor' und Storms ‚Schimmelreiter' zu finden. [...] einer der Titel im Schränkchen [gehörte] zu den verbotenen Büchern [...]: Vicki Baums ‚Stud. chem. Helene Willfüer.'" (NGA 17, 49) Von Falladas Roman lernte er „[z]um frühestmöglichen Zeitpunkt", dass „die Ängste, Wünsche und Träume der Kleinbürger literaturträchtig sind" (NGA 23, 130).

Neben einzelnen neusachlichen Romanen der Weimarer Republik fiel dem Heranwachsenden aber auch NS-Propagandaliteratur in die Hände, etwa eines der berüchtigten antisemitischen Hetzblätter der SS. So bekannte Grass 1966, dass er „als Knabe [...] beim Onkel das offen zutage liegende *Schwarze Korps* lüstern gelesen" habe, „bis es ihm heiß wurde" (NGA 20, 205–206). 2006 präzisierte er seine Mentalität als ehemaliger „Hitlerjunge" und „Jungnazi": „Gläubig bis zum Schluß. [...] Kein Zweifel kränkte den Glauben, nichts Subversives [...] kann mich entlasten. [...] ich habe mich verführen lassen" (NGA 17, 40). Zur Indoktrination trugen auch die „schwarzweiß geschönten Wahrheiten" der *Wochenschau* bei, die den „süchtigen Kinogänger" mehr noch als Printmedien damals „so heldengläubig gemacht" haben (vgl. NGA 17, 28–29 und 72; vgl. Grass 1997, 217).

Als Motivation für den diffusen Hunger auf Bilder und Bücher, den er auch am „Lesetisch der Stadtbibliothek" stillte (NGA 17, 45), nennt Grass in der selbstkritischen Rückschau seinen Hang zum Eskapismus während des Krieges: „In der Regel war ich zeitabwärts unterwegs, unstillbar hungrig nach den bluttriefenden Innereien der Geschichte und vernarrt ins stockfinstre Mittelalter oder in die barocke Zeitweil eines dreißig Jahre währenden Krieges" (NGA 17, 34–35). Diese „Neigung zur Flucht in möglichst unwegsames Geschichtsgelände" fand ihren Niederschlag in einem ersten (nicht überlieferten) Roman mit dem Titel *Die Kaschuben*, den er 1939 wegen eines Erzählwettbewerbs in der Hitlerjugend-Zeitschrift *Hilf mit!* begann. Die „von Mord und Totschlag" bestimmte Handlung (NGA 17, 38) verlegte er ins 13. Jahrhundert, sie führte jedoch in eine Sackgasse, da der Erzähler die Protagonisten bereits „gegen Ende des ersten Kapitels" sterben ließ (NGA 23, 264; vgl. NGA 23, 115–117).

Neben dem Motiv der Flucht in historische und imaginäre Welten beherrschte den jugendlichen Leser offenbar auch der Wunsch, sich mit literarischen Rollenmodellen zu identifizieren: „Schon immer wollte ich weranders und woanders, jener ‚Baldanders' sein, der mir wenige Jahre später, als ich mich in der Volksausgabe des ‚Simplicissimus' verlor, gegen Schluß des Buches begegnete [...], aber zugleich bewegte ich mich im Heerwurm der Kreuzfahrer in Richtung Jerusalem, war Knappe des Kaisers Barbarossa, schlug auf Pruzzenjagd als Ordensritter um mich, wurde vom Papst exkommuniziert, gehörte Konradins Gefolge an und ging klaglos mit dem letzten Staufer unter." (NGA 17, 35) Der Autobiograph Grass stilisiert Grimmelshausens „Personenallegorie" des Baldanders, die „sich als Lebensbegleiter des Protagonisten zu erkennen" gibt, nicht nur zu einer „Identifikationsfigur“, sondern die proteushafte Fabelgestalt verkörpert darüber hinaus „das literarische Programm seines Schülers Grass“ (Haberkamm 2008, 202 und 204). Dessen Erinnerung zufolge hatte ihm Studienrat Littschwager eine „leicht lesbare Volksausgabe“ des *Simplicissimus* „mit der Empfehlung ‚barocker Realismus, unglaublich, aber wahr [...]‘ in die Hand gedrückt“ (NGA 17, 129).

Bisweilen sorgten seine privaten Lektüren für Erfahrungen, die in scharfem „Kontrast zur erlaubten Kriegsliteratur“ standen, so etwa Erich Maria Remarques Antikriegsroman *Im Westen nichts Neues*, den Grass „[i]n den Kriegsjahren 1942/43“ (Grass 1987a, Bd. X, 56) im „Bücherschrank eines Onkels“ fand: „Ist mir dieses Buch erst während meiner Wartezeit als Kriegsfreiwilliger zwischen die Finger geraten oder habe ich es zeitgleich mit Jüngers ‚In Stahlgewittern‘ gelesen? Ein Kriegstagebuch, das uns mein Deutschlehrer [...] als vorbereitende Lektüre für künftige Fronterlebnisse verordnet hatte. [...] Ich nehme an, daß mein Onkel nicht gewußt hat, daß *Im Westen nichts Neues* zu den verbotenen Büchern gehörte, wie ja auch ich die Geschichte vom jämmerlichen Verrecken der jungen Freiwilligen des Ersten Weltkrieges las, ohne zu ahnen, daß dieser Roman zu den verbrannten Büchern gehört hatte. Bis heute läßt die verzögerte Wirkung früher Leseerfahrung nicht von mir ab.“ (NGA 17, 98–99) Diese Parallel-Lektüre hallt noch in der Chronik *Mein Jahrhundert* nach: In den Kapiteln 1914–1918 lässt Grass Remarque und Jünger als Zeitzeugen ihre gegensätzlichen Perspektiven auf den Ersten Weltkrieg austauschen (vgl. NGA 15, 45–59; vgl. Braun 2017).

2 Lektüren nach Kriegsende

Wie sich das zweite, nach 1945 beginnende Lektüre-Stadium darstellte, erläuterte Grass 1968: „Es fing natürlich das ungeheure Nachholen an: die Literatur, die wir nicht kannten, nicht nur die deutsche, die Emigrationsliteratur, Hemingway, Faulkner, Wolfe. Das war dann die erste, wirklich prägende Zeit im Sinne einer geöffneten Welt [...].“ (NGA 24, 77) Diese Erfahrung teilte er mit vielen Angehörigen seiner Generation, der in der NS-Zeit der Zugang zu den von Goebbels als „Asphaltliteratur“ denunzierten Texten der Zwischenkriegszeit ebenso versperrt blieb wie zur Literatur der internationalen Moderne und des Exils. Für den Steinmetzlehrling und Kunststudenten in Düsseldorf (1947–52) übernahm Pater Stanislaus die Rolle des Literaturvermittlers, der Grass „mit Rilke, Trakl, einer Auswahl von Barockdichtern und allerfrühesten Expressionisten [fütterte]. Ich las, was die von ihm über die Nazizeit hinweg gehüteten Bestände der Franziskanerbibliothek hergaben“ (NGA 17, 276). Außerdem konsumierte er „Rowohlts [seit Ende 1946 erscheinenden] Rotationsromane [...], Faulkners ‚Licht im August‘, Greenes ‚Das Herz aller Dinge‘“ (NGA 17, 305). Diese „Lesewut“ stimulierte ihn zu eigenen Texten: „Also gingen mir laufende Meter Gedichte ab: mein lyrischer Stoffwechsel.“ (NGA 17, 276) Die in dieser Phase eingeübte Praxis des Nebeneinanders von literarischer und künstlerischer Produktion behielt er lebenslang bei: Er „schrieb und zeichnete, zeichnete und schrieb, leichtfüßige Verse, windgeblasen, skurrile Einakter" (NGA 23, 266).

Grass räumte in seinen Erinnerungen an die Nachkriegszeit allerdings ein, manche Lektüren weder genau datieren noch deren Wirkung konkretisieren zu können. Im schonungslosen Rückblick auf seine frühen Texte unterstrich er sowohl die heterogenen Inspirationsquellen als auch den epigonalen Charakter seiner ersten literarischen Versuche. Mit Hilfe einer ihm „mittlerweile geläufigen Artistik" umschiffte er die „Geröllmasse deutscher und damit [s]einer Vergangenheit" und schrieb „Prosa, die, von Kafka gespeist, an Magersucht krankte; Theaterszenen, in denen die Sprache sich ins Versteckspiel verliebte" (NGA 17, 417). 1952 entstand ein „auswucherndes Gedicht, in dem Oskar Matzerath, bevor er so hieß, als Säulenheiliger auftrat. [...] Dieses lange Gedicht war schlecht gelungen, [...] hat sich mir nur in Bruchstücken erhalten, die allenfalls zeigen, wie stark ich gleichzeitig von Trakl und Apollinaire, von Ringelnatz und Rilke, von miserablen Lorca-Übersetzungen beeinflußt gewesen bin" (NGA 21, 378; vgl. NGA 24, 80–81). Grass bezeichnete die Zentralfigur auch als „Helden des Absurden" (NGA 17, 338) und verwies damit auf den in der Nachkriegszeit vieldiskutierten französischen Existentialismus, mit dem er sich schon vor seiner Übersiedlung nach Paris befasst hatte (vgl. NGA 23, 495). Vor allem seine intensive „Auseinandersetzung mit Albert Camus' Philosophie des Absurden" wurde zu einer „Grundlage seiner Welthaltung" (Moser 2000, 15). Diese erläuterte er später wiederholt anhand der Schrift *Der Mythos von Sisyphos* (vgl. z. B. NGA 24, 272–273 und 306–328), auf die auch in diversen fiktionalen Texten referiert wird (u. a. in den *Kopfgeburten*). 1983 zählte Grass dieses Werk zu den drei Texten, deren Lektüre ihn als 24-Jährigen „entscheidend literarisch wie politisch geprägt" habe (NGA 22, 225). Demnach las er neben Camus – laut einem Gedicht im *Butt* bereits „1949 zum erstenmal" (NGA 9, 235) – auch George Orwells „Schreckensvision" *1984* sowie Czesław Miłosz' *Verführtes Denken* (vgl. NGA 23, 282), also Bücher, die „von der ideologisch-totalitären Belastung des zwanzigsten Jahrhunderts" gezeichnet sind (NGA 22, 225); sie hinterließen zahlreiche Spuren in seinem Œuvre (vgl. Gruettner 1997, 24–38).

Grass nahm in dieser Lebensphase offenbar nicht nur regen Anteil an dominanten Diskursen der Zeit, sondern versuchte auch, sich lesend ihm unbekannte ästhetische Positionen und Schreibweisen der Klassischen Moderne zu erschließen. Einen wichtigen Impuls gab der „reichhaltige Bücherschrank der Schwiegereltern" in Lenzburg, der sich ihm durch die Ehe mit Anna Schwarz 1954 buchstäblich öffnete. So begegnete er dem „Sprachwunder" *Ulysses* von James Joyce sowie den Großstadtromanen *Berlin Alexanderplatz* von Alfred Döblin und *Manhattan Transfer* von John Dos Passos, deren innovative Erzählweise seine Prosa nachhaltig beeinflusste. Dort stieß er auch auf kanonische Werke des 19. Jahrhunderts: „Hinzu kam in von Frans Masereel illustrierter Ausgabe Charles de Costers *Ulenspiegel*. Ein pralles Gemenge erzählter Zeitläufe, das meiner noch immer gehemmten Schreibwut zum Treibsatz werden sollte." (NGA 17, 389)

Damit spielt Grass auf den 1956–1959 in Paris entstandenen Roman *Die Blechtrommel* an, der dem jungen Autor zum Durchbruch verhalf – nicht nur mit Blick auf seine

Karriere, sondern auch auf die Entfesselung seiner epischen Ausdrucksfähigkeiten, die sich aus unterschiedlichsten Quellen gespeist hatten: „Es hockten um meine Schreibmaschine Tote und Lebende: [...] mit dickglasiger Brille mein literarischer Lehrer Alfred Döblin, meine literaturkundige [...] Schwiegermutter, Rabelais, flüchtend auf Durchreise, mein ehemaliger Deutschlehrer [...] und meine verstorbene Mutter." (NGA 21, 381) Während der Niederschrift freundete er sich mit Paul Celan an, von dem er „viel gelernt" habe: „Ich war wild belesen, mit großen Löchern dazwischen, während dieser Mann ein Wissen ungeheuerlicher Art hatte. Der hat mich zum Beispiel nicht nur auf Rabelais aufmerksam gemacht, sondern auch auf die Regissche Übersetzung. [...] Durch ihn habe ich französische Symbolisten und ‚Là-bas' [Huysmans] gelesen, natürlich in deutscher Übersetzung." (NGA 24, 482) Weitere Anregungen bekam er von François Bondy, der ihm in Paris Gelegenheit bot, „im Nutz- und Ziergarten [s]einer literarischen und politischen Kenntnisse [...] zu wildern"; ihm verdankte er „folgenreiche Hinweise auf Orwells ‚Mein Katalonien' [...] und die Vermittlung eines ersten Gespräches mit Czesław Miłosz" (NGA 23, 108). Vermutlich in den späten 1950er Jahren lernte Grass auch den „spätromantisch anmutenden Roman" *Le Grand Meaulnes* (1913) von Alain-Fournier kennen. Der 1930 unter dem Titel *Der große Kamerad* auf Deutsch erschienene Adoleszenzroman, so Grass, stand „gewiß Pate [...], als ich meine Novelle im Milieu Jugendlicher, ‚Katz und Maus', zu schreiben begann, weshalb der Held in dieser Erzählung aus kriegsbedingten Schuljahren, verdeutlicht durch den gleichlautenden Anfangsbuchstaben, ‚der große Mahlke' genannt wird" (NGA 23, 242).

So erweiterte sich in diesem Zeitraum sein literarischer Kosmos erheblich. Wann genau die gegenüber Horst Bienek behauptete dritte, auf „deutsche Klassiker" fokussierte Lesephase bei Grass einsetzte, lässt sich nicht mehr präzise datieren. Grundsätzlich war er der Meinung, dass „Bücher, die man nicht im Alter zwischen siebzehn und fünfundzwanzig oder dreißig liest, [...] sich nicht in einem späteren Lebensalter gleichsam ‚nachholen' [lassen]. Eine frühausgebliebene Leseerfahrung kann man nur zum Teil später nachholen. Sie wird aber nicht die Wirkung haben, die sie hätte haben können, wenn man das Buch mit zwanzig gelesen hätte" (NGA 24, 442). Trotz dieser Einschränkung hat es offenbar eine Reihe von Autoren des 18. und 19. Jahrhunderts gegeben, die ihm eindrückliche Lektüreerfahrungen bescherten und deren Denk- und Schreibweisen ihm gattungsgeschichtliche, thematische und stilistische Anknüpfungspunkte, Figurenmodelle etc. für die eigene literarische Arbeit boten. An der Häufigkeit der Namensnennungen in Essays und Gesprächen ist abzulesen, welche Schriftsteller, Epochen und Stilrichtungen ab den 1960er Jahren zu seinen Fixsternen aufstiegen. Einen Überblick über seine persönlichen Favoriten bietet die 1974 vorgestellte Liste mit zwanzig Buchtiteln, die den „Grundstock einer Arbeiterbibliothek" bilden sollten (NGA 21, 442–445).

Neben den Lektüren kanonischer Werke verfolgte Grass – inzwischen ein prominenter, seit dem Erscheinen der *Blechtrommel* innerhalb der Kulturszene und auf der politischen Bühne zunehmend präsenter Vertreter der deutschen Nachkriegsliteratur – von Beginn an aufmerksam die literarischen Entwicklungen im In- und Ausland. Während er sich von restaurativen Tendenzen etwa in der deutschen Naturlyrik nach 1945 scharf distanzierte, die er als „Gräserbewisper" verspottete (NGA 24, 672; vgl. NGA 22, 312/425), und die sog. Kahlschlagliteratur als „sehr puritanisch" bezeichnete (NGA 24, 545), kommentierte er einzelne Publikationen von Böll, Walser, Johnson, Enzensberger, Bachmann, Koeppen, Schmidt, Kluge, Frisch u. a., die er allesamt persönlich kannte, durchweg positiv und zählte einzelne ihrer Bücher zu seinen wichtigsten Leseerfahrungen (vgl. NGA 17, 410 und 418). Außerdem interessierte er sich für den französischen *Nouveau roman*, mit dem es nach eigener Einschätzung für ihn „fruchtbare Auseinandersetzungen [...] gegeben [hat], besonders was die Gegenständlichkeit betraf, das Beschreiben von toter Oberfläche und die daraus zu ziehenden Schlüsse, wobei mir nur die Ideologie des Nouveau roman nicht paßte [...]" (NGA 24, 168). Gemeint ist wohl dessen programmatischer „Antitraditionalismus", dem er „sehr kritisch begegnete" (Cepl-Kaufmann 2000, 33), ebenso wie dessen Formzentriertheit und Inhaltslosigkeit im Sinne eines weitgehenden Verzichts auf Handlung und auf die Darstellung sozialer Wirklichkeit.

Grass folgte also stets dem Prinzip der Selektion nicht nur bezüglich der Textauswahl, sondern auch in der kreativen Assimilation von ästhetischen Formen, rhetorisch-stilistischen und strukturellen Darstellungsverfahren, Erzähltechniken etc. Wie sich an der hohen Dichte an sprachlichen Anleihen, thematisch-motivischen Adaptionen und intertextuellen Bezügen im Werk nachweisen lässt, verstand es Grass seit seinen literarischen Anfängen, sich Schreibweisen unterschiedlichster Epochen und Strömungen produktiv anzuverwandeln und daraus schrittweise ein individuelles Sprach- und Stilprofil entwickeln.

3 Inspirierende Lehrer und Vorbilder: Döblin und andere

„Wir Nachgeborenen sind nun mal Nachgeborene, die großen Entdeckungen haben zu Beginn der Moderne stattgefunden und zwar insgesamt in relativ kurzer Zeit. Nur soll man sich dazu bekennen und nicht so tun, als sei nun eine neue Ära angebrochen [...]." (NGA 24, 529) Mit diesem Statement von 1997 unterstrich Grass die Abhängigkeit seiner Generation von den Errungenschaften der Klassischen, bzw. reflektierten Moderne. Eine herausragende Rolle bezüglich dieser ihm zugefallenen „Erbschaft" (NGA 20, 333) wies er Alfred Döblin zu. Ihm widmete er zu dessen 10. Todestag im Juni 1967 eine von breiter Textkenntnis zeugende Rede in der Berliner Akademie der Künste: *Über meinen Lehrer Döblin*. Darin hebt Grass die Wandlungsfähigkeit, visionäre Kraft und überbordende Phantasie dieses „antiklassische[n] Schriftsteller[s]" (NGA 20, 311) lobend hervor und erklärt: „[...] ich könnte mir meine Prosa ohne die futuristische Komponente seiner Arbeit vom ‚Wang-lun' über den ‚Wallenstein' und ‚Berge Meere und Giganten' bis zum ‚Alexanderplatz' nicht vorstellen" (NGA 20, 311). Bei dieser Behauptung ist ihm durchaus bewusst, dass Döblins Verhältnis zum Futurismus zwar zunächst emphatisch war, dann aber in Skepsis umschlug. Grass beruft sich auf den *Offenen Brief an F. T. Marinetti* vom März 1913, in dem Döblin scharfe Kritik an futuristischen Texten aus der Feder des Adressaten übt und sich schließlich offensiv zum „Döblinismus" bekennt. Im Weiteren rekapituliert Grass neben biographischen Stationen einige zentrale literaturtheoretische Postulate Döblins der 1910er Jahre und versucht damit zu zeigen, dass sein „Lehrer“ trotz jener Distanzierung durchaus futuristische Maximen in seine Romantheorie und -praxis integriert habe, so etwa die Prinzipien der Simultaneität, Dynamik, Sachlichkeit und des Antipsychologismus (vgl. Trappen 2002, 11–14). Mit Blick auf seine eigene Schreibpraxis ist es allerdings erstaunlich, dass Grass außerdem das Zurücktreten des Autors Döblin „hinter seine Bücher“ (NGA 20, 331) hervorhebt, was sich in seiner strikten Orientierung am Stoff und seiner faktengesättigten Detailgenauigkeit äußere. Vorbildcharakter hat für Grass auch seine antihegelianische bzw. -teleologische Konzeption von Geschichte, die Döblin „als absurden Prozeß“ sehe und „als Vielzahl widersinniger und gleichzeitiger Abläufe“ in Szene setze (NGA 20, 311 und 318). Diese Tendenz illustriert Grass mit längeren Zitaten aus dem *Wallenstein*, den er einerseits als ein „von de Coster unmittelbar beeinflußte[s]“ Epos (NGA 20, 312), andererseits „als Zeugnis futuristischer Romantechnik“ (NGA 20, 333) und dezidiert modernes Werk liest, „denn einen geschlossenen, wohlausgewogenen Roman kann man den ‚Wallenstein‘ nicht nennen“ (NGA 20, 327–328). Wohl aufgrund des eigenen politischen Engagements seit den 1960er Jahren lobt Grass am Ende seiner Rede neben dem „Weltbaumeister“ Döblin (NGA 20, 312) auch den „Mann der Tagespolitik, der sich nicht scheut, direkt einzugreifen“ (NGA 20, 332).

In der Folgezeit betonte Grass als selbsternannter „Nachfolger und Schüler“ (NGA 20, 333) bei jeder sich bietenden Gelegenheit die Bedeutung Döblins für sein Schaffen und empfahl nachdrücklich die Lektüre seiner sperrigen Romane. Im Juni 1978 hielt Grass die Eröffnungsrede zu einer umfassenden Döblin-Ausstellung anlässlich des 100. Geburtstages in Marbach a.N.: *Im Wettlauf mit den Utopien.* Ausgangspunkt der Rede sind seine während einer „Reise durch Asien und Afrika“ gewonnenen Eindrücke, die er mit den Zukunftsvisionen in Döblins *Berge Meere und Giganten* vergleicht. Anhand ausgewählter Passagen aus diesem „verstiegene[n] Buch, das der Menschen himmelstürmende Verstiegenheit zum Thema hat“ (NGA 22, 58), verweist Grass auf die Aktualität der darin angesprochenen Probleme, ohne Döblins literarische ‚Prognosen‘ an ihrer Richtigkeit zu messen. 1979 stiftete er den Alfred Döblin-Preis und übergab 1985 sein Haus in Wewelsfleth dem Land Berlin, das seitdem als Aufenthaltsort für Stipendiaten dient.

In der Literaturwissenschaft ist die Schnittmenge zwischen Grass und Döblin kontrovers diskutiert worden (vgl. den Forschungsüberblick bei Trappen 2002, 1–4). Während Rolf Kellermann die These vertritt, Grass sei „nicht der Schüler Döblins“ (1973, 108), sehen Bernhard Böschenstein, Gertrude Cepl-Kaufmann u. a. trotz aller Differenzen sowohl in den ästhetischen und weltanschaulichen Positionen als auch in der Erzählpraxis durchaus Verbindendes zwischen Grass und Döblin, denn neben produktionsästhetischen, thematischen und stilistischen Gemeinsamkeiten verfolgen beide „eine gleiche Zielsetzung“: „Literatur muß gesellschaftlich wirken, sie ist nicht selbstzweckhaft, autonom“; sie ist „kein Spielplatz der Eitelkeiten, ebensowenig ein Freiraum für Ästhetizismen“ (Cepl-Kaufmann 2000, 41–42). Böschenstein fokussiert die Vorbildfunktion Jean Pauls für beide Autoren und spricht innerhalb dieser „Dreierkonstellation“, die durch die „Ablehnung einer Ästhetik [...], die der Kunst Klassizität und Autonomie zuspricht" (1971, 86), verbunden ist, von „Döblins wichtige[r] Vermittlerfunktion" für Grass, etwa in dessen „Neigung zur Erfassung auch der krudesten Schichten der Realität". Er zeigt dies am Schlachthof-Kapitel in *Berlin Alexanderplatz* und einer Szene aus den *Hundejahren*, in der „die Tötung der Ratten im Waschraum der Unterrichtsbaracke" in „futuristische[r] Technik" beschrieben wird (Böschenstein 1971, 94–95).

Nachweislich lassen sich in Grass' Romanen zahlreiche intertextuelle Bezüge zu Texten Döblins finden, teils sogar mit Nennung des Autors und der Quelle, etwa in *Aus dem Tagebuch einer Schnecke* (NGA 8, 61: *Berlin Alexanderplatz*) oder *Die Rättin* (NGA 12, 427: *Wallenstein*). Dieser Roman enthält eine Fülle von Anspielungen auf Döblins zivilisationskritische „Antiutopie" *Berge Meere und Giganten*, insbesondere in der „Skepsis gegenüber dem technischen Fortschrittsdrang" (Mizinski 1993, 163) und in der Warnung vor dem destruktiven Potenzial unkontrollierter Entwicklungen. Thematisch-motivische Analogien sind vor allem in den apokalyptischen Sequenzen sowie in der Beschreibung der Saurier, Quallen und Medusen zu erkennen. Grass greift in der *Rättin* nicht nur auf eine Vielzahl von Motiven der utopischen und dystopischen Literatur zurück, sondern montiert darüber hinaus biblische und mythologische Elemente in seinen Roman ein – durchaus in Anlehnung an Erzählverfahren Döblins, wie sie ihm zuerst in *Berlin Alexanderplatz* begegnet waren. Noch 2002 beteuerte er: „Was bleibt, ist nach wie vor die Gewißheit, viel von ihm gelernt zu haben. [...] [er ist] so anregend wie kein anderer." (Stolz-Grass 2002, 9–10)

Wenngleich Grass niemanden außer Döblin explizit als seinen „Lehrer" bezeichnete, so bekannte er sich doch zu weiteren literarischen Vorbildern, von denen er gelernt habe (s. o.) – wohlwissend, dass sich Errungenschaften der Moderne wie das multiperspektivische bzw. polyphone Erzählen, der innere Monolog, die Assoziationstechnik, die Montage, das ‚filmische' Schreiben etc. aus vielen Quellen speisten. 1986 klassifizierte er in einer programmatischen Rede unter dem Titel *Als Schriftsteller immer auch Zeitgenosse* James Joyce als „den Urheber moderner epischer Literatur" und ordnete in dessen „Nachfolge" die „Stadtromane" von Döblin (*Berlin Alexanderplatz*), John Dos Passos (*Manhattan Transfer*) und Emilio Gadda (*Die gräßliche Bescherung in der Via Merulana*) ein, aber „ohne ein Rüchlein epigonaler Abhängigkeit." Diese drei Autoren sind aus seiner Sicht „exemplarisch für die zwanziger Jahre", denn bei ihnen „werden die politischen Zustände zum jeweiligen Unterfutter allen Geschehens" und in „ihren epischen Stoffmassen keimt die kommende Barbarei" (NGA 22, 351–352). Grass zeigt sich bei aller Bewunderung für deren narrative Virtuosität insbesondere fasziniert von ihrem Umgang mit Zeitgeschichte, die sie „eingebettet in Alltäglichkeiten und faktenversessenes Geröll" präsentieren, „mythische[] Eruptionen" eingeschlossen (NGA 22, 351). Die Affinität zum eigenen romanpoetologischen Konzept ist insofern unverkennbar, als Grass sein Schreiben als Ausdruck von Zeitgenossenschaft definiert und sich als politischer, gesellschaftskritischer Autor versteht, jedoch nicht im Sinne vordergründig engagierter, operativer und didaktisierender oder gar von Agitationsliteratur (vgl. NGA 22, 351 sowie NGA 20, 555–556; NGA 24, 171–181).

4 Gattungs- und epochengeschichtliches Traditionsbewusstsein

Als kompositorisches Modell für einige seiner Romane, vor allem für *Die Blechtrommel*, benannte Grass seit den 1970er Jahren den Picaro- bzw. Schelmenroman, und diese gattungsgeschichtliche Bezugnahme wurde zu einem cantus firmus innerhalb seiner Selbstdeutungen bzw. zum festen Bestandteil seiner Werkpolitik und Außendarstellung im Sinne einer dezidierten Rezeptionssteuerung. So wollte er 2005 auch *Ein weites Feld* in die „Tradition des pikaresken Romans" eingeordnet wissen und behauptete: „Das ist eine europäische Romanform, die mich von der ‚Blechtrommel' an immer wieder angeregt hat [...]. Eine Kunstfigur im Sinne eines Pikaro ist eine Gestalt, in der sich nicht nur diese eine Person darstellt, sondern die ganze Epoche widerspiegelt, in der er lebt – gebrochen durch Konvex- und Hohlspiegel, in Scherben geschlagen und wieder zusammengesammelt" (NGA 24, 712–713; vgl. Gebauer 2006, 124–191).

In seinen Ausführungen zu diesem Genre schlägt Grass vielfach einen weiten Bogen von Cervantes über Rabelais (in der Übersetzung Fischarts; vgl. NGA 24, 564) und Grimmelshausen bis hin zu Voltaires *Candide*, Sternes *Tristram Shandy* und de Costers *Ulenspiegel* (vgl. z. B. NGA 23, 255). Sein wichtigster Referenztext ist aber stets Grimmelshausens Roman *Der Abenteuerliche Simplicissimus Teutsch* (1668/69), dem er wiederholt hohe Wertschätzung zollte. Laut Jürgen Jacobs orientiert sich Grass in der *Blechtrommel* nicht nur an der „autobiographische[n] Erzählform" der Vorlage und deren „Tendenz zu breiter epischer Welterfassung, das heißt zum panoramatischen Gesellschaftsroman", sondern vor allem an der „Hauptfigur, die am Rande der sozialen Ordnung steht und das Getriebe der Welt von einer distanzierten Position her wahrnimmt" (Jacobs 1983, 112). Oskar Matzerath, Zentralfigur der *Blechtrommel* und wiederkehrender Protagonist u. a. in der *Rättin*, wurde in der Forschung jedoch nicht nur als „Nachfahre des barocken Picaro" (Hofmann 1997, 273) bzw. moderne Variation dieses Typus eingestuft (vgl. den Überblick bei Moser 2000, 46–47), sondern aufgrund seiner Wachstumsverweigerung und seiner künstlerischen Ambitionen auch mit dem Bildungs- und Entwicklungsroman, der traditionell vielfach Künstlerbiographien erzählt, in Zusammenhang gebracht und als groteske Verfremdung dieses Figuren- bzw. Erzählmodells gedeutet (u. a. von Neuhaus 1992, 35–38). Trotz seiner Kenntnis von Goethes *Wilhelm Meister* (vgl. NGA 24, 655–656), Kellers *Grünem Heinrich* und anderer repräsentativer Werke dieses Genres stufte Grass deren Bedeutung für die Romankonzeption jedoch als gering ein.

Orientierung und Inspiration für seine literarische Produktion boten ihm dagegen neben dystopischen, fortschrittsskeptischen Prosawerken wie z. B. Orwells *1984* und Döblins *Berge Meere und Giganten* (s. o.) vor allem historische und zeitgeschichtliche Romane unterschiedlichster Epochen. Wohl wegen eigener Kriegserfahrungen und seiner Zielsetzung als Autor, die Ursachen und Wirkungen der NS-Zeit aufzuarbeiten und sich der Herausforderung des *Schreibens nach Auschwitz* (so der Titel seiner Frankfurter Poetik-Vorlesung 1990) zu stellen, interessierten ihn besonders Erzähltexte mit dem Thema Krieg und Gewalt wie Grimmelshausens *Simplicissimus*, Döblins *Wallen-*

stein und Remarques *Im Westen nichts Neues*. Hier konnte Grass Anregungen für eine antiheroische, sozialgeschichtlich ausgerichtete Erzählperspektive finden – gemäß seinem Motto, das er 1999 in einem Gespräch mit dem Soziologen Pierre Bourdieu als gemeinsame Zielsetzung formulierte: „Wir erzählen Geschichte von unten" (NGA 24, 582). So sieht Grass es in Bezug auf die konventionelle Historiographie als eine „Aufgabe des Schriftstellers [...], hier korrigierend zu wirken" und sich „von der Schlachten- und Staatengeschichte" abzukehren (Widmann 2009, 153 und 156), indem er „die Unterlegenen ins Blickfeld rückt [...], also die sogenannten Helden auf menschliches Maß bringt und die Geschichte auf den Kopf stellt" (NGA 22, 351).

Durch die frühe Lektüre des *Simplicissimus* entwickelte Grass eine besondere Affinität zum Zeitalter des Dreißigjährigen Krieges und der Literatur des Barock, deren Rezeption zahlreiche Spuren in seinem Werk hinterlassen hat (vgl. den Überblick von Weber 1995). Dazu bemerkte er 1999: „Geprägt wohl durch literarische Vorlieben von mir – im ‚Butt' schon angezeigt und dann im ‚Treffen von Telgte' explizit – habe ich eine Neigung zum 17. Jahrhundert, auch ein schreckliches Jahrhundert" (NGA 24, 578). Seitens der Literaturkritik wurde Grass schon früh ein neobarocker Sprachgestus attestiert und in der Forschung „die Bedeutung barocker Denkstrukturen und Gestaltungsmuster" u. a. in der *Blechtrommel* herausgearbeitet (Hofmann 1997, 275), aber auch die ideologische Differenz markiert, denn der Autor und seine Figuren kennen „die Hoffnung auf ein besseres Jenseits nicht" (Neuhaus 1992, 35). Die Intensität der Barock-Rezeption steigerte sich in einigen seiner Erzähltexte aus den 1970er Jahren. Nachdem Grass im Roman *Der Butt* bereits Martin Opitz, Andreas Gryphius u. a. hatte auftreten lassen, versammelte er – in Analogie zur Gruppe 47 – im *Treffen in Telgte* eine Vielzahl prominenter Autoren der Barockzeit. Eine besondere Rolle spielt darin die Figur des Gelnhausen, die „an den Titelhelden von Grimmelshausens ‚Simplicissimus Teutsch' angelehnt" ist und Grass „als geeignetes Medium [dient], die nicht kriegsaffine Intellektuellen-Versammlung mit dem martialischen Geschehen zu verknüpfen", und zwar „auf eine dem simplicianischen Stil nachempfundene Weise" (Haberkamm 2019, 205).

Fast ebenso häufig wie auf seine produktive Auseinandersetzung mit dem Zeitalter des Barock verwies Grass auf den ‚Geist' der europäischen Aufklärung, der ihn sowohl literarisch inspiriert als auch zu seiner „politische[n] Arbeit" motiviert habe (NGA 24, 196). Anlässlich des Erscheinens der *Rättin* behauptete er 1986: „Ich komme von der europäischen Aufklärung her und glaube auch, daß sich Literatur, lebendige Literatur [...] im Sinne von Aufklärung ausdrücken kann. Aber in diesem Buch ist auch vom Scheitern der Aufklärung zu berichten, von dem großen Ziel zum Beispiel der Erziehung des Menschengeschlechts." (NGA 24, 346; zur Lessing-Rezeption vgl. Gruettner 1997, 76–79) Seine zur Pauschalisierung neigende Kritik an der Aufklärung wiederholte er 1997: „[...] mir ist bewußt geworden, wie sehr sich die Aufklärung nach Diderot und Voltaire in Frankreich und Lessing in Deutschland immer mehr verengte auf das vernünftig Machbare, technisch Machbare, ökonomisch Machbare. Und ganze Bereiche, die auch zur menschlichen Existenz gehören, gingen dabei verloren oder wurden unter den Verdacht des Irrationalen gestellt." (NGA 24, 554) Während Grass mehrfach – teils unter Berufung auf die *Dialektik der Aufklärung* von Horkheimer und Adorno – seine Distanz zu bestimmten Positionen der Aufklärung zum Ausdruck brachte, zollte er einigen literarischen Texten dieser Epoche Respekt und Bewunderung. Dazu gehören u. a. die Essays von Montaigne, den er als „Vater der Aufklärung mit all ihren Widersprüchen“ bezeichnete (NGA 24, 673; vgl. 347 und 554), Voltaires *Candide* („Das ist ein groteskes Buch, ein phantastisches Buch und dennoch ein aufklärendes Buch“ [NGA 24, 354]), Diderots *Jacques le fataliste* (vgl. NGA 23, 242) und Lichtenbergs *Sudelbücher*, die zum Vorbild für die Notate *Aus dem Tagebuch einer Schnecke* wurden (vgl. NGA 8, 12 und 178; vgl. Zimmermann 1999).

Im Unterschied zu Repräsentanten der europäischen Aufklärung bezieht sich Grass relativ selten auf die Weimarer Klassiker. Eher zurückhaltend äußerte er sich über Goethe, von dem er neben dem *Wilhelm Meister* vor allem *Die Wahlverwandtschaften* (vgl. *Die Blechtrommel*: NGA 4, 106; NGA 24, 655–656) und die *Italienische Reise* besonders schätzte. Nach dessen Wirkung befragt, resümierte er 2004, dass „Goethe nicht prägend“ und ihm „Schiller im Vergleich näher gewesen“ sei, und bekannte: „Ich habe mich dann an Jean Paul, an Grabbe oder Büchner gehalten oder auch an Herder.“ (NGA 24, 657) Vermutlich aufgrund seiner reservierten Haltung gegenüber rationalistisch und idealistisch geprägter Literatur und seiner Sympathie für ‚antiklassische‘, moralische und ästhetische Normen verletzende Werke wie z. B. *Tristram Shandy* von Laurence Sterne (vgl. NGA 24, 55–56 und das Gedicht *Ich lese* von 2006; dazu Beltz 2013, 144–145) ließ sich Grass von Texten der Romantik in unterschiedlichsten Spielarten anregen: von Jean Pauls ausufernden, von skurrilen Figuren bevölkerten Romanen über Kleists Novellen und Dramen bis hin zu Märchenerzählungen und Liedsammlungen wie *Des Knaben Wunderhorn*. Autoren und Autorinnen der Romantik wie Jacob und Wilhelm Grimm, Achim von Arnim, Clemens und Bettina Brentano bzw. ihre Werke spielen sogar wichtige Rollen in einigen seiner Texte, so im *Butt* (Kap. „Im sechsten Monat“) und vor allem in *Grimms Wörter*. Yelena Etaryan zufolge hatte Grass „ein dauerhaftes Liebesverhältnis zur sehr konkret verstandenen deutschen Romantik, also auch zur romantischen Ironie, Phantastik, Spielfreude“ (2019, 49). Neben der Kritik am Vernunftglauben der Aufklärung teilt er mit den (Früh-)Romantikern die Neigung zu selbstreflexiven und metafiktionalen Darstellungsformen, die viele seiner Texte auszeichnen. Schon in der *Blechtrommel* stellt die Hauptfigur poetologische Betrachtungen über literarische Produktions- und Rezeptionsbedingungen an und problematisiert das Erzählen selbst, indem Oskar Matzerath als Ich-Erzähler gleich zu Beginn u. a. über die sog. Roman- und Erzählkrise der Moderne räsoniert (vgl. NGA 4, 11–12; vgl. Etaryan 2019, 140–141). Ästhetisch produktiv wurde für Grass auch die von Brentano, Eichendorff u. a. praktizierte Überschreitung von Gattungsgrenzen, denn wie sie integrierte er in mehrere Romane eine Reihe von Gedichten, etwa im *Butt* und der *Rättin*.

Einem 1972 geführten Gespräch zufolge konnte sich Grass allerdings mit dem romantischen Heine „sehr wenig anfreunden“, dagegen lobte er die „großartige[n] politische[n] Reisebilder“, ferner „das engagierte, unmittelbare Gedicht“, z. B. *Die schlesischen Weber* (Grass 1987b, 130), sowie das „Fragment“ *Der Rabbi von Bacharach*, das ihn später zu *Aus dem Tagebuch einer Schnecke* anregte und ihm den „Zugang zur Geschichte der Danziger Juden" öffnete (NGA 22, 112; vgl. NGA 22, 435). Zwar bestritt er, dass der Trommler aus dem *Buch Le Grand* „eine Art Vorbild für Oskar Matzerath" gewesen sei, ordnete aber beide Figuren in die „europäische[] Tradition des pikaresken Romans" ein. Grass würdigte Heine als Vertreter aufklärender Literatur und betonte am Beispiel dieses Autors seine grundsätzliche Verbundenheit mit einer „aufmüpfige[n] Literatur" (Grass 1987b, 132). Noch deutlicher als zu Heine hatte sich Grass bereits 1958 zu einem anderen Vertreter der Vormärz-Literatur bekannt, allerdings ohne seine Nähe zu begründen: „Sie fragen mich nach meinen geistigen Ahnen: Büchner, Büchner, immer wieder Georg Büchner! Von ihm kommt alles her." (NGA 24, 5; vgl. die Büchner-Preisrede 1965: NGA 20, 171–190)

Bei aller Sympathie für eine sozialkritische, zeitgeschichtlich fokussierte Literatur beharrte Grass immer wieder auf dem „Einbeziehen des Unterbewußten, der Phantasie, des Traumhaften, des Phantastischen" als Möglichkeit, den „Realismusbegriff [zu] erweitern" (NGA 24, 195) und der Komplexität der Realität gerecht zu werden. So betonte Grass 1985, dass er mit einem „kurzsichtigen Realismus [...], der nur die Realität imitiert", nichts anfangen könne und daher schon in der Nachkriegszeit auf Distanz zum vorherrschenden Neorealismus gegangen sei; stattdessen habe er damals Texte des Frühexpressionismus und des Surrealismus präferiert (NGA 24, 334). Ein Gegenmodell zum faktenfixierten „flachen Realismus" bilden für ihn Märchen, die eine „viel, viel reichere[] Wahrheit" enthalten, denn: „Wir haben viele Wirklichkeiten" (NGA 24, 334). Vehement plädierte er sowohl aus ästhetischen als auch sozialpsychologischen Gründen für einen „andere[n] Wirklichkeitsbegriff, der die Phantasie und die Kraft der Phantasie, den Zeitbegriff der Phantasie, der ein ganz anderer Zeitbegriff ist, mit hineinnimmt in diese neue Wirklichkeit" (NGA 24, 246). Dafür prägte er 1980 in den *Kopfgeburten* den Neologismus „Vergegenkunft" und präzisierte diese besondere Form der Simultaneität 1981 im Gespräch mit Siegfried Lenz als eine „vierte[] Zeit, die es uns möglich macht, unsere Schuleinteilungen Vergangenheit – Gegenwart – Zukunft zu überspringen oder parallelzuschalten" (NGA 24, 252; vgl. Brunssen 1997, 109–110; vgl. Trappen 2002, 19–20).

Ob die daraus resultierende Ablehnung nüchtern realistischer Schreibweisen dazu beitrug, dass eine intensivere Rezeption zentraler Werke des Bürgerlichen Realismus erst relativ spät einsetzte, sei dahingestellt. Wie bereits erwähnt, hatte Grass bereits als Jugendlicher einzelne Prosatexte Raabes, Storms und Kellers gelesen (s. o.). 1958 wählte er dann als Titel für seinen „absurde[n] Einakter" *Noch zehn Minuten bis Buffalo* – „ein parodistisches Spiel mit literarischen Vorlagen, verfestigten Kunstbegriffen und Karikaturen des Pseudoavantgardismus" (Stolz 1999, 84) – einen Vers aus Fontanes Ballade *John Maynard*. Ausführlichere Kommentare zu dessen Romanen finden sich aber erst ab den 1980er Jahren. Zunächst scheint seine mehrfach artikulierte Vorliebe für Fontanes Alterswerk *Der Stechlin* und dessen Zentralfigur nicht zuletzt durch die eigenen Wahlkampfaktivitäten motiviert zu sein. So behauptete Grass 1980: „Das ist ein Roman über eine Wahl. Fontane ist verrissen worden mit diesem herrlichen Buch, weil er etwas Kühnes gemacht hat. Er hat ein Buch parallel zur Zeit geschrieben." (NGA 24, 239) 1986 stellte er die These auf: „Fontane war ein immens politischer Autor. Gerade in seinem letzten großen Roman, im ‚Stechlin‘, wird seine Enttäuschung an Preußen deutlich, auch seine Trauer.“ (NGA 24, 341) In *Mein Jahrhundert* spricht Grass angesichts seiner – während der Indien-Reise 1987 – begeistert Fontane lesenden Frau Ute davon, dass ihm „[e]inige seiner Werke [...] als verspätete Lektüre erinnerlich“ seien: „Effi auf der Schaukel. Ruderpartien auf der Havel, Spaziergänge mit Frau Jenny Treibel am Halensee, Sommerfrischen im Harz ... “ So begann er „noch in Calcutta, alles von ihm zu lesen, was greifbar war.“ (NGA 15, 274–276) Trotz grundlegender poetologischer Divergenzen konnte Grass in Fontanes „Kombination aus beobachtender ‚Zeitgenossenschaft‘ und einem Realismusbegriff, der auf der ästhetischen Transformierung realer Lebenswelten beruht“ (Moser 2000, 170), durchaus Parallelen entdecken. Die vertiefte Auseinandersetzung mit Fontanes Leben und Werk manifestierte sich in dem die Wende- und Gründerzeit parallelisierenden Roman *Ein weites Feld* (1995), „dessen Titel ja schon auf das legendäre Wort des alten Briest anspielt.“ Außerdem ist die Hauptfigur Theodor Wuttke, genannt Fonty, „die überdimensionale Verkörperung eines [...] Besessenen, der sich in allem an seinem Vorbild orientiert“ (Hinck 2006, 254–255). Obwohl der Protagonist sich Fontanes „Sprache und Weltanschauung als Besitz aneignet“, verdient er es, „als unzeitgemäßer Betrachter der Menschheit und der Geschichte ernstgenommen zu werden“ (Ester 2003, 173 und 177).

Der mit Fontane-Zitaten und -Paraphrasen gespickte späte Roman setzt eine Reihe von Erzähltexten fort, die ebenfalls einen „Raketenzauber literarischer Anspielungen“ (Hinck 2006, 253) entfachen, indem sie literaturgeschichtliche Konstellationen und Repräsentanten fokussieren: die Barockzeit in *Das Treffen in Telgte* und die Romantik in *Grimms Wörter*. In seiner persönlichen Rückschau auf *Mein Jahrhundert* schildert Grass aus unterschiedlichsten Perspektiven neben historischen Schlüsselmomenten Episoden der Literatur- und Philosophiegeschichte und lässt Else Lasker-Schüler, Georg Heym, Kurt Tucholsky, Bertolt Brecht, Gottfried Benn, Martin Heidegger, Paul Celan, Theodor W. Adorno, Wolf Biermann und viele andere auftreten. Dabei spart Grass seinen eigenen Beitrag zur Nachkriegs- und Weltliteratur des 20. Jahrhunderts keineswegs aus und erzählt im Kapitel über das Jahr 1959 vom Besuch der Frankfurter Buchmesse und dem Erscheinen der *Blechtrommel* (vgl. NGA 15, 182–183).

Die mit bemerkenswerter Häufigkeit vorgenommenen Selbstzuordnungen zu bestimmten literarischen Vorbildern und Traditionen zum einen und die Ausdehnung intertextueller Schreibweisen als auffällige Tendenz innerhalb seines Œuvres zum andern werfen ein Licht auf sein Selbstverständnis als Autor, der stets viel Wert darauf legte, „sein Werk in der Tradition der europäischen Literatur fundiert zu sehen“ (Cepl-Kaufmann 2000, 32). Seine teils insistierend wiederholten Verweise auf „Literaturtraditionen, die ich versuche weiterzuentwickeln“ (NGA 24, 564), zeigen Grass sowohl in seinem Respekt vor den Leistungen seiner Vorgänger als auch in seiner Rolle als höchst produktiver und zweifellos origineller Neuerer auf den Fundamenten der Vergangenheit, der sich aber trotz aller eingestandenen Abhängigkeiten ästhetisch und politisch gerne „verquer zum Zeitgeist“ (NGA 22, 353) verhielt.

Literatur

Beltz, Bettina. *„Fortsetzung folgt ... “: Zum intertextuellen Trialog zwischen Günter Grass, Salman Rushdie, John Irving und ihrem Ahnherrn Laurence Sterne*. Frankfurt/M. 2013.

Böschenstein, Bernhard. „Günter Grass als Nachfolger Jean Pauls und Döblins“. *Jahrbuch der Jean-Paul-Gesellschaft* 6 (1971): 86–101.

Braun, Michael. „Remarque trifft Jünger: Die Erfindung der Erinnerung an den Ersten Weltkrieg in Günter Grass' ‚Mein Jahrhundert‘ (1999)“. *Nach 1914: Der Erste Weltkrieg in der europäischen Kultur*. Hrsg. von Michael Braun et al. Würzburg 2017: 215–226.

Brunssen, Frank. *Das Absurde in Günter Grass' Literatur der achtziger Jahre*. Würzburg 1997.

Cepl-Kaufmann, Gertrude. „Günter Grass und sein Lehrer Döblin“. *Literatur im interkulturellen Dialog: Festschrift zum 60. Geburtstag von Hans-Christoph Graf von Nayhauss*. Hrsg. von Manfred Durzak und Beate Laudenberg. Bern et al. 2000: 25–47.

Ester, Hans. „Günter Grass und Theodor Fontane: Ein genüsslicher Irrtum“. *Künstler-Bilder: Zur produktiven Auseinandersetzung mit der schöpferischen Persönlichkeit*. Hrsg. von Hans Ester und Guillaume van Gemert unter Mitarbeit von Christaan Janssen. Amsterdam und New York 2003: 170–185.

Grass, Günter. „Ich kenne das Rezept auch nicht“ [Gespräch mit Bruno Russ]. *Günter Grass: Werkausgabe in zehn Bänden*. Bd. X: *Gespräche mit Günter Grass*. Hrsg. von Klaus Stallbaum. Darmstadt und Neuwied 1987a: 56–57.

Grass, Günter. „Heinrich Heine oder Glanz und Elend der europäischen Aufklärung“ [Gespräch mit Wilhelm Gössmann]. *Günter Grass: Werkausgabe in zehn Bänden*. Bd. X: *Gespräche mit Günter Grass*. Hrsg. von Klaus Stallbaum. Darmstadt und Neuwied 1987b: 130–135.

Grass, Günter. „Scham und Schande“. *Günter Grass: Göttinger Werkausgabe*. Bd. 16: *Essays und Reden III: 1980–1997*. Hrsg. von Daniela Hermes. Göttingen 1997: 217–220.

Gebauer, Mirjam. *Wendekrisen: Der Pikaro im deutschen Roman der 1990er Jahre*. Trier 2006.

Gruettner, Mark Martin. *Intertextualität und Zeitkritik in Günter Grass' „Kopfgeburten“ und „Die Rättin“*. Tübingen 1997.

Haberkamm, Klaus. „Simplicianische Zwiebelschalen: Zur Wirkungsgeschichte Grimmelshausens bei Grass“. *Simpliciana* 30 (2008): 199–217.

Haberkamm, Klaus. „Redivivus per litteras: Das Thema des Dreißigjährigen Krieges und seine poetologische Funktion bei Grimmelshausen, Grass und Kehlmann“. *Der Zweite Dreißigjährige Krieg: Deutungskämpfe in der Literatur der Moderne*. Hrsg. von Fabian Lampart et al. Baden-Baden 2019: 201–221.

Hinck, Walter. „Fontane redivivus: Die Vernetzung literarischer und zeitgeschichtlicher Anspielungen – Günter Grass: ‚Ein weites Feld‘ (1995)“. *Romanchronik des 20. Jahrhunderts: Eine bewegte Zeit im Spiegel der Literatur*. Hrsg. von Walter Hinck. Köln 2006: 253–260.

Jacobs, Jürgen. *Der deutsche Schelmenroman*. München und Zürich 1983.

Kellermann, Rolf. „Günter Grass und Alfred Döblin“. *Grass: Kritik – Thesen – Analysen*. Hrsg. von Manfred Jurgensen. Bern und München 1973: 107–150.

Mizinski, Jan. „Apokalyptische Utopie. Alfred Döblin und Günter Grass“. *Internationale Alfred Döblin-Kolloquien Münster 1989 – Marbach a. N. 1991*. Hrsg. von Werner Stauffacher. Bern et al. 1993: 154–164.

Moser, Sabine. *Günter Grass: Romane und Erzählungen*. Berlin 2000.

Neuhaus, Volker. *Günter Grass: „Die Blechtrommel“*. 2., überarbeitete und ergänzte Auflage. München 1992.

Ossowski, Miroslaw. „Günter Grass und das romantische Märchen“. *Fabula* 61.1–2 (2020): 84–99.

Stolz, Dieter. *Günter Grass zur Einführung*. Hamburg 1999.

Stolz, Dieter (Hrsg.). „‚Ich kann nur empfehlen, sich gute und strenge Lehrer zu suchen.‘ Dieter Stolz im Gespräch mit Günter Grass“. *Damals, hinterm Deich: Geschichten aus dem Alfred-Döblin-Haus*. Göttingen 2002: 9–22.

Weber, Alexander. *Günter Grass's Use of Baroque Literature*. London 1995.

Widmann, Andreas Martin. *Kontrafaktische Geschichtsdarstellung: Untersuchungen an Romanen von Günter Grass, Thomas Pynchon, Thomas Brussig, Michael Kleeberg, Philip Roth und Christoph Ransmayr.* Heidelberg 2009.

Zimmermann, Harro. „Skepsis und Melancholie. Über das Lichtenbergische bei Günter Grass". *Die Horen* 44.1 (1999): 126–140.

III.5 Kindheit

Nicole Thesz

1 Die *Danziger Trilogie*: Erlebte Kindheit

Die Begriffe ‚Kindheit' und ‚Jugend' wurden im Kontext der historischen Familienforschung über die Jahrhunderte hinweg teils unterschiedlich, teils synonym verwendet (vgl. Ariès 1962, 18–29); hier soll unter der Rubrik ‚Kindheit' die Zeit bis zum frühen Erwachsenenalter berücksichtigt werden. In diesem Zusammenhang bieten die drei Werke der *Danziger Trilogie* den unmittelbarsten Zugang zur Kindheit des Autors Günter Grass, da sie seine Jugend in Danzig fiktional verarbeiten, wobei persönliche Erinnerungen und historische Ereignisse zusammenfließen. Die in diesen Büchern erzählten Geschichten (mit Ausnahme der dritten ‚Bücher' von *Blechtrommel* und *Hundejahre*) spiegeln das Aufwachsen im Dritten Reich wider, während die Generation der Eltern im Hintergrund steht und die Welt der Erwachsenen eher skeptisch betrachtet wird. Die wenigsten dieser Erwachsenen sind Vorbilder, und nicht einmal die Vorbilder – wie der Lehrer Oswald Brunies in den *Hundejahren* – erscheinen wirklich nachahmenswert, da sie dem System zum Opfer fallen. Bei den jugendlichen Figuren hingegen zeigt sich meist eine Einteilung zwischen Opfern, Tätern und Mitläufern, wobei Freundschaften ohne Rücksicht auf diese Rollen geschlossen werden – möglicherweise Ausdruck einer Idealisierung der Fähigkeit von Kindern, trotz aller Unterschiede Verbindungen einzugehen, oder, anders gesehen, Zeichen der Unentrinnbarkeit im totalitären System.

1.1 *Die Blechtrommel*: Verwachsene Kindheit

Die Blechtrommel ist als Bildungsroman auch eine Rückschau auf die Kindheit in Danzig, die „verlorene Provinz", wie Grass sie im „Rückblick auf die Blechtrommel" nennt (NGA 21, 375). Als angeblich „hellhörig[er]" Säugling ist Oskar Matzerath von Anfang an als Zuschauer und Zuhörer dabei, um einen kritischen Kommentar auf das Leben seiner kleinbürgerlichen Eltern abzugeben (vgl. NGA 4, 49). Die Erzählperspektive ist hier sowohl eine kindliche als auch eine erwachsene; wie Grass feststellt, beruhte diese Figur auf einer kurzen Begegnung mit einem kleinen Jungen samt Spielzeugtrommel: Ihn faszinierte dabei „die selbstvergessene Verlorenheit des Dreijährigen an sein Instrument, auch wie er gleichzeitig die Erwachsenenwelt [...] ignorierte" (NGA 21, 379). Während das erinnerte Kind „selbstvergessen" im Moment lebt, ist die Erzählhaltung der *Blechtrommel* teils ironische Persiflage der kindlichen Unbeschwertheit und Egozentrik (sichtbar in Oskars Opportunismus und seiner ständigen Nabelschau), teils nostalgische Erinnerung an jene naive, gegenwartsbezogene Existenz, und wiederum teils Nutzung des Kindheit-Motivs, um die politische Verantwortungslosigkeit anzuprangern. Oskars extreme Mutterbindung und sein vorsätzlicher Sturz die Kellertreppe hinab deuten auf

https://doi.org/10.1515/9783110755435-066

seinen Versuch hin, die Kindheit zu verlängern und Verantwortung abzulehnen. Neben der Allegorie für das Unschuldig-Spielen der Bevölkerung unter dem Nationalsozialismus geht es Grass jedoch auch darum, die tatsächlichen Auswirkungen des Krieges auf die Kindheit darzustellen. Oskar steht unter anderem stellvertretend für die Marginalisierten und Behinderten, die im Dritten Reich von Euthanasie bedroht wurden (Arnds 2004, 4); hierbei ist nicht nur der Staat von Bedeutung, sondern auch das Thema „parental neglect" – die passive und aktive Ermöglichung der Euthanasie behinderter Kinder aufgrund der fehlenden Fürsorge der Eltern (Arnds 2004, 77–78). Oskar überlebt nur, weil sein Vater sich, trotz seines Mitläufertums, weigert, die entscheidende Unterschrift zu leisten. Jedoch ist sich Oskar sicher, dass seine Eltern und seine Stiefmutter, Maria Truczinski, „das anomale Kind" (NGA 4, 164) als permanente Last empfinden (obwohl sie, im Gegensatz zu seiner Stiefmutter, nicht die Euthanasie in Betracht ziehen): „sie nannten mich, Oskar, ein Kreuz, das man tragen müsse, ein Schicksal, das wohl unabänderlich sei." (NGA 4, 100) Gleichzeitig ist die leitmotivische Erwähnung der Grimm'schen Figur des märchenhaften Däumlings ein Hinweis darauf, dass Grass in Oskar Matzerath sowohl die Ausnahmesituation des ‚Dritten Reiches' als auch das Verhältnis zwischen den Generationen betrachtet. Einerseits ist der unscheinbare Winzling ein Symbol der übergroßen elterlichen Macht über die Kinder, die nicht nur in einer politisch extremen Zeit schutzlos ausgeliefert sind, andererseits steht das pikareske Überleben des Däumlings (und Oskars) auch für die Findigkeit und Stärke der Kinder, welche (zumindest in der Literatur) alle Gefahren meistern und sogar als Helden aus der Geschichte hervorgehen können. An literarische Tradition, eigene Biographie und Freud angelehnt, beschreibt Grass ebenfalls die Fixierung des Protagonisten auf die früh verstorbene Mutter und den Hass auf den Vater und geht in dieser psychoanalytischen Anspielung über die spezielle historische Dimension des Nationalsozialismus hinaus.

Das Unbequeme der Figur Oskar, welcher die Kindergröße beibehält und doch nicht unschuldig ist, liegt in der Unmöglichkeit, ihn undifferenziert als Opfer oder als Täter zu definieren. Sein Entschluss, mit drei Jahren das Wachstum zu beenden, kann als Versuch gelten, sich dem Erwachsenenleben zu entziehen. Dieser Status des Ewig-Dreijährigen ist seine Ausrede dafür, Kompromisse mit den Mächtigen zwecks Überlebens eingehen zu müssen – ein bequemes Kleinstellen bei gleichzeitig größenwahnsinnigen Ansprüchen. Oskars groteske Verwachsungen und seine moralische Zweideutigkeit weisen darauf hin, dass der Autor mit seiner ersten Romanfigur die Schuld in der Nazizeit als allgegenwärtig betrachtet. Trotz dieser satirischen Sicht auf die frühe Kindheit sind Momentaufnahmen der Danziger Erinnerungen – bei aller Kritik am politischen Regime – mit Nostalgie behaftet. Die Vorkriegsjahre als Kind beschwört Grass mit Hilfe von Anspielungen auf sensorische Eindrücke herauf: die Nähe zur Mutter, der Niveageruch nach dem Baden in der Ostsee, das Brennen des Salzwassers auf der Haut oder die durch Gedächtnisbilder heraufbeschworene Atmosphäre in den Gassen in der Danziger Altstadt. Der dreifache Verlust – der Mutter (die 1954 verstirbt), des Heimatortes und der Vergangenheit – doch auch die Schuldfrage nach dem Zweiten Weltkrieg (vgl. Karl Jaspers) treiben Grass an, die Kindheit mit besonderer Erinnerungsarbeit literarisch aufleben zu lassen.

Obwohl Grass seine Autobiographie *Beim Häuten der Zwiebel* mit der Idee einleitet, der Kriegsanfang habe seine Kindheit beendet, ist dieser Moment vielleicht mehr ein Einschnitt (sowie eine Charakterisierung des Milieus) als ein wirkliches Ende: „Auf engem Raum wurde meine Kindheit beendet, als dort, wo ich aufwuchs, an verschiedenen Stellen zeitgleich der Krieg ausbrach." (NGA 17, 7) Während Grass in seinem Erinnerungsbuch die Eltern, den Werdegang als Schriftsteller und persönliche Versäumnisse betrachtet, geht es in den Danziger Erinnerungen der Trilogie weitaus globaler um die Freundschaften, Niederlagen, das Lernen und die Prägung der Jugendlichen – ‚normale' Elemente der Kindheit, die im Dritten Reich gefährlich verformt werden. Zwar ironisiert Grass die Schulbildung, indem Oskar den ersten Schultag seiner Klasse mit seiner Musik sprengt, doch ist *Die Blechtrommel* dennoch ein ironisierter Bildungsroman, in dem Oskar das kleinbürgerliche Milieu studiert und Konsequenzen daraus zieht. Kindheit in der *Blechtrommel* dient der Beobachtung des Umfelds und vor allem dem Aneignen einer dubiosen Moral, in der das Überleben, die Macht, der Genuss und die körperliche Befriedigung Eckpfeiler darstellen. Oskars Position als Zeuge der Erwachsenenwelt dient dazu, mit Hilfe seiner vermeintlichen Unschuld die fehlende Integrität und Solidarität in der Gesellschaft zu zeigen; in diesen zwölf Jahren des Dritten Reiches ist – und dabei vermeidet Grass jede Sentimentalisierung der Kindheit – auch die jüngste Jugend nicht unschuldig.

1.2 *Katz und Maus*: Freundschaft und Verrat

In *Katz und Maus* steht die Jugendfreundschaft zwischen Heini Pilenz, dem Erzähler, und dem eigentlichen Romanhelden, Joachim Mahlke, im Mittelpunkt; das soziale Umfeld dreht sich um die Institutionen Schule, Kirche und Militär, während die familiäre Umgebung in den Hintergrund rückt, was den Eindruck gestörter Familienbeziehungen weckt. Grass wählt mit Pilenz die literarische Tradition des blassen Erzählers, welcher die schillernde Persönlichkeit des bewunderten Freundes wiedergibt. Im Gegensatz zu der ähnlichen Erzählsituation in Thomas Manns *Doktor Faustus* zeigt Grass, dass der angeblich unterlegene Erzähler keineswegs freiwillig und klaglos diese narrative Haltung einnimmt. Pilenz ist kein philosophischer und gutmütiger Zeitblom, sondern zumindest als Jugendlicher eine Figur voller Widersprüche und Ressentiments gegen den ehrgeizigen und frühreifen Mahlke. Schon zu Beginn ist der spätere Verrat vorhersehbar, wenn Pilenz eine Katze (vielleicht nur symbolisch) auf den hyperaktiven Adamsapfel des Schulkamerads hetzt; am Ende wird Pilenz durch Lügen und nahezu biblischen Verrat den „großen Mahlke", dem er sein Heldentum und seine Integrität so sehr nachträgt, zum Tode verurteilen (der ihm allerdings als Deserteur möglicherweise ohnehin sicher gewesen wäre) (Preece 2001, 54).

Die Novelle ist einerseits ein Bild der Jugend im Nationalsozialismus – so z. B. sichtbar, wenn sich die jugendliche Obsession des Spiels mit Zahlen und Fakten, anstatt wie gewohnt in Sport- oder Fahrzeugstatistiken, nun in der Auflistung militärischer Details niederschlägt (vgl. NGA 5, 48–49) –, und andererseits auch ein Portrait des Erwachsenwerdens. Auch in *Katz und Maus* setzt sich Grass mit dem Einfluss der Religion auf Kinder auseinander; statt der grotesken Konkurrenz Oskars mit Jesus steht in Pilenz' Welt ein betont allgemein-menschlicher Konflikt im Vordergrund: Pilenz' gefühlte soziale und sexuelle Schwäche im Vergleich zu Mahlke. Dessen Unterwerfung unter kirchliches Dogma wiederum fungiert als Parallele zu seinem Versuch, durch politisches Mitläufertum in der Gesellschaft Fuß zu fassen. Die Novelle deutet auch den Missbrauch der Kinder in dieser Danziger Gemeinde an, welches Grass zum einen als Problem der Kirche, zum anderen aber auch als Auswirkung einer Gesellschaftsform darstellt, die auf ein Verschweigen der Missbrauchs- und Machtverhältnisse basierte. So ist Mahlkes Tod letztlich nicht nur Folge der militärischen Prägung dieser speziellen Gesellschaft im Dritten Reich, sondern überdies Konsequenz jahrhundertelanger Machtstrukturen im kirchlichen, familiären und schulischen Bereich.

1.3 *Hundejahre*: Täter und Opfer-Beziehungen im ‚Dritten Reich'

Der dritte Teil der *Danziger Trilogie* ist gleichzeitig ein epischer Rückblick auf die Kindheit im Danziger Milieu der Dreißiger- und Vierzigerjahre. Während *Die Blechtrommel* sich durch ein ironisch-distanziertes Verhältnis zum Künstler- und Bildungsroman auszeichnet, und *Katz und Maus* eine novellenhafte Reprise des Kindheit-Themas bietet, bilden die *Hundejahre* eine Fuge aus Motiven (Preece 2001, 65), die sich zu einer quasi-mythologischen Komposition der Freundschaften von Eddi Amsel, Jenny Brunies, Tulla Pokriefke, Harry Liebenau und Walter Matern zusammensetzt. Geht es in den ersten beiden Werken um Schuld und Rollenerwartungen, so könnte man die fünf Kinder oder Jugendlichen der *Hundejahre* als idiosynkratische Individuen bezeichnen, deren Anziehungskraft von den engen und oft destruktiven Beziehungen ausgeht, die sich aus der gemeinsam erlebten Kindheit ergeben. Die epische Form ist dabei nicht nur durch den Anspruch der Geschichtsschreibung zum ‚Dritten Reich' gegeben, sondern auch durch die eigenartige Zeitlosigkeit der Kindheit, die Grass in diesem Roman – trotz aller dargestellten Konflikte – vermittelt. Die verflochtenen Lebensläufe der Hauptfiguren (und der Hunde) rühren von ihrer gemeinsamen Herkunft her. Dabei sind Täter und Opfer (Walter und Eddi, Tulla und Jenny) engste Freunde und bleiben auch nach dem Krieg verbunden. Diese eigenartig enge Verwobenheit der ungleichen Freunde geht teils auf literarische Vorlagen zurück (z. B. auf Alain-Fourniers *Le Grand Meaulnes*, 1913, und Manns *Doktor Faustus*), teils aber auch auf die Verfremdung historischer Zusammenhänge im Zweiten Weltkrieg. Der jüdische Eddi bleibt trotz aller Gewaltbereitschaft mit dem brutalen Matern befreundet, und die Tänzerin Jenny (aus einer Roma-Familie stammend und als Säugling von Brunies adoptiert) schaut ihr Leben lang zur politisch opportunistischen Tulla auf. Im zweiten und dritten Teil der *Hundejahre* versucht der erfolglose Schauspieler Matern, seine Handlungen hinter Dramen und Heideggerismen zu verbergen, und der klassische Mitläufer Harry Liebenau, Erzähler der „Liebesbriefe“, verfremdet seinerseits die Ereignisse durch Intellektualisierung seiner Beobachtungen (Cepl-Kaufmann 1975, 24). Als traumatische Eckpunkte der erinnerten Handlung lassen sich die parallelen Angriffsszenen im Schnee anführen, bei denen Jenny unter Tullas Misshandlung fast erfriert und Eddi beim Angriff von Walters SA-Truppe brutal zusammengeschlagen wird. Beide Opfer erfahren in diesen phantastischen Szenen eine geheimnisvolle Transformation – Schlankheitskur und künstlerische Verfeinerung – welche die Gewalttätigkeit problematisch verschleiert (NGA 6, 269–286). Dagegen bietet die Verhaftung des Lehrers Brunies (durch Einwirkung Tullas; vgl. NGA 6, 356–359) eine weniger stilisierte, und deshalb realistischere Vignette aus dem ‚Dritten Reich‘, die jeder vermeintlichen Unschuld der Kindheit ein eindringliches Gegenbild entgegenstellt.

2 Werke der Sechzigerjahre: Literatur als pädagogisches Mittel

2.1 *örtlich betäubt*: Jugend und Protest gegen das Establishment

örtlich betäubt bietet erstmals ein stärker politisch ausgerichtetes Konzept von Literatur, nachdem der Autor in der zweiten Hälfte der Sechzigerjahre zunehmend auch in Essays und Reden Stellung genommen hat. Im Gegensatz zur Schilderung der Danziger Kindheits- und Jugenderinnerungen ist der knappe Roman, dessen Titelbild mit einer Flamme Gewalt suggeriert, ein Porträt der Gegenwart, obwohl *örtlich betäubt* gleichzeitig die Allgegenwärtigkeit der Vergangenheit reflektiert. Ebenso wie im Grass’schen Theaterstück *Davor* (1969), das inhaltlich dem Mittelstück des Romans entspricht, steht auch hier eine geplante Protestaktion im Vordergrund: Der siebzehnjährige Philipp Scherbaum möchte als Anti-Vietnam-Demonstration seinen Dackel Max auf dem Ku-Damm in Brand stecken; seine Freundin Vero versucht, ihn mit ihrer Begeisterung für die Aktion anzufeuern, trägt aber mit ihrer unkritischen Bewunderung dazu bei, dass Scherbaum den Plan letztlich aufgibt. Während in der *Danziger Trilogie* die Erlebnisse der Kindheit im Mittelpunkt standen, werden die Jugendlichen in *örtlich betäubt* mit wachsamem Auge beobachtet. Der besorgte Lehrer Eberhard Starusch versucht durch beständigen Dialog, den tödlichen Idealismus des Schülers zu bremsen (Thesz 2018, 64–65). Starusch (ehemals der anarchistische Störtebeker der *Trilogie*) stellt aufgrund seiner Mäßigung „von seiner dem radikalen Anarchismus geweihten Jugendzeit“ zum „vernunftbetonte[n] Erzieher“ eine positive politische Entwicklung dar, im Gegensatz zu der Pädagogin Irmgard Seifert, welche noch immer heroischen Leitbildern nacheifert (Stolz 2005, 112).

Grass’ Porträt der späten Sechzigerjahre zeigt ein sich wandelndes Bild der Kindheit und Jugend. Im Gegensatz zu den politisch-propagandistisch durchorganisierten Jugendaktivitäten des ‚Dritten Reiches‘ und dem autoritär-paternalistischen Familien- und Gesellschaftssystem, das sich bis in die Romangegenwart erstreckt, erscheint nun als neue Strategie der jüngeren Generation die (teils erfolgreiche) Auflehnung gegen das ‚Establishment' vor dem Hintergrund einer veränderten Bildungspolitik, welche Grass in *örtlich betäubt* andeutet. Statt staatlich organisierter Schul- und Freizeit ist in den Sechzigerjahren die Freiheit nach der „Halbtagsschule" Norm und ermöglicht den jungen Protagonisten eine selbstbestimmte kulturelle und politische „Bildung" im weitesten Sinne (Hengst 2008, 172–175). Diese Freiheit wird im Roman, obwohl Scherbaum sich zeitweise verrennt, nicht in Frage gestellt. Jedoch zeigt Grass auch eine deutliche Abhängigkeit der Jugendlichen von politischen Mustern der Lehrer: So verwickelt Starusch den Schüler in Diskussionen gemäß dem Leitsatz „Gespräche verhindern Taten" (NGA 7, 148), während Seifert mit ihren theatralischen Selbstvorwürfen wegen ihrer Bund Deutscher Mädel-Vergangenheit und durch ihren plakativen Idealismus ein negatives Vorbild für Scherbaum darstellt. Die Thematisierung der ehemaligen Radikalität der Lehrer deutet darauf hin, dass Grass sowohl auf die Gefahr der politischen Extreme als auch auf die Anfälligkeit der Jugend für radikale, einfache Lösungen hinweist. *örtlich betäubt* dokumentiert u. a. die wachsende Gewaltbereitschaft der Linken – im Protest gegen die ‚Vätergeneration' sowie gegen den sogenannten Imperialismus im Vietnamkrieg – im Kontext der Generationenabfolge in Deutschland. „Politics was a generational issue," wie Julian Preece über diese Epoche schreibt (Preece 2001, 93). Die Haltung des Romans zu gegenwärtigen und historischen Fragen basiert, wie der Zusammenprall der Generationen in *örtlich betäubt* zeigt, auf einer alters- und erfahrungsbedingten Sicht der Ereignisse. Die jungen Berliner der späten Sechzigerjahre mochten von der Studentenrevolte fasziniert sein; die Sicht des Schriftstellers – die sich in manchem mit dem Lehrer Starusch decken mag – ist nuancierter, grauer und skeptischer aus Angst vor derjenigen Art Idealismus, die das ‚Dritte Reich' ermöglicht hatte. Nach der Maxime „lernt von unseren Fehlern" bietet Grass' Generation – wie der Lehrer Starusch – nun Denkansätze und versucht, Erfahrungswerte an die „Nachgeborenen" (wie es Brechts Idee ausdrückt) zu vermitteln.

2.2 *Aus dem Tagebuch einer Schnecke*: Politische Bildung im Familiengespräch

Im Gegensatz zu der erlebten, fiktionalen Kindheit im ‚Dritten Reich' beschreibt Grass im *Tagebuch einer Schnecke* (1972) – seine Rückschau auf seine Aktivitäten zum SPD-Wahlkampf – eine aus der Erwachsenenperspektive beobachtete Kindheit. Es geht sowohl um seine vier Kinder aus erster Ehe und ihre Fragen zum Holocaust, als auch um die Bildung der Kinder in einer mündigen Gesellschaft, die von Dialog und Diskurs geprägt ist. In *Wie sagen wir es den Kindern?* (1979, NGA 22, 109–126) begründet Grass seinen Erzählimpetus im *Tagebuch einer Schnecke* damit, dass Vielschichtigkeit und Debatte einer „Trivialaufklärung" (so z. B. im Fernsehen) vorzuziehen seien.

Die Handlung dieses autobiographischen Romans setzt sich aus mehreren Strängen zusammen: der Geschichte der Juden in Danzig während des Zweiten Weltkriegs, Grass' Reisen im Rahmen des Wahlkampfes für die SPD und den Gesprächen mit seinen Kindern zu politischen und geschichtlichen Themen. Das Thema Kindheit hängt im *Schnecken-Tagebuch* wie in *örtlich betäubt* eng mit der Rolle des Lernens und der Schule in den Familiengesprächen zusammen (Neuhaus 2010, 150). Vor allem ist diese Institution für Grass relevant für seine Hoffnungen auf die politische Mündigkeit der Gesellschaft und namentlich der heranwachsenden deutschen Bürger. Hervorzuheben ist, dass die politische „Mündigkeit", die im Kontext des *Tagebuchs* an zentraler Stelle steht, schließlich mit dem „Mund" – also der Kommunikation, und zwar vornehmlich der mündlichen, unmittelbaren – eng zusammenhängt. Die Bildung der Jugend durch Dialog und auf der Schulbank ist untrennbar mit den politischen Bemühungen des Autors verbunden, der die SPD und Willy Brandt unermüdlich im Wahlkampf unterstützte. Das Thema der Kommunikation ist für Grass' Leben und Werk entscheidend, und dies wird im *Tagebuch* anhand der vielen Gespräche sowie der Parteireden besonders deutlich hervorgehoben (Thesz 2018, 69–80). Tatsächlich werden die mündlichen Beiträge des Autors im *Tagebuch* seinen schriftstellerischen Bemühungen gleichgestellt.

Zwar beschreibt das *Tagebuch* Grass' erinnerte Gespräche mit seinen vier Kindern, doch finden sich in dem Werk unterschiedliche Grade der Stilisierung zwecks politisch-literarischer Wirkung. Schon die ersten Worte, „Liebe Kinder" (NGA 8, 7), sind erkennbar eine rhetorische Einführung der Handlung – die Angesprochenen (sowohl Grass' Nachwuchs im Besonderen als auch die jüngere Generation im Allgemeinen) sind zugleich textinterner Ansprechpartner wie textexternes Zielpublikum für die didaktischen Bildungsbemühungen des *Tagebuchs*. Dabei kommen unterschiedliche Motivationen zum Vorschein: Bildung der Jugend, eine rhetorische Vereinfachung der politischen Gegebenheiten für das Lesepublikum, eine Bitte um Entschuldigung gegenüber den eigenen Kindern für häufige Abwesenheiten und ein Hinweis, dass Kinder tatsächlich, wie sprichwörtlich, die Zukunft einer Gesellschaft oder Nation darstellen. Somit sind die eingefügten Gesprächsauszüge auch als mehrwertige auktoriale Strategie zu werten. Sie bieten Grass einen pädagogischen Schreibvorwand, prägnante Aussprüche, einen naiven Ton und damit die Möglichkeit der inhaltlichen und der stilistischen Belebung des sperrigen historischen Tagebuch-Stoffs. Die pädagogische Grundhaltung ist zum Beispiel im folgenden Dialog erkennbar:

> „‚Und was meinste mit Schnecke?'
> ‚Die Schnecke, das ist der Fortschritt.'
> ‚Und was issen Fortschritt?'
> ‚Bißchen schneller sein als die Schnecke … '" (NGA 8, 9)

Durch das Frage-Antwort-Schema erreicht Grass, dass Leser sowohl zu Fragen angeregt als auch belehrt werden, und gleichzeitig wird der Ton der Belehrung durch die Einschaltung der fiktiven kindlichen Ansprechpartner strategisch gedämpft. In diesem Sinne ist die Kindheit im *Tagebuch* biographische und autobiographische Realität sowie – und vielleicht vor allem – literarisch-didaktische Strategie.

Die Unterhaltung mit den Kindern ist demnach nicht nur persönlicher Austausch, sondern auch als Grass' Versuch einer informellen politischen Begegnung zu interpretieren. Die erinnerten und stilisierten Gespräche erlauben es Grass, das Thema der

Shoah aus mehreren Perspektiven zu beleuchten. Aus den Erinnerungen des Zeitzeugen Erwin Lichtenstein, den Grass in Israel besuchte, gibt das *Tagebuch* die Erlebnisse und Leiden der Danziger Juden in längeren Prosa-Stücken im erzählenden Präteritum wieder, während die Unterhaltungen der Kinder – und vor allem ihre kritischen Nachfragen – die Geschichte des Zweiten Weltkriegs in die Gegenwart zurückholen. Grass beschäftigt u. a. die Frage, wie diese Geschichte am prägnantesten wiederzugeben sei – seine Überlegungen umfassen „Brillenberge“, Individuen und Statistiken (NGA 8, 17) – aber die mögliche Gefahr, im Abstrakten zu versanden, wird durch seinen Dialog mit den Kindern, deren Unschuld und Direktheit ihn herausfordern, eingeschränkt: „Nein Kinder. Nur über die Gewöhnung in ihrem friedfertigen Sonntagsputz.“ (NGA 8, 17) In der Tat ist für Grass seine eigene Kindheit durch die „Gewöhnung“ an den Faschismus überschattet, die letztlich für ihn eine Mitschuld bedeutet (im Jaspers'schen Sinne eine zunächst solidarische Schuld, doch im Kriegsverlauf auch eine politische und moralische). Diese Kindheit unterscheidet sich grundlegend von der Kindheit der „Nachgeborenen“, also von den Kindern, die in *Aus dem Tagebuch einer Schnecke* nicht nur Neugierde zeigen (echte und rhetorisch eingesetzte), sondern die im besten Fall für eine geschichtsbewusste Neuausrichtung der deutschen Gesellschaft im Zeichen der Erziehung zur Mündigkeit stehen.

3 Die Siebziger- und Achtzigerjahre: Kindheit aus der Erwachsenenperspektive

Noch mehr als in den vorhergehenden Werken bewegt sich die Perspektive in Grass' Romanen *Der Butt* und *Die Rättin* weg von einer Darstellung der dramatisch-bunten Welt der Kinder und Jugendlichen, hin zu der anstrengenderen und ‚graueren‘ Sichtweise der Erwachsenen, die schon in den Gesprächen im *Tagebuch einer Schnecke* sichtbar ist (im Gedicht *Askese* hatte Grass bereits die Bedeutung der Farbe Grau in seinem literarischen Kosmos betont: „aus grauem Topf: So sollst du leben“; *Gleisdreieck* [1960], NGA 1, 92). Im *Tagebuch* beobachtet der Autor den Abstand zur Jugend noch mit ironischem Blick, doch im *Butt* greift er zur episch-historischen Sicht auf die menschliche Entwicklung seit der Steinzeit, wo Kinder oft lediglich Nachwuchs darstellten – die Resultate zufälliger, leidenschaftlicher oder legitim-ehelicher Begegnungen. Während die neun Monate (Kapitel) einer Schwangerschaft als Strukturmittel des Romans dienen, steht das Thema der Kindheit an sich im Hintergrund. Die „vergessene Kindheit“ wird besonders kritisch in der Szene dargestellt, in der Dorothea von Montau, gedankenverloren auf Ewigkeit hoffend und kochend, nicht einmal merkt, wie eines ihrer Kinder in den Kessel fällt und elend verbrüht (NGA 9, 155–156). Hier deutet der Schriftsteller an, dass die Weltgeschichte meist nicht die Interessen der Jugend im Sinn hat; Kindheit mag als nostalgische Idee der Wohlhabenden, als Inspiration für sentimentale Künstler oder als Schaffensziel der Pädagogen und Moralisten herhalten, doch im historischen Getriebe sind Kinder wehrlos und überleben nur mit viel Glück. Im Zweifelsfall sind sie, wie in der Erzählung *Kopfgeburten oder Die Deutschen sterben aus* (1980), entbehrlich: Nach langen Überlegungen entscheiden sich die Protagonisten, Dörte und Harm Peters, gegen ein Kind. Mit dieser zeitgeistkonformen Entscheidung des verkopften Pärchens bezieht sich Grass weniger auf Kindheit als Lebensphase als auf den Komplex Einwanderung, Nationalismus, deutsche Geschichte, Überbevölkerung und den unverbesserlichen Idealismus der westdeutschen Kulturträger, die bürokratische Sicherheit lieben, im Ausland Exotik suchen und deren Ideen oft auf Irrwegen scheitern.

Auch in der *Rättin* (1986) – einem komplexen, fünfsträngigen Roman voller apokalyptischer Visionen sowie Medien- und Konsumkritik – spielt die Kindheit nur im Kontext der Erfahrung von Erwachsenen eine Rolle. Vornehmlich im Erzählstrang zur deutschen Politik der Achtzigerjahre und zum Waldsterben gibt Grass mit ironischer Distanz die Erfahrung der Jugendlichen der Epoche wieder. Einerseits sind die Kanzlerkinder Johannes und Margarete verwöhnte und vernachlässigte Wohlstandskinder, andererseits sind sie die einzigen, die bei einer Reise auf der sogenannten Märchenstraße den Schwindel der heilen Natur samt Tonband-Vogelstimmen und falschen Bäumen entlarven und schließlich aus Protest und Verzweiflung in den Wald verschwinden. Diese Anlehnung an das Grimm'sche Märchen *Hänsel und Gretel* zeigt eine neue Form der Gewalt gegen Kinder, bei der nicht mehr der dichte Wald (und Hexen), sondern die sterbende Natur – also zerstörte Zukunft – die Hauptgefahr für die jüngere Generation darstellt. Und doch sind diese Kinder nicht nur unschuldige Opfer, sondern auch zynische Beobachter; im Gegensatz zur Täter-Opfer Polarität des Märchens skizziert Grass die Kinder als „verführbare" Konsumenten (NGA 11, 56), in Anlehnung an die Sage vom Rattenfänger zu Hameln. Sicher ist, die Kanzlerkinder in der *Rättin* sind in dieser Antiutopie einem von Menschen zu verantwortenden System ausgeliefert, das auf allen Ebenen dem Untergang geweiht zu sein scheint, also einem zum Scheitern verurteilten Gesellschaftssystem, in dem Eskapismus (in den Wald, ins Märchen, in den Konsum oder in eine nostalgische Rückschau), aber kein realistisches Entkommen möglich ist. Den Leserinnen und Lesern, insbesondere ihren Kindern, bleibt es vorbehalten, diese finale Katastrophe vielleicht doch noch zu verhindern.

4 Die Folgen des Mauerfalls: Autor und Gesellschaft in Wendezeiten

4.1 *Unkenrufe und Ein weites Feld*: Politische Reflektionen im Alterswerk

In den Nachwendewerken, die erneut parallel zu politischen Reden und Essays entstanden, drückte Grass insbesondere seine Sorgen um das vereinigte Deutschland aus. Die literarischen Werke zeigen ähnliche Haltungen, jedoch in Form von fiktionalen Dialogen zwischen Ost und West, Alter und Jugend, Vergangenheit und Gegenwart, Kultur und Politik. Grass' Texte nach 1990 weisen vor allem Unbehagen und Enttäuschung auf (Taberner 2013, 41).

In *Unkenrufe* finden sich vereinzelt Danziger Jugenderinnerungen des Erzählers, doch vermittelt die Erzählung vor allem Kassandrarufe zu den politischen und globalen Problemen, die durch die idealistische internationale Friedhofs-Gesellschaft nicht zu lösen sind; der zumindest angedeutete Unfalltod der in die Jahre gekommenen Protagonisten am Ende der Erzählung rundet das Bild des melancholisch-zynischen Alterswerks ab. Demgegenüber ist der Roman *Ein weites Feld*, der ebenfalls das Altern thematisiert und eine Flucht – diesmal in die Literatur – darstellt, gleichzeitig ein Requiem auf die Jugend, sichtbar in der Beziehung zwischen dem greisen Theo Wuttke und seiner jungen Enkelin Madeleine. Im Gegensatz zur unmittelbaren Schilderung der Jugenderfahrungen in der *Danziger Trilogie* bietet Grass in seinem komplexen Deutschlandroman eine sehr viel distanziertere Sicht auf die vergegenwärtigte Historie. Resümierend lässt sich sagen, *Unkenrufe* und vor allem *Ein weites Feld* drücken eine teils wehmütige, teils verklärte Idealisierung der Jugend aus, besonders dort, wo Figuren wie Madeleine Verständnis für die kulturellen Kontexte der älteren Generation zeigen (z. B. für die europäische Geschichte und die Werke Theodor Fontanes). Im Mittelpunkt steht allerdings sowohl im Hinblick auf die deutsch-polnische Friedhofsgesellschaft der *Unkenrufe*, als auch im „Fall Fonty" (NGA 14, 11) die erhellende Retrospektive der älteren Generation auf sich schon wieder verfinsternde Zeiten.

4.2 *Im Krebsgang*: Gewalt in der Enkelgeneration

Sind die *Unkenrufe* und *Ein weites Feld* im Wesentlichen Geschichten des Rückblicks und des Alterns, so wendet sich Grass in der Novelle *Im Krebsgang* wieder strukturell der jüngeren Generation zu. Hier wird die jugendliche Kriegsgeneration, die sich selbst aufgrund ihres Jahrgangs nicht aktiv schuldig gemacht hat, von der problematischen Tulla Pokriefke vertreten, derentwegen der junge Enkel Konny Pokriefke sich in alten Geschichten und Mythen verrennt und einen anderen Jugendlichen erschießt. Der Enkel ist hier weder völlig unschuldig noch allein schuldig; eine Kombination aus fehlendem oder einseitigem Dialog mit der Eltern- und Großelterngeneration, ein Versagen der Institution Schule, soziale Isolation, und die „Spielwiese" (NGA 16, 124) Internet sind, um nur einige Aspekte zu nennen, Erklärungsansätze des (nicht unbeteiligten) Erzählers Paul Pokriefke für den tödlichen Ausgang der historisch grundierten, um generationsübergreifende Themen wie Schuld und Scham kreisenden Geschichte mit Gegenwartsbezug.

Grass versucht in dieser Novelle, die Enkelgeneration in ihrem Umfeld zu verstehen – daher auch die zentrale Rolle neuer Medien in *Im Krebsgang*. Jedoch geht es dem Schriftsteller nicht primär darum, Konnys Gedankengänge zu erforschen, sondern vor allem um die Einflüsse der Geschichte, die durch die älteren Generationen vermittelt wird. Tullas wiederholte Erzählungen über den Untergang der Wilhelm Gustloff lassen ihren Sohn Paul ‚ertauben', und dessen strikte Ablehnung jener Berichte über die Opfer im Schiffsunglück (aufgrund seiner Kritik an der „Vätergeneration") führt, in Grass' Interpretation, zu einem Vakuum, in dem Tullas Einfluss auf ihren Enkel unverhältnismäßig hoch ist. In dieser Darstellung der Familienbeziehungen ergibt sich ein bemerkenswertes Muster: Tullas (und Grass') Generation erlebt als Jugendliche den Krieg und ihre Erlebnisse und Handlungen schaffen einen Mythos, dem die folgenden Generationen ausgeliefert sind. In der Tat ist Paul in der Sicht seiner Familie ein ‚Nichts' und sein Sohn zwar angeblich Hoffnungsträger seiner Großmutter, doch eigentlich nur Sprachrohr von Tullas Geschichten. Eine eigene Identität spricht ihm die Novelle ebenfalls ab, da er in gewissem Sinne Wiedergänger des ersten Konrad Pokriefke, dem früh ertrunkenen, taubstummen Bruder Tullas ist. So gesehen ist *Im Krebsgang* eine stark verengte Geschichte der Kindheit und Jugend, die als von Geburt an determiniert dargestellt wird. Nach biblischem Sprichwort haften hier die Kinder und Enkel nicht nur für die ‚Väter' (oder Tulla), sondern sie sind gewissermaßen gezeichnet und entwickeln sich als Nachfolgegenerationen nur in Abhängigkeit der Eltern, bedenklicher noch, sie übernehmen bewusst oder unbewusst ihre fatalen Muster. Auf einen Ausweg aus diesem tragischen, immer wieder für Gewaltexzesse sorgenden Dilemma verweist die Novelle nicht. Sie endet dementsprechend mit den wenig hoffnungsfroh stimmenden Worten: „Das hört nicht auf. Nie hört das auf." (NGA 16, 203)

5 Das autobiographische Werk: Persönliche und politische Rückblicke

In der autobiographischen Phase vom Jahr 2000 (entscheidend ist in diesem Kontext die wegweisende Rede *Ich erinnere mich …* , NGA 23, 284–289) bis zu Grass' Tod im Jahr 2015 erscheinen Essays, Prosa- und Gedichtbände, in deren Zentrum der Rückblick des Schriftstellers und Bürgers auf sein Leben in der literarischen und der politischen Arena steht. Dabei geht es dem alternden Nobelpreisträger nicht zuletzt um persönliche Errungenschaften und seine wenigstens im Nachhinein noch zu thematisierenden Fehler. In den damit angesprochenen Werken wendet sich Grass aber auch seiner eigenen Jugend (*Beim Häuten der Zwiebel*) und der Kindheit seines Nachwuchses (*Die Box*) zu, bevor er in *Vonne Endlichkait* (2015 postum erschienen) existentielle Fragen zur Vergänglichkeit mit einigen wenigen Anspielungen auf das *Kleckerburg*-Gedicht seiner Kindheit in mal tragikomischen, mal melancholischen Stimmungsbildern zeichnet (vgl. dazu NGA 1, 200–203 und NGA 2, 402, sowie die Gedichte *Allabendliches Gebet*, NGA 2, 353, und *Gebrannte Mandeln*, NGA 2, 386).

5.1 *Beim Häuten der Zwiebel*: Bildung und Werdegang

Grass' Autobiographie *Beim Häuten der Zwiebel* enthält nicht nur konventionelle Einblicke in den Werdegang des Schriftstellers, sondern befasst sich ausdrücklich mit dem Einfluss der Politik auf die Kindheit. Aufgrund der engen Verbindung zwischen Grass' Jugend und der nationalsozialistischen Vergangenheit versucht er im Rückblick jede Nostalgie für die eigene Kindheit zu vermeiden. Das Erinnern ist für den Autor zugleich ein Herantasten an frühe Handlungen und Versäumnisse: „Also schreibe ich über die Schande und die ihr nachhinkende Scham. Selten genutzte Wörter, gesetzt im Nachholverfahren, derweil mein mal nachsichtiger, dann wieder strenger Blick auf einen Jungen gerichtet bleibt, der kniefreie Hosen trägt, allem, was sich verborgen hält, hinterdreinschnüffelt und dennoch versäumt hat, ‚warum' zu sagen" (NGA 17, 15–16). Dennoch zeigt Grass von Anfang an, dass er nicht nur als potentiell Schuldiger aus dieser Zeit hervorgeht, sondern auch durch die Politik von Anfang an gezeichnet wurde; aus diesem Grund fasziniert ihn der Ausspruch seines Sohnes Bruno, dass Erwachsene „Verwachsnige" seien (NGA 8, 82). Mitglieder seiner Generation verloren im Rahmen der Nazi-Zeit sowohl ihre Unschuld als auch die unbeschwerte Kindheit; so ist auch der einführende Satz (mit dem der zweite Absatz des Buches beginnt) zu verstehen: „Auf engem Raum wurde meine Kindheit beendet, als dort, wo ich aufwuchs, an verschiedenen Stellen zeitgleich der Krieg ausbrach" (NGA 17, 7). Hinter dem erwähnten „enge[n] Raum" steht nicht nur die beengte elterliche Wohnung hinter dem Laden, sondern auch die politisch-kulturell beengte Umgebung im kleinbürgerlichen Danzig der Dreißigerjahre. Wie schon in der *Danziger Trilogie* sichtbar, ist Kindheit in dieser Zeit in Grass' Augen nicht von der geschichtlichen Belastung, von Schuld und politischer Verformung zu trennen. Während Oskar dies am eigenen Körper demonstriert, ist der Schriftsteller in *Beim Häuten der Zwiebel* auf der Suche nach seinen eigenen, vielleicht subtileren Verformungen aus dem Dritten Reich. Er reflektiert, auch stellvertretend für seine Generation, die Schwierigkeit, sich genau und zugleich selbstanschuldigend zu erinnern, und weist Leser durchgehend auf seine Schreib- und Erinnerungshilfen hin, die sich nicht zuletzt in der Titelmetapher manifestieren. Wie die Erinnerung, die auch Trauerarbeit ist, kann das tränentreibende Häuten der Zwiebel, wobei die Tränen immer zugleich von persönlicher Mitverantwortung und der Trauer über den eigenen Verlust (vor allem der Mutter) zeugen, nie beendet werden.

Die kritische Sicht auf die eigene Kindheit wird durch die verstrichene Zeit, den politischen Wechsel, die aufgedeckten Gräuel sowie die Exilierung erschwert. Der Autor zeigt z. B. das Versäumnis seines jungen Alter Egos, nicht die Ermordung seines Onkels Franz hinterfragt zu haben, oder seine politischen Verfehlungen, namentlich die freiwillige Meldung des Jugendlichen zum Dienst als U-Boot-Matrose, die allerdings nicht berücksichtigt wurde. Vor allem aber bereitet Grass durch die innere Selbstbefragung den Leser auf die vielleicht wichtigste Entdeckung (im vierten Kapitel) vor: den Dienst bei der Waffen-SS gegen Kriegsende, anstatt, wie bislang angedeutet, in der Wehrmacht. Dabei bleibt zu beachten, dass Grass eine Parallele zwischen seiner Reise in Richtung Westen als Teil der ‚Kinderlandverschickung' und der Abreise aus Danzig im September 1944 nach der Einberufung zieht: „Meine zweite Reise in Richtung Westen wäre nur aus zynischer Sicht als Kinderlandverschickung zu verstehen gewesen." (NGA 17, 108) Als gerade noch Sechzehnjähriger ist Grass in der Tat noch teilweise als Kind zu verstehen, wie auch andere seines Alters in einen Krieg ziehen, den sie bislang nur aus Filmen (wie der „Kinogänger" Grass [NGA 17, 108]) kennen.

Den geschichtlichen Realitäten in der *Zwiebel* steht die Verwendung anderer Erzählelemente gegenüber, die einer ‚normalen' Kindheit und Autobiographie entnommen sein könnten und dabei an das Genre des Bildungs- und Künstlerromans angelehnt sind. Trotz des allgemeinen Anliegens, bisher Unbekanntes und Schwieriges in der eigenen Biographie zu diskutieren, zeigen Grass' Beschreibungen prägender Begegnungen mit Freunden und Lehrern, einer ersten Liebe und mit kunststiftenden Zigarettenbildern, dass er – trotz des behaupteten „Endes" der eigenen Kindheit zu Kriegsbeginn (vgl. NGA 17, 7) – seine Jugendzeit nicht vollends von der Geschichte determinieren lässt. Kindheit – im berichteten Sinn – ist hier zwar weder unbeschwert noch unschuldig, aber dennoch identitäts- und kreativitätsstiftend. Im Rahmen dieser persönlichen Momente sind ebenfalls zu nennen: die melancholischen Rückblicke auf die Mutterliebe von Helene Grass, die schwierige Beziehung zum Vater, Geschwisterrivalitäten, und, als literarischer Hinweis auf die Kindheit, die Märchengattung, durch die Grass' Kriegserlebnisse reflektiert werden. Teils traumatisch bedingt, teils ironisch erlaubt das Grimm'sche „Märchen von einem, der auszog, das Fürchten zu lernen" (*Kinder- und Hausmärchen*, 4) dem Autor, die Erinnerung an überlebte Gefahren zu stilisieren. Dies dient der eigenen Angstbewältigung sowie der Betonung der Unreife des jungen, nun siebzehnjähren Alter Egos, das „mutterseelenallein" (NGA 17, 139) im Wald nach einem russischen Angriff „Kindergebete" (NGA 17, 139) aufsagt und ein „Kinderlied" (NGA 17, 140) pfeift. Wurde die Kindheit symbolisch gesehen mit zwölf Jahren bei Kriegsausbruch beendet, so ist diese Aussage in den Augen des Autors nur bedingt wahr: Die unbeschwerte Kindheit mag 1939 enden, doch ist die Flakhelfergeneration in den letzten Kriegsmonaten in seinen Augen kindlich geblieben – durch fast fünf Jahre fehlende politische Diskussion bzw. nationalsozialistische Indoktrination unmündig, uninformiert und auf das Leben (und Sterben) unvorbereitet. Mag eine gewisse Neigung zur Selbststilisierung als unreifer „boy adventurer" (Finch 2009) vorhanden sein, so bleibt dennoch ein Porträt einer verlorenen Kindheit, welche Grass in den Zusammenhang seiner Generation stellt (so auch durch die Erwähnung der jungen Statisten des Durchhaltefilms *Kolberg*, die im Volkssturm starben; vgl. NGA 17, 109). Die paradoxe Einführung des Kindermärchens in die unmärchenhaften Erlebnisse in Kriegszeiten drückt Grass' vielzierte Angst aus („Angst ist mein nicht abzuwerfendes Gepäck gewesen"; NGA 17, 128) und warnt gleichzeitig vor der Verharmlosung des Kriegsgeschehens und der Rolle der vermeintlich unschuldigen Wehrmacht.

5.2 *Die Box – Dunkelkammergeschichten*: Kindheit und Familienleben im Rückblick

Grass' zweites Prosawerk seiner autobiographischen Spätphase, *Die Box* (2008), kehrt zu den Familiengesprächen des *Tagebuchs* zurück, doch mit ausdrücklicher Verwendung der literarischen Fantasie. Thema ist hier die verstreichende Zeit in der eigenen Biographie und Familie sowie die Aufarbeitung verpasster Gelegenheiten und heimlicher Schuldgefühle. Dabei schildert Grass die Nöte und Abenteuer der Kinder in einer beschönigten Form, indem er sie durch eine wundersame Agfa-Box in „Wunschfotos“ (NGA 18, 60) magisch retuschiert und somit Reue, Schuld und Trauer märchenhaft-literarisch verklärt. Waren die Kommentare der Kinder im *Tagebuch* stilisiert, im Sinne prägnanter Fragen zur Politik und zur Shoah, sind sie in der *Box* nun auf das Grass'-sche Familienleben gerichtet und arbeiten persönliche Geschichte auf – die Geschichte seiner Kinder und der Familienfreundin Maria Rama, deren Fotografien bereits im Band *Mariazuehren* (1973) erschienen waren. Die fiktionalisierte Fotografin liefert einen fantasievollen Blick auf die Wünsche und Träume der Kindheit, so den Wunsch nach einem Hund (dessen Erlebnisse in der Berliner U-Bahn durch die magische Agfa-Box spielerisch ausgeschmückt werden [vgl. NGA 18, 22–25]) oder die Teenager-Fantasie eines Großauftritts mit einer Rockband (NGA 18, 66–67). Nostalgie für die Kindheit drückt Grass in einer Erinnerung an das Verkleiden der Töchter aus, wenn das „Knipsmalmariechen“ (NGA 18, 11) mit dem Ausdruck des Bedauerns das ausgelassene Spiel kommentiert: „Jung mißt man sein wie ihr drei Täubchen, so jungsch!“ (NGA 18, 78). Besonderes Augenmerk liegt in der *Box* nicht immer auf der Kindheit im Allgemeinen, sondern auf dem Leben mit dem berühmten und nicht immer anwesenden Vater im Besonderen. Indem Grass die Gruppengespräche seiner acht Kinder sozusagen belauscht, lässt er die naiven, schwierigen und amüsanten Momente der jungen Jahre Revue passieren, spitzt vielleicht manche Pointe zu, und doch geht es vor allem darum, zu zeigen, dass er – wenn auch nicht immer deutlich sichtbar oder tatsächlich präsent – die großen und kleinen Momente miterlebt und mitgelebt hat. Dies ist vor allem im familiären „Kuddelmuddel“-Kontext (NGA 18, 63) der Trennungen der Siebzigerjahre zentral, wenn der Kontakt zu Kindern verschiedener Mütter sich schwierig gestaltete. Die Diskussion mit den Kindern behandelt auch Enttäuschungen und die zeitweise Geheimhaltung eines Kindes, Nele, die in der *Box* unter dem Namen Nana durch gemeinsame Unterhaltungen (und über Schnappschüsse der Kindheit) in das Familiengefüge integriert wird.

Zusammenfassen heißt auswählen: Im Laufe seiner langen Karriere als Schriftsteller thematisiert Grass die Zeit der Kindheit zunächst fiktiv vermittelt, aber als unmittelbar ‚erlebte Kindheit‘ die sich historisch mit den Kinder- und Jugendjahren des Autors deckt. Von der *Blechtrommel* an versteht Grass seine kindlichen Romanfiguren (und sein jugendliches Alter Ego in *Beim Häuten der Zwiebel* als politische Akteure, die zwar keine volle Verantwortung tragen, doch durchaus schwerwiegende Handlungen unternehmen, die fatale Konsequenzen für „Freundfeind[e]“ (so in *Im Krebsgang*; NGA 16, 187) und andere Mitbürger mit sich bringen. Typisierte Kunstfiguren wie die charismatische Tulla Pokriefke oder der Wendehals Walter Matern sind sowohl als Kinder wie auch als Erwachsene gefährliche sexuelle und politische Verführerfiguren. Eher aus der Distanz beobachtet wird die Jugend ab *örtlich betäubt* und *Aus dem Tagebuch einer Schnecke*, dort dominieren Gespräche zwischen Mitgliedern von Grass' Generation und Jugendlichen. In diesen Darstellungen der ‚beobachteten und belehrten Kindheit‘ greifen Lehrer (und Schriftsteller) als politische und pädagogische Kräfte – mit all ihrer eigenen Ohnmacht und unbewältigten Vergangenheit – ein. Eine ‚vergessene Kindheit‘

zeigt sich dagegen in *Der Butt* und in *Die Rättin*, wo Kinder Opfer der kapitalistisch-materialistischen sowie anderer Bestrebungen der Elterngeneration werden. Nach 1990 treten in Grass' Werken die Bedürfnisse und Erfahrungen der Jugend weitgehend in den Hintergrund, während der Schriftsteller Fragen des Alterns (*Unkenrufe* und *Ein weites Feld*) zur Sprache bringt. Diese Altersperspektive weicht in *Im Krebsgang* insoweit, als nun die Enkelgeneration wieder in den Vordergrund des fiktiven Geschehens gestellt wird, in Grass' Darstellung überschattet von der fehlenden Aufarbeitung der Geschichte. Dennoch versucht der Schriftsteller dann in der *Box*, in der es um seine eigenen Kinder geht, literarisch die Jugendzeit zu verklären. Die nostalgisch-verklärten Kindheits-Schnappschüsse sind jedoch einzigartig in seinem Werk; sie weisen letztlich darauf hin, dass die Realität nur durch literarischen Zauber in einen harmonischen Zustand versetzt werden kann. Charakteristischer für Grass' Kindheitsbilder bleibt das verzerrte Kriegsmärchen der *Zwiebel*, in dem geschossen wird und der Protagonist – Grass – „mutterseelenallein" bleibt.

Literatur

Ariès, Philippe. *Geschichte der Kindheit*. Übers. Von Caroline Neubaur und Karin Kersten. München 1975 [*L'enfant et la vie familiale sous l'ancien régime*, 1960].

Arnds, Peter. *Representation, Subversion, and Eugenics in Günter Grass's „The Tin Drum"*. Rochester, NY 2004.

Cepl-Kaufmann, Gertrude. *Günter Grass: Eine Analyse des Gesamtwerkes unter dem Aspekt von Literatur und Politik*. Kronberg/Ts. 1975.

Finch, Helen. „Günter Grass's Account of German Wartime Suffering in ‚Beim Häuten der Zwiebel': Mind in Mourning or Boy Adventurer?" *Germans as Victims in the Literary Fiction of the Berlin Republic*. Hrsg. von Stuart Taberner und Karina Berger. Rochester 2009: 177–190.

Hengst, Heinz. „Children's Culture, Cultural Education and Policy Approaches to Children's Culture: The Case of Germany". *European Childhoods: Cultures, Politics and Childhoods in Europe*. Hrsg. von Allison James und Adrian L. James. Houndmills 2008: 172–197.

Jaspers, Karl. *Die Schuldfrage*. Hrsg. von Dominic Kaegi. Basel 2021.

Neuhaus, Volker. *Günter Grass*. 3. Auflage. Stuttgart 2010.

Preece, Julian. *The Life and Work of Günter Grass: Literature, History, Politics*. Houndmills 2001.

Stolz, Dieter. *Günter Grass, der Schriftsteller: Eine Einführung*. Göttingen 2005.

Taberner, Stuart. *Aging and Age-Old Style in Günter Grass, Ruth Klüger, Christa Wolf, and Martin Walser: The Mannerism of a Late Period*. Rochester, NY 2013.

Thesz, Nicole A. *The Communicative Event in the Works of Günter Grass: Stages of Speech 1959–2015*. Rochester, NY 2018.

III.6 Nationalsozialismus

Jan Süselbeck

1 Zur literaturgeschichtlichen Ausgangslage nach 1945

Der Nationalsozialismus war von Anfang an ein zentrales Thema bei Günter Grass. Begründen lässt sich dies damit, dass er zu jenen Autoren der Gruppe 47 gehörte, die selbst als junge Männer als Hitlerjungen, Flakhelfer oder Wehrmachtssoldaten auf Seiten der NS-Tätergesellschaft gekämpft hatten. Nach 1945 begannen sie als Schriftsteller nach modernen literarischen Mitteln zu suchen, um das Erlebte ästhetisch adäquat zu verarbeiten. Grass befand sich damit trotz seines jüngeren Alters in einer ähnlichen Position wie etwa Alfred Andersch, Heinrich Böll, Martin Walser oder auch der demonstrativ von den Treffen der Gruppe Abstand nehmende Arno Schmidt.

Das Selbstverständnis der Gruppe 47 „basierte auf einem geradezu plakativen Bekenntnis zum Antifaschismus“ (Lorenz 2022, 3). Bei allen genannten Autoren der frühen Nachkriegszeit schloss die Beschäftigung mit dem Thema des ‚Dritten Reiches‘ allerdings zunächst kaum eine Einsicht in die eigene aktive Komplizenschaft mit ein, ihr Mitläufertum oder auch das, was Michael Rothberg neuerdings differenzierter als die Mitverantwortung eines womöglich nicht direkt an den Verbrechen beteiligten, dafür aber auf andere Weise verstrickten „implicated subject“ zu definieren versucht hat (Rothberg 2021). Stattdessen herrschte in der Gruppe 47 eine „nahezu absolute Unaussprechlichkeit des eigenen Anteils am nationalsozialistischen Gewaltapparat“ (Lorenz 2022, 5). Infolgedessen findet eine profunde poetische Reflektion der historischen Tatsache der Zäsur der Shoah bei diesen Autoren in der frühen deutschen Nachkriegszeit kaum statt – auch nicht bei Grass, der sich wie die meisten Nachkriegsautoren noch Jahrzehnte später kaum selbstkritischer mit dem Thema beschäftigt hatte (vgl. Sebald 1983, 38).

Durch seine bis 2006 nie öffentlich eingestandene jugendliche Aufnahme in die NS-Eliteeinheit der SS befand sich Grass jedoch in einer umso prekäreren und widersprüchlicheren Lage, als er den demonstrativen Kahlschlag-Gestus seiner kurz vor Kriegsende noch militärisch gedrillten ‚Flakhelfer‘-Generation mit einer ästhetisch produktiv gemachten, sprachlich codierten Ausweichbewegung zu kombinieren versuchte: Sein Schreiben arbeitete mit einem perpetuierten literarischen Changieren zwischen einem nie vollkommenen Enthüllen seiner besonderen biographischen Rolle im Nationalsozialismus und einem gleichzeitigen verklausulierten Verbergen dieser persönlichen Verantwortung. Er schwieg, „indem er darüber immer wieder verschlüsselt schrieb“, notiert Volker Weidermann: „Was für ein lautes Schweigen.“ (Weidermann 2023, 296)

https://doi.org/10.1515/9783110755435-067

2 Das Werk, die Forschungsgeschichte und literaturkritische Rezeption seit den 1960er Jahren

Dabei entstehen bereits früh Rhetoriken der Schuldabwehr wie die folgende, die u. a. über eine Verschiebung der deutschen Täter-Komplizenschaft auf jüdische Figuren funktionieren. So hielt Grass in der Frühphase der diplomatischen Beziehungen zwischen Deutschland und Israel im Jahr 1967 bei einem Besuch in Tel Aviv eine *Rede von der Gewöhnung*, in der er zunächst lediglich erwähnte, dass er als 17-Jähriger ein amerikanischer Kriegsgefangener gewesen sei. Sodann erzählte er die Nachkriegsparabel der etwa gleichaltrigen Jugendlichen Ben und Dieter, eines Shoah-Überlebenden und eines Jungen, der mit 16 Jahren noch der Wehrmacht beigetreten war. Beide Jugendlichen reden im Sommer 1945 im amerikanisch besetzten bayrischen Fürstenfeldbruck ein verblüffend identisches Kasernen-Deutsch und singen begeistert das von den Nationalsozialisten glorifizierte Soldatenlied *O du schöner Westerwald*. Ben hatte es im KZ lernen müssen, während Dieter es als Wehrmachtsrekrut auf dem Truppenübungsplatz Fallingbostel schmetterte. Grass vergleicht nun diese beiden unwahrscheinlichen Figuren mit den Politiker-Freunden Konrad Adenauer und David Ben-Gurion, um auch die Staatenlenker Deutschlands und Israels als prominente Fortsetzung seines Nachkriegsgleichnisses einer deutsch-jüdischen Freundschaft im Zeichen eines verallgemeinerten NS-Erbes zusammenzubinden – nicht ohne Gurion vorzuwerfen, über Adenauers Nachkriegs-Komplizenschaft mit dem NS-Täter und Chef des Bundeskanzleramts der BRD Hans Globke hinweggesehen zu haben und damit selbst zum Komplizen einer mangelhaften Aufarbeitung der NS-Schuld geworden zu sein. Der so korrumpierte erste israelische Ministerpräsident habe „wegen eines Hans Globke seine Altmännerfreundschaft nicht zerbrechen lassen“ wollen: Ben und Dieter, Adenauer und Gurion, alle sind sie laut Grass letztlich Teil des gleichen Problems, einer unweigerlichen, grenzüberschreitenden „Gewöhnung an das Verbrechen“, das „Schulpensum“ geworden sei und nunmehr „den Geschichtslehrern ausgeliefert“ bleibe (NGA 20, 271).

Noch 2013, nach der erhitzten Debatte um Grass’ Gedicht *Was gesagt werden muss*, wurde denjenigen, die darin Antisemitismus sahen, von Per Øhrgaard vorgehalten, sie hätten wohl noch nie diese *Rede von der Gewöhnung* gelesen – offenbar in der Annahme, dieser problematische Text verbürge Grass’ tiefe und lange Solidarität mit Israel (Detering / Øhrgaard 2013, 367). Auf der anderen Seite projizierte Grass aber auch Shoah-Opfergeschichten wie die Marcel Reich-Ranickis auf widerständige, nicht-jüdische Figuren – eine ebenfalls nicht untypische literarische Entlastungsstrategie, die in der Nachkriegszeit u. a. auch bei Alfred Andersch zu beobachten war, etwa in *Sansibar oder der letzte Grund* (1957), wo ein deutscher Pfarrer im ‚Dritten Reich‘ im Kampf gegen das Nazi-Verbot „entarteter Kunst“ sterben muss, während einer verwöhnten ‚schönen Jüdin‘ nichts passiert. Vergeichbares geschieht bei Grass in *Das Tagebuch einer Schnecke* (1972), wo er Reich-Ranickis Überlebensgeschichte als notgedrungener Geschichtenerzähler in einem polnischen Keller ungefragt für seine philosemitische Widerstandsfigur Hermann Ott alias Zweifel adaptierte. Der fiktive Lehrer setzt sich zur Nazizeit für die verfolgten Danziger Juden ein und flieht schließlich, um sich jahrelang im Keller eines kaschubischen Fahrradhändlers zu verstecken, der ihn für eine gewisse Zeit irrigerweise als Juden anspricht. Grass baut dieses historisch wenig plausible Handlungselement explizit „im Sinne jener Geschichte" ein, „die mir Ranicki erzählt hat" (Grass 1997, 119). Reich-Ranicki schockierte Grass einmal damit, ihn deshalb nach seinem Honoraranteil als Co-Autor der Erzählung zu fragen (Weidermann 2019, 222).

Es gibt kaum einen wichtigen Text von Grass, der sich nicht in irgendeiner Weise vor dem historischen Horizont des Nationalsozialismus bewegt (zur entsprechenden Forschung vgl. den Überblick bei Moser 2002, 27–34). In Grass' Debütroman *Die Blechtrommel* wird die Geschichte von Hitlers Aufstieg und Niedergang aus der Perspektive eines kindlichen Adoleszenten erzählt, der im Alter von drei Jahren entscheidet, nicht weiter zu wachsen. Dieser Oskar Matzerath wird als unzuverlässiger Erzähler eingeführt, durch dessen pikareske Perspektive die Erinnerung an den Nationalsozialismus uneindeutig wird und zwischen Manifestationen von Schuld und Unschuld oszilliert (vgl. Krimmer 2010, 134; Baackmann 2022, 73–101).

Mit Klaus Theweleits *Männerphantasien* (1977/78) gesprochen ist Oskar als Kunstfigur ein Nicht-zuende-Geborener, dem sein Vater und seine Mutter nicht viel bedeuten, seine Position wirkt in dieser Beziehung teils „anti-familialiastisch" (vgl. Theweleit 2000, 248–267). Mit Oskar wird eine auf Dauer gestellte Infantilisierung bzw. kindliche Verantwortungslosigkeit als zentrale Erzählinstanz etabliert. Grass' „writing the child" etabliert damit eine schillernde poetische Erkundung der NS-Geschichte aus einer alternativen Randperspektive, die sowohl Kritik an den Nachkriegsverharmlosungen deutscher Schuld in der Ära Adenauer erlaubt als sie das Irrationale, Uneindeutige propagiert – „moral registers of guilt and responsibility come into play as mere affectations", moniert Susanne Baackmann. „The line between truth and untruth is blurred – a mere of faux negotiation between various narrative voices – and all witnesses clamour to represent the past objectively" (Baackmann 2022, 89).

Mehr noch: Oskar Matzerath lässt sich auch als plakative Symbolfigur hilfloser Deutscher lesen, die wie Kinder zum Faschismus verführt wurden und die ihre Mitverantwortung später trotzig zurückweisen (Baackmann 2022, 95; Krimmer 2010, 135). Oskar kann damit durchweg als typische Mitläuferfigur, als „quintessential bystander" charakterisiert werden (Krimmer 2010, 136). Wie Grass späte Autobiographie *Beim Häuten der Zwiebel* deutlich machte, war diese Poetik eines kindlichen Versteckspieles mit der NS-Geschichte nicht nur in seinem Erstling geradezu ideal für diesen Autor, sondern zieht sich durch bis zum Ende seines Werks: „At the end of his life, Grass admits that his early writing efforts were creative strategies used to guard, conceal and ultimately disavow his life's inconvenient ‚truth'." (Baackmann 2022, 94)

Auch wenn der Literaturkritiker Marcel Reich-Ranicki nach seinem ursprünglichen Verriss der *Blechtrommel* im Jahr 1960 zurückruderte und einen Irrtum einräumte, um Grass' Parteinahme für die jüdischen Opfer in seiner Schilderung der Reichspogromnacht in diesem Debütroman zu würdigen (1994, 38), muss Grass' berühmtestes Werk also mit seiner verzerrten Behandlung des Themas, beschrieben aus der Perspektive eines kleinwüchsigen Spielzeug-Trommlers, werkhistorisch gesehen von seinem Sonderstatus befreit werden. Der Roman mag seinerzeit mit seiner vertrackt anmutenden Ästhetik überrascht haben, ist aber im Blick auf die jahrzehntelange Wiederholung der Danziger Thematik in späteren Texten keineswegs singulär.

Mit *Hundejahre* (1963) näherte sich Grass dem Thema des ‚Dritten Reichs' abermals in einem großangelegten Prosa-Panorama. Ähnlich wie *Die Blechtrommel* oder der spätere ‚Jahrhundertroman' *Ein weites Feld* behandelt *Hundejahre* einen breiten historischen Zeitraum – in dem Fall von 1917 bis zur Nachkriegszeit. Grass versucht hier, sich dem Thema Nationalsozialismus erneut mit Hilfe eines modernen, polyphonen Erzählens zu nähern. Der Text handelt von der uneindeutig-jüdischen Figur Eduard Amsel und deren Jugendfreund, dem späteren SA-Verfolger Walter Matern, aber u. a. auch dem Hitler-Hund Prinz. Die in diesem überbordenden Bilderbogen zentrale Konstellation der parallelen Lebensgeschichte eines nicht-jüdischen und eines jüdischen Freundes folgt dabei der seit Gustav Freytags *Soll und Haben* (1855) und Wilhelm Raabes *Hungerpastor* (1863) in der deutschsprachigen Literatur berüchtigt gewordenen, aber im 20. Jahrhundert auch in Charlie Chaplins Film *The Great Dictator* (1940) und in Edgar Hilsenraths *Der Nazi & der Friseur* (1971) satirisch aufgegriffenen Darstellung der „Antithese eines deutsch-‚arischen' und jüdischen Daseins" (Mayer 1975, 385). Allerdings bricht Grass den literarischen Antisemitismus dieser klassischen Erzählstruktur des 19. Jahrhunderts insofern auf, als bei ihm der nicht-jüdische katholische Müllerssohn Matern und der Sohn eines jüdischen Vaters und evangelisch getaufte Eddi Amsel nicht so eindeutig gut und böse sind wie die entsprechenden Figuren in den Romanen Freytags und Raabes. Es ist u. a. argumentiert worden, dass Grass' Vorbild, auch schon vom Titel her, eher Jean Pauls Doppel-Roman *Flegeljahre* (1804/1805) gewesen sei (Stroszeck 2009, 402). Dennoch lässt sich fragen, ob Eddi Amsel als reicher Händler und Kreditgeber, der obsessiv den misogynen und antisemitischen Klassiker des jüdischen Selbstmörders Otto Weininger, *Geschlecht und Charakter* (1903), liest und zugleich Vogelscheuchen liebt, nicht doch der Stereotypisierung zu viel ist.

Die Judendarstellung des Textes wurde denn auch bereits früh aufgrund „tradierter Klischees" als „nicht nur problematisch, sondern geradezu gefährlich" eingestuft (Müller 1984, 158). Abgesehen davon, dass Ernestine Schlant Grass in ihrer vielbeachteten Studie auch noch knapp zwanzig Jahre später Empathielosigkeit gegenüber den Opfern der Shoah bzw. eine vom Holocaust unberührte Ästhetik bescheinigte (Schlant 2001, 18 und 95), fällt auf, wie skeptisch dieser dritte Teil der *Danziger Trilogie*, der partiell von Paul Celan inspiriert ist, bereits in den 1960er Jahren von einflussreichen Kritikern wie Walter Jens und Reich-Ranicki beurteilt wurde. Reich-Ranicki stufte den Roman 1967 als bloße „Nummernoper" ein (Reich-Ranicki 1994, 58): Die Figuren erwiesen sich „nur als Marionetten", der historische Hintergrund behalte etwas „Kulissenhaftes" (Reich-Ranicki 1994, 61). Ähnlich wie in der *Blechtrommel* schienen manche Szenen, in denen Grass die „Unmenschlichkeit jener Jahre" des NS vergegenwärtige,

„bloß die Funktion von Schreckenskammern zu erfüllen“ – die „unaufhörliche Jagd nach Pointen, Gags und kabarettistischen Effekten“ entschärfe und verflache dabei die gebotene Gesellschaftskritik des Textes (Reich-Ranicki 1994, 62).

Aufgrund der ‚Sonderwegsthese‘ des Romans, die das ‚Dritte Reich‘ auf den deutschen Idealismus zurückzuführen versucht, wurde *Hundejahre* jedoch vor zwanzig Jahren durchaus eine „Schlüsselstelle“ in Grass’ Auseinandersetzung mit den Deutschen zugestanden (Moser 2002, 83). Auch der Oxforder Germanist Hans-Joachim Hahn publizierte 2019 eine Rehabilitation des Romans gegen dessen frühere Kritiken. Hahn beruft sich dabei auf eine „Ästhetik des Obszönen“, mit der Grass versuche, die „unbeschreibbar grauenhaften Verbrechen des Holocausts durch abstoßende Mittel zu reflektieren“ (Hahn 2019, 192), während er die irritierende Charakterisierung Eddi Amsels als Leser von Otto Weiningers antisemitischem Werk *Geschlecht und Charakter*, die Hahn mit dem problematischen Label des ‚jüdischen Selbsthasses‘ erklärt, für unbedenklich hält und den „Vorwurf eines schleichenden Antisemitismus“ bei Grass zurückweist (Hahn 2019, 195).

Bezeichnenderweise war es ein Beitrag der Shoah-Überlebenden Ruth Klüger, der 1985 erstmals darauf aufmerksam machte, dass schon Grass’ *Blechtrommel* lediglich dem „Durchschnittsmenschen im Durchschnittsheim“ in Verbindung mit der „Durchschnittsbosheit“ nachspüre und dabei Gefahr laufe, das „Ausmaß der Judenvernichtung durch ein klägliches Opfer“ sentimental zu verzerren und sie dadurch „aufs Erträgliche zu reduzieren“ (Klüger 1994, 23). Gemeint war damit die stereotype Figur des jüdischen Spielzeughändlers Sigismund Markus, über die Klüger u. a. schreibt: „Sicher ist Markus als Selbstmörder ein Opfer, aber über das Ende der Juden in Deutschland sagt diese nicht ernst zu nehmende Figur doch eigentlich nur aus, daß der Verlust zu verschmerzen war.“ (1994, 24) Im Unterschied dazu sagte allerdings ein anderer Holocaust-Überlebender, Marcel Reich-Ranicki, in einem späten Interview mit Volker Weidermann, er habe die jüdischen Figuren in der *Blechtrommel* immer gut gefunden (Detering / Øhrgaard 2013, 176).

Auch in früheren literaturwissenschaftlichen Auseinandersetzungen finden sich vereinzelte kritische Einschätzungen der „Vergangenheitsbewältigung“ der *Danziger Trilogie*, wenn auch noch ohne Klügers Kritik an der Problematik der Grass’schen Andeutung der Judenverfolgung anhand stereotyper Figuren. So kritisierte etwa Frank-Raymund Richter die parodistische Konzentration der drei Romane auf die Schuld des Kleinbürgertums im Nationalsozialismus, während die eigentlichen ideologischen Triebkräfte nicht in den Blick genommen würden (1979, 145). Die Diagnose Richters fußt u. a. auf einer Selbsteinschätzung bei Grass, der 1968 äußerte: „In meinen drei Prosawerken – ‚Die Blechtrommel‘, ‚Katz und Maus‘ und ‚Hundejahre‘ – war ich bemüht, die Wirklichkeit einer ganzen Epoche in ihren Widersprüchen und Absurditäten in ihrer kleinbürgerlichen Enge und mit ihrem überdimensionalen Verbrechen, in literarischer Form darzustellen.“ (Zitiert nach Richter 1979, 13).

Eine umfassendere Untersuchung des NS-Themas bei Grass müsste jedoch viele weitere Werke berücksichtigen. Selbst ein Roman wie *Ein weites Feld* erzählt anhand einer intertextuellen Auseinandersetzung mit dem Werk Theodor Fontanes eine

Geschichte Deutschlands von der ersten nationalen Einigung 1871 bis zur ‚Wiedervereinigung' von 1990 und vergleicht dabei das DDR-Abwicklungsgeschäft der „Treuhand" mit dem Nationalsozialismus und der „Endlösung". Der Roman stand zu dem Zeitpunkt in Zusammenhang mit Grass' lautstarker Ablehnung der deutschen Einheit, mit der er sich nach der „Wende" immer weiter ins politische Abseits manövrierte. In seinem berühmten Verriss im *Spiegel* wies Reich-Ranicki, der in den 50er Jahren als Shoah-Opfer in die BRD zurückgekehrt war, die in der Debatte darauf folgende „Inszenierung des Dichters Grass als Opfer Deutschlands und der Deutschen und seiner Kritiker zurück" (Weidermann 2019, 267). Zwar gibt es mittlerweile auch schon literaturwissenschaftliche Kritik an dieser bemerkenswerten Auschwitz-Verharmlosung bei Grass (vgl. Labroisse 2008, 299), doch *Ein weites Feld* wird meist immer noch als ‚Wenderoman' mit dem *Spiegel*-Verriss von Marcel Reich-Ranicki assoziiert, typischerweise verbunden mit unverhohlenen Ressentiments gegen den ‚beckmesserischen' Kritiker. In der Debatte um den Roman wurde Reich-Ranicki z. B. von der damaligen Vize-Präsidentin des Deutschen Bundestags, Antje Vollmer, in der *Zeit* als „Großmogul" und „eine der sieben Plagen" bezeichnet, während Grass seinem Kritiker in der *Bunten* gar einen „Vernichtungsversuch" unterstellte (vgl. Weninger 2004, 219–221). In der Debatte wurde Reich-Ranicki zudem das seinerseits als antisemitisches Kritiker-Klischee problematisierbare *Spiegel*-Cover der Ausgabe, in der sein Verriss stand, vorgeworfen. Dieses zeigt den tobenden Kritiker Reich-Ranicki, der ein Buch zerreißt, und es handelt sich hier um eine Darstellung, für die Reich-Ranicki als freier Autor des Magazins keine Verantwortung trug und die er selbst diplomatisch unkommentiert ließ (vgl. Weidermann 2019, 267). Dass sich hier ein Holocaust-Opfer über einen ‚Jahrhundertroman' eines ehemaligen NS-Soldaten geäußert hatte und daraufhin von allen möglichen Seiten, sogar in Gestalt der Cover-Illustration des Nachrichtenmagazins, für das er seine Kritik verfasst hatte, mit judenfeindlichen Darstellungen und Injurien konfrontiert wurde, spielte jedoch weder damals noch in der bisherigen literaturwissenschaftlichen Forschung eine nennenswerte Rolle (vgl. etwa Neuhaus 2002, 437–470, Brüns 2006, 105–113).

Dabei hatte sich Reich-Ranicki als Shoah-Überlebender in Deutschland mit einer Kritik an Grass' Darstellung der Antisemitismus-Thematik allgemein oder auch an dessen ahistorischen Treuhand-NS-Vergleichen in *Ein weites Feld* sogar noch auffällig zurückgehalten. So nahm er in seinem Verriss des Romans lediglich knapp zur jüdischen Figur des Professors Freundlich Stellung, der im Roman schließlich Suizid begeht, weil, wie seine Frau im Roman äußert, für Juden in der BRD der Gegenwart kein Platz mehr sei (vgl. NGA 14, 642). In seinem berühmten Verriss, den er als offenen Brief publizierte, ließ Reich-Ranicki lediglich das folgende Understatement zur Grass'schen Beschreibung der prekären Situation der Juden in der wiedervereinigten BRD fallen, deren zugespitzte Darstellung im Sinne einer Wiederholung der Judenverfolgung im Zeichen der Wiedervereinigung übrigens stark an den zeitgenössischen Plot in Thomas Bernhards österreichischem Skandalstück *Heldenplatz* (1988) erinnert, wo ebenfalls eine jüdische Figur Selbstmord begeht, weil sie meint, die Nazizeit sei in Wien nicht zuende: „Ich habe keine Lust, mich hier über dieses Thema zu verbreiten, nur eines ist für mich sicher: Sie wissen nicht, wovon Sie reden.“ (Reich-Ranicki 1995, 169.).

3 Der NS-Konnex von der *Danziger Trilogie* bis zu *Beim Häuten der Zwiebel*

Matthias N. Lorenz hat in seiner Interpretation zu Grass' *Katz und Maus* aus der *Danziger Trilogie* auf erzählerische Widersprüche hingewiesen, welche die jahrzehntelang im Schulunterricht vermittelte Musterinterpretation dieser Novelle als eindeutige Kritik am Militarismus und dem NS-Heroismus rückblickend in Frage stellen (Lorenz 2011). Hier ist vor allem der Erzähler Pilenz zu nennen, dem Lorenz zufolge keine novellentypische Objektivität nachgesagt werden kann. Warum Pilenz die Geschichte Mahlkes genau erzählt und wieso er dabei ein so schlechtes Gewissen hat, bleibt erläuterungsbedürftig. Grass' Text, so die ursprüngliche These von Markus Joch (Joch 2006), auf die Lorenz in seinem Beitrag aufbaut, verfremdet und verklärt die Schuld der eigenen Waffen-SS-Verstrickung des Autors bei Kriegsende aus der Sicht seines fiktionalen Erzählers und anhand von dessen vagen und unzuverlässigen Erinnerungen an den Protagonisten Joachim Mahlke. Die Novelle bleibt dabei auf die Perspektive heranwachsender Schüler beschränkt, die kaum etwas Anderes als Katholizismus und Nationalsozialismus zu kennen scheinen.

Dies ist in Grass' Werk kein Einzelfall: Seine frühen Thematisierungen des ‚Dritten Reichs' in der *Danziger Trilogie* stellen seit der *Blechtrommel* immer wieder die Komplizenschaft ‚kleiner Leute' bzw. ‚ganz normaler Männer' in den Mittelpunkt ihrer ethischen Reflexion. Dies geschieht jedoch nicht unbedingt im Gestus einer Anklage dieser Figuren, sondern um damit beim Publikum Sympathie für sie zu generieren und indirekt eine moralische Entlastung deutscher Schuld nahezulegen (vgl. Krimmer 2010, 139–140). Noch in *Beim Häuten der Zwiebel* kommt dieser frühe Ansatz abermals zum Tragen: Auch hier inszeniert sich Grass autobiographisch gezielt als ‚Jedermann' (vgl. Taberner 2013, 51). Grass gab in seiner Autobiographie letztlich zu, als Jugendlicher auch gar nichts gegen seine Ausbildung zum SS-Panzerschützen gehabt zu haben. Im Gegenteil vermutet er, habe er die SS seinerzeit als „Eliteeinheit“ wahrgenommen, zumal von ihr etwas „Europäisches“ ausgegangen sei (Grass 2006, 126–127, vgl. Weidermann 2019, 77).

Das Frühwerk *Katz und Maus* und das Spätwerk *Beim Häuten der Zwiebel* sind damit in vielfacher Weise aufeinander bezogen und als fiktional-autobiographische Klammer um den NS-Komplex in Grass' Werk lesbar. Die Verzerrungen der subjektiven Erinnerung, deren Entfaltung laut Grass dem Schälen einer Zwiebel gleicht (vgl. Fuchs 2007, 268), und die Konstruktion einer Autobiographie unter Berufung auf die Goethe'sche Dialektik von ‚Dichtung und Wahrheit' (Fuchs 2007, 271), die zugleich einem ‚natürlichen Nachholverfahren' der verspäteten Aufhebung früherer Auslassungen folgt und dadurch auch eine weitere Selbstentschuldung für Grass' verspätetes SS-Geständnis liefert (Fuchs 2007, 269), war seither immer wieder Thema der Forschung (vgl. Fuchs 2007, 262). Gary L. Baker etwa findet derartige erzählerische Ausweichbewegungen letztlich in allen Texten der *Danziger Trilogie* und erklärt sie mit einem Unbehagen des Autors angesichts des eigenen biographischen Bezugs zum Material (Baker 2010, 240).

Aus zeitgeschichtlicher Sicht lässt sich mittlerweile genauer verstehen, was Grass 2006 dazu bewogen haben mag, doch noch über seinen jugendlichen Eintritt in die SS zu schreiben. Um 2000 hatte sich die öffentliche Haltung zu deutschen Familienverstrickungen in der NS-Zeit merklich geändert, hin zu einem nachsichtigeren Blick der ‚Enkel-Generation' auf die Rolle der Großeltern – ein Trend in den seinerzeit neu boomenden Familienromanen sowie in historiographischen Neubewertungen deutschen Opfertums durch Flucht, Vertreibung und Bombenkrieg, den Grass mit seiner Novelle *Im Krebsgang* (2002) und der dortigen Darstellung des Untergangs des Flüchtlingsschiffes Wilhelm Gustloff sogar selbst mit befeuert hatte.

Anja Henebury arbeitet unter Berufung auf Harald Welzers damalige Studie *Opa war kein Nazi* (2002) heraus, wie Grass typische Erzählfiguren der Traumatisierung und des Bezeugens bei Holocaust-Opfern mittels einer „Wechselrahmung" für die Darstellung deutscher Schicksale apropriiert und damit ein „historical reframing" betreibt (Henebury 2014, 100–103). Stuart Taberner wiederum urteilt, dass der Trend nach 2000, Zeitzeugen von Seiten der Täter als ‚Opfer' und somit nachsichtiger zu behandeln, Grass' Schreiben dieser Jahre ganz neu motiviert habe: „Grass's *Beim Häuten der Zwiebel* certainly seeks to engage with a more generous, less condemnatory, public mood with regard to the stories told by a rapidly fading wartime generation." (2008, 147)

4 Perpetuierte Codierungen der NS-Schuld im Gesamtwerk von Günter Grass

Günter Grass deutete seine persönliche Befangenheit gegenüber dem Thema der Vernichtung der europäischen Juden während des ‚Dritten Reiches' bereits in den ersten Nachkriegsjahrzehnten immer wieder subtil an. So etwa in einem Vortrag aus dem Jahr 1970, in dem Grass gestand: „Wenn ich heute meinen Kindern Auschwitz erklären will – und sie verlangen diese Erklärung aus kühlem Wittern heraus, aus blanker Neugierde: ‚Da war doch was' –, dann werde ich, sobald ich zu erklären beginne, umständlich und – bald verstrickt im Gehege der Umstände – mißverständlich. Immer noch einen Schritt vor Auschwitz muß ich im Krebsgang üben." (NGA 21, 57)

Wie wir heute wissen, rührte diese hier eingeräumte ‚Umständlichkeit' und ‚Missverständlichkeit' bei Grass offenbar daher, dass der Autor selbst mit 17 Jahren der Waffen-SS beitrat, als Panzer-Ladeschütze der Division „Jörg von Frundsberg" (vgl. NGA 17, 111–112). Es war der Grund, warum er stets vor der letzten Wahrheit und vor den indirekt mit bei ihm selbst liegenden Verantwortung zurückschrak und in dieses literarische Lavieren verfiel, das u. a. auch seine Werke *Katz und Maus*, die im zitierten Vortrag von 1970 bereits semantisch vorweggenommene Novelle *Im Krebsgang* und nicht zuletzt den späten Text *Beim Häuten der Zwiebel* bestimmt. Noch in letzterer Autobiographie lautet eine der vielen verklausulierten Formulierungen über die Grass'sche Poetologie des gleichzeitigen Zeigens und Verhüllens, des „Gestehens und Verbergens" (Lorenz 2011, 287): „Was sich dank greifbarer Hilfsmittel formen, verformen, schließlich in Sprüngen vorwärts, dann wieder gegenläufig erzählen ließ, haben als allesfressende Monster die Romane geschluckt und in Wortkaskaden ausgeschieden." (NGA 17, 293)

In diesem Kontext lohnt sich nicht zuletzt eine Relektüre von Grass' Frankfurter Poetikvorlesung *Schreiben nach Auschwitz* (1990), die weniger in der Nachfolge Theodor W. Adornos zu lesen ist denn als neuerliche Ausweichbewegung im Blick auf die eigene SS-Verstrickung, die der Autor auch bei dieser Gelegenheit wieder verschwieg. Dabei gerät vielmehr Grass' Vergleich eines drohenden Atomkriegs mit dem Holocaust in den Blick, wie er für die Friedensbewegung der 1980er Jahre typisch war. Anstatt die eigene SS-Komplizenschaft offenzulegen, philosophierte Grass hier über die aktuelle Gefährdung des Weltfriedens. In dieser Verkehrung der Perspektive war die spätere Projektion einer Täter-Opfer-Umkehr auf Israel schon angelegt, wie sie sich in der Novelle *Im Krebsgang* und besonders seinem späten Gedicht *Was gesagt werden muss* (2012) zu impliziten bis manifesten Figuren eines ‚Tabubruchs' entwickeln sollten, dessen Problematik seither vielfach scharf kritisiert worden ist. Schon in der Poetikvorlesung von 1990 heißt es vielsagend: „Etwas, das noch nicht zu Wort kam, muß gesagt werden." (NGA 22, 441) Im Wissen um das Gedicht von 2012 fällt zudem ins Auge, dass Reich-Ranicki seiner in diesem Sinne sicher mehrdeutigen Kritik an *Ein weites Feld* 1995 ebenfalls einen verblüffend ähnlich klingenden Titel gab, der in dem Fall auf ein Fontane-Zitat zurückging: „ ... und es muß gesagt werden".

Wie schon in der *Danziger Trilogie* dominieren auch in Grass' spätem Rückblick *Mein Jahrhundert* (1999) wieder die nationalsozialistischen Perspektiven ‚ganz normaler Männer' auf das ‚Dritte Reich'. Zwar führt dies hier zu expliziten Thematisierungen des Täter-Kosmos der NS-Konzentrationslager, die etwa auch den Blick eines SA-Manns auf ein jüdisches Opfer wie Erich Mühsam miteinschließen (vgl. NGA 15, 106–108), doch wäre dieses Spätwerk erst noch genauer kritisch einzuordnen. So stellt sich etwa die Frage, ob es aus Grass' Position passend erscheint, im Kapitel „1936" Häftlinge aus dem KZ Esterwegen beim Bau des KZs Sachsenhausen als Olympia-Fans darzustellen, die selbst in ihrer Situation noch deutsche Goldmedaillen bejubeln möchten und dafür von den NS-Wachmannschaften bestraft werden. Beim Daumendrücken erleben sie dennoch „Annäherungen zwischen Häftlingen und Bewachern" (NGA 15, 112–114, hier: 114). Die Schüler-Perspektive im Kapitel „1937", in dem die Sextaner auf dem Pausenhof den Spanischen Bürgerkrieg nachspielen und alle glühende Anhänger des Generals Franco sind, erinnert ähnlich wie das Kapitel „1940" über ein Sylter Veteranentreffen ehemaliger NS-Propaganda-Redakteure (vgl. NGA 15, 123–125) frappierend an die Kriegsbegeisterung der Jugendlichen in *Katz und Maus*. Der Abschnitt „1938", in dem ein Esslinger Schüler über den Unterricht seines Geschichtslehrers berichtet, der zum Zeitpunkt des Mauerfalls die „Reichskristallnacht" behandelte, tradiert verharmlosende Pogrom-Klischees über zerbrochenes Geschirr und Vasenscherben, während der Text in seiner Verteidigung dieser Unterrichtseinheit zur Zeit allgemeiner nationaler Euphorie vor allem dazu angelegt zu sein scheint, Grass' eigene Kritik an der deutschen Wiedervereinigung parabelhaft zu verdeutlichen (vgl. NGA 15, 117–119). Die drei geschilderten Landsertreffen der Kapitel zu den Jahren 1939–41 (vgl. NGA 15, 120–128) werfen schließlich die Frage auf, wie die Bemerkung des offenbar an einer posttraumatischen Belastungsstörung leidenden Erzählers im Blick auf Grass' Behandlung der NS-Thematik insgesamt einzuschätzen ist: „Was sagt das schon: Frieden? Für unsereins hat der Krieg nie aufgehört." (NGA 15, 140)

Die nicht zuletzt noch ausstehende Untersuchung eines literarischen Antisemitismus bei Grass müsste schließlich weniger den Autor selbst ins Zentrum der Betrachtung stellen, als eine differenziertere Analyse der Ästhetik seines Werks seit der *Blechtrommel* vorantreiben, jenseits eines spekulativen Biographismus oder einer bloßen Motivgeschichte (vgl. Süselbeck 2021).

Literatur

Anz, Thomas. *Marcel Reich-Ranicki*. München 2004.

Baackmann, Susanne: Writing the Child: Fictions of Memory in German Postwar Literature. Oxford 2022.

Baker, Gary L. „The Middle Voice in Günter Grass' ‚Im Krebsgang'". *The German Quarterly* 83.2 (Spring 2010): 230–244.

Brüns, Elke. *Nach dem Mauerfall: Eine Literaturgeschichte der Entgrenzung*. München 2006.

Fuchs, Anne. „‚Ehrlich, Du lügst wie gedruckt': Günter Grass's Autobiographical Confession and the Changing Territory of Germany's Memory Culture". *German Life and Letters* 60.2 (April 2007): 261–275.

Detering, Heinrich, und Per Øhrgaard (Hrsg.). *Was gesagt wurde: Eine Dokumentation über Günter Grass' „Was gesagt werden muss" und die deutsche Debatte*. Göttingen 2013.

Grass, Günter. „Aus dem Tagebuch einer Schnecke". *Günter Grass: Werkausgabe*. Bd. 7. Hrsg. von Volker Neuhaus und Daniela Hermes. Göttingen 1997.

Grass, Günter. *Beim Häuten der Zwiebel*. Göttingen 2006.

Hahn, Hans-Joachim. „Günter Grass' ‚Hundejahre': Ein Beitrag zur Erinnerungskultur in der Republik der sechziger Jahre". *German Life and Letters* 72.2 (April 2019): 187–203.

Henebury, Anja. „‚Das Böse muss raus': Witnessing and Testimony in Günter Grass' ‚Im Krebsgang'". *German Life and Letters* 68.1 (January 2015): 88–105.

Joch, Markus. „Der V-Effekt als Sicherheitsmaßnahme". *taz* (30. August 2006). https://taz.de/Der-V-Effekt-als-Sicherheitsmassnahme/!384670/ (12. März 2022).

Klüger, Ruth (Hrsg.). „Gibt es ein ‚Judenproblem' in der deutschen Nachkriegsliteratur?". *Katastrophen: Über deutsche Literatur*. Göttingen 1994: 9–39.

Krimmer, Elisabeth. *The Representation of War in German Literature from 1800 to the Present*. New York 2010.

Labroisse, Gerd. *Politisch-Historisches in literarischer Form: Zu Günter Grass' Roman „Ein weites Feld"*. Berlin 2008.

Lorenz, Matthias N. *Rechte Gewalt als Thema und Aufgabe der Germanistik: Literaturwissenschaftliche Perspektiven auf die Erschließung eines Forschungsfeldes. Rechte Gewalt erzählen. Doing Memory in Literatur, Theater und Film*. Hrsg. von Matthias N. Lorenz, Tanja Thomas und Florian Virchow. Berlin 2022: 3–28.

Lorenz, Matthias N. ‚von Katz und Maus und mea culpa‘: Über Günter Grass' Waffen-SS-Vergangenheit und ‚Die Blechtrommel‘ als moralische Zensur. Wendejahr 1959? Die literarische Inszenierung von Kontinuitäten und Brüchen in gesellschaftlichen und kulturellen Kontexten der 50er Jahre. Hrsg. Matthias N. Lorenz und Maurizio Pirro. Bielefeld 2011: 281–305.
Mayer, Hans. *Außenseiter*. Frankfurt/M. 1975.
Moser, Sabine. *„Dieses Volk, unter dem es zu leiden galt": Zur deutschen Frage bei Günter Grass*. Frankfurt/M. et al. 2002.
Müller, Heidy M. Die Judendarstellung in der deutschen Erzählprosa (1945–1981). Königstein/Ts. 1984.
Neuhaus, Stefan. *Literatur und nationale Einheit in Deutschland*. Tübingen und Basel 2002.
Neuhaus, Volker. *Günter Grass: Katz und Maus. Kommentar und Materialien*. Göttingen 2010.
Reich-Ranicki, Marcel. *Günter Grass: Aufsätze.* Mit Fotografien von Barbara Klemm. Frankfurt/M. 1994.
Reich-Ranicki, Marcel. „ ... und es muss gesagt werden: Ein Brief von Marcel Reich-Ranicki an Günter Grass zu dessen Roman ‚Ein weites Feld'". *Der Spiegel* 34 (1995): 162–169.
Richter, Frank-Raymund. *Günter Grass: Die Vergangenheitsbewältigung in der Danzig-Trilogie*. Bonn 1979.
Rothberg, Michael. *The Implicated Subject: Beyond Victims and Perpetrators*. Stanford 2019.
Schlant, Ernestine. Die Sprache des Schweigens: Die deutsche Literatur und der Holocaust. München 2001.
Sebald, Winfried Georg: „Konstruktionen der Trauer: Zu Günter Grass' ‚Tagebuch einer Schnecke‘ und Wolfgang Hildesheimer ‚Tynset'". *Der Deutschunterricht* 35 (1983): 32–46.
Stroszeck, Hauke. „Eddi Amsel, Walter Matern und ihrer beider Abkunft: Glossen zum Doppel-Roman ‚Hundejahre‘ von Günter Grass". Integration und Ausgrenzung: Studien zur deutsch-jüdischen Literatur- und Kulturgeschichte von der Frühen Neuzeit bis zur Gegenwart. Festschrift für Hans-Otto Horch zum 65. Geburtstag. Hrsg. von Mark H. Gelber, Jakob Hessing und Robert Jütte in Verbindung mit Dominic Bitzer, Doris Vogel und Michaela Wirtz. Tübingen 2009: 391–402.
Taberner, Stuart. *Aging and Old-Age Style in Günter Grass, Ruth Klüger, Christa Wolf, and Martin Walser: The Mannerism of a Late Period*. Suffolk 2013.
Taberner, Stuart. „Private Failings and Public Virtues: Günter Grass's ‚Beim Häuten der Zwiebel‘ and the Exemplary Use of Authorial Biography". *Modern Language Review* 103 (2008): 143–154.
Theweleit, Klaus. *Männerphantasien 1 + 2*. München und Zürich 2000.
Weidermann, Volker. Das Duell: Die Geschichte von Günter Grass und Marcel Reich-Ranicki. Köln 2019.
Weninger, Robert. *Streitbare Literaten: Kontroversen und Eklats in der deutschen Literatur von Adorno bis Walser.* München 2004.

III.7 Danzig / Kaschuben / Polen

Marion Brandt

Wie das Schaffen von James Joyce nicht ohne Dublin und das von Alfred Döblin nicht ohne Berlin denkbar ist, so hat das von Günter Grass seinen Mittelpunkt in Danzig, der Kaschubei und der Weichselmündung. In den ersten drei Prosawerken, später als *Danziger Trilogie* zusammengefasst, aber auch im *Butt*, der *Rättin* und in den *Unkenrufen* bildet die Ostseestadt den zentralen Schauplatz. Auf sie bezogene Handlungssequenzen und Motive finden sich in *Aus dem Tagebuch einer Schnecke*, *örtlich betäubt*, *Das Treffen in Telgte* und *Im Krebsgang*. Einige Figuren aus der *Danziger Trilogie* lässt Grass in späteren Texten nochmals auftreten. Er erinnerte in Interviews, publizistischen und autobiographischen Werken immer wieder an seine Geburtsstadt und blieb auch über die Literatur hinaus lebenslang mit ihr verbunden. Grass fuhr häufig nach Gdańsk, traf sich mit Verwandten und Freunden, trat gern öffentlich auf. Zum letzten Mal besuchte er die Stadt im Oktober 2014 zur Einweihung seiner Skulptur *Der Butt* am Eingang der Günter-Grass-Galerie.

Danzig war für Grass eine reiche Fundgrube für Stoffe und Motive. Er schöpfte aus seiner eigenen Lebensgeschichte ebenso wie aus der Danziger (Kultur-)Geschichte und aus Gesprächen bzw. Korrespondenzen mit Zeitzeugen. Anregungen boten ihm die Literatur und Kunst der Barockzeit: Die während des Dreißigjährigen Krieges in Danzig lebenden Dichter Martin Opitz und Andreas Gryphius lässt er ebenfalls wie den Danziger Maler Anton Möller im *Butt* auftreten (vgl. Kowalewska-Mróz 2013), in *örtlich betäubt* verweist er auf Möllers Gemälde *Das letzte Gericht*. Für *Aus dem Tagebuch einer Schnecke* nutzte Grass Gespräche mit Danziger Juden und Materialien, die Erwin Lichtenstein, bis 1939 Syndikus der Jüdischen Gemeinde in Danzig, ihm zur Verfügung stellte, und im Fall des *Butt* recherchierte er Literatur zur kaschubisch-pommerellischen Geschichte und Mythologie. Er erinnert in dem Roman an die heilige Dorothea von Montau und (ebenfalls in *örtlich betäubt*) an den Revolutionär Gottfried Benjamin Bartholdy, in seinem autobiographischen Gedicht *Kleckerburg*, im *Tagebuch einer Schnecke* und in Reden und Essays an die großen Danziger Arthur Schopenhauer und Daniel Chodowiecki. Der Schriftsteller und Freund Bolesław Fac, sein wichtigster Gesprächspartner für das gegenwärtige Gdańsk und die kaschubische Kultur, wurde Vorbild für die Figur des Jan Ludkowski im *Butt* (vgl. Ossowski 2013, 112–115), der auch eine Hommage an den Grafiker Ryszard Stryjec enthält, mit dem zusammen Grass seine Grafiken in Gdańsk ausstellte. Welch ein Inspirationsschub für ihn vom Danzig und Polen der Gegenwart ausging, dokumentiert der Begriff der Solidarität, der mit der Geschichte der Solidarność zu einem Grundbaustein seines politischen Denkens wurde (vgl. *Rotgrüne Rede*, NGA 23, 220).

Grass sprach mehrmals über die Schlüsselposition, die Danzig für sein Werk hatte (vgl. Neuhaus 2010, 43–44). In dieser Stadt sei „die Quelle“ seiner Literatur „begraben und vergraben“ (Rudolph 1971, 60). Im Jahr 2000 äußerte er sich ausführlicher: „So ist mir die verlorene Heimat zum andauernden Anlaß für zwanghaftes Erinnern, das heißt für das

https://doi.org/10.1515/9783110755435-068

Schreiben aus Obsession geworden. Etwas, das endgültig verloren ist und ein Vakuum hinterlassen hat, das mit dem Surrogat der einen oder anderen Ersatzheimat nicht aufgefüllt werden konnte, sollte auf weißem Papier Blatt für Blatt erinnert, beschworen, gebannt werden, und sei es verzerrt, wie auf Spiegelscherben eingefangen." (NGA 23, 286)

Grass blickt aber nicht mit nostalgischem Blick auf die verlorene Heimat, er beschwört kein verlorenes Paradies (zum Erzählen über den Heimatverlust vgl. Schaal 2006). Danzig und die Weichselniederung wurden ihm vielmehr zum Ausgangs- und Fluchtpunkt für Reflexionen über die deutsche Geschichte mit ihrem moralischen Tiefpunkt Auschwitz und zur Zentralbühne für literarische Gedankenspiele über die Gegenwart und Zukunft der Menschheit (vgl. Cepl-Kaufmann 1986, 2007).

1 Danzig als eine realistische und magische Stadt

Die persönlichsten Erinnerungen an Danzig enthält neben dem autobiographischen Werk *Beim Häuten der Zwiebel* (2006) das in die Gedichtsammlung *Ausgefragt* (1967) eingegangene Gedicht *Kleckerburg* (NGA 1, 200–203), dessen zentrales Bild auf die Erfahrung des Heimatverlustes ebenso verweist wie auf die Kreativität des Menschen, der die Stadt im künstlerischen Werk neu erstehen lässt. So wie das lyrische Ich hier genaue Ortsnamen nennt, ist auch die Handlung der in Danzig spielenden Prosa oft präzise lokalisierbar. Im Vorort Danzig-Langfuhr (heute der Danziger Stadtteil Wrzeszcz) sind es Wohnung und Kolonialwarenladen der Familie Matzerath im Labesweg 13 (heute Lelewela 13), wo sich auch die Wohnung und das Geschäft der Familie Grass befanden. Schulen, Kirchen und Friedhöfe, die Polensiedlung und die Polnische Post, das Stadtbad Brösen, die Danziger Brauerei, das Forsthaus Freudenthal, der Stockturm und die Dominiksmarkthalle – all diese Orte lassen sich auf historischen Stadtplänen und oftmals auch im heutigen Stadtbild leicht wiederfinden (vgl. Schmidt 1993; Abramowicz 2007, *Walking with Günter Grass* 2022). Während in der *Blechtrommel* die Topographie des Vororts Langfuhr fast stadtplangenau rekonstruiert wird, erscheint der Handlungsort Danzig in späteren Werken stärker fragmentiert, werden Orte oder Gebäude dort eher inselartig herausgehoben (vgl. Krason 2010, 38). Die Lokalisierungen im Umland der Stadt sind gleichfalls eindeutig identifizierbar, etwa Bissau (Bysewo), wo Oskars Großmutter Anna Koljaiczek, geborene Bronski, lebt. Wie Mirosław Ossowski (2008, 50–53) gezeigt hat, weisen überdies viele literarische Figuren reale Vorbilder auf, nicht nur die Familien Matzerath und Bronski, in die Grass' eigene Familiengeschichte eingeflossen ist, auch der Pfarrer der Herz-Jesu-Kirche Wiehnke, der Arzt Dr. Hollatz und einige Nachbarn wie der Musiker Meyn. Die Bedeutsamkeit des Faktischen für sein Schreibprogramm dokumentiert Grass' erste Polenreise im Jahr 1958 zu Recherchen für das Kapitel über die Verteidigung der Polnischen Post. Werner Frizen (1991, 163–164) wies anhand eines Vergleichs verschiedener Fassungen der *Blechtrommel* nach, dass Grass in Gdańsk nicht nur die gesuchten Informationen eruieren konnte, sondern nach der Reise noch Straßen-, Orts- und Produktnamen änderte und ergänzte sowie einen Teil der zuvor in Hochsprache verfassten Dialoge ins Danziger Missingsch umschrieb.

Diese Detailgenauigkeit mündet aber keineswegs in ein realistisches Erzählen, denn Grass verwebt sie mit Elementen des Phantastischen und Grotesken. Die übernatürlichen Fähigkeiten Oskar Matzeraths, die todbringende Galionsfigur Niobe (*Die Blechtrommel*), sich verwandelnde oder unsterbliche Menschen (*Hundejahre*, *Der Butt*), sprechende Tiere und Mensch-Tier-Hybride (*Der Butt*, *Die Rättin*), das Anknüpfen an Märchen und Legenden verwandeln Danzig in einen magischen Ort, an dem alles möglich zu sein scheint (zum „phantastischen Realismus" in der *Danziger Trilogie* und anderen Prosawerken des „akribisch bis pedantisch genau lügenden" Autors vgl. u. a. Harscheidt 1976 und Stolz 2023, 260–262, 292).

2 Danzig als erinnerter Ort

Grass bricht als erster Schriftsteller mit dem sich seit dem 19. Jahrhundert durch die deutsche Literatur ziehenden Narrativ von Danzig als einer Stadt, die ihr Deutschtum erfolgreich gegen polnische Ansprüche behaupten würde. Kaschuben treten in dieser Literatur, wenn überhaupt, nur an der Peripherie von Stadt und erzählter Handlung auf. Das im historischen Grenzraum zwischen Deutschen und Polen gelegene Danzig existierte von 1920 bis 1939 unter dem Patronat des Völkerbundes als Freie Stadt, wurde am Beginn des Zweiten Weltkrieges dem Deutschen Reich einverleibt und ist seit 1945 polnisch. In *Kleckerburg* lässt Grass die Ostsee bei Danzig „[a]uf deutsch, auf polnisch" rauschen (NGA 1, 202), in der *Blechtrommel* erzählt er anhand des Zerfalls einer Familie vom Ende der zwar von deutscher Kultur dominierten, aber dennoch transkulturellen Stadt und in *Aus dem Tagebuch einer Schnecke* (1972) erinnert er an den Untergang der Danziger Juden. Das Miteinander verschiedener Kulturen spiegelt sich in der *Blechtrommel* in der Familiensituation der Matzeraths und in Oskars nicht eindeutiger nationaler Zugehörigkeit als Sohn einer Kaschubin und eines Reichsdeutschen, vielleicht aber auch eines kaschubischen Polen (des Liebhabers seiner Mutter). Der Tod von Agnes Matzerath Mitte der 1930er Jahre, als in Danzig die Nazis an die Macht kommen, bildet den Anfang einer Kette von Todesfällen, die wichtige Daten deutscher Geschichte (November 1938, September 1939, Frühjahr 1945) und den Untergang des deutschen Danzigs markieren. Oskar trommelt seine dort verlebte Kindheit und Jugend ohne Sentimentalität zurück. Wie sein „Fernwirkender Gesang vom Stockturm" und seine Erzählung vom Brand Danzigs im März 1945 bekunden, zeichnet ihn im Gegenteil eine rebellisch-aggressive und zugleich verzweifelte Zerstörungslust aus. Danzig wird zum „Schauplatz eines großen Abwerfspiels" (Lefebre 1997, 92–93). Für die Katastrophe am Ende des Zweiten Weltkrieges macht Grass seine Figuren als kleinbürgerliche Mitläufer des Nationalsozialismus selbst verantwortlich. Als Handlungszentrum der *Danziger Trilogie* werden Danzig und speziell der Vorort Langfuhr aber nicht nur für das Erzählen von Nationalsozialismus und Shoah zu einem exemplarischen Ort: „Langfuhr war so groß und so klein, daß alles, was sich auf dieser Welt ereignete oder ereignen könnte, sich auch in Langfuhr ereignete oder hätte ereignen können." (NGA 6, 396) Grass verleiht der Gegenwartshandlung historische Dimensionen, indem er seine stets unzuverlässigen Erzähler Parallelen zu vergangenen Ereignissen ziehen lässt, etwa zwischen der polnischen Zuwanderung nach Danzig im Jahr 1945 und früheren Einwanderungen in die Stadt: „Zuerst kamen die Rugier, dann kamen die Goten und Gepiden, sodann die Kaschuben, von denen Oskar in direkter Linie abstammt. [...] Merkwürdigerweise kamen diesmal nach den Russen keine Preußen, Schweden, Sachsen oder Franzosen; es kamen die Polen." (NGA 4, 499–502) Aktuelles Geschehen wird als Endpunkt von geschichtlichen Prozessen gezeichnet (vgl. Haslach 1998, 98–101), Gegenwart und Vergangenheit, aber auch Landschaft und Geschichte werden ineinandergeschoben. Besonders gut sichtbar wird dies in der Inszenierung der Weichsel als Erinnerungsstrom am Beginn der *Hundejahre* (Cepl-Kaufmann 2007, 576–578, Kónya-Jobs 2016, 158–160). Die Geschichte der deutsch-polnischen Kontaktzone mit dem Zentrum Danzig erscheint so von Beginn an als Teil eines „Konglomerat[s] von Herrschaftswechseln, Zerstörungen und Wiederaufbau" (Loew 2003, 468).

Im *Tagebuch einer Schnecke* erzählt Grass von geschichtlichen Ereignissen zum ersten Mal in einem eigenen Handlungsstrang, im *Butt* wird die Historie zum Thema eines ganzen Werkes und strukturiert dessen Aufbau. Grass greift jetzt weit aus in die Geschichte Danzigs, der Kaschubei und der Weichselniederung. Die Region wird zur Drehscheibe einer kritisch reflektierten Menschheitsgeschichte, deren Movens nicht mehr nationale Kämpfe, sondern die soziale und die Geschlechterfrage sind. In der apokalyptisch anmutenden *Rättin,* ebenfalls eine durch das Prisma Danzig gebrochene Bilanz der Menschheitsgeschichte, kehrt Grass wieder zur deutsch-polnischen Geschichte zurück. Die Entwicklung des im zerstörten Gdańsk gegründeten posthumanen Rattenstaates folgt ausgewählten Stationen der Danziger Stadtgeschichte und den sie prägenden deutsch-polnischen Beziehungen (vgl. Haslach 1998, 103–106). In den *Unkenrufen* und in *Im Krebsgang* wendet sich Grass mit den Themen Flucht und Vertreibung dann stärker der Zeitgeschichte zu. Während die Protagonisten in der *Danziger Trilogie* die Stadt und ihre Umgebung in „imaginary returns" (Thesz 2009, 69) erinnernd-erzählend rekonstruieren und das Erinnern als solches nur punktuell zum Gegenstand der Reflexion wird, setzt Grass in den *Unkenrufen* verschiedene kollektive und individuelle Erinnerungsprozesse zueinander in Beziehung und zeichnet die Stadt als einen deutsch-polnisch-kaschubischen Erinnerungsort (vgl. Kónya-Jobs 2016, 314–329).

3 Danzig/Gdańsk als Ort für Zukunftsentwürfe

Im *Butt* ist erstmals das gegenwärtige polnische Gdańsk Gegenstand des literarischen Interesses von Grass. Der Erinnerung an den Streik der Werftarbeiter im Dezember 1970, die den gesamten Roman durchzieht, widmet er in „Bis zum Erbrechen" ein eigenes Kapitel: Es erzählt vom Verlauf des Protestes, seiner gewaltsamen Niederschlagung und der Trauerfeier für die erschossenen Arbeiter. Durch die Veränderungen der Ereignisse in der literarischen Fiktion zeichnet Grass den Streik als einen sozialistischen Protest und schreibt ihm das Programm des demokratischen Sozialismus zu (vgl. Brandt 2016, 192). Ähnlich interpretiert er die Geburtsstunde der Solidarność im August 1980. Im Interview für die Zeitung *Zycie Literackie* sagte er: „Ich war stolz auf den Kampf der polnischen Arbeiter in Gdańsk 1970. Und darauf, dass im August 1980 alles ohne Kampf und Waffen geschah. Die Spontaneität dieser Widerstandsbewegung, ihre Nichtkongruenz zum zentralistischen Denken, dass sie eine Basisbewegung war, das alles hat meine tiefe Sympathie gewonnen. Und auch das, dass die Arbeiter endlich selber über sich entscheiden wollten. Es kommt mir so vor, dass diese Bewegung die Intentionen von Rosa Luxemburg bestätigt hat." (Ciemiński 1999, 107–108)

Vieles spricht dafür, dass es diese Arbeiterstreiks waren, die Gdańsk den Weg in die Romane von Grass bahnten. Nicht mehr nur die Vergangenheit seiner Geburtsstadt, auch ihre Gegenwart bot ihm nun Anregung und Material zur literarischen Gestaltung. Das fiktive Gdańsk wird zu einem Labor für Zukunftsentwürfe. Schon *Der Butt* endet mit der Hoffnung auf einen Neubeginn der Geschichte, als der titelgebende Fisch – als Verkörperung des bisher die Männer begleitenden Weltgeistes – in der Danziger Bucht der Werftköchin Maria Kuczorra in die Arme springt. Während sich im *Butt* diese Zukunftsperspektive erst am Ende der Handlung eröffnet, ist sie in der *Rättin* zentral. Das postapokalyptische und posthumane Zeitalter steht im Zeichen der Solidarność bzw. Solidarität, denn zu ihr bekennen sich die Ratten, die Gdańsk nach dem Ende der Menschheit durch die atomare Katastrophe neu besiedelt haben. Ein Ort der „Untergangsprophetie" (Cepl-Kaufmann 2007, 581) und Utopie ist die Stadt auch in den *Unkenrufen* (1992). Auf der Danziger Werft, die nach dem Fall des Eisernen Vorhangs ihre Produktion einstellen musste, weil sie ihre Absatzmärkte im ehemaligen Ostblock verloren und mit neuen Investoren kein Glück hatte, baut der Bengale Subhas Chandra Chetterjee eine Rikschafabrik, mit der er die Idee der Solidarność im globalen Maßstab realisiert sowie eine Lösung für die Klimakatstrophe und die Migration, also für dringliche Probleme unserer Zeit anbietet. Von Gdańsk geht hier also eine grundlegende Erneuerung der Weltwirtschaft aus. Gleichzeitig kommen in dieser Stadt die deutsch-polnischen Beziehungen auf den Prüfstand. Und wenn die Friedhofsgesellschaft, die mit dem Ziel der Verständigung gegründet wurde, sich zu einem rein kommerziellen Unternehmen entwickelt, das einer „neuen deutschen Landnahme" (NGA 13, 197) in Polen den Weg bereitet, lassen sich daraus Grass' Befürchtungen für die Zukunft, für die Zeit nach der deutschen Wiedervereinigung ablesen.

4 Kaschuben

So wie die Transkulturalität Danzigs fand auch die kaschubische Thematik erst durch Grass Eingang in die Weltliteratur. Die kaschubisch-deutsch-polnische Familie Matzerath-Bronski der *Blechtrommel* repräsentiert die Situation der Kaschuben, die in der Kontaktzone zwischen Deutschen und Polen lebten und häufig zu Opfern der Konflikte zwischen diesen beiden Nationen wurden, weil sie „nich richtich polnisch [sind] und nich richtig deitsch jenug, und wenn man Kaschub is, das raicht weder de Deitschen noch de Pollacken." (NGA 4, 526) Grass erzählt in seinen Werken von dem Preis, den die Kaschuben für die Anpassung an die deutsche Mehrheitskultur zahlen mussten. So droht Jan Bronskis Tochter nach der erneuten Heirat ihrer Mutter (mit einem Deutschen und Nationalsozialisten), dem Unterschreiben der Deutschen Volksliste und der Mitgliedschaft im Bund Deutscher Mädel nach dem Krieg die Einweisung in ein Lager für Deutsche. Joachim Mahlkes Geschichte kann wie die von Stephan Bronski auch aus der Perspektive einer Überassimilation von Kaschuben an die deutsche Hegemonialkultur gelesen werden. Die Situation der kaschubischen Deutschen, die nach dem Zweiten Weltkrieg in Polen geblieben sind, exemplifiziert in den *Unkenrufen* die Lebensgeschichte von Erna Brakup.

Kaschuben sind das Ehepaar Stomma in Karthaus (Kartuzy) in *Aus dem Tagebuch einer Schnecke* sowie der Erzähler und einige Köchinnen im *Butt*. Dort greift Grass darüber hinaus auf die Geschichte und Mythologie der Kaschuben, auch „Pomorschen" genannt, zurück. Die kaschubisch-pommerellische Herzogstochter und Äbtissin Damroka interessierte ihn besonders: Er lässt Jan Ludkowski ein Poem über sie schreiben und verleiht mehreren Frauenfiguren ihren Namen (vgl. Borzyszkowska-Szewczyk 2019a, 380–384). Für Miłosława Borzyszkowska-Szewczyk, die weitere Elemente des Kaschubischen wie Sprache und Landschaft charakterisiert (2019a, 390), verfestigt Grass in seinen Werken das Bild von den Kaschuben als einem Naturvolk. Die Konnotationen von Oskars Großmutter Anna als Magna Mater, Schutzmantelmadonna und Mutter Erde (vgl. Kniesche 1991, 183–203; Davidson 2021, 271–290) bestätigen diese Feststellung. Das Kaschubische bildet in der *Blechtrommel* und in der *Rättin* ein Refugium außerhalb von Individuation und Historie, einen „mythischen Heilsraum, [eine] Vorgeburtlichkeit, mit der jede Zeitlichkeit in einem paradiesischen Gegenentwurf aufgehoben scheint" (Cepl-Kaufmann 2007, 568). Das Exponieren der aus deutscher Sicht kulturell und sozial deklassierten Kaschuben lässt sich überdies als Element einer literarischen Provokation (Borzyzszkowska-Szewczyk 2019b, 115) und des pikaresken Erzählens lesen.

Das in der Kontaktzone zwischen dem Polnischen und Deutschen situierte Kaschubische kann in Anlehnung an Homi K. Bhabhas Theorie als ein von Transkulturalität und Hybridität geprägter ‚dritter Raum' aufgefasst werden. Borzyzszkowska-Szewczyk betont, dass es die Hinwendung zu den kaschubischen Wurzeln war, die Grass den Blick quer zu den nationalen Narrativen über Danzig und Gdańsk öffnete (2019b, 116). Während Joachimsthaler (2011, 128) annimmt, dass die Selbstzuschreibung als Kaschube Grass die Möglichkeit gab, „sich nicht mehr der schuldig gewordenen deutschen Nation" zuordnen zu müssen, vermutet Stolz, dass das Kaschubische dem Bedürfnis von Grass entsprach, sich „als Künstler und Freund ‚dritter Wege' zwischen den Fronten, zwischen den Nationen und Ideologien zu verorten". Es erlaubte ihm, sich auf der Seite der Schwachen und der Verlierer der Geschichte zu positionieren (nach Borzyszkowska-Szewczyk 2019b 122). Die kaschubisch-deutsche Herkunft und die daraus erwachsenden Spannungen können so als ein Grundmovens für Grass' künstlerisches Schaffen angesehen werden (vgl. Mayer-Iswandy 2002, 11).

5 Polen

Das früheste Zeugnis einer „geradezu zärtlichen Annäherung" an Polen (Cepl-Kaufmann 2007, 584) ist das Gedicht *Polnische Fahne* (1955), das bereits „ein Aufreißen des Gesamtkomplexes" der *Blechtrommel* enthält (Rudolph 1971, 64). Für Horst Bienek (1983, 226) kreist es das Polnische ein, für Benedikt Engels (2005, 51–52) bringt es die Nationalfarben Weiß und Rot mittels Bildern aus den Bereichen Natur, Familie, Historie und Legende in eine fließende Bewegung. Das Rot erscheint als die Farbe des Aufstandes und des dafür gezahlten Preises („Viel Kirschen die aus diesem Blut / im Aufbegehren deutlich werden" NGA 1, 32), aber auch der Wärme. Das Weiß ist die Farbe des Winters und der – gleichfalls politischen – Erstarrung. Mit Piłsudski wird einer der Väter der polnischen Unabhängigkeit von 1918 genannt. Der „Schritt", der „hinter den Wölfen Warschau finden" wird (NGA 1, 32), kann auf den erneuten Verlust der polnischen Eigenstaatlichkeit mit dem deutschen Überfall von 1939 hindeuten (vgl. Neuhaus 1993, 144; Engels, 2005, 55). Die Landschaft in der zweiten Strophe („Der erste Frost zählt Rüben, blinde Teiche, / Kartoffelfeuer überm Horizont". NGA 1, 32) weist bereits auf die Eingangsszene der *Blechtrommel* voraus, in der Grass ebenfalls mit den polnischen Nationalfarben spielt (vgl. Engels 2005, 56–59). Sie kehren im Rot-Weiß von Oskars Blechtrommel wieder, in der Geschichte um den Großvater Joseph Koljaiczek und im Ritt der polnischen Kavallerie, den Oskar nach der Einnahme der Polnischen Post in einer Trommelvision heraufbeschwört. Wie ein Konzentrat dieses Bildes wirkt das Gedicht *Pan Kiehot* (NGA 1, 91), in dem das Zusammentreffen polnischer Kavallerie und deutscher Panzer am Beginn des Zweiten Weltkriegs, das von der nationalsozialistischen Propaganda benutzt wurde, um Polen lächerlich zu machen, zum Bild für das polnische nationale Selbstverständnis wird. Das Gedicht spricht von Grass' Verständnis, vielleicht sogar von seiner Faszination für die „mythosschaffende, finstere Sphäre des polnischen Patriotismus – dort wo er an *sacrum*, Wahnsinn und Tod grenzt" (Janion 1998, 17), es enthält aber auch eine ironische Distanzierung vom romantischen Mythos des polnischen Freiheitskampfes (vgl. Engels 2005, 108–110). Der Ritter „von traurig edler Gestalt" (NGA 4, 310) ist für Maria Janion (1998, 17) Teil einer „Serie phantastischer, häufig grotesker Biografien polnischer, manischer Patrioten", zu denen in der *Blechtrommel* Joseph Koljaiczek ebenso wie Vinzent und Jan Bronski gehören; letzterer befindet sich als großer Liebhaber allerdings noch „in der ersten Phase der romantischen Vorherrschaft des Gefühls". Selbst Oskar Matzerath wird zum „polnischen Trommler" (Janion 1998, 19), als er das „Noch ist Polen nicht verloren" der polnischen Nationalhymne variiert und damit eine geisterhafte Kavallerieschwadron herbeiruft, um den Briefträger Viktor Weluhn vor der Vollstreckung des Todesurteils zu retten, das 1939 über die Angestellten der Polnischen Post in Danzig verhängt und erst 1998 für unrechtmäßig befunden und aufgehoben wurde (Schenk 2013, 96–100).

Mit den Nationalfarben Weiß und Rot spielt ebenfalls das frühe Gedicht *Adebar* (NGA 1, 60), in dem der Storch, Zeichen für Leben, Fruchtbarkeit und Glück, in einer „teuflische[n] Umkehrung" (Szyrocki 1990, 20) zum Bild des Todes und des Massenmords in den deutschen Vernichtungslagern wird. Vom polnischen Selbstverständnis zeugt hier die Jungfrau Maria, die Schutzpatronin Polens, die das Land aber im Stich lässt („doch – wenn der Halm fällt – nach Ägypten flieht", NGA 1, 60). Das Bild wurde von Marian Szyrocki (1990, 23) als eine Antwort auf „die bange Frage, wie Gott das Dahinschlachten der Menschen zulassen konnte", und von Anika Davidson (2001, 246) als eine Anklage der katholischen Kirche, ihrer Feigheit und „tatenlose[n] Mitwisserschaft" an der Shoah interpretiert. Anspielungen auf die politischen Konnotationen des Glaubens an die *Regina Poloniae*, die Polen 1655 und 1920 vor einer militärischen Niederlage gerettet haben soll, enthalten alle drei Werke der *Danziger Trilogie*: Die Gottesmutter begleitet Joseph Koljaiczek bei seinen Brandstiftungen, sie beauftragt Walter Matern, Hitlers Hund zu vergiften und sie soll Mahlke, der seine Kapelle im untergegangenen Minensuchboot mit der Ikone der Schwarzen Madonna schmückt, im Krieg beschützen. Diese Verweise auf die Jungfrau Maria sind Elemente eines weit verzweigten, über die polnische Thematik hinausreichenden mariologischen Motivgeflechts im Frühwerk des Autors, das auch in der *Rättin* noch einmal aufscheint (vgl. Davidson 2001, 241–290; Bergmann 2019).

Während in der *Blechtrommel* Oskar Matzerath an die polnische Geschichte und ihre Tragik erinnert, nehmen *Der Butt, Die Rättin* und *Unkenrufe* Bezug auf Ereignisse im aktuellen Polen, auf die Arbeiterstreiks, Solidarność und die politischen Veränderungen von 1989. Grass manifestierte sein Eintreten für die Demokratisierung Polens auch außerliterarisch in Protestschreiben oder Spenden für Opfer staatlicher Repressionen sowie in öffentlichen Wortmeldungen, in denen er Solidarität mit Polen, etwa mit dem 1983 zwangsaufgelösten polnischen Schriftstellerverband, einforderte (vgl. Brandt 2008, 286–287). Nach dem Fall des Eisernen Vorhangs äußerte er sich mehrmals zur aktuellen Situation im Nachbarland. Er wurde nicht müde, sich für die Verständigung zwischen Deutschen und Polen einzusetzen. Das bekannteste Zeugnis dafür ist seine Reise mit Willy Brandt im Dezember 1970 nach Warschau, wo der Bundeskanzler 25 Jahre nach Unterzeichnung des Potsdamer Abkommens als erster westdeutscher Regierungschef die Oder-Neiße-Grenze anerkannte. In einer Rede anlässlich des deutsch-polnischen Nachbarschaftsvertrages von 1991 empfahl Grass den Deutschen und Polen die Haltung Daniel Chodowieckis, der als geborener Danziger „Pole und Preuße zugleich" war, als Beispiel für ein neues europäisches Miteinander (NGA 22, 508–509).

Literatur

Abramowicz, Mieczysław. *Gdańsk według Güntera Grassa*. Gdańsk 2007.

Bergmann, Andy. „Zuschauerin, Angebetete, Gottesmutter, Kriegsgöttin: Zu den Funktionen der Marienverehrung in Günter Grass' Novelle ‚Katz und Maus'". *Freipass: Schriften der Günter und Ute Grass Stiftung*. Hrsg. von Volker Neuhaus, Per Øhrgaard und Jörg-Philipp Thomsa. Bd. 4. Berlin 2019: 131–150.

Bienek, Horst. „Auf der Suche nach einem Land". *Frankfurter Anthologie: Gedichte und Interpretationen*. Hrsg. von Marcel Reich-Ranicki. Bd. 7. Frankfurt/M. 1983: 226–228.

Borzyszkowska-Szewczyk, Miłosława. „‚Auch über Damrokka wüßte ich gerne ein wenig mehr.' Günter Grass' Dialoge mit der kaschubischen Literatur". *Oxford German Studies* 48.3 (2019): 374–390.

Borzyszkowska-Szewczyk, Miłosława, und Marta Turska (Hrsg.). *Walking with Günter Grass: A Literary Mapping of the City. Guide*. Gdańsk 2022.

Borzyszkowska-Szewczyk, Miłosława. „Mit schrägem Blick? Das Kaschubische im Kontext von Günter Grass' Lebenswerk und seiner Rezeption". *Freipass: Schriften der Günter und Ute Grass Stiftung*. Hrsg. von Volker Neuhaus, Per Øhrgaard und Jörg-Philipp Thomsa. Bd. 4. Berlin 2019: 108–130.

Brandt, Marion. „Eine schwierige Freundschaft: Günter Grass und die Opposition im Polen der 70er und 80er Jahre". *Günter Grass: Literatur, Kunst, Politik*. Hrsg. von Marion Brandt, Marek Jaroszewski und Mirosław Ossowski. Gdańsk 2008: 277–288.

Brandt, Marion. „Das Nachdenken über den Totalitarismus als Teil des Dialogs polnischer Schriftsteller mit Günter Grass". *Freipass. Forum für Literatur, Bildende Kunst und Politik. Schriften der Günter und Ute Grass Stiftung 2* (2016): 192–210.

Cepl-Kaufmann, Gertrude. „Verlust oder poetische Rettung? Zum Begriff Heimat in Günter Grass' ‚Danziger Trilogie'". *Literatur und Provinz: Das Konzept „Heimat" in der neueren Literatur*. Hrsg. von Hans-Georg Pott. Paderborn et al. 1986: 61–83.

Cepl-Kaufmann, Gertrude. „Günter Grass und Danzig". *Ostpreußen – Westpreußen – Danzig: Eine historische Literaturlandschaft*. Hrsg. von Jens Stüben. Oldenburg 2007: 563–588.

Ciemiński, Ryszard. *Kaszubski werblista: Rzecz o Günterze Grassie*. Gdańsk 1999.

Davidson, Anika. *Advocata Aesthetica: Studien zum Marienmotiv in der modernen Literatur am Beispiel von Rainer Maria Rilke und Günter Grass*. Würzburg 2001.

Engels, Benedikt: *Das lyrische Umfeld der „Danziger Trilogie" von Günter Grass*. Würzburg 2005.

Frizen, Werner. „Anna Bronskis Röcke – ‚Die Blechtrommel' in ‚ursprünglicher Gestalt'". *Die Danziger Trilogie von Günter Grass: Texte, Daten, Bilder*. Hrsg. von Volker Neuhaus und Daniela Hermes. Frankfurt/M. 1991: 144–169.

Harscheidt, Michael. *Wort – Zahl – Gott bei Günter Grass: Der „phantastische Realismus" in den „Hundejahren"*. Bonn 1976.

Haslach, Anja Martina. „Die Stadt Danzig-Gdańsk und ihre Geschichte im Werk von Günter Grass". *Studia Germanica Gedanensia* 6. Gdańsk 1998: 93–110.

Janion, Maria. „Das Bild des Polentums bei Grass / Obraz polskości u Grassa". *Drei Aufsätze / Trzy eseje*. Hrsg. von Maria Janion, Bolesław Fac und Zofia Watrak. Gdańsk und Göttingen 1998: 11–21.

Joachimsthaler, Jürgen. *Text-Ränder: Die kulturelle Vielfalt in Mitteleuropa als Darstellungsproblem deutscher Literatur*. Bd. 3: *Dritte Räume*. Heidelberg 2011.

Kaszyński, Stefan H. „Die Polengedichte von Günter Grass". *Studia Germanica Posnaniensia*. Bd. 7: Neue Aspekte der Grass-Forschung. Poznań 1983: 5–16.

Kniesche, Thomas W. *Die Genealogie der Post-Apokalypse: Günter Grass' „Die Rättin"*. Wien 1991.

Kónya-Jobs, Nathalie. *Räume in Günter Grass' Prosa*. Bielefeld 2016.

Kowalewska-Mróz, Anna. „Beschreibung und Deutung des Gemäldes ‚Der Zinsgroschen' von Anton Möller im Roman ‚Der Butt' von Günter Grass". *Günter Grass: Werk und Rezeption. Studia Germanica Gedanensia* 28. Hrsg. von Mirosław Ossowski. Gdańsk 2013: 97–106.

Krason, Viktoria. „Danzig-Variationen im Werk von Günter Grass“. *Von Danzig nach Lübeck: Günter Grass und Polen / Z Gdańska do Lubeki: Günter Grass i Polska*. Hrsg. von Jörg-Philipp Thomsa und Viktoria Krason. Lübeck 2010: 35–42.

Lichtenstein, Erwin. *Die Juden der Freien Stadt Danzig unter der Herrschaft des Nationalsozialismus*. Tübingen 1973.

Loew, Peter Oliver. *Danzig und seine Vergangenheit 1793–1997: Die Geschichtskultur einer Stadt zwischen Deutschland und Polen*. Osnabrück 2003.

Mayer-Iswandy, Claudia. *Günter Grass*. München 2002.

Neuhaus, Volker. „‚Polnische Fahne‘: Offene Gedichtinterpretation“. *Im Dialog mit der interkulturellen Germanistik*. Hrsg. von Christoph Graf v. Nayhauss und Krzysztof A. Kuczyński. Wrocław 1993: 141–144.

Neuhaus, Volker. *Günter Grass*. Stuttgart 2010.

Ossowski, Mirosław. „Danzig-Langfuhr bei Günter Grass im biographischen Kontext“. *Günter Grass: Literatur, Kunst, Politik*. Hrsg. von Marion Brandt, Marek Jaroszewski und Mirosław Ossowski. Gdańsk 2008: 43–55.

Ossowski, Mirosław. „Günter Grass’ literarische Freundschaften in Polen – ihre Bedeutung für sein frühes Werk und dessen polnische Rezeption“. *Günter Grass: Werk und Rezeption. Studia Germanica Gedanensia* 28. Hrsg. von Mirosław Ossowski. Gdańsk 2013: 107–118.

Rudolph, Ekkehart (Hrsg.). *Protokoll zur Person: Autoren über sich und ihr Werk*. München 1971.

Schaal, Björn. *Jenseits von Oder und Lethe: Flucht, Vertreibung und Heimatverlust in Erzähltexten nach 1945 (Günter Grass – Siegfried Lenz – Christa Wolf)*. Trier 2006.

Schenk, Dieter. *Danzig 1930–1945: Das Ende einer Freien Stadt*. Berlin 2013.

Schmidt, Sabine et al. *Oskar – Tulla – Mahlke ... Śladami gdańskich bohaterów Güntera Grassa / In Gdańsk unterwegs mit Günter Grass*. Gdańsk 1993.

Stolz, Dieter. *Günter Grass: Der Schriftsteller*. München 2023.

Szyrocki, Marian. „Adebar: Offene Gedichtinterpretation“. *Germanica Wratislaviensia* 81 (1990): 19–23.

Thesz, Nicole A. „Illusions of Return: City and Memory in Günter Grass’s Danzig Novels.“ *Seminar: A Journal of Germanic Studies* 45.1 (2009): 64–84.

III.8 Erinnerung

Nicole Thesz

1 Formen und Medien der Erinnerung

Dieses Kapitel unterscheidet die Fähigkeit des Erinnerns und den Erinnerungsprozess vom Begriff des Gedächtnisses, der die gespeicherten Erinnerungsinhalte im persönlichen sowie öffentlichen Bereich bezeichnet. Inhalte des kollektiven Gedächtnisses lagern in diversen Speichern, z. B. in Archiv, Bibliothek, Magazin, Literatur und Denkmal oder werden als archäologische Funde geborgen; auch das persönliche Gedächtnis wird bei Grass stellenweise durch Metaphern des Archivs, Fotoalbums oder der Archäologie visualisiert. Unterschieden wird weiterhin zwischen bewusster und unbewusster Erinnerung; der Prozess ist nur teilweise dem Willen unterworfen und wird durch Trauma und Repression (sowie durch Wunschvorstellungen) beeinflusst. Es ist zu beachten, dass persönliche Erinnerungen bei jedem Aufrufen der Vergangenheit modifiziert werden (vgl. Loftus 1996 und Schacter 2001) und somit keineswegs stabil sind. In der Tat verweist Grass in der *Danziger Trilogie* und in seinen autobiographisch fundierten Werken auf Hilfsmittel der Erinnerung sowie auf die Fehlbarkeit des Erinnerns. Wie Maurice Halbwachs schreibt, ist der Prozess – wie auch der Inhalt – der Erinnerung stark durch soziale Einflüsse geprägt, wie z. B. Grass' literarische, öffentliche und persönliche Aufarbeitung der Vergangenheit durch Diskussionen der deutschen Schuldfrage (vgl. Jaspers) angeregt und geformt wurde. Von besonderer Bedeutung sind dabei die Zusammenhänge zwischen kommunikativer, kollektiver und kultureller Erinnerung (vgl. J. Assmann), welche individuelle und nationale Identitäten prägen und so die Beziehungen zwischen ethnischen und kulturellen Gruppen, Generationen oder Nationen bedingen. Grass' Werke tragen, wie die folgende Diskussion zeigt, durch diese kommunikativen und politischen Dimensionen der Erinnerung wesentlich zu einer Nuancierung der deutschen Vergangenheitsbewältigung bei. Besonders hervorzuheben sind in Grass' frühen Werken die Erinnerungsorte (vgl. A. Assmann 1999 und Nora 1984) und Objekte; in den Sechziger- und Siebzigerjahren gewinnen historische Quellen an Bedeutung; Grass' Nachwendewerke befassen sich zunehmend mit dem kollektiven Gedächtnis in Form von Denkmal und Archiv, während das Spätwerk durch autobiographische, persönliche Erinnerung bestimmt ist.

2 Erinnerungsräume in der *Danziger Trilogie*

Das literarische Porträt Danzigs in den Dreißiger- und Vierzigerjahren steht im Zentrum der *Danziger Trilogie* und macht die Stadt zum komplexen Erinnerungsraum (vgl. A. Assmann 1999), in dem Schuld, Versäumnisse, Prägung und Spuren von Nostalgie sich zu einem kaleidoskopartigen Bild zusammensetzen. Grass verfährt bei seinem

https://doi.org/10.1515/9783110755435-069

Rückblick auf den Heimatort nach klassischem Muster, der „antike[n] Mnemotechnik“ (Schaal 52), lässt Erinnerungsorte aufleben, zitiert Gassen und Architektur seiner Kindheit und beschwört Ausflugsorte herauf (etwa den Badestrand in Heubude). Zudem fügte der Autor nach einer Reise im Jahre 1958 den Danziger Dialekt als Lokalkolorit hinzu (vgl. Frizen 163–164), so dass die drei vor allem in seiner Geburtsstadt spielenden Bücher als eine Art Archiv einer nahezu verschwundenen Mundart fungieren. Literarisch verfremdet spitzt Grass das kleinbürgerliche Milieu seiner Kindheit in dezent-grotesken Verzerrungen der Bewohner von Danzig-Langfuhr zu, so in den Familien Matzerath, Greff, Bronski oder Scheffler, deren von Enttäuschungen bestimmte Privatsphären zu ihren politischen Verfehlungen (im Falle Matzerath und Greff) und der Entscheidung, Widerstand zu leisten (Bronski), beitragen. Die Rolle der erinnerten Schuld ist fest in der Erzählstruktur der Trilogie verankert, die durch „Schuldmotoren“ (Schilling 2002) angetrieben werden: Oskar leitet seinen Rückblick mit dem Wort „zugegeben“ ein und befindet sich in einer Anstalt unter Mordanklage und unter der Aufsicht eines neugierigen und hartnäckigen Pflegers. Oskars Bitte um „unschuldiges“ Papier, um über die Vergangenheit zu berichten, zeugt von der Mischung aus Schuld, Trauer, Trauma und Verdrängung, die der Erinnerungsraum Danzig für ihn (und seine Leser) bedeuten wird (vgl. Hall 2008; Schlant 1999). Oskars Gedächtnis ist kein statisches Archiv, sondern Grundlage eines dynamischen (und fehlbaren) Erinnerungsprozesses, der im Laufe des Romans über Hilfsmittel anzukurbeln ist: das Zurücktrommeln, ein Fotoalbum, Narben, das Schreiben, das Zwiebelschneiden oder der Geschmack von Brausepulver werden mit zumindest teilweisem Erfolg eingesetzt, doch unterscheiden sich Oskars angestrengte Versuche grundlegend von dem zufälligen Erinnern (*mémoire involuntaire*) anhand von Sinneseindrücken in Prousts Beschreibung der *madeleine* als sinnlicher Brücke in die Vergangenheit.

In der Novelle *Katz und Maus* (1961), deren Titel Gewalt und Verfolgung andeutet, berichtet Pilenz seine Geschichte in Form einer Beichte („von Katz und Maus und mea culpa“ [NGA 5, 84]), in der sein Verrat an Mahlke dargelegt wird; noch mehr als in der *Blechtrommel* steht die Schuld des Erzählers im Vordergrund der Erinnerung. Während Oskar mit dieser Schuld spielt, unterschiedliche Kunstformen zur Verarbeitung der Vergangenheit verwendet (z. B. im Trommeln, in der Steinmetzlehre, und beim Schreiben), und sogar Schuld fingiert (im Mordfall), lässt Pilenz den Bericht seiner Kindheit für sich sprechen, was den Eindruck eines unreifen, wenig reflektierten Individuums macht. Als sei es gestern, zeigt sein Rückblick auf die Kriegsjahre deutlich, dass er sich im Leben zurückgesetzt fühlt – von Frauen, von den Bewunderern Mahlkes, von dessen sexueller Überlegenheit, von dem militärischen Dienst seines Bruders und Mahlkes, und schließlich von der eigenen Mutter (vgl. Preece 2018, 63). In der Vergangenheit gefangen, schreibt Pilenz wie ein Schüler, dessen neuer ‚Lehrer‘, Pater Alban, ihm eine Aufgabe gibt, da Pilenz von seiner Schuld paralysiert wird (Neuhaus 2010, 92). Ähnlich den verdrängenden Deutschen der Fünfzigerjahre im Zwiebelkeller der *Blechtrommel* möchte Pilenz sich das Hilfsmittel Zwiebelsaft als assoziative Gedächtnisstütze auf die Schreibmaschine reiben, um sich in die Kriegszeit zurück zu versetzen (vgl. NGA 5, 100).

Trotz seiner pflichteifrigen Gedächtnisarbeit am Schreibtisch verraten Pilenz' zeitweilige narrative Versteckspiele die Versuchung dieses „suspekten Erzähler[s]" (Krumme 1985), seine Vergangenheit zu verdrängen. Sein Schuldbewusstsein zeigt sich z. B. in der widersprüchlichen Schilderung des Katz-und-Mausspiels mit Mahlkes Adamsapfel (vgl. Hermes 1991) oder in der Beschreibung von Mahlkes letztem Abtauchen, wenn Pilenz seine erste ‚Erinnerung' – er habe den Freund an den Dosenöffner erinnert – dahingehend korrigiert, er habe auf demselben gestanden und ihn damit vor Mahlke versteckt (NGA 5, 142–144).

Wie in der *Blechtrommel* und in *Katz und Maus* vermittelt das Schreiben in den *Hundejahren* (1963) einen aktiven Erinnerungsprozess – hier jedoch aufgeteilt in drei unterschiedliche Schreibhaltungen. Im ersten Teil stellt die Schilderung des Opfers, Eddi Amsel, in „Frühschichten" ein freiwilliges, doch schmerzvolles Erinnern dar. Als jüdische Figur (Amsels Name erinnert an Paul Celans ursprünglichen Namen Antschel, oder Ancel) weist Amsel auf die Erinnerungsschichten hin, die nicht nur die Kindheitserlebnisse des Autors, sondern auch die deutsche Geschichte, insbesondere den Holocaust, umfassen. Liebenau („Liebesbriefe") und Matern („Materniaden") verraten ihre Mitläuferrolle und Täterschaft in den zweiten und dritten Büchern der *Hundejahre*; da Amsel diese Bücher in Auftrag stellt, zeigt sich, dass die beiden sich nur unter Druck zu ihrer Vergangenheit äußern. Zunächst beinhalten die „Frühschichten" neue, räumliche Metaphern für die Erinnerung, allen voran der Fluss, der nach Überschwemmung Zerstörtes mit sich schwemmt und hierbei den Verlauf der Zeit sowie Verluste symbolisiert: „Was treibt ein Fluß wie die Weichsel vor sich her? Was in die Brüche geht: Holz, Glas, Bleistifte, Bündnisse zwischen Brauxel und Brauchsel, Stühle, Knöchlein, auch Sonnenuntergänge. Was längst vergessen war, bringt sich bäuchlings und rücklings als Schwimmer und mit Hilfe der Weichsel in Erinnerung." (NGA 6, 12) In den Fluss – Sinnbild des Gedächtnisses – wirft Matern das Messer, mit dem er und Amsel Blutsbrüderschaft geschlossen hatten; später sehnt sich Matern nach quasi-mythologischem Vergessen: „Lethe Lethe, wie wird man Erinnerungen los?" (NGA 6, 463) Doch aus dem Fluss fischt Amsel dieses Zeichen ihrer Freundschaft letztlich wieder heraus und mahnt damit Matern zur ehrlichen Rückschau (NGA 6, 668–669; vgl. Thesz 2009, 71–72); Materns erneuter Versuch, das Taschenmesser, und somit Erinnerungen, im Landwehrkanal zu versenken, wird, wie Amsel versichert, nur von kurzer Dauer sein (NGA 6, 685–686).

Eine weitere Erinnerungsstrategie setzt Amsel ein, indem er Vogelscheuchen baut, die Vergangenes – oft Konflikte – darstellen, deren Wahrheitsgehalt wiederum von Matern und SA-Kollegen versuchsweise unterdrückt wird; letztlich überlebt diese Wahrheit jedoch (vgl. Neuhaus 2010, 115). In seinen „Liebesbriefen" – eine Huldigung an die Cousine Tulla – berichtet Harry Liebenau dagegen von den frühen Beziehungen zwischen Danziger Jugendlichen, u. a. dem sogenannten „Schneewunder" (NGA 6, 277), in dem Jenny Brunies und Amsel beinahe von ihren ‚Freunden' getötet werden. Wie Michael Paaß schreibt, verweist Grass sowohl auf den Holocaust (durch Erwähnung des umliegenden Buchenwalds) als auch auf die Kreuzigungsgeschichte Jesu (Paaß 2009: 116–117). Die mit religiösen Konnotationen verbundene Bezeichnung „Wunder“ weist auf den mythologisch-mystischen Ton des gesamten Romans (Abbott 1982) hin, der die ‚geschichtete‘ Schuld zwar aufdeckt, doch die Erinnerungen auch ästhetisiert: Amsels „Frühschichten“ verraten trotz Abstrahierung eine emotionale Verbindung zur Danziger Umgebung und zu Matern; Harrys „Liebesbriefe“ zielen auf eine Abschwächung seiner Mitläuferschuld durch mythologische Erhöhung von Tullas Macht hin; Materns Streifzüge in den „Materniaden“ durch das Nachkriegsdeutschland weisen eine theatralische Verzerrung der Realität auf, so wenn ihn auf der Flucht nach Osten Visionen von Vogelscheuchen und der „Höllenhund“ Pluto einholen (vgl. NGA 6, 702–714). Das klarste Erinnerungsbild dieses Romans bildet demgegenüber der „Knochenberg“, dessen Wahrheit Tulla beim Namen nennt und der vom Morden im KZ Stutthof bei Danzig zeugt (NGA 6, 417).

3 Erinnerungen im politischen Diskurs

Der Roman *örtlich betäubt* (1969) befasst sich, wie die Trilogie, mit der Erinnerung der Romanfiguren an den Zweiten Weltkrieg, seien es die Rückblicke erster Hand des Lehrers Eberhard Starusch, ehemals Anführer der berüchtigten Danziger Stäuberbande, oder aus zweiter Hand, wie im Falle des Schülers Philipp Scherbaum, der den jugendlichen Widerstandskämpfer Helmuth Hübener (1925–1942) bewundert und einen geplanten Protest gegen den Vietnamkrieg an dessen anti-nazistischem Widerstand ausrichtet. Das Alter der Schüler Scherbaum und seiner Freundin Vero Lewand weckt die Jugenderinnerungen der Lehrer Starusch und Irmgard Seifert (vgl. Neuhaus 2010, 130), die vornehmlich die Kriegszeit betreffen, doch im Falle von Starusch schließt dies regressive, nostalgische Rückblicke auf die frühe Kindheit mit ein (vgl. Pickar 1989, 260). Obwohl die Handlung sich vornehmlich mit den späten Sechzigerjahren befasst, ist die Vergangenheit bzw. sind deren „Schuldmotoren“ (vgl. Schilling) eigentliches Zentrum des Geschehens. Grass stellt die Versäumnisse und Fehler der Studienräte Starusch und Seifert (die als BDM-Anführerin einen Bauern denunzierte) nicht so sehr zur Verurteilung vor, sondern um die Auswirkung überlieferter Denkmuster darzustellen, so Seiferts Hang zum Idealismus und zur Selbstaufopferung. Selbst die „post-memory“ – die Erinnerung aus zweiter Hand, die Marianne Hirsch im Zusammenhang mit den Nachkommen der Holocaust-Opfer beschreibt – des Schülers Scherbaum birgt Gefahren, da er nicht nur politisch wirksam protestieren möchte, sondern die Idee der Selbstaufopferung aus der Geschichte übernimmt und erst durch kritischen Dialog davon Abstand nimmt (vgl. Thesz 2018, 64–65). Scherbaum entwickelt letztlich auch eine skeptische Haltung durch das Negativbeispiel seiner Lehrer, die in der Vergangenheit steckengeblieben sind und beispielsweise an der Familiengründung scheitern (vgl. Preece 2001, 108).

Aus dem Tagebuch einer Schnecke (1972) ist das erste explizit autobiographische Werk von Grass. Waren die Rückblicke auf Danzig in der Trilogie teilweise nostalgisch-melancholisch, so nehmen sie im *Tagebuch* dokumentarisch-historischen Charakter an. Hier verarbeitet Grass die Geschichte der Danziger Juden, jüngere Erinnerungen an den

Wahlkampf und die Reaktionen seiner Kinder auf die deutsche Politik und Geschichte. Das zentrale Symbol – die Schnecke – verweist auf einen langsamen Fortschritt, also auf die Zukunft; in dem fiktiven Erzählstrang um Hermann Ott ist eine Schnecke weiterhin Instrument der Katharsis, wenn Ott sie zur Heilung der traumatisierten Lisbeth Stomma verwendet (NGA 8, 249–252). Im historischen Strang greift der Schriftsteller auf die Erinnerungen des jüdischen Exilanten Erwin Lichtenstein zurück, den Grass mehrmals in Israel besuchte (eine Bekanntschaft, die auch im *Tagebuch* beschrieben wird) und dessen Memoiren kurz nach dem *Tagebuch* erschienen (Lichtenstein 1973). Schilderungen der Judenverfolgung in Danzig und der Flucht aus Europa können nur aus indirekten Rückblicken erfolgen, so dass Grass, wie seine Kinder und wie die meisten Leser, auf kommunikative und kulturelle Erinnerung angewiesen ist. Eine entscheidende Rolle spielen auch die Berichte von Marcel Reich-Ranicki, dessen Überleben im Versteck Grass seiner Figur Hermann Ott andichtet. Das *Tagebuch* ist somit das erste Prosawerk, in dem der Schriftsteller sich nicht primär mit seinen persönlichen Erinnerungen, sondern sich vermittelt durch Quellenstudium mit der historischen Vergangenheit auseinandersetzt.

Dagegen schildert Grass im *Butt* (1977) fiktionalisierte ‚erlebte' Geschichte, indem er eine lange Reihe männlicher Wiedergänger (die „Edeks") sich an historische Momente von der Steinzeit bis in die Gegenwart erinnern lässt. Die aufeinanderfolgenden quasi-privaten Erinnerungen im *Butt* – „Ich, das bin ich jederzeit" (NGA 9, 9) – liefern Einblicke in zwischenmenschliche Konflikte und Leidenschaften, wobei die neun Monate Schwangerschaft der Protagonistin Ilsebill (in neun Kapiteln) als strukturelles Element Jahrtausende der Menschenentwicklung nachvollziehen. Dieser Vergangenheitsbezug wird subjektiv gestaltet, um die Leiden und die Verfehlungen der Menschheit eingängig zu schildern; die Edeks werden anfangs von den weiblichen Partnern (den „Auas") unwissend gehalten, wachsen aber über die Jahrhunderte hinweg durch Kriege, Konsum und Kunst auf fatale Weise über sich hinaus. Dabei ist die Fixierung der Erzählerstimmen und der Erzählposition auf Mütter und Mutterfiguren ein Hinweis auf regressive Tendenzen – eine Nostalgie für die verantwortungslose Kindheit, die schon in der *Blechtrommel* als politische Gefahr bloßgelegt wurde (vgl. Hunt 1983). Die weibliche Kodierung der Landschaft und Menschheitsgeschichte, die aus dem Mythos matriarchalischen Ursprungs in der Weichselmündung, der Thematisierung der Schwangerschaft sowie der Abfolge der geschichtlichen Epochen als kulinarische Geschichte unter wechselnden Köchinnen hervorgeht, deutet auf die geschlechtsspezifische Polarität der Geschichte in Grass' Werk hin (vgl. Brady, McFarland, und White 1990 und Malchow 2021). Auch literarische Quellen dienen der Vergangenheitsdarstellung im *Butt*; nicht nur liefert das Grimm'sche Märchen „Von dem Fischer un syner Frau" die Grundidee vom sprechenden Fisch und menschlicher Gier, sondern Grass' epischer Roman bezieht sich auch auf die deutsche Literaturgeschichte, indem er ein fiktives Dichtertreffen der Romantiker Clemens Brentano, Philipp Otto Runge, Achim und Bettina von Arnim sowie Jacob und Wilhelm Grimm schildert. Im Laufe dieser Begegnung wählen die Männer die chauvinistische Variante des Märchens aus, während eine andere Fassung verbrannt wird, in der es um die Gier des Fischers, und nicht der Ehefrau, geht (NGA 9,

439). Die Erinnerungen des Erzählers bieten demnach, in Grass' Darstellung, ein vollständigeres Bild der Wahrheit als die offizielle Geschichtsschreibung, die unbequeme und sperrige Details – und Stimmen – ausspart.

Die Schilderung des Dichtertreffens in *Das Treffen in Telgte* (1979), in der eine Reihe von deutschen Dichtern, u. a. Andreas Gryphius und Martin Opitz, während des Dreißigjährigen Krieges zusammenkommen, bezieht sich auf die Treffen der Gruppe 47, in deren Kreis auch Grass seine literarischen Entwürfe teilte. Wie im *Butt* fußen dabei die ‚Erinnerungen' des Erzählers auf historischem und literarischem Quellenstudium. Hierbei verwendet der Autor kulturelle, kollektive Erinnerung, um Historie zu vergegenwärtigen und die Rolle der Schriftsteller und Literatur in unterschiedlichen geschichtlichen Epochen hervorzuheben.

Gegenüber den historischen Themen vom *Tagebuch*, *Butt* und dem *Treffen in Telgte* fächert Grass den Zeitbezug und die Stilpalette in der *Rättin* (1986) so weit auf, dass Geschichte, Märchen, politischer Kommentar, mythologische Dichtung, Filmskript und ‚Erinnerung' an die nukleare Apokalypse ineinander verwoben werden. In der Rückschau des Erzählers ist es nicht sicher, ob er im Wohnzimmer sinnend gegenwärtigen Gefahren ins Auge sieht oder in einer Raumkapsel seine Erinnerungen und die Erklärungen einer Ratte, Überlebende des Dritten Weltkriegs, verarbeitet. Spuren der politischen und historischen Rückblicke auf frühere Werke finden sich in dem kritischen Kommentar zu den Fünfzigerjahren, in denen nach Meinung des Autors Politiker wie Konrad Adenauer in einen breiteren Kontext der Verdrängung mit dem Kunstfälscher Lothar Malskat gestellt werden müssten. Insgesamt wird die Rückschau in diesem Roman medialisiert, wie in dem Stummfilm von Oskar Matzerath über das Waldsterben, in den filmartigen Szenarien über die fehlgeschlagene Reise der Feministinnen nach Vineta oder im nach-apokalyptischen Aufleben der Rattenvölker verdeutlicht wird. Im Gegensatz zu früheren Werken ist die Erinnerung an Danzig ironisch zugespitzt; dabei erinnert z. B. die Kirche St. Marien als „Backsteinglucke" (NGA 12, 34) an die mutterbezogenen Heimatphantasien Oskars, die in einem Handlungsstrang zur grotesken Vollendung seiner Nostalgie im Moment der nuklearen Explosion wahr werden, die er unter den Röcken der Großmutter erlebt. In der zeitlichen „Vergegenkunft" (*Kopfgeburten*; NGA 11, 104) der *Rättin* wird die Gegenwart durch ‚Erinnerungen' an eine schreckliche Zukunft unsicher gemacht.

4 Gedenken, Denkmal und Archiv: Erinnerungskultur nach 1990

Im ersten Nachwendewerk, *Unkenrufe* (1992), spricht Grass Warnungen – Kassandrarufe oder Unkenrufe – angesichts einer unsicheren politischen und ökologischen Zukunft aus. Der Erzähler beruft sich dabei auf Erinnerungen der Protagonisten Alexander Reschke und Alexandra Piątkowska, deren Treffen auf Allerseelen im November 1989 die persönliche und politische Vergangenheit in Zusammenhang bringt. Ihr Gespräch bei einem gemeinsamen Gang auf den Friedhof lässt ihre Erinnerungen an die verstorbenen Eltern bald in eine kollektivere Richtung umschwenken, wobei die Idee einer „Polnisch-Deutsch-Litauischen Friedhofsgesellschaft“ ins Leben gerufen wird. Anfangs deutet das Treffen von Ost und West in dem Liebespaar Reschke und Piątkowska auf einen interkulturellen Dialog hin; auch die Figur Erna Brakup, die den Danziger Dialekt aus Grass’ Kindheitserinnerungen spricht, stellt einen positiven Aspekt persönlicher, kultureller und kommunikativer Erinnerung dar. Doch die idealistische Idee einer postumen Rückkehr in die Heimat erweist sich als ‚Illusion‘ (Thesz 2009) und Begegnungen mit der nur scheinbar vertrauten Stadt grenzen ans Unheimliche (Stimmel 2012). Die Region um Gdańsk ist, so erklärt ein geschäftstüchtiger Unternehmer, „voller Erinnerungen für jenen Teil unserer Mitglieder, die von hier wegmußten“ (NGA 13, 48), und dergestalt wird die Nostalgie in Profit umgemünzt. Die Friedhofsgesellschaft, die angeblich der „Völkerversöhnung“ dienen könnte, entgleitet dem Paar aufgrund der Dominanz finanzieller Interessen und revanchistischer Tendenzen. Persönliche Erinnerungen und Heimatgefühle sind, wie die Erzählung zeigt, leicht zu kollektivieren und zu enteignen, so dass die neu erstellten Friedhöfe schließlich als neue „Landnahme“ (NGA 13, 197) – vorwiegend mit Hilfe der westdeutschen Währung – zu werten sind.

Der Wenderoman *Ein weites Feld* (1995) kommentiert die gesamtdeutsche Gegenwart unter historischen Aspekten, die vorwiegend durch die Erinnerungen der Romanfiguren und literarische Zitate vermittelt werden. Diese Darstellungsweise deckte sich mit der zunehmenden Thematisierung der kulturellen Erinnerung in den Achtziger- und Neunzigerjahren in Politik und Forschung (vgl. Nora 1984, A. Assmann und Harth 1991, J. Assmann 1995, A. Assmann 1999 und Huyssen 1995 und 2003). Einerseits vermittelt der Protagonist Theo Wuttke als „Fonty“ anhand scheinbar persönlicher Erfahrungen (doch eigentlich aus der Lektüre) von Theodor Fontane die deutsche Geschichte seit Mitte des neunzehnten Jahrhunderts, und andererseits kommentiert der Roman historische Ereignisse durch die den Fontanes nachempfundene Familie Wuttke, deren Erinnerung zur Aufarbeitung der DDR-Vergangenheit beiträgt, sowie den Stasi-Agenten Hoftaller, Wiedergänger von Hans Joachim Schädlichs Figur Tallhover aus seinem gleichnamigen, im Jahr 1986 publizierten Roman. Die Vergangenheit erscheint in *Ein weites Feld* somit als kulturelle Erinnerung, die sich aus individuellen Rückblicken einzelner Figuren (zur identitätsstiftenden Funktion der „kommunikativen Erinnerung“ vgl. J. Assmann 1995; Thesz 2003 und 2018) und aus weiteren Quellen zu einer literarisch-kulturellen Rückschau der DDR- und Wendezeit zusammenfügt. Dabei verarbeitet Grass nicht nur individuelle Erfahrungen der Wendezeit, sondern betrachtet auch strukturelle Umwandlungen durch die Währungsreform und die Treuhandanstalt. Der intertextuelle Bezug auf Fontane sowie die öffentliche Debatte zu *Ein weites Feld* (Negt 1996) deuten auf den starken Einfluss der Literatur auf die politische Wahrnehmung und Erinnerungskultur in der Bundesrepublik hin (vgl. Brockmann 2009). Andererseits tragen in *Ein weites Feld* Diskussionen zu Neubenennungen von Straßen oder zur Geschichte von Denkmälern (z. B. der Siegessäule) dazu bei, das Thema Erinnerungskultur zu veranschaulichen – im Sinne einer ‚gegenwärtigen Vergangenheit‘ (Huyssen 2003) – und zu zeigen, wie bewusst dieses kulturelle Gedächtnis nach einschneidenden historischen Ereignissen gepflegt, umstritten und aktiv geformt wird. Grass deutet dabei an, dass nicht alle die Zukunft ins Auge fassen: Sein Protagonist lebt in einer aus poetischem Realismus gespeisten Fantasiewelt, und auch der symbolhafte Paternoster des Hauses der Ministerien weist auf Wiederholungszwang statt Erneuerung hin (vgl. Preece 2001, 189).

In den hundert Kurztexten von *Mein Jahrhundert* (1999) werden die Jahre von 1900 bis 1999 aus unterschiedlichen Perspektiven kommentiert. Die Geschichten weisen eine Vielzahl von Erzählhaltungen auf, wie die relativ neutrale Zeitzeugenschaft, das Ausschweigen oder Verzerren der Vergangenheit, die defensive Rechtfertigung oder die unabsichtliche Selbstbeschuldigung (etwa in der Schilderung der Ermordung Erich Mühsams im KZ Oranienburg im Jahre 1934). Der Schriftsteller lehnt sich in *Mein Jahrhundert* an die Methode der *oral history* an, um Geschichte als erlebtes und empfundenes Geschehen anschaulich zu machen. Dabei erinnern sich namenlose Bürger, historische Figuren (z. B. Günter Guillaume) sowie Grass selbst (z. B. 1927, 1937, 1953, 1975–77) an das jeweilige Zeitgeschehen, etwa an eine kriegsheischende Kaiserrede um 1900 aus Sicht eines anonymen Soldaten, Rückblicke auf die Währungsreform 1948 oder Erinnerungen eines Pilzsammlers an die radioaktive Belastung nach dem Reaktorunfall in Tschernobyl. Einzelne Berichte deuten metonymisch auf das komplexe historische Geschehen hin (vgl. Eshel 2002, 70–72). Dabei weisen die Kurztexte provokante Spannungen zwischen „Berichtendem und Bericht" auf, beispielsweise in der Schilderung der Olympischen Spiele durch KZ-Häftlinge (Neuhaus 2010, 225). Durch die aufgespaltene Erzählposition scheint der Lauf der Geschichte in *Mein Jahrhundert* zu dominieren, während individuelle Schicksale angedeutet bleiben (vgl. Braun 2008, 137). Gleichzeitig erlaubt der Perspektivwechsel es dem Autor, den Widerstand gegen das Erinnern zu veranschaulichen, wie in dem Bericht einer Zuschauerin im Frankfurter Auschwitzprozess: „Überhaupt fiel das schwer mit der Erinnerung" (NGA 15, 198). Besondere Betonung erfahren die Jahre des Ersten und Zweiten Weltkriegs in mehrjährigen Rückblicken, die unterschiedliche Haltungen zur deutschen Geschichte zur Schau stellen. Der fiktive Dialog zum Ersten Weltkrieg zwischen Erich Maria Remarque und Ernst Jünger (deren Hauptwerke Grass als Jugendlicher gleichzeitig las [vgl. Neuhaus 1997, 22]) thematisiert den Pazifismus und die Kriegsbegeisterung. Letztere kommt auch in den Vignetten zu 1939–1945 zum Vorschein, in denen ein Journalist die wiederholte Unterdrückung der kritischen Berichterstattung – auch Jahre nach dem Krieg – seitens der Chefredakteure schildert. Schilderungen der Studentenunruhen sowie eines fehlgeschlagenen Dialogs zwischen Martin Heidegger und Paul Celan (1966–1968) betonen erneut das verdrängende Schweigen des Erzählers (ein Professor, der aus den Neunzigerjahren in die Sechziger zurückblickt), welches sich mit Heideggers Ausschweigen über seine Rolle im ‚Dritten Reich' deckt. Trotz der anerkannten Rolle der Sechzigerjahre in der Aufarbeitung der Vergangenheit kommt hier Grass' Unbehagen an der Studentenrevolte zum Vorschein, und die im Ansatz steckenbleibenden Dialoge der Texte zu 1966–1968 verweisen auf das übergreifende Thema des verantwortlichen Erinnerns in *Mein Jahrhundert* (vgl. Shafi 2006, 212–213; Thesz 2018, 153–157).

In der Novelle *Im Krebsgang* (2002) zeichnet Grass anhand der Familie Pokriefke ein Bild deutscher Generationen im Erinnerungsdiskurs, der sich im Text durch mangelndes gegenseitiges Verständnis auszeichnet. Die Rezeption berief sich vielerorts auf das von W. G. Sebald in seinem Essay *Luftkrieg und Literatur* (1997) diskutierte Tabu, über deutsche Leiden zu sprechen. Das Motto von *Im Krebsgang*, „in memoriam", weist auf die Rolle der Novelle als ‚Mahnmal' hin – zum Gedenken an die Schiffskatastrophe der Wilhelm Gustloff im Besonderen wie zur Erinnerung an die komplizierte Vergangenheitsbewältigung der Deutschen im Allgemeinen (vgl. Moeller 2003, Veel 2004, Hall 2006 und Fuchs 2008). Diese Aufarbeitung ist bis zum Ende nicht erfolgreich, wie der Fortgang rechtsradikaler Kommentare im Netz dem desillusionierten Erzähler verraten: „Das hört nicht auf. Nie hört das auf" (NGA 16, 203). Die Kriegserinnerungen von Tulla Pokriefke, und vor allem die letzten Kriegsmonate einschließlich des Untergangs der Wilhelm Gustloff, tauchen in unterschiedliche Perspektiven gebrochen auf: Tullas Trauma vermischt mit sentimentaler Dramatik (vgl. Dye 2004, 481), die nüchterne Sicht ihres Sohnes Paul (der jede Erinnerung, auch sekundäre, ausspart und sich selbst als Opfer der Katastrophe verweigert [vgl. Baker 2010]) und die heroische, virtuell zelebrierte „post-memory" (Hirsch 1997) des Enkels Konny bilden drei verschiedene Schichten, die aus der Sicht des Erzählers Paul weniger einem Kaleidoskop als einem undurchlässigen Morast gleichen. Besonderes Augenmerk legt Grass zwischen den Zeilen auf die potentielle Gefahr des Internets, das zur „globalen Spielwiese" rechtsradikaler Surfer werde (NGA 16, 124; Veel 2004). Die visuelle Dominanz und die Möglichkeit der freien Verbreitung von Materialien und Behauptungen mache dieses Medium, so die implizit geäußerte Kritik, besonders anfällig für Missbrauch (vgl. Midgley 2005, 58). Zwischen dem rechtslastigen Konny und dem gleichaltrigen Wolfgang Stremplin (der sich, nach dem jüdischen Attentäter von Wilhelm Gustloff, David Frankfurter, „David" nennt) entbrennen virtuelle „memory contests" (Cosgrove und Fuchs 2006), die nach einem Zusammentreffen tödlich enden, nicht zuletzt durch Tullas Instrumentalisierung der Erinnerung. Kern dieser Tragödie ist, dass die persönlichen, familienbezogenen Erinnerungen auf öffentliche Monumente projiziert werden (auf Konnys Webseite sowie auf ein Schweriner Denkmal), wo sie ein Eigenleben annehmen: u. a., weil Stremplin auf das Denkmal spuckt, bietet sich dem bewaffneten Konny ein willkommener Anlass, die Geschichte zu wiederholen und auf den politischen Gegner zu schießen. Grass deutet hier eine Rückkehr des Verdrängten und die fatale Eigendynamik historischer Rollenspiele an, beides fehlgeleitete Erinnerungsimpulse. Insgesamt sind die emotional besetzten Erinnerungen nicht mit einem detailgeleiteten, reflektierten Gedächtnis zu vereinbaren (vgl. Dye 2004, 478). In den zentralen Konflikten im *Krebsgang* (zwischen den Generationen der Familie Pokriefke sowie zwischen den Jugendlichen Konny und Wolfgang) werden jedoch die Leiden und die Erinnerungen jüdischer Opfer ausgespart (vgl. Dochartaigh 2010, 195), obwohl die mnemonischen Strategien der Novelle – wie z. B. Zeitzeugenschaft, Generationendiskurs und Anspielung auf „post-memory" – auf problematische Weise auf den Diskurs der Holocaust-Erinnerungen zurückgreifen (Henebury 2015).

5 Autobiographische Erinnerungen

Grass' Autobiographie *Beim Häuten der Zwiebel* (2006) weist auf die Komplexität der persönlichen Auseinandersetzung mit der eigenen nationalsozialistischen Vergangenheit hin, die sich weitaus schwieriger gestaltete, als jene in seinen Romanen. Die Rezeption drehte sich zunächst primär um das Geständnis, in den letzten Kriegsmonaten Dienst in der Waffen-SS geleistet zu haben. Diese Enthüllung des Autors rief sowohl Entrüstung und Anklagen als auch Verständnis und Anerkennung hervor und stieß damit zugleich Reflektionen zum Erinnerungsprozess im Kontext des Literatur- und Kulturbetriebs an. In Anlehnung an seine Romanwelt setzt Grass in der Autobiographie Hilfsmittel ein, die den Prozess der Erinnerung veranschaulichen: die geschichtete Zwiebel, die gelesen werden kann und den Bernstein, dessen Einschlüsse verkapseltes Erinnertes darstellen. Beide Hilfsmittel suggerieren einen aktiven, bewussten Prozess, der aber durch grundlegende biologisch-materielle Hindernisse (entsprechend der Verdrängung) erschwert wird. So betont Grass die das Lesen behindernden Tränen, verschwommene „Schrift" auf den Zwiebelhäuten oder die Scham, die beispielsweise das Anschauen des nackten jugendlichen Grass im Bernstein erschwert. Hinzu kommt ein drittes Hilfsmittel, der Film. Sowohl Inhalte als auch Erinnerungsprozesse beziehen sich teilweise auf das Massenerlebnis Kinofilm der Dreißiger- und Vierzigerjahre, das auf den „Kinogänger" Grass große Wirkung zeigt (NGA 17, 108). Lücken in der Rückschau offenbart Grass speziell im Zusammenhang mit emotional schwierigen Situationen, wie das Verlassen der Heimatstadt im September 1944. Die Bruchstückhaftigkeit der Erinnerung an das noch heile Danzig und an den Abschied vom Vater hat viele mögliche Erklärungen, unter anderem die weit zurückliegende Zeit und die vielen literarischen Werke, die gewissermaßen Grass' Erinnerung festgehalten und gleichzeitig verändert haben. Dabei teilt der Autor nicht nur persönliche Erinnerungen mit, sondern gibt auch als Zeitzeuge Kriegserfahrungen wieder, die generationentypisch sind. Das Thema Schuld und Schulden ist in der *Zwiebel* untrennbar mit der Erinnerungsarbeit verbunden, so in den Schlüsselerinnerungen der freiwilligen Meldung zum Dienst in der Marine und der Rekrutierung im Herbst 1944 in die Waffen-SS. Insgesamt rezipiert die Grass-Forschung diese Strategien der autobiographischen Erinnerungsarbeit als „dynamische Erinnerungsarbeit" (Neuhaus 2010, 243), theatralisierte Selbstzweifel (vgl. Taberner 2009a, 141) sowie als komplexe psychologische und ästhetische Aufarbeitung (vgl. Gonçalves da Silva 2008, 157). Grass verwendet in den schwierigsten Erinnerungen Strategien wie „Zeitlupe" (NGA 17, 121), doch auch ‚Filmriss' und „Bildsalat" (NGA 17, 122), um Kriegserinnerungen zu schildern, und verwendet im Dialog mit dem jungen Alter Ego die dritte Person. Darüber hinaus enthält die *Zwiebel* nicht nur erinnerte Episoden, die andernorts in das Grass-Werk eingingen (so die Begegnung mit dem Verweigerer an der Waffe, „Wirtunsowasnicht", der schließlich im KZ inhaftiert wird und die Figur Joachim Mahlke inspirierte), aber auch wichtige literarische Einflüsse: Goethes *Dichtung und Wahrheit*, Grimms „Märchen von einem, der auszog das Fürchten zu lernen", sowie Grimmelshausens *Simplicissimus*.

Im zweiten Teil seiner „Trilogie der Erinnerung" (Grass 2014, 575) mit dem Titel *Die Box. Dunkelkammergeschichten* (2008) schildert der Autor private Familienerinnerungen anhand der Beschreibung von Fotografien, die tatsächliche und fantasierte Erlebnisse darstellen. Die Agfa-Box der Fotografin Maria Rama, einer Freundin der Familie, ist eine „Wünschdirwasbox" (NGA 18, 68), deren Korrektive Abenteuer und Erlebnisse der Kinder ausschmücken sowie auf schmerzhafte Momente des Familienerlebens hinweisen, die der Schriftsteller im Rückblick verarbeitet. Dabei deutet Grass eigene Versäumnisse an, etwa seine Abwesenheit aufgrund des Schreibens und infolge von Trennungen, so dass die Fotografien tatsächliche Erinnerungen vertiefen und auch fantasievoll retuschieren. Zu den Erinnerungen gehören private und professionelle Aspekte (vgl. Taberner 2009b), wie Konflikte, Trennungen, Krankheiten und Familienanekdoten sowie Arbeitsphasen, wie an den Projekten *Der Butt* und *Das Treffen in Telgte*, bei denen Rama ihn mit ihren Fotografien unterstützt. Die Fotografien, die in den Dialogen heraufbeschworen werden und sich in der *Box* zum Album zusammenfügen (vgl. Thesz 2018, 192–195), stellen insgesamt die Beziehungen der Kinder, teilweise von verschiedenen Müttern, in den Vordergrund. Gemeinsame Erinnerungen anhand der beschriebenen (oft fiktiven) Schnappschüsse werden hier mitgeteilt, Gefühle aufgearbeitet, Träume belächelt, Berufsanfänge reflektiert und somit literarisch ein fiktionalisiertes Erinnerungsarchiv der Familie vorgestellt, das auf der poetologischen Überformung der konventionellen Ideen des Familienalbums (vgl. *Die Blechtrommel*, NGA 4, 53–68) zur Erinnerungshilfe und Stärkung der Familienbeziehungen fußt.

6 Sprache als kulturelles Archiv

In *Grimms Wörter. Eine Liebeserklärung* (2010), dem abschließenden Teil seiner „Erinnerungstriloge", thematisiert und problematisiert Grass am Beispiel der Gebrüder Grimm die politische Rolle und die Kulturarbeit der Dichter im neunzehnten und zwanzigsten Jahrhundert. Dazu greift er in Anlehnung an die Nutzung historischer Quellen im *Tagebuch*, *Butt* und in *Das Treffen in Telgte* auf Publikationen und die Biographie der Brüder zurück, die er in *Grimms Wörter* in Form eines Erinnerungsnarrativs (wenn auch in dritter Person) vorstellt. Hierbei schaut er den Brüdern bei der Arbeit am *Deutschen Wörterbuch*, bei Spaziergängen oder in schwierigen politischen Momenten über die Schulter, z. B. bei der Ausweisung nach ihrem Protest im Rahmen der Göttinger Sieben, doch auch bei der wenig standhaften öffentlichen Distanzierung von Hoffmann von Fallersleben, um Unannehmlichkeiten zu entgehen. Angesichts dieser angeeigneten ‚Erinnerungen' flicht Grass auch eine Rückschau an seine eigenen politischen Aktivitäten ein (z. B. den Essay *Geschenkte Freiheit* [1985] oder die Friedenspreisrede für Yaşar Kemal [1997]), um seine politische Biographie zu vergegenwärtigen. Die implizierte Genealogie Grimm-Grass verweist auf das gemeinsame Material der deutschen Sprache und deutet darauf hin, dass das Handwerk der Philologie für Dichter und Denker gerade in Deutschland mit einer Verantwortung einhergeht, die darauf hinausläuft, dass ‚Erinnerung' und ‚Schreiben' niemals privat im Elfenbeinturm zu genießen, sondern als Teil einer kritischen und kreativen Kulturarbeit zu verstehen sind.

Der postum erschienene Band *Vonne Endlichkait* (2015) liefert primär eine facettenreiche, mal humorvolle, mal melancholische Studie über das Altern und die damit verbundenen Zumutungen. Der in die Jahre gekommene Schriftsteller fühlt sich im doppelten Wortsinn „vogelfrei" (NGA 2, 347, 452), trauert um verstorbene Freunde (NGA 2, 355), betrachtet Verfallserscheinungen, Krankheiten und Verluste (z. B. NGA 2, 330, 363–367, 381, 388–391), reflektiert die eigene Sterblichkeit (z. B. NGA 2, 394–401, 425, 442, 448), erinnert sich an die Kindheit (NGA 2, 353, 386) und nutzt rückwärtsgewandte Naturbeobachtungen als Spiegel der Gegenwart (NGA 2, 367, 392). Aktuelle politische Sorgen (z. B. über Aufrüstung und jederzeit drohenden Krieg, wobei Grass in *August* [NGA 2, 455] den beginnenden Ersten Weltkrieg mit dem Sommer 2014 vergleicht) verweisen auf die politische Rolle des Bürgers, die der schnell populäre Schriftsteller seit den Sechzigerjahren vielerorts eingenommen hat (vgl. dazu exemplarisch das Gedicht *Mutti*, NGA 2, 407–408). Die Platzierung einer prosaischen Erinnerung an die zweitletzte Stelle des Bandes, *Herrn Kurbjuhns Frage*, fasst die melancholische Grundhaltung seines literarischen Testaments mit dem bezeichnenden Titel *Vonne Endlichkait* zusammen. Die dort erzählte Geschichte spielt in Wewelsfleth, dem Grass'schen Domizil der Siebziger- und frühen Achtzigerjahre: Ein alternder Flüchtling aus Pommern oder Ostpreußen sprach Grass dort wiederholt über den Gartenzaun hinweg in dem stubenwarmen, vertraut breitmäuligen Dialekt an: „Nu, Liebärchen, waas mecht nu los sain inne Polletik?" (NGA 2, 457). Herr Kurbjuhn, der damals sogenannte „Heimatvertriebene", weckt einige Momente lang Erinnerungen an die eigene Jugend und die frühere Einbindung des kritischen Intellektuellen ins öffentliche Leben. Im Rückblick erkennt Grass sich nun gleichzeitig selbst in dem alten Mann, dessen Tonfall die verlorene Heimat heraufbeschwört. Wie die anheimelnden Worte des Nachbarn mit ihm nach dem Tod verstummt sind, so deutet Grass das eigene Verstummen der aktiven, direkten Erinnerung an, trotz des bleibenden Lebenswerks in Buch und Archiv.

Literatur

Abbott, Scott. „‚Hundejahre': A Realistic Novel about Myth". *The German Quarterly* 55.2 (1982): 212–220.

Assmann, Aleida. *Erinnerungsräume: Formen und Wandlungen des kulturellen Gedächtnisses.* München 1999.

Assmann, Aleida, und Dietrich Harth (Hrsg.). *Mnemosyne: Formen und Funktionen der kulturellen Erinnerung.* Frankfurt/M. 1991.

Assmann, Jan. „Collective Memory and Cultural Identity". Übers. von John Czaplicka. *New German Critique* 65 (1995): 125–133.

Angress, Ruth Klüger. „A ‚Jewish Problem' in German Postwar Fiction". *Modern Judaica* 5 (1985): 215–233.

Baker, Gary. „The Middle Voice in Günter Grass's ‚Im Krebsgang'". *The German Quarterly* 83.2 (2010): 230–244.

Brady, Philip, Timothy McFarland, und John J. White (Hrsg.). *Günter Grass's „Der Butt": Sexual Politics and the Male Myth of History*. Oxford 1990.

Braun, Rebecca. *Constructing Authorship in the Work of Günter Grass*. Oxford 2008.

Brockmann, Stephen. „Günter Grass and German Unification". *The Cambridge Companion to Günter Grass*. Hrsg. von Stuart Taberner. Cambridge 2009: 125–138.

Cosgrove, Mary, und Anne Fuchs. „Introduction: Germany's Memory Contests and the Management of the Past". *German Memory Contests: The Quest for Identity in Literature, Film, and Discourse since 1990*. Hrsg. von Anne Fuchs, Mary Cosgrove und Georg Grote. Rochester, NY 2006: 1–24.

Dochartaigh, Pól Ó. „Günter Grass's ‚Im Krebsgang' as a German Memory Contest Without Jews". *German Life and Letters* 63.2 (2010): 194–211.

Dye, Elizabeth. „‚Weil die Geschichte nicht aufhört': Günter Grass's ‚Im Krebsgang'". *German Life and Letters* 57.4 (2004): 472–487.

Eshel, Amir. „The Past Recaptured? Günter Grass's ‚Mein Jahrhundert' and Alexander Kluge's ‚Chronik der Gefühle'". *Gegenwartsliteratur: A German Studies Yearbook*. Hrsg. von Paul Michael Lützeler und Stephan K. Schindler. Bd. 1. (2002): 63–86.

Fuchs, Anne. *Phantoms of War in Contemporary German Literature, Films, and Discourse: The Politics of Memory*. Basingstoke 2008.

Frizen, Werner. „Anna Bronskis Röcke – ‚Die Blechtrommel' in ‚ursprünglicher Gestalt'". *Die Danziger Trilogie von Günter Grass: Texte, Daten, Bilder*. Hrsg. von Volker Neuhaus und Daniela Hermes. Frankfurt/M. 1991: 144–170.

Gonçalves da Silva, Helena. „‚Peeling the Onion' by Günter Grass: From Survivor Memory to Postmemory, and the Issue of a Responsible European Culture of Memory". *Changing the Nation: Günter Grass in International Perspective*. Hrsg. von Rebecca Braun und Frank Brunssen. Würzburg 2008: 156–169.

Grass, Günter. „Ich erinnere mich": Die Zukunft der Erinnerung. Mit Czesław Miłosz, Wisława Szymborka und Tomas Venclova. Hrsg. von Martin Wälde. Göttingen 2001: 27–34.

Grass, Günter. *Sechs Jahrzehnte: Ein Werkstattbericht*. Göttingen 2014.

Halbwachs, Maurice. *On Collective Memory*. Hrsg. und Übers. von Lewis A. Coser. Chicago 1992.

Hall, Katharina. *Günter Grass's 'Danzig Quintet': Explorations in the Memory and History of the Nazi Era from „Die Blechtrommel" to „Im Krebsgang"*. Oxford 2006.

Henebury, Anja. „‚Das Böse muß raus': Witnessing and Testimony in Günter Grass's ‚Im Krebsgang'". *German Life and Letters* 68.1 (2015): 88–105.

Hermes, Daniela. „‚Was mit Katz und Maus begann': Ein Kabinettstück Grassscher Prosakunst". Die Danziger Trilogie von Günter Grass: Texte, Daten, Bilder. Hrsg. von Volker Neuhaus und Daniela Hermes. Frankfurt/M. 1991: 170–180.

Hirsch, Marianne. *Family Frames: Photography, Narrative and Postmemory*. Cambridge, MA 1997.

Hunt, Irmgard Elsner. *Mütter und Muttermythos in Günter Grass' Roman „Der Butt"*. Frankfurt/M. 1983.

Huyssen, Andreas. *Present Pasts: Urban Palimpsests and the Politics of Memory*. Stanford 2003.

Huyssen, Andreas. *Twilight Memories: Marking Time in a Culture of Amnesia*. New York, NY 1995.

Krumme, Detlev. „Der suspekte Erzähler und sein suspekter Held: Überlegungen zur Novelle ‚Katz und Maus'". *Zu Günter Grass: Geschichte auf dem poetischen Prüfstand*. Hrsg. von Manfred Durzak. Stuttgart 1985: 65–79.

Lichtenstein, Erwin. *Die Juden der Freien Stadt Danzig unter der Herrschaft des Nationalsozialismus*. Tübingen 1973.

Loftus, Elizabeth F. *Eyewitness Testimony*. Cambridge, MA 1996.

Malchow, Timothy B. *Günter Grass and the Genders of German Memory: From „The Tin Drum" to „Peeling the Onion"*. Rochester, NY 2021.

Midgley, David. „Günter Grass, ‚Im Krebsgang': Memory, Medium, and Message". *Seminar* 41.1 (2005): 55–67.

Moeller, Robert G. „Sinking Ships, the Lost Heimat and Broken Taboos: Günter Grass and the Politics of Memory in Contemporary Germany". *Contemporary European History* 12.2 (2003): 147–181.

Negt, Oskar. *Der Fall Fonty*. Göttingen 1996.

Neuhaus, Volker. *Günter Grass*. 3. Auflage. Stuttgart 2010.
Neuhaus, Volker. *Schreiben gegen die verstreichende Zeit*. München 1997.
Nora, Pierre. *Les Lieux de Mémoire*. Paris 1984.
Paaß, Michael. *Kulturelles Gedächtnis als epische Reflexion: Zum Werk von Günter Grass*. Bielefeld 2009.
Pickar, Gertrud Bauer. „Starusch im Felde mit den Frauen: Zum Frauenbild in Grass' ‚örtlich betäubt'". *Colloquia Germanica* 22.3–4 (1989): 260–282.
Preece, Julian. *Günter Grass*. London 2018.
Preece, Julian. *The Life and Work of Günter Grass: Literature, History, Politics*. Houndmills 2001.
Schaal, Björn. *Jenseits von Oder und Lethe: Flucht, Vertreibung und Heimatverlust in Erzähltexten nach 1945 (Günter Grass – Siegfried Lenz – Christa Wolf)*. Trier 2006.
Schacter, Daniel L. *The Seven Sins of Memory: How the Mind Forgets and Remembers*. Boston 2001.
Schilling, Klaus von. Schuldmotoren: Artistisches Erzählen in Günter Grass' „Danziger Trilogie". Bielefeld 2002.
Schlant, Ernestine. *The Language of Silence: West German Literature and the Holocaust*. New York, NY 1999.
Shafi, Monika. „Talkin' 'Bout My Generation: Memories of 1968 in Recent German Novels". *German Life and Letters* 59.2 (2006): 201–216.
Stimmel, Joanna Kedzierska. „Uncanny Gdańsk/Danzig: Memory, Forgetting, and Reconciliation in the Works of Günter Grass and Stefan Chwin". *Re-mapping Polish-German Historical Memory: Physical, Political, and Literary Spaces since World War II*. Bloomington, IN 2012: 161–184.
Stolz, Dieter. „‚Beim Häuten der Zwiebel' oder ‚Ich erinnere mich … '". *Günter Grass: Literatur – Kunst – Politik. Dokumentation der internationalen Konferenz vom 4.-6.10.2007 in Danzig*. Hrsg. von Marion Brandt, Marek Jaroszewski und Miroslaw Ossowski. Gdańsk 2009: 103–113.
Stolz, Dieter. *Günter Grass: Der Schriftsteller*. München 2023.
Stolz, Dieter. „Nomen est omen. ‚Ein weites Feld' von Günter Grass". *Zeitschrift für Germanistik* 2 (1997): 321–335.
Taberner, Stuart. Aging and Age-Old Style in Günter Grass, Ruth Klüger, Christa Wolf, and Martin Walser: The Mannerism of a Late Period. Rochester, NY 2013.
Taberner, Stuart. „Günter Grass's ‚Peeling the Onion'". *The Cambridge Companion to Günter Grass*. Hrsg. von Stuart Taberner. Cambridge 2009a: 139–150.
Taberner, Stuart. „‚Kann schon sein, daß in jedem Buch von ihm etwas Egomäßiges rauszufinden ist': ‚Political' Private Biography and ‚Private' Private Biography in Günter Grass's ‚Die Box' (2008)". *The German Quarterly* 82.4 (2009b): 504–521.
Thesz, Nicole. *The Communicative Event in the Works of Günter Grass: Stages of Speech 1959–2015*. Rochester, NY 2018.
Thesz, Nicole. „Dangerous Monuments: Günter Grass and German Memory Culture". *German Studies Review* 31.1 (2008): 1–21.
Thesz, Nicole. „Identität und Erinnerung im Umbruch". *Neophilologus* 87.3 (2003): 435–451.
Thesz, Nicole. „Illusions of Return: City and Memory in Günter Grass's Danzig Novels". *Seminar. A Journal of Germanic Studies* 45.1 (2009): 64–84.
Veel, Kristin. „Virtual Memory in Günter Grass's ‚Im Krebsgang'". *German Life and Letters* 57.2 (2004): 206–218.

III.9 Genderkonstellationen

Timothy B. Malchow

1 Einleitung

In literaturwissenschaftlichen Untersuchungen, die sich ausdrücklich mit Geschlechterrollen und Geschlechtsidentitäten in den Prosawerken von Günter Grass befassen, wurde *Der Butt* (1977) am frühesten und am häufigsten besprochen. Die Darstellung der Geschlechterverhältnisse und die Anspielungen auf geschlechtsspezifische diskursive Konstrukte in jenem Roman stehen allerdings keineswegs isoliert im Werk von Grass, sondern können vielmehr als Teil eines Gender-Systems begriffen werden, das bereits im Erstlingswerk *Die Blechtrommel* (1959) aufzufinden ist und das sich mit einigen Variationen durch das gesamte Werk des Autors zieht.

Das besondere Interesse der Geschlechterforschung am *Butt* lässt sich durch die explizite Thematisierung des sogenannten Geschlechterkampfs im Roman und die vom männlichen Erzähler auf die Weiblichkeit projizierte Hoffnung erklären. Der Roman handelt vorrangig von den „gestörten Rollenbeziehungen zwischen den Geschlechtern" und der Einsicht, dass „neue, tragfähige Positionen [...] beiderseits nicht in Sicht" sind (Brode 1979, 180). Auch in Prosawerken von Grass, die Geschlechterverhältnisse im Gegensatz zum *Butt* nicht direkt thematisieren, sind Variationen eines Gender-Systems erkennbar, das auf zwei vorgegebenen, in einem dualistischen Verhältnis stehenden Geschlechtern basiert und darauf aufbauend zwei entgegengesetzte Männlichkeiten und zwei ebensolche Weiblichkeiten etabliert (vgl. Malchow 2021). Dabei haben die grundsätzlich aus der Männerperspektive betrachteten Frauenfiguren für die Männlichkeit eine konstitutive, abgrenzende Funktion und entsprechen zwei gegensätzlichen weiblichen Typen: „Die Wahrnehmung der Frau als ‚das Andere', als alles, was das männliche Ich nicht ist – oder nicht sein will –, ermöglicht es Grass' Männern, die Frau gleichzeitig als Ursache allen Bösen und als Rettung für die männlich verkorkste Welt empfinden zu können" (Garde 1988, 103). Ebenso wichtig sind die zwei gegensätzlichen Männlichkeitstypen im Grass'schen Œuvre. Einerseits steht im Mittelpunkt der meisten Werke eine männliche Künstlerfigur, die häufig mit dem Erzähler identisch ist. Andererseits finden sich bei Grass politisch mächtige Männer, die von der Verdrängung der Vergangenheit profitieren und die herrschenden gesellschaftlichen Verhältnisse sowie die Erinnerungskultur bestimmen. Die Bemühungen des Künstlers werden beschrieben, als Vermittler weiblich kodierter Elemente die Kulturnation mit authentischen Erinnerungen zu beliefern, die verbreitete, solchen mächtigen Männern dienende Formen der kollektiven Erinnerung untergraben. Insofern inszenieren die Texte einen Konflikt zwischen der etablierten Männlichkeit derer, die den Status quo aufrechterhal-

Anmerkung: Deutsch von T.B.M. in Zusammenarbeit mit Anselm Krückels

https://doi.org/10.1515/9783110755435-070

ten, und der alternativen Männlichkeit des Künstlers, der als sich erinnernder und um den Fortschritt beflissener Repräsentant der Kulturnation dargestellt wird.

2 Zwei Männlichkeiten

In *Die Blechtrommel* verkörpert die Hauptfigur Oskar Matzerath die normabweichende Männlichkeit des erzählenden Künstlers bei Grass. Oskar ist ein Bildungsheld mit schelmischen Zügen, der die stark männlich kodierte „Welt der Erwachsenen" ablehnt und die Rolle eines „unverbesserliche[n] Ästhet[en]" annimmt (NGA 4, 67 und 625). Zur verworfenen Erwachsenenwelt gehören nicht nur der mögliche Vater Alfred Matzerath und die Vertreter gesellschaftlicher Institutionen, denen Oskar auf dem misslingenden Bildungsweg im nationalsozialistischen Danzig begegnet – darunter sogar die Grundschullehrerin Fräulein Spollenhauer mit ihrem „männliche[n] Aussehen" und „männlichen Schlips" –, sondern auch unbekannte Machthabende in der jungen Bundesrepublik, die sich „unter den Bärten der Weihnachtsmänner" verstecken und als „Metzger, die Wörterbücher und Därme mit Sprache und Wurst füllen", bezeichnet werden (NGA 4, 92 und 251). Auf diese Weise drückt sich Oskars Skepsis gegenüber den gängigen Diskursen der Adenauerzeit aus, die ihm wie vorgefertigte Konsumwaren vorkommen, die der Brutalität und der Verdrängung entstammen. Demgegenüber ermöglicht ihm der Zugriff auf die personifizierte (weibliche) Trommel, Vergangenes ohne Rückgriff auf die Sprache „in seiner Totalität" heraufzubeschwören, etwa im Zwiebelkeller der Nachkriegsjahre (Neuhaus 2010, 63). So erinnert das Trommeln an die Macht der Kunst, mit sinnlichen Mitteln gegen die diskursive Bewältigung und Unterdrückung der Vergangenheit anzukämpfen. Dass die Beziehung des männlichen Künstlers Oskar zur Trommel – d. h. zum künstlerischen Mittel – geschlechtsbedingter und eventuell heterosexueller Natur ist, implizieren nicht nur deren Personifizierung, sondern auch die Beschreibung des Geschlechtsverkehrs als Trommeln auf Moos und die Gleichsetzung des Trommelstockes mit dem Penis sowie dem Finger im Roman (vgl. NGA 4, 349). Dieses Motiv greift Grass auch im Erinnerungsbuch *Beim Häuten der Zwiebel* (2006) auf, indem er sein Liebesverhältnis mit drei ebenfalls personifizierten Schreibmaschinen anspricht, die ihn „dreistimmig lieben" (NGA 17, 402). Die Erwähnung seines „Zweifingersystem[s]" beim Tippen und des „verkleidende[n] Blech[es]" dieser Schreibmaschinen verstärkt die Anspielung auf *Die Blechtrommel* und die Verbindung zwischen dem Schreiben, dem Trommeln und dem Geschlechtsverkehr (NGA 17, 402). Grass' Personifikation der Schreibmaschine mit den Worten, „[s]tets wußte sie mehr von mir, als ich von mir wissen wollte", charakterisiert die männliche Tätigkeit des schreibenden Künstlers als das Umformen und Weitergeben des vom weiblichen Gegenüber Offenbarten (NGA 17, 401).

Auch in *Hundejahre* (1963) fällt ein „gendered pattern" auf (Thesz 2018, 51). Die Paarung der Täterin Tulla Pokriefke mit ihrem Opfer Jenny Brunies steht im Gegensatz zum männlichen Täter-Opfer-Paar Walter Matern und Eddi Amsel. Amsel und die Tänzerin Brunies sind beide Künstlerfiguren, aber nur Amsel stellt sich seinem ehemaligen Verfolger, indem er ihn in seine Scheuchenfabrik führt, die als gesellschaftskritisches Kunstwerk Materns Gewaltakt sowie andere nicht aufgearbeitete Aspekte der Nazi-Diktatur in der frühen Bundesrepublik in Erinnerung ruft.

Ab den 1960er Jahren gab sich Grass sowohl in seiner Prosa als auch in öffentlichen Reden und Aufsätzen immer wieder als männlicher Vertreter der deutschen Kulturnation aus (vgl. Dieckmann 2016; Müller 2000). Er verstand seine Tätigkeit als das Fortführen der Tradition „deutsch[er] Schriftsteller und Philosophen", die „hundert Jahre vor Bismarck" Deutschland geeinigt hätten (NGA 20, 144), sowie einer Literatur, die zur Zeit des Kalten Krieges, wie es in *Kopfgeburten oder Die Deutschen sterben aus* (1980) heißt, „die beiden sich grämlich abgrenzenden Staaten [überwölbt]" habe (NGA 11, 122). So hingen Grass' kulturelle Autorität und die vermeintliche Authentizität seiner literarischen Darstellungen der deutschen Vergangenheit und Gegenwart mit seiner Zugehörigkeit zur imaginierten männlich kodierten Kulturnation zusammen, die im Gegensatz zum Einfluss der politisch mächtigen Männer der deutschen Staatsnationen bzw. -nation stehe. Grass ruft dabei fast ausschließlich Männer als Bürgen auf, mit einer Ausnahme, nämlich Bettine von Arnim, die auch in *Grimms Wörter. Eine Liebeserklärung* (2010) eine wichtige Rolle spielt. Im Zusammenhang mit ihr fallen geschlechtsspezifische Bezeichnungen wie „hexisch" oder „elfisches Wesen" sowie die Erwähnung ihrer Mängel im weiblich kodierten häuslichen Bereich auf (NGA 19, 67, 168). So wird ihre Sonderstellung als Außenseiterin in der Kulturnation betont. Andere redselige Frauenfiguren in Grass' Werken bedürfen prinzipiell eines schreibenden Mannes, um als Musen einen Beitrag zur Kulturnation zu leisten, wie Libuschka in *Das Treffen in Telgte* (1979), deren Geschlechtspartner Gelnhausen einer literarischen Männergruppe angehört, bei der „einzig [...], was deutsch zu nennen sich lohne, ewiglich aufgehoben" sei (NGA 10, 144).

Grass' Texte spielen des Weiteren auf etablierte kulturelle Konstrukte wie ‚Bildung' und ‚Heimat' an, denen zeitgenössische gesellschaftliche Diskurse geschlechtsspezifische Merkmale zuschrieben (vgl. Kontje 1993, 102–109; Ecker 1997; Blickle 2002). Für eine Untersuchung der Männlichkeit bei Grass sind die vorwiegend männlich kodierte Bildung und deren Ausdruck im deutschen Bildungsroman von Interesse. Der grundsätzlich männliche Bildungsheld in den kanonischen Beispielen dieser Gattung wird nicht nur durch die Beherrschung von „society's language" zum sozialen Wesen, sondern nimmt „a *male* position within the patriarchy" ein (Smith 1987, 215). Die Aneignung dieser Gattung – des „bedeutsame[n] deutsche[n] Beitrag[s] zur Weltliteratur" (Mayer 1992, 14) – und Anspielungen darauf in frühen Werken wie *Die Blechtrommel* (1959) und *örtlich betäubt* (1969, vgl. Jacobs 1972) ermöglichten es Grass, in die Rolle eines repräsentativen deutschen Schriftstellers mit einem „kollegiale[n]" Verhältnis zu Goethe zu schlüpfen und auf diese Weise als männlicher Vertreter der Kulturnation kulturpolitische Fragen anzusprechen (Grass et al. 2004).

Den zweiten Typus der Männlichkeit bei Grass verkörpern mächtige kulturpolitische Gegner des Künstlers. Als Vertreter dieser der Grass'schen Künstlerfigur entgegengesetzten Männlichkeit werden u. a. Staatsoberhäupter wie Walter Ulbricht und die Bundeskanzler Konrad Adenauer und Kurt Kiesinger in Szene gesetzt. *Aus dem Tagebuch einer Schnecke* (1972) nennt Ulbricht und Kiesinger beim Namen, in Verbindung jeweils mit Stalin und Hitler, die als Beispiele für Täter erscheinen, „zugunsten" derer „die vergehende Zeit vergeht" (NGA 8, 143). Dahingegen schreibe ein Schriftsteller „gegen die verstreichende Zeit", um das diskursive Umformen der Vergangenheit durch „[i]ns Totentüchlein gestickte[n] Sinn" aufzuhalten (NGA 8, 143–144). Im apokalyptischen Roman *Die Rättin* (1986) werden zeitgenössische Krisen auf den „Schummel der fünfziger Jahre" von Adenauer und Ulbricht und deren männlich kodierte „Erbschaft der Greise" zurückgeführt (NGA 12, 418). Ähnlich verhält es sich mit den kritischen Bezeichnungen von Adenauer in *Beim Häuten der Zwiebel* (vgl. NGA 17, 303). Grass' Texte stellen seine eigene Kritik als vermeintlicher Vertreter der Kulturnation am verbreiteten Geschichtsverständnis der politischen Elite in eine Tradition von historischen Auseinandersetzungen zwischen prominenten deutschen Schriftstellern und der Obrigkeit. Beispiele dafür sind Anspielungen auf die politische Verfolgung mancher barocken Dichter in *Das Treffen in Telgte*, Theodor Fontanes Schwierigkeiten mit dem preußischen Staat in *Ein weites Feld* (1995) und das Exil von Jacob Grimm in *Grimms Wörter*.

Auffällig ist, dass sich in manchen Werken die weitreichende Kritik an der bedrohlichen Männlichkeit sogar auf den Grass'schen Erzähler im Besonderen und die Schriftstellerei im Allgemeinen erstreckt. Gegen die verweiblichte Natur setzt zum Beispiel *Der Butt* eine vermännlichte Kultur, die die Verantwortung für globale Krisen wie den Kalten Krieg und die Hungersnot trage. Kultur sei kompensierendes männliches Handeln, „weil die Männer nicht auf natürliche Weise empfangen, austragen, gebären können", und nur „die Frauen als Mütter" seien in der Lage, den „Teufelskreis" der männlich kodierten Weltgeschichte aufzubrechen (NGA 9, 489 und 647). In *Beim Häuten der Zwiebel* findet sich als weiteres Beispiel die Bezeichnung von Grass' eigenen Romanen, den Ergebnissen seiner langjährigen Bemühungen für die Kulturnation, als „allesfressende Monster", die ihn daran hindern, sich ausreichend an die eigene Vergangenheit erinnern zu können (NGA 17, 293). In *Die Rättin* schließlich ist die „Selbstkarikatur des männlichen Ichs" erkennbar (Hunt 1989, 292). Solche selbstkritischen Momente stehen jedoch neben der positiven Gestaltung der vorwiegend männlichen Vertreter der Kulturnation in *Das Treffen in Telgte* und *Grimms Wörter*. Im Kontext des Gesamtwerkes sind Momente der Selbstkritik als Inszenierungen des Ringens des selbstreflektierten schreibenden Künstlers um authentische Erinnerungen und einen flüchtigen Fortschritt zu deuten.

3 Zwei Weiblichkeiten

Der erzählende Künstler in Grass' Werken nimmt grundsätzlich zwei Weiblichkeitstypen wahr, zu denen er im Verhältnis steht. Nicht nur Frauenfiguren, sondern auch personifizierte Tiere und Gegenstände, denen weibliche Eigenschaften zugeschrieben werden, konstituieren diese beiden einander entgegengesetzten Typen. Bei einer positiv bewerteten Weiblichkeit sucht die männliche Künstlerfigur einen Ausweg aus der traumatischen modernen Krisensituation, entweder ein mütterliches Zufluchtsziel oder einen Weg zum gesellschaftlichen Fortschritt. Insofern ähnelt Grass anderen Schriftstellern seiner Generation, die eine zweite moderne Krise der Männlichkeit erlebten und in deren Werken „the central male character persistently seeks from his female counterpart the solutions to his own crisis of identity" (Paul 2009, 58; vgl. Wagner 1994, 121–171). Das paradigmatische Beispiel im Grass'schen Werk für das weibliche Zufluchtsziel ist Anna Koljaiczek in *Die Blechtrommel*. Oskars vergebliche Sehnsucht nach dem Raum unter den vier Röcken seiner Großmutter mütterlicherseits ist Ausdruck seiner „Gespaltenheit", seiner „Suche nach ursprünglicher Ganzheit" und seines Mangels an „Heimatgefühl" (Cepl-Kaufmann 1986, 78 und 79; vgl. Cepl-Kaufmann 2011). Nach dem Tod seiner Mutter wird der auf die „Rückkehr zur Nabelschnur" fixierte Oskar vom „den Anfängen [s]einer armen Mama ganz nahe[n]" Raum unter den Röcken der Großmutter besessen (NGA 4, 205 und 218). Da er aber erkennt, dass ihm durch den Verlust der Heimatstadt Danzig „nichts unerreichbarer geworden ist als der Eingang zu [s]einer Großmutter", sucht er umsonst nach Ersatzorten der Zuflucht, nicht nur in engen Räumen, die an eine Gebärmutter erinnern, sondern auch durch den zuweilen sexuellen Umgang mit Frauen (NGA 4, 440). Diese Versuche, die eigene Existenz in der modernen Geschichte aufzuheben und zum vorgeburtlichen Zustand zurückzukehren, misslingen aber und beschwören sogar sein Trauma und seine Schuldgefühle erneut herauf (vgl. Malchow 2021, 107–111). Für Oskar bleibt seine Großmutter der versperrte „Eingang zur mütterlich-femininen Heimat, der Eintritt in die Sphäre begehrter Ursprünglichkeit" (Schaal 2006, 100).

Im Grass'schen Werk bildet der Diskurs um das kulturelle Konstrukt ‚Heimat' das weiblich kodierte Gegenstück zum männlich kodierten Bildungsdiskurs, den der Autor ebenfalls persifliert, sich aber dennoch aneignet. Grass' Gebrauch der Heimat als „Diskurs" – vor allem in der Darstellung von Oskars Beziehung zur Großmutter – weist dabei typische „geschlechtsspezifische Muster" auf, wobei „[w]eiblichen Figuren [...] sehr viel mehr die Repräsentationsfunktion zu[kommt]: Sie müssen ‚Heimat' repräsentieren oder gar verkörpern und bleiben damit eher statisch an diesem Ort, während männliche Figuren ‚Heimat' begehren, sich von ihr entfernen und wieder auf sie zubewegen können" (Ecker 1997, 129–130). So verkörpert Anna in *Die Blechtrommel* typische Aspekte des deutschen Heimatdiskurses (vgl. Blickle 2002). Nicht nur wird sie selbst zum begehrten und ausdrücklich mit der Gebärmutter assoziierten Zufluchtsort für den männlichen Protagonisten, sondern sie erinnert als idealisierte mütterliche Figur an die aus seiner Erwachsenenperspektive imaginierte Unschuld der Kindheit, verheißt paradoxerweise die Auflösung, aber auch die Wiederherstellung seines in der Moderne verfremdeten und bedrängten Ichs und erfüllt mittels der Anwendung mythologischer Motive die Funktion einer säkularen Ersatzreligion (vgl. Malchow 2021, 18–24 u. 103–107).

In anderen Werken von Grass sind Variationen von mütterlichen Figuren und mit ihnen verbundenen Assoziationen der Heimat vorzufinden. So gelingt es dem Erzähler von *örtlich betäubt* (1969), aus der Erinnerung an die in der Danziger Heimat verstorbene Mutter und aus imaginierten Gesprächen mit ihr moralische Orientierung in der Gegenwart zu gewinnen und der für ihn typischen Stagnation zu entkommen (NGA 7, 263–264). Der melancholische und mit Grass selbst zu identifizierende Erzähler in *Aus dem Tagebuch einer Schnecke* sehnt sich wie Oskar Matzerath nach einem an die Gebärmutter erinnernden Unterschlupf: „Manchmal bin ich fertig allein und möchte in etwas weich warm Feuchtes kriechen, das unzureichend bezeichnet wäre, wenn ich es weiblich nennen wollte" (NGA 8, 75). Auch der Erzähler in *Der Butt* ähnelt Oskar, wenn er sich nach einer mütterlichen Figur sehnt, die Aspekte der Heimat evoziert. Nach seiner unabänderlichen Trennung von der Urmutter Aua erlebt er nur unbefriedigende Frauenbeziehungen und führt eine zerstörerische Männerexistenz.

An manchen Stellen in *Beim Häuten der Zwiebel* wird Grass' eigene verstorbene Mutter Helene zu einer an die Heimat erinnernden Quelle des Trosts und der Orientierung (z. B. NGA 17, 139–140, 395). Diese Mutterfigur liegt „[a]t the heart" von jenem Erinnerungsbuch, das Grass' Schamgefühle nicht nur als ehemaliger Soldat, sondern auch als nachlässiger Sohn betont (Shafi 2011, 272). Die Darstellung von Grass' „Mitverantwortung" (NGA 17, 112) wegen seines Waffen-SS-Dienstes einerseits und von Helene Grass als Überlebende mehrfacher Vergewaltigungen am Kriegsende andererseits, deren „Unterleib [...] zur Wunde [wurde], die nicht zu schließen war" (NGA 17, 393) und zu ihrem vorzeitigen Krebstod führte, bestätigt für den deutschen Erinnerungsdiskurs typische Vorstellungen von Männern als möglichen Tätern und Frauen als unschuldigen Opfern (vgl. Stone 2017). Auch die Behauptung, dass der Opfertod der betrauerten Mutter Grass „freigesetzt" (NGA 17, 396) und somit seinen Schriftstellerberuf ermöglicht habe, entspricht herkömmlichen Geschlechterrollen. Jedoch stellen andere Aspekte ihres Charakters im Buch – etwa ihre Ablehnung des Antisemitismus, ihre gelegentliche Strenge ihren Kindern gegenüber und ihr Sinn für Humor, Geschäft und Ästhetik – solche Klischees zumindest teilweise in Frage. So erscheint Helene Grass als ein vielfältiges Individuum, das letztlich weniger Geschlechternormen als andere Grass'sche Mutterfiguren verkörpert (vgl. Malchow 2021, 187–195).

Mit einer positiv bewerteten Weiblichkeit hängt bei Grass auch die Möglichkeit des gesellschaftlichen Fortschritts zusammen. So spricht der titelgebende *Butt* vor dem feministischen Tribunal von einer notwendigen Verweiblichung der Geschichte (vgl. Sandford 1990, 173–174). Als mögliche Antworten auf eine sinkende deutsche Geburtenrate finden sich in *Kopfgeburten oder Die Deutschen sterben aus* (1980) nicht nur die vom Autor befürwortete Völkermischung und Akzeptanz der Einwanderung, sondern auch Dörte Harms Ablehnung der „Scheiß-Vernunft" ihres Ehemannes und ihr vermeintlich instinktiver Drang zum Mutterwerden (NGA 11, 55). In *Ein weites Feld* (1995) taucht der Protagonist Fonty schließlich mit seiner französischen Enkelin Madeleine in den Cevennen unter, wo sich früher seine Hugenottenvorfahren versteckten. So mag diese Tochter seiner außerehelichen Tochter aus Kriegszeiten einen Ausweg aus der deutschen Geschichte sowie eine gesamteuropäische und eventuell globale Zukunft versinnbildlichen (vgl. Øhrgaard 2005, 171–172).

Der männliche Erzähler agiert bei Grass als Vermittler dessen, was ihm im Umgang mit verweiblichten Tieren und Gegenständen – wie der oben erwähnten Schreibmaschine aus *Beim Häuten der Zwiebel* – bewusst wird. Die Erfüllung seiner schriftstellerischen Aufgabe, der Kulturnation ein adäquates Verständnis der deutschen Vergangenheit sowie auf sie zurückgehender gegenwärtiger Krisen zu geben und somit einen möglichen Ausweg anzudeuten, hängt von solchen weiblich kodierten Elementen ab. Dementsprechend erfährt der Erzähler des Romans *Die Rättin*, der sich isoliert im Weltall befindet, von seiner Gesprächspartnerin, einer weiblichen Ratte, die ihn einerseits „bemuttern" will und zu der er sich andererseits sexuell hingezogen fühlt, von der bevorstehenden Zerstörung der Menschheit (NGA 12, 65, 482). In *Beim Häuten der Zwiebel* wird die Erinnerung an sich personifiziert und verweiblicht. Obwohl sich der Erzähler Grass nicht auf „die fragwürdigste aller Zeuginnen, die Dame Erinnerung" (NGA 17, 58) verlassen kann, wird die personifizierte Zwiebel, der er beim Häuten Fragen stellt und deren Kern in manchen Zeichnungen im Buch einer Vulva ähnelt, zum verlässlicheren Gegenstück dieser Erinnerung, das Grass zumindest bruchstückhafte Einsichten in die zu erzählende Vergangenheit verschafft. Als weiteres Beispiel dienen die weiblich kodierten Fotografien von Grass' Familienfreundin Maria Rama alias Marie in *Die Box. Dunkelkammergeschichten* (2008). Ihre magische Agfa-Kamera ermöglicht es ihr, nicht nur Vergangenes, sondern auch menschliche Ängste und Wünsche sowie sowohl hoffnungsvolle als auch apokalyptische Zukunftsmomente fotografisch – d. h. wortlos – festzuhalten. Angeblich inspirierten diese sämtlich nicht erhaltenen Bilder Grass zu seinen literarischen Interventionen zugunsten der deutschen Kulturnation. Insofern erscheinen seine männlich kodierten Werke als zwar unentbehrliche, aber auch unvollkommene Kopien unzugänglicher weiblich kodierter Originale.

Im Umgang mit der negativ bewerteten Weiblichkeitsform erleben Grass' männliche Protagonisten Täuschung, Verführung und die Gefahr, dass die Suche nach Zuflucht, Fortschritt und einem Ausweg aus der Krisensituation scheitern wird. Als Musterbeispiel hierfür steht in *Die Blechtrommel* die imaginierte Schwarze Köchin, die alte frauenfeindliche Ängste vor Hexen (vgl. Becker-Cantarino 2008) sowie neuere rassistische Ängste (vgl. Layne 2018, 22–50) aber auch Oskars nicht zu verdrängendes Trauma verkörpern mag (vgl. Malchow 2021, 112–115). Oskars Feststellung, dass selbst „alle die Worte" unter dem Einfluss dieser allgegenwärtigen weiblichen Figur stehen, führt letztlich dazu, dass er sein Erzählen am Romanende abbricht und vom Trauma überwunden wird (NGA 4, 752). Seine Erlebnisse mit Frauen, in deren Gegenwart er seine Schuldgefühle und sein Trauma vergessen will, führen vielmehr zur Enttäuschung und zur Rückkehr des Verdrängten. Die Zahl Drei, mit der Oskar die bedrohliche Weiblichkeit und die Sexualität immer wieder verbindet – etwa bei Marias „behaarte[m] Dreieck" (NGA 4, 334), Luzie Rennwands „dreieckige[m] Fuchsgesicht" (NGA 4, 752) und Oskars „dritte[m] Trommelstock" (NGA 4, 349), aber auch bei den vielen unglücklichen Dreierbeziehungen im Roman –, erweist sich als unzulänglich im Gegensatz zu den vier

Röcken der unerreichbaren Großmutter, die Vollkommenheit und Zuflucht verheißt und als „Gegenteil der schrecklichen Schwarzen Köchin“ bezeichnet wird (NGA 4, 749).

Immer wieder findet man bei Grass bedrohliche Frauenfiguren, die von der Berufung des erzählenden Künstlers ablenken und den Fortschritt sogar verhindern. So herrscht in *örtlich betäubt* (von der fürsorglichen Mutter des Erzählers abgesehen) ein „negatives Frauenbild“ vor, wobei Frauen als treulos, politisch extrem, „aggressiv, kritisch und eigensinnig“ erscheinen, „Sexualität zweckmäßig [...] gebrauchen“ und am besten „durch die Anwendung von Gewalt zu behandeln“ sind (Pickar 1989, 277 und 278). In *Der Butt* wirken Frauen, die von mütterlich kodierten Weiblichkeitsnormen abweichen, entweder lächerlich oder zerstörerisch – wie drei Frauen, die im Kapitel „Vatertag“ einen Sohn zeugen wollen und deshalb eine Frau mit einem Kunststoffphallus vergewaltigen, was zu ihrer Ermordung führt. Dass im *Butt* die Homosexualität nur in Verbindung mit Gewalt dargestellt wird, entspricht dem verbreiteten Klischee von der friedlichen und passiven heterosexuellen Frau (vgl. Stone 2017, 149). Dem eher lächerlich wirkenden feministischen Tribunal in *Der Butt* entsprechen in *Die Rättin* die Frauen auf dem Schiff Neue Ilsebill, die bei ihrer Suche nach einer weiblichen Utopie scheitern, weil sie „[a]llzu ‚weiblich‘ [...] die Zeit mit Schönmachen, Schmücken und Schminken [vertrödeln]“ (Hunt 1989, 292). Für die Behauptung, dass solche Frauenporträts auf einen „männlichen Chauvinismus“ des Autors hinweisen (Hunt 1989, 292), wäre Grass’ objektivierende, negative Beschreibung des Körpers einer ehemaligen Geschlechtspartnerin in *Beim Häuten der Zwiebel* ein weiterer Beleg (vgl. NGA 17, 231). In *Im Krebsgang* (2002) findet sich mit Tulla Pokriefke eine weitere irrationale Frauenfigur, die den Erzähler beim Erfüllen seiner schriftstellerischen Aufgaben stört. Sie drängt ihren Sohn Paul, Anhänger der 68er Generation, dazu, seine Geburt während des historisch bedeutenden Sinkens des Schiffes Wilhelm Gustloff im Jahre 1945 literarisch zu bearbeiten, verfügt allerdings selbst nicht über den zur Hilfe nötigen kritischen Verstand (vgl. Malchow 2008, 45–47). Zusammenfassend ist festzuhalten, dass Weiblichkeit bei Grass, gleichgültig ob sie als fördernd oder bedrohlich empfunden wird, stets vorrangig in ihrer Wirkung auf den schreibenden Repräsentanten der Kulturnation gestaltet wird.

4 Forschungsperspektiven

Bislang haben sich die meisten Untersuchungen von Grass’ Darstellungen der Geschlechtsidentität mit dem *Butt* beschäftigt. Relativ früh wurde erkannt, dass die Frauenfiguren im *Butt* sowohl „lebensbejahend“ als auch „zerstörerisch“ erscheinen und der Begriff ‚Frau‘ auf eine reduktive Weise mit dem Mutterbegriff gleichgesetzt wird (vgl. Hunt 1983, 198). Damit zusammenhängend veranschaulicht der Roman die allgemeine Unfähigkeit des männlichen Erzählers, in der Rolle verschiedener Lebensgefährten die Bedürfnisse und Wünsche der Mutterfiguren zu begreifen und zu erfüllen (vgl. Hunt 1983, 218). Wiederholt thematisiert wurde die Darstellung der Geschlechterverhältnisse sowie geschlechtsspezifischer Charaktereigenschaften in *Der Butt* mit polemischem Akzent (vgl. Pickar 1982; Mews 1983; Brady et al. 1990). Neben dem Vorwurf, der Roman sei der Frauenbewegung feindlich gesinnt und kenne deren Ziele nicht (vgl. Angress 1982, 43), findet man beispielsweise den Deutungsansatz, dass der offenkundige Chauvinismus des männlichen Erzählers den Zerfall des Patriarchats schneller herbeiführen könnte (vgl. Friedrichsmeyer 1983, 160). Aus systemtheoretischer Perspektive wurde zudem die These verfolgt, dass die Darstellung des Geschlechts und der Gewalt in *Der Butt* sowie *Die Rättin* „[d]as gesellschaftlich gültige Bild vom aggressiven Mann und der friedfertigen Frau" als „kulturelles Konstrukt" entlarvt (Mayer-Iswandy 1997, 305; vgl. Mayer-Iswandy 1991). Darüber hinaus wurde Michail Bachtins Begriff des doppelstimmigen Diskurses angewandt, um auf die Gegenwart eines latenten feministischen Gesichtspunktes neben der vorherrschenden männlichen Erzählerperspektive in *Der Butt* aufmerksam zu machen (vgl. Preece 1995, 959–960). Beispielhaft für Stellungnahmen zu *Der Butt* im neuen Jahrtausend ist ein Aufsatz, der sowohl die langjährige feministische Kritik am Roman als auch die Tatsache anerkennt, dass der Roman „historically influential constructions of gender" archiviert, und darüber hinaus feststellt, dass Grass in seinem Roman mit der Möglichkeit eines „postmodern or ‚performative' model of gender" – etwa im Sinne von Judith Butler – zwar spielt, sie aber letztlich zurückweist (Finch 2009, 81; vgl. Butler 1990 und 1993). Tatsächlich hat die unverändert binäre Geschlechtsidentität in *Der Butt* auf gleiche Weise wie im Grass'schen Gesamtwerk eine unbedingt biologische Basis.

Überdies wirkte Grass' Gender-System einschränkend und präskriptiv auf seine literarische Verarbeitung der deutschen Vergangenheit (vgl. Malchow 2021). Deshalb sind komparatistische Studien, die Grass' Schilderungen des Nationalsozialismus und dessen Folgen im Vergleich mit Werken zeitgenössischer Autorinnen untersuchen, von besonderem Interesse (z. B. Taberner 2013). Die in Grass' Werken erkennbaren Einstellungen zur Geschlechtsidentität und die Verinnerlichung geschlechtsbezogener diskursiver Normen sind aber Katherine Stone zufolge auch für die Werke mancher Schriftstellerinnen seiner Generation kennzeichnend (vgl. Stone 2017, 22). Da Erinnerungen mit einem tabuisierten Inhalt als „kommunikatives Gedächtnis" in Familien und anderen kleinen Gruppen fortbestehen können, ehe sie durch eine literarische Behandlung zum „kulturellen Gedächtnis" werden (vgl. Assmann 1988), erscheint es lohnenswert, Grass' Œuvre mit Werken von Autorinnen einer jüngeren Generation, deren Texte die sexuelle Gewalt zur Zeit des Nationalsozialismus thematisieren – etwa *Die Mittagsfrau* (2007) von Julia Franck oder *Heimsuchung* (2008) von Jenny Erpenbeck –, zu vergleichen. Des Weiteren wären Studien zum Wechselverhältnis von Grass' Gender-System und seiner Aneignung anderer über den Erinnerungsdiskurs hinausgehender diskursiver Felder wie der Ökologie, des deutsch-deutschen Einigungsprozesses, der Einwanderung und der Globalisierung von (nicht nur) wissenschaftlichem Interesse.

Literatur

Angress, Ruth K. „‚Der Butt' – A Feminist Perspective". Pickar 1982: 43–50.

Assmann, Jan. „Kollektives Gedächtnis und kulturelle Identität". *Kultur und Gedächtnis*. Hrsg. von Jan Assmann und Tonio Hölscher. Frankfurt/M. 1988: 9–19.

Becker-Cantarino, Barbara. „‚The Black Witch': Gender, Sexuality, and Violence in ‚The Tin Drum'". *Approaches to Teaching Grass's „The Tin Drum"*. Hrsg. von Monika Shafi. New York, NY 2008: 176–184.

Blickle, Peter. *Heimat: A Critical Theory of the German Idea of Homeland*. Rochester 2002.

Brady, Philip, Timothy McFarland und John J. White (Hrsg.). *Günter Grass's „Der Butt": Sexual Politics and the Male Myth of History*. Oxford 1990.

Brode, Hanspeter. *Günter Grass*. München 1979.

Butler, Judith. *Gender Trouble: Feminism and the Subversion of Identity*. New York, NY 1990.

Butler, Judith. *Bodies that Matter: On the Discursive Limits of „Sex"*. New York, NY 1993.

Cepl-Kaufmann, Gertrude. „Verlust oder poetische Rettung? Zum Begriff Heimat in Günter Grass' Danziger Trilogie". *Literatur und Provinz: Das Konzept „Heimat" in der neueren Literatur*. Hrsg. von Hans-Georg Pott. Paderborn 1986: 61–83.

Cepl-Kaufmann, Gertrude. „Erinnerte Räume: Bemerkungen zu Günter Grass, Danzig und zum Roman ‚Die Blechtrommel'". *Phrasis: Studies in Language and Literature* 52.1 (2011): 139–161.

Dieckmann, Friedrich. „Kulturnation und Nationalkultur: Von alten und neuen Herausforderungen". *Jahrbuch für Kulturpolitik 2015/16. Transformatische Kulturpolitik*. Hrsg. von Norbert Sievers, Patrick S. Föhl und Tobias J. Knoblich. Bielefeld 2016: 149–159.

Ecker, Gisela (Hrsg.). *Kein Land in Sicht: Heimat – weiblich?* München 1997.

Finch, Helen. „Günter Grass and Gender". *The Cambridge Companion to Günter Grass*. Hrsg. von Stuart Taberner. Cambridge 2009: 81–95.

Friedrichsmeyer, Erhard. „The Swan Song of a Male Chauvinist". Mews 1983: 151–161.

Garde, Barbara. „‚Die Frauengasse ist eine Gasse, durch die man lebenslang geht': Frauen in den Romanen von Günter Grass". *Günter Grass*. Hrsg. von Heinz Ludwig Arnold. *Text + Kritik* 1.1a. 6. Auflage (1988): 101–107.

Grass, Günter, Kai Artinger, Hans Wißkirchen und Daniela Hermes. „Goethe und Grass als Landschaftszeichner: Diesseits und jenseits von Arkadien". Diskussion. *Radio Bremen*. 5. April 2004. Medienarchiv Günter Grass Stiftung Bremen, DB 884.

Hunt, Irmgard Elsner. *Mütter und Muttermythos in Günter Grass' Roman „Der Butt"*. Frankfurt/M. 1983.

Hunt, Irmgard Elsner. „Zur Ästhetik des Schwebens: Utopieentwurf und Utopieverwurf in Günter Grass' ‚Die Rättin'". *Monatshefte* 81.3 (1989): 286–297.

Jacobs, Jürgen. *Wilhelm Meister und seine Brüder: Untersuchungen zum deutschen Bildungsroman*. München 1972.

Kontje, Todd. *The German Bildungsroman: History of a National Genre*. Columbia 1993.

Layne, Priscilla. *White Rebels in Black: German Appropriation of Black Popular Culture*. Ann Arbor 2018.

Malchow, Timothy B. „Indispensable, Inadequate Narratives: On Reading Grass's Oeuvre with Lacan." *Changing the Nation: Günter Grass in International Perspective*. Hrsg. von Rebecca Braun und Frank Brunssen. Würzburg 2008: 36–48.

Malchow, Timothy B. *Günter Grass and the Genders of German Memory: From „The Tin Drum" to „Peeling the Onion"*. Rochester, NY 2021.

Mayer, Gerhart. *Der deutsche Bildungsroman: Von der Aufklärung bis zur Gegenwart*. Stuttgart 1992.

Mayer-Iswandy, Claudia. *„Vom Glück der Zwitter": Geschlechterrolle und Geschlechterverhältnis bei Günter Grass*. Frankfurt/M. 1991.

Mayer-Iswandy, Claudia. „‚Danach ging das Leben weiter': Zum Verhältnis von Macht und Gewalt im Geschlechterkampf: Systemtheoretische Überlegungen zu Günter Grass und Ulla Hahn". *Zeitschrift für Germanistik* 7.2 (1997): 303–320.

Mews, Siegfried (Hrsg.). *„The Fisherman and His Wife": Günter Grass's „The Flounder" in Critical Perspective*. New York, NY 1983.

Müller, Jan-Werner. *Another Country: German Intellectuals, Unification and National Identity*. New Haven 2000.

Neuhaus, Volker. *Günter Grass*. 3. Auflage. Stuttgart 2010.

Øhrgaard, Per. *Günter Grass: Ein deutscher Schriftsteller wird besichtigt*. Wien 2005.

Paul, Georgina. *Perspectives on Gender in Post-1945 German Literature*. Rochester, NY 2009.

Pickar, Gertrud B. (Hrsg.). *Adventures of a Flounder: Critical Essays on Günter Grass' „Der Butt"*. München 1982.

Pickar, Gertrud B. „Starusch im Felde mit den Frauen. Zum Frauenbild in Grass' ‚Örtlich betäubt'". *Colloquia Germanica. Internationale Zeitschrift für Germanistik* 22.3–4 (1989): 260–282.

Preece, Julian. „Sexual-Textual Politics: The Transparency of the Male Narrative in ‚Der Butt' by Günter Grass". *Modern Language Review* 90.4 (1995): 955–966.

Sandford, John. „Men, Women, and the ‚Third Way'". *Brady, McFarland und White 1990:* 169–186.

Schaal, Björn. *Jenseits von Oder und Lethe: Flucht, Vertreibung und Heimatverlust in Erzähltexten nach 1945*. Trier 2006.

Shafi, Monika. „Günter Grass's ‚Beim Häuten der Zwiebel' (‚Peeling the Onion')". *The Novel in German since 1990*. Hrsg. von Stuart Taberner. Cambridge 2011: 270–283.

Smith, John H. „Sexual Difference, ‚Bildung', and the ‚Bildungsroman'". *Michigan Germanic Studies* 13 (1987): 206–225.

Stone, Katherine. *Women and National Socialism in Postwar German Literature: Gender, Memory, and Subjectivity*. Rochester, NY 2017.

Taberner, Stuart. *Aging and Old-Age Style in Günter Grass, Ruth Klüger, Christa Wolf, and Martin Walser: The Mannerism of a Late Period*. Rochester, NY 2013.

Thesz, Nicole. *The Communicative Event in the Works of Günter Grass: Stages of Speech, 1959–2015*. Rochester, NY 2018.

Wagner, Peter. *A Sociology of Modernity: Liberty and Discipline*. London und New York, NY 1994.

III.10 Essen / Kochen

Anselm Weyer

Hunger und Genuss, die Essenszubereitung und der Mangel an Nahrungsmitteln bilden einen zentralen Themen- und Motivkomplex im Gesamtwerk von Günter Grass. Das Thema findet sich schon im Debütroman *Die Blechtrommel* (1959), etwa in Form der am Ende die ganze Geschichte dominierenden „schwarzen Köchin“ oder von Oskars Großmutter, die im ersten Kapitel als zur Fruchtbarkeitsgöttin stilisierte, geradezu mythische Figur auf dem Kartoffelacker sitzt. In diesen Themenzusammenhang gehört auch das „erzählende Kochbuch“ (NGA 8, 182) *Der Butt* (1977), das bereits in *Aus dem Tagebuch einer Schnecke* (1972) angekündigt wurde und jene „Rezeptgeschichten“ (NGA 6, 679) enthält, die bereits von Goldmäulchen in den *Hundejahren* (1963) lauthals gefordert wurden – ein Roman, der im Manuskriptstadium noch „Kartoffelschalen“ (NGA 24, 818) hieß. Und auch das autobiographisch fundierte Erinnerungsbuch *Beim Häuten der Zwiebel* (2006) wartet, wie schon der Titel verspricht, mit kulinarischen Akzenten auf, wenn Grass beispielsweise äußerst sinnenfroh von einem immateriellen Kochkurs im Kriegsgefangenenlager berichtet und aus der Not heraus von „Luftsuppen, Wolkenklößen, Windhühnern“ (NGA 17, 201) schwärmt. Begleitet wird diese kulinaristische Prosa vom Beginn seiner steilen Karriere an von Theaterspielen wie *Die bösen Köche* und Gedichten wie *Im Ei* oder *Die Schweinekopfsülze* sowie von einer Fülle bildkünstlerischer Werke, die die unterschiedlichsten Aspekte der damit verbundenen Nahrungs- und Küchen-Motive veranschaulichen.

Welche Funktion hat die Integration dieses Themas in seine Kunstwerke? Erhellend scheint der Schlüssel, den Grass selbst in *Beim Häuten der Zwiebel* gibt, wenn er vom dreifachen Hunger schreibt, der seine Jugend bestimmte: Hunger nach Essen, Hunger nach Liebe und Hunger nach der die Alltagswelt transzendierenden Kunst. Einschränkend darf konstatiert werden, dass diese von Grass vorgenommene Einteilung nicht das komplette Funktionsspektrum des Themenkomplexes erschöpfend abdeckt. Abgesehen vom kulinarischen, erotischen und artistischen Hunger gibt es bei Grass beispielsweise noch den (metaphorischen) Hunger nach Gerechtigkeit, der sich ganz konkret an der ungerechten Verteilung von Nahrungsmitteln und anderen Ressourcen entzündet und sich zu einem generellen Hunger nach Teilhabe an den weltlichen Gütern auswächst, wobei Grass sich immer wieder darum bemüht, den weltweit Benachteiligten seine Stimme zu verleihen.

Vor diesem Hintergrund und unter Berücksichtigung spezifischer Nahrungsvorlieben, die Grass systematisch als Marketingmittel zur Selbststilisierung einsetzt, kann die Grass'sche Auseinandersetzung mit dem „Tier, das kochen kann“ als zentraler Schlüssel für seine Poetik, Anthropologie und Ethik sowie sein Selbstverständnis als öffentliche Figur verstanden werden.

https://doi.org/10.1515/9783110755435-071

1 Kochen und Kunst

Bereits in seinem poetologischen Essay *Die Ballerina*, erstmals publiziert 1956 in der Zeitschrift *Akzente*, sieht man Grass Kunst und Kulinaristik eng miteinander verflechten. In diesem Sinne schreibt er: „Es ist uns zur Selbstverständlichkeit geworden, ein Stück Hammel nicht in rohem, noch blutigem Zustand barbarisch zu verschlingen. Nein, wir braten, kochen oder dünsten es, tun immer wieder noch ein Gewürz in den Topf, nennen es am Ende gar und schmackhaft, essen es manierlich mit Messer und Gabel, binden uns eine Serviette um. So sollte nun endlich den anderen Künsten dieselbe Ehre wie der Kochkunst zuteilwerden und – wenn dann und wann Stimmen laut werden und das klassische Ballett totsagen wollen – bewundernd festgestellt werden, daß bislang diese Kunst, mehr noch als Kochkunst und Malerei, eine der unnatürlichsten und damit formvollendetsten aller Künste zu nennen ist." (NGA 20, 16)

Am Kochen, der Zubereitung von Nahrungsmitteln, wird Grass zufolge offenbar, dass der Mensch als Mängelwesen von der Natur getrennt ist und der Kunst bedarf. Die Kochkunst erscheint in diesem Sinne als Ursprung aller weiteren Künste, die sich im Verlauf immer weiter von der Natur entfernen und somit immer künstlicher zu werden scheinen. „Natur und Kunst, sie scheinen sich zu fliehen", heißt es in Goethes wirkungsmächtigem Sonett *Natur und Kunst* (1800). In die Riege der Künstler gestellt findet sich auch der von Grass beschriebene „Chefkoch" des abstrakten Kochkurses im Kriegsgefangenenlager, „ein Meister der Beschwörung" (NGA 17, 181), der sowohl in *örtlich betäubt* als auch in *Beim Häuten der Zwiebel* aus buchstäblich leerem Topf sinnliche Erlebnisse hervorzaubert: „Dem Nichts zwang er Geschmack ab. Luft rührte er zu sämigen Suppen." (NGA 17, 181) Auch er löst sich demnach von der Materialität und anstatt lediglich körperliche Bedürfnisse zu befriedigen, schafft er gleichsam körperlose Kunst. Als Zauberer verkörpert er „die Wunderwirkung freihändiger Imagination" (NGA 17, 182), so wie Grass zufolge auch der Schriftsteller auf weißem Papier zaubert (vgl. dazu u. a. das Gedicht *Meine Kritiker*, NGA 1, 349).

Kunst als kulturelle Leistung macht das Tier, das kochen kann (NGA 8, 182), erst zum Menschen. Folgerichtig ist in der *Blechtrommel* Alfred Matzerath nur da ganz Mensch, wo er kocht. Oskar berichtet von seinem mutmaßlichen Vater, dieser werde „eigentlich nur während seiner Lieblingsbeschäftigung, während des Kochens, differenzierter, ja sensibel und deshalb beachtenswert" (NGA 4, 327). Mehr noch: Alfred Matzerath schafft den Sprung zum wahren Künstlertum, insofern der rheinisch fröhliche Kolonialwarenhändler, wie es wiederholt im Roman heißt, „Gefühle in Suppen verwandeln" kann (vgl. beispielsweise NGA 4, 511). Bei allen innerfamiliären Diskrepanzen ist er somit zumindest in dieser Hinsicht ein Vorläufer seines Künstlersohns Oskar. Sogar die Instrumente ähneln sich in der Machart, spielt hier doch jeweils Metall eine signifikante Rolle. Während Oskar seine Blechtrommel hat, hat Alfred seine metallenen Kochtöpfe. Im Roman erscheinen die Künste jedoch hierarchisiert, Alfred kann seine Gefühle eben lediglich in Suppen verwandeln. Er versagt als Ehemann und kocht zudem mit seiner Karfreitagskost „Aal grün" seiner Frau Agnes den Tod herbei. Zurückgelassen, versuchen Ehemann und Sohn der Absurdität des Lebens mit ihren jeweiligen Instrumenten Sinnhaftigkeit abzuringen und suchen Zuflucht und Trost in ihrer jeweils ureigenen Kunst. Oskar berichtet: „Am Abend saßen Matzerath und ich uns gegenüber. Er blätterte in seinen Kochbüchern, ich klagte auf meinem Instrument. Manchmal weinte Matzerath und barg seinen Kopf in den Kochbüchern." (NGA 4, 211) Erlösung durch die Kunst misslingt (nicht nur hier) angesichts des Todes. Grund genug für den späten Grass, immer wieder verstorbene Freunde und Kollegen als Gäste an seinen reich gedeckten Tisch im Reich der Fantasie zu bitten und dadurch in imaginierter Gemeinschaft die absolute Trennung durch den Tod zu überwinden (vgl. dazu u. a. das Gedicht *Ein gern gesehener Gast*, NGA 1, 459–460). Der leidenschaftliche Hobbykoch selbst berichtet in *Beim Häuten der Zwiebel*, er koche „gerne für Gäste. Für solche, die mir jeweils die Gegenwart ins Haus bringt, doch auch für ausgedachte oder aus der Geschichte herbeizitierte: so hatte ich kürzlich Michel de Montaigne, den jungen Heinrich von Navarra und als Biographen des späteren Henri Quatre von Frankreich den älteren der Mannbrüder als Gäste zu Tisch – eine nur kleine, aber mitteilsame Herrenrunde, die sich in Zitaten gefiel." (NGA 17, 173–174)

2 Kochen und Gemeinschaft

Im plurimedial organisierten Werk von Grass findet sich eine veritable Fülle an Prosapassagen, Gedichten, Skulpturen, Radierungen und Lithographien, die Nahrungsmittel beschreiben und darstellen. Nahrungsmittel sind hier naturgemäß als existenziell notwendige (Über)Lebensmittel zu verstehen, aber darüber hinaus auch als Hinweis auf die lustvolle, fast hedonistische Zuwendung zu dieser Welt, die der sinnlosen Vergänglichkeit trotzig entgegengehalten wird.

Das in diesem Zusammenhang zentrale Werk, der märchenhafte Roman vom sprechenden Butt, erscheint in seiner Konzeption bereits 1972 in *Aus dem Tagebuch einer Schnecke*: „Bevor ich mal alt bin und womöglich weise werde, will ich ein erzählendes Kochbuch schreiben: über 99 Gerichte, über Gäste und Menschen als Tiere, die kochen können, über den Vorgang Essen, über Abfälle" (NGA 8, 182). Als Gegengeschichte zur offiziellen, patriarchalisch geprägten Historie der destruktiven Schlachten, Kriege und zwischenzeitlichen Friedensschlüsse erzählt es die Geschichte des konstruktiven ‚Kriegs' gegen den Hunger, den vor allem Frauen geführt haben. Der von Grass wiederholt herbeizitierte Ethnologe Claude Levi-Strauss (vgl. u. a. den Text *Später Besuch*, NGA 2, 379–380), eine in diesem Kontext wichtige Quelle seiner Inspiration, definiert als Beginn der menschlichen Kultur nicht die Entwicklung der Schrift, sondern vielmehr die Entdeckung und Nutzbarmachung des Feuers, aus der die Unterscheidung in Rohes und Gekochtes resultiert. Der Mensch ist das Tier, das kochen und somit zubereiten kann, anstatt seine Nahrung roh zu fressen. Köche oder Köchinnen sind dem entsprechend Kulturstifter der ersten Stunde.

In vergleichbarem Sinne beginnt auch Grass seine literarische Menschheitsgeschichte mit der Erfindung des Kochens und der gemeinsamen Mahlzeit am Feuer.

Kultur entsteht bei ihm jedoch nicht nur, indem mit dem Feuer die Natur untertan gemacht wird. Das gemeinsame Essen ist vielmehr zugleich der zentrale Ort des verbalen Austauschs, der sprachliche Gemeinschaften begründet. In dieser Bedeutung schildert Grass etwa in *Aus dem Tagebuch einer Schnecke* ein ihm vorschwebendes Gasthaus mit seinen Gästen und entwirft dabei eine Trias aus Essen, Lebenslust und Geselligkeit. Das Essen formt Gemeinschaften, ob nun bei den Familienfesten in der *Blechtrommel* und der *Rättin* oder beim Henkersmahl im *Butt*, gegebenenfalls auch über alle Zeiten hinweg. So übernimmt das Essen in Grass' Roman *Ein weites Feld*, in dem Grass den Versuch unternimmt, zwei Jahrhunderte deutscher Geschichte ineinander zu spiegeln, die Funktion einer Vergegenwärtigung des Vergangenen. Auch die „zartbittre" (NGA 14, 443) Madeleine dürfte ihren Namen keinesfalls zufällig tragen und damit auf jenes Gebäck verweisen, das bei Marcel Proust und seinem Opus magnum *Auf der Suche nach der verlorenen Zeit* eine so bedeutende Rolle für den Erinnerungsprozess des Erzählers spielt.

3 Kochen und Tod

Dass Gerichte töten können, ist auch in der Literatur wohlbekannt. In der *Blechtrommel* taucht das Motiv beispielsweise in Form der Karfreitagskost und des fatalen ‚Bonbons' im Hals von Alfred Matzerath auf. Der *Butt* nimmt es unter anderem bei der tödlichen Pilzmahlzeit wieder auf, die Sophie Rotzoll in napoleonischer Zeit für den Danziger Gouverneur Rapp und seine Entourage kocht.

Günter Grass als ausgebildeter Bildender Künstler weiß aber natürlich auch um die Tradition des Stilllebens in der Kunstgeschichte. Im sogenannten *memento mori* ist Nahrung immer verbunden mit dem Gedenken an den Tod, wenn nicht sogar den Kampf gegen den Tod. In seinem bildkünstlerischen Werk betont Grass diesen Aspekt ostentativ. Seine Radierungen und Lithografien sind durchzogen von der Dualität jener Bildmotive, die sich um die Ernährung drehen, wenn er sowohl die Mahlzeiten darstellt als auch die Essensreste, vom Fisch bleibt stets die „Gräte der Gräte" (NGA 1, 217). Diesen kunsthistorisch virulenten Antagonismus der Ernährung überträgt Grass in sein literarisches Werk. Schon in *Die Blechtrommel* gestaltet er die Großmutter auf dem Kartoffelacker als mythische, Leben und Kultur stiftende Ur-Mutter, die in Opposition steht zu jener Lebenszerstörung signalisierenden schwarzen Köchin, mit der der Roman schließt. Grass, dem nichts Irdisches fremd ist, benennt tabulos, bisweilen auf durchaus unappetitliche Art, die materiellen Aspekte der Nahrung und der Verdauungsprodukte: „Wenig später erinnert uns streng Urin/ an das Essen mit Freunden, an alles, / was sonst noch auf der Zunge zerging" (NGA 1, 314), heißt es beispielsweise im Aquadicht *Spargelzeit* aus *Fundsachen für Nichtleser*. Urin mag mit Ekel konnotiert sein, er zeugt hier aber gleichzeitig von der Erinnerung an den vorangegangenen Genuss des ebenso schmackhaften wie edlen Spargels. In diesem Sinne heißt es schon in dem Gedicht *Bohnen und Birnen* im ersten Gedichtband *Die Vorzüge der Windhühner*: „Bevor die grünen Dotter welken –/ die Hennen brüten einen frühen Herbst –,/ jetzt gleich, bevor die Scherenschleifer/ den Mond mit hartem Daumen prüfen,/ der Sommer hängt noch an drei Fäden,/ den Frost verschließt ein Medaillon,/ noch eh der Schmuck, verwandt dem Regen wandert,/ noch eh die Hälse nackt, vom Nebel halb begriffen,/ bevor die Feuerwehr die Astern löscht/ und Spinnen in die Gläser fallen,/ um so der Zugluft zu entgehen,/ vorher, bevor wir uns verkleiden,/ in ärmliche Romane wickeln,/ laßt uns noch grüne Bohnen brechen.“ (NGA 1, 11) So erscheint auch das Kochen im Sinne einer menschlichen Kunstfertigkeit als das, was dem unausweichlichen Tod trotzig entgegengestellt wird.

4 Lebens- und Fleischeslust

‚Fleischeslust‘ in sexueller oder kulinarischer Sicht wird bei Grass immer wieder als Form der innerweltlichen Sinnstiftung verwendet, etwa in einer Passage der *Rättin*: „Wie man weiß, möchten die Liebenden/ einander auffressen sogar./ Das stimmt, Liebste: mit Haut und Haaren sogleich./ Vorher jedoch – und bei Lautenmusik –/ braten wir uns ein Doppelstück/ saftig vom Schwein.“ (NGA 12, 459–460) Immer wieder eng verknüpft finden sich bei Grass Sexualität und Ernährung in den zahllosen bildkünstlerischen Behandlungen des Pilzmotivs, die er wenig subtil gerne auf den Kopf gestellt abbildet, „entwurzelte Pimmel,/ die himmelwärts zeugen“ (NGA 1, 215) wie es in dem Gedicht *Mariazuehren* heißt. Und auch das Essen selbst verbindet Grass immer wieder mit Lebens- und Fleischeslust, mit der Liebe und dem Tod, etwa in der *Blechtrommel*. Um nur wenige Beispiele zu nennen: Die kurze erotische Beziehung von Oskar Matzerath und Maria wird durch den gemeinsamen Konsum von Brausepulver eingeleitet, während der schwule, seine sexuellen Neigungen vor der Gesellschaft verbergende Gemüsehändler Greff seinem kompensatorischen Pfadfinder-Leben mit Hilfe einer Kartoffelwaage ein Ende macht, da er insbesondere die paradox erscheinende Verbindung von Fleisch und Keuschheit an den Erdäpfeln liebte (vgl. NGA 4, 365 und 396). Das Leben von Agnes Matzerath hingegen verbindet beide Motivkomplexe, denn es erscheint als vom dreifachen Hunger bestimmt, den Grass auch für sich in *Beim Häuten der Zwiebel* reklamiert: Den Hunger nach Nahrung stillt bei Agnes ihr Ehemann, der Koch und Kolonialwarenhändler Alfred Matzerath. Oskars mutmaßlicher Vater, der Cousin und Geliebte seiner Mutter, Jan Bronski, stillt ihren Hunger nach Liebe, Zärtlichkeit und Sexualität. Für ihren Hunger nach dem ‚Schönen‘ bemüht Agnes ihren kleinen Bücherschrank sowie die Welt der Musik. Doch dieses fragile Überlebenskonstrukt bricht angesichts eines mit Eros- und Thanatosmotiven überfrachteten Aalgerichts endgültig zusammen. Die phallisch konnotierten, sich von Wasserleichen ernährenden und aus einem Pferdeköderkopf am Karfreitag herausgezogenen Fische konfrontieren Agnes mit der Ausweglosigkeit ihrer Existenz. Über diese Erkenntnis kann sie nicht einmal die Liebe zu ihrem Kind hinwegtrösten. Sie hat plötzlich „genug […], nicht nur vom Aal, auch vom Leben, besonders von den Männern“ (NGA 4, 630) und stirbt

„mit angeekeltem, im Ekel mich manchmal anlächelnden, von Krämpfen verwüstetem Gesicht“ (NGA 4, 196).

5 Essen und Schuld

Die barocke Überfülle von lebensspendender Nahrung und sinnenfrohem Genuss, die sogar den Suizid mit einem Übermaß an Nahrungsmitteln verbindet, markiert in Grass' Werk immer zugleich auch eine Lücke, nämlich den unersättlichen Hunger. Dieser ist ein Defizitgefühl, ein Verweisen auf Fehlendes. So wird er zum Sinnbild für den Mangelzustand, der für Grass Ausgangspunkt der Weltgeschichte ist, die sich als gefallene Schöpfung präsentiert. Grass sieht, so etwa in seiner 2006 vor dem PEN gehaltenen Rede *Schreiben in friedloser Welt* (vgl. NGA 23, 442–451), den Krieg als den Normalzustand, der zuweilen von Friedenspausen unterbrochen wird, und bekämpft vehement jede Art von Utopie, derzufolge etwa nur die Verhältnisse geändert werden müssten, damit der Mensch auf Dauer liebenswürdig und friedfertig wird. Grundsätzlich kann man im Weltbild von Grass von einem nicht zu behebenden Mangel sprechen.

Am Anfang steht bei Grass jedoch nicht etwa der Hunger, sondern fast immer der Überfluss in positiver Form. Auch in der *Blechtrommel* herrscht zunächst, wie bereits unter anderen Gesichtspunkten angesprochen, wohliges Genügen. Oskars Großmutter wird eingeführt als Muttergöttin Gaia, die auf dem Feld sitzt, Kartoffeln brät und dank der kartoffelfarbenen Qualität ihrer Röcke fast eine Einheit mit den Kartoffeln bildet. Auch die Nachkommen dieser Erd- und Fruchtbarkeitsgöttin sitzen mit einem Kolonialwarenladen im Familienbesitz und der fischreichen Ostsee vor der Tür an der Quelle und segnen sich: Oskars offizieller Vater Matzerath ist Koch, und Oskars Mutter leistet sich den Luxus, sich mit einem Übermaß an Karfreitagskost zu Tode zu essen. Auch Greff bringt sich in der Kriegszeit, die doch eigentlich Mangelzeit sein sollte, durch Überfluss zu Tode, indem er sich mit Kartoffeln aufwiegt (vgl. NGA 4, 395–396) und erhängt.

Im Palindrom ‚Sarg‘ und ‚Grasen‘ führt Grass Essen und Tod gerne eng. Der Tod entspringt bei ihm nicht dem Mangel, sondern eher einem Zuviel, wie ja auch das mit offener Nadel verschluckte Partei-Abzeichen in Alfred Matzeraths Hals eindeutig ein Zuviel ist. In der Nachkriegszeit mit ihren genau zugeteilten Kalorien hat die Familie dann Kurtchen, den Ernährer, der über eine geheime Quelle für wertvolle, in Nahrung umtauschbare und für das Kochen unverzichtbare Feuersteine verfügt.

Die hochoffizielle Urmutter in der persönlichen Mythologie von Grass wiederum ist die in *Der Butt* beschriebene Aua, deren drei Brüste einen paradiesischen Überfluss symbolisieren, über dessen Verlust getrauert werden kann. Der Mangel ist im Grass-Kosmos ein Zustand, der künstlich von der aus krummem Holz geschnitzten Menschheit herbeigeführt wurde und wird. Und bei Grass ist Hunger fast immer nahezu ein Synonym für Krieg: „Krieg, Hunger und Inflation“ (NGA 15, 84) wirken stets zusammen.

Erstmals ist in *örtlich betäubt*, also 1969, von wirklich peinigendem Hunger der ersten Art, dem Hunger nach Nahrung, die Rede, wenn der Kochkurs in Kriegsgefangenschaft – später eines der Glanzstücke in *Beim Häuten der Zwiebel* – von Störtebecker durchlebt wird. Hunger wird nun quasi gleichbedeutend mit Leid, das der Krieg verursacht, egal, ob die Kinder der Gesindeköchin Amanda Woyke während des Siebenjährigen Krieges verhungern oder aber die deutschen Barockdichter während des Dreißigjährigen Krieges beim *Treffen in Telgte* hungern müssten, weil Soldaten raubend und prassend das Land verwüsten, wenn ihre Gastgeberin, die Courasche, und Gelnhausen, kampferprobter Soldat und Schriftsteller in spe, nicht dafür sorgen würden, dass ihr Tisch dennoch ganz gut gedeckt wird. Die kulinarische Dramaturgie dieses Textes erzählt eine kunstvolle Geschichte für sich (vgl. dazu Stolz 2023, 294), sie führt vom kargen Büßermahl über ein üppiges Gelage bis hin zum wunderbaren Fischessen im Zeichen von Toleranz und Versöhnung. (NGA 10, 92)

Diese Engführung von Hunger und Krieg entdeckt Grass gemeinsam oder zumindest bemerkenswert zeitgleich mit dem von ihm verehrten Willy Brandt, dem späteren Vorsitzenden der Nord-Süd-Kommission, der bereits als Außenminister einschlägige Erfahrungen in armen Ländern gesammelt haben dürfte. Brandts berühmtes Diktum bei seiner Rede vor Vertretern der Vereinten Nationen im September 1973 – „Auch Hunger ist Krieg“ – zitiert Grass, der damals mit in New York war „und Gelegenheit fand, im UNO-Gebäude seiner erstaunlichen Rede zuzuhören“ (NGA 23, 375), immer wieder (vgl. beispielsweise NGA 21, 392). Grass lässt diese These sogar zum Gedicht werden (*Als in Chile*, NGA 2, 135–136). Und jedes Mal, wenn er auf das Thema ‚Hunger‘ zu sprechen kommt, ob in seiner Nobelpreisrede oder vor dem Internationalen PEN, wird stets auch der tote Freund zitiert. Grass jedoch verkürzt und verschärft die immer noch relativ diplomatische These des Politikers Willy Brandt in eine generelle Gleichsetzung von Hunger und Krieg. „Armut, Elend und die Zahl der Verhungerten“ (NGA 22, 176) nennt Grass in der Rede *Preisgabe der Vernunft* (1981) als direkte Folgen der Rüstung. Dies allerdings nicht in dem Sinne, dass der verachtenswerte Krieg ein zusätzliches bedauernswertes Nebenprodukt namens Hunger in Kauf genommen hätte oder diese Kriegsfolge nicht verhindert werden könnte. Der Hunger ist für Grass vielmehr ein oft aktiv gebrauchtes Machtmittel der Reichen und Einflussreichen: „Wer den Markt für Grundnahrungsmittel beherrscht und also mit den Preisen steuernd über Mangel und Überfluß verfügt, muß keinen herkömmlichen Krieg führen“ (NGA 23, 443). Der Krieg wird seines Erachtens inzwischen mit Saatgut betrieben, das nur für eine Ernte taugt. Geführt wird solch ein Krieg also vom Schreibtisch aus; der Hunger wird, wie es im Gedicht *Worüber ich schreibe* heißt, „schriftlich verbreitet“ (NGA 1, 221).

Auch im *Butt* findet sich ein zentrales Kapitel über den Hunger, den historischen, den erst die Einführung der Kartoffel in Mitteleuropa besiegt hat, und den gegenwärtigen. Seine Fortdauer stellt für Grass den Menschen und mit ihm alle seine Selbstdefinitionen in Frage. Der Welthunger widerlegt das *animal rationale*, an ihm scheitert das Wesen, das lieben kann, ebenso wie das *zoon politikon*, und er führt vor allem anderen das „Tier, das kochen kann“ ad absurdum. In seiner Dankesrede zur Verleihung des Nobelpreises kontrastiert er fragwürdige menschliche Errungenschaften mit noch ungelösten Problemen: „Drahtlos telefonieren wir rund um die Welt. Satelliten und Raumstationen umkreisen uns fürsorglich. Waffensysteme sind, infolge gepriesener Forschungsergebnisse, erdacht und verwirklicht worden, mit deren Hilfe sich ihre Besitzer vielfach zu Tode schützen können. Was alles des Menschen Kopf hergibt, hat seinen erstaunlichen Niederschlag gefunden. Nur dem Hunger ist nicht beizukommen. Er nimmt sogar zu." (NGA 23, 277) Der nackte physische Hunger des Nächsten lässt kunstvolle Gastronomie, selbst den Hunger nach Liebe und Schönheit, als obszön erscheinen. Deshalb widmet sich Grass drüber hinaus auch dem Hunger nach Gerechtigkeit (vgl. NGA 8, 163), wie es in *Aus dem Tagebuch einer Schnecke* heißt.

Aber was verschuldet den Hunger? Den eigenen Hunger im Kriegsgefangenenlager setzt Grass in scharfen Kontrast zum Müllberg der amerikanischen Besatzungssoldaten. Genügend Nahrung wäre vorhanden gewesen. Den Hunger der Deutschen beschreibt *Beim Häuten der Zwiebel* entsprechend als Rache der Siegermächte, die zudem durch genau abgeteilte Kalorien eventuelle Aufsässigkeiten der Deutschen bereits im Keim ersticken wollen. In der Geschichte zum Jahr 1947 wird in *Mein Jahrhundert* „der Wunsch nach einer deutschen Beteiligung an der internationalen Walfangflotte von den britischen Behörden abschlägig entschieden" (NGA 15, 145). Gründe werden nicht genannt, es scheint sich um eine Machtdemonstration und einen Akt der Vergeltung zu handeln.

Auch in der Literatur hat diese Idee Tradition. Als „Kapitän Sirius" (NGA 15, 22) verweist der Erzähler im Kapitel *1906* von *Mein Jahrhundert* auf Arthur Conan Doyles Novelle *Der Tauchbootkrieg*, in der England durch den Einsatz von U-Booten von der Nahrungsmittelversorgung abgeschnitten und ausgehungert werden soll. Übermutter Aua verweigert die Brust, um den auf eigene Gedanken kommenden Edek mit den Machtmitteln des Matriarchats zu maßregeln.

Der Hunger auf der Welt ist also von Menschen gemacht, ein von Menschen zu verantwortendes Defizit, das von menschlichem Versagen zeugt. Die Welt ist ihren Möglichkeiten nach reicher geworden, aber der vorhandene Überfluss lindert die Armut nicht. Der existentielle Mangel in fernen Ländern dient als signifikantes wirtschaftliches Machtmittel, um kostengünstig für die reichen Länder produzieren zu können. So beschreibt Grass in *Zunge zeigen* den Hunger und das Elend in Calcutta, das beispielhaft sei für die Kosten, die der Wohlstand der Industriestaaten in der ‚Dritten Welt' erzeugten. Und in *Mein Jahrhundert* widmet er das Kapitel *1980* dem Leiden der Boat people, also den Folgen des Wirtschaftskrieges.

Grass selbst sieht eine Notwendigkeit, diesen ganz realen Hunger immer wieder als Skandalon ins Gedächtnis zu rufen, denn, wie er bei Entgegennahme des Nobelpreises in seiner Rede *Fortsetzung folgt …* , mahnt: „Dieses Thema ist uns geblieben. Dem sich anhäufenden Reichtum antwortet die Armut mit gesteigerten Zuwachsraten. Der reiche Norden und Westen mag sich noch so sicherheitssüchtig abschirmen und als Festung gegen den armen Süden behaupten wollen; die Flüchtlingsströme werden ihn dennoch erreichen, dem Andrang der Hungernden wird kein Riegel standhalten." (NGA 23, 277)

6 Kochen und Identität

Nahrungsvorlieben charakterisieren nicht nur häufig seine Figuren, sondern vor allem auch Grass selbst. Mit anderen Worten, seine Selbstinszenierung als Autor läuft textintern wie textextern über die Thematisierung von kulinarischen Präferenzen. Um sich selbst vom (literarischen wie gesellschaftlichen) Mainstream abzuheben, entwirft Grass, natürlich ausgehend von seinen tatsächlichen Vorlieben, eine Gegenküche zu bürgerlichen Essensnormen und -gewohnheiten, indem er gesellschaftlich niedrig bewertete Speisen wie Innereien als besonders schmackhaft zur Schau stellt. Gegessen wird außerdem selten auswärts, sondern daheim, und zubereitet werden möglichst frische Zutaten, nichts, was verpackt ist. Verpackungsmaterial erscheint eher negativ konnotiert. In einem lyrischen *Gemüsetest* (NGA 1, 198–199) etwa werden die Nahrungsmittel daraufhin geprüft, ob sie für Konserven tauglich sind, mit denen es nach einer Atombombenkatastrophe zu leben gilt.

Der passionierte Koch Grass präsentiert von sich das Bild eines in allen Lebenslagen kreativen Menschen. Er erlebt auch seine Rolle als ‚Ernährer' der Familie als durchaus sinnstiftend, jedenfalls betont er in *Wir schreiben in der Bundesrepublik* (1960): „Ich sorge für meine Familie, indem ich zeichne, schreibe und koche. Das Kochen bezahlt mir zwar weder der Rundfunk noch ein Verlag, doch fällt mir zumeist über dem Kochtopf ein, was ich zeichnen, was ich schreiben will" (NGA 20, 28). Der Speiseplan, den Grass in *Aus dem Tagebuch einer Schnecke* entwirft, mag zwar an einigen Stellen das Wasser im Mund zusammenlaufen lassen – andere in Aussicht gestellte Gerichte dürften vielen Menschen jedoch wie eine Drohung anmuten, auch seinen eigenen Kindern, die wenig Gefallen an den Lieblingsspeisen ihres Vaters zu finden scheinen: „Es gibt Kutteln, die ich gestern, nach meiner Rückkehr aus Kleve und während ich die Rede für Castrop-Rauxel abmagern, fett werden ließ, vier Stunden lang mit Kümmel und Tomaten auf kleiner Flamme weich kochte. Die späte Beigabe Knoblauch. Anna und ich mögen das; die Kinder sollen das auch mögen. Lappig hängen die Magenwände der Kuh beim Metzger am Haken und werden allenfalls für den Hund verlangt: der Pansen oder zu oft gewaschene Frottierhandtücher." (NGA 8, 13) Neben seiner Rolle als gleichsam verhinderter Koch-Pädagoge, der mit dem üblichen Generationenkonflikt zu kämpfen hat, steht Grass mit seiner Vorliebe für eine deftige, keineswegs rein vegetarische, geschweige denn vegane Küche mit kaschubischen Einflüssen. Sie ist in einem solchen Maße traditionell und bodenständig, stützt sich zudem bevorzugt auf regionale Produkte, dass sie sowohl im frühen Wirtschaftswunderland, als auch im heutigen Deutschland der international ausgerichteten Speisekarten tatsächlich exotisch erscheint.

Grass hält dessen ungeachtet oder gerade deswegen an seiner ausgestellten Begeisterung für mehrheitlich preisgünstige Gerichte (nicht nur aus seiner verlorenen Heimat) fest, und so trennen bzw. unterscheiden auch einige seiner schriftlich festgehaltenen Nahrungsgewohnheiten ihn offensichtlich von seinem zeitgenössischen Umfeld. Bezeichnend sind in diesem Zusammenhang auch die beiden konträren Picknickinszenierungen zur verlorengegangenen Identität in der 1992 publizierten Erzählung *Unkenrufe* (NGA 13, 117–119 und 221–222): Während die mit günstigen kaschubischen Köstlichkeiten reich gedeckte Tafel beim ersten Picknick des betagten polnisch-deutschen Liebespaars für die geradezu idyllische Abwesenheit aller Entfremdungserscheinungen spricht, zeugt ihre zweite, bereits von Todessignalen überschattete Mahlzeit im Freien bereits vom Niedergang der Essenskultur in Zeiten der unaufhaltsamen Globalisierung (vgl. dazu Stolz 2023, 322).

Vor diesem Hintergrund präsentiert sich der in Danzig Geborene im prosperierenden Deutschland selbst unter ernährungsspezifischen Gesichtspunkten als Besonderheit und grenzt sich dadurch mehr oder weniger bewusst vom Zeitgeist ab. In Analogie zu seinem Selbstverständnis als Künstler und Intellektueller, sieht Grass sich ja ohnehin eher in dieser abseitigen, geradezu exzentrischen Position zwischen den Stühlen und bleibt seinen Eigenarten und seiner Zeitgeistkritik auf allen Spielfeldern treu. Die Grenzen zwischen realen Vorlieben und Imagepflege sind dabei jederzeit fließend. Grass kocht also bis zu seinem Lebensende, so berichten seine literarischen Werke, ohne Not und weil sie ihm tatsächlich schmecken, die ihm gemäßen Gerichte, auch wenn sie als Arme-Leute-Essen verschrien sind oder in dem Ruf stehen, ungenießbar zu sein. Beide Aspekte bestätigen ihn im Grunde in der seinem Lebensrezept auch als Bürger und Schriftsteller entsprechenden Rolle des kritischen Außenseiters. Auch in kulinarischer Hinsicht.

Literatur

Jaroszenwski, Marek. „Die Kochkunst in der ‚Danziger Trilogie' von Günter Grass". *Günter Grass: Bürger und Schriftsteller.* Hrsg. von Norbert Honsza und Irena Swiatlowska. Dresden 2008.

Neuhaus, Volker, und Anselm Weyer (Hrsg.). *Küchenzettel: Essen und Trinken im Werk von Günter Grass.* Frankfurt/M. 2007.

Papiór, Jan. „Günter Grass' Trommeln für die Milchsuppe à la Großmutter!". *Günter Grass: Bürger und Schriftsteller.* Hrsg. von Norbert Honsza und Irena Swiatlowska. Dresden 2008: 473–479.

Rudtke, Tanja. *Kulinarische Lektüren: Vom Essen und Trinken in der Literatur.* Bielefeld 2014.

Stolz, Dieter. *Günter Grass: Der Schriftsteller.* München 2023.

Weyer, Anselm. „Kutteln und Wein: Identitätskonstruktion durch Essen und Trinken im Werk von Günter Grass und Robert Gernhardt". *Esskultur und kulturelle Identität: Ethnologische Nahrungsforschung im östlichen Europa.* Hrsg. von Heike M. Kalinke, Klaus Roth und Tobias Weger. München 2010: 89–105.

Wierlacher, Alois. *Vom Essen in der deutschen Literatur: Mahlzeiten in Erzähltexten von Goethe bis Grass.* Stuttgart 1987.

IV Grass als Zeitgenosse

IV.1 Günter Grass und die Gruppe 47

Ingo Irsigler

1 Einleitung

Die Gruppe 47 und Günter Grass sind zwei die Entwicklung der westdeutschen Literatur nach 1945 prägende Instanzen, die in der öffentlichen Wahrnehmung bis heute eng miteinander verbunden sind. Lässt sich die Gruppe 47 grundsätzlich als „ein über die Person Richters adressierbares literarisch-publizistisches Netzwerk" beschreiben, „das strukturell [...] stark in den Medienkulturbetrieb der Nachkriegszeit eingebunden war und darüber hinaus eine symbolische Repräsentationsfunktion für die deutschsprachige Literatur erfüllen konnte" (Hehl 2014, 159), so ist Grass seit 1958 eines ihrer markanten Aushängeschilder.

Grass' Aufstieg verläuft ab Ende der 1950er Jahre parallel zur endgültigen und nachhaltigen Verankerung der Gruppe 47 im westdeutschen Kulturbetrieb. Er vollzieht sich zunächst zwischen den strategischen Polen von Integration (in die Gruppe) und Abgrenzung (gegen kulturkonservative Tendenzen der Adenauer-Jahre) in einem sich zunehmend professionalisierenden Literaturbetrieb. Die Gruppe 47 gab ihren Akteuren einen institutionellen Raum für die Einübung und Etablierung diskursiv-medialer Spielregeln, diente als Plattform für ästhetisch-strategische Positionierungen und legte auf diese Weise den Grundstein für die Herausbildung von Strukturen, die für den westdeutschen Literaturbetrieb über mehrere Jahrzehnte prägend sein sollten. Denn auch wenn sich der literarische „sensus communis" (Lorenz 1998, 56) über die Zeit veränderte: Die Gruppenmitglieder der ‚Generation Grass' konnten ihre „Diskursvorherrschaft" mit einem „generationell vorgeblich verbürgten Nahverhältnis zur NS-Epoche" behaupten und damit bis in die 1990er Jahre erfolgreich „Personal- und Literaturpolitik" betreiben (Braese 2005, 88 und 90).

Das Autorschaftsmodell des nonkonformistischen, die nationalsozialistischen Verbrechen in aufklärerischer Absicht thematisierenden, formal-ästhetisch an die internationale Moderne anschließenden Schriftstellers, wie ihn die Gruppe 47 in den 1950er Jahren hervorbrachte, „bedeutete" in der Folge „eine sichere Gewähr für öffentliche Resonanz" und bot Autor:innen wie Grass die Möglichkeit, „ihrem Konzept mit geringfügigen Modifikationen treu [zu] bleiben" (Lorenz 1998, 56). Für Grass bildete dieses Schriftstellermodell schließlich einen Inszenierungsrahmen, um zum nobilitierten Großschriftsteller „von Weltrang" aufzusteigen (Braese 2005, 85).

2 Die Gruppe 47 in den 1950er Jahren: Positionierung und Habitus

Die Gruppe 47 formierte sich als Zusammenschluss junger Publizist:innen und Autor:innen, die nach dem Ende des Nationalsozialismus sowohl für eine gesellschafts-

https://doi.org/10.1515/9783110755435-072

politische als auch eine literarische Erneuerung eintraten (vgl. Müller-Jentsch 2011, 157–158). Eine wesentliche Funktion der Gruppe bestand nach Hans-Werner Richter darin, einen Beitrag zum demokratisch-gesellschaftlichen Wandel zu leisten: „Politik, das war für mich [...] der indirekte, langfristige Einfluß auf die allmähliche Veränderung in der Mentalität eines Volkes, das obrigkeitsstaatlich erzogen worden war." (zit. in Neunzig 1979, 108) Schon die von Richter und Andersch gegründete Zeitschrift *Der Ruf. Unabhängige Blätter der jungen Generation* wies der literarischen Praxis dabei eine wichtige Rolle zu (vgl. Hocke 1946). In ihr artikulierte sich bereits eine „vage Literaturprogrammatik", die sich um Begriffe wie „‚Realismus', ‚Wahrheit', ‚Illusionslosigkeit' [zentrierte]." (Barner 2006, 14)

Konsequent war es deshalb, nach dem Verbot der Zeitschrift durch die Alliierten jene jungen Intellektuellen zu versammeln, die die ästhetische Grundüberzeugung von Richter und Andersch teilten und Literatur als „politisch-pädagogisches Instrument" (Cofalla 1999, 249) verstanden, das entscheidend auf den gesellschaftlichen Demokratisierungsprozess Einfluss nehmen sollte. Den programmatischen Rahmen für die Gruppe lieferte u. a. Alfred Anderschs Essay *Deutsche Literatur in der Entscheidung* (Andersch 1948). Der „erste und letzte Essay, der auf einer Tagung der ‚Gruppe 47' verlesen wurde" (Wende-Hohenberger 1990, 155), lässt sich in zweifacher Hinsicht als Positionspapier der sogenannten „junge[n] Generation" (Cofalla 2005, 362) lesen: Zum einen zieht er als literaturpolitisches Dokument eine Grenze zur etablierten Literaturelite, was grundsätzlich dem Selbstverständnis der Gruppe 47 als „intellektueller junger Avantgarde" (Schildt 2020, 541) entsprach. Zum anderen skizziert der Essay eine Programmatik, die für die Platzierung der jungen Literatur über die 1950er Jahre hinaus prägend sein sollte: Zu den Zentralpositionen des Papiers gehört erstens die Forderung nach einer an die Erfahrungen der Menschen anschließenden Erinnerungs- und Aufarbeitungsliteratur, zweitens eine ideologiekritische Grundhaltung, drittens ein zeitkritischer Impetus, der gesellschaftliche Fehlentwicklungen der Nachkriegszeit offen legt und dadurch die Kritikfähigkeit der Leser:innen fördert; sowie viertens eine (in ihrer Ausprägung moderate) formal-ästhetische Orientierung an der internationalen Moderne (vgl. Lorenz 1998, 43; Irsigler 2009, 42).

Diese literaturbezogenen Positionen gingen einher mit dem Habitus des progressiven, „engagierten, demokratischen Intellektuellen" (Cofalla 1999, 253), der gegen restaurative Tendenzen des politisch-gesellschaftlichen Mainstreams in der Bundesrepublik opponiert. Programm und Habitus bildeten einen gemeinsamen Positionierungs- und Profilierungsrahmen sowohl für die Autor:innen als auch für Verleger:innen, Publizist:innen und Literaturkritiker (es waren nur Männer), die die ästhetischen Positionen der Gruppe im Anschluss an die Treffen im öffentlich-medialen Raum sichtbar machten. In zweifacher Hinsicht resonanzfördernd war überdies, dass die Gruppe 47 (sporadisch) einen eigenen Literaturpreis vergab. Die Preisvergabe machte sie zum einen als vermeintlich autonome Instanz kenntlich, die sich vom restlichen Literaturbetrieb klar distanzierte; zum anderen steigerte die mit der Preisvergabe einhergehende „kulturelle Legitimierung" (Bourdieu 1970, 79) Sichtbarkeit und Renommee der

Gruppe im literarischen Feld Westdeutschlands. Durch die strategische Allianzbildung zwischen den unterschiedlichen Feldakteuren konnten sich schließlich nach „einer von Traditionsüberhängen […] geprägten Übergangsphase, die etwa Mitte der fünfziger Jahre […] abgeschlossen war, […] die in der Nullpunkt-Situation markierten Ansprüche […] immer mehr behaupten." (Lorenz 1998, 43) und die Literatur der Gruppe „zum Ausdruck einer ‚nonkonformistischen Nationalliteratur' werden." (Tommek 2015, 88)

3 *Die Blechtrommel* als literaturpolitisches Ereignis

Als Grass im Jahre 1955 erstmals am Treffen der Gruppe 47 teilnahm, fand er einen inhaltlich-weltanschaulichen, ästhetischen und habituellen Positionierungsrahmen vor, den er mit seiner Lesung aus der *Blechtrommel* beim Treffen in Großholzleute im Jahre 1958 in beinahe idealtypischer Weise ausfüllte. „Über Nacht stieg Grass auf zum literarischen Star. Die Verleger rissen sich um ihn […] und Richter rief erstmals seit 1955 wieder zur Wahl eines Preisträgers auf […]. Und der Glanz des Preisträgers Grass strahlte in die Öffentlichkeit und von dort auf die Gruppe 47 zurück." (Arnold 2004, 96) Die sogenannte junge Generation hatte ihr Aushängeschild gefunden. Mit Grass stieg die Gruppe 47 zur „zentralen Instanz im bundesdeutschen Literaturbetrieb" (Böttiger 2013, 228) auf, was im Folgejahr der *Blechtrommel*-Lesung in mehrfacher Hinsicht offenkundig wurde: Die Gruppentreffen wurden von nun an zum „literarischen Marktplatz" (Böttiger 2013, 239), auf dem Autor:innen, Verlage, Lektoren und Rezensenten agierten und „jeder auf seine Weise, Gewinn" erzielen wollte (vgl. Arnold 2004, 96). Bereits ein Jahr nach Grass' fulminanter Lesung zeigte sich auf dem Gruppentreffen in Elmau (1959), „zu welcher Instanz" (Böttiger 2013, 237) die Gruppe 47 mittlerweile geworden war: Das Treffen „entwickelte sich zu einem ersten ‚Event' in der bundesdeutschen Literaturszene" (Böttiger 2013, 238).

Die große mediale Aufmerksamkeit sowie die starke Präsenz von Literaturmanagern, die hofften, neue Talente zu finden, machte deutlich, dass sich das mit den Positionen der Gruppe 47 verbundene symbolische Kapital ökonomisch verwerten ließ. Eine zunehmende Professionalisierung fand auch im Bereich der Literaturkritik statt: Waren in den Jahren zuvor die Autor:innen die wesentlichen Protagonisten, so gewannen jetzt die Kritiker immer mehr an Gewicht. Dieser Aufstieg der Kritiker lässt sich insbesondere an der Person Marcel Reich-Ranickis festmachen: „Maßgeblich durch ihn, den Berufskritiker, ging der Werkstattcharakter verloren, die Autorenkritik wich zusehends der Fachkritik." (Neumann 2015, 145) Wie für die Autor:innen, so bildeten die Treffen auch für die Kritiker eine Plattform, ihre Positionen zu artikulieren und im Anschluss medial-publizistisch sichtbar zu machen. Diese Berichterstattung verstärkte wiederum die öffentliche Wahrnehmung der Gruppe, sie erwies sich mit der zunehmenden Relevanz der Gruppe aber auch für die Kritiker als karrierefördernd.

Der vielfach als sensationell bezeichnete Auftritt von Grass beim Treffen der Gruppe 47 im Jahre 1958 (vgl. Arnold 2004, 95–96) führte zu einer medialen Aufmerksamkeit, die maßgeblichen Anteil an der breiten Rezeption der *Blechtrommel* im Folgejahr (vgl. Görtz 1984) hatte: Denn der „Preis [...], der Grass 1958 [...] verliehen wurde, fand in den meisten Rezensionen Erwähnung. Selbst Verrisse nahmen Bezug auf ihn." (Sieg 2017, 280) Die Rezeption „oszillierte dabei zwischen Beifall, Lob und Enthusiasmus einerseits sowie Skepsis, Ablehnung und Empörung andererseits" (Herrmann 2013, 170), wobei die Gegner der *Blechtrommel* die moralische Kategorie des Tabubruchs ins Zentrum ihrer Kritik stellten. Die teilweise heftig geführte Debatte hatte insofern eine jenseits des Einzelfalls repräsentative Dimension, als sie die konfrontative (literatur-)politische Konstellation der ausgehenden 1950er Jahre ‚jung' gegen ‚alt' beinahe idealtypisch zur Abbildung brachte: Dem noch immer einflussreichen, von der jüngeren Generation als ‚konservativ' bezeichneten Teil des Feuilletons (vgl. Sieg 2017, 82–98), galt der Roman als „kulturpolitisches Ärgernis" (Barner 2006, 379): Die „Anordnung" der einzelnen Bestandteile mache das „Ganze zur Fratze [...]. In seinem konsequent antihumanen Klima gibt es nur eines, woran man sich halten kann: den Selbsthaß." (Görtz 1984, 72 und 75) Durch die Frontstellung gegen diese Fundamentalkritik ließen sich für Grass und die Gruppe 47 Distinktionsgewinne erzielen, die ihr öffentliches Image als oppositionelle Kulturavantgarde weiter stärkte; die Bündnisgenossen von Grass nutzten die Anfeindungen – so lässt sich z. B. aus der positiven *Blechtrommel*-Besprechung von Hans Magnus Enzensberger herauslesen – zur eigenen Profilierung, indem sie den Roman in die Tradition klassischer Literaturkonzepte stellten: *Die Blechtrommel* sei ein „Entwicklungs- und Bildungsroman", das Buch zehre „von den besten Traditionen deutscher Erzählprosa." (Enzensberger 1962, 225) Den Vorwurf des absichtsvollen Tabubruchs weist der Bündnisgenosse von Grass indes zurück. Ganz im Sinne der Gruppe 47 wird stattdessen die handwerkliche Qualität der detaillierten Beschreibung ins Zentrum gerückt: „Dieser Autor greift nichts an, beweist nichts, demonstriert nichts, er hat keine andere Absicht, als seine Geschichte mit der größten Genauigkeit zu erzählen." Der Skandal sei, so führt er weiter aus, „an keinen Stoff gebunden: es ist der Skandal der realistischen Erzählweise überhaupt." (Enzensberger 1962, 223) Bündnisstrategisch geschickt betont Enzensberger zum einen den provozierenden Detailrealismus des Romans, was ihn als Gegenentwurf zu vermeintlich konservativen Literaturkonzepten in Stellung bringt; zum anderen erklärt er seinen Erfinder zum „Prosaschriftsteller ersten Rangs" (Enzensberger 1962, 221), der den deutschsprachigen Klassikern in nichts nachstehe: *Die Blechtrommel* wird damit insgesamt zum Vertreter einer „nonkonformistischen Nationalliteratur" (Tommek 2015, 88) erklärt, die den Anschluss zur deutschsprachigen Literaturtradition herstellt und damit auf internationalem Niveau agiert. Die internationale Anschlussfähigkeit der ‚jungen Literatur' wurde im Jahre 1959 durch andere dem Kreis der Gruppe 47 nahestehenden Rezensenten bestätigt und auf weitere Autoren der Gruppe ausgedehnt. Im Jahr 1959 schreibt z. B. Rolf Becker im *Spiegel*: Die junge Literatur „kann in diesem Herbst mindestens drei Bücher vorweisen, die es verdienen [...], Ereignisse genannt zu werden." (Becker 1959) Diese Bücher, genannt werden Johnsons *Mutmaßungen über Jakob*, Bölls *Billard um halb zehn* und Günter Grass' Roman *Die Blechtrommel*, stünden für eine junge Literatur, der es gelungen sei, sich aus „provinzielle[r] Enge" zu befreien und sich eine „moderne Weltläufigkeit" anzueignen. (Becker 1959)

Diese Sichtweise auf die Literatur der ‚Generation Grass' prägte in der Folge auch den Forschungsdiskurs: Bis heute gilt das Jahr 1959 (zumindest für die Prosa) gemeinhin als erster Kulminationspunkt einer sich im Verlauf der 1950er Jahre modernisierenden deutschsprachigen Literatur (Kiesel 2004, 439), wenngleich sich diese ‚Modernität' in den Romanen der 1950er Jahre tendenziell in den Erzählverfahren zeigt und weniger in den eher ‚vormodernen' Subjekt-, Gesellschafts- und Realitätskonzepten ausprägt (vgl. Irsigler 2009).

Die große Aufmerksamkeit, die der Gruppe im und über den Literaturbetrieb hinaus zu Teil wurde, manifestierte sich überdies in der kontroversen Debatte um die geplante Vergabe des Bremer Literaturpreises an Günter Grass durch die Rudolf-Alexander-Schröder-Stiftung (1959): Der Preis wurde dem Autor der *Blechtrommel* zunächst von der Jury verliehen, „wogegen sich Widerstand aus dem Senat regte – hauptsächlich wegen als blasphemisch und obszön kategorisierter Elemente." (Holzendorf 2021, 251, vgl. auch Sieg 2017, 284–286) Die Ablehnung erfolgte nicht nach literarischen Maßstäben, sondern orientierte sich vielmehr an der bereits zuvor in Teilen des Feuilletons gegen den Roman vorgebrachten Kritik an der vermeintlich „politischen, moralischen und religiösen" Provokation (Sieg 2017, 284). Nicht der Roman selbst, sondern die Argumente gegen ihn wurden demnach als Begründung durch den Senat herangezogen, was zu heftigen Reaktionen des Feuilletons führte. Selbst Medien wie die *FAZ*, die den Text zuvor scharf attackiert hatten, kritisierten den Bremer Senat für seine Entscheidung, die „der Freiheit der Literatur einen empfindlichen Schlag" versetzt habe (Schwab-Felisch, 1959). Zudem sprangen Grass namhafte Vertreter:innen der Gruppe 47 zur Seite: So „drückten" die „ehemaligen Preisträger Paul Celan und Ingeborg Bachmann [...] dem Senat gegenüber ihr Befremden aus." (Sieg 2017, 285)

Die konfliktreichen Vorgänge um den Bremer Literaturpreis zeigen zum einen, dass der Literaturbetrieb um 1960 grundsätzlich in der Lage war, sich als autonome Instanz gegen die Einflussnahme von außen zu behaupten; zum anderen steigerte die verhinderte Preisvergabe und der darauffolgende Skandal die öffentliche Wahrnehmung von Grass (und seinen Bündnispartnern) noch einmal erheblich. Sie bestätigte einerseits einmal mehr die oppositionelle Kraft der Gruppe 47, verdeutlichte andererseits aber auch, dass ihre Literatur – selbst dort, wo sie kontroverse Reaktionen hervorrief – auch außerhalb der Gruppe preiswürdig war: Denn grundsätzlich lässt sich um 1960 ein Paradigmenwechsel in der Preisvergabepraxis erkennen. Wurden in den 1950er Jahren noch „der hohe poetische Ton, die christlich-abendländische Erbauungsliteratur und die magische Transzendierung der realen Wirklichkeit" (Lorenz 1998, 64) mit Preisen ausgezeichnet, so änderte sich diese Auszeichnungspraxis jetzt signifikant. Beispielsweise erhielten zwischen 1959 und 1967 Günter Eich (1959), Paul Celan (1960), Hans Magnus Enzensberger (1963), Ingeborg Bachmann (1964), Günter Grass (1965) und Heinrich Böll (1967) den renommierten Georg-Büchner-Preis. Diese Würdigung der mit der Gruppe 47 assoziierten Schriftsteller:innen durch den Literaturbetrieb der 1960er

Jahre zeigt, dass die „Förderung einer zeitkritischen (aber nicht direkt politischen) und formal reflektierten (aber nicht konventionssprengenden) Literatur“ (Lorenz 1998, 65) zu diesem Zeitpunkt in weiten Teilen des Literaturbetriebs konsensfähig war.

4 Programmatische Diversität, Politisierung und Auflösung der Gruppe 47

Mit der Professionalisierung und Etablierung der Gruppe 47 als einer festen Größe im westdeutschen Literaturbetrieb schwand die Notwendigkeit einer homogenen Abgrenzung nach außen, sodass nun verstärkt auch Binnenkonflikte sichtbar wurden. In der *Zeit*-Rezension zur *Blechtrommel* korrigierte etwa Marcel Reich-Ranicki seine tendenziell wohlwollende Meinung zur Grass-Lesung in Großholzleute (Grass schreibe „eine unkonventionelle, kräftige Prosa, er habe „viel zu sagen“, Reich-Ranicki 1967 [1959], 141) und attackierte ihn im Januar 1960, kurz nach der Aberkennung des Bremer Literaturpreises, scharf: Die „Auseinandersetzung mit der Zeit“ werde von „Spielereien und Schaumschlägereien verdrängt.“ (Reich-Ranicki 1984, 121)

In programmatischer Hinsicht wurden in der Gruppe 47 ab spätestens Mitte der 1960er Jahre die unterschiedlichen Richtungen immer sichtbarer, was zum einen dem generationell bedingten „Elitewechsel“ (Cofalla 1999, 253) innerhalb der Gruppe geschuldet war. Je mehr sich die Gruppe und ihre prägenden Instanzen im Feld etablierten, desto geringer wurde zum anderen ganz grundsätzlich „ihre Glaubwürdigkeit als oppositionelle Kraft.“ (Cofalla 1999, 257) Diese Entwicklungen mussten beinahe zwangsläufig zu einer programmatischen Ausdifferenzierung führen. Jedenfalls schälten sich innerhalb des von der Gruppe abgesteckten Spektrums zunehmend alternative Positionierungsmodelle heraus, die außerhalb der Treffen publizistisch diskutiert wurden. In Hans-Magnus Enzensbergers essayistischen Schriften aus den frühen 1960er Jahren scheinen diese Alternativen auf, wobei er den Versuch unternimmt, die sich neu formierenden Strömungen unter den Begriff der Modernisierung zu vereinen: „Der Avantgardepol mit seinen sich Anfang der sechziger Jahre andeutenden drei möglichen Ausprägungen (politisch-revolutionär, abstrakt formalästhetisch wie auch popkulturell-affirmativ) wurde von Enzensberger symbolisch abgestuft, marginalisiert und schließlich umgeformt in einen ‚Modernisierungspol‘, der sich an der internationalen klassischen Moderne mit indirekter politischer Funktion orientierte.“ (Tommek 2015, 92)

Besonders mit Blick auf die Frage nach dem gesellschaftspolitischen Engagement des Schriftstellers offenbarte sich bei Grass (weniger mit Blick auf die Texte als vielmehr seinen Habitus) eine Profilierung, die spätestens bei der Verleihung des Büchner-Preises im Jahre 1965 klar ersichtlich wurde. Grass inszenierte sich dort „als Nachfolger Büchners. Er legitimierte und überhöhte sein eigenes politisches Engagement als persönlich von dem Schutzheiligen Büchner inspiriertes Handeln.“ (Ulmer 2006, 199) Basierte der „Zusammenhalt als literarische Gruppierung seit 1947 auf der strikten

Trennung von Literatur und Politik" (Ulmer 2006, 192), so gab Grass diese Position nun preis. Er reagierte nämlich auf die Kritik an seinen literarischen Texten mit einer (literatur-)politischen Rede, in der er prominente ‚Mitstreiter' der Gruppe 47 wie Heinrich Böll oder Alfred Andersch für ihr Schweigen im Wahlkampf 1965 heftig attackierte: „Eine Wahl ging über unser Land dahin. Im Chor der Redner vermißte ich Stimmen. [...] Wo, Alfred Andersch, hat Ihre beredte Entrüstung die Milch der Reaktionäre gesäuert? Wo, Heinrich Böll, hat Ihr hoher moralischer Anspruch die bigotten Christen erbleichen lassen?" (NGA 20, 188) Die Rede zeugt vom Selbstkonzept des Schriftstellers, der die politische Einflussnahme als Teil seiner öffentlichen Rolle begreift. Schon im Vorfeld der Preisvergabe hatte Grass „den ihm zugesprochenen Büchnerpreis strategisch einzusetzen versucht, indem er das mit einer Auszeichnung des kulturellen bzw. literarischen Feldes verbundene symbolische Kapital in die Waagschale des politischen Wettkampfs warf." (Ulmer 2006, 199)

Die zunehmende Politisierung von Grass lässt sich unter anderem als Reaktion auf die Krise der Gruppe 47 verstehen, deren Mitglieder sich „[m]it der zunehmenden Politisierung der bundesdeutschen Gesellschaft vermehrt mit dem Vorwurf konfrontiert" sahen, sich nicht eindeutig zu politischen Fragen zu verhalten und mit dieser indifferenten Haltung „zur allgemeinen Verdrängungspraxis beizutragen" (Ulmer 2006, 192) Je stärker die „repräsentative gesellschaftliche Funktion der Literatur der Gruppe 47 als ‚interne Opposition'" in Frage stand (Tommek 2015, 93), desto notwendiger wurde für die Akteure die eigene (gesellschaftspolitische) Profilierung, die zunehmend durch Legitimierungs- und Positionierungskämpfe innerhalb der Gruppe erfolgte.

Die konfligierenden Positionen zwischen prominenten Akteuren der Gruppe zeigten sich beispielsweise in der „Kursbuch-Kontroverse" (Tommek 2015, 102) zwischen Peter Weiss und Hans-Magnus Enzensberger, die im Vorfeld des Treffens in Princeton (22. bis 24. April 1966, vgl. Magenau 2016) ausgetragen wurde. In der Debatte wurden nicht nur fundamentale Unterschiede in der Weltanschauung deutlich (vgl. Tommek 2015, 103 sowie Ewen 2013, 258–261), sondern überdies zwei divergierende Autorschaftskonzepte sichtbar: Weiss verstand sich als parteiischer Autor, der seine Maßstäbe aus den „Richtlinien des Sozialismus" (Weiss 1965) bezieht, Enzenzberger hingegen nahm eine „flexibel-variable [...] Autorposition" ein (Tommek 2015, 104): „Widerspruchsfreie Weltbilder brauche ich nicht. Im Zweifelsfall entscheidet die Wirklichkeit." (Enzensberger 1966, 176)

Während Enzensberger eine auf klaren ideologischen Positionen und „eindeutige[n] Handlungsanweisungen" (Ewen, 2013, 260) beruhende Autorolle genauso ablehnte wie ein „parteipolitisches Engagement" (Niese 2017, 69) des Schriftstellers, profilierte Grass in seiner Princeton-Rede *Vom mangelnden Selbstvertrauen der schreibenden Hofnarren unter Berücksichtigung nicht vorhandener Höfe* den Schriftsteller als Existenz, die in einem unlösbaren Widerspruch zwischen Kunst und Politik stehe. Die Rede lässt sich grundsätzlich als Replik auf Peter Weiss' Bekenntnis zum Sozialismus lesen: „Wenn, zum Beispiel, Peter Weiss [...] plötzlich bekennt, er sei ein ‚humanistischer Schriftsteller', wenn also ein mit allen Sprachwässerlein gewaschener Dichter und Poet dazu nicht bemerkt, daß dieses Adjektiv als Lückenbüßer schon zu Stalins Zeiten verhunzt worden ist, wird die Farce vom engagiert-humanistischen Schriftsteller bühnenwirksam." (NGA 20, 197) Sind für Weiss Politik und Literatur untrennbar miteinander verbunden, so ist der Schriftsteller für Grass einerseits kompromissloser Dichter, andererseits sollte er von Zeit zu Zeit seinen „Schreibtisch umwerfen" und „demokratischen Kleinkram" betreiben. „Das Gedicht kennt keine Kompromisse; wir aber leben von Kompromissen. Wer diese Spannung tätig aushält [...] ändert die Welt." (NGA 20, 200–201)

Die direkte Adressierung des Kollegen Peter Weiss verdeutlicht, dass die Rede in die Gruppe hineinwirken sollte. Auf diese Weise wurden „Differenzen der Gruppe in der Öffentlichkeit" ausgetragen, „über die in den Sitzungen nicht diskutiert werden durfte." (Kramer 1999, 171) Die Regeln, die Hans Werner Richter für die Tagungen festgelegt hatte, erwiesen sich in der aufgeheizten Debattenkultur ab Mitte der 1960er Jahre als nicht mehr zeitgemäß. Die kontrovers geführten Diskussionen um die Zukunft der westdeutschen Literatur fanden nunmehr in der publizistischen Öffentlichkeit statt.

Symbolisch für das Ende der Gruppe 47 steht schließlich der Eklat von Princeton, den der bis dahin nahezu unbekannte Autor Peter Handke verursachte. Er ignorierte das ungeschriebene Gesetz, dass auf den Tagungen keine literarischen Grundsatzdebatten geführt werden sollten, indem er die „Bescheibungsimpotenz" einer „idiotische[n]" deutschen Gegenwartsprosa kritisierte. „Und die Kritik – ist damit einverstanden, weil eben ihr überkommenes Instrumentarium noch für diese Literatur ausreicht, gerade noch hinreicht. Weil die Kritik ebenso läppisch ist wie diese läppische Literatur." (zit. in Böttiger 2013, 392–393) Handke erteilte nicht nur realistischen Schreibprogrammen (und damit einem Markenkern der Gruppe 47) eine Absage, sondern seine Kritik zielte auch auf die ritualisierten Formen ab, in der innerhalb der Gruppe über Literatur gesprochen wurde.

5 Nachhall und Wirkung

Was die Wirkungsgeschichte der Gruppe 47 angeht, ist Günter Grass bis in die heutige Zeit hinein habituell und programmatisch ihr Zentrum geblieben. Seine mediale Selbstinszenierung (und die anderer Generationsgenossen) hat lange Zeit das Bild von der Gruppe 47 als einer losen Autorengemeinschaft geprägt, deren Nukleus die Opposition des Schriftstellers zur vermeintlich konformen Mehrheitsgesellschaft, die Kritik an gesellschaftspolitischen Fehlentwicklungen, das Bestreben der literarischen Aufarbeitung der NS-Vergangenheit sowie insgesamt die Tendenz zur moralischen Positionsnahme bildete (vgl. Braese 1999, 7–10). Obwohl Grass sich in Interviews selten explizit auf die Gruppe 47 bezog, so ordnete er sich in zahlreichen Reden und Interviews doch *seiner* Autor:innengeneration zu, deren Erbe es weiterzugeben gelte: „Ich habe natürlich ein Interesse daran", so Grass in einem Interview im Jahr 2005, „daß das, was ich mit Autoren meiner Generation jahrzehntelang gemacht habe – sich politisch einzumischen – nicht abbricht. […] Mir kam es darauf an, da langsam den Stafettenstab zu übergeben." (Wagner 2013, 185) Exemplarisch zeigt sich in diesem Interview, wie Grass sein Vermächtnis organisiert, sich selbst (als Repräsentant *seiner* Generation) eine Vorbildfunktion für jüngere Schriftsteller:innen zuschreibt. Teile des Feuilletons stützten immer wieder dieses Autorenbild. Wenn etwa der *Spiegel* 1999 titelte: „Die Enkel von Grass & Co. Die *neuen* deutschen Dichter" wird Grass zum Vorreiter seiner Schriftsteller:innengeneration stilisiert: „Die Enkel der Nachkriegsliteratur", so ist im Titelstück des *Spiegels* zu lesen, „treten an, befreit von mancher Beschwernis der vom Zweiten Weltkrieg geprägten Vorgänger-Generation." (Hage 1999) Diese „Reproduktionsstrategie", die „ein Bündnis" zwischen Grass und den „Jüngeren" herzustellen versucht (Wagner 2013, 185), versprach sowohl für den etablierten Grass als auch für die nachrückenden Autor:innen symbolische Kapitalgewinne.

„Das Bild der Gruppe 47 in der Forschung" war bis in die 1990er Jahre „geprägt und vorgeprägt" von dieser „meist beifälligen Berichterstattung der Feuilletons" einerseits und Erinnerungsbänden andererseits, die von Gruppenmitgliedern oder der Gruppe nahestehenden Autoren herausgegeben wurden (Braese 2015, 118). Erst im Verlauf der 1990er Jahre wurde die Gruppe zunehmend differenzierter und kritischer betrachtet. Ins Blickfeld der Forschung gerieten nun verstärkt jene Mythen, die sich über die Jahrzehnte entwickelt und perpetuiert haben (Guntermann 1999, 11–34). Verantwortlich für diese Revision war nicht zuletzt die Debatte um antisemitische Tendenzen der Gruppe (vgl. Briegleb 2003) sowie die „Aufdeckung der Mitgliedschaft namhafter Gruppenmitglieder in der NSDAP (Walter Jens, Martin Walser, Walter Höllerer)" (Braese 2015, 119). Beide Debatten ließen zunehmend die Erkenntnis wachsen, dass der Anspruch einer (literarischen) Vergangenheitsbewältigung von den Gruppenmitgliedern in Teilen selbst überhaupt nicht erfüllt wurde; sie relativierten somit das Bild vom radikalen literarischen Neuanfang nach 1945, das sich in der öffentlichen Wahrnehmung der Gruppe verfestigt hatte. Retrospektiv zeigte sich auf diese Weise, weshalb die Gruppe in den 1960er Jahren zunehmend ihre Repräsentationskraft eingebüßt hatte: Vieles, was hätte gesagt werden müssen, wurde von den Schriftsteller:innen verschwiegen. Günter Grass lässt sich auch hierfür als Symptom begreifen. Sein spätes öffentliches Bekenntnis zur Mitgliedschaft in der Waffen-SS im Jahre 2006 verursachte eine Debatte um die Legitimität seiner (Selbst-)Darstellung als einer moralischen Instanz der bundesdeutschen Nachkriegsgesellschaft. Sowohl mit Blick auf die Gruppe 47 als auch auf Günter Grass stellte sich vielmehr die „Frage nach dem Beitrag […] zur ‚Bewältigung' der NS-Epoche". Die Diskussionen um die Rolle der Gruppe 47 (und einzelner Mitglieder) reflektieren die „ambivalente Funktion, die sie in der Geschichte einer künstlerischen Bewältigung des Nationalsozialismus und seiner Verbrechen eingenommen hat" (Braese 2015, 119). Gerade diese Ambivalenz wiederum ist ein Beleg für „die tiefe Verankerung der Gruppe in der Gesellschaft der Bundesrepublik" (Braese 2015, 119).

Literatur

Andersch, Alfred. *Deutsche Literatur in der Entscheidung*. Karlsruhe 1948.

Arnold, Heinz Ludwig. *Die Gruppe 47*. Reinbek bei Hamburg 2004.

Barner, Wilfried (Hrsg.). *Geschichte der deutschen Literatur von 1945 bis zur Gegenwart*. 2., aktualisierte und erweiterte Auflage. München 2006.

Blöcker, Günter. „Rückkehr zur Nabelschnur (1959)". *„Die Blechtrommel": Attraktion und Ärgernis*. Hrsg. von Franz Josef Görtz. Darmstadt 1984: 71–76.

Böttiger, Helmut. *Die Gruppe 47: Als die deutsche Literatur Geschichte schrieb*. München 2012.

Bourdieu, Pierre. *Zur Soziologie der symbolischen Formen*. Übers. von Wolf H. Fietkau. Frankfurt/M. 1974 [1970].

Enzensberger, Hans Magnus. „Wilhelm Meister, auf Blech getrommelt: Über Günter Grass (1959)". *Einzelheiten I*. Frankfurt/M. 1962: 221–233.

Braese, Stephan. „Im Schatten der ‚gebrannten Kinder': Zur poetischen Reflexion der Vernichtungsverbrechen in der deutschsprachigen Literatur der 90er Jahre". *Chiffre 2000 – Neue Paradigmen der Gegenwartsliteratur.* Hrsg. von Corina Carduff und Ulrike Vedder. München 2005: 81–106.

Braese, Stephan. „Vorwort". *Bestandsaufnahme: Studien zur Gruppe 47*. Hrsg. von Stephan Braese. Berlin 1999: 7–10.

Braese, Stephan. „Gruppe 47". *Lexikon der „Vergangenheitsbewältigung" in Deutschland: Debatten und Diskursgeschichte des Nationalsozialismus nach 1945*. Hrsg. von Torben Fischer und Matthias N. Lorenz. 3., überarbeitete und erweiterte Auflage. Bielefeld 2015: 116–119.

Briegleb, Klaus. *Mißachtung und Tabu: Eine Streitschrift zur Frage: „Wie antisemitisch war die Gruppe 47?"*. Berlin 2003.

Cofalla, Sabine. „Elitewechsel im literarischen Feld nach 1945: Eine soziologische Verortung der Gruppe 47". *The Gruppe 47 Fifty Years On: A Re-appraisal of Its Literary and Political Signifiance.* Hrsg. von Stuart Parkes und John J. White. Amsterdam und Atlanta, GA 1999: 245–262.

Cofalla, Sabine. „Die Gruppe 47: Dominante soziale Praktiken im literarischen Feld der Bundesrepublik Deutschland". *Text und Feld: Bourdieu in der literaturwissenschaftlichen Praxis*. Hrsg. von Markus Joch und Norbert Christian Wolf. Tübingen 2005: 353–370.

Ewen, Jens. „Der Schriftsteller als Intellektueller: Hans Magnus Enzensbergers Problematisierungen eines zweihundertjährigen Denkmusters". *Intellektuelle in der Bundesrepublik Deutschland: Verschiebungen im politischen Feld der 1960er und 1970er Jahre*. Hrsg. von Thomas Kroll und Tilman Reitz. Göttingen 2003: 249–267.

Görtz, Franz Josef (Hrsg.). *„Die Blechtrommel": Attraktion und Ärgernis*. Darmstadt 1984.

Guntermann, Georg. „Einige Stereotype zur Gruppe 47". *Bestandsaufnahme: Studien zur Gruppe 47*. Hrsg. von Stephan Braese. Berlin 1999: 11–34.

Hage, Volker. „Die Enkel kommen". *Der Spiegel* (11. Oktober 1999).

Hehl, Michael Peter. „Berliner Netzwerke. Walter Höllerer, die Gruppe 47 und die Gründung des Literarischen Colloqiums Berlin". *Poetik im technischen Zeitalter: Walter Höllerer und die Entstehung des modernen Literaturbetriebs*. Hrsg. von Achim Geisenhanslüke und Michael Peter Hehl. Bielefeld 2013: 155–189.

Herrmann, Elisabeth. „Das Kind (?) Oskar: Totale Verweigerung und anarchische Aufstörung in Günter Grass' ‚Die Blechtrommel'". *Das ‚Prinzip Störung' in den Geistes- und Sozialwissenschaften*. Hrsg. von Carsten Gansel und Norman Ächtler. Berlin und Boston 2013: 169–184.

Hocke, Gustav René. „Deutsche Kalligraphie oder Glanz und Elend der Modernen Literatur". *Der Ruf 7 (1946): Hans Werner Richter und die Gruppe 47*. Hrsg. von Hans Adolf Neunzig. München 1979.

Holzendorf, Jan. *Theologie bei Günter Grass*. Berlin und Boston 2021.

Irsigler, Ingo. *Überformte Realität: Konstruktionen von Geschichte und Person im westdeutschen Roman der 1950er Jahre*. Heidelberg 2009.
Kiesel, Helmuth. *Geschichte der literarischen Moderne: Sprache – Ästhetik – Dichtung im zwanzigsten Jahrhundert*. München 2004.
Kramer, Sven. „Zusammenstoß in Princeton: Peter Weiss und die Gruppe 47". *Bestandsaufnahme: Studien zur Gruppe 47*. Hrsg. von Stephan Braese. Berlin 1999: 155–174.
Kröll, Friedhelm. *Gruppe 47*. Stuttgart 1979.
Lorenz, Otto. *Die Öffentlichkeit der Literatur: Fallstudien zu Produktionskontexten und Publikationsstrategien: Wolfgang Koeppen – Peter Handke – Horst-Eberhard Richter*. Tübingen 1998.
Magenau, Jörg. *Princeton 66: Die abenteuerliche Reise der Gruppe 47*. Stuttgart 2015.
Müller-Jentsch, Walther. *Die Kunst in der Gesellschaft*. Wiesbaden 2011.
Neumann, Uwe. „Kein weites Feld: Zum Briefwechsel zwischen Günter Grass und Marcel Reich-Ranicki". *Freipass* 3 (2018): 142–195.
Niese, Kristof. *„Vademekum" der Protestbewegung? Transnationale Vermittlungen durch das Kursbuch von 1965 bis 1975*. Baden-Baden 2017.
Reich-Ranicki, Marcel. „Eine Diktatur, die wir befürworten". *Die Gruppe 47: Bericht, Kritik, Polemik. Ein Handbuch*. Hrsg. von Reinhard Lettau. Neuwied 1967: 139–142.
Reich-Ranicki, Marcel. „Auf gut Glück getrommelt". *„Die Blechtrommel": Attraktion und Ärgernis*. Hrsg. von Franz Josef Görtz. Darmstadt 1984: 116–121.
Schildt, Axel. *Medien-Intellektuelle in der Bundesrepublik*. Göttingen 2020.
Schwab-Felisch, Hans. „Ein Trauerspiel". *Frankfurter Allgemeine Zeitung* (29. Dezember 1959).
Sieg, Christian. *Die ‚engagierte Literatur' und die Religion: Politische Autorschaft im literarischen Feld zwischen 1945 und 1990*. Berlin und Boston 2017.
Tommek, Heribert. *Der lange Weg in die Gegenwartsliteratur: Studien zur Geschichte des literarischen Feldes in Deutschland von 1960 bis 2000*. Berlin, München und Boston 2015.
Ulmer, Judith S. *Geschichte des Georg-Büchner-Preises: Soziologie eines Rituals*. Berlin 2006.
Wagner, Sabrina. „Transgenerationelle Erwartungen im literarischen Feld". *Generation und Erwartung: Konstruktionen zwischen Vergangenheit und Zukunft*. Hrsg. von Kirsten Gerland, Benjamin Möckel und Daniel Ristau. Göttingen 2013: 178–196.
Wende-Hohenberger, Waltraud. *Ein neuer Anfang? Schriftsteller-Reden zwischen 1945 und 1949*. Stuttgart 1990.

IV.2 Verlage

Philip Ajouri

1 Überblick

Die Verbindung von Grass und seinen Verlagen ist vielfältig und dynamisch. Grass entwickelte sich rasch vom in Verlagsdingen unbedarften Dichter und Grafiker eines Lyrik-Erstlings zu einem Autor mit weltweiter Leserschaft und großem Einfluss in ‚seinen' Verlagen. Grass hatte deshalb seit der *Blechtrommel* (1959) eine herausgehobene Position in seinen Verlagen, von einer typischen Autor-Verleger-Beziehung kann man schon aufgrund von Grass' starker Position im literarischen Feld nicht sprechen. Darüber hinaus sind mindestens drei Merkmale für seine Beziehung zu Verlagen charakteristisch: Ausgehend von seiner eigenen Situation reflektierte Grass die rechtliche und ökonomische Situation der Verleger-Autor-Beziehung im Rahmen der linken Theoriebildung und verband sie mit politischem Aktivismus, z. B. zur betrieblichen Mitbestimmung in Verlagen. Zweitens verfasste er als ausgebildeter Steinmetz, Bildhauer und Grafiker nicht nur Texte, sondern verstand das Büchermachen vielmehr stets auch als gestalterische Aufgabe, er „dachte nicht in Manuskripten, er dachte in Büchern" (Frisch 2022, 11). Grass arbeitete also an der Gestaltung von Büchern mit, von der Covergestaltung und Illustration bis hin zur Mitsprache bei Format, Layout, Typografie, Einband, Papier und Druck. Drittens war Grass ein starker Autor im Sinne der Werkherrschaft, d. h. er setzte sich nicht nur mit seinen Lektoren auseinander, sondern überwachte auch die Übersetzungen und Lizenzausgaben seiner Werke.

Lässt man Lizenzausgaben außer Acht, veröffentlichte Grass im Wesentlichen in zwei Verlagen, dem Hermann Luchterhand Verlag und dem Steidl Verlag; zudem erschienen im Ch. Links Verlag fünf Einzelpublikationen. Seit seinem literarischen Erstling *Die Vorzüge der Windhühner* (1956) ließ Grass seine Bücher bei Luchterhand verlegen, einem Verlag, der neben dem Schwerpunkt Wirtschafts- und Steuerrecht in den 1950er Jahren dabei war, ein literarisches Programm aufzubauen. 1985 regte der Göttinger Gerhard Steidl, Verleger und Drucker von Foto- und Kunstbüchern, an, ein Werkverzeichnis von Grass' Lithografien und Radierungen zu drucken (*In Kupfer, auf Stein*, Steidl 1986). 1987 wurde Luchterhand zum Unmut wichtiger Verlagsautoren, darunter Grass, an den Fachverlag Wolters Kluwer N.V. verkauft. Grass wechselte 1991 endgültig zu Steidl, der 1993 die weltweiten Verlagsrechte von Grass' Werk kaufte. Mit dem Druckerverleger Gerhard Steidl, der nach handwerklicher, gestalterischer und materieller Perfektion strebt und durch seine eigene Druckerei das Endergebnis besser kontrollieren kann als ein Verlag ohne Druckerei, konnte Grass seine Auffassung des handwerklich-künstlerischen Büchermachens besser umsetzen als in einem Literaturverlag. Fünf Werkausgaben zu Lebzeiten, davon eine Lizenzausgabe, und bislang eine postume Werksammlung, die 2020 von Dieter Stolz und Werner Frizen im Steidl Verlag herausgegebene *Neue Göttinger Ausgabe in 24 Bänden* (NGA), untermauern den

https://doi.org/10.1515/9783110755435-073

kanonischen Status und die Ausnahmestellung, die Grass auf dem Buchmarkt hatte und hat (vgl. *Werkausgabe*, hrsg. von Volker Neuhaus, 10 Bde., Luchterhand 1987; *Werkausgabe*, hrsg. von Volker Neuhaus und Daniela Hermes, 16 Bde., Steidl 1997, Bd. 17–20 Steidl 2007; Lizenzausgabe: Günter-Grass-Gutenberg-Edition Büchergilde Gutenberg 2001–2006; *Studienausgabe*, 12. Bde., Steidl 1993–1994; [Zweite] *Studienausgabe*, 20 Bde., Steidl 2007; *Werke: Göttinger Ausgabe*, 12 Bde., Steidl 2007).

2 Quellenlage und Forschung

Trotz reicher archivalischer Quellenlage existiert bislang nur spärliche Forschung zum Verhältnis von Grass zu seinen Verlagen bzw. Verlegern. Die Luchterhand-Zeit ist besonders im Archiv der Akademie der Künste (Günter-Grass-Archiv) und im Deutschen Literaturarchiv Marbach dokumentiert (A: Luchterhand Verlag; bislang unvollständig erschlossen). Die Georg-August-Universität Göttingen übernahm vom Steidl Verlag das Günter-Grass-Archiv mit Korrespondenzen, Bildentwürfen, Fahnenabzügen, Verlagskatalogen, Werbematerialien und Büchern aus der langjährigen Zusammenarbeit. Große Teile reichen aber in die Luchterhand-Zeit zurück (Nachweise in Kalliope; bislang unvollständig erschlossen). Unter Grass' Büchern und Texten, die das eigene Schaffen thematisieren, ragen die mehrfach aktualisierten Werkstattberichte, zuletzt als *Sechs Jahrzehnte. Ein Werkstattbericht* (Grass 2014), heraus. Ein Werkkatalog mit Grass' Büchern bei Steidl samt Paratexten u. a. von Verleger und Lektor liegt vor (Steidl 2022). Unter den edierten Briefwechseln ist derjenige mit Helen (und anfangs auch mit Kurt) Wolff zu erwähnen, seinen US-amerikanischen Verlegern (Grass und Wolff 2003); zwei Briefe an und von Maria Sommer, seiner Verlegerin beim Gustav-Kiepenheuer-Bühnenvertrieb, wurden ebenfalls gedruckt (Grass und Sommer 2011). Grass äußerte sich auch wiederholt in Reden und schriftlichen Interviews zu seinen Beziehungen zu Luchterhand und zur Frage der betrieblichen Mitbestimmung im Verlagswesen (Grass 1971, 1975a und b, Grass 1976). Grass selbst hat immer wieder kürzere Texte über Verlagsmitarbeiter verfasst, so über seinen Verleger Eduard Reifferscheid (Grass 1969, Grass 1979), über Helen Wolff (Grass 1995), ein Gedicht auf seinen Lektor Helmut Frielinghaus (Grass 2012) oder über Reifferscheid, Wolff, Sommer und Steidl (NGA 19, 305–309). Gerhard Steidl gab mehrere Interviews zur Zusammenarbeit mit Grass, wovon dasjenige mit Heinrich Detering hervorragt (Steidl und Detering 2022). Eine DVD des Steidl Verlags gibt einen Einblick in die Zusammenarbeit zwischen Steidl und Künstlern, darunter Grass (*How to make a book with Steidl*, 2012).

3 Grass bei Luchterhand

3.1 Anfänge

Die literarischen Anfänge von Grass sind eng mit dem Luchterhand Verlag verbunden. Luchterhand war zwar schon 1924 gegründet worden, blieb aber bis zum Tod seines Gründers Hermann Luchterhand (1886–1950) ein Fachverlag für Steuer- und Arbeitsrecht, der Vordrucke, Zeitschriften, Bücher und Lose-Blatt-Sammlungen verlegte. Reifferscheid, ein „Kapitalist mit jungsozialistischen Anwandlungen" (Grass 1979), trat 1933 in den Verlag ein. Der Verlag geriet seit 1936 in größere Konflikte mit der NS-Herrschaft, weil er sich weigerte, Material des Propagandaministeriums zu veröffentlichen und andere Publikationen einzustellen (Walter 1974, 17–18). Diese Selbstsicht des Verlags wurde zumindest relativiert, als bekannt wurde, dass der Verlag 1939 einem verfolgten jüdischen Ehepaar Druckmaschinen abkaufte und von 1950 bis 1966 – also während Grass dort publizierte – in einen Restitutionsprozess verstrickt war (Lokatis 2018). Nach dem Krieg zog der Verlag von Berlin nach Neuwied am Rhein; die neu aufgebaute Literatursparte war ab 1972 in Darmstadt angesiedelt. 1950 gründete der Verlag die Zeitschrift *Texte und Zeichen*, die von Alfred Andersch herausgegeben wurde, und setzte sich damit an die Spitze der jungen bundesrepublikanischen Literatur. 1955 hörte der Lektor Peter Frank Gedichte von Grass auf einer Lesung der Gruppe 47 und schlug brieflich vor, Gedichte von ihm im Luchterhand Verlag zu publizieren (Sprengel 2016, 230). Der Band *Die Vorzüge der Windhühner* (1956; 700 verkaufte Exemplare bis 1959, vgl. Grass 1975a, 216) enthielt Gedichte, Prosa und Zeichnungen und machte Grass über die Gruppe 47 hinaus bekannt (Lyrikpreis des Süddeutschen Rundfunks). Die zweite Auflage folgte dennoch erst 1963. Neben *Texte und Zeichen* verhalf Grass dem Verlag zu einem eigenständigen Profil in der bundesdeutschen Verlagslandschaft; AutorInnen wie H.C. Artmann, Peter Bichsel, Elisabeth Borchers, Ernst Jandl, Hermann Lenz, Anna Seghers, oder Gabriele Wohmann kamen hinzu.

3.2 Die *Danziger Trilogie*: Juristische Auseinandersetzungen und Erfolge

Der Verlagsvertrag für die *Vorzüge der Windhühner* vom 5. Dezember 1955 enthielt im § 13 eine Optionsklausel, die Grass verpflichtete, die nächsten drei Werke bei Luchterhand zu publizieren. Laut damaliger Rechtsprechung (BGH-Urteil vom 14.12.1956) mussten Optionsklauseln in Verlagsverträgen zeitlich oder sachlich begrenzt sein und der Verlag musste hierfür eine angemessene Gegenleistung erbringen. Luchterhand berief sich dabei auf die „besondere Einführungsarbeit" für den damals unbekannten Grafiker und Lyriker. Grass sah insbesondere die letzte Bedingung nicht als erfüllt an (Grass an Margarethe von Erffa, 5. Januar 1959; DLA Marbach) und beharrte darauf, sich „frei" entscheiden zu wollen (Grass an Margarethe von Erffa, 5. Januar 1959; DLA Marbach). Er verhandelte daher mit dem Günther Neske-Verlag, Pfullingen, über eine

Veröffentlichung der noch nicht vollendeten *Blechtrommel*; Luchterhand erfuhr davon aus der Zeitung (z. B. *FAZ* vom 3. November 1958). Die Luchterhand-Anwältin von Erffa setzte Grass eine Frist, um das fertige Manuskript beim Verlag einzureichen, damit nach dem Ablauf der Frist eine Klage gegen den Autor noch vor der Publikation in einem anderen Verlag möglich werde. Diese Vorgehensweise fand Reifferscheid zwar „nicht falsch", sie war ihm aber doch „zuwider" (Notiz auf einem Schreiben von Erffas an Luchterhand, 23.1.1959, DLA Marbach). Reifferscheid war bereit, auf die Option auf die beiden anderen Werke zu verzichten, wenn Grass die *Blechtrommel* bei Luchterhand publizieren würde. So wurde der Streit gütlich beigelegt. Auch später noch empfand Grass die Auseinandersetzung um die Optionsklausel als prägend, weil sie „nur den Autor, nicht aber den Verlag binde[] und deshalb unzumutbar" sei (Grass in Walter 1974, 29). Für Grass und Luchterhand war *Die Blechtrommel* (1959) ein ökonomischer Erfolg und steigerte auch das symbolische Kapitel erheblich. Durch das breite Presseecho des Romans konnte der Verlag in der Werbung vom „meistdiskutierten Roman des Jahres" sprechen und zahlreiche Rezensionen werbend zitieren, allen voran diejenige von Hans Magnus Enzensberger (Verlagsprospekt *Günter Grass, Die Blechtrommel*; DLA Marbach). Die Emigranten Kurt und Helen Wolff wurden ebenfalls auf das Buch aufmerksam und schlugen eine Publikation für ihren New Yorker Verlag Pantheon Books in einer Übersetzung von Ralph Manheim vor (*The Tin Drum*, 1963). Grass hatte sich zuvor skeptisch gezeigt, ob die in einer Provinz angesiedelte Geschichte und der Dialekt für das Ausland geeignet seien (Grass 1995, 15–16). Zusammen mit der französischen Übersetzung (*Le Tambour*, Édition du Seuil 1961) und dem Preis *Le meilleur livre étranger* (1962) wurde so Anfang der 1960er Jahre der weltweite Ruhm von Grass begründet. Schon der Verlagsprospekt zu *Hundejahre* (1963) festigt dann den Status der *Blechtrommel* als „Weltliteratur" und spricht von Übersetzungen in 11 Sprachen (Verlagsprospekt *Günter Grass, Hundejahre*, DLA Marbach). Zu diesem Zeitpunkt war Grass längst Chefsache bei Luchterhand. Ein internes Rundschreiben des Verlegers Reifferscheid schwor den ganzen Verlag auf die pünktliche Einhaltung des Zeitplans und größte Sorgfalt bei der Herstellung der *Hundejahre* ein. Der Roman bedeute „wirtschaftlich und literarisch mehr als ein Dutzend anderer Bücher" (Rundschreiben der Verlagsleitung, 18. März 1963; DLA Marbach). Die Werbung unterstützte den Verkaufserfolg mit Plakaten, Autorenfotos und Prospekten, und das Rundschreiben an die Sortimentsbuchhandlungen spricht von 25.000 Vorbestellungen und von der 11. bis 15. Auflage (51. –75.000), die – noch vor Auslieferungsbeginn – in Vorbereitung sei.

Gleichzeitig wurde *Hundejahre* verlagsintern vor der Veröffentlichung auf rechtlich bedenkliche Stellen abgesucht. Der Verlag war schon zuvor in juristische Auseinandersetzungen verwickelt. *Katz und Maus* (1961) war bei der Bundesprüfstelle für jugendgefährdende Schriften angezeigt worden und der Verlag musste mit großem Aufwand die Verteidigung organisieren. Gutachten von Kasimir Edschmid, Hans Magnus Enzensberger, Walter Jens, Fritz Martini und dem Psychologen Emil Ottinger sollten den künstlerischen Wert und die pädagogische Unbedenklichkeit der Novelle erweisen. Der Verlag argumentierte auch mit dem Status der *Blechtrommel* als „Weltliteratur", der großen

Verbreitung (1962: 170.000 Exemplare in Deutschland, 50.000 in Frankreich) und den Übersetzungen in zahlreiche Sprachen. Das Verfahren vor der Bundesprüfstelle wurde schließlich eingestellt (vgl. die Dokumente in Loschütz 1968; Lorenz 2009, 104–117).

3.3 Grass' Bücher im Ausland: Osteuropa, USA, Großbritannien

Grass verfolgte ein starkes Autorschaftskonzept und verstand seine ‚Werkherrschaft' (Heinrich Bosse) entsprechend auch bei Lizenzausgaben auszuspielen. Nach eigener Aussage verdiente Grass um 1975 am kontinuierlichsten an den Zweitrechten – Taschenbuchausgaben, Buchclubausgaben und Übersetzungen (Grass 1975a, 215). Zumindest zeitweise wurden die Rechte von Grass und Luchterhand für osteuropäische Länder wie Polen, Tschechoslowakei, Ungarn, Jugoslawien, Rumänien und Bulgarien durch die Internationale Literarische Agentur Geisenheyner & Crone vertreten. Luchterhand stimmte zwar einer Generalvertretung seiner Rechte im Oktober 1956 nicht zu, nutzte aber die Agentur immer wieder, um osteuropäischen Verlagen Rechte einzuräumen. Dabei achtete Grass darauf, dass nicht zu viele verschiedene Verlage eines Landes seine Bücher druckten (Peter Frank an Geisenheyner, 25. November 1965; DLA Marbach) und legte größten Wert darauf, dass die Übersetzungen durch Luchterhand geprüft wurden. Zudem war er bestrebt, dass auch in kleinen Ländern wie Slowenien die Erscheinungsfolge der Werke der *Danziger Trilogie* eingehalten wurde (Geisenheyner an Reifferscheid, 20. September 1965; DLA Marbach). Dass Grass seine Bücher möglichst in inhaltlich unveränderten Ausgaben im Ausland veröffentlichen wollte, zeigt die Publikation vom *Tagebuch einer Schnecke* (1972) in Großbritannien und Jugoslawien. Passagen, die nach der Rechtslage in Großbritannien zu große Klagerisiken bargen, wollte der Londoner Verlag Martin Secker&Warburg streichen lassen, und Grass musste nach großem Widerstand „zähneknirschend" zustimmen (Hans Altenhein an Tom G. Rosenthal, 22. November 1973; DLA Marbach). Diese Zustimmung wurde Hans Altenhein und Grass möglich, weil in der englischen Ausgabe der folgende Zusatz angebracht wurde: „The author and the publisher regret that passages have been omitted for British legal reasons" (Tom G. Rosenthal an Hans Altenhein, 30. Oktober 1973). Als der serbokroatische Verlag Bratstvo-Jedinstvo anfragen ließ, ob das *Tagebuch einer Schnecke* ohne den beschließenden Essay *Vom Stillstand im Fortschritt* gedruckt werden dürfe, holte er sich eine Absage (Grass an Ivan Ivanji, 3. November 1973; DLA Marbach). Gestalterisch lehnen sich die Lizenzausgaben von Grass' Büchern häufig, aber keineswegs immer, an den Originalumschlägen an (Beispiele von *Ein weites Feld*, *Im Krebsgang* und *Beim Häuten der Zwiebel* in: Grass 2014, 379, 439 und 512–513). Seit dem *Butt* (1977) hatte Grass erst bei Luchterhand, dann bei Steidl vertraglich regeln lassen, dass er nach dem Erscheinen eines Buchs ein Übersetzertreffen veranstalten könne, um schwierige Stellen mit den Übersetzer:innen zu besprechen (Grass 2014, 377).

3.4 Politisches Engagement und wachsende Entfremdung

Der Soziologe und Lektor Frank Benseler gründete 1959 im Luchterhand Verlag die Reihe *Soziologische Texte* mit Autoren wie Adorno, Marcuse oder Habermas,. Nachdem sich der Verlag durch Andersch, Grass und anderen an die Spitze der innovativen Literatur gestellt hatte, wurde er durch die *Soziologischen Texte* zu einem Stichwortgeber für die Studentenbewegung (Weber 2007, 252). Ab 1967 leitete Otto F. Walter die Literatursparte und das soziologische Programm des Verlags; von 1969 bis 1973 war er Geschäftsführer des Verlegers Reifferscheid.

Durch die Studentenbewegung der Jahre um 1968 kam es auch in der Buchbranche zu einer Politisierung. In Verlagen wie Wagenbach oder Luchterhand wurde über den Besitz von Produktionsmitteln und Angestelltenverhältnisse, über gesellschaftliche Aufgaben und betriebliche Mitbestimmung diskutiert. Bei Luchterhand trieb Frank Benseler die Forderungen nach Partizipation auf der Mitarbeiterseite voran. Hierbei ging es um weitreichende Mitbestimmungsrechte bei Programm- und Personalentscheidungen (vgl. Weber 2007, 268). Grass, der schon bei seinem Streit um die Optionsklausel bewiesen hatte, dass er (seine) Autorenrechte verteidigen wollte, brachte seit 1968 zusammen mit Benseler und anderen sein symbolisches und ökonomisches Kapital ein, um einen Beirat bestehend aus Autoren und Mitarbeitern durchzusetzen. 1972 drohte Grass Reifferscheid, sein neues Buch *Tagebuch einer Schnecke* nur bei Luchterhand erscheinen zu lassen, wenn der Verlag einen Beirat einrichte (Weber 2007, 275). 1975 ließ Grass in der Verlagsfestschrift *50 Jahre Luchterhand* drucken: „Um meinen Vorstellungen mehr Nachdruck zu geben, habe ich dem Luchterhand Verlag gekündigt, bis sich die Verlagsleitung dazu entschließen wird, einen Aufsichtsrat einzurichten [...]" (Grass in Walter 1975, 29). Otto F. Walter reagierte zwar auf die Reformbestrebungen von Benseler, Grass und anderen, aber die Angelegenheit zog sich in die Länge, nicht zuletzt, weil es viele unterschiedliche Interessen, z. B. des Betriebsrats, gab. Grass, der sich Reifferscheid und anderen Verlagsmitarbeitern sehr verbunden fühlte, begann ab Januar 1975 mit anderen Verlagen, u. a. mit Hanser, Hoffmann und Campe, Europäische Verlagsanstalt, Kiepenheuer & Witsch, Rowohlt und S. Fischer über Mitbestimmungsmodelle im Falle eines Verlagswechsels zu verhandeln (Weber 2007, 275–277). Dabei war ihm als Autor besonders wichtig, dass ein Beirat auch im Fall eines Eigentümerwechsels Mitspracherechte haben würde. Intensive Verhandlungen zwischen Grass, Reifferscheid, Walter, seit Mitte 1973 freier Mitarbeiter, und dem neuen Geschäftsführer Hans Altenhein (seit 1974) führten nach Zerwürfnissen 1976 zu einem Beiratsmodell, in dem die Autoren im Falle eines Verlagsverkaufs ihre eigenen Verlagsverträge fristlos kündigen konnten. Damit wären die Nutzungsrechte wieder an die Autoren zurückgefallen. Da der Wert eines Verlags zu einem erheblichen Teil in den erworbenen Rechten liegt, hatten sich die Autoren eine indirekte Mitsprache beim Verkauf des Verlags erstritten. In einer Rede auf der *Jahrestagung des Verbandes deutscher Schriftsteller* (1976) beklagte Grass den verbreiteten Missstand, dass die Verleger bei einem Eigentümerwechsel die „Autoren mitverkaufen" können (Grass 2020, 10), sah darin einen „Rest Leibeigenschaft" (Grass

2020, 10), skizzierte das neue Luchterhand-Modell und regte an, es auf andere Verlage zu übertragen (Grass 2020, 16).

Neben Peter Härtling wurde auch Grass Autoren-Vertreter im Luchterhand-Beirat (Weber 2007, 291). Trotz dieses Erfolgs sah sich er in den 1970er Jahren immer wieder durch den Luchterhand Verlag enttäuscht. Der Verlag wurde durch Reifferscheid ohne Rücksprache mit Walter oder den Autoren umstrukturiert, ohne Vorwarnung wurde die Verlagsdependence in Berlin, die Grass auch als Büro gedient hatte, geschlossen (Grass an Walter 9. Februar 1971; DLA Marbach). Zudem befürchtete Grass Anfang der 1970er Jahre im Verlag eine „ideologische Einengung der Meinungsfreiheit“ in Richtung radikal linker Positionen (Grass an Walter, 29.10.1970; DLA Marbach). Kristallisationspunkt dieser Sorgen war eine Geburtstagspublikation zu Anna Seghers’ 70. Geburtstag („Information 10“), die unter dem Lektorat von Elisabeth Borchers erschienen war. Diese Broschüre war Grass zuwider, weil dort dokumentiert worden sei, wie Seghers den Volksaufstand in Ungarn im Jahr 1956 verurteile: „[...] das mache ich nicht mit.“ (Grass an Reifferscheid, 25.1.1971; DLA Marbach). Der Prospekt sei ein „serviles Produkt“, das die DDR-Diktion übernehme und ihm „peinlich“ sei; „unerträglich“ sei es für ihn, Autor eines Verlages zu sein, in dem „dem Stalinismus und seinen Konsequenzen Deckmäntelchen gestrickt werden.“ (Grass an Walter, 9. Februar 1971; DLA Marbach). Reifferscheid persönlich musste eingreifen und die Wogen glätten. An diesem Beispiel sieht man, was sich auch bei anderen Autoren beobachten lässt, nämlich dass Schriftsteller sehr genau beobachten, was in ihrem Hausverlag publiziert wird.

1972 wurde Benseler fristlos entlassen, letztlich wohl auch aus politischen Gründen, und 29 Autoren, darunter Grass, setzten sich für eine Weiterbeschäftigung oder zumindest für eine fristgerechte Kündigung ein. Trotz aller Treue und Zuneigung zum Verlag und zum Verleger Reifferscheid missbilligte Grass diese und andere Unstimmigkeiten zwischen Lektoren, Geschäftsführer und Verleger, die seiner Ansicht nach dazu führten, dass Autoren vernachlässigt wurden (Grass an Reifferscheid, 21. August 1972; DLA Marbach; vgl. Weber 2007, 272).

1987 wurde Grass’ Sorge Wirklichkeit und der inzwischen 88 Jahre alte Reifferscheid verkaufte zusammen mit seinen Gesellschaftern (Heinz Luchterhand, Fritz Berger) den Verlag. Um den Verkauf vorzubereiten, hatten die Gesellschafter den Gesellschaftervertrag geändert und den Beirat damit aufgelöst, ohne ihn auch nur darüber zu informieren. Damit war die Möglichkeit der Autoren, ihre Rechte im Fall eines Eigentümerwechsels zurückzuverlangen, ausgehebelt. Mehr als 20 Luchterhand-Autoren, darunter Grass, protestierten öffentlichkeitswirksam. Zahlreiche Zeitungen und Zeitschriften berichteten über das „verscherbelte Gesinde“ ([Anon.]. 1987b). Die Autoren Peter Bichsel, Grass, Max von der Grün, Peter Härtling und der Geschäftsführer Hans Altenhein erwirkten, dass der literarische Verlag an die Arche Verlag AG weiterverkauft wurde (vgl. [Anon.]. 1987a), zumal Wolters Kluwer als Käufer vor allem am Fachverlag für Steuer- und Wirtschaftsrecht Interesse hatte. Grass’ Werkausgabe zum 60. Geburtstag (1987), die das bislang Geleistete versammelte, erschien noch bei Luchterhand.

4 Grass beim Steidl Verlag

Grass' allmählicher Wechsel zu Steidl, 1991 endgültig vollzogen, fiel demnach in eine Zeit, in der große Veränderungen bei Luchterhand wie das Ausscheiden des Verlegers Reifferscheid und der Verkauf des Verlags samt Autorenrechten das Vertrauensverhältnis zwischen ihm und dem Verlag massiv erschüttert hatten. Hinzu kam, dass er die Möglichkeit sah, mit Gerhard Steidl Bücher auf eine ganz neue Weise zu verlegen, die Grass selbst zum Buchgestalter machte, den Verleger tiefgehend in den Produktionsprozess der Bücher miteinbezog, und die entstehenden Bücher zu neuartigen Text-Bild-Objekten werden ließ, die zumindest unter den kanonisierten Autoren ihres gleichen suchen. Grass hat auch diesbezüglich Verlagsgeschichte geschrieben.

In der Übergangszeit zwischen Luchterhand und Steidl entstand mit *Zunge zeigen* (1988) ein Buch, das noch beim inzwischen von Elisabeth Raabe und Regina Vitali geleiteten Luchterhand Verlag erschien, aber schon gemeinsam mit und bei Gerhard Steidl gestaltet wurde (Steidl und Detering 2022, 16–19). Um dieses Buch gab es Streit mit Luchterhand und dessen Lektor Helmut Frielinghaus. Luchterhand musste es missfallen, dass der wichtigste Autor so enge Beziehungen zu einem anderen Verlag unterhielt. Zudem fehlte im Literaturverlag Luchterhand wohl das Verständnis für riskante Bücher im Großformat, bei denen der Autor erheblich mitgestalten wollte. Grass sah sich „verlegerisch im Stich gelassen" (Grass an Frielinghaus, 25. Oktober 1989, zit. nach Detering 2022, 89). Vor diesem Hintergrund erscheint der Verlagswechsel zu Steidl nicht nur, aber doch auch buchgestalterisch bedingt gewesen zu sein. *Zunge zeigen* wurde zur „Geburtsstunde des Arbeitsprinzips Grass-Steidl" (Detering 2022, 19). Bücher wie *Totes Holz* (1999), *Fundsachen für Nichtleser* (1997), *Mein Jahrhundert* (1999), *Letzte Tänze* (2003) oder *Dummer August* (2007) folgen diesem Prinzip offensichtlich, aber auch Romane wie *Ein weites Feld* (1995) entstanden durch die intensive Zusammenarbeit von Grass und Steidl.

4.1 Arbeitsweise von Grass bei Steidl und Luchterhand

Grass wollte nach eigener Aussage stets mit Lektoren zusammenarbeiten, die seine Texte durchaus kritisch lasen und sich mit ihnen und ihrem Autor auseinandersetzten. Seine Arbeitsweise sah so aus (vgl. dazu auch Stolz 2023, 409–416), dass er die Texte zunächst handschriftlich verfasste, wobei er sich laut vorlas; auch seine Frau wurde mit einbezogen. In diesem Prozess schrieb Grass eine Schreibmaschinenfassung auf einer seiner Olivetti-Reiseschreibmaschinen. Etwa nach der dritten Niederschrift wurden die jeweiligen Lektoren einbezogen: „Ich kann im Arbeitsprozess selbst keinen Lektor haben" (Grass 1975a, 217; vgl. auch Steidl 2022, 12 und Stolz 2023, 420–422). Später dann diktierte er diese lektorierte Fassung seiner Sekretärin für die elektronische Textverarbeitung. In der Luchterhand-Zeit entwarf Grass während der Arbeit an den Korrekturfahnen den Buchumschlag (Grass 2014, 115). Obwohl Schreiben und die bildende Kunst bei Grass nie getrennt waren, bezog sich beides im Laufe der Zeit immer stärker aufeinander. Seit *Die Rättin* (1986), 1982/83 auf feuchten Tonblättern begonnen, schrieb Grass in zweckentfremdete Blindbände, also in leere Bücher, die im Verlag üblicherweise schon vor dem Druck einen physischen Eindruck vom Buchkörper vermitteln sollen (Grass 2014, 270–271.). Die Praxis wurde bei Steidl beibehalten (Steidl 2022). Schon diese Bücher sind intermediale Werke, die Bild und Text vereinen (z. B. Grass 2014, 290–296). Seit der Zusammenarbeit mit Steidl konnten und sollten Texte und Bilder „gleichberechtigt" (Steidl und Detering 2022, 22) ineinander verschränkt werden. Die „Abfolge der Zeichnungen", die „Verteilung von Bildern und Texten" (Steidl und Detering, 19), Typographie, Rohsatz, aber auch Papier, Einband, Schutzumschlag: Alles dies wurde in einem „Pingpongspiel" (Steidl und Detering 2022, 23) entworfen, das zwischen Grass und Steidl sowie seinen MitarbeiterInnen im Verlag, z. B. dem Typografen Klaus Detjen, stattfand. Dabei konzipierte Steidl seit der Zusammenarbeit mit Grass alle seine Bücher gemeinsam mit den jeweiligen Künstlern, zumeist von innen nach außen (Steidl und Detering, 30), übertrug also das mit Grass entwickelte Arbeitsprinzip auch auf andere Künstler. Selbst die ersten gedruckten Bögen eines fertigen Werks prüfte Grass direkt im Verlag (Steidl 2022). Seit *Zunge zeigen* wird Grass im Impressum als erster Buchgestalter aufgeführt (Detering, Kunze und Wellnitz, 12). Im Steidl Verlag hatte er denn auch eine eigene Werkstatt für künstlerische Arbeiten.

4.2 Marketing

Der Steidl Verlag betrat mit *Ein weites Feld* (1995) neue Wege des Buchmarketings. Durch Steidls Zusammenarbeit mit dem Modedesigner Karl Lagerfeld mag der Verleger im Umgang mit der Ökonomie der Aufmerksamkeit geschult worden sein. Eine generalstabsmäßige Planung, die Idee eines von Steidl so genannten „Spannungsbogen[s]" (Gächter 1995, 198) in der Marketingkampagne, die ein knappes Jahr dauerte, und ein großes Budget von 450.000 Mark waren neu in der deutschen Buchbranche, und ganz besonders in der Hochkultur. In einem Interview verglich Steidl seine Kampagne mit der Werbung für die Salzburger Festspiele oder für Hollywood-Filme (vgl. Gächter 1995, 198). Vor dem Erstveröffentlichungstag, dem 28. August 1995, Goethes Geburtstag, gab es Pressemeldungen, Lesungen durch Grass, Buchhändlertreffen in Göttingen, Versand von 4.500 Leseexemplaren, Werbematerialien des Verlags samt Leseproben u. v. m. (vgl. dazu Stolz 2008). Diese Werbekampagne war erfolgreich, löste aber erhebliche Widerstände bei Kritikern und in anderen Verlagen aus (vgl. Martus 2022). Von „penetrante[r] Vermarktung" war die Rede, und bei S. Fischer betonte man abgrenzend, dass das Marketing dem ‚Kulturgut Buch' adäquat sein müsse (zit. nach Martus 2022, 208). Der Erfolg des Buchs konnte aber auch durch die Verrisse von Marcel-Reich-Ranicki und anderen nicht gedämpft werden, eher im Gegenteil. Der Steidl Verlag managte während dieser Zeit eine der größten Debatten, die je in der Bundesrepublik um ein literarisches Werk geführt worden war.

5 Forschungsperspektiven

Die Forschung zu Grass und seinen Verlagen bedarf verstärkter Archivarbeit und eines pluralistischen Zugriffs, der Werkgenese und Werkgestaltung im literaturwissenschaftlichen Sinne berücksichtigt und überschreitet, um Grass' Wirken in seinen Verlagen umfassender in den Blick zu nehmen. Praxeologische Fragstellungen, z. B. was die Zusammenarbeit von Lektor und Autor betrifft (z. B. Sprengel 2016, Barner 2021), können hierbei ebenso fruchtbar gemacht werden wie die kulturwissenschaftliche Materialitätsdebatte (Meier, Ott und Sauer 2015). Um Grass' Handeln in den Verlagen in seiner ganzen Dimension zu verstehen, wird man auch die soziale, politische, ökonomische und rechtliche Beziehung von ihm und seinen Verlagen in den Blick nehmen und dabei chronologisch differenziert und autorenvergleichend vorgehen müssen. Dabei werden unterschiedliche Verlagsbereiche wie Geschäftsführung, Lektorat, Lizenzen, Marketing oder Herstellung zu berücksichtigen und verschiedene Quellentypen zu kombinieren sein: Archivalien wie Verträge, Honorarabrechnungen, Briefwechsel, Manuskripte, interne Notizen, gestalterische Entwürfe wie Blindbände, Umschlagentwürfe und Satzproben, Verlagswerbung B2B und B2C, Fotografien, publizierte Bücher etc. Von solchen Untersuchungen würde nicht nur die Buchwissenschaft profitieren, sondern ebenso die Grass-Philologie und eine allgemeine Literaturwissenschaft, die Werke in ihrer materialen und praxeologischen Dimension zu begreifen sucht, die mithin Werke auch als Verlagsliteratur und Autorschaft in der Moderne auch als Verlagsautorschaft konzipiert.

Literatur

[Anon.]. „Delikater Balanceakt". *Der Spiegel* 39 (1987a): 263.

[Anon.]. „Verscherbeltes Gesinde". *Der Spiegel* 33 (1987b): 165–166.

Barner, Ines. *Von anderer Hand: Praktiken des Schreibens zwischen Autor und Lektor*. Göttingen 2021.

Detering, Heinrich, Lisa Kunze und Katrin Wellnitz (Hrsg.). „Die dritte Dimension: Günter Grass als Büchermacher". *Günter Grass als Buchkünstler*. Göttingen 2022: 9–14.

Detering, Heinrich. „Windbruch und Wortbruch: Ökologische Krise und romantische Dekonstruktion in Grass' ‚Totes Holz'". *Günter Grass als Buchkünstler*. Hrsg. von Heinrich Detering, Lisa Kunze und Katrin Wellnitz. Göttingen 2022: 73–109.

DLA Marbach, Sig.: A: Hermann-Luchterhand-Verlag. [ungedruckt]

Frielinghaus, Helmut. „Günter Grass und die Zensur". *Kunstfreiheit und Zensur in der Bundesrepublik Deutschland*. Hrsg. von York-Gothart Mix. Berlin 2014: 250–260.

Frisch, Daniel. „Über dieses Buch". *Büchermachen mit Günter Grass: Werkkatalog 1986–2022*. Hrsg. von Gerhard Steidl. Göttingen 2022: 11.

Gächter, Sven. „Interview mit Gerhard Steidl (profil 28.8.1995)". *Der neue Roman von Günter Grass „Ein weites Feld" und die Literaturkritik*. Hrsg. von Georg Oberhammer und Georg Ostermann. Innsbruck 1995: 197–198.

Grass, Günter. „[Antwort auf] Autorenumfrage: Mittel und Bedingungen schriftstellerischer Arbeit". *Gegenwartsliteratur: Mittel und Bedingungen ihrer Produktion. Eine Dokumentation über die literarisch-technischen und verlegerisch-ökonomischen Voraussetzungen schriftstellerischer Arbeit. Vorlesungszyklus von Otto F. Walter an der Universität Basel.* Hrsg. von Peter-André Bloch. Bern und München 1975a: 213–219.

Grass, Günter. „Antwort auf zwei Fragen". *Luchterhand: Die ersten 50 Jahre. 1924–1974.* Hrsg. von Otto F. Walter. Neuwied 1975b: 29–30.

Grass, Günter, und Helen Wolff. *Briefe 1959–1994.* Hrsg. von Daniela Hermes. Göttingen 2003.

Grass, Günter. „Das Recht auf Mitbestimmung (1976)". *Werkausgabe in 24 Bänden.* Bd. 22. Hrsg. von Dieter Stolz und Werner Frizen. Göttingen 2020: 10–16.

Grass, Günter. „Ein gewichtiger Mann: Zum 80. Geburtstag des Verlegers Eduard Reifferscheid". *Die Zeit* 20 (11. Mai 1979): 52.

Grass, Günter. „Helmut Frielinghaus nachgerufen." *Die Zeit* 6 (2. Februar 2012): 42.

Grass, Günter. „Nachruf auf Helen Wolff". *Johnson-Jahrbuch* 2 (1995): 11–18.

Grass, Günter. „Schriftsteller und Gewerkschaft". *Einigkeit der Einzelgänger: Dokumentation des ersten Schriftstellerkongresses des Verbandes deutscher Schriftsteller (VS).* Hrsg. von Dieter Lattmann. München 1971: 25–32.

Grass, Günter. *Sechs Jahrzehnte: Ein Werkstattbericht.* Hrsg. von G. Fritz Magull und Hilke Ohsoling. Göttingen 2014.

Grass, Günter, und Maria Sommer. „Zwei Briefe". *100 Jahre Kiepenheuer Verlage.* Hrsg. von Siegfried Lokatis und Ingrid Sonntag. Berlin 2011: 214–217.

Lorenz, Matthias N. *Literatur und Zensur in der Demokratie: Die Bundesrepublik und die Freiheit der Kunst.* Göttingen 2009.

Loschütz, Gert (Hrsg.). *Von Buch zu Buch – Günter Grass in der Kritik: Eine Dokumentation.* Neuwied und Berlin 1968.

Martus, Steffen. „Die ‚Ausweitung der Markenzone' auf dem Buchmarkt: die Debatte um Günter Grass' ‚Ein weites Feld' als Symptom". *Im Zentrum: das Buch. Forschungen, Projekte, Reflexionen am Zentrum für Buchwissenschaft. Eine Bilanz der ersten Jahre. Für Christine Haug.* Hrsg. von Johannes Frimmel, Waldemar Fromm, Helen Müller und Marcel Schellong. Wiesbaden 2022: 203–213.

Meier, Thomas, Michael R. Ott und Rebecca Sauer (Hrsg.). *Materiale Textkulturen: Konzepte – Materialien – Praktiken.* Berlin, München und Boston 2015.

Sprengel, Marja-Christine. *Der Lektor und sein Autor: Vergleichende Fallstudien zum Suhrkamp Verlag.* Wiesbaden 2016.

Steidl, Gerhard (Hrsg.). „Über das Büchermachen mit Günter Grass". *Büchermachen mit Günter Grass: Werkkatalog 1986–2022.* Göttingen 2022: 12.

Steidl, Gerhard, und Heinrich Detering: „Pingpong am Zeichentisch: Ein Gespräch mit Gerhard Steidl". *Günter Grass als Buchkünstler.* Hrsg. von Heinrich Detering, Lisa Kunze und Katrin Wellnitz. Göttingen 2022: 15–30.

Stolz, Dieter. „Günter Grass: Ein weites Feld und kein Ende". *Die Medien und Günter Grass.* Hrsg. von Hanjo Kesting. Köln 2008: 73–182.

Stolz, Dieter. *Günter Grass. Der Schriftsteller.* München 2023.

Walter, Otto F. (Hrsg.). *Luchterhand: Die ersten 50 Jahre. 1924–1974.* Neuwied 1975.

Weber, Ingmar. „Der Beirat des Hermann-Luchterhand-Verlages – Mitbestimmung der Autoren". *Die Politisierung des Buchmarkts: 1968 als Branchenereignis. Hans Altenhein zum 80. Geburtstag gewidmet.* Hrsg. von Stephan Füssel. Wiesbaden 2007: 243–352.

IV.3 Literaturpreise

Christoph Jürgensen

1 Ausgezeichnet: Grass und seine Preise

Der Beginn von Günter Grass' öffentlicher Laufbahn als Schriftsteller fällt mehr oder minder mit seiner ersten Auszeichnung zusammen: 1955 reicht seine Ehefrau Anna Grass (gemeinsam mit seiner Schwester Waltraut und „mehr aus Jux" mit der Zustimmung des Autors) das Gedicht *Lilien aus Schlaf* im Rahmen eines Lyrik-Wettbewerbs des Süddeutschen Rundfunks ein und es erreicht hinter Texten von Christine Busta und Wieland Schmid immerhin den mit 150 DM dotierten dritten Platz. Von diesem Auftaktereignis aus entwickelt sich eine äußerst handlungsreiche, wechselvolle und immer wieder skandalträchtige Preisgeschichte, zu der neben den zentralen Preisen bundesrepublikanischer Institutionen bald auch zunehmend literaturpreisliche Würdigungen im Ausland gehören, wie etwa diejenige mit dem Prix du Meilleur Livre étranger für *Die Blechtrommel* (Frankreich 1962) oder durch den Premio Letterario Internazionale Mondello (Italien 1977). Ihren Höhepunkt findet diese Geschichte mit der in Sicht auf die weltweite Resonanz kaum überbietbaren Konsekration durch den Nobelpreis für Literatur im Jahr 1999. Auf diese Ehrung folgen zwar noch weitere Auszeichnungen (beispielsweise der Hans Christian Andersen-Preis, 2005, oder der Ernst-Toller-Preis, 2007), im emphatischen Sinne ist der literaturbetriebliche Handlungszusammenhang damit jedoch abgeschlossen – die Weihe durch die schwedische Akademie und der Name ‚Grass' sind seither wie untrennbar miteinander verbunden, d. h. er figuriert (besonders deutlich sichtbar an den Nachrufen zu seinem Tod im Jahr 2015) als ‚der Nobelpreisträger Günter Grass'. An dieser sechs Jahrzehnte umspannenden Preisgeschichte zeigt sich zweierlei: Einerseits lässt sich an ihr der Weg von Grass durch das literarische Feld verfolgen, vom Eintritt als häretischer Neuankömmling über die Verkörperung des Autorschaftsmodells eines streitbaren, sich in die gegenwärtige Politik einmischenden Intellektuellen, bis zum die deutsche Literatur repräsentierenden Großschriftsteller in der Nachfolge von Goethe und Thomas Mann. Andererseits läuft in dieser Auszeichnungschronologie eine Literatur-, Sozial- und Mentalitätsgeschichte der Bundesrepublik mit: Denn generell „führt das Auszeichnungs- und Anerkennungsritual ‚Literaturpreis' mit den preisstiftenden Institutionen, Verlagen, Autoren, Medien, Literaturkritikern und Lesern alle wesentlichen Instanzen des literarischen Feldes zusammen. So deutlich wie vielleicht in sonst keinem anderen Zusammenhang wird das literarische Feld im Zuge dieses Rituals gleichsam im Prozess sichtbar; einem Prozess, der grundsätzlich auf eine Strategie der Kanonisierung als Normierung kultureller Wertmuster abzielt [...]." (Jürgensen und Weixler, 3) Für jede einzelne Preisvergabe ist dabei zu fragen, wie feldautonom sich diese Repräsentationslogik präsentiert, oder andersherum perspektiviert, in welchem Maße sie über ihre Grenze hinaus auf das Feld der (politischen) Macht bezogen ist. Und besonders Grass wiederum ist als Autor in einem Maße eine öffentliche Figur gewesen, wie dies vielleicht kein anderer deutschspra-

https://doi.org/10.1515/9783110755435-074

chiger Autor der zweiten Hälfte des 20. Jahrhunderts war, auch deshalb, weil sein Autorschaftskonzept die Regelkreise von Politik und Literatur immer wieder kurzgeschlossen hat. Insofern weisen die vordergründig auf Grass und sein Werk gerichteten symbolpolitischen Tauschprozesse zwischen Preisstiftern auf der einen und gewürdigtem Autor auf der anderen Seite weit über sich hinaus, auf die generelle kulturelle wie gesellschaftliche Verfasstheit der Bundesrepublik zu ‚seiner' Zeit.

Naturgemäß sind nicht alle diese Preise sowohl für Grass im Besonderen wie für die (nicht nur) literarische Öffentlichkeit im Allgemeinen von gleicher Bedeutung (siehe hierzu die Angaben in der Zeittafel im Anhang). Im Folgenden sollen daher nur diejenigen Literaturpreisvergaben dargestellt werden, die sowohl von erheblicher werkbiographischer als auch feldstruktureller Triftigkeit sind. Im Einzelnen handelt es sich dabei um die Verleihung des Preises der Gruppe 47 (1958), um die (Nicht-)Verleihung des Bremer Literaturpreises (1959), ferner um den Büchner-Preis (1965) sowie das Preisjahr 1996, in dem Grass mehrfach prämiert wird, und schließlich den Nobelpreis für Literatur (1999).

2 Sternstunde beim Wettlesen: Der Preis der Gruppe 47 (1958)

Die Vergabe des Preises der Gruppe 47 an Grass im Jahr 1958 ist schon von den Zeitgenossen als „Sternstunde" (Böttiger 2012, 232) der bundesrepublikanischen Literaturgeschichte begriffen worden, eine Einschätzung, der sich die nachgelagerte Rezeption angeschlossen hat. Der Preis war 1950 von Hans Werner Richter, Gründer und bis zum ihrem Ende 1967 Spiritus Rector der Gruppe, eingeführt worden, um die Resonanz der jährlichen Zusammenkünfte zu erhöhen und dabei die „Mentalität" der Gruppe in einem Handlungszusammenhang sichtbar zu machen. Folgerichtig entwarf Richter eine Verleihungspraxis, die dem Charakter der literaturpolitischen Verbündeten entsprach: Nach den Lesungen und Diskussionen wurde eine geheime Abstimmung unter den Teilnehmern durchgeführt, wem der Preis zugesprochen werden sollte, gewissermaßen eine „Manifestation der Gruppenkritik" (Arnold 2004, 61). Im Debütjahr erhielt Günter Eich die Auszeichnung, es folgten Heinrich Böll, Ilse Aichinger, Ingeborg Bachmann, Adriaan Morriën und Martin Walser, in den Jahren 1956/57 wurde auf Betreiben Richters kein Autor prämiert. Einerseits wollte Richter damit der Entwicklung entgegenwirken, dass sich die Werkstattstruktur der Tagungen immer mehr zu einem „Wettlesen" (Richter 1979, 137) auf den Preis hin wandelte. Andererseits stärkte Richter auf diese Weise seine Position als „Leiter, Chef, ja, sogar Diktator der Gruppe 47" (Reich-Ranicki 1958) und erhöhte durch die zweimalige Aussetzung der Vergabe überdies die Spannung darauf, wann es wieder zu einer Vergabe kommen würde. Zudem spielt hier eine Rolle, dass die Jubiläumstagung 1957 in Niederpöcking am Starnberger See von einem ermüdenden Grundsatzstreit zwischen auf Kriegsstoffe konzentrierten Realisten der ersten Autoren-Generation der Gruppe und den zunehmend dazu stoßenden postrealistischen Formalisten geprägt war, der sich nicht mehr konsensuell lösen ließ (vgl. Arnold 2004, 84–93).

Unter diesen Voraussetzungen also betrat Grass 1958 die Bühne in Großholzleute und las zwei Kapitel aus dem *Blechtrommel*-Manuskript. „Schon nach den ersten Sätzen ist der Saal wie elektrisiert", erinnert sich Richter später. „Marcel Reich-Ranicki hört auf, Notizen zu machen, einige hören mit halb geöffnetem Mund zu und Joachim Kaiser wiegt seinen Kopf sanft lächelnd hin und her. [...] Als die Lesung zu Ende ist, wird Grass von vielen umringt." (Richter 1979, 136) Richter selbst wiederum wird bestürmt, den Preis in diesem Fall unbedingt zu vergeben, jedoch ist kein Preisgeld vorhanden. Nach verschiedenen Telefonaten der enthusiasmierten Teilnehmer und Spenden etwa durch Joachim Unseld sind schließlich 5.000 DM zusammen, der Preis wird ausgelobt und Grass in der ersten Abstimmungsrunde mit absoluter Mehrheit gewählt.

Sicher ist diese Erinnerung Richters in eine weichzeichnende „Gloriole" (Böttiger 2012, 232) getaucht, weil die Legendenbildung unmittelbar mit dem Ereignis begonnen hat und Richter hier naturgemäß die eigene Gruppe und damit zugleich sich selbst nobilitieren will. Aber den Zeitungsberichten lässt sich ablesen, dass der Aufritt von Grass bzw. seine Prämierung allgemein als Aufbruchssignal für eine neue Literatur verstanden wird, mit dem sich die Gruppe endgültig von der ersten Phase der Nachkriegsliteratur mit ihren realistischen Rückblicken auf die Jahre der NS-Diktatur verabschiedete und sich hin zu einer stärker phantastisch fabulierenden und an Fragen der ‚reinen' Ästhetik interessierten Moderne ausrichtete. Diese Signalwirkung artikuliert sich vorrangig in affirmativen Schilderungen derjenigen ‚Großkritiker', die Teil der Gruppe sind wie Kaiser und Reich-Ranicki (und sich entsprechend gegen den Vorwurf der „Klüngelei" wehren müssen, Kaiser 1958), überdies aber auch in den Schilderungen neutraler Beobachter. Hans Schwab-Felisch beispielsweise feiert für die *FAZ* die „wilde, ungestüme und hart rhythmische Diktion" (Schwab-Felisch 1958) von Grass' und betont dabei den Wert des Preises. Negative Reaktionen auf Lesung und Preisverleihung bleiben hingegen weitgehend aus (eine Ausnahme bildet eine anonyme Rezension in der *Schwäbischen Zeitung*) – das konservative literaturpolitische Lager opponiert erst zum Erscheinen der *Blechtrommel* wieder heftig gegen die neue Generation, dann aber vehement.

Von dem ‚Gabentausch' (vgl. zu diesem Begriff Dücker et al. 2005) zwischen der Gruppe 47 und Grass haben beide ‚Parteien' erheblich profitiert. Der gewürdigte Autor stieg mit der Auszeichnung zum „literarischen Star" (Arnold 2004, 96) auf, um dessen Manuskript sich die Verleger rissen. Spätestens mit dem Welterfolg der *Blechtrommel* im folgenden Jahr strahlte der Glanz von Grass dann auf die Gruppe zurück, insofern sie „Erstentdeckung und Erstlob zu Recht für sich reklamieren konnte" (Kröll 1979, 47) und ihr Werturteil nun von einer breiten (und nicht nur deutschen) literarischen Öffentlichkeit bestätigt wurde. Aufgewertet waren damit alle Teilnehmer des literaturbezogenen Handlungskomplexes, und damit verbunden das Literaturprogramm der Gruppe. Der Preis der Gruppe 47 avancierte in der Folge zum wichtigsten Literaturpreis der noch jungen Bundesrepublik, vergleichbar mit der späteren Bedeutung des Büchner-Preises.

3 Das Veto des Bremer Stadtsenats gegen die Verleihung des Bremer Literaturpreises (1959/1960)

Gegenläufig zur gelungenen Konsensproklamation zwischen Preisgeber und Preisempfänger im Fall des Literaturpreises der Gruppe 47 des Jahres 1958 geriet das literaturpolitische Geschehen rund um die Verleihung des Bremer Literaturpreises gut ein Jahr später, insofern es im Skandal anstatt in einer für alle Seiten symbolisch einträglichen Preisvergabe endete. Dabei folgte der Auftakt zur Geschichte vom Bremer Literaturpreis 1960 noch einer durchaus üblichen Preislogik: Am 5. Dezember 1959 traf sich die vom Bremer Senat eingesetzte Jury, um über ein im Sinne der Satzung auszeichnungswürdiges Werk zu beraten (zur Geschichte des Preises und zu seinem Profil siehe die Dokumentation von Emmerich 1999). Die u. a. mit dem Germanisten Benno von Wiese, dem Schriftsteller und Direktor der Herzog-August-Bibliothek in Wolfenbüttel Erhart Kästner sowie Rudolf Hirsch vom S. Fischer Verlag kulturell hochrangig besetzte Jury entschied sich schließlich gegen Johnsons *Mutmaßungen über Jakob*, auch aus distinktionsstrategischen Gründen, weil Johnson fast zeitgleich der Fontanepreis zuerkannt wurde, und für Grass' *Blechtrommel*. Dieser Vorschlag ging am 8. Dezember 1959 als schriftliche Vorlage an den Senat mit der Begründung, dass „die stilistische Einordnung des aus Karikatur, Weltschau und Märchen geformten Buches, das ungehemmt vor keinem Tabu des bürgerlichen Lebens halt macht, kaum möglich [ist]. Das Preisgericht ist der Meinung, daß aus der Fülle der Neuerscheinungen dieses Jahres kein der Satzung des Bremer Literaturpreises würdiger entsprechendes Buch empfohlen werden kann." (zit. n. Emmerich 1999, 86)

Dass diese Empfehlung zwar der Satzung entsprach, aber ästhetisch wie weltanschaulich mitnichten passgenau auf den Charakter des Preises abgestimmt war, ist leicht erkennbar. Eingeführt worden war der Literaturpreis aus Anlass des 75. Geburtstags des Bremer Schriftstellers Rudolf Alexander Schröder im Jahr 1953, der in den ersten Jahren auch als Vorsitzender der Jury firmierte – darauf bedacht, Autor:innen auszuzeichnen, die seinem weltabgewandten ästhetizistischen Programm im Zeichen der ‚Inneren Emigration' nahestanden. Bereits 1955 und 1956 ließ sich diese Haltung allerdings nicht mehr widerstandlos durchsetzen, was zu ausgleichenden Doppelvergaben führte (an Herbert Meier und Ilse Aichinger, 1955 sowie Gerd Oelschlegel und Ingeborg Bachmann 1957, Einigkeit wurde im Jahr dazwischen für Ernst Jünger erreicht). Dennoch waren alle Beteiligten von der Reaktion des Senats auf den Vorschlag für das Jahr 1960 überrascht. Per Brief lehnte der Senat die Prämierung von Grass und seiner *Blechtrommel* nämlich mit folgender Begründung ab: „Der nach eingehender Beratung getroffene negative Beschluß findet insbesondere darin seine Begründung, daß eine Auszeichnung durch die Landesregierung, wie sie der Literaturpreis der Freien Hansestadt Bremen darstellt, eine Diskussion in der Öffentlichkeit hervorrufen würde, welche nicht den unbestrittenen literarischen Rang des Buches, wohl aber weite Bereiche des Inhalts nach außerkünstlerischen Gesichtspunkten kritisieren würde." (zit. n. Schwab-Felix 1959) Stattdessen wurde die Jury aufgefordert, einen „anderen Vorschlag" einzubringen, was von den mehrheitlich empörten Jurymitgliedern allerdings verweigert wurde.

Die Weihehandlung fiel letztlich also aus, weil sich kein Konsens zwischen der Auswahl der Jury und den Vorstellungen des (formal letztinstanzlichen) Senats herstellen ließ. Aber unbedeutend für Grass' Preisgeschichte ist diese ausgebliebene Auszeichnung keinesfalls, weil sich ja an Störfällen die Logik eines Rituals sowie die damit verbundenen Wertmuster besonders deutlich zeigen, und gerade dieser Fall hatte überdies eine erhebliche Wirkung auf die Prozesse im literarischen Feld, die über den Anlass hinausgingen. Auf den konkreten Fall gewendet: Sichtbar werden hier zwei (zusammenspielende) Konflikte, ein Streit nämlich zwischen zwei Autorengenerationen sowie ein anderer zwischen den Feldern von Literatur und Politik. Die Akteure des literarischen Feldes betonten dabei sowohl die Eigenlogik der Literatur gegenüber den Bedenken der Politik als auch einen Literaturbegriff, der sich endgültig von der ersten Generation der Nachkriegsliteratur distanzierte. So erklärte zunächst Rudolf Hirsch am 24. Dezember 1959 seinen Rücktritt, am 28. bzw. 29. folgten Benno von Wiese und Erhart Kästner. Aber auch nicht unmittelbar beteiligte Akteure bezogen literaturpolitisch Position: Die frühere Preisträgerin Ingeborg Bachmann etwa teilte dem Senat ihr Befremden über eine Entscheidung mit, die „jede vorangegangene zur opportunen Farce erklärt" (zit. n. Emmerich 1999, 88), womit ex post die (schon bei der Verleihung 1957 ja brüchige) Konsensproklamation zurückgenommen war. Und in der *FAZ* kommentierte der sehr gut informierte, weil Rudolf Hirsch eng verbundene Hans Schwab-Felisch (so der Titel des Artikels) *Ein Trauerspiel*: „Der Senat der Freien Hansestadt Bremen hat mit einer nicht mehr diskutablen Entscheidung ein Präjudiz geschaffen, das der Freiheit der Literatur einen empfindlichen Schlag versetzen müßte, würde es jemals Schule machen. Doch schon der einmalige Fall ist nicht nur beschämend. Er ist deprimierend." (Schwab-Felix 1959) Grass selbst teilte dem *Weser-Kurier* telefonisch mit, vom mangelnden Mut des Senats enttäuscht zu sein, während der ‚Ersatzkandidat' Johnson gegenüber Radio Bremen die Einschätzung vertrat, „es sei völlig unwahrscheinlich, daß ein Schriftsteller von Rang künftig diesen Preis annehmen könnte, solange man nicht Günter Grass Genugtuung gegeben habe." (zit. n. Emmerich 1999, 90)

Der Preis in seiner ursprünglichen Form war dergestalt so stark beschädigt, dass eine grundlegende konzeptionelle bzw. strukturelle Neuausrichtung nötig war. Nach einer Umwandlung des Staatspreises in einen Stiftungspreis konnte er ab 1962 wieder vergeben werden, erster Preisträger des Neustarts war Siegfried Lenz. Derweilen hatte Grass erhebliche Aufmerksamkeitsgewinne einstreichen und infolge der Ablehnung durch eine politische Instanz sein Profil als nonkonformistischer Autor weiter schärfen können.

4 Verschleppter Wahlkampf: Der Georg-Büchner-Preis (1965)

Nachdem der 1923 als Staatspreis des Volksstaates Hessen eingeführte Georg-Büchner-Preis von 1933 bis 1945 ausgesetzt werden musste, erfolgte nach Kriegsende eine langwierige Wiederbegründung, zunächst als strukturelle Fortführung der ersten Preisphase stark an den Ort Darmstadt gebunden (1945–1950, siehe Ulmer 2006, 99–122), dann umgewandelt zu einem grundsätzlich überregional orientierten Preis in Verantwortung der Deutschen Akademie für Sprache und Dichtung. Diese Umwandlung, mit der der Preis sein bis heute gültiges Profil erhielt, führte schließlich zur Prämierung von Gottfried Benn im Jahr 1951 als erstem Preisträger der ‚Neuzeit'. Satzungsgemäß sollten nun „Schriftsteller und Dichter vorgeschlagen werden, die in deutscher Sprache schreiben, durch ihre Arbeiten und Werke in besonderem Maße hervortreten und die an der Gestaltung des gegenwärtigen deutschen Kulturlebens wesentlichen Anteil haben." (zit. n. Assmann und Heckmann 1999, 424) Diese Zielsetzung erfüllte sich zunächst in einer von 1952–1956 anzusetzenden Phase der Restauration (siehe hierzu Ulmer 2006, 178–183) mit Preisträgern wie Ernst Kreuder (1953) und Karl Krolow (1956). Ab 1957 trat der Preis dann in eine Phase der Rebellion ein (siehe hierzu Ulmer 2006, 184–208), in der zunehmend Autor:innen aus dem Umfeld der Gruppe 47 konsekriert wurden, so Günter Eich 1959, Paul Celan 1960 oder Ingeborg Bachmann 1964. Deutlich wird an diesen Preisträger:innen, dass die „Förderung einer zeitkritischen [...] und formal reflektierten (aber nicht konventionssprengenden)" (Lorenz 1998, 65), an die internationale Moderne anschließenden Literatur zunehmend vom Rand ins Zentrum der Kulturpolitik rückte.

Trotz dieses auf die Entwicklungen im Feld reagierenden (und sie zugleich beeinflussenden) Wandels in der Konsekrationspraxis ließ die Resonanzkraft des Büchner-Preises zu wünschen übrig, wie die Präsidiumsmitglieder der auszeichnenden Akademie für Sprache und Dichtung feststellen mussten. Daher wurde einerseits das Preis-Spektrum um sechs weitere Auszeichnungen ergänzt (u. a. für Kritik, für wissenschaftliche Prosa und für Germanistik im Ausland), andererseits sollte das Profil des Büchner-Preises als Nobilitierungsflaggschiff geschärft werden, um insgesamt „die literarische Kultur unseres Landes [zu] heben." Ausgehend von diesen literaturpolitischen Überlegungen schlug der Präsident Hanns W. Eppelsheimer dem Präsidium „für den Büchnerpreis [...] Günter Grass (wenn sein Drama ‚Die Plebejer proben den Aufstand' nicht enttäuscht)" vor, zudem wurden auf der Sitzung am 25. Mai 1965 Elias Canetti, Peter Weiss und Wolfgang Hildesheimer als mögliche Kandidaten diskutiert. Weiss schied rasch aus, weil er gerade erst den Lessing-Preis bekommen hatte und sich überdies durch sein Bekenntnis zum Sozialismus auf dem internationalen Schriftsteller-Treffen in Weimar vom 19. Mai 1965 desavouiert habe, und Canetti kam ebenfalls nicht in Frage, weil *Die Blendung* (Erstausgabe 1936) zu lange zurückliege. Erst nach zweistündigen heftigen Diskussionen (wie das Protokoll der Sitzung dokumentiert) und dem vergeblichen Versuch, Einblick in das Manuskript der *Plebejer* zu erhalten, fiel die Entscheidung gegen Hildesheimer (die nicht schriftlich begründet wird) und für Grass.

Auch wenn Peter Weiss der Jury offenkundig zu weit weg vom demokratischen Konsens der Bundesrepublik positioniert schien und sich daher nicht als Repräsentant des deutschen Kulturlebens eignete, war mit der Entscheidung für den Wahlkämpfer Grass klar, dass durch die Vergabe wiederum Politik und Literatur zueinander in ein problematisches Verhältnis gesetzt sein würden. Allerdings steht der Zusammenhang gegenüber dem Bremer Literaturpreis unter einem umgekehrten Vorzeichen: denn das von Grass verkörperte Modell des politisch engagierten, sich in die Zeitläufte einmischenden Schriftstellers sollte in diesem Ritual ja gerade resonanztaktisch genutzt werden – ein gewissermaßen gegenwartszugewandtes ‚heißes' Modell von Autorschaft, das maximal weit entfernt von der weltfernen ‚Kälte' Benns ist.

Die Ankündigung des neuen Preisträgers sorgte folglich schon im Vorfeld der offiziellen Verleihung für teils heftige Reaktionen im literarischen wie im politischen Feld. So erklärte etwa Horst Lange „in tiefste[r] Bestürzung" über die Wahl seinen Austritt aus der Akademie, zudem erreichten die Institution eine Vielzahl empörter Briefe, während der Kreisvorstand der Jungen Union Darmstadts mittels eines öffentlichen Aufrufs gegen die „blasphemischen und pornographischen Entgleisungen" (zit. n. der ‚Story' auf der Homepage des Büchner-Preises) des designierten Laureaten protestierte. Kurz vor der Verleihung kam es dann sogar zu einer veritablen Bücherverbrennung durch eine evangelische Jugendgruppe, bei der neben der *Blechtrommel* auch Albert Camus' *Der Fall* und Vladimir Nabokovs *Lolita* buchstäblich auf den Scheiterhaufen geworfen wurden (*Darmstädter Echo*, 6. Oktober 1965), sowie zu einem Brandanschlag auf Grass' Haus.

Der Weiheakt am 9. Oktober in der überfüllten Darmstädter Orangerie konnte dann jedoch ungestört und mit den üblichen Handlungen der Ritualpraxis vollzogen werden: Zunächst wurde der Urkundentext verlesen, der Grass „für sein Werk in Lyrik und Prosa worin er kühn, weitausgreifend und kritisch das Leben unserer Zeit darstellt und gestaltet" (Edschmid 1965), feiert und ihn dergestalt mit geradezu heroischen Attributen ausstattet. Was damit aus Sicht der Jury gemeint war, erläuterte anschließend die Laudatio von Kasimir Edschmid: Verdient habe sich Grass die Auszeichnung vollgültig, weil er im Sinne der Preisstatuten „ein Autor unserer Zeit [ist], mit der Wertung unserer Epoche präzis vertraut, mit ihrer besonderen Sprache ausgerüstet, mit Ihrer privaten Einstellung den Personen und dem Schicksal gegenüber, bald kalt, bald warm, jedenfalls im rechten Maß kritisch eingestellt." Von dieser souveränen Warte aus, macht Edschmid ein der Preislogik folgendes Konsensangebot, indem er konstatiert, Grass werde, „zumal angesichts des Spektakels, den Sie in der Literatur angerichtet haben, zu lächeln wissen über die Motive Ihrer Widersacher und über das, was sie Ihnen als schöpferische oder besser als Erfolgs-Motive genüßlich unterstellen." (Edschmid 1965)

Grass jedoch wollte auf dieses Angebot nicht eingehen bzw. verweigerte den Gabentausch, indem er die Normen der etablierten Textgattung ‚Büchner-Preisrede', die sich in Folge der stilbildenden Rede von Benn herausgebildet hatten, unterlief. Konkret gesagt: Grass bezieht sich zwar erwartungsgemäß auf den „Patron des Preises" (Ulmer 2006, 165), erläutert über diese literaturhistorische Bande gespielt seine Auffassung von Literatur bzw. Kunst und reflektiert die soziale Rolle des Dichters – aber all dies anders gewendet, als es im Rahmen des Handlungsrituals typisch ist. Anstatt eine ‚klassische' Dankesrede zu halten, mutete Grass der Zuhörerschaft kurz nach der Bundestagswahl, bei der ‚sein' Kandidat Willy Brandt gegen Ludwig Erhard unterlegen war, eine verspätete Wahlkampfrede im Modus des ‚was-wäre-gewesen-wenn' zu. So setzt seine *Rede über das Selbstverständliche* gerade mit der Aufkündigung des ritualtypisch Selbstverständlichen ein: „Meine Damen und Herren! Wie peinlich. Ich betrüge Sie in aller Öffentlichkeit um den Genuß einer Festrede und verschleppe den profanen Wahlkampf über den Termin hinaus bis in den Windschatten dieser Akademie. Ohne Abstand, ja noch immer betroffen von den ruckenden Zahlen auf dem Fernsehschirm, betrat ich diesen Saal und erteilte dem Zorn das Wort." (NGA 20, 182) Dieser Zorn also will „offenbar [...] machen: Die nationale Pleite – das literarische Falschgeld – die sich als Person bestätigt fühlende Hybris – und das Sprüche klopfende Gewissen einer nicht existenten Nation." (NGA 20, 171) Georg Büchner ruft er dabei geradezu als „Schutzheiligen" (Ulmer 2006, 199) an, um die Verweigerung einer rhetorischen Schmuckrede im Sinne des Preisrituals zugunsten einer in diesem Rahmen unpassenden politischen Rede zu legitimieren und generell seine Handlungen als politisch engagierter Bürger zu überhöhen: „Unheiliger Büchner, steh mir bei!" (NGA 20, 180), ruft Grass den Namensgeber rhetorisch an, und kann nach einer imaginierten Rücksprache mit dem hessischen Revolutionär versichern, in dessen Geiste zu agieren, in diesem Moment auf dem Podium wie generell als Figur des öffentlichen Lebens. „Georg Büchner gab mir den Freipaß: Sag es! Sei ein schlechter Verlierer! Scheue Dich nicht, blind für vergilbte Verdienste zu sein! Wenn es geht, vermeide Zitate!" (NGA 20, 183)

Die Reaktionen auf diesen provokativen Regelverstoß erfolgten so prompt wie erwartbar. Wie schon im Vorfeld erreichten die Akademie entrüstete Postkarten über das „Schwein Günter Grass", die Darmstädter CDU beklagte eine „politische[] Hetzrede übelster Art" und die *FAZ* moniert Grass' Raserei (Rühle 1965). Alles in allem konnte durch die Preisvergabe an den ‚Skandalautor' Grass augenscheinlich erfolgreich auf ein literaturpolitisches Monitum reagiert werden, das Eppelsheimer schon in seiner Laudatio auf Hans Magnus Enzensberger 1963 benannt hatte, nämlich „daß die Literatur im Aufbau unseres Staats noch immer nicht die aktionsfähige Gestalt gefunden hat, die sie als Mitarbeiterin am öffentlichen Wirken glaubwürdig machte." Grass wiederum hatte die Bühne resonanzsensibel genutzt, um sich als als nonkonformistischer Widerredner gegen die herrschenden Verhältnisse zu präsentieren.

5 *Ein weites Feld* und die Folgen: Das Preis-Jahr 1996

Die höchste Weihe im literarischen Feld der Bundesrepublik Deutschland hatte Grass mit dem Büchner-Preis erhalten und seine Preisgeschichte trat damit, lässt sich rückblickend konstatieren, in eine (freilich von weiteren Preisen gesäumte, siehe Anhang) Latenzphase ein, d. h. in ein Warten darauf, ob die höchstmögliche internationale Auszeichnung (der Literatur-Nobelpreis) noch folgen würde.

Ein besonderes Preisjahr stellt während dieses ‚Wartens' dann 1996 dar, von erheblicher mentaler wie werkpolitischer Bedeutung für Grass wie für die Formationsprozesse gleichermaßen: Denn die aggressiven und teils persönlichen Verrisse seines Wende-Romans *Ein weites Feld* (1995) hatten Grass zugesetzt (besonders der Totalverriss durch Reich-Ranicki im *Spiegel*, vgl. Neuhaus 2012, 366–367) und zugleich unvermeidlich Einfluss auf seine Position im literarischen Feld gehabt. Von hier aus lassen sich die vier Preise, die Grass in rascher Folge zuerkannt werden, in doppelter Sicht als Rehabilitierung und als entschiedenen Einspruch der Preisinstanzen gegen die Wertung insbesondere der westdeutschen Literaturkritik verstehen.

Diese feldstrukturelle Konstellation mag dazu beigetragen haben, dass Grass in allen vier Fällen auf das Angebot zum Gabentausch eingeht und in bezeichnender Weise in die Konsensproklamation einstimmt – in ästhetischer wie weltanschaulicher Hinsicht. Den Auftakt machte in diesem Preisjahr im Februar die Verleihung des Hans-Fallada-Preises der Stadt Neumünster, der gemäß der Statuten eigentlich für jüngere Autor:innen bestimmt ist, die im Geist des Namensgebers sozial-politische Themen der mehr oder minder unmittelbaren Gegenwart behandeln. Ein junger Autor ist Grass Mitte der 1990er Jahre freilich in keiner Hinsicht mehr, was die Auszeichnungsgeste aber nur noch verstärkt und sein Schreibprogramm deutlich legitimiert. Entsprechend bedankt sich Grass in einer kurzen Rede für die Ehrung, schildert frühe Fallada-Lektüren aus dem Bücherschrank der Mutter, umreißt in raschen Strichen dessen Werkbiographie und wie Fallada die „Feuilletonbesorgnis“ ignoriert, dass „die Politik den literarischen Stil“ verderbe und sich daher „reinlich nur der Ästhetik verschreiben“ solle. Entstanden seien dergestalt „eine Reihe widerstandsfähiger Bücher, die uns geblieben sind – der Fallada-Preis ehrt mich“, deutet Grass dieses Porträt Falladas durch diese Schlussformel dezent als Selbstbildnis um.

Bedeutsamer noch erscheint die Würdigung mit dem Sonning-Preis der Universität Kopenhagen im April des Jahres, sowohl als internationale Korrektur der Debatte im deutschen Feuilleton als auch durch Grass’ Dankesrede, die den mit einer Million dänischen Kronen dotierten und für Verdienste um die europäische Kultur vergebenen Preis ausdrücklich in Bezug zur Debatte um *Ein weites Feld* setzt. „Ich war verletzt“ (NGA 23, 136), bekennt er dort, schildert seinen topographischen Rückzug vor dem literaturbetrieblichen Getümmel ins abgelegene Møn wie seine werkstrategische Rettungsbewegung „ins Aquarell“ (NGA 23, 137). Aber Grass bleibt nicht bei dieser Beschreibung einer produktionsästhetischen Selbstheilungsstrategie stehen, sondern schlägt vielmehr von diesen ‚Auszeiten‘ den Bogen zu einer generellen Auseinandersetzung mit politischer Literatur, von der sich die Mächtigen gefährdet fühlen und daher zuschlagen – sei es im Fall von Ovid, der für seine *Metamorphosen* ans Schwarze Meer verbannt wird, sei es im Fall des nigerianischen Schriftstellers Ken Saro-Wiwa, „der mit acht anderen Oppositionellen erhängt wurde, während sich der Weltkonzern [...] die Hände in Öl wusch“ (NGA 23, 138–139), sei es bei Salman Rushdie, dessen *Satanische Verse* ihn ebenfalls zum „Opfer der Politik“ (NGA 23, 139) machen. Zwar reiht sich Grass, durch dessen Werkbiographie sich die Kritik an seinem politischen Engagement wie ein *basso continuo* zieht, nicht ausdrücklich in diesen Kanon verfolgter Autoren ein. Aber er stellt seine Haltung zum Verhältnis von Literatur und Macht doch in Verbindung zu diesen Autoren. „Dieser Konflikt ist der Literatur mitgegeben. Ihm auszuweichen hieße, die Bücherregale zu räumen,“ konstatiert er, und von dieser Einsicht aus muss Grass’ Form einer kritischen Zeitzeugenschaft generell und in Sonderheit diejenige von *Ein weites Feld* als letztlich unvermeidlich erscheinen: „So ist es mir, trotz listigster Versuche, nie gelungen, dem mir sperrig querliegenden Erzählstoff, den Themen meiner Zeit auszuweichen. Wer in den zwanziger Jahren dieses Jahrhunderts geboren wurde [...], wer aus deutscher Erfahrung weiß, daß keine noch so unterhaltsame Gegenwart die Vergangenheit wegschwätzen kann, dem ist der Erzählfaden vorgesponnen, der ist nicht frei in der Wahl seines Stoffes, dem sehen beim Schreiben zu viele Toten zu." (NGA 23, 140)

Ebenfalls symbolpolitisch hochstehend ist die folgende Verleihung des Thomas-Mann-Preises der Hansestadt Lübeck, gedacht für Schriftsteller:innen, „die sich durch ihr literarisches Wirken ausgezeichnet haben im Geiste der Humanität, die das Werk von Thomas Mann prägte". Grass reagiert auf diese Konsekrationshandlung mit einer *Die Fremde als andauernde Erfahrung* betitelten Rede, die sich mittels einer Lektüre von Manns *Joseph und seine Brüder* als Roman über Emigration und Anpassung in der Fremde in den Preiskontext einpasst. Den Bogen zu sich schlägt Grass dabei durch die spezifische Lektüre-Situation: Er liest den Roman in Calcutta, und bald ergeben sich dort „vielfenstrige Einblicke ins andauernde Zeitgeschehen. Lektüre, die dazu einlädt, vom Text abzuweichen und textflüchtige Nebenhandlungen einzufädeln" (NGA 23, 147) und sich einen zeitgemäßen bengalischen Joseph zu imaginieren. Die „abschweifende Lektüre" wiederum ist Bedingung der Möglichkeit für eine Volte von der Rezeptions- in die Produktionsästhetik, mittels derer sich Grass schließlich dezent in die Nachfolge Manns stellt: So habe er nämlich „einige Jahre später meinen bengalischen Joseph, der als Traumdeuter bereits einige Verdienste zu verbuchen hatte, in eine Erzählung unter dem Titel ‚Unkenrufe' verpflanzt, selbstverständlich samt Ortswechsel." (NGA 23, 149)

Zusammengeführt sind nationaler wie internationaler Beifall bzw. Zustimmung zu seiner literaturweltanschaulichen Position schließlich in der Zuerkennung des Samuel-Bogumił-Linde-Preises der Stadt Göttingen. Benannt nach dem polnischen Lexikografen Samuel Bogumił, würdigt der von den Partnerstädten Torun und Göttingen kooperativ vergebene Preis statutengemäß jeweils zwei Autoren und Autorinnen, „deren Wort Ideale und Werte schafft, die Menschen, Gesellschaften und Nationen zum gemeinsamen Gespräch führen." Programmatisch erfüllt sieht die Jury diese Werte gleich im Gründungsjahr in den Werken bzw. dem Wirken von Grass (wobei hier wohl vor allem seine besondere Beziehung zu Polen und seinen Einsatz für die Ostpolitik von Willy Brandt gemeint sind) sowie demjenigen der polnischen Dichterin Wisława Szymborska.

6 Literatur-Nobelpreis (1999)

Untrennbar verbunden mit dem Literatur-Nobelpreis ist die sich alljährlich wiederholende Spekulation über plausible Kandidat:innen. Grass gehörte seit vielen Jahren zu den rekurrent genannten Namen, neben Autoren wie Don DeLillo und Thomas Pynchon, António Lobo Antunes und Haruki Murakami oder Salman Rushdie – meist aufgerufen mit dem misserfolgsprophylaktischen Hinweis, dass die wirklich bedeutenden Autoren ohnehin nicht berücksichtigt würden wie beispielsweise Jose Luis Borges, James Joyce oder Marcel Proust (zur Nominierungs- und Vergabepraxis des Literaturnobelpreises vgl. Bohne und Grüttemeier 2021). Schon die amerikanische Rezension der *Blechtrommel* (*The Tin Drum*, 1963) hatte im Roman „Nobel Prize Stuff“ gefunden, Grass selbst notierte im Tagebuch, dass er „im Verlauf von zwanzig Jahren Mal um Mal als Kandidat gegolten“ habe (Grass 2014, 415), und die resignative Reaktion seiner amerikanischen Verlegerin Helen Wolff auf die Vergabe des Preises an Heinrich Böll im Jahr 1972 zeigt, dass sie mit der Prämierung ‚ihres‘ Autors gerechnet hatte: „Der heutige Tag – 20. Oktober – bringt mir wieder einmal zu Bewusstsein, dass Originalität nicht der Schweden Speise ist. Hat man die Wahl, so fällt sie aufs Banalere. Schade.“ (Grass und Wolff 2003, 186)

Insofern lässt sich die Verleihung als erwartbar wie überraschend zugleich bezeichnen. Während Grass sich in seinem ‚Sudelbuch‘ darüber freute, dass ihn diese erwartete Überraschung so spät ereilt hatte, mittlerweile „altersgewitzt“ und entsprechend der „Last“ durch die weltweit sichtbare Weihe gewachsen (Grass 2014, 415, vgl. auch die sichtbare Freude im großformatigen Foto-Tagebuch, in dem Grass’ Verleger die Stockholmer Tage abgelichtet hat, Grass und Steidl 2000), reagierte die deutschsprachige Presse neben vielen Beifallsbekundungen für eine überfällige Entscheidung der Nobelpreis-Akademie teilweise gegenläufig mit einem ‚zu-spät‘. Zu lange schon hätten die späteren Werke von Grass den Glanz seines Frühwerks verdunkelt (so etwa Thomas Steinfeld in der *Zeit*, 6. Oktober 1999). Die internationale Resonanz auf die Entscheidung fiel hingegen einhellig positiv aus. Der *Guardian* etwa informierte seine Leser:innen zustimmend über die Entscheidung: „Grass has evolved into both a grand seigneur of the German literary scene and an outspoken champion of human rights.“ (Paterson 1999) Derweilen ließ *El Pais* José Saramago, den Preisträger von 1998, stellvertretend für die Zeitung urteilen, dass er selbst Grass als seinen Nachfolger gewählt hätte, wegen der literarischen Qualitäten seiner Texte wie seiner unbequemen politischen Ansichten (de Tusta 1999). Und die *New York Times* urteilte im offenkundigen Einverständnis mit dem Schwedischen Komitee: „Uncompromising in his political stances, often headily evocative in his rhythmic prose, Mr. Grass, 71, has probed the development of Germany from Nazism through cold-war division to unification with a relentlessly vivid eye.“ (Reddick 1999)

Die Begründungstexte des Nobelpreiskomitees sind sich im Wesentlichen mit der internationalen Rezeption einig und verbinden dabei drei Aspekte miteinander: Erstens betonen sie die Repräsentativität von Grass für die Formationsprozesse innerhalb der deutschsprachigen literarischen Landschaft. Dabei greifen die Texte auf diskursive Muster zurück, die sich seit der Gründungsphase der Gruppe 47 etabliert hatten, durch die Nennung von Stichworten wie ‚Realismus‘, ‚Neuanfang‘ und die Rede vom Vergessenen bzw. Verleugneten, das aufgearbeitet werden müsse. Zweitens erscheint Grass in der Charakterisierung der Jury nicht nur als repräsentativer, sondern zugleich bzw. darüber hinaus als exklusiver Fall (zum preislogischen Zugleich von Repräsentativität und Exklusivität siehe Amlinger 2020, 280). Grass’ Sonderstellung innerhalb ‚seiner

Gruppe' wird dabei vorrangig mit literarästhetischen Vorzügen begründet, und weniger, wie es eigentlich zum Programm des Nobelpreises gehört, mit der moralischen Implikatur seiner Werkbiographie und seiner Rolle als kritischer Intellektueller. In diesem Sinne formuliert die *presentation speech*: „Other German writers – I'm thinking of Arno Schmidt and Heinrich Böll – portrayed the collapse of human values as apocalypse or tragedy. Grass preferred a literary method more akin to the one adopted by the anonymous parodist who, sometime after Homer, depicted martial heroism as the battle between the frogs and the mice. Grass broke the spell that lay over the German past and sabotaged the German sublime, the taste for the somberly blazing magnificence of foredoomed destruction. This was an achievement far more radical than all the ideological criticism directed against Nazism." Damit ist drittens das literaturpolitische Ziel der Kanonisierung im weltliterarischen Maßstab verbunden. In der *ceremony speech* ist entsprechend die Rede davon, dass die „Publication of The *Tin Drum* meant a second birth for the German novel of the twentieth century. Not since Thomas Mann's *Buddenbrooks* had a first book caused such a stir." Grass erscheint hier gleichermaßen als würdiger Nachfolger der literarischen Aufklärung wie als Stifter einer neuen Tradition. Und gegenüber dem Vorbild Thomas Mann wird Grass sogar noch aufgewertet, insofern dessen Auszeichnung im Jahr 1929 ausdrücklich mit den *Buddenbrooks* und damit implizit gegen den *Zauberberg* begründet wurde, während im Fall von Grass neben der *Blechtrommel* weitere Werke als entscheidungsrelevant angeführt werden, wie *Der Butt*, *Ein weites Feld* oder *Mein Jahrhundert* (die zeremoniellen Texte finden sich unter nobelprize.org).

Grass reagierte auf diese Laudationes mit einer Rede, die sich als Selbstwiderruf einer früheren Preisrede lesen lässt. Im Jahr 1982 hatte er nämlich unter dem Titel *Die Vernichtung der Menschheit hat begonnen* eine Rede zur Verleihung des Internationalen Antonio-Feltrinelli-Preises für erzählende Prosa gehalten, die die Menschheit wie Literatur gleichermaßen am Ende angekommen sah: „Denn mit dem drohenden Verlust der Zukunft für die Menschheit ist auch die bisher gewisse ‚Unsterblichkeit' der Literatur zum nur noch irrealen Anspruch verkommen." (NGA 22, 209) Die Nobelpreisrede hingegen ist unter den programmatischen Titel *Fortsetzung folgt…* gestellt: „Von Anfang an wurde erzählt" (NGA 23, 260), entwirft Grass die Menschheitsgeschichte als Geschichte des Erzählens, zunächst mündlich und später erst schriftlich. Und gegen die Feltrinelli-Rede ist er sich nun sicher, dass sich das Erzählen nicht stillstellen lässt: „Und selbst wenn eines Tages nicht mehr geschrieben und gedruckt werden wird oder darf, wenn Bücher als Überlebensmittel nicht mehr zu haben sind, wird es Erzähler geben, die uns von Mund zu Ohr beatmen, indem sie die alten Geschichten aufs neue zu Fäden spinnen." (NGA 23, 277–278) Fast von selbst versteht sich im Rahmen der Textgattung Dankesrede dabei, dass Grass hier zugleich mit der Skizze der Literaturgeschichte sein Selbstporträt als Erzähler zeichnet. Einerseits bettet er sich in ästhetischer Hinsicht in diese Skizze vom Anfang bis zur Zukunft ein, insofern er sein Schreiben als Geburt aus dem Geist der Mündlichkeit entwirft: „Bis ins fünfte Jahrzehnt meiner lustvoll ertragenen Schreibfron kaue ich zähfaserige Satzgefüge zu fügsamem Brei, brabbel in schönster Schreibeinsamkeit vor mich hin und lasse nur zu Papier kommen, was auch gesprochen seine wechselnde Tonlage gefunden, Hall und Echo bewiesen." (NGA 23, 262) Und andererseits setzt er sein Selbstporträt wiederum ins Zeichen einer politisch engagierten Form der Autorschaft, indem er Literatur generell als Form des Widerstands gegen die Staatsmächte entwirft: „Es ist nun mal so, daß die Autoren den Mächtigen, die stets auf der Siegerbank ihr Platzrecht behaupten, gerne und wohlbedacht in die Suppe spucken, weshalb die Geschichte der Literatur sich analog zur Entwicklung und Verfeinerung der Zensurmethoden verhält." (NGA 23, 266) Als Gewährsleute für diese Einsicht führt Grass erneut Ovid, Saro-Wiwa und Rushdie an, dazu Rabelais und Jonathan Swift – und eben sich selbst: „Dabei befinde ich mich, was nach Sibirien oder sonstwohin verwünschte Schriftsteller betrifft, in guter Gesellschaft." (NGA 23, 266)

7 Coda

Grass' Preisgeschichte war damit gewissermaßen auserzählt, gegenüber der ultimativen Anerkennung durch den Literatur-Nobelpreis weisen Würdigungen wie diejenige mit dem Ernst-Toller-Preis (2007) keine besondere Erzählwürdigkeit mehr auf, obwohl gerade diese in Neuburg an der Donau vergebene Anerkennung Grass persönlich in einer Zeit, „in der Abstand zu meiner Person zu nehmen dem Herdentrieb entsprach" (Grass 2014, 520), sehr wichtig war. Als Epilog zu dieser Geschichte lesen sich die Forderungen nach dem Erscheinen von *Beim Häuten der Zwiebel* (2006), Grass den Nobelpreis rückwirkend wieder abzuerkennen, weil er sich durch die Mitgliedschaft in der Waffen-SS und mehr noch durch das jahrzehntelange Verschweigen dieses ‚Tatbestands' moralisch diskreditiert habe. Die Stockholmer Jury wies diese Forderung (die sich anlässlich des israelkritischen Gedichts *Was gesagt werden muß* wiederholte) allerdings entschieden zurück (vgl. *FAZ*, 15. August 2006; einen Überblick über die Reaktionen gibt der *Spiegel*, 12. August 2006). Zum einen, so erläuterte der Direktor der Stiftung, Michael Sohlman, sei die Vergabe endgültig, und wies zum anderen darauf hin, dass der Preis ausdrücklich für literarische Verdienste vergeben worden sei. Rückblickend lässt sich der Begründungstext damit (auch) als Immunisierungsstrategie gegen politisch involvierte Kritik verstehen.

Literaturpreise im ‚klassischen' Sinne erhielt Grass anschließend nicht mehr, vielmehr wurden ihm nun Ehrungen zuteil, die den Übergang vom lebendigen Objekt des Literaturbetriebs zum altehrwürdigen „Denkmal" bzw. zur Musealisierung markieren. So wurde er 2009 zum Ehrenpräsident des P.E.N.-Zentrums Deutschland ernannt, im selben Jahr eröffnete die Danziger Günter-Grass-Galerie – und buchstäblich zur Statue wurde Grass dann postum in Gdańsk, indem sein Abbild auf eine Bank neben seine Figur Oskar Matzerath gesetzt wurde, als wären Autor und Erfindung im Dialog.

Literatur

Amlinger, Carolin. „Zur Akkumulationslogik der Anerkennung: Auszeichnungsökonomien im Literaturbetrieb der Gegenwart“. *Literaturpreise: Geschichte, Theorie und Praxis*. Hrsg. von Dennis Borghardt, Sarah Maaß und Alexandra Pontzen. Würzburg 2020: 277–297.

Arnold, Heinz Ludwig. *Die Gruppe 47*. Reinbek bei Hamburg 2004.

Assmann, Michael, und Herbert Heckmann (Hrsg.). *Zwischen Kritik und Zuversicht: 50 Jahre Deutsche Akademie für Sprache und Dichtung*. Göttingen 1999.

Bohne, Kerstin, und Ralf Grüttemeier. „Die Nominierungen deutschsprachiger Autoren für den Nobelpreis 1901–1966“. *Literaturpreise: Geschichte und Geschichten*. Hrsg. von Christoph Jürgensen und Antonius Weixler. Stuttgart und Weimar 2021: 119–138.

Böttiger, Helmut. *Die Gruppe 47: Als die deutsche Literatur Geschichte schrieb*. München 2012.

De Tuesta, José Díaz. „José Saramago: ‚El Nobel debían habérselo otorgado antes‘“. *El País* (1. Oktober 1999).

Dücker, Burkard, und Dietrich Hardt. „Literaturpreisverleihungen: ritualisierte Konsekrationspraktiken im kulturellen Feld“. https://journals.ub.uni-heidelberg.de/index.php/ritualdynamik/article/view/353.

Edschmid, Kasimir. *Laudatio*. https://www.deutscheakademie.de/de/auszeichnungen/georg-buechner-preis/guenter-grass/urkundentext. Darmstadt 1965. (7. Dezember 2023).

Emmerich, Wolfgang (Hrsg.). *Der Bremer Literaturpreis 1954–1998: Eine Dokumentation*. Bremerhaven 1999.

Grass, Günter, und Gerhard Steidl. *Stockholm: Der Literaturnobelpreis für Günter Grass. Ein Fototagebuch*. Göttingen 2000.

Grass, Günter, und Helen Wolff. Briefe 1959–1994. Hrsg. von Daniela Hermes. Göttingen 2003.

Grass, Günter. *Sechs Jahrzehnte. Ein Werkstattbericht*. Hrsg. von G. Fritz Margull und Hilke Ohsoling. Göttingen 2014.

Jürgensen, Christoph, und Antonius Weixler (Hrsg.). „Literaturpreise: Geschichten – Geschichte – Funktionen“. *Literaturpreise: Geschichte und Geschichten*. Stuttgart und Weimar 2021: 1–28.

Kröll, Friedhelm. *Gruppe* 47. Stuttgart 1979.

Lorenz, Otto. *Die Öffentlichkeit der Literatur: Fallstudien zu Produktionskontexten und Publikationsstrategien: Wolfgang Koeppen – Peter Handke – Horst-Eberhard Richter*. Tübingen 1998.

Neuhaus, Volker. *Günter Grass: Eine Biographie*. Göttingen 2012.

Paterson, Tony. „Guenter Grass joins the literary greats“. *The Guardian* (7. Oktober 1999).

Reddick, John. „Still banging the tin drum german giant“. *Independent* (2. Oktober 1999).

Reich-Ranicki, Marcel. „Eine Diktatur, die wir befürworten“. *Die Kultur* (15. November 1958).

Richter, Hans Werner. „Wie entstand und was war die Gruppe 47?“. *Hans Werner Richter und die Gruppe 47*. Hrsg. von Hans A. Neunzig. München 1979: 41–176.

Richter, Hans Werner. *Im Etablissement der Schmetterlinge: 21 Portraits der Gruppe 47*. Berlin 2004.

Rühle, Günther. „Grass oder die Wirklichkeit: Eine politische Nachrede zur Wahl / Anläßlich des Büchnerpreises“. *Frankfurter Allgemeine Zeitung* (11. Oktober 1965).

Schwab-Felix, Hans. „Talente und Stilfragen bei der ‚Gruppe 47‘: Zur Tagung in Großholzleute“. *Frankfurter Allgemeine Zeitung* (7. November 1958).

Steinfeld, Thomas. „Mit beiden Händen nach der ganzen Welt gegriffen“. *Die Zeit* (6. Oktober 1999).

Ulmer, Judith S. *Geschichte des Georg-Büchner-Preises: Soziologie eines Rituals*. Berlin und Boston 2006.

IV.4 Grass als politischer Akteur

Friederike Stausberg

Günter Grass mischte sich auf vielfältige Weise in die Politik ein, sowohl durch werkinterne Stellungnahmen in seiner Literatur als auch durch werkexterne Handlungen als Intellektueller und politischer Akteur. Seine Bedeutung als politischer Akteur wird bis heute aus zwei Gründen unterschätzt: Erstens wird sein Engagement oftmals auf den Zeitraum der Ära Brandt und damit die Bonner Republik reduziert (Kölbel 2013; Münkel 2000), obwohl er seit dem Jahr 1961 in unterschiedlicher Intensität kontinuierlich politisch aktiv war und seine kommunikative Macht als Intellektueller auch in der Berliner Republik einsetzte (vgl. Stausberg, 2022 und 2023). Zweitens wird Grass häufig nur in der Rolle des Wahlhelfers wahrgenommen, dabei füllte er stets verschiedene politische Funktionen aus, wie die des Formulierungshelfers, politischen Beraters, kulturpolitischen Repräsentanten im Ausland sowie zivilgesellschaftlichen Stifters und Diskursakteurs.

1 Politische Sozialisation

Grass' aktive Einmischung in die Politik basierte auf einem Selbstverständnis, das einer „Neudefinition der Rolle des Schriftstellers in der bundesdeutschen Gesellschaft" (Brunssen 2014, 86–87) gleichkam. Er bezeichnete sich selbst als einen „gelernten" Sozialdemokraten (NGA 24, 105), der sich erst nach dem zweiten Weltkrieg in den 1950–1960er-Jahren durch seine Aufenthalte in Paris und Berlin politisierte (vgl. Thomsa 2008; Zimmermann 2009). In Paris verfolgte er den Streit zwischen Camus und Sartre hautnah mit, die im Zuge des Algerienkrieges gegensätzliche Positionen vertraten, was ihn ermutigte, wie Camus Partei zu ergreifen (vgl. Stausberg 2023). „Camus, der im Widerspruch zu Sartre so eindringliche Analytiker der intellektuellen Verfallenheit an linke wie rechte Totalitarismen, kennzeichnet den vernünftigen Geist der Zeit damals als einen, der nichts mehr ernst und nichts mehr leichtnehmen kann." (Zimmermann 2009, 424) Grass lehnte revolutionäre Ideen sowie Ideologien ebenfalls ab und setzte sich stattdessen lebenslang pragmatisch für politische Lösungen, Kompromisse und kleine Fortschritte ein. Von Camus übernahm er dafür das Leitbild des „fröhlichen Steinewälzers" (Wiest und Quoos 2000), das ihn motivierte, trotz aller Niederschläge und Enttäuschungen politisch tätig zu bleiben und immer wieder neu anzusetzen. In Berlin erlebte Grass als Zeitzeuge den Aufstand des 17. Juni 1953 sowie den Mauerbau 1961 mit. Beide Ereignisse bewegten ihn dazu, erstmals politisch aktiv zu werden, einerseits in literarischer Form mittels des Theaterstücks *Die Plebejer proben den Aufstand* und andererseits durch offene Briefe gegen den Mauerbau an Anna Seghers und den Deutschen Schriftstellerverband, die in den Zeitung *Die Zeit* und *Die Welt* veröffentlicht wurden (vgl. NGA 20, 44–46; NGA 20, 47–48). Es folgen daraufhin „eine Flut öffentlicher Briefwechsel" (Zimmermann 2006, 98) zwischen Ost und West. Ausschlag-

https://doi.org/10.1515/9783110755435-075

gebend für Grass' politisches Engagement war aber vor allem die Person Willy Brandt (SPD), genauer gesagt die Diffamierung des damaligen Oberbürgermeisters von Berlin durch die CDU unter Konrad Adenauer im Bundestagswahlkampf. Der bis dato als „Anarchist" (Kölbel 2013, 1065) verschriene Grass lud sich daraufhin selbst zu einem Treffen mit dem Politiker ein, was „als eines der Initialmomente seiner Politisierung" (Zimmermann 2009, 427) darstellte. Hier zeigt sich, dass zu Grass' Selbstverständnis als Intellektueller gehörte, sich nicht vor dem direkten Kontakt zur Macht zu scheuen. Vielmehr fühlte er sich mit Blick auf die Geschichte der Weimarer Republik und seine persönlichen Erfahrungen im Nationalsozialismus verpflichtet, Partei zu ergreifen und sich aktiv als Bürger für die Demokratie einzusetzen (vgl. Stausberg 2022). Grass übernahm eine solche Rolle nicht alleine, ähnlich engagiert waren beispielsweise auch Martin Walser, Heinrich Böll, Siegfried Lenz oder Klaus Staeck. Aufgrund seiner weltweiten Prominenz war Grass aber einer der „wichtigsten Exponent[en] dieser neuen Orientierung" (Müller 1982, 67) unter Intellektuellen.

2 Formulierungshelfer und Gründer des Wahlkontors

Bereits 1961 stellte Grass seine Sprachgewalt Willy Brandt zur Verfügung. Der Politiker erkannte früh, dass der Schriftsteller über die Gabe verfügte, „das Wort unmittelbar in Wirkung umzusetzen" (Kölbel 2013, 1123). Daher begann er als Formulierungshelfer Brandts Reden zu redigieren (vgl. Kölbel 2013, 1067; Grass 1990, 15). Dafür begleitete der Schriftsteller den Politiker bei Wahlkampfauftritten, was er anschließend literarisch im Theaterstück *POUM oder die Vergangenheit fliegt mit* verarbeitete. Die redaktionelle Arbeit blieb bis zum Mauerfall 1989 das Hauptthema in der Korrespondenz zwischen Günter Grass und Willy Brandt (vgl. Kölbel 2013, 1067). Bei Reden des Politikers zu „symbolpolitischen Großereignissen" (Kölbel 2013, 1120) hatte der Schriftsteller mit seinen Impulsen und Vorschläge nachweisbar Einfluss, aber auch die legendäre Formulierung „Mehr Demokratie wagen" in der Regierungserklärung von 1969 führte Brandts Redenschreiber Klaus Harpprecht auf Grass zurück (vgl. Harpprecht 2001, 10). 1965 initiierte Grass mit Hans Werner Richter und Klaus Wagenbach zusätzlich ein *Wahlkontor der deutschen Schriftsteller* (Roehler und Nitsche 1990) für diese redaktionelle Arbeit, was nach anfänglicher Skepsis von der SPD finanziert wurde und am 16. Juni 1965 die Arbeit aufnahm. Die Kontoristen waren zumeist junge Schriftsteller und Schriftstellerinnen, wie Nicolas Born, Friedrich Christian Delius, Peter Härtling, Peter Schneider oder Marianne Eichholz. Sie hatten den Auftrag, SPD-Politiker sprachlich zu beraten, Texte für sie zu verfassen und Wahlslogans zu erfinden. Wichtiger als die konkrete Formulierungshilfe war jedoch die Signalwirkung, die prinzipiell vom Engagement der Schriftsteller im Wahlkontor für die SPD ausging (vgl. Roehler und Nietsche 1990, 123). Auch in der Berliner Republik wurden Grass' inhaltliche Anregungen mitunter von Politikern, wie Gerhard Schröder oder Rudolf Scharping, nachgefragt (vgl. Stausberg 2023). In Grass' Nachlass in der Berliner Akademie der Künste findet sich beispielsweise ein vollständiger Redeentwurf für den damaligen Kanzlerkandidaten Gerhard Schröder (1998), der in dessen Wahlkampfbuch *Und weil wir unser Land verbessern...* in einigen Formulierungen verarbeitet wurde. Schröder suchte später als Bundeskanzler vor wichtigen geschichtspolitischen Reden den Dialog mit dem Schriftsteller. Häufiger unterbreitete Grass in seinen Briefen allerdings ungefragt Themenvorschläge und Ratschläge. Diese Versatzstücke, die Grass Schröders Redenschreibern mitunter lieferte, blieben jedoch mehrheitlich ungenutzt (vgl. Stausberg 2023).

3 Wahlhelfer

1961 bekannte sich Grass erstmals mit einem Beitrag im Buch *Die Alternative oder Brauchen wir eine neue Regierung?* öffentlich zur „Tante SPD“ (NGA 20, 40). 1965 engagierte sich der Schriftsteller dann als Bürger im Bundestagswahlkampf und sang auf eigene Kosten in 52 Veranstaltungen quer durch die Republik für die SPD sein „Loblied auf Willy“ (NGA 22, 133). Seine Unterstützung war innerhalb der Partei allerdings umstritten, da der Schriftsteller als „Bürgerschreck“ (Kölbel 2013, 1065) galt und auch kritische Themen ansprach, wie Abtreibung oder die Anerkennung der Oder-Neiße-Grenze. Die Veranstaltungen provozierten den politischen Gegner, beispielsweise wurde seine Rede in Cloppenburg durch die Junge Union gewaltsam gestört (vgl. Schlüter 2016). Grass bekam aus der Bevölkerung Drohbriefe und ein Brandanschlag auf sein Haus wurde verübt, sodass er zeitweise unter Polizeischutz gestellt wurde. Seinen Missmut über die Wahlniederlage thematisierte er im Oktober 1965 bei der Verleihung des Georg-Büchner-Preises, indem er statt einer Festrede eine verspätete Wahlkampfrede hielt: „Ohne Abstand, ja, noch immer betroffen von den ruckenden Prozentzahlen auf dem Fernsehschirm, betrat ich diesen Saal und erteilte dem Zorn das Wort.“ (NGA 22, 182) Bei seiner zweiten Wahlreise 1969 professionalisierte der Schriftsteller sein Engagement (vgl. Schlüter 2011) und absolvierte mit seinem Fahrer Friedel Drautzburg in einem VW-Bus rund 100 Auftritte. Grass trat dabei weniger provokant auf, sondern passte sich inhaltlich mehr an das SPD-Programm an. Er verließ sich dabei nicht allein auf die Wirkung seiner Wahlkampfauftritte, sondern gründete gemeinsam mit Siegfried Lenz und Eberhard Jäckel die *Sozialdemokratische Wählerinitiative* (SWI) (vgl. Münkel 2000, 222–238). Die Intellektuellen wollten gemeinsam mit Bürgern die Kandidaten der einzelnen Wahlkreise unterstützen, um die bisher erfolgte Wahlhilfe auf eine breitere Basis in der Bevölkerung zu stellen und mehr Öffentlichkeit für die SPD zu mobilisieren. Die Initiative präsentierte sich am 25. März 1969 auf einer Pressekonferenz und wurde kurz darauf auf dem Parteitag der SPD vorgestellt. Prominente wie Golo Mann, Hans Werner Richter, Siegfried Lenz, Peter Härtling, Günter Gaus, Marion Gräfin Dönhoff, Klaus Harpprecht, Kurt Sontheimer und Eberhard Jäckel warben in diesem Zuge für die Partei. Durch das gemeinsame Engagement bildeten sich in rund 100 von 248 Wahlkreisen Bürgerinitiativen, die ohne Parteibuch für die SPD eintraten. In der Bevölkerung brach daraufhin, wie intendiert, ein wahres Bekenntnisfieber zugunsten von Willy Brandt aus (vgl. Walter 2018, 206), was 1969 zum Machtwechsel und einer ersten sozialdemokratischen Regierung unter Willy Brandt beitrug. Das Sprachrohr der Wählerinitiative war die Wahlzeitung *Dafür* mit einer Gesamtauflage von 1,5 Millionen Exemplaren. Grass führte zusätzlich von 1970 bis 1977 ein *Politisches Tagebuch* in der *Süddeutschen Zeitung* (NGA 23). Seine Erlebnisse während dieser Zeit verarbeitete der Schriftsteller zudem literarisch in *Aus dem Tagebuch einer Schnecke*. 1972 wurde dieses Engagement noch einmal in dem durch eine Vertrauensfrage verkürzten Wahlkampf gesteigert. Grass trat dieses Mal bei rund 130 Auftritten teilweise bis zu fünf Mal pro Tag auf, um die Leistungen der sozialliberalen Regierung hervorzuheben. Auch die SWI knüpfte mit 350 lokalen Initiativen an ihre Erfolge an. Aus der Bürgerinitiative wurde 1972 eine Art Massenbewegung, die den Wahlsieg der SPD unterstützte.

Die Wahl stellte den Höhe- und Wendepunkt im politischen Engagement von Grass dar: Er kündigte 1973 nach sieben Jahren „intensive[r] politische[r] Betätigung" (Kölbel 2013, 587) an, politisch „einen deutlichen Schritt zurückzutreten" (NGA 20, 339) und wieder seinem Hauptberuf als Schriftsteller nachzugehen; Harpprecht interpretierte diesen Schritt als eine „Nacherschöpfung" des Intellektuellen (Harpprecht 2001, 60). Zusätzlich verursachte Brandts 1974 erfolgter Rücktritt bei Grass ein politisches „Vakuum" (Kölbel 2013, 622). Der Schriftsteller blieb dennoch der Sozialdemokratie weiterhin treu, beispielsweise indem er sich im Wahlkampf 1976 für Helmut Schmidt engagierte und gemeinsam mit Heinrich Böll und Carola Stern die Zeitschrift *L'76 Demokratischer Sozialismus – Theorie und Praxis* herausgab, die später mit Johano Strasser unter dem Titel *L'80* (Strasser 2017, 17) fortgeführt wurde. In der Zeitschrift sollten vor allem Autoren zu Wort kommen, die aus den sozialistischen Staaten Osteuropas emigrieren mussten. Gemeinsam wollte man „den vagen Begriff demokratischer Sozialismus inhaltlich füllen" (Michaelis 1976).

In den 1970er und 1980er-Jahren war Grass auch für die sogenannten Enkel Brandts Oskar Lafontaine, Gerhard Schröder und Björn Engholm in Landtagswahlkämpfen aktiv. Auf Werben von Hans-Jochen Vogel wurde der Schriftsteller 1983 sogar demonstrativ SPD-Mitglied (vgl. Vogel 1996, 148). Diese Mitgliedschaft war aber nur von kurzer Dauer, denn im Zuge der Wiedervereinigung und der Asylpolitik der 1990er-Jahre entfremdete sich der Schriftsteller von der Partei, sodass er im Dezember 1992 seinen Austritt verkündete (vgl. Beck 2007, 134). 1994 unterstützte er im Bundestagswahlkampf daher lediglich den ostdeutschen Kandidaten Wolfgang Thierse in seinem Berliner Wahlkreis (vgl. Thierse 2007, 139). Erst 1998 engagierte Grass sich wieder in einem Bundestagswahlkampf und warb für eine rot-grüne Koalition unter der Führung Gerhard Schröders. Nach dem gelungenen Machtwechsel trat er auch 2002 sowie 2005 im Wahlkampf für die rot-grüne Regierung ein, beispielsweise durch gemeinsame öffentliche Auftritte, in einem Fernsehgespräch mit Bundeskanzler Gerhard Schröder bei Alfred Biolek oder durch Beiträge in der SPD-Wahlzeitung. Dabei knüpfte der Schriftsteller an seine langjährigen Erfahrungen als Wahlhelfer an und warb gemeinsam mit den lokalen Kandidaten von SPD und Grünen sowie weiteren Schriftstellern für die Fortführung des rot-grünen Reformprojektes (vgl. Stausberg 2023). 2009 führte Grass im

Bundestagswahlkampf eine *Politische Lesereise* in einem VW-Bus durch, mit der er Frank-Walter Steinmeier als Kandidat unterstützen wollte. Es war altersbedingt seine letzte große Wahlkampfreise, die dementsprechend vorrangig als Nostalgietour wahrgenommen wurde. Fortan trat der Schriftsteller nur noch auf einzelnen Veranstaltungen in regionaler Nähe auf, wie 2011 für Olaf Scholz in Hamburg oder 2013 für Nina Scheer in Lauenburg. 2013 mischte er sich im Zuge eines Gespräches mit dem damaligen Kanzlerkandidaten Peer Steinbrück zum letzten Mal in einen Bundestagswahlkampf ein.

4 Politischer Berater

Grass' öffentliches Engagement für die SPD hing maßgeblich von seinem Kontakt zum jeweiligen Kanzlerkandidaten ab. Sein Briefwechsel mit Willy Brandt zeugt davon, wie der Schriftsteller hinter den Kulissen als Politikberater auftrat und sich dadurch eine engere Zusammenarbeit mit dem Kanzler erhoffte (vgl. Kölbel 2013, 592 und 1009). Auch die Gründung der SWI hatte das Ziel, mit „zeitdiagnostische[n] Positionspapieren" (Kölbel 2013, 1097–1098) auf die Inhalte und das Programm der SPD einzuwirken. Brandt zeigte sich grundsätzlich offen für intellektuelle Ideen, vermied aber eine feste Einbindung des Schriftstellers, stattdessen notierte er sich das Stichwort „advisor" (Kölbel 2013, 1111) mit einem Fragezeichen. Grass fehlende direkte Einbindung war auch ein Grund für den Rückzug des Intellektuellen aus der Politik und der folgenden Entfremdung von Brandt (vgl. Harpprecht 2001, 60). Nach dessen Tod gründete Grass auf Initiative von Egon Bahr und Peter Brandt 1997 den *Willy-Brandt-Kreis*, ein überparteilicher linker Think Tank, der Brandts Botschaften aktuell halten wollte (vgl. Stausberg 2023).

Auch den nächsten sozialdemokratischen Bundeskanzler Gerhard Schröder beriet Grass mit 1997/1998 einem Kreis von Intellektuellen hinsichtlich einer Stärkung der Bundeskulturpolitik und forderte im Wahlkampf die Einrichtung eines Kulturstaatsministers (vgl. Förster 2021; Stausberg 2023). Die Entscheidung für Michael Naumann als Kandidat für dieses Amt geht direkt auf diesen Beratungskreis zurück. Grass war darüber hinaus Impulsgeber in Schröders Regierungszeit, zu den Folgen auch seines Wirkens zählen die Umsetzung der Bundeskulturstiftung, die Gründung des Koeppenhauses, die Etablierung von Lesungen im Kanzleramt und Änderungen im Urheberrecht. Grass unterstützte den Austausch zwischen Intellektuellen und Politikern, indem er diese nach Lübeck zu Treffen mit Parteivorsitzenden einlud. Schröder traf sich beispielsweise mit einer Gruppe von Intellektuellen, um die außenpolitischen Herausforderungen der rot-grünen Regierung zu diskutieren, wie beispielsweise den Kosovokonflikt (1998), die Auswirkungen der Anschläge vom 11. September (2001) und eine Beteiligung am Irakkrieg (2003). Der Bundeskanzler holte auch Grass' Ratschlag vor geschichtspolitischen Reisen nach Polen ein. Der Schriftsteller versuchte darüber hinaus auch auf SPD-Parteivorsitzenden wie Martin Schulz, Kurt Beck, Sigmar Gabriel oder Franz Müntefering Einfluss zu nehmen (vgl. Stausberg, 2023). Es lassen sich aber auch Gespräche mit Politikern anderer Parteien, wie beispielsweise Antje Vollmer (Die Grünen) oder Rita Süssmuth (CDU) anhand von Briefen und Grass' Kalender nachweisen.

5 Kulturpolitischer Repräsentant im Ausland

Als „internationaler Intellektueller" (Brunssen, 2008) war Grass für Deutschland ein wichtiges Aushängeschild im Ausland, beispielsweise trat er über 60 Jahre lang auf verschiedenen Veranstaltungen des Goethe-Institutes auf (vgl. NGA 23, 155; Stausberg 2023). Durch den 1999 verliehenen Nobelpreis wurde er schließlich sogar als „Repräsentant [...] Deutschlands" (Köhler 2007) wahrgenommen. Diese symbolische Strahlkraft wurde auch von Politikern für ihre Reisen gerne genutzt. So begleitete Grass 1971 Willy Brandt nach Warschau, als der legendäre Kniefall erfolgte (vgl. NGA 24, 114). 1990 reiste er auch mit Bundespräsident Richard von Weizsäcker nach Polen, um die angespannte Situation nach der Wiedervereinigung zu beruhigen (vgl. Stausberg 2023, 160). Schließlich knüpfte auch Bundeskanzler Gerhard Schröder im Jahr 2000 an diese Tradition aus Anlass des 30. Jahrestages des Warschauer Vertrages an und lud, wie Brandt damals, Grass als Begleiter für seine Staatsreise ein (vgl. Stausberg 2023, 503).

Bundeskanzler Willy Brandt schlug dem Schriftsteller zusätzlich vor, verschiedene Aufgaben in Lateinamerika, Indien oder Australien (vgl. Kölbel 2013, 1111) zu übernehmen, da er die Kulturpolitik als vierte Säule der Außenpolitik verstand. Der Schriftsteller hingegen hatte primär am Bereich der Entwicklungshilfe Interesse. Als „projektbezogener Berater ohne Entgelt, aber mit Spesenbudget" (Kölbel 2013, 1115) reiste er für ein trinationales Entwicklungshilfeprojekt nach Tansania, um ein Ausbildungszentrum für technische Berufe zu errichten. Grass nutzte auch später Reisen, um auf aus seiner Sicht vergessene Länder (vgl. Stausberg 2023) aufmerksam zu machen und verschiedene Sozialprojekte zu unterstützen, wie Indien (vgl. Kämpchen, 2005), Jemen oder Südkorea (vgl. Kogel 2017). Als intellektuelle Instanz äußerte er auch in undemokratischen Ländern lautstark seine politische Meinung, denn „Leisetreterei war ihm bekanntlich fremd" (Kogel 2017, 26). Beispielsweise fand er deutliche Worte zur fehlenden Meinungsfreiheit und kritisierte öffentlich Silvio Berlusconi in Italien, Wladimir Putin in Russland oder die jemenitische Regierung (vgl. Stausberg 2023, 398), was häufig zu Misstönen im In- und Ausland führte. Seine politische Haltung bewirkte mitunter sogar Einreiseverbote, wie in die damalige DDR, nach Birma und später nach Israel. Überwinden konnte diese Grenzen die Literatur, die für Grass stets ein verbindendes Element zwischen verschiedenen Ländern war und damit wichtige politische Vorarbeit leistete. In der Funktion als Autor versuchte er mit Schriftstellertreffen seine Kontakte in die DDR oder in Polen zu nutzen, um die deutsche Kulturnation zusammenzuhalten und das kulturelle Erbe der ehemaligen deutschen Ostgebiete zu bewahren.

6 Zivilgesellschaftlicher Stifter

Grass setzte seine Bucherlöse häufig zur Gründung von zivilgesellschaftlichen Stiftungen ein. Selbst seine künstlerisch-literarischen Stiftungen hatten oftmals auch eine politische Dimension – so hat die 1992 gegründete *Chodowiecki-Stiftung* das Ziel, die deutsch-polnische Kulturbeziehung zu fördern. Mit seiner *Stiftung zugunsten des Romavolks* engagierte sich der Schriftsteller seit 1997 darüber hinaus für eine Minderheit, die europaweit besondere Ausgrenzung erfährt (vgl. NGA 23, 192). In einer Preisverleihung zeichnet sie alle zwei Jahre Eigeninitiativen, kulturelle Leistungen oder hervorragende journalistische und wissenschaftliche Berichte und Analysen aus. Dafür gewann Grass hochrangige Politiker als Redner, wie Bundespräsident Johannes Rau, Ministerpräsident Kurt Beck oder Ministerpräsidentin Heide Simonis. Als Sprecher für diese Gruppe „ohne Stimme" (NGA 23, 290 297) trat der Stifter 2000 sogar auf einer *Konferenz gegen Rassismus* im europäischen Parlament in Straßburg auf. Er knüpfte aber auch direkt Kontakt zum damaligen Präsidenten des europäischen Parlaments, Martin Schulz (vgl. Stausberg, 2023). 2009 entwickelte Grass im Wahlkampf zudem die Idee, die *August-Bebel-Stiftung* zu gründen, um der Geschichtsvergessenheit der Sozialdemokratie entgegenzuwirken (vgl. August-Bebel-Stiftung 2017; Bissinger und Thierse 2017). Mit einer Preisverleihung zeichnet die Stiftung alle zwei Jahre wichtige Denkanstöße für die soziale Bewegung aus.

7 Diskursakteur

Seine kommunikative Macht als Diskursakteur setzte Grass in der Öffentlichkeit häufig geschickt ein und provozierte mit seinen politischen Äußerungen in Interviews oder am Rande von Veranstaltungen eine enorme Medienresonanz (vgl. Zimmermann, 2006). Dabei thematisierte er immer wieder politische Aspekte, die seiner Meinung nach zu wenig in der Gesellschaft besprochen wurden. Er hatte den Mut, auch „niederschmetternde Wahrheiten" (NGA 23, 496) öffentlich auszusprechen. Oft forderte der Schriftsteller damit seine politischen Gegner heraus, die daraufhin in der Presse Stellung bezogen. In der Bonner Republik kritisierte er öffentlich die Beteiligung der SPD an der Großen Koalition, die Studentenbewegung und setzte sich früh für eine Anerkennung der Oder-Neiße-Grenze ein (vgl. Arnold, 1971). In der Berliner Republik führte seine Laudatio auf Yasar Kemal zu einem Skandal (vgl. Bissinger und Hermes 1998, Stausberg 2023), da er in ihr die Waffenexporte in die Türkei in Verbindung mit der deutschen Asylpolitik brachte. Auch sein Gedicht *Was gesagt werden muss* erregte im Jahr 2012 die internationale Öffentlichkeit. Durch seine Prominenz konnte Grass demnach mitunter Diskurse anstoßen, häufiger betonte er allerdings die „Ohnmacht" (NGA 23, 139) von Schriftstellern und fragte sich resigniert: „Aber was rede ich. Wer hört noch zu." (NGA 22, 458) Gerade im Zuge der Wiedervereinigung oder der Asylpolitik Anfang der 1990er-Jahre wurde ihm deutlich, dass er trotz seines enormen Engagements keinen direkten Einfluss auf die

Politik nehmen konnte, da seine politische Haltung nicht dem Zeitgeist entsprach und somit keine Unterstützung der Öffentlichkeit erfuhr (vgl. Pietsch 2006; Stausberg 2023).

Es waren daher weniger seine Äußerungen als Intellektueller, sondern vor allem Grass' literarische Werke, die politische Debatten nach sich zogen. Er prägte durch die *Danziger Trilogie* in den 1960er Jahren die Vergangenheitsbewältigung der jungen Bundesrepublik nach dem zweiten Weltkrieg. Die Veröffentlichung der *Blechtrommel* stellte dabei eine besondere Zäsur dar, da hier „die Opfer-Täter-Dichotomie durch Einbettung in einen größeren Kontext erstmals deutlich relativiert" (Weber 2009, 130) wurde. Mit *Ein weites Feld* wies der Schriftsteller 1995 auf die negativen Folgen der Wiedervereinigung und der Arbeit der Treuhand hin, was nicht der gängigen Narration einer geglückten Einheit entsprach und somit einen politischen Diskurs mit Stellungnahmen von Politikern, wie Theo Waigel oder Birgit Breuel, provozierte (vgl. Negt 1996). *Im Krebsgang* wirkte 2002 an der Enttabuisierung der deutschen Vertriebenen mit, wurde aber gleichzeitig auch im Diskurs um ein *Zentrum gegen Vertreibung* politisch instrumentalisiert (vgl. UJ und TF 2009; Becker 2013, 403; Stausberg 2023). Das Bekanntwerden seiner Waffen-SS-Mitgliedschaft im Zuge der Veröffentlichung von Grass' literarischer Autobiographie *Beim Häuten der Zwiebel* führte 2006 zu einem Skandal, der nicht zur differenzierten Wahrnehmung der gesamtgesellschaftlichen Verstrickung seiner Generation beitrug, sondern stattdessen Grass' politische Reputation infrage stellte (vgl. Gries 2008; Kölbel 2007; JBi 2009). Auch das Israelgedicht *Was gesagt werden muss* verursachte eine internationale Auseinandersetzung zum Thema Antisemitismus, aber nicht – wie intendiert – eine kritische Überprüfung der deutschen Israelpolitik (vgl. Detering 2013; Stausberg 2023). Es waren folglich primär geschichtspolitische Debatten, die durch Grass literarische Werke angeregt wurden.

8 Rezeption und Forschung

Als politischer Akteur war Grass nicht nur in der Bonner, sondern auch in der Berliner Republik kontinuierlich bis zu seinem Tod aktiv. Besonders engagiert war er in der Ära Willy Brandt und in der rot-grünen Regierungszeit unter Gerhard Schröder. Sein gesellschaftliches Engagement war vielfältig und geriet in den 1960er Jahren phasenweise zu seinem Hauptberuf, bevor er sich wieder mehr auf die Schriftstellerei fokussierte. Sein literarisches Werk und sein politisches Engagement waren dabei stets eng miteinander verbunden: Viele politische Themen griff Grass auch in seinen literarischen Texten wieder auf. Einige seiner Werke leisteten ihrerseits wiederum einen Beitrag zum politischen Diskurs. Diese enge Verzahnung gilt es in der Forschung mehr in den Fokus zu stellen, um die Wirkung der Literatur und auch den Kontext ihrer Entstehung zu beleuchten. Eine interdisziplinäre Forschung aus Literatur-, Geschichts-, Politik- und Medienwissenschaft ist dafür von Nöten.

Die politischen Aussagen in seinen literarischen Werken finden große Aufmerksamkeit in der Forschung (vgl. Cepl-Kaufmann 1975; Moser 2002). Sein gesellschaftliches Engagement wird primär in verschiedenen Biographien nachgezeichnet (vgl. Jürgs 2002; Zimmermann 2006). Besonders die Wahlhilfe des Schriftstellers in der Ära Willy Brandt wird umfassend durch verschiedene Quellensammlungen dokumentiert (vgl. Arnold 1971; Beck 2007; Kölbel 2013; Wettig 2017). Daniel Münkel (2000 und 2004) erforscht auf dieser Basis die intellektuellen Gespräche mit Willy Brandt unter besonderer Berücksichtigung der *Sozialdemokratische Wählerinitiative* (SWI).

Grass war nicht nur Wahlhelfer, sondern kombinierte als politischer Akteur wirkungsvoll direkte Gespräche mit Politikern im Hinterzimmer der Macht mit seinen öffentlichen Diskursbeiträgen. Durch seine langjährigen Aktivitäten verfügte der Schriftsteller über ein breites Netzwerk in der Politik. Briefe in den Archiven der Günter Grass-Stiftung in Lübeck und der Berliner Akademie der Künste belegen, dass Grass in unterschiedlicher Intensität die Nähe zu Politikern suchte (vgl. Kölbel 2013; Neumann 2017; Stausberg 2023). Einige kannte er bereits seit vielen Jahren und verfolgte ihre Karriere über verschiedene Karrierestufen mit. Gerhard Schröder lernte er beispielsweise bereits als Jungsozialist kennen und unterstützte ihn im Wahlkampf in Niedersachsen, bevor er Ministerpräsident und später Bundeskanzler wurde. Auch der Briefwechsel mit Johannes Rau reicht von dessen Zeit als Ministerpräsident bis hin zum Bundespräsidenten. Die Presseberichterstattung dokumentiert, dass er über eine kommunikative Macht im öffentlichen Diskurs verfügte (vgl. Zimmermann 2006). Tim Niklas Pietsch (2006) widmet sich speziell seiner Rolle als politischer Redner und Essayist. Erste Forschungsergebnisse belegen, dass Grass im geschichtspolitischen und im kulturpolitischen Bereich über Deutungsmacht verfügte und darüber hinaus auch direkten Einfluss auf Politiker nahm (vgl. Stausberg 2023).

Literatur

Arnold, Heinz Ludwig, und Franz Josef Görtz. *Günter Grass: Dokumente zur politischen Wirkung*. München 1971. August-Bebel-Stiftung (Hrsg.). *Demokratie stärken: Die Verleihung des August-Bebel-Preises an Günter Wallraff, Klaus Staeck und Gesine Schwan*. Berlin 2017.

Beck, Kurt (Hrsg.). *„Schlagt der Äbtissin ein Schnippchen, wählt SPD!" Günter Grass und die Sozialdemokratie*. Berlin 2007.

Becker, Manuel. *Geschichtspolitik in der „Berliner Republik": Konzeptionen und Kontroversen*. Wiesbaden 2013.

Bissinger, Manfred, und Daniela Hermes (Hrsg.). *Zeit sich einzumischen: Die Kontroverse um Günter Grass und die Laudatio auf Yaşar Kemal in der Paulskirche*. Göttingen 1998.

Bissinger, Manfred, und Wolfgang Thierse (Hrsg.). *Was würde Bebel dazu sagen? Zur aktuellen Lage der Sozialdemokratie*. Göttingen 2013.

Brunssen, Frank. *Günter Grass*. Marburg 2014.

Brunssen, Frank. „Speak Out!! Günter Grass as International Intellectual". *Changing the nation, Günter Grass in International Perspective*. Hrsg. von Rebecca Braun und Frank Brunssen. Würzburg 2008: 94–115.

Cepl-Kaufmann, Gertrude. *Günter Grass: Eine Analyse des Gesamtwerkes unter dem Aspekt von Literatur und Politik*. Kronenberg 1975.

Detering, Heinrich, und Per Øhrgaard (Hrsg.). *Was gesagt wurde: Eine Dokumentation über Günter Grass' „Was gesagt werden muss" und die deutsche Debatte*. Göttingen 2013.

Grass, Günter. „Assistenz durch Dreinreden". *Das Wahlkontor deutscher Schriftsteller in Berlin 1965: Versuch einer Parteinahme*. Hrsg. von Klaus Roehler und Rainer Nitsche. Berlin 1990: 15–20.

Gries, Britta. *Die Grass-Debatte: Die NS-Vergangenheit in der Wahrnehmung von drei Generationen*. Marburg 2008.

Harpprecht, Klaus. *Im Kanzleramt: Tagebuch der Jahre mit Willy Brandt*. Reinbek 2001.

JBi. „Günter Grass' Waffen-SS-Mitgliedschaft". *Lexikon der „Vergangenheitsbewältigung" in Deutschland: Debatten- und Diskursgeschichte des Nationalsozialismus nach 1945*. Hrsg. von Torben Fischer und Matthias N. Lorenz. 2., unveränderte Auflage. Bielefeld 2009: 422–426.

Jürgs, Michael. *Bürger Grass: Eine Biografie eines deutschen Dichters*. München 2002.

Kämpchen, Martin. *„Ich will in das Herz Kalkuttas eindringen": Günter Grass in Indien und Bangladesch*. Eggingen 2005.

Kogel, Jörg-Dieter. „Reisen mit Grass". *Zwei lange Nächte für Günter Grass: Freunde und Weggefährten erinnern sich*. Hrsg. von Jörg-Philipp Thomsa. Lübeck 2017: 25–32.

Köhler, Horst. *„Patriotisch um Deutschland ringen." Laudatio anlässlich des achtzigsten Geburtstages von Günter Grass am 27. Oktober 2007 in Lübeck*. [unveröffentlicht]

Kölbel, Martin (Hrsg.). *Ein Buch, ein Bekenntnis. Die Debatte um Günter Grass' „Beim Häuten der Zwiebel"*. Göttingen 2007.

Kölbel, Martin (Hrsg.). *Willy Brandt und Günter Grass: Der Briefwechsel*. Göttingen 2013.

Moser, Sabine. *„Dieses Volk, unter dem es zu leiden galt": Die deutsche Frage bei Günter Grass*. Frankfurt/M. 2002.

Michaelis, Rolf. „Blüten vom Prager Frühling; ‚L 76' – eine neue Zeitschrift für Literatur und Politik". *Die Zeit* (10. September 1976).

Müller, Helmut L. *Die literarische Republik: Westdeutsche Schriftsteller und die Politik*. Weinheim 1982.

Münkel, Daniela. „‚Das große Gespräch': Willy Brandt und seine Berater". *Experten und Politik: Wissenschaftliche Politikberatung in geschichtlicher Perspektive*. Hrsg. von Stefan Fisch und Wilfried Rudloff. Berlin 2004: 277–296.

Münkel, Daniela. „Intellektuelle für die SPD: Die Sozialdemokratische Wählerinitiative". *Kritik und Mandat: Intellektuelle in der deutschen Politik*. Hrsg. von Gangolf Hübinger und Thomas Hertfelder. Stuttgart 2000: 222–238.

Negt, Oskar (Hrsg.). *Der Fall Fonty: „Ein weites Feld" von Günter Grass im Spiegel der Kritik*. Göttingen 1996.

Neumann, Uwe. *Alles gesagt? Eine vielstimmige Chronik zu Leben und Werk von Günter Grass*. Göttingen 2017.

Pietsch, Timm Niklas. *„Wer hört noch zu": Günter Grass als politischer Redner und Essayist*. Essen 2006.

Roehler, Klaus, und Rainer Nitsche. *Das Wahlkontor deutscher Schriftsteller in Berlin 1965: Versuch einer Parteinahme*. Berlin 1990.

Schlüter, Kai. *Günter Grass auf Tour für Willy Brandt: Die legendäre Wahlkampfreise 1969*. Berlin 2011.

Schlüter, Kai. *Günter Grass: „Ich klage an!" Die Cloppenburger Wahlkampfrede vom 14. September 1965*. Berlin 2016.

Schönhoven, Klaus. „Intellektuelle und ihr politisches Engagement für die Sozialdemokratie: Szenen einer schwierigen Beziehung in der frühen Bundesrepublik". *Demokratietheorie und Demokratieentwicklung*. Hrsg. von André Kaiser und Thomas Zittel. Wiesbaden 2004: 279–297.

Schröder, Gerhard. *Und weil wir unser Land verbessern… 26 Briefe für ein modernes Deutschland*. Hamburg 1998.

Stausberg, Friederike. „Das politische Konzept in der Berliner Republik". *Freipass* 6 (2022): 177–191.

Stausberg, Friederike. *Der politische Günter Grass in der Berliner Republik: Die kommunikative Macht von Intellektuellen*. Berlin 2023.

Strasser, Johano. „Sisyphos wird achtzig". *Schlagt der Äbtissin ein Schnippchen, wählt SPD! Günter Grass und die Sozialdemokratie*. Hrsg. von Kurt Beck. Berlin 2007: 10–21.

Thierse, Wolfgang. „Kein Buch mit der Sozialdemokratie". *Schlagt der Äbtissin ein Schnippchen, wählt SPD! Günter Grass und die Sozialdemokratie*. Hrsg. von Kurt Beck. Berlin 2007: 138–140.

Thomsa, Jörg-Philipp. „„Das ergab sich, verzögert‘: Die politische Sozialisation von Günter Grass“. *Ein Bürger für Brandt: Der politische Grass*. Hrsg. von Jörg-Philipp Thomsa und Stefanie Wiech. Lübeck 2008: 8–15.

UJ/TF. „Günter Grass: ‚Im Krebsgang'“. *Lexikon der „Vergangenheitsbewältigung“ in Deutschland: Debatten- und Diskursgeschichte des Nationalsozialismus nach 1945*. Hrsg. von Torben Fischer und Matthias N. Lorenz. 2., unveränderte Auflage. Bielefeld 2009: 375–377.

Vogel, Hans-Jochen. *Nachsichten: Meine Bonner und Berliner Jahre*. München 1996.

Walter, Franz. *Die SPD: Biographie einer Partei von Ferdinand Lassalle bis Andrea Nahles*. Reinbek bei Hamburg 2018.

Weber, Nicole. „Literatur über Flucht und Vertreibung“. *Lexikon der „Vergangenheitsbewältigung“ in Deutschland: Debatten- und Diskursgeschichte des Nationalsozialismus nach 1945*. Hrsg. von Torben Fischer und Matthias N. Lorenz. 2., unveränderte Auflage. Bielefeld 2009: 129–131.

Wettig, Klaus (Hrsg.). *„Ich wohne nicht in stehenden Gewässern“: Der politische Günter Grass*. Göttingen 2017.

Wiest, Peter, und Fritz Quoos. „Eine lange Nacht mit dem ‚Steinewälzer'“. *Rhein-Neckar-Zeitung* (19./20. Februar 2000).

Zimmermann, Harro. *Günter Grass unter den Deutschen: Chronik eines Verhältnisses*. Göttingen 2006.

Zimmermann, Harro. „Militante Vernunft: Über den Intellektuellen Günter Grass“. *Fliegende Fische: Eine Soziologie des Intellektuellen in 20. Porträts*. Hrsg. von Thomas Jung und Stefan Müller-Doohm. Frankfurt/M. 2009: 424–448.

IV.5 Handlungsrolle ‚Intellektueller'

Matthias Schaffrick

Günter Grass gilt als Inbegriff des nachkriegsdeutschen Intellektuellen. Seit Anfang der 1960er Jahre fand er nach eigener Aussage im politischen Geschehen immer wieder „Anlässe für Reden und Aufsätze", zur „Einmischung" und zur „außerliterarischen Dreinrede" (NGA 22, 441). In zahlreichen politischen Auseinandersetzungen machte er die „spezifische Autorität" (Bourdieu 2001, 524) des Schriftstellers geltend, die ihm der literarische Erfolg der *Blechtrommel* (1959) eintrug. Er bezog Stellung in politischen Debatten über die Ostpolitik und die Wiedervereinigung, forcierte den umwelt- oder klimapolitischen Diskurs, kritisierte die Rüstungs- und Migrationspolitik ebenso wie die Sozialpolitik und den grassierenden Lobbyismus. Sein politisches Engagement in den Wahlkämpfen der 1960er Jahre sei aufwendige „Kleinarbeit" (NGA 22, 445) und viel „Kleinkram" (NGA 20, 200) gewesen. Später sorgte er mit seinen Beiträgen für Aufsehen in den großen und grundsätzlichen Debatten der Zeit. Mit Werken wie *Die Rättin* (1986), *Ein weites Feld* (1995) oder *Im Krebsgang* (2002), mit Reden (wie der Laudatio auf Yasar Kemal anlässlich der Verleihung des Friedenspreises des deutschen Buchhandels 1997; vgl. NGA 23, 197–210) und mit offenen Briefen beteiligte er sich kontinuierlich am öffentlichen Diskurs.

Mehr noch als in der Rolle des literarischen Autors, scheint es, geht Grass in seiner Intellektuellen-Rolle auf. ‚Anklagen', ‚kommentieren', ‚kritisieren', ‚mahnen', ‚warnen', ‚nörgeln' sind die typischen Redeweisen seiner Intellektuellen-Rhetorik. Die Erwartungen, die auf diese Rolle projiziert werden, erfüllt er aber nicht nur rhetorisch, sondern auch habituell auf mustergültige Weise. Im Laufe der Jahre wird Grass deshalb zum Repräsentanten des Intellektuellen schlechthin. Zwischen 1960 und 2015 fällt der Name „Grass" in so gut wie jeder Auseinandersetzung, in der das Politische im Sinne von nationaler Identität oder kollektivem Gedächtnis verhandelt wird (vgl. Pietsch 2006; Stausberg 2023).

Aufgrund seiner Omnipräsenz und seines intellektuellen Gestus wird Grass – neben Heinrich Böll – aber auch zu einer der Figuren, an denen sich die Mitte der 1970er Jahre einsetzende und in den 1990er Jahren verschärfende Kritik an den universalen, aus einer vermeintlich überlegenden Position urteilenden Intellektuellen und ihrer moralischen Autorität entzündet und abarbeitet. Grass wird mit dieser Rolle derart weitgehend identifiziert, dass er Schriftsteller:innen nachfolgender Generationen wie Sibylle Berg, Rainald Goetz oder Benjamin von Stuckrad-Barre als Figur der polemischen Abgrenzung und Distanzierung dient. Berg positioniert sich in ihren Kolumnen gern als Gegen-Grass (vgl. Schaffrick 2017). Goetz spricht in *Subito,* seinem Beitrag zum Bachmann-Preis 1983, von den „präsenilen Chefpeinsäcken Böll und Grass", die den „geistigen Schlamm und Schleim absondern, den das Weltverantwortungsdenken, das Wackertum, unaufhörlich produziert" (Goetz 2003, 19). Und bei Stuckrad-Barre gerinnt „Großgünter" zur Karikatur altväterlicher, Pfeife rauchender „Weltgeschehenskommentierung" (Stuckrad-Barre 2010, 34). Auch diese Stimmen zeugen aber letztlich von

https://doi.org/10.1515/9783110755435-076

einer ungeheuren Popularität über das literarische Feld hinaus, die heute kaum noch jemand für sich reklamieren kann. Grass führte abgesehen von einer Ausnahme stets das Ranking der deutschsprachigen Intellektuellen an (vgl. Höfer 2005; Cicero 4/2006, 5/2007, 1/2013). Nur 2007 wurde er von Joseph Ratzinger von der Spitzenposition verdrängt, was man darauf zurückführen könnte, dass Grass im Jahr zuvor in *Beim Häuten der Zwiebel* eingestanden hatte, als Siebzehnjähriger Mitglied der Waffen-SS gewesen zu sein (vgl. NGA 17, 111–112). Dieses Eingeständnis mag seine moralische Glaubwürdigkeit geschwächt haben, seine außergewöhnlich prominente, stets umstrittene Stellung als Intellektueller wurde dadurch, wie auch durch den „Abschied von der Literatur der Bundesrepublik" (Schirrmacher 1990) und sein umstrittenes Israel-Gedicht (2012; NGA 1, 530–532) nicht angefochten. Diese Position, die Grass in der ‚alten' und ‚neuen' Bundesrepublik innehatte, war alles andere als selbstverständlich, sondern unwahrscheinlich, historisch kontingent und daher äußerst voraussetzungsreich.

1 Historische Voraussetzungen (biographisch, generationell, literar- und medienhistorisch)

Zu den Voraussetzungen dieser geistesgeschichtlichen Position zählt die Zugehörigkeit zur ‚skeptischen Generation' (Schelsky 1957), die das intellektuelle, aber auch politische und künstlerische Feld der Nachkriegszeit prägte. Dieser Generation gehören Martin Walser und Joseph Ratzinger an, die wie Grass im Jahr 1927 geboren wurden, aber auch Jürgen Habermas (*1929) lässt sich dazuzählen.

Das symbolische Kapital, das Grass zu einer überlegenen Position im intellektuellen Feld und der dazu notwendigen, ‚spezifischen Autorität' verhilft, gewinnt er im Zuge einer literarischen Erfolgsgeschichte. 1955 stößt er zur Gruppe 47 hinzu, über deren Tagungen zu dieser Zeit ausführlich berichtet wurde. Nachdem die Versammlung literarischer Prominenz bereits als lethargisch und saturiert kritisiert worden war, gewinnt Grass 1958 den Preis der Gruppe und sorgt für deren „Wiederbelebung" (Sieg 2017, 216). Mit Ilse Aichinger (*1921), Ingeborg Bachmann (*1926), Heinrich Böll (*1917), Hans Magnus Enzensberger (*1929), Siegfried Lenz (*1926), Martin Walser (*1927) und jüngeren Autoren wie Peter Handke (*1942) und Friedrich Christian Delius (*1943) zählt er zu den prominentesten Mitgliedern, die eine wichtige Rolle in der literarischen Öffentlichkeit der Folgejahre spielten – zumeist gestützt auf das in der Gruppe erworbene Prestige.

Grass aber stellt die Schriftstellerkolleg:innen wie auch die Vertreter:innen seiner Generation, was die öffentliche Aufmerksamkeit angeht, in den Schatten. Mit seinem Roman-Debüt *Die Blechtrommel* gelingt ihm ein Bestseller und zugleich ein ästhetischer Erfolg. Die „hohe künstlerische Qualität" (Sieg 2017, 217) seiner Prosa steht in der zeitgenössischen Kritik – anders als bei Böll – außer Frage. Das Jahr 1959, in dem *Die Blechtrommel* erscheint, wird gelegentlich als „Wendejahr" oder „Romanjahr" bezeichnet (Lorenz und Pirro 2011), weil neben der *Blechtrommel* 1959 auch die

Romane *Billard um halb zehn* von Heinrich Böll und *Mutmaßungen über Jakob* von Uwe Johnson erscheinen. Selbst unter diesen drei Erzähltexten sticht Grass' Roman aber noch hervor, insofern er „gleichermaßen als Massenlektüre wie als distinktes Kunstprodukt in Erscheinung" (Zimmermann 2009, 425) tritt, während Bölls Texten „immer wieder künstlerische Defizite attestiert wurden" (Sieg 2017, 217) und Johnsons Roman wegen der diskontinuierlichen und multiperspektivischen Erzählweise weniger publikumstauglich ist.

Das ist der Hintergrund, vor dem Grass – als „Autor der Blechtrommel" und prominenter Vertreter der renommierten Gruppe 47 – im Jahr 1961 das Feld der intellektuellen Auseinandersetzung betritt (vgl. Hein 2012, 314). Zuerst beteiligt sich Grass mit einem Beitrag an dem Band *Die Alternative oder Brauchen wir eine Regierung?*, den Martin Walser anlässlich der Bundestagswahl 1961 herausgibt. Auch hier findet Grass besondere Beachtung, weil ausgerechnet sein Beitrag unter allen anderen für einen Vorabdruck in der *Zeit* (vom 23. Juni 1961) ausgewählt wird. Ebenfalls in der *Zeit* erscheint zwei Monate später, am 18. August 1961, ein offener Brief an Anna Seghers zur Frage „Und was können die Schriftsteller tun?" angesichts des Baus der Berliner Mauer. „Mauerbau und Wahlkampf fielen zusammen im August" des Jahres 1961 (NGA 22, 444), erinnert sich Grass im Jahr 1990. Diese zufällige politische Koinzidenz bildet den Auftakt für eine bemerkenswerte Karriere in der Handlungsrolle des Intellektuellen.

Der „avantgardistisch schillernde und ungewöhnlich medienträchtige Kunsthabitus des jungen Mannes" (Zimmermann 2009, 426) stößt auf beachtliche (positive wie negative) Resonanz, die er nur aufgrund der seit dem Anfang der 1960er Jahre herrschenden mediengeschichtlichen Konstellation finden kann. Die rasante Verbreitung des Fernsehens zum dominierenden Massenmedium erhöht die Relevanz der Fernsehpräsenz und erleichtert es, ein wachsendes Publikum zu erreichen. Aufgrund der „Einbindung [...] in ein literaturverwertendes, nach kulturindustriellen Gesetzen verfahrenes Mediengefüge" (Amlinger 2021, 235) verändern sich aber auch die Arbeitsbedingungen der Autor:innen. Viele der Schriftsteller:innen nach 1945 konzentrieren sich nicht auf ‚das Buch' als ausschließliches Medium ihrer Arbeit, sondern sehen sich einem „medienübergreifenden Tätigkeitsbereich" (Amlinger 2021, 267) ausgesetzt. Unter diesen Bedingungen wird die „soziale Rolle der Schriftsteller:innen [...] in diejenige öffentlicher Intellektueller überführt" (Amlinger 2021, 256). Grass' Sonderstatus als Intellektueller beruht also nicht nur auf der künstlerischen Leistung, sondern hängt auch von medienhistorischen Gegebenheiten ab.

Nicht zu unterschätzen für die Repräsentativität seines Engagements sind daher – neben Reden, Essays, Zeitungsbeiträgen – Fernsehauftritte und -gespräche, von denen einige auf *Youtube* zugänglich sind. Die Gespräche „Zur Person" mit dem Journalisten Günter Gaus in den Jahren 1965 und 1997 drehten sich gleichermaßen um sein Werk wie um Grass' politisch-intellektuelles Engagement. 1999, nach der Verleihung des Nobelpreises, führt Grass ein Gespräch mit dem Soziologen Pierre Bourdieu, und 2012 schließlich, nach der skandalträchtigen Veröffentlichung des Gedichts „Was gesagt werden muß", strahlen die ARD-Tagesthemen ein für diese Nachrichtensendung äußerst ungewöhnliches Interview aus, das Tom Buhrow bei Grass zu Hause mit ihm geführt hat (am 5. April 2012, einen Tag nach der Veröffentlichung des Gedichts in der *Süddeutschen Zeitung, La Repubblica* und *El País*). Solche Fernsehformate trugen entscheidend dazu bei, dass Grass in der Rolle des Intellektuellen wahrgenommen wurde und seine Position weithin Gehör fand. „Die grimmbärtige Geistes-Ikone namens Grass wäre ohne den Inszenierungsschub, der damals durch das Radio, aber vor allem durch den Erfolg des Fernsehens und der zunehmend visualisierten Printmedien ausgelöst wird, bis heute nicht denkbar." (Zimmermann 2009, 425) Grass' Selbstinszenierung mit rauchender Pfeife, mit Jacketts in entweder Tweet oder Cord und der unverkennbare Schnurrbart geben seiner Selbstdarstellung eine Form, die dem Habitus des Intellektuellen auch performativ eine bild- und fernsehtaugliche Kontur verleihen.

2 Selbstaussagen

Grass sucht die politische Debatte. Besonders in den 1960er Jahren engagiert er sich im Wahlkampf für die „ES-PE-DE". „Glaubt dem Kalender, im September / beginnt der Herbst, das Stimmenzählen; ich rat Euch, Es-Pe-De zu wählen!" (Grass 1965, 16) Grass kommentiert und kritisiert die Haltung und das Handeln der Politiker:innen scharf und harsch – bis zuletzt. „Wer ihr zu nah kommt, der wird weggebissen / und ist alsdann der Medien Frühstücksfraß" (NGA 2, 407), schreibt er in seinem späten Gedicht *Mutti* (2015) über die Personalpolitik der ehemaligen Kanzlerin Angela Merkel. Je nach Parteizugehörigkeit der Kanzler bzw. der Kanzlerin geriert er sich entweder als deren Gesprächspartner und Berater oder deren Widersacher. Die Selbstinszenierung nimmt teils skurrile Formen an: Grotesk wirkt z. B. die „Rede zur Feier des 60. Geburtstages von Gerhard Schröder", in der Grass ein Gespräch mit dem „Kanzler" erinnert, in dem Grass beim „Rotwein" unzufrieden quengelt, bis ihm schließlich vom „Macher" Schröder wie in einer „Märchenstunde" ein „Wunsch" erfüllt wird (NGA 23, 399).

Die vier Bände mit Essays und Reden der *Neuen Göttinger Ausgabe* sowie viele der in Band 24 der NGA abgedruckten Gespräche beweisen, dass Grass offensichtlich, wie er selbst 1970 Auskunft gibt, „einen wachsenden Teil seiner Arbeitszeit in politische Kleinarbeit" (NGA 21, 6) investierte. Die Bände der Werkausgabe versammeln Wahlkampfreden, Ansprachen, Beiträge für lokale und vor allem überregionale Tages- oder Wochenzeitungen und für Magazine, offene Briefe, Reden zu Preisverleihungen und anderen Anlässen, Laudationes. All diese Texte sind über ihren Autor eng verwoben und nicht zu trennen vom literarischen Werk. Die politische Bestandsaufnahme ist bei Grass zugleich immer auch literarische Bilanzierung, so wie die Auszeichnung seines literarischen Werkes für ihn als Bestätigung seines politischen Engagements gilt. Die Büchner-Preisrede 1965, seine Frankfurter Poetik-Vorlesung 1990 oder die Rede anlässlich der Verleihung des Nobelpreises 1999 sind Beispiele für dieses Ineinander von Literatur und Politik, für die Verquickung der Rolle des Schriftstellers und des öffentlichen Intellektuellen. Ein Beispiel dafür ist die Nobelpreis-Rede *„Fortsetzung* *folgt...*", in der Grass von der „Sprengkraft" der Literatur und ihrer weltverändernden Kraft (NGA 23, 274) spricht und dieser eine entscheidungsunfähige, erschlaffte Politik gegenüberstellt. „Oder ist zu hoffen, daß, wenn schon nicht der Politik, die ohnehin jegliche Entscheidungskraft der Ökonomie überlassen hat, wenigstens der Literatur etwas einfällt, das den neuerlichen Dogmatismus [des Kapitalismus] ins Wanken bringt?" (NGA 23, 275–276)

Seine Ansichten zu diesem Verhältnis von „Literatur und Politik" erläutert er in einem gleichnamigen, programmatischen Vortrag aus dem Jahr 1970. „Die Politik ist Teil der Wirklichkeit", so beginnt Grass, „also wird die Literatur – immer auf der Suche nach Wirklichkeit – die Politik nicht aussparen oder verdrängen können." (NGA 21, 5) Literatur und Politik seien ihm zwar „nie einander ausschließende Gegensätze gewesen" (NGA 21, 5). Sie bleiben aber Gegensätze. Grass erläutert, dass Literatur und Politik autonom operieren und funktionieren: „Die Literatur folgt den Gesetzen der Ästhetik; die Politik folgt den Gesetzen der Macht" (NGA 21, 7). Ihre Gemeinsamkeiten liegen im Horizont aufgeklärter, vernunftgeleiteter Diskurse. „Die Vernunft klärt auf. Sobald sie aufklären, begegnen sich Literatur und Politik" (NGA 21, 8). Die Literatur habe einen „nützlichen Anteil an politischer Aufklärung und aufgeklärter Politik" (NGA 21, 5–6), ‚nützlich' im Sinne des Horaz'schen „prodesse". Dieser Nutzen ist für Grass politisch gegeben, er besteht vor allem darin, „die Nachwirkungen des Nationalsozialismus einzudämmen und die parlamentarische Demokratie zu festigen" (NGA 21, 6).

Grass' Ausführungen machen deutlich, dass es ihm weniger um den politischen Stellenwert der Literatur und die literarisch-künstlerische Aushandlung des Politischen geht, als vielmehr um konkrete, tagesaktuelle Politik, die er als „Bürger" betreibt, der sich „gelegentlich in die Politik begeben muß", dem „der politische Alltag neben gründlichen Kenntnissen auch einen langen Atem" abfordert und der Politik „als etwas schneckenhaft Langsames" versteht (alle Zitate NGA 21, 6–7). In dem Vortrag stellt Grass „die politische Tätigkeit" der schriftstellerischen voran. Man erfährt mehr über seine Vorliebe für Parteipolitik und das politische Klein-Klein als etwas über die literarische Beobachtung des Politischen. Die Literatur wird trotz ihrer Autonomie („die Literatur ist zuallererst sich selbst verantwortlich", NGA 21, 8) und Kompromisslosigkeit („Kompromisse zerstören die Literatur", NGA 21, 8) politisch funktionalisiert und in den Dienst politischer Aufklärung gestellt.

Dazu passt, dass Grass im Vortrag zwischen der literarischen Beschäftigung des Autors und dem Engagement des Intellektuellen trennt. Dadurch, dass er seinen Kindern in einem fingierten „Frageundantwortspiel" (NGA 21, 7) erklärt: „Wenn ich zu Hause bin, mache ich meistens Literatur; sobald ich verreise, geht es um Politik", (NGA 21, 7) rückt er seine öffentlichen Auftritte in das Licht der Politik und der Öffentlichkeit, während er das Literarische – für einen dermaßen öffentlichkeitswirksam agierenden Autor ungewöhnlich – auf den privaten, häuslichen Bereich eingrenzt (vgl. dazu auch NGA 8, 290).

Erst die letzte von zehn Thesen, die er in diesem Vortrag aufstellt, erklärt die Funktion seines ‚zeitraubenden' politischen Engagements für seine schriftstellerische Tätigkeit: „Damit ich weiter schreiben darf, was ich schreiben muß." (NGA 21, 9) Grass verteidigt also die freie, unzensierte Meinungsäußerung, die eine freiheitlich und rechtsstaatlich organisierte Demokratie als politische Ordnung voraussetzt, welche den Freiraum für die Rolle des Intellektuellen schafft. Der Relativsatz ist interessant, weil in ihm das Schreiben als unausweichliche Schreib-Verpflichtung, als Notwendigkeit dargestellt wird, als ‚schreiben müssen'. Diese Formulierung, dass etwas gesagt oder geschrieben werden muss, ist eine bei Grass häufig gebrauchte, rhetorische Form der Selbstverpflichtung bis hin zum Titel des schon erwähnten Gedichts *Was gesagt werden muß* (Schaffrick 2019, 91–94).

„Weil es gesagt werden muß" (NGA 22, 263) ist – in unterschiedlichen Varianten – Grass' Begründung für sein intellektuelles Engagement und seine politischen Einmischungen. Seine Stellungnahmen sind aus seiner Sicht notwendig und von den Zeitläuften geradezu erzwungen. So heißt es zu Beginn seines Tagebuchs aus dem Jahr 1990, *Unterwegs von Deutschland nach Deutschland:* „Ich bin kein passionierter Tagebuchschreiber. Es muß schon Ungewöhnliches anstehen, das mich in die Pflicht nimmt." (Grass 2009, 6). Grass inszeniert sich als derjenige, der dazu auserwählt ist, zu sagen oder zu schreiben, „[w]as Tatsache ist" (NGA 2, 412). Er sieht sich gleichermaßen dazu berufen wie verpflichtet („muß"), die sich ihm aufdrängende Wahrheit über die unheilvolle Zukunft („es") vorherzusehen und auszusprechen, auch wenn er in einer Art Sisyphos-Arbeit (vgl. NGA 24, 348) nur vergeblich mahnt oder er – in der „Kassandra-Nachfolge" (NGA 22, 263) der Intellektuellen – mit seinen Appellen ungehört bleibt.

Neben Sisyphos und Kassandra ist der Papagei Rollenbild des Grass'schen Engagements. Pierre Bourdieu erläutert er im Fernsehgespräch: „In der Politik muss man fast wie ein Papagei, eine These, die man einmal als richtig empfunden hat und die sich bewährt hat, wiederholen, wiederholen, was ermüdend ist, weil man dann das Echo der eigenen Stimme auch immer wieder hört, und man kommt sich am Ende wie ein Papagei vor." (Grass und Bourdieu 1999, 31:33–31:50) Um sich im Politischen Gehör zu verschaffen, seien Wiederholungen unerlässlich, ein Sich-selbst-Nachplappern wie ein Papagei.

3 Was der Staat nicht garantieren kann – Position und Funktion der Intellektuellen

Ein Beitrag, in dem eine intellektuelle Auseinandersetzung geführt und zugleich reflektiert wird, erschien am 22. August 1980 in der *Zeit*. An dem drei Seiten füllenden ‚kulturpolitischen Streitgespräch' unter dem Titel „Der Kanzler ist kein Volkserzieher" waren neben Grass der damalige Kanzler Helmut Schmidt, der Leiter des Zeit-Feuilletons Fritz J. Raddatz sowie der Schriftsteller Siegfried Lenz beteiligt. Das Gespräch dreht sich direkt zu Beginn um die Rolle der Intellektuellen und ein vermeintliches sozialdemokratisches „Mißtrauen" (Raddatz) oder „Vorurteil" (Schmidt) dieser Rolle gegenüber (Grass et al. 1980, 29).

Grass redet im Laufe des Gesprächs wiederholt über ein „kulturelles Vakuum“ (Grass et al. 1980, 31), das entstanden sei, weil sich die Nachkriegspolitik zu einseitig auf „materielle Werte“ (Grass et al. 1980, 31) („Wiederaufbau“ und „Stabilisierung“) und „ökonomische Befriedigung“ (Grass et al. 1980, 31) konzentriert habe. Grass konstatiert, dass deshalb eine „andere, verbindende Kraft“ fehle, „die sich nicht vom Machbaren, vom Realisierbaren her definieren läßt oder nicht *nur* von daher“ (Grass et al. 1980, 31). Das ‚Mach- und Realisierbare‘ ist hier Chiffre für Helmut Schmidt und dessen Regierung, deren pragmatisches politisches Handeln und Programm diese „andere, verbindende Kraft“ vernachlässigt habe. Aber was ist das eigentlich, diese „andere, verbindende Kraft“? Und wer trägt die Verantwortung dafür?

Im Hintergrund des Gesprächs über die „verbindende Kraft“ steht – unausgesprochen – ein berühmter staatsrechtlicher Aphorismus, das sogenannte Böckenförde-Diktum: „*Der freiheitliche, säkularisierte Staat lebt von Voraussetzungen, die er selbst nicht garantieren kann.* Das ist das große Wagnis, das er, um der Freiheit willen, eingegangen ist.“ (Böckenförde 2006, 112) Der Satz stammt aus Ernst-Wolfgang Böckenfördes Vortrag über *Die Entstehung des Staates als Vorgang der Säkularisation.* Böckenförde hielt ihn erstmals 1964, drei Jahre später, 1967, wurde er veröffentlicht. Das Böckenförde-Diktum stammt also aus einer Zeit, als Grass' intellektuelles Engagement mit seinen Reden im SPD-Wahlkampf einen ersten Höhepunkt erreichte. Böckenförde geht davon aus, dass die politische Ordnung ‚etwas‘ Vor-Politisches („Voraussetzungen“) erfordert, was sich der staatlichen Verfügungsgewalt entzieht („die der Staat nicht garantieren kann“). Um die damit aufgeworfene Frage nach den Voraussetzungen des Politischen rankt sich eine intellektuelle Debatte, an der sich Helmut Schmidt (der gelegentlich von Böckenförde beraten wurde) und Günter Grass ebenso beteiligt haben wie Jürgen Habermas und Joseph Ratzinger (Habermas und Ratzinger 2005) und in der immer wieder gefragt wird, was denn diese „Voraussetzungen“ des freiheitlichen, säkularisierten Staates seien, „diese andere, verbindende Kraft“, von der Grass spricht.

Schmidt hält sich als Kanzler dafür nicht zuständig, und er stellt außerdem fest, dass die Religion diese Funktion unter säkularen Bedingungen nicht (mehr) erfüllt. Siegfried Lenz konstatiert ganz realistisch, dass es nicht „steuerbar“ ist, womit das Vakuum, das im vor-politischen Raum herrscht, gefüllt wird. Böckenförde hat später „Gesetzesloyalität“ als „Grundlage des gemeinsamen Zusammenlebens“ definiert (Böckenförde 2007, 36). Im Grunde aber ist es die intellektuelle Debatte selbst, die diese Voraussetzungen nicht nur verhandelt, sondern bildet und hervorbringt (vgl. Schaffrick 2014). Es ist die Funktion der Intellektuellen, das Vakuum, von dem hier die Rede ist, diskursiv zu füllen.

Grass vertritt in dem Gespräch eine andere Position, nämlich die, dass das kulturelle Vakuum wegen eines Mangels an nationalkultureller Identität entstanden sei. „Wenn wir als Deutsche nicht in der Lage sind, uns ohne Hybris als Nation zu definieren, sei es mit Hilfe unseres nach wie vor vagen Kulturbegriffes, dann entsteht ein Vakuum, das ist sogar schon da.“ (Grass et al. 1980, 31) Auch wenn Grass sich mehrfach dagegen verwehrt hat, zum ‚Gewissen der Nation‘ deklariert zu werden (vgl. NGA 20, 200; NGA 24, 340), belegen solche Äußerungen die nationalkulturelle Motivierung seines Engagements. Wie andere knüpft auch er „an die idealistische Idee einer einheitsstiftenden Kulturnation an“ (Amlinger 2021, 257). Das Nationale ist aber nicht gegeben, sondern muss erst hergestellt werden. Das „intellektuelle Engagement [zielt] auf die Schaffung einer adressierbaren Kollektivität“ ab (Sieg 2017, 571), die bei Grass national codiert ist. Er sieht sich damit in einer idealistisch-aufklärerischen Tradition deutschsprachiger Literaturgeschichte seit dem 18. Jahrhundert. „Denn Deutschland ist, hundert Jahre vor Bismarck, durch deutsche Schriftsteller und Philosophen, die den Geist der Aufklärung durch dieses Land wehen ließen, kraft der Sprache geeinigt worden.“ (NGA 20, 144) Solche nationalkulturelle Emphase überschätzt jedoch den politischen Einfluss des literarisch-intellektuellen Engagements.

4 Intellektuellen-Ranking

„Grass verdrängt Papst von Platz eins“, titelte *sueddeutsche.de* am 20. Dezember 2012. Die Schlagzeile bezog sich auf das Intellektuellen-Ranking, das in der ersten Ausgabe 2013 der Zeitschrift *Cicero* erschien. Grass besaß als Schriftsteller und Intellektueller besondere Popularität, wie das Ranking beweist. Auf Grass folgen auf der Liste Zeitgenossen wie Peter Handke und Martin Walser, außerdem Alice Schwarzer, Elfriede Jelinek, Jürgen Habermas und Marcel Reich-Ranicki. Joseph Ratzinger stürzt vom ersten auf Platz neun ab, eingerahmt von Peter Sloterdijk und Frank Schirrmacher. In der ersten, 2006 veröffentlichten „Liste der 500“ stand Grass (vor Harald Schmidt) schon einmal auf Platz eins, verlor diesen Platz aber im zweiten *Cicero*-Ranking (Cicero 5/2007) an Joseph Ratzinger / Papst Benedikt XVI., während er selbst hinter Martin Walser, auf Platz 3 landete. 2013 erobert er die Spitzenposition zurück.

Grass ist ein hyperparadigmatischer Fall der Handlungsrolle Intellektueller, „der letzte Großintellektuelle“ (Höfer 2005, 22). Im intellektuellen Feld der „alten Bundesrepublik“ nahm er eine ähnlich hegemoniale Stellung ein wie *Wetten daß...?* in der Unterhaltungsbranche: von vielen beachtet, extrem populär. Das Cicero-Ranking bildet das vornehmlich männliche intellektuelle Feld aus Schriftstellern, Philosophen und Journalisten ab, das sich bereits in den 1960er Jahren der Bundesrepublik herausgebildet hat. Grass, Walser, Handke, Habermas, Ratzinger. Deren Stellung ist heute kaum mehr zu erlangen. „An dieser Idee von Intellektualität, die immer auch mit einer exklusiven Sprecherrolle (universaler Werte, politischer Stellungnahme etc.) verknüpft war, partizipieren im literarischen Feld der Gegenwart kaum noch Autor:innen“ (Amlinger 2021, 602). Das politische Engagement Sibylle Bergs, Navid Kermanis oder Mithu Sanyals, um nur drei Namen zu nennen, zeugt auf je unterschiedliche Weise von einem anderen, weniger universalistischen Selbstverständnis und einem weniger selbstgewissen Habitus.

Das Ranking erinnert an die symbolische „Zentralstellung der Gruppe 47“ (Tommek 2015, 385), die Grass entgegen allen Widerständen und Infragestellungen – noch einmal befeuert durch das symbolische Kapital des Nobelpreises 1999 – zu verteidigen wusste.

Es ist aber auch ein Beleg für die schwindende Autorität und Marginalisierung der politisch-engagierten Intellektuellen mit gesellschaftlich repräsentativer Stellung. Zwar beansprucht das Ranking, die „öffentliche Deutungsmacht" der Intellektuellen abzubilden, misst aber überhaupt „keine inhaltliche Qualität" (Cicero 1/2013, 20), sondern suggeriert, man könne die Handlungsrolle des Intellektuellen bewerten wie einen Bestseller. Solche Rankings sind Elemente einer „Quantifizierung des Sozialen" (Mau 2017), die nicht nur Restaurants, Universitäten, Weine, Bücher und Kinofilme betrifft, sondern auch die Handlungsrolle des Intellektuellen und das intellektuelle Feld insgesamt. Die Quellen der Legitimation öffentlicher Einmischung verlagern sich dadurch von spezifischer Autorität hin zu Popularität. Inhaltsleere, gefällige Popularität hat Grass im Wahlkampf 1965 als Erfolgsmodell Ludwig Erhards kritisiert (vgl. NGA 20, 102), und daher würde er die Umwertung von Autorität, die auf „*vergangener* Bewährung" (Luhmann 2012, 65) beruht, zu quantifizierbarer Popularität ganz sicher angemahnt haben. Was bliebe ihm am Ende anderes als Resignation: „Aber was rede ich. Wer hört noch zu." (NGA 22, 458)

Literatur

Amlinger, Carolin. *Schreiben: Eine Soziologie literarischer Arbeit.* Berlin 2021.

[Anon.]. „Intellektuellen-Ranking von Cicero: Grass verdrängt Papst von Platz eins". *sueddeutsche.de.* https://www.sueddeutsche.de/medien/x-zusammenfassung-1200-cicero-ranking-grass-wichtigster-deutscher-intellektueller-1.1556016. 20. Dezember 2012 (28. Oktober 2022).

Böckenförde, Ernst-Wolfgang. „Die Entstehung des Staates als Vorgang der Säkularisation". *Recht, Staat, Freiheit. Studien zur Rechtsphilosophie, Staatstheorie und Verfassungsgeschichte.* Erweiterte Ausgabe. Frankfurt/M. 2006: 92–114.

Böckenförde, Ernst-Wolfgang. *Der säkularisierte Staat: Sein Charakter, seine Rechtfertigung und seine Probleme im 21. Jahrhundert.* München 2007.

Bourdieu, Pierre. *Die Regeln der Kunst: Genese und Struktur des literarischen Feldes.* Frankfurt/M. 2001.

Cicero. Magazin für politische Kultur [Ausgaben 4/2006, 5/2007, 1/2013].

Goetz, Rainald. *Hirn: Schrift.* Frankfurt/M. 2003.

Grass, Günter. „Gesamtdeutscher März". *Plädoyer für eine neue Regierung oder Keine Alternative.* Hrsg. von Hans Werner Richter. Reinbek bei Hamburg 1965: 15–16.

Grass, Günter, Helmut Schmidt, Siegfried Lenz, und Fritz J. Raddatz. „Der Kanzler ist kein Volkserzieher". *Die Zeit* (22. August 1980): 29–31.

Grass, Günter, und Pierre Bourdieu. „Günter Grass im Gespräch mit Pierre Bourdieu. (1999). https://www.youtube.com/watch?v=YY0SYZZGB8I (28. Oktober 2022).

Grass, Günter. *Unterwegs von Deutschland nach Deutschland: Tagebuch 1990.* Göttingen 2009.

Habermas, Jürgen, und Joseph Ratzinger. *Dialektik der Säkularisierung: Über Vernunft und Religion.* Freiburg im Breisgau 2005.

Hein, Bastian. „Das Gewissen der Nation? – Günther [sic!] Grass (Jg. 1927) als politischer Intellektueller". *Gesichter der Demokratie: Porträts zur deutschen Zeitgeschichte. Eine Veröffentlichung des Instituts für Zeitgeschichte München-Berlin.* Hrsg. von Bastian Hein, Manfred Kittel und Horst Möller. München 2012: 311–324.

Höfer, Max A. *Meinungsführer, Denker, Visionäre: Wer sie sind, was sie denken, was sie wirken.* Frankfurt/M. 2005.

Lorenz, Matthias N., und Maurizio Pirro. „Einleitung: WendeJahr 1959? Eine deutsch-italienische Arbeitsgemeinschaft zu Kontinuitäten und Brüchen in der deutschsprachigen Literatur der 50er Jahre". *Wendejahr 1959? Die literarische Inszenierung von Kontinuitäten und Brüchen.* Hrsg. von Matthias N. Lorenz und Maurizio Pirro. Bielefeld 2011: 9–20.

Luhmann, Niklas. *Macht im System.* Hrsg. von André Kieserling. Berlin 2012.

Mau, Steffen. *Das metrische Wir: Über die Quantifizierung des Sozialen.* Berlin 2017.

Pietsch, Timm Niklas. *„Wer hört noch zu?" Günter Grass als politischer Redner und Essayist.* Essen 2006.

Schaffrick, Matthias. *In der Gesellschaft des Autors: Religiöse und politische Inszenierungen von Autorschaft.* Heidelberg 2014.

Schaffrick, Matthias. „‚Fragen Sie Frau Sibylle': Wozu Dichter in dürftiger Zeit? Zur Aushandlung des Politischen bei Sibylle Berg. *Sibylle Berg: Romane. Dramen. Kolumnen und Reportagen.* Hrsg. von Anett Krause und Arnd Beise. Frankfurt/M. 2017: 39–54.

Schaffrick, Matthias. „‚Das wird man ja wohl noch sagen dürfen': Rhetorik und Poetik der populistischen Phrase". *Das Politische in der Literatur der Gegenwart.* Hrsg. von Stefan Neuhaus und Immanuel Nover. Berlin und Boston 2019: 79–108.

Schelsky, Helmut. *Die skeptische Generation: Eine Soziologie der deutschen Jugend.* Düsseldorf und Köln 1957.

Schirrmacher, Frank. „Abschied von der Literatur der Bundesrepublik". *Frankfurter Allgemeine Zeitung* (2. Oktober 1990): L1–L2.

Sieg, Christian. *Die ‚engagierte Literatur' und die Religion: Politische Autorschaft im literarischen Feld zwischen 1945 und 1990.* Berlin und Boston 2017.

Stausberg, Friederike. *Günter Grass und die Berliner Republik: Eine biografische Fallstudie über die kommunikative Macht von Intellektuellen*. Berlin 2023.

Stuckrad-Barre, Benjamin von. *Auch Deutsche unter den Opfern.* Köln 2010.

Tommek, Heribert. *Der lange Weg in die Gegenwartsliteratur: Studien zur Geschichte des literarischen Feldes in Deutschland von 1960 bis 2000.* Berlin, München und Boston 2015.

Zimmermann, Harro. „Militante Vernunft. Über den Intellektuellen Günter Grass". *Fliegende Fische: Eine Soziologie des Intellektuellen in 20 Porträts.* Hrsg. Thomas Jung und Stefan Müller-Doohm. Frankfurt/M. 2009: 424–448.

IV.6 Soldat der Waffen-SS – die Kontroverse um das „Geständnis“ im Jahr 2006

Christoph Cornelißen

Am 12. August 2006 erschien die *Frankfurter Allgemeine Zeitung* (*FAZ*) mit dem Aufmacher „Günter Grass: Ich war Mitglied der Waffen-SS“. Die prominente Platzierung des Beitrags verdankte sich so wie die sprachliche Zuspitzung der Kommentare im gleichen Blatt wesentlich der Regie von Frank Schirrmacher, seinerzeit der für das Feuilleton zuständige Mitherausgeber. „Das mußte raus, endlich“ (NGA 24, 757), ließ der Nobelpreisträger für Literatur in seinem ausführlichen Interview wissen, und erklärte, warum er nach 60 Jahren sein Schweigen breche. Mit seinem neuen Buch *Beim Häuten der Zwiebel* wolle er sich „über all das, was damals gewesen ist, [...] noch einmal Klarheit verschaffen, vor allem über bestimmte Dinge bei mir selbst. Was hat dich, was hat den Jungen, der du einmal warst, gehindert, die richtigen Fragen zu stellen?“ (NGA 24, 756; vgl. NGA 17). Die Antworten darauf im Interview und in *Beim Häuten der Zwiebel* ergänzen sich wechselseitig. Argumentiert Grass im Interview eher wie ein Anwalt in eigener Sache, der das handelnde Individuum in den Kontext der zeitlichen Umstände einordnet und es damit auch ein Stück weit verteidigt, zeichnet er seinen Werdegang im Buch hintergründiger, offener, insgesamt auch selbstkritischer; außerdem verknüpft er seine Ausführungen hier und dort mit Überlegungen zu grundsätzlichen Problemen des Erinnerns, die zugleich als Teil-Erklärung für sein langes Schweigen gelesen werden können. Über die Einbettung der von ihm selbst gelieferten Fakten in eine „Poetologie des Erinnerns“ (Ingendaay 2020) erhoffte sich Grass, die öffentlichen Reaktionen auf sein „Geständnis“ kontrollieren zu können, doch wurde er rasch eines Besseren belehrt. Tatsächlich löste er mit seiner Erklärung eine mediale Großkontroverse aus, deren Echo sich weit über die deutschen Grenzen hinaus in das europäische Ausland und andere Regionen der Welt erstreckte. Dass ausgerechnet der „oberste[] Intellektuelle[] des Landes“ (NGA 24, 732) im Jahr 2006 eingestand, als Siebzehnjähriger von November 1944 bis zum Kriegsende Rekrut einer Einheit der Waffen-SS gewesen zu sein und damit einer der Organisationen angehört zu haben, denen schon im Nürnberger Hauptkriegsverbrecherprozess 1945/46 ihre Beteiligung an den nationalsozialistischen Massenverbrechen nachgewiesen wurde, wirkte auf viele Kommentatoren wie ein Schock. Noch eher zurückhaltend äußerte die britische *Sunday Times* die Vermutung, wonach diese bislang unbekannte Tatsache „die völlige Neubewertung der Karriere eines Mannes zur Folge haben werde, der mit der Feststellung berühmt wurde, daß der Ruf Deutschlands für immer mit dem Wort Auschwitz verbunden sei“ ([Anon.] 2006b, 31).

https://doi.org/10.1515/9783110755435-077

1 „Das Geständnis“ – Bekanntes und Neues

Dass der fast 80-jährige Schriftsteller und streitbare Intellektuelle mehr als sechs Jahrzehnte nach dem Zweiten Weltkrieg öffentlich kundtat, als 17-Jähriger Soldat der Waffen-SS geworden zu sein, war ungewöhnlich – zumal zu diesem späten Zeitpunkt. Grass sei sogar, mutmaßte der Mitherausgeber der *FAZ*, Frank Schirrmacher, „der letzte, der sage: *Ich* habe zu lange geschwiegen“ (Schirrmacher 2006). Dabei war viel von dem, was der Nobelpreisträger über seine Kindheit, Jugend und Soldatenzeit im Nachhinein ausbreitete, der Öffentlichkeit bereits bekannt, hatte Grass doch schon im Mai 1968 in einem Interview mit der Redakteurin Irmgard Bach von Radio Bremen recht ausführlich über seine Zeit als „Hitlerjunge“, „Luftwaffenhelfer“ (NGA 24, 70) und seine Kriegseinsätze berichtet (allgemein zur ‚Vorgeschichte‘ des sogenannten ‚Geständnisses‘ auch Zimmermann 2018). So wussten seine Hörerinnen und Hörer, dass er seit Anfang 1945 an der Ostfront, „die damals [...] in Schlesien verlief“ (NGA 24, 75), eingesetzt und danach „in den Kampfraum um Berlin“ (NGA 24, 75) verlegt worden war. Er habe einer „wechselnden Einheit“ angehört, „zusammengewürfelt aus Sechzehn-, Siebzehnjährigen, alten Männern zwischen 50 und 60, Resten vom Volkssturm, eingezogener Waffen-SS, Marine und der sogenannten Hermann-Göring-Spende, die man in diese Kampfeinheiten hineingestopft hatte“ (NGA 24, 75). Angesichts des Eklats 2006 erscheint bemerkenswert, dass in dem geschichtsversessenen und doch so geschichtsvergessenen ‚1968‘ die Interview-Andeutungen keine Nachfragen provozierten. „Ich war zu jung, um ernsthaft geprüft werden zu können“, hielt Grass 1979 nochmals fest (Grass 1979). Gleichwohl machte er weder davor noch danach einen Hehl daraus, dass er nicht nur als „Jungnazi“, sondern auch als junger Soldat „gläubig bis zum Schluß“ gewesen sei (NGA 17, 40; vgl. auch „Ich bin in der Nazi-Zeit aufgewachsen, verblendet, bis alles in Scherben fiel, und bis zum Schluss an den Endsieg glaubend“ [NGA 24, 737]). Schon als Kind habe er außerdem miterlebt, „wie alles am hellen Tag passierte. Und zwar mit Begeisterung und mit Zuspruch“ (NGA 24, 760). Auch über seine Faszination für die Marine und speziell für die U-Boote hatte er bei früheren Anlässen berichtet. Ähnliches gilt für die Stufen seines soldatischen Lebensweges, angefangen mit seiner Dienstzeit als Luftwaffenhelfer, die Grass noch bei der Niederschrift von *Beim Häuten der Zwiebel* (vgl. NGA 17, 67) wie eine Befreiung aus der häuslichen Enge empfand, bis hin zu seinem Kampfeinsatz bei den Rückzugsgefechten an der „Ostfront“.

Die 2006 rasch anschwellende öffentliche Aufregung konzentrierte sich somit einzig auf den erst jetzt publik gemachten Tatbestand, wonach er im November 1944 als Panzerschütze zur 10. SS-Panzer-Division „Frundsberg“ eingezogen worden war (vgl. NGA 24, 836: „Ich habe mich nicht freiwillig gemeldet“, siehe dazu ebenfalls *Der Spiegel* 2014). Genau darüber hatte er jahrzehntelang geschwiegen; nur wenige ihm eng Vertraute, darunter der Verleger Klaus Wagenbach und der österreichische Schriftsteller Robert Schindel, wussten davon. Als Grass sich 2006 an die Öffentlichkeit wandte, ahnte er, dass sein Eingeständnis die Geister aufwühlen, ja, dass eine Welle der Entrüstung auf ihn zurollen würde. Um ihr zu begegnen, wirbt Grass in *Beim Häuten der Zwiebel* und ebenso im Interview mit der *FAZ* um Verständnis für die Haltung eines Siebzehnjährigen. Der Einberufungsbefehl zur Waffen-SS sei für ihn überhaupt kein Problem gewesen. Im Gegenteil, „[d]ie doppelte Rune am Uniformkragen war [ihm] [keineswegs] [...] anstößig", heißt es in *Beim Häuten der Zwiebel* (NGA 17, 111). Grass war sogar stolz darauf, in eine „Eliteeinheit" (NGA 17, 111) aufgenommen worden zu sein, außerdem sei von der „Waffen-SS etwas Europäisches" (NGA 17, 112) ausgegangen. Bei diesen Feststellungen überging Grass indes den Tatbestand, dass bei der Aufstellung der ausländischen beziehungsweise ‚volksdeutschen' SS-Divisionen sehr unterschiedliche politische, ideologische oder auch sozioökonomische Motive den Ausschlag gegeben hatten; oftmals handelte es sich schlichtweg um einen flächendeckenden Zwang. Und auch von schlagkräftigen Divisionen konnte zum Zeitpunkt seiner Rekrutierung keine Rede mehr sein, eher handelte es sich um eine „Elite am Ende" (vgl. Keller 2014, 360 und 363).

Der junge Grass wollte oder konnte all das nicht wahrnehmen, ja, sein „Glaubensgerüst" geriet selbst dann nicht ins Wanken, als seine Einheit im „Wirrwarr des Rückzugs" (NGA 17, 127) nicht nur mit der blutigen Realität des Kriegsgeschehens konfrontiert wurde, sondern ebenfalls Zeuge eines sich radikalisierenden Disziplinarregimes wurde. Im Zeichen der drohenden Niederlage richtete sich die Gewalt der Waffen-SS in den letzten Kriegsmonaten immer härter gegen drei verschiedene Opfergruppen: gegen Deserteure oder Versprengte, die der Fahnenflucht beschuldigt wurden, außerdem gegen Zivilisten, die sich gegen die Verteidigung ihrer Heimatorte wandten sowie gegen die Angehörigen all der Bevölkerungsgruppen, die aus rassischen oder politischen Gründen als Gegner des NS-Regimes galten. Ob und in welchem Ausmaß die Division „Frundsberg" an Kriegsverbrechen beteiligt war, lässt sich im Nachhinein nicht mehr ermitteln, erweist sich doch die archivarische Überlieferung zu dieser wie so vieler anderer Divisionen der Waffen-SS als ausgesprochen lückenhaft; ein offizielles Kriegstagebuch existiert nicht. Man darf jedoch davon ausgehen, dass Grass an Kriegsverbrechen persönlich nicht beteiligt war. In *Beim Häuten der Zwiebel* nimmt er für sich sogar in Anspruch, „keinen einzigen Schuß abgegeben" (NGA 17, 145) zu haben. In seiner Funktion eines Panzer-Ladeschützen mag das so der Fall gewesen sein, nachprüfen lässt sich diese Behauptung nicht. Das Bundesarchiv in Koblenz und in Berlin verfügt über keine Dokumente zur Mitgliedschaft von Grass in der Waffen-SS.

Im April 1945 erlitt Grass eine Kriegsverletzung, die ihn ins Lazarett brachte, was ihm letztlich das Leben in einer Phase rettete, als auf allen Seiten Abertausende Soldaten bei den Endkämpfen des Weltkriegs fielen. Schon während der Rückzuggefechte wechselte er auf Anraten eines weisen Obergefreiten seine Uniformjacke mit den SS-Runen gegen die eines einfachen Wehrmachtsoldaten (vgl. NGA 17, 145). War die Zugehörigkeit zur Waffen-SS für ihn bis kurz vor Kriegsende überhaupt kein Problem, wurde sie es spätestens am Tag der Kapitulation. Grass fiel damals „in ein tiefes Loch, weil die Ideologie, die mich geformt hatte, zusammenbrach" (NGA 24, 837). Als er im tschechischen Marienbad in amerikanische Kriegsgefangenschaft geriet und am 10. November 1945 eine „Vorläufige Erklärung des Kriegsgefangenen" ausfüllen musste, notierte er wahrheitsgemäß, als „Lade-Schütze der 10. SS-Panzer-Division „Frundsberg" gedient zu haben (vgl. Wiegrefe 2006). Seine Angaben zum Zivilberuf lauten „Schüler-pupil". Den weiteren Papieren ist zu entnehmen, dass er am 24. April 1946 mit einem geringfügigen Arbeitslohn aus der amerikanischen Kriegsgefangenschaft entlassen wurde. Damit setzte eine neue Phase seines Lebens ein, in der er die persönlichen Kriegserlebnisse nicht mehr direkt ansprach, sie aber literarisch verfremdet an unterschiedlichen Stellen aufscheinen lässt.

2 „Von dieser Art von Vergangenheit eingeholt"

In mancher Hinsicht verhielt sich Grass nach seiner Entlassung aus der Kriegsgefangenschaft genauso wie Millionen andere deutsche Ex-Kombattanten. Obwohl im Zweiten Weltkrieg über 17 Millionen Männer deutscher und nicht deutscher Herkunft in der Wehrmacht gedient hatten, davon rund eine knappe Million in den Reihen der Waffen-SS, äußerten sie sich nach 1945 eher selten zu ihren konkreten Kriegserfahrungen oder gar zu ihrer Beteiligung an Kriegsverbrechen; über die Beteiligung der Wehrmacht am Holocaust herrschte über Jahrzehnte eisernes Schweigen. Gewiss, in der deutschen Gesellschaft wurde – mehr in West- als in Ostdeutschland – immer wieder und zuweilen sogar ausführlich über den Zweiten Weltkrieg gesprochen, darüber hinaus so manches publiziert. Dazu zählt zum einen die apologetische Erinnerungsliteratur von ehemaligen Angehörigen der Waffen-SS, über die sie nach 1945 versuchten, das Bild von einem „vierten Wehrmachtsteil" zu verbreiten, um so als „Soldaten wie andere auch" zu erscheinen (vgl. Töppel 2019; Schulte et al. 2014, 12). Zum anderen gehören dazu die Erinnerungen aus der Feder von Wehrmacht-Offizieren über die vielen „Verlorenen Siege" (Erich von Manstein) und ebenso eine ausufernde „Landser-Literatur", die allesamt als eine Verfremdung der schweren physischen und psychischen Belastungen begriffen werden müssen, mit denen die ehemaligen Soldaten in der Wirklichkeit der zweiten Nachkriegszeit zurechtzukommen lernen mussten (vgl. von Wrochem 2006, Kumpfmüller 1997; Goltermann 2009). Das trifft auch auf Grass zu: Er habe zwar „nicht die Chance oder das Pech [gehabt], zum Schuß zu kommen. Dennoch blieb dieses Schamgefühl und eine Last, an der man lebenslang trägt" (NGA 24, 785).

Grass begriff diese Belastungen indes nicht als einen Anstoß zu einem Berufs- und Privatleben in Zurückgezogenheit, sondern das Gegenteil war der Fall: Wie so viele andere Intellektuelle und Wissenschaftler aus der Generation der „Siebzehnjährigen", die später unter anderem als die Angehörigen einer Generation der „45er" bezeichnet worden sind, zog er aus seinen persönlichen Erfahrungen in der NS-Diktatur den Schluss, mit geradezu missionarischem Eifer die Deutschen zu einer ständigen Auseinandersetzung mit der NS-Vergangenheit anzuhalten (vgl. Schildt 2020, 43). Für Grass entwickelte sich das Anliegen sogar zu einer Lebensaufgabe, denn „wir werden" – so äußerte er im Jahr 1999 – „immer wieder, ob wir es wollen oder nicht, ob wir es leugnen oder nicht, von dieser Art von Vergangenheit eingeholt" (NGA 24, 572). Er gehörte damit zu den ersten, die in der Bundesrepublik offen über die Kontinuität von NS-Belastungen in der Politik und Geschichtsklitterung führten, und auch noch nach seinem Aufstieg in den Rang eines der bekanntesten deutschen Intellektuellen ließ er immer wieder gerne seiner gewohnt bissig-polemischen Angriffslust an den Punkten freien Lauf, an denen er die Gefahr einer „Geschichtsklitterung" (Grass 1985) durch die noch sehr viel intensiver in die NS-Zeit verstrickten Generationen aufziehen sah. Das machte sich – um hier an nur zwei besonders markante Vorgänge zu erinnern – bemerkbar, als 1978 eine heftige öffentliche Kontroverse um die Rolle Hans Filbingers als Kriegsrichter der Marine ausbrach, die noch im gleichen Jahr zum Rücktritt des baden-württembergischen Ministerpräsidenten führte. Grass kommentierte das Ergebnis mit großer Genugtuung (vgl. Kellerhoff 2006). Noch weitaus schärfer fiel seine Polemik gegen die Geschichtspolitik von Helmut Kohl aus, als der Kanzler Mitte der 1980er Jahre gemeinsam mit dem amerikanischen Präsidenten Ronald Reagan den Soldatenfriedhof Bitburg besuchte, um ein Zeichen der wechselseitigen Versöhnung unter den ehemaligen Kriegsgegnern zu setzen. Für Grass handelte es sich dabei um eine offene „Geschichtsklitterung, deren auf Medienwirksamkeit bedachtes Kalkül Juden, Amerikaner und Deutsche, alle Betroffenen gleichermaßen verletzt" (Grass 1985). Gerade in Kenntnis seines späten Eingeständnisses wirkt diese Formulierung freilich mehr als befremdlich, wie überhaupt Grass in seiner Einschätzung der bundesrepublikanischen Vergangenheitspolitik oder auch zu Fragen der deutschen Einheit oft apodiktisch formulierte. Fast zwangsläufig zog er damit ebenfalls schon früh eine Phalanx von Kritikern auf sich, die vor allem, aber keineswegs ausschließlich dem politisch konservativen Spektrum zugeordnet werden können. Gefördert wurde dies dadurch, dass Grass wegen des Streits über die Asylpolitik 1993 die SPD nach 10 Jahren Mitgliedschaft wieder verließ.

Zusätzliche ‚Munition' erhielten seine Kritiker, als im Kontext der Diskussion um sein Erinnerungsbuch *Beim Häuten der Zwiebel* bekannt wurde, dass er schon Jahrzehnte zuvor den zeitweilig eng mit ihm befreundeten Wirtschaftsminister der Großen Koalition, Karl Schiller, nachdrücklich dazu aufgefordert hatte, sich offen zu seinem „Irrtum" in der NS-Diktatur zu bekennen. Schiller war Mitglied der SA und der NSDAP gewesen und hatte dann vor seinem Kriegsdienst am Kieler Institut für Weltwirtschaft Gutachten vorgelegt, die der Wirtschaftspolitik des NS-Regimes in die Hände spielten. Das alles offen einzugestehen „wäre für Sie eine Erleichterung und gleichfalls für *die* Öffentlichkeit so etwas wie ein reinigendes Gewitter", heißt es in einem Brief von Grass an Schiller vom 15. Juli 1969. (Lütjen 2007, 270; vgl. [Anon.] 2006a). Den weiteren Hintergrund bildete hierfür ein Bericht im *Spiegel*, der wenige Wochen zuvor in einem Titelbeitrag über Schillers Lebensweg im „Dritten Reich" recht ausführlich berichtet hatte (vgl. [Anon.] 1969). Schiller folgte dem Ratschlag seines Freundes indes nicht, was Grass mit einigem Befremden zur Kenntnis nahm. In einem weiteren Schreiben an Schiller vom 28. April 1970 kommentierte er: „*Ich* bat sie damals dringlich, Ihr eigenes erklärbares Verhältnis zu den Organisationen der NSDAP von sich aus freimütig und rechtzeitig der Öffentlichkeit zu erklären, ohne große Mea-Culpa-Geste, vielmehr in der nüchternen und doch nicht nivellierenden Tonlage, die Ihnen zu eigen ist. Anstelle starteten Sie, ohne auf die eigene Vergangenheit einzugehen, einen von der Sache her berechtigten

Angriff gegen Kurt Georg Kiesinger.“ (Lütjen 2007, 270; vgl. [Anon.] 2006a) Er habe deswegen lange darüber nachgedacht, wie *es* möglich sein könne, dass ein Politiker „partiell so verengt reagieren kann“ (Lütjen 2007, 270; vgl. [Anon.] 2006a). Im Hinblick auf die späteren Auseinandersetzungen um Grass ist aufschlussreich, welche Mutmaßungen er 1970 über das Schweigen Schillers anstellte: dass es sich wohl um den „berühmt-berüchtigten Hochmut *des* Wissenden“ handele, und er ergänzte: „Mir ist diese Materie nicht unvertraut; da ich mich gut zwei Jahre lang mit [...] den intellektuellen Attitüden des Bertolt Brecht auseinandersetzen mußte, kann ich derlei Verengungen gelegentlich auch an mir beobachten“ (Lütjen 2007, 270; vgl. [Anon.] 2006a).

3 Zu den erinnerungskulturellen Kontexten der Kontroverse

Grass ist seinen eigenen Vorgaben aus dem Jahr 1970 nicht gefolgt. Über seine Zugehörigkeit als Siebzehnjähriger zur Waffen-SS wollte und konnte er sich öffentlich über einen langen Zeitraum hinweg nicht äußern. Im Nachhinein führte er dafür zum einen das Wirken und Nachwirken der Adenauer-Jahre als einen Grund an, was mehr über sein kritisches Verhältnis zur deutschen Nachkriegsgesellschaft aussagt, als eine Beschreibung der realen Erfahrungen in der NS-Diktatur wiederzugeben: „Wir hatten Adenauer, grauenhaft, mit all den Lügen, mit dem ganzen katholischen Mief.“ Er verstieg sich darüber hinaus sogar zu der Behauptung, die „damals propagierte Gesellschaft sei durch eine Art von Spießigkeit geprägt [gewesen], die es nicht einmal bei den Nazis gegeben hatte“ (NGA 24, 762). Zum anderen erklärte Grass sein langes Schweigen mit dem persönlicher gehaltenen Argument der zunehmenden „Scham“: „Was ich mit dem dummen Stolz meiner jungen Jahre hingenommen hatte, wollte ich mir nach dem Krieg aus nachwachsender Scham verschweigen“ (NGA 17, 112).

Was auf viele Kritiker wie eine vordergründige ‚Schutzbehauptung‘ wirkte, besaß einen durchaus realen Kern. Bereits seit den 1960er Jahren waren erste kritische Darstellungen zur Geschichte der Waffen-SS erschienen, welche das apologetische Schrifttum ihrer ehemaligen Angehöriger nachdrücklich in Frage stellten; im Jahr 1982 folgte mit der Studie *Hitlers Politische Soldaten* des Hamburger Historikers Bernd Wegner ein Maßstäbe setzendes Grundlagenwerk, das an der Beteiligung vieler SS-Divisionen an den Massenkriegsverbrechen keine Zweifel mehr zuließ. Die dann seit den 1990er Jahren veröffentlichen Untersuchungen zu verschiedenen Divisionen der Waffen-SS im besetzten Europa erhärteten diese Befunde, gleichzeitig dokumentieren sie gerade im Blick auf die zweite Kriegshälfte die zunehmende Heterogenität der Einheiten (vgl. Wegner 1982; Schulte et al. 2014, 12–15). Insgesamt trugen die Untersuchungen dazu bei, dass sich in der Öffentlichkeit des In- und Auslands das symbolträchtige Bild verfestigte, wonach die Waffen-SS eine entscheidende Stütze des nationalsozialistischen Vernichtungskrieges gewesen sei. Genau diese Erkenntnis befeuerte 2006 auch die Kontroverse um Grass. Hätte er gesagt, konstatierte Bernd Wegner treffend, „er sei bei der U-Boot-Waffe gewesen, eine entsetzliche Waffe mit entsetzlichen Verlusten, wäre das Beben nur ein Bruchteil so stark, wie es jetzt ist". Die Nennung der Waffen-SS wurde jedoch im In- und Ausland „geradezu reflexartig mit Auschwitz und Völkermord assoziiert" (vgl. Wegner 2006).

Weiteres kam hinzu: Als aufmerksamer Beobachter der politischen Kultur seines Landes dürfte Grass wahrgenommen haben, dass sich in der Auseinandersetzung mit der NS-Vergangenheit seit den 1980er Jahren grundlegende Änderungen abzeichneten. Schon 1983 machte der Philosoph Hermann Lübbe die Beobachtung, dass die wissenschaftliche und die gesellschaftliche Auseinandersetzung mit dem Nationalsozialismus bei wachsendem zeitlichen Abstand zu den Ereignissen eher zu- denn abgenommen habe (vgl. Lübbe 1983, 579). Dass Lübbe außerdem die Zurückhaltung in der öffentlichen Thematisierung individueller und institutioneller Nazi-Vergangenheiten in den beiden ersten Nachkriegsjahrzehnten als „das sozialpsychologisch und politisch nötige Medium der Verwandlung unserer Nachkriegsbevölkerung in die Bürgerschaft der Bundesrepublik Deutschland" definierte, trug ihm einen regelrechten Sturm der Entrüstung ein (vgl. Schildt 2013). Grass war an diesen Auseinandersetzungen nicht unmittelbar beteiligt, doch seine vergangenheitspolitischen Äußerungen im gleichen Zeitraum lassen keine Zweifel daran zu, dass er sich weiterhin als einen unverzichtbaren Aufklärer von NS-Belastungen begriff. Die Tonlage und die Stoßrichtung seiner Argumentation änderten sich jedoch erheblich, als im Laufe der 1990er Jahre die Angehörigen der nach 1945 geborenen Generationen damit begannen, die Biographien des Führungspersonals von diversen öffentlichen und privaten Funktionen der Bundesrepublik einer kritischen Neubewertung zu unterziehen. In diesem Zusammenhang richtete sich der Blick nicht nur auf die Politik und Justiz und das Militär, sondern insbesondere die Wissenschaften gerieten in den Fokus von Untersuchungen, bei denen nicht selten die Lust am Skandal die Feder führte. Ob in der Soziologie, der Geschichts- und Literaturwissenschaft, der Philosophie oder auch den Erziehungswissenschaften, es setzte eine geradezu fieberhafte Suche nach NS-Belastungen ein. Im Jahr 2003 erschien dann das von Christoph König herausgegebene *Internationale Germanistenlexikon*, in dem für viele überraschend nachzulesen war, dass auch Walter Jens (geb. 1923) und Peter Wapnewski (geb. 1922), Arthur Henkel (geb. 1915) und Walter Höllerer (geb. 1922) Mitglied der NSDAP gewesen waren.

Grass war mit all diesen Persönlichkeiten eng vertraut, und er erkannte rasch, wie sehr die Enthüllungen die Beschuldigten in erhebliche Erklärungsnot brachten. Er äußerte daraufhin sein deutliches Missfallen am Entlarvungsgestus der Jüngeren; das Leben dieser Menschen dürfe über solche Enthüllungen nicht zugedeckt werden. Weiterhin ließ er verlautbaren: „Bei Kriegsende war ich zwar 17 Jahre alt. Aber bis heute nagt an mir, dass ich als 15-, 16-Jähriger nicht den hellen Blick gehabt habe, das Verbrecherische dieses Systems zu durchschauen. Ich kann nicht ausschließen, dass ich, wenn ich fünf Jahre älter gewesen wäre, wahrscheinlich auch irgend so einen Schrieb unterzeichnet hätte." (Grass 2003; 2013 äußerte Grass außerdem: „Unseriöse Berichterstattungen und mediale Vernichtungskampagnen, auch wenn sie sich nicht gegen mich richten, sind mir zuwider" [NGA 24, 838]).

Fest steht, dass der Schriftsteller nun auch in seinem literarischen Werk neue Akzente setzte. So rückt er in der 2002 erschienenen Novelle *Im Krebsgang* das Schicksal der deutschen Vertriebenen und Flüchtlinge in den Mittelpunkt, das seit den 1970er Jahren in der bundesdeutschen Erinnerungskultur immer weiter an den Rand geraten war. Vor dem Hintergrund der „ethnischen Säuberungen" während der Jugoslawienkriege der 1990er Jahre war das Thema dem „Flüchtlingskind" Grass – „ich bin mittlerweile fast achtzig und nenne mich immer noch Flüchtlingskind" (NGA 24, 756) – zu wichtig, um es allein den Fängen revisionistischer Kräfte zu überlassen. (in aller Klarheit ließ Grass wissen: „In Polen hat das schon angefangen, und wir sollten heute offener darüber reden, aber bitte nicht durch Aufrechnen." [[Anon.] 2002]; zu seiner Novelle *Im Krebsgang* siehe NGA 24, 612–633). Vor falschem Beifall habe er noch nie Angst gehabt, äußerte Grass dazu im Mai 2002.

Rückblickend scheinen diese Diskussionen den Boden dafür geebnet zu haben, dass er nunmehr ebenfalls dazu bereit war, ein anderes heißes Eisen anzupacken. Es lohnt in diesem Zusammenhang daran zu erinnern, dass das „Hamburger Institut für Sozialforschung" 1995 bis 1999 unter dem Titel *Vernichtungskrieg. Verbrechen der Wehrmacht 1941 bis 1944* in vielen Städten eine Wehrmachtsausstellung gezeigt hatte, die sich zu einem regelrechten Skandal auswuchs und die dann nach der Feststellung sachlicher Mängel zurückgezogen wurde. Die überarbeitete zweite Variante unter dem weitaus nüchterneren Titel *Verbrechen der Wehrmacht. Dimensionen des Vernichtungskrieges 1941–1944* folgte zwischen 2001 und 2004. Es war daher alles andere als ein Zufall, dass nunmehr „all diese Achtzigjährigen, von Grass bis Joachim Fest" ihre Jugenderinnerungen publizierten; für die „Flakhelfer" war es die letzte Chance, ihre Stimme zu erheben (Schirrmacher 2006). Für Autoren wie Grass lag dem ein Moment „des Unausweichlichen" zugrunde, wie er im Mai 2004 bekannte: „Wir haben hier in Deutschland über Jahrzehnte hinweg die Erfahrung gemacht, daß der Vergangenheit nicht auszuweichen ist." (NGA 24, 677).

4 Verlauf und Folgen der Grass-Kontroverse

„Wer richten will, mag richten", konstatierte Grass fast trotzig in der ARD, als die erste Welle der Entrüstung nach der publikumswirksamen Veröffentlichung seines „Geständnisses" in der *FAZ* über ihn hereinbrach (vgl. Grass 2006a). Sowohl die Platzierung des Interviews auf der Titelseite als auch die Einbettung durch einen Leitkommentar und die Berichterstattung im Feuilleton dokumentieren, dass es Schirrmacher darauf ankam, eine regelrechte Medienkampagne zu entfachen. Sie erwies sich als ausgesprochen erfolgreich. In kürzester Zeit reagierten zahlreiche Presseorgane und die Rundfunkanstalten, darüber hinaus ergriffen die Fernsehsender bereitwillig die hingehaltene Hand. Sehr schnell sah sich Grass in der Defensive, und er argwöhnte, dass einige versuchten „mich zur Unperson zu machen" (Grass 2006b). Das Spektrum der Kommentare war indes vielschichtig: Es reichte von Entsetzen und Entrüstung, Schock und Unglaube über die Unterscheidung zwischen literarischem Werk, das unbeschadet der neuen Kenntnisse Teil der Weltliteratur bleibe, und einer Biographie, die nun als schwer belastet gelte, bis zum offenen Verständnis für einen Jugendlichen, der sich „mit fünfzehn Jahren als Freiwilliger zu den U-Booten vormeldete" (Jeismann 2006). Zuspruch erhielt Grass außerdem von Schriftstellerkollegen wie Dieter Wellershoff, Erich Loest und Ralph Giordano. Auch für Klaus Staeck, damals Präsident der Berliner Akademie der Künste, standen das künstlerische Werk und die politische und moralische Integrität von Günter Grass weiterhin „außer Zweifel" ([Anon.] 2006c). Deutliche, zuweilen scharfe Kritik an dem zu späten Geständnis äußerte dagegen nicht nur der Historiker Michael Wolffsohn, der befand, dass durch das beharrliche Schweigen „Grass' moralisierendes, nicht sein fabulierendes Lebenswerk entwertet" werde, sondern auch sein Zunftgenosse Hans-Ulrich Wehler zeigte sich enttäuscht: Er könne sich kaum vorstellen, dass *Grass* jemand Ende *der* fünfziger, Anfang *der* sechziger Jahre „einen Strick daraus gedreht hätte", wenn er sich schon damals zu seinem Eingeständnis durchgerungen hätte. Der Grass-Biograph Michael Jürgs urteilte aus seiner Enttäuschung heraus noch weit schärfer und sprach vom „Ende einer moralischen Instanz" (Jürgs 2006). In das gleiche Horn stieß Christoph Keese von der *Welt* – Grass habe „die Öffentlichkeit jahrzehntelang belogen, um seine Existenz als Oberlehrer nicht zu gefährden" –, wohingegen Ulrich Greiner in *Die Zeit* festhielt, der „elende Streit" füge „unserem Bild von Grass nichts wesentlich Neues hinzu [...]. Er führt zurück in die alten Zwiste der alten BRD. Was in Erinnerung bleibt, ist diese unerträgliche Selbstgerechtigkeit, was im Ohr bleibt, ist dieses eitle Gedröhne". Grass wirkte auf ihn nur noch wie ein „Moraltrompeter" (Greiner 2006).

Aus den zahlreichen Kommentaren wurden sehr schnell erste Dokumentationen in Buchform aufbereitet; schon 2006 erschien eine Sammlung, im nachfolgenden Jahr ein umfassendes und stärker strukturiertes Buch von Martin Kölbel, und bereits 2008 erschien die erste Monographie zur „Grass-Debatte" (vgl. Gorzny 2006; Kölbel 2007; Gries 2008). Diese Publikationen zeigen, dass die Anhänger eines eher linken oder liberalen politischen Lagers relativ großes Verständnis für Grass aufbrachten. In der *Frankfurter Rundschau* reklamierte beispielsweise Hans Mommsen für Günter Grass „das Recht des einzelnen auf eine private Bewältigung des umfassenden Wertezerfalls" beim Zusammenbruch des NS-Regimes. Stattdessen verkenne eine „sensationslüsterne Öffentlichkeit", dass dieser Zerfall „bei denen, die sich seiner bewußt werden, Sprachlosigkeit, ja Verdrängung auslöst" (Mommsen 2006; siehe dazu kritisch Bahners 2006). Weitaus weniger Nachsicht waltete dagegen auf Seiten der Medien, die eher einem konservativen Spektrum zugeordnet werden können. Die Berichte aus dem Ausland verdeutlichen zudem, dass hier die Zugehörigkeit von Grass zur Waffen-SS einen besonders großen Schock hervorrief, weckte doch überall im ehemals besetzten Europa die Debatte Erinnerungen an die zahllosen Verbrechen gegen die Zivilbevölkerung, an denen unterschiedliche Divisionen der Waffen-SS beteiligt gewesen waren. Es verwundert daher kaum, dass die Resonanz in Polen, in Jugoslawien, in den baltischen Staaten, der Ukraine, aber auch in Frankreich und Italien besonders stark ausfiel, wobei die

Einlassungen ähnlich wie in Deutschland klare parteipolitische Prägungen zu erkennen geben.

Mit dem Abstand einiger Jahre und endgültig nach dem Ableben von Grass im April 2015 zeigte sich, dass der Literat im hohen Alter mit *Beim Häuten der Zwiebel* einen letzten Versuch unternahm, über die Erinnerungstraumata der deutschen Gesellschaft öffentlich zu räsonieren (vgl. Ingendaay 2020). Viel zu spät wurde er sich dabei bewusst, dass dazu auch der offene Umgang mit seiner Zugehörigkeit zur Waffen-SS gehörte. Das lange Schweigen darüber und auch das späte „Geständnis“ waren bei weitem kein Alleinstellungsmerkmal des Schriftstellers Grass. Sie waren vielmehr der Ausdruck einer Kriegserfahrung, die als ‚nagendes Schuldgefühl‘ nicht nur die Überlebenden seiner Generation im Griff hielt, sondern weit darüber hinaus in die Reihen der Nachgeborenen ausstrahlte.

Literatur

[Anon.]. „Grass forderte Wirtschaftsminister Schiller zur Beichte auf“. *Der Spiegel* (29. September 2006a).
[Anon.]. „London: Porträt der Woche“. *Frankfurter Allgemeine Zeitung* 187 (14. August 2006b): 31.
[Anon.]. „Grass’ Geständnis entzweit die Intellektuellen“. *Spiegel Kultur* (12. August 2006c).
[Anon.]. „Günter Grass kritisiert ‚revanchistischen Unterton‘“. *Der Spiegel* (5. Februar 2002).
[Anon.]. „Schiller: Jetzt komme ich“. *Der Spiegel* 16 (14. April 1969).
Bahners, Patrick. „Haltet die Verdränger! Mommsen über Grass“. *Frankfurter Allgemeine Zeitung* (17. August 2006).
Goltermann, Svenja. *Die Gesellschaft der Überlebenden: Deutsche Kriegsheimkehrer und ihre Gewalterfahrungen im Zweiten Weltkrieg*. München 2009.
Gorzny, Willy. *Die Grass-Debatte*. Pullach im Isartal 2006.
Grass, Günter. „Ich war an keinem Verbrechen beteiligt“. *Süddeutsche Zeitung* (17. August 2006a).
Grass, Günter. „Man will mich zur Unperson machen“, *Frankfurter Allgemeine Zeitung* (14. August 2006b).
Grass, Günter. „Wir waren keine Hellseher“. *Frankfurter Allgemeine Zeitung* (21. Dezember 2003).
Grass, Günter. „Geschenkte Freiheit – Versagen, Schuld, vertane Chancen“. *Die Zeit* (6. Mai 1985).
Grass, Günter. „Kein Schlußwort“. *Die Zeit* (23. November 1979).
Greiner, Ulrich. „Es ist nun wirklich genug!“. *Die Zeit* (24. August 2006).
Gries, Britta. *Die Grass-Debatte: Die NS-Vergangenheit in der Wahrnehmung von drei Generationen*. Marburg 2008.
Ingendaay, Paul. „Ein tapferer Mann“. *Frankfurter Allgemeine Zeitung* (12. Dezember 2020).
Ingendaay, Paul. „Hier spricht ein engagierter Bürger“. *Frankfurter Allgemeine Zeitung* (19. Dezember 2020).
Jeismann, Michael. „Grass hätte Hitler befreien können“. *Frankfurter Allgemeine Zeitung* (14. August 2006).
Jürgs, Michael. „Wer ist Günter Grass?“. *Tagesspiegel* (13. August 2006).
Keller, Sven. „Elite am Ende: Die Waffen-SS in der letzten Phase des Krieges“. *Die Waffen-SS: Neue Forschungen*. Hrsg. von Jan Erik Schulte, Peter Lieb und Bernd Wegner. Paderborn 2014: 354–376.
Kellerhoff, Sven. „Flucht aus der Wirklichkeit“. *Welt* (15. August 2006). www.welt.de/politik/article236002/Flucht-aus-der-Wirklichkeit.html (4. März 2024).
Kölbel, Martin (Hrsg.). *Ein Buch, ein Bekenntnis: Die Debatte um Günter Grass’ „Beim Häuten der Zwiebel“*. Göttingen 2007.
Kumpfmüller, Michael. „Ein Krieg für alle und keinen: Hans Hellmut Kirst: ‚08/15‘ (1954/55)“. *Von Böll bis Buchheim: Deutsche Kriegsprosa nach 1945*. Hrsg. von Hans Wagener. Amsterdam 1997: 249–264.

Lübbe, Hermann. „Der Nationalsozialismus im deutschen Nachkriegsbewußtsein". *Historische Zeitschrift 236* (1983): 579–599.

Lütjen, Torben. *Karl Schiller (1911–1994): ‚Superminister' Willy Brandts.* Bonn 2007.

Mommsen, Hans. „Grass' Spießrutenlaufen: Die Empörung ist so typisch wie verlogen". *Frankfurter Rundschau* (16. August 2006).

Schildt, Axel. *Medien-Intellektuelle in der Bundesrepublik*. Göttingen 2020.

Schildt, Axel. „Zur Durchsetzung einer Apologie: Hermann Lübbes Vortrag zum 50. Jahrestag des 30. Januar 1933". *Zeithistorische Forschungen/Studies in Contemporary History* (Online-Ausgabe) 10 (2013): 148–152.

Schirrmacher, Frank. „Grass' spätes Eingeständnis: Eine zeitgeschichtliche Pointe". *Frankfurter Allgemeine Zeitung* (12. August 2006).

Schulte, Jan Erik, Peter Lieb und Bernd Wegner (Hrsg.). „Einleitung". *Die Waffen-SS*. Paderborn 2014: 11–22.

Spiegel, Hubert. „Günter Grass als SS-Kämpfer: Von Marschrouten und Protestürmen". *Frankfurter Allgemeine Zeitung* (20. Oktober 2014).

Töppel, Roman. „‚Soldaten wie andere auch, nur ein bisschen besser': Das Selbstbild von Veteranen der Waffen-SS". *Bios* 30 (2019).

Wegner, Bernd. „Die Reaktionen sind wie ein Fallbeil". *Die Zeit* (17. August 2006).

Wegner, Bernd. *Hitlers Politische Soldaten: Die Waffen-SS 1933–1945. Studien zu Leitbild, Struktur und Funktion einer nationalsozialistischen Elite*. Paderborn 1982.

Wiegrefe, Klaus. „Grass räumte als Kriegsgefangener Waffen-SS Mitgliedschaft ein". *Der Spiegel* (15. August 2006). https://www.spiegel.de/kultur/gesellschaft/spiegel-exklusiv-grass-raeumte-als-kriegsgefangener-waffen-ss-mitgliedschaft-ein-a-431823.html (4. März 2024).

Wrochem, Oliver, von, und Erich von Manstein. Vernichtungskrieg und Geschichtspolitik. Paderborn 2006.

Zimmermann, Jennifer. „Überschriebene Erinnerung. Über die SS und die Scham im literarischen Werk von Günter Grass". *Die SS nach 1945. Entschuldungsnarrative, populäre Mythen, europäische Erinnerungsdiskurse*. Hrsg. von Jan Erik Schulte und Michael Wildt. Göttingen 2018: 419–435 (= Hannah-Arendt-Institut. Berichte und Studien, Bd. 76).

V Rezeption

V.1 Rezeption in Deutschland

V.1.1 Feuilleton und Kritik

Erika Thomalla

Günter Grass war wie kaum ein anderer deutscher Schriftsteller seit der Nachkriegszeit immer wieder Gegenstand polemisch geführter feuilletonistischer und literaturkritischer Debatten. Als „politisch engagierter Intellektueller", der häufig mit „nonkonformistischen" Ansichten an die Öffentlichkeit trat (Weninger 2004, 214), sah er sich seit dem Beginn seiner schriftstellerischen Karriere mit einer zutiefst gespaltenen und kontroversen Rezeption konfrontiert. Grass' Verhältnis zur Kritik, so bemerkte Heinz Ludwig Arnold 1997, gleiche einem nicht enden wollenden „medialen „Horror-Stück[]": Alle paar Jahre fänden sich auf den „Bühnen des deutschen Literaturbetriebs" dieselben „Hauptdarsteller in ähnlichen Rollen" ein, um einander mit „immer heftigerem Getöse" zu attackieren (Arnold 1997, 7). Auch wenn es dabei in der Regel vordergründig um konkrete Publikationen ging, spiegeln sich in den Debatten um Grass und sein Werk Grundsatzfragen der Literaturkritik wider. Zur Diskussion stand mithin, wie realistisch oder surrealistisch, moralisch oder amoralisch, engagiert oder ideologiefrei Literatur sein sollte. Darüber hinaus ging es auch um die Ökonomie des Literarischen in einem doppelten Sinn – sowohl was den Umfang von und die sprachliche Darstellung in Grass' Werken anging wie auch im Hinblick auf deren mediale Präsentation und Vermarktung. Der jahrzehntelange Streit um Grass zeugt daher auch von den veränderten Erwartungen und Ansprüchen an Literatur seit den 1960er Jahren.

1 Der Skandalautor. Topoi der Grass-Rezeption seit der *Danziger Trilogie*

Im Jahr 1984 kam der *Spiegel* zu einem vernichtenden Urteil: Grass habe sich „mit seinem Oskar Matzerath, dem krächzenden Helden der ‚Blechtrommel', insgeheim ein Selbstporträt geschaffen. Während nämlich Oskar Matzerath sein (körperliches) Wachstum nach exakt drei Lebensjahren einstellt, [habe] Günter Grass mit seinem (literarischen) Wachstum nach genau drei Romanen aufgehört: nach Drucklegung der ‚Hundejahre' 1963." ([Anon.] 1984) Der Vergleich zwischen dem Autor und seinem Protagonisten ist nicht nur deshalb bemerkenswert, weil er die verbreitete Auffassung wiedergibt, dass Grass mit der *Danziger Trilogie* einen frühen, danach nie wieder erreichten Höhepunkt seines Schaffens erlebte. Der Befund ließe sich darüber hinaus an die feuilletonistische Kritik selbst zurückgeben, die in den rund sechs Jahrzehnten, in denen Grass als Literat in der Öffentlichkeit stand, vorzugsweise auf Deutungsmuster zurückgriff, die bereits in den Rezensionen zu seinen frühen Werken angelegt waren. (vgl. Mews 2008, 3)

https://doi.org/10.1515/9783110755435-078

Obwohl Grass schon in der zweiten Hälfte der 1950er Jahre den Lyrikband *Die Vorzüge der Windhühner* sowie mehrere kleine Theaterstücke veröffentlicht hatte, wurde er einer breiteren Öffentlichkeit erst durch das Erscheinen der *Blechtrommel* bekannt. Unabhängig von der vielfältigen und gegensätzlichen Bewertung des Romans war sich ein Großteil der Kritiker darin einig, dass mit Grass ein „Störenfried" im „Schrebergarten" der deutschen Literatur aufgetreten war, der den Rezensenten einen schwer zu verdauenden „Brocken" hingeworfen hatte (Enzensberger 1968, 8). Bemerkenswert erschien den Kritikern vor allem die Verbindung einer realistischen Weltdarstellung mit phantastischen und surrealistischen Elementen. Grass' Hang zum ‚Fabulieren' wurde allerdings keineswegs durchweg positiv bewertet: Die erzählerische Weitschweifigkeit und der sprachliche Einfallsreichtum des Autors ging einigen zu weit. So bemängelte etwa Marcel Reich-Ranicki, dessen ambivalentes Verhältnis zu Grass hier bereits seine Anfänge nahm, auch wenn er die harsche Kritik an der *Blechtrommel* später relativierte (Reich-Ranicki 2003), die fehlende Ökonomie des Romans: „Dem Erzähler sprudelt es nur so von den Lippen. [...] Es wallet und siedet und brauset und zischt, wie wenn Wasser mit Feuer sich mengt. Nicht selten ist das Feuer dieser Prosa echt. Aber von dem Wasser ist allzviel da – und wir haben es nicht immer mit sauberem Wasser zu tun." (Reich-Ranicki 1960)

Grass' Imagination und Erzählweise stellten aber auch noch aus anderen Gründen ein Ärgernis für Teile der Literaturkritik dar: Vor allem aus dem konservativen Lager bekam er den Vorwurf, an der Darstellung von „Abnormitäten und Scheußlichkeiten" ein „grunzend[es] [...] Behagen" zu empfinden und sich über „jeden moralischen und ethischen Anspruch lustig" zu machen (Hornung 1968, 25). Umgekehrt erntete er von vielen Kritikern gerade Applaus dafür, dass sein Roman keine schlichte Moral vertrete. Sie sahen in der *Blechtrommel* eine willkommene Entwicklung hin zu einer „Entideologisierung und Entpolitisierung der Kunst" – weshalb sie den Auftritt des politisierten Schriftstellers Grass wenige Jahre später teilweise mit Befremden zur Kenntnis nahmen. (Paschedag et al. 1997, 18)

2 Der doppelte Grass. „Barocker Erzähler" und „engagierter Schriftsteller"

Anlässlich des Erscheinens von Grass' *Kopfgeburten oder Die Deutschen sterben aus* im Jahr 1980 stellte Hellmut Jaesrich in der *Welt* fest: „Man wird sich daran gewöhnen müssen, daß Günter Grass in unregelmäßiger Folge gute und schlechte Bücher schreibt, sorgfältig gezimmerte [...] und hingehudelte wie dieses, in die der Alltag des Wahlkämpfers [...] hineinspielt." (Jaesrich 1980) Seit sich Grass zu Beginn der 1960er Jahre für die SPD engagierte und an Wahlkampfauftritten teilnahm, wurde ihm immer wieder vorgehalten, politische Leitartikel in Romanform zu publizieren, welche die Dichtung pragmatischen Zwecken aufopfern würden. Befördert wurde diese Kritik dadurch, dass Grass selbst in Interviews regelmäßig Verbindungen zwischen seinen literarischen Publikationen und seinen politischen Positionen herstellte (vgl. Eckel und Eickel 1997). Immer öfter wurde die *Blechtrommel* jetzt von Kritikern zu einem frühen Gipfel von Grass' Werk erklärt, an dem die nachfolgenden Bücher sich zu messen hatten. Stufte die Literaturkritik die dramatischen Texte angesichts des Erfolgs des Debutromans tendenziell als Nebenwerk ein (vgl. Ring und Engelhardt 1997) und tat sie Gedichtbände wie *Ausgefragt* (1967) oder *Novemberland*, die aus ihrer politischen Wirkungsabsicht kein Geheimnis machten, vielfach als „Meinungslyrik" ab (Zimmermann 1993), so wurden die Romane danach beurteilt, inwiefern sie eine Verwandtschaft zum Erstlingswerk aufwiesen.

Ein erheblicher Teil der Literaturkritik unterschied dabei zwischen dem ‚eigentlichen' Grass – dem „barocke[n] anarchische[n] Erzähler" – und dem „politische[n] Schriftsteller als Institution", der vorwiegend beschreibe, erkläre und argumentiere, aber kaum noch erzähle (Baumgart 1979). So wurden Romane wie *örtlich betäubt* (1969) oder *Die Rättin* (1986), die sich mit tagesaktuellen Themen befassten, dafür kritisiert, lediglich die moralischen Ansichten und pädagogischen Absichten ihres Verfassers zu übermitteln. Demgegenüber erhielt etwa *Der Butt* (1977) viel Lob dafür, dass der Autor hier eher eine erzählerisch vermittelte Auseinandersetzung mit politischen Themen führe und zu seiner Fabulierkunst zurückgekehrt sei. Zwar gab es auch Stimmen, die Grass als politisch engagierten Schriftsteller würdigten, doch der Großteil der Literaturkritik konnte sich mit seinen dezidiert ‚engagierten' Werken nicht anfreunden. Neben der Abwehrhaltung gegenüber dem Politiker Grass gab es allerdings noch einen zweiten Aspekt, an dem sich die Rezensenten zunehmend störten: die medialen Vermarktungsstrategien, mit denen Grass' Werke der Leserschaft nahegebracht wurden.

3 Werbetrommel statt Blechtrommel? Literaturkritik vs. Marketing

Bereits bei der Publikation der Erzählung *Unkenrufe* (1992), dem ersten Werk, das Grass nach der Trennung von Luchterhand bei seinem neuen Verleger Steidl veröffentlichte, wurde die umfangreiche PR-Aktion im Vorfeld der Bucherscheinung negativ kommentiert. Für Furore sorgte zudem der falsche Vorwurf, dass der Verlag keine Rezensionsexemplare verschickt habe, um die Literaturkritik zu umgehen (vgl. Salzen und Flentge 1997, 189). Der 1995 erschienene Roman *Ein weites Feld* zog, wie zuvor bereits *Der Butt*, aus entgegengesetzten Gründen Kritik auf sich (vgl. dazu auch Negt 1996 und Stolz 2008): Der Verlag hatte, zusätzlich zu einer lang angelegten Marketingkampagne und mehreren Vorablesungen, der Veröffentlichung die beachtliche Anzahl von 4500 Rezensionsexemplaren vorausgeschickt. Teil des „gigantische[n] Werbefeldzug[s]" (Tschapke 1996) war auch eine von Marcel Reich-Ranicki moderierte Lesung vor der jüdischen Gemeinde in Frankfurt, die mit minutenlangem, stehenden Beifall endete. Mehrere Monate vor dem Publikationstermin veröffentlichte die *dpa* eine Meldung, in der von einem „Jahrhunderte-Werk" die Rede war – eine Beschreibung, die sich auf die Inhalte des Romans bezog. In der Folge wurde diese Wendung zunächst vom Versandbuchhandel Zweitausendeins in einen „Jahrhundertroman“ umgewandelt und in dieser oder ähnlichen Varianten dann in der Presse kolportiert (vgl. Neumann 1997, 208).

Die euphorische Rede von der ‚Rückkehr‘ des „Meister[s]“ (Lüdke 1995, 39) wurde allerdings schon kurze Zeit später durch eine Reihe vernichtender Kritiken durchkreuzt. In Gang gesetzt wurde die Serie der Negativbesprechungen durch eine Briefrezension Reich-Ranickis im *Spiegel* (Reich-Ranicki 1995), dessen abschätziges Urteil bereits dem Cover des Magazins zu entnehmen war: Es zeigte ein montiertes Foto, auf dem der Rezensent den Roman in zwei Hälften zerriss. Angesichts früherer Besprechungen Reich-Ranickis von Grass’ Werken kamen seine Kritikpunkte nicht unerwartet: Er beanstandete, wie viele Rezensenten, dass in dem Roman „sehr wenig“ geschehe, weshalb Grass „Hunderte von Seiten mit Reflexionen und Mitteilungen, mit Diskussionen und Briefen“ gefüllt habe (Reich-Ranicki 1995, 166). Auch Reich-Ranickis Erklärung für den behaupteten Verlust von Grass’ literarischem Vermögen aktualisierte alte Vorbehalte: Das gescheiterte Engagement als „Amateurpolitiker“ habe dem Schriftsteller einen „Schmerz“ zugefügt, mit dem er als Romancier nicht „zu Rande“ komme (Reich-Ranicki 1995, 163).

Reich-Ranicki spielte damit auf einen von Grass selbst hergestellten Zusammenhang zwischen seinen politischen Positionen zur Wende und seinem Roman an. In einem Interview vom 17. August im *Stern* hatte Grass auf die Frage nach seiner Haltung zur Ermordung des Treuhand-Chefs Detlev Rohwedder geantwortet: „Wer ein solch menschenverachtendes Instrument wie die Treuhand ins Leben ruft, muß sich nicht wundern, wenn darauf terroristisch reagiert wird“ (Köhler und Sandmeyer 1996). Der Roman, so Grass, zeige mit „literarischen Mitteln“ auf, wie es zu einem solchen Anschlag habe kommen können (Köhler und Sandmeyer 1996). Neben Klagen über das „Monstrum“ eines „historischen Zettelkastens“ in Romanform (Seibt 1996, 67) bezogen sich die negativen Kritiken vielfach auf dieses *Stern*-Interview und Grass’ kontroverse Positionen zur Wiedervereinigung.

Darüber hinaus verzichtete kaum eine Besprechung darauf, sich über die PR-Kampagne des Verlags zu empören. Das ‚Scheitern‘ von Grass’ Roman wurde mithin als der fehlgeschlagene Versuch gedeutet, die traditionellen Abläufe der Veröffentlichung und literaturkritischen Rezeption von Büchern durch „immer obskurere Marketingmaßnahmen“ zu unterlaufen (Fleischhacker 1995). Tatsächlich schien sich angesichts der erfolgreichen Verkaufszahlen des Buchs die Prognose des Verlegers Steidl zu bestätigen (Gächter 1996), dass Bücher in den 1990er Jahren nicht mehr des Lobs der Rezensenten bedurften, um erfolgreich zu sein: „Der Literaturkritik war durch das Literaturmarketing ein mächtiger Konkurrent erstanden.“ (Martus 2022, 207)

4 Vergangenheitsbewältigung. Das Bekenntnis als Medienskandal

Auch die vorletzte große Mediendebatte, die Grass auslöste (zur letzten, in der es um sein Gedicht *Was gesagt werden muß* aus dem Jahr 2012 ging, vgl. Detering und Øhrgaard 2013), drehte sich gleichermaßen um seine politischen Positionen wie um die Vermarktung seines Werks. Nach der Verleihung des Nobelpreises im Jahr 1999, den der Autor aus Sicht der Literaturkritik vor allem wegen „ein[es] große[n] Buch[s]" – der *Blechtrommel* – verdient hatte, während seine „späteren Werke" den „Glanz des Frühwerks" immer mehr „verdunkeln" würden (Steinfeld 1999), verstummten die Diskussionen um Autor und Werk nur für kurze Zeit. Bereits das Erscheinen der Novelle *Im Krebsgang* im Jahr 2002 löste erneut eine Kontroverse aus. Inhaltlich ging es dabei um die Frage, welche Bedeutung Grass' literarischer ‚Tabubruch' für das historische Selbstverhältnis der Deutschen habe: Würde die Erzählung „von den Leiden und Opfern der Deutschen in und nach dem Zweiten Weltkrieg" dazu führen, dass aus einem „Volk von Tätern" nun eine „Gesellschaft der Opfer" werde? (Welzer 2002) Die Mehrheit der Rezensenten sah diese Gefahr jedoch nicht, sondern lobte den Autor vielmehr dafür, sich des „letzte[n] Kapitel[s] deutscher Vergangenheitsbewältigung überhaupt" angenommen zu haben (Medicus 2002). Harsche Kritik erntete er demgegenüber dafür, dem Publikum erneut eine „Lektion in volkspädagogischem Literaturschaffen" erteilt zu haben (Bucheli 2002).

Die negativen Affekte, die die Presse gegen den „Gutmensch-Bestseller-Karrierist[en]" (Wagner 2006) Grass entwickelte, trugen maßgeblich dazu bei, dass die Debatte um seine eigene Vergangenheitsbewältigung im Jahr 2006 polemisch eskalierte. Etwa zwei Wochen, bevor Grass' Autobiografie *Beim Häuten der Zwiebel* erscheinen sollte, veröffentlichte die *FAZ* am 12. August ein Interview mit dem Schriftsteller, in dem er bestätigte, als Siebzehnjähriger zur Waffen-SS einberufen worden zu sein. Der Umstand war auch im Buch nachzulesen, von dem bereits im Juli 400 Rezensionsexemplare verschickt worden waren. (vgl. Kölbel 2007, 9) Doch erst das Interview (Schirrmacher und Spiegel 2006), welches das biografische Faktum aus dem Kontext der Autobiografie isolierte, erzeugte einen Medienskandal, der mehrere tausend Kommentare, Interviews, Kritiken und Stellungnahmen hervorbrachte (vgl. Kölbel 2007, 335).

Die Rezensionen, die dann kurze Zeit später erschienen, waren von der Debatte, die ihnen vorausging, nicht mehr zu trennen. Auch wenn einige Kritiker Grass seine jugendliche Begeisterung für den Nationalsozialismus nachsahen oder sich bewusst auf eine literarische Analyse der Autobiografie konzentrierten, wurde die Frage nach den Gründen für Grass' langes Schweigen kaum je ausgeklammert. Ein Hauptvorwurf der Kritiker lautete, dass der Autor über Jahrzehnte moralische Ansprüche formuliert habe, denen er selbst nicht gerecht geworden sei. Daher habe er seine Glaubwürdigkeit nun eingebüßt – zumal er keinerlei „Reue" oder „Scham" zeige (Appenzeller 2007, 295). Bemerkenswert ist neben der Fokussierung auf solche moralischen Fragen auch deren Verknüpfung mit dem Verdacht des kommerziellen Kalküls. Wenn die *Bild* titelte „So reich macht ihn die SS-Beichte" ([Anon.] 2006), dann war dies sicher einer der ungeniertesten Versuche, Grass' Bekenntnis als Marketingstrategie zu verbuchen. Die Vermutung, die Debatte sei vom Autor oder seinem Verlag selbst bewusst initiiert worden, wurde allerdings auch in der Literaturkritik geäußert: „Armes dickes Buch. Armer alter Mann. [...] Es war leider nicht sehr klug von euch, dass ihr diese Waffen-SS-Debatte vorausgeschickt habt.“ (Krause 2006) Demgegenüber hat Martin Kölbel in seiner Dokumentation der Debatte gezeigt, dass der Skandal maßgeblich durch die *FAZ* initiiert und durch Boulevard-Medien wie die *Bild* zugespitzt wurde. Frank Schirrmachers Prophezeiung, dass die Öffentlichkeit noch lange über die Beweggründe von Grass' langem Schweigen debattieren werde, erwies sich als „self-fulfilling prophecy“ (Kölbel 2007, 339). Die Debatte um Grass' Autobiografie bestätigt somit eine grundlegende Tendenz in der Rezeption seines Werks: Das Bild des Schriftstellers Günter Grass, das für Teile der Medien und des Feuilletons im Lauf der Jahrzehnte zum Feindbild wurde, haben diese zu einem großen Teil selbst mit hervorgebracht.

Literatur

[Anon.]. „Grass. Urlaub vom Weltuntergang“. *Der Spiegel* 19 (1984). https://www.spiegel.de/kultur/grass-urlaub-vom-weltuntergang-a-03f146b9-0002-0001-0000-000013508084. (16. April 2022).

[Anon.]. „Zweitausendeins kündigt an: ‚Ein Jahrhundertroman‘. Der neue Grass“ [*Die Zeit* [26. März 1995]]. *Der Fall Fonty. „Ein weites Feld“ von Günter Grass im Spiegel der Kritik.* Hrsg. von Oskar Negt. Göttingen 1996: 43.

[Anon.]. „Günter Grass. So reich macht ihn die SS-Beichte“ [2006]. https://www.bild.de/unterhaltung/leute/guenter-grass/so-reich-macht-ihn-seine-ss-beichte-30166478.bild.html. (26. April 2022).

Appenzeller, Gerd. „Es war immer der andere. Amerikaner, Außerirdische: Wie Günter Grass beim ‚Häuten der Zwiebel‘ Fremde sieht“ [*Tagesspiegel* [27. August 2006]]. *Ein Buch, ein Bekenntnis. Die Debatte um Günter Grass' „Beim Häuten der Zwiebel“*. Hrsg. von Martin Kölbel. Göttingen 2007: 295–296.

Arnold, Heinz Ludwig (Hrsg.). „Vorwort“. *Blech getrommelt. Günter Grass in der Kritik.* Göttingen 1997: 7–11.

Baumgart, Reinhard. „300 Gramm wohlabgehangene Prosa. Die behäbige Literatenkomödie des Günter Grass“. *Süddeutsche Zeitung* (05./06. Mai 1979): 132.

Bucheli, Roman. „Ein altes Lied“. *Neue Zürcher Zeitung* (23. November 2002). https://www.nzz.ch/article8IWFV-ld.235042. (23. April 2022).

Detering, Heinrich, und Per Øhrgaard (Hrsg.). *Was gesagt wurde. Eine Dokumentation über Günter Grass' „Was gesagt werden muss“ und die deutsche Debatte.* Göttingen 2013.

Eckel, Hermann, und Rüdiger Eichel. „Zeit der Politik“. *Blech getrommelt. Günter Grass in der Kritik.* Hrsg. von Heinz Ludwig Arnold. Göttingen 1997: 101–131.

Enzensberger, Hans Magnus. „Wilhelm Meister, auf Blech getrommelt“ [Süddeutscher Rundfunk Stuttgart [1959]]. *Von Buch zu Buch – Günter Grass in der Kritik: Eine Dokumentation*. Hrsg. von Gert Loschütz. Neuwied/Berlin 1968: 8–12.

Fleischhacker, Michael. „Grass gescheitert oder Der Dichter und sein Denker“ [*Kleine Zeitung* [27. August 1995]]. *Der Fall Fonty. „Ein weites Feld“ von Günter Grass im Spiegel der Kritik.* Hrsg. von Oskar Negt. Göttingen 1996: 161.

Gächter, Sven. „‚Die Wunden liegen blank‘, Verleger Gerhard Steidl über Günter Grass und Marcel Reich-Ranicki, ‚Ein weites Feld‘, Verkaufserfolge und die Ohnmacht der Kritik“ [*profil* [28. August 1995]]. *Der Fall Fonty. „Ein weites Feld“ von Günter Grass im Spiegel der Kritik.* Hrsg. von Oskar Negt. Göttingen 1996: 197.

Hornung, Peter. „Oskar Matzerath – Trommler und Gotteslästerer“ [*Deutsche Tagespost*, Würzburg [23./24. November 1959]]. *Von Buch zu Buch – Günter Grass in der Kritik. Eine Dokumentation*. Hrsg. von Gert Loschütz. Neuwied und Berlin 1968: 24–25.

Jaesrich, Hellmut. „Wenn Günter Grass Diktator wäre. Magere Ausbeute einer Weltreise – Die ‚Kopfgeburten‘ sind von der Wirklichkeit überholt“. *Die Welt* 131 (07. Juni 1980): V.

Paschedag, Andreas, Petra Koslowski und Torsten Steinberg. „Danziger Trilogie“. *Blech getrommelt. Günter Grass in der Kritik.* Hrsg. von Heinz Ludwig Arnold. Göttingen 1997: 11–43.

Köhler, Joachim, und Peter Sandmeyer. „‚Es wird bleiben‘: Nach der Woche der Verrisse sprach Günter Grass mit dem Stern über seine Stimmung, sein Buch und seine Kritiker“ [*Der Stern* [31. August 1995]]. *Der Fall Fonty. „Ein weites Feld“ von Günter Grass im Spiegel der Kritik*. Hrsg. von Oskar Negt. Göttingen 1996: 411–421.

Kölbel, Martin. „Nachwort“. *Ein Buch, ein Bekenntnis. Die Debatte um Günter Grass' „Beim Häuten der Zwiebel“*. Hrsg. von Martin Kölbel. Göttingen 2007: 335–356.

Krause, Tilman. „Ich aber weinte später, viel später. Lebensbeschreibung zwischen Kindheit und künstlerischem Durchbruch. Was sich wirklich zeigt, nachdem Günter Grass die Zwiebel gehäutet hat“ [*Die Welt* [19. August 2006]]. *Ein Buch, ein Bekenntnis. Die Debatte um Günter Grass' „Beim Häuten der Zwiebel“*. Hrsg. von Martin Kölbel. Göttingen 2007: 300–304.

Lüdke, Martin. „Der Meister ist wieder da!“ [*Die Woche* [05. Mai 1995]]. *Zerreißprobe. Der neue Roman von Günter Grass „Ein weites Feld“ und die Literaturkritik: Eine Dokumentation*. Zusammengestellt von Georg Osterhammer und Georg Ostermann. Innsbruck 1995: 39–40.

Martus, Steffen. „Die ‚Ausweitung der Markenzone‘ auf dem Buchmarkt: die Debatte um Günter Grass' ‚Ein weites Feld‘ als Symptom“. *Im Zentrum. Das Buch. Forschungen, Projekte, Reflexionen am Zentrum für Buchwissenschaft. Eine Bilanz der ersten Jahre. Für Christine Haug*. Hrsg. von Johannes Frimmel, Waldemar Fromm, Helen Müller und Marcel Schellong. Wiesbaden 2022: 203–213.

Medicus, Thomas. „Seismograph. Günter Grass' neues Buch“. *Frankfurter Rundschau* (05. Februar 2002): 17.

Mews, Siegfried. *Günter Grass and his Critics: From the Tin Drum to Crabwalk*. Rochester, NY 2007.

Negt, Oskar (Hrsg.). *Der Fall Fonty. „Ein weites Feld“ von Günter Grass im Spiegel der Kritik*. Göttingen 1996.

Neumann, Hanne. „Feldschlachten“. *Blech getrommelt. Günter Grass in der Kritik.* Hrsg. von Heinz Ludwig Arnold. Göttingen 1997: 205–238.

Reich-Ranicki, Marcel. „Auf gut Glück getrommelt“. *Die Zeit* (01. Januar 1960). https://www.zeit.de/1960/01/auf-gut-glueck-getrommelt (17. April 2022).

Reich-Ranicki, Marcel (Hrsg.): „Selbstkritik des Blechtrommel-Kritikers“. Marcel Reich-Ranicki: *Unser Grass*. München 2003 [1963]: 19–25.

Reich-Ranicki, Marcel. „...und es muß gesagt werden. Ein Brief von Marcel Reich-Ranicki an Günter Grass zu dessen Roman ‚Ein weites Feld‘“. *Der Spiegel* 34 (1995): 162–169.

Salzen, Claudia von, und Thomas Flentgen. „Danziger Utopie“. *Blech getrommelt. Günter Grass in der Kritik.* Hrsg. von Heinz Ludwig Arnold. Göttingen 1997: 187–204.

Schirrmacher, Frank, und Hubert Spiegel. „Günter Grass im Interview: ‚Warum ich nach sechzig Jahren mein Schweigen breche‘“. *Frankfurter Allgemeine Zeitung* (11. August 2006). https://www.faz.net/aktuell/feuilleton/buecher/guenter-grass-im-interview-warum-ich-nach-sechzig-jahren-mein-schweigen-breche-1357691-p2.html (23. April 2022).

Seibt, Gustav. „Die Uhr schlägt, das Käuzchen ruft. Da muß doch ein Zusammenhang bestehen – Günter Grass legt seinen Roman zur Wiedervereinigung vor“ [*Frankfurter Allgemeine Zeitung* [19. August 1995]]. *Der Fall Fonty. „Ein weites Feld“ von Günter Grass im Spiegel der Kritik*. Hrsg. von Oskar Negt. Göttingen 1996: 67–69.

Steinfeld, Thomas. „Mit beiden Händen nach der Welt gegriffen“. *Frankfurter Allgemeine Zeitung* (06. Oktober 1999). https://www.faz.net/aktuell/feuilleton/buecher/literaturnobelpreis-an-guenter-grass-mit-beiden-haenden-nach-der-ganzen-welt-gegriffen-1866196.html (23. April 2022).

Stolz, Dieter. „Günter Grass: Ein weites Feld und kein Ende“. *Die Medien und Günter Grass*. Hrsg. von Hanjo Kesting. Köln 2008: 173–182.

Tschapke, Reinhard. „Rummel um Grass: Wenn der Lärm die Literatur übertrifft“ [*Die Welt* [19. August 1995]]. *Der Fall Fonty. „Ein weites Feld“ von Günter Grass im Spiegel der Kritik*. Hrsg. von Oskar Negt. Göttingen 1996: 77.

Wagner, Franz Josef. „Post von Wagner“ [*Bild-Zeitung* [14. August 2006]]. *Ein Buch, ein Bekenntnis. Die Debatte um Günter Grass' „Beim Häuten der Zwiebel“*. Hrsg. von Martin Kölbel. Göttingen 2007: 38–39.

Welzer, Harald. „Zurück zur Opfergesellschaft – Verschiebungen in der deutschen Erinnerungskultur“. *Neue Zürcher Zeitung* (03. April 2022). https://www.nzz.ch/feuilleton/article81DU6-ld.200966 (23. April 2022).

Weninger, Robert (Hrsg.). „Moderne Kannibalen und ‚die gefräßige Wirklichkeit Politik‘: Vom ewigen Streit um Günter Grass“. *Streitbare Literaten. Kontroversen und Eklats in der deutschen Literatur von Adorno bis Walser*. München 2004: 208–229.

Zimmermann, Harro. „‚Aus bitterem Sud‘: Günter Grass schreibt Sonette über Deutschland“. *Frankfurter Rundschau* (13. Mai 1993): 18.

V.1.2 Politische Rezeption und Wirkung

Friederike Stausberg

Günter Grass war ein aufmerksamer Zeitgenosse und mischte sich aktiv in die Politik ein. Dafür nutzte er alle ihm zur Verfügung stehenden Rollen: Als Schriftsteller und Künstler behandelte er in seiner Literatur und seiner Kunst politische Fragestellungen, die von Lesern, Betrachtern und Kritikern in den Medien, aber auch von Politikern direkt rezipiert wurden. Er nahm mit seinem künstlerischen Werk somit an den Diskursen seiner Zeit teil und regte diese an. Grass ließ aber nicht nur sein Werk für sich sprechen, sondern nahm darüber hinaus als Intellektueller selbst im öffentlichen Diskurs Stellung und ergriff als politischer Akteur auch direkt Partei, indem er im Wahlkampf oder als Berater von Politikern auftrat. In der öffentlichen Wahrnehmung wurden bzw. werden diese verschiedenen Rollen oftmals nicht getrennt, sodass sich die politischen Aussagen seiner literarischen Figuren und seine eigene Meinung vermischen. Grass' Literatur ist daher häufig auch als Instrument seiner politischen Anliegen missverstanden worden, während man seine zeitkritischen Provokationen als Werbung für anstehende Buchveröffentlichungen interpretiert hat.

Eine Messbarkeit der politischen Rezeption und Wirkung von Grass' vielfältigen Engagements ist schwierig, da direkte, kausale Bezüge häufig nicht nachweisbar sind. Politik ist ein offenes System, das von vielen Ideen, Handlungen und Personen geprägt wird (vgl. Jarren et al. 1998, 694). Damit Grass als Schriftsteller ohne Amt und Mandat als „Außenseiter des politischen Systems" (Kriesi 2001, 22) Einfluss nehmen konnte, musste er „auf die Macht des Wortes vertrauen, um sich Gehör [...] zu verschaffen" (Kölbel 2013, 1060). Dafür benötigte Grass als Verstärker die Medien. Nachweisbar verfügte er als berühmter Schriftsteller über eine „kommunikative Macht" (Stausberg 2023, 519), mit der er Resonanz in der Öffentlichkeit erzeugte, wenn er das Zeitgeschehen politisch kommentierte. Diese Prominenz basierte auf seiner literarischen Reputation, die Grass vor allem mit dem weltweiten Erfolg der *Blechtrommel* erlangte und die sich durch den 1999 verliehenen Literatur-Nobelpreis noch verstärkte – bis das Waffen-SS-Geständnis diese Stellung im Jahr 2006 erschütterte. Als „öffentlicher Autor" (John-Wenndorf 2014, 130) war Grass folglich über viele Jahre in den Medien präsent (vgl. Zimmermann 2006), doch „Aufmerksamkeit impliziert [...] nicht Einfluß, Prominenz ist nicht per se gleichbedeutend mit *opinion-leadership*" (Gerhards und Neidhardt 1990, 3). Einfluss konnte Grass in der Öffentlichkeit erst mit Hilfe einer „Diskurskoalition" (Hajer 2004, 277) erreichen, die seine Sichtweise und sein *belief system* teilte. Gelang es ihnen gemeinsam die Zustimmung des Publikums zu erhalten, so liegt ein Fall von „Deutungsmacht" (Vorländer 2006, 17) vor. Diese Wirkung konnte er als Berater auch im direkten Gespräch mit Politikern erreichen (vgl. Stausberg 2023, 517). Im Folgenden wird daher zwischen der Medienresonanz des *intellektuellen Diskursteilnehmers*, der *Deutungsmacht des Schriftstellers*, der Wirkung seiner *symbolischen Repräsentanz* und seinem *Einfluss als Politikberater* unterschieden.

https://doi.org/10.1515/9783110755435-079

1 Intellektueller: Zwischen Diskursanstoß und Ohnmacht

Als Intellektueller engagierte Grass sich in den politischen Debatten seiner Zeit und eröffnete mit seinen moralischen Einwänden oftmals öffentliche Diskussionen. Als „ideenpolitisch Agierender" (Müller-Doohm 2019, 134) nahm der Schriftsteller somit am intellektuellen Deutungskampf teil und regte durch gezielte Provokationen das „Policy-lernen" (Sabatier 1993) in der Gesellschaft an. Bedingung für eine wirkungsvolle Einmischung war, dass eine inhaltliche Auseinandersetzung mit seinem Diskursbeitrag erfolgte, unabhängig davon, ob er dabei Zustimmung in der Öffentlichkeit oder von Politikern fand. Dass seine politischen Aussagen häufig von Journalisten, aber auch Politikern kommentiert wurden, zeigt die Presseberichterstattung (Zimmermann 2006, Stausberg 2023). Nachhaltig waren seine Interventionen allerdings erst dann, wenn die Auseinandersetzung ausgleichend geführt wurde (vgl. Müller-Doohm 2019, 138) und sich die politische Kultur langfristig verändern konnte. Beispielsweise lässt sich in der Bonner Republik im Zuge der Vergangenheitsbewältigung seine Deutungsmacht feststellen, auch wenn er die konservative Gesellschaft der Nachkriegszeit durch seine Literatur und politischen Auftritte zuerst als „Bürgerschreck" (Kölbel 2013, 1065) provozierte (vgl. Arnold und Görtz 1971; Schlüter 2016). Da er aber im Laufe der 1960er Jahren den Diskurs über die nationalsozialistische Vergangenheit immer wieder anstieß und das Thema in der Ära Brandt politisch seinen Niederschlag fand, wirkte er langfristig an der Enttabuisierung mit. Auch in den 1970er und 1980er Jahre konnte Grass erfolgreich zeitgenössische Diskurse unterstützen, da seine Literatur die Themen der Zeit widerspiegelte (vgl. Grüttner, 1997), so etwa die Fragen von Umweltbelastung, Überbevölkerung oder Entwicklungspolitik.

Blockieren sich divergierende Positionen im Diskurs, wie es im Zuge der Deutschen Einheit oder Asylpolitik geschah, kann es zu keiner Veränderung kommen. Im Zuge der Wende 1989/1990 zeigte sich Grass' Ohnmacht gemeinsam mit seiner Diskurskoalition, eine Alternative zu einer schnellen deutschen Einheit (vgl. Moser 2002) zu etablieren. Der Intellektuelle wurde zwar als Wortführer einer Parteinahme für eine solche Alternative wahrgenommen, aber als Diskursteilnehmer durch seine starke Fokussierung auf die Vergangenheit in der Berliner Republik zunehmend weniger ernstgenommen (Stausberg 2023, 176). Es gelang Grass allerdings sein Narrativ der ‚verpassten Chance' und seine Darstellung der Treuhand als „menschenverachtendes Instrument" ([dpa] 1995) im gesellschaftlichen Diskurs erfolgreich zu etablieren. Vergeblich versuchte der Schriftsteller Anfang der 1990er Jahren mit seinen öffentlichen Stellungnahmen auch die Asylgesetzgebung zu beeinflussen (vgl. Stausberg 2023, 240–244). Erst 1997 gelang es ihm durch seine Laudatio auf Yaşar Kemal, das verdrängte Thema wieder in der Öffentlichkeit zu platzieren (vgl. Bissinger und Hermes 1998). Ebenso lautstark protestierte Grass gegen Kriege und außenpolitische Konflikte, da er aus dem zweiten Weltkrieg gelernt hatte, „nie wieder [zu] schweigen" (NGA 23, 279). Derartige intellektuelle Appelle dienen in Krisensituationen als „sensible Seismographen für politische

Stimmungen" (Klatt und Lorenz 2010, 436) der Zivilgesellschaft. Wie wichtig diese sind, zeigte sich beispielsweise bei der deutschen Nicht-Beteiligung am Irakkrieg 2003. Grass regte durch Provokationen und moralische Kritik immer wieder Diskurse an, die allerdings zunehmend nicht die von ihm intendierte Sachfrage thematisierten. Beispielsweise eröffnete Peter Hintze 1997 nach der Kemal-Laudatio mit der Frage, ob Intellektuelle sich derartig politisch äußern dürfen, einen neuen Diskursstrang und lenkte von den von Grass thematisierten Problemen in der Asylpolitik und moralisch fragwürdigen Waffenexporten in das Bürgerkriegsland Türkei ab. Auch sein israelkritisches Gedicht *Was gesagt werden muß...* erzeugte 2012 einen internationalen Skandal (Detering und Øhrgaard, 2013), der weniger die deutsche Israelpolitik oder israelische Außenpolitik diskutierte, als vielmehr die Frage, ob Grass ein Antisemit sei. Die öffentliche Kritik an seiner Person in diesem Diskurs ist in enger Verbindung mit dem 2006 Bekanntwerden seines Dienstes in der Waffen-SS zu sehen. Der Schriftsteller wollte mit diesem literarischen Werk die Deutungshoheit über sein Leben bewahren, doch sein Interview in der Frankfurter Allgemeinen Zeitung trug stattdessen zur Skandalisierung bei. So wurde seine politische Reputation und Deutungsmacht beschädigt (vgl. Stausberg 2023, 508), während eine sachliche Auseinandersetzung mit den Brüchen dieser Generation nur punktuell erfolgte (vgl. Gries 2008).

2 Deutungsmacht als Schriftsteller

Den größten Einfluss auf die politische Kultur hatte Grass mittels seiner Literatur. Die politischen Aussagen in seinen Werken wurden vielfach von den Medien aufgegriffen (vgl. Zimmermann 2006) und in der Gesellschaft diskutiert. Die *Danziger Trilogie* prägte die Vergangenheitsbewältigung Deutschlands in den 1960er Jahren. Durch sein Werk wurde „die Opfer-Täter-Dichotomie durch Einbettung in einen größeren Kontext erstmals deutlich relativiert, womit eine verstärkte Literarisierung des Themas einsetzte" (Weber 2009, 130). Sein Roman *Die Blechtrommel* trug zudem dazu bei, dass die juristische Aufarbeitung aufgenommen und die Hinterbliebenen der von NS-Gerichten zum Tode verurteilten Verteidiger der Polnischen Post in Danzig 2001 entschädigt wurden (vgl. Schenk 1995; Naumann 2017, 140; Stausberg 2023, 468). 2002 stellte Grass *Im Krebsgang* Deutsche als Opfer der Vertreibung in den Mittelpunkt. Das Buch dient als ein Beispiel für eine „in Novellenform gekleideten Vergangenheitspolitik" (Raulff 2002, 13). Die sich an der Novelle enzündende Debatte wurde von politischen Akteuren und besonders den Vertriebenenverbänden instrumentalisiert, um ein *Zentrum gegen Vertreibung* in Berlin zu errichten. Grass wehrte sich gegen diese Vereinnahmung und unterstützte seinerseits ein europäisches Gedenken (vgl. Stausberg 2023, 479). Aufgrund seiner Rolle als Zeitzeuge und Flüchtling aus Danzig wirkten seine historisch geprägten Werke nachhaltig auf die Gesellschaft.

3 Symbolischer Repräsentant im In- und Ausland

Grass repräsentierte Deutschland im Ausland und wurde als „Wappentier der Republik" (Krüger 1969) wahrgenommen. Als Kulturbotschafter prägte der Schriftsteller besonders das deutsch-polnische Verhältnis. Politiker wie Willy Brandt, Richard von Weizsäcker und Gerhard Schröder setzten seine Symbolik auf geschichtsträchtigen Reisen in das Nachbarland geschickt für ihre Darstellungspolitik ein. Seine Prominenz wurde von den Politikern auch für ihre Selbstdarstellung genutzt, um besonders im Wahlkampf ein kulturnahes Image zu pflegen. Grass trat bei offiziellen Parteiveranstaltungen als Redner auf, um der Politik intellektuelle Impulse zu geben. Die Ära Willy Brandt wurde als „Honeymoon" (Sontheimer 1999, 135) von Geist und Macht gesehen, da besonders viele Intellektuelle die Nähe zu diesem Politiker suchten. Zusätzlich unterstützte auch die *Sozialdemokratische Wählerinitiative* als eine neue Form des Bürgerengagements den SPD-Kandidaten. Ihre positive Bilanz lag dabei weniger im „direkt Meßbaren als im Symbolpolitischen" (Kölbel 2013, 1105). Eine derartige Bewegung hat sich seither nicht wiederholt (vgl. Löer 1999), auch wenn Brandts politische Enkel (vgl. Münkler 2004) an dieser Tradition festhielten und sich mit Intellektuellen vor allem im Wahlkampf schmückten, aber auch bei inoffiziellen Treffen regelmäßig den Austausch suchten. Grass lud 1985 beispielsweise Björn Engholm, Oskar Lafontaine, Rudolf Scharping sowie Gerhard Schröder zu einem Treffen zu sich nach Hamburg ein (Kölbel 2013, 763) und engagierte sich für sie in den folgenden Landtagswahlen. Diese Zusammenarbeit setzten sie als spätere Parteivorsitzende auch in der Bundespolitik fort. Schröder zelebrierte auch als Bundeskanzler in der rot-grünen Regierungszeit sein kulturnahes Image (vgl. Schoellgen 2015; Förster 2020). Intellektuelle wie Grass waren als Wahlhelfer besonders gefragt, um das kulturelle Milieu bei Parteiveranstaltungen zu vertreten, Stammwähler zu mobilisieren und größere Aufmerksamkeit in den Medien zu erzeugen (Stausberg 2023, 387). Der Schriftsteller fokussierte seine Auftritte in den 1960er und 1970er Jahren dabei besonders auf die SPD-Diaspora und in der Berliner Republik auf Ostdeutschland. Seine Unterstützung war eine wichtige Motivation für die Enkel Brandts, denn sie entsprach einem Ritterschlag innerhalb der Partei (vgl. Stausberg 2023, 355), während dieser Aspekt für die nachfolgenden politischen Generationen immer mehr in den Hintergrund geriet.

4 Einfluss als Politikberater

Viele der nur zum Teil veröffentlichten Briefe (vgl. Kölbel 2013; Neumann 2017; Beck 2007) zeugen davon, dass Grass seine Mahnungen und Anregungen zur Tagespolitik meistens ungefragt direkt an verschiedene politische Akteure richtete. Mitunter wurde der Schriftsteller daraufhin von Politikern zu Gesprächen eingeladen, allerdings häufig informell und damit nicht für die Öffentlichkeit sichtbar. Einflussreich war seine „Assistenz durch Dreinreden" (NGA 23, 63) vor allem in der Ära Willy Brandts und während der rot-grünen Regierungszeit. Im Briefwechsel zwischen Brandt und Grass (Kölbel

2013) standen Themen wie die Ratifizierung der Ostverträge, die große Koalition, die Studentenbewegung, der NATO-Doppelbeschluss oder die Notstandsverfassung im Fokus. Seine direkte Wirkung auf den Politiker zeigt sich beispielsweise 1968 bei der „Entschärfung der generationstypischen Konfrontation" (Kölbel 2013, 1092), der Formulierung der Regierungserklärung *Mehr Demokratie wagen* oder bei Reden mit historischem Kontext. Auch Gerhard Schröder beriet der Schriftsteller gemeinsam mit anderen Intellektuellen als Fachexperten in der rot-grünen Regierungszeit (vgl. Förster 2020; Stausberg 2023), besonders hinsichtlich einer neuen Kultur- und Geschichtspolitik. Wirkungsvoll forcierten sie in diesem Zusammenhang die Einrichtung des Amtes des Kulturstaatsministers 1998 sowie die Umsetzung der Bundeskulturstiftung 2002. Auch aus Anlass von außenpolitischen Fragen diskutierten Intellektuelle mit Bundeskanzler Schröder über Krieg und Frieden, wobei der Politiker diese Treffen als Seismografen für die Stimmung in der gesamten Gesellschaft verstand und sie nutzte, um potenzielle Kritiker einzubinden. Grass stand in diesem Rahmen als Sparringspartner gerne zur Verfügung und war dabei gleichermaßen psychologische Unterstützung und moralisches Gewissen, wie Gespräche mit den Politikern und ihren Mitarbeitern rückblickend belegen (Stausberg 2023, 450). Politiker konnten bei diesen Treffen darüber hinaus ihre Argumentation und die Melodie ihrer Reden überprüfen. Der Schriftsteller setzte seine Sprachgewalt ein, um ihnen bei diesen Begegnungen auch seine Anregungen und Ideen für ihre Reden mitzugeben. Dieses Input war besonders anlässlich von Gedenktagen gefragt, wie beispielsweise im Fall von Willy Brandts Rede anlässlich der 50. Wiederkehr des Kriegsbeginns am 1. September 1939 (Kölbel 2013, 780) oder Gerhard Schröders Ansprache anlässlich des sechzigsten Jahrestages des Warschauer Aufstands 2004 (vgl. Stausberg 2023, 500). Grass' Versuch, diesen informellen Kontakt zwischen Politik und Literatur als „Stafettenstab" (Siemes 2015, 61) an die nächste Generation weiterzugeben, fruchtete nur bedingt, da nur wenige der angefragten Schriftsteller auch öffentlich politisch Stellung beziehen wollten (Stausberg 2023, 377).

5 Forschung und Ausblick

Grass verfügte über eine kommunikative Macht, um den gesellschaftlichen Diskurs nicht nur durch seine Literatur, sondern auch durch öffentliche Stellungnahmen sowie direkte Gespräche mit Politikern zu beeinflussen. Die politischen Aussagen in seinen literarischen Texten werden umfassend erforscht (vgl. Cepl-Kaufmann 1975; Moser 2002). Dokumentiert sind zudem einzelne mediale Skandale (vgl. Bissinger und Hermes 1998; Kölbel 2007; Detering und Øhrgaard 2013; Negt 1996; Zimmermann 2006). Wie nachhaltig seine Werke und politischen Aussagen auf den öffentlichen Diskurs wirkten, wird dagegen nur selten untersucht (vgl. Gries 2008; Stausberg 2023). Dass sein enger Kontakt zu den Bundeskanzlern Willy Brandt oder Gerhard Schröder mitunter sogar politische Entscheidungen beeinflusste, belegen Briefe und entsprechende Hintergrundgespräche (vgl. Kölbel 2013; Stausberg 2023). Die Rezeption von Grass' Deutungsmustern in der Gesellschaft und seine direkte Wirkung auf die Politik bietet sich daher als Forschungsfeld an, das noch weiter zu vermessen ist. Bisherige Analysen zeigen dabei eine deutliche Veränderung des Zeitgeistes auf: War Günter Grass in der Bonner Republik mit seiner Sprachgewalt fast omnipräsent, so verlor er in der Berliner Republik immer mehr an Einfluss.

Literatur

Dpa. „Im Schußfeld". *Frankfurter Allgemeine Zeitung* (19. August 1995).

Arnold, Heinz Ludwig, und Franz Josef Görtz (Hrsg.). *Günter Grass: Dokumente zur politischen Wirkung.* München 1971.

Arnold, Heinz Ludwig. „Großes Ja und kleines Nein: Fragen zur politischen Wirkung des Günter Grass". *Grass: Kritik – Thesen – Analysen.* Hrsg. von Manfred Jurgensen. Bern 1973: 87–96.

Beck, Kurt (Hrsg.). *„Schlagt der Äbtissin ein Schnäppchen, wählt SPD!" Günter Grass und die Sozialdemokratie.* Berlin 2007.

Bissinger, Manfred, und Daniela Hermes (Hrsg.). *Zeit sich einzumischen: Die Kontroverse um Günter Grass und die Laudatio auf Yaşar Kemal in der Paulskirche.* Göttingen 1998.

Cepl-Kaufmann, Gertrud. *Günter Grass: Eine Analyse des Gesamtwerkes unter dem Aspekt von Literatur und Politik.* Kronberg/Ts. 1975.

Detering, Heinrich, und Per Øhrgaard (Hrsg.). *Was gesagt wurde: Eine Dokumentation über Günter Grass' „Was gesagt werden muss" und die deutsche Debatte.* Göttingen 2013.

Förster, Melanie. *Intellektuelle als Berater der Politik? Themen, Funktionen und Formen von intellektueller Beratung am Beispiel des sozialdemokratischen Bundeskanzlers Gerhard Schröder.* Duisburg-Essen 2020.

Gerhards, Jürgen, und Friedhelm Neidhardt. *Strukturen und Funktionen moderner Öffentlichkeit: Fragestellungen und Ansätze.* Berlin 1990.

Gries, Britta. *Die Grass-Debatte: Die NS-Vergangenheit in der Wahrnehmung von drei Generationen.* Marburg 2008.

Gruettner, Mark Martin. *Intertextualität und Zeitkritik in Günter Grass' „Kopfgeburten" und „Die Rättin".* Tübingen 1997.

Hajer, Maarten A. „Argumentative Diskursanalyse: Auf der Suche nach Koalitionen, Praktiken und Bedeutungen". *Handbuch Sozialwissenschaftliche Diskursanalyse.* Bd 2: *Forschungspraxis.* Hrsg. von Reiner Keller, Andreas Hirseland, Werner Schneider und Willy Viehöver. Wiesbaden 2004: 271–298.

Jarren, Otfried, Ulrich Sacrinelli, und Ulrich Saxer (Hrsg.). *Politische Kommunikation in der demokratischen Gesellschaft: Ein Handbuch.* Opladen 1998: 694–695.

John-Wenndorf, Carolin. *Der öffentliche Autor: Über die Selbstinszenierung von Schriftstellern.* Bielefeld 2014.

Klatt, Johanna, und Robert Lorenz (Hrsg.). „Voraussetzungsreiches, aber schlagkräftiges Instrument der Zivilgesellschaft: Wesensmerkmale politischer Manifeste". *Manifeste: Geschichte und Gegenwart des politischen Appells.* Bielefeld 2010: 411–442.

Kölbel, Martin (Hrsg.). *Ein Buch, ein Bekenntnis: Die Debatte um Günter Grass' „Beim Häuten der Zwiebel".* Göttingen 2007.

König, Tim. *In guter Gesellschaft? Einführung in die politische Soziologie von Jürgen Habermas und Niklas Luhmann.* Wiesbaden 2012: 13.

Köpcke, Rolf. *Die Verarbeitung der Wiedervereinigung Deutschlands im Wende- und Berlin-Roman „Ein weites Feld" (1995) von Günter Grass: Digitale Dissertation.* Berlin 2005.

Kriesi, Hanspeter. „Die Rolle der Öffentlichkeit im politischen Entscheidungsprozess: Ein konzeptueller Rahmen für ein international vergleichendes Forschungsprojekt". *WZB* 01.701 (2001): 22–25.

Krüger, Horst. „Das Wappentier der Republik: Augenblicke mit Günter Grass". *Die Zeit* (25. April 1969).

Löer, Wigbert. „Ausflug zur Macht, noch nicht wiederholt: Die Sozialdemokratische Wählerinitiative und ihre Rudimente im Bundestagswahlkampf 1998". *Solidargemeinschaft und fragmentierte Gesellschaft: Parteien, Milieus und Verbände im Vergleich*. Hrsg. von Tobias Dürr und Franz Walter. Opladen 1999: 379–393.

Moser, Sabine. *„Dieses Volk, unter dem es zu leiden galt." Die deutsche Frage bei Günter Grass*. Frankfurt/M. et al. 2002.

Müller-Doohm, Stefan: „Ideenpolitik als intellektuelle Praxis". *Wandel der Öffentlichkeit und der Gesellschaft*. Hrsg. von Mark Eisenegger, Linards Udris und Patrik Ettinger. Wiesbaden 2019: 127–143.

Münkler, Herfried. „‚Enkel' und ‚Kronzeugen' – Nachfolgesemantiken der Politik". *Demokratietheorie und Demokratieentwicklung: Festschrift für Peter Graf Kielmansegg*. Hrsg. von André Kaiser und Thomas Zittel. Wiesbaden 2004: 299–316.

Pietsch, Timm N. *„Wer hört noch zu?" Günter Grass als politischer Redner und Essayist*. Essen 2006.

Raulff, Ulrich: „Untergang mit Maus und Muse". *Süddeutsche Zeitung* (05. Februar 2002): 13.

Sabatier, Paul A. „Advocacy-Koalitionen, Policy-Wandel und Policy-Lernen: Eine Alternative zur Phasenheuristik". *Policy-Analyse: Kritik und Neuorientierung*. Hrsg. von Adrienne Héritier. Wiesbaden 1993: 116–149.

Schöllgen, Gregor. *Gerhard Schröder: Die Biographie*. München 2015.

Siemes, Christof. „‚Was ich nicht ausstehen kann, sind Genies'". *Die Zeit* (01. Dezember 2005): 61.

Sontheimer, Kurt. *So war Deutschland nie: Anmerkungen zur politischen Kultur der Bundesrepublik*. München 1999.

Stausberg, Friederike. „Günter Grass' politisches Konzept für die Berliner Republik". *Freipass: Forum für Literatur, Bildende Kunst und Politik*. Bd. 6. Hrsg. von Volker Neuhaus, Per Øhrgaard und Jörg-Philipp Thomas. Berlin 2022: 177–191.

Stausberg, Friederike. *Günter Grass und die Berliner Republik: Eine biografische Fallstudie über die kommunikative Macht von Intellektuellen*. Berlin 2023.

Vorländer, Hans (Hrsg.). „Deutungsmacht: Die Macht der Verfassungsgerichtsbarkeit". *Die Deutungsmacht der Verfassungsgerichtsbarkeit*. Wiesbaden 2006: 9–33.

Weber, Nicole. „Literatur über Flucht und Vertreibung". *Lexikon der „Vergangenheitsbewältigung" in Deutschland: Debatten- und Diskursgeschichte des Nationalsozialismus nach 1945*. Hrsg. von Torben Fischer und Matthias N. Lorenz. Bielefeld 2009: 129–131.

Zimmermann, Harro. *Günter Grass unter den Deutschen: Chronik eines Verhältnisses*. Göttingen 2006.

V.1.3 Grass im Literaturunterricht

Steffen Gailberger

1 Vorstrukturierung

Jedes Unterrichtsfach hat seinen eigenen Lernbegriff, vor dessen Hintergrund didaktische Analysen vorgenommen, Lernziele formuliert und schließlich analytische und/oder kreative Methoden ausgewählt werden, die das Erreichen dieser Ziele ermöglichen sollen. Im Folgenden soll vom literarischen Lernen die Rede sein und dabei ausgelotet werden, welche Aspekte des literarischen Lernbegriffs sich mit Erzähltexten von Günter Grass im Literaturunterricht fördern lassen. Hierzu werden mit Fritzsche (1994) zwei ‚Richtungen' des literarischen Lernens unterschieden, die auch bei der unterrichtlichen Beschäftigung mit Grass zu berücksichtigen sind. So wird seit Fritzsches dreibändiger Studie *Zur Didaktik und Methodik des Deutschunterrichts* differenziert zwischen A) einem Lernen *zur* Literatur und B) einem Lernen *durch* Literatur: Orientiert sich der literarische Lernbegriff A) durchweg an den literaturtheoretischen und literaturwissenschaftlichen Diskursen der zurückliegenden fünfzig Jahre (Stichworte ‚Rezeptionsästhetik', ‚Erzähltheorie', ‚hypothetischer Intentionalismus', ‚Literatursemiotik', ‚Literatursozialgeschichte', ‚Stilanalyse', ‚Rhetorik' etc.), womit mit ihm wissenschaftspropädeutische Lernprozesse vornehmlich auf der Folie der Neueren deutschen Literaturwissenschaft anvisiert werden, nutzt der literarische Lernbegriff B) literarische Texte, um mit ihrer Hilfe und an ihrem Beispiel allgemeindidaktische, humanistische, demokratische oder andere Lernziele zu erreichen. Konkret gesprochen geht es bei einem Lernen *durch* Literatur also um die Förderung von Aspekten wie Empathiefähigkeit, Kreativität, kommunikative Kompetenz oder historisches Lernen, wobei ein Lernen *zur* und ein Lernen *durch* Literatur (z. B. mithilfe des Werks von Grass) niemals isoliert voneinander, sondern immer nur im Verbund miteinander geschehen kann.

2 Literarisches Lernen

Der Begriff des literarischen Lernens im Sinne eines Lernens *zur* und *durch* Literatur blickt zwar auf eine lange Traditionslinie zurück (vgl. bereits Dehn 1974), wird hier aber im Sinne des mittlerweile kanonisch gewordenen Übersichtsartikels von Kaspar Spinner (2006) verwendet, der seit seiner Veröffentlichung wiederum an zahlreichen Orten elaboriert, differenziert oder konkretisiert wurde (vgl. etwa Wiprächtiger-Geppert 2008; Lösener 2015; Kepser und Abraham 2016; Gailberger 2018; Rosebrock und Scherf 2022). In seinem Text skizziert Spinner elf Aspekte einer gelungenen literarischen Sozialisation, die, obwohl sie bereits in den Familien der Schülerinnen und Schüler z. B. durch regelmäßige Vorleserituale oder literarische Gespräche im weitesten Sinne ein gutes Stück weit vorangebracht werden kann, in aller Regel im Literaturunterricht durchlaufen

https://doi.org/10.1515/9783110755435-080

und mit dem Abitur wissenschaftspropädeutisch (vorläufig) abgeschlossen wird. Diese lauten: (1) beim Lesen und Hören Vorstellungen entwickeln, (2) subjektive Involviertheit und genaue Wahrnehmung miteinander ins Spiel bringen, (3) sprachliche Gestaltung aufmerksam wahrnehmen, (4) Perspektiven literarischer Figuren nachvollziehen, (5) narrative und dramaturgische Handlungslogik verstehen, (6) mit Fiktionalität bewusst umgehen, (7) metaphorische und symbolische Ausdrucksweisen verstehen, (8) sich auf die Unabschließbarkeit des Sinnbildungsprozesses einlassen, (9) mit dem literarischen Gespräch vertraut werden, (10) prototypische Vorstellungen von Gattungen und Genres gewinnen sowie (11) literaturhistorisches Bewusstsein entwickeln.

Mit Ausnahme der Aspekte sechs und acht sowie neun bis elf, die aus Platzgründen keine Berücksichtigung finden können, sollen die genannten Aspekte, in unterschiedlicher Gewichtung und unter gegenseitiger Bezugnahme, erläutert, ihre Relevanz für den Literaturunterricht herausgearbeitet und auf Textstellen aus Erzählungen von Günter Grass bezogen werden. Dabei wird deutlich werden, dass das Werk von Grass, auch wenn es derzeit gegenüber dem anderer Autoren [sic!] seiner Generation (wie Max Frisch, Friedrich Dürrenmatt oder Siegfried Lenz) schulisch ins Hintertreffen zu geraten scheint, nach wie vor seinen Platz im Literaturunterricht behaupten kann – dass es dabei aber auch zahlreicher lese- und literaturdidaktischer (Vor-)Entlastungen bedarf, wenn Schüler der Sekundarstufen mit geringer literarästhetischer Erfahrung, ohne ausreichende historische Vorkenntnisse oder mit einer unterdurchschnittlich ausgeprägten Lesekompetenz mit und an ihm literarisch lernen sollen.

2.1 Zur Förderung der Vorstellungsbildung als Voraussetzung für literarisches Lernen mit Günter Grass

Sowohl die literaturwissenschaftlichen, wie auch die literaturdidaktischen Arbeiten Kaspar Spinners sind stark von der Rezeptionsästhetik beeinflusst (vgl. etwa Spinner 2011; Spinner 2021). Es verwundert daher nicht, dass er als ersten Aspekt die Fähigkeit zur Vorstellungsbildung beim Umgang mit einem literarischen Text betont, soll dieser im Unterricht mit Schülern nicht nur gelesen, sondern eben auch verstanden werden (vgl. Spinner 2006, 8). Damit dies geschehen kann, sollen diese vornehmlich durch handlungs- und produktionsorientierte Methoden (Haas et al. 1994) dazu in die Lage versetzt werden, sich das Gelesene so holistisch wie möglich, sprich: visuell, akustisch, haptisch, emotional oder eben sprachlich-konzeptionell imaginieren zu können. Dabei ist die Förderung der Vorstellungsbildung kein Selbstzweck, bzw. kein Aspekt, der sich isoliert oder losgelöst vom literarischen Gegenstand fördern ließe. Im Sinne des bekannten Kant'schen Axioms, dass Gedanken ohne Inhalt leer und Anschauungen ohne Begriffe blind blieben, sollte sie (erkenntnistheoretisch, und damit auch literaturdidaktisch) vielmehr als eine grundlegende Voraussetzung des literarischen Lernens an sich angesehen werden, wenn nachfolgende Aspekte wie bspw. das Symbolverstehen überhaupt beherrscht werden sollen. Anders als innerhalb der literaturtheoretischen

Diskussion, in der die Rezeptionsästhetik mittlerweile eine eher untergeordnete Rolle spielt, hat sie für den Literaturunterricht also sowohl wirkungsästhetisch wie rezeptionsgeschichtlich betrachtet noch immer eine große Bedeutung, eben weil literarische Lese- und Verstehensprozesse bei Jugendlichen in einem holistischen Sinne alles andere als selbstverständlich sind. Wenn es also in diesem Sinne um eine didaktisch notwendige Kontextualisierung mit dem Ziel der imaginativen Visualisierung im weitesten Sinne geht, wenn also sichergestellt werden soll, dass Schüler einen literarischen Textes nicht nur lesen, sondern ‚das Poetische' in ihm auch semantisch, idiolektal wie historisch erkennen, verstehend verarbeiten und gewinnbringend einordnen können (Frederking et al. 2016), müssen ihre Leseprozesse vorentlastet werden.

Für die Novelle *Katz und Maus* wäre demnach zu konstatieren, dass ohne eine (mindestens) christlich-theologische wie historische Vorentlastung

- die Kritik an der Kirche und die Rolle von Religion, Marienkult und fehlgeleiteter Erotik bei Mahlke,
- die nationalsozialistische Erziehung zum sog. Heldentum (z. B. in Gestalt des Schulleiters Klohse) und ihre ironische Brechung (z. B. durch „Papa Brunies"),
- die Reden der beiden Ritterkreuzträger oder
- der 1962 gestellte Antrag auf Indizierung der Novelle

für jugendliche Leser kaum nachvollziehbar wären. Gleiches gilt bspw. für *Die Blechtrommel*, so etwa hinsichtlich der

- zuweilen ironischen Poetisierung des Überfalls der Wehrmacht auf Polen und Danzig (Stichwort *Skatspiel*) und bei der
- nachfolgenden Darstellung von Judenverfolgung und Holocaust.

Für die im Kontext der Novelle *Im Krebsgang* mit den Schülern zu erörternden Fragen,

- warum es ab 1944 zu Massenfluchtbewegungen aus Ostpreußen in westliche Richtung kam,
- was es mit der nationalsozialistischen Freizeitorganisation „Kraft durch Freude" auf sich hatte,
- welche Rolle das ehemalige luxuriöse Kreuzfahrtschiff Wilhelm Gustloff vor und nach Kriegsausbruch spielte und
- inwiefern und ab wann (auch an ihrem Beispiel) die Frage gestellt wurde, ob das ‚deutsche Volk' ausschließlich als Täter, oder vielleicht auch als Opfer des (selbst ausgelösten) zweiten Weltkriegs angesehen werden darf oder gar sollte,

kann ebenfalls auf eine solche Vorentlastung im Unterricht nicht verzichtet werden.

2.2 Voraussetzungen für subjektiv involvierte wie textnahe Leseprozesse am Beispiel des Romans *Die Blechtrommel*

Der zweite ausgewählte Aspekt fokussiert die gegenseitige Abhängigkeit der Wahrnehmung eines literarischen Textes einerseits und der emotionalen Involviertheit eines Rezipienten beim Lesen andererseits (vgl. Spinner 2006, 8). Betont wird hierbei also die immense Bedeutung z. B. von thematischen Motivationspotenzialen eines literarischen Textes und die damit verbundene Möglichkeit zur Identifikation mit literarischen Figuren oder Mustern (vgl. etwa Winkler 2021), ohne dass dabei aus literaturdidaktischer Sicht verkannt werden darf, dass diese umso schwieriger zu erreichen ist, je fremder (oder poetisch verfremdeter) ein literarischer Text in Thema und/oder Gestalt auf die Schüler wirkt (vgl. Freudenberg 2012). Wendet man diese Schwierigkeit allerdings positiv und formuliert sie (unter Berücksichtigung des soeben skizzierten Aspekts Nr. 1) als Chance, geht es hier um die v. a. auch lernpsychologisch (Hasselhorn und Gold 2022, 101; Gluck et al. 2010, 387) berechtigte Hoffnung, dass poetologisch gestaltete Texte immer dann aufmerksamer beleuchtet und tiefergehend verarbeitet werden (können), wenn sie die Leserinnen und Leser emotional involvieren und ihnen als „langfristig […] bleibende Leseerfahrung" (Spinner 2006, 9) in Erinnerung bleiben.

In Bezug auf das erzählerische Werk von Grass stellt dies die unterrichtenden Lehrer allerdings vor nicht zu unterschätzende Herausforderungen – egal ob nun bezogen auf seine expansive Syntax, auf die z. T. nicht unerhebliche Länge seiner Romane (z. B. *Die Blechtrommel*) oder auf die bereits angesprochenen sozialhistorischen Rekurse auf die Zeit vor und nach dem Zweiten Weltkrieg. Mögliche Auswege aus diesem didaktischen Dilemma könnten in einem fächerverbindenden Unterricht liegen, wenn Schüler ihren Lehrkräften gegenüber eine besondere Affinität zur Geschichte Deutschlands (bzw. Europas) nach 1933 zeigen, oder wenn sich der ‚Umweg' über die Verfilmung z. B. der *Blechtrommel* in Wahrheit als ‚Abkürzung' hin zu Oskar Matzerath und seiner erzählten Welt erweist, da ihnen Filmanalysen ausgewählter Sequenzen näher liegen, vertrauter erscheinen und leichter fallen, als eine wie auch immer geartete unterrichtliche Analyse entsprechender Textstellen in der Romanvorlage. Zu denken wäre hier bspw. an die bei Schülern im Kontext dieses Films beliebte Maifest-Szene (im Roman heißt das Kapitel „Die Tribüne"), in der Oskar, unter dem Rednerpult einer nationalsozialistischen Massenveranstaltung versteckt, gegen den militärischen Begrüßungsmarsch für den Parteifunktionär Forster (s)einen Walzerrhythmus antrommelt, woraufhin die versammelte ‚braune' Bagage (quasi wie befreit von der dumpfen nationalsozialistischen Ideologie) glücklich lächelnd zur Musik des ‚Walzerkönigs' Johann Strauss zu tanzen beginnt. Diese ironische Brechung von Nazi-Deutschland, die sich sowohl fächerübergreifend (Geschichte, Musik) wie auch im Literaturunterricht selbst mittels handlungs- und produktionsorientierter Methoden und über die audio-visuellen Sehgewohnheiten der Schüler veranschaulichen lässt, entlarvt die Absurdität und Banalität des Heroischen mit filmischen Mitteln, trägt über Unterrichtsdiskussionen zu einer weiterführenden Entmythisierung Hitlers als ‚Monster' (und des ‚bösen Deutschen' als Ausnahme von der eigentlich ‚guten Regel') bei und kann im Sinne der Studien von Daniel J. Goldhagen (*Hitlers willige Vollstrecker*, 1996) oder Christopher R. Browning (*Ganz normale Männer: Das Reserve-Polizeibataillon 101 und die „Endlösung" in Polen*, 1992) den Blick dafür freimachen, dass es (so Goldhagens Untertitel) „ganz gewöhnliche Deutsche" waren, die die Judenverfolgung und spätere -vernichtung planten, begleiteten, beobachteten, billigten und schließlich vollstreckten.

2.3 Günter Grass' poetische Sprache bewusst wahrnehmen und für das Figuren-, Handlungs- und Symbolverstehen nutzen

Als drittes rückt die aufmerksame Wahrnehmung der sprachlichen Gestaltung literarischer Texte in den Fokus. Mit diesem Aspekt ist die Hoffnung verbunden, dass Schüler im Unterricht formale literarische Erfahrungen machen und dabei die ästhetische Wirkung (und poetische Funktion) eines literarischen Textes nicht nur (analytisch) kennenlernen, sondern für die eigene Verarbeitung auch gewinnbringend nutzen, genießen und sich darüber austauschen können. Die für die Sekundarstufen 1 und 2 als besonders relevant erachteten sprachlichen Gestaltungsmittel finden sich auf gänzlich unterschiedlichen Ebenen, so etwa in den Sprachregistern der Figuren, in der jeweils gewählten Syntax, hinsichtlich der Interpunktion oder als Uneigentlichkeit des Sprechens. Zusätzlich zu seiner Semantik reichern diese den literarischen Text über rhetorische und stilistische Figuren auf der Ebene seines Idiolekts (im Sinne von Eco 1972, 145) an und komplettieren damit seine intentionale „strategische Matrix" (Eco 1990, 45) auf poetologische Weise. Anders als häufig üblich, sollte ihre unterrichtliche Thematisierung allerdings nicht allein oder mehrheitlich durch diskursiv-analytische Lehr-Lernanlässe vorgenommen werden – ein solcher eindimensionaler kognitivistischer wie lehrerzentrierter Weg führt eher vom Text weg als zu ihm hin. Es ist vielmehr so, dass die aufmerksame Wahrnehmung der sprachlichen Gestaltung eines literarischen Textes „vom mehr intuitiven Empfinden von Klang und Rhythmus" (z. B. in Vorlesesituationen nach Ockel 2000) über kreative Schreibexperimente (wie bei Waldmann 2021) bis hin „zur Textanalyse einschließlich der Sprach- und Stilanalyse" (Spinner 2006, 9) reichen sollte.

Das erzählerische Werk von Grass bietet uns zahlreiche Beispiele und Anlässe dafür, wie die Bewusstmachung der sprachlichen Gestaltung unterrichtlich thematisiert und schließlich gefördert werden kann, wobei sich erneut zeigen wird, dass auch diese nicht isoliert für sich steht, sondern und aufgrund ihrer poetologischen Erscheinungsform nolens volens in weitere Aspekte des literarischen Lernens (von der Figurenanalyse bis zum Symbolverstehen) hineinragt. (s. unten)

Da die Lesekompetenz (OECD 2023) wie auch die literarische Erfahrung eines Großteils von Schülern nicht ausreicht, um poetologisch gestaltete Texte zu lesen und als solche sowohl semantisch wie auch idiolektal zu verarbeiten (vgl. Frederking 2022), kann das Vorlesen durch die Lehrkraft oder der Einsatz von Hörmedien (wie von Gailberger 2018, 2019 expliziert) als naheliegende Möglichkeiten angesehen werden, diesen Umstand zu kompensieren. Auf Satz- und Absatzebene kann dann bspw. das für Grass' Epik so typische parataktische Erzählen als eine poetisierte Imitation von Alltagssprache rezitiert, als quasi synergetische Aneinanderreihung verschiedener Sinnlichkeitsbereiche (wie das Sehen, Riechen, Fühlen) verdeutlicht und als solche bspw. dem hypotaktischen oder manierierten Erzählen eines Heinrich von Kleist oder Thomas Mann bewusstmachend gegenübergestellt werden. Auf der Ebene der Interpunktion arbeitet Grass hierbei häufig mit Doppelpunkten, mit Semikola oder mit offen gelassenen Sätzen [...], die stilistisch dem quasi konzeptionell mündlich poetisierten ‚Stream of Consciousness' zugerechnet werden können und – entsprechend vorgelesen – helfen, Nähe zwischen den lesend-zuhörenden Schülern und der jeweiligen Erzählsituation herzustellen. Diese syntaktische Wirkung wird weitergehend durch die frequente Verwendung elliptischer Sätze einerseits und (anaphorischer) Parallelismen andererseits unterstützt, wobei erstere quasi einen Blick *in* die Figur, letztere eher einen Blick *durch* die Figur (z. B. in den Raum der Erzählsituation) gewährt.

All dies kann beispielhaft an einer kurzen Analyse der Rede des U-Boot-Kommandanten in Kapitel VII von *Katz und Maus* verdeutlicht und im Literaturunterricht mittels handlungs- und produktionsorientierter Methoden (z. B. filmisch, mit rezitierender Sprechstimme aus dem Off) transformiert werden:

> „Ich schickte einen Zettel mit weißnichtwasdrauf [*Alltagssprache*] entweder an Vera Plötz oder an Hildchen Matull, bekam aber weder noch Antwort. [*Ellipse*] [...] Während die Vorrede abnahm, während unsere Zettelchen wanderten, während die Quartaner mit Taschenmessern, während der Blick des Führerbildes sich mit dem Blick des ölgemalten Freiherrn von Conradi traf, während die Morgensonne aus der Aula rutschte [*anaphorische Parallelismen*], befeuchtete der Kapitänleutnant unentwegt den leichtgeschwungenen Sprechmund [...]. Die Kaleu-Mütze korrekt auf parallel gehaltenen Knien. [*Ellipse*] [...] Unvermittelte Kopfbewegung mit halbwegs gehorchendem Orden zu den seitlichen Aulafenstern: [*Doppelpunkt*] Mahlke zuckte, fühlte sich wohl erkannt, war aber nicht. [*Ellipse*] Durch jenes Fenster, in dessen Nische wir hockten, blickte der U-Boot-Kommandant in staubige unbewegte Kastanienbäume; [*Semikolon*] was mag er denken, was mag Mahlke denken, was Klohse [*Ellipse*] während er spricht, Studienrat Brunies, während er lutscht, was Vera Plötz während dein Zettelchen [*Ellipse*], was Hilde Matull, was mag er er er [*Wiederholung*] denken [*anaphorische Parallelismen*], Mahlke oder er mit dem Sprechmund, dachte ich damals oder denke ich jetzt; [...]" [*Zeitwechsel des im Schreiben rückblickenden Erzählers*] (NGA 5, 67–68)

Schüler, denen syntaktisch ungewöhnliche Formulierungsweisen fremd sind und denen es daher schwerfällt, poetologisch von der Norm der Alltagssprache abweichende Texte (wie eben jene von Günter Grass) gewinnbringend zu lesen, sind dankbar für verbal-auditive Hilfen – egal ob die Lehrkraft nun selber vorliest oder Grass als gewohnheitsmäßiger Vorleser im Rahmen seiner eigenen Hörbuchproduktionen in Form digitaler Datenträger in den Unterricht einbezogen wird: Erst durch eine solche akustische Hilfestellung wird ihnen zuweilen bewusst (oder kann ihnen unterrichtlich bewusst gemacht werden), wie er auf sprachlicher Ebene mit der Inhaltsfülle seiner Sätze experimentiert, wie er idiolektal auf Parallelismen setzt und in diesen zeitgleich banale Alltagssituationen mit dramatischen inneren Gefühlen und (Selbst)Beobachtungen verwebt, um diese dann wiederum durch elliptische (also die Alltagssprache imitierende) Kurzsätze abzulösen. Hierzu gehört auch die sprachliche Realisierung spannungsaufbauender Erzählsituationen, wie sich am Eingangskapitel von *Katz und Maus* beobachten lässt. In ihm wird über zwei Seiten gestreckt und über 28 Sätze hinweg der Sprung der Katze an den Hals von Mahlke vorbereitet und poetisch realisiert, wobei erneut zwei parallele Handlungsstränge simultan erzählt und ineinander verwoben werden: das Warten der Mannschaft auf ihr nächstes Spiel und das förmlich in Zeitlupe sich darstellende Sich-Anschleichen der Katze. Eine beliebte produktionsorientierte Methode des Literaturunterrichts zum Nachvollzug einer solchen poetischen Erzählstrategie ist es, Textstellen wie diese im Rahmen von Alltagsbeobachtungen (zum Beispiel im schulischen, freizeitlichen oder familiären Kontext) imitieren zu lassen, so dass die Schüler die Gelegenheit bekommen, das zuvor Kennengelernte einmal selber und nach eigenem Interesse anzuwenden: sprich zu poetisieren.

Ebenfalls charakteristisch für Grass' Poetik ist sein sprachlich realisiertes Spiel mit unterschiedlichen Sprachregistern, bspw. wenn sich Jargonbegriffe, Dialekte, Soziolekte und Fachsprache sowohl auf lexikalischer wie auf syntaktischer Ebene einander ablösen oder sich gegenüberstehen – und somit mehr oder weniger eindeutig literarischen Figuren zugeordnet werden können (bzw. sollen). Damit befinden wir uns im Zentrum eines jeden narratologisch orientierten Literaturunterrichts. Denn Spinners Aspekt Nr. 4 erinnert uns an die für das literarische Verstehen notwendige Fähigkeit, sich in (die Handlung vorantreibende) literarische Figuren hinein denken und fühlen zu können, um so ihre Situationen, Pläne, Reflexionen, Entscheidungen, Gefühle etc. nachzuvollziehen und schließlich in Bezug auf den Gesamttext und seinen Ausgang zu deuten. Neben der einzelnen literarischen Figur, die hierbei nach ihren inneren, äußeren und sozialen (und das heißt dann auch nach ihren sprachlichen) Merkmalen untersucht wird (vgl. Leubner und Saupe 2006, 56–59), gilt es literaturdidaktisch als ebenso wichtig, psycholinguistisch aber als umso schwieriger (vgl. Beyer 2003; Prestin 2003), die zuweilen über den jeweiligen Text verstreut dargestellten Beziehungen zwischen den Figuren herauszuarbeiten und als prototypische Darstellung menschlichen Zusammenlebens auszulegen, auf sich und sein Leben zu beziehen und als Einladung zur (Selbst)Reflexion zu verstehen: Ödipus und Laios, Tristan und Marke, Emilia Galotti und Hettore Gonzaga, Faust und Mephisto, Woyzeck und der Tambourmajor, Kafka und die Schlossbürokratie – „das sind", so stellen Kepser und Abraham (2016, 34) exemplarisch fest, „[...] nicht nur literarische Motive, sondern [ebenso] Modelle für ‚menschliche Elementarerfahrungen'", an denen sich Schüler im und durch ihren Literaturunterricht reflexiv orientieren können sollen.

Konzentrieren wir uns auf das poetische Spiel mit Sprachregistern im erzählerischen Werk von Grass, lässt sich leicht zeigen, wie Schüler im Literaturunterricht sprachliche Profile literarischer Figuren über die Kategorien Jargon, Dialekt, Soziolekt, Fachsprache etc. zunächst freilegen und figurenanalytisch nutzen können, um diesen Erkenntnisschritt anschließend für den Nachvollzug der narrativen Handlungslogik des gesamten Textes nutzen zu können. Wird dies (beispielhaft anhand der Novelle *Im*

Krebsgang) quasi transgenerational an den Figuren Tulla (als Mutter und Großmutter), Paul (als Sohn und Vater) sowie Konrad (als Enkel und Sohn) vollzogen, so lässt sich zeigen, wie die Mitglieder der Familie Pokriefke durch ihren jeweiligen Sprachstil poetologisch determiniert, zueinander positioniert und für den Fortlauf der Handlungslogik von Grass entsprechend eingesetzt werden:

– die in ihrem Dialekt sprechende Tulla ist ihrem rechtsradikalen Enkel gegenüber offen, gutgläubig und herzlich und drückt über das von Grass motivisch verwendete Danziger Platt Faktoren wie Selbstsicherheit und Heimatliebe, v. a. aber auch das Ewiggestrige und Revanchistische (der gewaltsam aus Westpreußen Vertriebenen) aus;
– der weder mit seiner Mutter noch mit seinem Sohn emotional verbundene (also familiär/ biographisch isolierte) Paul wird in seiner elliptischen Syntax z. T. als unsicher, z. T. als angepasst gezeichnet, was er wiederum im Rahmen seiner journalistischen Arbeit auf fachsprachlicher Ebene zu kompensieren versucht;
– wohingegen Konrad in seiner Nazi-Propaganda zwischen Hypotaxe und Parataxe hin- und herwechselt, für seine rechtsradikalen Manipulationen in Euphemismen spricht und dabei seine Redegewandtheit stilistisch im ‚genus grande' (z. B. seinem Vater Paul gegenüber) entfaltet.

Dass der am 30. Januar 1945 in einem Rettungsboot der Wilhelm Gustloff geborene Paul in beide Generationsrichtungen, weder zu seiner Mutter Tulla, noch zu seinem Sohn Konrad, eine weder sprachliche noch emotionale Verbindung aufbauen kann, findet ihre Entsprechung im Fortlauf der Handlung, in der es weder ein Verstehen mit der ewig gestrigen Mutter, noch mit dem rechtradikal gewordenen Sohn Konrad geben kann. Es verhält sich vielmehr umgekehrt so, dass er Konrads Mord an dessen „Fein-Freund" Wolfgang Stremplin (in der ‚Rolle' des jüdischen Gustloff-Attentäters David Frankfurter) nicht verhindern kann, dass dieser aber überhaupt erst durch die Großmutter Tulla möglich wird, nachdem sie ihm die Pistole dafür besorgt hatte.

Mittels der an die genannten Figuren gebundenen Teilhandlungen innerhalb der Novelle, mit der Grass die Geschichte, Vorgeschichte und Nachgeschichte der Wilhelm Gustloff von 1936 bis 2002 formal anachronisch, ineinander verwoben und einander gleichberechtigt erzählt, wählt er die erzähltechnische Strategie, „der Zeit" auf poetologische Weise „schrägläufig in die Quere [zu] kommen [...], etwa nach Art der Krebse, die den Rückwärtsgang seitlich ausscherend vortäuschen, doch ziemlich schnell vorankommen." (NGA 16, 8–9) Damit ist jenes metaphorische Symbol angesprochen, das nicht nur der Novelle *Im Krebsgang* ihren Namen gab, sondern das ebenso beispielhaft für zahlreiche symbolhafte Buchtitel in Grass' Werk steht (*Die Blechtrommel, Katz und Maus, Der Butt, Beim Häuten der Zwiebel, Die Box* etc.).

Damit fallen erneut zwei Aspekte literarischen Lernens in eins, namentlich das metaphorische und symbolische Verstehen der sprachlichen Gestaltung auf idiolektaler Ebene (Aspekt Nr. 7) sowie das Erkennen und semantische Verstehen der narrativen Handlungslogik (Aspekt Nr. 5), die zusammengenommen ein komplexes literarisches

Symbol bilden, dessen Erkennen und Verstehen z. B. mittels visualisierender Methoden der graphischen Sichtbarmachung zu erreichen versucht wird. Bleiben wir zur Verdeutlichung dessen noch bei der Gustloff-Novelle, so ist dieser Umstand durch die Darstellung des Nebeneinanders der Teilgeschichten in besonderer Weise gut nachzuvollziehen. In ihr vernetzt der homodiegetische Erzähler die verschiedenen, biographisch bedingten Erzählstränge der Novelle, indem er – dem obigen Zitat entsprechend – in der Art des Krebsgangs, sprich seitlich ausscherend und über mehrere (Teil)Geschichten parallel erzählt. Das wiederum aber setzt Schüler vor enorme Herausforderungen. Diese haben nämlich mehrheitlich große Probleme mit dem Erkennen und Deuten literarischer Symbole (vgl. Huber und Stückrath 2007), zumal wenn sie sich beim literar-ästhetischen Rezeptionsakt so sehr auf das Lesen eines Textes selbst konzentrieren müssen, dass sie sich (wie Gailberger 2019 analysiert) nicht auch noch auf dessen Wechselspiel von Semantik und Idiolekt konzentrieren können.

- So werden einerseits die Biographien von David Frankfurter, Alexander Marinesko und Wilhelm Gustloff nachgezeichnet, die zeitlich gesehen vor der eigentlichen Geschichte und nur über das KdF-Schiff miteinander ver- und dadurch schicksalshaft an die Pokriefkes gebunden sind. Dieser Handlungsstrang bewegt sich samt einiger Rückblenden von 1936 an langsam auf den Moment des Untergangs der Gustloff und die Geburt des Erzählers am 30. Januar 1945 zu.
- Andererseits verknüpft der Erzähler die Handlungsstränge mit der Geschichte seiner Familie nach 1945, wobei ein besonders prominentes Licht auf die rechtsextreme Entwicklung des Sohnes Konrad (und des allgemeinen Rechtsradikalismus im wiedervereinigten Deutschland seit 1990) geworfen wird.

Hildebrand hat luzide herausgearbeitet, wie die Erzählung immer wieder zwischen den Zeitebenen der Vergangenheit und der Gegenwart wechselt. Ihm zufolge ist die historische Rekonstruktion der Ereignisse um die Gustloff „nur scheinbar ein ‚Rückwärtsgang‘, da die erzählte Vergangenheit in die Erzählgegenwart führt, ja die gegenwärtigen Ereignisse überhaupt erst erklärbar macht.“ (Hildebrand 2006, 86) Das ist auch der Grund dafür, dass „der Erzähler im vorgetäuschten ‚Rückwärtsgang‘ paradoxerweise „schnell vorankommen“ [kann]“. Mit der erzähltechnischen Metapher des Krebsgangs setze Grass „einen Schwerpunkt auf die Frage, wie man sich einem so komplexen und ideologisch belasteten Thema überhaupt annähern kann. Der Novellentitel signalisiert, dass dieses Thema nicht am roten Faden einfacher kausaler Zusammenhänge, sondern nur auf Umwegen erzählbar ist“ (Hildebrand 2006, 86) – also seitlich ausscherend, von der Seite.

Um den Schülern hier graphisch und damit vorstellungsbildend eine Hilfe zu geben, beim Lesen Handlungsstränge, Figuren, komplexe Symbole etc. zueinander in Beziehung setzen und daher besser verstehen zu können, hat sich die Arbeit mit Visualisierungen bewährt (vgl. Gailberger 2022), wobei sich in diesem konkreten Fall die unterrichtliche Analyse mit einem Achsenkreuz anbietet. Bei diesem symbolisiert die X-Achse (oder genauer: die auf ihr notierten Kapitel, Jahreszahlen, Stichworte) die erzählte Zeit und ermöglicht es auch schwächeren Schülern, die vielen Zeitsprünge und den von Grass gewählten historischen Ansatz der Novelle nachzuvollziehen. Anschließend kann dies dann zum Erkennen des Handlungskerns und „der inneren Handlungslogik" der Geschichte (nach Spinner 2006, 10) elaboriert werden, indem auf der Y-Achse die Namen der Figuren Tulla, Paul und Konrad samt ihrer wichtigsten inneren, äußeren und sozialen Merkmale vermerkt werden. Farbige Interaktionspfeile zwischen ihnen im nun entstehenden zweidimensionalen Achsenkreuz können schließlich aufzeigen, wie sie in ihrer (familiären) Konstellation zwar *innerfiktional* miteinander zusammenhängen, wie sie sich vom *außerfiktionalen* Standpunkt aus betrachtet (also psychologisch, soziologisch und historisch gedeutet) aber voneinander entfernt, bzw. in einer neue Konstellation formiert und somit (durchaus symbolhaft und auf das wiedervereinigte Deutschland nach 1990 übertragbar) konfrontativ gegeneinander gestellt haben.

Weniger aufwändig zu fördern, aber nicht minder wichtig zu unterrichten und im Klassenverband offen zu diskutieren, sind mehr oder minder komplexe literarische Symbole, die sich auf ausgewählte Text- oder Filmstellen beziehen. Zu denken wäre hier erneut an die Maifest-Szene in Roman und Verfilmung der *Blechtrommel* als symbolische (und ironische) Brechung des eigentlich chaotischen und freiheitsliebenden Menschen durch das NS-Gleiche in Farbe, Musik und Bewegung durch Oppositionsbildungen wie etwa die Folgenden:

- Stillstehen *vs.* Tanzen (zu zweit oder in Gruppen),
- militärische Marschmusik *vs.* Wiener Walzer,
- ernste *vs.* lächelnde Gesichter,
- braune Uniformen *vs.* bunte Kleider
- ...

Ferner wäre bzgl. der *Blechtrommel* über das ironische Symbol des Grand Hand in der Danziger Post (Der mit dem 1. September 1939 verbundene Ausbruch des 2. Weltkriegs *vs.* Ein lapidares Skatspiel) sowie über den Erstickungstod von Vater Matzerath beim Versuch, sein NSDAP-Parteiabzeichen herunterzuschlucken, als symbolischer Erstickungstod Nazi-Deutschlands zu diskutieren, wohingegen Schüler in *Katz und Maus* bspw. auf die Uterus-Symbolik des untergegangenen Kahns, die Wahrnehmung und Bedeutung des übergroßen Adamsapfels sowie die damalige Bedeutung eines Ritterkreuzes etc. aufmerksam zu machen wären.

3 Fazit

Kaum eine Schriftstellerin oder ein Schriftsteller ‚seiner Generation' hat nach dem je eigenen Ableben in so kurzer Zeit so sehr an unterrichtlicher Bedeutung verloren wie Günter Grass. Während Erzählungen von Max Frisch (z. B. *Andorra, Homo Faber, Biedermann und die Brandstifter*), Friedrich Dürrenmatt (z. B. *Der Richter und sein Henker, Die Physiker, Der Besuch der alten Damen*) und Siegfried Lenz (z. B. *Deutschstunde, Schweigeminute*), ebenso wie die kurzepischen Texte von Wolfgang Borchert oder Ilse

Aichinger, aus dem Literaturunterricht der Sekundarstufen nicht wegzudenken sind, spielt das Werk von Günter Grass mittlerweile eine untergeordnete Rolle. Das mag verschiedene Gründe haben und ist vielleicht auch im Rahmen der obigen literatur- und lesedidaktischen Reflexionen zu seinem erzählerischen Werk deutlich geworden: Die Poetik von Günter Grass ist weitaus voraussetzungsreicher und für jugendliche Schüler schwieriger zu lesen, zu verstehen und zu verarbeiten, als es bspw. die epischen Texte der übrigen genannten Autorinnen und Autoren sind. Andererseits ist Grass natürlich nicht vergleichbar mit Autoren wie August von Kotzebue oder Arno Schmidt, die gar nicht (mehr) unterrichtet werden. Am häufigsten lesen Schüler wohl noch immer *Katz und Maus*. Und bei den Zentralabiturjahrgängen 2014 und 2015 in den Bundesländern Berlin, Hamburg und Schleswig-Holstein gab es jeweils auch einen Aufgabenstamm zur Novelle *Im Krebsgang*. Das ist auch der Grund dafür, weswegen Verlage wie Schöningh, Cornelsen oder Klett nach wie vor in großer Zahl Unterrichtsmodelle und Kopiervorlagen zu Grass' erzählerischem Werk auf den Markt werfen (vgl. etwa Wiemann 2007; Lehnemann 2001; Bosler und Piel 2003; Pasche 2001; Hildebrand 2006; Fuchs und Seiffert 2004), und damit sicher dazu beitragen, dass das Werk von Günter Grass auch ‚morgen' und ‚übermorgen' noch unterrichtet werden wird.

Literatur

Beyer, Reinhard. „Verstehen von Diskursen". *Psycholinguistik: Ein internationales Handbuch*. Hrsg. von Gert Rickheit et al. Berlin und New York, NY 2003: 532–543.

Bosler, Bettina, und Alexandra Piel. *Katz und Maus*. Mühlheim (Ruhr) 2006.

Browning, Christopher. *Ganz normale Männer: Das Reserve-Polizeibataillon 101 und die „Endlösung" in Polen*. Reinbek 1992.

Dehn, Wilhelm. *Ästhetische Erfahrung und literarisches Lernen*. Frankfurt/M. 1974.

Eco, Umberto. *Einführung in die Semiotik*. München 1972.

Eco, Umberto. *Die Grenzen der Interpretation*. München 1990.

Frederking, Volker. „Literarische Verstehenskompetenz erfassen und fördern". *Handbuch Kompetenzorientierter Deutschunterricht*. Hrsg. von Steffen Gailberger und Frauke Wietzke. Weinheim und Basel 2022: 146–177.

Frederking, Volker et al. „Fünf Dimensionen von Literary Literacy und ihre interdisziplinären Implikationen am Beispiel der Geschichtsdidaktik". *Historisches Denken – jetzt und in Zukunft*. Hrsg. von Katja Lehmann et al. Münster 2016: 211–234.

Freudenberg, Ricarda. *Zur Rolle des Vorwissens beim Verstehen literarischer Texte: Eine qualitativ-empirische Untersuchung*. Wiesbaden 2012.

Fritzsche, Joachim. *Zur Didaktik und Methodik des Deutschunterrichts*. Bd. 3: *Umgang mit Literatur*. Stuttgart 1994.

Fuchs, Herbert, und Dieter Seiffert. *Im Krebsgang*. Berlin 2004.

Gailberger, Steffen. „Fiktionskompetenz ist kein Zufall! Ein Unterrichtsmodell zur verlässlichen Zufallssuche in literarischen Texten und zur lesestrategischen Förderung der Fiktionskompetenz in den Sekundarstufen 1 und 2". *SLLD-U*. (2022). (https://doi.org/10.46586/SLLD.233)

Gailberger, Steffen. „Literarisches Lesen – Literarisches Hören – Literarisches Erleben. Über Grenzen ästhetischer Erfahrungen in einem lesebezogenen Literaturunterricht und Chancen ihrer

Überwindung mithilfe auditiver Medien“. *Literarisches Hören: Theorie, Texte, Vermittlung*. Hrsg. von Klaus Schenk und Ingold Zeisberger. Kiel 2019: 142–184.

Gailberger, Steffen. „YouTube, Audible und Co. Literarisches Lernen in einem digitalisierten Deutschunterricht aller Kompetenzbereiche. Unterrichtsanregungen zum Zusammenhang von literarischem Hören und literarischem Lesen für die Jahrgänge 10 bis 12/13“. *Deutschunterricht in einer digitalisierten Gesellschaft*. Hrsg. von Steffen Gailberger und Frauke Wietzke. Weinheim und Basel 2018: 194–214.

Gluck, Mark et al. *Lernen und Gedächtnis: Vom Gehirn zum Verhalten*. Heidelberg 2010.

Goldhagen, Daniel. *Hitlers willige Vollstrecker: Ganz gewöhnliche Deutsche und der Holocaust*. München 1996.

Haas, Gerhard et al. „Handlungs- und produktionsorientierter Literaturunterricht“. *Praxis Deutsch* 21.123 (1994): 17–25.

Hasselhorn, Markus, und Andreas Gold. *Pädagogische Psychologie: Erfolgreiches Lehren und Lernen*. Stuttgart 2022.

Hildebrand, Olaf. *Im Krebsgang*. Paderborn 2006.

Huber, Ludwig, und Jörn Stückrath. „Was können Eingangsdiagnosen im Deutschstudium leisten? Zum Symbolverstehen von Studienanfängern am Beispiel von Wolfgang Borcherts ‚Nachts schlafen die Ratten doch‘“. *Wissen und Kompetenz: Entwicklungslinien und Kontinuitäten in Deutschdidaktik und Deutschunterricht*. Hrsg. von Steffen Gailberger und Michael Krelle. Baltmannsweiler 2007: 74–96.

Kepser, Matthis, und Ulf Abraham. *Literaturdidaktik Deutsch: Eine Einführung*. Berlin 2016.

Lehnemann, Widar. *Katz und Maus*. Paderborn 2001.

Leubner, Martin, und Anja Saupe. *Erzählungen in Literatur und Medien und ihre Didaktik*. Baltmannsweiler 2006.

Lösener, Hans (Hrsg.). *Elf Aspekte des literarischen Lernens auf dem Prüfstand: Themenheft der Zeitschrift „Leseräume“*. Heft 2 (2015) (https://leseräume.de/?page_id=308).

Ockel, Eberhard. *Vorlesen als Aufgabe und Gegenstand des Deutschunterrichts*. Baltmannsweiler 2000.

OECD. *PISA 2022. Ergebnisse (Bd. I): Lernstände und Bildungsgerechtigkeit*. Bielefeld 2023. (https://doi.org/10.3278/6004956w).

Pasche, Wolfgang. *Günter Grass „Katz und Maus“: 32 Arbeitsblätter mit didaktisch-methodischen Kommentaren*. Stuttgart 2001.

Prestin, Elke. „Theorien und Modelle der Sprachrezeption: Psycholinguistik“. *Ein internationales Handbuch*. Hrsg. von Gert Rickheit et al. Berlin und New York 2003: 491–504.

Rosebrock, Cornelia, und Daniel Scherf. *Lesedidaktik? Literaturdidaktik? Ein Dutzend Antworten für Einsteiger*. Baltmannsweiler 2022.

Die Blechtrommel. Reg. Volker Schlöndorff. BR Deutschland, 1979.

Spinner, Kaspar. *Kreativer Deutschunterricht: Identität, Imagination, Kognition*. Hannover 2021.

Spinner, Kaspar. *Atmosphäre als ästhetischer Begriff: Theorien der Literatur*. Bd. V. Hrsg. von Günter Butzner und Hubert Zapf. Tübingen 2011: 201–216.

Spinner, Kaspar. „Literarisches Lernen“. *Praxis Deutsch* 33.200 (2006): 6–16.

Waldmann, Günter. *Produktiver Umgang mit Literatur im Unterricht*. Baltmannsweiler 2021.

Wiemann, Uwe. *Die Blechtrommel*. Braunschweig 2007.

Winkler, Iris. „Literarisches Lernen im Spiegel internationaler Forschung“. *SLLD-Z* 1.1 (2021) (https://doi.org/10.46586/SLLD.Z.2021.8771).

Wiprächtiger-Geppert, Maja. *Literarisches Lernen in der Förderschule: Eine qualitativ-empirische Studie zur literarischen Rezeptionskompetenz von Förderschülerinnen und Förderschülern in Literarischen Unterrichtsgesprächen*. Baltmannsweiler 2008.

V.1.4 Grass in der DDR

Matthias Grüne

Die öffentliche Rezeption von Grass' Werk in der DDR war über weite Strecken von kritischer Distanz und zeitweilig sogar weitgehender Nichtbeachtung bestimmt. Bezogen sich die Einwände zunächst überwiegend auf ästhetische und ideologische Fragen, trat im Laufe der 1960er Jahre immer stärker die Auseinandersetzung mit dem Autor und Künstler als öffentlicher Person in den Vordergrund. Grass' konfrontative Haltung gegenüber den Kulturbehörden, sein Protest gegen den Bau der Berliner Mauer, schließlich die Debatte um die Aufführung seines Dramas *Die Plebejer proben den Aufstand* machten ihn in der DDR zur unerwünschten Person und die Herausgabe seiner Texte unmöglich. Erst vor dem Hintergrund von Grass' Engagement in der Friedensbewegung und seiner Kritik an der Aufrüstungspolitik des Westens zeichnete sich eine Entspannung ab. Im Zuge dessen konnten ab 1984 mit *Das Treffen in Telgte, Katz und Maus* und *Die Blechtrommel* zentrale Texte erstmals publiziert und so einem breiten Lesepublikum zugänglich gemacht werden.

1 Frühe Rezeption: Grass als ‚gefährdeter Humanist'

Die Anfänge der Grass-Rezeption in der DDR standen im Kontext einer literaturpolitischen Neuausrichtung Ende der 1950er Jahre, die auf die Herausstellung der Eigenständigkeit und Unabhängigkeit einer DDR-Literatur zielte (vgl. Streul 1988, 14). In diesem Sinne beurteilte der junge Heiner Müller in seiner Besprechung von *Die Vorzüge der Windhühner* das Erstlingswerk weniger als eigenständige literarische Produktion denn als repräsentativen Ausdruck für den „intellektuelle[n] Durchschnitt des Westens", der dem ostdeutschen Leser „nichts zu sagen" habe (Müller 1957, 160–161). Mit dem Erscheinen der *Blechtrommel* war diese Position, die Grass auf eine Stimme unter vielen im bundesdeutschen Literaturbetrieb reduzierte, freilich schnell überholt. Hermann Kant (1960) widmete dem Roman eine ausführliche Besprechung, die dessen künstlerische Bedeutung bestätigte, zugleich aber die Unvereinbarkeit mit dem sozialistischen Kunst- und Literaturverständnis unterstrich. Dabei waren es weniger die anstößigen Passagen, an denen der Kritiker diese Differenz festmachte, als vielmehr der Verzicht des Autors auf eine eindeutige ideologische Positionierung. Nach Kants Urteil bleibt der Roman bei der Aneinanderreihung grotesker Figuren aus dem kleinbürgerlichen Milieu stehen und lässt keine im Sinne des historisch-materialistischen Geschichtsbildes progressive Alternative erkennen. Damit war ein Haupteinwand formuliert, der in unterschiedlichen Akzentuierungen die Beschäftigung mit der gesamten *Danziger Trilogie* in der DDR bestimmte. Bei allem Respekt vor der Fabulierkunst des Autors warf man ihm doch vor, über den grotesken Elementen, der Ironie und den Sprachspielen den Bezug zur historisch-gesellschaftlichen Wirklichkeit aufzugeben; statt auf epische

https://doi.org/10.1515/9783110755435-081

Totalität, also die Erfassung der historischen und gesellschaftlichen Antriebskräfte, liefen die Texte auf ein „Kaleidoskop" (Kant 1960, 154) oder „Panoptikum" (Cwojdrak 1965) greller Merkwürdigkeiten hinaus. Bemerkenswert ist, dass die Novelle *Katz und Maus* als der ‚realistischste', am wenigsten groteske Text der Trilogie in der Diskussion gleichwohl kaum Berücksichtigung fand und auch der darin artikulierte Antimilitarismus in der Beurteilung des Autors zu dieser Zeit keine entscheidende Rolle spielte.

Begünstigt wurde die Fokussierung auf *Die Blechtrommel* und *Hundejahre* durch die darin enthaltene kritische Auseinandersetzung mit der bundesdeutschen Nachkriegsgesellschaft. Der literarische Einspruch gegen die Adenauer-Ära fand in der DDR Anklang und die zum Teil heftigen Angriffe konservativer westdeutscher Kritiker auf Grass ließen den Autor als einen potenziellen Bündnis- und Gesprächspartner erscheinen. Eine Skepsis gegenüber der Zielgerichtetheit des gesellschaftskritischen Potenzials seiner Romane blieb jedoch bestehen, die Oskar Neumann auf die Formel von Grass als einem „gefährdeten Humanisten" (1964, 60) brachte. Dazu zeigte sich in *Hundejahre*, dass der Spott des Autors nicht vor den Zuständen in der DDR Halt machte. Aus Sicht der Kritiker belegten derartige „antikommunistische Plattheiten" (Hochmuth 1967, 268) einmal mehr Grass' fehlende ideologiekritische Haltung und seine Hörigkeit gegenüber den Gesetzen des kapitalistischen Buchmarktes. Immerhin erschienen 1964 sowohl im *Sonntag* also auch in *neue deutsche literatur* einige Leseproben aus dem Roman. Kritisch eingeleitet wurden die Textauszüge von Arno Hochmuth (1964) beziehungsweise Kurt Batt (1964), die sich in der grundsätzlichen Wertschätzung von Grass' Erzählkunst ebenso einig waren wie in dem Urteil über die entscheidende Schwäche des Textes: der Verzerrung von Geschichte und Gesellschaft zu einem grotesken Theater, das keine eindeutige gesellschaftskritische Positionierung zulasse. Eine nähere Bekanntschaft mit den Originaltexten blieb dem ostdeutschen Lesepublikum jedoch verwehrt. Ein im gleichen Jahr unternommener Versuch des Aufbau-Verlags, eine Publikationsgenehmigung für die *Danziger Trilogie* zu erhalten, scheiterte an den zurückhaltenden Gutachten. Für die Gutachterin Irene Kolbe erwiesen sich die Texte mit ihren „formalen Mätzchen" (zit. nach Ulmer 2016, 137) als unvereinbar mit einem am Leitbild des sozialistischen Realismus orientierten Literatur- und Wirklichkeitsbegriff (vgl. Wittmann 1991, 274–276).

Zur reservierten bis ablehnenden Aufnahme der Bücher trugen neben literarisch-ästhetischen Urteilen in zunehmenden Maße auch die öffentlichen Auftritte von Grass in der DDR bei. Von Beginn an nutzte Grass die Möglichkeiten des persönlichen Austausches als Plattform für eine oft konfrontativ vorgetragene Kritik an den kulturpolitischen Verhältnissen in der DDR. Auf Einladung von Hans Mayer las Grass im März 1961 vor Studierenden der Karl-Marx-Universität Leipzig und richtete vor Beginn seiner Lesung zunächst Grüße vom ‚Republikflüchtling' Uwe Johnson aus. Auf dem V. Schriftstellerkongress im Mai desselben Jahres provozierte Grass einen Eklat, indem er eine Bemerkung des DDR-Kultusministers Hans Bentzien über die angebliche Vorrangstellung der sozialistischen Autor:innen (innerhalb und außerhalb der DDR) in Zweifel zog und darüber hinaus die Praktiken des Zensierens oder Ignorierens unliebsamer Autor:innen anprangerte. Zu einer weiteren Eskalation kam es im August im Zuge des

Mauerbaus. In zwei offenen Briefen forderte Grass Schriftsteller:innen und Künstler:innen der DDR zu offenem Protest gegen die Maßnahmen der Regierung auf. Nachdem ein erster, an Anna Seghers gerichteter Brief unbeantwortet geblieben war, verfasste Grass gemeinsam mit Wolfdietrich Schnurre einen zweiten Brief und richtete ihn an die Mitglieder des Schriftstellerverbandes. Im *Sonntag* erschienen daraufhin Antworten von Stephan Hermlin und Paul Wiens (27.8.1961), eingeleitet von einer redaktionellen Notiz, in der dem Autor der *Blechtrommel* vorgeworfen wurde, antikommunistische Propaganda zu betreiben. Die Entgegnungen von Hermlin und Wiens fielen demgegenüber deutlich sachlicher aus und betonten neben den Differenzen in der politischen Beurteilung der Situation auch den kollegialen Respekt.

2 Zunehmende Konfrontation: Grass als ideologischer Gegner

Tatsächlich bedeuteten die Mauerbriefe keine generelle Wende in der Grass-Rezeption. In der Wahrnehmung der DDR-Kritik bekräftigten sie das Bild eines prinzipiell interessanten, gleichwohl in seinem Gesellschafts- und Geschichtsbild ungefestigten Autors, stellten aber kein unüberwindbares Hindernis für weitere Dialogbemühungen dar. So nahm Grass drei Jahre nach dem Mauerbau an der VII. Weimarer Akademie teil, wobei er auch bei dieser Gelegenheit die offene Konfrontation mit dem Kulturapparat suchte. Für einen entscheidenden Einschnitt in der Rezeptionsgeschichte sorgte erst die Uraufführung des Theaterstücks *Die Plebejer proben den Aufstand* am Berliner Schillertheater 1966 (vgl. Ulmer 2016, 139). Das Stück wurde umgehend als ein „Großangriff gegen die DDR“ (Nössig 1966, 22) wahrgenommen. Sowohl die Behandlung der Ereignisse vom 17. Juni 1953 als auch die Dekonstruktion der Person Bertolt Brechts standen dem kulturpolitischen Selbstverständnis der DDR diametral entgegen. Entsprechend harsch fielen die Reaktionen aus. Noch im Januar 1966 publizierte das SED-Organ *Neues Deutschland* innerhalb weniger Tage mehrere Artikel, die das Stück als konterrevolutionäres Manifest darstellten. Grass wurde fortan nicht mehr nur als unbequemer Provokateur, sondern als ideologischer Gegner betrachtet. Die Entwicklung seiner politischen Haltung in den folgenden Jahren, sein Werben für eine pragmatische Politik der kleinen Schritte, die Kritik an der Studentenbewegung und auch seinen Einsatz für reformorientierte Kräfte im Ostblock nahm man als Bestätigung für diese Einschätzung.

Im öffentlichen Diskurs wurde Grass nach 1966 in der DDR fast völlig ignoriert. Für die Zeitschriften *Neues Deutschland*, *Berliner Zeitung* und *Neue Zeit* lässt sich nachvollziehen, dass der Name des Autors bis in die 1980er Jahre kaum noch auftaucht (Suchanfrage über das Zeitschriftenportal ZEFYS, https://zefys.staatsbibliothek-berlin.de/search/, 21.04.2022). Wenn Grass in der Öffentlichkeit gelegentlich Positionen vertrat, die im Interesse der DDR waren, wie bei seinem Einsatz für den vom Springer-Verlag verleumdeten Arnold Zweig, so änderte dies an der Situation wenig. Man sah in ihm den Repräsentanten jener Linken in Westdeutschland, die in ihrer Suche nach einem ‚dritten Weg‘ zwischen Kapitalismus und Sozialismus gescheitert sei und sich stattdessen mit dem bestehenden imperialistisch-monopolkapitalistischen System arrangiert habe (vgl. Dahne 1967, 185). Für dieses Urteil reichte es aus, sich mit Grass' politischen Positionen zu beschäftigen, dementsprechend geriet seine literarische Entwicklung zunehmend aus dem Blick. Für die DDR-Kritik korrespondierte das wachsende Engagement des Autors für die Sozialdemokratie mit seinem Abstieg in die literarische Bedeutungslosigkeit. Den Vorwurf des Antikommunismus begleitete die Einschätzung, Grass habe sich mit Texten wie *Aus dem Tagebuch einer Schnecke* oder *örtlich betäubt* mehr oder weniger „aus der Literatur herausgeschrieben" (Plavius 1970, S. 56), es sei ein „zunehmende[r] Verfall seines literarischen Talents" (Batt 1974, 17) erkennbar. Dieser Tenor bestimmt auch die erste umfangreiche wissenschaftliche Arbeit zu Grass' Werk, mit der Gerhard Dahne 1970 an der Universität Greifswald promoviert wurde. Während Dahne einige Jahre zuvor in einer Besprechung der Novelle *Katz und Maus* noch deren Bedeutung hervorgehoben hatte (vgl. Dahne 1965), bestätigte er in seiner Dissertation einseitig das öffentliche Urteil, wonach sich Grass mit dem kapitalistischen System gemein und darum als Bündnispartner unmöglich gemacht habe (Dahne 1970, 321). Eine Publikationsempfehlung von Grass' Texten, wie er sie tatsächlich gut ein Jahrzehnt später als Außengutachter für *Das Treffen in Telgte* und *Katz und Maus* abgab (vgl. Ulmer 2016, 142), war unter diesen Vorzeichen noch undenkbar.

3 Rezeptionswandel im Kontext der Friedensbewegung: Grass als Vermittler

Da von offizieller Seite der Dialog mit dem Autor Grass nicht mehr gewünscht war, verlagerten sich dessen Bemühungen um den grenzüberschreitenden kollegialen Austausch auf die private und informelle Ebene. Gemeinsam mit Bernd Jentzsch initiierte Grass im Zeitraum von 1974 bis 1978 in unregelmäßigen Abständen Zusammenkünfte von Autor:innen aus Ostdeutschland und West-Berlin. Die Treffen dieser „Gruppe 74" (Berbig 2005, 227) boten Grass die Möglichkeit, an den Strukturen des Kulturapparats vorbei die persönlichen Beziehungen gerade zu kritischen Künstler:innen aufrecht zu erhalten. Der Staatssicherheitsdienst, der Grass bereits seit 1961 im Visier hatte, versuchte weitgehend erfolglos die Treffen zu überwachen (vgl. Schlüter 2010). Zu einem Einreiseverbot gegen Grass wegen angeblicher staatsgefährdender Aktivitäten kam es erst 1980, und damit zu einem Zeitpunkt, als sich in der öffentlichen Wahrnehmung bereits eine Wende in der Beurteilung des Autors abzeichnete. Hintergrund dieses Wandels war vor allem Grass' Unterstützung der Friedensbewegung und seine deutliche Kritik am NATO-Doppelbeschluss (vgl. Ulmer 2016, 143). Eine erste Möglichkeit zum persönlichen Austausch eröffnete sich 1981 auf der von Stephan Hermlin initiierten „Berliner Begegnung zur Friedensförderung" in Ost-Berlin. In Parteikreisen sprach man sich dafür aus, das Einreiseverbot gegen Grass für die Zeit der Tagung aufzuheben (vgl. Schlüter 2010, 183). Da man bei späteren Gelegenheiten ähnlich verfuhr, hatte das Verbot nur mehr symbolische Bedeutung und schränkte die Bemühungen um einen persönlichen Austausch mit ostdeutschen Autor:innen und Intellektuellen, die Grass nicht zuletzt während seiner Zeit als Präsident der West-Berliner Akademie der Künste intensivierte, nicht dauerhaft ein. Im Gegensatz zu seinen früheren Auftritten in der DDR sah er sich nun eher in der Rolle des Vermittlers als in der des Herausforderers und wurde auch entsprechend wahrgenommen (vgl. Fehervary 1996, 83).

Mit dem gestiegenen Interesse an der Person wurde zugleich die Frage nach der Verfügbarkeit von Grass' Texten wieder virulent. Nachdem 1983 bereits eine russische Zeitschrift eine Übersetzung von *Das Treffen in Telgte* abgedruckt hatte, sank auch der Widerstand der Kulturbehörden in der DDR gegen eine Veröffentlichung. Neben einer Reihe von Gedichten in verschiedenen Anthologien erschienen bis 1990 drei Texte von Grass in der DDR: *Das Treffen in Telgte* 1984 bei Reclam, *Katz und Maus* im gleichen Jahr im Verlag Volk und Welt sowie 1986 *Die Blechtrommel*, wiederum bei Volk und Welt. Parallel dazu zeichnete sich in der akademischen Beschäftigung die Ablösung des ideologiekritisch verengten Autorbildes ab. Signale der Entspannung waren bereits den beiden einschlägigen Beiträgen zum zwölften Band der 1983 publizierten *Geschichte der deutschen Literatur* zu entnehmen. Klaus Pezold übernahm darin die Besprechung von Grass' Texten der 1950er und frühen 60er Jahre, während Ursula Reinhold die Produktionen der 1960er und 70er Jahre behandelte. Gemeinsam ist den Darstellungen, dass die Debatte um die *Plebejer* darin nur noch als Randnotiz auftaucht (vgl. Autorenkollektiv/Bernhard 1983, 196, 516) und das Interesse an einer kritischen Auseinandersetzung mit dem Autor nicht mehr generell überschattet. In Reinholds Beitrag werden zudem bisher kaum rezipierte Texte wie *örtlich betäubt* oder *Der Butt* ausführlich besprochen. Gleichwohl gehen die Beiträge in ihrem Urteil kaum über die Grenzen des etablierten Grass-Bildes hinaus. Auch sie werfen dem Autor einen Hang zum Relativismus, zur Negation bzw. Verschleierung historisch-gesellschaftlicher Wirkungszusammenhänge sowie eine nicht zuletzt im politischen Engagement greifbare Tendenz zur Affirmation bestehender Herrschafts- und Machtstrukturen vor. Die Loslösung von diesem Autorbild zeigen hingegen zwei weitere Beiträge Pezolds und Reinholds, die wenige Jahre später entstanden. Auf der Grass-Konferenz im polnischen Karpacz im Mai 1987 steuerte Pezold (1990) einen Vortrag zur *Blechtrommel* bei, der die literaturgeschichtliche Verortung des Romans nicht mehr an politisch-ideologischen Kriterien festmachte, sondern stattdessen auf die narrative Anlage einging und die Bezüge zu den Romanen der amerikanischen Postmoderne (Vonnegut, Pynchon) heraushob. Bereits ein Jahr zuvor hatte Ursula Reinhold in einem Aufsatz für die *Weimarer Beiträge* nach den Gründen für die anhaltende Wirkung des Romanerstlings gefragt. Nicht unkritisch gegenüber Grass' Geschichtsdenken erkannte sie in dem Text neben aller „Respektlosigkeit" doch vor allem „Respekt vor dem künstlerischen Handwerk" und der „Tradition" (Reinhold 1986, 1673) und führte seinen Erfolg vorrangig auf künstlerische Kriterien wie den kunstvollen Aufbau der Erzählperspektive, das versierte Spiel mit Gattungsmustern oder die hochkomplexen motivischen Verflechtungen zurück.

Mit dem Übergang von einer ideologisch motivierten Kritik am Welt- und Geschichtsbild des Autors zu einer stärker textzentrierten, literaturgeschichtlich flexibleren Perspektive gelang der akademischen Auseinandersetzung der Anschluss an die westdeutsche Forschung. Prägend für die allgemeine Wahrnehmung des Autors in der Spätzeit der DDR waren neben der erstmaligen Publikation seiner Texte auch die öffentlichen Auftritte während der beiden Lesereisen im Sommer 1987 und April 1988 (vgl. Pezold 2003, 34–36). Die Bemühungen der Staatssicherheit, die Veranstaltungen zu kontrollieren und kritische Diskussionen wenn möglich zu verhindern, liefen in der Regel ins Leere und konnten das große Publikumsinteresse nicht bremsen (vgl. Schlüter 2010, 259–263). Nach der friedlichen Revolution im Herbst 1989 fanden dann in erster Linie Grass' Warnungen vor einer überstürzten Wiedervereinigung und westdeutschen Hegemonialansprüchen Aufmerksamkeit. Nicht erst im deutsch-deutschen Literaturstreit im Sommer 1990, in dem er engagiert für Christa Wolf Partei nahm, setzte sich Grass für einen differenzierten Umgang mit der DDR-Vergangenheit ein und profilierte sich so als „Anwalt des Ostens" (Braun 2003, 209). Diese Haltung verhalf ihm in intellektuellen Kreisen wie beim breiten Lesepublikum in den neuen Bundesländern zu wachsendem Ansehen, was nicht zuletzt die im Vergleich zur westdeutschen Kritik wohlwollendere Aufnahme des kritischen ‚Wende'-Romans *Ein weites Feld* erklärt (vgl. Erler 1995; Pezold 1995).

Literatur

Autorenkollektiv unter der Leitung von Hans-Joachim Bernhard. *Geschichte der deutschen Literatur von den Anfängen bis zur Gegenwart*. Bd. 12: *Literatur der BRD*. Berlin 1983.

Batt, Kurt. „Groteske und Parabel. Anmerkungen zu ‚Hundejahre' von Günter Grass und ‚Herr Meister' von Walter Jens". *neue deutsche literatur* 12.7 (1964): 57–66.

Batt, Kurt. *Revolte intern. Betrachtungen zur Literatur in der BRD*. Leipzig 1974.

Berbig, Roland (Hrsg.). „Allzeit Ostberlin im Auge. Günter Grass – deutsch-deutsches Literaturleben intern". *Stille Post. Inoffizielle Schriftstellerkontakte zwischen West und Ost. Von Christa Wolf über Günter Grass bis Wolf Biermann*. Berlin 2005: 218–237.

Braun, Volker. „Vorrede zu Günter Grassens ‚Rede über den Standort'". *Günter Grass. Stimmen aus dem Leseland.* Hrsg. von Klaus Pezold. Leipzig 2003: 208–211.

Cwojdrak, Günther (Hrsg.). „Das epische Panoptikum des Günter Grass". *Eine Prise Polemik. Sieben Essays zur westdeutschen Literatur.* Halle (Saale) 1965: 101–114.

Dahne, Gerhard. „Wer ist Katz und wer ist Maus?" *ND Literatur [Neues Deutschland, Literaturbeilage]* 11 (November 1965): 20.

Dahne, Gerhard. *Westdeutsche Prosa. Ein Überblick.* Berlin 1967.

Dahne, Gerhard. *Zur Problematik des Geschichtsbewusstseins im Werk von Günter Grass.* Greifswald, Univ. Diss. 1970.

Erler, Gotthard. „Parallelbiographie". *neue deutsche literatur* 43.6 (1995): 156–161.

Fehervary, Helen. „Grass und die Schriftsteller der DDR. Ein Maulwurf gräbt sich von West nach Ost". *Günter Grass. Ästhetik des Engagements*. Hrsg. von Hans Adler und Jost Hermand. New York et al. 1996: 63–91.

Hochmuth, Arno. „Die falschen und die echten Vorzeichen". *Sonntag* (22. März 1964): 12–14.

Hochmuth, Arno (Hrsg.). *Literatur im Blickpunkt. Zum Menschenbild in der Literatur der beiden deutschen Staaten.* 2., veränderte und erweiterte Auflage. Berlin 1967.

Kant, Hermann. „Ein Solo in Blech“. *Neue deutsche Literatur* 8.5 (1960): 151–155.

Müller, Heiner. „Die Kröte auf dem Gasometer“. *Neue deutsche Literatur* 5.1 (1957): 160–161.

Neumann, Oskar. „Wo steht und wohin entwickelt sich die westdeutsche Literatur?“. *Einheit* 19.8 (1964): 53–63.

Nössig, Manfred. „Gott, war das schlecht“. *Theater der Zeit* 21.5 (1966): 21–22.

Pezold, Klaus. „Günter Grass' ‚Blechtrommel' in der Literaturgeschichte“. *Der Mensch wird an seiner Dummheit sterben: Günter-Grass-Konferenz, Karpacz, 17.–23. Mai 1987.* Hrsg. von Norbert Honsza, Jerzy Łukosz und Marian Szyrocki. Wrocław 1990: 9–18.

Pezold, Klaus. „Ein weites, doch fruchtbares Feld. Der neue Roman von Günter Grass widersteht allen Verrissen“. *Leipzigs Neue* (22. September 1995): 9.

Pezold, Klaus (Hrsg.). „Einleitung. Zur Geschichte des Disputs mit und um Günter Grass im Osten“. *Günter Grass. Stimmen aus dem Leseland*. Leipzig 2003: 19–48.

Plavius, Heinz. *Zwischen Protest und Anpassung: Westdeutsche Literatur, Theorie, Funktion.* Halle (Saale) 1970.

Reinhold, Ursula. „Günter Grass: Die Blechtrommel – eine literarische Provokation“. *Weimarer Beiträge* 32.10 (1986): 1667–1686.

Schlüter, Kai. *Günter Grass im Visier. Die Stasi-Akte. Eine Dokumentation mit Kommentaren von Günter Grass und Zeitzeugen.* Berlin 2010.

Streul, Irene Charlotte. *Westdeutsche Literatur in der DDR. Böll, Grass, Walser und andere in der offiziellen Rezeption 1949–1985.* Stuttgart 1988.

Ulmer, Konstantin. „Günter Grass und die DDR: Der lange Weg zur ‚Grassnost'“. *Freipass. Forum für Literatur, Bildende Kunst und Politik. Schriften der Günter und Ute Grass Stiftung*. 2 (2016): 132–152.

Wittmann, Jochen. „The GDR and Günter Grass: East German Reception of the Literary Works and Public Persona“. *German Literature at a Time of Change 1989–1990. German Unity and German Identity in Literary Perspective*. Edited by Arthur Williams, Stuart Parkes and Roland Smith. Bern et al. 1991: 273–284.

V.2 Internationale Rezeption

V.2.1 Frankreich

Thomas Serrier

Sicherlich: In Grass' gedanklichem wie literarischem Universum reicht so leicht kein anderer Ort emotional an seine Geburtsstadt Danzig (das heutige polnische Gdańsk) heran. Eine kleine Stichprobe sagt bereits viel aus über die Besonderheit Polens in Grass' ‚mental map': Im gesamten 1000-seitigem Briefwechsel zwischen ihm und Willy Brandt finden nur die Staatspräsidenten de Gaulle und Mitterrand, der legendäre Kulturminister Jack Lang, der berühmte deutsch-französische Kulturvermittler Alfred Grosser, Grass' französischer Übersetzer Jean Amsler und der spanisch-französische Autor Fernando Arrabal Erwähnung. Frankreich scheint somit eine minimale, leicht schablonenhafte Existenz in Grass' ureigenster Geografie zu führen. Man kontrastiere diesen Befund mit der viel ausdifferenzierteren Auffächerung der offiziellen wie auch oppositionellen politischen Landschaft der Volksrepublik Polen im besagten Briefwechsel mit Brandt (W. Gomułka, J. Cyrankiewicz, E. Gierek auf der einen, W. Bartoszewski, B. Geremek, J. Kuron, J.-J. Lipski, T. Mazowiecki, A. Michnik auf der anderen Seite).

Dennoch spricht einiges dafür, Frankreich einen gehobenen Ehrenplatz in Grass' Imagination einerseits und Grass' internationaler Rezeption anderseits zu attestieren. Seit dem kometenhaften Erfolg von *Le Tambour* (*Die Blechtrommel*, franz. Fassung: Le Seuil 1961) wurde Grass für mehrere Jahrzehnte zu einer, wenn nicht *der* Schlüsselfigur des französischen Blicks auf die alte wie neue Bundesrepublik. Diese Form der Wahrnehmung findet sich kaum verändert über mehr als fünf Jahrzehnte hinweg: von Grass' frühem Engagement an der Seite Willy Brandts im Kontext der Ostpolitik und der Reise nach Warschau über seine kritischen Stellungnahmen zur deutschen Wiedervereinigung 1990 und in den 1990er Jahren (vgl. Schulte 1998a; Schulte 1998b; Mondot 1999; Quéval 2002; Serrier 2002; Corbin 2015), die heiß geführten und nicht minder heiß rezipierten innerdeutschen bzw. internationalen Debatten um die Novelle *Im Krebsgang* (*En Crabe*, 2002) und die Autobiografie *Beim Häuten der Zwiebel (Pelures d'oignons*, 2007), bis hin zur allerdings schon deutlich abgeschwächten Aufnahme seines späten, 2012 in *Le Monde* veröffentlichten Gedichts *Ce qui doit être dit* (*Was gesagt werden muss*). Auffällig ist dabei, dass sich die ‚rein' literarische Rezeption seines Werks und die Bewertung und Einordnung seines politischen Engagements stets die Waage hielten bzw. gegenseitig bedingten und verstärkten. Dank des Stück für Stück ausgebauten Renommees seit der *Trilogie de Dantzig* verkörperte Grass neben Heinrich Böll, und allmählich noch vor ihm, mehrere Jahrzehnte lang par excellence die Gestalt des deutschsprachigen Gegenwartsautors. Grass kann bis zum Bekanntwerden seiner Waffen-SS-Mitgliedschaft durch *Im Häuten der Zwiebel* getrost als ihr berühmtester Vertreter in der Literaturszene an der Seine angesehen werden, eine unangefochtene Galionsfigur der deutschsprachigen Nachkriegsliteratur über alle innerdeutschen Grenzen hinweg.

https://doi.org/10.1515/9783110755435-082

1 Auf der Suche nach Frankreich-Bezügen in Leben und Werk Günter Grass'

Eine wichtige Rolle spielen bei der französischen Grass-Rezeption nicht nur leitmotivisch wiederkehrende Interpretationsstränge, sondern bereits biografisch angelegte Erinnerungselemente wie auch werkimmanente Motive, die allenthalben mit starken Frankreich-Bezügen versetzt sind. Müsste man sich tatsächlich auf ein einziges Kapitel in Grass' Biografie und Werkbiografie beschränken, wäre wahrscheinlich an erster Stelle Paris als Entstehungsort der *Blechtrommel* zu nennen. Grass selber hat immer wieder zu der ursprungsmythischen Überformung seiner Pariser Jahre (1956–1960) beigetragen, und an verschiedenen Stellen die Wohnung in der Avenue d'Italie 111 skizzenhaft-pittoresk dargestellt, in die er „Anfang 1956 mittellos, aber unbekümmert" eingezogen war. Dort habe er „in einem feuchten Loch die Heizung für unsere zwei Zimmer mit Koks gefüttert und vor fließender Wand Kapitel nach Kapitel geschrieben, während Anna [...] an der Place Clichy bei Madame Nora täglich an der Ballettstange schwitzte." (NGA 15, 183; siehe auch den *Rückblick auf die Blechtrommel oder Der Autor als fragwürdiger Zeuge*, 1973 sowie die Darstellung in NGA 17, 421–427). In diesen Kontext gehört auch die symbolträchtige Begegnung mit Paul Celan, diesem „schwierigen Freund in einer schwierigen Zeit" (Jürgs 2002, 118), für die Grass dann doch nicht „die Wand [sein wollte], gegen die man spricht" (Zimmermann 2023, 129), und dem er wiederum „den Begriff von Einsamkeit [verdankt], aber auch die Erkenntnis, dass Auschwitz kein Ende hat." (NGA 22, 432; Pietsch 2019, 481–483). So kam einer eigentlichen französischen Grass-Rezeption, quasi als Pariser Vorgeschichte vorgeschoben, das kennzeichnende Gegenüber zwischen dem früheren Kindersoldaten bei der Waffen-SS und dem geschundenen deutsch-jüdischen Dichter aus Czernowitz, der dem Holocaust nur durch Glück entkommen war, noch zuvor. „Mundvoll Schweigen" hat der Dichter der *Engführung* Paul Celan dem jungen Autodidakten Grass angesichts der ausufernden epischen Materie der *Trilogie* die Lektüre „Huysmans und Rabelais'" sowie der französischen Symbolisten nahegelegt, ihm aber auch beim literarischen Geburtsprozess des Gnoms Oskar Matzerath „Mut gemacht" (Pietsch 2019, 769).

Paris als Entstehungsort von *Le Tambour* bildet aber nur ein Motiv der französischen Grass-Rezeption bzw. des werkinternen Frankreich-Bildes von Grass (Serrier 2006). Neben den vielen prägenden Bezügen aus Frankreichs Intellektuellenleben in Grass' Denken – Figuren, zu denen Grass wie im TV-Gespräch mit dem Soziologen Pierre Bourdieu 1999 auch direkt Anschluss suchte (Bourdieu und Grass 1999) – ist vor allem die intertextuelle Suche nach bestimmten literarischen Vorbildern zu nennen, nicht zu vergessen gewisse französische Landschaftsmotive, die immer wieder Zugang in Grass' fiktionales Werk gefunden haben. Beispielhaft anführen lassen sich Bebras Fronttheater in der Normandie in der *Blechtrommel* oder die Handlungsorte Lyon und die Cevennen um den Romanhelden Wuttke („Fonty") und seine französische Enkelin in *Ein weites Feld* (1995) – ein Roman, in dem ja „die Spree in den Rhône mündet" (Hoock-Demarle 1999, 53–55). All diese geistigen oder eben materiellen und sehr fassbaren Frankreich-Bezüge haben, gleichsam als Selbstbezüge für das französische Lesepublikum, die französische Grass-Rezeption thematisch mitbestimmt.

2 Grass, der Fabulierer

Am Anfang standen *Le Tambour* und die *Trilogie de Dantzig*. Sehr zu einem Unwillen und in der Tat etwas reduktionistisch blieb Grass zeit seines Lebens in der französischen Wahrnehmung: „L'auteur du *Tambour*". Die Bedeutung von Grass' wundersamen Erstling und seinem unvergleichlichen Debüt-Ensemble ist für die Breitenrezeption des Grass'schen Werks in Frankreich kaum zu überschätzen, genauso wie für die allermeisten Länder. Oskar, Mahlke, Tulla, Matern, Amsel & Co. machten den unbekannten Autor schlagartig zu einem Stern der (west-)deutschen Nachkriegsliteratur an der Seine und zu einem profitablen Best- und Longseller-Autor des renommierten Literaturverlags Le Seuil. Die Verblüffung ob der überbordenden Kreativität gepaart mit der tiefen, historisch-politischen Aussagekraft war beim Erscheinen groß und sorgte für eine lebhafte Rezeption (im Einzelnen dazu Vanasten 2016). Wenn es einiges Kopfschütteln gab angesichts einiger Ekel erregender Szenen in *Le Tambour* und *Le Chat et la Souris* (*Katz und Maus*, Franz. 1962), dann nur in kaum erwähnenswerten Ausmaßen. Im Allgemeinen wurde die Sittlichkeitsfrage in der belletristischen wie politisch-sozialen Grass-Rezeption eher dialektisch abgehandelt: als Zitat- und Beweismaterial, um aus französischer Sicht die Scheinheiligkeit mancher stockkonservativen, rechtsgestrickten Hetzkampagne gegen den „Nestbeschmutzer" Grass im restaurativen Kontext der frühen Bundesrepublik zu entlarven (Mannoni 2000, 189).

Kommentare zu Grass beginnen fast immer mit seiner Sprache. Oskars Berserkerwut – die störrischen Rhythmen „rrra, ra, rrra, pling, plang, pleng, baleng, balaleng, tfff, tfff, tfff" platzen sogar mitten in Jean-Pierre Lefebvres markantes Vorwort zu *Le Tambour* (Lefebvre 1997, I–IX) – , ja, das Barocke, Ungestüme, Pikareske, Groteske, kurz gesagt, die schiere Sprachgewalt und der scheinbar endlose schöpferische Prozess in Grass' „Atelier des métamorphoses", um Nicole Casanovas schönen Titel zu zitieren (Casanova 1979): Das sind stilistische Wesensmerkmale, die die französischen Kritiker seit 1961 immer wieder aufs Neue verblüfft haben und die Leserschaft von Buch zu Buch für die komplexesten literarischen Stoffe zu begeistern vermochten. „Überraschender Erfolg des ‚Butt' in Frankreich", schreibt Grass lapidar seinem Freund Brandt im Jahr 1979 (Brandt und Grass 2013, 703) – wobei gerade *Le Turbot* (Franz. 1979) die so schmackhaft wie außergewöhnliche „Märchenküche" des Romanciers (Montandon 1999, 49–51) wieder einmal unter Beweis gestellt hatte. Mitunter schimmert unter der Feder französischer Schriftstellerkollegen sogar ein gewisser Neid auf das deutsche Sprachgenie durch (vgl. Tournier 1999). Doch auch das Unheimliche dieser ungebändigten Schöpfungskraft kommt bei diesen Reaktionen zum Ausdruck. Nicht ohne Stereotype werden hier bewusst oder unbewusst deutsch-französische Differenzen austariert. Spiegelverkehrt nannte Grass Jean-Claude Carrières Drehbuch für die

Blechtrommel-Verfilmung durch Volker Schlöndorff 1979 denn auch zunächst: „nicht katholisch genug, zu kartesianisch, zu gut gegliedert" (Schlöndorff 2008, 253), was Jean-Pierre Lefebvre später diszipliniert bestätigte: „trop lumineuse" sei die mit der Goldenen Palme prämierte Kino-Adaption gewesen (Lefebvre 1997, V).

Was aber Lefebvre ansonsten betonte, sollte in der französischen Grass-Rezeption immer wieder aufgegriffen werden: Mehr noch als politisch und moralisch sei der eigentliche „scandale" der *Blechtrommel* ein „scandale poétique" gewesen (Lefebvre 1997, II). Grass als literarisches Faszinosum vor einem durch und durch politischen Hintergrund: Das bildete und bildet immer noch den bevorzugten Zugang zum Oeuvre, auch wenn die Sprache des Spätwerks gegenüber dem Frühwerk und namentlich dem Beginn mit der *Blechtrommel* kein vergleichbares Novum mehr bedeutet. Allein ein Titel wie *La Tambour littérature* zeigt die Bedeutung, die Grass' lustvoller Prosa beigemessen wurde, in mustergültiger Form, wie auch die Tatsache, dass Guy Astic, der Autor jener Monographie, ein angesehener Literatur- und Filmkritiker mit Vorliebe für schwarze Romantik, Surrealismus und Fantasy ist: Grass gesellte sich so zu Nodier, Topor, David Lynch (vgl. Astic 2004).

Es ist deshalb kein Zufall, dass der langjährige (bis einschl. *Unkenrufe*), ob seiner Sprachgewalt vielgelobte Übersetzer Amsler neben Grass' Romanen, Novellen, Gedichtbänden und Essays auch Grimmelshausens *Simplicissimus* und *Das Nibelungenlied* übersetzt hat. Wenn speziell auf einen Rezipienten und gleichzeitigen Autor eingegangen werden soll, muss es der Schriftsteller Michel Tournier (1924–2016) sein, der sich immer wieder als Bewunderer und unmittelbarer Erbe des Grass'schen Oeuvre zu erkennen gab. Vom Autor der Romane *Freitag oder Im Schoss des Pazifik* (*Vendredi ou les Limbes du Pacifique*, 1967) und *Der Erlkönig* (*Le Roi des Aulnes*, 1970) sind in seiner unter dem Titel *Le vol du vampire* (1981) veröffentlichten Poetik die schönsten Sätze zum Kosmos der *Trilogie de Dantzig* verfasst worden, dieser „Mischung aus abgeflachtem Realismus und schwarzer Märchenwelt" (Tournier 1981). Spiegelungen von *Le Tambour* und mehr noch *Les Années de chien* (Franz. 1965) sind in der „neomythologischen" Imagination von Tourniers *Erlkönig* unübersehbar. *Les météores* (1975, deutsch *Zwillingssterne*) wiederum spinnt die kritische Umwelt- und Konsumthematik weiter, die im *Butt*, in *Kopfgeburten*, der *Rättin* und *Zunge zeigen* mehr und mehr an Boden gewann. Auf der Suche nach Vorbildern und geistigen Verwandten für Grass' Poetologie sind in der französischen Rezeption, mit Ausnahme Tourniers, neben Dante, Cervantes, Grimmelshausen, Grimm und Kafka unter den Klassikern, Salman Rushdie und Gabriel Garcia Marquez unter den Zeitgenossen, mit leichter nationaler Genugtuung immer wieder Rabelais resp. Camus (Hensing 1992; Sandig 2003) herangezogen worden. Während Grass' Fabulierlust u. A. auf Rabelais' Vorbild und viele Figuren aus der *Trilogie* oder dem *Butt* mit Gargantua und Pantagruel verglichen wurden, spielte Camus für Grass die Rolle des politischen Lehrmeisters in Sachen Revolte, Zweifel, Vernunft und proaktives Handeln. Noch bei der Debatte um die Waffen-SS-Mitgliedschaft nach Erscheinen der Autobiographie wurde Grass routiniert als „Rabelais kachoube" bezeichnet (Amette 2007). Grass wehrte sich dagegen gegen die Céline-Vergleiche, die ihm wegen des Antisemitismus und Faschismus des Autors der *Reise ans Ende der Nacht* nur unerträglich sein konnten. Dennoch wurde der Vergleich immer wieder bemüht (vgl. Lefebvre 1997, VII; Pynçonnat 2003).

3 Grass und deutsche Fragen aus französischer Sicht

Natürlich lassen sich im Falle Grass' „esthétique et politique" (Richard 1999, 45), d. h. die literarische Rezeption mit Fokus auf Sprache und Poetik von der Inhaltsanalyse mit der zentralen Thematik der Vergangenheitsaufarbeitung nicht scharf voneinander trennen. Die starke „Dosis" – damit ist die sprachliche Saturiertheit in Grass' Prosa gemeint – wurde von Anbeginn zutreffend als das „indice de résistance nécessaire" (als das Zeichen eines notwendigen Widerstands) betrachtet, mit dem der Autor sich anschickte, gegen die „Geister der Vergangenheit" und die „satten Nachlebenden" anzukämpfen (Lefebvre 1997, VIII). Grass sei zwar ein „Clown, der die Welt neu schaffe" (Wintzen 1999, 43), er sei aber eben auch der richtige „Schriftsteller für Hundejahre" im moralisch erschütterten Nachkriegsdeutschland (Amette 1999, 40). Literatur, Identität, Gedächtnis: In diesem Dreieck aus Erzähltechnik, Politik und Erinnerungskultur wurde das Feld vieler französischer Grass-Forschungen abgesteckt, wobei französische Grass-Studien über die Werkanalyse hinaus immer auch eine kritische Auseinandersetzung mit dem unübersetzbaren Begriff der „Vergangenheitsbewältigung" führten, der Jahrzehnte lang eine wenngleich sperrige, doch unvermeidbare Kategorie im westdeutschen Erinnerungsdiskurs bildete (Krulic 2001, 84–87). *Études germaniques* als *memory studies*: das führte immer wieder zu Untersuchungen zu Grass' Erzählstrategien bei der Darstellung der Naziverbrechen wie zu seiner Kunst, für die Zeit nach 1945 „mit der Trommel gegen das Vergessen" zu schreiben (Ridé 1981; Krulic 2001; Serrier 2003).

Erstaunlich für französische, an revolutionärer Rhetorik geschulte Leser – damals noch mehr als heute – ist dabei die genuin Grass'sche Mixtur aus barocker Sprachwut, Vehemenz der Auseinandersetzung mit der deutschen Geschichte, tatkräftigem politischen Engagement, wortkräftiger Einsatzbereitschaft im medialen Gerangel bei gleichzeitigem Plädoyer für den Reformismus Brandt'scher Prägung und die Politik der „kleinen Schritte". Ein typisch französisches Erstaunen darüber prägt z. B. den Interview- und Essayband *Günter Grass: Ecoutez-moi* mit der Star-Journalistin und Politikerin Françoise Giroud oder Grass' reformistisches Bekenntnis im Interview: „Oui, je suis un révisionniste" (Giroud 1988; Sandoz 1974). Umgekehrt war dieses „sozialdemokratische" Moment im Denken und Wirken Günter Grass' 1981 ausschlaggebend für die (übrigens erfolglosen) Bemühungen des damals noch-Präsidentschaftskandidaten François Mitterrand, den deutschen Erfolgsautor im März 1981 zu einem von der Parti Socialiste organisierten internationalen Schriftstellerkongress einzuladen (vgl. Brandt und Grass 2013, 718).

Die Spezialausgabe vom *Magazine littéraire*: „Günter Grass, du Tambour au Prix Nobel" vom 30.10.1999 fasst noch einmal für das breite Publikum einige, damals schon wenig originelle Eckdaten des französischen Grass-Bildes zusammen: Grass sei „auf der Suche nach einer Utopie“ (Mannoni 1999, 20), eine kritische Stimme der „dritten Welt“– heute würde man formulieren: des „globalen Südens“ (Ben Jelloun 1999, 26) –, alles in allem ein durch und durch „seltsamer Deutscher“ (Tournier 1999, 30). Wenn der Übersetzer und Kulturvermittler Olivier Mannoni in derselben Spezialausgabe das „Nomadische“ (Mannoni 1999, 37) und der Germanist René-Marc Pille mit Anspielung auf den berüchtigt-berühmten Artikel *Mourir pour Dantzig?* des späteren Kollaborateurs Marcel Déat aus dem Jahr 1939 seinen Essay *Écrire pour Dantzig* betitelte (Pille 1999, 38), dann wird auf die „exzentrische“ Herkunft des späteren Nobelpreisträgers aus der Freien Stadt Danzig und jetzigem Gdańsk angespielt, ein Topos, der seit Jean-Baptiste Neveux‘ richtungweisendem Artikel „Grass, der Weichselländer“ (Neveux 1966, 527–550) in keiner Werkexegese mehr fehlen durfte. Mit einem unübersetzbaren Wortspiel nannte Lefebvre *Le Tambour* eine „Sarabande en sol natal“, was sowohl ‚Heimatsarabande‘ als auch ‚Sarabande in G‘ bedeuten kann. (Lefebvre 1998, I). Es steht außer Frage, dass die *Danziger Trilogie* auch in Frankreich zu einer besseren Verortung Danzigs in Geschichte und Geografie verhalf. Viele Romane und Erzählungen, allen voran *L'appel du crapaud* (*Unkenrufe*, 1992) und *En crabe* (*Im Krebsgang*, 2002) boten die Gelegenheit für Blicke über den Horizont hinaus in deutsch-polnische Debatten, die dem französischen Publikum per se weniger bekannt sind, etwa im „dossier spécial“ des Monatsmagazins *L'Histoire* zum „Deutschen Flüchtlingsdrama 1945“ im Jahre 2003. Grass hat seinerseits in den frühen 2000er Jahren dazu beigetragen, die Vertreibung der Deutschen aus den Gebieten jenseits von Oder und Neiße stärker im Bewusstsein der Franzosen zu etablieren.

Grass als literarischer Cicerone in die deutsch-polnischen Beziehungsgeschichte ist zwar nicht zu unterschätzen ist, aber es ging bei politischen Diskussionen seiner Figur und seines Werks meistens um weitreichendere Komplexe: Grass und die deutsche Frage, Grass und die Wiedervereinigung (vgl. Corbin 1998), mit polemischer Spitze G.G. vs. BRD, der SPD-nahe Schriftsteller gegen die westdeutschen Konservativen von Adenauer bis Kohl bzw. pauschal „die Deutschen gegen Günter Grass“: Diese interpretatorisch plakative, wenn nicht plumpe Gegenüberstellung entpuppte sich seit Grass' Eintritt in die politische Debatte nach seinem Umzug von Paris nach Berlin als medienwirksames Deutungsmodell in der französischen Publizistik. Der politisierende Blick prägte bis zu Grass' Tod die Arbeit vieler französischer Journalisten, Literaturkritiker, Germanisten und Literaturwissenschaftler– exemplarisch gilt das etwa für Olivier Mannonis Essays mit den pathetischen Titeln *Zum Abschuss freigegebener Autor: Deutschland gegen Günter Grass* (1997) und *Günter Grass. Die Ehre eines Menschen* (2000), die sich wie Anklage und Verteidigung lesen; nach solch empathischem Plädoyer in der Causa Grass war dann anlässlich der publizistischen Waffen-SS-Affäre bei manchem früheren Grass-Anwalt kaum mehr Spielraum für rückwirkende Hinterfragungen und Nuancierungen. In einem politisch, speziell bildungspolitisch so zentralistisch geführten Land wie Frankreich spielen auch länderweite Hochschulprogramme eine erhebliche Rolle. So war *Ein weites Feld* (*Toute une histoire*, 1997) Prüfungsthema beim nationalen Deutschlehrerdiplom (Agrégation) 2001, was zu einer Reihe von Publikationen führte, die neben der eigentlichen Romananalyse auch indirekt die deutsch-deutsche Zeitgeschichte nach 1989 und Günter Grass' kritische Sicht des Wiedervereinigungsgeschehens behandelten (vgl. Schulte 1998; Quéval 2002; Serrier 2002; Corbin 2015).

So überrascht es kaum, dass am Ende dieser Entwicklungen unter den Lobreden auf den frisch gebackenen Nobelpreisträger im Spätherst 1999 eingeübte Kennzeichnungen schnell wieder aufgewärmt wurden: Le „trublion de l'Allemagne,“, also „Deutschlands Störenfried“ sei mit dem Nobelpreis belohnt worden (Jurt 1999, 29). Und nach dem 13 April 2015 titelte das Wochenmagazin *L'Obs*: „Zum Tode Günter Grass': Der deutsche Schriftsteller, der Deutschland nicht mochte“ (Caviglioli 2015).

Hat Grass' spätes Eingeständnis seiner Mitgliedschaft in der Waffen-SS 1944–1945 die französische Grass-Rezeption in irgendeiner Weise beeinflusst und zu neuen, kritischeren Lesarten seines Werks geführt? Sicher ist, dass das Erscheinen von *Beim Häuten der Zwiebel* in der deutschen Originalfassung und der französischen Übersetzung *Pelures d'oignons* ein Jahr später im Sommer 2006 resp. Herbst 2007 eine Vielzahl an Reaktionen hervorrief. Bernard-Henri Lévy etwa ließ in der Wochenzeitschrift *Le Point* seiner Empörung freien Lauf: „Also war alles nur Getue. Hochstapelei, Standbild aus Sand. Alles nur Theater. Der Komtur war also ein Tartuffe, ein Betrüger!“ (Lévy 2006, 106). Erste eingehende Untersuchungen, die zum Teil auf kennzeichnende Weise von Geschichtswissenschaftlern verfasst wurden, bemühen sich hingegen um Versachlichung und Historisierung des Tatbestands, und kamen demgegenüber vor allem im Bereich einer literaturgeschichtlich fundierten Erinnerungsgeschichte zu nuancenreicheren, erkenntnistheoretischen Befunden, etwa über die mäandernden Entwicklungen und die „verborgenen Elemente“ im individuellen wie kollektiven Gedächtnis (vgl. Amette 2007; Dreyfus 2006; Serrier 2007a, Serrier 2007b). Es bleibt abzuwarten, ob vor dem herannahenden Jubiläum 2027 neue Trends der französischen Grass-Forschung zum Vorschein kommen werden.

Literatur

Amette, Jacques-Pierre. „Günter Grass: L'aveu“. *Le Point* (27. September 2007).

Amette, Jacques-Pierre. „Écrivain pour année de chien !“. *Magazine littéraire* 381 (11.1999): 40–43.

Astic, Guy. *La Tambour littérature. Günter Grass romancier.* Paris 2004.

Ben Jelloun, Tahar. „Un écrivain du Sud“. *Magazine littéraire* 381 (11.1999): 26–28.

Benoit, Martine-Sophie. „Réécriture et déconstruction – ‚Ein weites Feld' de Günter Grass“. *Germanica* 31 (2002): 85–97.

Bourdieu, Pierre, und Grass Günter. „La tradition 'd'ouvrir sa gueule'“. *Le Monde* (02. Dezember 1999).

Bourseiller, Antoine. „Entretien avec Günter Grass à Berlin“. *Le Monde* (26. Januar 1966).

Casanova, Nicole. „La prodigieuse vitalité de Günter Grass“. *Magazine Littéraire* 146 (03. 1979).

Casanova, Nicole. *Günter Grass. Atelier des metamorphoses. Entretiens.* Paris 1979.

Caviglioli, David. „Günter Grass. L'écrivain allemand qui n'aimait pas l'Allemagne“. *L'Obs* (13. April 2015).

Corbin-Schuffels, Anne-Marie. *La Force de la parole. Les intellectuels face à la RDA et à l'unification allemande.* Villeneuve d'Ascq 1998.

Corbin, Anne-Marie. „Günter Grass et ‚Toute une histoire': l'empêcheur de tourner en rond". *Allemagne d'aujourd'hui* 159 (janvier-mars 2002): 120–138.
Dreyfus, Jean-Marc. „Chronique de l'affaire Günter Grass". *La vie des idées* (01. November 2006). https://laviedesidees.fr/Chronique-de-l-affaire-Gunter-Grass.
Frizen, Werner. „Paul Celan und Günter Grass: kommunizierende Gefäße". *Deutsche Vierteljahrsschrift für Literaturwissenschaft und Geistesgeschichte* 98.1 (2024): 105–152.
Giroud, Françoise, und Günter Grass. *Écoutez-moi. Paris-Berlin, aller-retour*. Paris 1988.
Hensing, Dieter. „Günter Grass und die Geschichte – Camus, Sisyphos und die Aufklärung". *Günter Grass: Ein europäischer Autor?* Hrsg. von G. Labroisse und D. van Stekelenburg. Amsterdam 1992: 85–123.
Hoock-Demarle, Marie-Claire. „L'Allemagne, la France. Toute une histoire?". *Magazine littéraire* 381 (11.1999): 53–55.
Jürgs, Michael. *Bürger Grass. Eine deutsche Biografie*. Hamburg 2002.
Krulic, Brigitte. *Écrivains, identité, mémoire. Miroirs d'Allemagne 1945–2000*. Paris 2001.
Lartillot, Françoise (Hrsg.). *Günter Grass „Ein weites Feld". Aspects politiques, historiques et littéraires*. Nancy 2001.
Lefebvre, Jean-Pierre. „Sarabande en sol natal pour tambour de tôle et ensemble contemporain". *Grass, Günter: „Le Tambour"*. Paris 1998.
Lévy, Bernard-Henri. „Günter Grass en sa débâcle". *Le Point* (24. August 2006): 106.
Mannoni, Olivier. „Je cherche l'utopie. Entretien avec Günter Grass". *Magazine littéraire* 381 (11.1999): 20–26.
Mannoni, Olivier. *Un écrivain à abattre. L'Allemagne contre Günter Grass*. Paris 1997.
Mannoni, Olivier. *Günter Grass. L'honneur d'un homme*. Paris 2000.
Mondot, Jacques. „L'unification allemande au miroir de Günter Grass". *Allemagne d'Aujourd'hui* 148 (1999).
Montandon, Alain. „Le Turbot ou la cuisine du conte". *Magazine littéraire* 381 (10.1999): 49–51.
Neveux, Jean-Baptiste. „Günter Grass, le Vistulien". *Études Germaniques* 4 (1966): 527–550.
Pietsch, Timm Niklas (Hrsg.). *Günter Grass. Gespräche 1958–2015*. Göttingen 2019.
Pille, René-Marc. „Écrire pour Dantzig". *Magazine littéraire* 381 (10.1999): 38–40.
Pynçonnat, Crystel, Thomas Serrier und Régis Tettamanzi. *Échos picaresques dans le roman du XXe siècle: Louis-Ferdinand Céline, Voyage au bout de la nuit – Ralph Ellison, Invisible Man – Günter Grass, Le Tambour*. Paris 2003.
Quéval, Marie-Hélène. *Lectures d'une œuvre: „Ein weites Feld". Günter Grass*. Paris 2001.
Richard, Lionel. „Günter Grass. Esthétique et politique". *Magazine littéraire* 381 (10.1999): 45–49.
Ridé, Jacques, „Günter Grass et le national-socialisme. De l'expérience à la théorie". *Recherches Germaniques* 11 (1981): 203–228.
Sändig, Brigitte. „Reflets de Camus dans deux écritures allemandes: Günter Graass et Christoph Hein". *Albert Camus et les écrivains du XXe siècle*. Hrsg. von Sylvie Brodziak et al. Arras 2003: 229–238.
Sandoz, Gérard. „Günter Grass. Oui, je suis un révisionniste". *Le Nouvel Observateur* (04. März 1974).
Schlöndorff, Volker. *Licht, Schatten und Bewegung. Mein Leben und meine Filme*. München 2008.
Schulte, Hansgerd. „Günter Grass contre la grande Allemagne". *Magazine littéraire* (01.1998a).
Schulte, Hansgerd. „Günter Grass et l'unification allemande: Ein weites Feld". *La mise en oeuvre de l'unification allemande (1989–1990)*. Hrsg. von Anne Saint Sauveur und Gérard Schneilin. Paris 1998b: 427–435.
Serrier, Thomas: „D'une unification à l'autre: comment sortir de la nation ? Toute une histoire de Günter Grass". *Lecture d'une œuvre. Ein weites Feld. Günter Grass*. Hrsg. von Marie-Hélène Quéval. Paris 2001: 177–191.
Serrier, Thomas. *Günter Grass. Tambour battant contre l'oubli*. Paris 2003.
Serrier, Thomas. „Günter Grass ou le cauchemar allemand". *L'Histoire* 314 (11.2006).
Serrier, Thomas. „Günter Grass et la France". *Atala* 9 (2006): 73–89.
Serrier, Thomas. „Des choses cachées depuis la fondation de l'Allemagne d'après guerre. Réflexions sur Günter Grass et la Waffen-S.S.". *Le Débat* 144 (03/04.2007): 71–85.

Serrier, Thomas. „Günter Grass et la Waffen-SS: la mémoire maudite d'un Prix Nobel allemande". *Vingtième Siècle. Revue d'Histoire* 94 (04/05.2007): 87–101.
Tournier, Michel. „‚Le Tambour' relu par le ‚Roi des Aulnes'". *Le Monde* (17. Januar 1975).
Tournier, Michel. *Le vol du vampire.* Paris 1981.
Vanasten, Stéphanie. „‚Schon schnellten sich von Oskars Zunge einige französische Wörtchen': ‚Die Blechtrommel' in Frankreich". *The Echo of „Die Blechtrommel" in Europe: Studies on the Reception of Günter Grass's „The Tin Drum"*. Hrsg. von Jos Joosten und Christoph Parry. Leiden und Boston 2016: 152–171
Zimmermann, Haro. *Günter Grass.* Hamburg 2023.

V.2.2 Dänemark

Per Øhrgaard

> „Paris, am 11.2.59
> Lieber Herr Sørensen,
> wenn ich gewusst hätte, dass mir der dänische Buchstabe „ø" solch einen Spass bereiten kann, hätte ich schon vorher und oft geschrieben.
> Der Roman ist erst in diesen Tagen fertig geworden und erscheint im Herbst. Da ich mich noch mit der Korrektur beschäftige, mit dem Verlag herumschlage, möchte ich Sie bitten, bis zum März noch Geduld zu haben. Welches Kapitel wollen Sie haben? Der weite Rock – oder Fortuna Nord? Der weite Rock erscheint jetzt in den „Akzenten".
> Mit freundlichem Gruss
> Ihr Günter Graß

Der dänische Schriftsteller Villy Sørensen (1929–2001) war zweimal zu Gast bei der Gruppe 47. Er hatte 1958 in Großholzleute die berühmte Lesung von Grass gehört, und die beiden hatten sich schnell angefreundet. Als Sørensen ab 1959 mit seinem Kollegen Klaus Rifbjerg Herausgeber der führenden dänischen Literaturzeitschrift *Vindrosen* geworden war, wandte er sich an Grass mit dem Wunsch nach einem Beitrag. Grass antwortete wie oben (Brief in der AdK Berlin). Leider schaffte es kein Kapitel aus *Die Blechtrommel* in den Jahrgang 1959 von *Vindrosen*. Doch bereits im Jahrgang 1960 gab es Gedichte von Grass (*Vogelflug*, *Frost und Gebiß*, *Der Ball* und *Im Ei*), übersetzt von der jungen Inger Christensen.

Dänemark gehörte also zu den Ländern, die früh auf Günter Grass aufmerksam wurden. Bemerkenswert ist ein größeres Interview mit Grass in der Zeitung *Berlingske Aftenavis*, das bereits am 14. Mai 1960 als Teil einer Reihe *Männer im Europa der 60er Jahre* publiziert wurde. Auch wurde sein Einakter *Zehn Minuten bis Buffalo* 1960 in Dänemark gespielt, wobei ein Rezensent (Helge Hultberg) *Die Blechtrommel* als ein Buch, „das den Großteil der deutschen Nachkriegsliteratur in den Schatten stellt", erwähnte.

Die Blechtrommel erschien 1961 in dänischer Übersetzung, und auch fast alle späteren Prosabücher von Grass wurden übersetzt, manchmal fast zeitgleich, weil Grass seit 1978 beim Erscheinen eines neuen Werks, in einigen Fällen sogar noch davor, seine Übersetzer versammelte, um das Buch durchzublättern und Auskunft zu geben. (Der Autor dieser Zeilen war seit *Der Butt* fester Grass-Übersetzer). Grass' Verhältnis zu seinen Texten war immer auch ein handwerkliches, womöglich dank seiner bildkünstlerischen Ausbildung. Er hatte nichts dagegen, sich (im Nachhinein) in die Karten blicken zu lassen.

Die dänischen Rezensionen von *Die Blechtrommel* waren keineswegs durchweg positiv, einige, namentlich solche von älteren Rezensenten, fielen sogar recht negativ aus. Der dänische Verlag hatte das Buch als ‚undeutsch' angekündigt, um Vorurteilen gegen das ‚Germanische' vorzubeugen, aber fast alle Rezensenten widersprachen dieser

https://doi.org/10.1515/9783110755435-083

Ankündigung: Das Buch sei durchaus sehr deutsch. Einige hielten Grass dabei zugute, dass er mit den Deutschen ins Gericht ging; auch kritische Stimmen meinten, dass das Buch in Deutschland wichtig sei, aber ‚uns' weniger zu sagen habe. Andere bemängelten die Länge des Buches. Insgesamt wirkte noch die Stimmung der Okkupationsjahre nach, die zwar nicht direkt antideutsch war, aber alles Deutsche doch auf Distanz hielt.

Im Herbst 1961 besuchten Günter Grass und Hans Magnus Enzensberger gemeinsam Dänemark, lasen aus ihren Werken und trafen sich mit jungen dänischen Autoren. Grass erinnerte sich bis ins Alter gern an diese Reise: Sie seien ohne Vorbehalte willkommen geheißen worden und hätten sich nicht als Deutsche rechtfertigen müssen. In seiner Dankesrede für den dänischen Sonning-Preis 1996 nannte und beschrieb Grass die dänischen Autoren, mit denen er damals Bekanntschaft gemacht hatte: Villy Sørensen, Leif Panduro, Klaus Rifbjerg, Niels Barfoed (NGA 23, 142). Auch später kam er auf den Besuch in Dänemark zurück: „Zwischen anderen dänischen Autoren, dem robust leidenschaftlichen Klaus Rifbjerg, dem dionysisch unheimlichen Leif Panduro und dem jungenhaft witzigen Niels Barfoed beeindruckte mich seine [Villy Sørensens, PØ] überlegene Zurückgenommenheit. Bei allzu großer Nähe suchte er Distanz. Gelegentlich schien er freundlich abwesend zu sein. So begann eine Freundschaft, die über Jahre hielt." (*Erinnerung an Villy Sørensen*, in: *Med Villy i midten. 28 vidnesbyrd om Villy Sørensen*. Kopenhagen (Gyldendal) 2004, 58; nicht in der NGA).

Erst allmählich – angefangen bei *Katz und Maus* (dän. 1963) – überwog das Lob, und in späteren Jahren, als Grass im deutschen Feuilleton oft verrissen wurde, war die dänische Rezeption seiner Bücher zwar keineswegs unkritisch, aber oft nüchterner und durchweg freundlicher als die deutsche. Zwar gab es einige feministische Kritik an *Der Butt*, aber allgemein wurde der Roman als große Erzählkunst gewürdigt. Das Schlusswort einer Rezension zur dänischen Ausgabe von *Unkenrufe* lautete: „[Das Buch] ist auch noch selbstironisch: hier schreibt nicht einer, der unbedingt Recht haben will" – in Deutschland wurde genau eine solche Haltung Grass oft attestiert bzw. vorgeworfen. Der Dichter Peter Poulsen resümierte im Rückblick auf *Ein weites Feld*: „Die dänischen Rezensionen [der deutschen Ausgabe, PØ] waren nicht hysterisch wie die deutschen, aber auch nicht ganz gerecht Grass gegenüber [...] Niemand wagte so richtig zuzugeben, dass Grass ein sprachliches Meisterwerk und eine intellektuelle Glanzleistung vollbracht hat." Und der Dichter Klaus Rifbjerg schloss seine Rezension der deutschen Ausgabe von *Mein Jahrhundert* (1999) mit dem Ausruf: „Nu mach mal, Stockholm!" Im selben Jahr bekam Grass bekanntlich den Nobelpreis.

Das politische Engagement von Grass stieß in Dänemark im Allgemeinen auf ein positives Interesse, zumal es Willy Brandt galt, der in Skandinavien auch weit in bürgerliche Kreise hinein große Sympathie genoss. Anlässlich der Bundestagswahl 1965 fragte die Zeitung *Information* einige dänische Autoren, ob sie sich für die eigene Person ein ähnliches Engagement vorstellen könnten. Die Antworten lauteten fast alle gleich: In Deutschland, wo praktisch ein Zwei-Parteien-System herrsche, sei das Auftreten von Grass logisch, in Dänemark mit seinen vielen politischen Parteien sei hingegen eine allgemeine politische Stellungnahme naheliegender als die Unterstützung einer bestimmten Partei. Im Allgemeinen teilte die dänische Presse die Skepsis Grass' gegenüber dem Prozess der deutschen Einigung nicht, aber seine Reden und Aufsätze erschienen immer sofort in dänischen Zeitungen, und die Interviews waren sachlich. Eine Auswahl seiner Reden und Aufsätze u. a. zu diesem Thema wurde unter der Überschrift „Der würdige Verlierer" rezensiert.

Mit Dänemark war Günter Grass ferner durch seine sommerlichen Aufenthalte auf der Insel Møn verbunden. Seine spätere Frau Ute hatte noch während ihrer ersten Ehe ein einsam gelegenes Haus, „Vogterhuset" (Haus des Viehhirten) nahe der Ortschaft Ulvshale, gefunden und gemietet, und das Ehepaar Grass verbrachte fast vierzig Jahre hindurch jedes Jahr mindestens einen Monat im Haus. Grass stand gern für Lesungen zur Verfügung, stellte auch einmal Grafiken in der Kleinstadt Stege aus, suchte aber im Übrigen die Abgeschiedenheit und Ungestörtheit sowohl zum Arbeiten als auch zum Entspannen. Møn ist gleichermaßen im literarischen wie im bildkünstlerischen Werk von Grass oft präsent, siehe z. B. den Schluss von *Der Butt,* das Gedicht *Es sollen die grauen und schwarzen* aus *Die Rättin* (NGA 12, 150f) oder die Erzählung aus den napoleonischen Kriegen in *Die Box* (NGA 18, 120ff) sowie Radierungen, Lithographien und Aquarelle.

Nach fast jedem neuen Buch gab Grass auch in Dänemark Lesungen, die sehr gut besucht waren. Eine besondere Veranstaltung, die allerdings unter Ausschluss der Öffentlichkeit stattfinden musste, war der Besuch Salman Rushdies in Dänemark 1992; es war Rushdies erste Reise außerhalb des englischen Sprachraums nach der Todesdrohung Ajatollah Khomeinis gegen ihn. Gastgeber war das dänische PEN-Zentrum, das aber seinen Mitgliedern nichts über die Identität des Gastes verraten durfte; die Polizei hätte Rushdies Sicherheit sonst nicht garantieren wollen. Also musste die Veranstaltung auf andere Weise attraktiv gemacht werden, und Grass stellte sich als ‚Lockvogel', wie er sagte, gern zur Verfügung. Der PEN lud seine Mitglieder zu einer Veranstaltung mit Grass („der eine wichtige Mitteilung zu machen habe") ein, und viele kamen. Grass trat auf, sagte Guten Abend, sprach ein paar Minuten – und dann erschien Rushdie.

Dass die Universität Kopenhagen Grass im Jahre 1996 – kurz nach den Diskussionen um seine Haltung zum deutschen Einigungsprozess und den Verrissen seines Romans *Ein weites Feld* – mit dem Sonning-Preis, dem höchsten dänischen Kulturpreis, ehrte, war ihm sichtlich eine Genugtuung. Überhaupt fühlte sich Grass in Dänemark wohl, persönlich immer, in späten Jahren allerdings politisch weniger, weil ihn die immer brutalere dänische Immigrationspolitik verstörte. Als Grass 2005 den dänischen Hans Christian Andersen-Preis erhielt, schrieb Christoph Bartmann: „Günter Grass und Dänemark, das ist fast eine Liebesgeschichte." Der Komponist Gunner Møller Pedersen machte aus *Die Rättin* eine Oper (2000), und als Königin Margrethe II im Jahr 2003 Lübeck besuchte, war es ihr ausdrücklicher Wunsch, Grass zu begegnen.

Der Wirbel um die wenigen Waffen-SS-Seiten in *Beim Häuten der Zwiebel* (dt. 2006, dän. 2007) erreichte natürlich auch Dänemark, und zwar sofort nach der deutschen Veröffentlichung des Buches. Dabei waren die Dänen noch weniger als die Deutschen mit den Gegebenheiten gegen Ende des Zweiten Weltkriegs vertraut. In Dänemark war die Waffen-SS nur als eine Freiwilligentruppe bekannt, weil Ausländer, darunter Dänen, die in ihr dienten, dies aus freien Stücken taten. Nach und nach gelang es, das Buch angemessener zu würdigen, was dann den Nachrufen 2015 abzulesen war. Doch auch heute noch wird Grass gelegentlich – ob aus Unkenntnis oder absichtlich – unterstellt, sich zur Waffen-SS ‚gemeldet' zu haben oder gar ‚Mitglied' der Waffen-SS gewesen zu sein.

Ebenfalls schlug 2012 die Aufregung über Grass' ‚Israel-Gedicht' *Was gesagt werden muss* in Dänemark Wellen, wenn auch kleinere als in Deutschland. Die meisten Kommentatoren fanden das Gedicht (das gleich auf Dänisch erschien) misslungen, doch bei der in Dänemark eher nüchternen bis kritischen Einstellung zur Politik Israels wurde Grass kein Antisemitismus unterstellt, sondern vermerkt, dass das Gedicht in einen Friedensvorschlag mündet, was in Deutschland wiederum nur selten wahrgenommen wurde. Das wenig spätere Gedicht *Europas Schande* erschien zwar auch in dänischen Zeitungen, blieb aber ohne Echo.

Überhaupt hat die Lyrik von Grass in Dänemark kein großes Publikum erreicht. Es gab die frühen Proben in *Vindrosen* (siehe oben), das lange Calcutta-Gedicht in *Zunge zeigen* (dän. 1989), die Gedichte in den Romanen und 1995 eine Auswahl, die respektvoll rezensiert wurde. Doch keiner der späteren Gedichtbände ist übersetzt worden. Die Verlage scheuen die Kosten und halten sich zurück.

Für die Dänen ist Grass also vor allem der große Erzähler und unerschrockene Zeitgenosse. Nicht nur seine Bücher, sondern auch viele Aufsätze sind auf Dänisch erschienen, und von Zeit zu Zeit gab es Interviews in Zeitungen sowie im Rundfunk und Fernsehen. Bei seinem Tod erschienen in allen größeren Zeitungen Nachrufe, die zwar alle Bezug auf die Aufregung um die Autobiografie von 2006 nahmen, aber das Buch mittlerweile durchweg besser verstanden hatten und *Beim Häuten der Zwiebel* als ein unumgängliches Hauptwerk würdigten sowie Grass generell als eine zentrale Gestalt der Weltliteratur.

Die Tendenz, Grass auf *Die Blechtrommel* zu reduzieren, gibt es allerdings auch in Dänemark, wenn auch weniger in der Kritik als vielmehr in der Verlagspraxis. Eine Neuübersetzung von *Hundejahre* (2017), angereichert mit einer Auswahl der Zeichnungen zur deutschen Neuausgabe von 2013, erregte kein Aufsehen, während es zur Neuübersetzung von *Die Blechtrommel* (2009) umfangreiche Rezensionen gegeben hatte. Auch ist *Bliktrommen* das einzige Werk von Grass, das immer wieder neu aufgelegt werden kann. Eine szenische Fassung des Romans wurde 2012 in Kopenhagen aufgeführt und sehr gut aufgenommen. Die meisten Prosawerke von Grass und kleinere Teile seiner Lyrik sind zugänglich, wenn auch nicht im Buchhandel greifbar, da Bücher in Dänemark ein sehr kurzes Leben haben; dafür sind die Volksbüchereien noch einigermaßen gut ausgestattet.

Also gilt, wie in anderen nicht-deutschen Ländern wohl auch, dass Günter Grass vor allem als Name und Person berühmt ist, wobei seine häufigen langen Aufenthalte auf der dänischen Insel Møn als dänische Spezialität gelten dürfen.

Literatur

Bartmann, Christoph. „Die Dänen lieben Grass“. *Die Zeit* (10. März 2005).

Borberg, Finn. „Mænd i 60ernes Europa“. *Berlingske Aftenavis* (14. Mai 1960) [„Männer im Europa der 60er Jahre“].

Grass, Günter. „Erinnerung an Villy Sørensen“. *Med Villy i midten: 28 vidnesbyrd om Villy Sørensen*. Kopenhagen 2004: 58 [Mit Villy im Zentrum: 28 Zeugnisse über Villy Sørensen].

Øhrgaard, Per. „Günter Grass in Dänemark. Zur frühen Rezeption seiner Werke“. *Studia Germanica Posnaniensia* 12 (2018): 67–77.

V.2.3 Schweden

Edgar Platen

1 Vorbemerkung

Auffallend ist, wie schnell das epische Werk von Grass ins Schwedische übersetzt wurde: *Die Blechtrommel* als *Blecktrumman* 1961 (Übers. Nils Holmberg), *Katz und Maus* als *Katt och råtta* 1962 (Übers. John W. Walldén) und *Hundejahre* als *Hundår* 1965 (Übers. Lars W. Freij). Diese Schnelligkeit der Übersetzungen setzt sich in den nächsten Jahrzehnten fort bis hin zur *Box* als *Lådan* 2011 (Übers. Lars W. Freij). Auch wenn dies nicht für Grass' lyrisches und dramatisches Werk, seine Text-Bild-Bände oder seine Essayistik gilt, so könnte man davon ausgehen, dass zumindest das Erzählwerk von Grass in Schweden schnell präsent gewesen sei (angesichts des Werkumfangs ist bestenfalls Heinrich Böll vergleichbar).

Allerdings handelte es sich stets um sehr kleine Auflagen (wie üblich bei deutschsprachiger Literatur) in schwankender Qualität. Die gilt vor allem für die schwedische Übersetzung der *Blechtrommel* von 1961 (Auflage: 4000 Stück), in der Sätze fehlen oder falsch übersetzt sind (vgl. Gesche 2003, 216–217). Bereits 1964 folgte eine revidierte Auflage, die 1977 auch als 2. Auflage erschien. Für eine weitere Auflage, die 1999 anlässlich des Nobelpreises an Grass vorgesehen war, wurde „[d]urch ein Versehen [...] *wieder die erste* Vorlage von Holmberg für den neuen Druck benutzt" (Gesche 2003, 217–218; kursiv i. O.). Der Verlag zog daraufhin die gesamte Neuauflage zurück und ließ in kurzer Zeit eine Neuauflage der Übersetzung von 1964 drucken (vgl. Gesche 2008, 203–204).

Ein Rückschluss auf die tatsächliche Lektüre ist von diesen Auflagen aus natürlich nicht möglich. Heutigen Studierenden ist der Autor allenfalls dem Namen nach bekannt, und ältere Generationen erinnern ihn vor allem im Zusammenhang mit Volker Schlöndorffs Verfilmung der *Blechtrommel* (1979) Von einer schwedischen Grass-Forschung kann überdies nicht gesprochen werden. Zwar gibt es vier Dissertationen (s. u.) und diverse Aufsätze (u. a. vom Verf.) zu seinem Werk, aber diese entstanden innerhalb der schwedischen Germanistik, sind also in deutscher Sprache verfasst und damit der heutigen schwedischen Öffentlichkeit kaum noch zugänglich. Innerhalb der Vergleichenden Literaturwissenschaft in Schweden gibt es keine Auseinandersetzung mit Grass. Zuletzt erschien jedoch eine Biobibliografie in schwedischer Sprache, die den Zugang ermöglichen könnte (vgl. Packalén 2020).

2 Ankunft und Rezeption in der Germanistik

Zu den Vorbedingungen der Rezeption deutscher Literatur in Schweden nach 1945 gehört (bezogen auf Grass und die Nachkriegsliteratur vgl. Platen 2016), dass der deutsche Kulturraum und damit die deutsche Sprache bis in die 1920/30er Jahre den Filter

https://doi.org/10.1515/9783110755435-084

bildete, durch den nahezu alle ‚kontinental'-europäischen Errungenschaften – sowohl im Kulturellen wie im Technischen und Handwerklichen – nach Schweden kamen. Dies änderte sich bereits vor dem Zweiten Weltkrieg, als der anglo-amerikanische Kulturraum diese Vermittlerrolle annahm und bis heute ausgebaut hat. Für die 1970/80er Jahre gibt Gesche (Gesche 2003, 56) an, dass Übersetzungen aus dem Deutschen ein bis drei Prozent auf dem schwedischen Buchmarkt ausmachten (wozu neben Grass auch Sachbücher oder ältere Klassiker und Trivialliteratur gehört), während „über achtzig Prozent der übersetzten Literatur [...] angelsächsische Werke" waren. Der schwedische Verleger und Kritiker Thomas von Vegesack ([1964], o.S.) beschreibt diese Situation noch genauer, indem er trotz aller politischen Neutralitätsbekundungen von der „wenig ehrenvollen Sympathie für Hitlers Deutschland" in Schweden ausgehend vermutete, dass gerade diese Verstrickungen der Grund dafür gewesen seien, dass man – mit wenigen Ausnahmen wie z. B. Karl Vennberg und Stig Dagerman – „von jener Generation Abstand nahm, die aus den Ruinen eine neue Demokratie aufzubauen versucht", also von der jungen Generation im Umfeld der Gruppe 47, die in Schweden zunächst überhaupt nicht wahrgenommen wurde. Dies änderte sich auch durch das Treffen der Gruppe 47 des Jahres 1964 im schwedischen Sigtuna, an dem auch Grass teilnahm (vgl. Benzinger 1983; Gillett 2011), nicht.

Die Schnelligkeit der Übersetzungen sollte demnach nicht zu der Annahme verführen, dass es seinerzeit in Schweden ein besonderes Interesse an der deutschen Nachkriegsliteratur im Allgemeinen oder an Grass im Besonderen gegeben hätte. Konkret gab es bis zu diesem Treffen in Sigtuna, also in den ersten „zweieinhalb Jahren", „2620 Käufer" der *Blechtrommel* (Vegesack [1964]; gemeint ist hier die problematische Übersetzung von 1961). Dieses Desinteresse konstatiert auch Janina Gesches Dissertation, die die Rezeption der *Danziger Trilogie* in Polen und Schweden untersucht (Gesche 2003): Der multikulturelle Hintergrund des Handlungsortes Danzig und damit Grass' Herkunft wird in schwedischen Rezensionen ebenso wenig wahrgenommen wie die Religionskritik. Auch die Romanstruktur bleibt außer Acht, vielmehr konzentriert sich die schwedische Kritik auf psychologisierende Bewertungen der Hauptfigur Oskar Matzerath. Der Roman wird – zumeist in Anlehnung an deutsche Rezensionen – gelobt und zwischen Bildungs- und autobiografischem Roman angesiedelt.

Die Schwierigkeiten, die man mit einem solchen ‚kontinentaleuropäischen' deutschen Roman in ‚neutral'-schwedischer Rezeption haben konnte, zeigten sich bereits im internen Gutachten, das der *Bonnier*-Verlag vor der schwedischen Übersetzung einholte. Der heute nicht mehr bekannte Gutachter fasst hier den Romaninhalt zusammen, äußert sich aber auch zum Schluss des Romans: „Aus einem nicht näher geklärten Grund gerät er [Oskar] in einen Flüchtlingstransport, und die Familie etabliert sich in Westdeutschland als Schwarzhändler" (zit. nach Gesche 2003, 197–198). Gesche folgert daraus zurecht: „Wenn Danzig mit seinem Milieu schon dem deutschkundigen Verlagsbeauftragten fremd vorkommt, so liefert dies eine mögliche Erklärung für die Orientierungslosigkeit der darauffolgenden Kritik." (Gesche 2003, 199) Diese Nicht-Kenntnisse von bzw. das Desinteresse an der kontinental-europäischen Situation in der Mitte des

20. Jahrhunderts lassen auf eine Abgrenzung aufgrund der eigenen Neutralitätspolitik und gleichzeitigen Hinwendung zum angloamerikanischen Kulturraum schließen. Gleichzeitig darf dies auch als eine Ablenkung von eigener Schuld während des Zweiten Weltkrieges verstanden werden. Nicht nur als verpasster, gar vermiedener Widerstand, der aus Neutralitätsgründen politisch nicht möglich war, sondern auch im Hinblick auf Verstrickungen, die aus ebensolchen Neutralitätsgründen her vertretbar erschienen (z. B. die Unterstützung der deutschen Okkupation Norwegens, die Ablehnung jüdischer und politischer Flüchtlinge usw.). Eine Auseinandersetzung mit dieser Problematik findet in Schweden erst seit den 1990er Jahren statt, ebenso wie eine mit der eigenen ‚Rassenbiologie', die in Schweden mindestens bis Ende der 1950er Jahre betrieben wurde. Auffallend ist: In der schwedischen Rezeption fehlt jede Thematisierung der Schuldproblematik in Grass' Werk – mag dies nun durch mangelnde Europakenntnisse (bis heute unterscheidet man in Schweden zwischen den Nordischen Ländern und ‚dem Kontinent'), durch die Abwehr eigener politischer Schuld während des Zeiten Weltkrieges oder durch fehlende Sprachkenntnisse (die bis heute noch weiter zurückgegangen sind) begründet sein. ‚Unmotiviert' flieht Oskar jedenfalls nicht aus Danzig.

Neben der Dissertation von Gesche, die zwei Rezeptionswege vergleicht, finden sich in Schweden drei weitere Dissertationen zu Grass. Die Arbeit von Rosell Steuer (Steuer 2004) hat zwar Grass' Texte zum Gegenstand, ist aber eher der Übersetzungswissenschaft als der Grass-Forschung zuzurechnen. Die beiden anderen Dissertationen sind deutlich literaturwissenschaftlich perspektiviert, mit einem jeweils unterschiedlichen interdisziplinären Einschlag. Katja Standfuss (Standfuss 2008) geht in ihrer Dissertation von Grass' Konzept der ‚Gegenständlichkeit' aus, um den Zusammenhang von Text und Bild in Grass' Schaffen zu untersuchen, und zwar insbesondere am Beispiel von *Zunge zeigen*. Beate Schirrmacher (Schirrmacher 2012) analysiert anhand der Beispiele *Die Blechtrommel*, *Ein weites Feld* und *Im Krebsgang* musikalische Strukturen in Grass' Erzählen.

3 Nobelpreis und Mitgliedschaft in der Waffen-SS

Es lässt sich also festhalten, dass Grass als Autor der *Blechtrommel* in akademischen und intellektuellen Kreisen in Schweden zwar bekannt ist, aber eine Auseinandersetzung mit seinem Schaffen ausschließlich im recht engen Kreis der germanistischen Forschung stattfindet, obwohl nahezu sein gesamtes episches Werk ins Schwedische übersetzt ist. Der ‚Höhepunkt' seiner Rezeption, nämlich die Verleihung des Nobelpreises, kam dann keineswegs überraschend, sondern hatte einen langen Vorlauf. Erstmals vorgeschlagen wurde Grass schon 1966, und zwar ohne nähere Begründung von René Wellek und im gleichen Jahr mit einer ausführlichen und wohlwollenden Begründung von Erwin Wolf, seinerzeit Professor für Anglistik an der Universität Erlangen. Das Komitee nahm den Vorschlag positiv auf und beauftragte den schwedischen Verleger und Kritiker Thomas von Vegesack mit einem Gutachten zu Grass, der daraufhin auf die ‚Warteliste' gesetzt wurde (vgl. Tiozzo 2023, 220–227). Nachdem Heinrich Böll 1972 den Nobelpreis erhalten hatte, dessen Stil man als traditioneller auffasste, musste sich Grass noch fast 30 Jahre gedulden. Geblieben ist er aber auch in Schweden vor allem der Autor der *Blechtrommel*, was man unter anderem auch an der Pressemitteilung der Schwedischen Akademie vom 30. September 1999 erkennen kann, die folgendermaßen beginnt: „Als Günter Grass 1959 ‚Die Blechtrommel' herausgab, war es, als wäre der deutschen Literatur nach Jahrzehnten sprachlicher und moralischer Zerstörung ein neuer Anfang vergönnt worden. [...] Man wagt die Vermutung, daß ‚Die Blechtrommel' zu den bleibenden literarischen Werken des zwanzigsten Jahrhunderts gehören wird." (Der Nobelpreis in Literatur 1999 – Pressemitteilung; vgl. zum positiven Echo auf die Preisverleihung an Günter Grass Gesche 2008). Wie häufig Grass tatsächlich vorgeschlagen wurde, kann man heute noch nicht bestimmen, da alle Dokumente und Korrespondenzen in der Akademie einer 50-jährigen Sperrfrist unterliegen. Dies gilt ebenso für Diskussionen innerhalb der Schwedischen Akademie um das Bekanntwerden von Grass' Zugehörigkeit zur Waffen-SS. Ohnehin waren die öffentlichen Diskussionen um dieses brisante biografische Detail in Schweden viel geringer, weil Grass im literarischen und im politischen Feld eine weniger große Bedeutung hat als in Deutschland.

Immerhin findet sich inzwischen eine schwedischsprachige Einführung in sein Werk, und zwar eine Art Biobibliographie (Packalén 2020). Hier fällt auf, dass Packalén weitestgehend mit deutschsprachigen Quellen, Aufsätzen und Büchern arbeiten musste, einfach deshalb, weil bisher kaum schwedischsprachige Publikationen zu Grass' Werk vorliegen. Bekannt war Grass aber stets unter schwedischen Schriftstellern, wichtig war er z. B. für Lars Gustafsson ([1994] 1996, 71–80), Torgny Lindgren (siehe Packalén 2020, 207) oder Per Olov Enquist, der von Grass mehrfach für den Literaturnobelpreis vorgeschlagen wurde.

Literatur

Benzinger, Fredrik. *Die Tagung der „Gruppe 47" in Schweden 1964 und ihre Folgen. Ein Kapitel deutschschwedischer Kultur- und Literaturbeziehungen*. Stockholm 1983.

„Der Nobelpreis in Literatur 1999 – Pressemitteilung". Zit. nach: *Der Nobelpreis in Literatur 1999 – Pressemitteilung*. nobelprize.org.

Gesche, Janina. *Aus zweierlei Perspektiven... Zur Rezeption der Danziger Trilogie von Günter Grass in Polen und in Schweden in den Jahren 1958–1990*. Stockholm 2003.

Gesche, Janina. „Der Literaturnobelpreis 1999 im Spiegel der schwedischen Tagespresse". *Günter Grass. Literatur, Kunst, Politik. Dokumentation der internationalen Konferenz 4.–6.10.2007 in Danzig*. Hrsg. von Marion Brandt, Marek Jaroszewski und Miroslaw Ossowski. Danzig 2008: 197–208.

Gillett, Robert. „Eine verflüchtigte Quintessenz: Der ‚Stockholmer Katalog der Gruppe 47'". *Begegnungen. Das VIII. Nordisch-Baltische Germanistentreffen in Sigtuna vom 11. bis 13.6.2009*. Hrsg. von Elisabeth Wåghäll Nivre et al. Stockholm 2011: 3–21.

Gustafsson, Lars. *Ett minnespalats. Vertikala memoarer*. Stockholm 1994 [dt. *Palast der Erinnerung*. München und Wien 1996].

Packalén, Sture. *Günter Grass. Författare och provokatör*. Stockholm 2020.

Platen, Edgar. „Inte bara Grass...' (‚Nicht nur Grass...'). Abgrenzung, Identifikation, Banalisierung, oder: Zur Rezeption von Günter Grass, seiner ‚Blechtrommel' und der Nachkriegsliteratur in Schweden". *The Echo of „Die Blechtrommel" in Europe. Studies on the Reception of Günter Grass's „The Tin Drum"*. Leiden und Boston 2016: 205–221.

Rosell Steuer, Pernilla. *... ein allzu weites Feld? Zu Übersetzungstheorie und Übersetzungspraxis anhand der Kulturspezifika in fünf Übersetzungen des Romans „Ein weites Feld" von Günter Grass*. Stockholm 2004.

Schirrmacher, Beate. *Musik in der Prosa von Günter Grass. Intermediale Bezüge – Transmediale Perspektiven*. Stockholm 2012.

Standfuss, Katja. *Gegenständlichkeit. Zur „neuen, alle meine Möglichkeiten versammelnden Form". Die Text-Bild-Bände von Günter Grass*. Göteborg 2008.

Tiozzo, Paulus. *Der Nobelpreis und die deutschsprachige Literatur. Eine Studie über die Vergabekriterien des Nobelpreises 1901–1971*. Göteborg 2023.

Vegesack, Thomas von. „Schweden und die neue deutsche Literatur". *Stockholmer Katalog zur Tagung der Gruppe 47 im Herbst 1964*. Hrsg. von der Schwedisch-Deutschen Gesellschaft und dem deutschen Kulturinstitut, Stockholm. Zusammengestellt von Hubert Fichte. O.O. [1964]: ohne Paginierung.

Vegesack, Thomas von. *Inte bara Grass... De tyska litteraturerna efter kriget*. [Nicht nur Grass... Die deutsche Literatur nach dem Krieg]. Stockholm 1970.

V.2.4 Angloamerikanischer Raum

Peter Arnds

Der Überblick über die Rezeption der Werke Grass' im angloamerikanischen Raum bezieht sich vor allem auf die *Danziger Trilogie*, auf *Butt*, *Rättin* und *Unkenrufe* sowie *Im Krebsgang*, und schließlich auf *Beim Häuten der Zwiebel*, einen Text, der die Grass-Rezeption in besonderer Weise beeinflusst und zu weiteren Lesarten seiner Texte geführt hat (z. B. Taberner 2013; grundlegend zur Rezeption im angloamerikanischen Raum und einem Vergleich mit der deutschsprachigen Rezeption Mews 2008).

Grass ist weltweit insbesondere als Autor der *Blechtrommel* bekannt geworden. Das Buch, das monatelang auf der *New York Times* Bestsellerliste stand und von dem in den Jahren 1963 und 1964 400.000 Stück verkauft wurden, machte Grass im angloamerikanischen Raum sofort zu einem Bestsellerautor. Dabei schwankten die Reaktionen zwischen allgemeiner Bewunderung und Abscheu angesichts der Ekel erregenden, blasphemischen und als höchst pornographisch empfundenen Szenen – und dies insbesondere in konservativen Gegenden im amerikanischen Raum, wie etwa in Oklahoma, wo auch der Film Schlöndorffs noch in den neunziger Jahren in einer Kleinstadt aufgrund eines eigenmächtigen Richters von der Polizei beschlagnahmt wurde (Romano 1997). Das Anstößige, Jugendgefährdende (Mews 2008, 52) des Romans hat in den USA auch die Frage ausgelöst, wie man diesen Text und den Film im Unterricht besprechen kann. Eine erwähnenswerte Buchpublikation zu diesem Thema ist Monika Shafis *Approaches to Teaching Grass's „The Tin Drum"* (New York 2008).

Neben zahlreichen Interpretationen der komplexen Figur Oskars (z. B. Reddick 1975), ferner der Gattung (Arens 1996) und komparatistischen, intertextuellen Ansätzen und der Diskussion von Einflüssen auf andere Werke der Weltliteratur (z. B. zu John Irving vgl. Ryan 1995 u. Arens 1996; zu Salman Rushdie vgl. Herd 1987; zu Michel Tournier vgl. Cloonan 1999) steht vor allem die Frage nach der sogenannten Vergangenheitsbewältigung in *Die Blechtrommel* sowie im Allgemeinen die Reaktion deutscher Autoren auf die Verbrechen der Nazizeit bei Kritikern und Literaturwissenschaftler;innen des angloamerikanischen Raums im Mittelpunkt. Dies ist auch von Interesse für Grass' ersten phantastisch-realistischen Roman, wobei Grass' literarisch-mythologische Form der Darstellung (vgl. Diller 1974), insbesondere sein Rückgriff auf den Archetyp des Schelms (vgl. Guidry 1991; Arnds 2004), als Teil einer typisch westdeutschen *language of silence* (Schlant 1999) gegenüber dem Holocaust und der Vernichtung ‚lebensunwerten Lebens' verstanden wurde. Als Teile der *Danziger Trilogie* wurden jedoch auch die anderen zwei Prosawerke, *Katz und Maus*, das fast so viele Kritiken wie die *Blechtrommel* erhielt (vgl. Mews 2008, 62), und *Hundejahre* im angloamerikanischen Raum relativ bekannt. Von einigen Kritikern wurde insbesondere *Hundejahre* als ein entscheidender Beitrag zur deutschen Auseinandersetzung mit der nationalsozialistischen Vergangenheit gelesen, so etwa von George Steiner in einem Aufsatz von 1964

https://doi.org/10.1515/9783110755435-085

über Grass' Sprachvirtuosität und sein Misstrauen gegenüber der durch den Nationalsozialismus verhunzten deutschen Sprache (vgl. Steiner [1964] 1973, 185).

Grass' Texte nach *Die Blechtrommel* bekamen sowohl in den USA als auch in Großbritannien gemischte Kritiken und geringere Aufmerksamkeit von Seiten des nicht deutschsprachigen Publikums. So bleibt Grass vor allem als Autor der *Blechtrommel* im Bewusstsein des englischsprachigen Publikums. Es ist überdies entscheidend den Übersetzungen Ralph Manheims zu verdanken, dass Grass' weitere Werke im angloamerikanischen Raum weiterhin rezipiert werden. Diese Übersetzungen fanden immer wieder weite Anerkennung unter Kritikern, obwohl hin und wieder Manheims Ungenauigkeiten, seine Aussparungen auf fast jeder Seite, diverse Amerikanismen sowie seine Abschwächung von Grass' kraftvoller Sprache und Vulgarismen vermerkt wurden.

Es lässt sich anhand der beiden vorliegenden *Blechtrommel*-Übersetzungen gut erkennen, wie schwierig es ist, Grass dem englischsprachigen Publikum zugänglich zu machen. Während Manheims Übersetzung aus dem Jahre 1963 etwa Straßennamen ebenso ignoriert wie Passagen, von denen er glaubte, sie könnten die amerikanische Leserschaft befremden, war Breon Mitchell in seiner Übertragung zum 50-jährigen Jubiläum des Romans bestrebt, den englischen Text dem Original mehr anzugleichen. In einem Interview mit dem Center for the Art of Translation und dem Arcade Project der Stanford University sprach Mitchell von den Schwierigkeiten, Grass zu übersetzen: Dabei erwähnte er vor allem die Unmöglichkeit, Dialekte zu transferieren, die stete Herausforderung der deutschen Schachtelsätze, sowie das Problem, Grass' ganz eigene Sprachmusik genau zu erfassen. Grass war gerade dies jedoch besonders wichtig, weswegen er auch regelmäßig Übersetzertreffen einberief, bei denen er seine Texte laut vorlas, damit deren besondere Musikalität und ihr spezifischer Rhythmus besser erkannt wurden (vgl. Briegleb 2013).

Die Grass-Forschung im angloamerikanischen Raum hat sich im Verlauf der letzten sechzig Jahre wiederholt umfassend mit seinem Leben und Werk befasst: zunächst John Reddick (Reddick 1975), später durch Julian Preece in seinem Buch *The Life and Work of Günter Grass. Literature, History, Politics* (Preece 2004). Im Einzelnen blickt die Forschung auf Grass' Aufarbeitung der deutschen Vergangenheit, seine Erzählstrategien, die Darstellung der Naziverbrechen sowie die Opfer des ‚Dritten Reichs' durch Euthanasie und Holocaust, aber auch auf das Thema ‚Deutsche als Opfer', auf die Wiedervereinigung und schließlich die Wirkung sowie Reinterpretation von Grass' Werken seit seinem Bekenntnis der Mitschuld als siebzehnjähriger Rekrut der Waffen-SS am Ende des Zweiten Weltkriegs. Zentral in der Grass-Forschung im englischsprachigen Raum ist auch die Beschäftigung mit den literarischen Einflüssen auf sein Werk. Andererseits wird untersucht, welche Wirkung Grass auf Autoren der englischsprachigen Literatur (z. B. auf Salman Rushdie, Herd 1987) ausgeübt hat.

Zu erwähnen sind die Arbeiten zur Intertextualität und zum Einfluss der pikaresken Literatur, insbesondere von Rabelais' (vgl. Arnds 2019) und der Barockzeit, ihrer Dichter und des arabesken Stils (vgl. Weber 1995) sowie die Rolle von Grimmelshausens Schelmenroman *Simplicius Simplicissimus* im Leben von Grass. Der Archetypus des Schelms ist

Teil von Grass' pikareskem Schreiben, das, neben anderen, Ingeborg Hoesterey (Hoesterey 1981) untersucht hat. Dabei hat sie mit ihrer eingehenden Analyse von *Der Butt* als einem mythischen Roman den Forschungsstand entscheidend erweitert, indem sie sich von den traditionellen Lesarten des Textes als Märchen auf der Folie von Runges *Vom Fischer und siner Fru* entfernt. Grass' Wurzeln in einem ‚magischen' oder ‚mythischen' Realismus sind wiederholt diskutiert worden (z. B. Friedrichsmeyer 1965; Guidry 1991; Arnds 2009), so zum Beispiel in Stuart Taberners Untersuchung der Grass'schen Biografie *Beim Häuten der Zwiebel* (schlecht übersetzt als *Peeling the Onion*; *Skinning the Onion* wäre eine bessere Variante), die das Werk als Mischgenre zwischen Autobiografie, Künstlerroman, Schelmenroman und Bildungsroman charakterisiert. Dennoch spielt in der Forschung auch im angelsächsischen Bereich gerade die Beschäftigung mit den Märchensubtexten bei Grass eine zentrale Rolle. Thesz etwa (Thesz 2011) untersucht die Intertextualität in Grass' *Der Butt* und *Die Rättin* vor dem Hintergrund der Romantik und ihrer Märchen und der gegenwärtigen Wende zu ökologischen Fragen und ökokritischen Debatten. Solchen Parallelen zwischen Grass' Werken und der Romantik sind in den USA und in Irland auch Arnds und Barkhoff nachgegangen (vgl. Arnds 2002 und 2004; Barkhoff 2000).

Während *Die Blechtrommel*, *Der Butt*, *Die Rättin*, *Im Krebsgang*, *Ein weites Feld*, und Grass' Autobiografie *Beim Häuten der Zwiebel* in den USA, Kanada und den britisch-irischen Inseln eine Fülle von Interpretationen produziert haben, finden sich weit weniger Untersuchungen zu seinen anderen Werken. Hervorzuheben sind etwa Monika Shafis eingehende Analyse von *Zunge Zeigen* (1993), in der sie Grass mit Ingeborg Drewitz und Hubert Fichte vergleicht, Alexander Webers Ausführungen zu *Das Treffen in Telgte* (1995) und Chloe Pavers originelle Interpretation der *Unkenrufe* (2000). Neben den diversen feministischen Kommentaren zu und Interpretationen von Werken wie *Der Butt* und *Mein Jahrhundert* seitens Literaturwissenschaftlerinnen wie Irmgard Hunt (Hunt 1983) und Monika Shafi (Shafi 2002) finden sich in der Forschung im angloamerikanischen Raum insbesondere die folgenden Themen zu Grass: seine Erzählstrategien (vgl. O'Neill 1982), Erinnerungskultur (vgl. Hall 2007; Huyssen 1995; Dye 2004) und Vergangenheitsbewältigung im Allgemeinen (vgl. Thesz 2004) und Grass' Darstellung von Juden im Besonderen (vgl. Donahue 1983), ferner die Deutschen als Opfer des Nationalsozialismus (letzteres häufig im Vergleich mit W. G. Sebald), die Heimatvertriebenen (vgl. Paver 2000) und das Thema Wiedervereinigung (vgl. Brockmann 1991). Zu erwähnen sind auch das seit dem Roman *Die Rättin* immer präsenter werdende Zusammenwirken von Kunst und Politik (vgl. Thesz 2018) sowie die Erforschung des Spätstils diverser Autoren in Deutschland (darunter Taberner [2013], der untersucht, wie Grass sich durch sein Schreiben im Alter selbst ein Denkmal setzen will, und Karen Leeders exzellente Aufsätze dazu). Grass' spätes Eingeständnis seiner Mitgliedschaft in der Waffen-SS rief im Sommer 2006 überall starke Reaktionen hervor, traf aber außerhalb Deutschlands auf mildere Kritik, zumal Grass' Verdienste als Schriftsteller durch andere Autoren wie Rushdie und Irving verteidigt wurden. Vor allem die ältere Generation der Kritiker und Grassforscher in den USA und Großbritannien hatte vor seinem Bekenntnis dazu geneigt, Grass eher als „Gewissen der Nation" zu bewundern als dies in Deutschland der Fall war (Taberner 2009, 7).

Schließlich soll kurz auf drei beispielhafte Initiativen der letzten zwanzig Jahre in den USA und Großbritannien eingegangen werden, denn in ihnen spiegelt sich im Grunde das Spektrum der aktuell verfolgten Perspektiven wider: Monika Shafis Band *Teaching „The Tin Drum"*, Stuart Taberners *Cambridge Companion to Günter Grass* und Julian Preeces Konferenz in Swansea zum Thema „Grass' Verhältnis zur Weltliteratur". Shafis Band entstand zum Teil als Reaktion auf die kontroverse Rezeption von Grass. Dazu gehört die Konfiszierung von Schlöndorffs Film in Oklahoma im Jahre 1994 aber auch die allgemeine Erfahrung, wie schwierig es damals war und auch heute, vielleicht sogar mehr denn je ist, Buch und Film in konservativ-christlichen Gegenden im Unterricht zu verwenden. Stuart Taberners *Cambridge Companion to Günter Grass* (2009) versucht Grass von all seinen künstlerischen Talenten her zu erfassen. Der Band wurde zu der Zeit von Grass' Schuldbekenntnis konzipiert, konzentriert sich aber nicht auf die Debatte um dieses späte Eingeständnis, sondern widmet sich vielmehr dem multigenialen Grass. Julian Preeces Konferenz im Jahre 2017 in Südwales und der darauffolgende Band (vgl. Preece und Thesz 2019) schließlich dienen dem Ziel, nach Grass' Tod seine Person und sein Werk dem englischsprachigen Publikum im Bewusstsein zu halten und die Grass-Forschung weiter voranzutreiben. Dieser Band über Grass als Weltautor knüpft an ähnliche Studien zu Grass' internationalem Profil wie etwa der von Braun und Brunssen (Braun und Brunssen 2008) an, geht jedoch aufgrund diverser neuer Perspektiven auf das Grass'sche Werk insbesondere nach dem Erscheinen seiner Autobiographie weit darüber hinaus.

Literatur

Arens, Katherine. „John Irving, Günter Grass, and Owen Meany: The Gender-Sensitive ‚Bildungsroman'". *Austria and Other Margins: Reading Culture*. Hrsg. von Katherine Arens. Columbia, SC 1996: 65–83.

Arnds, Peter. „On the Awful German Fairy Tale: Breaking Taboos in Representations of Nazi Euthanasia and the Holocaust in Günter Grass's ‚Die Blechtrommel', Edgar Hilsenrath's ‚Der Nazi & der Friseur', and Anselm Kiefer's Visual Art". *German Quarterly* 75.4 (2002): 422–439.

Arnds, Peter. *Representation, Subversion, and Eugenics in Günter Grass's „The Tin Drum"*. Rochester 2004.

Arnds, Peter. „Günter Grass and the Tradition of Magical Realism in World Literature". *The Cambridge Companion to Günter Grass*. Hrsg. von Stuart Taberner. Cambridge 2009: 52–66.

Arnds, Peter. „Grass's ‚*Die Blechtrommel*' and Rabelais' ‚*Gargantua* and *Pantagruel*': Translating the Picaresque into a German Context after 1945". *Oxford German Studies* 48.3 (2019): 311–327.

Barkhoff, Jürgen. „In Grimms Wäldern wächst der Widerstand: Kulturelles Gedächtnis und Waldsterben in Günter Grass' ‚Die Rättin'". *Das schwierige neunzehnte Jahrhundert.* Hrsg. von Jürgen Barkhoff, Gilbert Carr und Roger Paulin. Tübingen 2000: 155–168.

Braun, Rebecca und Franz Brunssen (Hrsg.). *Changing the Nation: Günter Grass in International Perspective.* Würzburg 2008.

Briegleb, Till. „Mandarinen und milde Worte". *Süddeutsche Zeitung* (13. Februar 2013). https://www.sueddeutsche.de/kultur/guenter-grass-trifft-uebersetzer-mandarinen-und-milde-worte-1.1599566.

Brockmann, Stephen. „Introduction: The Reunification Debate". *New German Critique* 52. (Special Issue on German Unification, Winter, 1991): 3–30.

Cloonan, William. „Günter Grass's ‚The Tin Drum': Hiding from the Black Cook". *The Writing of War: French and German Fiction and World War II.* Hrsg. von William Cloonan. Gainesville, FL 1999: 108–125.

Diller, Edward. *A Mythic Journey: Günter Grass's „The Tin Drum".* Lexington 1974.

Donahue, Bruce. „The alternative to Goethe: Markus and Fajngold in ‚Die Blechtrommel'". *Germanic Revue* 58.3 (1983): 115–120.

Dye, Elizabeth. „‚Weil die Geschichte nicht aufhört': Günter Grass' ‚Im Krebsgang'". *German Life and Letters.* 57/4 (2004): 472–487.

Friedrichsmeyer, Erhard M. „Aspects of Myth, Parody, and Obscenity in Grass's ‚Die Blechtrommel' and ‚Katz und Maus'". *Germanic Revue* 40 (1965): 240–252.

Guidry, Glenn A. „Theoretical Reflections on the Ideological and Social Implications of Mythic Form in Grass's *‚Die Blechtrommel'*". *Monatshefte* 83 (1991): 127–146.

Hall, Katharina. *Günter Grass's Danzig Quintet: Explorations in the Memory and History of the Nazi Era from „Die Blechtrommel" to „Im Krebsgang".* Oxford 2007.

Herd, Eric W. „Blechtrommel und indische Flöte: Günter Grass' Einfluß auf Salman Rushdie". *Zeitgenossenschaft. Zur deutschsprachigen Literatur im 20. Jahrhundert.* Hrsg. von Paul Michael Lützeler. Festschrift für Egon Schwarz. Frankfurt/M. 1987: 224–240.

Hoesterey, Ingeborg. „Aspekte einer Romanfigur: Der Butt im ‚Butt'". *German Quarterly* 54 (1981): 461–472.

Hunt, Irmgard. „Mütter und Muttermythos in Günter Grass' Roman ‚Der Butt'". Frankfurt/ M. 1983.

Huyssen, Andreas. *Twilight Memories: Marking Time in a Culture of Amnesia.* New York, NY 1995.

Leeder, Karen. „Günter Grass's Lateness: Reading Grass through Adorno and Said". *Changing the Nation: Günter Grass in International Perspective.* Hrsg. von Rebecca Braun und Frank Brunssen. Würzburg 2008: 49–66.

Leeder, Karen. „Figuring Lateness in Modern German Culture". *New German Critique* 125. Special Issue: *Figuring Lateness in Modern German Culture* (August 2015): 1–29.

Mayer, Sigrid. „Grüne Jahre für Grass. Die Rezeption in den Vereinigten Staaten". *Günter Grass.* Hrsg. von H. L. Arnold. *Text & Kritik* (1978): 151–161.

Mews, Siegfried. *Günter Grass and his Critics: From „The Tin Drum" to „Crabwalk".* Rochester, NY 2008.

Mitchell, Breon. *Interview, Stanford U.* https://arcade.stanford.edu/content/retranslating-tin-drum. (10. April 2022).

O' Neill, Patrick. „The Scheherazade Syndrome: Günter Grass's Meganovel ‚Der Butt'". *Adventures of a Flounder: Critical Essays on Günter Grass's „Der Butt".* Hrsg. von Gertrud Pickard. Munich 1982: 1–15.

O' Neill, Patrick. *Günter Grass Revisited.* New York, NY 1999.

Paver, Chloe. „Jesus in the Market Place: Ethical Capitalism in Günter Grass's ‚Unkenrufe'". *Literature, Markets, and Media in Germany and Austria Today.* Hrsg. von Arthur Williams, Stuart Parkes und Julian Preece. Oxford 2000: 71–83.

Preece, Julian. *The Life and Work of Günter Grass: Literature, History, Politics.* London 2004.

Preece, Julian. *Günter Grass and World Literature / Günter Grass und seine Weltliteratur. Special edition of Oxford German Studies.* Hrsg. mit Nicole Thesz. Oxford 2019.

Reddick, John. *The ‚Danzig Trilogy' of Günter Grass.* New York, NY 1975.

Romano, Lois. "Oklahoma Officials Sued for Confiscating Tin Drum Movie." *The Washington Post* (5 July 1997). https://www.washingtonpost.com/archive/lifestyle/1997/07/05/okla-officials-sued-for-confiscating-tin-drum-video/8578f0d1-2d10-4f6e-88e2-4f67241942d8/.

Ryan, Judith. „The Office of the Red, Black, and Gold". *German Politics and Society* 13.3 (1995): 43–48.

Schlant, Ernestine. *The Language of Silence. West German Literature and the Holocaust.* New York, NY 1999.

Shafi, Monika. „‚Dir hat es die Sprache verschlagen': Günter Grass' ‚Zunge zeigen' als postmoderner Reisebericht". *German Quarterly* 66 (1993): 339–349.

Shafi, Monika. „Gezz will ich ma erzähln‘: Narrative and History in Günter Grass‘s ‚Mein Jahrhundert‘“. *Gegenwartsliteratur* 1 (2002): 39–62.
Shafi, Monika. *Approaches to Teaching Grass's „The Tin Drum“.* New York, NY 2008.
Steiner, George. „Anmerkung zu Günter Grass“. *Sprache und Schweigen.* Frankfurt/M. 1973: 177–187.
Taberner, Stuart. „Private Failings and Public Virtues: Günter Grass's ‚Beim Häuten der Zwiebel' and the Exemplary Use of Authorial Biography“. *The Modern Language Review* 103.1 (2008): 143–154.
Taberner, Stuart (Hrsg.). *The Cambridge Companion to Günter Grass*. Cambridge 2009.
Taberner, Stuart. *Aging and Old-Age Style in Günter Grass, Ruth Klüger, Christa Wolf, and Martin Walser: The Mannerism of a Late Period.* Rochester 2013.
Thesz, Nicole. „Against a New Era in ‚Vergangenheitsbewältigung‘: Continuities from Grass's ‚Hundejahre‘ to ‚Im Krebsgang‘“. *Colloquia Germanica* 37. 3/4 (2004): 291–306.
Thesz, Nicole. „Nature Romanticism and the Grimms' Tales: An Ecocritical Approach to Günter Grass‘s ‚The Flounder‘ and ‚The Rat‘“. *Marvels & Tales* 25.1 (2011): 96–116.
Thesz, Nicole. *Communicative Event in the Works of Günter Grass: Stages of Speech, 1959–2015*. London 2018.
Weber, Alexander. *Günter Grass's Use of Baroque Literature*. Leeds 1995.

V.2.5 Polen

Marion Brandt

Der Weg von Günter Grass zum polnischen Publikum war ungewöhnlich lang und die uneingeschränkte Publikation seines Werks erst nach dem Fall des Eisernen Vorhangs möglich. Die durch den Zweiten Weltkrieg belasteten deutsch-polnischen Beziehungen und der Ost-West-Konflikt des Kalten Krieges schufen kein günstiges Klima für die Rezeption eines Schriftstellers aus der Bundesrepublik Deutschland, zumal für einen Autor, der in seinem Werk dominant an die deutsche Kultur des seit 1945 polnischen Danzigs erinnert. Dass Grass bereits früh die Oder-Neiße-Grenze akzeptierte, verbesserte die Situation keineswegs; seiner Offenheit gegenüber Polen wohnte nun das Potential inne, das Feindbild des (West-)Deutschen aufzuweichen, mit dem die polnischen Kommunisten ihre Herrschaft legitimierten. Die Gefahr, die von der gesellschaftlichen Wirkung seiner Texte für die Machthaber in Polen ausging, war umso größer, als Grass die Politik der sozialistischen Staaten öffentlich kritisierte, Proteste und Streiks in Polen ebenso wie polnische Oppositionelle unterstützte und in Deutschland zu einem Anwalt der polnischen Demokratiebewegung wurde. Die positive Aufnahme seines Werkes in der polnischen Exilzeitschrift *Kultura*, die Freigabe einiger seiner Texte für Publikationen im polnischen Untergrund und seine im *Butt* sichtbare Sympathie für die streikenden Werftarbeiter in Gdańsk erhöhten noch zusätzlich die politische Sprengkraft seines Werkes. Als ein im Westen angesehener Schriftsteller wurde er so für polnische Oppositionelle ein mächtiger Verbündeter im Kampf um demokratische Rechte, „so etwas wie ein Ehrendissident" (Zagajewski 1999).

Das Ringen um die Publikation der *Blechtrommel* währte ein Vierteljahrhundert. Kein anderes deutschsprachiges Werk rief nach 1945 in Polen eine derart intensive und kontroverse Diskussion hervor. Nach Grass' erster Polenreise im Jahr 1958, also noch vor der deutschen Buchausgabe, veröffentlichte die Zeitschrift *Polityka* bereits einen Auszug aus dem Roman. Nach weiteren Vorabdrucken, unter anderem in der Pariser *Kultura*, aber auch nach der polnischen Erstausgabe von *Katz und Maus* (1963, übersetzt von Irena und Egon Naganowski) erschienen dann eine Reihe vernichtender Kritiken, die zwar nicht unerwidert blieben, aber deutliche Signale gegen die Publikation der *Blechtrommel* setzten. Wie in einigen deutschen Publikationen war die Rede von Obszönität und Blasphemie, hinzu kam der Vorwurf einer Verunglimpfung bzw. Verhöhnung Polens. Sie sei in der Figur des Brandstifters Joseph Koljaiczek, am Bild der polnischen Kavallerie sowie an den Szenen von der Verteidigung der Polnischen Post und den Raubüberfällen auf die Züge mit Heimatvertriebenen sichtbar (Połczyńska 1983, 101–106; Jaroszewski 2002b, 81–84). Grass' Poetik des Grotesken kollidierte generell mit Erwartungen an die literarische Repräsentation von Polen als Opfer der deutschen Gewaltherrschaft, insofern er nicht deren moralische Größe pries. Ungeachtet dieser Ablehnung gab das Staatliche Verlagsinstitut (Państwowy Instytut Wydawniczy) 1967 die Übersetzung der *Blechtrommel* in Auftrag, konnte sie aber nicht veröffentlichen. Wie die von der Zensurbehörde geforderten Textstreichungen zeigen, war für die

https://doi.org/10.1515/9783110755435-086

politischen Entscheidungsträger nicht nur Grass' Darstellung von Polen, sondern auch das Bild der Roten Armee inakzeptabel. In den nächsten 15 Jahren erschienen weitere Artikel für und gegen die Veröffentlichung des Romans sowie Vorabdrucke aus der *Blechtrommel* und dem *Butt*, von denen einige schon durch ihren großen Umfang das Publikationsverbot so weit wie möglich unterliefen. Nach dem Erscheinen des Romans im Untergrundverlag NOWa (1979) und einige Jahre später im staatlichen Verlag PIW (1983) wurde der Streit um Grass mit unverminderter Intensität weitergeführt, ja er erlebte jetzt sogar seine „lebhafteste und interessanteste Phase" (Kijowska 1999).

Zu den einflussreichsten Fürsprechern des deutschen Autors gehörte die Polonistin Maria Janion, die an der Universität Gdańsk mit Studierenden und Doktoranden die illegal erschienene Ausgabe der *Blechtrommel* diskutierte und in ihren Aufsätzen die Polenbilder von Grass in Anknüpfung an den Insurrektionsmythos der polnischen Romantik aufwertete. In den von ihr initiierten Debatten wurde das Werk von Grass als eine Horizontöffnung, mehr noch, als „fehlendes Glied in der polnischen Literatur" gelesen (Lewandowski 1988). In den 1980er Jahren setzte mit Konferenzen und Themenheften von wissenschaftlichen Zeitschriften auch eine stärkere germanistische Beschäftigung mit dem Schaffen von Grass ein (*Studia Germanica Posnaniensia* 1983, Światłowski 1987, Honsza 1987, *Günter Grass-Konferenz Karpacz* 1990). Nach Gründung der Dritten Republik Polen im Jahr 1989 konnten dann viele der bislang zurückgehaltenen, aber teilweise schon übersetzten Werke publiziert werden: *Hundejahre* 1990, *Aus dem Tagebuch einer Schnecke* 1991, *Das Treffen in Telgte* 1992, *Die Rättin* 1993, *Der Butt* 1995, *örtlich betäubt* 1997. Wie *Die Blechtrommel* erschienen alle in der Übertragung von Sławomir Błaut (1930–2014). Neue Titel von Grass wurden auf Polnisch nun oft sogar zeitgleich zu den deutschen Ausgaben publiziert. Auf eine größere Resonanz stießen dank ihrer Thematik aber nur die Erzählung *Unkenrufe*, die 2005 in einer deutsch-polnischen Koproduktion verfilmt wurde, und die Novelle *Im Krebsgang*, die vor dem Hintergrund des neuen deutschen Opferdiskurses eine eher kritische Aufnahme fand (Orłowski 2002). Obgleich die Diskussionen um das Werk von Günter Grass, das nun nicht mehr den Nimbus einer verbotenen Frucht trug, in den 1990er Jahren an Intensität verloren, wurde der Nobelpreis für ihn so enthusiastisch begrüßt, als wäre er einem polnischen Schriftsteller verliehen worden. Sein spätes Bekenntnis zum Dienst in der Waffen-SS löste vor allem in Gdańsk viel Kritik und Fragen aus, zu denen Grass, der seit 1993 Ehrenbürger der Stadt war, in einem Brief an den Stadtpräsidenten Paweł Adamowicz Stellung nahm. Der Versuch nationalkonservativer Stadträte, diese Debatte für einen Angriff auf die Politik der Danziger Stadtregierung auszunutzen, bewies, dass das Verhältnis zu dem deutschen Schriftsteller auch im demokratischen Polen zum Politikum werden konnte (Żyliński 2009, 21–28). Im Jahr 2007 dokumentierten publizistische Debatten anlässlich der polnischen Ausgabe von *Beim Häuten der Zwiebel* und der Danziger Feier zum achtzigsten Geburtstag von Grass das allmähliche Verblassen des Mythos, der seit den 1970er Jahren um ihn entstanden war (Surynt, Zielińska 2009, 408–417). Doch wenngleich seine nationalsozialistische Vergangenheit und der Umgang mit ihr, seine linken Überzeugungen und seine kritische Haltung zum Katholizismus auf Befremden stoßen, wird er als Pionier der nach dem

Zweiten Weltkrieg begonnenen deutsch-polnischen Verständigung, als „Freund Polens", wie es in manchen Nachrufen hieß, weiterhin hochgeschätzt (Jurzysta 2016, 81–84).

Die Ausstrahlung von Grass auf die polnische Literatur ist außergewöhnlich; sein Werk wurde für einige bekannte Schriftsteller in Gdańsk zu einer wichtigen Inspirationsquelle. Der kaschubische Autor Brunon Zwarra (1919–2018), der ihm unter anderem vorwarf, nicht von den Repressalien gegen die polnischen Bewohner der Freien Stadt Danzig erzählt zu haben, schloss diese Lücke in dem autobiographisch grundierten Roman *Gdańszczanie* (1976), der als eine Entgegnung auf die *Blechtrommel* gelesen werden kann. Schriftsteller wie Bolesław Fac, Stefan Chwin und Paweł Huelle setzten Grass' Danzig-Epos chronologisch fort und ließen sich von ihm zur literarischen Rekonstruktion der eigenen Kindheit oder Jugend in Gdańsk, zum Erzählen von Pubertäts- und Initiationsgeschichten anregen, in denen sie grasssche Figurenkonstellationen, Motive und Erzählsituationen aufnahmen. Sie führten mit dem deutschen Schriftsteller gewissermaßen ein intertextuelles Gespräch über die Möglichkeiten des geistigen Widerstandes gegen den Totalitarismus. Grass wurde für sie zum Cicerone durch die tabuisierte oder dämonisierte deutsche Vergangenheit ihrer Heimatstadt und zum Begründer des Narrativs vom multikulturellen Danzig, das nicht nur die Literatur, sondern seit 1989 auch das politische Selbstverständnis der Stadt prägt (Quinkenstein 1998; Jaroszewski 2002a; Prunitsch 2003; Brandt 2015). Die aus einer weiblichen Perspektive von Gdańsk erzählende Barbara Piórkowska ließ sich hingegen von den Köchinnen des *Butt* inspirieren. Zeugnisse dafür, dass Grass' Schaffen über Danzig hinaus auch bei Schriftstellern in anderen historischen deutsch-polnischen Grenzgebieten wie Schlesien und Pommern auf großes Interesse stieß, sind Äußerungen von Olga Tokarczuk (1999) und Werke wie *Eine kleine* von Artur Daniel Liskowacki (2000) und *Utopek* von Leszek Libera (2011) (Kamińska 2009, 386–389; Brandt 2015, 204–205).

Zentrum der polnischen Grass-Rezeption ist die Stadt Gdańsk, die dem Schriftsteller nicht nur dafür dankbar ist, dass er ihr den Weg in die Weltliteratur gebahnt hat, sondern sich über sein Werk heute kreativ ihrer Geschichte und Identität vergewissert. In der Nähe seiner früheren Wohnung im Stadtteil Langfuhr (heute Wrzeszcz) befindet sich eine Erinnerungsbank, auf der nach dem Tod von Grass neben der Skulptur des trommelnden Oskar Matzeraths auch die seines Schöpfers Platz gefunden hat. Die 2003 gegründete Günter-Grass-Gesellschaft und die 2009 eröffnete Günter-Grass-Galerie popularisieren sein Werk auf vielfältige Weise, etwa mit der *Gdańska encyklopedia Güntera Grassa* (2017) und dem Stadtführer *Walking with Günter Grass* (2022).

Literatur

Borzyszkowska-Szewczyk, Miłosława, und Marta Turska (Hrsg.). *Walking with Günter Grass. A Literary Mapping of the City. Guide*. Gdańsk 2022.

Brandt, Marion. „Das Nachdenken über den Totalitarismus als Teil des Dialogs polnischer Schriftsteller mit Günter Grass". *Freipass. Forum für Literatur, Bildende Kunst und Politik. Schriften der Günter und Ute Grass Stiftung*. Bd. 2. Berlin 2015: 192–210.

Grzybowski, Jacek, Maria Mroczkiewicz und Leszek Rybicki. *Günter Grass. Bibliografia polska za lata 1958–2000*. Gdańsk 2000.

Honsza, Norbert, Jerzy Łukosz und Marian Szyrocki (Hrsg.). *Der Mensch wird an seiner Dummheit sterben. Günter Grass-Konferenz, Karpacz 17.–23. Mai 1987*. Wrocław 1990.

Honsza, Norbert. *Günter Grass. Werk und Wirkung*. Wrocław 1987.

Jaroszewski, Marek, und Mirosław Ossowski (Hrsg.). *Gdańska encyklopedia Güntera Grassa*. Gdańsk 2017.

Jaroszewski, Marek. „Parallelen und Kontraste. *Katz und Maus* (G. Grass) und *Weiser Dawidek* (P. Huelle)". *Ein weiter Mantel. Polenbilder in Gesellschaft, Politik und Dichtung / Obszerna polska peleryna. Polityczne, społeczne i literackie wizje Polski i Polaków*. Hrsg. von Andrea Rudolph und Ute Scholz. Dettelbach 2002a: 353–364.

Jaroszewski, Marek. „Der polnische Streit um Günter Grass *Blechtrommel*". *Studia Germanica Gedanensia* 10. Gdańsk 2002b: 85–95.

Jurzysta, Aneta. „Milczenie werblisty, czyli Günter Grass w ocenie prasy niemieckiej i polskiej po śmierci". *Transfer. Reception studies* 2451-3334. Bd. 1 (2016): 71–89.

Kamińska, Ewelina. *Erinnerte Vergangenheit – inszenierte Vergangenheit. Deutsch-polnische Begegnungsräume Danzig/Gdańsk und Stettin/Szczecin in der polnischen Prosa im Kontext der Wende von 1989*. Szczecin 2009.

Kijowska, Marta. „Auch jenseits von Oder und Neiße geliebt und geschmäht. Wie das literarische Werk von Günter Grass in Polen aufgenommen wurde – ein Erfahrungsbericht". *Süddeutsche Zeitung* (06. Oktober 1999): 19.

Lewandowski, Tomasz: „Grass jako ‘brakujące ogniwo’ literatury polskiej". *Polskie pytania o Grassa*. Hrsg. von Maria Janion unter Mitarbeit von Andrzej Wójtowicz. Warszawa 1988: 240–242.

Orłowski, Hubert. „Przemoc – Tabu – Trauma ofiar. Wokół najnowszej powieści Güntera Grassa". *Zeszyty Instytutu Zachodniego* 30. Poznań 2002: 221–254.

Połczyńska, Ediyta. *Studia Germanica Posnaniensia*. Bd. XII: *Neue Aspekte der Grass-Forschung*. Poznań 1983.

Połczyńska, Edyta. „Günter Grass in Polen. Zur Rezeption seiner Werke". *Studia Germanica Posnaniensia*. Bd. XII (1983): 99–107.

Prunitsch, Christian. „Intertextualität als Vollzug literarischer und geschichtlicher Kontinuität am Beispiel von Günter Grass' ‚Katz und Maus' und Paweł Huelles ‚Weiser Dawidek'". *Zeitschrift für Slavische Philologie* 62.1 (2003): 149–174.

Quinkenstein, Lothar. „Entsiegelte Geschichte. Zur Bildfunktion der Stadt Danzig in der polnischen Gegenwartsliteratur unter Berücksichtigung der Wirkungsgeschichte von Günter Grass". *Convivium. Germanistisches Jahrbuch Polen*. Bonn 1998: 209–221.

Sander, Martin. *Der andere Blick. Deutsche Schriftsteller aus polnischer Sicht (1945–1968)*. Berlin 1988.

Surynt, Izabela, und Mirosława Zielińska. „Der polnisch-polnische Krieg um Günter Grass: Imponderabilien und Mythen. Streifzüge durch die wichtigsten polnischen Grass-Debatten 1963–2007". *Amicus Poloniae. Teksty ofiarowane Profesorowi Heinrichowi Kunstmannowi w osiemdziesiątą piątą rocznicę urodzin*. Hrsg. v. Krzysztof Ruchniewicz und Marek Zybura. Wrocław 2009: 393–418.

Światłowski, Zbigniew. *Günter Grass*. Warszawa 1987.

Tokarczuk, Olga. „Über alle Grenzen. Günter Grass und die junge polnische Literatur – auch ein Blick auf den Buchmesse-Schwerpunkt des nächsten Jahres". *Frankfurter Rundschau* (16. Oktober 1999): 8.

Zagajewski, Adam. „Lobrede auf einen strengen Deutschlehrer". *Frankfurter Allgemeine Zeitung* (30. November 1999): 15.

Żyliński, Leszek. *Die Eigenart der polnischen Rezeption von Günter Grass. Oldenburger Universitätsreden 187*. Oldenburg 2009.

V.2.6 Russland

Alexander Belobratow

Fast ein Vierteljahrhundert führten Günter Grass` Werke in Sowjetrussland ein Schattendasein. Sie wurden in der Presse und in literaturwissenschaftlichen Publikationen nur gelegentlich kritisiert und interpretiert, und selbst diese spärlichen Rezeptionszeugnisse beruhen ausschließlich auf der Lektüre seiner Originaltexte, die nur sehr wenigen professionellen Lesern zugänglich waren – denen es in Ausnahmsfällen genehmigt wurde, diese aus den ‚Giftschränken' zu entleihen. Bezeichnend ist daher, dass die erste Erwähnung von *Die Blechtrommel* in *Literaturnaja gazeta* (Literarische Zeitung und Zentralorgan des Sowjetischen Schriftstellerverbandes) nicht auf der Lektüre des 1959 erschienenen „sensationellen" Romans selbst, sondern auf Berichten in der bundesdeutschen Presse und der DDR-Zeitschrift *Neue deutsche Literatur* basierte. Mehr noch, einige der Beurteilungen in der anonymen russischen Publikation von 1960 mit dem abschreckenden Titel „Wenn der Held ein Monster ist..." ließen vermuten, dass diesem Roman der Weg zur russischen Übersetzung auf ewig veresperrt sein würde: „Für den Autor gibt es keinen Unterschied zwischen der Gewalt der Faschisten, die den Krieg entfesselt haben, und der gerechten Vergeltung, die sie seitens der Sowjetarmee traf" ([Anon.] 1960, 4). 1962 widmet sich Lev Kopelev in der Rezensionszeitschrift *Chudožestvennaja literatura za rubežom* [Schöngeistige Literatur im Ausland], die bis in die späten achtziger Jahre als die wichtigste Informationsquelle für Neuerscheinungen der westlichen Literatur galt, der kurz davor erschienenen Erzählung *Katz und Maus*. Er urteilt dabei in sachlichem und moderatem Ton, umreißt den Plot und weist auf die Nähe von Günter Grass´ „Weltanschauung" zu „freudianischen Vorstellungen über die Triebkräfte in der Charakterentwicklung und Psychologie" sowie auf die „künstlerische Entlarvung" der „faschistischen Pädagogik und Propaganda" hin (Kopelev 1962, 33). Der erste Schritt in Richtung der Übersetzung dieser Erzählung war damit getan, aber es dauerte noch weitere sechs Jahre, bis *Katz und Maus* in der populärsten Zeitschrift *Inostrannaja literatura* [Ausländische Literatur] erscheinen konnte. In gewisser Weise kam es zur ersten Übersetzung aus Günter Grass` Texten allerdings schon 1964, in einem Überblicksessay *Literatur der „Stunde Null" (Skizzen zur BRD-Literatur)* von Ljudmila Černaja, die den „satirischen Roman" *Hundejahre* und seine „zugespitzt groteske Form" erwähnt und ein kurzes Fragment (über die „Wunderbrillen") in eigener Übertragung zitiert (Černaja 1964, 204). Bei der positiven Einschätzung von „einzelnen satirischen Episoden" in „beiden dicken Romanen" (i. e. *Die Blechtrommel* und *Hundejahre*) wird von Černaja darauf hingewiesen, dass Grass als Autor „ein luzid präsentiertes ethisches Ideal" und „eine ganzheitliche Weltauffassung" entbehre. Dabei bewirke die „minderwertige Weltsicht" des Autors (mithin eine, die nicht dem humanistisch-progressiven Ideal der sowjetischen Weltauffassung entspricht) eine Beeinträchtigung „sowohl der Komposition als auch des Stils seiner Bücher" (Černaja 1964, 212). 1965 veröffentlichte Al`bert Karel`skij in *Inostrannaja literatura* unter dem Titel *Glanz und Elend der Satire* eine umfangreiche Rezension des 1963 erschienenen Romans *Hundejahre*, in der Grass als ein „originelles

https://doi.org/10.1515/9783110755435-087

Talent, großer Satyriker“ und „unerschöpflich geistreicher Erzähler“ bezeichnet wird. Seine durchaus kundige und konsistente Einführung in die Handlung, wichtigsten Situationen und Figurenkonstellationen des Romans, die potentielle Leser sicher zur Lektüre motivieren sollte, wurde unvermeidlich begleitet von den in der sowjetischen Literaturkritik obligatorischen Vorwürfen: „Die tiefste innere Minderwertigkeit seiner Satire erweist sich dort, wo er mit der Frage konfrontiert wird, ob man dieser absurden Vergangenheit und Gegenwart ein Ende setzen kann“ (Karel`skij 1965, 287). Irina Mlečina füllte fast eine volle Seite der *Literaturnaja gazeta* mit einer Polemik gegenüber beiden Romanen im Einzelnen und Günter Grass im Ganzen: *Tertium non datur. Glanz und Elend von Günter Grass* lautet der Titel dieser Auseinandersetzung, in der es wiederum um die „tiefste innere Minderwertigkeit der Satire von Grass“, das Fehlen der „standhaften politischen Position“ ging, die besonders an seinem Stück *Die Plebejer proben den Aufstand* angeprangert wird, insofern es nach „Antikommunismus stinkt“ (Mlečina 1966). Mit Astrid Shchekina-Greipel summiert: „Die Darstellung Grass` als Autor, der selbst nicht an die Macht der Literatur glaube, wurde auch in den folgenden Jahren beibehalten. Dies dürfte ein großes Problem für eine Publikation seiner Werke dargestellt haben, da die Funktion der Literatur als Werkzeug der Ideologie als Maßstab galt“ (Shchekina-Greipel 2021, 328).

1968 erschien in *Inostrannaja literatura* die Übersetzung von *Katz und Maus*, wobei die stillschweigenden Auslassungen im Text, hauptsächlich die ‚unzüchtigen‘ Szenen betreffend, nach Angabe vom Übersetzer Boris Chlebnikov, damals Lektor der Zeitschrift, einen Skandal auslösten: „Grass reagierte mit einem heftigen und zornigen Protestbrief […]. Danach wollten weder Zeitschriften noch Verlage etwas mit Grass zu tun haben, denn solche Auslassungen waren damals bei uns unumgänglich“ (Abramov 2022, 13). Diese Situation änderte sich während des folgenden Jahrzehnts auch nicht durch positive bzw. kritische Rezensionen und Essays, die in den bedeutendsten Zeitschriften und Zeitungen erschienen: Ljudmila Černaja etwa bewertete *Katz und Maus* in der Zeitschrift *Novyj mir* als eine „interessante und talentvolle Erzählung“ (Černaja 1969, 258); Irina Mlečina bekam eine ganze Seite der *Literatrunaja gazeta* für eine ausführliche Darstellung von *örtlich betäubt* (Mlečina 1969) zugestanden, Dmitrij Zatonskij schrieb über *Die Blechtrommel* in seiner grundlegenden Monographie *Kunst des Romans im 20. Jahrhundert* (Zatonskij 1973), Vladimir Steženskij und Ljudmila Černaja analysierten in ihrem Buch *Literarische Kämpfe in der BRD: Erkundungen. Widersprüche. Probleme* die drei „bedeutendsten Bücher“ von Grass – seine *Danziger Trilogie* (Steženskij und Černaja 1978), Al`bert Karel`skij publizierte in der Zeitschrift *Voporosy literatury* einen profunden Beitrag zu Werk und Wirkung von Grass (Karel`skij 1979) – der Beitrag wurde 1980 als Grass-Kapitel in die *Geschichte der BRD-Literatur* aufgenommen. Auch drei von Vjačeslav Kuprijanov 1968 übersetzte Gedichte (*Prophetenkost*, *Kinderlied* und *In Ohnmacht gefallen*), platziert in seiner Rezension zum Gedichtband *Ausgefragt*, ebneten keinen neuen Übersetzungen von Grass den Weg, obwohl sich der Rezensent deutlich bemühte, insofern er Grass als einen scharfsichtigen und feinfühligen Schriftsteller präsentierte und auf seine zahlreichen Auftritte „gegen die amerikanische Aggression in Vietnam und die neonazistische Presse“ hinwies (Kuprijanov, 85).

In der ersten Hälfte der 1980er schien es endlich zu einer Wende im Fall Grass in Sowjetrussland zu kommen. Nach der Publikation eines Gedichts in der Übersetzung von Lev Ginzburg (1980 in der Anthologie *Europa: XX. Jahrhundert*) und zwei Gedichten in der Übersetzung von Vjačeslav Kuprijanov (1981 im Sammelband „Ves' svet") veröffentlichte *Inostrannaja literatura* 1983 14 Gedichte in der Übersetzung von Boris Chlebnikov, eingeleitet vom berühmten russischen Lyriker Andrej Voznesenskij, der in höchsten Tönen über den „Poeten" Grass schrieb (Voznesenskij 1983, 135). Die Erzählung *Das Treffen in Telgte*, die von Jurij Archipov zwei Jahre zuvor noch als manieristisch und „meisterhaft verfertigte Bagatelle für die philologischen Feinschmecker" (Archipov 1980, 15) eingeschätzt worden war, erschien nun in seiner Übersetzung zuerst als ein kurzes Fragment in *Literaturnaja gazeta*, begleitet von einem umfangreichen Grass-Interview mit dem Titel „Ich stamme aus dem Geschlechte Sisyphos..." (Bitov 1982, 15), und dann vollständig in *Inostrannaja literatura*, eingeleitet vom Übersetzer, der nun geradezu gegenläufige Worte in der Beurteilung dieses Textes fand und gleichzeitig zu erklären versuchte, warum die früheren Werke von Grass so lange nicht beim russischen Leser angekommen waren: „Wir gelangten nun unauffällig zur Lösung jenes Paradoxes, mit dem wir begonnen haben: Warum er, der berühmte Schriftsteller, so lange auf seine russische Übersetzungen warten musste. Eben darum, dass auch wir gewartet haben – darauf gewartet, dass die Wolke der ideologischen Undeutlichkeit, in die sich dieser extravagante und glänzende Autor hüllte, zu zerstreuen beginnt und er zu uns kommt [...] mit den Werken, deren Kern eine tiefe Idee beinhaltet, die dem hohen Niveau seiner literarischen Fähigkeiten entspricht." (Archipov 1983, 12)

In *Literaturnaja gazeta* (Grass 1983a; Grass 1983b) und in der Zeitschrift *Za rubežom* (Grass 1983c; Grass 1984) trat Grass als Publizist und Friedenskämpfer auf. Zur gleichen Zeit entschied sich die etablierteste literarische Zeitschrift *Novyj mir* zur Publikation von *örtlich betäubt* in der Übersetzung von Ljudmila Černaja. Und 1985 kam es zur ersten Buchausgabe der Werke von Grass: In der sehr gefragten Buchreihe *Meister der Gegenwartsprosa* erschien der Band mit drei Erzählungen (*Katz und Maus*, *örtlich betäubt* und *Das Treffen in Telgte*) in einer Auflage von 50.000 Exemplaren. Zudem übersetzte Boris Chlebnikov elf Gedichte von Grass aus seinen Romanen für *Inostrannaja literatura* (Aprilheft 1988) – die Auflagenhöhe der Zeitschrift erreichte damals, in den ersten Jahren der Perestrojka, 400.000 Exemplare.

Im Jahr 1993, nach der Neuauflage von *Das Treffen in Telgte*, einer barock anmutenden Erzählung, die als schelmischer Text über die Problematik der Macht- und Orientierungslosigkeit der Intellektuellen in Zeiten des Krieges bei den russischen Lesern besonders gut ankam, wurden *Aus dem Tagebuch einer Schnecke* und *Unkenrufe* veröffentlicht. Nach dem heiß erwarteten Teilabdruck von *Die Blechtrommel* (Novemberheft 1995) und *Hundejahre* (Maiheft 1996) in *Inostrannaja literatura* liefen die Vorbereitungen zur Ausgabe der *Gesammelten Werke in 4 Bänden* auf Hochtouren, betreut von Evgenja Kaceva. 1997 kann folglich als der eigentliche Beginn der breiteren Rezeption von Grass` Werken in Russland bezeichnet werden, da nun erst beide großen Romane aus der *Danziger Trilogie* den russischen Kulturraum erreichten. Die

Zeit der großen Auflagen war zwar schon wieder vorbei, aber auch 3.000 Exemplare der geschmackvoll gestalteten Bände konnten effizient ihre aufklärerische und kulturelle Arbeit leisten – durch ihre Präsenz im breiten Netz der öffentlichen Bibliotheken. Es folgten dann separate Ausgaben der einzelnen Werke: *Die Blechtrommel* in der Übersetzung von Sofja Fridljand wurde acht Mal neuaufgelegt (2000, 2001, 2002, 2008, 2009, 2017, 2018, 2020), *Hundejahre* in der Übersetzung vom Michail Rudnickij vier Mal (2000, 2008, 2017, 2020). Die neuen Texte von Grass fanden ohne langes Warten ihre Übersetzung ins Russische. *Mein Jahrhundert* (1999) erschien 2001 in der Übersetzung von Boris Chlebnikov, und *Im Krebsgang* (2002) konnte schon 2002 in *Inostrannaja literatura* publiziert werden, wiederum in der Übersetzung von Chlebnikov (es folgten dann noch drei selbständige Ausgaben 2004, 2009, 2013). Die Novelle löste eine große Welle von Zeitungsartikeln einerseits und lebhaften Diskussionen in Internetforen andererseits aus, wodurch das Interesse der professionellen Kritik wie der Leser gleichermaßen sichtbar wurde. Sergej Kostyrko beurteilte das „künstlerische Niveau" der Novelle als „sehr bescheiden" und hob die „ideologische Doppelsinnigkeit" von Grass hervor: Bei der gedanklichen Verarbeitung der deutschen Tragödie „gleitet der Autor von dem von ihm propagierten Niveau der historisch-philosophischen Studie zur historischen und ideologischen Publizistik hinab" (Kostyrko 2003, 183). Mit Vladislav Pronin ist in der Novelle *Im Krebsgang*, die er einen „Roman" nennt, „die Tendenz bemerkbar, den Gegnener zu karikieren, G. Grass scheint vergessen zu haben, was am 22. Juni 1941 geschah" (Pronin 2007, 374). Lazar Lazarev sah dagegen die stärkste Seite dieses Textes darin, dass „*Im Krebsgang* den russischen Leser nicht nur über die deutschen, sondern auch über die unsrigen Gefahren und Nöte nachdenken lässt" (Lazarev 2003, 264). *Beim Häuten der Zwiebel* (2006) erschien 2008 auf Russisch und verstärkte das generelle Interesse für Grass, rief dabei jedoch auch heftige Diskussionen und gegensätzliche Meinungen in der Bewertung seiner Person hervor. Liza Berger schätzte dieses autofiktionale Erinnerungsbuch als „das Beste, was der deutsche Nobelpreisträger nach *Die Blechtrommel* geschrieben hat" (Berger 2008). Anatolij Koroljov hingegen warf dem Autor „schwarze PR" vor (Koroljov 2006). *Die Box* (2008) erschien 2009. Die mediale Präsenz von Grass in Russland (zahlreiche Zeitungsinterviews, Besprechungen seiner Werke, seiner öffentlichen Auftritte in Russland, der Nobelpreisverleihung usw.) war seit dem Jahr 2000 also enorm. Auch die Publikation des Prosagedichts *Was gesagt werden muss* (von dem fünf verschiedene Übersetzungen im Internet zu finden sind) führte zu einer heftigen gesellschaftlichen und medialen Auseinandersetzung. Irina Mlečina bezeichnete diesen Text als ein „Werk, in dem alles völlig verdreht ist" (Mlečina 2015, 313). Manche Internet-Diskutanten konnten das Gedicht für die Bestätigung ihrer antisemitischen Überzeugungen mißbrauchen.

2018 kam es zur Übersetzung von *Die bösen Köche* im Dramensammelband „Kto slomaetsja pervym. Jayzkovoj teatr". Vier große Prosawerke von Grass warten noch auf eine russische Übersetzung: *Der Butt*, *Die Rättin*, *Ein weites Feld* und *Grimms Wörter*. Alles in allem sind seine Werke aber im literarischen Leben Russlands angekommen: Sie sind in die Hochschulausbildungsprogramme und Lehrbücher für Geschichte der deutschen Literatur aufgenommen und erfreuen sich der intensiven akademischen Rezeption (bislang wurden ca. ein Dutzend Dissertationen verfasst und ca. 150 wissenschaftliche Beiträge publiziert). In der populärwissenschaftlichen und sehr gefragten Reihe *Leben der berühmten Menschen* hat Irina Mlečina 2015 eine Biographie mit dem Titel *Günter Grass* veröffentlicht und damit gleichsam eine (Zwischen)Summe der bishergen Rezeption in Russland vorgelegt.

Literatur

Abramov, Pjotr. „Skul`ptor prozy i – real`nosti [Interview mit Grass-Übersetzer Boris Chlebnikov]". *Literaturnaja gazeta* (12. Oktober 2022): 13–15.
[Anon.]. „Esli Geroj ‚- monstr...'". *Literaturnaja gazeta* (29. Dezember 1960): 4.
Archipov, Jurij. „Filosofija ulitki i živaja žizn'. Zametki o zapadno-germanskom romane našich dnej". *Literaturnaja gazeta* (29. Oktober 1980): 15.
Archipov, Jurij. „Gjunter Grass. Vstreča v Telgte". *Inostrannaja literatura*. 39.5 (1983): 10–12.
Berger, Liza. „Vydumyvanie pravdy". *Kommersant Weekend* (01. August 2008): 18.
Bitov, Oleg. „Portret na fone novjoi knigi: Gjunter Grass". *Literaturnaja gazeta*
(17. Februar 1982): 15.
Černaja, Ljudmila. „Literatura ‚dnja nol''. (Zametki o literature FRG)". *Novyj mir*. 40. 7 (1964): 198–213.
Černaja, Ljudmila. „Tragedija obmanutych". *Novyj mir*. 45.4 (1969): 254–258.
Grass, Günter. „Izbavit' drug druga ot stracha". *Literaturnaja gazeta* (26. Januar 1983): 10.
Grass, Günter. „Ja voschiščen ich mužestvom". *Literaturnaja gazeta* (07. November 1983): 9.
Grass, Günter. „Manifest mira – 83: ugroza jadernoj vojny s territorii FRG – smertel'naja opasnost'". *Za rubežom*. 25.3 (1984): 9.
Grass, Günter. „Moja sovest' ne možet molčat'". *Za rubežom*. 25.7 (1984): 4.
Kaceva, Evgenija. *Moj ličnyj voennyj trofej. Povest' o žizni*. St. Petersburg 2005.
Karel'skij, Al'bert. „Blesk i niščeta satiry". *Inostrannaja literatura*. 21.6 (1965): 265–268.
Karel'skij, Al'bert. „Bunt, kompromiss i melancholija. O tvorčestve Gjuntera Grassa". *Voprosy literatury*. 23.7 (1979): 66–110. [In deutscher Übersetzung: Karelski, Albert. „Rebellion, Kompromiss und Melancholie im Werk von Gunter Grass". *Kunst und Literatur*. 25.2 (1980): 162–180; 25.3 (1980): 299–308].
Karel'skij, Al'bert. „Gjunter Grass". *Istorija literatury FRG*. Moskau 1980: 360–385.
Kopelev, Lev. „Gjunter Grass. Koška i myška". *Sovremennaja chudožestvennaja literatura*
za rubežom 3.3 (1962): 32–33.
Koroljov, Anatolij. „Nravstvennyj poisk ili 'černyj piar' Gjuntera Grassa". *RIA Novosti*. (22. August 2006). http://riaru20060822/52973050.html.
Kostyrko, Sergej. „Krab, kotoryj pjatitsja". *Novyj mir*.79.4 (2003): 179–183.
Kuprijanov, Vjačeslav. „Gjunter Grass. Vysprošennoe". *Chudožestvennaja literatura za rubežom*. 8.5 (1968): 85–90.
Lazarev, Lazar'. „'A za oknom vojna grochočet vsled...'. O *Traektorii kraba* G. Grassa". *Inostrannaja liteartura*. 59.9 (2003): 258–264.
Mlečina, Irina. „Tertium non datur. Blesk i niščeta Gjuntera Grassa". *Literaturnaja gazeta*.
(26. Juli 1966): 4. [In deutscher Übersetzung: Mletschina, Irina. „Tertium non datur". *Sinn und Form. Beitrage zur Literatur*. 18.4 (1966): 1258–1262].
Mlečina, Irina. „Narkoz i skal'pel' Gjuntera Grassa". *Literaturnaja gazeta*. (19. November 1969): 15.
Mlečina, Irina. *Gjunter Grass*. Moskau 2015.
Pronin, Vladislav. *Istorija nemeckoj literatury*. Moskau 2007.

Shchekina-Greipel, Astrid. *Deutsch-sowjetischer Kulturtransfer unter totalitären Bedingungen. Heinrich Böll und Günter Grass in der Sowjetunion (1953–1985)*. Stuttgart 2021.

Steženskij, Vladimir, und Ljudmila Černaja. *Literaturnaja bor'ba v FRG. Poiski, protivorečija, problemy*. Moskau 1978.

Voznesenckij, Andrej. „Poėt Gjunter Grass". *Inostrannaja literatura*. 29.10 (1983): 135–137.

Zatonskij, Dmitrij. *Iskusstvo romana i XX vek*. Moskau 1973. [In deutscher Übersetzung: Satonski, Dmitrij. *Der Roman und das 20. Jahrhundert*. Berlin (Ost) 1978].

V.2.7 Lateinamerika

Manuel Maldonado-Alemán

1 Günter Grass in Lateinamerika

Günter Grass gilt in Lateinamerika als einer der bedeutendsten deutschsprachigen Autoren des 20. Jahrhunderts. Nahezu alle Werke von ihm liegen in spanischer Übersetzung vor. Es dauerte nicht lange, bis die 7.000 Exemplare der ersten spanischen Auflage der *Blechtrommel*, die 1963 in Mexiko erschien (*El tambor de hojalata*, übers. von Carlos Gerhard, der im Anschluss auch *Katz und Maus, Hundejahre* und *örtlich betäubt* übersetzte) und in Franco-Spanien verboten wurde, ausverkauft waren. Obwohl die Aufnahme einhellig positiv war, war das öffentliche Echo auf das Buch in der Tages- und Wochenpresse zunächst nicht sehr groß. Erst als Grass im Mai 1966 anlässlich der Internationalen Buchmesse Mexiko besuchte, fand *Die Blechtrommel* eine größere Resonanz in den Medien (Vargas 2015, 59).

Am 15. Mai 1966 veröffentlichte der mexikanische Journalist Vicente Leñero in der Tageszeitung *El Heraldo de México* eine Besprechung der *Blechtrommel*, die den Tenor der Grass-Rezeption in Lateinamerika zeigt. Nach Leñero gehöre Grass zu einer Generation deutscher Romanautoren, „die uns helfen, das Antlitz unserer Zeit besser zu verstehen". Der Roman *Die Blechtrommel* werfe einen ungewöhnlichen Blick auf die Gesellschaft seiner Zeit. Im Buch passe alles: „von der Ironie bis zur Blasphemie, vom bitteren Spott bis zur Nostalgie und der poetischen Zärtlichkeit, mit der Oskar die Realität mithilfe der quichottischen Fantasie seiner inneren Welt konfrontiert". *Die Blechtrommel* sei „ein außergewöhnlicher Roman und Günter Grass ein lesenswerter Gegenwartsautor" (Leñero 1966). Diese anfängliche positive Einschätzung wird bei den Rezensionen der folgenden Romane von Günter Grass im Wesentlichen weitergeführt, auch wenn *Die Blechtrommel* in Lateinamerika alle anderen Werke von Günter Grass bis heute überstrahlt.

So unterstrich der peruanische Schriftsteller und Nobelpreisträger Mario Vargas Llosa in einem Interview im Jahr 2015 anlässlich des Todes von Günter Grass, dass dessen Debütroman *Die Blechtrommel*, mit dem er weltweite Anerkennung erlangte, die Gattung des Romans verändert habe. Durch die ungewöhnliche Darstellung des ‚Dramas' des Zweiten Weltkrieges, die künstlerische Qualität seiner Prosa und die Symbolkraft der erzählten Geschichte sei es ihm gelungen, so Vargas Llosa, den Stil und die Struktur des Romans zu erneuern. Grass verkörpere damit den Typus des politisch engagierten Schriftstellers, der an öffentlichen Debatten aktiv teilnimmt und vor geschichtlichen und zeitgenössischen Fehlentwicklungen warnt. Grass habe also „nicht nur durch ein Engagement einen Beitrag geleistet, sondern auch mit der Gewalt seiner Sprache die Vorstellungskraft erweitert" (Méndez Gaa 2015). Diese Einschätzung der Figur von Günter Grass fasst die drei thematischen Schwerpunkte zusammen, die die Grass-Rezeption in Lateinamerika bestimmen: die Sprachvirtuosität und Erzählkraft von Günter Grass, die besondere Art seiner Geschichtsdarstellung und sein politisches Engagement.

https://doi.org/10.1515/9783110755435-088

Eine Sonderstellung nimmt die Besprechung von Grass' Erinnerungsbuch *Beim Häuten der Zwiebel* ein, namentlich wegen seines Geständnisses, er sei bei Kriegsende nicht, wie bis dahin behauptet, in der Wehrmacht gewesen, sondern vielmehr in der Waffen-SS. Durch diese Enthüllung geriet Grass auch in Lateinamerika in die Diskussion. Wie in Europa stand allerdings nicht der literarische Text bzw. der Autor zur Debatte, sondern die öffentliche Person. Die Kommentare, Kolumnen und Rezensionen befassten sich mehrheitlich nicht mit dem Erinnerungsbuch, sondern mit dem langjährigen Schweigen eines Autors, der von vielen zur moralischen Instanz stilisiert worden war und sich selbst in diesem Sinne inszeniert hatte. Grass wurde daher in erster Linie nach politisch-moralischen Kriterien beurteilt, so zum Beispiel in einer Kolumne der chilenischen Zeitschrift *Qué pasa*, die sich kritisch gegenüber Grass' Enthüllungen zeigte: Grass habe dasjenige, was er von anderen forderte, nämlich die Offenlegung und die Aufarbeitung der eigenen NS-Vergangenheit, bei sich selbst unterlassen ([Anon.] 2006, 7). Für die Zeitung *La Estrella de Chiloé* ist Grass' Eingeständnis zu spät gekommen: „Die Frage ist nicht, was er zwischen 1944 und 1945 getan hat, sondern warum hat jemand, der als eine Art moralische Instanz oder Gewissen Deutschlands gilt, bis heute geschwiegen" ([Anon.] 2006, 12). Viele Schriftsteller, unter ihnen Carlos Fuentes und Mario Vargas Llosa, äußerten jedoch Respekt und sogar Verständnis und Anerkennung für die späte öffentliche Enthüllung von Günter Grass. Vargas Llosa wollte die „maßlosen Proportionen" nicht verstehen, die Grass' Eingeständnis in der Öffentlichkeit annahm. In wenigen Jahren werde sich schon niemand mehr „an die kurze Phase des Schriftstellers in der Waffen-SS erinnern, während man seine *Danziger Trilogie*, insbesondere *Die Blechtrommel*, auch weiterhin lesen und als eines der Meisterwerke der Gegenwartsliteratur einschätzen" werde (Vargas Llosa 2006).

Grass' hervorragende Stellung in Lateinamerika erreichte er auch durch mehrere Besuche, insbesondere in Mexiko und Kuba, sowie durch einige Kontakte zu verschiedenen Schriftstellern, vor allem zu den Mexikanern Juan Rulfo und Carlos Fuentes und zum Kolumbianer und Nobelpreisträger Gabriel García Márquez. Er traf sich auch mit vielen Intellektuellen, die ihn als Vorbild sahen. Zusammen mit Rulfo nahm Grass 1982 in Berlin am Horizonte-Festival der Weltkulturen teil, wo er einige Erzählungen von Rulfo auf Deutsch vorlas. Notorisch allerdings waren seine heftigen Auseinandersetzungen von 1983 bis 1986 mit Mario Vargas Llosa über Kuba und die Rolle des Schriftstellers, die im Zusammenhang mit Grass' Engagement für die Dritte Welt und seiner Sympathie für die sandinistische Revolution in Nicaragua standen (Grass 1997). Vargas Llosa, der die Revolution in Kuba und Nicaragua verurteilte, warf Grass vor, er würde für ganz Lateinamerika das sozialistische Modell Kubas fördern. Wie viele Schriftsteller und Intellektuelle der westlichen Welt erliege Grass, so Vargas Llosa, „einer merkwürdigen ideologischen und moralischen Schizophrenie" (Vargas Llosa 1988b, 242): er rechtfertige in Lateinamerika Methoden, Ideen und Systeme, die er niemals für das eigene Land gelten lassen würde (Vargas Llosa 1984; 1988a, 235). Grass wies diese Vorwürfe mit aller Entschiedenheit zurück und erklärte, er würde nie eine sowjetisch geprägte Lösung für das Lateinamerika-Problem empfehlen. Nicht ohne Erbitterung versuchte Vargas Llosa mit seiner „Antwort an Günter Grass" vom Juli 1986 die Polemik zu beenden: „Ich fürchte, daß diese Polemik es erschwert, daß wir eines Tages Freunde sein werden. Glauben Sie mir, daß ich dies bedaure. [...] Der Gedanke, daß ich mich geirrt habe, hinterläßt einen deprimierenden Nachgeschmack" (Vargas Llosa 1988c, 254). Trotz dieser Auseinandersetzungen hielt der peruanische Autor Günter Grass für einen der wichtigsten Schriftsteller des 20. Jahrhunderts, wie ein Interview im Jahr 2015 deutlich macht (Méndez Gaa 2015).

2 Günter Grass und der neue lateinamerikanische Roman

Neben Goethe, Hölderlin, Büchner, Kafka und Thomas Mann gehört Günter Grass zu den deutschsprachigen Schriftstellern, die die Entwicklung der lateinamerikanischen Literatur am stärksten beeinflusst haben. Insbesondere *Die Blechtrommel* übte eine beträchtliche Wirkung auf die argentinische, mexikanische, kolumbianische und kubanische Literatur aus. Auch heutzutage nehmen viele lateinamerikanische Autoren die Romane von Günter Grass als Impuls und Inspiration für das eigene Werk wahr (Valle 2015).

In den 1960er und 1970er Jahren erfuhr der lateinamerikanische Roman eine hohe internationale Resonanz, ein Phänomen, das mit dem Schlagwort ‚Boom' versehen wurde. Aufgrund der neuartigen Schreibweise der Texte, die man zum Teil als ‚Magischer Realismus' rubrizierte, wurde diese Phase in Verbindung mit der Entstehung der *Nueva Novela* gebracht. Die Erzählweisen und Techniken des lateinamerikanischen Neuen Romans, dessen prominenteste Vertreter Gabriel García Márquez, Carlos Fuentes, Mario Vargas Llosa und der Argentinier Julio Cortázar sind, verweisen deutlich auf US-amerikanische und europäische Schriftsteller wie Proust, Dos Passos, Kafka, Joyce oder Faulkner. Sie stehen aber auch im Einklang mit der Erzählkunst von Günter Grass und weisen Parallelen zu seiner Ästhetik auf, insbesondere in Sicht auf die fantastische Darstellungstechnik, den Rückgriff auf den Barock – Grimmelshausen, schlesische Dichterschule, den spanischen Schelmenroman – und die Zeitbehandlung in Grass' Werken (Dill 2009, 105). Grass selbst hat diese Verwandtschaft auf die gemeinsamen literarischen Vorbilder zurückgeführt, auf Rabelais, Faulkner, Cervantes oder den spanischen Pikaro-Roman (Mallea und Sepúlveda 1998).

In ähnlicher Weise betrachten Autoren des neuen lateinamerikanischen Romans wie Gabriel García Márquez, Carlos Fuentes oder Mario Vargas Llosa, die die deutsche Literatur intensiv rezipierten, Grass als einen Schriftsteller, der ihnen den Sinn für eine neue Historizität gab und sie zu Fantastik und zum magischen Realismus anregte. Sie heben Grass' genialische Kreativität und Erfindungsreichtum hervor, die den Blick auf die Wirklichkeit erweiterten und die Grenzen des realistischen Erzählens sprengten. Sie wissen Grass' Erzählpraxis zu würdigen, weil er auf das Fantastische als Stilmittel bei der Darstellung der geschichtlichen und sozialen Realität zurückgreift und die historische Entwicklung in Bezug zur Gegenwart setzt.

Daher treffen sich Grass' Poetik und diejenige der lateinamerikanischen Realisten in einer Ästhetik, die sich von der Kausallogik abwendet und die Grenzen zwischen

Realem und Irrealem verwischt. Natürliches und Übernatürliches, rationales und mythisches Denken verschmelzen hier zu einer als authentisch empfundenen Wirklichkeit, in der die Kategorien des Wunderbaren und des Realen eine untrennbare Einheit bilden. Verschiedene Zeit- und Wirklichkeitsebenen erscheinen dann widerspruchslos nebeneinander (Hartwig 2018, 188, 190–191). Mithilfe des Erzählmodus eines ‚magischen Realismus', der den Realitätsbegriff grundsätzlich erweitert, wird eine neue Art der Geschichtsdarstellung entwickelt, in der individuelle und kollektive Geschichte ineinander aufgehen. Die historische Vergangenheit erscheint dann oft in einem imaginären Mikrokosmos verdichtet dargestellt, in dem sich Historisches und Fantastisches durchdringen und verschiedene Zeitschichten überlagern (Lange 1992, 20).

In diesem Zusammenhang charakterisiert Carlos Fuentes *Die Blechtrommel* als „die Umwandlung des Absurden in ein Gesetz des Überlebens und des geistigen Wachstums", und García Márquez, der sich von Grass' Stil für seinen Roman *Hundert Jahre Einsamkeit* inspirieren ließ, lobt Grass' „mythischen und zugleich zerstörerischen Blick auf das Grauen, das der Nationalsozialismus war" (Valle 2015). In seinem Prolog zur spanischen Ausgabe der *Blechtrommel* unterstreicht Vargas Llosa ausdrücklich die Symbiose von fantastischen und realistischen Elementen in Grass' Erstlingswerk, die eng mit der Hauptfigur des Romans zusammenhängt. Nach seiner Überzeugung ist Oskar Matzerath einer der schöpferischsten Erfindungen des modernen Erzählens. Als anomale Kreatur auf halbem Weg zwischen Fantasie und dem Realen trenne seine originelle Sichtweise die fiktionale Realität von ihrem historischen Vorbild, so dass er die Welt anders betrachte und die deutsche Geschichte aus einer ungewohnten Perspektive neu erzählen könne. Oskar sei insofern eine Metapher für das, was jeder Roman ist: „eine autonome Welt für sich, in der sich gleichwohl im Wesentlichen die konkrete Welt spiegelt; eine Lüge, in deren Kern eine tiefe Wahrheit aufscheint" (Vargas Llosa 2002, 319). Die Stadt Danzig, deren Darstellung zwischen Realität und Fantasie schwanke, besitze im Roman „die immaterielle Konsistenz der Träume und, zuweilen, die Solidität des Artefakts oder der Geographie". Sie sei „ein veränderliches Wesen, dessen Vergangenheit sich in der Gegenwart festsetzt, ein Hybrid aus Wirklichkeit und Fantasie, in dem die Grenzen zwischen beiden Ordnungen ungewiss und metaphorisch sind" (Vargas Llosa 2002, 326). Wie die Hauptfigur und ihre Abenteuer sei auch die Stadt des Romans „ein Zauber, der uns durch Wort und Wahn eine verborgene Seite der realen Geschichte enthüllt" (Vargas Llosa 2002, 327).

Die Wirkung von Grass Werken im Allgemeinen und *Die Blechtrommel* im Besonderen beschränkt sich aber nicht auf seine Generation, sondern vielmehr lässt sich eine produktive Rezeption auch bei nachfolgenden Generationen lateinamerikanischer Autoren beobachten. Um nur einige Beispiele anzuführen, in denen sich literarische mit politischen und moralischen Aspekten mischen: So erlebte der mexikanische Schriftsteller Élmer Mendoza seine Lektüre der *Blechtrommel* „wie eine Landung in einem anderen Leben". Die Autorin Mayra Santos-Febres, aus Puerto Rico, betrachtet Grass als einen großen Denker und Schöpfer, der „uns eine Weltanschauung schenkte, die sowohl zutiefst deutsch als auch universell, menschlich und politisch war". Dem Kolumbianer Luis Fayad zufolge habe Grass der lateinamerikanischen Erzählliteratur viele Anregungen gegeben. Grass zeige, wie „sich die Literatur über Klassifizierungen hinwegsetzt, wenn Fantasie sie antreibt". Die argentinische Erzählerin Esther Andradi betont, dass Grass „der Schriftsteller des Erinnerns und des Vergessens ist, der sich unablässig in alles einmischte, was mit dem politischen Leben seines Landes zu tun hatte, und der die Provokation zu seinem scharfen Instrument machte". Luis Pulido Ritter, aus Panamá, bezeichnet Grass als „einen Sohn seines Jahrhunderts", als eine außergewöhnliche Figur: „Die Welt, wie wir sie kennen, wäre eine andere ohne diesen Autor, der dazu beigetragen hat, uns die Tugenden und Tragödien des 20. Jahrhunderts und der Gegenwart vor Augen zu führen" (Valle 2015).

Literatur

[Anon.]. „¿Apóstol de la moral?". *Qué Pasa* 1845 (18. August 2006): 7.

[Anon.]. „Revelación de un servidor de Hitler". *La Estrella de Chiloé* (13. August 2006): 12.

Dill, Hans-Otto. *Die lateinamerikanische Literatur in Deutschland. Bausteine zur Geschichte ihrer Rezeption.* Frankfurt am Main 2009.

Grass, Günter. „Im Hinterhof. Bericht über eine Reise nach Nicaragua". *Günter Grass. Werkausgabe*. Bd. 16: *Essays und Reden III. 1986–1997.* Hrsg. von Daniela Hermes. Göttingen 1997: 41–51.

Hartwig, Susanne. *Einführung in die Literatur- und Kulturwissenschaft Lateinamerikas. Schwerpunkt Hispanoamerika.* Stuttgart 2018.

Lange, Susanne. *Die reflektierte Wirklichkeit. Deutsche und lateinamerikanische Gegenwartsliteratur im Vergleich am Beispiel der Werke von Günter Grass und Fernando del Paso.* Frankfurt am Main 1992.

Leñero, Vicente. „El tambor de hojalata. Günter Grass en México". *El Heraldo de México* (15. Mai 1966).

Mallea, Emilia, und Rodrigo Sepúlveda. „Lateinamerika: Ein weites Feld. Interview mit Günter Grass über Toleranz, Literatur und Lateinamerika". *Lateinamerika Nachrichten* 285 (1998). https://lateinamerika-nachrichten.de/artikel/lateinamerika-ein-weites-feld/. (28. Februar 2022).

Méndez Gaa, Eduardo. „Vargas Llosa: ‚Grass veränderte den Roman'. Zum Tode von Günter Grass". *Deutsche Welle. Themen / Kultur* (14. April 2015). https://p.dw.com/p/1F7UW. (28. Februar 2022).

Valle, Amir. „Günter Grass en América Latina: el poder de un legado". *Deutsche Welle* (13. April 2015). https://p.dw.com/p/1F7Kw. (28. Februar 2022).

Vargas, Rafael. „Günter Grass en México". *Nexos* (Juli 2015): 58–64 https://www.nexos.com.mx/?p=25413. (28. Februar 2022).

Vargas Llosa, Mario. „Latin America: A Media Stereotype". *The Atlantic Monthly* (Februar 1984): 20–24. https://www.theatlantic.com/magazine/archive/1984/02/latin-america-a-media-stereotype/666334/. (08. Februar 2023).

Vargas Llosa, Mario. „Freiheit für die Freien?". *Gegen Wind und Wetter. Literatur und Politik.* Mario Vargas Llosa. Aus dem peruanischen Spanisch von Elke Wehr. Frankfurt am Main 1988a: 235–241.

Vargas Llosa, Mario. „Brief an Günter Grass". *Gegen Wind und Wetter. Literatur und Politik.* Mario Vargas Llosa. Aus dem peruanischen Spanisch von Elke Wehr. Frankfurt am Main. 1988b: 242–247.

Vargas Llosa, Mario. „Antwort an Günter Grass". *Gegen Wind und Wetter. Literatur und Politik.* Mario Vargas Llosa. Aus dem peruanischen Spanisch von Elke Wehr. Frankfurt am Main. 1988c: 248–254.

Vargas Llosa, Mario. „Redoble de tambor". *La verdad de las mentiras.* Mario Vargas Llosa. Madrid 2002 [Barcelona 1987]: 317–327. (*Die Wahrheit der Lügen. Essays zur Literatur*. Aus dem Span. von Elke Wehr. Frankfurt am Main. 1994: 156–164).

Vargas Llosa, Mario. „Günter Grass en la picota". *El País* (27. August 2006). https://elpais.com/diario/2006/08/27/opinion/1156629605_850215.html. (28. Februar 2022).

V.2.8 China

Xiaoqiao Wu

Seit Ende der 1970er Jahre erfährt Günter Grass in China eine zunehmend stärkere Rezeption, die in der bisherigen Forschung im Wesentlichen mit Interesse wahrgenommen wurde (vgl. Schweiger 2008; Feng 2011, 20–22 und 251; Zhang 2016, 213–219; Wang 2017). Generell wird Grass in China dabei als politischer Kämpfer, Bürger und die Seele Deutschlands gewürdigt. Es finden sich im chinesischen Schrifttum folgende Varianten chinesischer Transkriptionen des Namens Günter Grass: Kente Gelasi, Jingte Gelasi, Junte Gelasi u. a.

1 Grass' China-Reise und -Begegnungen

Im Herbst 1979 erstattete Günter Grass zusammen mit seiner Frau Ute China einen Besuch, und zwar auf Einladung des deutschen Botschafters Erwin Wickert sowie im Auftrag des Goethe-Instituts. Auf dieser China-Reise hielt Grass Reden und Vorträge an den Germanistikinstituten der Universitäten in Beijing, Nanjing und Shanghai und las aus seinem Roman *Der Butt*. Grass begegnete in Peking chinesischen Schrifstellerkolleg:innen wie Bing Xin, Wang Meng, Bai Hua und Ke Yan. Er bezeichnete sich in Peking selbstironisch als „Revisionist" und betonte seine Begeisterung für den chinesischen Roman *Jin Ping Mei*.

Unmittelbar nach seiner China-Reise entstand 1980 der Roman *Kopfgeburten oder Die Deutschen sterben aus*. Am 22. November 1983 empfing Grass als Präsident der Akademie der Künste zu Berlin die chinesische Schriftstellerdelegation, die unter der Leitung von Kong Luoxun, Chefredakteur von der *Wenyi bao*, Westberlin besuchte (vgl. Sun und Li 1984, 311–312).

Die Pekinger Reise hat auch die chinesischen Germanisten und Schriftsteller beeindruckt (vgl. Ding 1980; Zhang 2000), dementsprechend haben die chinesischen Schriftstellerkollegen mehrere Beiträge zur Erinnerung an die Begegnungen mit Grass veröffentlicht (Yang Mu 2015 in der führenden Pekinger Literaturzeitung *Wenyi bao*). Andersherum fand die chinesische Literatur auch bei Grass Beachtung. Im Gespräch mit dem in Deutschland lebenden Grass-Übersetzer Cai Hongjun bestätigte Grass etwa, dass er den chinesischen Romancier Lao She und dessen Pekinger Roman *Die vier Generationen unter einem Dach* hoch schätze (vgl. Cai 2008, 12).

2 Chinesische Übersetzungen

Die meisten Werke von Grass sind ins Chinesische übersetzt worden. Bereits 1970 erschien die von Li Kuixian übertragene chinesische Ausgabe der Novelle *Katz und Maus* in Taibei (vgl. Zhang 2016, 213). Die von Hu Qiding ins Chinesische übersetzte

https://doi.org/10.1515/9783110755435-089

Kurzgeschichte *Die Linkshänder* (*Zuopiezi*) und der von Pan Zanping ins Chinesische gebrachte Auszug aus dem Roman *Der Butt* (*Dieyu*) gehören im Festland Chinas wohl zu den am frühesten publizierten Texten von Grass und erschienen jeweils in den Zeitschriften *Shijie wenxue* und *Waiguo wenyi* (vgl. Zhang 2016, 213; Wang 2017, 103). *Zuopiezi* wurde mehrmals in verschiedene Sammlungen deutscher Novellen und Erzählungen aufgenommen (1983, 1986, 2005, 2009, 2014 u. a.). Eine von Wang Qian angefertigte neue Übersetzung erschien in der Zeitschrift *Waiguo wenxue* (1995, H. 3: 13–15).

1987 brachte *Shijie wenxue* (Jahrgang 1987, Nr. 6) unter der Redaktion von Cai Hongjun eine Sonderausgabe zu Grass heraus (vgl. Wang 2017, 71–72), in der sich die Übersetzungen von *Katz und Maus* und die Aufzeichnung *Über Literatur* (*Lun wenxue*) fanden. Dazu kamen noch ein Interview Ekkehart Rudolphs mit Grass sowie eine kurze Biographie von Grass. Auf die Bitte von Cai Hongjun, dem verantwortlichen Redakteur für die Abteilung ‚Deutsche Literatur' der Zeitung, verfasste Grass eigens einen Brief „An meine chinesischen Leser meiner Novelle ‚Katz und Maus'".

Die neue chinesische Fassung von *Kopfgeburten* erschien 1987 unter dem Titel *Tousheng* in Taibei; die Übersetzung stammt von Jiang Fuhua. Eine weitere Ausgabe folgte 2003 unter dem Titel *Xiaoshi de deguo ren* (vgl. Zhang 2016, 214). Die chinesischen Ausgaben vom Festland konnten in Taiwan nachgedruckt werden, wobei der chinesische Titel *Die Blechtrommel* in *Xigu* abgeändert wurde.

Der Roman *Die Blechtrommel* ist auch in China ohne Zweifel das bekannteste Werk von Grass. Im März 1990 erschien die von Hu Qiding angefertigte chinesische Übersetzung unter dem Titel *Tiepigu* in Shanghai in Buchform, und zwar in der renommierten Buchreihe *Ershi shiji waiguo wenxue congshu* (*Ausländische Literatur im 20. Jahrhundert*). Hu Qiding, der als Germanist und Lektor für deutsche Literatur beim Verlag für Volksliteratur (Renmin wenxue chubanshe) tätig war, versah seine Übersetzung mit einem langen Vorwort. Die erste Auflage betrug 3000 Exemplare und war schnell vergriffen. Bis 2015 erlebte die in Shanghai publizierte chinesische Übersetzung des Romans *Die Blechtrommel* mindestens vier Auflagen: im August 2006 in der Buchreihe *Yiwen mingzhu wenku* (*Sammlungen von Meisterwerken in der Übersetzungsliteratur*), im Januar 2007 mit einer Auflage von 6000 Exemplaren, im Januar 2011 mit einer Auflage von 8000 Exemplaren in der Buchreihe *Yiwen mingzhu jingxuan* (*Ausgewählte Meisterwerke beim Verlag Übersetzungsliteratur*), im Juli 2015 in der Buchreihe *Shijie fan faxisi zhanzheng wenxue jingdian* (*Weltweite klassische Werke gegen den Faschismuskrieg*).

Der von Hu übersetzte Roman *Die Blechtrommel* ist zudem in Guilin beim Verlag Lijiang, mit großem Erfolg: Die 1998 dort publizierte Ausgabe erlebte im November 1999 schon die dritte Auflage, was zu einer Gesamtauflage in Höhe von 14 000 Exemplaren führte.

Im Jahr 2009 wurde überdies eine stark gekürzte, illustrierte Ausgabe für Schüler:innen vorgelegt. Für die Popularität des Romans in China spricht zudem, dass 2001 sogar Raubdrucke der *Blechtrommel* kursierten, deren Wortlaut stark an die Übersetzung von Hu Qiding angelehnt war. Die von Hu Qiding angefertigte chinesische *Blechtrommel* lag noch in einer zweibändigen Ausgabe vor, und zwar in der Buchreihe

Nuobei'er wenxuejiang jingping diancang wenku. Die Übersetzung von Hu wurde auch als Raubdruck publiziert, der mit falschen Angaben zum Übersetzernamen wie ‚Li Yun' bzw. ‚Zhou Yun' versehen war, wobei das Erscheinungsjahr als 2002 und der Druckort als Huhehaote angegeben wurde.

Die von Cai Hongjun und Shi Yanzhi gemeinsam übersetzte Novelle *Katz und Maus* (*Mao yu shu*) erschien 1991 in Guilin. Auf Initiative von Cai konnten die chinesischen Ausgaben der *Danziger Trilogie* noch 1999, d. h. vor der Nobelpreisverleihung, auf den Markt gebracht werden. Ein Jahr später folgte das Erinnerungsbuch *Mein Jahrhundert* (*Wo de shiji*), für das Grass eine Widmunge „an chinesische Leser" verfasste und dessen Neuauflage schon im August 2001 erschien.

Auf Vermittlung von Cai Hongjun sind fast alle alten und neuen Texte von Grass schnell ins Chinesische übertragen: *Der Butt* (*Bimuyu*) (2003 übersetzt von Feng Yalin und Feng Weiping), *Beim Häuten der Zwiebel* (*Bo Yangcong*) (2008 übersetzt von Wei Yuqing, Wang Binbin und Wu Yukang), *örtlich betäubt* (*Jubu mazui*) (2010 übersetzt von Liu Haining), *Kopfgeburten oder Die Deutschen sterben aus* (*Deguo ren hui sijue?*) (2012 übersetzt von Guo Li), *Die Box* (*Heshi xiangji*) (2012). 2017 erschien der von Rui Hu übertragene Text-Bild-Band *Vonne Endlichkait* unter dem chinesischen Titel *Wanwu gui yi* in Chengdu.

Im Mai 2005 brachte der Verlag für Übersetzungsliteratur Shanghai dann die erste vollständige chinesische Werkausgabe von Grass in zehn Bänden (*Gelasi wenji*) auf den Buchmarkt. Neben der *Danziger Trilogie*, *Mein Jahrhundert*, *Das Treffen in Telgte* (2004), *Essays und Reden* (2004), die bereits vor dieser Werkauswahl im Chinesischen ‚angekommen' waren, wurden damit eine Reihe von Werken zum ersten Mal in chinesischer Sprache präsentiert, im Einzelnen: *Die Rättin* (2005), *Unkenrufe* (2005), *Ein weites Feld* (2005) sowie *Im Krebsgang* (2005). Die Werkausgabe hat jeweils eine Auflage von 1500 bzw. 3600 Exemplaren. Im April 2008 erlebt die zehnbändige Ausgabe *Gelasi wenji* (*Werkausgabe von Grass*) in Shanghai noch einen Nachdruck, in einer Auflage in Höhe von 5100 Exemplaren.

Bemerkenswert ist, dass der namhafte Pekinger Verlag für Volksliteratur 2019 plante, in Kooperation mit dem Grass-Übersetzer und Urhebervermittler Cai Hongjun eine fünfzehnbändige Werkausgabe von Grass und dazu unter dem Titel *Gelasi duben* ein Auswahlbuch von Grass' Texten herauszubringen (vgl. [Anon.] 2019). Inzwischen sind die folgenden fünf Bände, bei denen es sich allesamt um Nachdrucke von früheren Übersetzungen handelt, auf dem Buchmarkt erhältlich: *Tiepigu* (*Die Blechtrommel*), *Mao yu shu* (*Katz und Maus*), *Gou nianyue* (*Hundejahre*), *Danao chan'er* (*Kopfgeburten*) und *Xiexing* (*Im Krebsgang*).

Fast so stark wie als Romancier wurde Grass im China der 1980er Jahre als Lyriker wahrgenommen. 1980 veröffentlichte Song Liying eine chinesische Übersetzung von zwei Gedichten von Grass in der chinesischen Zeitschrift *Waiguo wenxue* (Nr. 2). Die chinesischen Übersetzungen von Gedichten finden sich vereinzelt in verschiedenen Zeitschriften wie *Waiguo wenxue* (1990, Nr. 3: 58–62) und *Shikan* (2004, Nr. 22: 61–62).

Die von Cai Hongjun ausgewählten und übersetzten Gedichte von Grass (*Gelasi shixuan*) erschienen 2016 in der Zeitschrift *Shijie wenxue* (2016, Nr. 6: 286–302). Auch

Xuelian veröffentlichte in mehreren Nummern (2016, Nr. 8, Nr. 12, Nr. 4X.) eine Reihe von Gedichten unter dem Titel *Junte Gelasi shixuan*. Eine geplante chinesische Sammlung von Gedichten kam allerdings nicht zustande. Beachtung fand schließlich auch der bildende Künstler Grass, insofern 1999 Zeichnungen von ihm in Shanghai ausgestellt wurden.

3 Wissenschaftliche Rezeption seit der Reform- und Öffnungspolitik

Die erste chinesische Grass-Monographie, die den Titel *Xingshi zhi gu. Junte Gelasi xiaoshuo yanjiu* (*Trommel zur Warnung an die Welt. Studien zum Prosawerk von Günter Grass*) trägt und von der Forscherin Ma Ya stammt, erschien 2006 in Kunming. Nach einer Reihe von einzelnen Aufsätzen in Fachzeitschriften publizierte die Chongqinger Germanistin und Literaturwissenschaftlerin Feng Yalin 2011 ihre Monographie *Studien zu Prosawerken von Günter Grass* in Shanghai, in der sie vor allem die Romane *Die Blechtrommel* und *Der Butt* exemplarisch behandelte. Das Buch erlebte ein Jahr später die zweite Auflage in Höhe von 1100 Exemplaren.

Mehrere junge Nachwuchswissenschaftler:innen aus China befassten sich in Deutschland in ihren Promotionsvorhaben unter unterschiedlichen Fragestellungen mit Grass. So promovierten Yu Yang 2005 in Tübingen, Zhang Xinyi 2009 in Stuttgart und Pan Lu 2006 in Berlin. Die an der Nanjing University lehrende Zhang Xinyi brachte noch eine chinesische Grass-Monographie *Junte Gelasi yanjiu* (vgl. Zhang 2016) heraus. Als Schlüsselwörter ihrer Untersuchung gelten Intertextualität (vgl. Zhang 2010), Gedächtnis, Groteske und nicht zuletzt die kulinaristische Welt (vgl. Zhang 2014). In Changchun erschien eine chinesische Grass-Biographie von Li Qiang 2016 unter dem Titel *Junte Gelasi zhuan*.

Fast alle neueren Werke des Nobelpreisträgers Grass finden in der chinesischen Germanistik ein lebhaftes Echo. Die Fachzeitschriften haben bei dieser Rezeption eine wichtige Rolle gespielt: Im Jahr 2001 veröffentlichte die an der Peking Universität herausgegebene Zeitschrift *Guowai wenxue* mehrere Arbeiten über Grass, die von den Germanist:innen Zhao Dengrong, Li Changke, Wei Maoping, Cai Hongjun und der Nachwuchswissenschaftlerin Xie Qiong stammten. Das Spektrum der Forschungsaspekte reichte von Kulinaristik und Romanpoetologie (vgl. Yu 2019) über die Übersetzungsproblematik am Beispiel von *Im Krebsgang* (vgl. Song und Liu 2007) bis zur Ökologie und Intertextualität. Dutzende Aufsätze über Grass erschienen auch in den renommierten Fachzeitschriften für Literaturwissenschaft wie *Waiguo wenxue pinglun* (vgl. Hu 1988; Feng 2003 und 2009; Yu 2008), *Dangdai waiguo wenxue* (vgl. Zhang 2002 und 2010; Wei 2004), *Waiguo wenxue* (vgl. Yang 1995; Xie 2000; Feng 2008, 2011 und 2012) und *Waiguo wenxue yanjiu* (vgl. Hua 2000; Lu 2007) und nicht zuletzt in dem Universitätsjournal *Tongji daxue xuebao* (vgl. Wei 2006; Yu 2008; Fang 2011 u. a.). Darüber hinaus haben die Germanist:innen eine Reihe auf Deutsch verfasster Arbeiten (Feng Yalin, Wei Yuqing, Zhang Xinyi u. a.) in der international orientierten Zeitschrift *Literaturstraße* publiziert.

Die Werke von Grass gelten in China als ein beliebter Forschungsgegenstand von akademischen Arbeiten. Etliche Nachwuchsgermanist:innen konnten in Shanghai bzw. in Chongqing ihre Dissertationen über Grass fertigstellen. Xie Qiongs Dissertation über Geschichtliches Schreiben in Erzählwerken von Grass erschien 2016 in Beijing.

Beachtenswert sind auch eine Reihe von komparatistisch angelegten Aufsätzen. Grass wurde beispielsweise im Vergleich mit dem modernen Dichter Lu Xun (vgl. Wei 2004), dem chinesischen Nobelpreisträger Mo Yan (vgl. Pan 2008) bzw. mit dessen Kollegen Jia Pingwa untersucht. Unter dem komparatistischen Aspekt der Sexualitätsästhetik mit Blick auf den chinesischen Sittenroman *Jin Ping Mei* wurde die Novelle *Katz und Maus* beleuchtet (vgl. Wang 2019).

Literatur

[Anon.]. „Renwenshe jiangtui nuojiang zuojia Junte Gelasi xinban wenji" [Der Verlag für Volksliteratur gibt eine neue Werkausgabe von Günter Grass heraus]. *Zhongguo yishubao* (28. August 2019).

Cai, Hongjun. „Yiben xu" (Vorwort des Übersetzers). *Xiexing* (*Im Krebsgang*). Shanghai 2008: 1–13.

Ding, Fang (d. i. Ye Tingfang). „Xide zhuming zuojia Jingte Gelasi zai Beijing daxue de yici jiangyan" (Eine Rede des berühmten westdeutschen Schriftstellers Günter Grass an der Peking-Universität). *Shijie wenxue* 1 (1980): 310–311.

Fang, Weigui. „Aosiweixin hou de xiezuo. Lun Gelasi de meixue sixiang" (Das Schreiben nach Auschwitz. Über die ästhetischen Gedanken von Günter Grass). *Tongji daxue xuebao* 22.2 (2011): 1–10.

Feng, Yalin. „Durch das Erzählen ‚genauer Fakten zu erfinden'. Faktualität und Fiktionalität in Günter Grass' Prosawerken ". *Germanistik zwischen Tradition und Innovation*, Bd. 11. Hrsg. von Zhu Jianhua, Zhao Jin und Michael Szurawitzki. Shanghai 2018: 173–178.

Feng, Yalin. „Junte Gelasi xiaoshuo zhong de baoli yu tazhe" (Gewalt und der Andere in Günter Grass' Romanen). *Waiguo wenxue* 5 (2012): 53–59.

Feng, Yalin. „Junte Gelasi xiaoshuo zhong jiyi de yanshi" (Inszenierungen des Gedächtnisses in Günter Grass' Romanen). *Waiguo wenxue* 2 (2011): 125–131.

Feng, Yalin. *Junte Gelasi xiaoshuo yanjiu* (*Studien zu Prosawerken von Günter Grass*). Shanghai 2011.

Feng, Yalin. „Ziran zuowei wenxue huiyi de fuhao. Lun Junte Gelasi xiaoshuo zhong gongnenghua de ziran miaoxie" (Natur als literarisches Zeichen. Über die funktionalisierten Naturschilderungen in Günter Grass' Romanen). *Waiguo wenxue pinglun* 3 (2009): 55–65.

Feng, Yalin. „Pipan, jicheng yu nengzhi youxi. Lun Junte Gelasi zuoping zhong jidujiao ticai de biaoxian shoufa ji yiyi" (Kritik, Erbe und das Spiel mit den Signifikanten. Zur Ausdrucksform und Bedeutung christlicher Thematik im Frühwerk des Gegenwartsautors Günter Grass). *Waiguo wenxue pinglun* 2 (2003): 53–59.

Hu, Qiding. „Xiandai liulanghan xiaoshuo *Tiepigu*. Jian ping yi zhong xin gongshihua wenlun." (*Die Blechtrommel* als moderner Schelmenroman – nebenbei zu einem neuen stereotypen Literaturtheorem). *Waiguo wenxue pinglun* 4 (1988): 53–58.

Hua, Shaoxiang. „Shilun Junte Gelasi de xiaoshuo *Tiepigu* zhong de huangdan yu zhenshi" (Versuch über Absurdität und Wahrheit in Günter Grass' Roman *Die Blechtrommel*). *Waiguo wenxue yanjiu* 3 (2000): 39–43.

Lu, Xiaoyan. „Hei'an wangguo de moguai. Shixi Junte Gelasi *Gou nianyue* zhong de shenhua yixiang" (Monstrum aus dem Reich der Dunkelheit. Versuch zur Symbolik des Mythos in Günter Grass' *Hundejahre*). *Waiguo wenxue yanjiu* 2 (2007): 136–143.

Pan, Lu. *Aus dem Schattenreich der Vergangenheit. Erinnerungsarbeit in Günter Grass' „Blechtrommel" und Mo Yans „Üppiger Busen, dicker Hintern"*. Frankfurt am Main 2008.

Schweiger, Irmy. „Günter Grass in China. Von der Kulturrevolution bis zur Wirtschaftswunderwelt; Lektüren eines Nobelpreisträgers". *Die Medien und Günter Grass*. Hrsg. von Hanjo Kesting. Köln 2008: 161–171.

Song, Jianfei, und Qinhui Liu. „Yezhe, celue, yiwen. Shi lun fanyi piping ying guanzhao de duixiang. Yi Junte Gelasi *Xiexing* hanyi weili" (Übersetzer, Strategie und Übersetzungstext. Zum Gegenstand der Übersetzungskritik am Beispiel der chinesischen Übersetzung von Grass' *Im Krebsgang*). *Jiefangjun waiguoyu xueyuan xuebao* 5 (2017): 88–93.

Sun, Junhua, und Shixun Li. „Junte Gelasi huijian zhongguo wenhua daibiao tuan" (Günter Grass empfing die chinesische Kulturdelegation). *Shijie wenxue* 1 (1984): 311–312.

Wang, Yanhui. „‚Junte Gelasi'. Günter Grass in China (1979–2016). Übersetzungen – Forschung – Wirkung". *Jahrbuch für internationale Germanistik* 49.2 (2017): 61–106.

Wang, Yanhui. „Günter Grass, ‚Katz und Maus' und der chinesische Roman ‚Jin Ping Mei'. ein Fall von sexualästhetischen Wahlverwandtschaften?". *Oxford German studies* 48.3 (2019): 359–373.

Wei, Yuqing. „Zai youyu yu wutuobang zhijian paihuai. Lun Gelasi de *Woniu riji*" (). *Tongji daxue xuebao* 17.6 (2006): 16–21.

Wei, Yuqing. „Das Imaginäre und Kreative in der Erinnerungstrilogie von Günter Grass". *Literaturstraße* 13 (2012): 315–324.

Wei, Yuqing. „‚Zwiebel' und ‚Bernstein'. Erinnerung und Gedächtnis in ‚Beim Häuten der Zwiebel' von Günter Grass". *Literaturstraße* 9 (2008): 311–322.

Wei, Yuqing. „‚Schnecke' versus ‚Wanderer'? Zur Problematik der Melancholie und Utopie bei Grass und Lu Xun". *Literaturstraße* 5 (2004): 193–202.

Wei, Yuqing. „Kashandela de jianjiao he Xixifusi de nuli. Lun Gelasi *Mushu* zhong de qimeng guan" (Kassandraruf und Sisyphusarbeit. Die Auffassung von Aufklärung in Grass' *Rättin*). *Dangdai waiguo wenxue* 1 (2004): 114–122.

Xie, Yingying. „Lishi cong xiamian kan. Tan Junte Gelasi ni chaoliu de xiezuo" (Geschichte, von unten hergesehen. Grass' Schreiben gegen die verstreichende Zeit). *Waiguo wenxue* 1 (2000): 12–17.

Yang, Jin. „Kunan de xushi sanbuqu? Lun *Tiepigu, Mao yu shu* he *Gou de suiyue*." (Eine Trilogie zum Erzählen von Leiden? Über *Die Blechtrommel, Katz und Maus* und *Hundejahre*). *Waiguo wenxue* 3 (1995): 20–23.

Yu, Yang. „Wenben de ziwei. Lun Junte Gelasi de yinshi shixue" (Geschmack des Textes. Über die Poetik des Kulinarischen bei Günter Grass). *Shanghai jiaotong daxue xuebao* 27. 2 (2019): 86–96.

Yu, Yang. „Zuowei mixin de qimeng. Junte Gelasi zai *Tousheng* yu *Shenshe* zhong dui qimeng bianzheng fa zhi fansi" (Aufklärung als Aberglaube. Zu Günter Grass' Reflexionen über die Dialektik der Aufklärung in den Werken *Kopfgeburt* und *Zunge zeigen*). *Waiguo wenxue pinglun* 3 (2008): 58–65.

Yu, Yang. *„Wie Fremdes vertraut wird und fremd bleibt". Die Rolle der Dritten Welt im politischen und literarischen Werk von Günter Grass*. Stuttgart 2005.

Zhang, Xinyi. *Junte Gelasi yanjiu* (*Studie zu Günter Grass*). Nanjing 2016.

Zhang, Xinyi. „Xiao xushi he da yixiang. Lun Junte Gelasi bixia de yingshi shijie" (Essen und Trinken bei Günter Grass). *Dangdai waiguo wenxue* 35. 1 (2014): 115–122.

Zhang, Xinyi. „Yansu de youxi. Lun Junte Gelasi xiaoshuo de huwen xing tese" (Das Spiel mit dem Ernst. Über die Merkmale der Intertextualität in Günter Grass' Romanen). *Waiguo wenxue pinglun* 31.1 (2010): 28–36.

Zhang, Xinyi. *Formen und Funktionen der Intertextualität in Erzählwerken von Günter Grass*. Frankfurt/M. 2009.

Zhang, Xinyi. „Ein politisches Pamphlet oder ein erfolgreicher literarischer Versuch?". *Literaturstraße* 6 (2005): 287–300.

Zhang, Xinyi. „Bei wudu de zhuanzhe xiaoshuo. Cong huwenxing kan G. Gelasi de *Shuolai huachang*" (Der missverstandene Wenderoman. Günter Grass' *Ein weites Feld* aus der Perspektive der Intertextualität). *Dangdai waiguo wenxue* 3 (2002): 84–85.

Zhang, Yushu. „Junte Gelasi yinxiang ji" (Eindrücke von Günter Grass). *Beijing wenxue* 1 (2000): 105–107.

V.3 Verfilmungen

Jörn Glasenapp

1 Einleitung

Das Werk von Grass hat es bis heute nur auf ganze vier Filmadaptionen gebracht: Hansjürgen Pohlands KATZ UND MAUS (1967), Volker Schlöndorffs DIE BLECHTROMMEL (1979), Martin Buchhorns DIE RÄTTIN (1997) und Robert Glińskis UNKENRUFE – ZEIT DER VERSÖHNUNG (2005). Was mag der Grund für diese geringe Anzahl sein? Naheliegend wäre die Erklärung, die Grass'schen Texte widersetzten sich als hoch idiosynkratrische sprachliche Kunstwerke, die sie ohne Zweifel sind, stärker als etwa jene Thomas Manns, Heinrich Bölls oder Siegfried Lenz' ihrer Verfilmung, das heißt ihrer Transposition vom *telling mode* in den *showing mode* (vgl. hierzu Hutcheon 2013, 22–27). So wurde von Grass' literarischer Großtat, dem ‚Jahrhundertroman' *Die Blechtrommel* von 1959, beispielsweise oftmals behauptet, sie sei unverfilmbar – bis Schlöndorff dies mit seiner Adaption, der Salman Rushdie attestierte, sie stünde ihrer Vorlage an Komplexität und Tiefe in nichts nach (Rushdie 2009), eindrucksvoll widerlegte. Insofern sollte man die angebliche ‚Widerborstigkeit' von Grass' Werken gegenüber der Leinwand als Ursache für ihre Kaum-Präsenz auf selbiger nicht überbewerten. Man wird diesbezüglich vielmehr von einem Ursachen-Bündel ausgehen dürfen, das zu entpacken hier nicht der Ort ist. Stattdessen soll es um die Verfilmungen selbst gehen, und zwar insbesondere um die beiden erstgenannten, KATZ UND MAUS sowie DIE BLECHTROMMEL, die als in vielfacher Hinsicht typische Werke des Neuen Deutschen Films nationale, im Falle von Schlöndorffs Film sogar internationale Filmgeschichte geschrieben haben. Sie sollen dabei ausdrücklich *nicht*, wie dies in der Forschung üblicherweise geschieht (vgl. u. a. Hall 1990; Kilborn 1992; Friedrich 2005; Martinec 2007), als Adaptionen, sondern als filmische Kunstwerke eigenen Rechts gewürdigt werden. Dass der eine oder andere vergleichende Blick auf die beiden literarischen Vorlagen bzw. ihren Autor hierbei hilfreich sein wird, versteht sich von selbst.

2 Der Neue Deutsche Film und die Literatur

Die ‚Oberhausener', also jene Filmemacher (es waren nur Männer, darunter auch Pohland), die 1962 das Oberhausener Manifest verfasst und „Papas Kino" für tot erklärt hatten (vgl. Grob, Prinzler und Rentschler 2012, 13–16), aber auch jene, die in ihrer Nachfolge den Neuen Deutschen Film zu voller Blüte bringen und international bekannt machen sollten – Werner Herzog, Rainer Werner Fassbinder, Wim Wenders und Schlöndorff – verstanden sich insofern als „Vaterlose" (Wenders 1986, 114), als sie als Filmschaffende in ihrem Heimatland an keine wegweisenden Vorbilder anknüpfen konnten. Die nämlich gab es – filmästhetisch wie kulturpolitisch betrachtet – schlechterdings nicht. Die Nazis und ihr Erbe, das insbesondere durch die zwischen dem

https://doi.org/10.1515/9783110755435-090

'Dritten Reich' und der Bundesrepublik bestehende personelle Kontinuität innerhalb der Filmbranche zum Tragen kam, hatten diesbezüglich ganze Arbeit geleistet.

Um auf ihre 'Vaterlosigkeit' zu reagieren, gab es für die jungen Regisseur:innen vor allem zwei Möglichkeiten: Entweder man suchte sich 'Ersatzväter' aus dem Ausland – etwa John Ford, Nicholas Ray oder Yasujirō Ozu im Falle von Wenders oder Douglas Sirk im Falle von Fassbinder – oder man lenkte seinen Blick auf Kunstwerke jenseits der Leinwand und betrieb die Erneuerung des bundesrepublikanischen Films via Umweg über die deutschsprachige Literatur. Da viele Protagonist:innen des Neuen Deutschen Films neben ihrer filmischen Tätigkeit unter anderem auch als Literaturschaffende in Erscheinung traten – zu denken wäre an Alexander Kluge und Fassbinder –, lag Letzteres noch zusätzlich nahe.

Man darf die Tatsache, dass keine nennenswerten Berührungsängste gegenüber der Literatur bestanden, als einen der gravierenden Unterschiede zwischen dem Neuen Deutschen Film und der französischen Nouvelle Vague betrachten, ohne die der deutsche Aufbruch undenkbar gewesen wäre, die aber ein erheblich distanzierteres Verhältnis zur Literatur und speziell zur Literaturadaption pflegte (vgl. Aragay 2005, 15). Die Befürchtung eines François Truffaut oder Jean-Luc Godard, die filmische Autorschaft, welche sich in einer dezidiert filmspezifischen Ästhetik bzw. *écriture filmique* auszudrücken hatte, würde durch eine allzu große Nähe zur Literatur gleichsam 'verunreinigt', teilte man in Deutschland dezidiert nicht. Und so entstanden – nicht selten bedeutende – Literaturverfilmungen in großer Zahl, angefangen bei DAS BROT DER FRÜHEN JAHRE (Herbert Vesely, 1962; nach Heinrich Böll), DER JUNGE TÖRLESS (Volker Schlöndorff, 1966; nach Robert Musil), BAAL (Volker Schlöndorff, 1970; nach Bertolt Brecht) und DIE ANGST DES TORMANNS BEIM ELFMETER (Wim Wenders, 1972; nach Peter Handke) über EFFI BRIEST (Rainer Werner Fassbinder, 1974; nach Theodor Fontane), DIE VERLORENE EHRE DER KATHARINA BLUM (Volker Schlöndorff und Margarethe von Trotta, 1975; nach Heinrich Böll) und GRETE MINDE (Heidi Genée, 1977; nach Theodor Fontane) bis hin zu WOYZECK (Werner Herzog, 1979; nach Georg Büchner) und BERLIN ALEXANDERPLATZ (Rainer Werner Fassbinder, 1980; nach Alfred Döblin). Bereits die genannten Werke lassen eine ausgewogene Zuwendung zu teilweise unter Hitler verfemten Klassikern (der Moderne) wie zur Gegenwartsliteratur erkennen. Dass bei der Wahl der zu adaptierenden Texte die von Grass in den Fokus der Filmschaffenden gerieten – jenes Autors also, der mit seinem skandalträchtigen epischen Erstling landauf, landab für „Schreie der Freude und der Empörung" (Enzensberger 1979, 9) gesorgt hatte und der wie kein anderer den literarischen Neuanfang in der noch jungen Bundesrepublik verkörperte –, überrascht nicht im Geringsten.

3 Hansjürgen Pohlands KATZ UND MAUS (1967)

Pohlands Adaption von Grass' 1961 erschienener Novelle *Katz und Maus*, dem nach *Die Blechtrommel* zweiten Teil der *Danziger Trilogie*, feierte am 7. Februar 1967 in West-Berlin Premiere. Bereits Monate zuvor, Ende September 1966, hatte der Schriftsteller eine Art Rohschnitt des Films zu Gesicht bekommen – und sich entsetzt gezeigt. „[D]ieser Film darf so nicht gezeigt werden“ (zit. n. Stahl 2012, 59), lautete sein unmissverständliches Votum. Unter anderem störte er sich am „halbschwule[n] Tanz“ (zit. n. Stahl 58) mit dem Ritterkreuz, den Lars Brandt, der jüngere der beiden den Protagonisten Joachim Mahlke spielenden Willy-Brandt-Söhne, in Badehose an Deck des halbgesunkenen Minensuchbootwracks aufführt. Grass zufolge mangele es der Szene an Verantwortung Willy Brandt gegenüber, der wegen der in ihr zum Ausdruck kommenden Verunglimpfung des Ritterkreuzes politisch Schaden nehmen könne; es war übrigens Grass selbst, der den Regisseur während dessen langwieriger Suche nach Darstellern für den Protagonisten auf die Brandt-Söhne aufmerksam gemacht hatte. Deren Eltern hatten zwar pädagogische Bedenken gegenüber dem Mitwirken geäußert, letztlich aber ihr Einverständnis gegeben (vgl. [Anon.] 1966). Wie Grass für den SPD-Kanzlerkandidaten Brandt Wahlkampf machte, hatte Pohland kurz zuvor in seinem Kurzfilm Bürger Grass (1965) festgehalten.

Zum Zeitpunkt, als Grass sich über Pohlands Katz und Maus echauffierte, hatte sich längst bis in höchste politische Kreise herumgesprochen, dass der allseits als ‚links‘ wahrgenommene Film unter Mitwirkung der Brandt-Söhne entstanden war. Dies bot dem damaligen Bundeskanzler Ludwig Ehrhard einen willkommenen Anlass, um den großen Hoffnungsträger der SPD zu diskreditieren. „Denken Sie bloß einmal“, so äußerte sich Erhardt im November 1966 gegenüber dem FDP-Fraktionsvorsitzenden und Ritterkreuzträger Erich Mende, „wo wir hinkommen, wenn ein Mann wie Brandt Kanzler wird. Dessen beide Söhne schänden das nationale Symbol des Eisernen Kreuzes, indem sie das Ritterkreuz auf dem Badeanzug tragen.“ (zit. n. Niehoff 2006, 180)

Schon die von der Erzählerstimme und schmissigen Hardbop-Klängen unterlegte und unverkennbar an den Beginn von Godards À bout de souffle (1960) erinnernde Autofahrt seines Anfangs macht deutlich: Katz und Maus, der erst zweite Langfilm Pohlands, der weniger als Regisseur denn als Produzent zu einer Schlüsselfigur des Neuen Deutschen Films avancierte, will gegenwärtig, will flott und modern wirken. Mit seiner expressiven Mise-en-scène und Kameraarbeit, den unerwarteten Schwenks und vor allem den zahlreichen Jumpcuts, durch die sich die handelnden Figuren schlagartig in halbzerfallene weiße Schaufensterpuppen verwandeln, operiert er wie kaum ein anderer bundesrepublikanischer Film vor oder nach ihm im ästhetischen Fahrwasser der Nouvelle Vague – und überforderte damit Teile der damaligen Kritik, die den kohärenzverweigernden Bildfluss des Films mit „Salat der Stile“ (zit. n. Stahl 2012, 81) für angemessen beschrieben hielt.

Die offensiv ausgestellte formale Modernität und Experimentierfreude von Katz und Maus, über die der Film seinen ‚Realismus‘ konterkariert und sich seinem auf Distanz gehaltenen Publikum jederzeit in seiner Materialität bzw. als Film zu erkennen gibt, kontrastieren mit seinem Thema: dem erinnernden Rückblick in die Schul- und zugleich Nazizeit. Im Zentrum steht hierbei der vom Schüler zum ritterkreuzausgezeichneten Panzergrenadier und schließlich zum Deserteur sich wandelnde Außenseiter Mahlke, den sein übergroßer Adamsapfel zu schaffen macht. Pohland zufolge haben wir in ihm „den Deutschen schlechthin“ zu erkennen, „diesen geltungsbedürftigen Kleinbürger, der vor sich und der Welt etwas darstellen will und sei es nur, um seinen

Abb. 1–3: Mahlkes „halbschwule[r] Tanz“ (Grass) mit dem Ritterkreuz in Katz und Maus.

Komplex zu überwinden [...]. Die Klassenkameraden [...] sind nichts anderes als ‚Volk', ohne eigene Meinung, bereit, den erstbesten aus ihrem Kreise als ‚Führer' anzuhimmeln." (zit. n. Stahl 2012, 32) Immer wieder, beispielsweise in jenen beiden Sequenzen, in denen ehemalige, zu Kriegshelden gewordene Schüler in der Aula wortreich vom Frontgeschehen berichten, steht der Militarismus unter scharfer Anklage, die man auch insofern als höchst zeitgemäß werten konnte, als sich damals der Vietnamkrieg seinem Höhepunkt näherte.

KATZ UND MAUS zu realisieren, nahm insgesamt fünf Jahre in Anspruch. Als der Film endlich anlief, wurde er nahezu ausschließlich als Politikum bzw. politischer Skandal wahrgenommen. Vereinzelt gab es Demonstrationen gegen ihn, Drohbriefe an Kinobetreiber, die den Film zu spielen gedachten, wurden verfasst, sogar zu einem Brandanschlag kam es (vgl. Stahl 2012, 76 u. 97). Die Presse, die Pohlands Werk außergewöhnlich breit rezipierte, kanzelte es weitgehend ab, ohne auch nur annähernd dessen nicht unerhebliche künstlerische Meriten wahrzunehmen (vgl. Stahl 2012, 77–94). An der Kinokasse floppte KATZ UND MAUS krachend und belegte damit eindrucksvoll, dass Skandale mitnichten einen pekuniären Erfolg garantieren.

4 Volker Schlöndorffs DIE BLECHTROMMEL (1979)

„Seit 1959, als *Die Blechtrommel* erschien, lag alle zwei Jahre ein Angebot vor, einen Film aus der *Blechtrommel* zu machen – mit den absurdesten Vorstellungen." So äußerte sich Grass (zit. n. Schlöndorff 1979, 21) auf einer Pressekonferenz, die er zusammen mit Franz Seitz und Schlöndorff Mitte 1978 gab. Letzterer hatte den Roman gut ein Jahr zuvor erstmals gelesen (vgl. Schlöndorff 1979, 37). Zu diesem Zeitpunkt nahm die mit gut sieben Millionen DM außergewöhnlich hoch budgetierte und unter anderem von Schlöndorff selbst bestens dokumentierte (vgl. Schlöndorff 1979, 37–122) Produktion der Adaption bereits rasch an Fahrt auf. Der Regisseur, der seit DER JUNGE TÖRLESS, BAAL und MICHAEL KOHLHAAS – DER REBELL (1969) als Spezialist für Literaturverfilmungen galt (und sich auch als ein solcher verstand), war sich von Anfang an im Klaren darüber, dass der Film durch und durch filmisch auszufallen hätte, am Ende also keinesfalls „inszenierte Literatur" (Schlöndorff 1979, 39) bzw. devotes Nacherzählungskino herauskommen dürfe. Grass, der für die Mitarbeit am Drehbuch gewonnen werden konnte, betonte seinerseits, „daß es sich nicht um eine Verfilmung der *Blechtrommel* handeln kann, sondern um einen Film nach dem Roman *Die Blechtrommel*." (Barudio 1979, 19) Eben so wird das Verhältnis zwischen Vorlage und Film dann auch in dessen Titelsequenz ausgewiesen: „Die Blechtrommel" groß und in knallroter, „nach dem Roman von Günter Grass" kleiner und in weißer Schrift.

Abb. 4: Keine „inszenierte Literatur“: Aus der Titelsequenz von DIE BLECHTROMMEL.

Was auf diesen paratextuellen Auftakt folgt, ist ein Film, der mit seinem lebensprallen, skurril-grotesken und zutiefst sinnlichen Figuren- und Szenenarsenal bereits die frühe Kritik zu Recht an Federico Fellini, zumal an dessen AMARCORD (1973), erinnerte (vgl. Moeller und Lellis 2011, 185), in narrativer Hinsicht indes vielleicht noch prominenter auf den Spuren von LA DOLCE VITA wandelt (und damit der pikaresken Struktur von Grass' Roman gerecht wird). Wie Fellinis Meisterwerk von 1960 nämlich verzichtet DIE BLECHTROMMEL komplett auf einen ausgewogen-abgerundeten, teleologisch auf eine klare Lösung hin organisierten Geschehensablauf und setzt stattdessen verstärkt auf das Gewicht der einzelnen Episoden (der Strandgang mit dem aalschwangeren Pferdekopf, die SA-Kundgebung auf der Maiwiese, der Angriff aufs polnische Postamt etc.). Diese wirken allesamt vergleichsweise autonom und sind in einer Abfolge hintereinandergeschaltet, die, reich an Leerstellen, zwar stimmig, indes keinesfalls zwingend ist. Von einer erotetischen Frage-Antwort-Struktur, derer sich das traditionelle Handlungskino gewöhnlich bedient, kann also nicht wirklich die Rede sein (Carroll 2008, 133–144). Zudem erscheinen die Episoden als Einheiten gegenüber dem Ganzen durchaus gleichberechtigt, bisweilen gar privilegiert und bilden sozusagen den Kern, um den herum der im Director's Cut knapp über zweieinhalbstündige Monumentalkunstfilm konstruiert wurde. Schlöndorff selbst zog gar den Vergleich mit einer „Nummernrevue“ (Schlöndorff 1979, 38) heran, um das Bauprinzip seines implizit, mitunter aber – wie bei Oskars erster Begegnung mit dem kleinwüchsigen Bebra – explizit zirzensischen Films zu charakterisieren.

Trotzdem bleibt DIE BLECHTROMMEL ästhetisch kohärent. Das ist angesichts der Tatsache, dass der ‚fellinesk‘ daherkommende Film mal Anleihen beim Stummfilm (vgl. die Szenenabschlüsse via Irisblende), mal auf Leni Riefenstahls Parteitagsfilm TRIUMPH DES WILLENS (1935) rekurriert, mal originales Wochenschau-Dokumentarmaterial einbindet, doppelt bemerkenswert ist. Es verdankt sich zum einen und vor allem der schillernden, alles beherrschenden Figur des Oskar Matzerath, dessen Stimme aus

Abb. 5: Die alles beherrschende Figur: Oskar Matzerath, gespielt vom damals zwölfjährigen David Bennent, in DIE BLECHTROMMEL.

dem Off die Geschehnisse eigenwillig kommentiert, zum anderen aber den zahlreichen Leitmotiven. Das prominenteste Leitmotiv sind die Fische bzw. Aale, deren symbolischer Gehalt die Themen Sexualität, Tod und Vergänglichkeit umfasst. Strukturierende Funktion haben aber auch die Röcke der Großmutter, unter denen eingangs Oskars Großvater, später er selbst Schutz sucht, oder das Kinderlied „Ist die schwarze Köchin da?", das mehrfach zu hören ist. Und natürlich ist hier auch Oskars wieder und wieder erklingendes nervtötendes Trommeln zu nennen, auf das stets sein „glastötendes" Schreien folgt, wodurch sich nicht zuletzt Bezüge zu Hitler ergeben, der vom ‚Trommler' der NSDAP zum ‚Führer' Deutschlands aufstieg und das ‚Glastöten' in der im Film behandelten Reichspogromnacht vom November 1938 veranlasste. Darüber hinaus arbeitet der Film mit einer sich wiederholenden und dadurch Struktur gebenden Dreieckskonstellation: Steht Agnes Matzerath, Oskars Mutter, in der ersten Hälfte des Films zwischen ihrem Mann Alfred Matzerath und ihrem Cousin Jan Bronski, dem tatsächlichen Vater von Oskar, so ist es später die kleinwüchsige Bühnenkünstlerin Roswitha, in deren Beziehung zu Bebra sich Oskar hineindrängt. Wie Agnes stirbt Roswitha, wobei auch sie ‚ihre' zwei ‚Männer' zurücklässt. Im Falle von Bronski und Matzerath werden diese schließlich nacheinander vom Protagonisten aus dem Weg geräumt – und das ob einer kaum verhohlenen ödipalen Rivalität, was sich besonders gut mit Blick auf Matzerath darstellen lässt. Ihm heftet Oskar, als die russischen Soldaten auftauchen, das Naziabzeichen an, was zum Tod von Matzerath führt. Als der Protagonist das letzte Mal zu sehen ist, hält ihn seine von ihm nur allzu offensichtlich sexuell begehrte Stiefmutter Maria Matzerath im Arm. Ödipus Oskar triumphiert demnach auf ganzer Linie.

Beide, Oskar und Maria, besteigen schließlich den Zug nach Westen, der sie durch die Kaschubei und in eine ungewisse Zukunft führt. Wie am Anfang des Films sehen wir eine Frau auf einem Feld bei der Kartoffelernte. Schlöndorffs Film, in dem zum einen der auf Holocaust und Weltkrieg zulaufende historische Progress Thema ist, der zum anderen aber auch immerfort das Wiederkehrende in der Geschichte der Familie Matzerath betont, der also, um es pointiert und in Anlehnung an Jacques Rancière zu sagen, zeitphilosophisch im Zeichen der Linie und des Kreises operiert (vgl. Rancière 2013, passim), endet mit einem Zirkelschluss.

Abb. 6: Ein Zirkelschluss: Die finale Einstellung von DIE BLECHTROMMEL.

„Oskar verkörpert die Rachsucht des Kleinbürgers und seinen anarchischen Größenwahn", so Schlöndorff (1979, 39). Entsprechend setzt er seinen Protagonisten mitnichten nur als einen widerständigen, mittels seiner Trommel Einspruch erhebenden Außenseiter in Szene, sondern auch – etwa wenn er sich einer gen Frankreich reisenden Propagandakompanie anschließt – als systemkonformen und -stützenden Mitläufer. Die Frage, ob ihn ein Kind oder ein Kleinwüchsiger spielen sollte, trieb den Regisseur lange Zeit um, bis er erkannte: „Mit einem Kind können wir uns alle identifizieren, mit einem Zwerg nur wenige." (Schlöndorff 1979, 40) Schließlich spielte David Bennent die Rolle derart eindringlich, dass sich der künstlerische Triumph von Schlöndorffs unter anderem mit Angela Winkler, Mario Adorf und Katharina Thalbach hochkarätig besetztem Film zu großen Teilen dem zum Zeitpunkt des gut viermonatigen Drehs Zwölfjährigen verdankte. Bennent wird seitdem immerzu mit dem Namen „Die Blechtrommel" in Verbindung gebracht, seine Schauspielkarriere entsprechend drastisch reduziert – ein Schicksal, das in analoger, nur leicht abgemilderter Form sowohl Grass, ‚der Autor der *Blechtrommel*', als auch Schlöndorff, ‚der Regisseur der BLECHTROMMEL', mit ihm teil(t)en.

So eigenständig Schlöndorffs Film ist, er darf durchaus als repräsentativ für den bundesdeutschen Autor:innenfilm der 1970er Jahre gelten, den insbesondere drei Merkmale kennzeichnen: *erstens* die Hinwendung zu Themen und Stoffen aus der historischen und aktuellen ‚Wirklichkeit', *zweitens* die Reflexion der nationalen Identität bzw. dessen, was es bedeutete, in Deutschland respektive der BRD zu leben, sowie *drittens* die Ausrichtung an den (Unterhaltungs-)Bedürfnissen des zahlenden Publikums (vgl. Uka 2004, 194). Neben Fassbinders nur wenige Monate zuvor uraufgeführtem Melodram DIE EHE DER MARIA BRAUN (1979) entspricht kein Film dieser Merkmalstrias mehr als Schlöndorffs Grass-Adaption. Diese avancierte national wie international zum größten kommerziellen Kassenerfolg des Neuen Deutschen Films und gewann zudem die Goldene Palme in Cannes, um schließlich auch noch mit dem Oscar für den besten fremdsprachigen Film ausgezeichnet zu werden – als erster deutscher Film überhaupt. Kein Wunder also, dass sich Schlöndorff eine Zeitlang mit dem Gedanken an eine Fortsetzung trug (vgl. Wydra 1998, 126–127; Moeller und Lellis 2011, 174). Dieser lag auch insofern nahe, als sich sein Erfolgsfilm inhaltlich auf die ersten beiden der insgesamt drei Bücher von Grass' über 700 Seiten langem Roman beschränkt und er zudem auf den in der Heil- und Pflegeanstalt spielenden Erzählrahmen mit seinen Elementen und Figuren verzichtet. Mitte der 1980er Jahre entstand sogar die Rohfassung eines Drehbuchs, das mit *Oskar wächst ... der Blechtrommel zweiter Teil* betitelt war (vgl. Wydra 1998, 126). Letztlich zerschlugen sich jedoch alle Sequel-Pläne.

5 Schluss

Pünktlich zu Grass' 70. Geburtstag feierte Martin Buchhorns DIE RÄTTIN, eine aufwändig produzierte TV-Adaption des gleichnamigen, 1992 erschienenen apokalyptischen Romans, bei Arte und der ARD Premiere, um im Anschluss daran noch in einigen wenigen Programmkinos gezeigt zu werden. Obgleich mit Helene Grass seine Tochter als Schauspielerin mitwirkte, distanzierte sich der Schriftsteller von der Produktion (vgl. Herrmann o.J.), die auch anderweitig eher kühl aufgenommen wurde und rasch in Vergessenheit geriet. Selbiges kann im Großen und Ganzen auch für UNKENRUFE – ZEIT DER VERSÖHNUNG konstatiert werden, die reichlich biedere Verfilmung der Grass'schen Erzählung aus dem Jahr 1992 durch den polnischen Regisseur Robert Gliński. Die deutsch-polnische Koproduktion lief seinerzeit gleichzeitig in Polen und Deutschland an, ihre Uraufführung erfolgte nahe ihres zentralen Schauplatzes Danzig auf dem Festival von Gdingen.

Ob die wenig euphorische Aufnahme beider Werke Filmemacher:innen als Ansporn dienen wird, sich von Neuem an einer Verfilmung eines Buchs des Nobelpreisträgers von 1999 zu versuchen, ist fraglich. Die ‚Größe' von Schlöndorffs Adaption wiederum, die sich vor der Folie von Buchhorns und Glińskis Filmen nur noch eklatanter ausnimmt, könnte einschüchternd wirken. Es steht also zu erwarten, dass Grass weiterhin ein Klassiker der Literatur bleiben wird, der nur selten den Weg auf die Leinwand findet. Doch immerhin: Mit Schlöndorffs DIE BLECHTROMMEL hat sein Werk für einen bedeutenden Eintrag ins Weltkino gesorgt.

Literatur

[Anon.]. „Brandt-Söhne: Scheitel gezuckert". *Der Spiegel* (3. Juli 1966). https://www.spiegel.de/politik/scheitel-gezuckert-a-747d6145-0002-0001-0000-000046407892 (14. September 2022).

Aragay, Mireia. „Reflection to Refraction: Adaptation Studies Then and Now". *Books in Motion: Adaptation, Intertextuality, Authorship*. Hrsg. von Mireia Aragay. Amsterdam und New York 2005: 11–34.

Barudio, Günter. „Günter Grass: Im Filmbild bleibt das Literarische auf der Strecke. Interview mit Günter Grass". *Filmfaust* 3.14 (1979): 19–27.

Carroll, Noël. *The Philosophy of Motion Pictures*. Malden 2008.

Enzensberger, Hans Magnus: „Wilhelm Meister, auf Blech getrommelt (1959)". DIE BLECHTROMMEL*: Tagebuch einer Verfilmung*. Hrsg. von Volker Schlöndorff. Darmstadt und Neuwied 1979: 9–15.

Friedrich, Hans-Edwin. „DIE BLECHTROMMEL (Günter Grass – Volker Schlöndorff): ‚Ein Film braucht eine eigene Konstruktion'". *Interpretationen: Literaturverfilmungen*. Hrsg. von Anne Bohnenkamp. Stuttgart 2005: 255–263.

Grob, Norbert, Hans Helmut Prinzler, und Eric Rentschler (Hrsg.). „Einleitung". *Neuer Deutscher Film*. Stuttgart 2012: 9–58.

Hall, Carol. „A Different Drummer: ‚The Tin Drum' Film and Novel". *Literature/Film Quarterly* 18.4 (1990): 236–244.

Herrmann, Pitt. „DIE RÄTTIN". https://www.filmportal.de/film/die-raettin_8dc269e49e9046b6b16bec85ebc5d06e (14. September 2022).

Hutcheon, Linda. *A Theory of Adaptation*. London und New York, NY 2013 [2006].

Kilborn, Richard. „Filming the Unfilmable: Volker Schlöndorff and ‚The Tin Drum'". *Cinema and Fiction: New Models of Adapting, 1950–1990*. Hrsg. von John Orr und Colin Nicholson. Edinburgh 1992: 28–38.

Martinec, Thomas. „Perspective and Reality: Cinematic Transformation of the Narrative Perspective in Schlöndorff's DIE BLECHTROMMEL". *Processes of Transposition: German Literature and Film*. Hrsg. von Christiane Schönfeld. Amsterdam und New York, NY 2007: 169–190.

Moeller, Hans-Bernhard, und George Lillis. *Volker Schlöndorffs Filme: Literaturverfilmung, Politik und das ‚Kinogerechte'*. Berlin 2011.

Niehoff, Karena. „Tanz ums Ritterkreuz (1967)". *Karena Niehoff: Feuilletonistin und Kritikerin*. Hrsg. von Rolf Aurich und Wolfgang Jacobsen. München 2006: 180–183.

Rancière, Jacques. *Béla Tarr: Die Zeit danach*. Berlin 2013.

Rushdie, Salman. „A Fine Pickle". *The Guardian* (28. Februar 2009). https://www.theguardian.com/books/2009/feb/28/salman-rushdie-novels-film-adaptations (4. März 2009).

Schlöndorff, Volker. DIE BLECHTROMMEL*: Tagebuch einer Verfilmung*. Darmstadt und Neuwied 1979.

Stahl, Enno. *Für die Katz und wider die Maus: Pohlands Film nach Grass*. Berlin 2012.

Uka, Walter. „Zwischen der Suche nach Lebensgefühl, Realismus und Geschichte, Selbstverständigung und dem Traum von Hollywood: Der bundesdeutsche Film in den 70er Jahren". *Die Kultur der siebziger Jahre*. Hrsg. von Werner Faulstich. München 2004: 193–209.

Wenders, Wim (Hrsg.). „That's Entertainment: Hitler (1977)". *Emotion Pictures: Essays und Filmkritiken*. Frankfurt am Main 1986: 113–120.

Wydra, Thilo. *Volker Schlöndorff und seine Filme*. München 1998.

VI Editionsgeschichte

Katrin Wellnitz

1 Einzelausgaben

Die Geschichte von Günter Grass' Erfolg als Künstler ist im Wesentlichen von zwei Verlagen geprägt: dem Luchterhand Verlag in Darmstadt/Neuwied, bei dem Grass von 1956 bis 1993 publiziert hat, und dem Steidl Verlag in Göttingen, dem Grass von 1993 bis zu seinem Tod im Jahr 2015 treu blieb. Durchgehend gilt: Grass' Werk zeugt von einer künstlerischen Heterogenität, die sich nicht auf Literatur als Medium beschränkt. Lyrik und Prosa stehen neben und zugleich in reizvoller Spannung zu Grass' bildkünstlerischen Arbeiten, seinen Theaterspielen, Hörfunkbeiträgen und seinen politischen Reflexionen. Mehr noch, über die zahllosen Buchprojekte hinaus sind auch Platten, Hörbücher, Kunstmappen, Ausstellungs- und Werkkataloge zu berücksichtigen. Aber selbst wenn sich in diesem Rahmen nicht jedes publizierte Einzelkunstwerk erfassen lässt, so können hier doch anhand von systematischen Werkgruppen die wesentlichen Tendenzen der durch ihren Reichtum so unübersichtlichen Editionsgeschichte greifbar gemacht werden.

1.1 Luchterhand

Der zunächst relativ kleine Luchterhand Verlag hat Grass' steile Karriere vom ersten Buch an begleitet und – trotz der Konkurrenz bedeutender Verlagshäuser wie Carl Hanser, Suhrkamp oder S. Fischer – lange erfolgreich mit dem Bestsellerautor zusammengearbeitet (vgl. NGA 22, 12; NGA 24, 190). Bis 1992 sind alle seine Werke in der Regel bei Luchterhand veröffentlicht worden. Nur eher bildkünstlerisch geprägte Ausnahmen wie *In Kupfer, auf Stein* (1986), *Totes Holz. Ein Nachruf* (1990) oder *Vier Jahrzehnte. Ein Werkstattbericht* (1991) sind bereits im Steidl Verlag erschienen, bevor Grass durch gewachsene Spannungen mit der neuen Luchterhand-Verlagsleitung ganz nach Göttingen wechselte (vgl. NGA 19, 268). Seine Erzählung *Unkenrufe* (1992) erschien dann als erstes literarisches Werk im engeren Sinne bereits ein Jahr vor dem offiziellen Verlagswechsel im Jahr 1993 bei Steidl, wodurch der Autor und sein zukünftiger Verleger einen Rechtsstreit in Kauf nahmen, zu dem es aber nicht kam (Detering et al. 2022, 19).

1.1.1 Grass' Etablierung als Autor bei Luchterhand

In seiner Autobiografie *Beim Häuten der Zwiebel* (2006) inszeniert Grass seinen literarischen Aufstieg und damit insbesondere seine erfolgreiche Suche nach einem Verlag als Märchen: Der „Märchenprinz" (NGA 17, 409) Grass las 1955 auf der Frühjahrstagung der Gruppe 47 einige Gedichte vor und wurde daraufhin von Verlagen umworben; jedoch „hörte [er] kein Sterbenswörtchen von den Lektoren der viel versprechenden Verlage" (NGA 17, 414). Der für die literarische Abteilung des Luchterhand-Verlags zuständige Peter Frank aber kam im Auftrag des Verlegers Eduard Reifferscheid auf den Jungautor und bil-

https://doi.org/10.1515/9783110755435-091

denden Künstler zu und bot ihm an, einen Gedichtband mit Federzeichnungen zu drucken und auch das vom Autor geforderte Autorenhonorar zu zahlen (vgl. NGA 17, 414).

So erschien nach einigen Einzelveröffentlichungen 1956 der Gedicht-Bild-Band *Die Vorzüge der Windhühner* als literarisches Debüt und ebnete dem Künstler in gleich dreifacher Weise den Weg: Grass etablierte sich als Dichter, die bis 1993 andauernde Zusammenarbeit zwischen Grass und dem Luchterhand-Verlag wurde ins Leben gerufen und schließlich wurde schon in diesem ersten Band das Zusammenspiel von Literatur und bildender Kunst erprobt, indem Text und Zeichnungen darin spielerisch zusammengeführt werden (vgl. Wellnitz 2022a, 31).

Zwischen der Veröffentlichung der *Windhühner* und der *Blechtrommel* 1959 publizierte Grass Theaterstücke, die zumeist in den *Akzenten* und teilweise als Hörspiele erschienen und zwischen 1957 und 1959 uraufgeführt wurden (vgl. Stolz 2023, 117–157; Stolz 2010, 68–101). 1957 etwa wurde das im selben Jahr an der Frankfurter Studentenbühne uraufgeführte Stück *Hochwasser* unter der Regie von Martin Walser aufgenommen und im Süddeutschen Rundfunk gesendet; 1959 ging dort ebenfalls das Stück *Zweiunddreißig Zähne* auf Sendung.

1.1.2 Literarische Publikationen

In seiner autobiographischen „Liebeserklärung“ *Grimms Wörter* (2010) beschreibt Grass seinen Luchterhand-Verleger Eduard Reifferscheid als passionierten Literaturliebhaber, der für die Veröffentlichung literarischer Werke gerne auch einmal draufgezahlt habe. Grass hingegen steigerte den Umsatz des Verlags mit seinen Romanen (vgl. NGA 19, 267–268). Der auch finanzielle Erfolg begann dabei schon mit dem ersten Roman *Die Blechtrommel* (1959). Grass publizierte dann beinahe alle Einzelausgaben bei Luchterhand, bevor er 1993 zum Steidl Verlag wechselte (zum Verlagswechsel vgl. Detering et al. 2022, 15–30; Dokumente im Göttinger Grass-Archiv, Signatur: Cod. Ms. Grass-Archiv Verlagswechsel).

Nach der *Blechtrommel* veröffentlichte der Luchterhand-Verlag als literarische Einzelausgaben Grass’ Romane *Hundejahre* (1963), *örtlich betäubt* (1969), *Aus dem Tagebuch einer Schnecke* (1972), *Der Butt* (1977) und *Die Rättin* (1986), seine Novelle *Katz und Maus* (1961), die Erzählungen *Das Treffen in Telgte* (1979) und *Kopfgeburten oder Die Deutschen sterben aus* (1980) sowie das Theaterstück *Die Plebejer proben den Aufstand* (1966). Und auch die politischen und literaturtheoretischen Schriften und Auseinandersetzungen von Grass wurden im Luchterhand-Verlag als einem „progressiven, linken, der aufklärerischen Literatur verpflichteten Verlag“ (Weber 2007, 243) in Sammelbänden oder Einzelausgaben gedruckt – eingeleitet 1965 durch den 11 Seiten umfassenden Band *„Dich singe ich, Demokratie“. Es steht zur Wahl* und gefolgt von Sammelbänden mit Grass’ politischen und künstlerischen Reden und Gesprächen.

1.1.3 Intermediale Ausgaben und frühe Buchkunstwerke

Luchterhand war auf die Veröffentlichung von Grass' Schriften konzentriert, erfasste und förderte aber nach Ansicht des Multitalents nur unzureichend seine bildkünstlerische Arbeit – ein wesentlicher Grund dafür, dass Grass schon ab 1985 zunehmend gerne mit seinem zukünftigen Verleger Gerhard Steidl zusammenarbeitete und gemeinsam mit ihm die Veröffentlichung von Bild- und Buchkunstbänden vorbereitete (vgl. Detering et al. 2022, 15–16). Eingeläutet wurde diese Zusammenarbeit mit dem von Grass und Steidl gemeinsam konzipierten, aber bei Luchterhand gedruckten Band *In Kupfer, auf Stein* (1986), der Grass' druckgraphisches Werk vorstellt (vgl. Detering et al. 2022, 15).

Doch auch bei Luchterhand erschienen nach den *Windhühnern* neben Grass' epischen Werken (für einen chronologischen Überblick vgl. Stolz 2023, 455–459) zahlreiche Lyrik- und großformatige Buchkunstbände – 1960 zunächst der Gedicht-Bild-Band *Gleisdreieck*, der neben den 54 Gedichten auch mit Fettkreide gezeichnete, mehr oder weniger illustrierende Motive enthält, 1967 der politische und ebenfalls mit Zeichnungen versehene Lyrikband *Ausgefragt*, 1988 das Indien-Buch *Zunge zeigen*, das als intermediales Buchkunstwerk (vgl. Wellnitz 2022b) und als „Geburtsstunde des Arbeitsprinzips Grass-Steidl" begriffen werden kann: der gemeinsamen Arbeit von Künstler und Verleger am gesamten Buch (Detering et al. 2022, 19). 1990 folgte der ökologische Nachruf *Totes Holz*, in dem Text und Bild noch konsequenter zusammengeführt sind als in den vorhergehenden Bänden. Über das *Skizzenbuch* aus Calcutta konnte Grass unabhängig von Luchterhand verfügen, es erschien 1989 bei Steidl (vgl. Detering et al. 2022, 17).

Das Zusammenspiel und die gemeinsame Dynamik von Schreiben und Zeichnen, von bildender Kunst und Literatur (vgl. dazu NGA 22, 104–106; Krason 2021; Detering et al. 2022), spiegeln sich bereits in diesen frühen Bänden wider (vgl. Wellnitz 2022a). Ausgestellt, greifbar gemacht und gewürdigt wird die Arbeit des „schreibende[n] Zeichner[s]" (NGA 22, 106) darüber hinaus schon mit der großformatigen Ausgabe *Zeichnen und Schreiben* (1982/1984), in der Zeichnungen neben Texten stehen. Erweitert hat Grass dieses Konzept in seinen bei Steidl erschienenen Werkstattberichten *Vier Jahrzehnte* (1991), *Fünf Jahrzehnte* (2004) und *Sechs Jahrzehnte* (2014): Sie veranschaulichen anhand von Fotografien, Arbeitsskizzen, Entwürfen und kommentierenden Kurztexten zu Grass' Gesamtwerk, wie eng darin die Entstehung von Büchern mit der bildenden Kunst, mit dem Zeichnen und bildhaften Gestalten zusammenhing (vgl. dazu Neuhaus 2010, 1).

1.2 Steidl

Nach dem politischen Sonettenzyklus *Novemberland* (1993) erschien bei Steidl als nächstes Großprojekt Grass' „Deutschlandroman" (Stolz 2023, 258) *Ein weites Feld* (1995). Er löste nicht nur eine über Wochen andauernde, bitter geführte öffentliche Debatte im gesamtdeutschen Feuilleton aus (vgl. Negt 2002), sondern schlägt den Bogen zurück zu Grass' Calcutta-Aufenthalt 1986/87 und dem daraus hervorgegangenen Text-Bild-Band

Zunge zeigen (vgl. Grass und Zimmermann 1999, 222–223; 228). Diese für das Grass'sche Werk so charakteristischen Verknüpfungen zwischen Neuem und Altem hat Steidl zum Programm gemacht, sodass nicht nur Neuerscheinungen, sondern auch zahlreiche Neuausgaben unter Berücksichtigung aller Ausdrucksformen des Künstlers entstanden (vgl. Steidl 2022).

1.2.1 Literarisches, Politisches und Erinnertes

Auf den monumentalen Roman *Ein weites Feld* folgt mit *Fundsachen für Nichtleser* (1997) ein „malerisches Tagebuch" (Neuhaus 2010, 221) voll bunter, mit Text angereicherter Aquarelle, entstanden im Wald jenseits öffentlicher Ärgernisse (vgl. Grass 2014, 381). Grass konzipierte zunehmend solche spielerischen Text-Bild-Bände, hielt sich dabei aber keinesfalls aus dem politischen Geschehen heraus: Politische Einzelveröffentlichungen wie seine *Rede vom Verlust. Über den Niedergang der politischen Kultur im geeinten Deutschland* (1992), die *Rotgrünen Reden* (1998) oder die *Reden zugunsten des Volkes der Roma und Sinti* (2000) prägen ebenfalls sein Wirken bei und mit Steidl (vgl. Steidl 2022, 94–101).

Nach der Verleihung des Nobelpreises 1999 erschien als nächstes erzählerisches Werk die Novelle *Im Krebsgang*, die „zum deutschen Feuilleton-Ereignis des Jahres 2002 avancierte" (Stolz 2023, 272). Danach konzentrierte Grass sich zunehmend auf andere Schwerpunkte, konzipierte in schneller Folge seine großformatigen Text-Bild-Bände (vgl. den folgenden Abschnitt) und ebnete mit der Veröffentlichung von *Beim Häuten der Zwiebel* im Jahr 2006 seiner ‚Trilogie der Erinnerung' den Weg: Neben der *Zwiebel* hat Grass seine autobiographischen Erinnerungen auch in *Die Box. Dunkelkammergeschichten* (2008) und *Grimms Wörter. Eine Liebeserklärung* (2010) verarbeitet.

Zusätzlich wurden alte Ausgaben unverändert neu aufgelegt, zum Beispiel *Fundsachen für Nichtleser* (2014), weiterhin wurden Werkausschnitte als Buchausgabe veröffentlicht, so *Vatertag* (2003), ein Kapitel aus dem *Butt*, oder *Marthas Hochzeit* (2000), Kapitel 14 und 15 aus *Ein weites Feld*. 1999 wurden ausgewählte Werke von Grass in einer „Sonderausgabe zum Literaturnobelpreis" veröffentlicht.

1.2.2 Steidl intermedial

Sehr fruchtbar war die Zusammenarbeit von Autor und Verleger auch mit Blick auf die mediale Präsentation von Grass' Werk. Denn Steidl veröffentlichte neben den bibliophilen Buchausgaben in unterschiedlichen Formaten auch sehr engagiert Schallplatten, Tonkassetten, Hörbücher auf CD und Plakate und schien stets darauf bedacht, Grass' Werk aus unterschiedlichen Perspektiven zu vermarkten. Bei den ab 2004 realisierten Tonaufnahmen dominieren zwei Formate: einerseits die Reihe „Günter Grass liest", in der Grass seine literarischen Werke – auch in epischer Länge – vorliest, andererseits seine gemeinsamen Aufnahmen mit dem Musiker Günter „Baby" Sommer, der von Grass eingelesene Texte musikalisch untermalt hat. Dass Steidl sich in besonderem Maße der audiomedialen Vermarktung des herausragenden Vorlesers widmete, veranschaulicht schon die mit Günter „Baby“ Sommer zusammen erstellte Aufnahme *Wer lacht hier, hat gelacht?* von 1988: ein Grass-Steidl-Projekt mehr, das noch in die Zeit von Luchterhand fällt.

Ganz anders als Luchterhand konzentrierte sich Steidl darüber hinaus, wie oben bereits angesprochen, auf die bildkünstlerischen Arbeiten von Grass; er sah in ihnen „eine Fortsetzung des geschriebenen Textes“ (Detering et al. 2022, 16). Großformatige Text-Bildbände wurden gedruckt, in denen „Graphik und Wort in Verbindung zueinander stehen“ (NGA 24, 644). 1987 entstand das zweite von Grass und Steidl gemeinsam gestaltete Buch, *Mit Sophie in die Pilze gegangen*, in dem erstmals Text in die Zeichnungen integriert ist und eine Spannung zwischen Zeichnungen und gedruckten Texten erzeugt wird (vgl. Detering et al. 2022, 16; 45–48).

In der Folge dieses Text-Bild-Experiments entstanden weitere groß- bzw. sonderformatige Bildbände: die Neuausgaben von *Zunge zeigen* (2000), *Totes Holz* (2002) und *Mein Jahrhundert* (2016), weiterhin *Fundsachen für Nichtleser* (1997), *Letzte Tänze* (2003), *Dummer August* (2007), *Unterwegs von Deutschland nach Deutschland. Tagebuch 1990* (2009), *Eintagsfliegen* (2012), die Jubiläumsausgabe der *Hundejahre* (2013) und schließlich postum der Band *Vonne Endlichkait* (2015); hinzu kommen Bände zum bildkünstlerischen Werk wie *Ohne die Feder zu wechseln. Zeichnungen, Druckgrafiken, Aquarelle, Skulpturen* (1997) oder *Auf einem anderen Blatt. Zeichnungen* (1999) sowie die Illustration von ausgewählten Märchen Hans Christian Andersens in dem großformatigen Band *Der Schatten* (2004).

1.2.3 Fortsetzung folgt

Seinen 2014 veröffentlichten Werkstattbericht *Sechs Jahrzehnte* hat Grass mit einem „auf Zukunft setzende[n] Doppelpunkt“ (Grass 2014, 602) ausklingen lassen. Und trotz seines Todes ein Jahr später scheint dieser zukunftsgewisse Doppelpunkt richtungsweisend, denn seit 2015 sind im Steidl Verlag weiterhin regelmäßig Grass-Werke veröffentlicht worden: Bibliophile Neuausgaben wie *Das Treffen in Telgte* (2018), bisher unpublizierte Werke aus dem Nachlass wie die Legende *Figurenstehen* (2022), vereinzelte Forschungsbände wie Viktoria Krasons *Auseinandernehmen und Zusammensetzen* (2021) sowie katalogartige und reich illustrierte Bände zu Grass’ Werk wie *Frühe Bilder von Günter Grass* (2022) halten die Beschäftigung mit Grass ebenso lebendig wie die 2020 erschienene *Neue Göttinger Ausgabe*, die ganz nach Grass’ Vorstellung angefertigt wurde und die neue Referenzausgabe ist (vgl. Steidl 2022).

2 Werkausgaben

Im Jahr 1987 erschien die erste Werkausgabe von Grass in zehn Bänden bei Luchterhand, im Jahr 2020 dann die *Neue Göttinger Ausgabe* in 24 Bänden als aktuelle Referenzausgabe bei Steidl. 1997 brachte Steidl zunächst die Werkausgabe in 16 Bänden heraus, die in den Folgejahren immer wieder erweitert wurde, bevor sie 2007 von gleich zwei Ausgaben abgelöst wurde: der zwölfbändigen *Göttinger Ausgabe* sowie der *Studienausgabe* in 20 Bänden. Eine gewisse Unübersichtlichkeit im Umgang mit den Werkausgaben, hervorgerufen durch das Zitieren je unterschiedlicher Ausgaben, ist mit der *Neuen Göttinger Ausgabe* hinfällig geworden.

2.1 Die Luchterhand-Ausgabe von 1987

Volker Neuhaus, der Herausgeber der Ausgabe von 1987, steckt in einem dem ersten Band beigegebenen Vorwort die ehrgeizigen Ziele dieser ersten Werkausgabe ab: Sie möchte „[d]ie Sammlung des Werks in allen seinen Aspekten“ (Grass 1987, 5) leisten, das heißt für Neuhaus das Einschließen von Lyrik, Kurzprosa und den Bühnenwerken in den mit der Ausgabe sichtbar gemachten Werkzusammenhang; zusätzlich versucht sie, so Neuhaus, „den inneren Zusammenhang des gesamten Werks von Günter Grass aufzuzeigen und nachvollziehbar zu machen“ – und zwar durch einen „bei einem lebenden Autor vielleicht ungewohnten Kommentar“, der die „Einheit in der Vielfalt“ erfasst (Grass 1987, 5) und „Grass’ dichterischer Eigenart“ Rechnung trägt (Grass 1987, 6).

Die Einteilung der Bände erfolgt halb thematisch, halb chronologisch, beginnt mit dem Band *Gedichte und Kurzprosa*, auf den die erzählerischen Werke von der *Blechtrommel* bis zur *Rättin* folgen (Band 2–7). In Band 8 sind die gesammelten Theaterspiele zu finden, Band 9 präsentiert Essays, Reden, Briefe Kommentare und Band 10 Gespräche. Volker Neuhaus hat die Hälfte der Bände selbst herausgegeben; Mitherausgebende sind Anita Overwien-Neuhaus, Claudia Mayer, Christoph Sieger, Angelika Hille-Sandvoss, Daniela Hermes und Klaus Stallbaum.

2.2 Steidl-Ausgaben

Die erste Steidl-Werkausgabe (nach der Studienausgabe in 12 Einzelbänden aus dem Jahr 1994) erschien 1997 in 16 Bänden, herausgegeben von Volker Neuhaus und Daniela Hermes, die bereits gemeinsam an der Luchterhand-Werkausgabe gearbeitet hatten. Sie folgt dann auch dieser ersten Werkausgabe, wurde kritisch, in Abstimmung mit Grass, durchgesehen und ergänzt um all jene Texte, die in den gut zehn Jahren hinzugekommen waren. Besonders hervorgehoben werden im editorischen Kommentar die nunmehr drei Bände mit gesammelten Essays und Reden, zu denen neben neuen auch unveröffentlichte und entlegene Texte hinzugekommen seien (vgl. Grass 1997, 493). Der Band „Gespräche“ ist hingegen gestrichen worden. Während in der Luchterhand-Ausgabe mitunter zwei Werke in einem Band veröffentlicht wurden, erhält hier jedes Erzählwerk einen eigenen Band. Eine weitere Änderung ist, dass die Theaterspiele als Band 2 – also noch vor der *Blechtrommel* – angesetzt sind. Auch hier hat Volker Neuhaus die Hälfte der Bände herausgegeben; als Herausgeber hinzu kamen noch Dieter Stolz und Claudia Mayer-Iswandy. 2003 erschien eine um zwei Bände erweiterte Ausgabe, ergänzt um *Mein Jahrhundert* (1999) und *Im Krebsgang* (2002).

2007 erschien die aktualisierte *Göttinger Ausgabe* in zwölf Bänden auf Dünndruckpapier, gedacht als neue „Referenz-Edition" des Steidl Verlags (ohne verantwortliche Herausgeber), auf die sich auch die fünf Kommentarbände von 2010 zu Gedichten und Kurzprosa, *Die Blechtrommel, Hundejahre, Katz und Maus* und den Theaterspielen beziehen. In dieser Ausgabe wurden wieder, wie bei der Luchterhand-Werkausgabe, mehrere Werke in einem Band zusammengefasst.

Diese aus vielerlei Gründen schnell überholte Ausgabe wurde 2020 durch die aktualisierte, von Dieter Stolz und Werner Frizen herausgegebene *Neue Göttinger Ausgabe* (NGA) in 24 Einzelbänden abgelöst. Die NGA ist nunmehr die verbindliche Referenzausgabe. Sie umfasst alle von Grass autorisierten Werke, wurde aber nicht nur um die bislang fehlenden Texte ergänzt, sie wurde auch noch einmal neu gesetzt und durchgesehen. Darüber hinaus wurden Fehler bis 2015 nach Rücksprache mit Günter Grass korrigiert sowie mit den Erstausgaben bzw. mit Archivmaterial abgeglichen und an die Standards der vom Autor bevorzugten „alten" Rechtschreibung angeglichen (vgl. NGA 1, 572). Auf eine Erweiterung durch Werkstattberichte, Tagebücher und Briefwechsel, die als Einzelausgaben vorliegen, musste in diesem Rahmen ebenso verzichtet werden wie auf die (Text-)Bildkompositionen, die der vielseitige Künstler in allen Lyrikbänden und einigen Prosawerken gestaltet hat (vgl. NGA, Editorische Notiz). Aktualisiert wurden auch die vier Auswahlbände mit Essays und Reden von 1955 bis 2011; ergänzt wurde die Werkausgabe wieder um einen Band mit ausgewählten Gesprächen (1958–2015). Alle 24 Bände werden auch als Einzelbände angeboten.

3 Archive

Da Grass mit seinen Mehrfachbegabungen unterschiedliche Medien kreativ einsetzte, verwundert es nicht, dass sein Nachlass sich auf mehrere Grass-Institutionen und -Archive verteilt. Während der literarische Vorlass von 1950 bis 1996, das Fotoarchiv von Maria Rama und sämtliche Korrespondenzen bis zum Tod des Autors im Günter-Grass-Archiv in der Akademie der Künste in Berlin zu finden sind, wird sein bild- und buchkünstlerischer Nachlass im Archiv des Günter Grass-Hauses Lübeck, der Günter und Ute Grass Stiftung und auch in der Sammlung von Grass' Verlag Steidl gepflegt und erforscht. Materialien zur Buchgestaltung hat der Steidl Verlag dem in der Staats- und Universitätsbibliothek Göttingen ansässigen Günter Grass-Archiv übergeben, wo sie seit 2018 archiviert und erforscht werden. Sein audiovisuelles Werk wird im Medienarchiv der Günter Grass Stiftung Bremen gesammelt und gepflegt. Und im Literaturarchiv Sulzbach-Rosenberg e.V. gehört ein erst 1970 zufällig in Paris entdeckter Grass-Koffer, bestückt u. a. mit einem Konvolut aus Kapitelentwürfen zur *Blechtrommel*, zum wesentlichen Bestand.

3.1 Günter-Grass-Archiv in der Akademie der Künste, Berlin

1990 erwarb die Akademie der Künste Grass' Vorlass, sein „Berliner Privatarchiv" (Neuhaus 2010, 1): eine Sammlung von heterogenen Materialien zu seinem Leben und Werk. Sie enthält Manuskripte und Typoskripte zu den zwischen 1950 und 1995 veröffentlichten Grass-Werken, Drehbücher, Ballette, Reden und Aufsätze; weiterhin Arbeitstagebücher, Arbeits- und Zeitpläne, Recherchematerial, eine umfangreiche Sammlung von diversen Korrespondenzen, Fotografien sowie metatextuelles Material über Grass wie Forschungsarbeiten, Zeitungsartikel oder Marketingmaterial. Integriert in diesen Bestand ist die Fotosammlung von Maria Rama mit Fotos aus Grass' Leben und von Grass' bildkünstlerischem Werk zwischen 1960 und 2000. Auch gehört eine umfangreiche Nachlassbibliothek insbesondere mit Primärtexten und Widmungsexemplaren aus dem Bestand von Maria Rama zur Berliner Grass-Sammlung (zum Bestand vgl. AdK 2023; Neumann 2016). Der Großteil des Bestandes kann bestellt und im Lesesaal des Archivs eingesehen werden; gesperrte Bestände bedürfen einer Bewilligung von der Günter und Ute Grass Stiftung.

3.2 Archiv der Günter und Ute Grass Stiftung, Lübeck

Günter Grass gründete im Jahr 2011 zusammen mit seiner Frau Ute eine Stiftung, „die ihrer Satzung gemäß den Zweck hat, Kunst, Kultur und Bildung sowie Wissenschaft und Forschung zu fördern" (Stiftung 2023). Diese Stiftung, die ihren Sitz gemeinsam mit dem Günter Grass-Haus in der Glockengießerstraße 21 hat, verfügt über jenen Nachlass, der bisher nicht zu den Sammlungen eines der anderen Archive gehört; dazu zählen literarische und bildkünstlerische Werke sowie sämtliche, Grass' beruflichen Erfolg dokumentierende Gegenstände wie Urkunden oder Medaillen (vgl. Ohsoling 2015). Die Stiftung macht diesen Nachlass für die Forschung zugänglich und arbeitet selbst an seiner Erschließung.

3.3 Archiv des Günter Grass-Hauses, Lübeck

Im Jahr 2002 wurde das Günter Grass-Haus als Forum für Literatur und bildende Kunst in Lübeck gegründet. Neben Ausstellungen zu Leben und Werk von Grass, aber auch zu anderen Kunstschaffenden mit Doppel- und Mehrfachbegabungen, gehört auch die Pflege des Sammlungsarchivs zu den Angeboten des Grass-Hauses. Die Sammlung umfasst Manuskripte von Grass, die vorwiegend nach dem Umzug seines Sekretariates von Berlin nach Lübeck im Jahr 1996 entstanden sind (vgl. Grass-Haus 2023a). Das Haus kauft aber auch weiterhin Manuskripte an: zuletzt das Manuskript von *Grimms Wörter* im Frühjahr 2023. Weiterhin ist der Großteil des bildkünstlerischen Nachlasses mit „über 1.400 Zeichnungen, Druckgrafiken und Aquarellen des Künstlers" Teil der

Sammlung (Grass-Haus 2023b). Das Material wird nicht nur der Forschung zugänglich gemacht, sondern auch im Rahmen von Ausstellungen gezeigt.

3.4 Medienarchiv der Günter Grass Stiftung Bremen

Das Medienarchiv Bremen wurde 2001 von der Freien Hansestadt Bremen, Radio Bremen, der Sparkasse Bremen sowie zwei Bremer Kaufleuten gegründet und archiviert seitdem das audiovisuelle Werk von Grass. Sämtliche Aufnahmen in Hörfunk und Fernsehen sowie auf Ton- und Bildträgern werden hier gesammelt und allen Interessierten zugänglich gemacht. Mit ihrem digitalisierten Medienarchiv versteht sich die Stiftung als Partnerin der Forschung, Wissenschaft und Öffentlichkeit. Sie beteiligt sich dementsprechend an der Erforschung und Vermittlung von Grass' Leben und Werk – etwa durch Ausstellungen, Lesungen oder Vorträge. In diesem Sinne fördert das Medienarchiv Projekte, die sich mit Themen wie der Erinnerungskultur, der Rolle des Individuums in der Geschichte und der Bedeutung von Kunst und Literatur für die Gesellschaft auseinandersetzen. Gemeinsam mit ihrem Projekt- und Technologiepartner erforscht die Günter Grass Stiftung Bremen neben inhaltlichen Aspekten aber auch die Frage nach dem Wie eines zeitgemäßen, technologiegestützten Recherchierens in (multimedialen) Archiven. Damit einhergehend werden neue Konzepte zur Interaktion von Benutzern mit digitalen Schnittstellen zu Archiven erforscht, ferner die kontextuelle, konzeptionelle und semantische Vernetzung von Archivalien innerhalb von Archiven sowie die Vernetzung von Archiven miteinander. Die Günter Grass Stiftung Bremen versteht sich demnach nicht nur als Hüterin des literarischen Nachlasses von Günter Grass, sondern auch als ein Ort der Begegnung und des Dialogs, der die Traditionen und die kritische Auseinandersetzung, die Grass in seinen Werken pflegte, fortführt. Das digitalisierte Medienarchiv kann nach einer Anmeldung online oder vor Ort genutzt werden (vgl. Medienarchiv 2023; Hillerts-Lichtenberg 2015).

3.5 Göttinger Bestand im Archiv und Verlag

Seit Januar 2019 wird im Göttinger Günter Grass-Archiv in einer Zusammenarbeit von Staats- und Universitätsbibliothek und Universität jener Nachlass von Grass archiviert und wissenschaftlich erschlossen, der die fast dreißigjährige Zusammenarbeit von Grass und dem Steidl Verlag dokumentiert. Es handelt sich um buchgestalterische Materialien – teilweise auch noch aus Grass' Luchterhand-Zeit (vgl. Wellnitz 2022a) – und Dokumente zu Grass' Leben und Werk wie diverse Korrespondenzen ab 1959, Fotos, Tonträger und ein umfangreiches Pressearchiv. Im Lesesaal der Bibliothek können die Materialien eingesehen werden (vgl. Göttinger Grass-Archiv 2023). Im Rahmen der Projektarbeit ist ein erster umfangreicher Forschungsband entstanden, der die buchgestalterischen Materialien in Text und Bild präsentiert (vgl. Detering et al. 2022).

3.6 Literaturarchiv Sulzbach-Rosenberg e.V.

Das Literaturarchiv Sulzbach-Rosenberg e.V. wurde 1977 von Walter Höllerer gegründet. Es versteht sich als „Archiv für moderne Literatur seit 1945“ (Literaturarchiv Sulzbach-Rosenberg 2023). Grass vermachte Höllerer jenen Koffer, den der Germanist John Reddick 1970 in Grass' ehemaliger Pariser Wohnung fand: Darin befindet sich neben ersten Arbeitsschichten der *Blechtrommel* auch „Grass' privates Archiv für die letzte Berliner und die Pariser Zeit“ (Neuhaus 2012, 147). Als „Sammlung Günter Grass“ lässt das Material sich vor Ort einsehen.

Literatur

Detering, Heinrich, Lisa Kunze und Katrin Wellnitz. *Günter Grass als Buchkünstler*. Göttingen 2022.

Frizen, Werner. *Günter Grass. Gedichte und Kurzprosa. Kommentar und Materialien*. Göttingen 2010.

Grass, Günter. „Gedichte und Kurzprosa“. *Werkausgabe in zehn Bänden*. Bd. 1. Hrsg. von Volker Neuhaus. Darmstadt/Neuwied 1987.

Grass, Günter. „Die Rättin“. *Werkausgabe*. Bd. 11. Hrsg. von Volker Neuhaus und Daniela Hermes. Göttingen 1997.

Grass, Günter. *Sechs Jahrzehnte. Ein Werkstattbericht*. Hrsg. von G. Fritz Margull und Hilke Ohsoling. Göttingen 2014.

Grass, Günter, und Harro Zimmermann. *Vom Abenteuer der Aufklärung: Werkstattgespräche*. Göttingen 1999.

Günter Grass Stiftung Bremen. https://grassmedienarchiv.de/. (08. November 2023). [= Medienarchiv]

Günter Grass-Archiv Göttingen. Forschungsprojekt zur Erschließung des Göttinger Grass-Archivs. https://www.uni-goettingen.de/de/g%C3%Bcnter+grass+als+buchgestalter/596735.html; https://www.sub.uni-goettingen.de/projekte-forschung/projektdetails/projekt/erschliessung-des-guenter-grass-archivs-goettingen/. (08. November 2023). [=Göttinger Grass-Archiv 2023]

Günter Grass-Haus, Lübeck. Manuskripte. https://grass-haus.de/manuskripte. (08. November 2023). [=Grass-Haus 2023a]

Günter Grass-Haus, Lübeck. Forschung. https://grass-haus.de/forschung-guenter-grass-haus. (08. November 2023). (=Grass-Haus 2023b)

Günter und Ute Grass Stiftung. Günter und Ute Grass Stiftung.
https://www.grass-stiftung.de/guenter-und-ute-grass-stiftung/. (08. November 2023). [=Stiftung 2023]

Hillerts-Lichtenberg, Anja. „Die Medienarchiv Günter Grass Stiftung Bremen“. *Freipass. Forum für Literatur, Bildende Kunst und Politik. Schriften der Günter und Ute Grass Stiftung*. Hrsg. von Volker Neuhaus, Per Øhrgaard und Jörg-Philipp Thomsa. Bd. 1. Berlin 2015: 264–265.

Krason, Viktoria. *Auseinandernehmen und Zusammensetzen. Günter Grass und die bildende Kunst*. Göttingen 2021.

Literaturarchiv Sulzbach-Rosenberg. Literaturhaus Oberpfalz. https://www.literaturarchiv.de/start. (08. November 2023). [=Literaturarchiv Sulzbach-Rosenberg 2023]

Negt, Oskar (Hrsg.). *Der Fall Fonty. „Ein weites Feld“ von Günter Grass im Spiegel der Kritik*. Göttingen 1996.

Neuhaus, Volker. *Günter Grass*. 3. Auflage. Stuttgart und Weimar 2010.

Neuhaus, Volker. *Günter Grass. Schriftsteller – Künstler – Zeitgenosse. Eine Biographie.* Göttingen 2012.

Neumann, Helga. „‚Der Schriftsteller als Zeitgenosse, wie ich ihn meine, wird immer verquer zum Zeitgeist liegen'. Zum Günter-Grass-Archiv in der Akademie der Künste, Berlin". *Freipass. Forum für Literatur, Bildende Kunst und Politik. Schriften der Günter und Ute Grass Stiftung.* Hrsg. von Volker Neuhaus, Per Øhrgaard und Jörg-Philipp Thomsa. Bd. 2. Berlin 2016: 236–251.

Ohsoling, Hilke. „Die Günter und Ute Grass Stiftung". *Freipass. Forum für Literatur, Bildende Kunst und Politik. Schriften der Günter und Ute Grass Stiftung.* Hrsg. von Volker Neuhaus, Per Øhrgaard und Jörg-Philipp Thomsa. Bd. 1. Berlin 2015: 260–261.

Steidl, Gerhard. *Büchermachen mit Günter Grass. Werkkatalog 1986–2022.* Göttingen 2022.

Steidl Verlag, Göttingen. *Göttinger Ausgabe.* https://steidl.de/Buecher/Werke-Goettinger-Ausgabe-0318515659.html. (08. November 2023). [=Göttinger Ausgabe 2023]

Stolz, Dieter. *Günter Grass. Der Schriftsteller.* München 2023.

Stolz, Dieter. *Günter Grass. Theaterspiele. Kommentar und Materialien.* Göttingen 2010.

Weber, Ingmar. *Der Beirat des Hermann Luchterhand-Verlags – Mitbestimmung der Autoren. Die Politisierung des Buchmarkts. 1968 als Branchenereignis.* Hrsg. von Stephan Füssel. Wiesbaden 2007: 243–352.

Wellnitz, Katrin. „Wege zu Steidl. ‚Die Vorzüge der Windhühner', ‚Gleisdreieck' und ‚Mit Sophie in die Pilze gegangen'". *Günter Grass als Buchkünstler.* Hrsg. von Heinrich Detering, Lisa Kunze und Katrin Wellnitz. Göttingen 2022: 31–48. [=Wellnitz 2022a]

Wellnitz, Katrin. „‚Wirklichkeitsbilder'. Text-, Bild- und Schriftspiele in ‚Zunge zeigen'". *Günter Grass als Buchkünstler.* Hrsg. von Heinrich Detering, Lisa Kunze und Katrin Wellnitz. Göttingen 2022: 49–72. [=Wellnitz 2022b]

VII Anhang

VII.1 Zeittafel

Sebastian Milkereit

1927	16. Oktober: geboren in Langfuhr (heute Wrzeszcz) bei Danzig.
1933–1944	Besuch der Volksschule und des Gymnasiums Conradinum – erste schriftstellerische und bildhauerische Versuche – ab 1942 Luftwaffenhelfer – Einberufung zum Reichsarbeitsdienst.
1944–1945	Panzerladeschütze bei der SS-Division „Jörg von Frundsberg".
1945	Verwundung bei Cottbus – Lazarettaufenthalt in Marienbad – Amerikanische Kriegsgefangenschaft in Bayern.
1946–1947	Entlassung aus der Kriegsgefangenschaft – Abitur wird nicht nachgeholt – Koppeljunge in einem Kalibergwerk bei Hildesheim.
1947	Steinmetzlehre in Düsseldorf.
1948	Winter: Zulassung zur Kunstakademie Düsseldorf.
1951–1952	Reisen nach Italien und Frankreich.
1953	Januar: Grass zieht nach Berlin und wird Schüler des Bildhauers Karl Hartung.
1954	Heirat mit Anna Schwarz.
1955	Dritter Preis beim Lyrikwettbewerb des Süddeutschen Rundfunks für das Gedicht *Lilien aus Schlaf*.
1956	Grass' erste Buchpublikation *Die Vorzüge der Windhühner* erscheint – Umzug nach Paris.
1957	Geburt der Zwillinge Franz und Raoul.
1958	UA von *Onkel, Onkel* – Herbst: Preis der Gruppe 47 für eine Lesung aus dem *Blechtrommel*-Manuskript – Erste Polenreise.
1959	*Die Blechtrommel* – Zweite Polenreise.
1960	*Gleisdreieck* – Veto des Bremer Stadtsenats gegen Verleihung des Bremer Literaturpreises – Umzug nach Berlin – Dritte Polenreise.
1961	*Katz und Maus* – UA von *Die Bösen Köche* – September: Grass lernt Willy Brandt kennen und geht mit ihm auf Wahlkampftour – Geburt der Tochter Laura.
1962	Französischer Literaturpreis für *Die Blechtrommel* als „Le meilleur livre étranger".
1963	*Hundejahre* – Aufnahme in die Berliner Akademie der Künste.
1964	USA-Reise – Rede zum 400. Geburtstag Shakespeares: „Vor- und Nachgeschichte der Tragödie des Coriolanus von Livius und Plutarch über Shakespeare bis zu Brecht und mir".
1965	Ehrendoktorwürde des Kenyon College, USA – Georg-Büchner-Preis – Wahlreise für die SPD mit 52 Terminen in der ganzen BRD – Geburt von Sohn Bruno Thaddäus.
1966	UA von *Die Plebejer proben den Aufstand* – Reisen in die USA, die ČSSR und nach Ungarn.
1967	*Ausgefragt* – Carl-von-Ossietzky-Medaille – Reise nach Israel.
1968	Fontane-Preis
1969	*örtlich betäubt* – UA von *Davor* – Theodor-Heuss-Preis – Reisen nach Jugoslawien, Rumänien, Ungarn und in die ČSSR – Bundestagswahlkampf für die SPD mit 190 Veranstaltungen.
1970	UA des Balletts *Die Vogelscheuchen* – Reise in die UdSSR – Grass begleitet Bundeskanzler Brandt zur Unterzeichnung des Deutsch-Polnischen Vertrages nach Warschau.
1972	*Aus dem Tagebuch einer Schnecke* – Bundestagswahlkampf für die SPD mit 129 Veranstaltungen – Erwerb eines Hauses in Wewelsfleth, Schleswig-Holstein.
1973	*Mariazuehren* – USA-Reise – Israel-Reise mit Willy Brandt.
1974	23. April: Austritt aus der katholischen Kirche – Geburt von Tochter Helene.
1975	Erste Indienreise.

https://doi.org/10.1515/9783110755435-092

1976 *Mit Sophie in die Pilze gegangen* – Ehrendoktorwürde der Universität Harvard, USA – Gründung und Herausgabe der Zeitschrift *L' 76* (mit Carola Stern und Heinrich Böll).

1977 *Der Butt.*

1978 Reise nach Indonesien, Japan, Thailand, Hongkong, Kenia, Indien – Verfilmung der *Blechtrommel* unter der Regie von Volker Schlöndorff – Gründung der Alfred-Döblin-Stiftung bei der Akademie der Künste, Berlin.

1979 *Das Treffen in Telgte* – Geburt der Tochter Nele – Heirat mit Ute Grunert – Ablehnung des Bundesverdienstkreuzes – Der Film *Die Blechtrommel* erhält die ‚Goldene Schale' des Bundesfilmpreises.

1980 *Kopfgeburten oder Die Deutschen sterben aus* – *Oscar* und Goldene Palme von Cannes für die *Blechtrommel*-Verfilmung – Neuerscheinen von *L' 76* als *L' 80* (bis 1988).

1982 *Zeichnen und Schreiben I* – Reise nach Nicaragua – Eintritt in die SPD aus Anlass des konstruktiven Misstrauensvotums gegen Helmut Schmidt.

1983 *Ach Butt, dein Märchen geht böse aus* – Wahl zum Präsidenten der Berliner Akademie der Künste (1983–1986).

1984 *Zeichnen und Schreiben II.*

1985 Schenkung des Hauses in Wewelsfleth an das Land Berlin.

1986 *Die Rättin* – *In Kupfer, auf Stein* – Erwerb eines Hauses in Behlendorf, Schleswig-Holstein.

1986–1987 Weitere Indienreise nach Calcutta

1987 Zum 60. Geburtstag erscheint die erste Werkausgabe in zehn Bänden (Luchterhand Verlag).

1988 *Zunge zeigen* – *Calcutta.*

1989 9. März: Austritt aus der Berliner Akademie der Künste wegen deren mangelnder Solidarisierung mit Salman Rushdie.

1990 *Deutscher Lastenausgleich.* – *Totes Holz. Ein Nachruf* – *Deutschland, einig Vaterland?* – *Schreiben nach Auschwitz* (Vortrag im Rahmen der Frankfurter Poetik-Dozentur) – *Ein Schnäppchen namens DDR* – *Kahlschlag in unsern Köpfen* – Ehrendoktorwürde der Universität Poznan – öffentliche Lesung der gesamten *Blechtrommel* im Deutschen Theater in Göttingen.

1991 *Vier Jahrzehnte. Ein Werkstattbericht* – Einrichtung des Günter-Grass-Archivs in der Akademie der Künste, Berlin.

1992 *Unkenrufe* – 18. Dezember: Austritt aus der SPD wegen Differenzen in der Zuwanderungspolitik – Stiftung des Chodowiecki-Preises.

1993 *Novemberland. 13 Sonette* – Endgültiger Verlagswechsel von Luchterhand zu Steidl (Steidl erhält die Weltrechte am Werk) – Ehrendoktorwürde der Universität Gdańsk und Ehrenbürgerschaft der Stadt Gdańsk.

1995 *Ein weites Feld.*

1996 Dänischer Sonning-Preis – Hans-Fallada-Preis der Stadt Neumünster – Thomas-Mann-Preis der Stadt Lübeck.

1997 *Fundsachen für Nichtleser.*

1998 *Rotgrüne Reden* – Wiederaufnahme in die Berliner Akademie der Künste.

1999 *Mein Jahrhundert* – *Auf einem anderen Blatt* – *Vom Abenteuer der Aufklärung. Werkstattgespräche* – Dezember: Literaturnobelpreis.

2000 Wahlkampf für die SPD in Schleswig-Holstein – Gründung der Wolfgang-Koeppen-Stiftung.

2001 *Fünf Jahrzehnte. Ein Werkstattbericht.*

2002 *Im Krebsgang* – Eröffnung des „Günter Grass-Hauses" in Lübeck als Forum für Literatur und Bildende Kunst.

2003 *Letzte Tänze.*

2004	*Der Schatten – Lyrische Beute.*
2005	Hans-Christian-Andersen-Preis der Stadt Odense.
2006	*Beim Häuten der Zwiebel.*
2007	*Dummer August.*
2008	*Die Box.*
2010	*Grimms Wörter* – Gründung der August-Bebel-Stiftung.
2012	*Eintagsfliegen. Gelegentliche Gedichte.*
2014	*Sechs Jahrzehnte. Ein Werkstattbericht.*
2015	13. April: gestorben in Lübeck – *Vonne Endlichkait* erscheint postum.
2020	*Neue Göttinger Ausgabe* (NGA) in 24 Bänden (Steidl Verlag).

VII.2 Hilfsmittel und einführende Forschungsliteratur

Sebastian Milkereit

Werkkommentare und Materialien

Erläuterungen und Dokumente zu Günter Grass. Stuttgart 1986–1999.
Füssel, Stephan. *Das Treffen in Telgte.* Stuttgart 1999.
Neuhaus, Volker. *Die Blechtrommel.* Stuttgart 1997.
Ritter, Alexander. *Katz und Maus.* Stuttgart 1986.
Günter Grass. Kommentar und Materialien. Göttingen 2010.
Frizen, Werner. *Gedichte und Kurzprosa.*
Neuhaus, Volker. *Die Blechtrommel.*
Neuhaus, Volker. *Hundejahre.*
Neuhaus, Volker. *Katz und Maus.*
Stolz, Dieter. *Theaterspiele.*
Günter Grass Werkkommentare. Einführung, Stellenkommentar, Materialien. Berlin und Boston 2023–2024.
[Fortlaufend] Bisher erschienen:
Frizen, Werner. *„Das Treffen in Telgte"*. Bd. 1. Berlin und Boston 2023.
Cercel, Cristian, und Julian Preece. *„Unkenrufe"*. Bd. 2. Berlin und Boston 2023.
Frizen, Werner. *„Der Butt"*. Bd. 3. Berlin und Boston 2023.
Frizen, Werner. *„Gedichte und Kurzprosa"*. Bd. 4. Berlin und Boston 2024.
Geißler, Rolf (Hrsg.). *Günter Grass. Ein Materialienbuch.* Darmstadt und Neuwied 1976.

Dokumentationen zur Literaturkritik

Arnold, Heinz Ludwig (Hrsg.). *Blech getrommelt. Günter Grass in der Kritik.* Göttingen 1997.
Loschütz, Gert (Hrsg.). *Von Buch zu Buch, Günter Grass in der Kritik.* Darmstadt 1968.
Kölbel, Martin (Hrsg.). *Ein Buch, ein Bekenntnis. Die Debatte um Günter Grass' „Beim Häuten der Zwiebel".* Göttingen 2007.

Biographien, Einführungen, grundlegende Monographien und Sammelbände

Arnold, Hans, Hanjo Kesting, Hans Wißkirchen und Christa Wolf (Hrsg.). *Von der Arbeit an der Erinnerung. Zu Günter Grass' „Beim Häuten der Zwiebel".* Lübeck 2007.
Arnold, Heinz Ludwig (Hrsg.). „Günter Grass". *TEXT+KRITIK* 1 (1999), 7. revidierte Auflage.
Brode, Hanspeter. *Günter Grass.* München 1979.
Cepl-Kaufmann, Gertrude. *Günter Grass. Eine Analyse des Gesamtwerks unter dem Aspekt von Literatur und Politik.* Kronberg 1975.
Cunliffe, W. Gordon. *Günter Grass.* New York 1969.
Detering, Heinrich, Lisa Kunze und Katrin Wellnitz (Hrsg.). *Günter Grass als Buchkünstler.* Göttingen 2022.
Durzak, Manfred (Hrsg.). *Zu Günter Grass. Geschichte auf dem poetischen Prüfstand.* Stuttgart 1985.

https://doi.org/10.1515/9783110755435-093

Gerstenberg, Renate. *Zur Erzähltechnik von Günter Grass*. Heidelberg 1980.
Gobyn, Saartje. *Metalepse im Werk von Günter Grass. Eine Analyse der narrativen Struktur in sechs ausgewählten Romanen (1961–2010)*. Berlin 2019.
Hermes, Daniela, und Volker Neuhaus. *Günter Grass im Ausland. Texte, Daten, Bilder zur Rezeption*. Frankfurt am Main 1990.
Honsza, Norbert, und Irena Światłowska (Hrsg.). *Günter Grass. Bürger und Schriftsteller.* Wrocław und Dresden 2008.
Joch, Peter. *Zaubern auf weißem Papier. Das graphische Werk von Günter Grass. Deutungen und Kommentare*. Göttingen 2000.
Jurgensen, Manfred. *Grass. Kritik – Thesen – Analysen*. Bern und München 1973.
Jürgs, Michael. *Bürger Grass. Biografie eines deutschen Dichters*. München 2002.
Labroisse, Gerd, und Dick van Stekelenburg (Hrsg.). *Günter Grass: ein europäischer Autor?* Amsterdam und Atlanta 1992. [Amsterdamer Beiträge zur neueren Germanistik, Bd. 35]
Mayer-Iswandy, Claudia. *Günter Grass*. München 2002. [dtv portrait]
Mews, Siegfried. *Günter Grass and His Critics. From* The Tin Drum *to* Crabwalk. Rochester und New York 2008. [Studies in German Literature Linguistics and Culture, Bd. 18]
Moennighoff, Burkhard, und Rüdiger Zymner (Hrsg.). *Vogelflug und letzte Tänze. Der Lyriker Günter Grass*. Schwerte 2008.
Moser, Sabine. *Günter Grass. Romane und Erzählungen*. Berlin 2000. [ESV Klassiker Lektüren]
Neuhaus, Volker, und Daniela Hermes (Hrsg.). *Die Danziger Trilogie von Günter Grass: Texte, Daten, Bilder*. Frankfurt am Main 1991.
Neuhaus, Volker. *Günter Grass*. 3., aktualisierte und erweiterte Auflage. Stuttgart und Weimar 2010. [Sammlung Metzler]
Neuhaus, Volker. *Günter Grass. Schriftsteller – Künstler – Zeitgenosse. Eine Biographie*. Göttingen 2012.
Neumann, Uwe (Hrsg.). *Alles gesagt? Eine vielstimmige Chronik zu Leben und Werk von Günter Grass*. Göttingen 2017.
Øhrgaard, Per. *Günter Grass. Ein deutscher Schriftsteller wird besichtigt*. München 2007. [dtv Sachbuch]
Schwarz, Wilhelm Johannes. *Der Erzähler Günter Grass*. Bern 1969.
Stolz, Dieter. *Günter Grass. Der Schriftsteller.* 3., aktualisierte und erweiterte Neuausgabe. München 2023.
Stolz, Dieter. *Vom privaten Motivkomplex zum poetischen Weltentwurf. Konstanten und Entwicklungen im literarischen Werk von Günter Grass (1956–1986)*. Würzburg 1994.
Taberner, Stuart (Hrsg.). *The Cambridge Companion to Günter Grass*. Cambridge 2009.
Thomsa, Jörg-Philipp, und Viktoria Krason (Hrsg.). *Von Danzig nach Lübeck: Günter Grass und Polen / Z Gdańska do Lubeki: Günter Grass i Polska*. Lübeck 2010.
Vormweg, Heinrich. *Günter Grass*. Überarbeitete und erweiterte Neuausgabe. Reinbek 2002.
Wilson, A. Leslie (Hrsg.). *A Günter Grass Symposium*. Austin und London 1971.
Wolff, Rudolf (Hrsg.). *Günter Grass. Werk und Wirkung*. Bonn 1986.
Zimmermann, Harro. *Günter Grass und die Deutschen. Eine Entwirrung*. Göttingen 2017.
Zimmermann, Harro. *Günter Grass. Biographie*. Hamburg 2023.
Zimmermann, Jennifer. *Umbarmherzige Augen. Eine Analyse der Scham im Erzählwerk von Günter Grass*. Würzburg 2015.

VII.3 Werk- und Studienausgaben

Grass, Günter. *Werkausgabe in zehn Bänden*. Hrsg. von Volker Neuhaus. Luchterhand, Darmstadt und Neuwied 1987.

Gedichte und Kurzprosa. Bd. I. Hrsg. von Anita Overwien-Neuhaus und Volker Neuhaus.
Die Blechtrommel. Roman. Bd. II. Hrsg. von Volker Neuhaus.
Katz und Maus. Eine Novelle. und *Hundejahre. Roman.* Bd. III. Hrsg. von Volker Neuhaus.
örtlich betäubt. Roman. und *Aus dem Tagebuch einer Schnecke.* Bd. IV. Hrsg. von Volker Neuhaus.
Der Butt. Roman. Bd. V. Hrsg. von Claudia Mayer.
Das Treffen in Telgte. Eine Erzählung. und *Kopfgeburten oder Die Deutschen sterben aus.* Bd. VI. Hrsg. von Christoph Sieger.
Die Rättin. Bd. VII. Hrsg. von Angelika Hille-Sandvoss.
Theaterspiele. Bd. VIII. Hrsg. von Angelika Hille-Sandvoss.
Essays. Reden. Briefe. Kommentare. Bd. IX. Hrsg. von Daniela Hermes.
Gespräche. Bd. X. Hrsg. von Klaus Stallbaum.

Grass, Günter. *Studienausgabe*. 12 Bde. Steidl, Göttingen 1993–1994.

Die Blechtrommel. Roman. Bd. 1. [1993]
Katz und Maus. Eine Novelle. Bd. 2. [1993]
Hundejahre. Roman. Bd. 3. [1993]
örtlich betäubt. Roman. Bd. 4. [1993]
Aus dem Tagebuch einer Schnecke. Bd. 5. [1993]
Der Butt. Roman. Bd. 6. [1993]
Das Treffen in Telgte. Eine Erzählung. Bd. 7. [1993]
Kopfgeburten oder Die Deutschen sterben aus. Bd. 8. [1993]
Die Rättin. Bd. 9. [1993]
Unkenrufe. Erzählung. Bd. 10. [1994]
Gedichte und Kurzprosa. Bd. 11. Hrsg. von Volker Neuhaus und Daniela Hermes. [1994]
Theaterspiele. Bd. 12. Textredaktion Angelika Hille-Sandvoss. [1994]

Grass, Günter. *Werkausgabe.* Hrsg. von Volker Neuhaus und Daniela Hermes. Steidl, Göttingen 1997–2002.

Gedichte und Kurzprosa. Bd. 1. Hrsg. von Volker Neuhaus und Daniela Hermes. [1997] [1. Auflage 1997, 1993]
Theaterspiele. Bd. 2. Hrsg. von Dieter Stolz. [1997] [1. Auflage 1997, 1993]
Die Blechtrommel. Roman. Bd. 3. Hrsg. von Volker Neuhaus. [1997] [1. Auflage 1997, 1993]
Katz und Maus. Eine Novelle. Bd. 4. Hrsg. von Volker Neuhaus. [1997] [1. Auflage 1997, 1993]
Hundejahre. Roman. Bd. 5. Hrsg. von Volker Neuhaus. [1997] [1. Auflage 1997, 1993]
örtlich betäubt. Roman. Bd. 6. Hrsg. von Volker Neuhaus. [1997] [1. Auflage 1997, 1993]
Aus dem Tagebuch einer Schnecke. Bd. 7. Hrsg. von Volker Neuhaus. [1997] [1. Auflage 1997, 1993]
Der Butt. Bd. 8. Hrsg. von Claudia Mayer-Iswandy. [1997] [1. Auflage 1997, 1993]
Das Treffen in Telgte. Eine Erzählung. Bd. 9. Hrsg. von Claudia Mayer-Iswandy. [1997] [1. Auflage 1997, 1993]
Kopfgeburten oder Die Deutschen sterben aus. Bd. 10. Hrsg. von Volker Neuhaus. [1997] [1. Auflage 1997, 1993]
Die Rättin. Bd. 11. Hrsg. von Volker Neuhaus. [1997] [1. Auflage 1997, 1993]
Unkenrufe. Eine Erzählung. Bd. 12. Hrsg. von Daniela Hermes. [1997] [1. Auflage 1997, 1992]
Ein weites Feld. Roman. Bd. 13. Hrsg. von Daniela Hermes. [1997] [1. Auflage 1997, 1995]
Essays und Reden I. 1955–1969. Bd. 14. Hrsg. von Daniela Hermes. [1997] [1. Auflage 1997, 1993]
Essays und Reden II. 1970–1979. Bd. 15. Hrsg. von Daniela Hermes. [1997] [1. Auflage 1997, 1993]
Essays und Reden III. 1980–1997. Bd. 16. Hrsg. von Daniela Hermes. [1997] [1. Auflage 1997, 1997]

https://doi.org/10.1515/9783110755435-094

Mein Jahrhundert. Bd. 17. Hrsg. von Volker Neuhaus. [1999] [1. Auflage 1999, 1999]
Im Krebsgang. Eine Novelle. Hrsg. von Daniela Hermes. [2002] [1. Auflage 2002, 2002]

Grass, Günter. *Werke. Neue Göttinger Ausgabe (NGA).* Hrsg. von Dieter Stolz und Werner Frizen. Steidl, Göttingen 2020.
Gedichte und Kurzprosa I. Bd. 1.
Gedichte und Kurzprosa II. Bd. 2.
Theaterspiele. Bd. 3.
Die Blechtrommel. Roman. Bd. 4.
Katz und Maus. Eine Novelle. Bd. 5.
Hundejahre. Roman. Bd. 6.
örtlich betäubt. Roman. Bd. 7.
Aus dem Tagebuch einer Schnecke. Bd. 8.
Der Butt. Roman. Bd. 9.
Das Treffen in Telgte. Eine Erzählung. Bd. 10.
Kopfgeburten oder Die Deutschen sterben aus. Bd. 11.
Die Rättin. Roman. Bd. 12.
Unkenrufe. Eine Erzählung. Bd. 13.
Ein weites Feld. Roman. Bd. 14.
Mein Jahrhundert. Bd. 15.
Im Krebsgang. Eine Novelle. Bd. 16.
Beim Häuten der Zwiebel. Bd. 17.
Die Box. Dunkelkammergeschichten. Bd. 18.
Grimms Wörter. Eine Liebeserklärung. Bd. 19.
Essays und Reden I (1955–1969). Bd. 20.
Essays und Reden II (1970–1975). Bd. 21.
Essays und Reden III (1976–1991). Bd. 22.
Essays und Reden VI (1992–2011). Bd. 23.
Gespräche (1958–2015). Bd. 24.

VII.4 Erstausgaben/Erstdrucke

Sebastian Milkereit

Die Vorzüge der Windhühner. Luchterhand, Darmstadt und Neuwied 1956.
„Die Grippe. Spiel in einem Akt". *Neue Deutsche Hefte* 4.33 (1957): 35–44.
„Noch zehn Minuten bis Buffalo". *Akzente* 5.1 (1958): 5–17. [UA 1959]
„Beritten hin und zurück". *Akzente* 5.5 (1958): 399–409. [UA 1959]
Stoffreste. Ballett in einem Akt. Bote & Bock, Berlin 1960. [UA 1959]
32 Zähne. Eine Farce in fünf Akten. [Hörspiel UA 1958; ED in *Werkausgabe*]
Die Blechtrommel. Roman. Luchterhand, Neuwied und Berlin 1959.
„O Susanna". Ein Jazzbilderbuch. Blues, Balladen, Spirituals, Jazz. Bilder: Horst Geldmacher. Deutsche Texte: Günter Grass. Musikarbeit: Herman Wilson. Mit einem Nachwort von Joachim-Ernst Berendt. Kiepenheuer & Witsch, Köln und Berlin 1959.
„Hochwasser. Ein Stück in zwei Akten". *Akzente* 7 (1960): 498–539. [UA 1957]
Gleisdreieck. Luchterhand, Darmstadt, Neuwied und Berlin 1960.
Katz und Maus. Eine Novelle. Luchterhand, Neuwied 1961.
„Die bösen Köche. Ein Drama in fünf Akten". *Modernes deutsches Theater.* Hrsg. von Paul Pörtner. Neuwied und Berlin 1961: 7–72. [Luchterhand]
Hundejahre. Roman. Luchterhand, Neuwied und Berlin 1963.
Goldmäulchen. [Hörspiel UA 1963; ED in *Werkausgabe*]
Onkel, Onkel. Ein Spiel in vier Akten. Wagenbach, Berlin 1965. [UA 1958]
„POUM oder Die Vergangenheit fliegt mit". *Der Monat* 17.201 (1965): 33–38. [UA 1965]
Die Plebejer proben den Aufstand. Ein deutsches Trauerspiel. Luchterhand, Neuwied und Berlin 1966. [UA 1966]
Ausgefragt. Gedichte und Zeichnungen. Luchterhand, Neuwied und Berlin 1967.
Grass, Günter und Pavel Kohout. *Briefe über die Grenze. Versuch eines Ost-West-Dialogs.* Wegner, Hamburg 1968.
Über das Selbstverständliche. Reden – Aufsätze – Offene Briefe – Kommentare. Luchterhand, Neuwied und Berlin 1968.
örtlich betäubt. Roman. Luchterhand, Darmstadt und Neuwied 1969.
„Davor. Ein Stück in 13 Szenen". *Theater heute* 4 (1969): 41–54. [UA 1966]
Aus dem Tagebuch einer Schnecke. Luchterhand, Darmstadt und Neuwied 1972.
Mariazuehren. Bruckmann, München 1973.
Der Bürger und seine Stimme. Reden Aufsätze Kommentare. Luchterhand, Darmstadt und Neuwied 1974.
Liebe geprüft. Radierungen und Gedichte. Kunsthalle Bremen, Bremen 1974.
Der Butt. Roman. Luchterhand, Darmstadt und Neuwied 1977.
Denkzettel. Politische Reden und Aufsätze 1965–1976. Luchterhand, Darmstadt und Neuwied 1978.
Das Treffen in Telgte. Eine Erzählung. Luchterhand, Darmstadt und Neuwied 1979.
Schlöndorf, Volker und Günter Grass. *Die Blechtrommel als Film.* Zweitausendeins, Frankfurt am Main 1979.
Aufsätze zur Literatur. 1957–1979. Luchterhand, Darmstadt und Neuwied 1980.
Kopfgeburten oder Die Deutschen sterben aus. Luchterhand, Darmstadt und Neuwied 1980.
Zeichnungen und Texte 1954–1977. Zeichnen und Schreiben I. Büchergilde Gutenberg, Frankfurt 1982.
Vatertag. Edition Monika Beck, Homburg/Saar 1982.
„Ach Butt, dein Märchen geht böse aus". Gedichte und Radierungen. Luchterhand, Darmstadt und Neuwied 1983.
Widerstand lernen. Politische Gegenreden 1980–1983. Luchterhand, Neuwied und Berlin 1984.
Radierungen und Texte 1972–1982. Zeichnen und Schreiben Band II. Luchterhand, Darmstadt und Neuwied 1984.
Die Rättin. Luchterhand, Darmstadt und Neuwied 1986.

https://doi.org/10.1515/9783110755435-095

In Kupfer, auf Stein. Werkverzeichnis der Radierungen und Lithographien. Steidl, Göttingen 1986.
Graphik und Plastik. Museum Ostdeutsche Galerie, Regensburg 1987.
Mit Sophie in die Pilze gegangen. Steidl, Göttingen 1987.
Zunge zeigen. Luchterhand, Darmstadt 1988.
Calcutta. Zeichnungen. Kunsthalle Bremen, Bremen 1988.
Skizzenbuch. Steidl, Göttingen 1989.
Totes Holz. Ein Nachruf. Steidl, Göttingen 1990.
Deutscher Lastenausgleich. Wider das dumpfe Einheitsgebot. Reden und Gespräche. Luchterhand, Frankfurt 1990.
Ein Schnäppchen namens DDR. Letzte Reden vorm Glockengeläut. Luchterhand, Frankfurt 1990.
Augstein, Rudolf und Günter Grass. *Deutschland, einig Vaterland? Ein Streitgespräch.* Steidl, 1990.
Kahlschlag in unseren Köpfen. Lithographien. Steidl, Göttingen 1990.
Gegen die verstreichende Zeit. Reden, Aufsätze und Gespräche 1989–1991. Luchterhand, Frankfurt 1991.
Vier Jahrzehnte. Ein Werkstattbericht. Steidl, Göttingen 1991.
Unkenrufe. Eine Erzählung. Steidl, Göttingen 1992.
Rede vom Verlust. Über den Niedergang der politischen Kultur im geeinten Deutschland. Steidl, Göttingen 1992.
Novemberland. 13 Sonette. Steidl, Göttingen 1993.
Ein weites Feld. Roman. Steidl, Göttingen 1995.
Grass, Günter und Ōe Kenzaburō. *Gestern vor 50 Jahren. Ein deutsch-japanischer Briefwechsel.* Steidl, Göttingen 1995.
Rede über den Standort. Steidl, Göttingen 1997.
Ohne die Feder zu wechseln. Steidl, Göttingen 1997.
Fundsachen für Nichtleser. Steidl, Göttingen 1997.
Grass, Günter, Reinhard Höppner und Hans-Jochen Tschiche. *Rotgrüne Reden.* Steidl, Göttingen 1998.
Mein Jahrhundert. Erzählband. Steidl, Göttingen 1999.
Auf einem anderen Blatt: Zeichnungen. Steidl, Göttingen 1999.
Günter, Grass, und Harro Zimmermann. *Vom Abenteuer der Aufklärung. Werkstattgespräche.* Steidl, Göttingen 1999.
Fünf Jahrzehnte. Ein Werkstattbericht. Steidl, Göttingen 2001.
Mit Wasserfarben. Steidl, Göttingen 2001.
Im Krebsgang. Eine Novelle. Steidl, Göttingen 2002.
Grass, Günter, und Helen Wolff: *Briefe 1959–1994.* Steidl, Göttingen 2003.
Letzte Tänze. Steidl, Göttingen 2003.
Der Schatten. Hans Christian Andersens Märchen – gesehen von Günter Grass. Steidl, Göttingen 2004.
Lyrische Beute. Steidl, Göttingen 2004.
Beim Häuten der Zwiebel. Erinnerungen. Steidl, Göttingen 2006.
Dummer August. Steidl, Göttingen 2007.
Johnson, Uwe, Anna Grass und Günter Grass: *Der Briefwechsel.* Suhrkamp, Frankfurt am Main 2007.
Catalogue Raisonné. Bd. 1. Die Radierungen /The Etchings. Steidl, Göttingen 2007.
Catalogue Raisonné. Bd. 2. Die Lithographien/The Litographs. Steidl, Göttingen 2007.
Die Box. Dunkelkammergeschichten. Steidl, Göttingen 2008.
Unterwegs von Deutschland nach Deutschland. Tagebuch 1990. Steidl, Göttingen 2009.
Grimms Wörter. Eine Liebeserklärung. Steidl, Göttingen 2010.
Eintagsfliegen. Gelegentliche Gedichte. Steidl, Göttingen 2012.
Brandt, Willy und Günter Grass. *Der Briefwechsel.* Steidl, Göttingen 2013.
Sechs Jahrzehnte. Ein Werkstattbericht. Steidl, Göttingen 2014.
Vonne Endlichkait. Steidl, Göttingen 2015.
Grass, Günter, und Heinrich Detering. *In letzter Zeit – Ein Gespräch im Herbst.* Steidl, Göttingen 2017.
Die Artur-Knoff-Geschichten. Steidl, Göttingen 2019.
Figurenstehen. Steidl, Göttingen 2022.

VII.5 Beiträgerinnen und Beiträger

Ajouri, Philip, Dr. phil., Professor für Buchwissenschaft an der Johannes-Gutenberg-Universität Mainz

Arnds, Peter, Dr. phil., Professor für Vergleichende Literaturwissenschaft an der School Office Language Lit & Cult Stud des Trinity College Dublin, Irland

Assmann, David-Christopher, Dr. phil., Privatdozent und Heisenberg-Stelle am Institut für Germanistik der Otto-Friedrich-Universität Bamberg

Aumüller, Matthias, Dr. phil., Privatdozent in den Fächern Germanistik und Allgemeine Literaturwissenschaft der Bergischen Universität Wuppertal und Eigene Stelle der DFG an der MLU Halle-Wittenberg

Baier, Christian, Dr. phil., Professor für Deutsche Literatur an der Seoul National University, Südkorea

Banki, Luisa, Dr. phil., Akademische Rätin im Fach Germanistik an der Bergischen Universität Wuppertal

Belobratow, Alexander, Dr. phil., Professor für die Geschichte ausländischer Literaturen an der Universität St. Petersburg, Russland

Brandt, Marion, Dr. phil., Professorin für Neuere deutsche Literatur an der Universität Gdansk, Polen

Cornelißen, Christoph, Dr. phil., Professor für Neueste Geschichte an der Goethe-Universität Frankfurt

Cox, Christoph, Dr. phil., Wissenschaftlicher Mitarbeiter im Fach Germanistik an der Universität zu Köln

Crăciun, Ioana, Dr. phil., Professorin für deutsche Literatur- und Kulturgeschichte an der Universität Bukarest, Rumänien

Detering, Heinrich, Dr. phil. Dr. h.c., Professor i.R. für Neuere deutsche Literatur und Vergleichende Literaturwissenschaft an der Georg-August-Universität Göttingen

Frizen, Werner, Dr. phil., Literaturwissenschaftler und Mitherausgeber der Neuen Göttinger Ausgabe

Gailberger, Steffen, Dr. phil., Professor für Literatur- und Mediendidaktik an der Christian-Albrechts-Universität zu Kiel

Gardian, Christoph, Dr. phil., Privatdozent und Wissenschaftlicher Mitarbeiter im Fach Germanistik an der Bergischen Universität Wuppertal

Glasenapp, Jörn, Dr. phil., Professor für Literatur und Medien an der Otto-Friedrich-Universität Bamberg

Grüne, Matthias, Dr. phil., Wissenschaftlicher Mitarbeiter im Fach Germanistik an der Bergischen Universität Wuppertal

Hillebrandt, Claudia, Dr. phil., Professorin für Neuere deutsche Literaturwissenschaft an der Universität Bielefeld

Hoffmann, Torsten, Dr. phil., Professor für Neuere deutsche Literatur an der Universität Stuttgart

Hummel, Christiane, Dr. phil., Leiterin der Zentralen Studienberatung an der Bergischen Universität Wuppertal

Ingendaay, Paul, Dr. phil., Autor und Europa-Korrespondent im Feuilleton der Frankfurter Allgemeinen Zeitung

Ingold, Julia, Dr. phil., Wissenschaftliche Mitarbeiterin im Fach Germanistik an der Otto-Friedrich-Universität Bamberg

Irsigler, Ingo, Dr. phil., Wissenschaftlicher Mitarbeiter und Studienfachberater für Neuere deutsche Literaturwissenschaft und Medien an der Christian-Albrechts-Universität zu Kiel

Jürgensen, Christoph, Dr. phil., Professor für Neuere deutsche Literaturwissenschaft und Literaturvermittlung an der Otto-Friedrich-Universität Bamberg

Kaiser, Gerhard, Dr. phil., Apl. Professor und Lehrkraft für besondere Aufgaben im Fach Germanistik an der Georg-August-Universität Göttingen

Klein, Christian, Dr. phil., Professor für Neuere deutsche Literatur an der Bergischen Universität Wuppertal.

Klimek, Sonja, Dr. phil., Professorin für Neuere deutsche Literaturwissenschaft und Literaturgeschichte an der Christian-Albrechts-Universität zu Kiel

Kölbel, Martin, Dr. phil., Wissenschaftliche Mitarbeiter am Bertolt-Brecht-Archiv in Berlin

https://doi.org/10.1515/9783110755435-096

Krason, Viktoria, Dr. phil., Literaturwissenschaftlerin und Kuratorin
Kunze, Lisa, Dr. phil., Wissenschaftliche Mitarbeiterin im Projekt Wirkungsgeschichte von Goethes Werk „zur Farbenlehre“ in Berlin
Malchow, Timothy B., Dr. phil., Professor of World Languages and Cultures (German) an der Valparaiso University, Indiana/USA
Maldonado-Alemán, Manuel, Dr. phil., Professor für Deutsche Philologie an der Universität Sevilla, Spanien
Marchal, Stephanie, Dr. phil., Professorin für Kunstgeschichte mit einem Schwerpunkt in der Kunstkritik und den Bildkünsten der Moderne an der Ruhr-Universität Bochum
Meurer, Jonas, M.A., Wissenschaftlicher Mitarbeiter im Fach Germanistik an der Otto-Friedrich-Universität Bamberg
Milkereit, Sebastian, M.A., bis 3/2024 Wissenschaftliche Hilfskraft bei Michael Scheffel an der Bergischen Universität Wuppertal, Kommunikationsmanager des Grünen Zoos Wuppertal
Neuhaus, Stefan, Dr. phil. Dr. h.c., Professor für Neuere deutsche Literatur an der Universität Koblenz
Øhrgaard, Per, Dr. phil., Professor i. R. für Deutsche Literatur und Europäische Studien der Copenhagen Business School
Platen, Edgar, Dr. phil., Professor für Germanistische Literaturwissenschaft an der Universität Göteborg, Schweden
Pontzen, Alexandra, Dr. phil., Professorin für deutschsprachige Literatur des 18.-21. Jahrhunderts, insbesondere Gegenwartsliteratur und Medienkulturwissenschaft an der Universität Duisburg-Essen
Sander, Gabriele, Dr. phil., Apl. Professorin i. R. im Fach Germanistik der Bergischen Universität Wuppertal
Schaffrick, Matthias, Dr. phil., Wissenschaftlicher Mitarbeiter im Fach Germanistik an der Universität Siegen
Scheffel, Michael, Dr. phil., Professor i.R. für neuere deutsche Literaturgeschichte und Allgemeine Literaturwissenschaft an der Bergischen Universität Wuppertal
Schilling Erik, Dr. phil., Privatdozent und Heisenberg-Stelle an der Ludwig-Maximilians-Universität München
Schütte, Uwe, Dr. phil., Privatdozent an der Georg-August-Universität Göttingen
Serrier, Thomas, Dr. phil., Professor für Deutsche Kultur und Geschichte an der Universität Lille, Frankreich
Stausberg, Friederike, Dr. phil., Politikwissenschaftlerin an der Universität Duisburg-Essen
Süselbeck, Jan, Dr. phil., Associate Professor of German Culture am Department of Language and Literature Institut für Sprache und Literatur der Technisch-Naturwissenschaftlichen Universität Norwegens, Trondheim, Norwegen
Thesz, Nicole, Dr. phil., Professorin für Germanistik im Department of German, Russian, Asian, and Middle Eastern Languages and Cultures an der Miami University, USA
Thomalla, Erika, Dr. phil., Professorin für Buchwissenschaft/Digitale Buchkultur am Zentrum für Buchwissenschaft der Ludwig-Maximilians-Universität München
Thomsa, Jörg-Philipp, Dr. phil., Leiter des Günter-Grass-Hauses in Lübeck
Wagner, Alexander, Dr. phil., Wissenschaftlicher Mitarbeiter im Fach Germanistik an der Bergischen Universität Wuppertal
Weixler, Antonius, Dr. phil., Lehrkraft für besondere Aufgaben im Fach Germanistik an der Bergischen Universität Wuppertal
Wellnitz, Katrin, Dr. phil., Literaturwissenschaftlerin und langjährige Koordinatorin des Göttinger Günter-Grass-Archivs
Weyer, Anselm, Dr. phil., Journalist und Autor
Wu, Xiaoqiao, Dr. phil., Professor für Germanistik und interkulturelle Studien an der Beihang Universität, Beijing, China

Personenregister

https://doi.org/10.1515/9783110755435-097

Werkregister

https://doi.org/10.1515/9783110755435-098

Bei Fragen zur Produktsicherheit wenden Sie sich bitte an:
If you have any questions regarding product safety, please contact:

Walter de Gruyter
Genthiner Straße 13
10785 Berlin
productsafety@degruyterbrill.com